THOMAS HERZOG
ROLAND KRIPPNER
WERNER LANG

Fassaden ATLAS

Edition **DETAIL**

DRITTE AUFLAGE

Autoren

Thomas Herzog
Prof. Dr. (Univ. Rom) Dr. h.c. Dipl.-Ing. Architekt BDA
Technische Universität München, Fakultät für Architektur
Lehrstuhl für Gebäudetechnologie bis 2006
TUM Emeritus of Excellence

Roland Krippner
Prof. Dr.-Ing. Architekt BDA
Technische Hochschule Nürnberg Georg Simon Ohm, Fakultät Architektur,
Lehrgebiet Konstruktion und Technik

Werner Lang
Prof. Dr.-Ing., M. Arch. II (UCLA) Architekt
Technische Universität München,
Ingenieurfakultät Bau Geo Umwelt und Fakultät für Architektur,
Lehrstuhl für energieeffizientes und nachhaltiges Planen und Bauen

Fachberater:
Dr. Tilmann E. Kuhn

Wissenschaftliche Mitarbeiter:
Andreas Kacinari (organisatorische Unterstützung)

Studentische Mitarbeiter:
Simon Axmann, Lilly Brauner, Annika Ludwig, Verena Schmidt,
Fabiola Tchamko, Ka Xu

Fachautoren der Ausgabe 2004:
Dr.-Ing. Winfried Heusler (Bauphysikalische Planungshinweise)
Prof. Dipl.-Ing. Michael Volz (Holz)

Fachberater der Ausgabe 2004:
Prof. Dr.-Ing. Gerhard Hausladen, Dipl.-Ing. Stefan Heeß,
Dr.-Ing. M.Sc. Reiner Letsch, Dr. Volker Wittwer

Wissenschaftliche Mitarbeiter der Ausgabe 2004
Lehrstuhl für Gebäudetechnologie
unter Leitung von Prof. Thomas Herzog:
Peter Bonfig (Flächen – Strukturelle Prinzipien),
Jan Cremers (Außen- und Innenbedingungen; Metall),
András Reith (Naturstein; Tonstein),
Annegret Rieger (Holz),
Daniel Westenberger (Ränder, Öffnungen; Manipulatoren)

Studentische Mitarbeiter der Ausgabe 2004:
Tina Baierl, Sebastian Fiedler, Elisabeth Walch, Xaver Wankerl

Redaktion

Redaktion und Lektorat:
Steffi Lenzen (Projektleitung), Daniel Reisch

Redaktionelle Mitarbeit:
Heike Messemer, Carola Jacob-Ritz, Eva Schönbrunner,
Melanie Zumbansen

Redaktion der Ausgabe 2004:
Steffi Lenzen, Christine Fritzenwallner;
Susanne Bender-Grotzeck, Christos Chantzaras, Carola Jacob-Ritz,
Christina Reinhard, Friedemann Zeitler, Manuel Zoller

Zeichnungen:
Ralph Donhauser, Simon Kramer;
Alexander Araj, Marion Griese, Martin Hämmel, Emese Köszegi,
Dejanira Ornelas Bitterer

Zeichnungen der Ausgabe 2004:
Marion Griese, Elisabeth Krammer;
Bettina Brecht, Norbert Graeser, Christiane Haslberger, Oliver Klein,
Emese Köszegi, Andrea Saiko, Beate Stingl, Claudia Toepsch

Herstellung / DTP:
Roswitha Siegler, Simone Soesters

Reproduktion:
ludwig:media, Zell am See

Druck und Bindung:
Grafisches Centrum Cuno GmbH & Co. KG, Calbe

Herausgeber:
DETAIL Business Information GmbH, München
detail.de

2016, zweite, überarbeitete und erweiterte Auflage
2004, erste Auflage

ISBN: 978-3-95553-328-1 (Print)
ISBN: 978-3-95553-329-8 (E-Book)

Inhalt

Impressum 4
Inhaltsverzeichnis 5
Vorwort 6

Hülle, Wand, Fassade – Ein Essay 8

Teil A Grundlagen 16

1 Außen- und Innenbedingungen 18
2 Allgemeine Konstruktionsgrundlagen 26
2.1 Flächen – Strukturelle Prinzipien 26
2.2 Ränder, Öffnungen 38
2.3 Modulare Ordnung 46
3 Bauphysikalische Aspekte und Planungshinweise 52

Teil B Materialspezifische Konstruktionen 62

1 Naturstein 64
2 Tonstein 86
3 Beton 106
4 Holz 130
5 Metall 158
6 Glas 188
7 Kunststoff 216

Teil C Sonderthemen 236

1 Mehrschalige Gebäudehüllen aus Glas 238
2 Manipulatoren 266
3 Solartechnik 294
4 »Installierte« Fassaden 322
5 Sanierung / Fassaden im Bestand 328
6 Begrünte Fassaden 336

Anhang

Autoren 342
Abbildungsnachweis 343
Literatur 346
Verordnungen, Richtlinien, Normen 348
Register 350

Vorwort

Rund 30 Jahre nach Erscheinen des ersten Konstruktionsatlasses liegt nun ein solcher über Fassaden vor.
Über Jahrhunderte konzentrierten sich die gestalterischen Leistungen der Architekten schwerpunktmäßig auf die Erarbeitung wohl gelungener Ansichtszeichnungen von Bauten – was oft Gegenstand heftiger Kontroversen über Fragen des zu wählenden Stils war oder auch Medium der Vermittlung neuer künstlerischer Positionen.

Dass Fassaden heute wieder zunehmend in den Blick gerückt sind, hat eine Ursache sicher in der wachsenden Bedeutung, die die Außenwände im Zusammenhang mit Fragen des Energieverbrauchs einnehmen sowie mit den Möglichkeiten Umweltenergie zu nutzen. Dazu kommt – meist kontrastierend – die Suche nach Selbstdarstellung und »Adressenbildung« solcher Auftraggeber, denen die »Verpackung« ihrer im Innern oft banalen Bauten längst zum Ersatz für qualitätvolle Architektur wurde. Die boomenden asiatischen Metropolen zeigen dies überdeutlich.

Was den Aufbau des Buches angeht, so orientiert sich die Folge der einzelnen Kapitel an einer sinnvollen Vorgehensweise bei Entwurf und Entwicklung einer Fassadenkonstruktion. Solche Aspekte, die für die Außenwand von Gebäuden generell gelten – also die an sie gestellten Anforderungen, ihre prinzipielle Funktionsweise oder ihren konstruktiven Aufbau betreffen – sind abgelöst von den Besonderheiten des Einzelfalles. Entsprechend handelt es sich nicht nur um eine Sammlung unterschiedlicher Bauten, was Standort und Kontext, Typus und Technik betrifft. Vielmehr sind die Spezifika nach den unterschiedlichen Werkstoffen für das Wandmaterial bzw. das ihrer Bekleidung sortiert.

Der erste Teil befasst sich mit den von innen heraus formulierten Anforderungen an eine Fassade, die sich aus dem Nutzungstyp des Gebäudes ableiten. Zwangsläufig werden diese konfrontiert mit den je nach Region natürlich sehr unterschiedlichen lokalen klimatischen Bedingungen. Aus dieser Gegenüberstellung ergeben sich die funktionalen Anforderungen an die jeweilige Außenwand. Diese sind dann in Summe als Aufgabe formuliert und zunächst lösungsoffen. Entsprechend wird in diesem Teil auf die Darstellung von Ausführungsdetails verzichtet. Die maßgeblichen Aussagen erfolgen in Bildform über Diagramme und schematische Darstellungen zur Morphologie von Flächen und Öffnungen.
Zudem steht die Hülle des Gebäudes in unmittelbarer Wechselwirkung mit den anderen Subsystemen: Tragwerk, Raumunterteilungen und technische Gebäudeausrüstung. Die hier bestehenden oder zu definierenden Wechselwirkungen bedürfen bei jedem baulichen System der geometrischen Koordination im Raum. Die maßlichen und modularen Bedingungen und die Proportionen müssen geklärt werden, damit das Gebäude überhaupt als Ganzes entwickelt werden kann. Führt man die genannten Aspekte zusammen, so hat man die Vorgaben für die materielle Umsetzung aus den zu wählenden Werkstoffen und Konstruktionsweisen erfasst. Werden nun die Materialien und die zu ihrer Herstellung nötigen Technologien für die Ausformung der weiteren Einzelheiten maßgeblich, so sind die physikalischen, stofflichen, montagebedingten und ästhetischen Spezifika aufeinander abzustimmen.

Aus diesen Zusammenhängen leitet sich der Aufbau des zweiten Buchteils ab: die hier wiederum allgemein zu betrachtenden Kapitel sind von den Beispielen abgetrennt und ihnen vorangestellt. Sie beginnen jeweils mit einem kurzen, zivilisationsgeschichtlichen Exkurs in die historische Verwendung der jeweiligen Materialien und ihre werkstofflichen Spezifika. Dass wir hierbei den Bereich der Materialanwendung zunächst nicht auf Baukonstruktionen beschränken, hat den einfachen Grund, dass Technologie im Zuge der Entwicklung von Zivilisation auf ganz unterschiedliche Weise als Wechselwirkung mit den Werkstoffen entstand und Erstanwendungen häufig in ganz anderen Gebieten erfolgten. Die Bedeutung von Stein, Keramik und Metall beispielsweise reicht soweit, dass diese ganze Kulturepochen namentlich bezeichnen. Auch heute geschieht ein wesentlicher Teil technischer Innovation im

Bauwesen und gerade auch bei modernen Fassadenkonstruktionen durch den Transfer von Technologien aus ganz anderen Sektoren. Dies gilt für viele Bereiche wie z. B. Umformtechnik, Oberflächenbehandlung oder Robotik. Daran schließt die auf Materialien bezogene Auswahl von realisierten Beispielen an, die Einblick in das Spektrum der Möglichkeiten geben und zum Weiterentwickeln anregen sollen. Dass dies grundsätzlich über die Zeichnungen der maßgeblichen Fassadendetails mit Erläuterungen durch Legenden erfolgt, orientiert sich an der bei Architekten üblichen Informationsvermittlung über dieses Medium.

Ausgewählt wurden sowohl neue Projekte, die interessante Ausführungsformen ihrer Fassaden aufweisen, als auch »Klassiker«, die ihrer architektonischen Qualität wegen nach wie vor Maßstäbe setzen und im Hinblick auf das Detail auch im Zusammenhang mit der Arbeit innerhalb bestehender älterer Bausubstanz da und dort für Architekten und Ingenieure von praktischem Wert sein mögen.
Die Darstellung der Projekte selbst zeigt nicht Bauten als Ganzes, sondern es erfolgt eine Beschränkung auf ihre Fassaden, weshalb neben den Architekten nur selten weitere Mitarbeiter bei den Projekten genannt sind, und auch Fachingenieure nur dann, wenn sie an den Fassadenkonstruktionen maßgeblich mitgewirkt haben.

Bei den konstruktiven Details wird man manchmal feststellen, dass von den in Deutschland üblichen Lösungen oder technischen Regeln abgewichen worden ist, was bei einem Buch mit internationalen Beispielen gerechtfertigt erscheint. Gelegentlich mag der Wunsch entstehen, nähere Kenntnis über ein gezeigtes Projekt zu erhalten. Hierfür dienen die weiterführenden, mit »🕮« angegebenen Literaturhinweise.

Sicherlich kann man einen Wert darin sehen, wenn sich Bauten als technische Großgegenstände nicht als diffiziles, eventuell kaum handhabbares und aus vielerlei Komponenten bestehendes System darstellen, sondern in lapidarer Weise einfach, gleichermaßen kraftvoll wie sensibel gestaltet sind. Doch hat die Entwicklung der letzten Jahrzehnte mit den enorm gestiegenen Anforderungen an die Gebäudehülle als Folge zu mehrschichtigen Konstruktionen geführt, bei denen jede einzelne Lage spezifische Funktionen übernehmen muss. Dies ist inzwischen durchgängiges Merkmal moderner Konstruktionen in fast allen Werkstoffen. Über die materialspezifischen Konstruktionen hinaus werden daher auch Sonderthemen von Fassadenkonstruktionen behandelt.

Ein jahrhundertealtes Prinzip zur Veränderung und individuellen Beeinflussung der Durchlässigkeit von Fassadenöffnungen – sei es aus Gründen des Energiehaushalts, des Innenraumklimas, der Lichtverhältnisse oder der Sicherheit – wird unter der Rubrik »Manipulatoren« in neuer Aktualität in vielfacher Variation abgehandelt.
Die im vergangenen Jahrzehnt erfolgte Verbreitung von mehrschaligen oder Doppelfassaden bedarf nach unserer Auffassung eigener Erwähnung und Darstellung, weil noch große Unsicherheit bei Entwurf und Planung besteht und man leider nicht selten eher einem modischen Trend folgt, anstatt die prinzipiellen Vorteile richtig zum Einsatz kommen zu lassen. So werden häufig grundlegende Fehler gemacht, da die konstruktiven und energietechnischen Zusammenhänge sowie die einzelnen Varianten, die für die Ausführung verfügbar sind, nicht genügend bewusst sind.
Auch die Integration von direkt und indirekt wirkenden solaren Systemen in die Gebäudehülle ist immer noch für viele Neuland und die geglückte Verbindung aus Gebrauchswert, technisch-physikalischer Funktion sowie gestalterischer und konstruktiver Bewältigung nach wie vor eher die Ausnahme – obwohl erste Pionieranwendungen schon Jahrzehnte zurückliegen.

München, im Frühjahr 2004
Thomas Herzog

In der vorliegenden zweiten Ausgabe wurde der gesamte Teil B »Materialspezifische Konstruktionen« überarbeitet und um aktuelle Beispiele aus dem vergangenen Jahrzehnt erweitert. Gleiches gilt für die erwähnten Sonderthemen.

Neu hinzu kamen drei weitere, ebenfalls selbstständig zu betrachtende, nicht vorrangig materialspezifische Bereiche, die zunehmend an Bedeutung gewonnen haben, wobei Hauptanlass dafür jeweils bioklimatische Inhalte sind, deren Erfordernisse speziell im Bereich des baulichen Subsystems »Fassade« architektonische Lösungen erfordern, was die Gestaltung nach funktionalen, technischen und ästhetischen Kriterien angeht: Sanierung, Integration von Systemen des Technischen Ausbaus und die Begrünung von Außenwänden.

Es lag nahe, aus diesen nunmehr sechs Bereichen einen eigenen dritten Buchteil zu erarbeiten, in dem nach prinzipieller Beschreibung von Aufgabe und Wirkungsweise, von unterschiedlichen Lösungen und Darstellungen, von jeweils unterschiedlichen Beispielen ausgeführter baulicher Realisierung ein Spektrum gezeigt wird, das heutigem Stand entspricht.

Wenn man davon ausgeht, dass aus Gründen der Effizienz, der Wirtschaftlichkeit und des Engagements für anspruchsvolle Formgebung sich weitere Entwicklungen auftun werden, dann ist zu hoffen, dass sich für die Gestaltung baulicher Systeme und Komponenten begeisternde Architekten – die ja vom Selbstverständnis ihres Berufs her den »technischen Organismus« von Gebäuden als Ganzes bis in seine Teile durchschauen müssen – Beiträge zur Kultur des Bauens mit großer Breitenwirkung als gesellschaftliche Notwendigkeit in überzeugender Weise leisten werden.

Die Autoren danken allen Personen, Institutionen, Architekten, Fotografen und Firmen, die unsere Arbeit durch kompetente Mitwirkung – auch bei der Neuauflage – unterstützt haben.

München, im Sommer 2016
Thomas Herzog, Roland Krippner, Werner Lang

Hülle, Wand, Fassade – Ein Essay

Das vorliegende Buch über Fassadenkonstruktionen hat seinen Schwerpunkt im funktionalen und technischen Bereich. Einleitend sollen jedoch einige Betrachtungen vorangestellt werden, die darüber hinausgehen und die das sehr komplexe, kulturspezifische Thema, das ja auch die Wahrnehmung von Architektur unmittelbar betrifft, in weitere Zusammenhänge einbinden.

2

3

2 Höhlenwohnung
3 Außenwand aus örtlichem Naturstein, Auvergne (FR)

Die schützende Hülle

Die Hülle von Gebäuden mit ihrer Funktion als Schutz gegen Witterung und gegen Feinde sowie zur Unterbringung von Vorräten stellt den ersten und wichtigsten Grund zum Bauen dar. Im Gegensatz zu Bauwerken wie Brücken, Türmen, Dämmen oder Kränen enthalten Gebäude Räume, deren Entstehung und Nutzung als wesentlicher Teil der menschlichen Zivilisation in eng mit dem Klima zusammenhängenden Notwendigkeiten zu sehen sind.

Das zeigt sich schon darin, dass der bauliche Aufwand in solchen Regionen deutlich geringer ausfällt, wo die außenklimatischen Bedingungen mit den von Menschen als behaglich empfundenen Umweltbedingungen weitgehend korrespondieren. Je mehr aber äußeres Klima und innere raumklimatische Ansprüche auseinanderliegen, desto größer wird der erforderliche technische Aufwand, um den Notwendigkeiten für den Aufenthalt im Innern zu entsprechen.

Entwicklungsgeschichtlich steht daher über lange Zeiträume hin zunächst die Suche nach für Mensch und Tier geeigneten, bereits existierenden Räumen wie dies z. B. Höhlen in der Erde, im Fels oder in sehr dichten Vegetationsmassen bieten – geschützte Orte also, wo sich zum Überleben taugliche Bedingungen fanden (Abb. 2).

Mit dem Sesshaftwerden wird Raum durch Nutzung vorgefundener Materialien in Verbindung mit einem entsprechenden Bauvorgang künstlich erzeugt. Überdachung und Außenwände entstehen. So wird die Außenseite der gebauten Räume bedeutsam, die neben dem Witterungsschutz nun vielfache Funktionen übernimmt (Abb. 3).

Die in der Natur bestehende, Hohlräume umgebende Masse aus Stein oder Erde ist nun reduziert auf eine relativ dünne Schicht, die als vom Menschen gemachte Konstruktion entsteht. Das Gebäude hat jetzt gleichermaßen eine Innen- und Außenseite.

Der Begriff »Außenwand« kennzeichnet dabei in seinen Bestandteilen sowohl die Lage, nämlich »außen«, als auch den Charakter dieses baulichen »Subsystems«, den der Wand. Wände sind aber in der Geschichte der baulichen Konstruktionen – jedenfalls bis ins 20. Jahrhundert – im überwiegenden Maße nicht nur Raumbegrenzung, sondern auch wesentlicher Teil des Tragwerks, indem sie die auftretenden Nutzlasten, ihr Eigengewicht und das der auf ihnen lastenden Decken sowie die Windkräfte über die aussteifende Wirkung des massiven Aufbaus in die Fundamente einleiten. Daher assoziiert man mit dem Begriff der Wand, zumal der Außenwand, auch das Stabile, Robuste, meist Schwere, ja sogar Abweisende, das Privates und Öffentliches Trennende und auf diese Weise das Wesen des Gebäudes nach außen hin Bestimmende.

Die äußere Oberfläche entsteht nun zusätzlich als Pendant zu den längst als maßgebliches Kommunikationsmedium genutzten Innenoberflächen (wie z. B. im Fall der Höhlenmalereien). Sie dient fortan auch als Bildträger für profane und sakrale gesellschaftliche Strukturen und zur Vermittlung von Werthierarchie und Machtanspruch.

1 Moldau Kloster, Sucevita (RO) 16. Jahrhundert

4

5

4 Bauernhausmuseum, Amerang (DE)
5 Majolikafries am »Ospedale del Ceppo«, Pistoia (IT)
6 Alhambra, Granada (ES)
7 Dom San Martino, Lucca (IT) 12.–15. Jahrhundert
8 Casa Batlló, Barcelona (ES) 1906, Antoni Gaudí

Material und Konstruktion

Der zwischen den äußeren Wänden geschaffene Raum hat nun die Ansprüche und Funktionen für Gebrauch und Komfort zu erfüllen. Um dies zu erreichen, müssen die lokalen Bedingungen und gestellten Anforderungen näher erfasst, beeinflussbar und dann durch geeignete konstruktive Mittel erfüllbar werden.

Das technische Resultat entsteht im Kontext von Materialien, Konstruktion, Fügungen, den Abläufen der Herstellung, aber auch aus Ansprüchen, die aus der Gravitation und anderen äußeren und inneren physikalischen Einflüssen und Gegebenheiten resultieren. So spiegeln die Hüllen von Gebäuden die Entwicklung der Technologien einer Region und damit einen wesentlichen Teil der jeweiligen lokalen Kultur wider.

Die Entscheidung für ein bestimmtes Material etwa kann sich also nicht nur auf Beanspruchungen gründen, die von außen oder innen kommen, sondern es müssen die Regeln berücksichtigt werden, die sich auf den Herstellungsprozess der jeweiligen Gebäudehülle beziehen. Dabei bestimmen nicht allein die einzelnen Nutzungsanforderungen die Ausbildung der Fassade, sondern diese muss immer im Zusammenhang mit den Fragen der Fügung, der Konstruktion und damit der technischen Umsetzung im baulichen Gesamtsystem, der materiellen Gesetzmäßigkeit und geometrischen Ordnung betrachtet werden (Abb. 4). Vor allem auf diesem Feld muss die professionelle Kompetenz eines Architekten in seiner Rolle als »Baumeister« gesehen werden, denn er allein kennt alle Zusammenhänge und die vielfachen Wechselbeziehungen innerhalb und zwischen der architektonischen Komposition und der konstruktiven Logik.

Die Gestalt

Außenwände werden im allgemeinen Sprachgebrauch auch als »Fassaden« bezeichnet, wodurch nun gegenüber den genannten Grundfunktionen von Witterungsschutz und Bestimmung des Raumklimas ein anderer Aspekt in den Vordergrund rückt: die Wahrnehmung eines Baus über sein »Gesicht«, abgeleitet auf dem Umweg über das französische »façade« vom lateinischen »facies«. Gemeint ist also etwas Gebautes, das in seine Umgebung »hineinschaut« bzw. von dort aus als erste und maßgebliche semantische Botschaft wahrgenommen wird [1].

Oberflächen, die von Menschen gestaltet sind, waren stets auch Informationsträger. Abgebildet wurde, was das soziale Leben, was transzendente und religiöse Projektionen bestimmte, was Ziel oder Bericht war: Verehrung der Gottheit, Jagd oder Rituale, Kampf, Vermählung, Beute und Tod – lange bevor Schrift als abstrakte Form der Vermittlung verfügbar war (Abb. 5). Die Qualitäten der Außenoberflächen sind in ihrer Bildwirkung ähnlich zu sehen wie die der erwähnten inneren Oberflächen hinsichtlich grafischer Merkmale, Strukturen, Farbgebungen, Gravuren und Reliefs, Mischungen von Informationen aus Schrift, Bild und Materialwirkung. Das ganze Spektrum wurde im Lauf der Geschichte in Bildform sichtbar – »der Schauer des Kreatürlichen und das Schauerliche des Todes« [2].

Man erzeugt erstmals Baukörper mit differenzierter eigener Gestalt, von außen auch in unterschiedlichen Einzelheiten wahrzunehmende, dreidimensionale Objekte, die im Vergleich zur reinen Wandfläche weitere Merkmale aufweisen, beispielsweise durch räumliche Proportionen, Volumen und beides in Relation zur vorhandenen Umgebung.

Wie sich gebaute Wände mit zunehmender Verfeinerung der Konstruktion differenzieren, so geschieht Analoges im Bereich der Öffnungen. Auch hier dominieren zunächst die Funktion und die technische Lösung ihrer Überbrückung in der Wand durch Sturz und Bogen aus gleichem oder anderem Material. Anforderungen an maximalen Lichteinlass bei minimaler Apertur durch seitliches Anschrägen der Laibung von innen und außen, Lichtbrechung, Sichtschutz und Dosierung von Lüftung durch vor- oder eingesetzte Elemente werden durch die Art ihrer Ausformung und gestalterischen Überhöhung maßgebliche Bestandteile der architektonischen Gesamtwirkung (Abb. 6).

Wie für die Wände, so finden auch für die Ausstattung der Öffnungen mit starren oder beweglichen Teilen lokale Materialien vielfache Anwendung. Es entstehen regelrechte Preziosen, deren Seiten und Flächen mit enormem Aufwand gestaltet sind. Ein grandioses Wechselspiel von Wand und Öffnung ergibt sich bei der Komposition mehrlagiger Frontfassaden, wie sie beispielsweise an den Domen in Lucca und Ferrara durch den Aufbau räumlicher Tiefe und plastischer Ausformung aller Einzelheiten erreicht wurde (Abb. 7).

Im Zuge dessen entstehen im Bereich der Fassade zusätzliche Wirkungen, die sich aus der Überlagerung oder Durchdringung, dem Wechsel der Exposition von Objekten ergeben. Es kommt zu unterschiedlichen oder wechselnden Helligkeiten, Licht-Schatten-Effekten auf dem Gesamtvolumen und auf seinen Teilen. Der Bereich stereometrischer Ordnungen wird verlassen zugunsten freier Formentwicklungen, es erfolgt ein Wechsel von gerundeten, einsinnig und gegensinnig gekrümmten Flächen im Verhältnis zu ebenen Bereichen, die liegend, stehend oder geneigt, gefaltet oder mit anderen Untergliederungen ausgeformt sind (Abb. 8).

6

7

8

9

10

11

Das soziokulturelle Umfeld

Zentralen Einfluss auf die Gestaltung der Gebäudehülle haben auch die lokalen Gegebenheiten, die Art der Gesellschaft, die in einer bestimmten Region lebt, ihre Geschichte und Ethnografie, ihre weltanschauliche Ausrichtung, das örtliche Klima, das schon auf kurze Distanz differieren kann, oder die Verfügbarkeit lokaler Ressourcen.

Solche Zusammenhänge beeinflussen regionale oder lokale Kulturen im Kern dessen, was Gesellschaften charakterisiert, sie stabilisiert, was Orientierung gibt und Basis ziviler Konvention ist. Koexistenz verlangt kulturelle Vereinbarungen. Auch das Erscheinungsbild von Gebäuden vermittelt sie als Zeitdokument auf Dauer [3]. Vor solchem Hintergrund haben die Außenseiten der Gebäude besondere Bedeutung, die über die Wirkung des Einzelgebäudes weit hinausgeht, denkt man an die Dimension von Straßenfronten, an Plätze oder Quartiere. Hier bestimmt die Summe der Außenwände den öffentlichen Raum.

Die Charakteristik der Fassaden bezüglich Materialwirkung, Farbe, Proportionen, Volumen und bildhaften Informationen signalisiert, welche Funktion die Dinge haben bzw. welche Bedeutung ihnen beigemessen wird. Es besteht jedoch auch die Gefahr, dass durch willkürliche Applikationen oder Verfremdungen Häuser neue semantische Bedeutung erhalten, was dazu führen kann, dass sie von ihrem Wesen entfremdet werden und dabei jede »Würde« verlieren – sei es, dass dies aus überzogener Toleranz gegenüber präpotenter Selbstdarstellung geschieht, sei es als Folge falscher Zielsetzung.

Dies spricht nicht gegen rein modische Ausstattungen innerhalb von temporären Inszenierungen, wenn man dabei an Kunstformen denkt, bei denen Zeitablauf oder Zeitbegrenzung Merkmale sind, wie bei einem Theaterstück, der Oper, einem Ballett oder im Film. Bestimmen sie aber Architektur, so kommt es leicht zur Destabilisierung ästhetischer Identität, es kann sogar die Orientierung am kulturellen Zeugnis verloren gehen.

Gleichwohl darf die optische Wirkung nicht innerhalb eines geschlossenen Kanons bewertet werden. Denn das würde bedeuten, dass Kultur im Grunde dann vorherrscht, wenn sie eingefroren ist, sich also nicht mehr weiterentwickelt. Daher ist es ein Merkmal kultureller Prozesse, dass man mit tradiertem baulichem Bestand schöpferisch umgeht (Abb. 12).

Das Bewusstsein für die Bedeutung der Außenseite eines Gebäudes und ihre Wirkung im öffentlichen Raum sollte aber als wesentlicher, auf die Kommunikation in einem Gemeinwesen setzender Aspekt gesehen werden. Wer ein Bauwerk errichtet, teilt nach außen hin anderen mit, was seine eigenen Absichten sind, und kennzeichnet damit die eigene Identität, wie er auch das Maß der gewollten Zuordnung oder Einordnung in einen existierenden räumlichen und baulichen Kontext bestimmt. An der Weiterentwicklung dieses Kontexts ist man demnach in der Regel auch als Architekt beteiligt [4].

Wie sehr man in der Renaissance im Zuge des aufblühenden Humanismus und damit der wachsenden Wertschätzung des geistig unabhängigen Individuums die Wirkung der Außenwände als »Schauwände« betonte, zeigen zahlreiche Beispiele (z.B. Abb. 10). Noch gesteigert wird dies im Barock, der zum Straßen- oder Platzraum orientierte Fassaden – im Gegensatz zu den übrigen Außenseiten – mit gestalterisch großem Aufwand, unter Einbeziehung edler Materialien und bedeutsamer künstlerischer Mittel, fast losgelöst vom Baukörper als Ganzes, zur anspruchsvollen Großkulisse ausformt. Viel mehr als die technischen oder utilitaristischen Aspekte, spielt dabei die Fassade als Medium für die architektonische Wirkung eine zentrale Rolle. Die Außenwand wird zum Bildträger unter Einbeziehung von Relief, Skulptur, Malerei, Mosaik und Schrift, wo alle primär funktionalen Teile Gegenstand höchster dekorativer Ausformung werden (Abb. 9).

Heutige sogenannte Medienfassaden, wie sie weltweit durch die Integration neuer Gestaltungsmittel und Kommunikationstechnologien möglich werden, die in transparenten und transluzenten Glas- und Membranflächen grafische und farbliche Wirkungen neuer Art zeigen, stehen in der Tradition dieser Gebäudehüllen als Bildträger. Wie sehr dieser Wandel zu Kontrasten, ja zur Denaturierung führen kann, zeigt das Beispiel aus London (Abb. 11), bei dem sich zwei ursprünglich analoge bauliche Volumina gegenüberstehen. Sobald das in der Helligkeit konkurrierende Tageslicht hinreichend abnimmt und künstliches Licht dominieren kann, sind elektronisch gesteuerte LEDs und Videos längst die ästhetisch bestimmenden Faktoren von auf der Außenseite der Gebäude erfolgender Informationsvermittlung und architektonischer Wirkung (Abb. 13).

Wenn bei den historischen Vorläufern die eingesetzten Materialien und ihre grafische oder skulpturale Gestaltung zur Gänze die Wirkung der Fassade bestimmten, so intensivieren sie die Wahrnehmung gegenüber dem Gebäude selbst. Dessen eigene, originäre Bestandteile waren hierfür Ursache. Anders sieht es aus, wenn die nicht gegenständliche, semantische Botschaft über ein nicht selbst gestaltetes, neutrales Medium wie ein Computerprogramm und Projektionstechnik transportiert wird. Über die variable Software besteht dort völlige Unabhängigkeit bezüglich der dargestellten Inhalte und weitgehend auch bezüglich der Form ihrer Präsentation.

Die solchermaßen äußerst intensive, von ständiger Abwechslung lebende Wirkung bei Fassaden ist Hauptursache für den Attraktionswert dieses städtischen Raumes. Diese Art stetiger Veränderung durch Integration immer wieder neuer Technologie zeigt sich etwa am Times Square in New York – eines unter zahllosen Beispielen. So entsteht ein völlig neuer, über andere Medien wirksam werdender intensiver kultureller Bezug, bei dem die ästhetische Bedeutung der Gebäudefassade selbst in den Hintergrund tritt (Abb. 13).

Altern

Geht man davon aus, dass ein Gebäude ab dem Zeitpunkt seiner Fertigstellung Teil der Baugeschichte ist, so stellt sich die Frage nach dem Alterungsverhalten unmittelbar, speziell was das äußere Erscheinungsbild, also die gegenüber der Bewitterung am meisten exponierte Gebäudehülle betrifft. Sie ist auf Dauer

12

9 Straßenzug mit bemalter Fassade, Trento (IT)
10 San Giorgio Maggiore, Venedig (IT) 1610, Andrea Palladio
11 Picadilly Circus, London (GB)
12 Alt – Neu, Übergang im Detail
13 Times Square, New York (US)

vielfachen Beanspruchungen ausgesetzt, mit der Folge, dass es im Laufe der Zeit nicht nur zu technisch und funktional relevanten Veränderungen kommt, sondern auch zu Veränderungen im Erscheinungsbild.

Es gibt Fassaden, die verrotten, verkommen, »schäbig« werden, die wegen ihrer Konstruktionsweise und Materialwahl schlecht altern. Und es gibt andere, die so gut wie gar nicht altern, was mit den gleichen, nämlich technischen Kriterien zusammenhängt. Gläser beispielsweise, unter Umständen seit Jahrhunderten eingebaut, sind vielleicht in ihrer Oberfläche leicht angegriffen, haben sich aber in ihrer stofflichen und ästhetischen Charakteristik wenig verändert. Schließlich gibt es Materialien, die schon innerhalb kurzer Zeiträume, trotz starker Veränderung auf akzeptable Weise

13

14

15

16

17

altern und die dabei möglicherweise sogar schöner werden. Hier spricht man von Patinierung (Abb. 19). Den Gebrauchswert verlieren sie nicht, ebenso wenig die technische Tauglichkeit (etwa weil Teile faulen oder Querschnitte als Folge von Korrosion zu dünn werden).

Zur gestalterischen und technischen Konzeption und Ausarbeitung von Fassaden gehört es also auch, sicherzustellen, dass sie qualitätvoll altern können, ohne ihren Wert zu verlieren. Die allgemeine Bereitschaft in der Gesellschaft, solche ästhetischen Veränderungen zu akzeptieren und gegebenenfalls im Sinne baulicher Denkmäler und kostbarer Einzelheiten hoch zu bewerten, ist dann festzustellen, wenn Materialien aus ihrem natürlichen Zusammenhang heraus bekannt sind. Dies gilt z.B. für Stein, Kupfer und Bronze. Das charakteristischste Beispiel aber dürfte Holz sein, das Menschen dort, wo es heimisch ist, in unzähligen Varianten von klein auf kennen, und von dem man weiß, dass es sich bezogen auf sein Aussehen nie in einem Endzustand befindet, wie sich dies überzeugend am Beispiel des Erweiterungsbaus von Peter Zumthor in Versam zeigt (Abb. 20).

Ausblick

Fragt man sich im zweiten Jahrzehnt des neuen Jahrhunderts, was wohl an weiteren Entwicklungen im Bereich der Fassaden bestehender und neuer Bauten, die den öffentlichen Raum bestimmen und in ihrem Verhältnis zum Bestand in unterschiedlicher Weise Aufmerksamkeit erreichen werden, zu erwarten ist, so finden sich immer wieder Beispiele hierfür.

Oft geben allerdings überraschende Effekte – beispielsweise durch ungewöhnliche Dimensionen und/oder durch eine kontrastreiche, intensive Fernwirkung – Hinweise auf die Ambition zur herausragenden, dominanten Wirkung des eigenen Objektes, verglichen mit der moderaten »Lautstärke« der Architektur von Bauten im städtischen Umfeld (Abb. 15).

Eine Erweiterung der Gestaltung durch Auflösung der Gebäudehülle in polygonale anstelle von orthogonalen Teilflächen herkömmlicher Art war zunächst dort entstanden, wo bis dahin die Wahl kleiner baulicher Elemente – wie es beispielsweise Mauersteine sind – hohe Freiheitsgrade für ornamentale Gestaltung gestattete. Oder dort, wo – wie bei Membrankonstruktionen – die technischen Grundbedingungen eine Flächenaufteilung mit geradlinigen Rändern nicht nahelegten. Es zeigen sich aber, nicht zuletzt durch den Einsatz von CAD/CAM, Möglichkeiten der Gliederung in Teilflächen auf vielfache, spielerisch individuell wirkende Weise, deren Anordnung und Verbindungen untereinander geometrisch und maßlich präzise für Herstellung und Positionierung genau definiert sind. Die Bauten auf der Constitution Plaza in Melbourne als frühe Vorläufer haben dies erwarten lassen. Beispiele die nunmehr entstehen, verweisen auf neue Optionen, so z.B. das Bergeron Center for Engineering Excellence im Campus von Toronto (Abb. 17).

Selbstregelnde, polyvalente Systeme, die bei neuen Tageslichttechniken für Reflexion, Lichtlenkung und Lichtsteuerung gezielt eingesetzt werden können, auch um Dach und Fassaden eine variantenreiche gemeinsame »Haut« zu geben, erweitern die Möglichkeiten der Gestaltung bei Verzicht auf eine Kinematik zur Regulierung z.B. bei hoher sommerlicher solarer Direkt-Einstrahlung. Gleichzeitig gestatten sie aber diffuse Einstrahlung und Raumausleuchtung, wobei dennoch die Durchsicht erhalten bleibt (Abb. 16). Auch strömungsabhängige Lüftungsführung in der Hülle bereichert das Spektrum der gestalterischen Möglichkeiten.

Zu hoffen ist, dass die immer weiter gesteigerten Ansprüche an die Wärmedämmung irgendwann als für technische und ästhetische Schäden verantwortliche Ursache enden werden. Wenn etwa der Sinn einer Dachgaube der Einlass von Licht und Luft war, deshalb ein Fensterchen von 0,2 m^2 Glasfläche sich als singuläres, kleines Element über Jahrzehnte präzise in die Dachfläche einfügte und jetzt umdämmt ästhetisch zum sinnwidrigen, unproportionierten Klotz wird (Abb. 14).

Photovoltaik-Systeme als ein Bereich der immer effizienter, kostengünstiger, farblich und in der Struktur variantenreicher werdender Produkte, werden sich in großem Umfang weltweit verbreiten. Ungewiss ist naturgemäß, was an sonstigen Neuerungen aus dem Bereich Wissenschaft und Technik opaker, semi- und volltransparenter Materialien auftauchen wird – sei es zur Gewinnung und Speicherung von Energie, zur Verschattung durch Anpassung der Geometrie des Baukörpers an den Sonnenverlauf oder als Systeme mit veränderbaren Eigenschaften bzw. unterschiedlichen Gegebenheiten, welche an der trennenden »Gebäudehaut« als Außen- oder Innenklima angrenzen.

Hochleistungsdämmstoffe, eingebaut in leichte, schlanke und bewegliche Teile, die gut zu handhaben sind für öffenbare Fassadenabschnitte, und Vakuum-Isoliergläser – in Asien längst auch großflächig produziert – werden ihr bauphysikalisches Potenzial und ihre Einsatzmöglichkeiten bei unterschiedlichen Konstruktionen aufzeigen.

Als sicher ist jedenfalls zu erwarten, dass jedwedes Bauen oder Umbauen von Gebäuden, welche die erforderlichen Komfortbedingungen zu erfüllen haben, tunlichst auf einfache und effiziente Weise möglich sein muss – basierend auf den lokalen klimatischen Gegebenheiten. Es geht bei der Gebäudehülle nicht nur um Schutzfunktionen gegen unliebsame Witterungseinflüsse, sondern auch um die Aktivierung ihres Potenzials für gewünschte bioklimatische Wirkungen im Gebäudeinnern. Und dies in einer Weise, die massenhafte Anwendung im urbanen Raum ermöglicht. Nur dann werden positive Auswirkung auf die Ursachen des Klimawandels und neue Chancen zu erwarten sein. Wenn also derlei Grundsätzliches nicht die Ausnahme bei individualisierten besonderen Einzelbauten bleibt, sondern stattdessen weltweit als regionale Architektur durch entsprechende Gestaltung zustande kommt, dann steht es der bedrohlichen Dimension der globalen Negativentwicklungen als Lösungsweg gegenüber.

18

19

Anmerkungen:

[1] Dass dies nicht immer als positiver Effekt gesehen wird, zeigt sich allerdings auch an Redewendungen wie: »alles nur Fassade«, was meint, dass die tatsächliche Qualität einer Person oder Sache nicht ihrem Auftreten nach außen hin entspricht.

[2] Nach Jochen Wagner, Evangelische Akademie Tutzing, TV-Sendung 02/2004

[3] Dies stabilisiert psychologisch beide: Individuum und Gesellschaft. Das bauliche Umfeld bildet einen wichtigen »Prospekt« für das Bewusstsein von Zugehörigkeit, Heimatgefühl und das Verständnis der eigenen Identität.

[4] In seinem Aufsatz »Zukunft bauen« schreibt Manfred Sack: »… jede Fassade, ach, viel mehr: jedes Bauwerk ist eine öffentliche Angelegenheit – und zum Teufel mit dem Architekten, der sich damit leicht täte. Die Fassade gehört allen; nur was dahinter steckt, ist Sache derer, die damit zurechtkommen müssen. Und deshalb ist auch klar, dass die Fassade nicht eine Angelegenheit der Kosmetik sein darf. Denn eine als schön empfundene Stadt ist, was manch einer nicht vermutet, eine soziale, eine allgemeine, eine politische Aufgabe«. In: Sack, Manfred: Verlockungen der Architektur. Luzern 2003

20

14 gedämmte Dachgaube
15 Kö-Bogen Düsseldorf (DE) 2013, Daniel Libeskind
16 Cité du Design, Saint-Étienne (FR) 2009, LIN Finn Geipel und Giulia Andi
17 Bergeron Center for Engineering Excellence, Toronto (CA) 2015, ZAS Architects
18 berankte Fassade
19 patinierter Bronze-Erker, Boston (US)
20 bewitterte Holzfassade, Versam (CH) 1994, Peter Zumthor

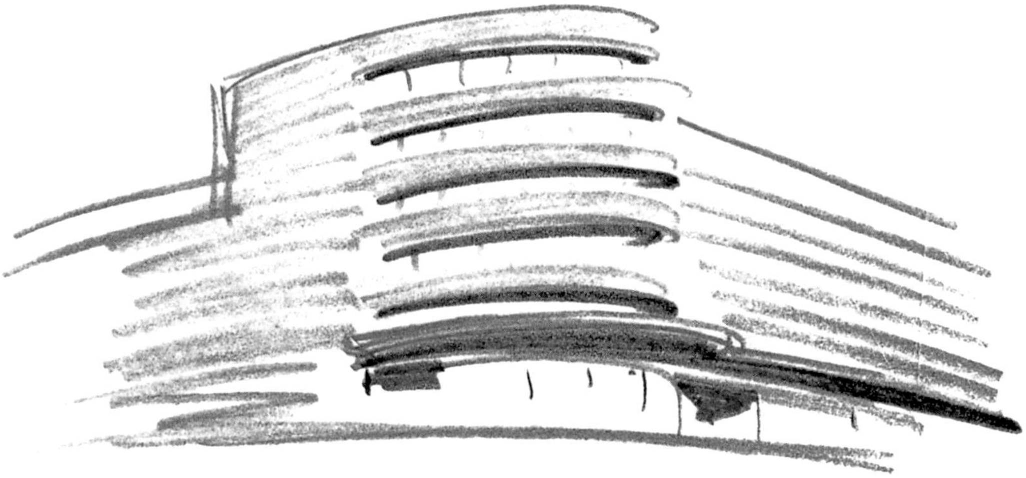

Teil A Grundlagen

Unabhängig von den für bestimmte Technologien und Materialien spezifischen und häufig sehr unterschiedlichen Gestaltungen von Fassaden gibt es generelle Regeln und Zusammenhänge, die sich aus den Grundfunktionen, der Art der Beanspruchung, der Logik des Aufbaus und des Gefüges, der geometrischen Ordnung, den Möglichkeiten der Elementierung und physikalischen Wirkungen ergeben.
Diese Regeln und Zusammenhänge gelten als übergeordnete Prinzipien mit entsprechend allgemeiner und grundlegender Bedeutung und sind deshalb den detaillierten Darstellungen von realisierten Bauten vorangestellt.

Skizze Kaufhaus Schocken, Stuttgart (DE) 1929, Erich Mendelsohn

außen | Fassade | innen

ortsspezifische Bedingungen

Sonnenstrahlung
Lufttemperatur
Luftfeuchtigkeit
Niederschlag
Wind

starke Schwankungen im Außenklima

Schallquellen in der Umgebung
Gas- und Staubbelastung
mechanische Beanspruchung
elektromagnetische Strahlung

städtbauliche / gestalterische Umgebung
lokale Ressourcen
soziokultureller Kontext

Anforderungen

möglichst geringe Schwankungen im Innenbereich

behaglicher Temperatur-/Feuchtebereich
Lichtmenge und -qualität (Lichtmilieu)
Luftaustausch/-erneuerung bei verträglicher Luftgeschwindigkeit
behagliches Schallmilieu

Sichtbeziehung nach außen
Abgrenzung privat – öffentlich
mechanischer Schutz
ggf. Brandschutz
Begrenzung toxischer Belastungen

Schutzfunktionen durch konstant bleibende und durch veränderbare Zustände (wirkungssteigernd oder -mindernd)

Dämmen / Dämpfen
Dichten / Sperren
Filtern
Speichern
Lenken
mechanisch Schützen

Regelfunktionen

Steuern / Regeln
Reagieren / Wandeln

ergänzende, direkt wirkende Maßnahmen (außen)

Wärmeschutz
Sonnenschutz
(z.B. Fensterläden, Markisen, Brisesoleil, Lamellen etc.)

das Mikroklima beeinflussende Maßnahmen wie Vegetation, Wasserflächen

ergänzende, direkt wirkende Maßnahmen (innen)

Blendschutz
Sichtschutz (z.B. Vorhänge)
Tageslichtlenkung
etc.

Aktivierung von Innenbauteilen (Böden, Wände, Decken) zur Energiespeicherung, zum Wärmen, Kühlen und zur zeitversetzten Abgabe

ergänzende Gebäudetechnik (außen)

vorgesetzte Kollektoren
Photovoltaik
Erdkanäle, Erdsonden
etc.

installierte Fassaden

integrierte Luft-Wasser-kollektoren
Solar Wall
Medienführung/-verteilung
Wärmerückgewinnung

ergänzende Gebäudetechnik (innen)

Konvektoren / Radiatoren
künstliche Beleuchtung
Klimatechnik (zentral / dezentral)
etc.

A 1.1

A 1 Außen- und Innenbedingungen

Die Fassade bildet die Trenn- und Filterschicht zwischen außen und innen, zwischen der Natur und Aufenthaltsräumen von Menschen. Historisch betrachtet, stellt der Wunsch nach Schutz vor der feindlichen Außenwelt und den Unbilden des Wetters den primären Anlass zur Schaffung eines wirksamen Raumabschlusses nach außen dar. Diese Schutzfunktionen werden durch diverse weitere Anforderungen ergänzt: Licht im Inneren, ausreichender Luftaustausch, Blickbeziehungen nach außen bei gleichzeitiger Abgrenzung der Privatsphäre vom öffentlichen Bereich etc. Besondere Maßnahmen machen die Regelbarkeit solcher Öffnungen möglich. Auf diese Weise treten zu den Schutzfunktionen Steuer- und Regelfunktionen hinzu.
All diese Anforderungen gliedern sich in zwei Gruppen, die sich aus der Betrachtungsrichtung auf die Fassade ergeben und die sich in zahlreiche Einzelaspekte unterteilen lassen: ortsspezifische Außenbedingungen und Anforderungen an die Innenbedingungen. Das umfassende Verständnis dieser Grundlagen und der Abhängigkeiten ihres Zusammenwirkens bilden die Basis für Entscheidungen bei der Planung und Realisierung einer Fassade.

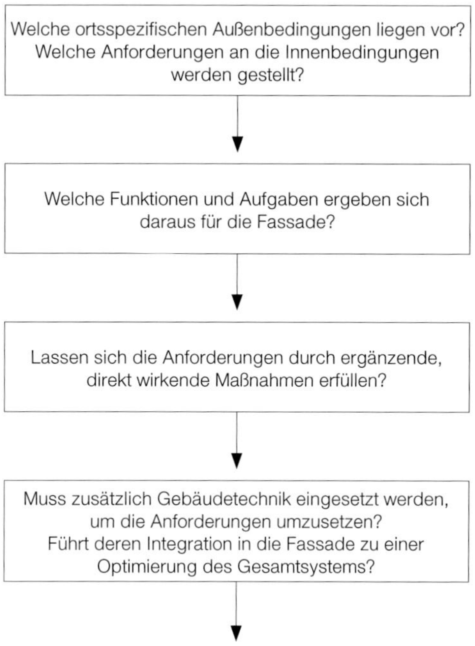

A 1.2

A 1.1 Anforderungen an die Fassade von außen und innen; Schutz-, Regel- und Kommunikationsfunktionen; ergänzende passive Maßnahmen und Gebäudetechnik

A 1.2 Schlüsselfragen / Vorgehensweise bei der Ermittlung der Randbedingungen und Anforderungen

Anforderungen an die Fassade von außen und innen

Außenbedingungen sind durch die Planung in der Regel nicht beeinflussbar. Sie stellen daher bereits bei der Suche und Auswahl eines Grundstücks ein wesentliches Kriterium dar. Jeder Standort bietet spezifische, einzigartige Außenbedingungen, die eine sorgfältige Analyse erfordern, da sie sich in Art und Intensität nach Gegend, Region, Land und Kontinent unterscheiden. Zudem nehmen das direkte Umfeld und Mikroklima deutlichen Einfluss. Neben dem ortsspezifischen Klima mit bestimmten, statistisch ermittelten Niederschlagsmengen und -verteilungen (Regen, Schnee und Hagel) veranlasst beispielsweise ein benachbartes Industriegebiet mit erhöhtem Schallpegel und starker Geruchsbelastung spezielle Maßnahmen bei der Fassadenausbildung.

Die Anforderungen an die internen Bedingungen hingegen sind nicht von vorneherein determiniert, sondern werden in der Planungsphase über einen Anforderungskatalog bestimmt, der sich mit Blick auf die geplante Nutzung definiert. Eine genaue Kenntnis dieser Zielgrößen ist für den Planungserfolg von maßgeblicher Bedeutung, da sie die konstruktive Lösung unmittelbar beeinflussen. Sie bestimmen langfristig die erforderlichen Energie- und Stoffmengen, die für die Realisierung und den Betrieb benötigt werden. Neben den Anforderungen an das Innenklima, die im Wesentlichen durch den Begriff »Behaglichkeit« (siehe Abb. 1.12, S. 22) bestimmt werden, ergeben sich unter Umständen weitreichende Maßnahmen aus sonstigen verschiedenartigen qualitativen Erfordernissen wie z. B. dem Wunsch nach einer hohen Gestaltqualität oder nach besonderem Einbruchschutz.
Diese Bedingungen und Anforderungen, die in Abb. A 1.1 grafisch dargestellt sind, weisen der Fassade Schutz- und Regelfunktionen zu. Erstere bieten im Wesentlichen Schutz vor der Intensität der äußeren Einflüsse, vor allem denen der Witterung. Letztere dosieren deren für das Innenraumklima gefordertes und verträgliches Maß mit dem Ziel der »thermischen Behaglichkeit«.
Versteht man die Fassade als »dritte Haut« des Menschen (nach der des Körpers und der Kleidung), so wird die Analogie des Planungszieles deutlich: Die Schwankungsbreite der von außen einwirkenden Klimabedingungen ist in Richtung des Körperinneren durch jede dieser Funktionsebenen weiter zu reduzieren, um letztendlich eine konstante Körpertemperatur von ca. 37 °C sicherzustellen.

Aus den klimatischen Bedingungen ergeben sich jedoch auch Anforderungen, die keiner Seite allein zuzuordnen sind, sondern die aus dem Unterschied zwischen innen und außen resultieren. Sie führen zu mechanischen Beanspruchungen der Fassadenmaterialien sowie der konstruktiven Details und entstehen vor allem aufgrund von Temperatur-, Feuchtigkeits- und Druckdifferenzen. Solche Beanspruchungen müssen durch geeignete Maßnahmen aufgenommen werden können (z. B. durch Dehnungsfugen, flexible Anschlüsse o. Ä.).

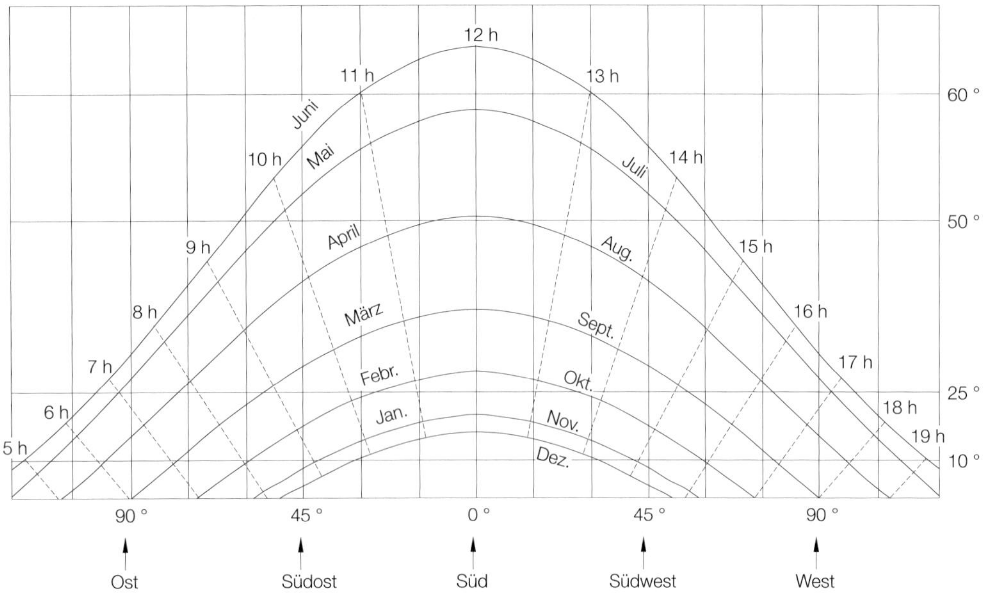

A 1.3

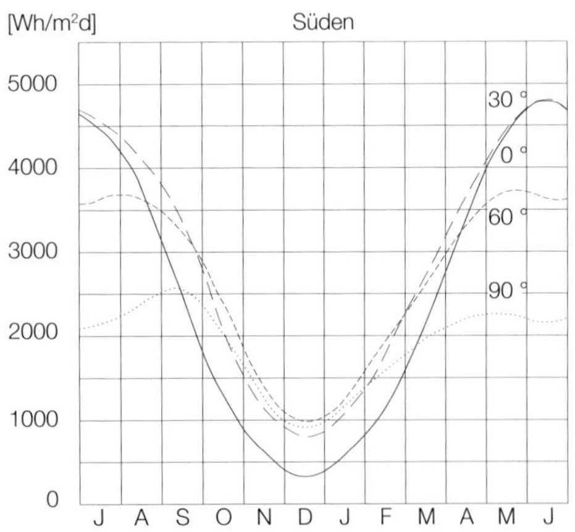

A 1.4

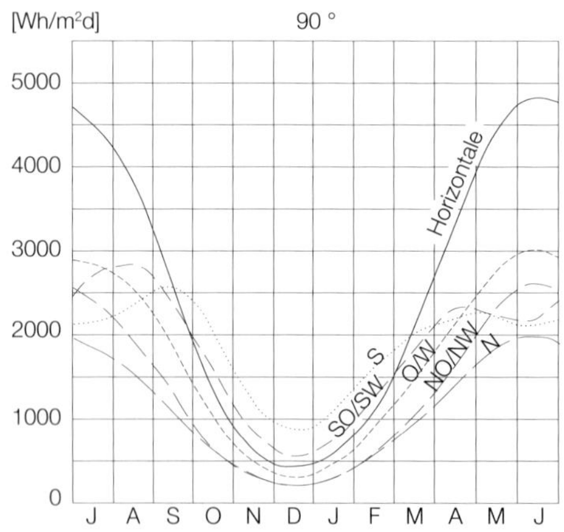

A 1.5

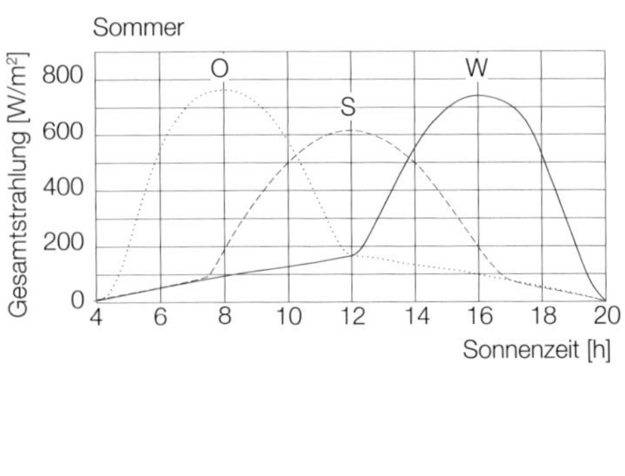

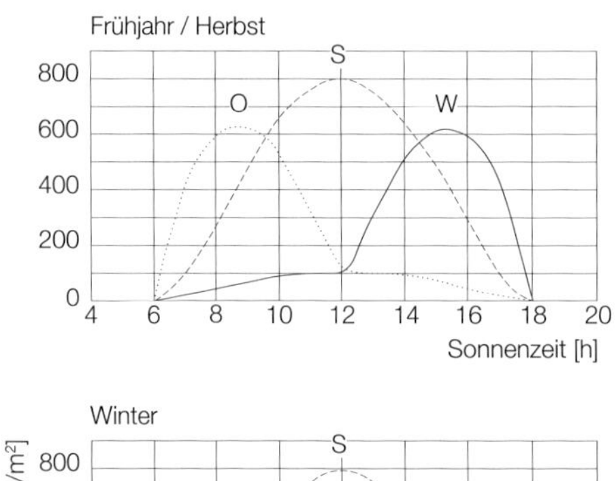

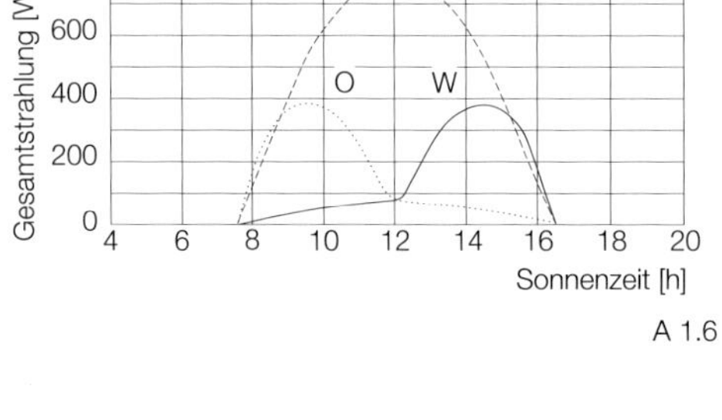

A 1.6

A 1.3 Sonnenbahndiagramm (50°NB)
A 1.4 Einstrahlung auf Südflächen unterschiedlicher Neigung
A 1.5 Einstrahlung auf vertikale Flächen unterschiedlicher Himmelsrichtung
A 1.6 Gesamtstrahlung auf verschieden orientierte Wandflächen an Sonnentagen zu verschiedenen Jahreszeiten

Die Leistungsfähigkeit einer Fassade

Klimabedingte Anforderungen sollten durch die Fassade möglichst umfassend bewältigt werden, weil auf diese Weise zusätzliche Maßnahmen wie z.B. weitere gebäudetechnische Einrichtungen zur Raumklimatisierung entsprechend gering gehalten bzw. vermieden werden können. Um dieses Planungsziel zu erreichen, sind Kenntnisse der relevanten physikalischen Grundprinzipien unerlässlich.

Ergänzende, direkt wirkende Maßnahmen können diese Aufgabe beidseitig der Fassade unterstützen. So ist es möglich, andere Bauteile im Gebäudeinneren in diesem Sinne zu »aktivieren«, z.B. durch Energiezwischenspeicherung in Wänden und Decken.
Im Außen- oder Zwischenbereich lassen sich offene Wasserflächen zur Kühlung (durch Verdunstung) oder zur Entfeuchtung (bei ausreichendem Temperaturunterschied Wasser – Raumluft) einsetzen. Durch geeignete Maßnahmen sind die abzufedernden Energiespitzen anderweitig nutzbar. Solare Strahlung, vor der man das Gebäude schützen will, kann z.B. mittels Photovoltaik-Modulen in Strom umgewandelt oder über Kollektoren absorbiert und zur Warmwasserbereitung genutzt werden. Ähnliches gilt für die Nutzung von erhöhten Außentemperaturen, von Wind und Niederschlägen (siehe »Solartechnik«, S. 294ff.). Verbleibende Anforderungen, die durch bauliche Maßnahmen nicht ausreichend bewältigt wurden, müssen durch gebäudetechnische Anlagen erfüllt werden – sei es zur Temperierung, Belichtung, Luftreinigung, für einen ausreichenden Luftwechsel oder zur Be- oder Entfeuchtung. Solche ergänzenden technischen Maßnahmen benötigen allerdings immer zusätzliche Energie und bedingen aufwendigen Medientransport, Wartung und so fort. Werden technische Einrichtungen dieser Art direkt in die Fassade integriert, spricht man von »installierten Fassaden« (siehe S. 322ff.). Werden gar Geräte nicht in haustechnischen Zentralen, sondern in der Fassade in direkter Nähe zu ihrem Wirkungsort untergebracht, so wird dies unter dem Begriff »fassadenintegrierte dezentrale Gebäudetechnik« [1] zusammengefasst.

Abgesehen von den äußeren Einflussfaktoren sind in analoger Weise Bedingungen zu berücksichtigen, die sich aus dem baulichen Gesamtzusammenhang ergeben. Dazu gehören Maßordnung (siehe »Modulare Ordnung«, S. 46ff.), konstruktive Abhängigkeiten, notwendige Toleranzen oder Montageabfolgen – Themen, denen sich die nachfolgenden Kapitel widmen.

Außenbedingungen: Solarstrahlung

Unter den ortsspezifischen Außenbedingungen spielt die Sonne die zentrale und maßgebliche Rolle. Sie ist die wichtigste direkte und indirekte

Energiequelle und Grundlage allen Lebens. Die Energiemenge, die sie auf die Erde sendet, entspricht ca. dem 10000-fachen des Weltenergiebedarfs der Menschheit im Jahr 2010 (auf jeden Quadratmeter der äußeren Erdatmosphäre trifft ein durchschnittlicher Energiestrom von 1353W), und sie ist nach menschlichen Maßstäben unerschöpflich, kostenlos und umweltfreundlich.
Um dieses Energieangebot nutzen zu können, ist eine Betrachtung von Strahlungsintensität und -dauer in Abhängigkeit von Fassadenausrichtung und -neigung von maßgeblicher Bedeutung. Die Planung von Fassaden erfordert mit Blick auf die Solarstrahlung außerdem eine umfassende Berücksichtigung folgender Zusammenhänge und Abhängigkeiten:

- Sonnenstandverlauf bezogen auf Standort, Tages- und Jahreszeit
- Strahlungsmenge je nach Flächenausrichtung und -neigung, Standort, Tages- und Jahreszeit sowie Wetter
- verschiedene Arten an Strahlung (diffus, direkt und verschiedener Wellenlänge) und deren quantitatives Verhältnis in Abhängigkeit von Wetter, Ausrichtung, Standort, Tages- und Jahreszeit
- Wechselwirkungen mit Oberflächen und Materialien
- Relation zum Wärmebedarf, wie er sich aus der vorgesehenen Nutzung ergibt

Eine Auswahl wesentlicher Zusammenhänge zeigen die Abbildungen A 1.3–A 1.11.

Im Hinblick auf das solare Strahlungsangebot können für Deutschland folgende Werte als Grundlage angesetzt werden [2]:

1300–1900	Sonnenstunden / Jahr
750–1250	Sonnenstunden / Heizgrenze 15 °C
500– 950	Sonnenstunden / Heizgrenze 12 °C
400– 775	Sonnenstunden / Heizgrenze 10 °C

Der Anteil der diffusen Strahlung bezogen auf das Gesamtstrahlungsangebot eines Jahres beträgt circa:

Südfassade	30 %
Ost- und Westfassade	60 %
Nordfassade	90 %

(Differenz zu 100 %: direkte Strahlung)

Das Strahlungsangebot der Sonne birgt aber auch Gefahren für den Menschen (Überhitzung, vorzeitige Hautalterung, Hautkrebs), vor denen es sich in geeigneter Weise zu schützen gilt.

Thermischer Komfort / Behaglichkeit

Die Anforderungen an die klimatischen Innenbedingungen lassen sich unter dem Begriff der thermischen Behaglichkeit zusammenfassen. Maßgebliche Einflussfaktoren, die im Zusammenhang mit der Ausbildung der Fassade stehen, sind (Abb. A 1.12):

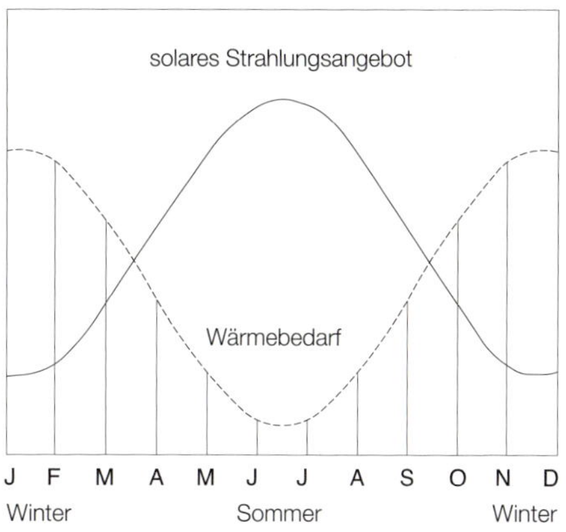

A 1.7

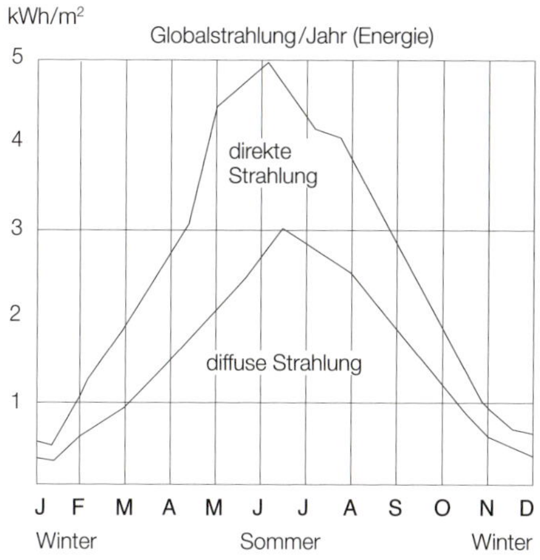

A 1.8

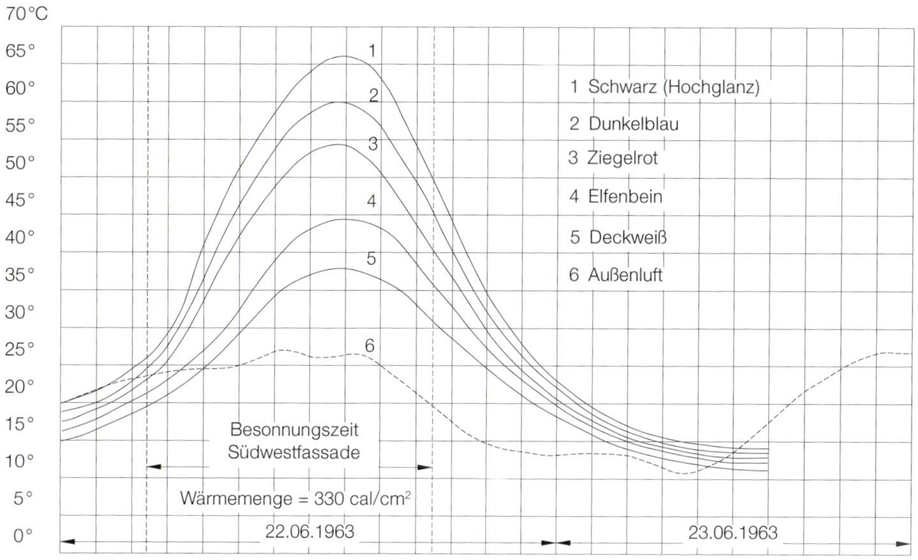

A 1.9

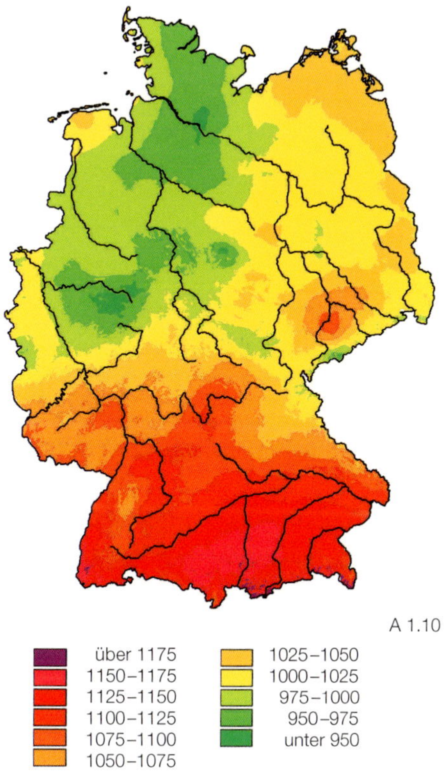

A 1.10

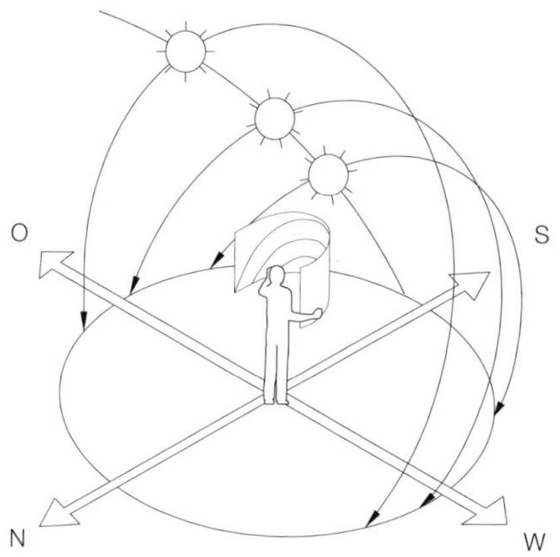

A 1.11

A 1.7 Wärmebedarf / Sonnenscheindauer (schematisch)
A 1.8 Strahlungsintensität im Tagesdurchschnitt am Beispiel von Mitteldeutschland (50 °NB)
A 1.9 gemessene Oberflächentemperaturen an einem sonnigen Tag bei verschieden farbigen, südorientierten Fassadenoberflächen
A 1.10 örtliche Verteilung der Jahresglobalstrahlung [kWh/m²] in Deutschland
A 1.11 Prinzip der Projektionsdiagramme der Sonnenbahnen

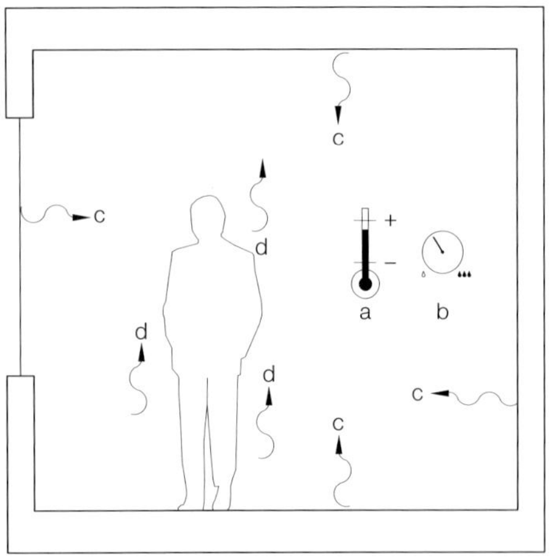

A 1.12

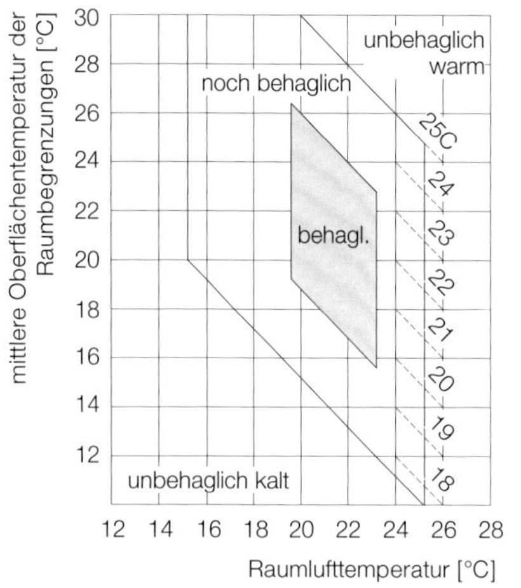

A 1.13

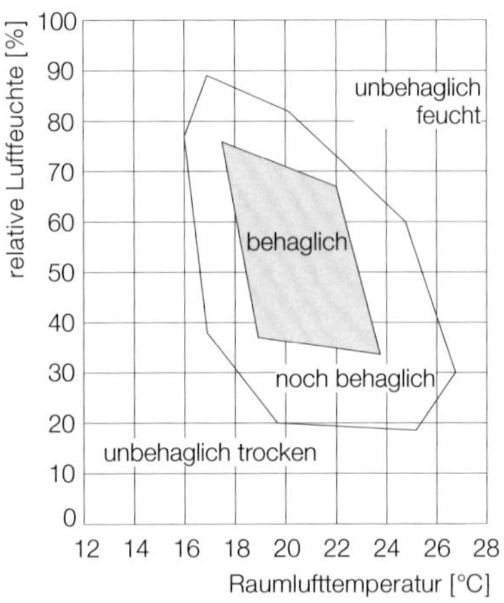

A 1.14

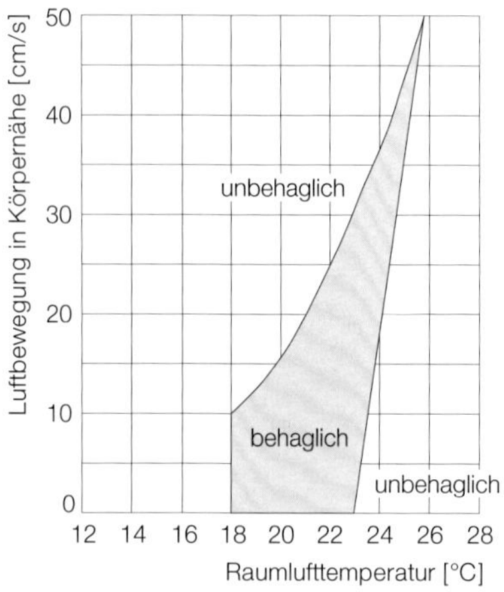

A 1.15

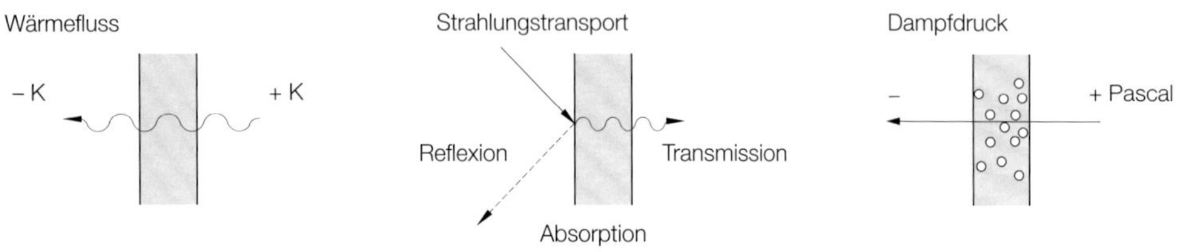

A 1.16

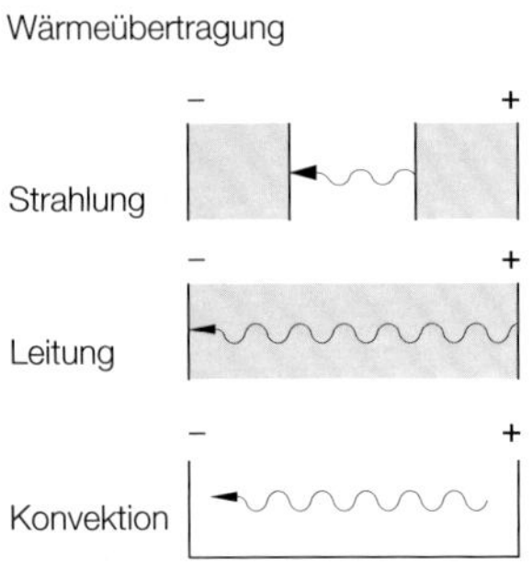

A 1.17

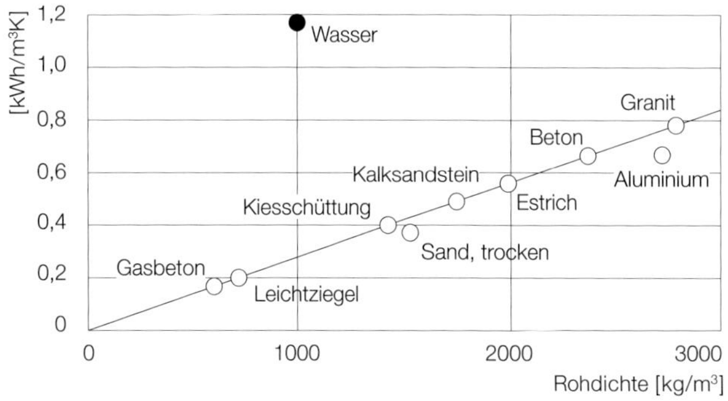

A 1.18

A 1.12 thermische Behaglichkeit: Einflussfaktoren
a Raumlufttemperatur
b relative Raumluftfeuchte
c Oberflächentemperatur
d Luftströmung am Körper

A 1.13 Raum-/Oberflächentemperatur
Behaglichkeitsfeld in Abhängigkeit von Raumluft- und mittlerer (wenig unterschiedlicher) Oberflächentemperatur der Raumbegrenzungen (nach Frank, 1975)

A 1.14 Raumtemperatur/relative Luftfeuchtigkeit
Behaglichkeitsfeld in Abhängigkeit von Raumlufttemperatur und relativer Luftfeuchte (nach Leusden / Freymark, 1951)

- Temperatur der Raumluft (a)
- relative Raumluftfeuchte (b)
- Oberflächentemperatur der den Raum begrenzenden Bauteile (c)
- Luftströmungen am Körper (d)

Diese messbaren Größen bestimmen in Abhängigkeit von Region, Gewohnheit, Kleidung, Tätigkeit und individuellem Empfinden die thermische Behaglichkeit. Die Bereiche, in denen sich die Werte der einzelnen Einflussfaktoren bewegen sollten, nennt man Behaglichkeitsfelder (Abb. A 1.13–15). Für keinen der genannten Werte gibt es verbindliche Zielgrößen, vielmehr stehen alle in gegenseitiger Abhängigkeit. Die empfundene Raumtemperatur setzt sich näherungsweise zu gleichen Teilen aus Raumlufttemperatur und mittlerer Strahlungstemperatur der Raumumschließungsflächen zusammen.

Der Begriff der Behaglichkeit wird zunehmend über die rein klimatischen Anforderungen hinausgehend interpretiert:

- Lichtmilieu und visuelle Behaglichkeit: Lichtquantität, -qualität und Leuchtdichtekontraste (Blendschutz)
- hygienische Behaglichkeit (geringe Schad- und Geruchsstoffbelastung)
- akustische Behaglichkeit (Geräusche)
- elektromagnetische Verträglichkeit

Auch psychologische Faktoren (z. B. Materialien, Farben) und kulturelle Aspekte stehen hiermit im Zusammenhang und sollten Berücksichtigung finden.

Physikalische Grundprinzipien

Für das Verständnis der Funktionen der Fassade ist die Kenntnis der bauphysikalischen Grundprinzipien von großer Bedeutung, z. B. von Wärmefluss, Wasserdampfdruck oder Strahlungstransport (Abb. A 1.16).

Wärmetransport
Wärmeenergie fließt grundsätzlich von der wärmeren (energiereicheren) zur kälteren Seite. Es gibt drei Grundprinzipien des Wärmetransports (Abb. A 1.17):

- Wärmeleitung
- Wärmestrahlung
- Wärmekonvektion

A 1.15 Raumtemperatur / Luftbewegung
Behaglichkeitsfeld in Abhängigkeit von Raumlufttemperatur und Luftbewegung (nach Rietschel-Raiß)
Geltungsbereich für Abb. A 1.13–15:
- relative Luftfeuchte von 30 bis 70 %
- Luftbewegung von 0 bis 20 cm/s
- weitgehende Temperaturgleichheit aller raumbegrenzenden Flächen von 19,5 bis 23 °C

A 1.16 bauphysikalische Grundprinzipien (Auswahl)
A 1.17 Grundprinzipien der Wärmeübertragung
A 1.18 volumenbezogene Wärmespeicherkapazität ausgewählter Materialien

A 1.19 Warme Luft ist leichter und steigt auf.
A 1.20 Winddruck und -sog bei Strömungen um ein Gebäude
A 1.21 Eine strahlendurchlässige Fassadenebene ermöglicht die Erwärmung der Zwischenluftschicht, die daraufhin aufsteigt (»Kamineffekt«).
A 1.22 Verstärkung der Luftabführung über geeignete geometrische Lösungen
A 1.23 Wind: regionale Häufigkeiten und Richtungen im Jahresmittel am Beispiel München
Windgeschwindigkeit:
a bis 3 m/s
b mehr als 3 m/s

Für flächige Bauteile lässt sich der Wärmedurchgangskoeffizient U-Wert [W/m²K] berechnen.

Wärmeleitfähigkeit und -speicherkapazität
Die Wärmeleitfähigkeit und die Wärmespeicherkapazität sind materialabhängige Werkstoffeigenschaften und nehmen im Allgemeinen mit der Rohdichte zu, wobei die Wärmespeicherkapazität von Wasser im Vergleich zu üblichen Baustoffen eine deutliche Ausnahme darstellt (Abb. A 1.18).

Relative Luftfeuchtigkeit
Luft kann Wasserdampf aufnehmen, bis der Sättigungspunkt erreicht ist. Dieser ist von der Temperatur abhängig, daher spricht man von relativer Lutfeuchtigkeit. Bei gleicher Temperatur ist feuchte Luft geringfügig leichter als trockene.

Wasserdampfdruck
Wasserdampf strebt von der Seite mit größerem Dampfdruck (Partialdruck) zur Seite mit dem geringeren Druckniveau. Wird durch gleichzeitiges starkes Temperaturgefälle der Taupunkt unterschritten, kommt es zu Kondensaterscheinungen (und damit zum Risiko von Tauwasserbildung und Schimmel).

Strahlungstransport
Auf ein Bauteil auftreffende Strahlung wird reflektiert, absorbiert oder transmittiert (Abb. A 1.16 Mitte).
Die Wärmeabstrahlungseigenschaften sind im Wesentlichen von der Oberflächenbeschaffenheit eines Materials abhängig, insbesondere von dessen Farbe (Abb. A 1.9, S. 21).

Wind, Thermik und natürliche Lüftung: Grundprinzipien

Luftströmungen in der Atmosphäre (Wind), die Wechselwirkungen über Öffnungen von außen und innen sowie thermische Effekte in den angrenzenden Luftschichten sind als Phänomene bei jedem Gebäude wirksam und stellen eine weitere Außenbedingung dar. Da die wetter- und ortsspezifischen Windsituationen in Stärke und Richtung sehr unterschiedlich sind (Abb. A 1.23), können für die Planung nur statistische Werte zugrunde gelegt werden.

Die Luftströmungen, die sich aufgrund der geometrischen Eigenschaften von Körpern in speziellen Windsituationen einstellen, lassen sich in Windkanalversuchen und dynamischen, hochkomplexen Strömungssimulationen untersuchen. Daneben spielen grundsätzliche Überlegungen bei der Planung von Fassaden eine Rolle, die auf grundlegenden thermischen Prinzipien beruhen (Abb. A 1.19–22).
Bei der Ausbildung der Fassade sollte das Ziel verfolgt werden, eine weitgehend natürliche Be- und Entlüftung des Gebäudes zu ermöglichen. Hierdurch können Risiken minimiert werden, die im Zusammenhang mit dem sogenannten Sick-Building-Syndrom [3] stehen. Dabei sind folgende mit natürlicher Lüftung zusammenhängende Probleme so weit wie möglich zu vermeiden:
- erhöhter Wärmebedarf
- zu hohe Raumlufttemperatur im Sommer
- Zugerscheinungen im Inneren
- zu geringe Raumluftfeuchte im Winter
- zu geringe Lüftung bei Windstille

Je mehr sich Luft erwärmt (Energie aufnimmt), umso mehr bewegen sich die Gasmoleküle (Abb. A 1.19), der Luftdruck steigt, die Luft wird weniger dicht und damit pro Volumen leichter, sie steigt auf. In einem geschlossenen Raum kommt es daher zu unterschiedlichen Lufttemperaturen, einer Schichtung mit wärmerer Luft oben und kühlerer Luft unten.
Körper bilden ein Hindernis in einer Luftströmung, was zu einer Aufteilung des Luftstroms führt, der den Körper umfließt (Abb. A 1.20). Auf diese Weise entsteht neben Verwirbelungen ein erhöhter Luftdruck vor dem Gebäude und ein relativ niedrigerer dahinter (Sog). Dabei ist zu beachten, dass die Windrichtung stark schwankt (Abb. A 1.23) und sich solche Effekte schnell verändern können.
In Bodennähe treten durch Wechselwirkung mit der Oberfläche (Rauigkeit) und körperliche Hindernisse im Allgemeinen geringere Windgeschwindigkeiten auf, die mit zunehmender Gebäudehöhe steigen. Damit werden auch Winddruck und -sog stärker.
Trifft Strahlungsenergie durch eine transparente oder transluzente Schicht auf ein durch eine Luftschicht getrenntes Bauteil, so wird dieses durch Absorptionsvorgänge erwärmt. Es gibt einen Teil seiner Wärmeenergie an die angrenzende Luft im Zwischenraum ab, welche sich erwärmt und aufsteigt (Abb. A 1.21); es entsteht

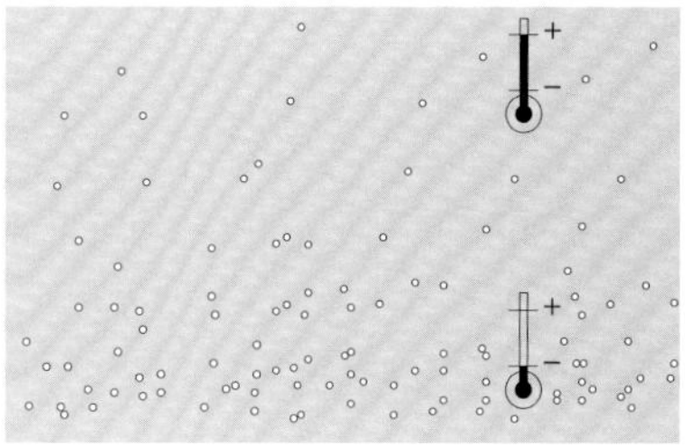
A 1.19

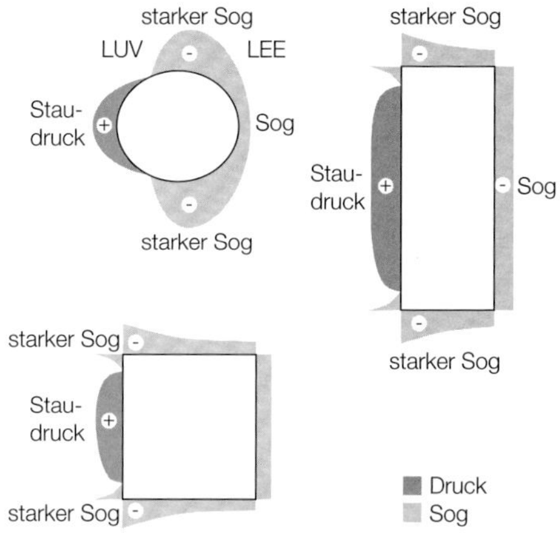

A 1.20

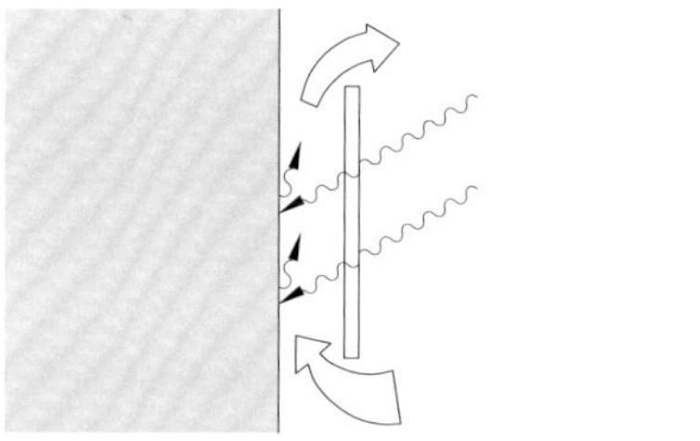
A 1.21

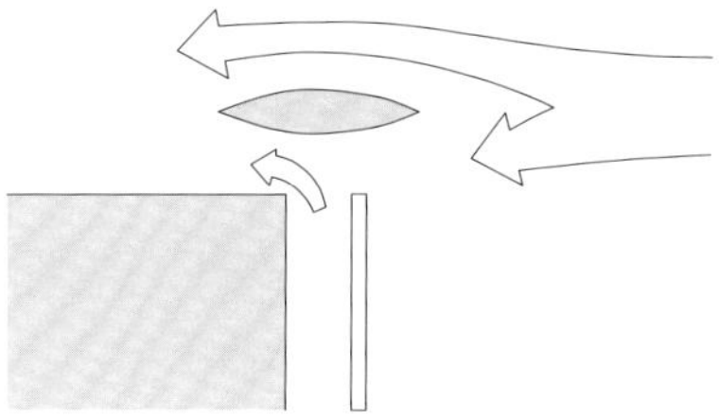
A 1.22

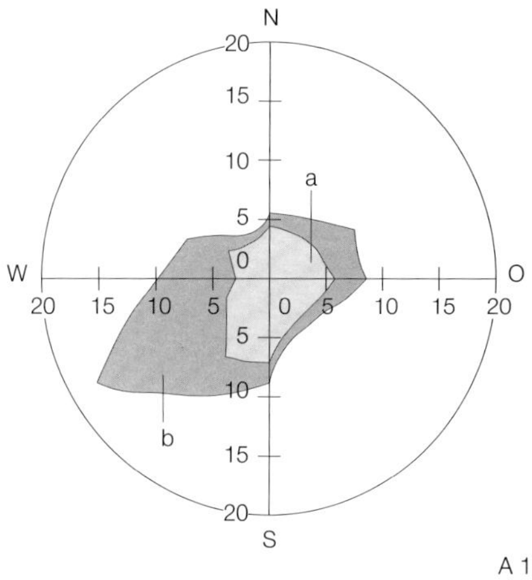

A 1.23

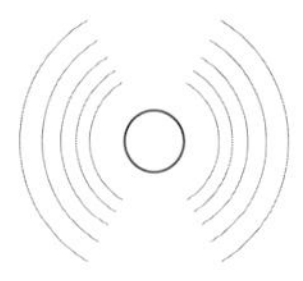

A 1.24

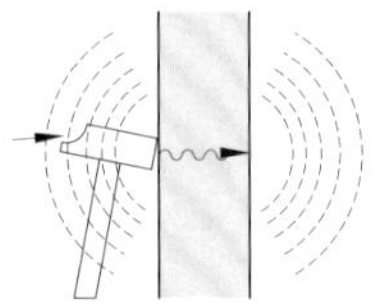

A 1.25

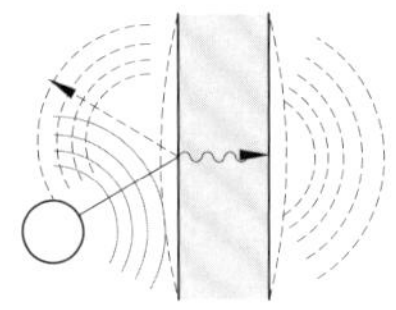

A 1.26

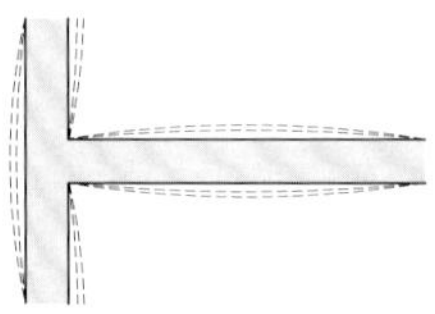

A 1.27

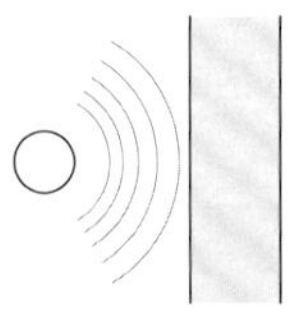

A 1.28

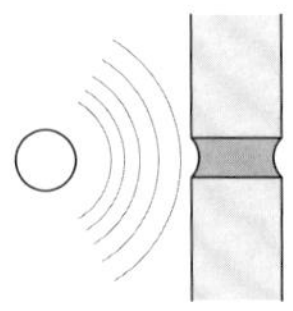

A 1.29

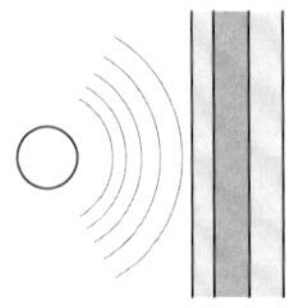

A 1.30

A 1.24 Schallquelle
A 1.25 Anregung von Masse durch mechanische Einflüsse
A 1.26 Anregung von Masse durch Luftschall, Weiterleitung im Material (Körperschall)
A 1.27 Übertragung von Schall in Bauteilen über weite Distanzen (auch »Schalllängsleitung«)
A 1.28 Strategie 1 gegen Luftschallübertragung: Masse
A 1.29 Strategie 2: effiziente Fugenabdichtung
A 1.30 Strategie 3: Prinzip Masse – Feder – Masse

Luftzirkulation. Dieser Effekt wird noch verstärkt, wenn die Luft oben entweichen und unten nachströmen kann.
Durch Körper mit geeigneten Geometrien kann die vorhandene Anströmung an ein Gebäude zur Erzeugung von zusätzlichem Unterdruck genutzt werden (Abb. A 1.22), um den Kamineffekt zu verstärken oder auch, um warme Luft aus einem darunter befindlichen Raum beschleunigt abzuführen.

Schallübertragung: Grundprinzipien

Schall tritt im Bereich der Fassaden sowohl als externe Bedingung wie auch als Anforderung von innen (Schallschutz) auf, da sich die Schallquelle auf beiden Seiten der Fassade befinden kann.
Der Schallschutz stellt besonders hohe Anforderungen an sorgfältige Planung und Ausführung, da Schallübertragung schon über minimale Schallbrücken stattfinden kann. Schallwellen breiten sich von Schallquellen etwa kugelförmig durch das Medium Luft in den Raum aus (Luftschall, Abb. A 1.24). Sie werden von allen raumbegrenzenden Flächen und Objekten im Raum mehr oder weniger reflektiert. Je glatter und härter die Oberfläche, desto ungestörter und vollständiger erfolgt die Reflexion.

Wird ein festes Material in Schwingung versetzt, z. B. durch mechanische Einflüsse (Schritte auf dem Boden), so breiten sich auch über die Masse der Bauteile Schallwellen aus, die als Körperschall (Abb. A 1.25) bezeichnet werden. Wird ein Festkörper durch Luftschall angeregt, breitet sich in ihm Körperschall aus (Abb. A 1.26). Hierdurch kann die Luftschicht auf der anderen Seite angeregt werden, die auf diese Weise die Wellen wieder in Form von Luftschall weitertransportiert.
Schallwellen können durch Körperschallübertragung sehr lange Wege zurücklegen (Abb. A 1.27). Hängen die »festen« Bauteile eines Gebäudes zusammen, breitet sich Schall auf diesem Weg unter Umständen durch das ganze Haus aus. Man spricht dann von »Flankenübertragung« und »Schalllängsleitung«.
Eine mögliche Strategie gegen Luftschallübertragung besteht in der Erhöhung der Masse (Abb. A 1.28): Der Körper wird möglichst schwer und damit träge ausgebildet, d. h. er besteht aus einem Material mit hoher Dichte und lässt sich daher durch Luftschallwellen nur in geringem Maß in Schwingung versetzen.
Eine weitere Maßnahme gegen Luftschallübertragung ist eine möglichst effiziente Abdichtung (Abb. A 1.29), wodurch vermieden wird, dass sich Luftschall direkt durch Undichtigkeiten wie Fugen, Spalten und Ritzen ausbreitet. Zusätzlich besteht die Möglicheit, Luftschallübertragung durch eine zweischalige Konstruktion mit gedämmtem Zwischenraum zu dämpfen (Abb. A 1.30). Besonders effizient ist eine solche Maßnahme, wenn die beiden Schalen unterschiedlich dick und schwer sind und damit verschiedene Eigenfrequenzen aufweisen. Hierbei darf der Erfolg nicht durch starre Verbindungsmittel zwischen den beiden Schalen gefährdet werden (Prinzip: Masse – Feder – Masse). Weitere bauphysikalische Aspekte zum Thema Schallschutz behandelt das Kapitel »Bauphysikalische Aspekte und Planungshinweise« (S. 52ff.).

Bauliche Umsetzung

In direktem Zusammenhang mit den erläuterten Außen- und Innenbedingungen, den daraus abgeleiteten funktionalen Anforderungen und den zugrunde liegenden bauphysikalischen Grundprinzipien stehen Wechselwirkungen zwischen den Bauteilen, die sich aus der baulichen Umsetzung ergeben.
Über ein strahlungsdurchlässiges Bauteil kommt es z. B. durch Transmission zu einem Energieeintrag im Gebäudeinneren (Abb. A 1.31). Trifft die Strahlung auf Oberflächen im Rauminnern, wird ein Teil der Energie über Absorption auf das Material übertragen und von dort über Wärmeleitung weitertransportiert (Abb. A 1.32). Ein anderer Teil wird entsprechend der Wärmespeicherkapazität des Materials »eingelagert«. Dieses Potenzial bezeichnet man als thermische Speichermasse.
Die Energie wird mehr oder weniger zeitversetzt (u. a. abhängig von der ebenso materialspezifischen Wärmeleitfähigkeit) über Wärmestrahlung in den Raum zurückgeführt (Abb. A 1.33). Durch geeignete Materialwahl und Bauteildimensionierung kann dieser Effekt dazu genutzt werden, Temperaturspitzen auszugleichen, ohne dass neue Energiezufuhr (Heizen oder Kühlen) notwendig wird.
Über konvektive Vorgänge lässt sich durch geregelte bzw. kontrollierte Lüftung Energie zwischen innen und außen transportieren (Abb. A 1.34). Dies kann in beide Richtungen funktionieren. Durch die geschickte Ausnutzung thermischer Effekte (Abb. A 1.19, 21 und 22, S. 23) kann man gegebenenfalls sogar auf mechanische Lüftung verzichten.

Treibhauseffekt
Trifft energiereiche, kurzwellige Sonnenstrahlung auf Oberflächen im Rauminneren, wird ein wesentlicher Anteil der Energie in Form von langwelliger Strahlung im Infrarotbereich diffus an das Rauminnere abgegeben (Abb. A 1.35, links), wo sie zur Erwärmung der Raumluft und anderer Oberflächen beiträgt. Die sehr geringe Strahlungsdurchlässigkeit der transparenten und transluzenten Fassadenflächen im langwelligen Bereich (z. B. Glas, vor allem aber transluzente Dämmschichten oder wärmedämmende Mehrscheibenverglasungen, unter Umständen mit Edelgasfüllung und zusätzlicher, wirkungssteigernder Beschichtung) verhindert einen Wiederaustritt der Strahlung und hält sie gleichsam im Raum »gefangen«. Man

spricht vom Treibhauseffekt. Ist dieser Effekt erwünscht, kann man über die Ausrichtung der strahlungsdurchlässigen Fläche zur Strahlungsquelle (also meist durch die Orientierung zur Sonne) und den damit verbundenen Eintrittswinkel der Strahlung den Wirkungsgrad maßgeblich beeinflussen (Abb. A 1.36): Je flacher die Strahlung auftrifft, desto höher ist der reflektierte – und damit außen gehaltene – Strahlungsanteil (Abb. A 1.35). Beträgt der Einfallswinkel 90°, so wird ein minimaler Anteil zur Fläche reflektiert. Dessen genauer Umfang ist – wie der Absorptionsanteil – eine materialspezifische Größe und durch zusätzliche Maßnahmen modifizierbar, z. B. durch Beschichtungen (siehe »Glas«, S. 189ff.).

Öffnung und Einstrahlungswinkel
Die durch eine gleich große und gleich orientierte Öffnung eintretende Strahlungsmenge ist je nach Einfallswinkel sehr unterschiedlich (Abb. A 1.36). Dieser Effekt spielt bei der Ausbildung von Öffnungen und Sonnenschutzsystemen im Zusammenhang mit den jahreszeitlichen Schwankungen des Sonnenstands eine maßgebliche Rolle (siehe »Ränder, Öffnungen«, S. 40f.).

Konsequenzen für den Grundriss / Zonierung
Durch eine Anordnung der Räume nach dem Prinzip der »thermischen Zwiebel« lassen sich schon im Rahmen der Grundrissplanung Anforderungen an die Fassade beeinflussen: Räume mit höherem Temperaturniveau werden von Bereichen mit geringeren Anforderungen umgeben (Abb. A 1.37). Durch diese »Pufferzonen« sind Heiz- bzw. Kühllasten in der Regel wirkungsvoll reduzierbar.
Als Konsequenz aus dem Sonnenverlauf kann es auch zur Gewinnung von solarer Wärme über den Treibhauseffekt sinnvoll sein, die Sonnenstrahlung über eine vorgelagerte Zone (entsprechend Abb. A 1.38) »einzufangen« und die Wärme durch die geeignete Ausbildung innen liegender Oberflächen zu speichern. Über die Nordseite sind in Mitteleuropa kaum solare Gewinne zu erzielen, daher ist diese entsprechend zu dämmen. Dieses Konzept führt allerdings vor allem im Sommer leicht zu Überhitzung und erfordert daher entsprechende Verschattungs- und Ablüftungsmöglichkeiten.

Anmerkungen:
[1] Hartwig, Helge: Zentral – Dezentral. Fassadenintegrierte dezentrale Gebäudetechnik. In: gi – Gesundheits-Ingenieur, 125. Jg. 05/2004, S. 227–234
[2] Die Anzahl der Sonnenstunden/Jahr gilt für die Referenzperiode 1981–2010. Aus: Clima Data Center (CDC) des Deutschen Wetterdiensts.
Die Anzahl der Sonnenstunden/Heizgrenze wurde mit Datensätzen des Wetterdatenportal WESTE des Deutschen Wetterdiensts errechnet.
[3] Zum Begriff »Sick-Building-Syndrome« siehe: Dompke, Mario u. a. (Hrsg.): Sick Building Syndrome II. Dokumentation zum Workshop in Holzkirchen 1996 vom Fraunhofer Institut für Bauphysik und Bundesindustrieverband Heizungs-, Klima-, Sanitärtechnik e. V. Bonn 1996

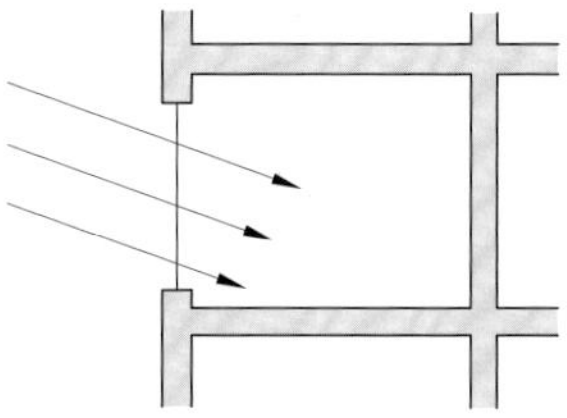
A 1.31

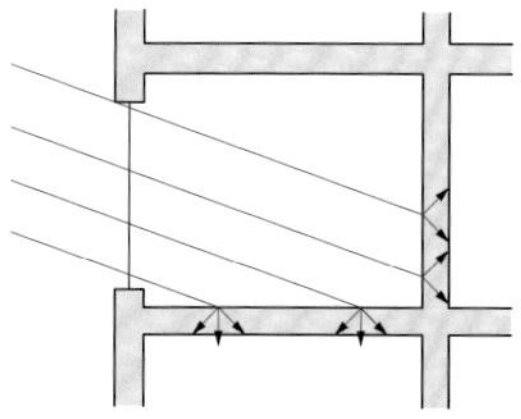
A 1.32

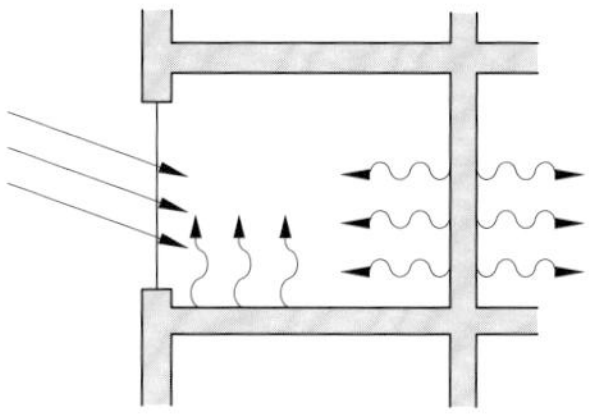
A 1.33

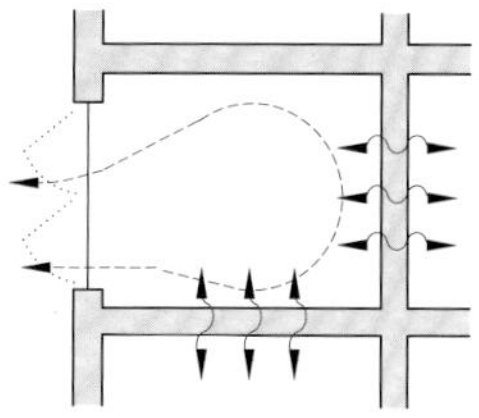
A 1.34

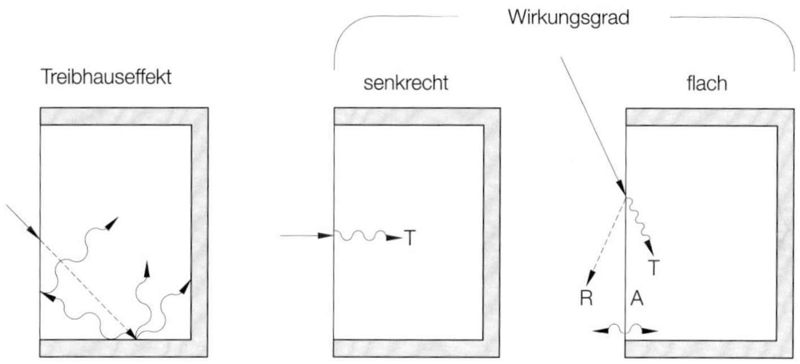

A 1.35

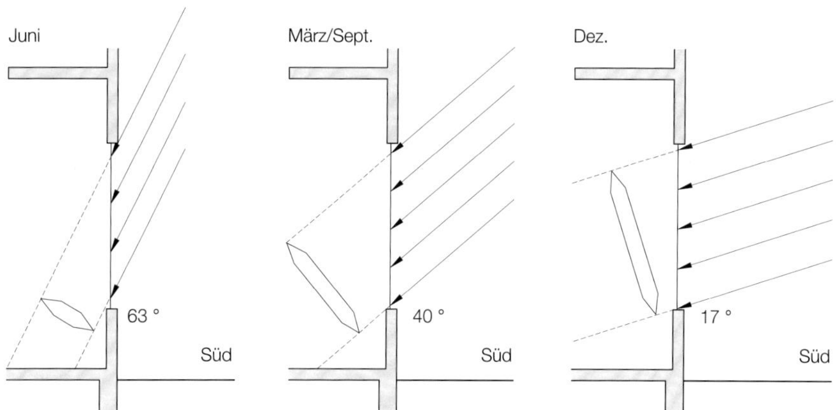

A 1.36

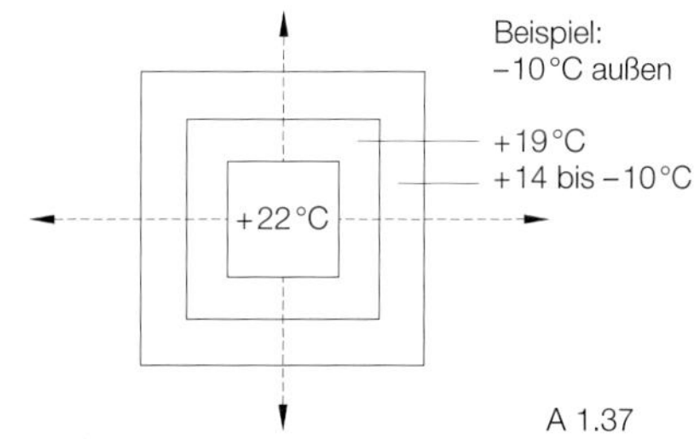

A 1.37

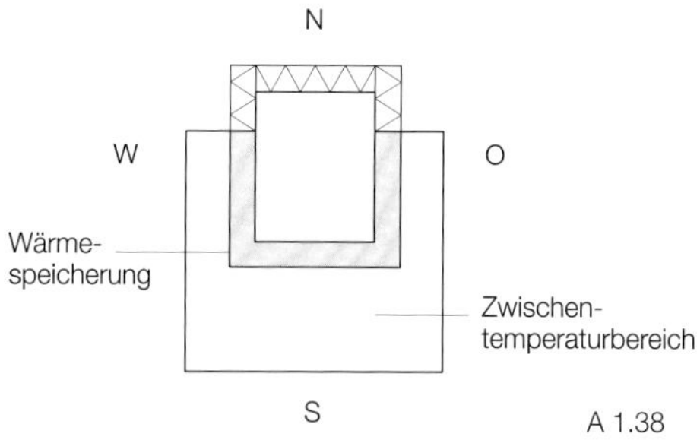

A 1.38

A 1.31 Transmission
A 1.32 Erwärmung – Wärmeleitung
A 1.33 thermische Speichermassen – Wärmestrahlung
A 1.34 Konvektion – Verteilung – Regelungen
A 1.35 Treibhauseffekt – Ausnutzung
A 1.36 Einfallswinkel Solarstrahlung / Öffnungen
A 1.37 »thermische Zwiebel« – temperaturbezogene Zonierung des Grundrisses
A 1.38 Gebäudeorientierung – Wärmespeicherung – Wärmedämmung

A 2.1 Flächen – Strukturelle Prinzipien

Fassaden sind vorwiegend senkrechte sowie flächige bauliche Strukturen zwischen Außen- und Innenraumklima. Unabhängig von ihrer materiellen Realisierung bestehen diverse allgemeingültige Merkmale und technische Lösungsprinzipien für Fassadenflächen, die nachfolgend beschrieben werden. Ihre Kenntnis erweist sich beim Konstruieren als hilfreich. Ein Lösungsprinzip zeigt dabei eine grundsätzliche Umsetzung einer abgegrenzten Konstruktionsaufgabe für vorab definierte Funktionen auf [1]. Hierfür werden physikalische, chemische und geometrische Effekte genutzt und ihr Zusammenwirken in einer geeigneten Struktur verknüpft [2].

Die Struktur der Fassade wird betrachtet:
- in der Fassadenebene (Abb. A 2.1.2)
- senkrecht zur Fassadenebene (Abb. A 2.1.3)

Gemäß den gestellten Funktionen und Anforderungen sind Fassaden bestimmte Leistungsprofile zuzuordnen, die in der Fläche variieren können. Ihre technische und materielle Umsetzung erfordert senkrecht zur Fassadenebene u. U. mehrere Funktions- und Konstruktionsebenen. Zusätzliche bauliche Strukturen, die selbst nicht Teil der raumabschließenden Hülle sind (wie z. B. horizontale Sonnenschutzeinrichtungen, Lichtlenksysteme, Wartungsstege etc.), können sich dabei als sinnvoll erweisen. Ziel sollte eine in ihren Komponenten effizient zusammenwirkende Struktur sein.

Klassifikation von Lösungsansätzen [3]

Funktionale Kriterien

Leistungsprofile als Zielvorgabe für die Fassadenflächen definieren sich über die allgemeinen Schutzfunktionen wie Dämmen und Dichten hinaus insbesondere über die Permeabilität bezüglich Luft und Licht bzw. Strahlung (Abb. A 2.1.4). Der Grad der Durchlässigkeit ist entscheidend für den Charakter der Hüllfläche, den Gebrauchswert und die Qualität der Innenräume. Er beeinflusst wesentlich die Energiebilanz eines Gebäudes. Wichtige Unterscheidungskriterien sind, inwieweit Fassadenflächen auf wechselnde Bedingungen reagieren können, ob sie veränderbar sind und sich eventuell sogar selbst regeln können.

Permeabilität bezüglich Luft
Natürliche Lüftungsstrategien erfordern veränder- und regelbare Durchlässigkeit für Luft. Aber auch die Abfuhr überschüssiger Wärme, von Wasserdampf sowie im Brandfall heißer und giftiger Gase kann eine entsprechende Durchlässigkeit erforderlich machen.

Permeabilität bezüglich Licht
Qualität und Quantität der Licht- bzw. Strahlungsdurchlässigkeit bestimmen die natür-

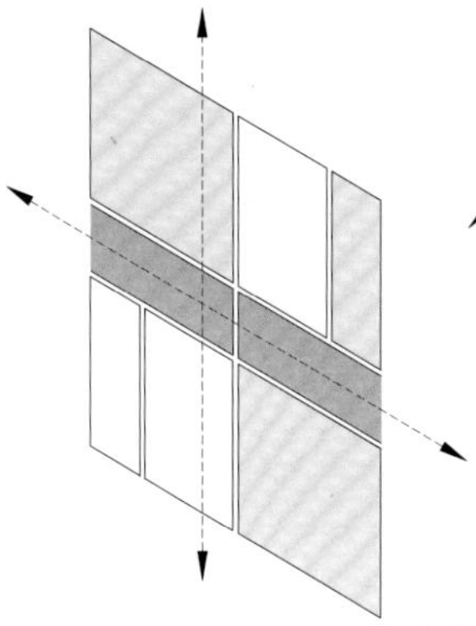

A 2.1.2

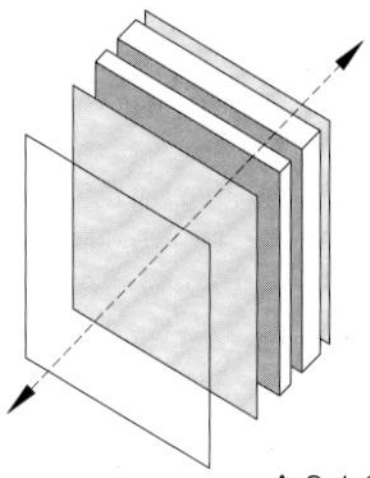

A 2.1.3

A 2.1.2 struktureller Aufbau innerhalb der Fassadenebene
A 2.1.3 struktureller Aufbau senkrecht zur Fassadenebene
A 2.1.4 funktionale Kriterien von Fassaden
A 2.1.5 konstruktive Kriterien von Fassaden

Kriterium	Ausprägung
Permeabilität – Luft	geschlossen
	teildurchlässig offen
Permeabilität – Licht	opak
	transluzent semitransparent transparent offen
Energiegewinn	keiner
	Wärme Strom
Veränderbarkeit	nicht veränderbar
	mechanisch phys. strukturell chem. substanziell
Regelung	manuell direkt / indirekt selbstregelnd mit Regelkreistechnik

A 2.1.4

Kriterium	Ausprägung
Teil des Tragwerks	nicht tragend
	tragend
Aufbau in Schichten	einschichtig
	mehrschichtig
Aufbau in Schalen	einschalig
	mehrschalig
Hinterlüftung	nicht hinterlüftet
	hinterlüftet
Vorfertigung	niedrig
	hoch

A 2.1.5

A 2.1.1 Atelierhaus, München (DE) 1993, Thomas Herzog mit Peter Bonfig

liche Belichtung und den atmosphärischen Charakter eines Raums, ermöglichen Sichtbezüge von innen nach außen und umgekehrt, Wärmeenergie wird ein- oder abgestrahlt. Bei perforierten, semitransparenten Flächen können besondere wahrnehmungsspezifische Phänomene z. B. für Sonnen- und Blendschutzeinrichtungen von Nutzen sein. Selbst Flächen mit sehr geringem Lochanteil sind bei kleinen und eng stehenden Perforationen für den Betrachter in Richtung des helleren Lichtmilieus blickdurchlässig, da die menschliche Wahrnehmung das Fehlende zu einem Gesamtbild »ergänzt«. In Richtung des dunkleren Lichtmilieus hingegen erscheint eine solche Fläche blickdicht, da das Auge eine Adaption an die geringere Helligkeit der kleinen Löcher nicht leisten kann.

Energiegewinn
Für Solarstrahlung durchlässige Flächen ermöglichen direkten Energiegewinn durch Erwärmung von Bauteilen wie Böden und Wänden im Gebäudeinneren. Mit besonderen technischen Einrichtungen (z. B. TWD-Absorberwand, Solarthermie, Photovoltaik,) lässt sich im Fassadenaufbau selbst Wärme oder Strom für den Betrieb eines Gebäudes gewinnen (siehe »Solartechnik«, S. 294ff.).

Veränderbarkeit
Durch Änderung der Position oder der Eigenschaften von Bauteilen kann die Fassadenfläche auf sich ändernde Außenbedingungen reagieren, z. B.:

- durch mechanische Bewegung von Fassadenteilen (Lamellenstellung, Öffnungsgrad von Klappläden etc.)
- durch elektrische, thermo- oder photosensitive Prozesse ausgelöste, reversible Veränderungen von Materialeigenschaften, die sich z. B. auf die Durchlässigkeit von Lichtstrahlen auswirken. Die Veränderungen selbst sind entweder physikalisch struktureller Natur – Wechsel des Aggregatzustands oder andere Ausrichtung von Kristallstrukturen – oder chemisch substanzieller Art – Änderung der chemischen Verbindung [4].

Regelung
Veränderbarkeit erfordert Regelung. Eine Nachführung an wechselnde Bedingungen ist wie folgt möglich:

- durch manuelle oder mechanische Betätigung, direkt oder indirekt, z. B. per Knopfdruck
- selbstregulierend, z. B. durch thermosensitive Prozesse veränderte Lichtdurchlässigkeit thermotroper Gläser
- nach dem Prinzip der Regelkreistechnik mit Sensoren und mikroprozessorgesteuerten Stellmotoren

Grundlegende konstruktive Kriterien
Die Klärung wichtiger konstruktiver Grundsatzentscheidungen bereitet die strukturelle und materielle Umsetzung vor (Abb. A 2.1.5).

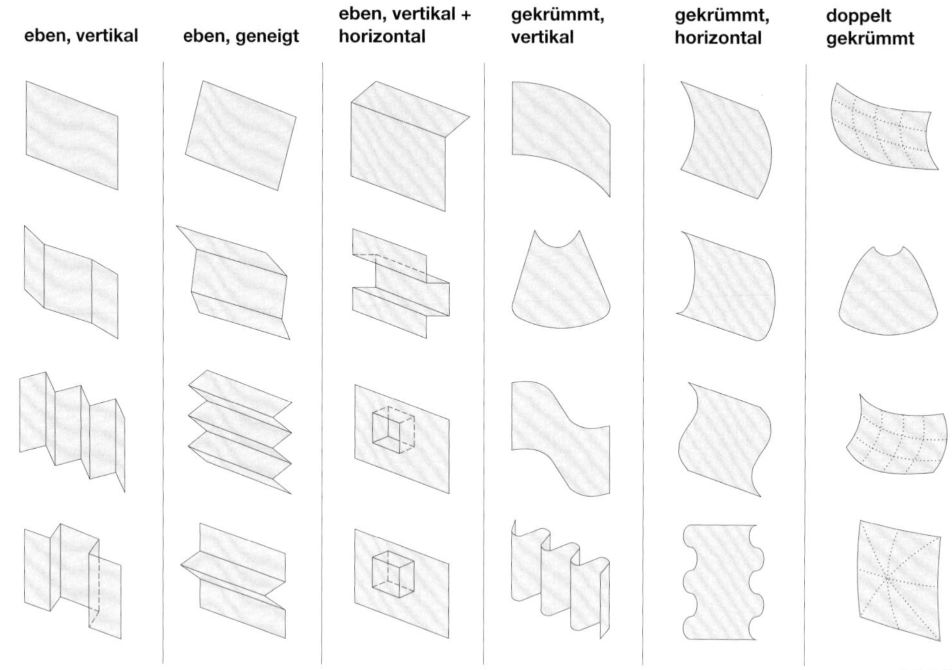

A 2.1.6

Bezug zum Tragwerk
Nicht tragende Fassaden übernehmen keine Lasten oder andere Aufgaben des Tragwerks für die Standsicherheit des Gebäudes.

Aufbau in Schichten und Schalen
Ebenen unterschiedlicher Stofflichkeit, Stärke und Struktur können auf bestimmte Teilaufgaben hin optimiert und nach bauphysikalischen und konstruktiven Prinzipien zu einer funktionellen Einheit – dem Fassadenaufbau – addiert werden. Dabei lassen sich zahlreiche Kombinationsmöglichkeiten mit entsprechenden Leistungsprofilen erzielen. Konstruktionsstärken der einzelnen Funktionsebenen können von Bruchteilen von Millimetern (z. B. Low-E-Beschichtung einer Wärmeschutzverglasung) bis zu einigen Metern (z. B. Luftschicht bei mehrschaligen Glasfassaden) variieren. Maßgeblich für eine effiziente Funktion und die Vermeidung von Bauschäden ist die richtige Reihenfolge. Für die Lastabtragung unbedeutende oder untergeordnete Funktionsebenen lassen sich als Schichten oder Lagen klassifizieren. Dagegen sind Schalen statisch beanspruchbar und räumlich freigestellt (vgl. S. 36) [5].

Hinterlüftung
Hinterlüftete Fassadenaufbauten besitzen eine oder mehrere Luftschichten, die mittels thermischer Auftriebskräfte Kondensat und / oder Wärme wirkungsvoll abführen. Solche Systeme sind definitionsgemäß immer mehrschalig.

Vorfertigung
Der angestrebte Grad der Vorfertigung prägt maßgeblich das Konstruktionsprinzip, die Art der Elementierung, die absolute Größe der einzelnen Bauteile und die Bedingungen, unter denen die Fassade montiert und eventuell wieder demontiert werden kann.

Struktur in der Fassadenebene

Flächenarten
Bei der Festlegung der Außengeometrie des Gebäudevolumens sind Eigengesetzmäßigkeiten der umgebenden Hülle zu beachten. Jede Fassade setzt sich aus mehreren ebenen oder gekrümmten Flächenanteilen zusammen, die sich untereinander und mit den Dachflächen in Linien (Kanten) schneiden oder berühren. Wie die Flächen geformt und im Raum angeordnet sind, ob senkrecht oder geneigt bis nahezu horizontal, hat entscheidenden Einfluss auf die gestalterische und konstruktive Detaillierung der Fassade (Abb. A 2.1.6). Beachtung erfordern Schnittkanten und insbesondere Ecken, in denen drei Flächen zusammentreffen.
Die räumliche Konzeption der Flächenanordnung wird von diversen Faktoren bestimmt, die selten ausschließlich, meist kombiniert und mit unterschiedlicher Gewichtung zum Tragen kommen, so z. B. durch:

- Grund- und Aufrissgeometrie des Gebäudevolumens
- Nutzungsaspekte (z. B. Schaffung von Nischen für nicht einsehbare Freiräume)
- Tragwerkskonzept der Hüllfläche selbst (z. B. Faltwerk)
- Aspekte des Wärmeschutzes (z. B. Minimierung des Verhältnisses Hüllfläche / Volumen A/V)
- konstruktive Aspekte (z. B. Wasserführung)
- materialspezifische Aspekte
- gestalterische Absichten

Einschätzung unterschiedlicher Flächenarten
Vertikale Flächen
Die Wasserführung bei vertikalen Flächen ist unproblematisch, Faltungen und Versprünge erhöhen die Außenfläche, zusätzlich müssen Innenkanten konstruktiv und geometrisch

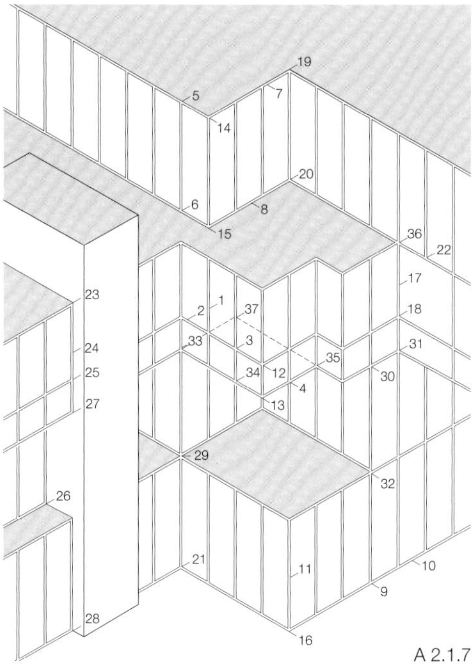

A 2.1.7

bewältigt werden. Im spitzen Winkel aufeinandertreffende Flächen können in der Herstellung und in der Nutzung Probleme verursachen. Bei der konstruktiven Ausbildung vertikal verlaufender Kanten erweist sich der Umstand als günstig, dass sie in Fließrichtung des Fassadenwassers verlaufen. Gefaltete Flächen lassen sich als statisch wirksame Faltwerke ausbilden.
Abbildung A 2.1.7 zeigt 37 unterschiedliche geometrische Fälle auf, bei denen sich Fassadenflächen untereinander oder mit Boden- bzw. Dachflächen in Kanten und Ecken treffen. Jeder dieser markierten Punkte erfordert eine eigene konstruktive Detaillierung und Ausführung. Punkte, in denen mehr als drei unterschiedliche Flächen zusammentreffen (wie bei Nr. 29), sind konstruktiv und gestalterisch kaum zu bewältigen. Spielen zugleich unterschiedliche Neigungen oder gar Krümmungen eine Rolle, wird die Anzahl der geometrischen und somit konstruktiven Fallbeispiele deutlich größer [6].

Geneigte Flächen
Bei jeder Neigung aus der Vertikalen, insbesondere bei Vor- und Rücksprüngen in stark geneigten Flächen, treten zusätzliche Beanspruchungen bzw. Aspekte auf: Die Wasserführung wird erschwert, Schnee und Eisbildung verursachen weitere Beanspruchungen, größere horizontale Flächen müssen wie Dachflächen behandelt und kontrolliert entwässert werden, die Oberfläche vergrößert sich, Dichtungs- und Dämmebenen verspringen und provozieren an den Knicklinien konstruktive Schwachstellen.
Jede Fensterlaibung, jeder Erker, jede Loggia bedeutet Flächenversprünge sowohl in der Vertikalen als auch in der Horizontalen. Zusätzlich entstehen Innen- bzw. Außenkanten und -ecken.

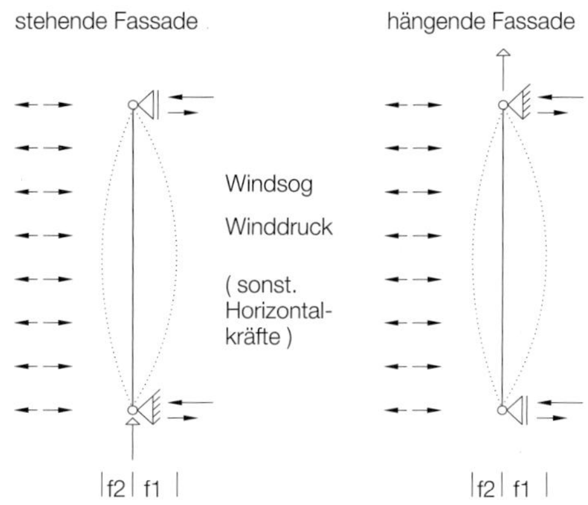

A 2.1.8

A 2.1.6 typische Flächenarten, die zu zahlreichen Varianten kombiniert werden können
A 2.1.7 Fallbeispiele unterschiedlicher Anschlussdetails bei senkrechtem, orthogonalem Fassadensystem
A 2.1.8 Schema stehende / hängende Fassade

Gekrümmte Flächen
Sofern gekrümmte Flächen senkrecht verlaufen, ist die Wasserführung nicht erschwert. Meistens können Krümmungen nicht kontinuierlich, sondern wegen der Ausgangsgeometrie der Materialien und Halbzeuge nur als Polygonzüge konstruktiv umgesetzt werden.

Doppelt gekrümmte Flächen
Doppelt gekrümmte Flächen sind nicht zwingend an Schalentragwerke oder Membrankonstruktionen gekoppelt. Oft werden solche Geometrien als Translationsflächen erzeugt, die eine bauliche Umsetzung mit ebenen, polygonalen Einzelfächen ermöglichen.

Prinzipien der Lastabtragung
Einwirkende Lasten
Die Fassade muss die einwirkenden Lasten sicher aufnehmen und an das Tragwerk (Primärtragwerk) weitergeben (Abb. A 2.1.8). Jede Fassadenkonstruktion, auch eine nicht tragende, ist als Sekundärtragwerk für folgende Beanspruchungen zu konzipieren und zu dimensionieren:

- Vertikallasten: Eigenlast, Sonderlasten (z. B. Sonnenschutzvorrichtungen, Pflanzen, temporäre Gerüste), Verkehrslasten (z. B. Personenlast), Schnee- und Eislasten (z. B. an Fassadenbegrünungen für jeden Einzelfall zu ermitteln)
- Horizontallasten: Windlast (Druck und Sog stehen im Allgemeinen im Verhältnis 8:5, in Randbereichen teils erheblich höhere Soglasten), Verkehrslasten (z. B. Anprall-lasten)
- Belastungen aus Zwangskräften, verursacht durch thermisch oder hygrisch bedingte Volumenänderungen

Üblicherweise werden die Lasten aus der Fassadenfläche in Deckenkonstruktionen, Wände und Stützen des Tragwerks eingeleitet. Die Abtragung bzw. Einleitung von Vertikal- und Horizontallasten kann dabei getrennt voneinander in unterschiedliche Bauteile des Tragwerks erfolgen.

Stehende und hängende Fassade
Eine grundlegende Unterscheidung bezüglich des Tragverhaltens ergibt sich aus der Frage, ob die Fassade »hängt« oder »steht«, ob die flächigen oder linearen Bauteile auf Zug und Biegung oder auf Druck und Biegung und damit zusätzlich auf Knicken (Stabilitätsproblematik) zu bemessen sind. Die hängende Montage, bei der das Eigengewicht am Fassadenbauteil oben in das Tragwerk (z. B. in die Deckenplatte) eingeleitet wird, hat sich aufgrund der prinzipiellen Vorteile weltweit durchgesetzt:

- Sofort nach dem Einhängen befindet sich das Bauteil in stabiler Position (im Gegensatz zur labilen Position des stehenden Bauteils), was bezüglich der Sicherheit auf der Baustelle – zumal bei höheren Gebäuden – von erheblicher Bedeutung ist.
- Das Eigengewicht wirkt als Zugkraft in der Längsachse des Bauteils. Die damit erzielte Vorspannung wirkt »stabilisierend« (Reduzierung um die Knickbeanspruchung). Die ungünstige Überlagerung von Knicken aus Druck und Biegung wird vermieden.

Gerade bei großen Spannweiten erweist sich die hängende Lagerung gegenüber der stehenden als besonders vorteilhaft. Verformungen senkrecht zur Fassadenebene werden allerdings nicht in nennenswertem Umfang reduziert.

Fixpunkt, Gleitpunkt
Fassade und Tragwerk unterliegen – soweit es sich um getrennte Systeme handelt – unterschiedlichen Temperaturschwankungen und Belastungen sowie daraus resultierenden Formänderungen. Dies macht eine zwängungsfreie Kopplung mit Fix- und Gleitpunkten notwendig. Dabei müssen Relativbewegungen in beiden Richtungen aufgenommen werden können (Plus- und Minustoleranzen). An den Schnittstellen der beiden Subsysteme treffen meist unterschiedliche Gewerke, Bauweisen und Bautoleranzen zusammen, weshalb hier bei der Befestigung ausreichend Justiermöglichkeiten in allen Richtungen notwendig sind.
Ebenso müssen Anschlüsse von Fassadenbauteilen untereinander mit unterschiedlichen Längenausdehnungen (aus Belastung, thermischen und hygrischen Gründen) zwängungsfrei gestaltet werden, um Schäden vorzubeugen.

Prinzipien
Biegung + Normalkräfte

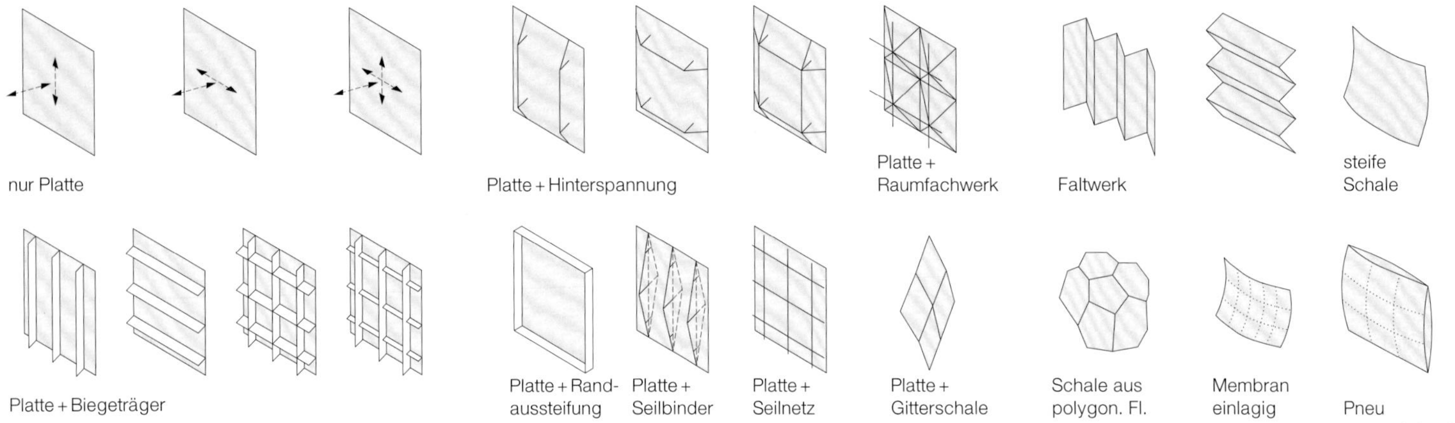

A 2.1.9

Tragstrukturen

Dem Wesen von raumabschließenden Hüllen entspricht es, dass flächige Bauteile zentraler Bestandteil jeder Fassadenstruktur sind: Je nach Tragwerk (Abb. A 2.1.9 und 2.1.10) werden diese nur mit Normalkräften (Zug und / oder Druck) in ihrer Ebene oder zusätzlich auf Biegung senkrecht zu ihrer Ebene beansprucht. Den flächigen Elementen können lineare Tragstrukturen wie Hinterspannungen, Biegeträger etc. zu- bzw. übergeordnet werden. Kombinationen untereinander ermöglichen hierarchisch gegliederte Systeme mit Haupt- und Nebentraggliedern.
Flächige und lineare Elemente wirken entweder als konstruktive Einheit (z. B. Plattenbalken, hinterspannte Platten) oder sie sind getrennt behandelt, wodurch sich Flächenbauteile besser lösen und austauschen lassen.

Die Logik solcher Strukturen ist nicht nur aus der Effizienz des Materialeinsatzes zur Lastabtragung im eingebauten Zustand ableitbar. Auch Fragen der Vorfertigung und Montage werden berührt. Transport- und Montagevorgänge können andere Lastfälle verursachen, die ihrerseits aufgenommen werden müssen. So sind bei der Dimensionierung oft nicht die zulässigen Biegespannungen, sondern Durchbiegungsbeschränkungen – insbesondere bei Glaskonstruktionen – maßgeblich.

Schwergewichtswand

Bei Wänden, deren Gefüge keine Zugkräfte übertragen können, muss die Resultierende aus Vertikal- und Horizontkraft im Kernbereich der Grundfläche der Wand liegen, um die Standsicherheit zu gewährleisten und keine klaffenden Fugen entstehen zu lassen. Die Horizontalkräfte werden durch Vertikallasten überdrückt. In diesem Fall kann es von Vorteil sein, wenn das Bauteil neben dem Eigengewicht zusätzlich Vertikallasten aus Deckenkonstruktionen erhält, d. h. Teil des Primärtragwerks ist (= tragende Fassade). Jede gemauerte Außenwand entspricht für gewöhnlich diesem Prinzip.

Platten

Das Flächentragwerk »Platte« leitet Horizontallasten über Biegebeanspruchungen (einachsig oder zweiachsig) senkrecht zu seiner Ebene ab. Biegesteifigkeit und Stabilität (bei Überlagerung mit Druckkräften) definieren sich wesentlich durch die statische Höhe des Bauteils (d. h. die Bauteiltiefe dementsprechend senkrecht zur Fassadenebene). Die Querschnittsform, mit Konzentration des Materials im Randbereich, ist auf die Belastung entsprechend einzustellen. Durchlaufwirkungen sind geeignet, die Biegemomente zu reduzieren. Die Gleichzeitigkeit von Beanspruchungen aus Horizontal- und Vertikallasten bringt in jedem Fall eine Überlagerung von Biegemomenten und Normalkräften mit sich. Vertikalkräfte können auch über Biegung in der Ebene des Flächenbauteils horizontal zu den Seiten hin abgetragen werden.

Platten + Hinterspannungen

Durch Hinterspannungen, die mit den Platten eine kraftschlüssige konstruktive Einheit bilden, lässt sich materialsparend die statische Höhe vergrößern. Hinterspannungen sind ein- oder zweiseitig möglich. Die Platten werden zusätzlich in ihrer Ebene durch Druckkräfte beansprucht. Der konstruktive Anschluss der Druck- und Zugstäbe mit ihren angreifenden Punktlasten erfordert die Beachtung der Durchstanzproblematik. Aus der Hinterspannung entstehen keine zusätzlichen Auflagerreaktionen, die durch das Primärtragwerk aufgenommen werden müssen.

Platten + Biegeträger

Auf Biegung und ggf. Druck beanspruchbare lineare Tragstrukturen reduzieren die Spannweiten der flächigen Bauteile. Die Träger sammeln die Punkt- und / oder Linienlasten der Flächenbauteile (Platten) und geben sie unter Biegebeanspruchung als Einzellasten an hierarchisch höher stehende Bauteile ab.
Im Fall von reinen Windlasten erfolgt die Biegebeanspruchung einachsig, jedoch für beide Richtungen (Windsog und Winddruck). Überlagerung von Druck und Biegung verstärkt die Stabilitätsproblematik, Knickgefahr besteht besonders in Richtung der schwachen Profilachse. Zwängungsfrei gekoppelt, lassen sich einzelne Biegeträger zu großflächigen, auch gekrümmten oder in Polygonzügen verlaufenden Tragstrukturen addieren (z. B. Pfosten-Riegel-Fassaden). Herstellung, Transport und Montage begrenzen die Abmessungen von Rahmenkonstruktionen. Sie sind jedoch mit anderen Strukturen oder untereinander zu Elementfassaden kombinierbar.

Platten + lineare Strukturen, nur durch Normalkräfte beansprucht

Zu den linearen Tragstrukturen gehören:
- ebene und räumliche Fachwerke: Struktur aus Druck- und Zugstäben, geeignet für große Spannweiten
- Seilbinder, Seilnetze: vorgespannte, nur auf Zug beanspruchbare Strukturen, die dann sinnvoll sind, wenn die hohen Zugkräfte für die Vorspannung ohne aufwendige Zusatzmaßnahmen vom Tragwerk des Gebäudes aufgenommen werden können. Solch filigrane Strukturen eignen sich besonders dann, wenn Flächen sehr transparent wirken sollen.
- Gitterschalen

Faltwerke, Schalen, Membranen

Die nur in ihrer Ebene zug- und / oder druckbeanspruchbaren Flächentragwerke eignen sich besonders zur Aufnahme gleichmäßiger Flächenlasten. Diese Systeme werden bei wechselnden Flächen- und / oder Einzellasten zusätzlich auf Biegung beansprucht. Entsprechende Vorspannungen gewährleisten, dass auch für wechselnde Lastfälle Formänderungen von ausschließlich zugbeanspruchbaren Membranen gering ausfallen.

Strukturen flächiger Fassadenbauteile

Bei flächigen Bauteilen lassen sich grundlegende Strukturen unterscheiden, die mit unterschiedlichen Materialien umsetzbar und häufig miteinander kombinierbar sind. Die Varianten in Abbildung A 2.1.11 zeigen nicht den gesamten Fassadenaufbau, sondern nur Konstruktionsweisen für Schichten oder Schalen. Eine auf Biegung beanspruchte Platte aus Vollmaterial kann dabei entweder bereits das gesamte System einer geschosshohen, einschaligen und einschichtigen Konstruktion darstellen oder auch nur ein kleinformatiges Teil einer Außenwandbekleidung sein. Entscheidungskriterien bei der Auswahl eines geeigneten Prinzips sind:

Beanspruchung im Bauteil	Tragwerkprinzip
vorw. nur Normalkräfte	
nur Druck	Schwergewichtsprinzip
Druck + Zug	Faltwerk
Druck + ggf. Zug	Schale
nur Zug	Pneu Membrankonstruktion
Biegung und Normalkräfte	
Biegung + Druck	Platte, stehend
Biegung + Zug	Platte, hängend

A 2.1.10

- Beanspruchbarkeit gemäß den statischen Erfordernissen (Abb. A 2.1.10)
- baukonstruktiver Zusammenhang: Bauteilgröße, Bearbeitbarkeit, Befestigungsmöglichkeiten, Fügung, Verformungen, Längenänderungen, Vorfertigungsgrad, Resistenz gegenüber Feuchtigkeit und Frost etc.
- bauphysikalische Eigenschaften: spezifisches Gewicht, Wärmeleitfähigkeit, Wärmespeicherfähigkeit, Dampfdiffusionswiderstand, Lichtdurchlässigkeit etc.
- visuelle Wirkung

Durchgängiges Gefüge

Unter einem durchgängigen Gefüge versteht man in diesem Zusammenhang Vollquerschnitte mit gerichteter oder ungerichteter Struktur (isotrop oder anisotrop). Die Flächenbauteile werden werkseitig vorgefertigt oder vor Ort z. B. in Schalungen mit Arbeitsfugen als Schnittstellen der einzelnen Fertigungsschritte erstellt. Größe und Form der Bauteile sind material- und herstellungsabhängig. Die Bauteile können als Verbundwerkstoffe mit zug- und / oder druckfesten Bewehrungen (Metallstäben, Glasfasern, Naturfasern, Kunststofffasern etc.) spezifische Tragfähigkeiten aufweisen. Das Prinzip lässt sich beispielsweise gleichermaßen in einer auf Biegung beanpruchbaren Platte aus Vollmaterial oder einer nur auf Zug beanspruchbaren Membran aus einem Verbundwerkstoff wiederfinden.

Gefüge mit hohem Luftanteil oder Hohlkörpern

Durch verschiedene Fertigungstechnologien lässt sich der Luftanteil in Bauteilen mit folgenden Zielsetzungen erhöhen:

- Reduzierung von Gewicht und Material
- Herabsetzung der Wärmeleitfähigkeit (= Erhöhung der Wärmedämmwirkung)
- Schaffung von Hohlräumen für Installationen

Gelingt es, das Material im Randbereich zu konzentrieren, so sind zumindest bezüglich der Biegebeanspruchbarkeit nur geringe Einbußen gegenüber Vollquerschnitten zu erwarten. Große Materialausdünnung führt zu zug- oder druckbeanspruchten Randzonen und schubbeanspruchten Stegen.

A 2.1.9 Tragstrukturen für Fassaden
A 2.1.10 Beanspruchungen in flächigen Fassadenbauteilen bei Vertikal- und Horizontallasten
A 2.1.11 Überblick flächiger Fassadenbauteile

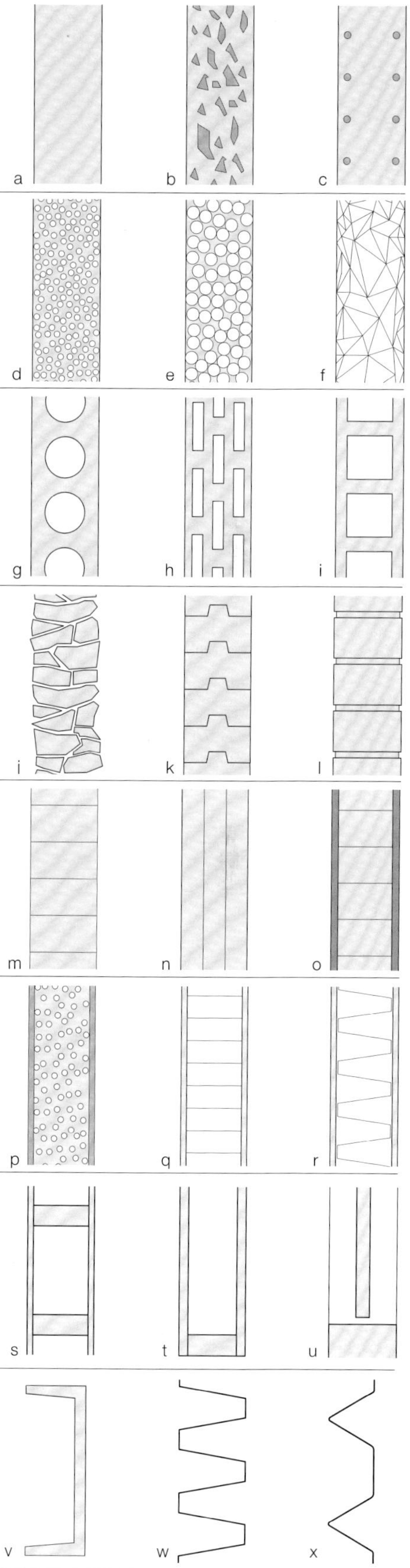

durchgängiges Gefüge (Vollmaterial)
a Grundmaterial
b Materialgemisch, Verbundwerkstoff
c Verbundwerkstoff armiert / faserverstärkt

Gefüge mit hohem Luftanteil
d porosiert, geschäumt
e Kugelstruktur
f räumliches Gitter / Netz

Gefüge mit Hohlkörpern
g Hohlkörper, Kammern (punktuell, linear)
h versetzte Hohlkörper
i Stegplatten

geschichtetes Gefüge, Haftung reib- und / oder formschlüssig
j unregelmäßige Einheiten, Haftung reibschlüssig (z. B. durch Mörtel)
k regelmäßige Einheiten, Haftung form- und reibschlüssig
l regelmäßige Einheiten, Haftung reibschlüssig (z. B. durch Kleber)

geschichtetes Gefüge, Haftung stoffschlüssig
m stabförmige Einheiten
n flächige Einheiten
o stabförmige und flächige Einheiten

Sandwichkonstruktion
p mit geschlossenzelligem Kern
q offen, zellartige Struktur als Kern (Waben, Stege etc.)
r mit profilierten Strukturen im Kern

Rippen / Rahmen und Platten
s Rippen und beidseitige Beplankung als konstruktive Einheit
t Rahmen und beidseitige Beplankung als konstruktive Einheit
u Rahmen und konstruktiv entkoppelte Füllung

profilierte Strukturen
v Einzelprofil
w trapezartige Profilierung
x Sicken

A 2.1.11

Geschichtetes Gefüge, Haftung reib- und / oder formschlüssig
Die Schichtung von kleinteiligen, unregelmäßigen Einheiten ohne Bindemittel gilt als traditionelle Bauart, die für Vorsatzschalen immer noch angewendet wird. Eine abschnittsweise Zusammenfassung in Metallgittern (Gabionen) erbringt wesentlich höhere Stabilität.
In Form und Abmessung regelmäßige, modular koordinierte Einheiten sind reib- und / oder formschlüssig zu größeren Bauteilen addierbar. Kleine modulare Schritte ermöglichen eine gute Anpassungsfähigkeit.

Geschichtetes Gefüge, stoffschlüssig
Stabförmige, flächige oder räumliche Strukturen (z. B. Waben, Gitter) lassen sich stoffschlüssig (z. B. über Mörtel- bzw. Klebeflächen) zu plattenartigen größeren Einheiten addieren. Eine Sonderform stellt die Sandwichbauweise dar.

»Sandwich«
Die stoffschlüssige Kopplung dünnwandiger zug- und druckfester Deckschichten mit einer schubfesten Mittellage (meist in hohem Maße aufgelöste oder porosierte Struktur) ergibt eine konstruktive Einheit mit großer Biegesteifigkeit bei geringem Materialaufwand. Aufbauten mit gut wärmedämmenden Zwischenlagen eignen sich generell für leichte, opake Fassadenpaneele.

Beplankte Rippen oder Rahmen
Durch gegenseitige Stabilisierung von Rippen / Rahmen und flächiger Beplankung bzw. Füllung entstehen sehr tragfähige und materialsparende Flächenbauteile. Hohlräume können mit wärmedämmenden Materialien gefüllt werden.

Profilierte Strukturen
Das Prinzip ermöglicht bei geringem Materialeinsatz hohe Steifigkeit. Schon ein u- oder z-förmiges Element stellt eine profilierte Struktur dar und es lässt sich zu größeren Flächeneinheiten addieren. Profilierte Strukturen können aus sehr vielen zug- und gleichzeitig druckfesten Materialien z. B. durch Blech- und Massiv- umformen, Strangpressen oder mittels Gusstechniken (wie Strangpressen) erzeugt werden.

Fügung von Fassadenbauteilen
Nahezu jede Fassade besteht aus einem Gefüge von Einzelbauteilen und weist somit eine Vielzahl von Fugen auf. Diese bedeuten Unterbrechungen in Schichten und Schalen (z. B. Wetterschale) und in vielen Fällen potenzielle Schwachstellen, die bestmöglich gedichtet werden müssen. In anderen Fällen bleiben Fugen offen, damit:
- sich Dampfdruck entspannt
- Luft nachströmt bzw. abgeführt wird (für Hinterlüftung)
- eingedrungenes Fassadenwasser oder entstandenes Kondensat abfließt
- Relativ-Bewegungen möglich sind
- Lichtstrahlung durchdringt

So unterschiedlich die »Nahtstellen« der Bauteile ausfallen, sie verlangen besondere Betrachtung, da sich hier unter Umständen viele Aspekte konzentrieren, die beim Konstruieren relevant sind (Abb. A 2.1.12). Neben den funktionalen und technischen Gesichtspunkten tragen Fugen zur Gliederung einzelner Bauteile sowie von Fassaden als Ganzes bei (innen wie außen), spiegeln geometrische und konstruktive Ordnungen wider.

Fugen auf außenseitigen Fassadenflächen sind der Witterung in vollem Umfang ausgesetzt. Mit zunehmender Gebäudehöhe steigt die Windbeanspruchung. An Gebäudekanten kommt es zu Konzentrationen der Strömung und somit zu höheren Windgeschwindigkeiten, bei Regen zu einer Verdichtung des »Fassadenwassers«, das sich zudem über die Höhe des Gebäudes nach unten hin addiert. Die Lage der Fugen zur Bewegungsrichtung von Niederschlags- und Fassadenwasser, welche durch Schwerkraft und Wind bestimmt wird, ist ein wichtiger Faktor für ihre Beanspruchung. Weitgehend parallel zur Fließrichtung des Fassadenwassers angeordnete Fugen (Vertikalfugen) sind im Regelfall weniger beansprucht als solche, die vorwiegend quer dazu liegen. Volumen- bzw. Längenänderungen der angrenzenden Bauteile durch Last, Temperaturschwankungen und Wasseraufnahme bzw. -abgabe beanspruchen zusätzlich jede Art von Fuge. Dies ist bei elementierten Fassadenkonstruktionen am offensichtlichsten, aber auch Nass-in-Nass-Bauweisen sind keine starren Gefüge.

Prinzipien bei der Ausbildung von Fugendichtungen
Es ist Aufgabe einer Fugendichtung, das Gemisch aus Luft und Wasser (Fluid) im Fugenraum zu bremsen oder zu stoppen. Da Dichtelemente an den Grenzflächen der Fassadenbauteile nie völlig spaltlos anliegen, ist die Dichtungswirkung immer nur relativ. Nur die stoffschlüssige Form ermöglicht völlige Dichtigkeit. Falls eine Fuge mit einem Dichtungselement in einer Ebene nicht ausreichend geschlossen werden kann, sind andere Strategien nötig. Dabei haben sich Dichtung über mehrere Ebenen oder auch unterschiedliche Dichtungselemente bewährt (mehrstufiges Dichtungssystem).
Die Ausbildung von Fugendichtungen lässt sich auf wenige Grundprinzipien zurückführen, die auf vielfache Weise umsetzbar sind (Abb. A 2.1.13). Bei der Wahl des Dichtungssystems ist es entscheidend, in welchem Maß und in welcher Richtung Bewegungen der Bauteile stattfinden sollen oder zu erwarten sind [7].

Berührungsfreie Dichtungssysteme
Bauteile werden bewusst in Abstand zueinander gehalten und die Flanken so ausgebildet, dass die Strömung durch Verwirbelung im Fugenraum gehemmt wird. Dieses Prinzip erlaubt große Relativbewegungen und eignet sich besonders als erste Stufe eines mehrstufigen Dichtungssystems. Bei einer Labyrinthdichtung ist der Fugenverlauf zusätzlich nach dem Prinzip der Überlappung abgewinkelt.

Feuchtigkeit	Regen-/Fassadenwasser Kapillarwasser Wasserdampf/Kondensat Eisbildung, Schnee
Luft/Winddruck	Luft-/Winddichtigkeit Abbau von Winddruck/-sog Zu-/Abluftöffnungen
Schall	Luftschall Körperschall
Licht	Belichtung UV-Beständigkeit Fugenmaterial
Übertragung Kräfte	Element – Element Unterkonstruktion – Element
Ausgleich Toleranzen	Fertigungstoleranzen Montagetoleranzen Bewegungstoleranzen
Montage	Justierbarkeit, Fixierung Abfolge Witterungsabhängigkeit
Wartung	Erforderlichkeit Möglichkeit/Zugänglichkeit
Demontage	Lösbarkeit Recycling Wiederverwendbarkeit
Fugenbild	Überlappung Schattenfuge Hinterschneidung Profilierung Materialwechsel Farbigkeit

A 2.1.12

Der stumpfe Stoß
Der stumpfe Stoß zweier Bauteilflanken ohne weiteres Dichtelement ist die ursprünglichste Form aller Berührungsdichtungen (in Abbildung A 2.1.13 nicht dargestellt). Selbst durch Aufbringung einer Kraft kann aufgrund der Unebenheiten der Oberflächen der Spalt nur reduziert, jedoch selbst bei elastischen oder plastischen Werkstoffen nicht ganz geschlossen werden.

Überlappung
Bei der Überlappung handelt es sich um das wohl einfachste, ursprünglichste und wirkungsvollste Prinzip, das sich in vielen Dichtungssystemen wiederfindet. Die Anordnung der Überlappung muss sich an der Fließrichtung des Fassadenwassers ausrichten.
Abbildung A 2.1.14 zeigt Beispiele, bei denen das Fassadenwasser ohne Dichtelemente vornehmlich nach Prinzipien der Überlappung sicher über die horizontale Fuge geleitet wird. Einige Varianten lassen horizontale Bewegungen zwischen den Bauteilen (z. B. bei Öffnungsflügeln) zu.

Stoffschlüssige Dichtung
Bei stoffschlüssigen Dichtungen handelt es sich um durch Mörtel- bzw. Klebehaftung, Schwei-

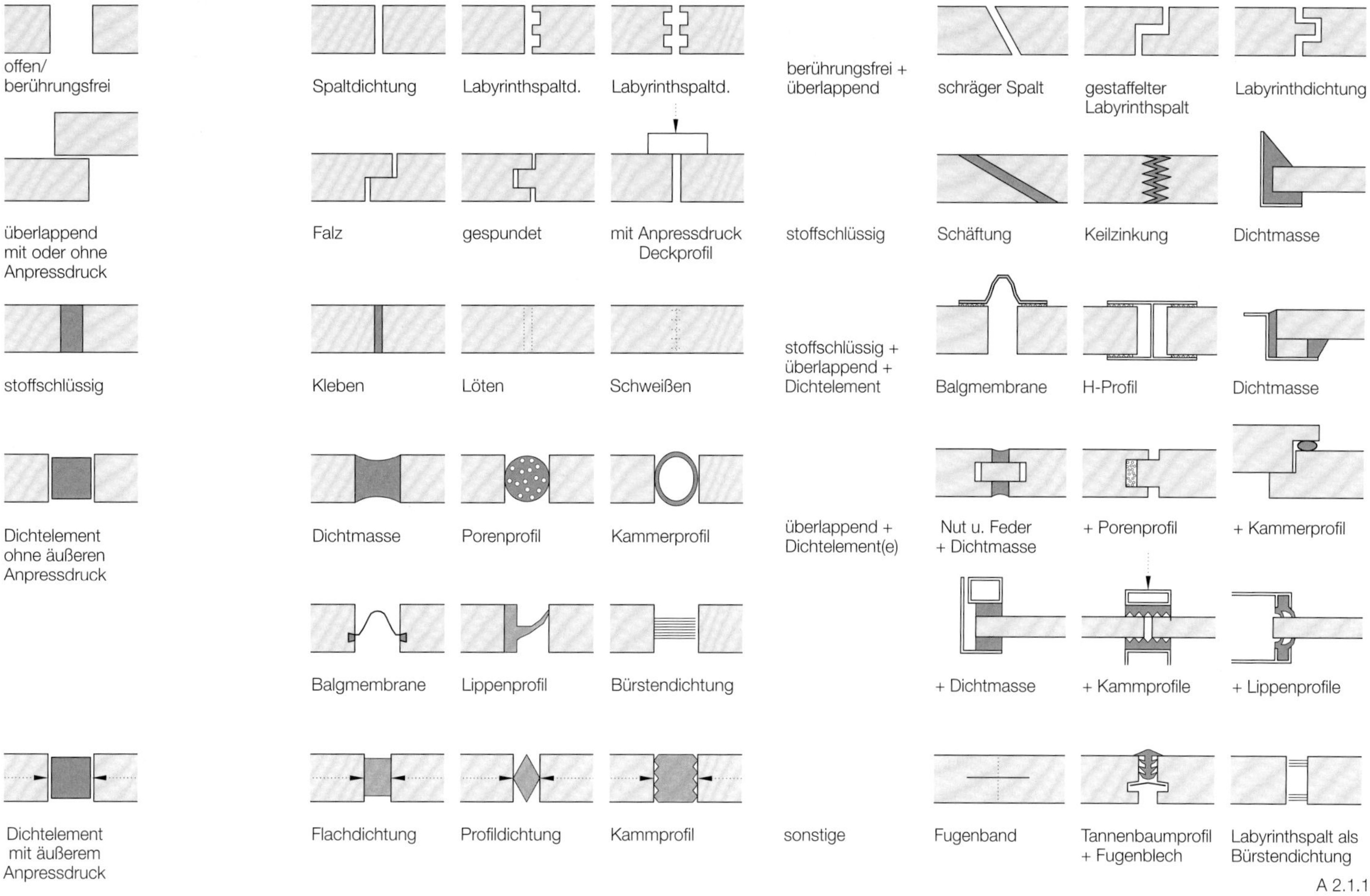

A 2.1.13

ßen, Löten oder Walzen hergestellte Kopplung mit im Einzelfall vollständiger Dichtigkeit. Relativbewegungen sind nicht oder nur eingeschränkt möglich.

Dichtmassen
Dichtmassen eignen sich besonders für unebene Dichtflächen. Die Dichtwirkung beruht auf Adhäsionskräften zwischen dem Dichtelement und den Fugenflanken. Starre Dichtmassen können kraftschlüssige Verbindungen herstellen. Plastisch oder elastisch verformbare Dichtmassen sind in der Lage, geringe Relativbewegungen aufzunehmen. Verarbeitungsfehler machen sich oft erst mit zeitlicher Verzögerung bemerkbar.

Porenprofile, Kammerprofile
Poren- und Kammerprofile übertreffen den maximalen Fugenraum bezüglich ihres Volumens vor dem Einbau und stehen im komprimierten Zustand unter einer Vorspannung. Kleine Relativbewegungen quer zur Fugenachse können aufgenommen werden, bei Bewegungen längs zur Fugenachse müssen Vorkehrungen gegen ein Verschieben getroffen werden. Kammerprofile sind gegenüber Porenprofilen aufgrund ihrer höheren inneren Vorspannung besser für häufig wechselnde Belastungen und größere Bewegungen des Fugenraums geeignet.

Balgmembranen
Große Relativbewegungen können über Balgmembranen sowohl quer als auch längs zur Fugenachse aufgenommen werden. Die Kopplung zu den angrenzenden Bauteilen kann unterschiedlich erfolgen, z. B. durch Presspassung oder Verkleben.

Lippenprofil
das Lippenprofil ist ein elastisch verformbares Element, bei dem eine oder mehrere Dichtungslippen durch innere Federkräfte an die Grenzflächen der Bauteile gedrückt werden. Parallel zur Fugenachse können große Translationsbewegungen, quer zur Fugenachse je nach Bauform des Profils aber nur begrenzte Bewegungen aufgenommen werden.

Dichtelemente mit äußerem Anpressdruck
Durch Aufbringen einer äußeren Kraft erfolgt eine flächenschlüssige Anpassung des Dichtelements an die Grenzflächen des Bauteils. Bei profilierten Dichtungen wirkt der Anpressdruck auf kleine Grenzflächen. In den Hohlräumen wird kapillar vordringendes Wasser gestoppt und Winddruck durch Verwirbelung abgebaut. Es sind kaum Relativbewegungen möglich. Wichtig ist, dass das Dichtelement in seiner Lage gehalten wird.

A 2.1.12 Aspekte bei der Ausbildung von Fugen
A 2.1.13 Prinzipien von Fugendichtungen
A 2.1.14 Beispiele von Horizontalfugen zur Ableitung von Fassadenwasser, links: Außenseite

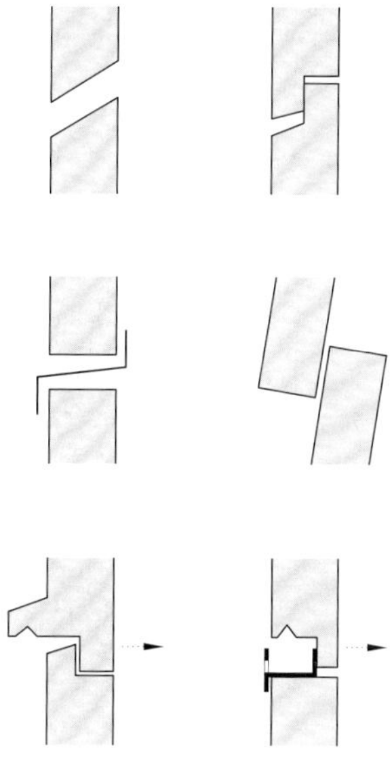
A 2.1.14

Kombinationen
Die aufgeführten Grundprinzipien lassen sich zu komplexeren, sehr leistungsfähigen, meist mehrstufigen Dichtsystemen kombinieren. Da Dichtigkeit immer relativ zu betrachten ist, sollten ergänzende Maßnahmen (z. B. Glasfalzbelüftung/ -entwässerung) mögliches Versagen oder Teilversagen von Dichtsystemen kompensieren.
Beim Prinzip der sogenannten doppelten Dichtung verhindert eine erste äußere Dichtungsebene das Eindringen von Oberflächenwasser, eine zweite z. B. mit einem Kammerprofil das Durchströmen von Luft. In einem dazwischen angeordneten Spalt (z. B. Labyrinthspalt) baut sich mittles Verwirbelung Winddruck weiter ab, dies bewirkt wiederum, dass dort eventuell eingedrungenes Wasser abfließen kann.

Montageabfolgen
Bei Fügungen nach Überlappungsprinzipien lassen sich bezüglich des Montage- und Demontageablaufs generell zwei Kategorien unterscheiden:
- Die Montage der Einzelteile ist nur in strenger Reihenfolge möglich und muss bei der Demontage in umgekehrter Richtung eingehalten werden. Ein Austausch einzelner Teile in einer solchen Kette kann nur eingeschränkt mit entsprechenden Zerstörungen (z. B. von Dichtungselementen oder Falzen) erfolgen. Für die Fügung und Dichtung wieder eingesetzter Bauteile bedarf es Sonderlösungen (z. B. in Abb. A 2.1.13 »gespundet«, »Nut und Feder«).
- Für die Montage und Demontage von einzelnen Bauteilen gibt es keine feste Reihenfolge, der Austausch ist in gleicher Systematik möglich (z. B. in Abb. A 2.1.13 »Spaltdichtung«, »Deckprofil«, »Dichtmasse«). Dieses Prinzip empfiehlt sich besonders, wenn die Gefahr von Beschädigungen (z. B. in der Sockelzone) und somit die Notwendigkeit des Austauschs groß ist.

Von monolithisch zu mehrschichtig/mehrschalig
Eine homogene Hüllkonstruktion aus vorwiegend nur einem Material (oft als monolithisch bezeichnet) kann die gestiegenen Anforderungen des Wärmeschutzes an die Hülle heute kaum mehr erfüllen.
Mit differenzierten Aufbauten, die einzelne Funktionen auf unterschiedliche Ebenen bestimmter Materialität und Struktur aufteilen, lässt sich das Leistungsprofil der Fassade sehr präzise an die jeweiligen Anforderungen anpassen. Die Veränderbarkeit von Schichten oder Schalen erlaubt es zudem, die Eigenschaften der Hülle den sich periodisch ändernden äußeren Bedingungen nachzuführen. Auch lassen sich einzelne Schichten und Schalen nachträglich addieren oder gegen andere austauschen, was eine Anpassung der Gebäudehülle im Laufe der Nutzungszeit an andere Anforderungsprofile ermöglicht. So ist eine als Verschleißschicht angelegte äußere Wetterschale nach entsprechender Beanspruchung erneuerbar, ohne dass der dahinter liegende Aufbau verändert werden muss. Dieses Prinzip eignet sich auch im Sinne einer Nachrüstung für die Sanierung und Optimierung von vorhandenen Außenwandkonstruktionen.

Die Aufteilung von Einzelfunktionen in Schichten und Schalen ist je nach Qualität der gewählten Werkstoffe und Konstruktionsweisen auch mit möglichen Nachteilen behaftet:
- Entstehung von vielen Schnittstellen zwischen unterschiedlichen Materialien und Bauteilen mit der Gefahr von Materialunverträglichkeiten
- Vergrößerung des Fugenanteils und somit potenzieller Schwachstellen
- Entstehung von unkontrollierten Hohlräumen
- Probleme bei der Befestigung: Durchdringungen wasserführender oder wärmedämmender Schichten, Entstehung von Biegemomenten bei Rückverankerungen von Vorsatzschalen
- hoher Herstellungsaufwand
- steigender Wartungsaufwand
- unter Umständen mehrere Gewerke und Verantwortlichkeiten in einem Wandaufbau, dadurch erhöhter Koordinierungsaufwand und Haftungsüberschneidungen
- Probleme bei der Trennung und somit Entsorgung unterschiedlicher Schichten

Derzeit sind folgende Tendenzen festzustellen:
- Erhöhung der Leistungsfähigkeit von Funktionsebenen
- Reduzierung des Platzbedarfs der Schichten (z. B. Vakuumdämmung) bis hin zur Miniaturisierung von Funktionsstrukturen (z. B. prismatische Lichtlenksysteme mit Bauhöhe < 0,1 mm)
- Oberflächenbeschichtungen aus dem Bereich der Nanotechnologie
- Vereinigung mehrerer Funktionen in einer polyvalenten Schicht

Aufgaben von Schichten und Schalen
Folgende Funktionen (oft auch kombiniert) lassen sich in eigenen Schichten oder Schalen materialisieren, z. B.:
- visuelle Wirkung, Informationsträger
- mechanischer Schutz
- Schlagregenschutz
- Winddichtigkeit
- Sperren/Bremsen der Dampfdurchlässigkeit
- Lichtlenkung, Lichtstreuung
- Reflexion von Licht-/Wärmestrahlung
- Absorption von Wärmestrahlung
- Reflexion von elektromagnetischer Strahlung
- Absorption von Schall
- Reflexion von Schall
- Wärmespeicherung
- Reduzierung des Wärmedurchgangs
- Ableitung von Lasten
- Abführung von Wärme
- Aufnahme und Abgabe von Wasserdampf
- Umwandlung von Sonnenenergie in thermische oder elektrische Energie

Weitere Ebenen ergeben sich durch konstruktive Belange, z. B.:
- Abführung von Wasserdampf
- Ableitung von Kondensat oder eingedrungenem Oberflächenwasser
- Ausgleich von Unebenheiten
- Schichten für stoffschlüssige Fügungen (Klebeschichten)
- Maßnahmen für die Stabilisierung von Schichten (z. B. Verhinderung des Aufblähens von Wärmedämmschichten)
- Unterkonstruktionen für die Kopplung von Schichten und Schalen
- Trennlagen, die aufgrund von Materialunverträglichkeiten erforderlich sind
- Gleitlagen für zwängungsfreie Bewegungen

Typische Aufbauten und ihre Wirkungsweisen
Abbildung A 2.1.15 zeigt eine kleine Auswahl von schematisch dargestellten Aufbauten. Sie sind nach funktionalen und konstruktiven Kriterien klassifiziert (siehe dazu »Klassifikation von Lösungsansätzen«, S. 27f.). Anzahl und Mächtigkeit der Schichten und Schalen variieren dabei deutlich. Die Aufbauten unterteilen sich in Massiv- und Leichtbauweisen, deren Wirkungsweisen sich für gemäßigte Klimazonen eignen.

Schlagregenschutz
Bei feuchtigkeitsabsorbierenden Materialien ist Frostsicherheit gefordert und eingedrungene Feuchtigkeit muss periodisch wieder vollständig verdunsten können. Die Ableitung des Fassadenwassers ist auch in mehreren Ebenen möglich. Bei der Ausführung von hinterlüfteten Wetterschalen mit offenen Fugen fließt ein Teil des Fassadenwassers auf der Rückseite der Bekleidungen ab. In diesem Fall ist auch die Gefahr von Verschmutzungen geringer, da sich Schmutz auf horizontalen Kanten durch regelmäßige Abwaschungen in geringerem Maße dauerhaft ablagert.

Winddichtigkeit
Fassaden sind in der Regel winddicht auszuführen. Bei mehrschaligen Fassadenaufbauten ist es erforderlich, dass die innere Fassadenebene winddicht ausgebildet wird. Dies gilt auch für die Anschlüsse an andere Bauteile.

Wärmeschutz
Materiallagen mit großem Anteil an eingelagerter, stehender Luft garantieren gute Dämmeigenschaften. Offenporige Dämmmaterialien, die Feuchtigkeit und Wasser durch kapillare Kräfte ansaugen und dadurch ihre Funktionsfähigkeit erheblich einbüßen, verlangen konsequenten Schutz vor Feuchtigkeit.

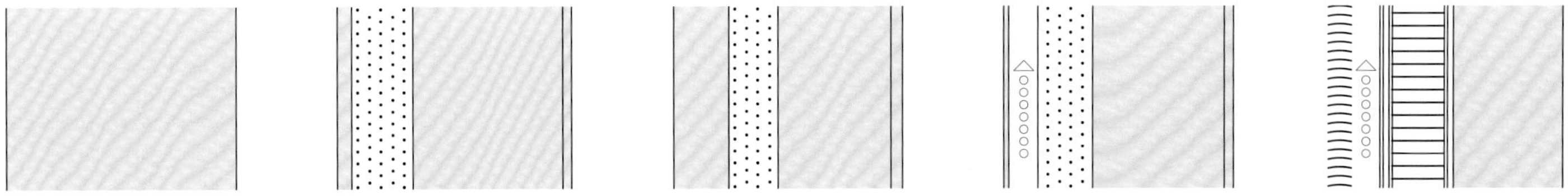

nicht permeabel
nicht veränderbar

tragend oder nicht tragend
einschichtig
einschalig
nicht hinterlüftet

Materialgefüge bestimmt Leistungsfähigkeit, Anpassungen nur durch Wandstärke möglich, eingedrungene Feuchtigkeit muss periodisch vollständig verdunsten können

nicht permeabel
nicht veränderbar

tragend oder nicht tragend
mehrschichtig
einschalig
nicht hinterlüftet

Verbesserung Wärmeschutz mit Dämmebene, innen und außen Verschleiß- und Schutzschichten, Wärmespeicherfähigkeit kommt Innenklima zugute

nicht permeabel
nicht veränderbar

tragend oder nicht tragend
mehrschichtig
zweischalig
nicht hinterlüftet

äußere Schale robuster mechanischer Schutz der Dämmschicht und gleichzeitig Schlagregenschutz, äußere und innere Schale sind eventuell teils gekoppelt, bilden aber keine konstruktive Einheit

nicht permeabel
nicht veränderbar

tragend oder nicht tragend
mehrschichtig
zweischalig
hinterlüftet

austauschbare Vorsatzschale, Befestigung darf aufsteigenden Luftstrom nicht beeinträchtigen, Tauwasser und eindringende Feuchtigkeit werden sicher abtransportiert, Zu- und Abluftöffnungen erforderlich

nicht permeabel
Energie gewinnend
veränderbar

tragend oder nicht tragend
mehrschichtig
dreischalig
hinterlüftet (äußerste Schale)

hinterlüftete Schale aus lichtlenkenden Lamellen, lichtdurchlässige Schale mit TWD vor Massivabsorber, Gesamtaufbau nicht lichtdurchlässig, Energiegewinn veränderbar und ggf. über Regelkreistechnik geregelt

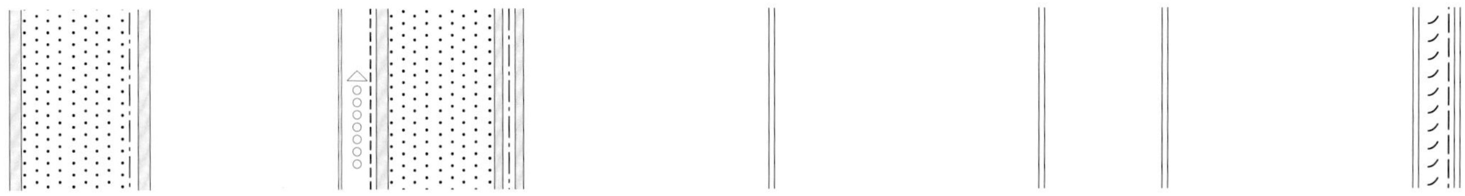

nicht permeabel
nicht veränderbar

tragend oder nicht tragend
mehrschichtig
einschalig
nicht hinterlüftet

Leichtbau, innere und äußere Schicht meist zu konstruktiver Einheit gekoppelt, Vermeidung von Dampffalle mit Sperre auf Innenseite, als Ständerwand auch Teil des Tragwerks, Sonderfall Sandwichkonstruktion

nicht permeabel
nicht veränderbar

tragend oder nicht tragend
mehrschichtig
zweischalig
hinterlüftet

Außenseitige hinterlüftete Schutz- und Verschleißschicht, nach außen abnehmender Diffussionswiderstand, separate Schicht für Windschutz, Innenbekleidung als eigene Schicht

permeabel (Licht)
nicht veränderbar

nicht tragend
einschichtig
einschalig

Aufbau selbst nicht energiegewinnend, auch wenn durchlässig für Sonnenenergie, die von Bauteilen im Inneren absorbiert wird, kein Wärmeschutz

permeabel (Licht)
nicht veränderbar

nicht tragend
einschichtig
zweischalig
hinterlüftet oder nicht hinterlüftet

geringer Wärmeschutz, da Luft im Zwischenraum zirkuliert (Wärmeverlust durch Konvektion), Schalen keine konstruktive Einheit, Gefahr von Kondensatbildung im Zwischenraum

permeabel (Licht)
ggf. veränderbar und geregelt

nicht tragend
mehrschichtig
einschalig

Funktionseinheit aus mehreren lichtdurchlässigen oder lichtlenkenden Schichten, nach Bedarf mit strahlungsreflektierenden Beschichtungen, Lichtdurchlässigkeit ggf. veränderbar

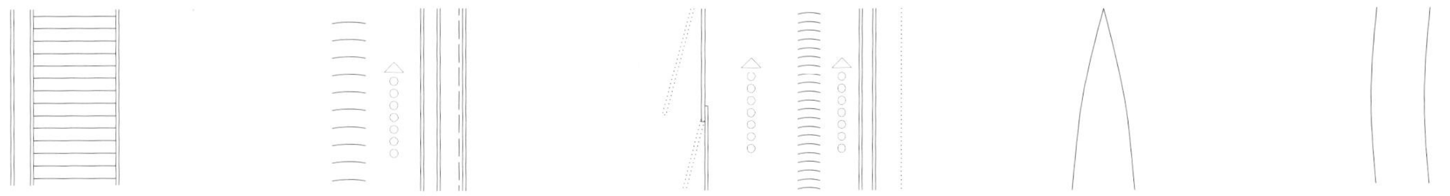

permeabel (Licht)
ggf. veränderbar

nicht tragend
mehrschichtig
einschalig

Funktionseinheit aus mehreren lichtdurchlässigen Schichten, Verbesserung Wärmeschutz mit TWD, Lichtdurchlässigkeit ggf. veränderbar und selbstregelnd, z.B. über thermotrope Gläser

permeabel (Licht)
veränderbar

nicht tragend
mehrschichtig
zweischalig
hinterlüftet

durch zwei stehende Luft/Edelgasschichten und ggf. strahlungsreflektierende Beschichtungen (Low-E) gute Wärmedämmung, verstellbare oder starre Lamellen als vorgesetzte hinterlüftete Schale

permeabel (Licht und Luft)
veränderbar

nicht tragend
mehrschichtig
vierschalig
hinterlüftet

Doppelfassade, äußere und ggf. innere Verglasung öffenbar, Luftraum zwischen Schalen kontrolliert belüftet, Lamellen und Blendschutz auf der Innenseite eigene Schalen zur Regelung der Lichtdurchlässigkeit

permeabel (Licht)
nicht veränderbar

nicht tragend
mehrschichtig
einschalig

Pneu mit lichtdurchlässigen Schichten, die systembedingt konstruktiv eine Einheit bilden, deshalb einschaliger Aufbau

permeabel (Licht)
nicht veränderbar

nicht tragend
ein- oder mehrschichtig
zweischalig

Membranen als zwei konstruktiv unabhängige Schalen, Luftschicht ggf. kontrolliert zur Abfuhr von Wasserdampf und Wärme belüftet, jedoch Wärmeverluste durch Konvektion

A 2.1.15 Strukturen / Aufbauten von Schichten und Schalen senkrecht zur Fassadenebene, links: Außenseite

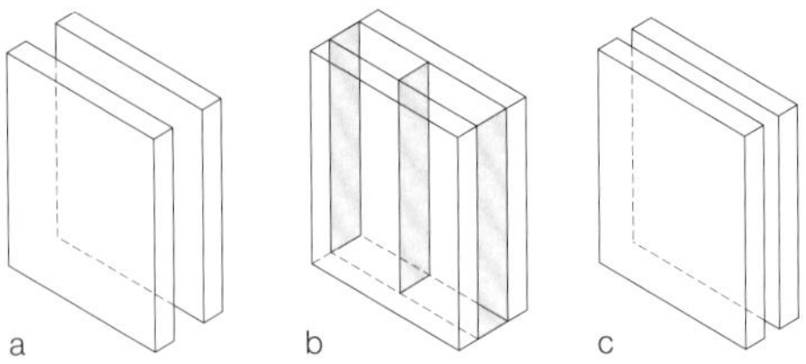

A 2.1.16

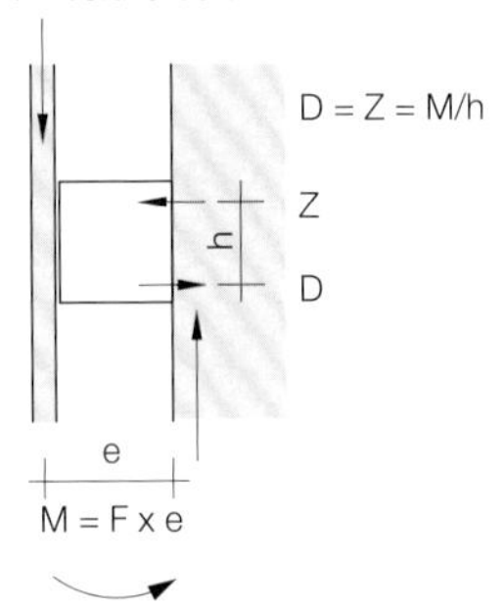

A 2.1.17

Geometrie	punktuell linear flächig
Lösbarkeit	lösbar
	nicht lösbar
Methode	Formschluss Kraftschluss Stoffschluss
Beanspruchung	Druck Zug Biegung Abscheren Torsion
Beweglichkeit	nicht gleitend
	gleitend in einer Richtung gleitend in zwei Richtungen
Justierbarkeit	nicht justierbar
	in einer Richtung in zwei Richtungen in drei Richtungen

A 2.1.18

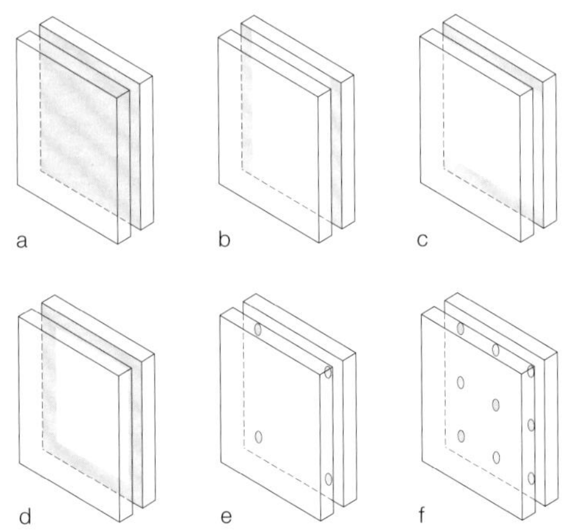

A 2.1.19

Wasserdampfdiffusion
Der Dampfdiffusionswiderstand der Schichten muss generell von innen nach außen abnehmen, um Kondensatbildung im Bauteil entgegenzuwirken (Vermeidung einer Dampffalle). Kondensat, das sich in der Heizperiode im Wandaufbau ansammelt, muss in der warmen Jahreszeit wieder vollständig verdunsten können.

Hinterlüftung
Eine wirkungsvolle Hinterlüftung einer Vorsatzschale setzt die Montage der Bekleidung in einem Abstand von mindestens 20 mm sowie ausreichende Be- und Entlüftungsöffnungen von mindestens 50 cm^2 je 1 m Wandlänge voraus [8]. So wird Feuchtigkeit (eingedrungenes Fassadenwasser und/oder Kondensat) und Wärme (sommerlicher Wärmeschutz) wirkungsvoll abgeführt. Stehende Luftschichten (keine Hinterlüftung) wirken zusätzlich als Wärmedämmung.

Wärmespeicherung
Raumseitig angeordnete Schichten mit guter Wärmespeicherfähigkeit können für die Regulierung des Innenraumklimas aktiviert werden.

Sonnenschutz
Sonnenschutzeinrichtungen sind außenseitig am wirkungsvollsten, um den Energieeintrag über strahlungsdurchlässige Schichten zu reduzieren. Ihre Hinterlüftung wirkt der Aufheizung der Oberflächen, die sonst ihrerseits Wärme in den Innenraum abstrahlen, entgegen. Solche Funktionsebenen gehören in ihrer Charakteristik zu den Schalen.

Kopplungen von Schichten und Schalen
Schichten und Schalen müssen zu einer baulichen Einheit, dem Fassadenaufbau, zusammengesetzt werden. Funktionale und bauphysikalische Aspekte bestimmen vor konstruktiven die Abfolge. Je nach Lage der Funktionsebenen im Aufbau wirken unterschiedliche Lasten ein. Bestimmte Flächenbauteile sind dabei aufgrund ihrer Materialeigenschaften und / oder -stärken nicht oder nur eingeschränkt in der Lage, Kräfte aufzunehmen bzw. weiterzugeben (z. B. dünne Folien, weiche Faserdämmstoffe, Schüttungen, Luftschichten etc.). Daher bedarf es bei der Lastabtragung eindeutiger Hierarchien, die festlegen, welches Flächenbauteil von welchem anderen Bauteil getragen wird.
Die Benennung der Funktionsebenen eines Fassadenaufbaus als Schichten oder Schalen leitet sich vom Grad der konstruktiven Selbstständigkeit ab. Schichten sind selbst nicht oder nur bedingt tragfähig und / oder Teile einer übergeordneten konstruktiven Einheit, so z. B. konstruktiv irrelevante Folien und Beschichtungen, Luftschichten, Dämmungen, Putzlagen, einzelne Scheiben eines Mehrscheiben-Isolierglases, einzelne Membranen einer pneumatischen Konstruktion. Schalen sind selbst weitgehend tragfähig sowie teilweise bis vollständig räumlich und / oder konstruktiv eigenständig. Eine Schale kann aus mehreren Schichten bestehen, beispielsweise: innere und äußere Haut von Doppelfassaden, durch Luftschichten (z. B. bei Hinterlüftung) oder nicht tragfähige Dämmlagen getrennte Bauteile.
Entweder koppelt eine Konstruktion (z. B. aus Pfosten und Riegeln) übergeordnet mehrere Schalen oder sie bindet als sogenannte Unterkonstruktion (z. B. Konsolen) ein konstruktiv untergeordnetes Bauteil (z. B. Vorsatzschale) an ein übergeordnetes. Im letzteren Fall verursachen die Vertikallasten der untergeordneten Schale über den Abstand e (= Hebelarm) Biegemomente, die von der Unterkonstruktion bzw. der im Tragverhalten hierarchisch höher stehenden Schale aufgenommen werden müssen. Abbildung A 2.1.17 verdeutlicht, dass sich durch Vergrößerung des Abstands h zwischen den Befestigungspunkten die einzuleitenden Druck- und Zugkräfte deutlich reduzieren. Die Beanspruchung durch Abscheren wird dabei nicht berührt, die Befestigungen werden jedoch durch Windsogkräfte zusätzlich auf Zug beansprucht.

Rückverankerungen bzw. Befestigungen von Vorsatzschalen durchdringen oft starke Dämmschichten, wodurch eine große Hebelwirkung entsteht. Gut wärmeleitende Verbindungselemente wie Metalle stellen dabei Wärmebrücken dar, an denen sich Tauwasser niederschlagen kann. Diese müssen deshalb nicht rostend hergestellt werden, selbst verzinkte Stahlverbindungen sind nicht zulässig [9]. Dämmmaterial muss dicht an die Verbindungselemente anschließen, um den konstruktiven Schwachpunkt nicht weiter zu verschärfen. Auch ist es sinnvoll, den Querschnitt, über den Wärme abfließen kann, zu minimieren. Eine weitere Strategie besteht darin, das Verbindungselement selbst oder den Anschluss z. B. mittels Kunststoff-Isolatoren thermisch zu trennen. Entsprechende Tropfkanten bei Verbindungselementen senkrecht zum Aufbau gewährleisten, dass kein Fassaden- oder Tauwasser über Adhäsionskräfte in die Dämmschicht oder weitere Schichten und Schalen gelangt.

Die Kopplung von Schichten ist aufgrund ihrer geringeren räumlichen Distanz weniger problematisch als die von Schalen. Befestigungen sollten Funktionsschichten (z. B. Wetterschalen, Abdichtungen, Windsperren, Dampfsperren, Wärmedämmungen) möglichst wenig verletzen bzw. durchdringen. So wird die Leistungsfähigkeit der Funktionsebenen nicht herabgesetzt und die Gefahr bauphysikalischer Probleme und daraus resultierender Bauschäden gering gehalten.
In allen Fällen gilt es, unkontrollierte Hohlräume und durchlaufende Fugen zu vermeiden (deshalb Stöße versetzt anordnen); Luftschichten zwischen Schalen sollten generell be- und entlüftet und ggf. entwässert werden. Horizontal verlaufende Unterkonstruktionen dürfen erforderliche Lüftungsquerschnitte nicht einengen.

A 2.1.16 räumliche und konstruktive Aspekte bei der Addition von Funktionsebenen
Lage der Flächen zueinander:
a mit Abstand, keine Kopplungen
b mit Abstand, Kopplung über Unterkonstruktion
c ohne Abstand, Kopplung direkt ohne Unterkonstruktion
A 2.1.17 Kräfteverhältnisse bei der Befestigung von Vorsatzschalen
A 2.1.18 Kriterien bei der Befestigung von Schichten und Schalen
A 2.1.19 Befestigung von Flächenbauteilen
a flächig
b linear, senkrecht
c linear, horizontal
d linear, umlaufend
e punktuell
f punktuell
A 2.1.20 Beispiele von Unterkonstruktionen für Vorsatzschalen (oben: Vertikalschnitte, unten: Horizontalschnitte)

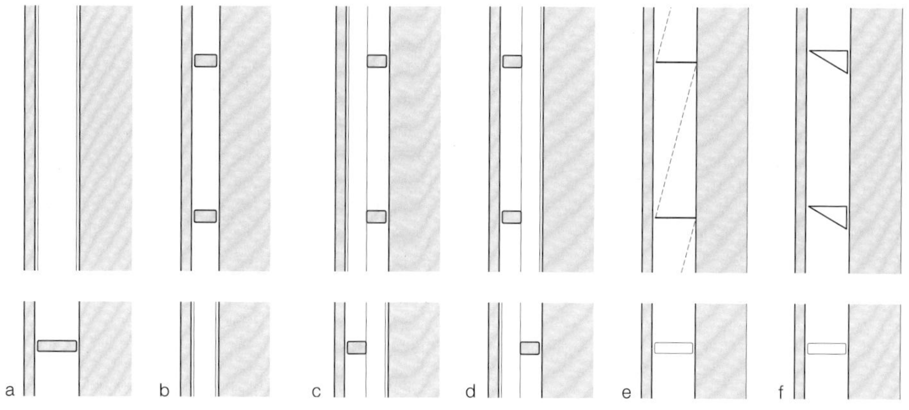

A 2.1.20

Mittels Gittern, Lochblechen oder Netzen sind Luftschichten vor Kleintieren (Insekten, kleine Nagetiere) dauerhaft zu schützen.
Bei korrosionsbedingten Unverträglichkeiten von Materialien (Spannungsreihe) ist ein direkter Kontakt von Funktionsebenen untereinander oder zu Verbindungsteilen unbedingt zu vermeiden. Dies gilt auch ohne direkte Berührung, falls über Wasser als Medium in Fließrichtung Risiken entstehen.

Befestigungsstrategien
Bei der Verbindung von Schichten untereinander oder von Schalen an Unterkonstruktionen (und umgekehrt) gibt es diverse Varianten, bei denen insbesondere Folgendes beachtet werden muss:
- sichere Weitergabe aller anfallenden Lasten
- ggf. zwängungsfreie Lagerung der Bauteile mit Fix- und Gleitpunkten
- Klärung der Montageabfolge und der nachträglichen Austauschbarkeit
- Definition der Schnittstellen zwischen unterschiedlichen Gewerken bzw. Firmen
- Justierbarkeit beim Anschluss von Bauteilen unterschiedlicher Gewerke und mit voneinander abweichenden Herstellungstoleranzen

Befestigung von Vorsatzschalen
Vorsatzschalen bzw. hinterlüftete Bekleidungen werden mittels Unterkonstruktionen im Abstand (Raumbedarf für Dämmung und/oder Hinterlüftung) an statisch übergeordneten Flächenbauteilen befestigt. Hängende Montage ist bei höheren Gebäuden grundsätzlich stehender vorzuziehen. Für Unterkonstruktionen existieren mehrere Lösungsprinzipien, siehe Abbildung A 2.1.20:
a Pfosten
b Riegel
c und d vertikale und horizontale Tragelemente, Hinterlüftung und ggf. Entwässerung dürfen durch horizontale Tragglieder nicht beeinträchtigt werden, Variante d in dieser Hinsicht problematisch
e Unterkonstruktion aus Zug-/Druckstreben und diagonalen Abhängungen zur Aufnahme der Vertikallasten, ggf. Kombinationen mit weiteren linearen Traggliedern (vertikal oder horizontal)
f örtliche Konsolen, die in die Tragschale eingespannt werden müssen, Kombinationen mit weiteren linearen Traggliedern (vertikal oder horizontal) sind möglich

Welches Prinzip sich im Einzelfall eignet, hängt von folgenden Faktoren ab:
- Größe und Gewicht der einzelnen Flächenbauteile der Bekleidung
- Befestigungsmöglichkeiten der Fassadenbekleidung (z. B. punktuelle oder lineare Krafteinleitung)
- Erfordernisse aus der Hinterlüftung
- Befestigungs-/Beanspruchungsmöglichkeiten an der übergeordneten Schale (Können z. B. große Zugkräfte eingeleitet und aufgenommen werden?)
- bauphysikalische Aspekte (Bedeutung und Gefahren von Wärmebrücken)

Sehr schwere Vorsatzschalen oder sonstige der thermisch trennenden Hülle vorgelagerte Einrichtungen (Balkone, Rankgerüste etc.) sollten eine eigene Konstruktion und ggf. ein Fundament zur Ableitung der Vertikalkräfte erhalten. Eine Rückverankerung der Schalen ist dann lediglich zur Weitergabe von Horizontalkräften und ggf. gegen Ausknicken nötig.

Justierung von Anschlüssen
Folgende prinzipielle Strategien ermöglichen Justierungen:
- Unterlegen, Unterfüttern
- Distanzschrauben
- Verschieblichkeit von Befestigungsmitteln in Langlöchern oder Schienen (z. B. Halfenschiene)
- Anschlüsse in übergroßen Aussparungen, die anschließend vergossen werden
- freie und ausreichende Positionierungsmöglichkeiten von Befestigungsmitteln auf Flächen wie z. B. stoffschlüssige Befestigungen (Klebeflächen, »Schweißgründe«), punktgenaues Setzen von Schrauben, Dübeln etc. bei der Montage

Anmerkungen
[1] VDI-Richtlinie 2221: Düsseldorf 1993. S. 39f. VDI-Richtlinie 2222: Düsseldorf 1997, S. 5f.
[2] VDI-Richtlinie 2221: Düsseldorf 1993. S. 39f: »Effekt: Das immer gleiche, voraussehbare, durch Naturgesetze bedingte Geschehen physikalischer, chemischer oder biologischer Art.«
[3] Die überarbeitete Klassifikation baut auf typologischen Untersuchungen im Rahmen eines Forschungsprojekts zur Gebäudehülle auf: Herzog, Thomas; Krippner, Roland: Gebäudehülle. Synoptische Darstellung maßgeblicher baulicher Subsysteme der Gebäudehülle mit Schutz- und Steuerungsfunktionen als Voraussetzung für die experimentelle Arbeit an ihrer energetischen und baukonstruktiven Optimierung. Abschlussbericht (unveröffentlicht). TU München, 2000. Herzog, Thomas; Krippner, Roland: Synoptical Description of Decisive Subsystems of the Building Skin. In: Pontenagel, Irm: Building a new Century. 5th Conference Solar Energy in Architecture and Urban Planning. Proceedings. Hrsg. von Eurosolar. Bonn 1999, S. 306–310
[4] Nitz, Peter; Wagner, Andreas: Schaltbare und regelbare Verglasungen. Hrsg. vom Fachinformationszentrum Karlsruhe. BINE Themeninfo, I/02. Karlsruhe 2002
[5] Die Definition von Schalen ist in der Literatur uneinheitlich und teils widersprüchlich. Die hier getroffene Festlegung erscheint am plausibelsten. Verwirrung wird erzeugt, wenn sich die Klassifikation nur auf eine bestimmte Bauart (z. B. einschalige Betonwand) und nicht auf das ganze System der Hülle (z. B. zweischaliger Aufbau mit Betonwand und einer Wetterschale aus Aluminiumprofilblechen) bezieht. Siehe »Kopplungen von Schichten und Schalen«, S. 36f.
[6] Herzog, Thomas; Nikolic, Vladimir: Petrocarbona Außenwandsystem. Bexbach 1972
[7] Die Beschreibung und teilweise die Gliederung der Fugendichtungssysteme bauen auf folgendem Forschungsbericht auf: Scharr, Roland; Sulzer, Peter: Beiträge zum methodischen Vorgehen in der Baukonstruktion. Außenwanddichtungen. Hrsg. vom VDI. Düsseldorf 1981. Mit wissenschaftlichen Methoden werden dort »über die Analyse ausgeführter Konstruktionen Elemente und Strukturen von Dichtungssystemen in Außenwänden« im Hochbau untersucht und aufgezeigt.
[8] Siehe DIN 18516 Teil 1: Berlin 1999. Gilt nicht für »kleinformatige Platten« mit einer Fläche von ≤ 0,4 m^2 und einer Eigenlast von ≤ 5 kg
[9] Siehe DIN EN ISO 8044: 2015-12 Korrosion von Metallen und Legierungen und DIN 18516 Hinterlüftete Außenwandbekleidungen

A 2.2 Ränder, Öffnungen

Ränder

Bisher wurde die Gebäudehülle als Kontinuum in ihrer Fläche und in ihrem Aufbau in der Tiefe betrachtet. Da Flächen im Bereich der Gebäudehülle endlich sind, ist jede Fläche auch durch ihre Ränder definiert. Sobald sich die konstruktiven, funktionalen und gestalterischen Eigenschaften innerhalb der Gebäudehülle ändern, kann von abgrenzbaren, unterschiedlichen Bereichen gesprochen werden. In der Regel ändern sich die Eigenschaften bezogen auf die Durchlässigkeit.

Öffnungen sind Teile der Gebäudehülle mit Durchlässigkeit für Energie- und Stoffströme. Allgemein gilt dies, wenn sich diese Teile tatsächlich ganz öffnen lassen, z. B. Fensterflügel bei Fenstern [1]. Es erscheint daher sinnvoll, den Begriff der Öffnung durch die Beziehung zum jeweiligen physikalischen Vorgang zu erweitern. Ein Oberlicht ist z. B. eine Öffnung in der Dachfläche, durch die Licht eintritt.

Mit der Änderung der Eigenschaften (Performance) ist auch eine Änderung im konstruktiven Aufbau verbunden. Der in diesem Kapitel verwendete Begriff der Ränder bezeichnet nicht den Rand eines Bauteils, das als einzelnes Teil mit vielen gleichen Teilen zu einem großen Ganzen zusammengefügt wird (z. B. Ziegelstein im Mauerwerk), sondern den Übergang von Fläche zu Öffnung.

Laibung

Die Laibungstiefe ergibt sich primär aus dem Wandaufbau (Abb. A 2.2.5). Sie kann durch zusätzliche Elemente vergrößert, jedoch nicht verkleinert werden. Die geometrische Ausbildung der Laibung hat direkten Einfluss auf den Tageslichteintrag und auf die Sichtbeziehung. Abbildung A 2.2.4 zeigt einige grundsätzliche Merkmale auf. Die Ausbildung der Laibungsflächen steht in Zusammenhang mit dem (konstruktiven) Anschlag der Bauteile, die im Bereich der Öffnungen verwendet werden (z. B. Fenster): Die Laibung kann nämlich auch dazu dienen, einfallendes Tageslicht in den Raum zu reflektieren. Neben der Geometrie sind dabei die Eigenschaften der jeweiligen Oberflächen zu beachten.
Die Laibungstiefe steht immer auch im Verhältnis zur Öffnungsgröße, und diese wiederum in Relation zur Wandfläche. Die plastische Wirkung der Fassade im Außenraum wird maßgeblich durch den Versatz der einzelnen Flächen in der Fassade und die sich daraus ergebende Schattenwirkung erzeugt.
Konstruktive Aspekte bei der Ausbildung der Laibung sind:

- Einleitung der Windlasten
- Abführen des Eigengewichts der Konstruktion
- Abdichtung gegen Wind, Niederschlag etc.

Öffnungen

Öffnungen sind in der Gebäudehülle unumgänglich, um den Innenraum nutzen zu können und ihn mit Licht und Luft zu versorgen. Aus den Schutz- und Versorgungsfunktionen geht hervor, dass die Öffnungen in ihrer Durchlässigkeit veränderbar sein sollten, da den Schwankungen der Bedingungen im Außenraum der Wunsch nach konstanten Bedingungen im Innenraum gegenübersteht. Die Öffnungen in der Gebäudehülle übernehmen die Aufgabe der Vermittlung zwischen innen und außen, also des kontrollierbaren Austauschs des Innenraumklimas mit dem Außenraumklima. Die einzelnen Parameter wie Wärme, Licht, Luft, Schall, Feuchtigkeit etc. lassen sich dabei unter dem Begriff der Regelung der Durchlässigkeit zusammenfassen. Hierfür werden öffnungsschließende Elemente verwendet [2]. Die bekannteste Form ist das Fenster, bei dem die Durchlässigkeit von Licht durch entsprechendes Material auch in geschlossenem Zustand gegeben ist, der Austausch von Luft jedoch nur bei geöffnetem Fensterflügel bzw. durch Spaltlüftung zwischen Flügel und Rahmen oder über justierbare Öffnungsschlitze im Rahmen erfolgt. Die Funktionen Belichtung und Belüftung können selbstverständlich auch getrennt voneinander erreicht werden. Die einfachste Form stellt eine Festverglasung mit einem separaten (opaken) Lüftungsflügel dar [3].

Mit dem Aufkommen von großflächig verglasten Fassaden (z. B. Gewächshäuser) im 18. Jahrhundert und der Errichtung von Bauwerken wie dem Kristallpalast in London (1851) oder dem Glaspalast in München (1854) vollzieht sich ein Wandel: Das Fenster als transparentes Element in einer opaken Wandfläche wird zum Öffnungselement in einer ganzflächig transparenten Fassade. Analog zu Fenstern in einer massiven Wandkonstruktion werden daher die öffenbaren Elemente einer (transparenten) Glasfassade auch als Fenster bezeichnet.

Lage und Geometrie

Anordnung und geometrische Ausbildung der Öffnung stehen immer im Zusammenhang mit dem dahinterliegenden Raum: Ihre Lage und geometrische Ausbildung haben prinzipielle Auswirkung auf den Tageslichteintrag, die Belüftung sowie auf die Blickbeziehung des Nutzers zum Außenraum. Die Lage der Öffnung steht sowohl in der Horizontalen als auch in der Vertikalen in Bezug zur Nutzung. Durch eine Veränderung der Nutzung in der Fläche des Grundrisses kann sich der horizontale Bezug zu Öffnungen verändern. Der Bezug zur vertikalen Anordnung der Öffnung hingegen ist in der Regel nicht veränderbar, da eine Erhöhung oder Absenkung der Bodenebene des Raumes nicht möglich ist.

Vertikale Einteilung der Fassadenfläche
Die Fassade eines Geschosses lässt sich prinzipiell in drei Bereiche unterteilen (Abb. A 2.2.2):

A 2.2.1 Wohnhaus, Paderborn (DE) 1995, Thomas Herzog mit Andrea Heigl

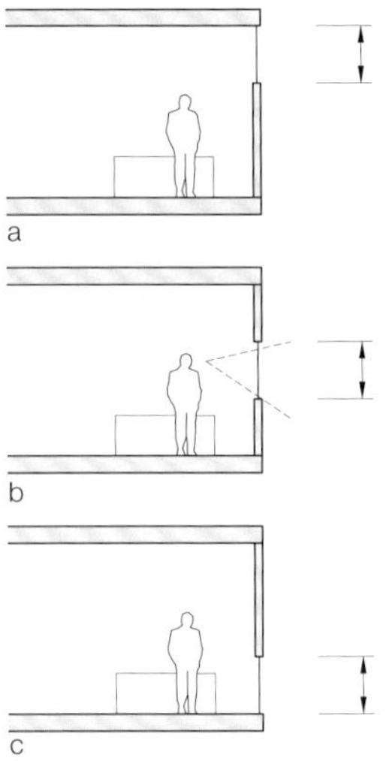

A 2.2.2

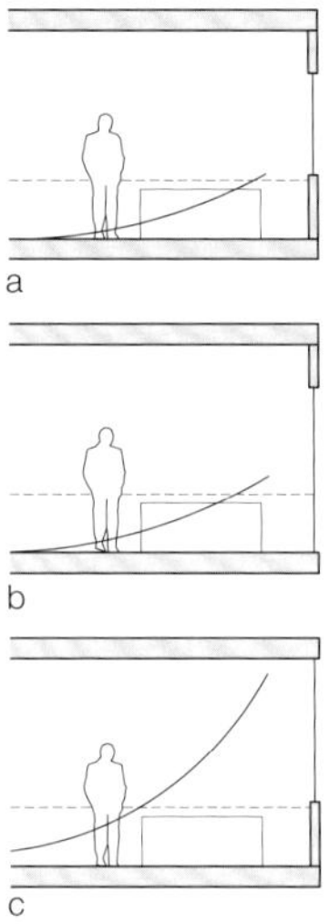

A 2.2.3

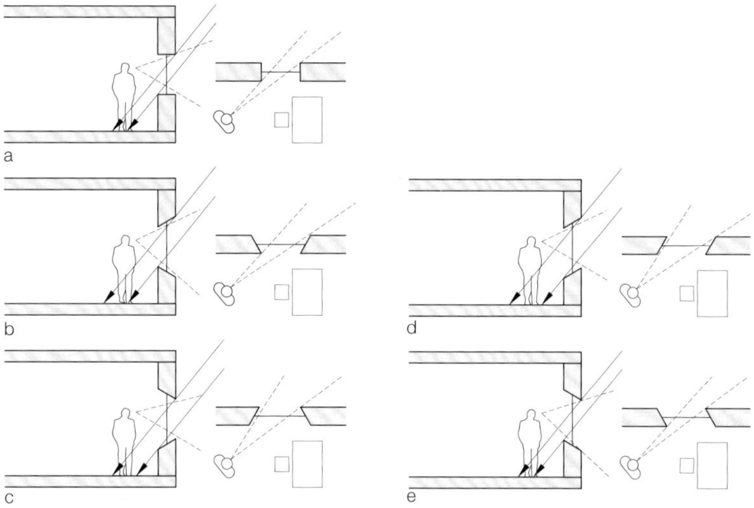

A 2.2.4

- Oberlichtbereich (a)
- Bereich des Blickfelds vom Innenraum aus (b)
- Brüstungsbereich (c)

Im oberen und unteren Randbereich (Anschlussbereiche) gibt es zudem folgende Bezeichnungen, die aus der Betrachtung von Lochfassaden stammen:
- Sturzbereich bezeichnet den Bereich über einem Fenster/einer Tür bis zur Decke
- Brüstungsbereich bezeichnet den Bereich unter einem Fenster/einer Tür bis zum Boden

Sichtbeziehungen
Oftmals ist der Wunsch nach Frischluft gekoppelt an das Verlangen, auch direkt an der Öffnung (am offenen Fenster) stehen zu können. Daher ist bei der Planung einer Öffnung neben der manuellen Betätigung beweglicher Ver-schlüsse auch der Kontakt mit dem Außenraum zu berücksichtigen. Die Öffnung soll diesen einerseits ermöglichen, andererseits jedoch zugleich einen Abschluss gegen die Außenwelt bilden. Diesbezüglich unterscheidet man zwischen visueller und physischer Verbindung. Die Blickachse kann als mittlerer Wert für die verschiedenen Positionen des Nutzers im Raum angegeben werden mit [4]:
- ca. 175 cm im Stehen
- ca. 130 cm im Sitzen beim Arbeiten
- ca. 80 cm im Sitzen auf dem Boden
- ca. 70 cm im Liegen (in 30 cm Höhe)

Sowohl die Lage als auch die Unterteilung der Öffnung müssen auf die Art der Nutzung und die Positionen abgestimmt werden.

Belichtung
Der Lichteintrag über die Fassade nimmt mit der Raumtiefe ab (Abb. A 2.2.3 [5]). Das Maß des Lichteintrags wird durch den Tageslichtquotienten (D) charakterisiert. Dieser gibt das Verhältnis von Beleuchtungsstärken im Innen- und Außenraum (nur Diffuslicht) unter Normbedingungen in Prozent an [6].

Die äußeren Einflussgrößen sind:
- Ausrichtung in Bezug zur Himmelsrichtung
- Tageszeit
- lokale Verhältnisse der Sonneneinstrahlung (klimatische Bedingungen, lokale Verschattung durch Umgebung wie Vegetation und/oder Bebauung)

In der Fassadenebene sind die Lage und die Geometrie der Öffnung von grundlegender Bedeutung. Hoch liegende Fensteröffnungen begünstigen den Lichteintrag in die Raumtiefe.
Die tatsächlich im Raum vorhandene Helligkeit wird wesentlich vom Grad der Reflexion der inneren Oberflächen bestimmt, was wiederum stark von den vorherrschenden Farben abhängt [7].

Belüftung
Vereinfacht gesagt bedeutet Lüftung »Austausch von Raumluft gegen Außenluft« [8]. Die Lufterneuerung eines Raumes soll zum einen die hygienischen Anforderungen erfüllen und andererseits auch eventuell vorhandene bauphysikalische Aspekte (Abtransport von Schadstoffen in der Luft, Abführen von Feuchte) berücksichtigen. Bei Lüftung unterscheidet man aufgrund der Antriebskräfte grundsätzlich zwischen mechanischer Lüftung (Antrieb der Luftbewegung durch mechanische Kräfte) und freier Lüftung, die auch als natürliche Lüftung bezeichnet wird. Bei dieser erfolgt der Antrieb der Luftbewegung durch Druckunterschiede zwischen dem Innen- und dem Außenraum, die aus folgenden, sich aus den natürlichen Bedingungen ergebenden Kräften resultieren [9]:
- Windkräfte: durch Wind im Bereich der Fassade induzierte Druckdifferenzen zwischen innen und außen, die den Luftaustausch bewirken.
- Thermische Auftriebskräfte: Kräfte, die durch unterschiedliche Dichten aufgrund von Temperaturunterschieden (Temperaturschichtung) entstehen. Die thermischen Auftriebskräfte werden mit zunehmendem Winddruck von diesem überlagert.

Abbildung A 2.2.6 [10] stellt das Grundprinzip des Luftaustauschs bei einer Fassadenöffnung aufgrund von Temperaturschichtung ohne Windeinfluss dar. Im Bereich der gedachten Ebene N (neutrale Zone) findet keine Luftbewegung statt. Durch Änderung der vertikalen Lage der Öffnung und durch Einfluss von Windkräften verschiebt sich diese Ebene in der Vertikalen. Neben Ausbildung und Anordnung der Lüftungsöffnungen in der Fassade ist die Variabilität ein entscheidendes Merkmal im Zusammenhang mit den physikalischen Eigenschaften der Hülle und der Masse eines Gebäudes [11].

Für eine Dauerlüftung sind kleine und gut dosierbare Lüftungsöffnungen erforderlich. Die Luftführung im Raum ist dabei besonders zu beachten, da diese Lüftungsart über einen längeren Zeitabschnitt erfolgt:
- Einseitige Lüftung: zur effizienten Nutzung des thermischen Auftriebs sollten zwei Öffnungen mit möglichst großem vertikalem Abstand zueinander angeordnet sein; eine gut einstellbare Dosierung verhindert unerwünschte Abkühlung und Zugerscheinungen.
- Querlüftung: um in diesem Fall den thermischen Auftrieb zu nutzen, sollte zwischen Lufteintritts- und Luftaustrittsstelle ein möglichst großer vertikaler Abstand vorhanden sein; bei windinduzierten Druckdifferenzen ist dieser Abstand unbedeutend.

Stoßlüftung (d. h. kurzfristige Lüftung) erfordert Öffnungen mit möglichst großem Lüftungsquerschnitt:
- Einseitige Lüftung: Aufgrund der neutralen Zone in der Mitte der Öffnung kann die Fläche zweigeteilt mit vertikalem Abstand sein.
- Querlüftung: Der Luftdurchgang findet nur in eine Richtung statt.

Für die Behaglichkeit sind neben der Betrachtung der Luftwechselzahl Aussagen über die Luftbewegungen relevant [12]:
- Größe der Luftgeschwindigkeit an Luftein-

A 2.2.2 Fassadenbereiche, die sich aus der Nutzung ergeben
a Oberlichtbereich
b Bereich des Blickfelds
c Brüstungsbereich

A 2.2.3 Einfluss der Lage und Größe der Öffnung auf den Tageslichteintrag
a mittig
b unten
c oben

A 2.2.4 Einfluss der Laibung des Randes (bei gleicher Wandstärke und umlaufend gleicher Ausbildung)
a parallel
b konisch, nach außen gerichtet
c konisch, nach innen gerichtet
d parallel, trapezförmig, nach innen abfallend
e parallel, trapezförmig, nach außen abfallend

A 2.2.5 Einfluss der Wandstärke bei Belichtung und Sichtbeziehung
a tiefer Wandaufbau
b flacher Wandaufbau

A 2.2.6 Prinzip des Luftaustauschs durch Fassadenöffnung aufgrund von Temperaturschichtung ohne Einfluss von Windkräften, neutrale Zone N bei 1/2H

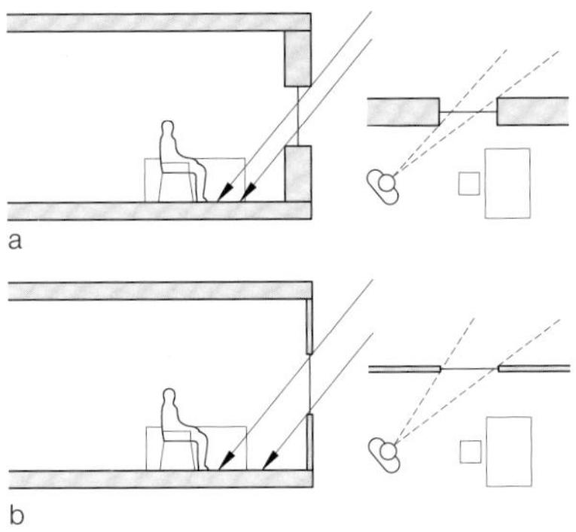

A 2.2.5

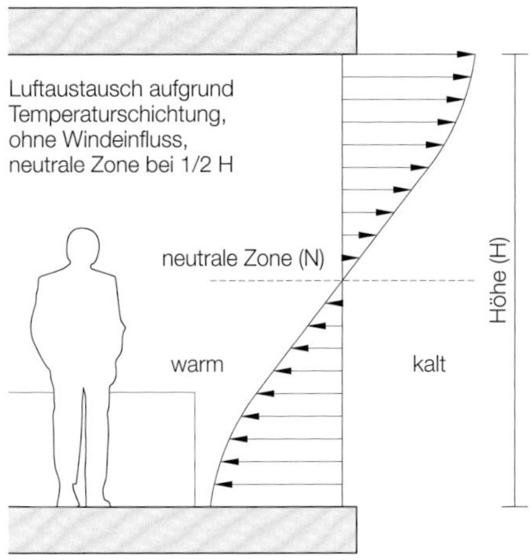

A 2.2.6

trittsstelle in den Innenraum

- maximale im Raum auftretende Luftgeschwindigkeiten
- Durchschnittsgeschwindigkeit der Luft im Raum
- Durchschnittsgeschwindigkeit der Luft in Nutzerebene (1 m über Fußboden)

Als oberster Grenzwert für Behaglichkeit gilt für die Luftgeschwindigkeit ein Wert von 0,2 m/s. Vor allem bei Büro- und Verwaltungsbauten ist ab dieser Luftgeschwindigkeit mit dem Aufwirbeln von Papier zu rechnen [13]. Als Zugluft wird die durch einen Luftstrom »unerwünschte lokale Abkühlung des menschlichen Körpers« bezeichnet [14]. Bei Zugluft handelt es sich demnach nicht um einen absoluten Wert, weshalb man auch von einem »Zugluftrisiko« spricht [15]. Zur Vermeidung von Zuglufterscheinung ist es günstig, wenn sich die in den Raum eintretende Luft möglichst gut verteilen kann.

Problematisch bei der »behaglichen Zuluftzufuhr« sind im Sommer der Einlass warmer Außenluft und im Winter die zu erwartenden Zugerscheinungen durch den Eintrag kalter Außenluft (die zusätzlich durch Kaltluftabfall an der Fassade überlagert werden). Durch dezentrale Gebäudetechnik zur Vortemperierung der Zuluft im Bereich der Fassadenöffnung kann dieser Problematik entgegengewirkt werden.

Da die Wirkung mechanischer Lüftung im Vergleich zu den Schwankungen der äußeren Bedingungen besser voraussagbar ist, beziehen sich eine Vielzahl von Betrachtungen und Untersuchungen dazu oftmals primär auf mechanische Lüftung. Erst in den letzten Jahren sind vermehrt Ansätze zu verzeichnen, auch die schwankenden Bedingungen bei freier Lüftung in Simulationen und Messungen zu berücksichtigen. Mit zunehmenden Erkenntnissen über natürliche Lüftung sowie der gestiegenen Bedeutung nutzbarer Energie aus der Umwelt – speziell der Sonnenernergie – wird der Fensterlüftung wieder mehr Beachtung geschenkt. Analog zu mechanischer Lüftung, bei der zu allen Komponenten genaue Werte verfügbar sind, müssen auch für Fenster aerodynamische Größen für die Lufteintrittsstellen (Fensterspalt, Profilausbildung) ermittelt werden. Einige aus der Raumluftanlagentechnik bekannte Effekte lassen sich auf Fenster übertragen.

Bei der Quelllüftung, die sich durch relativ niedrige Luftgeschwindigkeiten auszeichnet, wird versucht, mit einer nach oben gerichteten Verdrängungsströmung Zuluft und belastete Luft räumlich zu trennen. Durch Zuführung der Zuluft mit Untertemperatur in eine bodennahe Schicht (laminare Einschichtung der Zuluft in Bodenhöhe) wird aufgrund des thermischen Auftriebs an den internen Wärmequellen die nachströmende Luft aus der Zuluftschicht angesaugt und die Abluft im Deckenbereich abgeführt. In der Regel kommt Quelllüftung im Zusammenhang mit mechanischer Lüftung zum Einsatz. Bei natürlicher Lüftung kann Quelllüftung dann eingesetzt werden, wenn die Lüftungsöffnungen in der Fassade den gleichmäßigen Eintritt der Zuluft in den Raum im Bodenbereich ermöglichen.

Soll die eintretende Luft möglichst tief in den Raum eindringen, kann der sogenannte Coanda-Effekt ausgenutzt werden: Wenn ebene Luftstrahlen aus Schlitzen nicht unmittelbar unter der Decke, sondern in einem gewissen Abstand ausgeblasen werden, so legt sich der Strahl infolge des induzierten Wirbels an die Fläche an, er »klebt« gewissermaßen daran. Dieser von der mechanischen Lüftung bekannte Effekt wird gelegentlich auch als Wirbelgrenzflächen-Effekt bezeichnet [16] und lässt sich unter gewissen Umständen auch auf die Fensterlüftung übertragen. Der Außenluftstrom wird dabei als Tangentiallüftung entlang glatter Flächen geleitet. Durch möglichst geringe Verwirbelung ist so die Wirksamkeit in der Raumtiefe gewährleistet. Die entsprechenden Flächen müssen in direkter Nähe der Lufteintrittsstelle liegen. Außerdem sind Lage und Geometrie der Lufteinlassöffnung (Fensteröffnungsstellung) zu beachten. Je niedriger die Temperatur der zugeführten Luft gegenüber der Raumluft, desto größer das Zugluftrisiko. Ein Vorwärmen der in den Raum eintretenden Außenluft kann durch die Anordnung der Zuluftöffnungen in Kombination mit Wärmequellen erfolgen. Die eintretende Luft sollte sich an Bauteilen mittels Konvektion erwärmen können. Fensterlüftung ist bei Einhaltung der Richtwerte für die Behaglichkeit nur bis zu einer bestimmten Außentemperatur möglich. So wird z. B. je nach Fensterart als unterer Grenzwert eine Außentemperatur von 0 bis 6 °C angegeben [17].
Bei Außentemperaturen in der Nähe des Behaglichkeitsbereichs sollte die eintretende Luft möglichst direkt zur Position des Nutzers im Raum gelangen können, ohne sich dabei an wärmeren Bauteilen aufzuheizen. Bei warmen Außentemperaturen kann die eintretende Luft an kühleren Bauteilen mittels Konvektion (geringfügig) abgekühlt werden. Die thermisch wirksamen Massen können die aufgenommene Wärmeenergie mittels nächtlicher Durchlüftung oder Bauteilkühlung wieder abgeben.
Zur Einhaltung der Behaglichkeit kann Fensterlüftung tagsüber bei hoher Außenlufttemperatur dementsprechend jedoch nur bedingt eingesetzt werden.

Die Anordnung der Lüftungsöffnungen in der Fassade und die Art der Lüftung (einseitige Lüftung oder Querlüftung) bestimmen die Raumtiefe, in der die freie Lüftung über Öffnungen in der Fassade wirksam ist. Die Art der Lüftung trägt außerdem wesentlich zur Behaglichkeit bei. Ohne nähere Angaben zur Anordnung des Öffnungsflügels gilt im Allgemeinen die Faustregel, dass Räume mit einseitiger Belüftungsmöglichkeit dann als »natürlich belüftbar« gelten, wenn die Raumtiefe maximal das 2,5-fache der lichten Höhe (H) beträgt. Für den Fall der Querlüftung gilt 5-mal die lichte Höhe [18]. Bei einseitiger Lüftung und einer im oberen Bereich angeordneten Öffnung ist die Lüftung bis zu einer Raumtiefe von bis zu 2 H wirksam. Bei einer Öffnung im unteren und einer im oberen

A 2.2.7 Verschattung durch Lamellenstruktur: Einfluss der Himmelsrichtung
a Südfassade: horizontale Lamellen
b Ost-/Westfassade: vertikale Lamellen

A 2.2.8 Prinzipien des Sonnenschutzes: Ausblenden/Filtern der direkten Strahlung
a Auskragung: Ausblenden
b Auskragung: Verschattung durch Ausblenden und Reflexion zur Tageslichnutzung
c Lamellenstruktur: Ausblenden
d Lamellenstruktur: Ausblenden und Reflexion zur Tageslichtnutzung
e Abdeckung: Ausblenden
f Filtern: Perforation

A 2.2.9 typologische Zuordnung der Bewegungsarten bei Fenstern

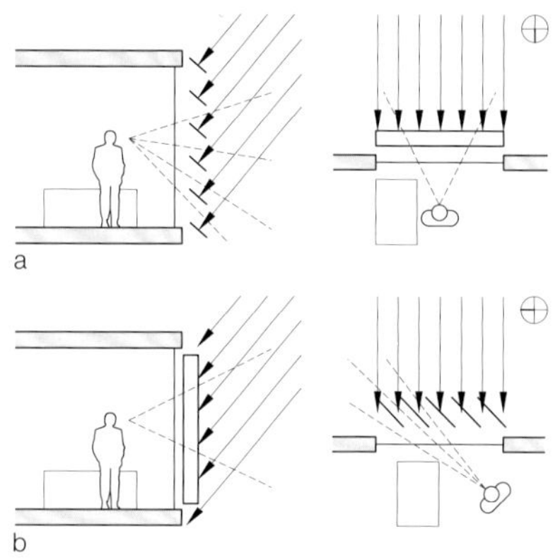

A 2.2.7

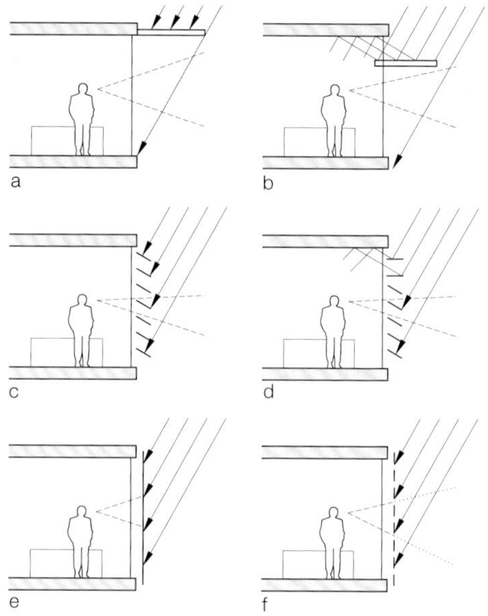

A 2.2.8

Bereich erhöht sich die Wirksamkeit auf bis zu 3H [19]. Diese Werte sind keinesfalls absolut und können nur als Anhaltspunkt dienen. Die Öffnungsart bleibt dabei unberücksichtigt.

Kleine Öffnungsstellungen der Fenster müssen genau positioniert und ausgebildet werden, da bei einer dichten Hülle die Wirkung des Luftstrahls in den Raum analog zu einem Düseneffekt zunimmt. Ist die Dosierbarkeit über Lüftungsöffnungen durch Fenster nicht erreichbar, können zusätzliche Elemente (z.B. Klappen) in der Fassade eingesetzt werden. Die in DIN 5034 angegebenen Tabellen zur Bestimmung der Mindestfenstergröße für Wohnräume beziehen sich auf die ausreichende Versorgung der Räume mit Tageslicht. Eine Größe der Lüftungsöffnung lässt sich daraus nicht ableiten.

Veränderung der Durchlässigkeit

Die Eigenschaft der Durchlässigkeit lässt sich durch den Einsatz von baulichen Vorrichtungen beeinflussen. Hierzu werden starre und veränderbare, z.B. bewegliche Elemente verwendet.

Starre Elemente

Da sich die Sonneneinstrahlung und damit die klimatischen Verhältnisse bezogen auf den Tages- und den Jahresverlauf verändern, ändert sich im Fall nicht beweglicher Elemente auch deren Wirkung (Verschattung, Reflexion, Lichtumlenkung) in Abhängigkeit vom jeweiligen Sonnenstand.
Für die Verschattung lassen sich verschiedene Prinzipien unterscheiden (Abb. A 2.2.8):

- durch vollständige unmittelbare Abdeckung der Fassadenfläche
- durch ein auskragendes Element
- durch Addition kleinerer Elemente (z.B. Lamellen- oder Rasterstruktur)

Lamellenstrukturen können hinsichtlich ihrer Anordnung in zwei Kategorien unterteilt werden, die sich durch die Ausrichtung zur Himmelsrichtung und den damit verbundenen Sonnenstand ergeben:

- Auf der Südseite in steilem Winkel auftreffende Sonnenstrahlen können bei entsprechender Neigung durch horizontale Lamellen daran gehindert werden, direkt ins Gebäudeinnere einzudringen.
- Auf der Ost- und Westseite werden die flach auftreffenden Sonnenstrahlen durch vertikale Lamellen abgehalten.

Der Ausblick ist bei beiden Prinzipien trotz Verschattung möglich (Abb. A 2.2.7).

Bewegliche Elemente

Das Kapitel »Manipulatoren« (S. 266ff.) behandelt die beweglichen und veränderbaren Elemente im Bereich vor Öffnungen ausführlich anhand von Beispielen. Im Folgenden geht es um die Beweglichkeit von Fenstern.
Primär besteht die Eigenschaft von Fenstern in der Möglichkeit des partiellen Öffnens und Schließens der Gebäudehülle. Von den üblicherweise unterschiedenen Merkmalen (Material des Fensters, Bewegungsart oder Konstruktion des Fensterrahmens, Maueranschlag) ist die Öffnungsart (Flügelarten) als Funktion der Fassadenöffnung für die konstruktiven und gestalterischen Eigenschaften eines Fensters bestimmend.
Für die Unterscheidung der verschiedenen Fenster lassen sich die Öffnungsarten typologisch durch die Festlegung von vier Betrachtungsebenen ordnen (Abb. A 2.2.9) [20]:

- Beweglichkeit
- Grad der Beweglichkeit
- Bewegungsart
- weitere Unterscheidungsmerkmale

Erste Betrachtungsebene: Beweglichkeit der Fassadenfläche
Fassadenflächen lassen sich bezüglich ihrer Beweglichkeit unterscheiden in fest stehende und öffenbare Flächen. Die Fensteröffnung ihrerseits wird unter anderem aufgrund statischer (Lastabtragung) und konstruktiver Aspekte (Elemente für Festverglasung und bewegliche Flügel) unterteilt. Die Größe der einzelnen lichtdurchlässigen Felder hängt von der Verfügbarkeit der Materialien (z.B. Glasscheiben) ab und definiert so die Unterteilung.

Zweite Betrachtungsebene: Beweglichkeitsgrad
Der Beweglichkeitsgrad eines Fensters wird durch den Freiheitsgrad bestimmt, der wiederum durch die Rahmen- und Flügelkonstruktion sowie die Art der Beschläge vorgegeben ist.

Dritte Betrachtungsebene: Bewegungsart
Die Differenzierung nach dem Beweglichkeitsgrad kann noch weiter unterteilt werden – die jeweilige Bewegung spiegelt sich in der Fensterbezeichnung wider:

- partielle Ortsänderung, Bewegung um eine vertikale Achse (Rotation):
  - Wendefenster
  - Drehfenster
- partielle Ortsänderung, Bewegung um eine horizontale Achse (Rotation):
  - Kippfenster
  - Klappfenster
  - Schwingfenster
- Bewegung mit vollständiger Orts- ohne Elementsänderung (Translation):
  - Schiebefenster
  - Ausstellfenster
- Bewegung mit vollständiger Orts- und Elementsänderung (Transformation):
  - Faltfenster
  - Rolltor
- Kombinationen

Bei den üblicherweise verwendeten Faltfenstern handelt es sich genau genommen um Drehschiebefenster, da die Fenster nicht als Fläche gefaltet werden, sondern aus mehreren einzelnen Rahmen bestehen. Zur Verdeutlichung sei auf die als Trennwände benutzten

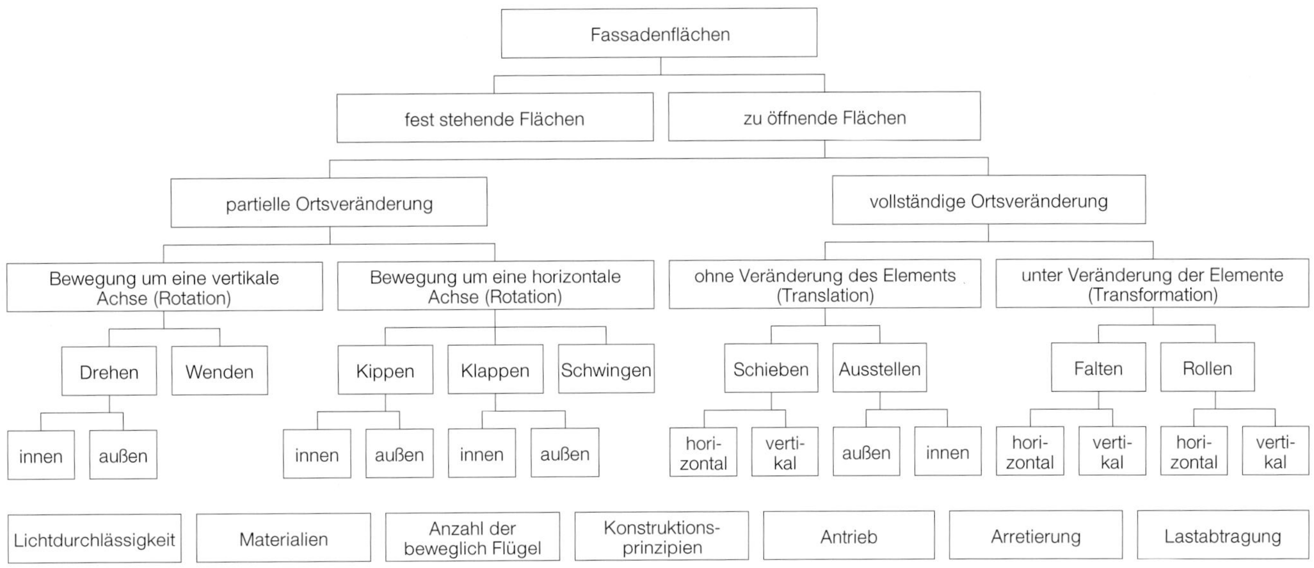

A 2.2.9

Faltwände verwiesen, bei denen – zumindest auf die Oberfläche bezogen – die ganze Fläche gefaltet wird.
Die Fassade als Teil der Gebäudehülle stellt in ihrer grundlegenden Funktion eine vertikale Trennung zwischen zwei Bereichen dar. Die Bewegungsarten von Fenstern können daher in einer untergeordneten Betrachtungsebene zusätzlich durch ihren Bezug zur Fassadenebene – in der Regel außen / innen und oben / unten – differenziert werden, z. B.:
- drehen: nach innen / außen aufgehend
- klappen: nach innen / außen aufgehend
- schieben: horizontal (nach rechts / links) / vertikal (nach oben / unten)

Weitere Unterscheidungsmerkmale
Eine weitere Ebene unterscheidet Konstruktionsprinzipien und sich dadurch ergebende bestimmte Merkmale. Neben der für alle beweglichen Flächen zutreffenden Unterscheidung nach der Anzahl der Flügel werden auch für die jeweilige Öffnungsart spezifische Merkmale verwendet. Die Anzahl der Flügel (bewegliche Flügel, eventuell arretierte und nur zu Reinigungs- oder Wartungszwecken bewegliche Flügel, fest stehende Flächen) gibt Aufschluss über die Variationen der Öffnungsmöglichkeiten. Ein Unterscheidungsmerkmal, das im Zusammenhang mit kontrollierter natürlicher Lüftung an Bedeutung gewonnen hat, stellt der Antrieb zur Bewegung dar, der manuell oder mechanisch erfolgen kann.
Spezifische Konstruktionsprinzipien beschreiben die verschiedenen Öffnungsarten. Unterscheidungen können daher nur innerhalb eines Bewegungsprinzips getroffen werden. Ferner gibt es auch Merkmale, die sich unabhängig von einer typologischen Gliederung primär auf die Konstruktion beziehen und nur sekundär auf den Öffnungsmechanismus.

Leistungsspektrum der Bewegungsart
Die Bewegungsmechanismen weisen unterschiedliche Eigenschaften auf, die aufgrund ihres Einflusses auf Funktion, Konstruktion und Gestaltung von grundlegender Bedeutung sind [21]. Das Leistungsspektrum eines öffenbaren Elements in der Gebäudehülle setzt sich dabei vor allem aus den funktionalen Eigenschaften zusammen (Abb. A 2.2.10):
Um Fenster als Komponenten der Gebäudehülle – bezogen auf den Energiehaushalt und den Nutzerkomfort – effizient einsetzen zu können, ist die genaue Kenntnis der Bewegungsarten und des damit verbundenen Leistungsprofils notwendig [22].

Kombinationsmöglichkeiten
Die verwendeten Begriffe verdeutlichen die Vielfalt der Bewegungsarten von Fenstern, die sich aus den Kombinationsmöglichkeiten ergeben:
- Drehflügel mit Drehschiebebeschlag
- Dreh-/Kippflügelfenster
- Klappflügelfenster: Senkklappflügelfenster
- Faltwand (Kombination aus Dreh- und Schiebebewegung)
- Faltfenster: Faltschiebefenster
- Schwingflügelfenster; Schwingschiebefenster
- Wendeflügelfenster
- Schiebefenster: Höhenschiebefenster, Hebeschiebefenster, Hängeschiebefenster, Versenkschiebefenster, Versenktür, Horizontalhebeschiebefenster
- Parallelabstellflügel; Kipp- und Parallelabsteller; Drehparallelabsteller

Die Bewegungsarten haben sich über einzelne Schritte zu einer Vielzahl von Variationen entwickelt. Dabei finden sich die noch in der Mitte des letzten Jahrhunderts existierenden Varianten in z. T. nennenswertem Umfang im Gebäudebestand, werden heute jedoch größtenteils nicht mehr produziert. Als Gründe für diese Entwicklung gelten neben der Fugenproblematik u. a. die erhöhten bauphysikalischen Anforderungen, die eine Zunahme der Scheibengewichte bedingen und dadurch wesentlich höhere Anforderungen an Beschlag und Rahmen stellen. Bei der Fugendichtungsproblematik wurde der ausreichende Luftaustausch zugunsten der Reduktion des Wärmeverlusts in den Hintergrund gedrängt (Teiloptimierung), statt die Problematik im Kontext zu betrachten.

Elementierung

Da die Gebäudehülle in der Regel nicht aus einem Stück herstellbar ist, ergibt sich für die Realisierung die Notwendigkeit einer Zerlegung in einzelne Teile. Die Grundbegriffe der Systembetrachtung in den Naturwissenschaften werden für den Bereich der Architektur auf fünf Stufen ausgeweitet. Daraus ergibt sich folgende Abfolge der Betrachtungsweise (Abb. A 2.2.11, S. 45):
- System
- Subsystem
- Bauteil/ Komponente
- Element
- Material

Durch die Maßstabswahl bzw. den Betrachtungsausschnitt kann eine Verschiebung auftreten (z. B. im Städtebau: Stadt = System, Gebäude = Element).

Montage und Einbaufolge
Der Vorgang des Bauens ist verbunden mit dem zeitlichen Ablauf der Montage. Bis zum Endzustand der Konstruktion existieren dabei verschiedene Zwischenzustände. Je nach Situation können äußere Bedingungen den Bauablauf beeinflussen. Vor allem in innerstädtischen Lagen ist beispielsweise der Zu- und Abtransport von Material bei größeren Bauvorhaben nur eingeschränkt möglich. Außerdem haben die klimatischen Bedingungen einen direkten Einfluss auf den Bauablauf. So kann eine Witterunsgänderung zu terminlichen Verschiebungen führen, die sich auf den gesamten weiteren Ablauf auswirken. Die Errichtung

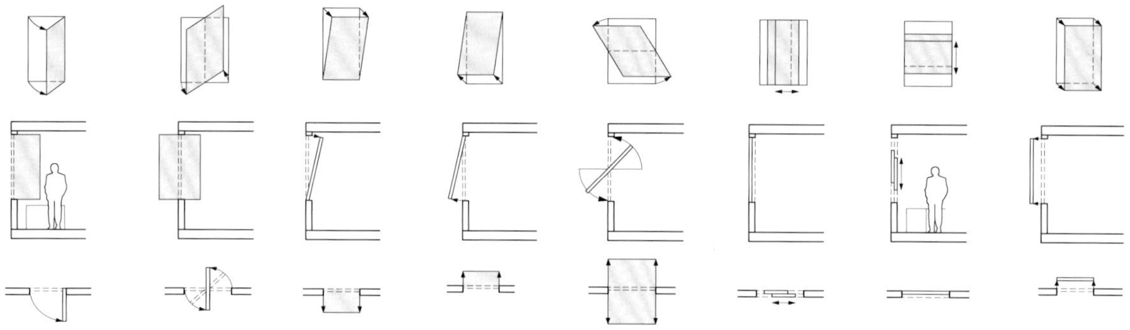

Vergleich der Bewegungsarten bei Fenstern zur Ermittlung des Leistungsprofils	**Drehfenster nach innen aufgehend**	**Wendefenster**	**Kippfenster**	**Klappfenster**	**Schwingfenster**	**Horizontal-schiebefenster**	**Vertikal-schiebefenster**	**Ausstellfenster**
Beeinträchtigung der Nutzfläche bezogen auf die Raumtiefe	Öffnungsbreite	1/2 Öffnungs-breite	minimal	keine (wenn nach außen aufgehend)	1/2 Öffnungs-breite	keine	keine	keine (wenn nach außen aufgehend)
Möglichkeit der Anordung an Verkehrsflächen	ja (wenn nach außen aufgehend)	nein	ja	ja (wenn nach außen aufgehend)	nur mit Öffnungs-begrenzung	ja	ja	ja (wenn nach außen aufgehend)
Durchblick: maximale freie Öffnungsfläche und Unterteilung	100 %	100 % mit vertikaler Teilung	keine freie Öffnung	keine freie Öffnung	100 % mit horizontaler Teilung	50 % mit vertikaler Teilung	50 % mit horizontaler Teilung	keine freie Öffnung
geometrische Beschreibung der erzeugbaren minimalen/kleinen Öffnungsflächen	1× seitlich spalt-förmig, oben und unten winkelförmig	2× seitlich spalt-förmig, oben und unten 2× winkelförmig	2× seitlich winkelförmig, oben spalt-förmig	2× seitlich winkelförmig, unten spalt-förmig	4× seitlich winkelförmig, oben und unten spaltförmig	2× seitlich spaltförmig	oben und unten	umlaufend spaltförmig
geometrische Beschreibung der erzeugbaren maximalen/großen Öffnungsflächen	komplette Öffnungsfläche	komplette Öffnungsfläche, senkrechte Unterteilung	2× seitlich winkelförmig, oben spalt-förmig	2× seitlich winkelförmig unten spalt-förmig	komplette Öffungsfläche waagrechte Unterteilung	50 % der Öff-nungsgröße als senkrechte Unterteilung	50 % der Öff-nungsgröße als waagrechte Unterteilung	umlaufend spaltförmig
Eignung für Spaltlüftung	bedingt	bedingt	bedingt	bedingt	bedingt	gut	gut	gut
Eignung für Stoßlüftung	gut	gut	nein	nein	gut	gut	gut	nein
Einstellbarkeit der Öffnungen	nur mit Zusatz-beschlag	nur mit Zusatz-beschlag	nur für maximale Kippstellung	mittels des zum Öffnen erforderlichen Beschlags	nein	gut	gut	gut (mechanischer Antrieb)
Witterungsschutz (Schutz gegen Niederschläge) bei Spaltlüftung	nein	nein	ja	ja	ja	nein	oben: ja unten: bedingt	bedingt (mit Zusatz an oberer Öffnung)
Bewegungsart bietet Schutz gegen Zuschlagen durch Wind	nein	nein	nein	mit Zusatz-beschlag	nein	ja	ja	ja
Möglichkeit der Kombination mit innen liegenden Manipulatoren	nein	nein	bedingt	ja	nein	ja	ja	ja
Möglichkeit der Kombination mit außen liegenden Manipulatoren	ja	nein	ja	nein	nein	ja	ja	bedingt
Reinigung der Außenseite von innen möglich	ja	ja	mit lösbarem Beschlag	nein	ja	nein	mit zusätz-lichem (lösbarem) Beschlag	nein
Stichpunkte zum Bereich der Dichtung	auch nach außen auf-schlagend (bei Wind u. Regen)	Versatz in den horizontalen Dichtungen	Überfälzung am Fußpunkt bedingt möglich	Einsatz in windreichen Gegenden	Versatz in den vertikalen Dichtungen	Überfälzung am Fußpunkt mögl. Anpressen nur mit Zusatzbew.	Überfälzung am Fußpunkt mögl. Anpressen nur mit Zusatzbew.	bereits bei min. Öffungen kein Witterungs-schutz
Stichpunkte zum Bereich der Beschläge	Auskragen des Flügels erzeugt Moment	Lastabtragung erfolgt mittig	Flügel gegen Herabfallen sichern	Flügel muss in offenem Zustand arre-tiert werden	Scheibe hängt in offenem Zustand durch	Verkanten bei hohen, schmalen Formaten	Kompensation des Eigen-gewichts, Verkanten	Scherenmecha-nismus muss Windkräfte abführen

A 2.2.10

Begriff	Beispiel
System	Gebäude
Subsytem	Hülle (Dach, Fassade), Tragwerk, Ver- und Entsorgung, innere Aufteilung, Erschließung
Bauteil/ Komponente	Fensterflügel in Fensterrahmen
Elemente	Profile, Isolierglas, Beschläge, Dichtungen
Material	Blech, Glas

A 2.2.11

A 2.2.10 Vergleich der Bewegungsarten bei Fenstern zur Ermittlung der unterschiedlichen Leistungsprofile
A 2.2.11 Grundbegriffe der Systembetrachtung in der Architektur

der Fassade als Wetterschutz ermöglicht einen von Wetteränderungen weitgehend unabhängigen Ausbau des Gebäudes.

Vorgefertigte Komponenten aus Elementen
Für einen von Witterungsbedingungen möglichst unabhängigen Bauablauf, werden einzelne Teile ortsungebunden unter kontrollierten Bedingungen im Werk vorgefertigt. Dadurch lassen sich die eigentliche Montagezeit vor Ort und die damit verbundenen Risiken erheblich reduzieren. Durch Vorfertigung sind außerdem wesentlich höhere Genauigkeiten und geringere Toleranzen erzielbar.
Bei Lochfassaden werden Fenster in Aussparungen der Fassadenkonstruktion eingesetzt. Daneben kommen im Bereich der nicht tragenden Außenwand für Fassaden mit hohem Verglasungsanteil zwei vom Prinzip her unterschiedliche Bauweisen zum Einsatz, wobei sich die Unterscheidung dabei auf den Montagevorgang bezieht:

Elementfassade
Dieser Begriff bezeichnet Fassaden, die aus einzelnen vorgefertigten Einheiten bestehen, welche auf der Baustelle zur Fassade als Ganzes zusammengesetzt werden. Die Bezeichnung bezieht sich nicht auf die im Zusammenhang mit der Systembetrachtung aufgeführte Abfolge (siehe S. 43), sondern verweist auf die Vorfertigung und den Montagevorgang. Bei Glasfassaden bestehen die vorgefertigten Teile in der Regel aus in Rahmen gefassten Gläsern, weshalb dafür auch der Begriff der Rahmenkonstruktion besteht. Elementfassaden eignen sich gut für Verwaltungsbauten mit großer Höhe. Die Elemente werden per Kran an die entsprechende Stelle gehoben, die Montage erfolgt ohne Gerüst.

Pfosten-Riegel-Fassade
Im Gegensatz zur Elementfassade besteht die Pfosten-Riegel-Fassade aus einzelnen Teilen: den senkrechten Fassadenpfosten und den waagrechten Fassadenriegeln, die vor Ort zusammengefügt werden. Die Bezeichnung beruht auf dem konstruktiven Prinzip. Pfosten-Riegel-Fassaden finden heute vorwiegend bei niedrigen Bauten Anwendung.

Anmerkungen:

[1] Im vorliegenden Kapitel wird mit »Fenster« (analog zum umgangssprachlichen Gebrauch) der bewegliche, lichtdurchlässige Abschluss einer Wandöffnung bezeichnet. Das Reallexikon zur Deutschen Kunstgeschichte verwendet hierfür den Begriff »Fensterverschluss«, der jedoch zu Verwechslungen mit dem Bereich der Beschläge führen kann. Reallexikon zur Deutschen Kunstgeschichte, München 1981. Bd. 7, Spalte 1253ff.
[2] Dietze, Lothar: Freie Lüftung von Industriegebäuden. Berlin 1987, S. 18
[3] Diese Trennung wurde z. B. von Le Corbusier beim Kloster La Tourette (1960) vorgenommen.
[4] Pracht, Klaus: Fenster – Planung, Gestaltung und Konstruktion. Stuttgart 1982, S. 102
[5] Grafik nach: Müller, Helmut; Schuster, Heide: Tageslichtnutzung. In: Schittich, Christian (Hrsg.): Solares Bauen. München/Basel 2003, S. 63
[6] VDI Richtlinie 6011. Düsseldorf 2016
[7] Miloni, Reto P.: Von Aperturfläche bis Zenitlicht. Kleines Tageslicht-ABC. In: Fassade / Façade 01/2001, S. 12
[8] Meyringer, Volker; Trepte, Lutz: Lüftung im Wohnungsbau. Hrsg. vom Bundesministerium für Forschung und Technologie. Karlsruhe 1987, S. 11
[9] Die Unterscheidung der Antriebskräfte erfolgt bezogen auf die lokale Situation am Gebäude, da Windkräfte durch klimatische Zusammenhänge entstehen, die immer auf solare Einstrahlung und damit auf Temperaturunterschiede zurückzuführen sind.
[10] Grafik in Anlehnung an: Zürcher, Christoph; Frank, Thomas: Bauphysik. Bd. 2: Bau und Energie – Leitfaden für Planung und Praxis. Zürich / Stuttgart 1998, S. 80
[11] wie Anm. 7, S. 33–36
[12] Givoni, Baruchi: Passive and Low Energy Cooling of Buildings. Van Nostrand Reinhold, New York / London / Bonn 1994, S. 42
[13] Zu der Angabe von Werten zu Luftgeschwindigkeit wird darauf hingewiesen, dass Luftgeschwindigkeiten über 0,15 m/s subjektiv (physisch) wahrgenommen werden können. Hanel, Bernd: Raumluftströmung. Heidelberg 1994, S. 6
[14] Fanger, Ole: Behagliche Innenwelt. In: Uhlig, Günther u. a.: Fenster – Architektur und Technologie im Dialog. Braunschweig / Wiesbaden 1994, S. 217. Bei Überlegungen zur sehr hohen Dichtigkeit von Fenstern wurden daher die Zuluftöffnungen zur Gewährleistung der Mindestluftzufuhr über Heizkörpern angebracht.
[15] Zugluft gilt neben Geräuschbelastung als einer der hauptsächlichen Gründe für Unzufriedenheit mit Klima- und Lüftungsanlagen. Recknagel, Hermann; Schramek, Ernst-Rudolf (Hrsg.): Taschenbuch für Heizung und Klimatechnik einschließlich Warmwasser- und Kältetechnik. München 2001, S. 59
[16] Recknagel, Hermann; Sprenger, Eberhard; Schramek, Rudolf (Hrsg.): Taschenbuch für Heizung + Klimatechnik. München 1999, S. 1207
[17] Zeidler, Olaf: Freie Lüftung in Bürogebäuden. In: HLH, Bd. 51, 07/2000
[18] Daniels, Klaus: Gebäudetechnik – ein Leitfaden für Architekten und Ingenieure. Zürich / München 1996, S. 260
[19] Baker, Nick; Steemers, Koen: Energy and environment in architecture. London 2000, S. 58
[20] Westenberger, Daniel: Vertikale Schiebefenster – Zur Typologie der Bewegungsarten von Fenstern als Öffnungselemente in der Fassade. In: Fassade / Façade 03/2002, S. 23–28
[21] Westenberger, Daniel: Vertikal verschoben – Eigenschaften und Leistungsspektrum von vertikalen Schiebemechanismen bei Fensteröffnungen. In: db 09/2003, S. 86–91
[22] Im vorliegenden Kapitel sind Teile aus der Dissertation von Daniel Westenberger enthalten. Westenberger, Daniel: Untersuchungen zu Vertikalschiebefenstern als Komponenten im Bereich von Fassadenöffnungen. Diss. TUM, München 2005

A 2.3 Modulare Ordnung

Gebäude bestehen in der Regel aus einer Vielzahl von Einzelteilen (Bauteilen, Elementen), die zumeist von unterschiedlichen Herstellern produziert und zeitlich versetzt eingebaut und montiert werden. Daher bedarf es durchgehender geometrischer Regeln, deren Befolgung das mangelfreie Gesamtwerk erst ermöglicht. Eine solche Art von »Grammatik« bezieht sich also auf den bautechnischen Gesamtzusammenhang der (gebäudebezogenen) Subsysteme Tragwerk, Außenwand, innerer Ausbau sowie Ver- und Entsorgung (Abb. 2.3.4) und wird allgemein als Modulordnung bezeichnet [1].

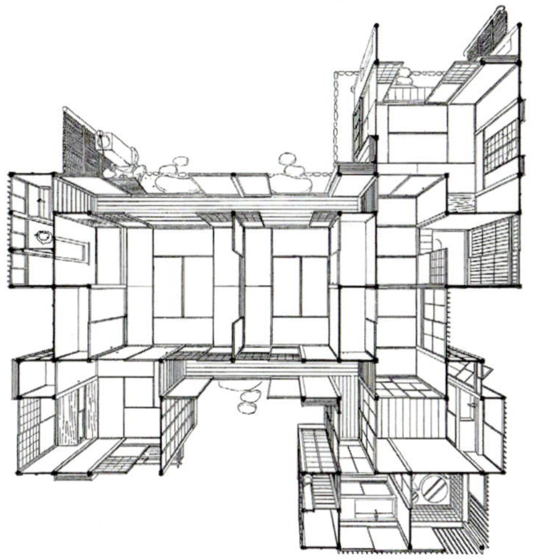

A 2.3.2

Von der Säulenordung zum modularen Koordinationssystem

Die maßliche Koordination von »Gliedern des Bauwerks« ist als Thema keineswegs neu. Bereits Vitruv bezeichnet als »modulus« einen berechneten Teil, ein Grundmaß – basierend auf dem unteren (halben) Säulendurchmesser –, auf dem die »Symmetria … [als] Wechselbeziehung der einzelnen Teile für sich gesondert zur Gestalt des Bauwerks als Ganzem« beruht [2]. In der antiken Architektur wie auch in der Renaissance werden wesentliche Abmessungen (Säulenabstand und -höhe, Gebälkhöhe und -auskragung) in »Säulen-Moduli« angegeben. Da dem Aufbau und der Form der Säule die Gestalt des menschlichen Körpers zugrunde gelegt wird, besteht eine enge Relation zwischen »Modul und menschlichem Maß« [3].
Im Zusammenhang mit Säulenordungen und Proportionsschemata sowie der damit verbundenen Modullehre (modulatio) stehen auch über Gebäudegrundsrisse bzw. Fassaden gelegte quadratische Raster, bei denen der Abstand zwischen den einzelnen Linien ebenfalls als Modul bezeichnet wird. Dieser nicht sichtbare Modul stellt eine abstrakte Grundeinheit eines (gedachten) geometrischen Systems zur maßlichen Ordnung für die räumliche Organisation sowie für den konstruktiven Aufbau des Gebäudes dar.
Geometrische und modulare Ordnungen finden sich nicht nur in der europäischen Architektur. Der japanische Wohnraum z. B. wird wesentlich durch das in der Baugeschichte einzigartige Prinzip des Tatami-Maßes bestimmt. Diese hartgepressten Strohmatten mit ihrer rechteckigen Form im Seitenverhältnis von etwa 1:2 werden im Wohnbereich ausgelegt und bilden den Grundmodul für die räumliche Struktur und Dimension. Allerdings ist die Tatami nur ein Element im modularen System des japanischen Holzhauses. Entwickelt aus dem Bestreben nach standardisierten Bauteilabmessungen gibt es nicht nur eine ideale Größe, sondern in Abhängigkeit von zwei definierten Stützenabständen ein Modul für die Stadt (ca. 95 × 190 cm) und eines für das Land (ca. 90 × 180 cm). Die aus den Tatami-Maßen resultierenden Abweichungen in dem modularen System sind auch Ergebnis der handwerklichen Arbeit (Abb. A 2.3.2) [4].

A 2.3.3

A 2.3.2 perspektivischer Grundriss eines typischen eingeschossigen japanischen Wohnhauses
A 2.3.3 Arkadensystem nach Jean-Nicolas-Louis Durand
A 2.3.4 »ARMILLA«, Instrumentarium für EDV-gestützte Leitungsplanung in hochinstallierten Gebäuden, Trassenplan Astleitung, Fritz Haller

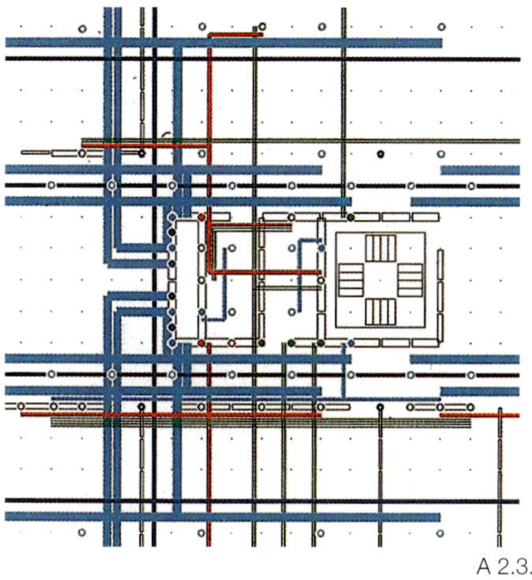

A 2.3.4

A 2.3.1 Haus Eames, Los Angeles (US) 1949, Charles und Ray Eames

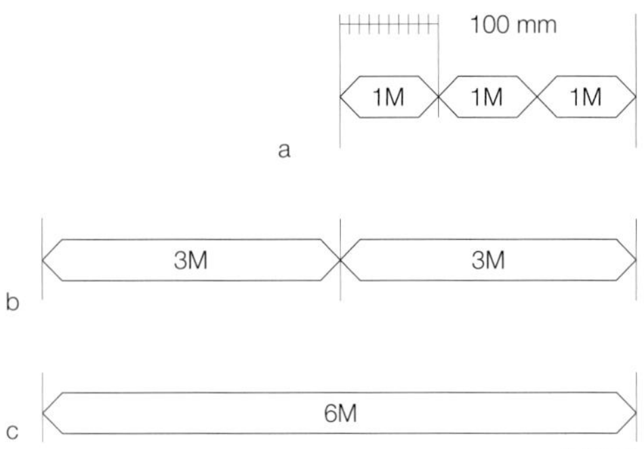

A 2.3.5

A 2.3.5 Modulordnung
a Grundmodul
Der Grundmodul ist die Größeneinheit, die als Maßsprung in Maßordnungen verwendet wird. Der EU-weit vereinbarte Grundmodul M beträgt 100 mm.
b Multimodul
Der Multimodul ist das genormte Vielfache des Modul mit einem ganzzahligen Multiplikator. Multimoduln sind z.B. 3M, 6M, 12M.
c Strukturmodul
Der sogenannte Strukturmodul ist das Vielfache der Multimoduln und legt als Zahlenwert die Koordinationsmaße für das Tragwerk fest.

1
2 5 3
4 10 6 15 9
8 20 12 30 18 45 27
16 40 24 60 36 90 54 135 81
32 80 48 120 72 180 108 270 162 405 243

2.3.6

A 2.3.6 Vorzugsmaße
Vorzugszahlen sind ausgewählte Vielfache der Moduln. Ihre Zählwerte ergeben in Verbindung mit den Moduln Vorzugsmaße als multimodulare bzw. modulare Maße. Aus praktischen Erwägungen sind sie auf bestimmte Vielfache des Moduls zu begrenzen. Aus ihnen sollen die Koordinationsmaße vorzugsweise gebildet werden.
Vorzugszahlen sind:
1, 2, 3 bis 30-mal M
1, 2, 3 bis 20-mal 3M
1, 2, 3 bis 20-mal 6M
1, 2, 3 usw. mal 12M

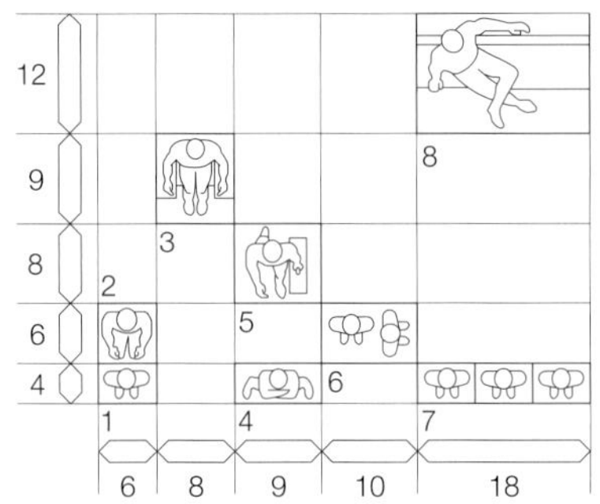

A 2.3.7

A 2.3.7 Zahlenwerte in Länge und Breite häufig gebrauchter und in Moduln ausgedrückter Raummaße auf Basis menschlicher Größen:
1 stehender Mensch
2 sitzender Mensch
3 im Sessel sitzender Mensch
4 stehender Mensch mit gegrätschten Beinen
5 gehender Mensch mit Gepäck
6 zwei stehende Menschen
7 drei nebeneinander stehende Menschen
8 auf Sofa sitzender Mensch

Einen Paradigmenwechsel in der (modularen) Konzeption von Bauten stellt das Werk von Jean-Nicolas-Louis Durand dar. Er löst sich um 1800 von der anthropometrischen und hierarchisch gegliederten Architekturlehre und legt allen Bauaufgaben sowie architektonischen Elementen ein einheitliches Raster mit rationalen Maßverhältnissen zugrunde (Abb. A 2.3.3). Ausgangspunkt für dieses System ist der Säulenabstand, der als »konstruktiv materialbezogenes Maß des Tragbalkens« auch Aspekte von Sparsamkeit und Zweckmäßigkeit des Entwurfs berücksichtigt [5]. Die Arbeiten von Durand bilden eine wichtige Grundlage für die Ausprägung des Modulsystems, das später Basis der Entwicklung des industriellen Bauens wird.
Es ist dann vor allem Konrad Wachsmann, der sich in seinem Buch »Wendepunkt im Bauen« (1959) mit dem Thema der industriellen Herstellung und der Koordinierung standardisierter Elemente eingehend beschäftigt.
Modulare Koordinationssysteme beziehen sich nicht nur auf quadratische Raster oder ebene Flächen, sondern können sowohl auf die Grundriss- und Fassadengestaltung als auch die räumliche Disposition Einfluss nehmen. Koordinationssysteme solcher Art sind Resultat genauer theoretischer und praktischer Untersuchungen von »Messwerten, Messmethoden, Maßbestimmungen, Dimensionierungen kleinster Teile bis zum kompletten Bauwerk« [6].
Der Übergang vom handwerklich bestimmten Bauablauf zum (teil-)industrialisierten Bauprozess machte es erforderlich, den möglichen Spielraum in der Lagebeziehung der Einzelteile zunehmend exakter zu definieren. Da die technologischen Fertigungsverfahren eine hohe maßliche Präzision ermöglichen, stellt die Definition und Kontrolle von Toleranzen eine wesentliche Anforderung an die geometrische modulare Ordnung dar.
Der Modulor, in den Jahren 1945 bis 1955 von Le Corbusier entwickelt, unterscheidet sich deutlich von diesem technologischen Ansatz und den eher gleichförmigen modularen Rastern. Dem Modulor-Bezugssystem liegt zwar auch eine Abfolge von Zahlenwerten zugrunde, allerdings beziehen sich diese nicht auf ein gemeinsames Ausgangsmaß. Daher muss man in diesem Fall von einer Proportionsmethode, basierend auf einer »gerichteten, dynamischen Struktur«, sprechen [7].

Maßordnung und modulare Ordnung

Die Modulordnung ist eine Maßordnung, die aus Moduln und Anwendungsregeln zur maßlichen Koordination technischer Teile besteht, deren Anordnung und Funktion in einem System aufeinander abgestimmt sein müssen. Unter Verwendung von Moduln regelt sie »mit Hilfe von Rastern und Koordinationssystemen Lage, Größe und Verknüpfung von technischen Teilen« [8]. Die Maßordnung dient der Festlegung von Regeln für Abmessungen von Bauteilen, auf deren Grundlage die Planung, Herstellung und Montage erfolgen kann sowie zur Koordination dieser Prozesse und der Prozessbeteiligten und bestimmt den Grad der Industrialisierung einer Bauproduktion.
Jedes Bauteil kann somit in seiner Lage und seinen für die Anschlüsse wichtigen Abmessungen erfasst und mit anderen benachbarten oder zugeordneten Bauteilen in eine maßlich aufeinander abgestimmte Beziehung gebracht werden. Ziele der Modulordnung sind:
- geometrische und maßliche Gesamtkoordination des Bauwerks
- Austauschbarkeit der Produkte
- Beschränkung der Produktevielfalt
- Vorfertigung, kontrollierte und stimmige Montage auf der Baustelle

Begriffsbestimmung und Einheiten

Modul

Moduln sind Verhältniszahlen technischer Größen. Die Basiseinheit der Modulordnung in Europa ist der Grundmodul M, der auf 10 cm festgelegt ist (Abb. A 2.3.5 a).
Zur Eingrenzung der Vielfalt möglicher Bauteilabmessungen und zur sinnvollen Auslegung von modularer Größe und Bauteilfunktion werden Vorzugsmaße – die Multimoduln –, d.h. ein Vielfaches von M (M = n x M), definiert. Multi- oder Planungsmoduln sind bestimmend für den systematischen Aufbau des Entwurfs (Abb. A 2.3.5 b). In der DIN 18000 »Modulordnung im Bauwesen« sind aufbauend auf dem Grundmodul verschiedene Planungsmoduln vorgeschlagen: 3M, 6M, 12M [9].
Aus dem Vielfachen von Planungsmoduln resultiert der Strukturmodul, der den Aufbau und die Koordination der Baukonstruktion bestimmt (Abb. A 2.3.5 c). Nach Nutzungsart werden gängige Strukturmoduln wie 36M, 54M, 72M etc. unterschieden. Aus solchen Strukturmoduln ergeben sich durch Addition bzw. Subtraktion Teile oder Vielfache, die nach DIN 18000 auch als Vorzugsmaße bezeichnet werden. Aus praktischen Erwägungen sollten Vorzugsmaße auf eine bestimmte Anzahl von Vielfachen begrenzt werden. Anwendungsbezogene und vielfach nutzbare Vorzugsmaße sind durch mehrere Unterteilungsmöglichkeiten gekennzeichnet (Abb. A 2.3.6). Auf der Basis von Vorzugsmaßen bzw. den Multimoduln lassen sich funktionale modulare Größen für unterschiedliche menschliche »Tätigkeiten« wie stehen, sitzen, liegen oder gehen definieren (Abb. A 2.3.7) [10].

Bezugssysteme

Zur Bestimmung der Lage und der generellen Maße eines modularen Bauteils sowie seiner Beziehungen zu benachbarten Bauteilen sind Bezugsebenen, Bezugslinien oder Bezugspunkte erforderlich.

Raster

Das Raster ist ein geometrisches räumliches Koordinationssystem, das eine regelmäßige Folge von gleichen Abständen von Bezugslinien, die Rastermaße, aufweist. Diese bestimmen als ausgewählte Planungsmaße den Abstand und die Lage von Systemlinien. Die Abstände des Rasters sind auf einem Modul oder Vielfachen eines Moduls aufgebaut. In den meisten Fällen werden dem Raster als Grundform das Rechteck oder das Quadrat zugrunde gelegt. Mithilfe des Rasters wird jedes Bauteil in seiner Lage definiert und mit anderen Bauteilen koordiniert. Man spricht auch von Achsmaßen, die auf Basis der Strukturmoduln den Abstand der Systemlinien der Baukonstruktion bestimmen und das Koordinationssystem bilden.

Bezugsarten

Die Bezugsarten sind festgelegte Regeln für die Zuordnung von modularen und nicht modularen Teilen zu Koordinationssystemen. Grundsätzlich werden zwei Möglichkeiten, Bauteile auf das modulare Raster zu beziehen, unterschieden:

- Achsbezug (Achsraster / Achsmaß)
- Grenzbezug (Bandraster / Richtmaß)

Beim Achsbezug oder Achsmaß entsteht die Beziehung zwischen Bauteil und Bezugssystem, indem sich die Achslinie des Bauteils mit einer Bezugslinie deckt, d. h. das Bauteil wird mittig auf der Bezugslinie angeordnet. Damit ist die Lage des Bauteils erfasst und der Achsabstand der Bauteile bezeichnet, jedoch weder seine Querschnittsform noch Dimension definiert. Dementsprechend können die Maße für die Anschlussbauteile in diesem Fall nicht abgeleitet werden (Abb. A 2.3.8 a).
Beim Grenzbezug oder Richtmaß wird das Bauteil von mindestens zwei Bezugslinien des Bezugssystems begrenzt. Dadurch ist sowohl die Lage als auch seine generelle Abmessung (in zwei Dimension) definiert (Abb. A 2.3.8 b).
Die Kombination von Achs- und Richtmaß bestimmt das Bauteil sowohl in einer Dimension in seiner Lage als auch in der zweiten Dimension in seinem Maß (Abb. A 2.3.8 c).
Da Bauteile dreidimensional sind können sie mithilfe der Bezugsarten innerhalb des Koordinationssystems in allen drei Dimensionen eindeutig festgelegt werden. Dabei hängt die Wahl der jeweiligen Bezugsart und deren Kombination vom Einzelfall ab. Zur Einordnung von technischen Teilen nennt DIN 30798/3 folgende »Faustregeln«:

- Grenzbezug in allen drei Dimensionen (quaderförmige Teile / Raumzellen)
- Grenzbezug in zwei Dimensionen, Achsbezug in einer Dimension (flächige Teile / Wandelemente)
- Grenzbezug in einer Dimension, Achsbezug in zwei Dimensionen (stabförmige Teile / Stützen)
- Achsbezug in allen drei Dimensionen (punktförmige Teile / Knoten)

A 2.3.8 Bezugsarten
a Achsbezug
Das Bauteil wird in mindestens einer Dimension den Koordinationslinien so zugeordnet, dass seine Mittelachsen mit diesen zur Deckung kommen, d. h., es wird in seiner Lage bestimmt.
b Grenzbezug
Das Bauteil wird in mindestens einer Dimension zwischen zwei parallelen Koordinationslinien so angeordnet, dass es diesen entspricht, d. h., es wird in seinem Maß, seiner Lage und oft auch seiner Form bestimmt.
c Kombination
Bei der Kombination von Achs- und Grenzbezug wird das Bauteil in einer Dimension in seiner Lage und in der zweiten Dimension in seinem Maß bestimmt.
A 2.3.9 geometrische Festlegungen

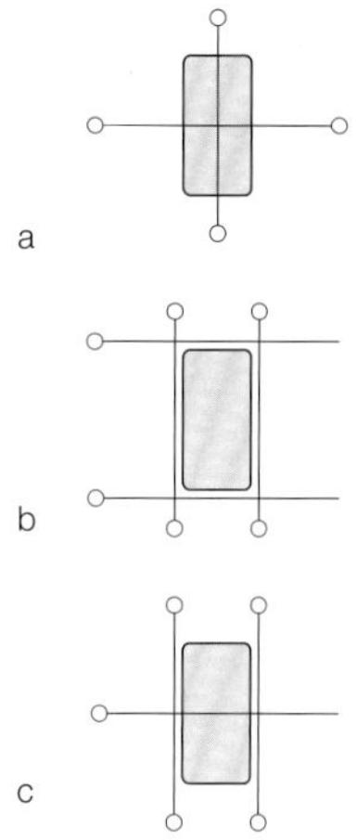

A 2.3.8

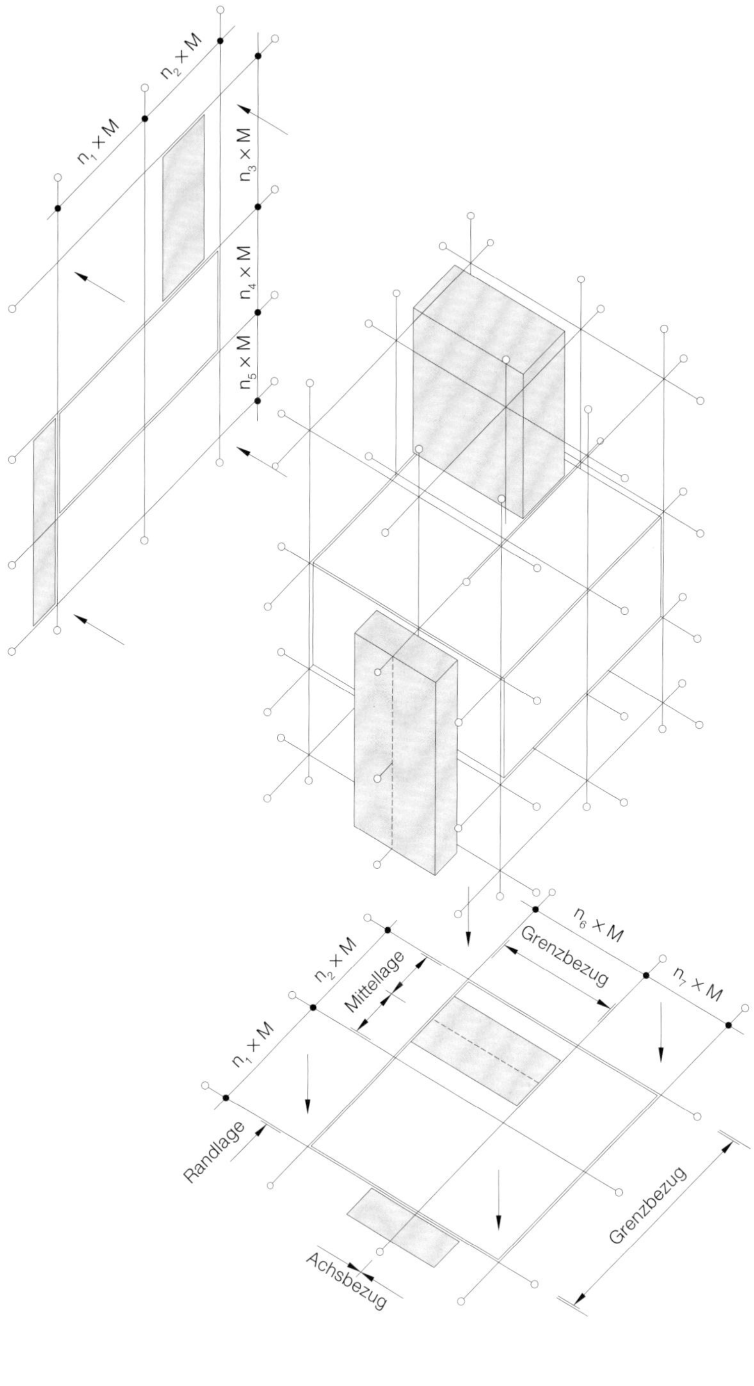

A 2.3.9

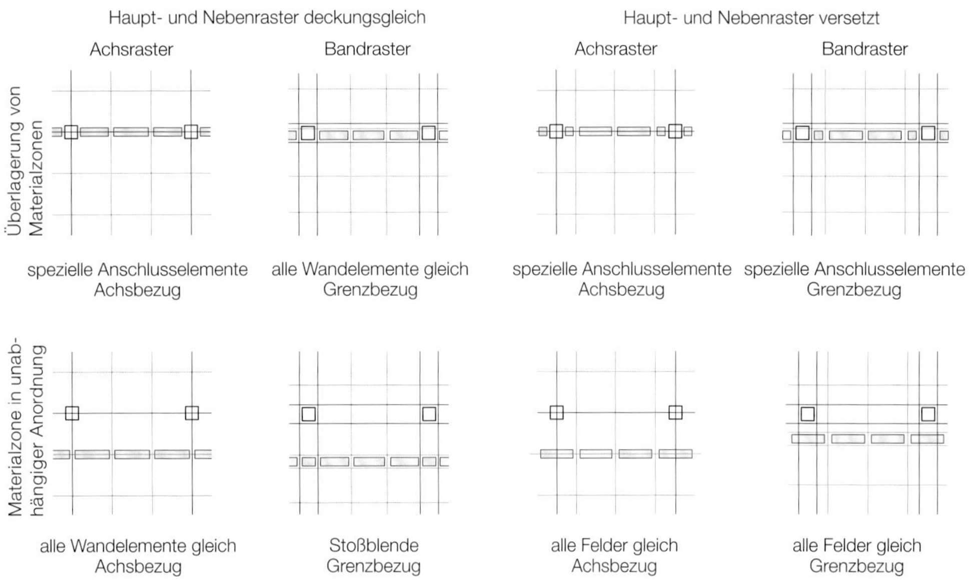

A 2.3.10

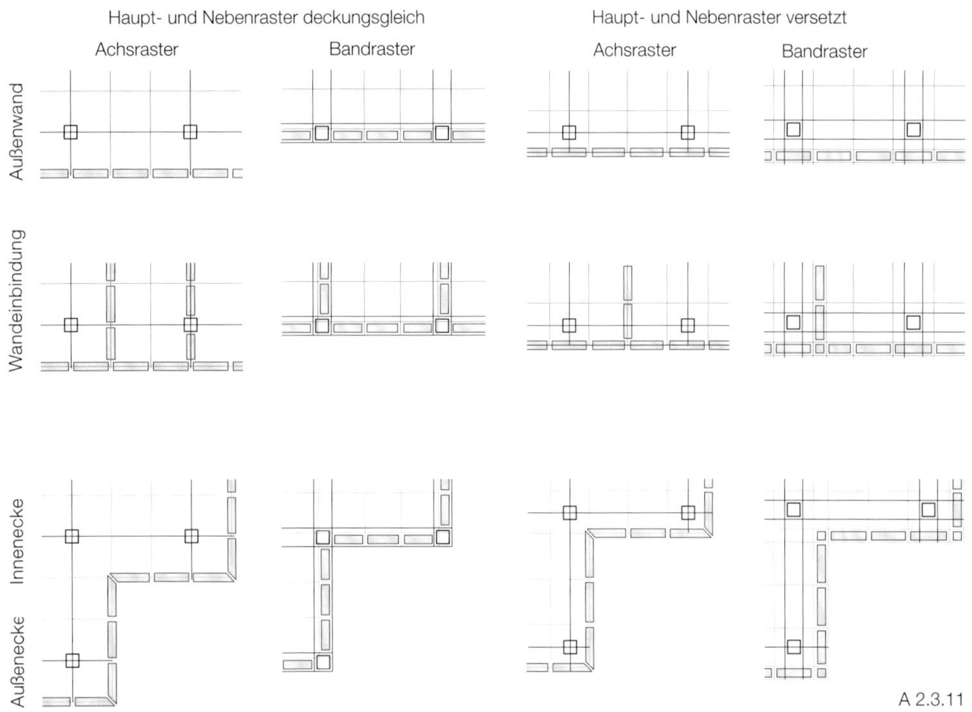

A 2.3.11

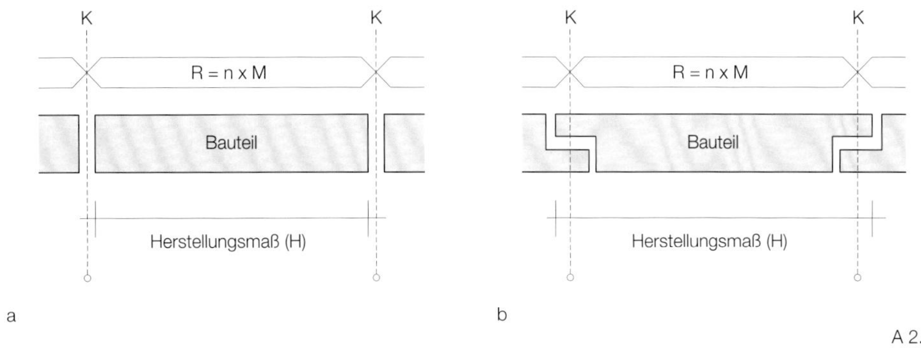

A 2.3.12

Bei der Anordnung von Bauteilen, die in einer oder zwei Dimensionen unterschiedliche Abmessungen aufweisen können, unterscheidet man weiter zwischen Mittel- bzw. Innenlage und Rand- bzw. Außenlage. Bei der Mittellage wird das Bauteil so angeordnet, dass seine Mittelachse mit der Mittelachse der modularen Zone zur Deckung kommt, während bei der Randlage die maßlich vorrangige Bezugsfläche des Bauteils einer der Koordinationslinien zugeordnet ist. Hier haben Bauteile mit unterschiedlichen Abmessungen dieselbe Bezugsebene. In der Regel werden Innen- bzw. Mittellage und Außen- bzw. Randlage im Zusammenhang mit dem Achs- und Grenzbezug angewendet. Die Abweichung des Bauteils von der Normallage bedeutet für anschließende Bauteile abweichende Maße, wodurch spezielle Formate notwendig werden (Abb. A 2.3.9, S. 49) [11].

Geometrische Festlegungen
Modulare Systeme entstehen, wenn die Abstände der parallelen Koordinationslinien durch einen oder mehrere Moduln im Wechsel festgelegt werden. Modulare Raster dürfen somit in jeder der drei Dimensionen im Raum auf einem bzw. auf verschiedenen Moduln aufbauen.

Haupt- und Nebenraster
Die Koordination einzelner Bauteile erfordert die Überlagerung von Bezugsebenen und somit eine Gewichtung, d.h. die Definition von Haupt- und Nebenraster. In der Regel ist der Tragwerksraster als Hauptraster und der Ausbauraster als Nebenraster bestimmt. Die gebräuchlichsten geometrischen Beziehungen zwischen Fassaden- und Tragwerksraster sind die versetzte und die deckungsgleiche Anordnung.
Bei der Überlagerung von Materialzonen werden z.B. beim Achsbezug durch die abweichenden Maße der Anschlussfelder für die Elementierung Sonderformate (Verkürzung) notwendig. Durch die Entkopplung der Materialzonen können Tragwerk und Fassade unabhängig voneinander angeordnet werden. Dies rmöglicht die Ausbildung von gleichen Elementen (Abb. A 2.3.10).

Anschlüsse und Eckverbindung
Aus der Überlagerung bzw. unabhängigen Anordnung von modularen Zonen (Materialzonen für Tragwerk und Fassade/Ausbau) in Kombination mit der deckungsgleichen bzw. versetzten Anordnung der Bezugssysteme resultieren vielfach unterschiedliche bauliche Randbedingungen für die Bauteilabmessungen und -anschlüsse von Tragwerk und Fassade, insbesondere im Bereich der Außen- und Innenecke (Abb. A 2.3.11).

Maßliche Koordination
Da die maßlichen Festlegungen in der Modulordnung nur allgemeiner Art sind, erfordert die Herstellung spezieller Bauteile sogenannte

Koordinierungs- oder Richtmaße. Das Koordinierungsmaß (R) ist das Abstandsmaß der die Lage und Dimension eines Bauteils begrenzenden Bezugsebenen und in der Regel ein modulares Maß (R = n × M). Das Herstellungsmaß (H) lässt sich vom Koordinierungsmaß unter Berücksichtigung der Fugenanteile, der Anschlussflächen eines Bauteils und der Maßtoleranzen ableiten: H < R.
Je nach Ausbildung der Anschlüsse kann das Herstellungsmaß auch über den modularen Raum hinausreichen: H > R. Für diesen Fall ist ein Anschlussmaß zu berücksichtigen, das die Abmessungen zwischen den Bauteilen regelt (Abb. A 2.3.12) [12].

Geometrische Position zum Tragwerk
Aus der Lage der Fassade zur Tragwerkzone resultieren neben unterschiedlichen Anschlussbedingungen bauphysikalische Konsequenzen und vielfältige Auswirkungen auf das Erscheinungsbild des Gebäudes. Prinzipiell können für die Lage der Fassadenebene bei nicht tragenden Außenwänden (bei der Betrachtung von außen nach innen) folgende Positionen unterschieden werden (Abb. A 2.3.13) [13] :
- vor den Stützen (1)
- vor den Stützen anliegend (2)
- zwischen den Stützen (3)
- hinter den Stützen anliegend (4)
- hinter den Stützen (5)

Diese geometrischen Lagebeziehungen bestimmen u. a. inwieweit das Tragwerk zum Gestaltungselement wird, die Abhängigkeit der Fassadenteilung vom Tragwerk, die Ausbildung der Innenwandanschlüsse und den Grad an Durchdringung der Außenwand in Stützen- und Deckenebene.
Eine weitere Unterscheidungsebene stellt die Einbindung der horizontalen (Decken) in die vertikalen Tragwerkselemente (Stützen) dar. Prinzipiell kann bei nicht tragenden Außenwänden ebenfalls unterschieden werden:
- zwischen den Stützen einbindend (A)
- vorspringend (B)
- bündig mit Stützenvorderkante (C)

Die Lage und Zuordnung der Tragwerkselemente zur Außenwand ist durch die Betonung von vertikalen und / oder horizontalen Elementen, d. h. Wandpfeilern, Stützen bzw. vorspringenden Decken, oder durch eine Rasterwirkung charakterisiert. Unter konstruktiven Gesichtspunkten ist die Lage und Stellung der Stützen für Ausbildung und Befestigung der Fassade von Bedeutung, d. h. die Anschlüsse von Stütze und Träger sowie ihre räumliche Ausbildung, Anschlüsse von Innenwänden, die Installationsführung bis hin zum Brandschutz. Unter bauphysikalischen Aspekten resultieren aus der Lage der Stützen zur Außenwand Anforderungen aus:
- Verformungen (Längenänderungen durch Temperaturunterschiede)
- Wärmebrücken (Wärmeleitung durch anschließende Bauteile)
- Schallbrücken (Schallübertragung zwischen innen und außen)
- Witterungsschutz (z. B. Korrosionsschutz bei Stahlstützen)

Ebenso beeinflussen Lage und Stellung der Stützen die Fassadenteilung. So können bei eng stehenden Stützen die jeweiligen Felder gleichmäßig ausgebildet werden, während bei weit gestellten Außenstützen aufgrund der unterschiedlichen Dimensionen je nach Lage und Anordnung unter Umständen Sonderelemente erforderlich sind.

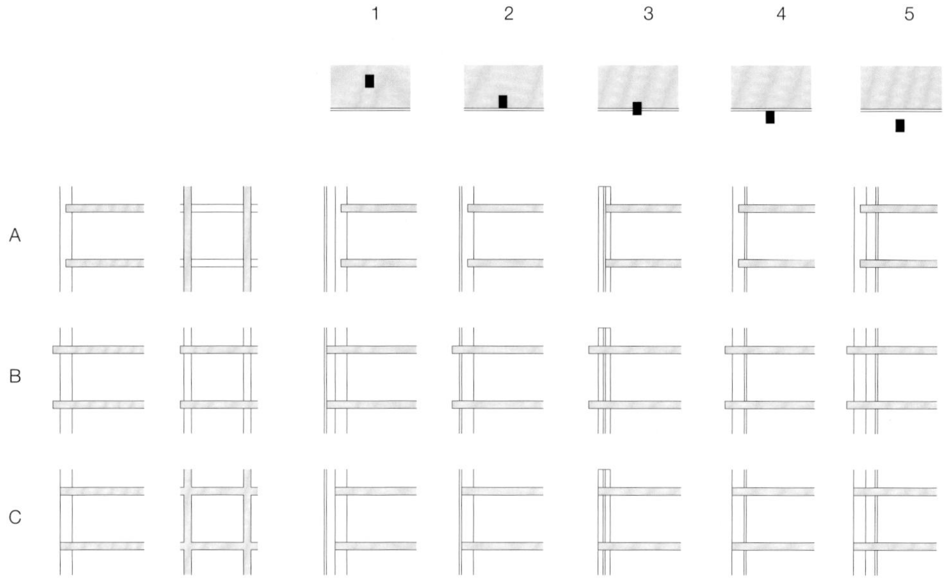

A 2.3.13

A 2.3.10 Haupt- und Nebenraster (Auswahl)
A 2.3.11 Elementierung und Eckverbindung
A 2.3.12 Koordinierungsmaß – Herstellungsmaß
Aufgrund der Art der Anschlüse können Bauteile über den modularen Raum hinausreichen.
A 2.3.13 geometrische Positionen der Fassade zum Tragwerk

Toleranzen
»Toleranzen sollen die Abweichungen von den Nennmaßen der Größe, Gestalt und der Lage von Bauteilen und Bauwerken begrenzen.« [14]
Man unterscheidet:
- Herstellungstoleranzen
- Montagetoleranzen
- Toleranzen durch Formänderung von Bauteilen

Fugen sind Räume zwischen zwei modularen Bauteilen, die u. a. aus Maßungenauigkeiten bei der Herstellung und Montage resultieren. Da bei der Montage von benachbarten Bauteilen ein Fugenspiel erforderlich ist, ergeben sich zur Bestimmung des Kleinstmaßes und des Größtmaßes der Bauteile zulässige Abweichungen. Herstellungstoleranzen bezeichnen zulässige Maßabweichungen bei der Herstellung von Bau- und Gebäudeteilen. Sie resultieren aus der Differenz von Kleinstmaß und Größtmaß. Montagetoleranzen legen den Bereich der zulässigen Lageabweichung von Bauteilen bei der Montage fest. Sie können linear, flächig oder räumlich auftreten. Beim Konstruieren – insbesondere in der Ausführungs- und Detailplanung – ist unbedingt darauf zu achten, dass je nach Einzelfall die entsprechenden Toleranzen vorgesehen werden. Oft überlagern oder addieren sich unterschiedliche Arten von Toleranzen an Verbindungsstellen benachbarter Bauteile. Abweichende Maße müssen aufgenommen werden können, Relativbewegungen und Dichtigkeit auf Dauer sichergestellt sein sowie thermische Brücken vermieden werden (siehe auch »Bauphysikalische Aspekte und Planungshinweise«, S. 52f.) [1].

Anmerkungen:

[1] grundlegende und weitergehende Überlegungen in: Herzog, Thomas: Zur Kunst des Fügens oder: Nachdenken über das Standbein. In: Der Architekt 02/1987, S. 86–89
[2] Naredi-Rainer, Paul von: Architektur und Harmonie. Zahl, Maß und proportion in der abendländischen Baukunst. 2. Aufl., Köln 1984, S. 17
[3] ebd. S. 130
[4] Nitschke, Günter: Architektur und Ästhetik eines Inselvolkes. In: Schittich, Christian (Hrsg.): Japan. München / Basel 2002, S. 24ff.
[5] Nerdinger, Winfried: »Das Hellenische mit dem Neuen verknüpft« – Der Architekt Leo von Klenze als neuer Palladio. In: Nerdinger, Winfried (Hrsg.): Leo von Klenze. Architekt zwischen Kunst und Hof 1784–1864. München / London / New York 2000, S. 11
[6] Wachsmann, Konrad: Wendepunkt im Bauen. Nachdruck der 1959 in Wiesbaden erschienenen Erstausgabe, Dresden 1989, S. 54
[7] wie Anm. 2, S. 133
[8] DIN 30798 Teil 2: 1982
[9] DIN 18000: 1984
[10] Bussat, Pierre: Modulordnung im Hochbau. Stuttgart 1963, S. 30–33
[11] wie Anm. 9
[12] Rinninsland, Jutta: Projekt MOSS – OE 06/11. Teil 1: Grundlagen der Modulordnung. Gesamthochschule Kassel, Prof. Thomas Herzog. Kassel 1974
[13] Trbuhovic, L.: Untersuchungen des Strukturschemas und der Fassadenentwicklung beim Stahlbeton-Skelettbau. In: Girsberger, Hans (Hrsg.): ac panel. Asbestzement-Verbundplatten und -Elemente für Außenwände. Zürich 1967, S. 46–49
[14] DIN 18201:1997
[15] wie Anm. 1

A 3 Bauphysikalische Aspekte und Planungshinweise

A 3.1 Swiss Re Konzernzentrale, London (GB) 2003, Foster and Partners

Die Fassade stellt das zentrale Steuerungselement bei der Regulierung zwischen den nutzerbedingten Anforderungen an das Gebäudeinnere und den wechselnden Außenbedingungen dar (siehe »Außen- und Innenbedingungen«, S. 19ff.). Wesentliche Witterungseinflüsse wie Sonneneinstrahlung, Außentemperatur, Luftfeuchtigkeit sowie Niederschläge und Wind schwanken sowohl tages- als auch jahreszeitenbedingt stark. Trotzdem erwartet der Nutzer im Innenraum nahezu konstante Bedingungen, die sich im Hinblick auf Luftqualität, -feuchtigkeit und -geschwindigkeit (Abb. A 1.12–15, S. 22), dem vorhandenen Schallmilieu, der Lichtmenge aber auch der Lichtqualität sowie der Raumluft- und Oberflächentemperatur innerhalb relativ enger Grenzen bewegen. (Abb. A 1.1, S. 18).

Aus diesen Behaglichkeitsansprüchen des Nutzers heraus ergeben sich unmittelbare und weitreichende funktionale Anforderungen an die Fassade. Hierzu gehören der Wärmeschutz, der Sonnen- und Blendschutz, die Tageslichtnutzung, der Schutz vor Niederschlägen, Feuchtigkeit und Wind sowie ein entsprechender Luftaustausch. Dabei muss die Fassade u. a. in der Lage sein, flexibel auf die zum Teil sich rasch ändernden Witterungsbedingungen zu reagieren. Darüber hinaus hat sie aber auch auf weitergehende Bedürfnisse einzugehen. Dazu zählen beispielsweise Sichtbeziehungen nach außen, aber auch der Schutz vor Feuer und Einbruch, der zusätzliche Anforderungen wie Feuerwiderstand und mechanische Festigkeit mit sich bringt.

Über die genannten Einflussgrößen wie Witterungsverhältnisse und Behaglichkeitsansprüche hinaus sind noch weitere Parameter zu beachten, die sich aus dem Standort des Gebäudes sowie dessen Typus, Nutzung und Funktion ergeben. So ist die Windbelastung der Fassade in Küstennähe deutlich höher als bei innerstädtischen Lagen im Flachland. Ein weiteres Beispiel für den Einfluss des Gebäudetypus auf die Fassade findet sich im Zusammenhang mit dem Brandschutz im Hochhausbau. Hier liegen gegenüber Gebäuden unterhalb der Hochhausgrenze erhöhte Anforderungen im Hinblick auf den geschossübergreifenden Brandüberschlag vor. Der Einfluss der Nutzungsart zeigt sich u. a. bei der Planung von Verwaltungsgebäuden. Die für diese Gebäudegattung gültigen einschlägigen Verordnungen und Richtlinien stellen z. B. erhöhte Anforderungen an den Sonnen- und Blendschutz [1].

Bauphysikalische Aspekte

Die Kriterien, die sich aus Standort, Typus und Nutzungsart ergeben, verdeutlichen, dass bei der Fassadenplanung nicht nur konstruktive und gestalterische Aspekte bestimmend sind. Einen hohen Stellenwert haben vor allem auch die funktionalen Anforderungen wie Behaglichkeit und Gebrauchstauglichkeit, Dauerhaftigkeit, niedriger Energieverbrauch und andere mehr. Ausschlaggebende Bedeutung haben die im Folgenden ausgeführten bauphysikalische Aspekte:

Wärmeschutz

Der ausreichende Wärmeschutz stellt im Zusammenhang mit der Bereitstellung eines behaglichen Innenraumklimas in den meisten Klimazonen der Erde eine der Hauptfunktionen von Fassaden dar. Neben dem Schutz des Menschen vor Kälte und Hitze ist im Hinblick auf das physiologische Empfinden auf ein ausgewogenes Verhältnis zwischen der raumseitigen Wand- bzw. Fassadenoberflächentemperatur und der Raumlufttemperatur zu achten. Zudem sollten bei der Konstruktion der Fassade sowohl Zugerscheinungen, die durch bauliche Undichtigkeiten entstehen können, als auch ein Kaltluftabfall, der bei sehr niedrigen raumseitigen Oberflächentemperaturen auftreten kann, vermieden werden. Hieraus leitet sich die Forderung an einen ausreichenden Wärmeschutz bzw. Wärmedurchlasswiderstand der Fassadenkonstruktion ab. Entsprechende Normen stellen auf nationaler und internationaler Ebene die Einhaltung einschlägiger Grenzwerte sicher [2].

Über die Einhaltung der Behaglichkeitsbedingungen hinaus sind thermische Schwachstellen zu vermeiden, um das Auftreten von Tauwasser und die hiermit verbundene Gefahr der Schimmelpilzbildung zu verhindern.

Insbesondere im Hinblick auf den Ausstoß von CO_2 und anderen klimaschädlichen Gasen ist in den letzten Jahren vermehrt die ökologische Bedeutung des Wärmeschutzes in den Mittelpunkt der Diskussion gerückt. Die nationalen Normen sowie die 2012 verabschiedete EU-Energieeffizienz-Richtlinie (EED) haben dazu beigetragen [3], dass die Anforderungen an einen verbesserten Wärmeschutz – gerade im Bereich der Fassade – stark zugenommen haben. Dies liegt u. a. an dem hohen Anteil des Raumwärmebedarfs am Gesamtenergiebedarf von Gebäuden. Hierbei spielen wiederum die fassadenbezogenen Wärmeverluste eine zentrale Rolle [4], um den Verbrauch fossiler Brennstoffe und den damit verbundenen CO_2 Ausstoß zu minimieren.
Ein weiterer Vorteil eines verbesserten Wärmeschutzes ergibt sich auch aus der Reduktion der Betriebskosten. Zudem fallen bei gut gedämmten Gebäuden die maximalen Heiz- und Kühllasten in der Regel geringer aus als bei schlecht gedämmten, wodurch sich neben geringeren Betriebskosten auch niedrigere Investitionskosten für die gebäudetechnischen Anlagen ergeben können.

Mit den zunehmenden Anforderungen an den Wärmeschutz, steigen auch die Ansprüche an Planung und Konstruktion von Fassaden. Hochgedämmte, opake Außenwandkonstruk-

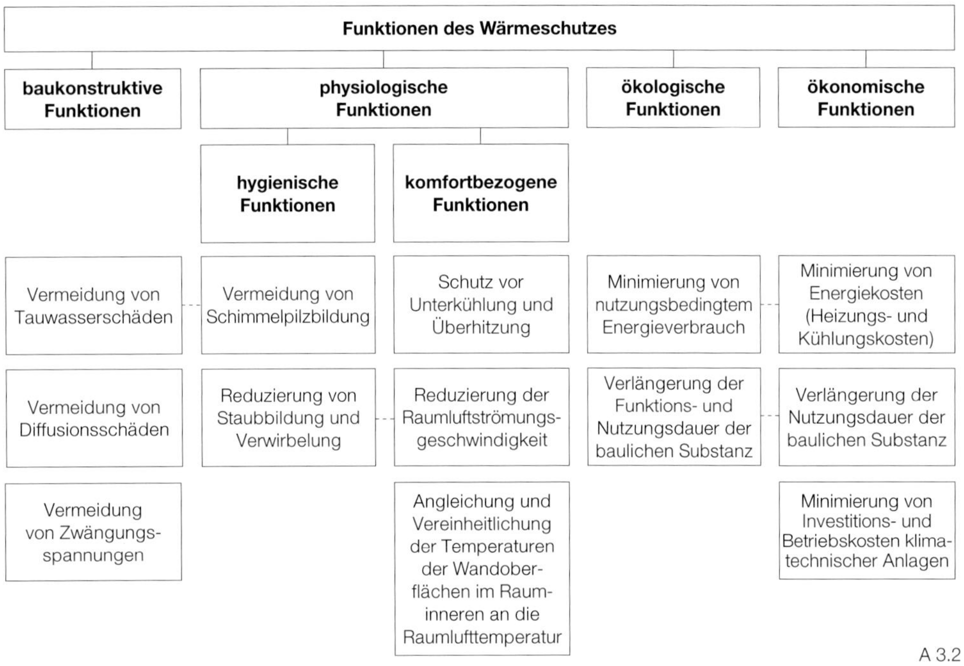

A 3.2

A 3.2 Funktionen des Wärmeschutzes
A 3.3 Fassade mit Raffstore (innen) und Lamellensystem, München (DE) 2001, Peter C. von Seidlein

tionen bestehen heute oftmals aus einer Vielzahl von untrennbar miteinander verbundenen Materialien bzw. Schichten, die konstruktive, wärme- und feuchtetechnische Kriterien gleichermaßen erfüllen müssen. Daraus resultierende Schwierigkeiten beim Baustoffrecycling sollten zukünftig stärker bei der Wahl solcher hybrider Konstruktionen und ihrer Anordnung und Fügungen berücksichtigt werden.

Transparente Fassadenkonstruktionen müssen neben einer wärmetechnisch optimierten Isolierverglasung auch im Rahmenbereich sehr gute Dämmwerte aufweisen, um Wärmeverluste zu minimieren. So lassen sich mit thermisch optimierten Fensterrahmenprofilen U_f-Werte von 1,0 W/m²K und darunter erreichen. Vor diesem Hintergrund ist zur Optimierung der Wärmeschutzeigenschaften einer Fassade ein gesamtheitlicher Ansatz sinnvoll. Damit können Schwachstellen hinsichtlich des thermisch-hygrischen Verhaltens gerade im Bereich von Bauteilanschlüssen von präzise gefertigten Metall- bzw. Glasfassadenelementen an vor Ort erstellten Massivbauteilen vermieden werden.

Während sich mit gut gedämmten Außenwandkonstruktionen in Massiv- oder Holzbauweise ohne Weiteres U-Werte von 0,15 W/m²K erzielen lassen, weisen selbst gute Verglasungen mit Dreifachisolierglas, Edelgasfüllung oder Vakuumdämmglas U-Werte auf, die mit rund 0,6 W/m²K in wärmetechnischer Hinsicht nicht an die genannten Werte gut gedämmter Außenwandkonstruktionen aus opaken Baustoffen heranreichen. Zudem besitzen handelsübliche Fensterrahmenkonstruktionen durchaus U-Werte von > 1,0 W/m²K, wodurch sich an dieser Stelle leicht thermische Schwachstellen ergeben können.

Beim Anschluss der Fensterrahmen bzw. der Rahmenprofile von Glasfassaden an Massivwände sollte durch eine entsprechende Detailausbildung der Wärmedurchgangswiderstand an jeder Stelle der Fassade möglichst gleichmäßig gut sein, um Wärmebrücken und die Gefahr eines Tauwasserniederschlags zu vermeiden. Bei der Betrachtung spielen die jeweiligen Eigenschaften der Materialien, Bauteile und Verbindungen hinsichtlich Wärmeleitung, Konvektion und langwelligem Strahlungsaustausch eine Rolle. Dies gilt vor allem für die Bereiche der Fugen, am Randverbund der Gläser und Paneele sowie im Bereich der Befestigungsmittel, da lineare oder selbst punktförmige Wärmebrücken sowie etwaige Undichtigkeiten ansonsten die Gefahr von erhöhten Wärmeverlusten, Tauwasseranfall und gegebenenfalls Schimmelbildung mit sich bringen können.

Als besonders kritisch erweisen sich in der Praxis horizontale und vertikale Außen- und Innenecken, Attiken und Fußpunkte sowie Versprünge in der Dämm- oder Dichtungsebene, insbesondere an Übergängen zwischen unterschiedlichen Fassadentypen und Aufbauten. Fehler in der Planung oder der konstruktiven Umsetzung können die Funktion und Lebensdauer von Bauteilen stark beeinträchtigen, zu einem erhöhten Wärmeverbrauch mit negativen ökologischen Auswirkungen führen sowie im Fall von Schimmelbildung gesundheitliche Schäden verursachen.

Feuchteschutz

Fassaden werden zum einen durch äußere Witterungseinflüsse wie Niederschlag (in Kombination mit stark schwankenden Temperaturen) intensiv beansprucht. Zusätzlich sind sie einer hohen Beanspruchung durch Nässe aus dem Spritzwasserbereich des Sockels, Feuchte aus dem unmittelbar anstehenden Erdreich sowie der im Gebäudeinneren vorhandenen Feuchtigkeit ausgesetzt.

Sowohl im Bereich geschlossener Fassadenflächen (wie beispielsweise bei verputztem Mauerwerk) von Lochfassaden sowie gegliederten Außenwandkonstruktionen (wie Glasfassadenkonstruktionen), darf Wasser auf keinen Fall in die Konstruktion eindringen. Eventuell dennoch eingetretenes Wasser muss kontrolliert abgeleitet werden. Zudem ist der Feuchtegehalt von empfindlichen Werkstoffen, z. B. bestimmten Wärmedämmstoffen oder Holz, zu begrenzen.

Neben einer adäquaten Auswahl von Werkstoffen muss der Planer bei der Konstruktion von Fassaden besonders darauf achten, Wärmebrücken zu vermeiden, denn diese führen in der Regel zu feuchtetechnischen Schwachstellen, die auf raumseitigen Oberflächen und ggf. im Inneren der Fassade ein erhöhtes Risiko für die Bildung von Kondensat darstellen.

Die Dampfdurchlässigkeit der einzelnen Komponenten sowie insbesondere die Ausführung von Dichtmaßnahmen im Bereich von Fugen und Befestigungsmitteln bestimmen das Kondensatrisiko innerhalb von Außenwänden.
Ein wirksamer Tauwasserschutz ist die grundlegende Voraussetzung für die Langlebigkeit der Fassade und für ein gesundes Innenraumklima. Da sich Schimmelpilze nach heutigem Wissensstand bereits bilden, wenn noch kein sichtbares Tauwasser auftritt, wurden in DIN 4108-8 die kritischen Oberflächentemperaturen neu definiert. In Mitteleuropa gilt für Konstruktion und Ausführung der Grundsatz: innen dampfdichter als außen. Bei feuchtwarmem Klima muss dieser Grundsatz umgekehrt werden: außen dampfdichter als innen.

Bei mehrschaligen Glasfassaden kann sich darüber hinaus Kondensat bilden, wenn feuchte Raumluft im Fassadenzwischenraum auf kalte Oberflächen trifft. Dieses Risiko reduziert sich mit der Qualität der Wärmedämmung der äußeren Ebene und der Durchlüftung des Zwischenraums [5].

Die Anforderungen an den Feuchteschutz der Fassade hängen auch wesentlich von der Gebäudenutzung und der technischen Ausstattung ab. So stellen sich z. B. in Schwimmbädern grundsätzlich (zudem im Winter zusätzlich in klimatisierten Gebäuden) höhere Raumluftfeuchten ein, die das Tauwasserrisiko steigern.

Ein in der Planung häufig nicht beachtetes Phänomen ist die Bildung von Tauwasser oder Reif auf der äußeren Oberfläche der Fassade. Das Risiko erhöht sich mit der Qualität des Wärmeschutzes, insbesondere bei hochwärmedämmenden Paneelen und Dreifachverglasungen, bei denen sich die äußere Oberfläche aufgrund des geringen Wärmedurchgangs kaum noch erwärmt, mit der Folge, dass das beschlagene Glas nicht mehr abtrocknet. Dieses Phänomen wird in der Zukunft vermehrt auftreten.

Sonnenschutz

Neben dem Wärmeschutz ist der Schutz vor Überhitzung eine der wichtigsten Funktionen der Fassade. Dies gilt nicht nur für tropische und subtropische Klimazonen, sondern ist auch in gemäßigten Breiten wie in Mitteleuropa von grundlegender Bedeutung. Ursache hierfür sind einerseits die sich wandelnden klimatischen Bedingungen, andererseits die zunehmenden Komfortansprüche der Nutzer. Vor diesem Hintergrund sollte im Sinne einer schlüssigen Gesamtlösung ein ausgewogenes Verhältnis von Verglasungsanteil bzw. Verglasungsart und Sonnenschutzsystem gefunden werden. Die Wirkungsintensität der Solarstrahlung auf »dafür durchlässige« (oder »transparente«) Fassadenflächen weist aufgrund des wechselnden Solarstrahlungsangebots und aufgrund geometrischer Einflussgrößen im Bereich der Gebäudeöffnungen einen mehr oder weniger instationären Charakter auf. Relevant für eine ausreichende und gleichmäßige Tageslichtversorgung ist zunächst die spezielle Geometrie des Baukörpers mit möglichen Vor- und Rücksprüngen sowie die Dimension, Aufteilung, Ausrichtung und Neigung transparenter bzw. transluzenter Fassadenbauteile. Die Raumausleuchtung durch Tageslicht, die Wärmebelastung durch Solarstrahlung und der visuelle Kontakt zur Außenwelt werden durch Größe, Ausrichtung und Anordnung der Öffnungen innerhalb der Fassade sowie durch die strahlungsphysikalischen und lichttechnischen Eigenschaften der Verglasung beeinflusst. Das Gleiche gilt für additive Komponenten wie den Sonnen- und Blendschutz sowie für die Tageslichtlenkung (Abb. A 3.3).

Sonnenschutzsysteme

Die primäre Aufgabe von Sonnenschutzsystemen besteht in der Vermeidung von Überhitzung sowie in der Sicherung eines behaglichen Klimas im Rauminneren. In unmittelbarem Zusammenhang damit steht der daraus gegebenenfalls zusätzlich resultierende Energieverbrauch für Kühlung, der in tropischen und subtropischen Klimazonen einen erheblichen Anteil am Stromverbrauch ausmacht. Es bedarf daher Lösungen, die einen ausreichenden Tageslichtanteil im Innenraum sicherstellen, ohne dass es zu Überhitzungserscheinungen kommt. Dies kann beispielsweise erreicht werden, indem die direkte Sonnenstrahlung nach Möglichkeit ausgeblendet wird, während die diffuse Himmelsstrahlung in der zur Belichtung des Innenraums notwendigen Weise in den Raum transmittiert werden kann.
Sonnenschutzsysteme lassen sich prinzipiell in starre und bewegliche Systeme unterscheiden. Starre Komponenten sind beispielsweise auskragende oder frei vor der Außenwand stehende Bauteile oder fest stehende Lamellen (siehe Abb. A 2.2.8, S. 42). Bewegliche Systeme, wie z.B. Rollos und Faltläden, werden ausführlich im Kapitel »Manipulatoren« (S. 266ff.) behandelt.

Ein Vorteil starrer Systeme liegt in dem geringen Wartungsaufwand. Da sich die Position der Sonne jedoch im Tages- und Jahresverlauf in definierter Weise ständig ändert, wird bei starren Systemen zumindest zeitweise ein Teil der direkten Sonnenstrahlung durchgelassen. Zudem wird unter Umständen ein Teil der Himmelsstrahlung ausgeblendet, wodurch sich die Raumausleuchtung verschlechtert.

Bewegliche Systeme hingegen erlauben eine Annäherung an das Idealziel. Sie können auf witterungsbedingte Einflüsse unmittelbar reagieren. So lässt sich beispielsweise unter Einsatz entsprechender Komponenten das auftreffende Tageslicht an die Raumdecke lenken, wodurch seine Reflexion eine gleichmäßige Ausleuchtung in der Raumtiefe erreicht wird. Die Sonnenschutz- und Lichtlenkwirkung beweglicher Lamellensysteme lässt sich optimieren, wenn:

- der Lamellenneigungswinkel im Oberlicht- und Durchsichtsbereich unterschiedlich einstellbar ist
- der Reflexionsgrad der Lamellenober- und -unterseiten unterschiedlich ist
- die Lamellenoberflächen geometrisch strukturiert sind

Bei üblichen perforierten Lamellensystemen (z. B. Raffstores) muss gegenüber einem in Konstruktion und Oberfläche vergleichbarem, nicht perforierten System mit einer etwas größeren Strahlungstransmission und einer geringfügig erhöhten Kühllast gerechnet werden. Systeme, die eine vollständige Ausblendung der direkten Sonnenstrahlung nicht sicherstellen, benötigen gegebenenfalls einen entsprechenden Blendschutz. Den Ausschlag für die Sonnenschutzwirkung der Fassade gibt jedoch nicht nur die Art des verwendeten Sonnenschutzes, sondern auch seine Anordnung. Es ist hierbei darauf zu achten, dass der Sonnenschutz außerhalb der Verglasung angebracht wird. Gerade an windreichen Standorten ist eine stabile Ausführung von beweglichen Sonnenschutzsystemen entscheidend, damit bei gleichzeitigem Auftreten von Solarstrahlung und Wind die Sonnenschutzfunktion sichergestellt bleibt.

Blendschutz

Störeinflüsse dürfen die Sehleistung und den Sehkomfort nicht beeinträchtigen. Für das Erkennen von Gegenständen und für das Auftreten von Blendung sind neben der absoluten Höhe der Leuchtdichten auch die Leuchtdich-

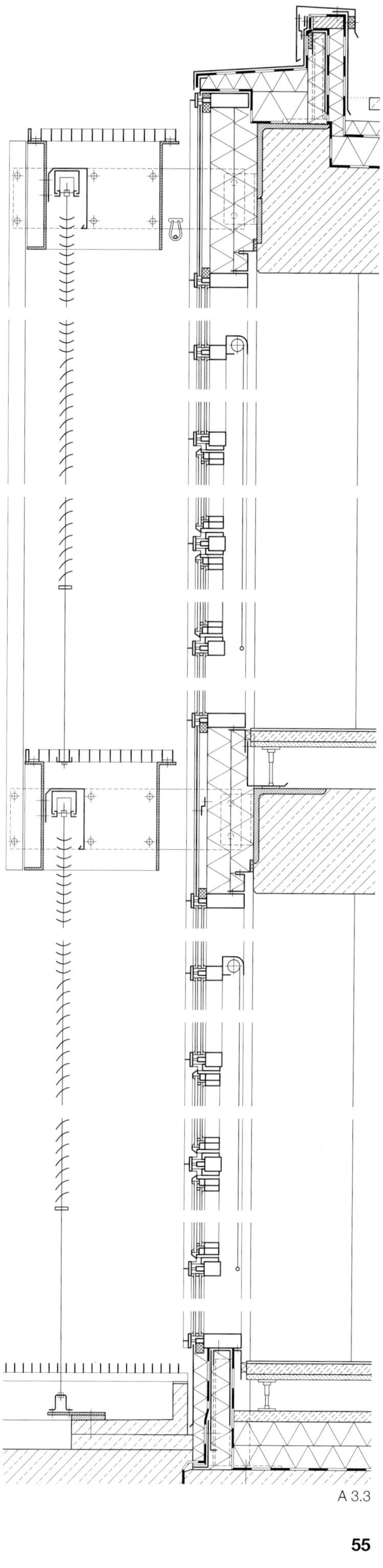

A 3.3

teverteilung im Gesichtsfeld und die daraus resultierenden Kontraste entscheidend. Man unterscheidet die physiologische Blendung, die unmittelbar zu einer Herabsetzung des Sehvermögens führt, von der psychologischen Blendung, die vorzeitige Ermüdung und eine Herabsetzung von Leistung und Wohlbefinden zur Folge hat.

Eine Direktblendung wird unmittelbar durch die Lichtquelle verursacht, während die Reflexblendung aus der Spiegelung heller Flächen an glänzenden Oberflächen resultiert. Zu den für Direktblendung ausschlaggebenden Größen zählen der Blickwinkel des Beobachters zur Umgebung sowie die in der jeweiligen Blickrichtung wahrnehmbare Leuchtdichte. Je heller die Umgebung im insgesamt tolerablen Bereich ausfällt, desto geringer stellt sich die Gefahr einer Blendung dar.

Für Räume mit Bildschirmarbeitsplätzen gelten aufgrund der niedrigen Leuchtdichten der Bildschirme (10–100 cd/m^2) erhöhte Anforderungen an die Blendfreiheit der Raumbeleuchtung. Auch aus diesem Grund müssen die Fenster dieser Räume gegen direkte Sonnenstrahlung und die damit verbundene Wärmeeinstrahlung und Blendung streifenfrei abschirmbar sein. Zudem sollten geeignete Maßnahmen eine Blendung durch besonnte Flächen verhindern. Da diese Forderungen auch bei starkem Wind gelten, muss der Blendschutz zwingend windgeschützt, also raumseitig oder im Fassadenzwischenraum angeordnet werden.

Tageslichtnutzung

Das Tageslichtangebot lässt sich mit intelligenten Tageslichtsystemen gezielt nutzen. Neben der Dosierung der in den Raum transmittierten Einstrahlung durch geeignete Sonnenschutzsysteme basiert eine zweite Strategie auf der Tatsache, dass vom Gesamtspektrum der Sonnenstrahlung nur der sichtbare Anteil für die Raumausleuchtung genutzt wird. Da insbesondere der Infrarotanteil des Lichts die Wärmebelastung des Raumes verursacht, werden bei dieser Vorgehensweise Systeme mit speziell beschichteten Gläsern eingesetzt, die eine Selektivität, d.h. bevorzugte Transmission, im sichtbaren Bereich der Solarstrahlung aufweisen.

Starre Systeme

Eine Sonderform von Gläsern zur verbesserten Tageslichtnutzung stellen Isoliergläser mit tageslichtlenkenden Komponenten dar. Zwei- und dreidimensionale Spiegelraster sowie Aluminiumwaben aus speziell geformten und z.T. hochglänzend beschichteten Metall- oder Kunststoffstrukturen werden hierzu in den Scheibenzwischenraum eingelegt und stellen sozusagen eine Miniaturform starrer Sonnenschutzsysteme dar. Zur verbesserten Ausleuchtung von Räumen eigenen sich auch Prismensysteme zur Lichtlenkung. Hierbei wird vornehmlich Licht aus dem zenitnahen Bereich in den Raum umgelenkt. Allerdings behindern Prismensysteme den Blick nach außen, weshalb die Installation auf den Teil der Öffnungen beschränkt werden sollte, der außerhalb des Blickfelds liegt.

Bewegliche Systeme

Eine erheblich einfachere und deutlich weiter verbreitete Form sind die beweglichen Tageslichtsysteme. Diese bieten gegenüber starren Maßnahmen den Vorteil, dass sie in Lage und Zustand veränderbar sind. Lichteinfall und Durchsicht werden bei vollständig bedecktem Himmel deshalb nicht beeinträchtigt.

Der Wunsch nach visuellem Kontakt zur Außenwelt auch bei betätigtem Sonnenschutz sowie der Anspruch an eine maximal transparente Fassade führten zur Entwicklung perforierter Raffstores (Jalousien). Die Umgebung ist durch diese Stores hindurch auch im geschlossenen Zustand wahrnehmbar. Der Anteil der Perforation im Handel befindlicher Produkte beträgt dabei in etwa 9%. Die Größe jedes einzelnen Loches hängt von der Blechstärke und somit von den Lamellenabmessungen ab. Üblich sind Lochdurchmesser von 0,6 und 1,1 mm.

Der Strahlungstransmissionsgrad beträgt für die Einzellamelle bei senkrechtem Strahlungseinfall 8%. Zusätzlich zu der Transmission der zwischen den Lamellen hindurchtretenden, reflektierten Strahlung findet immer auch eine direkte Transmission statt, da die Lamelle durch die Perforation nicht lichtdicht ist. Im Mittel ergibt sich unter Berücksichtigung einer Umgebungsreflexion von 20% eine Anhebung der Strahlungstransmission durch die Perforation von 4 auf gut 6%. Das heißt, durch den Einsatz einer Perforation gegenüber einem nach Konstruktion und Oberflächenbeschaffenheit vergleichbaren geschlossenen Lamellensystem muss mit einer um den Faktor 1,6 erhöhten Strahlungstransmission und damit mit einer entsprechend erhöhten Kühllast gerechnet werden.

Seit einigen Jahren werden auch Raffstores angeboten, bei denen der Lamellenneigungswinkel über die Höhe unterschiedlich einstellbar ist. Die oberen Lamellen werden dabei weniger stark als die unteren geneigt. So lässt sich gleichzeitig eine Sonnenschutz- und Lichtlenkwirkung erzielen. Auch der Reflexionsgrad der Lamellenober- und -unterseiten kann den unterschiedlichen Anforderungen entsprechend optimiert werden. Durch helle Oberflächen lassen sich die Lichtlenkeigenschaften verbessern, während dunkle Farben Blendungserscheinungen im Innenraum reduzieren. Mittlerweile gibt es im Handel auch Lamellen, deren Farbe bzw. Reflexionsgrad an den Lamellenober- und -unterseiten unterschiedlich ist.

Schallschutz

Anforderungen an die Fassade bezüglich der Schalldämmung gegenüber Außenlärm ergeben sich aus dem maßgeblichen Außenlärmpegel sowie aus dem im Innenraum zulässigen und tatsächlichen Geräuschpegel (Abb. A 3.4).

DIN 4109 regelt die wesentlichen Anforderungen an den Schallschutz der Fassade. Wird die Fassade gegenüber Außenlärm im Vergleich zu den Raumtrennwänden und Baukörper- bzw. Trennwandanschlüssen schalltechnisch überdimensioniert oder ist der Grundgeräuschpegel im Innenraum geringer als angenommen, kann sich die subjektive Störwirkung interner Geräusche – insbesondere hoher Frequenzen – aus benachbarten Räumen als problematisch erweisen. Die Schalldämmung zwischen benachbarten Räumen resultiert nicht nur aus der Schalldämmung der Trenndecken und Trennwände, sondern auch aus deren Anschlüssen an die Fassade. Zusätzlich besteht die Gefahr einer Schalllängsleitung über die Fassade. Dieser Effekt ist bei Pfosten-Riegel-Fassaden deutlich stärker ausgeprägt als bei Elementfassaden, wenn dort die Fugen zwischen den Elementen im Bereich der Decken- und Trennwandanschlüsse liegen. Fassaden werden gemäß ihrer nach DIN 52210 bewerteten Schalldämmmaße in die Schallschutzklassen 1–6 nach VDI Richtlinie 2719 eingestuft. Im Planungs- und Ausführungsprozess müssen die geforderten schalltechnischen Eigenschaften der Fassade langfristig sichergestellt werden (Abb. A 3.5).

Die schalldämmende Wirkung der Fassaden sowie der Trennwand- und Deckenanschlüsse lässt sich im Wesentlichen durch die folgenden konstruktiven Maßnahmen steigern:

- Erhöhung des Gewichts der Komponenten, z.B. durch Sand- bzw. Schwergasfüllungen oder Bleibeplankungen
- Erhöhung der Anzahl hintereinanderliegender, entkoppelter Schalen, z.B. durch den Einsatz einer Doppelschaligkeit, vorzugsweise mit unterschiedlichen Materialstärken bzw. -massen
- Erhöhung der Elastizität der Komponenten, z.B. durch Laminierung mehrerer dünner Bleche oder Glasscheiben und ihrer Verbindungen bzw. Einspannungen mit einer entsprechenden schalltechnischen Entkopplung, beispielsweise durch weiche Dichtungen
- Erhöhung der Asymmetrie des Aufbaus bezüglich des Gewichts hintereinanderliegender Schichten
- Erhöhung des Abstands der an die jeweilige Luftschicht angrenzenden Oberflächen
- Erhöhung des Absorptionsgrads der an die Luftschicht angrenzenden Oberflächen, z.B. durch poröse Materialien bzw. durch Labyrinthbildung

Wenn eine Fassade die Anforderungen der Schallschutzklassen 4–6 nach VDI-Richtlinie 2719 erreichen soll, müssen z.B. Isoliergläser mit sehr großen Glasdicken (insbesondere außen) und großen Scheibenzwischenräumen verwendet werden, die mit einer Schwergasfüllung auszuführen sind. Wesentlich geringere Gesamtglasdicken – und damit kostengünstigere Fassadenkonstruktionen – sind möglich, wenn Verbundglas mit Gießharz- bzw. PVB-Folien-Laminierung das Einfachglas ersetzen. So lässt sich mit einer Glasscheibe Schallschutzklasse 4, mit zwei Scheiben Schallschutzklasse 5 bzw. 6 erreichen. Zweite-Haut-Fassaden bewirken bei fachgerechter Planung und Ausführung (in Abhängigkeit der Größe von Luftöffnungen in der äußeren Verglasung sowie der Schallabsorption in den Luftöffnungen und im Fassadenzwischenraum) eine Pegelminderung um 4–8 dB gegenüber dem Außenlärm im Vergleich zu einer der Innenfassade gleichwertigen einschaligen Glasfassade.

Brand- und Rauchschutz

Beim Thema Brand- und Rauchschutz an der Fassade geht es im Wesentlichen um Maßnahmen bzw. Vorkehrungen zur:

- Brandverhütung
- Verhinderung bzw. Verzögerung der Brandentwicklung
- Verhinderung bzw. Verzögerung der Brandausbreitung
- Vorkehrung für Brandmeldung und -warnung
- Brandbekämpfung
- Rettung bzw. Sicherheit von Nutzern und Feuerwehr
- Abzug von Rauch und Wärme

Die Brand- und Rauchschutzeigenschaften der Fassade sind entscheidend für den vorbeugenden Brandschutz und damit für den Schutz von Gesundheit und Leben sowie von Sachwerten. Dabei muss eine Vielzahl von Regeln beachtet werden, die selbst innerhalb Deutschlands bundesländerspezifisch voneinander abweichen können. So kommen bezüglich des Brandschutzes die Landesbauordnungen, Vorschriften der Gewerbeaufsichtsämter, der Bauaufsicht, des Technischen Überwachungsvereins (TÜV) und die allgemeinen DIN- und VDE-Vorschriften zum Tragen.

Darüber hinaus müssen Richtlinien der regionalen Feuerwehr, des Deutschen Instituts für Bautechnik (DIBt) und des Verbands der Sachversicherer (VdS) berücksichtigt werden. Grundvoraussetzungen des vorbeugenden Brandschutzes sind die Möglichkeit der Brandmeldung ebenso wie die Zugänglichkeit der baulichen Anlage für die Feuerwehr. Unabhängig davon regeln bauordnungsrechtliche Vorschriften die Anforderungen an Entrauchungsöffnungen von Gebäuden.

Klassifizierung/Beanspruchungsklassen

Brandschutzverglasungen sind lichtdurchlässige Bauteile, die aus einem Rahmen, einem oder mehreren lichtdurchlässigen Elementen, Halterungen, Dichtungen sowie Befestigungsmaterial bestehen. Sie widerstehen dem Feuer nach Klassifizierung 30, 60, 90 oder sogar 120 Minuten.

DIN 4102/13 unterteilt die Brandschutzverglasungen in F- und G-Verglasungen (Abb. 3.6). Bei beiden Typen handelt es sich um lichtdurchlässige Bauteile in senkrechter, geneigter oder waagrechter Anordnung, die entsprechend ihrer Feuerwiderstandsdauer die Ausbreitung von Feuer und Rauch verhindern.

Im Gegensatz zu G-Verglasungen verhindern F-Verglasungen auch den Durchtritt von Hochtemperatur-Wärmestrahlung. F-Verglasungen werden unter Feuereinwirkung undurchsichtig und bilden einen Hitzeschild. Sie verhalten sich brandschutztechnisch wie Wände. Infolgedessen eignen sich F-Verglasungen nach Maßangabe der bauaufsichtlichen Zulassungen uneingeschränkt als raumabschließende Wände oder als Teilflächen in diesen.

Brandschutzverglasungen der Feuerwiderstandsklasse G (G-Verglasungen) dagegen bleiben im Brandfall durchsichtig. Sie reduzieren die Temperatur der nach außen durchtretenden Wärmestrahlung und stellen brandschutztechnische Sonderbauteile dar. G-Verglasungen dürfen nur an Stellen eingebaut werden, an denen aus brandschutztechnischen Gründen keine Bedenken bestehen, z.B. als Lichtöffnungen in Flurwänden, die als Rettungswege dienen. Die Unterkante des Glases muss mindestens 1,80 m hoch über dem Fußboden angeordnet sein, damit im Brandfall der Flur im Strahlungsschatten Schutz bietet.

Über andere Verwendungsmöglichkeiten von G-Verglasungen entscheidet in jedem Einzelfall die zuständige örtliche Bauaufsichtsbehörde, z.B. unter Berücksichtigung der Wärmestrahlung und der Gefahr der Durchzündung, wenn brennbare Materialien im Strahlungsbereich lagern oder eingebaut bzw. angebracht sind. G-Verglasungen müssen als Raumabschluss wirksam bleiben. Auf der feuerabgekehrten Seite dürfen keine Flammen auftreten.

Wann in der Fassade welche Feuerwiderstandsklasse einzusetzen ist, entscheidet die verantwortliche Baubehörde in der Regel individuell für das jeweilige Objekt unter Berücksichtigung des Gebäudetyps, der Geschosshöhe, der Art und des Umfangs der Brandlasten sowie im Einklang mit den übrigen Maßnahmen des objektspezifischen Brandschutzkonzepts (Abb. A 3.7).

Allgemeingültige Regelwerke wie z.B. die Musterbauordnung schreiben für Hochhäuser (OK FFB letztes OG > 22 m) die Einhaltung eines Feuerüberschlagswegs von einem Geschoss zum darüberliegenden vor. Dies ist durch Abschottungen aus nicht brennbarem Material F90 (bzw. W90) zu realisieren, die sich entweder 1 m in vertikale Richtung oder 1,50 m in horizontale Richtung (z.B. durch feuerfeste Auskragungen) erstrecken müssen. Brüstungsbleche werden in diesem Fall zusätzlich mechanisch befestigt. Eine Reihe von Fas-

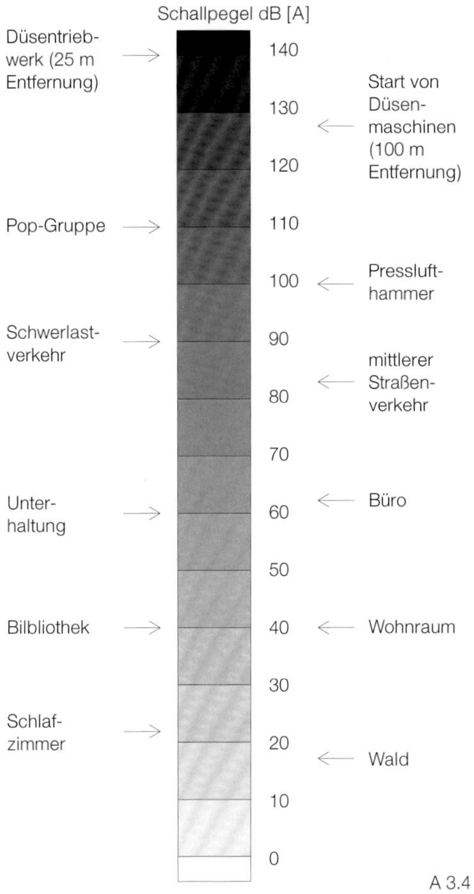

A 3.4

Lärmpegelbereich	maßgeblicher Außenlärmpegel dB [A]	erf. $R'_{w,res}$ dB [A] des Außenbauteils: Bettenräume[1)]	Aufenthaltsräume etc.	Büroräume[2)]
II	56–60	35	30	30
III	61–65	40	35	30
IV	66–70	45	40	35
V	71–75	50	45	40
VI	76–80	[3)]	50	45
VII	> 80	[3)]	[3)]	50

[1)] Bettenräume in Krankenanstalten und Sanatorien
[2)] An Außenbauteile von Räumen, bei denen der eindringende Außenlärm aufgrund der in den Räumen ausgeübten Tätigkeit nur einen untergeordneten Beitrag zum Innenraumpegel leistet, werden keine Anforderungen gestellt.
[3)] Die Anforderungen sind hier aufgrund der örtlichen Gegebenheiten festzulegen.

A 3.5

A 3.4 Schallpegel verschiedener Verursacher
A 3.5 Lärmpegelbereiche und einzuhaltendes Schalldämmmaß R' nach DIN 4109, Tab. 8

Feuerwiderstandsklasse nach DIN 4102[1)]	bauaufsichtliche Bezeichnung	Feuerwiderstandsdauer unter ISO-Normbrand	Feuerwiderstandsklasse nach DIN EN 13501-2 für Bauteile: mit Raumabschluss, tragend	mit Raumabschluss, nicht tragend	ohne Raumabschluss, tragend
F30-B	feuerhemmend	≥ 30 min	REI 30	EI 30	R 30
F30-A	feuerhemmend, aus nicht brennbaren Baustoffen	≥ 30 min			
F60-AB[2)]	hochfeuerhemmend	≥ 60 min	REI 60	EI 60	R 60
F60-A	hochfeuerhemmend, aus nicht brennbaren Baustoffen	≥ 60 min			
F90-AB	feuerbeständig	≥ 90 min	REI 90	EI 90	R 90
F90-A	feuerbeständig, aus nicht brennbaren Baustoffen	≥ 90 min			
(F120)	(hochfeuerbeständig)	(≥ 120 min)			
(F180)	(höchstfeuerbeständig)	(≥ 180 min)			
	Brandwand	–	REI-M 90	EI-M 90	

[1)] nach DIN 4102-2 für Wände, Stützen, Decken, Träger und Treppen
[2)] AB: in den wesentlichen Teilen aus nicht brennbaren Stoffen

A 3.6

Baustoff	Baustoffklasse nach DIN 4102-1	Euroklasse
nicht brennbarer Baustoff (z.B. Stahlgitterträger)	A1	A1
nicht brennbarer Baustoff mit brennbaren Bestandteilen	A2	A2 (z.B. Gipsfaserplatte als Innenbeplankung in der Holzbauweise)
schwer entflammbarer Baustoff (z.B. Eichenparkett auf Estrich)	B1	B
geringer Beitrag zum Brand		C
normal entflammbarer Baustoff (z.B. Unterzug aus Brettschichtholz)	B2	D
hinnehmbares Brandverhalten		E
leicht entflammbarer Baustoff (z.B. unbehandelte Kokosfasermatte)	B3[1)]	F

[1)] im Bauwesen nicht zugelassen

A 3.7

A 3.6 Brandverhalten von Baustoffen nach Euronorm DIN EN 13501
A 3.7 Beispiele für Baustoffe und ihre Brennbarkeit bzw. Zuordnung bzgl. der Baustoff-/Euroklasse

saden in dieser Art – auch ohne dahinterliegendem Mauerwerk oder Betonbrüstungen – wurden in den vergangenen Jahren genehmigt und ausgeführt.

Gleiches gilt für den Inneneckbereich von mehrgeschossigen Büro- und Verwaltungsgebäuden. Die Ausstattung derartiger Details mit Brandschutzglas erfüllt die Funktion einer verlängerten Brandwand und dient somit zum Schutz vor einem horizontalen Feuerüberschlag auf die Fassade des brandschutztechnisch abgetrennten Gebäudeteils. Erfolgt ein niedriger Anbau an ein mehrgeschossiges Gebäude, so ist die Trennwand zwischen den beiden Gebäudeteilen bis unter das Dach des höheren Gebäudes als Brandwand auszuführen.

Auch notwendige Treppenhäuser, die im Brandfall als Flucht- und Rettungswege benutzt werden, stellen Anwendungsbereiche für den Brandschutz mit Glas an der Fassade dar. Wenn weder durch Brüstungen und Stürze noch durch Auskragungen den Anforderungen an den Feuerüberschlagsweg entsprochen werden kann, muss die zuständige Brandschutzbehörde klären, inwieweit die jeweiligen Anforderungen mithilfe einer Sprinkleranlage erfüllbar sind.

Aus Brandschutzgründen ist darüber hinaus darauf zu achten, dass der Übergang der Fassade an den Rohbau durch geeignete Anschlüsse zuverlässig rauchdicht ausgeführt wird. Der im Falle eines Brandes auftretende Rauch sowie giftige Gase breiten sich bei rauchdurchlässigen Anschlüssen in kürzester Zeit über große Gebäudehöhen aus und verursachen auch dort Risiken für die Bewohner, wo dies aufgrund des Feuerereignisses an sich vermeidbar wäre.

Konstruktive Maßnahmen
Entrauchungsöffnungen werden im Brandfall entweder automatisch aktiviert oder von den Rettungskräften manuell betätigt. Neben typischen Rauch-/Wärmeabzugsanlagen (RWA), deren Größe sich nach DIN 18230 in Abhängigkeit von der Risikogruppe definiert, lassen sich die erforderlichen Querschnitte im Einzelfall nach Rücksprache mit dem Brandschutzexperten auch durch Öffnungen in der Fassade realisieren (Dreh- oder Klappflügel). Voraussetzung hierfür sind unmittelbar ins Freie führende Öffnungen.

Die Wirksamkeit des Rauchabzugs hängt wesentlich von einer richtigen Dimensionierung der Anlage sowie ausreichender Bemessung der Zuluft ab. Bei der Festlegung des Rauchabzugsquerschnitts durch die Genehmigungsbehörde wird zwischen aerodynamisch wirksamem Rauchabzug und geometrisch berechneter Öffnungsfläche unterschieden. Dabei muss auf die richtige Öffnungsart der Flügel geachtet werden, gleichzeitig ist auch ein entsprechender Zuluftquerschnitt erforderlich, der im Normalfall die 1,5-fache Fläche der Abluftöffnung haben sollte. Ist ein gleichzeitiges Öffnen der Zu- und Abluftöffnung durch eine entsprechende Gebäudeautomation sichergestellt, so kann der Querschnitt beider Öffnungen gleich groß sein. Türöffnungen dürfen dabei berücksichtigt werden. Für eine Entrauchung über die vertikalen Fassadenelemente existiert noch kein Regelwerk, d.h. es ist eine »Zustimmung im Einzelfall« nötig.

Brand- und rauchschutztechnische Schwachstellen in Fassaden
Neben den typischen Wärmebrücken innerhalb der Fassade (wie beispielsweise infolge von Luftundichtigkeiten zwischen Blend- und Flügelrahmen bzw. an Baukörperanschlüssen sowie bei Randeinspannungen von Füllelementen und deren Randverbund) beinhalten alle Inhomogenitäten innerhalb der Fassade auch für den Brandschutz besondere Risiken. Als zusätzliche Schwachstellen bezüglich des Brandüberschlags erweisen sich bei vorgehängten Fassaden schlanke, ungeteilte Pfosten oder Riegel im Bereich von Trennwänden bzw. von deren Anschlüssen an den Baukörper. Bewegungen und Verformungen der Fassade, die im Brandfall aufgrund hoher Temperaturen erheblich größer als normalerweise ausfallen, müssen an den Verbindungen und Fugen zwischen Fassade und Baukörper bzw. Innentrennwand konstruktiv kompensiert werden.

Zu den speziellen Verbesserungsmaßnahmen der Brandschutzeigenschaften gehören in diesem Zusammenhang:
- unter Hitzeeinwirkung aufschäumende Materialien, die abdichten, den Feuerwiderstand oder die mechanische Sicherung verbessern
- unter Hitzeeinwirkung verdampfende Materialien, die die auftretende Hitzeeinwirkung kompensieren

Fassaden mit besonderen Risiken
Bei Zweite-Haut-Fassaden an mehrgeschossigen Gebäuden übernehmen Brandschutzverglasungen vornehmlich die Schutzfunktion vor Feuerüberschlag auf die nächsthöhere Etage. Vertikale Feuerüberschlagswege sind dabei mit F30-Verglasungen auszustatten. Die bei Hochhäusern geforderte Feuerwiderstandsklasse der Brüstung von W90 muss in die innere Ebene von Doppelfassaden integriert werden. Spezieller Prüfung bedürfen insbesondere Konzepte, bei denen die Belüftung des Fassadenzwischenraums über mehrgeschossig geführte

schachtartige Hohlräume erfolgt und hierbei, aufgrund brandbedingter Druckverhältnisse, eine Verrauchung benachbarter Geschosse bei geöffneten Fenstern nicht auszuschließen ist.

Allgemeine Planungshinweise

Bei der Planung der Fassade müssen sämtliche funktionalen Anforderungen und die sich daraus ergebenden bauphysikalischen Ansprüche durch geeignete Materialien bzw. Bauteile, eine abgestimmte Anordnung der Bauteile zueinander sowie deren fachgerechte Verbindung auf Dauer sichergestellt sein.

Zunächst ist es im Hinblick auf die Konstruktionsart der Fassade entscheidend, ob es sich im Rahmen des gewählten Tragwerksystems um einen Massivbau mit tragenden Außenwänden und punktuellen Fensteröffnungen handelt oder um eine Beton-, Stahl- bzw. Holzskelettkonstruktion, bei der die Fassade als ein davon getrenntes, in der Regel nicht tragendes System ausgebildet ist.

Unter Beachtung dieser Rahmenbedingungen ist im Planungsprozess festzulegen, welcher Fassadentyp bzw. welcher Fassadenaufbau für die unterschiedlichen Fassadenzonen gewählt werden soll. Wie im Kapitel »Flächen – Strukturelle Prinzipien« (S. 27ff.) dargestellt, bestehen hierbei die folgenden Optionen im Hinblick auf das Tragverhalten, den konstruktiven Aufbau, die Strahlungsdurchlässigkeit und das Konstruktionsprinzip der Fassade:

- tragend oder nicht tragend
- ein- oder mehrschalig
- ein- oder mehrschichtig
- opak, transluzent, transparent
- vorgehängte, hinterlüftete Fassade, Pfosten-Riegel- oder Elementfassade

Neben der Konstruktionsart und der Materialwahl werden die Rahmenbedingungen für die Entwicklung der Fassade auch von der Konzeption der technischen Gebäudeausrüstung (z. B. klimatisiert oder nicht klimatisiert) bestimmt.

Alle Inhomogenitäten und Undichtigkeiten in der Fassade beinhalten besondere bauphysikalische Risiken und eine erhöhte Schadenshäufigkeit. Dies sind einerseits alle Arten von durchgehenden Fugen zwischen Fassadenbauteilen, andererseits Fassadendurchdringungen (siehe Abschnitt »Prinzipien bei der Ausbildung von Fugendichtungen« in: »Flächen - Strukturelle Prinzipien«, S. 32f.), insbesondere in Form und im Umfeld von Befestigungsmitteln und Verkabelungen (z. B. für Sonnenschutz oder Photovoltaik). Nicht nur in diesem Fall, sondern auch bei Baukörperanschlüssen handelt es sich meist um bauphysikalisch kritische Schnittstellen zwischen unterschiedlichen Gewerken.

Dies gilt auch für die Anschlüsse des Innenausbaus (in erster Linie von Trennwänden) an die Fassade. Hier spielt zudem die Flexibilität bei einer neuen Raumeinteilung unter Berücksichtigung der veränderten Rahmenbedingungen eine entscheidende Rolle.

Vornehmliches Augenmerk benötigen auch spezielle Fassadenbereiche wie z. B. untere und obere Gebäudeabschlüsse (Fußpunkt und Dachabschluss) sowie vertikale und horizontale Außen- und Innenecken (insbesondere bei versetzten Dämm- und Dichtebenen), die im Rahmen der Planung besonders zu berücksichtigen sind (siehe Abb. A 2.1.7, S. 29).

Die Aspekte Luft- und Wasserdichtigkeit, Wärme-, Feuchte-, Sonnen-, Blend-, Schall-, Brand- und Rauchschutz sowie Solarenergie- und Tageslichtnutzung können in der Regel nur ganzheitlich behandelt und unter Beachtung der jeweiligen Randbedingungen optimiert werden, da sich die entsprechenden Maßnahmen häufig gegenseitig beeinflussen.

Fassadentypen

Aus konstruktiver Sicht lässt sich grundsätzlich zwischen tragenden und nicht tragenden Fassaden unterscheiden. Im ersten Fall werden Fenster in eine tragende Außenwand eingestellt bzw. integriert (Abb. A 3.8, S. 60). Diese können als einzelne Lochfenster ausgebildet oder zu horizontal (auch geschosshoch) bzw. vertikal (auch über mehrere Geschosse) durchlaufenden Fensterbändern kombiniert sein. Insbesondere die Baukörperanschlüsse rund um die Fensterrahmen erfordern eine sorgfältige Planung bezüglich des Wärme-, Feuchte- und Schallschutzes gegenüber der Umgebung. Die Fassadenbereiche zwischen den Fenstern können u. U. von außen mit Blechen oder nicht transparenten Gläsern bekleidet werden. Dann ähneln sie oftmals in ihrem äußeren Erscheinungsbild nicht tragenden Fassaden, die jedoch konstruktiv völlig anders aufgebaut sind (Abb. A 3.9, S. 60).

Nicht tragende Fassaden sind vollständig dem Rohbau vorgesetzt und bilden eine geschlossene, addierte Wetterschutzhülle, in die sich Verglasungen, Einzelfenster bzw. Fensterbänder als Elemente integrieren lassen. Hier liegen die bauphysikalischen Schwachstellen erfahrungsgemäß im Bereich der Decken- und Wandanschlüsse. Probleme beim Schall-, Brand- und Rauchschutz gibt es in der Baupraxis insbesondere zwischen benachbarten Räumen, wenn Fugen bezüglich den Funktionen Dämmen und Dichten nicht fachgerecht geplant oder ausgeführt wurden. Dies gilt besonders dann, wenn folgende Aspekte nicht ausreichend berücksichtigt und konstruktiv kompensiert werden:

- Verformungen des Baukörpers, z. B. aus Eigen- und Verkehrslast
- herstellungsbedingte Toleranzen
- dynamische, horizontale Deckenverschiebungen, hervorgerufen durch Winddruck, Windsog oder Erdbeben
- material- und temperaturbedingt unterschiedliche Längenänderungen innerhalb von Bauteilen und zwischen benachbarten Bauteilen

Fassadenaufbau

Die statischen und bauphysikalischen Eigenschaften einschichtiger (monolithischer) Außenwände werden nur durch ihr Material und ihre Stärke bestimmt. Das Material und die Fügungen der Wand müssen daher in diesem Fall multifunktionale Anforderungen erfüllen. Dagegen können bei mehrschichtigen bzw. mehrschaligen Fassaden die Materialien der einzelnen Schichten oder Schalen hinsichtlich ihrer jeweiligen Funktionen optimiert werden.

Wie im Kapitel »Flächen – Strukturelle Prinzipien« (S. 27ff.) ausführlich dargestellt, besteht z. B. bei mehrschaligen Fassaden die Möglichkeit, zwischen den Schalen eine Luftschicht anzuordnen, die entweder in sich abgeschlossen oder nach innen und/oder außen hin offen ist. Je nachdem welche funktionalen oder gestalterischen Eigenschaften erwünscht sind, kann die zugehörige Wetterschutzschicht wahlweise transparent, transluzent oder opak sein.

Im Rahmen der Planung derartiger Fassaden muss darauf geachtet werden, dass die Luftdichtheit der Wärme- und Feuchteschutzebene nicht unterbrochen wird. Besonders beim Schließen von Fugen ist ein geeignetes Dichtsystem zu verwenden. Liegen die Ebenen raumseitig, müssen sie zudem dampfdichter als die äußere Wetterschutzebene ausgeführt werden. In der Praxis hat es sich als vorteilhaft erwiesen, wenn die Wetterschutzebene zumindest Dampfdruckausgleichsöffnungen aufweist, über die Feuchtigkeit aus der Konstruktion ungehindert nach außen entweichen kann (Abb. A 3.12, S. 61). Da über diese Öffnungen jedoch unter ungünstigen Bedingungen wie z. B. bei Schlagregen Wasser in den Luftzwischenraum eindringen kann, muss dieses über entsprechende Öffnungen direkt und kontrolliert nach außen abgeführt werden. Die Wasserdichtigkeit wird wirkungsvoll durch zwei aufeinander abgestimmte Dichtebenen sichergestellt. Werden derartige Fassaden fachgerecht geplant und ausgeführt, weisen sie nicht nur einen verbesserten Schutz gegenüber Regen auf, sondern auch allgemein gegenüber Feuchte, Wind und Schall. Mehrschichtige bzw. mehrschalige Fassaden werden aus diesem Grund bevorzugt bei Gebäuden mit starker Lärm- oder Windbelastung und gleichzeitig hohen Komfortanforderungen eingesetzt.

Ausbildung von Fugen

Unabhängig von der Bauweise ist bei allen Fassadenkonstruktionen die Ausbildung der Anschlüsse bzw. Verbindungen unterschiedlicher Bauteile und der hierbei entstehenden Fugen besonders sorgfältig zu planen. Damit können die zentralen Aufgaben der Fassade wie die Abdichtung gegen Feuchtigkeit bzw. Nässe, die Gewährleistung entsprechender

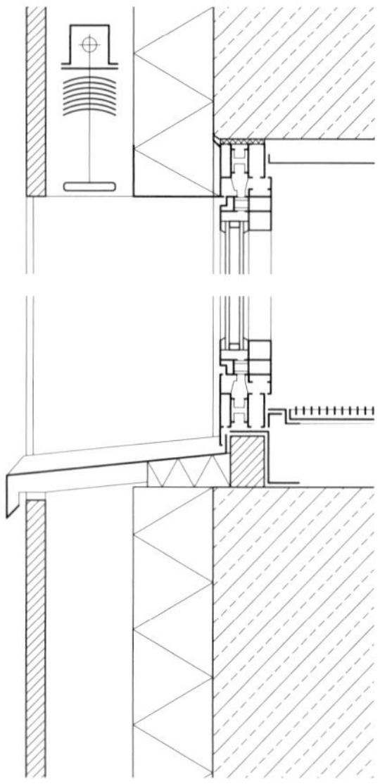

A 3.8

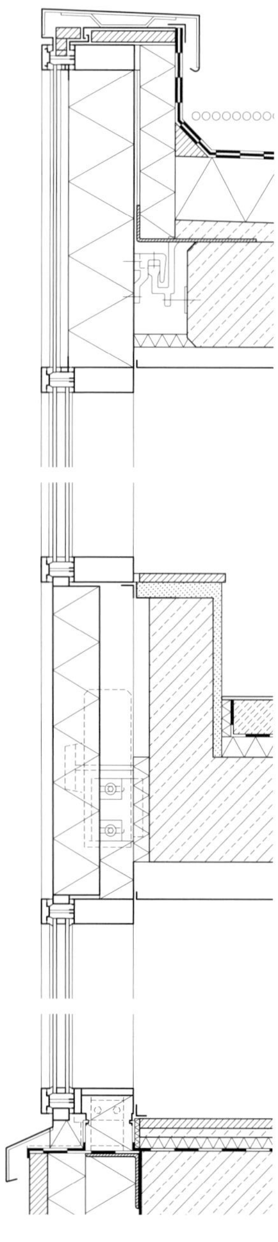

A 3.9

Wärmeschutzeigenschaften sowie die Luftundurchlässigkeit über die gesamte Fassadenfläche hinweg dauerhaft sichergestellt werden. Bei der Planung der konstruktiven Ausbildung von Fugen ist zu berücksichtigen, dass in Abhängigkeit von den Gewerken, z. B. Beton- und Mauerwerksbau, Holz- oder Stahlbau usw., Maßabweichungen in unterschiedlichem Umfang zulässig sind. Diese sind in den entsprechenden Normen festgelegt. Die dort definierten Maßtoleranzen beziehen sich jedoch in der Regel lediglich auf die Planung und Ausführung von Gebäuden oder Bauteilen. Zeitabhängige Verformungen, die zu entsprechenden Abweichungen vom geforderten Nennmaß führen, sind hierbei nicht berücksichtigt und müssen daher besonders beachtet werden. Hierzu gehören z. B. plastische Verformungen durch Kriechen des Materials oder Formänderungen durch Quellen bzw. Schwinden, Temperaturänderungen oder die Einwirkung temporärer bzw. dauernder Lasten (z. B. Eigenlasten, Verkehrslasten, Windlasten, Schneelasten etc.).
Die sich aufgrund dieser Umstände möglicherweise ergebenden Abweichungen vom Nennmaß müssen in der Planung durch eine entsprechende Anordnung, Dimensionierung und Ausbildung von Fugen bzw. Bauteilanschlüssen zwingend berücksichtigt werden (siehe auch S. 32ff.). Die Beachtung dieser Vorgaben trägt maßgeblich zu einem reibungslosen Bauablauf sowie zu einem dauerhaften Erhalt der Funktionalität von Fassadenkonstruktionen bei.

Bauweisen
Im Bereich der opaken Fassadenkonstruktionen sind vorgehängte, hinterlüftete Fassadenkonstruktionen (VHF) aufgrund ihrer funktionalen Eigenschaften und gestalterischen Möglichkeiten weitverbreitet. Es handelt sich hierbei um nicht tragende Fassadenkonstruktionen, die mit einer entsprechenden Unterkonstruktion an der tragenden Außenwand befestigt werden. (siehe S. 34ff.)

In konstruktiver Hinsicht sind von der äußeren, vorgehängten Fassadenschale bzw. Fassadenbekleidung lediglich Windlasten aufzunehmen, die über die Unterkonstruktion direkt an die eigentliche Außenwand weitergeleitet werden. Zudem übernimmt die äußere Schicht die Aufgabe des Witterungsschutzes, während die meist direkt an der Außenwand anliegende Dämmung den entsprechenden Wärmeschutz sicherstellt. Der Luftspalt zwischen dem Witterungsschutz und der Wärmedämmung trägt über die durchgehende Hinterlüftung der äußeren Ebene dafür Sorge, dass gegebenfalls über Undichtigkeiten der Außenhaut eindringendes Regenwasser abgeleitet werden kann. Zudem wird hierdurch die über Dampfdiffusion von innen nach außen wandernde Feuchtigkeit abgeführt. Bei technisch korrekter Ausführung stellen vorgehängte, hinterlüftete Fassadenkonstruktionen leistungsfähige und langlebige Systeme dar. Da eine Vielfalt an Farben und Materialien zur Verfügung steht, bieten sie zudem eine große gestalterische Freiheit [6].

Nichttragende, leichte Fassadenkonstruktionen lassen sich bezüglich ihrer Bauweise in Pfosten-Riegel-Fassaden und Elementfassaden unterscheiden. Hierbei ist entscheidend, ob auf der Baustelle einzelne Komponenten (Pfosten und Riegel) oder funktionsfertige Bauteile (Elemente) angeliefert und montiert werden.

Bei vorgehängten Fassaden ist der Bautypus der Pfosten-Riegel-Fassade sehr weit verbreitet (Abb. A 3.10). Dabei sind die Längs- und Querverbindungen der Pfosten bzw. Riegel verschieblich ausgebildet. Die Füllelemente, bestehend aus Fenstern, Gläsern oder Paneelen, schwimmen gewissermaßen im Glasfalz, dessen Tiefe den zu erwartenden Toleranzen, Dehnungen und Verformungen Rechnung tragen muss.

Elementfassaden hingegen erlauben die mechanische Bearbeitung und Vorfertigung funktionsfertiger Fassadenelemente in der Werkstatt – d. h. einschließlich Glas, Paneel, Blech und Wärmedämmung bis hin zur Integration von Außenbekleidungen mit Naturstein oder dem Einbau von Sonnenschutzsystemen (inklusive Sensorik und Antrieb) sowie dezentraler Lüftungstechnik (Abb. A 3.11). Ein wesentlicher Vorteil besteht darin, dass im Werk, im Gegensatz zur Situation auf der Baustelle, unter kontrollierten, industriellen Bedingungen ein Höchstmaß an Automatisierung und Genauigkeit erreichbar ist. Damit einher geht eine gleichbleibend hohe Produktqualität sowie eine zuverlässige Qualitätssicherung.

Die komplett vorgefertigten Elemente werden zur Montage auf die Baustelle transportiert und dort an Konsolen fixiert, die zuvor am Rohbau befestigt und justiert wurden. Zu dieser Gattung zählen auch Elementfassaden, bei denen die Fassadenprofile über materialspezifische Verbindungen Rahmen bilden. Die mit Gummidichtungen versehenen Randprofile benachbarter Fassadenelemente werden während des Montagevorgangs auf der Baustelle labyrinthartig ineinandergeschoben. Dies ermöglicht einerseits die Aufnahme von Toleranzen, Dehnungen und Verformungen, andererseits die Sicherstellung eines anforderungsgerechten Wärme- und Schallschutzes sowie der Luft- und Wasserdichtigkeit der Fugen zwischen den Elementen. Typische Schwachstellen bilden dabei unsachgemäß ausgebildete Kreuzungspunkte zwischen Fassadenelementen.

Die Konstruktion von Elementfassaden bedingt einen größeren Material- und Werkstattaufwand und erfordert erfahrene Konstrukteure. Planungsfehler lassen sich nicht ohne Weiteres durch handwerkliche Zusatzmaßnahmen korrigieren. Elementfassaden sind planungsintensiver und bedürfen daher entsprechender (pla-

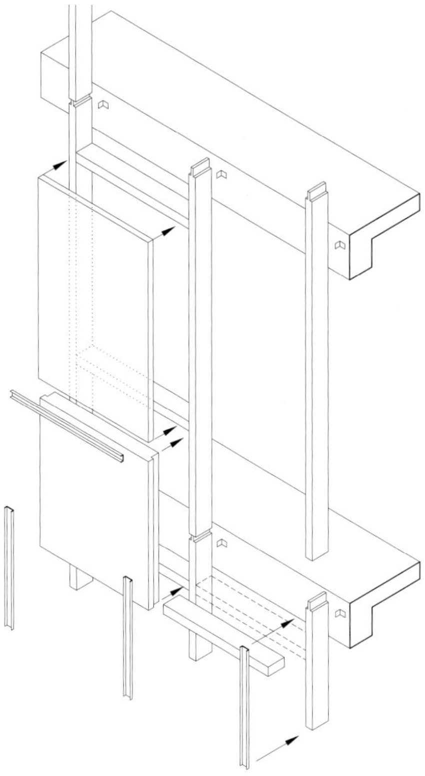

A 3.10

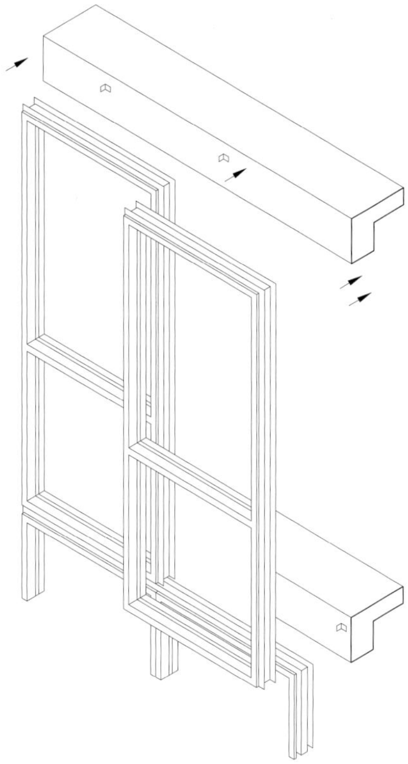

A 3.11

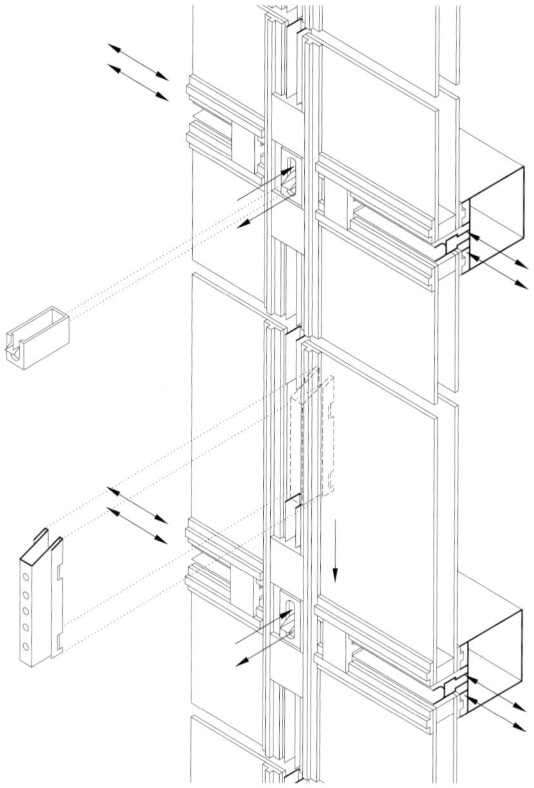

A 3.12

A 3.8 Vertikalschnitt durch eine tragende Außenwand mit Lochfenster
A 3.9 Vertikalschnitt durch eine nicht tragende, vorgehängte Pfosten-Riegel-Fassade (oben Attika, Mitte Deckenanschluss, unten Fußpunkt)
A 3.10 Pfosten-Riegel-Fassade
A 3.11 Elementfassade
A 3.12 Dampfdruckausgleich bei Pfosten-Riegel-Fassaden

nerischer) Vorlaufzeiten, was u.a. bei Vergaben zu berücksichtigen ist. Sie eignen sich sowohl für Hochhäuser als auch für sonstige großvolumige Gebäude, bevorzugt für solche mit regelmäßigem, strukturellem Aufbau.

Schlussbemerkungen

Im Hinblick auf die gestalterischen und funktionalen bzw. bauphysikalischen Eigenschaften von Fassaden spielen Materialwahl und der konstruktive Aufbau der Fassade eine entscheidende Rolle. Bei fachgerechter Planung und Umsetzung sind leistungsfähige Fassaden ein erheblicher Bestandteil von komfortablen, langlebigen, energieeffizienten sowie werthaltigen Gebäuden.

Hierfür sind die objektspezifischen Anforderungen und Rahmenbedingungen in einem integrierten Planungsprozess aller beteiligten Objektplaner aufeinander abzustimmen. Gerade vor dem Hintergrund der Behaglichkeitsanforderungen und den erforderlichen Wärmeschutz ist hier ein großes Potenzial vorhanden, um im Hinblick auf Kosten und Nutzen sowie die gestalterischen und funktionalen Eigenschaften des Gebäudes ein Optimum zu erzielen.
Neben einer qualifizierten Planung muss die Umsetzung auf der Baustelle eng mit den ausführenden Firmen abgestimmt und überwacht werden. Dabei ist besonders bei anspruchsvollen Fassadenkonstruktionen, die mit beweglichen, anpassungsfähigen Komponenten ausgestattet sind, darauf zu achten, dass die Gebäudeleittechnik auf die Fassadenmechanik abgestimmt wird, um ein effektives Zusammenwirken der Gebäudeautomation mit der Fassadenkonstruktion sicherzustellen. Um ein produktives Zusammenspiel von Gebäudetechnik, Fassade und Nutzer zu garantieren, bedarf es in der Regel einer fachgerechten Inbetriebnahme der Leistungen aller Gewerke – und damit auch der Fassadenkonstruktion – unmittelbar nach Fertigstellung des Gebäudes.

Anmerkungen:

[1] siehe auch Arbeitsstättenverordnung (ArbStättV), § 9 (2); Bildschirmarbeitsverordnung (BildscharbV), § 7; Unfallverhütungsvorschrift Arbeit an Bildschirmgeräten VBG 104, §§ 9, 16, 25; EU-Bildschirmrichtlinie 90/270/EWG

[2] siehe auch DIN 4108 bzw. den Europäischen Normen DIN EN 13 162 bis 13 171

[3] siehe auch Energy Efficiency Directive: http://ec.europa.eu/energy/en/topics/energy-efficiency/energy-efficiency-directive. Stand 05.03.2016. Ziel der EED ist, bis ins Jahr 2020 den Verbrauch fossiler Brennstoffe um 20 % gegenüber dem Stand von 2005 zu reduzieren.

[4] Der Energieverbrauch für Raumwärme hat einen Anteil von 69 % am Endenergieverbrauch von Haushalten. Bundesumweltamt (2012): https://www.umweltbundesamt.de/daten/private-haushalte-konsum/energieverbrauch-der-privaten-haushalte. Stand 06.02.2016

[5] DIN 18 516 »Außenwandbekleidungen« muss eingehalten werden.

[6] siehe auch DIN 18 516-1: Außenwandbekleidungen, hinterlüftet, Teil 1: Anforderungen, Prüfgrundsätze

Teil B Materialspezifische Konstruktionen

Jeder, der Fassaden nach generell gültigen Regeln plant und realisiert, steht vor Materialentscheidungen. Das heißt, insbesondere die auf Baustoffebene vorhandenen oder zu entwickelnden Eigenschaften gezielt einzusetzen bzw. zu berücksichtigen.

Dabei gibt es eine Reihe an Vorgaben, Erwägungen, Anregungen und Ideen, die lokalen oder regionalen, manchmal aber auch globalen Hintergrund haben, die funktionaler, ökonomischer, ökologischer und / oder kultureller Natur sind, die sich aus planungs- und genehmigungsrechtlichen Zwängen, aus Normen, Standards oder Vorschriften ergeben. Immer aber geht es auch um das Subsystem »Fassade« im Gesamtsystem »Gebäude« als technischen Großgegenstand, dessen Materialisierung die Phasen seiner Herstellung in Werkstatt oder Fabrik betreffen, seine Zusammensetzung aus Elementen zu Bauteilen, deren Transport, Montage und Einbau in einen Zwischen- oder Endzustand. Und es geht um Wartung und Unterhalt des Gebäudes, wobei Betrieb und Austauschmöglichkeit von Teilen räumlich, organisatorisch und bezogen auf die Auswirkungen auf konstruktive Einzelheiten hin durchdacht sein müssen.

Kenntnisse bauphysikalischer und materialtechnischer Eigenschaften der einzusetzenden Baustoffe sowie der Konstruktion und Technologie der Herstellung von Elementen und Bauteilen unter Bezugnahme auf die Eigenarten des bautechnischen Gesamtzusammenhangs müssen Kernkompetenz all derer sein, die als Architektinnen und Architekten die Verantwortung für die Ausführung von Bauten haben. Die gezeigten Beispiele sollen dabei als Arbeits- und Orientierungshilfe dienen.

Verhüllter Reichstag, Berlin (DE) 1995, Christo & Jeanne-Claude

B 1 Naturstein

Die Steinzeit wird deshalb als erste maßgebliche Kulturepoche verstanden, weil die Menschen sich des vorgefundenen natürlichen Materials zur Herstellung diverser Utensilien bedienten. Die Verwendung von Naturstein reicht in der Vergangenheit von einfachen Werkzeugen und Waffen über Gräber und Mauern bis hin zu präzise verarbeiteten Wertgegenständen wie z. B. Schmuck.

Direkt aus der Erdkruste gewonnenen Stein bezeichnet man als »Naturstein«. Die Natursteine lassen sich je nach Genese in drei Hauptgruppen einteilen:

- Erstarrungsgesteine (Magmatite)
- Ablagerungsgesteine (Sedimentite)
- Umwandlungsgesteine (Metamorphite)

Diese drei Gesteinsfamilien werden in etwa 30 Gesteinsarten untergliedert, zu denen beispielsweise Granit, Sandstein und Marmor gehören. Alle auf der Erde vorkommenden Gesteinssorten (etwa 4500–5000) lassen sich einer dieser Gruppen zuordnen. Für Natursteine bestehen verschiedene Einsatzmöglichkeiten im Außenbereich (siehe Abb. B 1.10, S. 67). Granit eignet sich z. B. für Anwendungen vom Massivbau bis zur Fassadenbekleidung.

Werksteine

Um Natursteine im Bauwesen einsetzen zu können, müssen sie bearbeitet und z. B. durch Spalten, Sägen oder Fräsen in eine bestimmte Form gebracht werden. Man spricht dann auch von Naturwerkstein.
Je nach Druckfestigkeit wird ein Stein als hart oder weich eingestuft (Hartgesteine: z. B. Granit, Diorit – Weichgesteine: z. B. Kalkstein, Tuff). Naturwerksteine, die als Mauersteine dienen sollen, müssen bestimmte physikalische Voraussetzungen wie Mindestdruck- und Biegefestigkeit, Frostbeständigkeit etc. erfüllen [1]. Abbildung B 1.11 (S. 67) zeigt die wichtigsten Materialkennwerte von Naturwerksteinen wie Rohdichte, Wärmeleitfähigkeit sowie Druck- und Biegezugfestigkeit. Künstlich hergestellter Stein wird als Kunststein bezeichnet (z. B. Ziegel, Beton), der produktionsbedingt aus modularen, vorgefertigten Elementen besteht.

Naturstein in der Fassade

Historisch betrachtet ist die Entwicklung der Steinfassaden eng mit der von Mauerwerkskonstruktionen verbunden. Stein gehört zu den ältesten Baumaterialien. Schon in Frühkulturen wie in Mesopotamien oder Ägypten dienten Steine zur Konstruktion tragender Wände. Heute reicht ihre Anwendung bis hin zu hinterlüfteten, nicht tragenden Fassadenbekleidungen. Die ersten Steinbauten der Menschheit leiten sich aus den örtlichen Gegebenheiten ab und stellten zunächst nur Ergänzungen zu vorgefundenen, natürlich entstandenen Räumen wie Höhlen oder Ähnlichem aus aufgeschichtetem Steinmaterial dar. Obwohl

B 1.2

B 1.3

B 1.4

B 1.5

B 1.2 Grabanlanlage, Petra (JO) 4. Jh. v. Chr.
B 1.3 Einheit von Treppen, Stützmauer, Architektur und Skulptur, Tempel der Athena Nike, Athen (GR) 5. Jh. v. Chr.
B 1.4 Bergdorf im Tessin (CH)
B 1.5 Schaufenstersockel mit versteinerten Ammoniten als Dekor

B 1.1 Deutscher Pavillon, Barcelona (ES) 1929/1986, Ludwig Mies van der Rohe

B 1.6

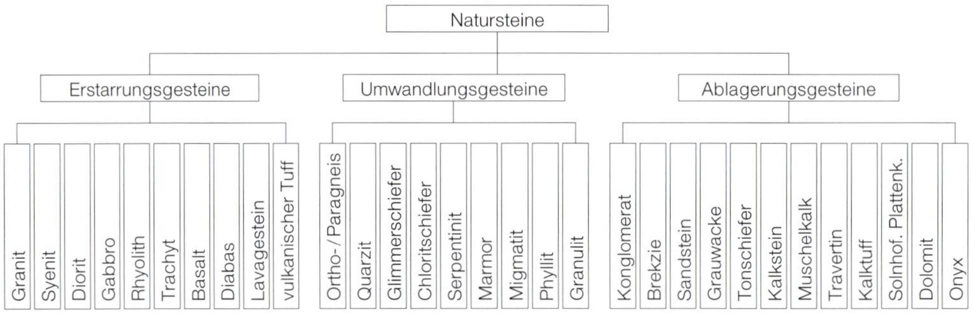

B 1.7

B 1.6 Palazzo dei Diamanti, Ferrara (IT) ab 1493, Biagio Rossetti
B 1.7 Gesteinsarten und -familien
B 1.8 Dom S. Maria del Fiore, Florenz (IT) 1296 (–1887), Arnolfo di Cambio, Filippo Brunelleschi u. a.
B 1.9 Deutscher Pavillon, Barcelona (ES) 1929/1986, Ludwig Mies van der Rohe
B 1.10 Anwendung verschiedener Natursteine im Außenbereich [3]

diese Urformen von steinernen Außenwänden hauptsächlich dazu dienten, dauerhafte Orte und Sicherheit zu schaffen, gibt es in späteren Kulturen durchaus Beispiele derartiger Steinfassaden, die mit höchster Präzision und ästhetischem Anspruch aus dem Stein geschnitten sind (Abb. B 1.2).

Um 5000 v. Chr. beginnt der Abbau von Naturstein für bauliche Zwecke. Die präzise Verarbeitung zu Werksteinen wird jedoch erst mit der Verfügbarkeit von Bronze (ca. 2500 v. Chr.) und den entsprechend harten Werkzeugen möglich.

Während der Blütezeit der griechischen Baukultur verfeinern sich die Technologien von Steinschliff und Einschneiden des harten Steins, die bereits von den Ägyptern, z. B. zur Herstellung von Hieroglyphen und versenkten Reliefs, mit hoher Präzision praktiziert wurden. Die Auseinandersetzung mit Entasis und Kurvatur der Sockelzonen zeugt zudem vom Bestreben nach optischer Modulation der Fassade in höchster Perfektion (Abb. B 1.2, B 1.3). Die Römer entwickelten die Technik des Steinschnitts weiter, und es kommt erstmals zur Niederschrift der praktischen Erkenntnisse über Natursteine durch Vitruv mit seinen »De architectura libri decem« (Zehn Bücher über Architektur). Vor rund 2000 Jahren werden damit auf dem europäischen Kontinent in den Grenzen des römischen Imperiums technische Regeln allgemein gültig. Durch die systematische Trennung tragender Elemente von der Bekleidung entstehen sowohl für die Konzeption einer Konstruktion als auch für die Organisation einer Baustelle klare Prinzipien.

Die modulare Vorfertigung, die bei aus Ton hergestellten Steinen bereits seit Jahrtausenden praktiziert wurde, setzt sich bei den Naturwerksteinen erst im frühen Mittelalter durch. Ausgelöst durch zunehmende Anforderungen bei der Fertigstellung großer Kathedralen, entwickelte sich die Technik zur Konstruktion von Natursteinfassaden weiter, was u. a. die Vorfertigung von Werksteinen in großer Stückzahl möglich machte. Bauzeitverkürzungen ließen sich darüber hinaus durch die Erfindung der Skelett- und Horizontalbauweise mit durchgehenden Lagerfugen erwirken. Diese in der Romanik entwickelten Bearbeitungsmethoden wurden weiter verfeinert bis zur maximalen Auflösung bei gotischen Fassaden ab dem 13. Jahrhundert [2].

Mit Beginn der Renaissance wächst der Wunsch nach Ausdruck weltlicher Macht in der Architektur. Damit erlangte das Erscheinungsbild großer Profanbauten eine immer bedeutendere Rolle, wie dies z. B. in herausragender Weise der »Palazzo dei Diamanti« in Ferrara von Biagio Rossetti zeigt (Abb. B 1.6). In vielen Fällen wird die Fassade erstmals völlig vom Baukörper abgelöst und zum selbstständigen Architekturelement in der Gesamtgröße des Bauwerks. Vor allem in Italien entstehen unter enormem Aufwand Fassaden, die sich nicht nur formal, sondern auch im Material deutlich von der tragenden Wand absetzen.

In einer besonderen technischen Variante wird die äußere Schicht aus dünn geschnittenen und bearbeiteten Steinplatten in Mörtel auf den tragenden Außenmauern verlegt, die Inkrustation. Vor allem in der Toskana und in Umbrien entstehen in kunsthandwerklicher Höchstleistung solche Inkrustationsfassaden aus Platten unterschiedlicher Gesteine (Abb. B 1.8).

Bis zum Zeitpunkt der Entwicklung von Fenstern mit transparenten Glasscheiben, dienten dünn geschliffene Steinplatten als lichtdurchlässiger Witterungsschutz (Abb. B 1.23). Ein modernes Beispiel für die Nutzung der transluzenten Eigenschaften von Naturstein stellt die Kirche St. Pius in Meggen von Franz Füeg (1966) dar (S. 74f.).
Einzelne Architekten entwickelten projektbezogen neuartige und außergewöhnliche Einsatzmöglichkeiten von Naturstein. Beim Weingut in Yountville/Kalifornien von Herzog & de Meuron (1998) wurden sonst im Landschaftsbau verwendete Steinkörbe aus Drahtgewebe als Fassadenmaterial eingesetzt,

B 1.8

B 1.9

	Massivbau	Bodenbelag	Treppen-stufen	Fassaden-bekleidung	Bildhauer-arbeiten
Basalt	○	○	○		-
Granit	•	•	•	•	•
Marmor	-	○	○	○	○
Schiefer				○	
Sandstein	○			-	
Kalkstein	•	-	-	○	-

- • gute Eignung
- ○ beschränkte Eignung
- - geringe Eignung

B 1.10

	Rohdichte [kg/m^2]	Wärmeleitfähigkeit [W/mk]	Druckfestigkeit [N/mm^2]	Biegezugfähigkeit [N/mm^2]
Basalt	2700–3000	1,2–3,0	250–400	15–25
Granit	2500–2700	1,6–3,4	130–270	5–18
Marmor	2600–2900	2,0–2,6	80–240	3–19
Schiefer	200–2600	1,2–2,1		50–80
Sandstein	2000–2700	1,2–3,4	30–200	3–20
Kalkstein	2600–2900	2,0–3,4	75–240	3–19

B 1.11

B 1.11 materialspezifische Eigenschaften von Naturwerksteinen [4]

B 1.12 Wohnhaus »Fallingwater«, Mill Run (US) 1937, Frank Lloyd Wright

B 1.13 Thermalbad, Vals (CH) 1996, Peter Zumthor

was zeigt, welch spannungsvolle Effekte das eindringende Licht dabei im Innenraum erzeugen kann. Die Fassade besitzt eine temperaturregulierende Wirkung als Folge der großen Gesteinsmassen und aufgrund ihrer groben Struktur eine hohe Durchlässigkeit (ein Hort fürReptilien), die gegebenenfalls durch zusätzliche konstruktive Maßnahmen ausgeglichen werden kann (siehe hierzu das Beispiel der Kirche in Mortensrud von Jensen & Skodvin, S. 77).

Natursteingewinnung

Für den Abbau von Rohblöcken im Steinbruch kommen je nach Art, Schichtung und Häufigkeit des Gesteins verschiedene Methoden zum Einsatz (Abb. B 1.14–16, S. 68). Allen gemeinsam ist das Ziel, möglichst große fehlerfreie Blöcke ohne Materialverlust zu gewinnen. Für die Herstellung von Werksteinen werden die grob bearbeiteten Rohblöcke durch Sägen oder Gattern in die gewünschte Form gebracht. Computergesteuerte Trenntechnologien bieten heute die Möglichkeit, nahezu beliebige – auch runde – Formen anzufertigen.

Konstruktiver Aufbau

Die verschiedenen Konstruktionsmöglichkeiten vorgesetzter Steinfassaden und ihr individuelles Erscheinungsbild unterscheiden sich häufig sehr voneinander. Bereits zu Beginn des 20. Jahrhunderts entstanden erste Vorläufer für vorgehängte Steinfassaden wie die Postsparkasse von Otto Wagner in Wien (1912). Ab der zweiten Hälfte des vergangenen Jahrhunderts gehört diese Konstruktionsart bereits zu den gebräuchlichsten und wirtschaftlichsten unter den Steinfassaden.
Am Beispiel des Konzert- und Kongresshauses »Finlandia« in Helsinki von Alvar Aalto (1975) zeigt sich, welch ästhetisches Potenzial in dieser technischen Lösung liegt [5].
Das seit Jahrhunderten bekannte Konstruktionsprinzip der Vormauerschale gelangt heute zunehmend ins Bewusstsein der Architekten. Gegenüber der dünnen, vorgehängten Steinfassade besitzt sie deutliche Vorteile hinsichtlich der mechanischen Widerstandsfähigkeit gegen Horizontalkräfte. Um das Bild einer durch starke horizontale Schichtung geprägten Fassade aus Stein entstehen zu lassen, stellt die Vormauerung die einfachste konstruktive Lösung dar.

Ein herausragendes Beispiel einer Vormauerschale aus Naturstein ist das Haus Kaufmann (»Fallingwater«) von Frank Lloyd Wright. Die raue, geschichtete Struktur der Außenwand erscheint analog zum geschichteten Aufbau des Bachbetts, über dem sich das Gebäude gründet (Abb. B 1.12).
Gut sechs Jahrzehnte später wählt Peter Zumthor die gleiche Bautechnik (Vormauerschale) – nun jedoch mit geschnittenem Steinmaterial – zur Gestaltung der Fassade des Thermalbads in Vals (Abb. B 1.13).
Die Moderne griff im 20. Jahrhundert das Thema wieder auf, nunmehr in Form vorgehängter, hinterlüfteter Fassaden, die in der Regel mit Trag- und Halteankern aus korrosionsgeschütztem Metall zur Aufnahme der Vertikal- und Horizontalkräfte befestigt sind. Der technische Ansatz, bei dem nach Funktionen getrennte Schichten eines Mauerwerks differenziert behandelt werden, tritt auch heute wieder bei Fassaden in Erscheinung, bei denen Naturstein losgelöst von der tragenden Wand als reines Bekleidungsmaterial dient (siehe Abb. 1.27–30, S. 70f.).
Wirtschaftliche und bauphysikalische Vorteile haben dazu geführt, dass gerade bei Natursteinfassaden in der heutigen Zeit fast ausschließlich diese Art von Konstruktionen angewendet werden.

Außenwandbekleidungen aus Naturstein lassen sich wie folgt beschreiben:
- Natursteinplatten
- Hinterlüftungszone
- Wärmedämmschicht (soweit die Außenwand

B 1.12

B 1.13

B 1.14

B 1.15

B 1.16

nicht selbst den erforderlichen Wärmeschutz erbringt)
- Befestigung und Verankerung der Bekleidungsplatten auf unterschiedlichen Untergründen

Bemessung von Naturwerksteinplatten

Die Biegefestigkeit und Ausbruchlast am Ankerdornloch müssen bei Naturwerksteinplatten statisch nachgewiesen werden, wobei DIN 18516, Teil 3 folgende Mindestdicken vorgibt:
- Neigungswinkel über 60° gegen die Horizontale: 30 mm
- Neigungswinkel bis max. 60° gegen die Horizontale: 40 mm

Für die Bemessung der Plattendicke von Naturwerksteinen mit einer höheren Biegezugfestigkeit gelten im Normalfall ebenfalls die nach DIN vorgegebenen Mindestdicken. Bei Platten mit einem Neigungswinkel von 0 bis 15 °C wird eine 2,5-fache Erhöhung des Eigengewichts zugrunde gelegt – aufgrund der Verringerung der Biegefestigkeit und der Ausbruchlast am Ankerdornloch infolge von Dauerlasteinwirkung, Schwingungen, Erschütterungen und dynamischen Beanspruchungen.

Verankerung

Die Lastabtragung von Steinplatten in die Unterkonstruktion oder den Verankerungsgrund erfolgt einzeln, d. h. je Platte. Bei Vormauerkonstruktionen, die keine ausreichende statische Festigkeit aufweisen, muss die Unterkonstruktion (z. B. Schienensysteme) in der Lage sein, die Kräfte aus Eigengewicht und Windlasten in die tragenden Bauteile weiterzuleiten. Jede Platte wird im Normalfall von drei bis vier Ankerpunkten gehalten, deren geometrische Anordnung eine zwängungsfreie Lagerung gewährleistet (Abb. B 1.17).

Bei Plattengrößen, die aus statischen Gründen mehr als vier Lagerpunkte benötigen, müssen entsprechende konstruktive Maßnahmen die zwängungsfreie Montage garantieren. Die

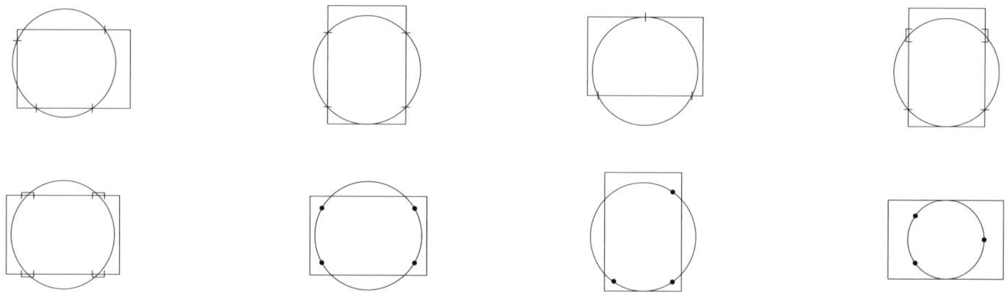
B 1.17

B 1.18

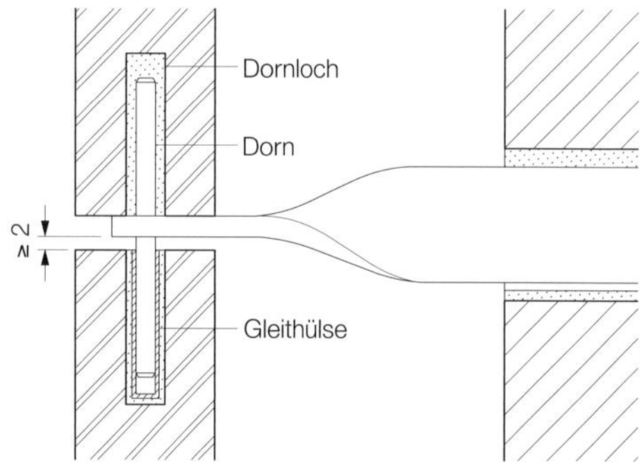

B 1.19

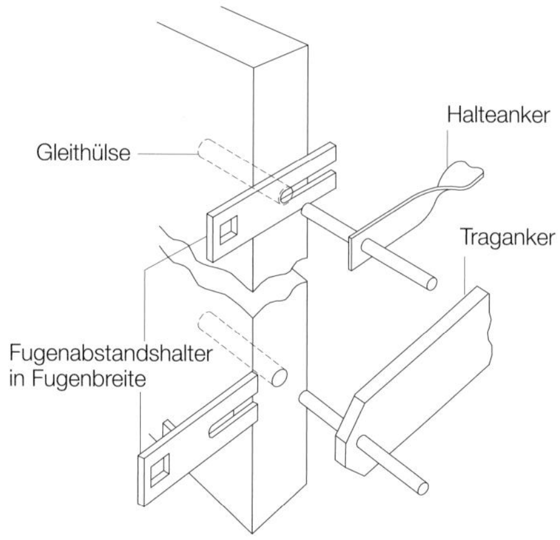

B 1.20

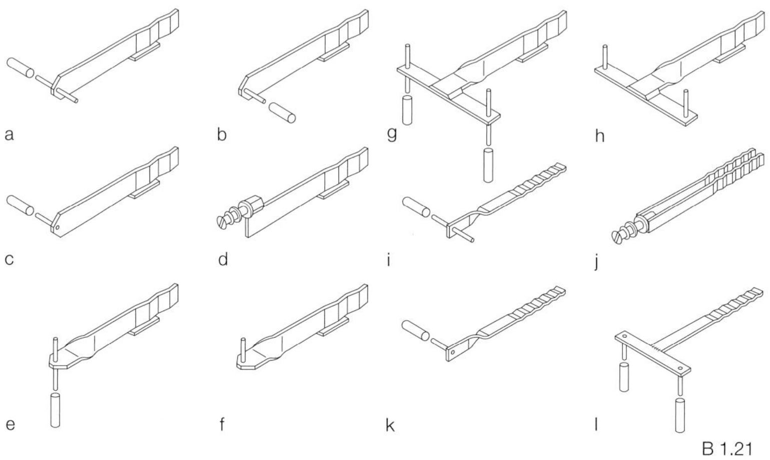

B 1.21

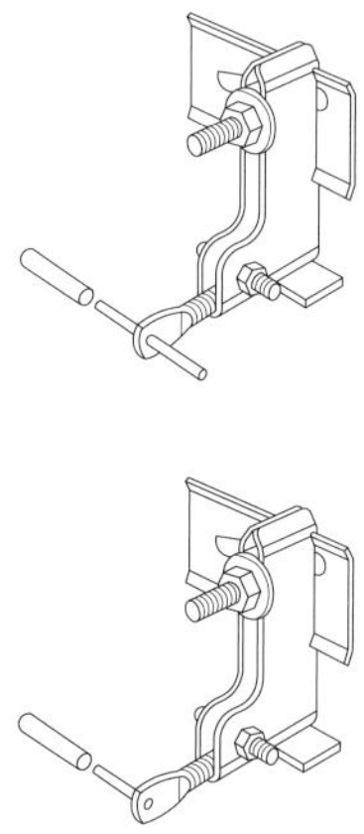
B 1.22

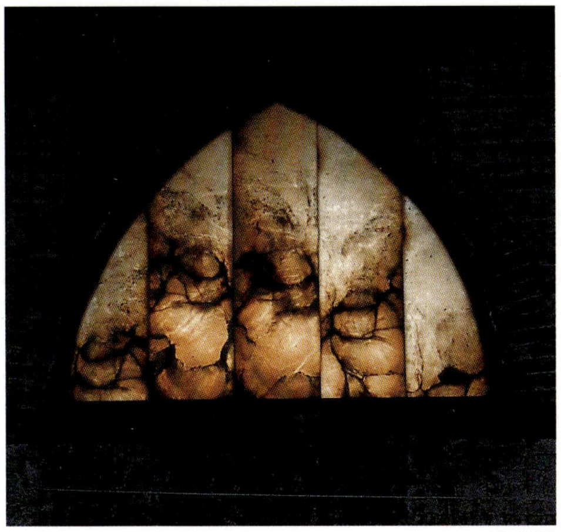

B 1.23

Befestigungsmittel lassen sich in vier Hauptgruppen einteilen:

- Ankerdorn
- Schraubanker
- Profilstege
- sonstige (z. B. Kleber)

Fugen

Fugen dienen der Aufnahme von Bewegungen, die durch Temperaturunterschiede oder statische und dynamische Einwirkungen auftreten können. Bei Fassadenbekleidungen aus Naturwerksteinpatten betragen die Abmessungen dieser Fugen 8–10 mm und können offen belassen werden. Im Falle von geschlossenen Fugen muss das dauerelastische Füllmaterial der berechneten maximalen Bewegung standhalten. In den meisten Fällen erfolgt die Befestigung der Platten in der Fuge. Aus diesem Grund ist besonders darauf zu achten, dass die Befestigungen auf die Fugen des Tragwerks abgestimmt sind und jeweils nur auf einer Seite der Verankerung Bewegungsmöglichkeit für die angrenzenden Platten besteht.

Farbe und Oberfläche

Farbe und Textur eines Gesteins entstehen durch die Mischung der darin befindlichen Minerale und Pigmente. Bei Kalkgestei-

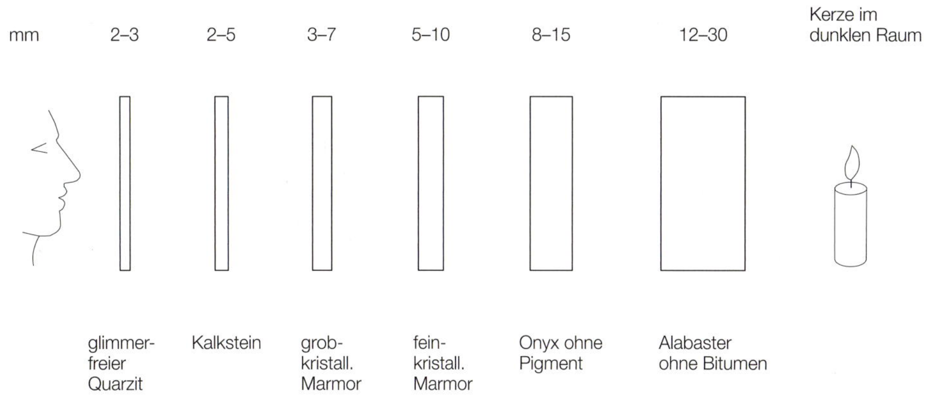

B 1.24

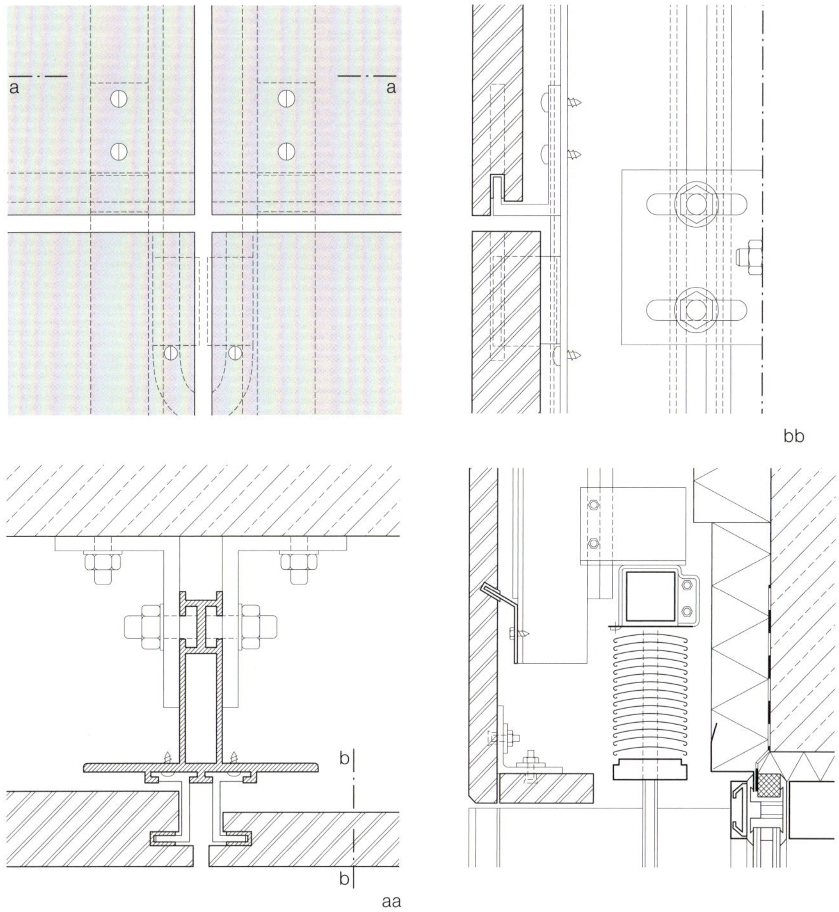

B 1.25

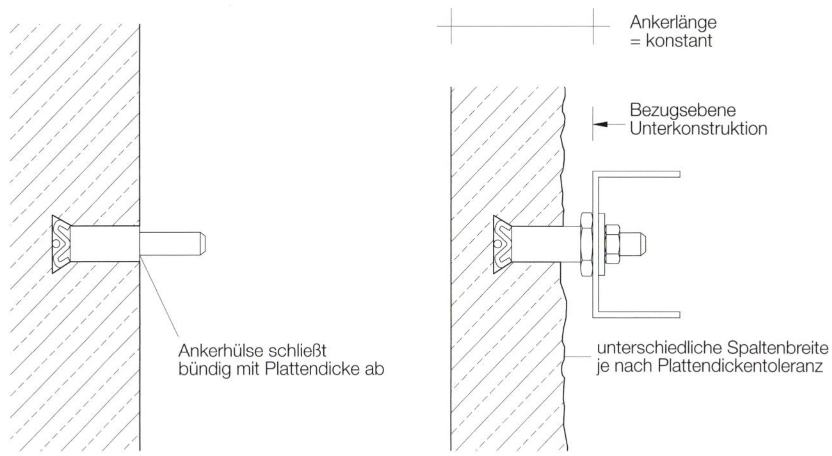

B 1.26

B 1.14 Steinbruch Havixbeck, Münsterland (DE), 1952
B 1.15 Abtrennen eines Steinblocks mit der Brechstange
B 1.16 Anwendung einer speziellen Keilspalttechnik zum Herauslösen eines Steinblocks
B 1.17 geometrische Bedingungen zur Anordnung der Befestigungen
B 1.18 Querschnittsformen von Ankerstegen
B 1.19 Mörtelanker mit Gleithülse, Horizontalschnitt
B 1.20 Axonometrie von Trag- und Halteanker
B 1.21 Trag- (a–h) und Halteanker (i–l)
B 1.22 Dornanker mit Feinjustierungsmöglichkeit
B 1.23 Marmorfenster im Arsenale von Venedig (IT)
B 1.24 Transluzenz von hellen Gesteinen (Lichtdurchlässigkeit in äquivalenten Materialstärken) [6]
B 1.25 Nutlagerungen
B 1.26 Hinterschnittanker für bündige und Abstandsmontage

B 1.27 Hotel, Berlin (DE) 1996, Josef Paul Kleihues
Die Fassade des Hotels »Four Seasons« besteht aus vorgefertigten geschosshohen Paneelen, die an den Geschossdecken aufgehängt sind. Ein Paneel setzt sich aus geschliffenen, römischen Travertinplatten von 30 mm Dicke zusammen, die geschuppt angeordnet und mit Edelstahlstiften befestigt sind. Die Aluminium-Rahmenkonstruktion trägt neben der hinterlüfteten, wärmegedämmten Natursteinbekleidung auch die thermisch getrennten Fensterprofile.

B 1.28 Bürohaus, Berlin (DE) 1996, Jürgen Sawade
Diese elegante, sehr flächige Fassade besteht aus poliertem, schwarzem, glänzendem afrikanischem Granit. Die Fensterelemente sind flächenbündig in der Ebene der Steine eingesetzt. Das Grundraster beträgt 1,20 × 1,20 m, die Dicke der Platten 30 mm. Durch den Einsatz eines temporären Fassadenaufzugs kam die Montage der Fassade ohne Einrüstung des Rohbaus aus, was die Bauzeit erheblich verkürzte.

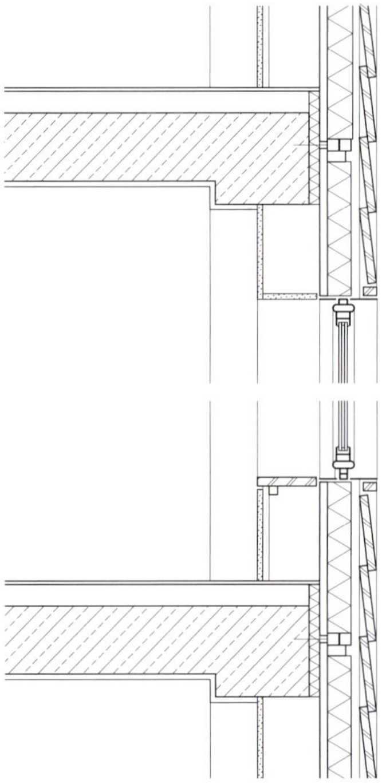

B 1.27

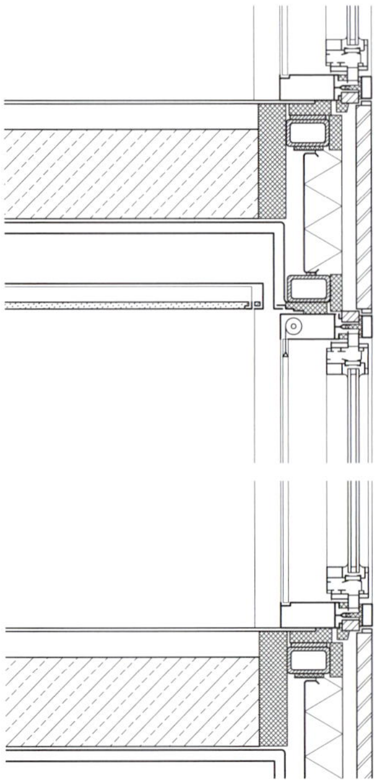

B 1.28

B 1.29 Bürohaus, Berlin (DE) 1997, Klaus Theo Brenner
Die streng strukturierte Steinfassade besteht aus grünem Dolomit mit auffälligen Befestigungselementen aus Edelstahl, die ein Herauskippen der stehenden Steinplatten aus der Fassade verhindern.
Der von Tages- und Jahreszeit abhängige Schattenwurf der Edelstahlelemente verleiht dem Gebäude einen individuellen Charakter.

B 1.30 Wohn- und Geschäftshaus, Berlin (DE) 1996, Josef Paul Kleihues
Die Fassade ist als traditionelle Lochfassade ausgeführt. Die mittig im Wandaufbau positionierten Aluminiumfenster und die auskragenden Steinrahmen der Fenster verstärken die Wirkung der Öffnungen. Die Rahmen bestehen aus geschliffenem, grünem Serpentinit, die Wand- und Brüstungselemente aus geschliffenem, offenporigem, gelbem Travertin.

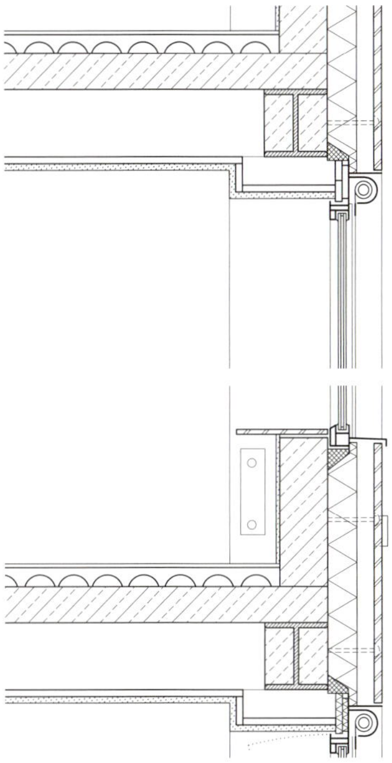

B 1.1.29

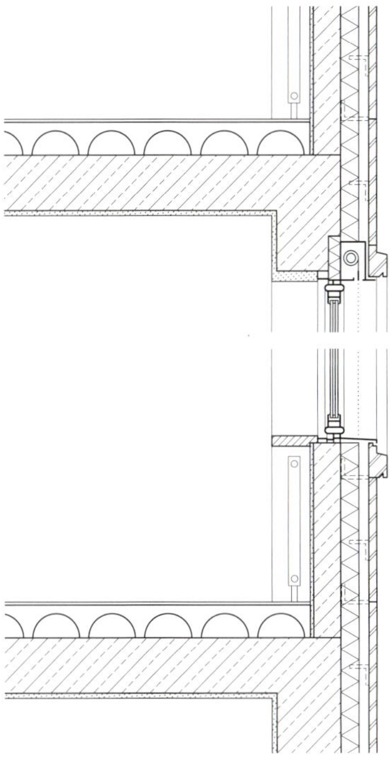

B 1.30

B 1.31

B 1.32

B 1.33

B 1.34

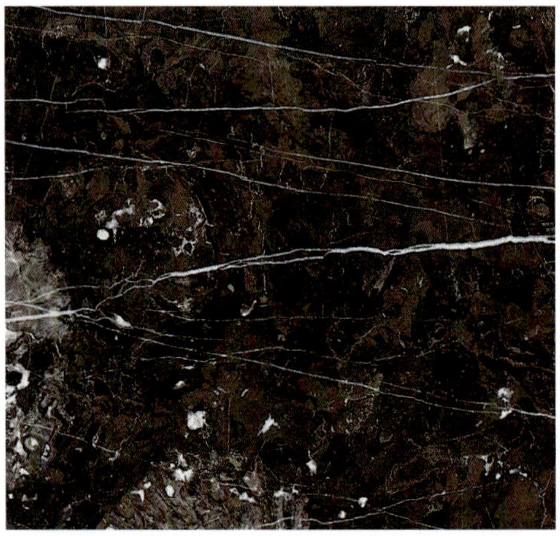
B 1.35

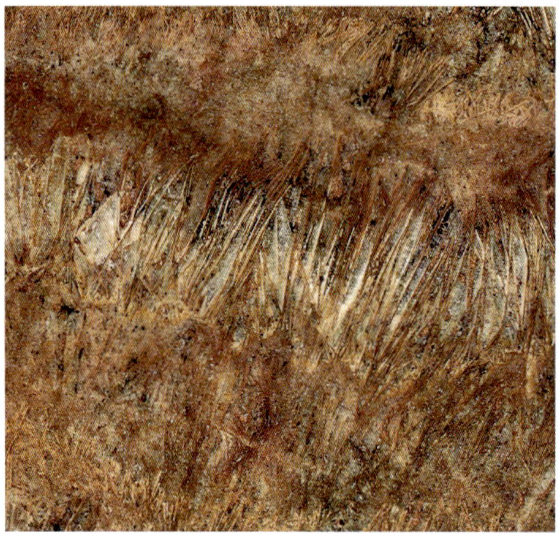
B 1.36

B 1.37

B 1.38

nen kommt oft noch die optische Wirkung von eingeschlossenen Fossilien hinzu (Abb. B 1.5, S. 65).
Durch physikalisch, chemisch oder biologisch bedingte Verschmutzung können Gesteine ihre natürliche Farbe verlieren. Weiche und poröse Gesteinssorten neigen jedoch – vor allem in Außenanwendungen – auch ohne solche Einwirkungen zum Farbverlust. Wasser auf der Oberfläche eines Natursteins bewirkt hingegen häufig eine Stärkung der Farbintensität. Je nach Härte und individueller Beschaffenheit des Natursteins besteht die Möglichkeit, die Oberfläche maschinell oder steinmetzmäßig weiter zu bearbeiten.

Beispiele für Naturwerksteine aus deutschen Vorkommen:
B 1.31 Fürstenstein Diorit (Erstarrungsgestein)
B 1.32 Greifensteiner Basalt (Erstarrungsgestein)
B 1.33 Dorfprozelten Sandstein (Ablagerungsgestein)
B 1.34 Mosel Schiefer (Ablagerungsgestein)
B 1.35 Aachener Blaustein (Ablagerungsgestein)
B 1.36 Odenwald Quarz (Umwandlungsgestein)
B 1.37 Zöblitz Granatserpentinit (Umwandlungsgestein)
B 1.38 Jura Marmor (Umwandlungsgestein)
B 1.39 Farben von Natursteinen [7]
B 1.40 maschinenmäßige Bearbeitungstechniken [8]
B 1.41 steinmetzmäßige Bearbeitungstechniken [9]

Oberflächenbearbeitung von Naturwerkstein:
B 1.42 grob gespitzt
Mit pyramidenförmig zulaufendem Spitzeisen wird die Oberfläche abgesprengt. Die Fläche muss vollständig bearbeitet werden. Die Art der Hiebe ergibt den Unterschied zwischen grob und fein gespitzer Oberfläche.
B 1.43 gezahnt
Mit meißelartiger Endung des Zahneisens und durch unterschiedliche Führung (gerade, bogenförmig oder kreuz und quer) ist eine große Variation von Oberflächen möglich.
B 1.44 scharriert im Fischgrätmuster
Durch wechselnde Breiten der Scharriereisen (etwa 8–15 cm) und unterschiedliche Schläge werden verschiedene Flächenwirkungen erzielt.
B 1.45 gespitzt, gestockt, gebeilt und überschliffen
Durch die vier verschiedenen Arten der Bearbeitung entstehen unterschiedliche Oberflächen.
B 1.46 gestockt
Die Bearbeitung erfolgt durch den Stockhammer, je nach Hammeraufsatz fein oder grob. Bei der feinen Struktur weist der Hammerkopf 7 × 7, bei der groben Struktur 4 × 4 pyramidenförmige Zähne auf.
B 1.47 gestockt, gebürstet und gewachst
Die Wachsbehandlung dient als Oberflächenschutz; die Farben werden intensiver.
B 1.48 poliert
Das Polieren bewirkt eine glatte Oberfläche mit intensivem Glanz. Um eine optimale Wirkung der Politur zu erreichen, werden eventuelle Löcher ausgekittet.
B 1.49 beflammt
Ausnutzung der unterschiedlichen Wärmeausdehnungseigenschaften im Naturstein vorkommender Partikel: Durch kurzzeitiges Beflammen der Oberfläche lösen sich gleichmäßig Teile ab, es entsteht eine spaltraue Fläche. Diese Materialreduktion muss bei der Bemessung der Plattendicke berücksichtigt werden.

Anmerkungen:
[1] DIN 18516-1: 2010-06; DIN 18516-3: 2001-11
[2] Pfeifer, Günter u. a.: Mauerwerk Atlas. Basel / München 2001, S. 17f.
[3] Müller, Friedrich: Gesteinskunde. Ulm 1994, S. 196f.
[4] Hugues,Theodor u. a.: Naturwerkstein. München 2002, S. 72
[5] architecture and urbanism 05/1983, Alvar Aalto, S. 160–167
[6] ebd, S. 171
[7] wie Anm. 3, S. 169
[8] wie Anm. 4, S. 74
[9] ebd.

	schwarz	dunkelgrau	hellgrau	weiß	creme	gelb	rötlich	rot	braun	oliv	dunkelgrün	graugrün	hellgrün	hellblau
Basalt	•	○							-	○	○	-		
Granit			-	○		○	•	•	-				-	-
Marmor	-	○	•	•	-	-	○							
Schiefer	•	-	○				-	○	•	○		-		
Sandstein	-	-	-	•	•	•	•	•	○	○		○		-
Kalkstein	○	○	○	-	•	○	•	•	•	-				

B 1.39

- einzelne Sorten
○ wenige Sorten
• viele Sorten

	gesägt	geschurt	gefräst	geschliffen	gesandelt	abgerieben	beflammt	poliert
Basalt	•	•	•	•	•			•
Granit	•	•	•	•			•	•
Marmor	•		•	•	•	•		
Schiefer	•		•	•				
Sandstein	•	•		•	•	•		
Kalkstein	•		•	•	•	•		•

B 1.40

	spaltrau	bossiert	gespritzt	gestockt	gebeilt	gekrönelt	geflächt	gezahnt	scharriet	aufgeschlagen	abgerieben
Basalt	•	•	•	•							
Granit	•	•	•	•							
Marmor	•	•	•	•	•	•		•	•	•	•
Schiefer	•										
Sandstein	•	•	•		•	•	•	•	•	•	•
Kalkstein	•	•	•	•	•	•		•	•	•	•

B 1.41

B 1.42

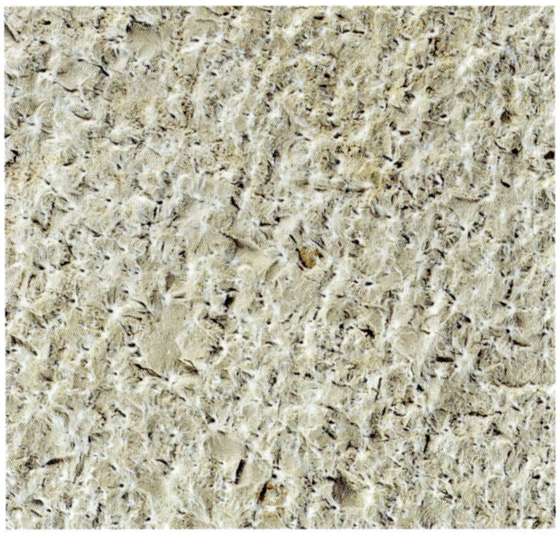
B 1.43

B 1.44

B 1.45

B 1.46

B 1.47

B 1.48

B 1.49

St. Pius Kirche

Meggen, CH 1966

Architekt:
Franz Füeg, Solothurn
mit Peter Rudolph und Gérard Staub

🕮 A+U 11/2003
Bauen + Wohnen 05/1966 und 12/1966
Casabella 677, 2000
Detail 03/1967
Stock, Wolfgang Jean (Hrsg.): Europäischer Kirchenbau 1950–2000. München 2002

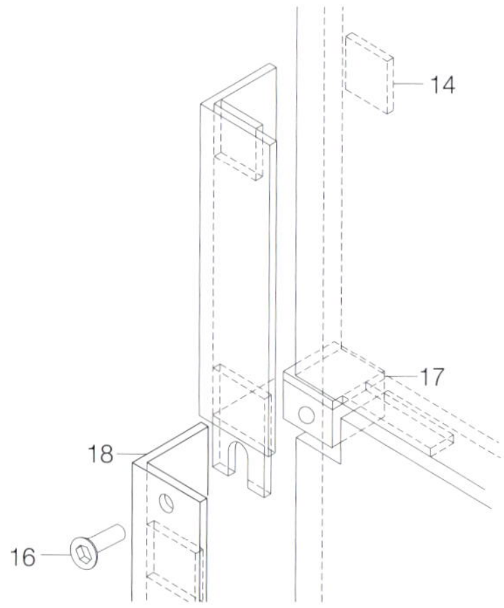

- Stahlskelettbau mit einem Grundraster von 1,68 m
- Dachtragwerk aus Stahlrohren ∅ 63,5 mm; spannt über 25,50 m
- transluzente Fassade aus Marmorplatten (h × b = 1020 × 1500 mm)
- außergewöhnliche, feierliche Raumstimmung

Isometrie ohne Maßstab
Grundriss Erdgeschoss • Schnitt Maßstab 1:750
Vertikalschnitt • Horizontalschnitt Maßstab 1:20
Details Plattenmontage vertikal und horizontal
Maßstab 1:5

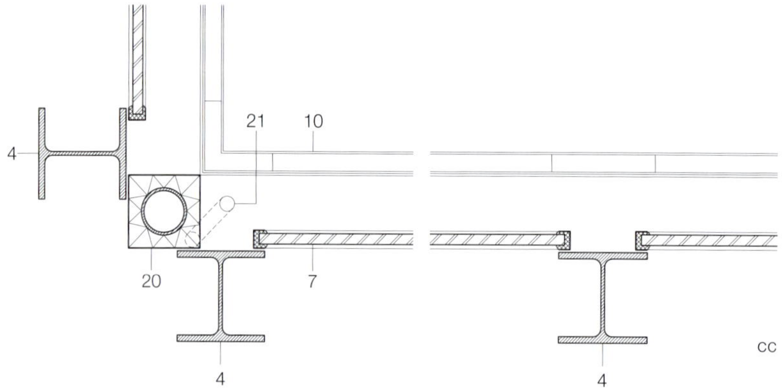

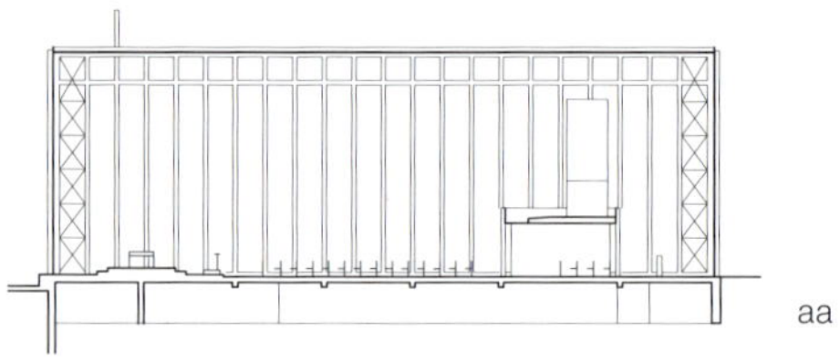

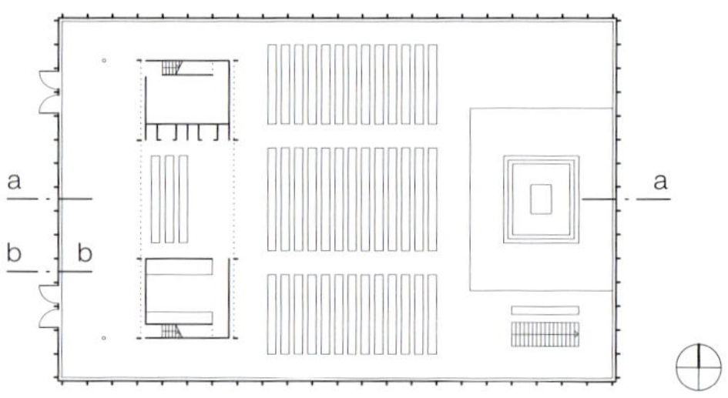

1 umlaufende Holzleiste
2 Flachstahl ▭ 550/10 mm
3 Marmorplatten 150/102/21 mm, Außenseiten glatt geschliffen
4 Fassadenstütze I IPB 240
5 Fachwerkbinder Stahlrohr ∅ 63,5 mm
6 Flachstahl ▭ 260/10 mm
7 Marmorplatten 150/102/28 mm, Außenseiten glatt geschliffen
8 Flachstahl 240/10 mm
9 Schwitzwasserrinne Stahlblech gekantet
10 Zuluftrinne
11 Zuluftkanal
12 ∟ 35/35/4 mm
13 ∟ 40/25/4 mm
14 Distanzstück 25/25/4 mm
15 Distanzstück 30/30/3 mm mit Dichtung
16 M8 mit Innensechskant
17 Plattenauflager Flachstahl ▭ 20/20/15 mm, mit Hartschaumstoff abgedeckt
18 ∟ 40/40/4 mm
19 Hartschaumstoffstreifen zur Kontaktvermeidung von Marmor und Stahl
20 Kasten Stahlblech gedämmt, mit Fallrohr ∅ 125 mm
21 Ablauf Schwitzwasserrinne

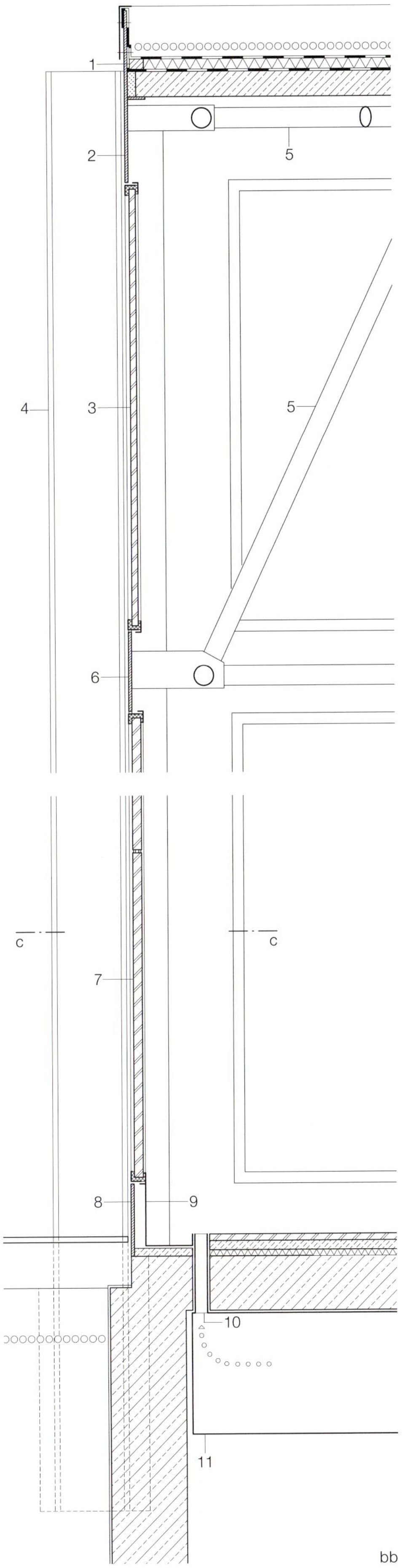
1
2
5
4
3
5
6
c
c
7
8
9
10
11
bb

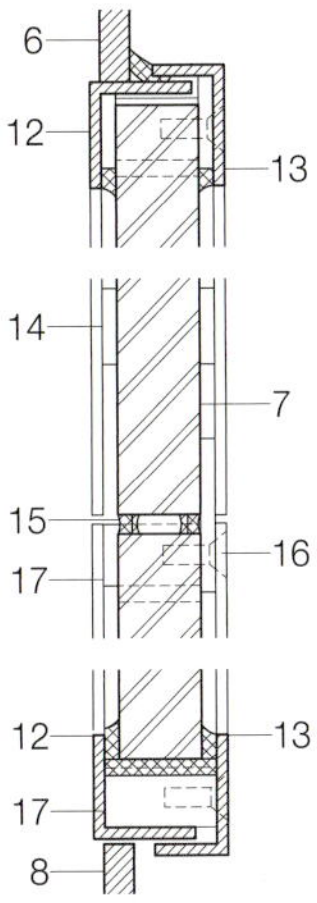
6
12
13
14
7
15
16
17
12
13
17
8

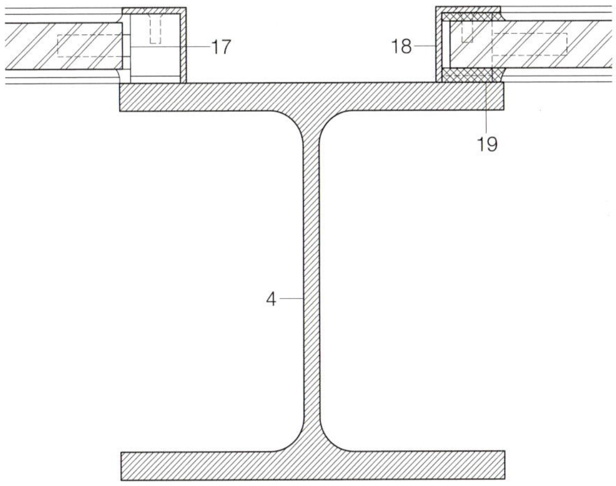
17
18
19
4

Wohnhaus

Sarzeau, FR 1999

Architekt:
Eric Gouesnard, Nantes

A+U 06/1999
l'Architecture d'Aujourd'hui 320, 1999
LOTUS 105, 2000. Sonderausgabe:
Aperto over all

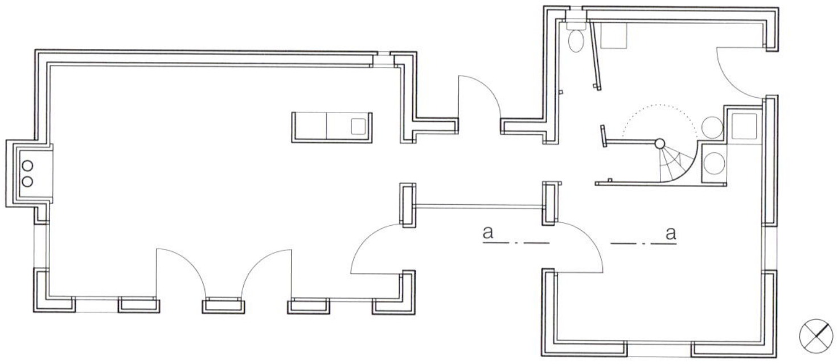

- monolithisch wirkende Ausbildung des Baukörpers durch Bekleidung von Fassade und Dach mit dem gleichen Material
- 50 × 50 cm große, dunkelgraue Tonschiefertafeln
- verdeckte Lage der Regenrinnen

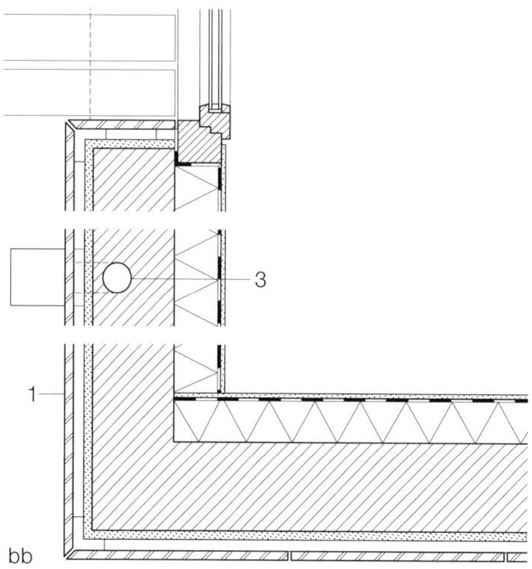

bb

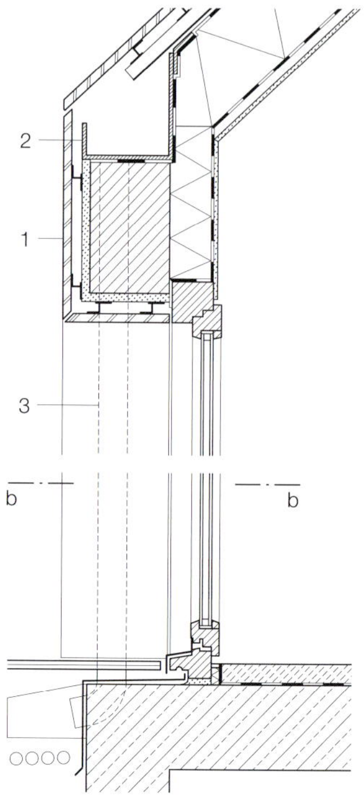

aa

Grundriss Erdgeschoss Maßstab 1:200
Vertikalschnitt • Horizontalschnitt
Maßstab 1:20

1 Schieferplatten 20 mm
Unterkonstruktion Z-Stahlprofil
Zementputz 20 mm
Mauerwerk 200 mm
Wärmedämmung geschlossenporig
Dampfbremse
Verbundplatte 100 mm aus
Gipskarton
2 Regenrinne Aluminiumblech,
verdeckt
3 Fallrohr

Mortensrud Kirche

Oslo, NO 2002

Architekten:
Jensen & Skodvin, Oslo

Architectural Review 12/2002
Architektur Aktuell 01–02/2003
A+U 08/2002
Byggekunst 04/2002
Detail 11/2003
Living Architecture 19, 2004

- im Kirchenraum teilweise felsigen Untergrund belassen
- außenliegende Glasfassade mit innen liegender Skelettkonstruktion aus geöltem Stahl
- mörtelfreies Verlegen der gebrochenen Schieferplatten
- Bruchsteinfüllung stabilisiert durch große Stahlplatten zwischen Stützen im Abstand von 1 m
- Quadratmeterpreis entspricht dem des sozialen Wohnbaus in Oslo

Schnitt • Grundriss
Maßstab 1:1000
Vertikalschnitt Westfassade
Maßstab 1:20

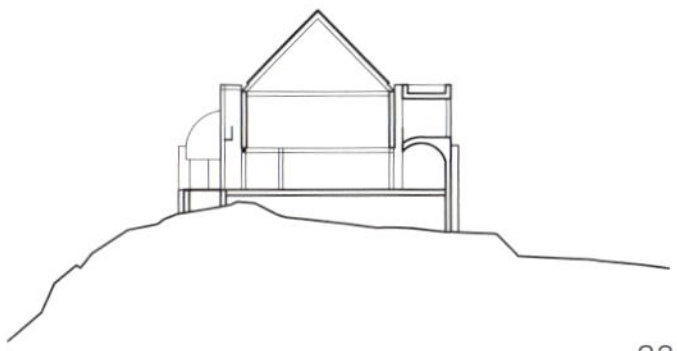

aa

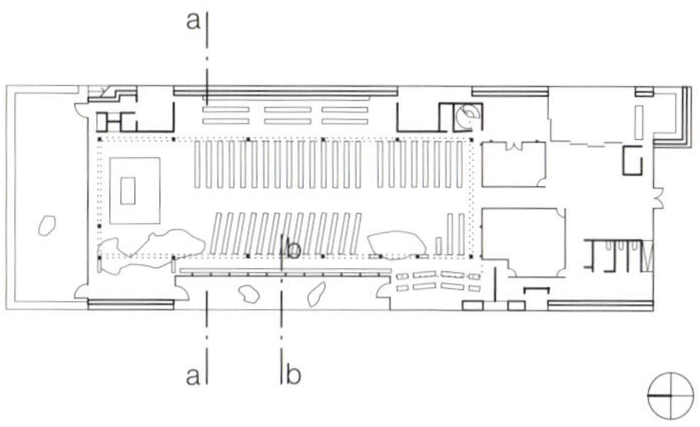

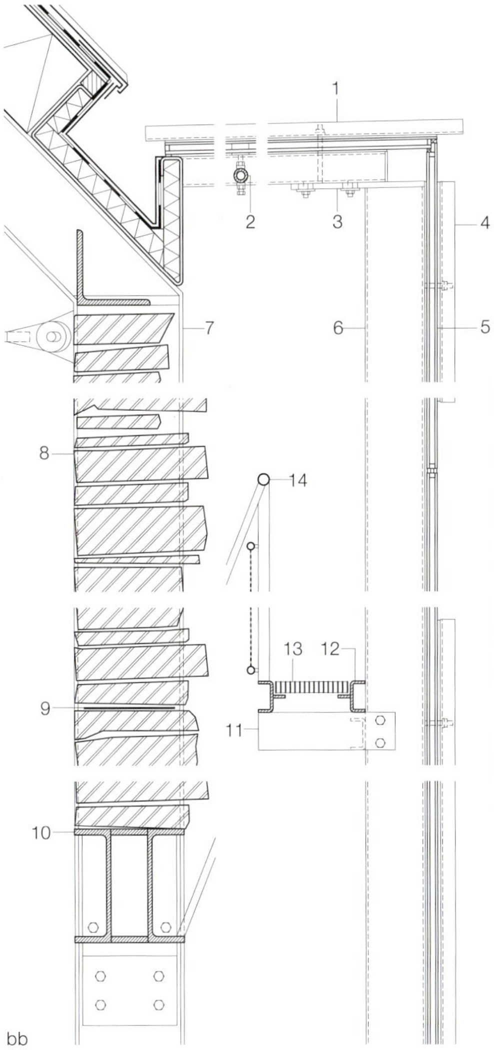

bb

1. Stahlprofil ⊔ 80/40/4 mm
   Isolierverglasung
   ESG 6 + SZR 16 + VSG 8 mm
   Stahlrohr ▭ 80/80/4 mm
2. Stahlrohr Ø 38/5 mm zur mittigen Unterstützung der Glasscheibe
3. Stahlplatte 360/80/15 mm
4. Stahlprofil ⊔ 80/40/5 mm
5. Isolierverglasung
   ESG 6 + SZR 15 + VSG 7 mm
6. Fassadenpfosten Stahlrohr ▭ 160/80/8 mm
7. Stütze Stahlprofil IPE 300
8. Schieferplatten, trocken verlegt
9. Auflager Steinfüllung Flachstahl ▭ 250/5 mm
10. Sturz aus Stahlprofilen
    2× ⊔ 300/100 und 2× Flachstahl ▭ 100/10 mm
11. Flachstahl 2× ▭ 100/10 mm
12. Stahlprofil ⊔ 80/40/5 mm
13. Gitterrost Stahl 30 mm
14. Handlauf Stahlrohr Ø 30 mm

Museum für Vor- und Frühgeschichte

Frankfurt am Main, DE 1989

Architekt:
Josef Paul Kleihues, Berlin / Dülmen
mit Mirko Baum (Projektleiter)

Arkitektur 08/1989
Baumeister 06/1989
Casabella 481, 1982
Feldmeyer, Gerhard: The New German Architecture. New York 1993

- vorgehängte, hinterlüftete Natursteinfassade in Material- und Farbentsprechung zur Kirche
- sichtbare, als technisch begründetes Ornament wirkende Befestigung

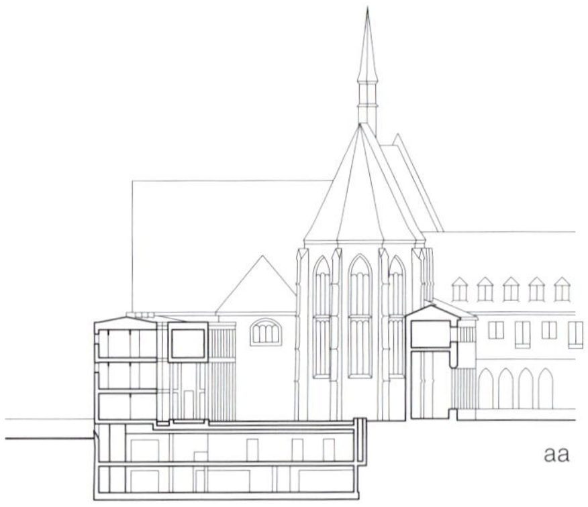

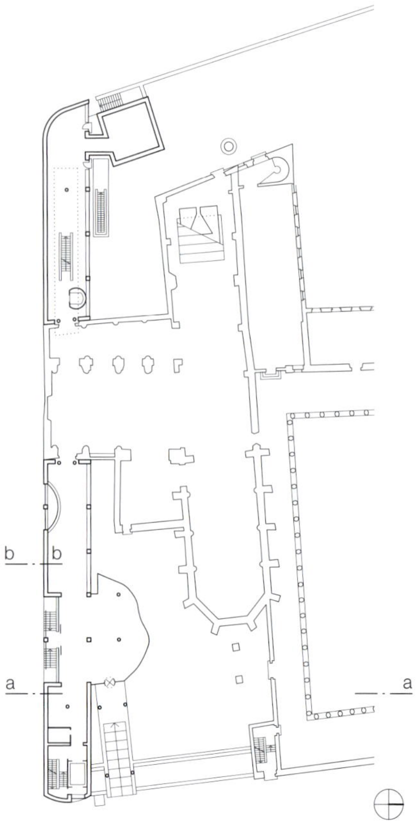

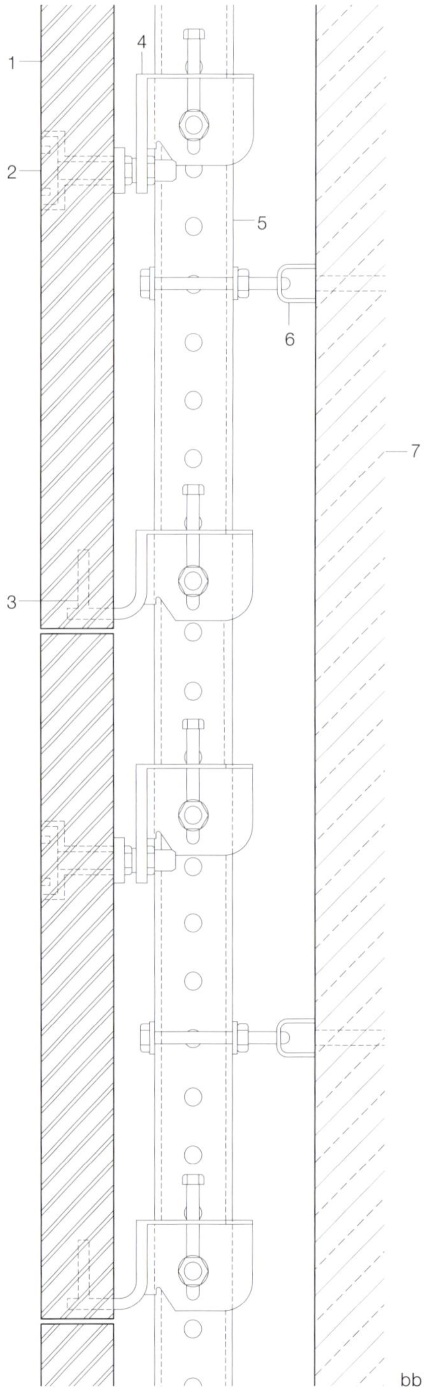

Grundriss • Schnitt Maßstab 1:1000
Axonometrie
Vertikalschnitt Maßstab 1:5

1 Sandstein rot ohne Maserung und Sandstein gelbgrün aus Würzburger Gegend
2 Abstandshalter mit Spezialschraube, außen sichtbar
3 Traganker, außen nicht sichtbar
4 Konsole für sichtbare Verschraubung der Abstandshalterung
5 Montageschiene mit Standardlochung
6 Wandanker
7 Stahlbeton

Bundespräsidialamt

Berlin, DE 1998

Architekten:
Gruber + Kleine-Kraneburg, Frankfurt am Main

Detail 06/1999
Burg, Annegret; Redecke, Sebastian: Kanzleramt und Bundespräsidialamt der Bundesrepublik. Boston / Berlin / Basel 1995

- dunkler, polierter Naturstein (Nero Impala)
- Betonung der Baukörperform durch den Zuschnitt der Steine (elliptischer Schnitt)
- Fenster außen mit Steinbekleidung bündig

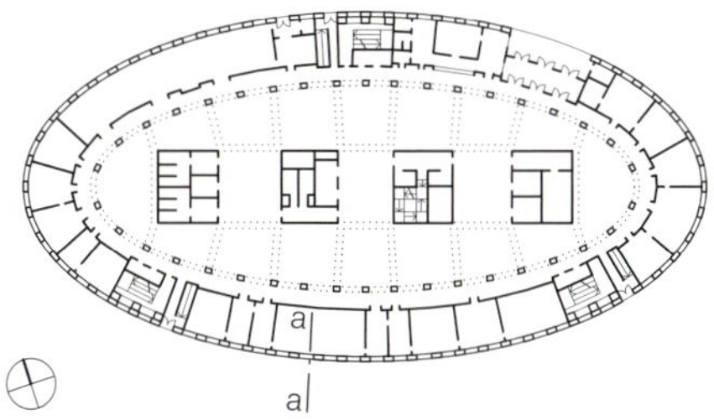

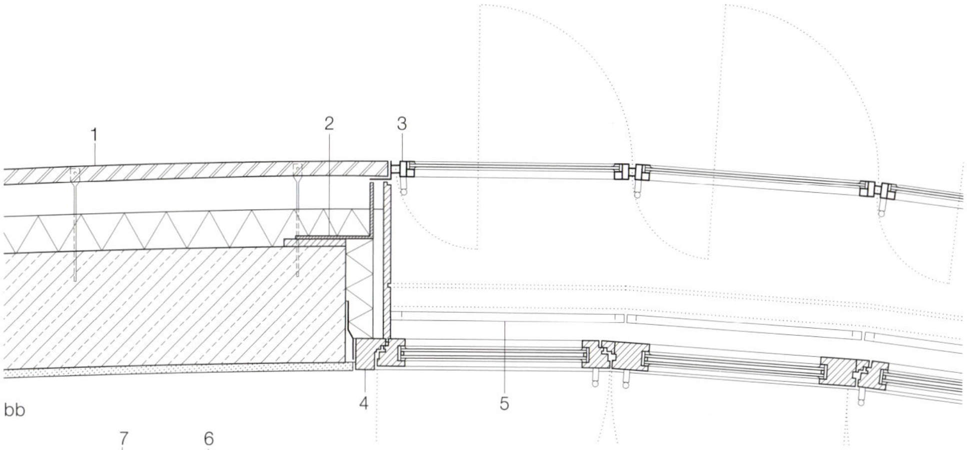

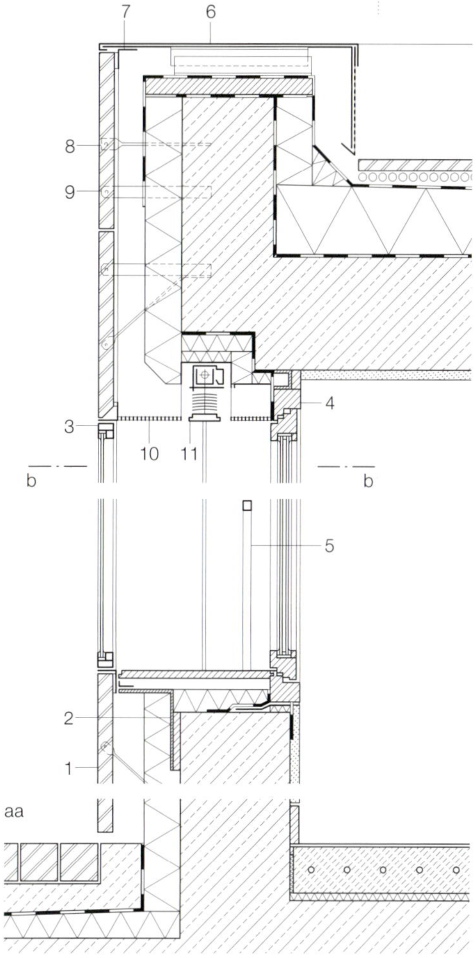

Grundriss Maßstab 1:3000
Vertikalschnitt • Horizontalschnitt
Maßstab 1:20

1 Naturstein 40 mm
 Luftschicht 85 mm
 Wärmedämmung 100 mm
 Stahlbeton 300 mm
 Gipsputz 25 mm
2 Fensterunterkonstruktion: dreiseitig umlaufender Aluminiumwinkel mit Kunststoffunterkeilung als thermische Trennung
3 Aluminiumfenster anthrazit einbrennlackiert, Verglasung:
 Erdgeschoss 16 mm VSG aus 2× ESG,
 1.–3. Obergeschoss 10 mm ESG
4 Holzfenster Eiche dunkel gebeizt, Isolierverglasung VSG 6 + SZR 14 + ESG 4 mm
5 Absturzsicherung Aluminiumprofil 20/20 mm
6 Abdeckblech Aluminium 3 mm
 Halterung Aluminium Rillenprofil mit eingelegter Gummidichtung, beidseitig vom Stoß
 Unterkonstruktion Aluminiumprofil ⊔ 50/3 mm, verschraubt mit Aluminiumprofil ⊔ 40/3 mm, auf Holzbohle geschraubt
7 Aluminiumwinkel ∟ 50/50/2 mm
8 Halteanker
9 Traganker
10 Lüftungsgitter
11 Sonnenschutz, bis 100 mm über Fensterbrett herunterfahrbar (Luftzirkulation)

Museum für Moderne Kunst

Wien, AT 2001

Architekten:
Ortner & Ortner Baukunst, Wien
mit Christian Lichtenwagner
Tragwerksplanung:
Fritsch Chiari & Partner, Wien

A+U 01/2002
Materia 39, 2002
Dernie, David: Neue Steinarchitektur. Stuttgart 2003

- vorgehängte, hinterlüftete Steinfassade aus Basaltlava
- nach oben hin größer werdende Plattenformate
- gekrümmtes Dach mit Basaltplatten gedeckt
- diamantgesägter Stein mit poröser, aber glatter Oberfläche

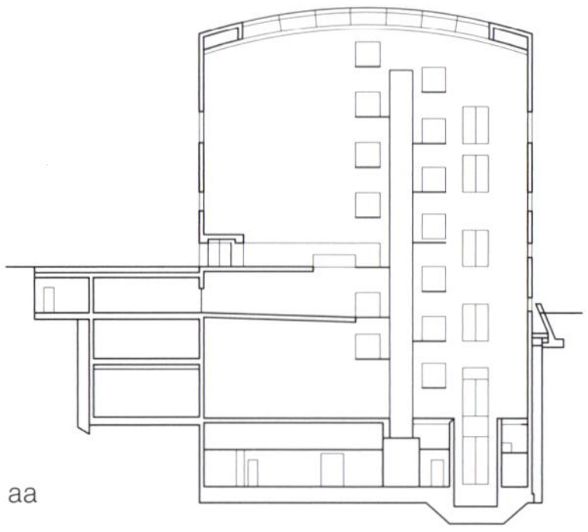

aa

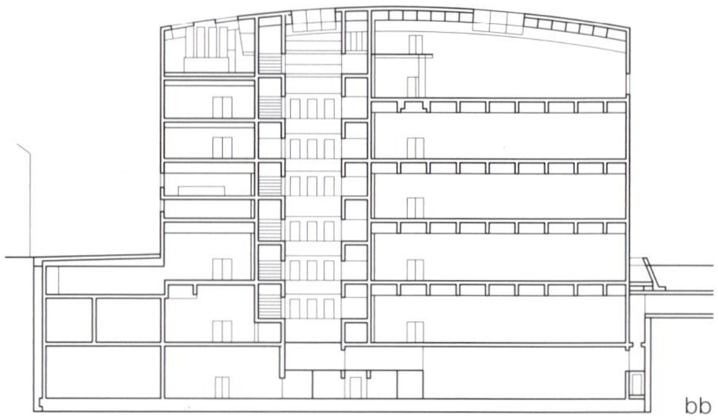

bb

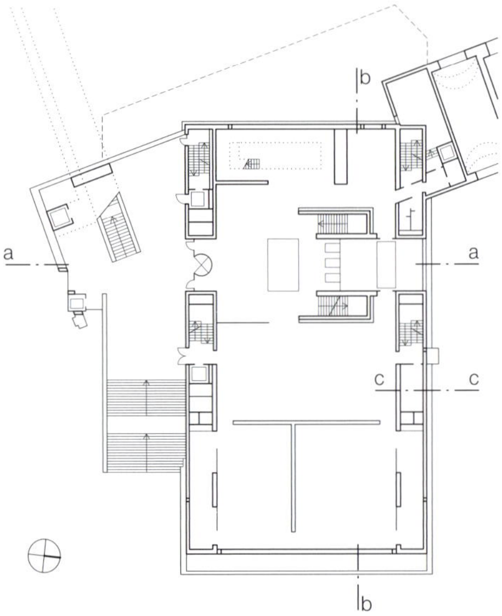

1 Rinne Edelstahl beheizt
2 Überlaufrinne
3 Halteanker
4 Traganker
5 Naturstein Mendiger Basaltlava 100 mm in Elementen mit Einmörtelankern vorgehängt, Lagerfugen dauerelastisch verfugt
Hinterlüftung 50 mm
Mineralwolle 80 mm
Stahlbeton 300 mm
Holzlattung 50 mm
Dreischichtplatte 25 mm
Gipskarton 2× 12,5 mm
6 Insektenschutzgitter
7 Kalkstein 250 mm
8 Stahlprofil L 100/100/10 mm mit thermisch getrenntem Wandanschluss
9 Türzarge Stahlrohr □ 100/100/6 mm
10 Rahmen Stahlrohr □ 60/60/4 mm mit Stahllaschen zur Befestigung des Natursteins
11 Türblatt: Naturstein Mendiger Basaltlava 40 mm, befestigt mit Hinterschnittzyklondübeln
Mineralwolle 60 mm
Polystyrol Hartschaum 20 mm
Aluminiumblech 2 mm
12 Verglasung Kastenfenster:
innen VSG aus 2× ESG + SZR + ESG
außen ESG + SZR + ESG
13 Abdeckblech Edelstahl 2 mm

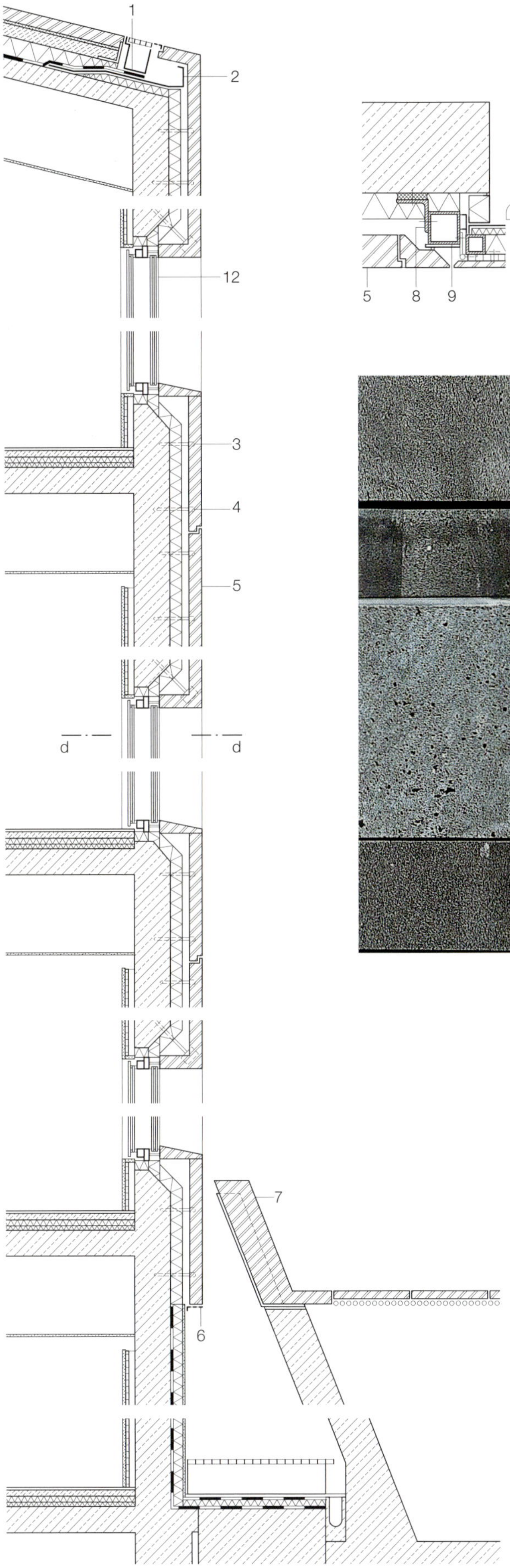

cc

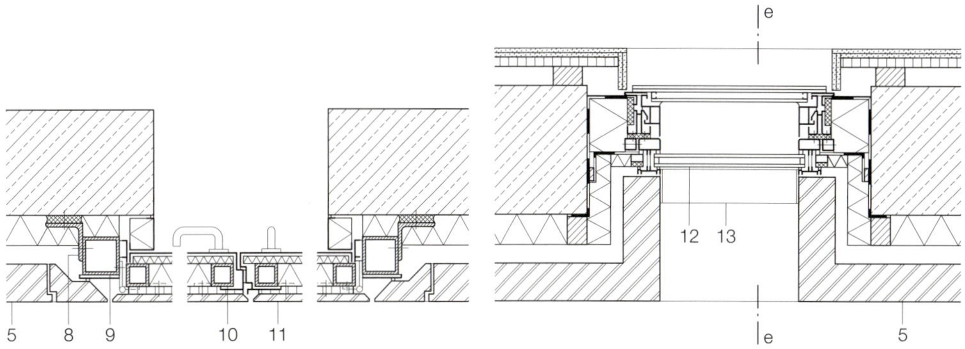

dd

Schnitte • Grundriss Zugang
Maßstab 1:1000
Vertikalschnitt Fassade
Maßstab 1:50
Horizontalschnitt Brandschutztür und Fensterschlitz
Maßstab 1:20
Vertikalschnitt Fensterschlitz
Maßstab 1:20

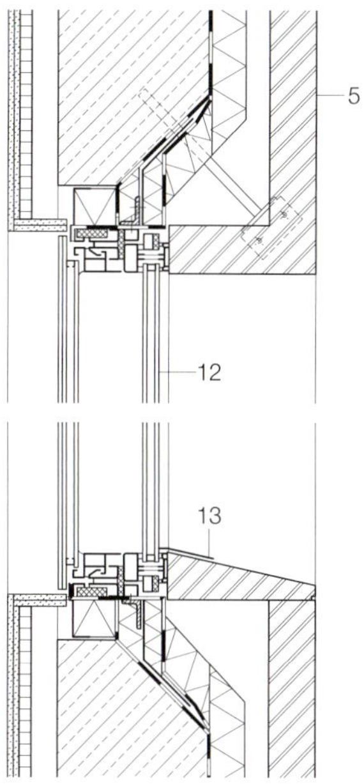

ee

Jüdisches Zentrum

München, DE 2006/2007

Architekt:
Wandel Hoefer Lorch, Saarbrücken
Tragwerksplanung:
Sailer Stepan Partner, München
Fassadenberatung:
Schiller und Partner, Kornwestheim

Archithese 02/2009
Naturstein 09/2007
Fleckenstein, Jutta; Purin Bernhard (Hrsg.): Jüdisches Museum München. München 2007

- Gebäudekomplex bestehend aus Hauptsynagoge, Kultur- und Gemeindehaus sowie Jüdischem Museum
- umlaufender, geschosshoher Sockel aus unregelmäßig strukturierten Natursteinplatten (Travertin)
- transparente Dachlaterne mit filigraner Stahlkonstruktion
- Glasfassade umhüllt mit Metallgewebe aus Bronze

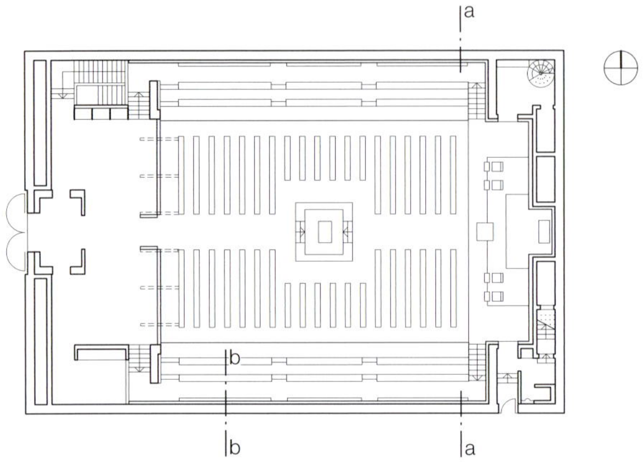

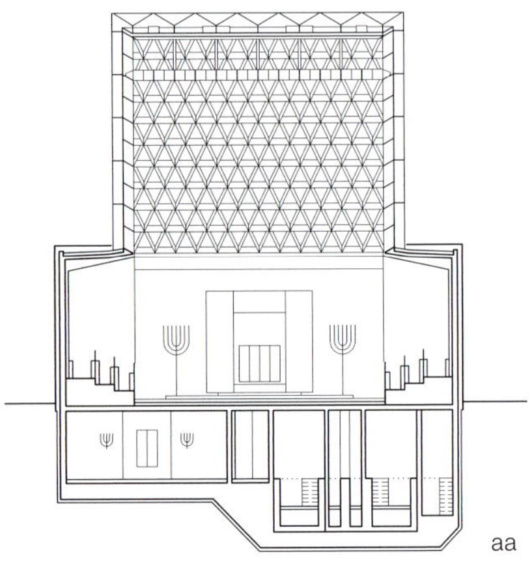

aa

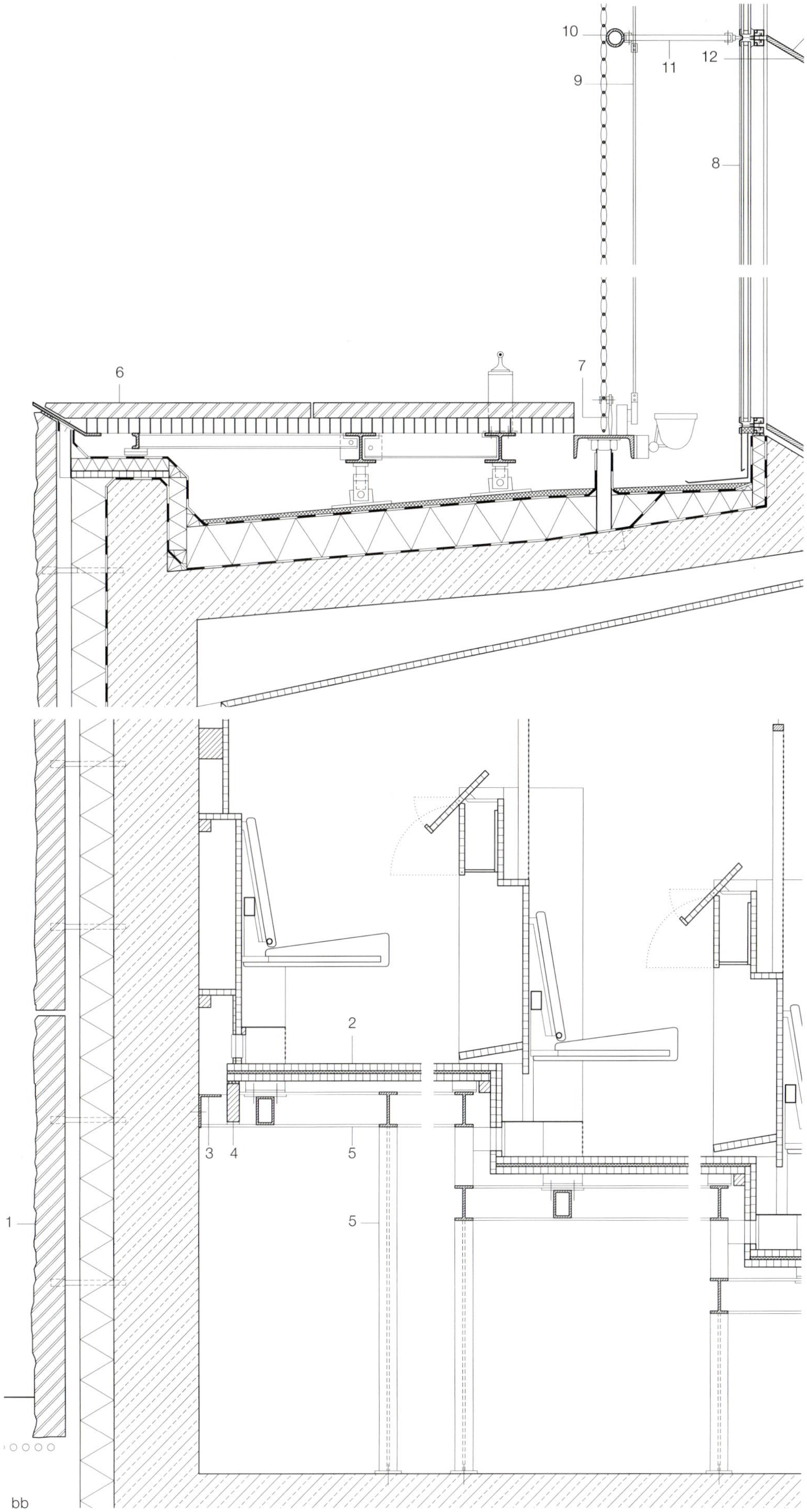

Grundriss • Schnitt
Maßstab 1:500
Vertikalschnitt
Maßstab 1:20

1 Travertin-Krustenplatte 80–120 mm
Luftzwischenraum 50 mm
Wärmedämmung 120 mm
Stahlbeton 300 mm
Lattung 80/100 mm
Mehrschichtplatte Zedernholz 19 mm
2 Dreischichtplatte Zedernholz 22 mm
3 Stahlprofil L 120/80/8 mm
4 Träger Holzdiele mit Filzstreifen 160/40 mm
5 Stahlprofil IPE 120
6 Travertinplatte 50 mm
Stahlgitterrost auf höhenjustierbarer
Stahlunterkonstruktion 50 mm
7 Spannschloss Edelstahl
8 Pfosten-Riegel-Fassade:
Deckleiste Bronzeprofil mit
Sonnenschutz-Isolierverglasung
VSG 8 + SZR 16 + Float 8 mm
9 Abhängung Edelstahlseil ∅ 6 mm
10 Stahlrohr ∅ 50,4/4 mm
11 Abstandshalter Bronze ▭ 35/10 mm
12 Fachwerk Dreiecksstruktur
Stahlblech 20 mm

Kulturspeicher

Würzburg, DE 2001

Architekten:
Brückner & Brückner, Tirschenreuth
mit Norbert Ritzer

AV Monografías / Monographs 98, 2002
Bauwelt 14/2002
Detail 10/2002

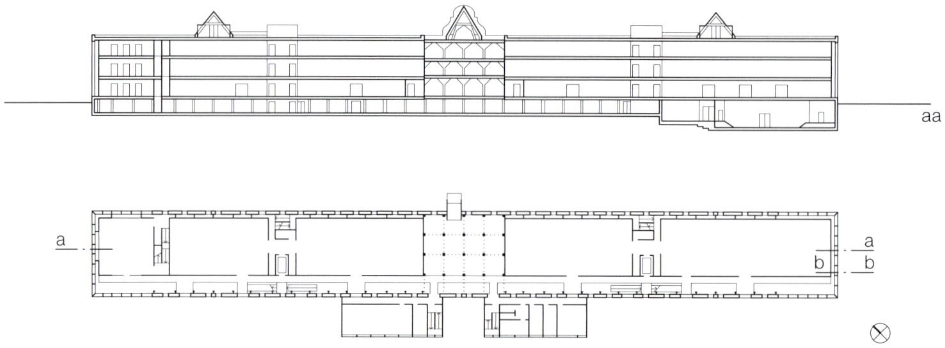

- im Erdgeschoss und im Sockelbereich Muschelkalk Burenbruch
- Udelfanger Sandstein
- überzeugender Dialog zwischen Alt- und Neubau
- Integration umgenutzter Bausubstanz in neue Funktion

Schnitt • Grundriss Obergeschoss Maßstab 1:1500
Vertikalschnitt • Horizontalschnitt Maßstab 1:1500

1 Udelfanger Sandsteinlamellen 100/225 mm
Luftschicht
Dämmputz
Wärmedämmung 40 mm
Dichtungsbahn
Stahlbetonattika 250 mm
2 Stahlstütze HEB 300
3 Isolierverglasung ESG 8 + SZR 16 + Float 10 mm
4 Aluminiumrohr ⌀ 50/50 mm
5 Heizleitung Kupferrohr ∅ 24 mm
6 Erdgeschoss und Sockel: Muschelkalk »Burenbruch« 100/225 mm
7 Flachstahl mit Laschen 250 mm
8 Flachstahl 500/10 mm verschweißt mit Flachstahl 250/10 mm
9 Außenwand (Bestand): innen Ziegel geschlämmt, außen Naturstein unbehandelt

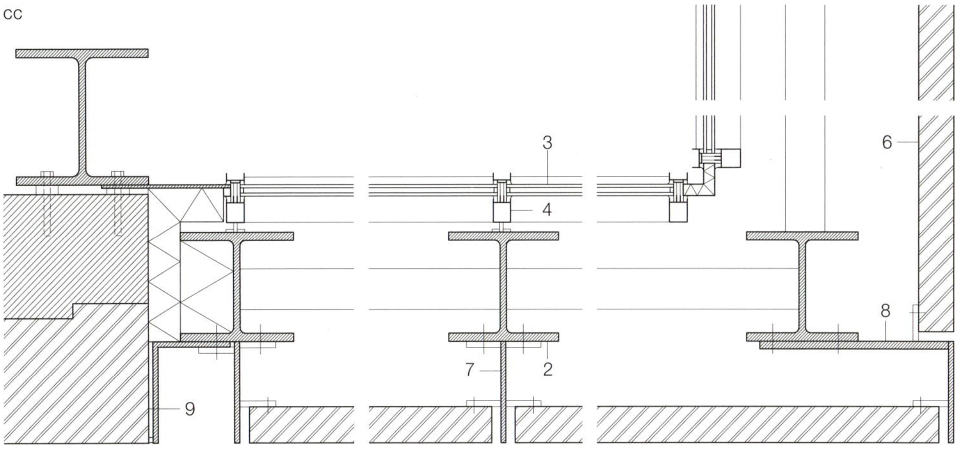
cc
3
4
6
8
7
2
9

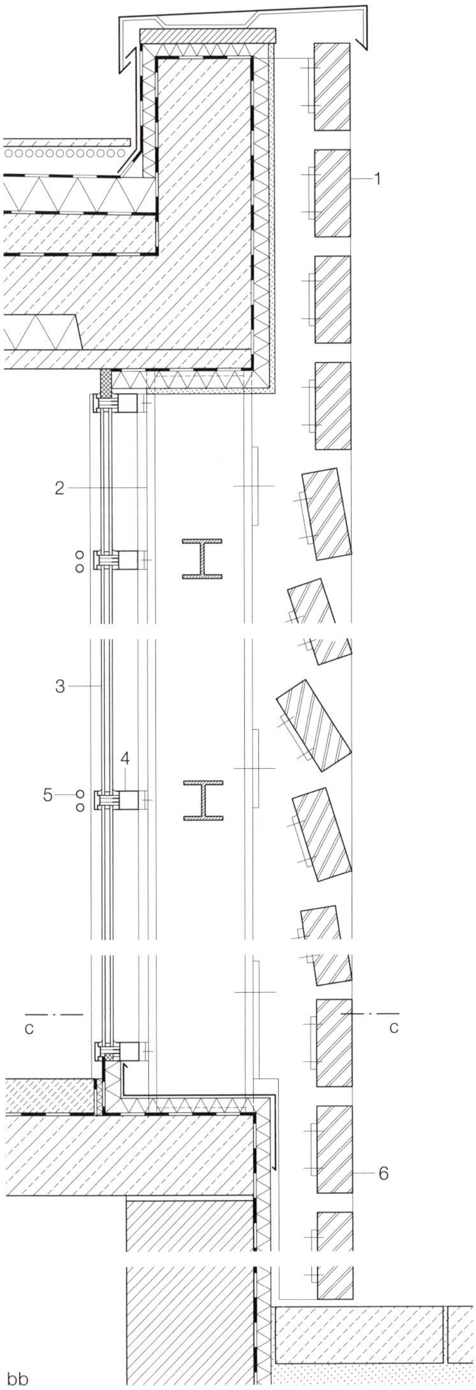
1
2
3
4
5
c
c
6
bb

B 2 Tonstein

Gebrannte Werkstoffe aus Ton, der Hauptkomponente aller keramischen Baustoffe, kommen seit vielen tausend Jahren beim Bauen zum Einsatz. Obwohl sich die Grundprinzipien der Herstellung bis heute kaum verändert haben, gehören keramische Materialien dank neuer Fertigungs- und Anwendungsmöglichkeiten jedoch nach wie vor zu den »modernen« Baumaterialien.

Künstliche Steine

Im Laufe der letzten Jahrzehnte hat sich die Zahl der künstlich hergestellten Steine, zu denen auch die Tonsteine gehören, vervielfacht. Ein wesentlicher Grund liegt in der Entwicklung unterschiedlichster Zusatzstoffe, welche die Eigenschaften eines künstlichen Steins maßgeblich beeinflussen können (Wärmeleitfähigkeit, Druckfestigkeit, Farbe etc.). Trotz großer Vielfalt der Produkte lassen sich nach der Art ihrer Herstellung drei Gruppen unterscheiden:

- getrocknete Steine (die älteste Form künstlicher Steine)
- gehärtete Steine
- gebrannte Steine

Zu den getrockneten Steinen gehören vor allem Lehmbaustoffe, die aufgrund ihrer ökologischen Relevanz in letzter Zeit erheblich weiterentwickelt wurden. Kalksand-, Beton-, Leichtbetonsteine u. a. bilden die Gruppe der mittels Dampf und Druck gehärteten Werksteine. Die in vielen Formaten, Härtegraden und Farben verfügbaren Mauerziegel zählen zu den gebrannten Steinen. Abb. B 2.4 fasst die Materialkennwerte von einigen künstlichen Steinen zusammen.

Tonsteine in der Fassade

Im Niltal finden sich Spuren von Bauten aus handgeformten Lehmziegeln, die auf eine Entstehungszeit um 14 000 v. Chr. hindeuten. Sind Lehmkonstruktionen den Witterungsverhältnissen ohne Schutz durch zusätzliche bauliche Maßnahmen ausgesetzt, so sind sie in ihrem Bestand gefährdet. Seine materialspezifischen Eigenschaften machen Lehm (Gemenge aus Ton und Quarzsanden) feuchtigkeitsempfindlich. Zudem bindet Lehm beim Austrocknen nicht ab, sondern härtet nur aus. Das bedeutet, dass das Material bei erneuter Wasserzufuhr (z. B. in Form von Regen, Bodenfeuchte etc.) aufweicht und seine Festigkeit verliert. Aus diesem Grund trifft man weltweit auf vergleichbare konstruktive Lösungen, die den Zweck haben, Lehmbauten vor Erosion zu schützen (z. B. durch Standortwahl unter überhängenden Felswänden, durch Natursteinsockel, durch Verkleidungen mit gebrannten oder Natursteinen etc.). Um Langlebigkeit von Mauerwerk aus Lehmziegeln zu erreichen, beginnen die Menschen ab ca. 5000 v. Chr. Ziegel zu brennen. Geschieht dies bei einer Temperatur von 1000 °C, so führt das zur Sinterung. Somit entsteht ein Baumaterial, das

B 2.2

B 2.3

	Rohdichte [kg/m^2]	Wärmeleitfähigkeit [W/mk]	Druckfestigkeit [N/mm^2]	Biegezugfähigkeit [N/mm^2]
Lehm Baustoffe	1800–2000	0,64–0,93	2,40	0,52
Kalksandsteine	600–2200	0,23–0,98	4–6	**
Porenbetonsteine	350–1000	0,07–0,21*	2–8	**
Betonsteine	500–2400	0,24–0,83	2–48	**
Hüttensteine	1000–2000	**	6–28	**
Mauerziegel	1000–2000	0,18–0,56*	4–60	**
keramische Baustoffe	1600–2000	**	36–66	7–20

* Trockenwerte, 50 % Fraktile
** keine Angaben

B 2.4

B 2.1 Wohnungsbau Rue de Meaux, Paris (FR) 1991, Renzo Piano Building Workshop

B 2.2 traditionelle Lehmbauten, Jemen
B 2.3 Produktionsschema von Tonsteinen [1]
B 2.4 materialspezifische Eigenschaften von künstlichen Steinen [2]

B 2.5

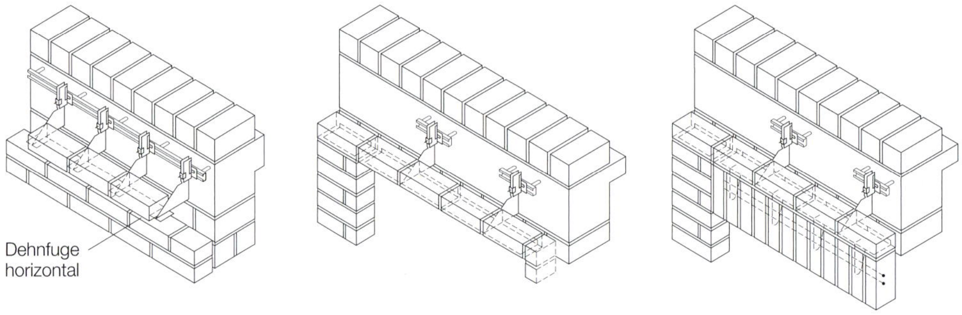

B 2.9

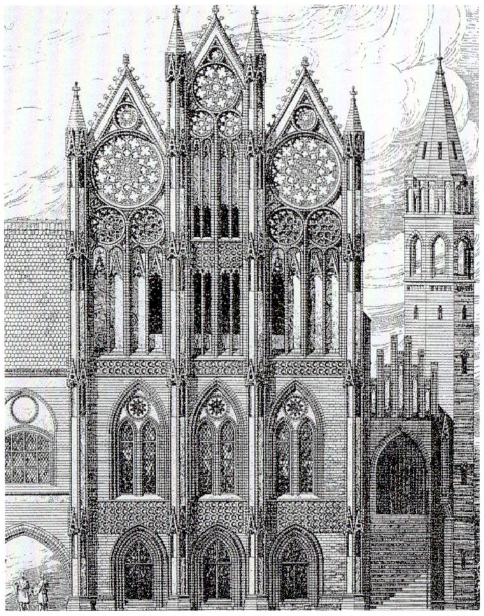

B 2.6

B 2.7

B 2.8

einen guten Schutz gegen Verwitterung bietet. Zu diesem Zeitpunkt ist es bereits technisch möglich, Oberflächen zu glasieren oder künstliche Steine mit Farbzusätzen herzustellen (Abb. B 2.5). Seit Jahrtausenden gehören demnach künstliche Steine zu den gängigen Baumaterialien. Je nach örtlichen, klimatischen und geologischen Gegebenheiten sowie ästhetischen Ansprüchen und sozialem Kontext werden sie seither bei ganz unterschiedlichen Bauten eingesetzt. Zu entscheidenden Fortschritten in Richtung Massenfertigung von gebrannten Steinen kommt es in der römischen Antike. Im ganzen Römischen Reich finden sich Ziegeleien, welche alle Arten von Bauvorhaben mit Baumaterial versorgen [3]. In England und in Deutschland erlangt gebranntes Tonmaterial im Mittelalter große Bedeutung, was sich im Begriff »Backsteingotik« manifestiert (Abb. B 2.6).
Die Erfindung der Strangpresse, des Ringofens und kurz darauf des Tunnelofens im 18. Jahrhundert ermöglicht die Herstellung von Tonsteinen in Massenproduktion. Durch den Brennprozess erreicht der ursprünglich leicht durch Wasser lösliche Ton eine hohe physikalische und chemische Stabilität. Diese hohe Resistenz gegen Schmutz, Rauchgas, Algenbewuchs und Frost macht den Baustoff im Außenbereich gut einsetzbar [4]. In der sogenannten Gründerzeit Ende des 19. Jahrhundert entwickeln sich Klinkerbekleidungen des Mauerwerks vielerorts zum wetterfesten Standardmaterial für Fassaden; fast immer – zumindest straßenseitig – auch mit vielfältigen historisierenden Verzierungen, die man seinerzeit nach Katalog bestellen konnte. Das »Steinerne Berlin« mit seinen großen Mietskasernen besteht aus Ziegel. Auch für Architekten der Moderne wie Alvar Aalto, Mies van der Rohe u. a. ist die Verwendung von Tonsteinen selbstverständlich. Ab Mitte des 20. Jahrhunderts schaffen andere, wie beispielsweise Eladio Dieste, in Fortführung der iberischen Tradition großartige architektonische Inventionen, bei denen – wie bei der Kirche in Atlántida – der gebrannte Ton wichtiger Bestandteil des Tragwerks ist. Gleichzeitig vermittelt das Material hier den Charakter einer leichten, ondulierten Hülle (Abb. B 2.14). Heute sind keramische Bekleidungen mit nur wenigen Zentimetern Stärke möglich, die sich wegen ihrer Unempfindlichkeit gegenüber der Witterung speziell zum Schutz von Wärmedämmplatten oder -matten eignen.

Keramische Fassaden

Bei der Verwendung von Mauerwerk für Außenwände von Gebäuden übernehmen die tragenden Wände zugleich die Funktionen der Gebäudehülle. Dabei steht ein über die Jahrhunderte entwickeltes breites Spektrum an Alternativen und Ausführungsvarianten in den unterschiedlichen Kulturräumen zur Verfügung. Umfangreiche Publikationen behandeln detailliert die entsprechenden Konstruktionsweisen für Wand und Öffnung [5].
Ergänzend dokumentieren die nachfolgenden Beispiele wesentliche nicht tragende Außenwandkonstruktionen, die vorzugsweise als äußerste schützende Hülle des dahinterliegenden Gebäudes dienen. An ausgewählten Gebäuden wird zudem gezeigt, wie durch den Einsatz von Tonsteinelementen licht- und luftdurchlässige Wandflächen entstehen können, die als Sicht- und Sonnenschutz wirken.

Konstruktiver Aufbau von Klinkerfassaden
Aufgrund des zunächst ähnlichen äußeren Erscheinungsbildes besteht gelegentlich die Gefahr, Verblendmauerwerk mit Sichtmauerwerk zu verwechseln. Dies kann zu Missverständnissen konstruktiver Art bei der Planung einer Verblendmauer führen. Bei dieser handelt es sich heute im Regelfall um eine nicht tragende, hinterlüftete Fassadenbekleidung. Deshalb muss eine solche Außenschale eine dauerhafte Verbindung mit dem Gebäudetragwerk eingehen. Im Gegensatz zu anderen Fassadenbekleidungen verbinden sich bei der Mauerschale die Einzelelemente (Klinkerziegel) mittels Mörtel binnen kurzer Zeit zu einem Gesamtsystem. Dieses muss verschiedene Anforderungen erfüllen, die von der Orientierung, der Höhe und der Farbe der Fassade abhängen. Neben der Lastabtragung ist vor allem die Aufnahme von Bewegungen infolge hygrischer und thermischer Einflüsse maßgeblich.

B 2.10

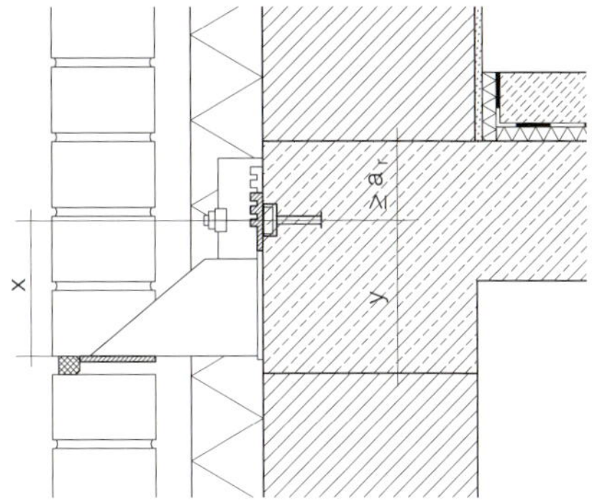

B 2.5 Ischtartor, Babylon 562 v. Chr.
B 2.6 Rathaus, Tangermünde (DE) 1430
B 2.7 Dekoration, Berlin (DE) 1891, Franz Schwechten
B 2.8 industriell hergestellte, farbige Ziegel, ca. 1880
B 2.9 Abfangung von Verblendmauerwerk
B 2.10 Ziegelproduktion, Pakistan 1999
B 2.11 Abfangung mit Tragkonsole bei geschlossener Wandfläche und bei Öffnung und thermisch getrennter Deckenauskragung
B 2.12 Chilehaus, Hamburg (DE) 1924, Fritz Höger
B 2.13 Schule, Hamburg (DE) 1927, Fritz Schumacher
B 2.14 Kirche, Atlántida (UY) 1959, Eladio Dieste

Verankerung
Wie bei jeder Fassadenbekleidung müssen in erster Linie Lasten aus Eigengewicht sowie Windsog und -druck abgetragen werden. Wegen des relativ hohen Gewichts von Verblendmauern hat dies bei deren Konstruktion vorrangige Bedeutung. Gebäudeteile mit statischer Funktion wie Stützen, Decken und tragende Wände eignen sich zur Lastabtragung. In der Praxis werden die Lasten aus Eigengewicht meist geschossweise in die Decken eingeleitet. Bei Fassadenöffnungen lenken statisch wirksame Verankerungen die Eigenlasten des jeweiligen Fassadenabschnitts über den Sturz in die tragenden Bauteile ein. Heute bietet der Handel eine Vielzahl verschiedener Fertigteilstürze an. Die erforderliche Stabilität gegen Windlasten gewährleisten Ankerstäbe, die in die Hintermauerung reichen (Luftschichtanker). Sie müssen flexibel genug sein, um unterschiedliche Bewegungen der Außen- und Innenschale aufzunehmen. Die

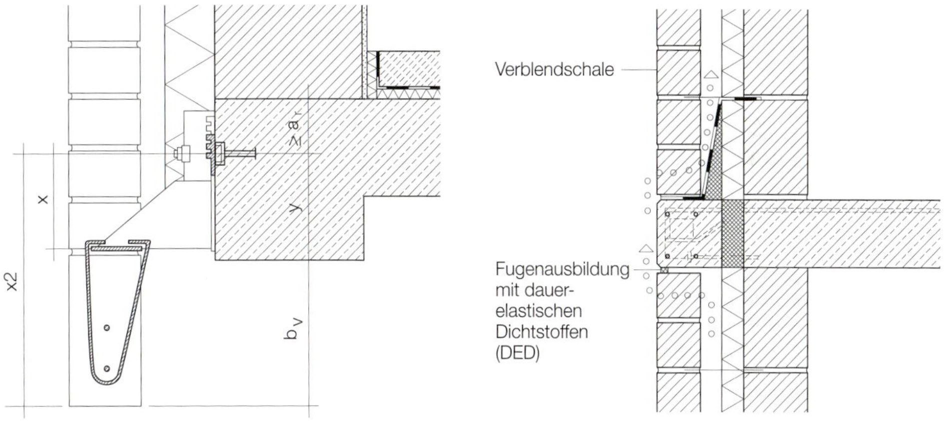

B 2.11

B 2.12

B 2.13

B 2.14

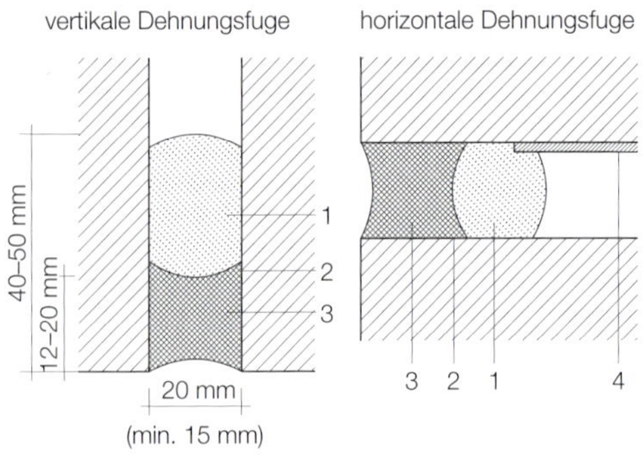

1 geschlossenzelliges Schaumstoffprofil
2 Haftungsgrundierung
3 elastoplastische Fugendichtmasse
4 Konsolanker

B 2.15

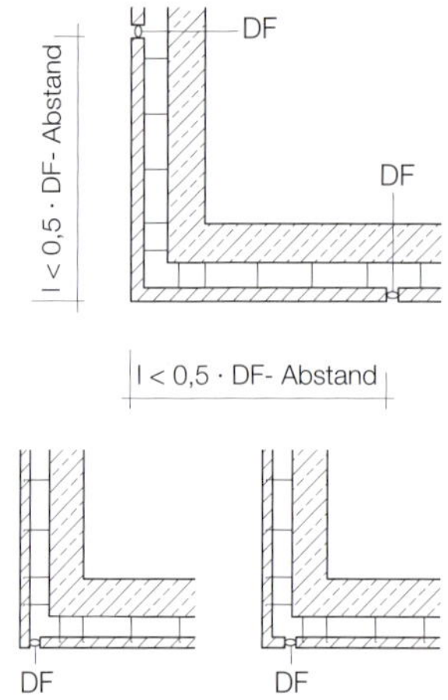

B 2.16

	Luftschicht und Dämmung [m]	Kerndämmung [m]
Betonsteine	6	5–6
Kalksandsteine	6–8	6–8
Mauerziegel	12	8–12

B 2.17

B 2.18

B 2.19

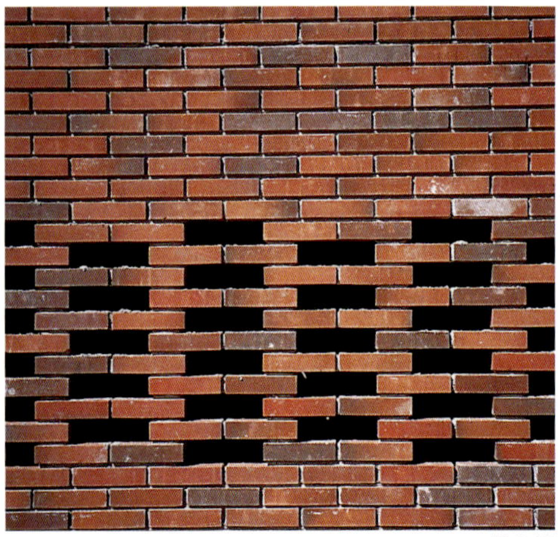

B 2.20

B 2.21

B 2.22

B 2.23

erforderliche Anzahl von Ankerstäben pro Meter variiert je nach Lage in der Fassade zwischen fünf (Mitte) und neun (Ecke, Öffnung) [6].

Fugen

Grundsätzlich unterscheidet man horizontale und vertikale Dehnungsfugen (DF). Die Fugenbreiten variieren zwischen 10 und 20 mm und weisen im Normalfall eine dauerelastische Versiegelung auf. Bei vertikaler Ausrichtung beträgt der Fugenabstand in kontinentalem Klima 15 m, im Seeklima 25 m [7]. Laut Eurocode 6 darf der Abstand zwischen Bewegungsfugen 12 m nicht überschreiten, wobei Farbe und Orientierung der Fassade eine ausschlaggebende Rolle spielen. Bei horizontaler Ausrichtung besteht eine zusätzliche Abhängigkeit von der Gebäudehöhe. Bis zu 12 m Höhe kann auf Bewegungsfugen verzichtet werden. Bei höheren Bauten ist jedoch mindestens alle 9 m eine horizontale Bewegungsfuge vorgeschrieben. Die Praxis sieht im Regelfall Bewegungsfugen pro Geschoss oder alle zwei Geschosse direkt unter der Schicht der statischen Verankerung vor. Fensterbrüstungen, Ecken, Wechsel in der Fassadenbekleidung oder auch zu erwartende Dilatationen im Gesamtgebäudesystem gehören zu Sonderfällen, die zusätzliche Bewegungsfugen erfordern. Die Hinterlüftung der Fassade erfolgt durch offene, vertikale Fugen (Stoßfugen) zwischen den einzelnen Elementen.

Optische Wirkung

Zur Ästhetik einer Ziegelfassade tragen viele Komponenten bei. Eine der wichtigsten ist der Verband, der wiederum sehr stark vom Grundmodul der Steine abhängt. Darüber hinaus prägen Material (Ausgangsmaterial, Brand, Farbzusätze / Glasur) und Struktur (Mischung verschiedener Steine, Anordnung) wesentlich das Aussehen der Fassade.
Fugen sind eine technische Notwendigkeit, spielen jedoch auch für das Erscheinungsbild eines Gebäudes eine erhebliche Rolle. Die Farbe, die Breite und die Tiefe einer Fuge bestimmen die optische Wirkung einer Fassade grundlegend – ebenso wie Formate und Farben des Steinmaterials (Abb. B 2.18–23). Die Möglichkeit gestalterischer Differenzierung durch Reliefausbildung wird nur noch selten

B 2.15 Fugenausbildung, Vorschlag der Deutschen Gesellschaft für Mauerwerksbau
B 2.16 Anordnung vertikaler Dehnungsfugen (DF) an der Ecke
B 2.17 Richtwerte für Dehnungsfugenabstände (L_{DF})
B 2.18–23 Mauerstrukturen für Querformatfassade
B 2.24 Fassadenaufbau, Axonometrie Keramikplatten auf Aluminium-Unterkonstruktion mit Klipshaltern ohne weitere Befestigungsmittel
B 2.25 modulare Höhenanpassung bei Querformatausführung
B 2.26 Aufbau Hochformatfassade
B 2.27 Regelschnitt vertikal
B 2.28 Aufbau Querformatfassade
B 2.29 Regelschnitt horizontal
B 2.30 Trockenkammer
B 2.31 Druckereigebäude, München (DE) 1993, Walter Kluska

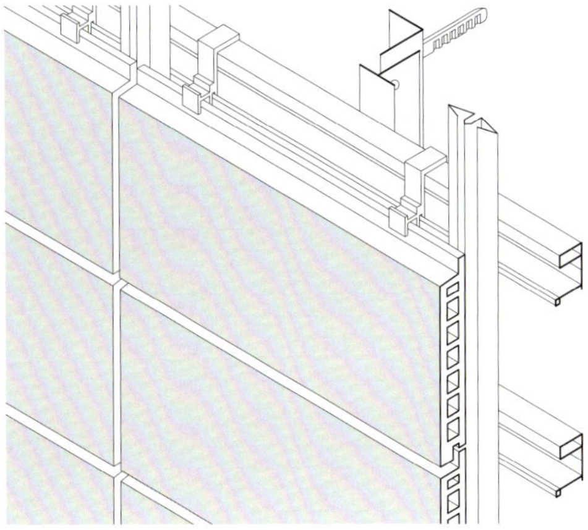
B 2.24

B 2.25

genutzt, obwohl sich durch die kleinen Dimensionen von Tonsteinen eine Variation des Elements anbietet. Oft reicht es zur Belebung einer sonst monotonen Fassadenfläche aus, einzelne Steine geringfügig aus der Fassadenebene herauszuheben. Kleinmaßstäbliche Öffnungen in keramischen Außenwänden dienen der Durchlässigkeit von Luft und Licht, als Blend- bzw. Sonnenschutz sowie dem Erhalt von Sichtbeziehungen. Bereits bei historischen Bauten prägen sie wesentlich das Erscheinungsbild.

Keramikplattenfassaden

Neuere Systeme mit keramischen Platten gibt es ausschließlich in Form von vorgehängten, hinterlüfteten Fassaden, welche klare bauphysikalische Vorteile aufweisen. Man unterscheidet zwischen klein-, mittel- und großformatigen Systemen, wobei die kleinformatigen Systeme den großen Vorteil haben, dass sie an bauliche Geometrien und Strukturen feinstufig angepasst werden können. Nach DIN 18516 dürfen die Platten maximal 0,4 m^2 groß sein und 5 kg wiegen, um ohne eigenen Nachweis eingesetzt werden zu können.

Unterkonstruktion
Die Unterkonstruktion von Keramikplattenfassaden muss die statische Belastung, die aus Eigengewicht, Windsog und -druck sowie aus thermischer Massenänderung entsteht, zwängungsfrei an das Tragwerk weitergeben. Da sie im Regelfall aus nicht rostendem Stahl oder Aluminium besteht [8], bedeutet die Verbindung zum Tragwerk zugleich eine Wärmebrücke, die durch den Einsatz von z. B. Kunststoff- Isolatoren vermindert werden kann. Als Unterkonstruktion ist auch der Einsatz von Holz mit entsprechender Behandlung je nach Gebäudehöhe eingeschränkt zulässig.

Fassadenplatten
Für die Herstellung von Fassadenplatten eignen sich mehrere Verfahren. Beim taktweisen Pressen in Negativformen müssen die Seitenwände der Formen konisch sein. Das Verfahren erlaubt keine Hinterschneidungen. Beim Strangpressen (Extrudieren) bestimmt die Form des Mundstücks den Querschnitt (Abb. B 2.25 und B 2.30). Die

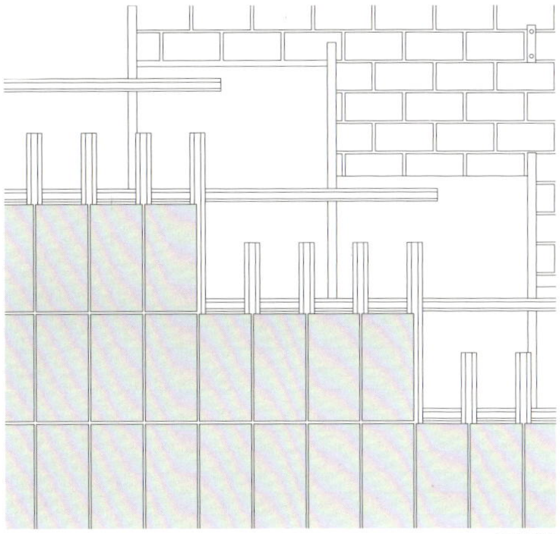
B 2.26

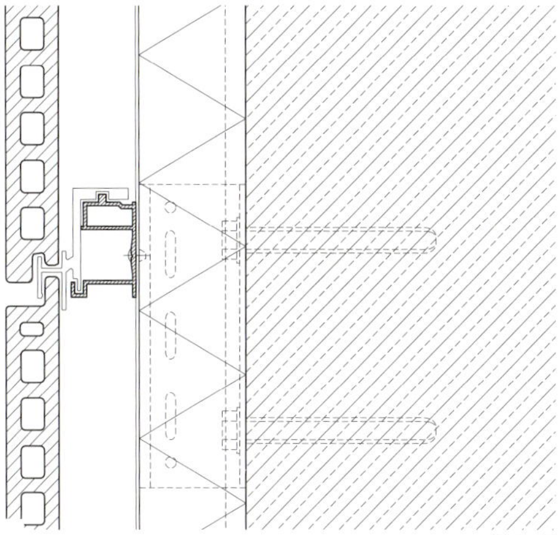
B 2.27

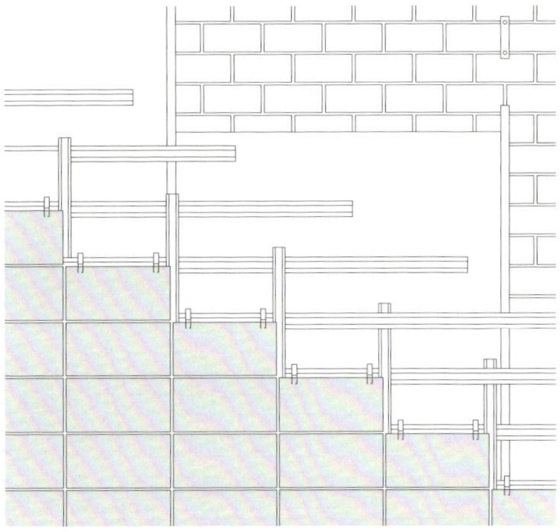
B 2.28

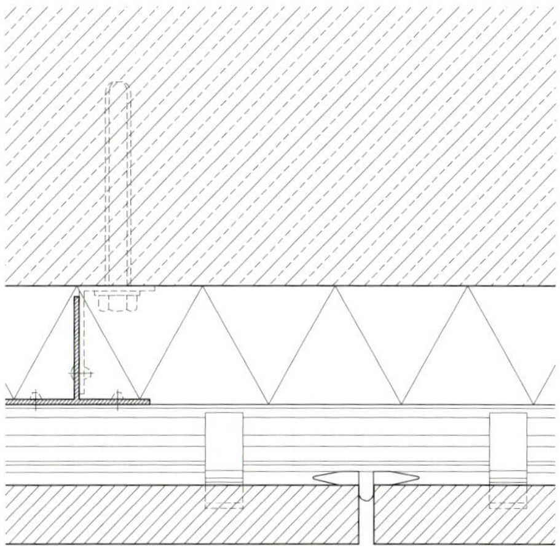
B 2.29

B 2.30

B 2.31

B 2.32

B 2.33

B 2.34

B 2.35

B 2.36

B 2.37

B 2.38

unabhängige Montage der einzelnen Platten gewährt diesen eine eingeschränkte Bewegungsfreiheit, wodurch nur wenige weitere, auf den Rohbau abzustimmende Fugen notwendig sind. Die Wasserabführung an der Fassade kann auf unterschiedliche Art erfolgen:

- in den Horizontalfugen durch schuppenartige Anordnung der Platten (wie Schindeln) oder durch Ausbildung eines Stufenfalzes
- in vertikaler Richtung durch Wasser abführende Fugenprofile

Bei offener Fugenausbildung – häufig bei feinkeramischem Steinzeug – ist die entsprechende Dimensionierung der Luftschicht besonders zu beachten, die Be- und Entlüftungsquerschnitte müssen den Angaben in DIN 18516 Teil 1 entsprechen. Einen wichtigen Aspekt bei der Planung von Keramikplattenfassaden stellt darüber hinaus die Möglichkeit zum Austausch eventuell beschädigter Einzelplatten dar. Dies muss durch die Unterkonstruktion und die Form der Fassadenplatten gewährleistet sein (Abb. B 2.46).

Farbe und Oberfläche

Die meisten angebotenen Farben für Keramikplatten sind Eigenfarben. Im Allgemeinen beeinflussen die Brenntemperatur, der Sauerstoffgehalt der Ofenluft, Art und Menge des Eisenanteils sowie der Roh- und Zusatzstoffe die Farbe keramischer Baustoffe. Bei der herkömmlichen Herstellung von keramischen Platten besteht die Möglichkeit der Oberflächengestaltung nur vor dem Brennprozess. Im Falle von Strangpressen hat bereits die Profilierung des Mundstücks der Schneckenpresse Einfluss darauf. Aufgrund des erhöhten Aufwands ist die Verwendung von Fremdfarben (Glasuren) heute rückläufig.
Als aktuelles Beispiel nicht tragender keramischer Außenwände aus Ziegel kann ein vom Büro Renzo Piano Building Workshop 1992 in Genua realisiertes Parkhaus gelten, bei dem Klinker in umlaufenden Stahlrahmen auf je zwei Rundstählen mit Metallscheiben als Abstandshalter befestigt sind (Abb. B 2.40 und B 2.41). Ein innovatives Beispiel stellt der von Claudio Nardi entworfene Showroom von BP Studio in Florenz (2001) dar, bei dem lange stranggepresste Querschnitte auf Metallprofile aufgeschoben werden (Abb. B 2.44–46).

Anmerkungen:

[1] Ramcke, Rolf: Mauerwerk in der Architektur. In: Pfeifer, Günter u. a.: Mauerwerk Atlas. München/Basel 2001, S. 15
[2] ebd., S. 15, 122–159, S. 204–234; DIN 1053
[3] wie Anm. 1
[4] ebd., S. 22
[5] ebd., S. 122–159, S. 204–234. Acocella, Alfonso: L'architettura del mattone faccia a vista. Rom 1990
[6] DIN 1053-1:1996-11
[7] ebd.
[8] siehe hierzu die Vorgaben bei der Materialfestlegung in DIN 18516, Teil 3

B 2.32 Farbskala (Auswahl)
B 2.33–38 Öffnungen in Mauerstrukturen
B 2.39 großformatiges System
B 2.40–41 Parkhaus, Genua (IT) 1992, Renzo Piano Building Workshop
B 2.42 feinkeramische Fassadenplatte mit geklebter, verdeckter Halterung
B 2.43 feinkeramische Fassadenplatte mit mechanischer, sichtbarer Halterung
B 2.44 Fassadenausschnitt Showroom, Florenz (IT) 2001, Claudio Nardi
B 2.45 stranggepresste, lineare Bauteile für teildurchlässige Fassadenkonstruktionen: Detail
B 2.46 Montagezustand

B 2.40

B 2.41

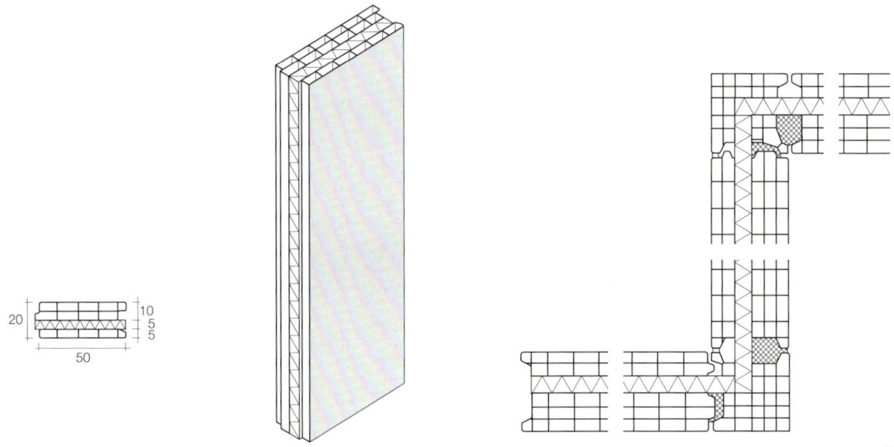

B 2.39

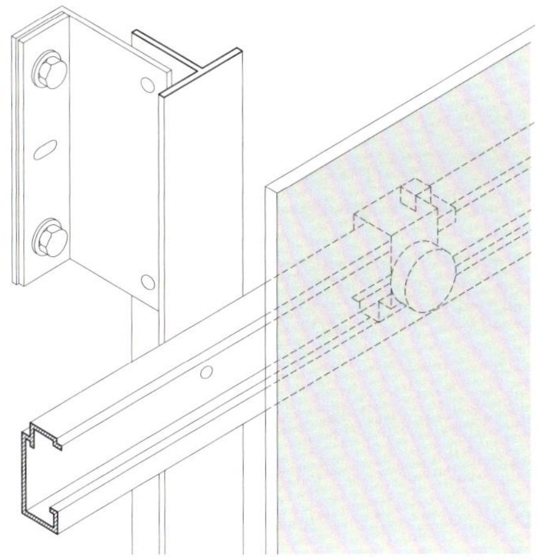

B 2.42

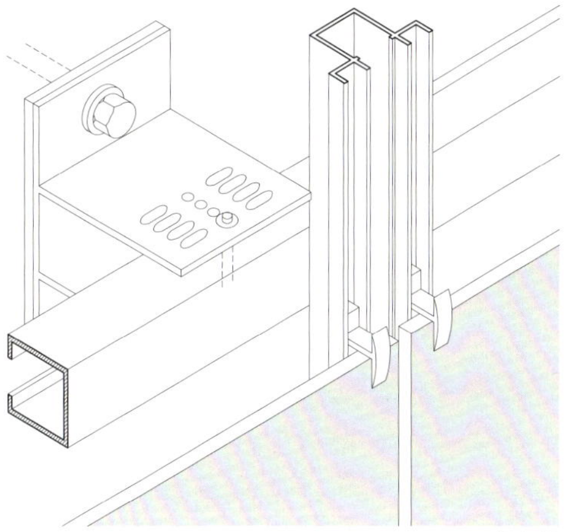

B 2.43

B 2.44

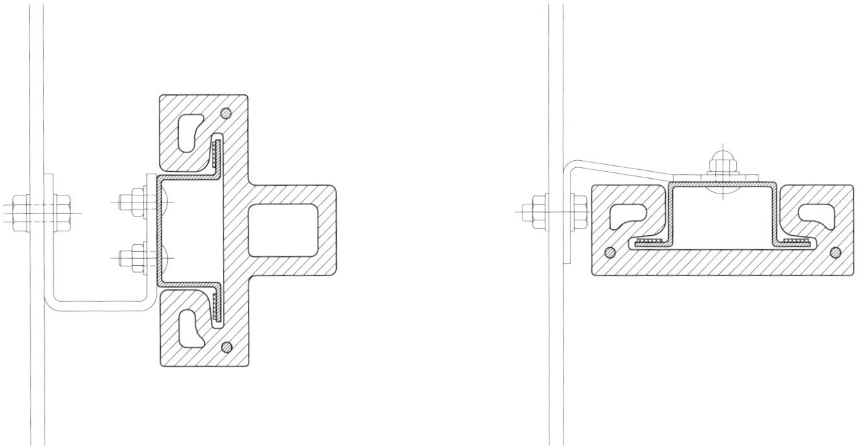

B 2.45

B 2.46

Aussegnungshalle

Batschuns, AT 2001

Architekten:
Marte.Marte, Weiler
Tragwerksplanung:
M+G, Feldkirch

Detail 06/2003
l'Architecture d'Aujourd'hui 346, 2003
Waechter-Böhm, Liesbeth (Hrsg.):
Austria West Tirol Vorarlberg. Neue Architektur. Basel/Berlin/Boston 2003

- gestampfter Lehm ohne chemische Zusätze
- in ca. 12 cm hohen Schichten fugenlos zwischen Schalungen eingebracht
- mit Handmaschinen verdichtet
- leichte Abwitterung der Oberflächen bei Regen problemlos durch leichte Überdimensionierung der Lehmbauteile

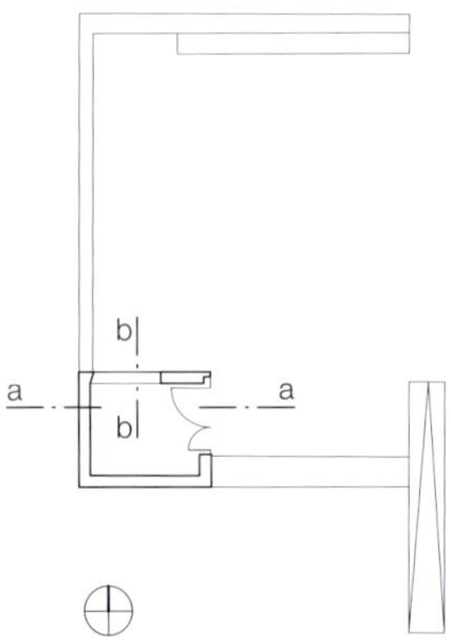

Grundriss
Maßstab 1:500
Vertikalschnitte
Maßstab 1:20

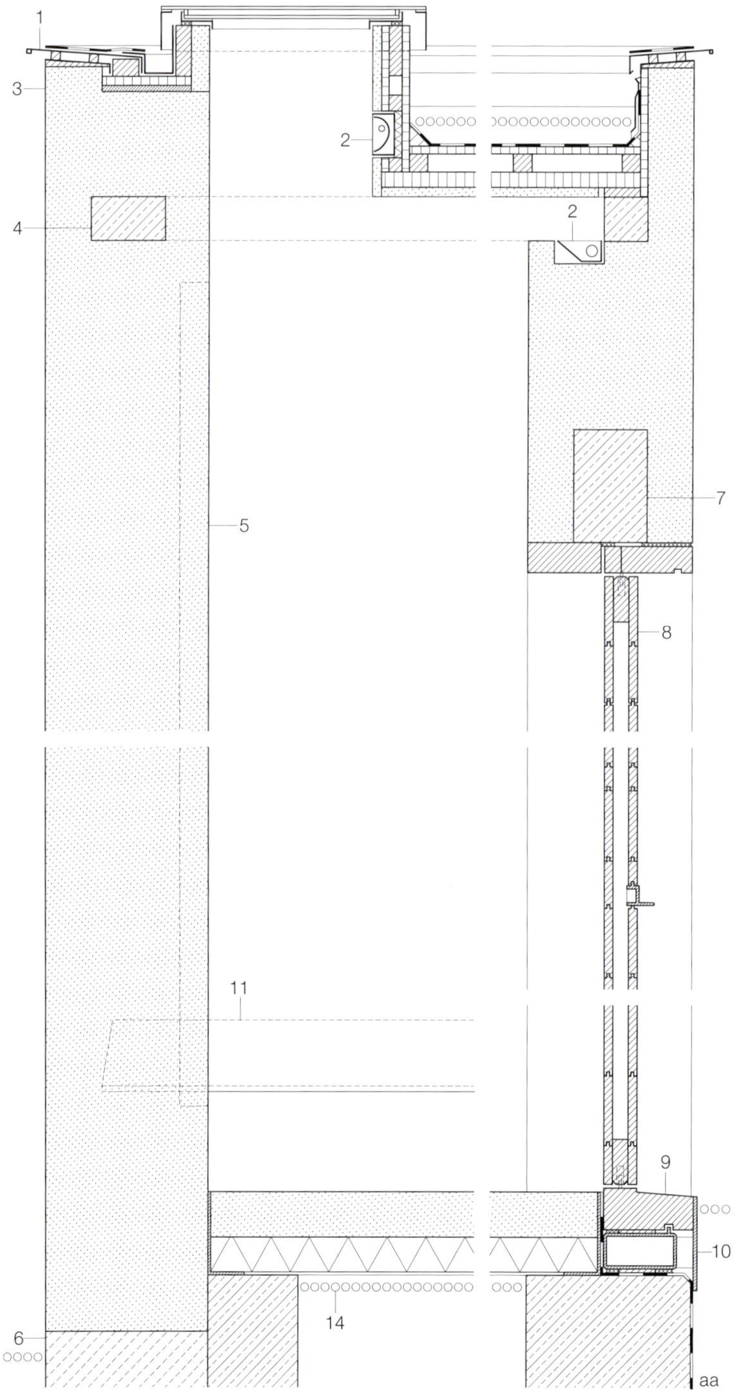

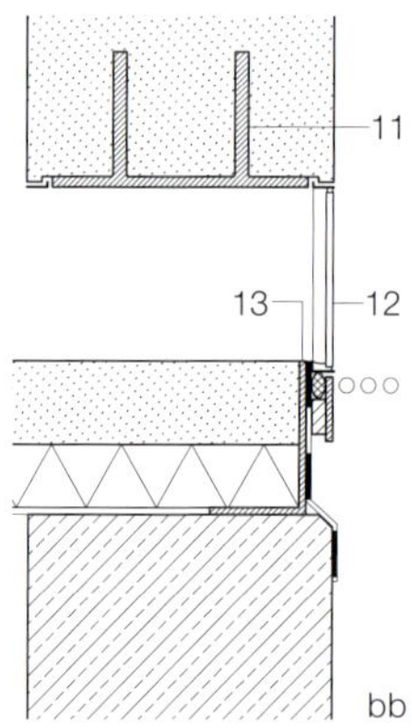

1 Stahlblech 3 mm
2 Leuchte
3 Außenwand Stampflehm 450 mm
4 Stahlbetonriegel 205/120 mm
5 Kantholz Eiche 80/80 mm, symbolisiert mit horizontalen Linien der Lehmschichten ein Kreuz
6 Stampfbeton eingefärbt wie Lehm
7 Stahlbetonträger 300/200 mm
8 Türblatt Eiche 2× 24 mm
9 Türschwelle Eiche massiv auf Stahlrohr ▭ 200/100/7 mm
10 Edelstahlblech 240/10 mm
11 Stahlträger aus Flachstahl ▭ 380/15 mm und 2× ▭ 180/20 mm, geschweißt
12 Floatglas 8 mm in Stahlblechrahmen geklebt
13 Stahlprofil L 220/150/10 mm Dichtungsbahn
14 kapillarsperrende Schüttung gegen aufsteigende Feuchtigkeit

Wohnhaus Rauch

Schlins, AT 2008

Architekten:
Boltshauser Architekten, Zürich
und Martin Rauch, Schlins
Tragwerksplanung:
Josef Tomaselli, Bludesch

📖 Arquitectura 363/2011
Baumeister 07/2009
Werk, Bauen und Wohnen 03/2008
Kapfinger, Otto; Sauer, Marko (Hrsg.): Martin Rauch – Gebaute Erde. München 2015

- Außenwände aus vor Ort (Baugrube) gewonnenem Stampflehm
- Alle Lehmbauteile sind unstabilisiert (ohne Zement- oder Kalkbeigabe), die Fassadenoberflächen sind unbehandelt.
- horizontale, 2 cm vorstehende Ziegelleisten als Erosionsschutz (kalkulierte Erosion)
- Plattenbelag für Terrasse und Dach aus gebrannten Schlammziegeln
- Decken und Wände der Wohn- und Schlafräume mit Lehm verputzt
- Böden aus Stampflehm, in den Nassräumen aus gebrannten Fliesen (Raku-Technik)

Isometrie ohne Maßstab
Grundriss Obergeschoss
Maßstab 1: 400
Vertikalschnitt Fassade
Maßstab 1:20

1 Schlammziegel gebrannt 40 mm, Schüttung Lavaschotter, Abdichtung Bitumenbahn 3× 4 mm, Dreischichtplatte 27 mm, Dämmung Schilfrohrmatte 4× 50 mm, Abdichtung Bitumenbahn 4 mm, Kork-Lehm-Mischung im Gefälle
2 Balkendecke in Dippelbaum-Bauweise ca. 180 mm, Ausgleichsholz, Lehmbauplatte 25 mm, Lehmputz 5 mm
3 Stampflehm 450 mm, Dämmung Schilfrohrmatte 2× 50 mm, Lehmputz 30 mm mit Wandheizung (Grundputz, Feinputz mit Marmormehl)
4 Fenster Eiche außen unbehandelt, raumseitig geölt, Isolierverglasung
5 Dreischichtplatte Fichte 27 mm mit mehrschichtiger Kaseinspachtelung geschliffen und gewachst
6 Erosionsschutz Schlammziegel, gebrannt 280/120/30 mm
7 Ringanker Trasskalk mit Armierung 300/150 mm
8 Spritzwasserschutz Schlammziegel gebrannt 400–600/300/40 mm
9 Abdichtung Bitumenbahn 2× 4 mm, Schaumglas 100 mm, Abdichtung Bitumenbahn 4 mm

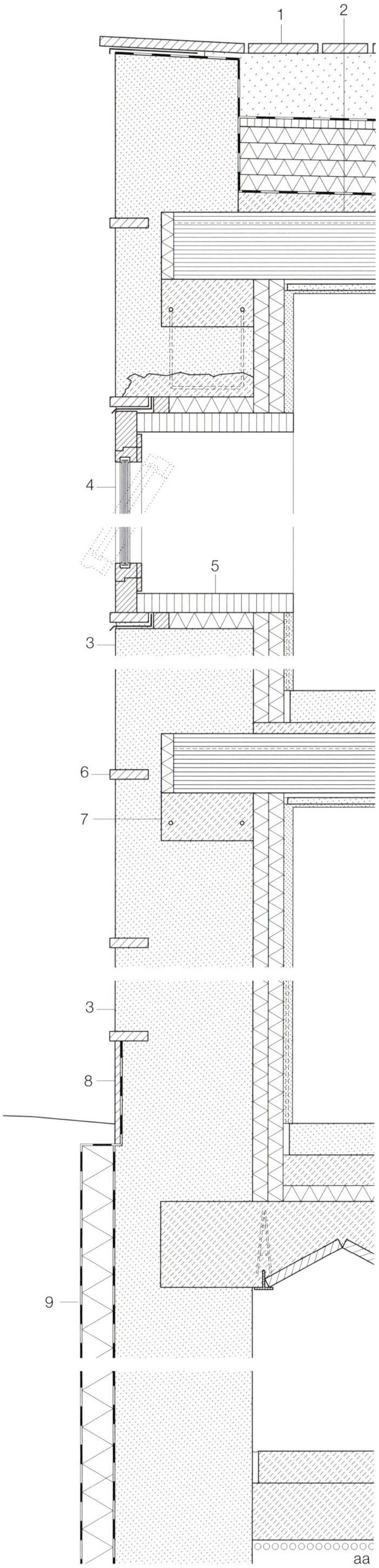

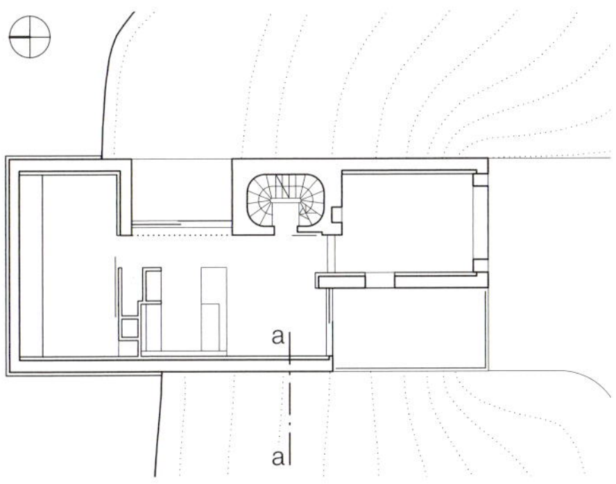

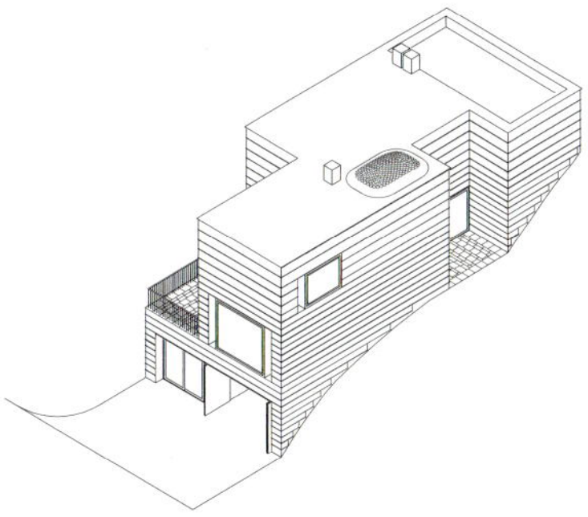

Messehochhaus

Hannover, DE 1999

Architekten:
Herzog + Partner, München

Architectural Review 01/2001
modulo 10/2002
Gissen, David (Hrsg.): Big & Green. Toward Sustainable Architecture in the 21st Century. Washington 2003
Herzog, Thomas (Hrsg.): Nachhaltige Höhe – Sustainable Height. München/London/New York 2000

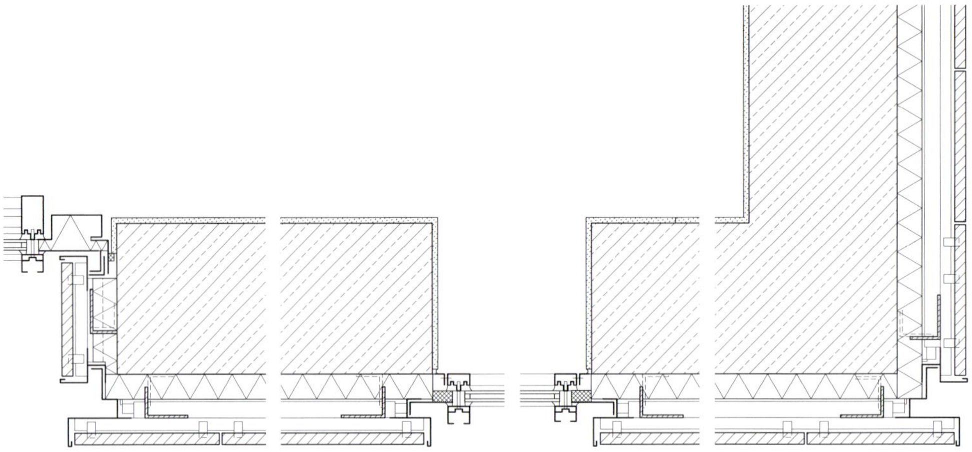

- vorgehängte, hinterlüftete System-Ziegelfassade auf Aluminiumunterkonstruktion
- helles Perlgrau ist die Eigenfarbe des keramischen Scherbens (keine oberflächige Farbgebung)
- Fassadenplatten mit horizontalen Rillen (Keramik-Rillenplatten): bremsen bei Regen das hochgetriebene Fassadenwasser; Verminderung der Spannungsspitzen beim Herstellungsprozess

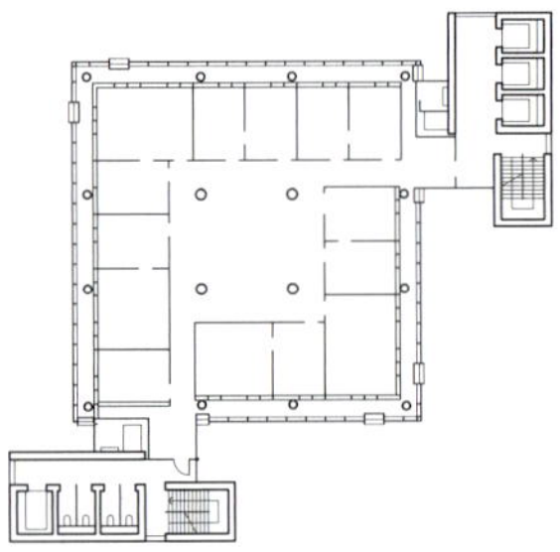

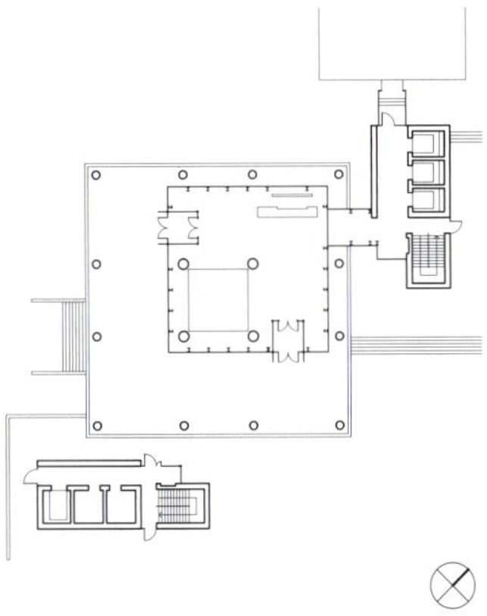

Horizontalschnitt Maßstab 1:20
Grundrisse
Erdgeschoss • Regelgeschoss
Maßstab 1:1000
Vertikalschnitt • Horizontalschnitt
Maßstab 1:5

1 Abdeckblech Aluminium 3 mm antidröhnbeschichtet
2 Strangpressprofil Aluminium
3 Tonziegelplatten gerillt 200/400 mm
4 Abschlussprofil Aluminium
5 Wärmedämmung 60 mm
6 Stahlbeton 300 bzw. 400 mm
7 Edelstahlblech; Lage abgestimmt mit Glas-Stahl-Fassade

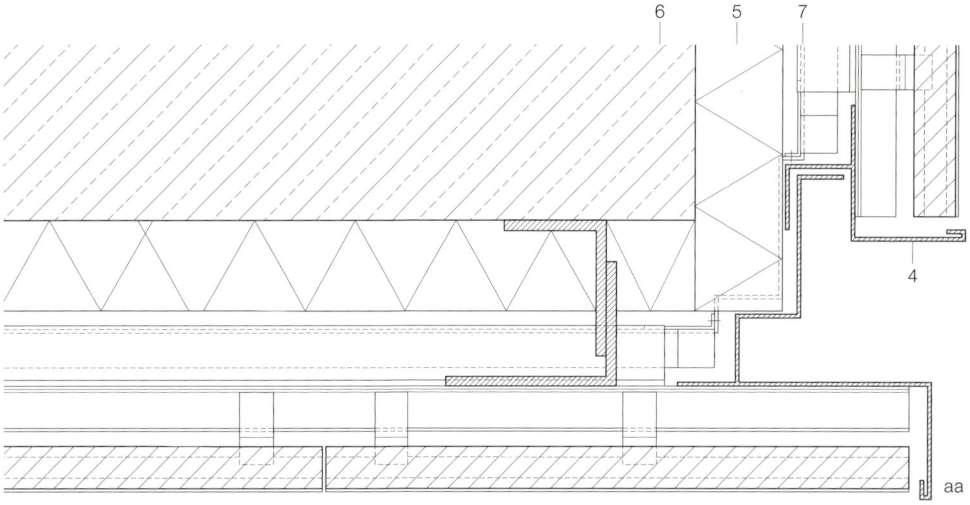

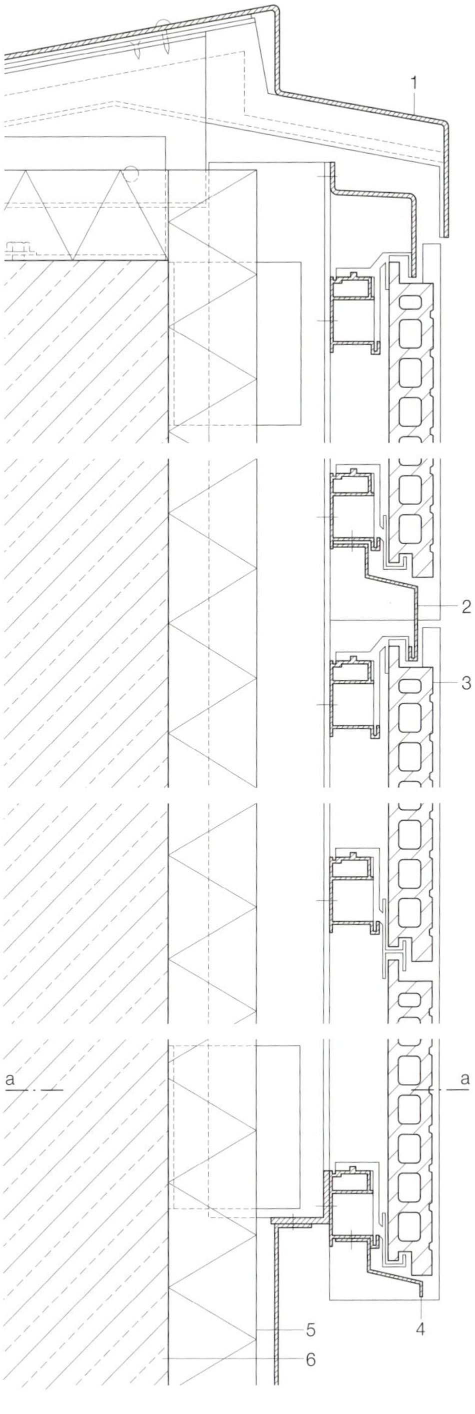

Museum Brandhorst

München, DE 2009

Architekten:
Sauerbruch Hutton, Berlin
Tragwerksplanung:
Ingenieurbüro Fink, Berlin

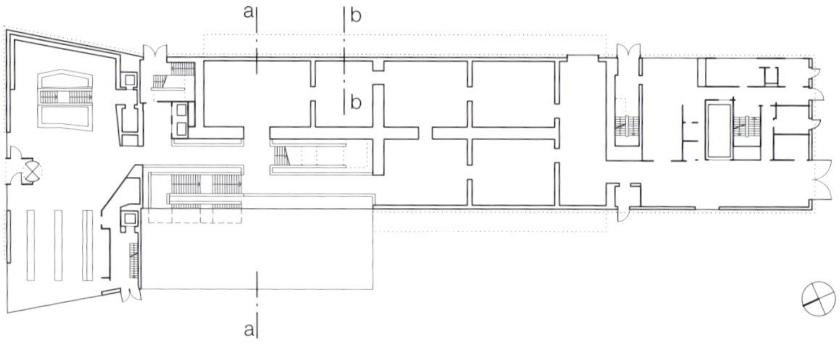

Architectural Review 1349/2009
Architektur Aktuell 03/2009
Baumeister 04/2009
Brandhorst, Annette (Hrsg.):
Museum Brandhorst. Die Architektur.
Ostfildern 2011

- Fassadenbekleidung aus verschiedenfarbig glasierten Keramikstäben, die mit Abstand vor horizontal ausgerichteten, gefalteten Aluminiumblechelementen montiert sind
- horizontales Fensterband mit ausgeklappten Lichtlenkelementen
- begehbare Gitterrostfläche über dem Glasdach des Untergeschosses ermöglicht natürlichen Lichteinfall

1 Eichenholzrost über Lüftungskanal
2 Akustikplatte Gipskarton 10 mm
Mineralfaserdämmung 30 mm
Aluminiumprofil ⊔ 60/30 mm
3 Blendschutzrollo motorisch verstellbar
4 Sonnenschutzjalousie motorisch verstellbar
5 Isolierverglasung ESG 6 + SZR 10 +
Float 4 + SZR 8 + VSG 12 mm
6 Isolierverglasung ESG 4 + Lichtlenkprismen
Acrylglas im SZR 10 + VSG 8 mm
7 Lamellenträger Stahlrohr ▭ 100/60/6,3 mm
8 Rohrprofil PMMA Ø 50 mm
9 Lichtdecken-Diffusionsfolie
10 Polycarbonatplatte 6 mm
11 Stahlkonsole
12 Bekleidung Keramik-Hohlprofile 40/40/9 mm
Aluminiumblech perforiert 2 mm, Akustikvlies
Unterkonstruktion Aluminium, Wärmedämmung
Mineralfaser 120 mm, Stahlbeton 250 mm
Wandheizungssystem mit Vormauerung 150 mm
Innenputz 20 mm

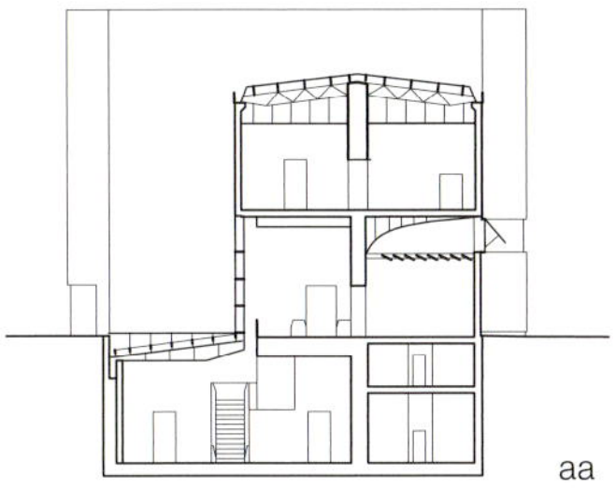

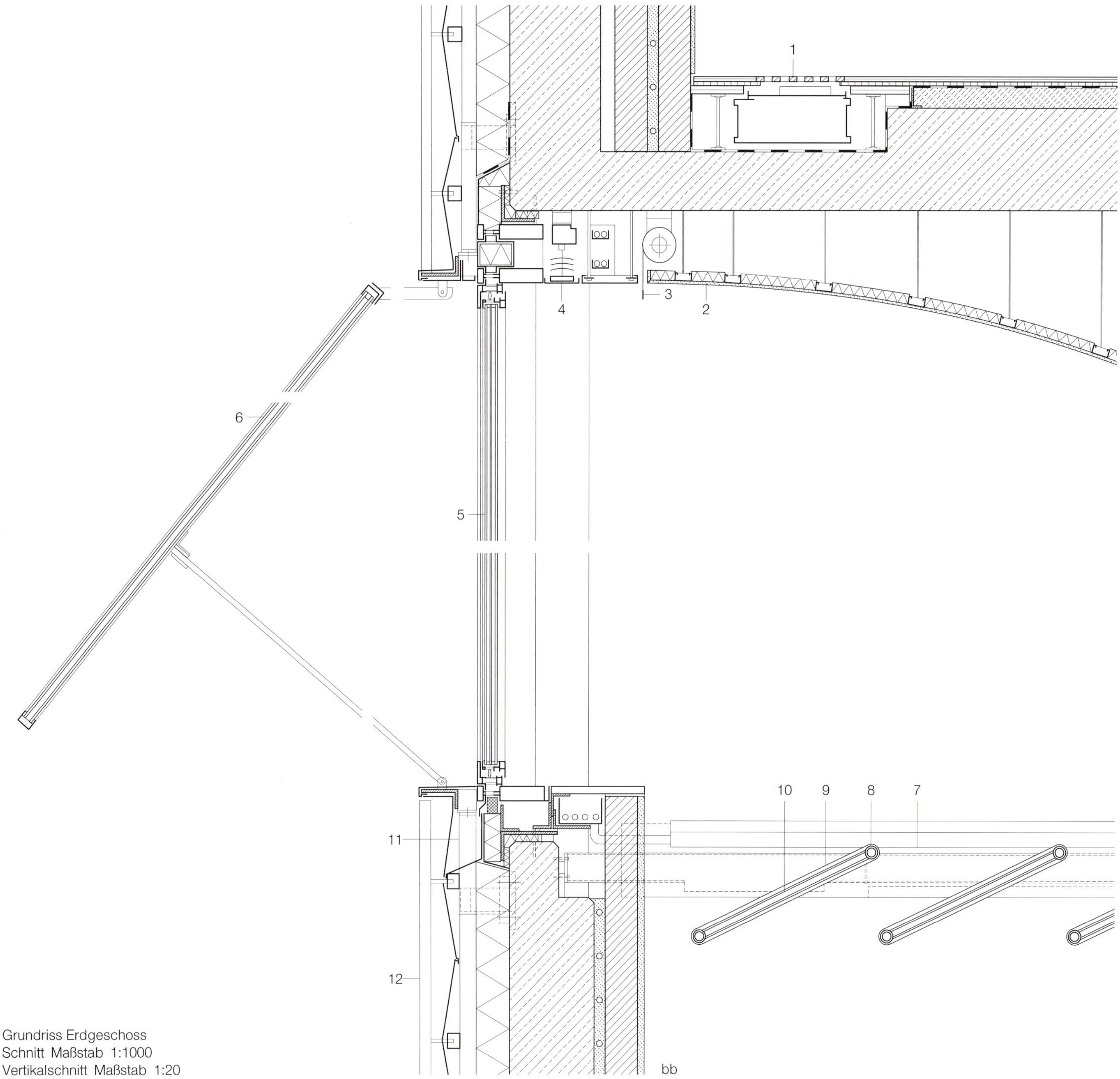

Grundriss Erdgeschoss
Schnitt Maßstab 1:1000
Vertikalschnitt Maßstab 1:20

Einfamilienhaus

Brühl, DE 1997

Architekt:
Heinz Bienefeld, Swisttal-Ollheim

📖 A+U 10/2001
Baumeister 11/1997
Pfeifer, Günter u. a.: Mauerwerk Atlas. München/Basel 2001

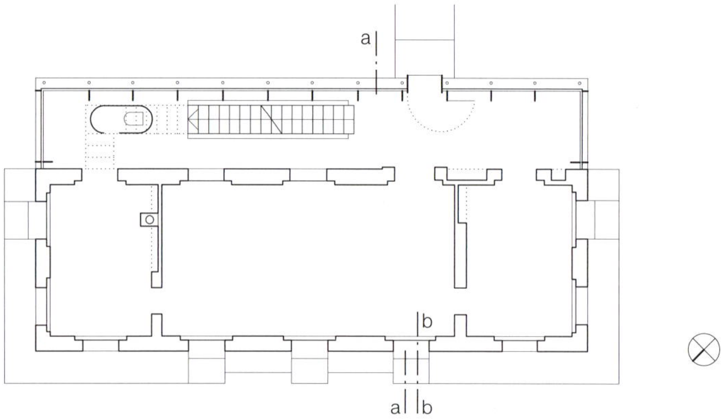

- Betonung der Massivität des Kubus durch die Materialwahl und die optische Ablösung des Dachs
- vorgemauerte Klinkerfassade
- wilder Verband
- fast 50 cm starke Wand mit mehrschichtigen Sturzausbildungen

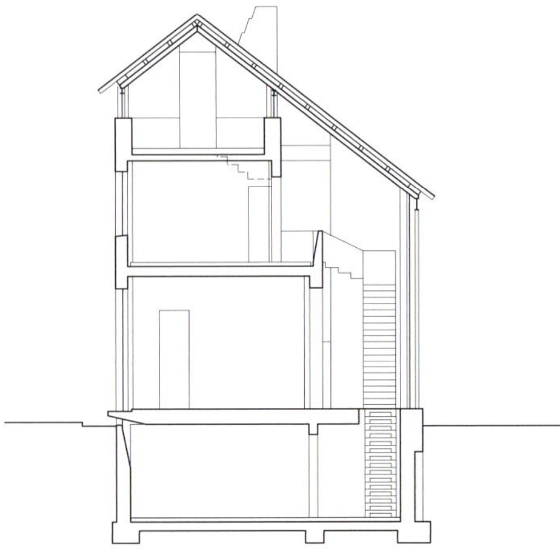

aa

Grundriss • Schnitt Erdgeschoss
Maßstab 1:250
Horizontalschnitt • Ansicht Fenstertür
Maßstab 1:20
Vertikalschnitt Fassade
Maßstab 1:20

1 Regenrinne ⊔ 140 mm
2 Stahlpfette 2× ∟ 80/80/10 mm
3 Stahlfenster, Rahmen verzinkt, eisenglimmerlackiert, Isolierverglasung
4 Stahlprofil ⊔ 40/35 mm vor Stahlrohr ▭ 50/25 mm
5 Blechabdeckung, seitliche Aufkantung in der Mauerwerksfuge eingelassen
6 Klinker Taunusstein NF 115 mm wilder Verband, Lagerfugen 20 mm Leichtziegel Poroton Kalkputz 25 mm Kalkschlämmanstrich mit Marmormehl
7 scheitrechter Sturz, Stichhöhe 15 mm
8 Stahlfenstertür, Rahmen verzinkt, eisenglimmerlackiert, Isolierverglasung
9 Stahlprofil, verzinkt, eisenglimmerlackiert ⊔ 120/40/8 mm
10 Austrittsstufe Betonfertigteil

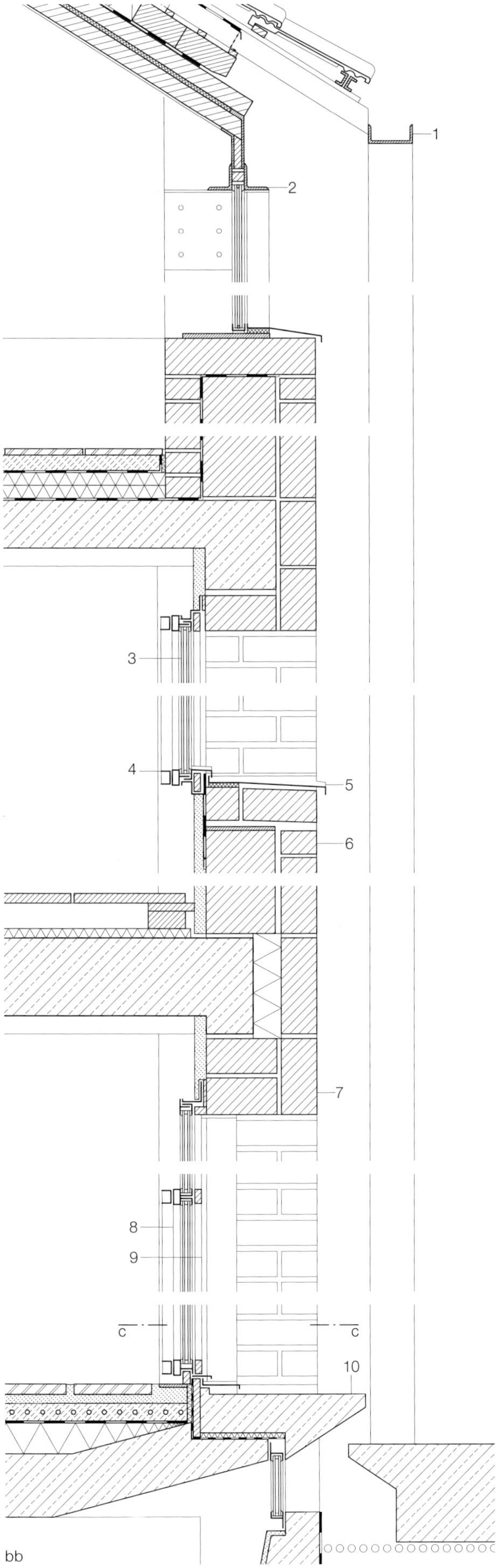

bb

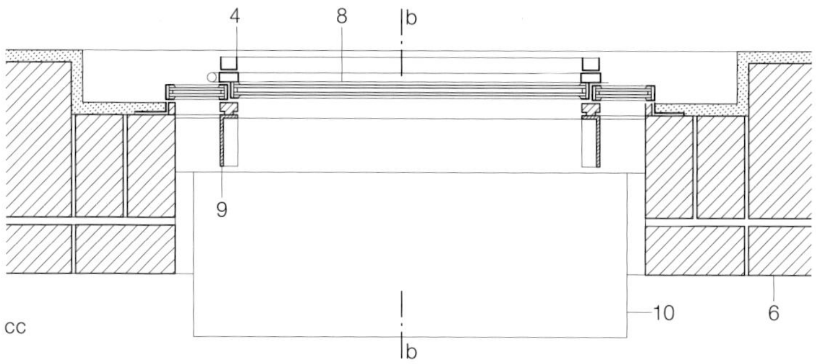

cc

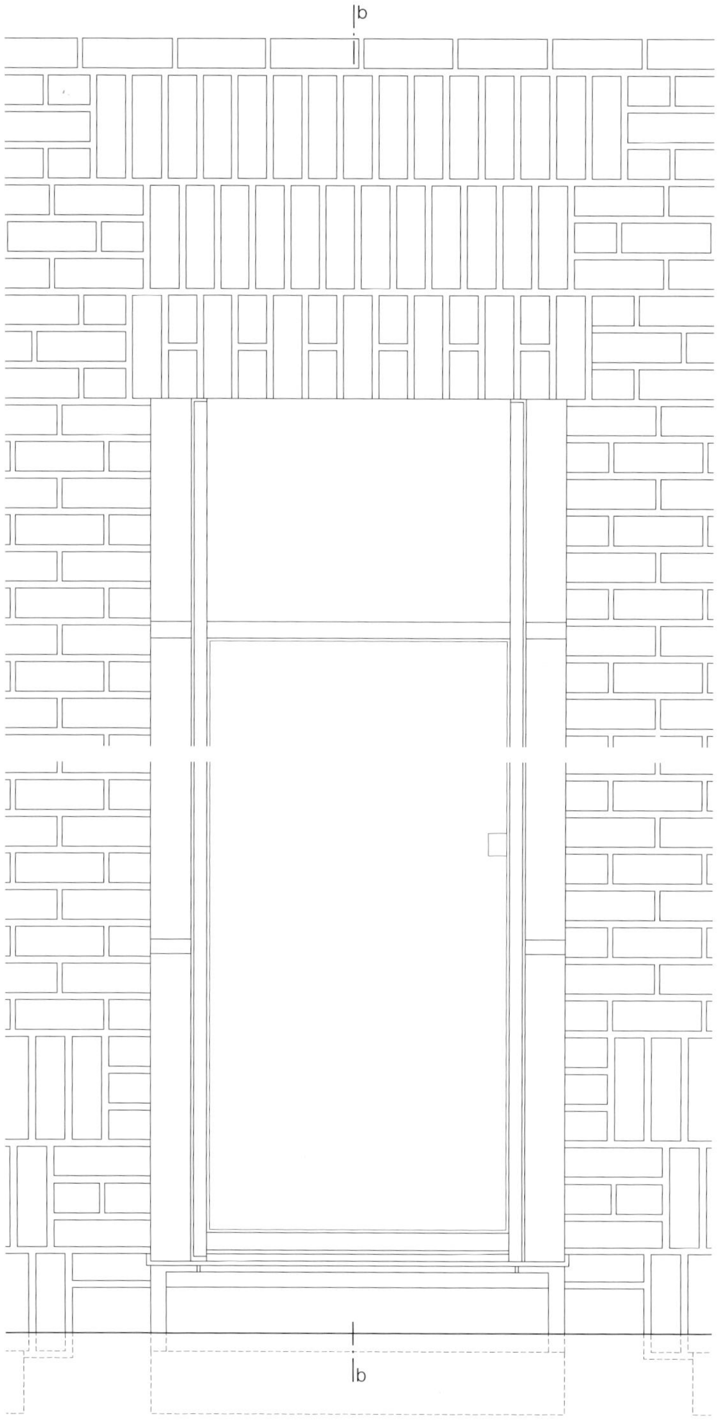

Kunstmuseum

Ravensburg, DE 2013

Architekten:
LRO Lederer Ragnarsdóttir Oei, Stuttgart
Tragwerksplanung:
Ingenieurbüro Schneider & Partner, Ravensburg

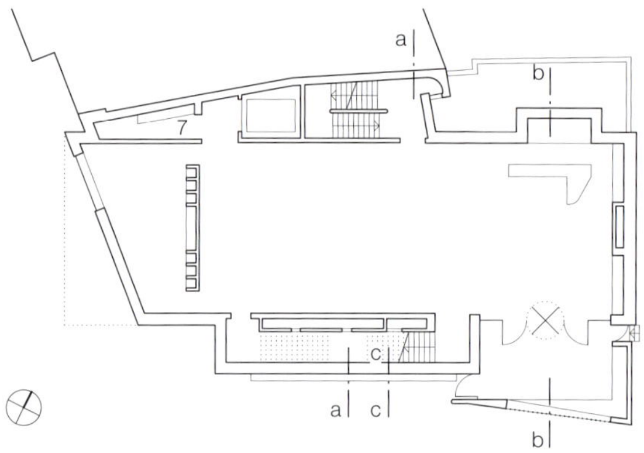

📖 Arquitectura viva 158/2013
Baumeister 01/2013
Conarquitectura 10/2015
DBZ 08/2014
Detail 06/2013
wettbewerbe aktuell 01/2013

- mehrschalige Außenwandkonstruktion mit Verblendmauerwerk aus grob verfugten Abbruchziegeln
- tragende Stahlbetonwand, wärmegedämmt
- Dachgewölbe mehrschalig mit innenseitig verbauten Abbruchziegeln, unbehandelt
- Holzfenster mit Dreifachverglasung

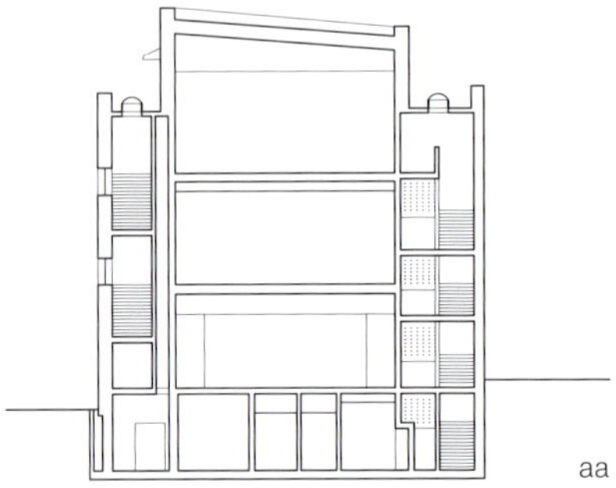

aa

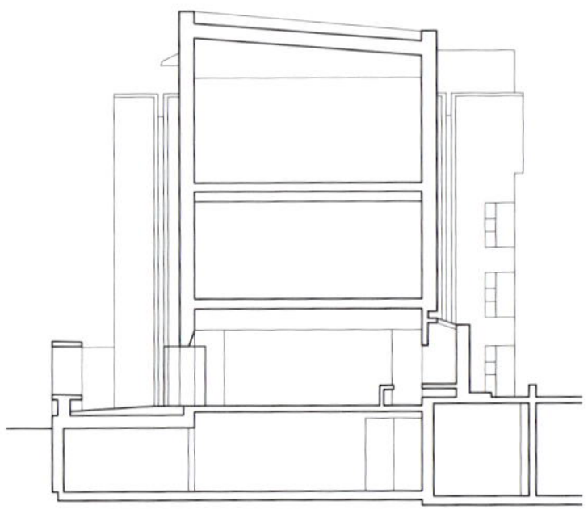

bb

1 Dachdichtung Bitumenbahn zweilagig, obere Lage beschiefert
Wärmedämmung 300 mm
Dampfsperre, Voranstrich
Stahlbeton zur Lastverteilung 200 mm
Anker Edelstahl ∅ 4 mm in Mörtelfuge
Abbruchziegel 115 mm
Bogenradius gleichmäßig konisch 1,50–5,50 m
2 Attikaabdeckung Kupferblech 0,7 mm, Gefälle 6 %
3 Verblendmauerwerk
Abbruchziegel 115 mm
Fingerspalt 10 mm
Luftschichtanker Edelstahl ∅ 4 mm in Mörtelfuge
Wärmedämmung 240 mm
Stahlbeton 250 mm
Gipsputz geglättet mit Dispersionsanstrich
4 Konsolanker Duplexstahl, zur Verringerung der Wärmebrückenwirkung minimierter Materialquerschnitt
5 Wärmedämmung 300 mm
6 Kupferblech 0,7 mm
7 Dachdichtung Bitumenbahn zweilagig, obere Lage beschiefert
Wärmedämmung 280 mm
Notabdichtung/Dampfsperre
Voranstrich
Gefälleestrich 2 % 40–95 mm
Stahlbeton 200 mm verputzt
8 Festverglasung: Holzrahmen mit Dreifachverglasung, U = 0,84 W/m²K
9 LED-Lichtleiste umlaufend
10 Fensterbank Kupferblech 1,5 mm
11 Wärmedämmung 240 mm
12 Schachtabdeckung Stahlguss
13 Dichtschlämme zementgebundenen

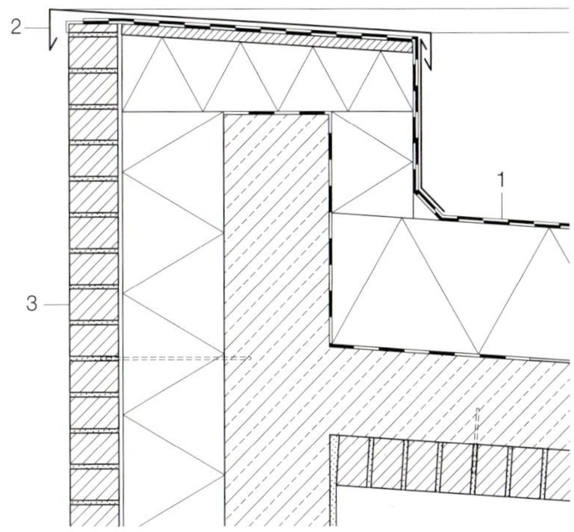

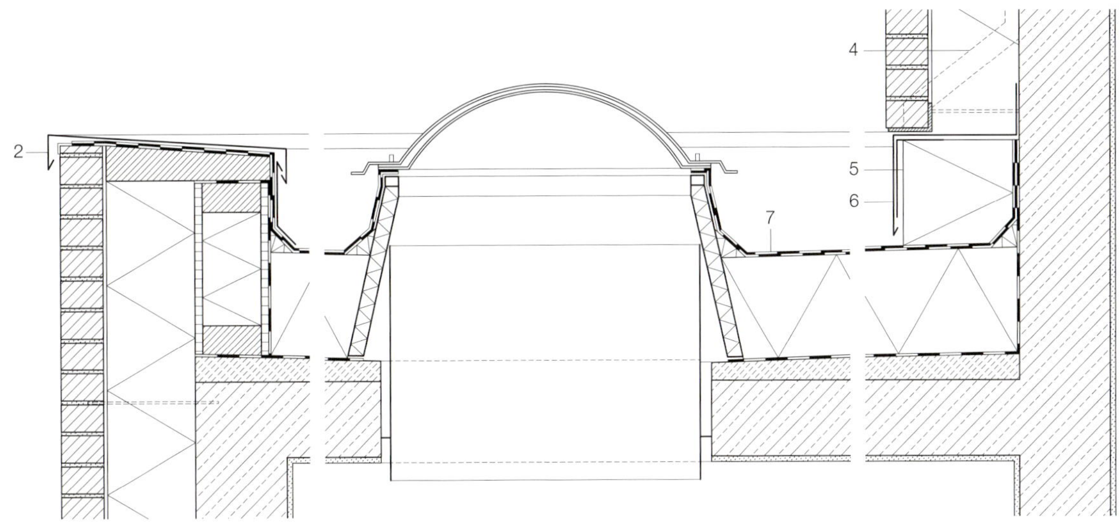

Grundriss
Erdgeschoss
Schnitte
Maßstab 1:500
Vertikalschnitt
Maßstab 1:20

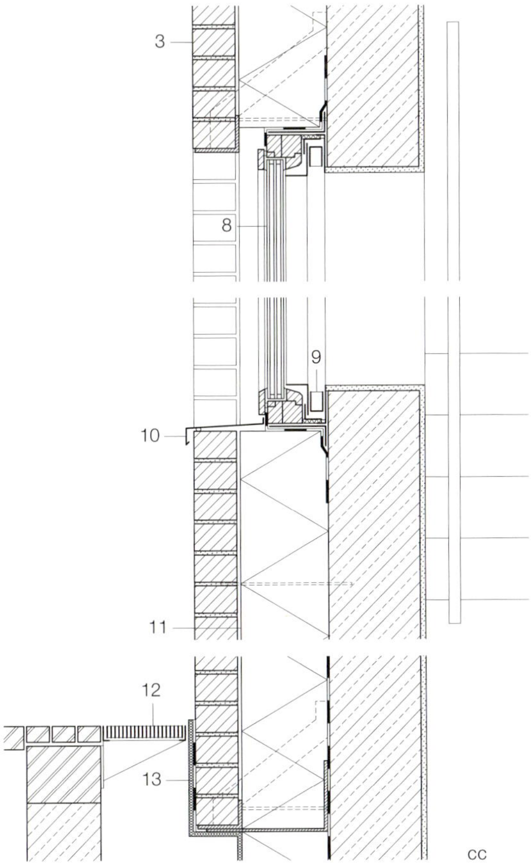

Erweiterung Israel Museum

Jerusalem, IL 2010

Entwurf:
James Carpenter Design Associates, New York

DETAIL 06/2011
Element + Bau 04/2011
Intelligente Architektur 75/2011

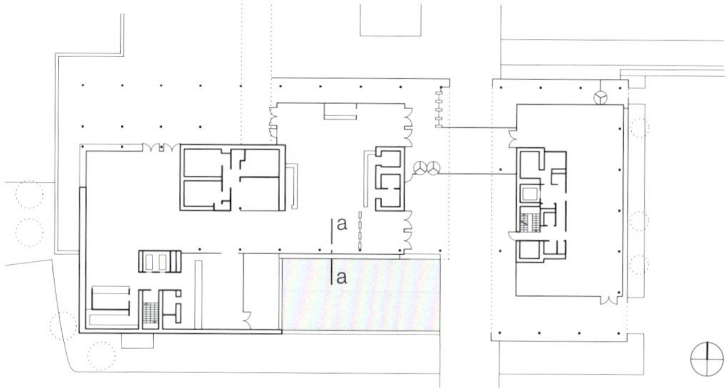

- Renovierung und Erweiterung eines der bedeutendsten Museen Israels
- besondere Berücksichtigung des Gebäudebestands und des umgebenden Gartens von Isamu Noguchi
- fließender Übergang von Außen- und Innenraum
- hohe Tageslichtqualität durch speziell für den Standort und die jeweilige Fassadenorientierung entwickelte Keramiklamellen aus extrudiertem Ton
- an allen Fassadenseiten unterschiedlich breite Lamellen
- hierdurch Abschirmung der direkten Sonneneinstrahlung an allen Seiten

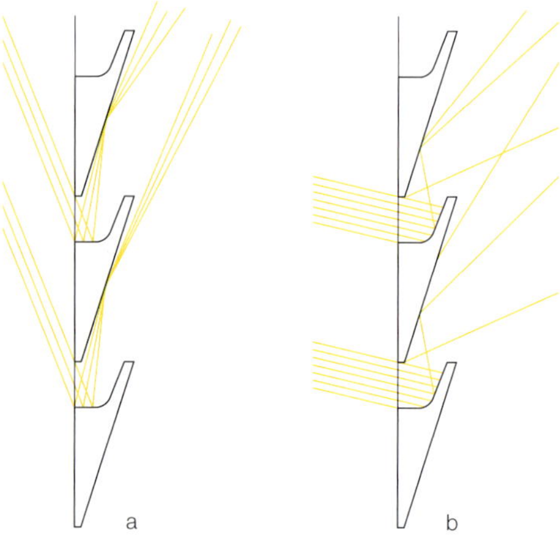

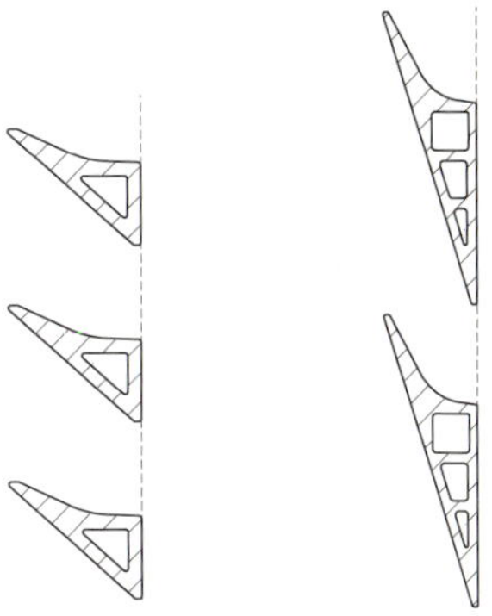

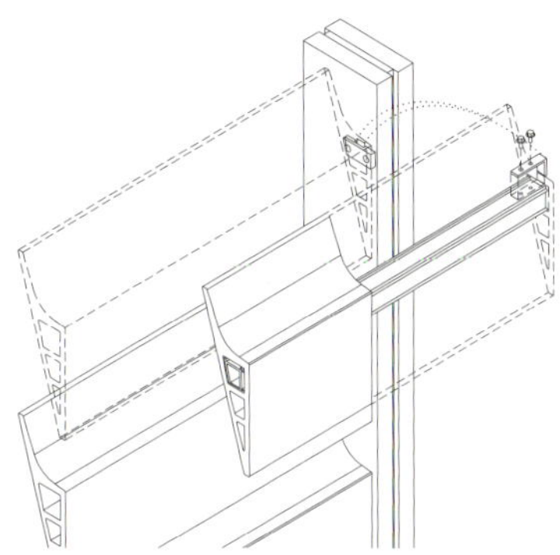

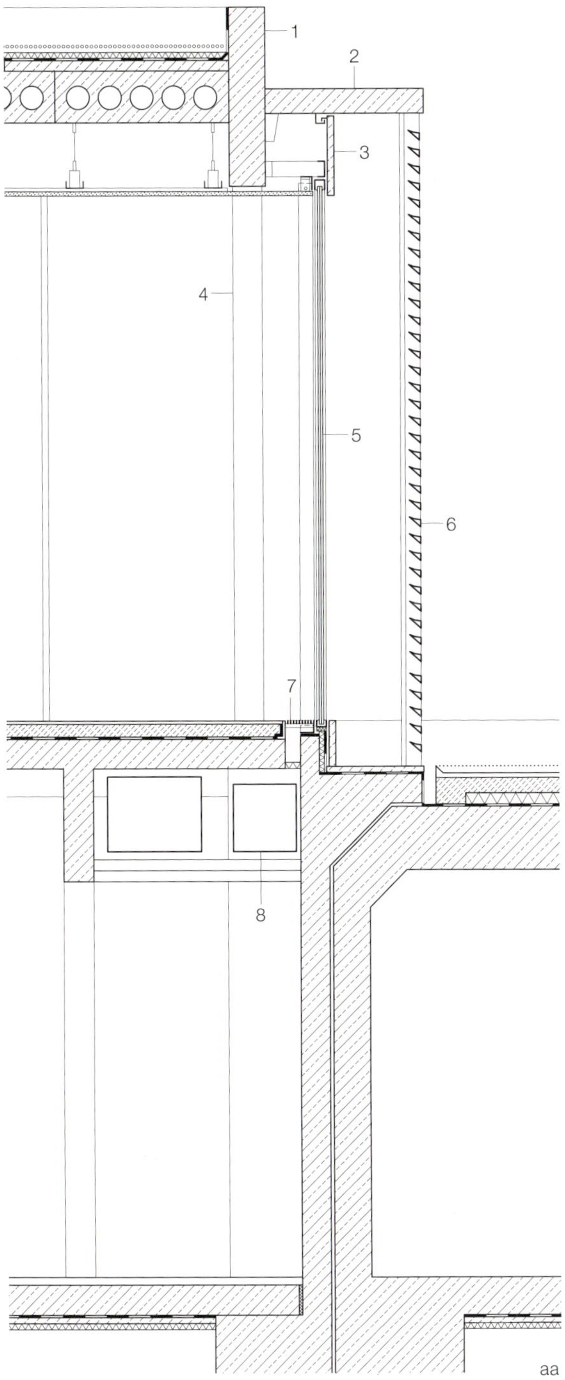

Grundriss Maßstab 1:1000
Diagramm Tageslichtlenkung
ohne Maßstab
a 13:00 Uhr
b 17:00 Uhr
Vertikalschnitt
Maßstab 1:20
Vertikalschnitte Lamellen ohne Maßstab
Axonometrie Befestigung

1 Ortbetonträger 120 × 25 cm
2 Dachtraufe 110 × 16 cm, Stahlbetonfertigteil
3 Dachattika 50 × 4,5 cm, Betonfertigteil
4 Stahlstütze ∅ 20 cm, gestrichen
5 VSG 2 × 8 mm, eisenreduziert Fassadenpfosten, gestrichen
6 Keramiklamelle
7 Fensterrost
8 mechanische Belüftung

B 3 Beton

B 3.1 Art and Architecture Building, Yale University, New Haven (US) 1964, Paul Rudolph

Beton, der erste künstlich hergestellte, heterogene Baustoff, markiert einen wichtigen Entwicklungsschritt in der Baugeschichte. Das Material ist äußerst widerstandsfähig, leicht zu verarbeiten und problemlos verfügbar sowie in Verbindung mit Stahl statisch hochbelastbar. Daher findet Stahlbeton besonders in Tragwerken weite Verbreitung und eröffnet durch seine plastische Formbarkeit immer wieder Wege zu neuartigen Konstruktionsweisen.
Auch im Bereich der Fassade bestehen vielfältige Einsatzmöglichkeiten, die jedoch meist hinter vereinfachendem Pragmatismus zurückstehen. Als monolithischer Baustoff, der aus einem Guss verarbeitet wird, lassen sich nahtlose Übergänge zwischen den Elementen herstellen. Neben Sichtbetonfassaden aus Ortbeton gibt es ein reichhaltiges baukonstruktives und gestalterisches Repertoire von großflächigen Platten bis zu kleinen blockformatigen Steinen. Unter dem Thema »Fassaden aus Beton« werden allgemein Anwendungsformen von zementgebundenen und auf Zement basierenden Baustoffen behandelt. Dabei steht der gestalterisch wirksame Einsatz im Vordergrund der Betrachtungen, bei dem sich fünf Bereiche unterscheiden lassen:

- Sichtbetonfassade
- Fertigteil
- Betonwerksteinplatte
- Sichtmauerstein
- zementgebundene Platte

Diese verschiedenen Einsatzmöglichkeiten bedingen z.T. sehr unterschiedliche produktions- und herstellungstechnische sowie normative Anforderungen. Auch bestehen vielfache Möglichkeiten für materialspezifische Anpassungen mit unterschiedlichsten farbigen und strukturellen Gestaltungsmöglichkeiten der Oberflächen wie:

- schwer/leicht
- dämmend/speichernd
- gefügedicht/offenporig

Vom Opus Caementitium zum (Stahl-)Beton

Die Entwicklung moderner architektonischer Formen wird nachhaltig durch Beton geprägt [1]. Dabei handelt es sich in seinen stofflichen Grundlagen um ein sehr altes Material. Bereits um 12000 v. Chr. ist Kalkmörtel als Baustoff nachgewiesen und im 2. Jahrhundert v. Chr. wird basierend auf diesen Erfahrungen Opus Caementitium hergestellt. Mit diesem römischen Beton gelingen baumeisterliche Höchstleistungen wie z.B. das Pantheon in Rom (118 n. Chr.). Mit dem Ende des Römischen Reiches, verliert auch Opus Caementitium für nahezu 1500 Jahre seine Bedeutung als Baumaterial. Erst die Erfindung von Portlandzement (1824) markiert den Beginn der heutigen Betonentwicklung.
Mitte des 19. Jahrhunderts erfolgten in Frankreich und England Versuche einer Armierung von Beton. Diese Experimente zielten zunächst auf eine Substitution von Holz und Naturstein, da man sich von dem neuen Material besseren Schutz gegen eindringende Feuchtigkeit versprach. In England wird 1854 ein Patent für eine Eisenbeton-Verbunddecke erteilt. Etwa zeitgleich entwickelt François Coignet das dem Lehmbau nachempfundene Stampfbetonverfahren, den »Béton aggloméré«, mit dem er ein dreigeschossiges Wohnhaus baute.
Bauliche Pionierprojekte wurden um 1900 von einer Vielzahl experimenteller Untersuchungen zum Materialverhalten sowie der Weiterentwicklung von Berechnungsverfahren für eine allgemeine Theorie zum Stahlbetonbau begleitet, die sukzessive neue Anwendungsbereiche – insbesondere für weitgespannte Tragkonstruktionen – eröffneten.

Beton in der Fassade

Das neue Material Beton setzt sich um 1900 vor allem im Bereich der Industrie- und Wirtschaftsbauten wie Großmarkt- und Fabrikationshallen durch. Allerdings prägen die linearen Skelettstrukturen der Stützen und Träger des Betonbaus diese Bauten. Ein Wegbereiter ist Auguste Perret, dessen Stadthaus in der Rue Franklin in Paris (1903) erstmals das Material zumindest strukturell in der Fassade eines Wohnungsbaus zeigt.
Ab ca. 1910 beeinflussen zunächst mehr formale Ansätze den Stahlbetonbau. Konzepte von Tony Garnier (Planungen zur Idealstadt Cité Industrielle, 1901–1917), Le Corbusiers »System Domino« (1914) oder Ludwig Mies van der Rohes Entwürfe für ein Bürohaus (1922) und ein Landhaus (1923) aus Stahlbeton zeigen die Arbeit mit Scheiben, Platten sowie durchgehenden Brüstungsbändern.

Guss-/Ortbeton

Beton gilt als moderner Baustoff, und um 1900 erhofften sich Architekten wie Unternehmer Vorteile durch die Schütt- und Gussbetontechnik. Allerdings bestimmten hier der Mechanisierungsgrad der Arbeitsabläufe sowie das Schalungssystem entscheidend den wirtschaftlichen Erfolg.
Die Außenwände waren vielfach als konventionelle Lochfassaden ausgebildet und deren Oberflächen letztlich wie Ziegelmauerwerk verputzt.
Hinsichtlich des materialspezifischen Ausdrucks markieren drei Sakralbauten und ein »Amateurprojekt« die Anfangsjahre. Frank Lloyd Wright arbeitete bei der Unity Church in Oak Park/Illinois (1906) mit vielfältigen plastischen Formen. Er nutzte bereits durch Beimischung spezieller Zuschlagstoffe die farblichen Gestaltungsfreiheiten für Sichtbetonflächen. 1922 belässt Auguste Perret in der Kirche Notre-Dame in Raincy bei Paris die Oberflächen des Skelettbaus sichtbar und bildet die weitgehend aufgelösten Umfassungswände in einem lichten, maßwerkartigen Beton-

B 3.2

B 3.3

B 3.4

B 3.5

gitter aus. Karl Moser wählte bei der Kirche St. Antonius in Basel (1927) eine strenge, kubische Formensprache mit schalungsrauen Sichtbetonflächen, die das Material der Fassaden wie im Innenraum kraftvoll zur Wirkung bringen.
Ein Bau, bei dem Beton in der Modellierung der Fassaden virtuos eingesetzt wurde, ist das Goetheanum in Dornach (1928) von Rudolf Steiner. Allerdings erfordert die Umsetzung derart plastischer, organischer Gestaltungen einen hohen Arbeitsaufwand sowie eine ausgefeilte handwerkliche Technik beim Schalungsbau.

In den 1950er-Jahren entwickelt sich der Beton zu einem Massenbaustoff, der in allen Bauaufgaben Anwendung findet. Ein wesentlicher Impulsgeber ist Le Corbusier mit seinem Bestreben, den Beton in dessen unmittelbarer, »roher« Materialität – dem »Béton brut« – zu zeigen. Er nutzte diesen gekonnt als Gestaltungsmittel in der reliefartigen und / oder plastischen Durchbildung der Fassadenfläche, z. B. beim Kloster Sainte-Marie-de-la-Tourette (1960) in Éveux bei Lyon (Abb. B 3.2).
Während das Schweizer Büro Atelier 5 beim Bau der Siedlung Halen bei Bern (1961) auch im (Klein-)Wohnungsbau rauen Sichtbeton verwendet, setzt Louis Kahn beim Bau des Jonas Salk Institute in La Jolla (1965) auf möglichst glatte Oberflächen. Und es ist ebenfalls Kahn, der erstmals durch die Ausbildung von Schattenfugen sowie die sorgfältige Platzierung der Schalungsanker, die Betonfassaden durch ein orthogonales Lineament strukturiert und zugleich den Herstellungsprozess ablesbar macht.
Viele Architekten nutzen in den 1960er- und 1970er-Jahren verstärkt die Optionen der räumlichen Formbarkeit von Außenwand und Baukörper sowie der Gestaltungsmöglichkeiten der Oberfläche. Singuläre Bauten stellen in dieser Zeit die Wallfahrtskirche in Neviges (1968), sowie das Rathaus in Bensberg (1969) von Gottfried Böhm dar. Dieser modellierte – insbesondere bei dem Kirchenbau – einen plastisch zerklüfteten Baukörper, dessen mächtige, opake Oberflächen durch die feine Textur der Schalungsstrukturen jedoch nicht monoton wirken (Abb. B 3.3).
Einen ebenfalls sehr plastischen Umgang mit dem Material Beton zeigt das Bürogebäude von Barbosa & Guimarães Arquitectos in Porto (2009), Abb. B 3.5). Hier bestimmen die polygonalen Fassadenflächen nicht nur die äußere Gestalt, sondern auch die Innenräume des Gebäudes. Während Carlo Scarpa in fast schon (kunst-) handwerklicher Manier die Formbarkeit des Betons auslotete – besonders bei der Grabstätte für die Familie Brion in San Vito d'Altivole bei Asolo (1975) –, verwendete Paul Rudolph beim Art and Architecture Building der Yale University in New Haven (1958–64) eine industrielle Strukturschalung (Abb. B 3.1). Die an Kanneluren angelehnte Profilierung der farbigen Oberflächen lässt im Wechsel der glatten Rillen und rau gebrochenen Stege ein differenziertes Licht- und Schattenspiel entstehen. Durch Beimischung lokal vorgefundener Stoffe und / oder durch die Strukturierung der feuchten Oberfläche eröffnen sich weitere gestalterische Optionen, wie dies Auer + Weber bei dem Hotel der ESO am Cerro Paranal (2001) (siehe S. 123) oder Herzog & de Meuron beim Schaulager in Basel (2003) zeigen (Abb. B 3.8).

In jüngster Zeit versuchen Architekten, den Eindruck der monolithischen Bauweise umfassend, bis ins Detail zum Ausdruck zu bringen. Die Vermeidung jeglicher Arbeitsfugen, der Verzicht auf das Abzeichnen der Schalungsanker sowie äußerst minimierte Bauteilquerschnitte bei gleichzeitig neuartigen optischen Wirkungen führen auch bei diesem extrem leistungsfähigen Material zu enormen bautechnischen Herausforderungen.

Vorfertigung

Da die Herstellung von Beton auf der Baustelle konstruktive und herstellungstechnische Nachteile aufweist, versucht man, die Konstruktionen in gleichartige, transportable Elemente zu zerlegen, die in Fertigteilwerken seriell produziert werden können. Dies ermöglicht bei witterungsunabhängiger Arbeit eine höhere Qualität und Präzision in der Produktion sowie bessere Standards in der Oberflächengüte.
Anfang der 1890er-Jahre entsteht in Frankreich eine erste Feldfabrik zur Vorfertigung von Betonelementen, und der französische Steinmetz François Hennebique verwirklicht 1896 mit einer transportablen Raumzelle aus 5 cm dicken, bewehrten Betonplatten ein erstes serienmäßig hergestelltes Gebäude.
Ab 1920 nehmen die Montagebauweisen im Bereich des Stahlbetons an Bedeutung zu. Architekten wie Ernst May, der ein eigenes System mit unterschiedlich großen Wandblöcken in einer Reihe von Siedlungen in Frankfurt am Main (u. a. Praunheim, 1927) einsetzte, oder Walter Gropius, der in der Siedlung Dessau-Törten (1927) auf eine kleinteilige Bauweise mit Schlackenbetonhohlsteinen zurückgriff, arbeiteten an Konzepten einer breiten Vorfertigung. Auch wenn sich die Systemansätze weder bautechnisch noch wirtschaftlich durchsetzen konnten, bilden diese Experimente eine wichtige (Vor-)Stufe auf dem Weg zur Industrialisierung des Bauens [2].
In den 1950er- und 1960er-Jahren findet vor allem der Großtafelbau – das Bauen mit großformatigen, tragenden Wänden – eine weite Verbreitung. Während die Systembauweise zu massenhaft umgesetzten, sehr schematischen Fassaden geführt hatte, kehrten sich im Zuge der sogenannten Postmoderne diese Ansätze nahezu ins Gegenteil, indem Vorfertigung und plastische Formbarkeit von Betonelementen für ein beliebiges Farben- und Formenspiel genutzt wurden.
Architektonische Antworten formulieren Architekten wie Angelo Mangiarotti (siehe S. 116.), Bernhard Hermkes (Gebäude der Architektur-

B 3.2 Kloster Sainte-Marie-de-la-Tourette, Éveux (FR) 1960, Le Corbusier
B 3.3 Wallfahrtskirche, Neviges (DE) 1968, Gottfried Böhm
B 3.4 Architekturfakultät TU Berlin (DE) 1967, Bernhard Hermkes
B 3.5 Vodafone Headquarters, Porto (PT) 2009, Barbosa & Guimarães
B 3.6 John Storer Haus, Hollywood (US) 1924, Frank Lloyd Wright
B 3.7 Bürogebäude Centraal Beheer, Apeldoorn (NL) 1972, Herman Hertzberger
B 3.8 Schaulager, Basel (CH) 2003, Herzog & de Meuron

B 3.6

B 3.7

fakultät der Technischen Universität Berlin, 1968, Abb. B 3.4), Gottfried Böhm oder Eckhard Gerber. Böhms Verwaltungsgebäude der Züblin AG in Stuttgart (1984) zeigt einen formal wie farblich differenzierten Umgang mit Fertigteilen. Gerber setzte indes vorgesetzte, orthogonale flächige Stahlbeton-Fassadenelemente bei einem Verwaltungsgebäude in Dortmund (1994) in strukturell klarer Weise zur Bekleidung der Stützen und Brüstungsfelder ein. Auch die »schwere Vorfabrikation« stellt heute sowohl unter technischen als auch gestalterischen Gesichtspunkten wieder eine Optionen dar. Architekten wie Thomas von Ballmoos und Bruno Krucker (Wohnsiedlung Stöckenacker in Zürich, 2002), oder Léon Wohlhage Wernik (Hauptverwaltung des Sozialverbandes in Berlin, 2003) planten geschoss hohe, mehrschichtige Fertigteilelemente so, dass bereits durch moderate Variationen der Abmessungen ein stimmiges Resultat gelingt.

Eine Form nicht bewehrter Fassadenbekleidung stellen kleinformatigen Betonwerksteinplatten dar. Angemörtelte Platten finden seit mehr als 100 Jahren im Bauen Verwendung, insbesondere im Sockelbereich als widerstandsfähiger, leicht zu verarbeitender Baustoff. Eines der frühesten Beispiele in Deutschland stellt das Rathaus in Trossingen (1904) dar, bei dem Betonwerksteinplatten als Sockelbekleidung und Gewände eingesetzt wurden. Besonders die vielfältigen Möglichkeiten der Bearbeitung, Formbarkeit sowie der Kombination mit unterschiedlichen Gesteinskörnungen führen zur Herstellung von bauornamentalen Elementen wie (Halb-)Säulen, Baluster, Giebel, Rosetten und Ähnlichem. Weitverbreitet ist der Einsatz von Betonwerksteinplatten als vorgehängtes, hinterlüftetes, kleinformatiges Bekleidungsmaterial, wie z. B. in der rot eingefärbten Fassade der Deutschen Botschaftsschule in Peking (2001) von Gerkan Marg + Partner.

Betonsteine

Mauersteine aus Beton bieten die Vorteile einer kleinteiligen und leichten Bauweise mit der Option einer breiten Farbvielfalt sowie der Oberflächenbearbeitung.

Frank Lloyd Wright beschäftigte sich ab 1914 mit unterschiedlichen Ansätzen. In seinem »Textile-Block«-System suchte er eine Alternative zu großformatigen Plattenbauweisen. Basierend auf einem quadratischen Ausgangsmodul, arbeitete er mit einer Vielzahl von Formsteinen. Bauten wie das John Storer Haus in Hollywood (1923) zeigen reich ornamentierte Fassadenflächen mit einem Wechsel unterschiedlicher Muster glatter und strukturierter Steine (Abb. B 3.6) [3].
Egon Eiermann thematisierte das Motiv einer lichtdurchlässigen Wand durch Einsatz von Betongittersteinen mit (farbigen) Glasfüllungen sowohl bei der Matthäus-Kirche in Pforzheim (1956), als auch bei der Kaiser-Wilhelm-Gedächtnis-Kirche in Berlin (1963).
Eine weitere Verwendung von Sichtmauersteinen stellt die Ausmauerung opaker Flächen in einem Stahlbetontragwerk dar, die sich insbesondere im Werk von Herman Hertzberger findet. In Bauten wie dem Bürogebäude Centraal Beheer in Apeldoorn (1972, Abb. B 3.7), dem Musikzentrum Vredenburg in Utrecht (1978) oder den Apollo-Schulen in Amsterdam (1983) bildet das außen wie innen sichtbar und unbehandelt belassene Sichtmauerwerk durch die leicht porösen Oberflächen und die unterschiedlichen farbigen Strukturen einen wirkungsvollen Kontrast zu den glatten Sichtbeton- und Glas(baustein)flächen [4].
Der Tessiner Architekt Mario Botta verwendete in einer Reihe von Einfamilienhäusern ebenfalls Betonsteine, deren Kleinteiligkeit und Farbigkeit eine bewusste Referenz zum regionalen Bauen mit Bruchsteinen aus Granit darstellen.

Zementgebundene Plattenwerkstoffe

Ein gänzlich anderer Bereich der Verwendung von mineralisch gebundenden Baustoffen sind Faserzementplatten. Bereits um 1900 wird Asbestzement – ein Komposit aus Asbestfasern und Zement – in Österrreich zum Patent angemeldet, und seit 1903 vertreibt die Firma Eternit die gleichnamigen Platten [5].
In den 1970er-Jahren werden Asbestfasern als krebserregend eingestuft. 1979 erfolgt das Verbot von Spritzasbest, bevor Ende 1990 auch der Einsatz von Asbestzementplatten (Faseranteil ca. 10 %) ausläuft. Nachdem Asbest als Material ersetzt werden muss, sind im Handel zementgebundene Platten mit gesundheitlich unbedenklichem Fasermaterial als neuem

B 3.8

Zuschlagstoff wie z. B. Holzspänen verfügbar. Das Material weist bei geringer Dicke hohe mechanische Festigkeiten auf, ist feuerfest und lässt sich in unterschiedlichen Abmessungen und Formaten herstellen.
Zunächst als leichtes Dachdeckungsmaterial entwickelt, wurden kleinformatige Schindeln und großformatige Platten schnell zur Fassadenbekleidung eingesetzt. Bereits ab 1912 erweitern kleinwellige und ab 1923 großwellige Platten die Produktpalette. Neben den positiven Materialeigenschaften und der einfachen Handhabung ermöglicht der Verbundwerkstoff von Beginn an eine industrielle Massenproduktion, was ihn zu einem kostengünstigen Baustoff werden lässt.

Ein Pionier im bewussten gestalterischen Einsatz dieses Materials in der Fassade ist Marcel Breuer. So verwendet er Anfang der 1930er-Jahre bei einer Ladenfront in Basel bereits Wellplatten aus Faserzement.
In Deutschland werden – insbesondere in den 1950er und 1960er-Jahren – millionenfach Asbestzementplatten auch in Fassaden verbaut. Namhafte Architekten wie Ernst Neufert, der 1955 ein Well-Eternit Handbuch herausgab, und Egon Eiermann setzen Faserzementplatten bei Industriebauten oder im Wohnungs- und Verwaltungsbau ein, ebenso Rolf Gutbrod bei einem Büro- und Geschäftshaus in Stuttgart (1952).
Aktuellere Beispiele zeigen, dass Faserzementplatten als leichtes und robustes Fassaden-Bekleidungsmaterial weiterhin zahlreich eingesetzt werden. So beispielsweise beim Lagerhaus Ricola in Laufen (1987) von Herzog & de Meuron mit einer räumlich gestuften, bandartigen Anordnung (Abb. B 3.9) oder beim Technologiezentrum in Zürich (1992) der Architekten Itten und Brechbühl mit flächigem Einsatz und sichtbaren Befestigungen [6].

Betontechnologie

Beton ist ein künstlicher Stein. Er entsteht durch die Erhärtung des Zement-Wasser-Gemischs (Zementleim) zu Zementstein, wobei die Gesteinskörnung zu einer festen Matrix verbunden ist. Für die Bemessung und Ausführung stellt EN 206-1 die wichtigste Norm dar. Hinsichtlich der einzelnen Bestandteile unterscheidet man:

- Bindemittel
- Gesteinskörnung (Zuschlagstoffe)
- Zusatzmittel
- Zusatzstoffe

Als Bindemittel wird Zement verwendet, der durch Brennen von Kalk und Ton bzw. Mergel und anschließendem Vermahlen gewonnen wird. Die wichtigste Art ist Portlandzement, der einen Gips- oder Anhydritanteil zwischen 3 und 5 % enthält. Nach dem Anreichern mit Wasser erhärtet Zement. Der sich dabei bildende Zementstein ist wasserbeständig und weist hohe Festigkeiten auf.
Normalzemente werden nach EN 197-1 in fünf Hauptarten (CEM I–V) eingestuft, deren 27 Produkte sich jeweils durch ihre Hauptbestandteile unterscheiden. Der heute gebräuchlichste Zement ist CEM II, ein Portlandkompositzement, der mindestens 65 Masse-% Portlandzementklinker enthält und zudem jeweils einen weiteren Hauptbestandteil.
Beton besteht zu etwa 70 Vol.-% aus Gesteinskörnung. Kalkstein, Quarz, Granit oder Pophyr lassen sich in runder oder abgerundeter Form als Sand oder Kies in Flüssen oder Kiesgruben gewinnen, während Brechsand, Splitt oder Edelsplitt als zerkleinerte, gebrochene Stoffe aus Steinbrüchen kommen.
Zusatzmittel wie Betonverflüssiger, Fließmittel, Luftporenbildner oder Stabilisierer beeinflussen die Materialeigenschaften durch ihre chemische oder physikalische Wirkung. Zusatzstoffe wie Pigmente – seltener Gesteinsmehle – ermöglichen eine nahezu beliebige Einfärbung des Betons.
Beton weist bereits im frühen Stadium hohe Druckfestigkeiten und eine gute Dauerhaftigkeit auf. Dagegen ist seine Zugfestigkeit eher gering. Dies wird durch Einlegen einer Bewehrung – in der Regel Stahlbewehrung – kompensiert. Damit ist Beton ein hervorragender Verbundwerkstoff, dessen Materialeigenschaften sehr genau geplant werden können. Sie bestimmen Nutzung und Funktion und damit dessen Einsatzbereiche. Im Allgemeinen werden Anforderungen an Festigkeit, Korrossionsschutz, Frostwiderstand etc. definiert, wobei die Expositionsklassen zwischen Einwirkungen auf den Beton und die Bewehrung unterscheiden. Außenbauteile aus Beton, die einerseits bei mäßiger Durchfeuchtung einem Frostangriff ausgesetzt sind und deren Bewehrung andererseits bei wechselnder Durchfeuchtung vor Karbonatisierung zu schützen ist, werden in die Expositionsklassen XC 4 und XF 1 eingestuft. Der verwendete Beton muss in diesem Fall die Festigkeitsklasse ≥ C 25/30 und einen Wasserzementwert (w/z-Wert) von ≤ 0,60 bei einem Zementgehalt von ≥ 280 kg/m³ aufweisen.
Hinsichtlich der Frischbetoneigenschaften bestehen für Sichtbeton Anforderungen an leichte Verarbeitbarkeit, d. h., dieser soll stabil, nicht blutend und entmischungssicher sein, was in der Konsistenzklasse F 3 festgelegt ist. Um einen konstanten Gehalt und eine gleichbleibende Granulometrie, d. h. Partikelgröße und -form, zu gewährleisten, stellen hierbei ausreichende Feinstanteile von Zement und Gesteinskörnung wichtige Parameter für die Verarbeitbarkeit dar.

Betonarten

Zwei wesentliche Eigenschaften des Festbetons sind Rohdichte und Druckfestigkeit. Je nach Herstellung und Zuschlägen kann Beton gezielt unterschiedliche Eigenschaften erhalten. So erfordern hohe Tragfähigkeit und guter Schallschutz einen dichten Beton, während porige Zuschläge die wärmedämmende Funktion verbessern. Die Betonarten werden nach Trockenrohdichte wie folgt klassifiziert:

- Schwerbeton: > 2600 kg/m³
  Gesteinskörnungen z. B. Eisenerz, Eisengranulat, Schwerspat
  Einsatzbereich u. a. Strahlenschutz
- Normalbeton: > 2000–2600 kg/m³
  Gesteinskörnung z. B. Sand, Kies, Splitt, Hochofenschlacke
  Auf diese Betonart beziehen sich die meisten baulichen Anwendungen. Ist eine Verwechselung ausgeschlossen, wird Normalbeton als Beton bezeichnet.
- Leichtbeton: 800–2000 kg/m³
  Seine Merkmale werden in erster Linie bestimmt durch:
  - Eigenschaften der Leichtzuschläge wie Blähschiefer, Blähton etc.
  - Art des Betongefüges, haufwerksporig oder gefügedicht
  - Porenanteil, Poren- oder Schaumbeton
  Haufwerksporiger Leichtbeton wird überwiegend für wärmedämmende Aufgaben eingesetzt und besitzt im Vergleich zu Normalbeton eine geringere Tragfähigkeit, die jedoch für den allgemeinen Hochbau ausreicht.

Darüber hinaus ist Beton in Druckfestigkeitsklassen eingeteilt, die Doppelwerte nach dem C (Concrete = Beton) resultieren aus den Vereinheitlichungen zur DIN EN 206-1 und bezeichnen die Zylinder- und Würfeldruckfestigkeiten in N/mm²:

- normalfeste Betone (C 8/10 bis C 50/60)
- hochfeste Betone (C 55/67 bis C 100/115)
- Leichtbetone (LC 8/9 bis LC 50/55)

Leichtbetone wiederum unterteilt man in sechs Rohdichteklassen von D 1,0 bis D 2,0, die je nach Einsatzbereich vom Planer festgelegt werden müssen.

Hochleistungs- und textilbewehrte Betone

Im Bereich der Betonherstellung richten sich umfangreiche Forschungsaktivitäten auf eine

B 3.9

B 3.9 Hochregallager, Laufen (CH) 1987, Herzog & de Meuron
B 3.10 typologische Zuordnung »Beton in der Fassade«

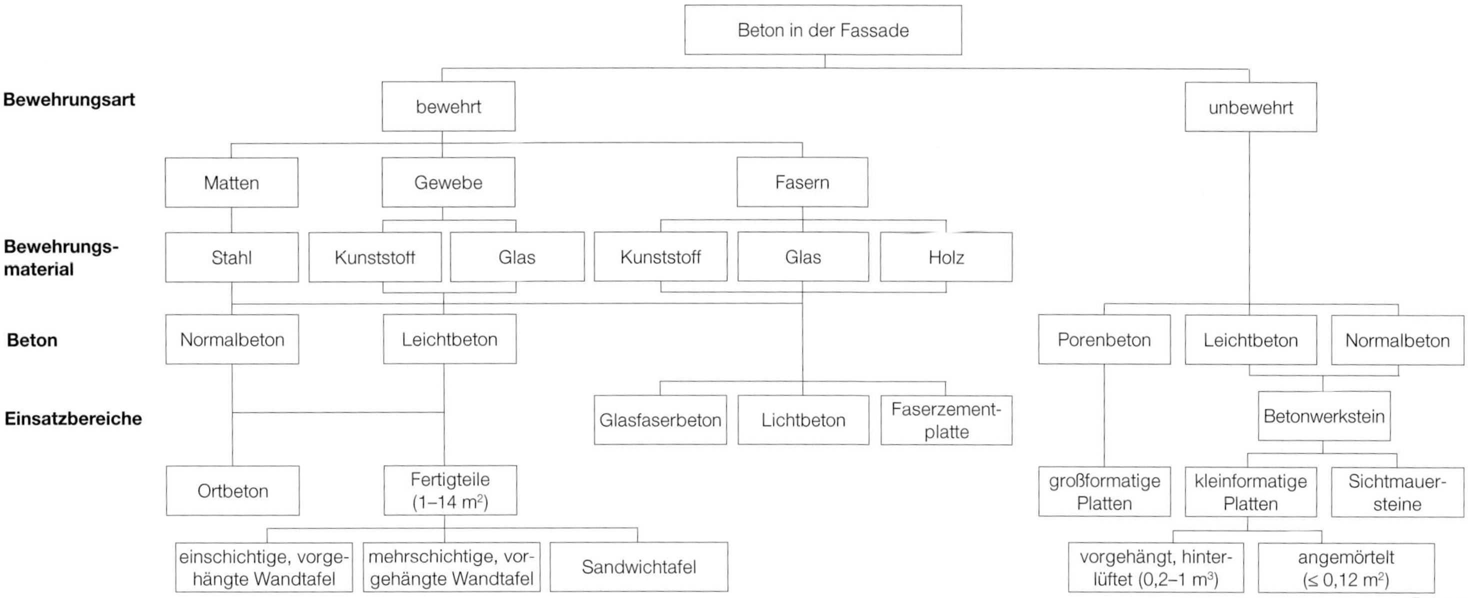

B 3.10

Verbesserung der Leistungsfähigkeit des Baustoffs. Dabei stellen selbstverdichtende und hochfeste Betone einen Arbeitsschwerpunkt dar. Ziel ist es, durch Zugabe bauchemikalischer Stoffe, Betone mit hoher Fließfähigkeit und genau eingestellter Zähigkeit zu erzeugen, die ohne mechanische Unterstützung entlüften und (selbst) verdichten. Dadurch lässt sich die Herstellung besonders schlanker Bauteile mit engmaschiger Bewehrung und anspruchsvoller geometrischer Form bei gleichzeitig hochwertigen und dichten Sichtbetonflächen deutlich verbessern.
Weitere Entwicklungen erstrecken sich auf den Bereich der Betonfestigkeiten und der Verbesserung des Schutzes vor eindringender Feuchte. Mittlerweile werden im Hochbau hochfeste Betone mit Zylinderdruckfestigkeiten > 125 N/mm² eingesetzt. Diese Betone weisen einen niedrigen w/z-Wert auf und besitzen durch den Einsatz von Feinstfüllstoffen wie Microsilica oder Feinstzement ein sehr viel dichteres Gefüge und eine äußerst geringe Porosität der Oberfläche.

Neben diesen baukonstruktiven »Superlativen« gewinnt die Kombination von Beton mit korrosionsbeständigen textilen Fasern als Bewehrungsmaterial zunehmend an Bedeutung. Der Verbundwerkstoff »textilbewehrter Beton« ermöglicht durch den Einsatz textiler AR-Glas- oder Kohlefasergewebe die Fertigung relativ dünnwandiger Betonbauteile, da nur noch eine geringe konstruktiv notwendige Überdeckung der Bewehrung erforderlich ist. Die bisher vorliegenden Ergebnisse bestätigen, dass sich damit über die Substitution herkömmlicher Verbundmaterialien und vorhandener Konstruktionen hinaus für den Beton- und Leichtbau neue Anwendungsfelder erschließen lassen. Es hat sich gezeigt, dass mit zementgebundenen Werkstoffen extrem hohe Festigkeitswerte erzielt werden und die Herstellung äußerst gefügedichter Sichtbetonoberflächen gelingt. Beide Weiterentwicklungen setzen besonders im Fertigteilbau neue Impulse [7]. Ein anderes Beispiel für die Weiterentwicklung stellt selbstverdichtender Beton dar, wodurch die Einsatzmöglichkeiten, z. B. im Zusammenhang mit anspruchsvollen Schalungsgeometrien, deutlich erweitert wurden. Entsprechende Hinweise finden sich in DIN EN 206, Teil 9.

Konstruktive Aspekte

Trotz der Vielfalt an Betonarten basiert ein Großteil der Ausgangsmischungen in der Praxis auf Normalbeton. In den 1970er-Jahren versprach man sich eine enorme quantitative und qualitative Erweiterung des Betoneinsatzes durch verschiedene Formen von Leichtbeton. Diese Erwartungen erfüllten sich indes nicht, sodass der (konstruktive) Leichtbeton im Bereich der Außenwand nahezu ausschließlich im EFH- und ZFH-Bau oder Gewerbebau eingesetzt und bis auf wenige Ausnahmen verputzt, als Mauerstein oder Fertigteil vermörtelt oder verklebt wird.
Aus den diversen Verarbeitungsmöglichkeiten ergeben sich z. T. sehr unterschiedliche Randbedingungen für die Ausführungen der Fassaden. Dabei bestehen einerseits rein materialspezifische Anforderungen, anderseits beziehen sich Ausführungsformen auf Normen und Richtlinien, die auch für den Einsatz anderer Baustoffe gelten (Abb. B 3.10).

Sichtbeton

Spricht man von Fassaden aus Beton, so bezieht sich dies meist auf eine Ortbetonherstellung, wobei in diesem Zusammenhang Sichtbetonfassaden gemeint sind. An derartige Betonflächen werden hinsichtlich der Herstellung und des Aussehens besondere Anforderungen gestellt. Dabei zeigt die Praxis, dass die Festlegung von gestalterischen Merkmalen auch vom Architekten Fachwissen über die besonderen Anforderungen verlangt.

Die Ansichtsfläche einer Betonwand, kann vielfältig gestaltet werden durch:
- besonderen Einsatz der Schalung
- gezielte Betonzusammensetzung

Oberflächenbearbeitung

Eine wesentliche Randbedingung stellt das Schalungssystem dar. Die Oberfläche resultiert aus einer Mörtelschicht aus Zementstein und Feinstanteilen der Gesteinskörnung und stellt daher ein Abbild der verwendeten Schalhaut dar. Deren Einfluss auf die Ansichtsfläche ist zu unterscheiden nach:
- saugend (z. B. sägeraue, ungehobelte Bretter; unbeschichtete Spanplatten)
- schwach saugend (z. B. oberflächenvergütete Mehrschichtplatten)
- nicht bzw. sehr schwach saugend (z. B. Stahlblech, Kunststoffmatrizen, Spanplatten)

Einsatzhäufigkeit und Reinigungszustand der Schalung beeinflussen die Entstehung von Poren, Marmorierungen, Wolkenbildungen und Farbtonunterschieden. Eine wesentliche Rolle für das Erscheinungsbild spielen des Weiteren Lage und Anordnung von:
- Fugen
- Schalungsstößen
- Schalungsankern

Durch Verwendung von Trapez- oder Dreikantleisten (z. B. 7 mm, 10 mm) können Arbeits- oder Scheinfugen besonders akzentuiert bzw. durch Verlegen in Schattenzonen kaschiert werden. Dabei muss jedoch besonders auf eine ausreichende Betondeckung in diesen Bereichen geachtet werden.
Da es unmöglich ist, Schalungsstöße völlig wasserdicht auszuführen und sie außerdem den w/z-Wert im Stoßbereich verändern (was zu Verfärbungen führen kann), sollte diesen ebenfalls besondere Aufmerksamkeit zuteil werden. Neben einem regelmäßigen System der Anordnung von Schalungsankern beeinflusst auch die Ausbildung der Ankerkonen

Fugenabstand L [m]	Richtwerte für die Fugenbreite b[1] bezogen auf +10 °C [mm]	erforderliche Mindest-fugenbreite min b [mm]	Dicke der Fugendichtungsmasse t_F[2] [mm]	zul. Abw. [mm]
bis 2	15	10	8	±2
über 2–3,5	20	15	10	±2
über 3,5–5	25	20	12	±2
über 5–6,5	30	25	15	±3
über 6,5–8	35	30	15	±3

1) zulässige Abweichung: ±5 mm
2) die angegebenen Werte gelten für den Endzustand, dabei ist auch der Volumenschwund der Fugendichtungsmasse zu berücksichtigen.

B 3.11

B 3.11 Richtwerte für die Planung der Fugenbreite und zulässige Mindestfugenbreite am Bau nach DIN 18540-1-3
B 3.12 Ankerlöcher:
a Konus oberflächenbündig mit Schattenfuge
b Faserbetonkonus
B 3.13 Mindestdicken und Längen von Betonfertigteilen
B 3.14 Befestigungen von großformatigen Betonfertigteilen:
a an Einlegteilen
b an Dübeln
c an Ankerschienen

die Gesamtwirkung der Fassadenfläche. Die Praxis hat gezeigt, dass ein bündiges Abspachteln der Vertiefungen häufig zu unbefriedigenden Resultaten führt. Scharfe Kanten bedürfen besonderer Schutzmaßnahmen gegen Beschädigung, was bei der Festlegung berücksichtigte werden sollte. Abplatzungen müssen ausgebessert werden, was sich jedoch meist in Farbabweichungen niederschlägt.
Einen weiteren wichtigen Parameter stellt die Außenwanddicke dar, die neben der Anordnung der Bewehrung abhängig ist vom technisch richtigen Einbringen und Verdichten des Betons. Unter Berücksichtigung einer Innenrüttlergröße (etwa 40 mm) und erforderlicher Mindestabstände der Bewehrung resultieren daraus bewährte Abmessungen von ≥ 16 cm für vorgesetzte Schalen, besser ≥ 24 cm.
Insgesamt erfordern Sichtbetonfassaden hinsichtlich der Ausführungsqualität, Beurteilung und des Sicherstellens der Oberflächenqualität sowie der Bauteilkosten eine detaillierte Vorplanung. Daher ist die Erstellung eines Schalungsmusterplans sinnvoll, in dem die besonderen gestalterischen Merkmale wie Flächengliederung, Oberflächenstruktur und konstruktive Details festgelegt sind. Die Ausführung von Musterflächen – vergleichbar in Maßstäblichkeit sowie Lage- und Herstellungsbedingung – stellt für die angestrebte Qualtität ein wichtiges Kontrollmedium dar.
Sichtbetonfassaden in Ortbeton bilden sowohl hinsichtlich ihres Erscheinungsbilds als auch in ihrer Herstellung letztlich Unikate, die nicht exakt wiederholbar sind, da das Ergebnis von vielen Einflussfaktoren abhängt. Ferner schränkt eine Herstellung auf der Baustelle die Optionen von Oberflächenbearbeitungen ein [8].

Fertigteile

Die Herstellung von Betonfertigteilen [9] bietet eine Vielzahl von Vorteilen gegenüber dem Ortbetoneinsatz, da Betonherstellung und -verarbeitung in einer Hand erfolgen. Die horizontale Fertigung ermöglicht eine sehr gute Betonverdichtung, was zu einer geringeren Porosität der Oberflächen führt. Transport- und Montagemöglichkeiten schränken jedoch den wirtschaftlichen Einsatz von schweren und großen Fertigteilen ein. Bezüglich der Bauteilstärke gelten vergleichbare Bedingungen wie beim Ortbeton. Im Fertigteilwerk hingegen lassen sich bewehrte Bauteile in deutlich schlankeren Dimensionen von ≥ 7 cm bis 14 bzw. 16 cm realisieren. Fertigteile können eine Fläche bis zu 14 m² aufweisen, wobei die maximale Länge für Vorsatzschalen von 5 m nicht überschritten werden sollte.
Im Fertigteilwerk sind eine Reihe wirtschaftlicher Bearbeitungsmöglichkeiten der Betonoberflächen realisierbar: Die Oberflächen lassen sich mit Aufdickungen und Vertiefungen plastisch gestalten sowie mit flächengliedernden Scheinfugen strukturieren. Auch bestehen Möglichkeiten, Verblendschichten mit (frostbeständigen) Bruchsteinen, Vormauerziegeln oder Naturstein- und Keramikplatten herzustellen. Dazu werden die Materialien mit der Sichtfläche auf dem Schalboden positioniert und in mehreren Betonschichten mit dem Fertigteil verbunden.
Im Regelfall kommt im Fertigteilwerk Normalbeton zum Einsatz. Zunehmend werden jedoch auch selbstverdichtende Betone benutzt, die sich durch ihre sehr weiche Konsistenz – und damit gute Verarbeitbarkeit – besonders für Sichtbetonflächen eignen.

Die Anordnung und Ausbildung von Fugen stellt ein wichtiges konstruktives Detail bei der Arbeit mit Betonfertigteilen dar, wobei ihr Mindestmaß von 10 mm abhängig ist von der jeweiligen Tafellänge. Bei dunklen, besonders temperaturempfindlichen Oberflächen müssen die Fugenbreiten um 10–30 % vergrößert werden (Abb. B 3.13).
Für die Ausbildung der Fugen stehen eine Vielzahl von Bändern und dauerelastischen Dichtstoffen sowie einbetonierte Kunststoffprofile zur Verfügung. Besondere Sorgfalt erfordert die Ausbildung der vertikalen Fuge an den Gebäudeecken. Im Allgemeinen gilt es als wirtschaftlicher, den Fugenanteil zugunsten größerer Formate zu reduzieren.
Der Einsatz von Betonfertigteilen erfordert einen erhöhten Vorplanungsaufwand und zudem – trotz einer Reihe verbesserter Produktionstechniken – bei wirtschaftlichen Überlegungen in der Regel größere Stückzahlen.
Im Bereich von Gebäudefassaden lassen sich drei Ausführungsvarianten unterscheiden:
- einschichtige, vorgehängte Wandtafeln
- zweischichtige, vorgehängte Wandtafeln
- Sandwichelemente

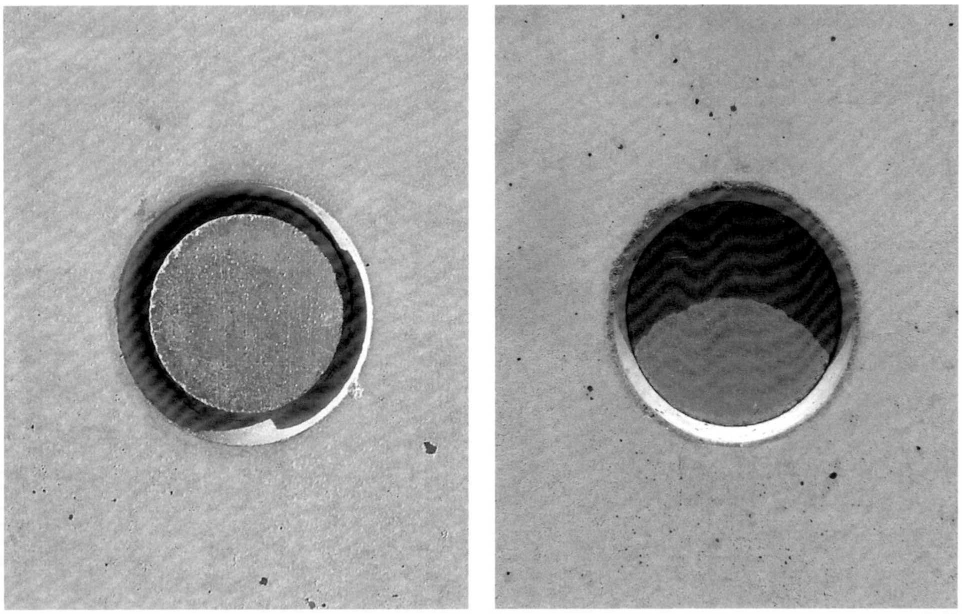

a b B 3.12

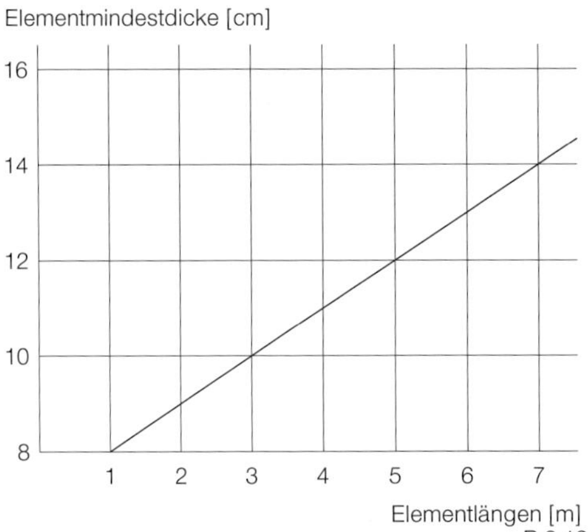

B 3.13

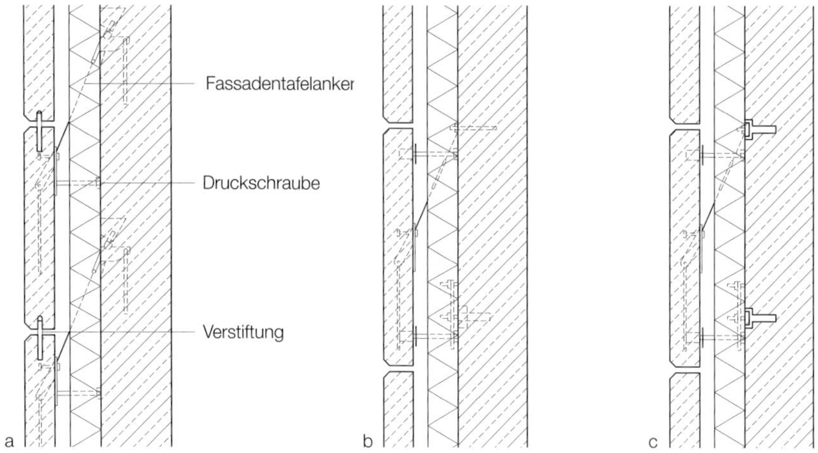

B 3.14

Großformatige, ein- und zweischichtige Betonfertigteile werden bauseits mit Fassadentafelankern an der Tragkonstruktion zwängungsfrei aufgehängt. Je nach System sind die Elemente in einbetonierte Tragarme eingehängt oder mit bauseits vorgesehenen Dübeln bzw. Ankerschienen verschraubt. Ankerschienen eröffnen hinsichtlich Montage und Fugenbild eine größere Anpassungsoffenheit. Nachstellbare Horizontalanker wie Druckschrauben oder Windanker nehmen Druck- und Sogkräfte auf, definieren die Lage zur Tragschicht und gewähren mit Verstiftungen eine präzise Einbindung in die Fassadenebene – auch während der Montage. Alle Befestigungsmittel müssen aus nicht rostendem Stahl ausgeführt werden (Abb. B 3.14–16).
Normalerweise verbinden sich im Sandwichelement die tragende und die dämmende Schicht in einem Bauteil mit der betonierten Ansichtsfläche. Die Vorsatzschicht sollte aufgrund der Bewehrung nicht weniger als 7 cm und – zur Vermeidung größerer Wechselverformungen – nicht mehr als 10 cm betragen, die größte Elementlänge – wie bei Wandtafeln – 5 m nicht überschreiten (Abb. B 3.13).
Der Verbund der einzelnen Elemente erfolgt über Trag- (Vertikalkräfte) und Horizontalanker (Horizontalkräfte). Verbundbügel und Verbundsowie Anstecknadeln dienen zur Aufnahme der Windlasten und Temperaturverwölbungen. Die Anzahl der Wärmebrücken steigt mit der Anzahl der Anker und Bügel.
Sandwichelemente können sowohl tragend als auch ohne lastableitende Funktion eingesetzt werden.

Betonwerksteinplatten

Eine Form der nicht bewehrten Fassadenbekleidung stellen die kleinformatigen, vorgehängten Betonwerksteinplatten dar [10]. Hierunter sind plattenförmige Baustoffe subsumiert, deren Abmessungen 0,2–1 m² betragen. In der Regel werden diese hinterlüftet und auf eine Unterkonstruktion montiert. Ein Vorteil der kleinformatigen Platten liegt darin, dass sie im Mauerwerk verankert werden können. Als Befestigungsmöglichkeiten dienen (Abb. B 3.15):

- Einzelanker in Mörtel gesetzt
- Einzelanker mit Dübel befestigt
- Hängeschienen als Unterkonstruktion

Die Plattendicke ist abhängig von der Betonfestigkeit und beträgt in der Regel 4 cm, wobei je nach Abmessungen auch Dicken von ≥ 2 cm möglich sind. Zur Bemessung und Verankerung gelten die gleichen Anforderungen aus DIN 18516 wie bei Natursteinplatten.
Für solcherart Fassaden gilt, dass mit steigendem Anteil von Metallelementen in der Unterkonstruktion die Kosten zunehmen. Wirtschaftliche Vorteile gegenüber Natursteinfassaden bestehen in der Regel nicht.
Bei Betonwerksteinplatten gibt es eine große Vielfalt hinsichtlich der Oberflächenbearbeitungen, und je nach Gesteinskörnung ist eine Breite Varianz in der Farbigkeit möglich.

Sichtmauerstein

Sichtmauersteine stehen in der Tradition des Mauerwerkbaus. Durch die Kombination von (haufwerksporigem) Normalbeton mit unterschiedlichen Gesteinskörnungen (u. a. Edelsplitten) und Farbpigmenten eröffnen sich allerdings eine Reihe von Optimierungsmöglichkeiten der Materialeigenschaften hinsichtlich Dauerhaftigkeit und Gestaltung.

Grundsätzlich differenziert man zwischen Vormauersteinen und Vormauerblöcken, wobei die Schichthöhe die Abgrenzung bildet (bis 125 mm = Steine, bis 250 mm = Blöcke). Da diese Unterscheidung selbst in DIN 18153 nicht durchgängig eingehalten wird, hat sich in der Praxis die Bezeichnung Sichtmauersteine etabliert. Diese weisen eine hohe Maßhaltigkeit auf und aufgrund der Rohdichte zwischen 1800 und 2200 kg/m³ auch gute Schall- und Brandschutzeigenschaften.
Dabei gibt es eine Vielfalt aufeinander abgestimmter Steinformate, mit denen sich die Fassade je nach Mauerverband, Farbigkeit und Oberflächenbearbeitung gliedern lässt. Außenwände werden im mitteleuropäischen Klima meist zweischalig mit nicht tragender Vorsatzschale ausgebildet. Je nach Gebäudehöhe und bauphysikalischen Anforderungen kommen dabei Steindicken von 9 oder 11,5 cm zum Einsatz. Hinsichtlich der Steinformate existieren zwei Systemreihen:

- Modulformate (M10 nach DIN 18000)
- oktametrische Formate (M8 nach DIN 4172)

Die oktametrische Reihe basiert auf 1/8 M (= 125 mm) und spiegelt im Wesentlichen die gängigen Steinformate wider. Die Modulformate auf Basis 1/10 M (= 100 mm) eröffnen eine größere Formatvielfalt. Mit unterschiedlichen Steingrößen lassen sich Wandstärken von 90, 115, 140, 190 und 240 mm herstellen. Beide Formatreihen sind kombinierbar.
Hinsichtlich der Oberflächen bestehen neben unterschiedlichen Farbvarianten vier gängige Gestaltungsoptionen: glatt, porig, gestrahlt und bruchrau. Verwendet wird in der Regel Weißzement, welcher die Farbwirkung der Steine steigert. Bei objektbezogenen Lösungen ist eine Erweiterung bzw. individuelle Anpassung der Farbpallette möglich.

Faserzementplatten

Spricht man heute von zementgebundenen Platten, wird darunter meist eine Kombination aus Holzfasern (52 %) und Portlandzement als Bindemittel (38 %) sowie Wasser (9 %) und Holzmineralisierungsstoffen verstanden. Diese plattenförmigen Baustoffe weisen eine Reihe von Vorteilen auf, die sich für den Bereich der vorgehängten, hinterlüfteten Fassade eigenen: weitgehende Feuchteresistenz, Frostbeständigkeit und kaum Dickenquellung. Zudem können je nach Materialzusammensetzung auch Brandschutzanforderungen erfüllt werden.

Zementgebundene Platten [11] sind in unterschiedlichsten Formaten erhältlich. Maximale Standardplattenabmessungen betragen 3100 × 1250 mm (L × B); die Plattenstärke variiert in der Regel zwischen 12 und 18 mm. Die Möglichkeit weitgehend freier Zuschnitte, d. h. einer großen Anpassungsfähigkeit auch an schwierige geometrische Formate, stellt einen Vorteil dieser leichten Fassadenelemente dar. Das Material lässt sich leicht sägen, bohren und fräsen. Allerdings erfordern die meist unbearbeiteten Kanten eine sorgfältige Behandlung beim Einbau.
Die Befestigung der Platten erfolgt mit Schrauben auf einer Unterkonstruktion aus Trag- und Konterlattung bzw. in Kombination mit metallischen Abstandshaltern. Der Einsatz dieser Konstruktion ist bis zur Hochhausgrenze möglich.

a

b

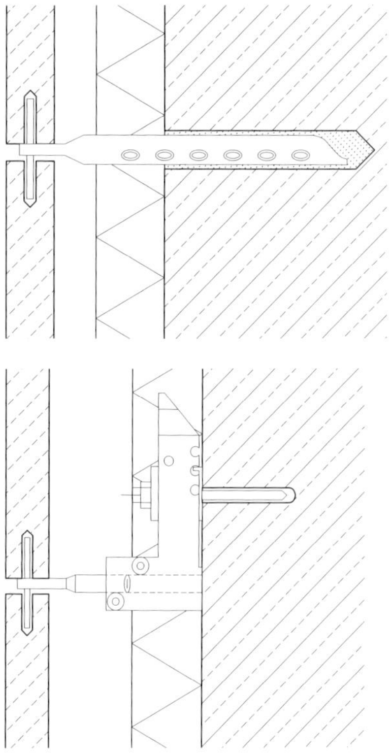

B 3.15

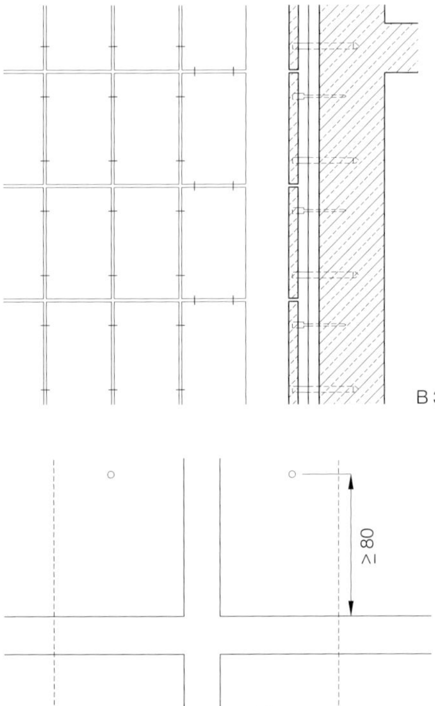

B 3.16

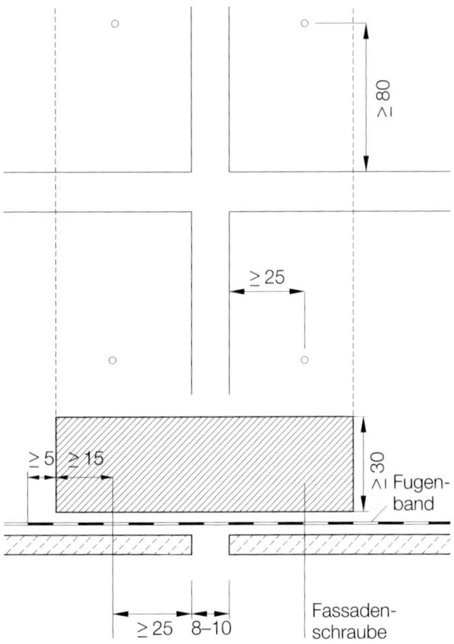

B 3.17

Fugen können mit Leisten abgedeckt, offen ausgebildet oder aber mit Fugenbändern bzw. -profilen aus Kunststoff oder Metall hinterlegt werden. Hinsichtlich der Breite offener Fugen hat sich in der Praxis bei großformatigen Platten ein Maß von 10 mm bewährt; Abstände von ≤ 8 mm dürfen nicht und > 12 mm sollten nicht ausgeführt werden (Abb. B 3.17). Faserzementplatten sind farbgrundiert und mit einer industriellen Farbbeschichtung erhältlich, die keiner bauseitigen Oberflächenbehandlung mehr bedarf.

Oberflächen

Neben den Gestaltungsmöglichkeiten der Betonoberfläche durch die Schalhaut lassen sich die Ansichtsflächen durch Bearbeitung und Behandlung weiter verändern. Beide Verfahren sind prinzipiell zu unterscheiden. Die frische bzw. ausgehärtete Betonfläche wird mechanisch, thermisch und / oder chemisch bearbeitet, während man bei Hydrophobierungen, Beschichtungen oder Versiegelungen der fertigen Oberfläche von Behandlung spricht. Darüber hinaus bestehen diverse farbliche Gestaltungsoptionen [12].

Bearbeitung

Durch Bearbeitung der Betonoberfläche kann die Farbigkeit der Gesteinskörnung gezielt zur Wirkung gebracht werden, die Farbgebung ist dann insgesamt gleichmäßiger. DIN 18500 beschreibt die verschiedenen Bearbeitungstechniken, die auch kombiniert zur Anwendung kommen können.
Als die häufigsten Verfahren gelten das Auswaschen (≥ 2 mm) und das Feinwaschen (≤ 2 mm), wobei die oberste Feinmörtelschicht abgetragen wird. Dies kann durch den Einsatz eines Verzögerers erfolgen, der auf die Schalung aufgebracht wird. In der gestalterischen Wirkung dominiert dann die Gesteinskörnung und deren Eigenfarbe.
An- und Aufrauen der Betonoberfläche erfolgt durch Absäuern bzw. Sand- oder Flammstrahlen. Dabei werden der Zementstein und die Oberflächen der Körnung gleichermaßen freigelegt, was zu einem leicht matten Erscheinungsbild führt.
Bei den steinmetzmäßigen Bearbeitungsweisen (Stocken, Spitzen, Scharrieren, Bossieren) entstehen maschinell oder von Hand neue Oberflächen. Durch Abtragen der obersten Schicht wird Zementsteinmatrix und Gesteinskörnung teilweise freigelegt. Die Verwendung von weißem Zement, farbiger Gesteinskörnung oder Farbpigmenten sorgt für besondere Effekte (Abb. B 3.20).
Vor allem zur Herstellung von Fertigteilen gibt es darüber hinaus mechanische Methoden der Oberflächenbearbeitung. Hier lassen sich herstellungsbedingte Strukturen (Schleifen sowie Sägen und Spalten bei Blöcken) ohne zusätzliche Maßnahmen und feine Bearbeitungen (Feinschleifen, Polieren) unterscheiden, die zu besonders glatten oder glänzenden Oberflächen führen.
Die Farbigkeit der Gesteinskörnung prägt das Erscheinungsbild der bearbeiteten Betonoberfläche bis zu 80 %. Der restliche Anteil des Zementsteins wird beeinflusst durch die Farbe des Zements bzw. der Feinstanteile sowie durch eingemischte Pigmente.

Behandlung

Die Möglichkeiten des Auftrags verschiedener Schichten aus Silanen, Siloxanen oder Acrylaten auf dei Betonoberfläche dienen zur:
- Hydrophobierung
- Beschichtung
- Versiegelung
- Schmutz- und Ölabweisung

Der sogenannte Nasseffekt kann bei Oberflächenbehandlungen zur Veränderung der Farbigkeit des Betons führen. Die Produkte müssen vergilbungsfrei sein, was Vorversuche an Musterflächen erforderlich macht. Ferner weisen Oberflächenbehandlungen in der Regel nur eine zeitlich begrenzte Wirksamkeit auf.

Farbigkeit

Über die farbige Versiegelung und Beschichtungen hinaus, die deckend oder lasierend ausgeführt werden können, gibt es unterschiedliche Möglichkeiten zur farblichen Akzentuierung während der Betonherstellung, z. B. durch Verwendung von:
- Zementen mit besonderer Farbwirkung (Weiß- oder Portlandölschieferzement)
- Gesteinskörnungen mit besonderer Farbwirkung (roter Granit, Carrara-Marmor etc.)
- Pigmenten (u. a. Eisenoxidgelb, Chromoxidgrün)

Das Erscheinungsbild der Betonoberfläche wird zunächst durch die Zementfarbe beeinflusst: Ein relativ hoher Eisengehalt führt zu dem dunkleren Grauton des Portlandzements. Mit der Verwendung von eisenarmen Rohstoffmaterialien (Kalkstein und Kaolin) gewinnt man Weißzement. Portlandölschieferzement enthält neben Zementklinker Anteile von Ölschieferabbrand, was einen rötlichen Ton erzeugt. Insgesamt führt die Verwendung von grauem Zement zu gedeckteren und dunkleren Farbtönen, während weißer Zement die Farben heller und reiner erscheinen lässt.

Die Farbigkeit der Gesteinskörnung wird erst durch eine Oberflächenbearbeitung wirksam. Dabei führt die Korngröße in Abhängigkeit von der Bearbeitung zu unterschiedlichen Intensitäten, weshalb besonders bei schalungsglatten Flächen gleichmäßige Mehlkorn- und Feinstsandanteile verwendet werden müssen. Beton lässt sich durch den Einsatz von Farbpigmenten auf sehr einfache Weise durchfärben. Für Rot-, Gelb-, Braun- und Schwarztöne werden vornehmlich Eisenoxid-Pigmente verwendet, Grünfärbungen erhält man durch Zugabe von

Chromoxid- und Chromoxidhydrat-Pigmenten, während Pigmente auf Mischkristallbasis (z. B. Kobalt-Aluminium-Chromoxid-Pigmente) Blautönungen erzeugen. Um die gewünschte Farbwirkung zu erzielen, reichen meist kleine Mengen (2–3 Masse-% des Zementanteils) aus. Leichte Oberflächenprofilierungen verstärken die Wirkung der Farbigkeit. Die Einfärbung von Beton ist dauerhaft und witterungsbeständig (Abb. B 3.18).
Eine neuartige Form der (farbigen) Oberflächengestaltung stellt die Fotobetontechnik dar. Dabei werden fotografische Vorlagen über ein Sieb auf die Oberfläche aufgebracht. Die Intensität der Wirkung hängt von den unterschiedlichen Aushärtungsgraden des Betons ab (Abb. B 3.19).

B 3.18

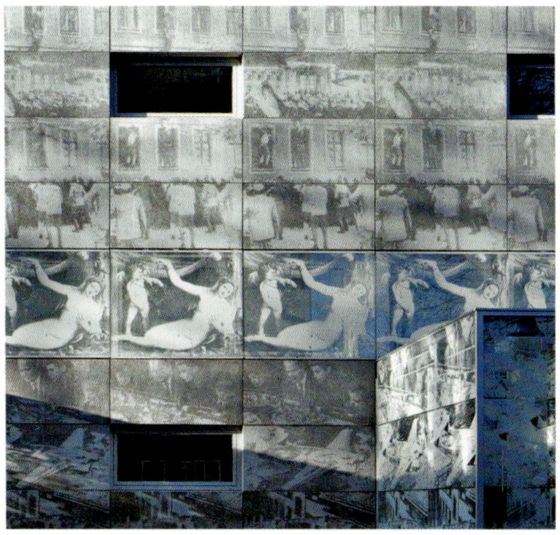

B 3.19

Alterung / Verschmutzung

Die Alterung von Fassaden durch Witterungseinflüsse hat materialbegingte Ursachen und beruht häufig auf Mängeln in der Ausbildung der baulichen Details. Das Erscheinungsbild verändert sich durch umweltbedingte Verschmutzungen und die Art der Regenwasserableitung an einer Fassade, wobei Windrichtung und Windschatten die anfallende Wassermenge bestimmen. Für den Selbstreinigungsgrad bzw. in Bezug auf Verschmutzungseffekte spielen Position und Lage der Fassade eine wichtige Rolle. Insbesondere tiefe Oberflächenstrukturen sowie deren Ausrichtung (horizontal, vertikal) und Querschnittsgeometrie (Rippen, Kehlen) beeinflussen negativ Staubablagerung und Wasserabfluss.

Anmerkungen:

[1] Merkblatt Sichtbeton. Regelwerke, Sichtbetonklassen, Planung und Aussschreibung, Ausführung, Beurteilung. Hrsg. vom Deutschen Beton- und Bautechnik-Verein e. V. (DBV) / Bundesverband der Deutschen Zementindustrie e.V. (BDZ). 3. aktualisierte Aufl., Berlin / Düsseldorf 2015
[2] Junghanns, Kurt: Das Haus für alle Fälle. Berlin 1994, S. 113, 116–145
[3] Ford, Edward R.: Die Pionierzeit des Betonsteins. »Textile-Block«-Häuser von Frank Lloyd Wright. In: Detail 04/2003, S. 310–315
[4] modul. Schriftenreihe zur Verwendung von Modul-Betonsteinen in der neuen Architektur. Rheinau-Freistett, 05/1992
[5] Eternit Schweiz. Architektur und Firmenkultur seit 1903. Zürich 2003
[6] Grimm, Friedrich; Richarz, Clemens: Hinterlüftete Fassaden. Konstruktionen vorgehängter hinterlüfteter Fassaden aus Faserzement. Stuttgart / Zürich, 1994
[7] Hegger, Josef; Will, Norbert: Bauteile aus textilbewehrtem Beton. In: DBZ 04/2003, S. 68–71
[8] Kling, Bernhard; Peck, Martin: Sichtbeton im Kontext der neuen Betonnormen. In: Beton 04/2003, S. 170–176
[9] Döring, Wolfgang u. a.: Fassaden. Architektur und Konstruktion mit Betonfertigteilen. Düsseldorf 2000
[10] Fassaden aus Stein. Hrsg. von der Dyckerhoff Weiss Marketing und Vertriebs-Gesellschaft. Wiesbaden 2004
[11] Eternit Dach- und Fassadenplatten. Planung und Anwendung. Heidelberg 2014
[12] Kind-Barkauskas, Friedbert u. a.: Beton Atlas. München / Düsseldorf 2001, S. 65–77; siehe auch [10]

B 3.15 Befestigungen von kleinformatigen Betonwerksteinplatten:
a Einzelanker in Mörtel gesetzt
b mit Dübel befestigt
B 3.16 Die Verankerung kann sowohl in der horizontalen als auch in der vertikalen Fuge erfolgen.
B 3.17 Mindestrandabstände bei der Befestigung von Faserzementplatten auf Holzunterkonstruktion
B 3.18 Atelier Bardill, Scharans (CH) 2007, Valerio Olgiati
B 3.19 Bibliothek, Eberswalde (DE) 1999, Herzog & de Meuron
B 3.20 unterschiedliche Oberflächenbearbeitungen bei gleicher Betonrezeptur:
oben: schalungsglatt
von links nach rechts: gestrahlt, feingewaschen, gesäuert, feingeschliffen, scharriert, gespitzt

B 3.20

Wohnhäuser

Monza, IT 1972

Architekt:
Angelo Mangiarotti, Mailand

A+U 12/1978
Bona, Enrico D.: Angelo Mangiarotti. Il Processo del Construire. Mailand 1980
Finessi, Beppe (Hrsg.): Su Mangiarotti: Architettura, design, scultura. Mailand 2002
Herzog, Thomas (Hrsg.): Bausysteme von Angelo Mangiarotti. Darmstadt 1998

- geschosshohe Fassadenfertigteile als Sandwichelement
- bei zwei unterschiedlichen Wohnungsbauten eingesetzt: in Monza und in Arioso/Como (1977, fünfgeschossiger, stärker durch Vor- und Rücksprünge in der Fassade gegliederter Bau)
- Flexibilität in der Anordnung lässt Freiräume für Nutzerwünsche

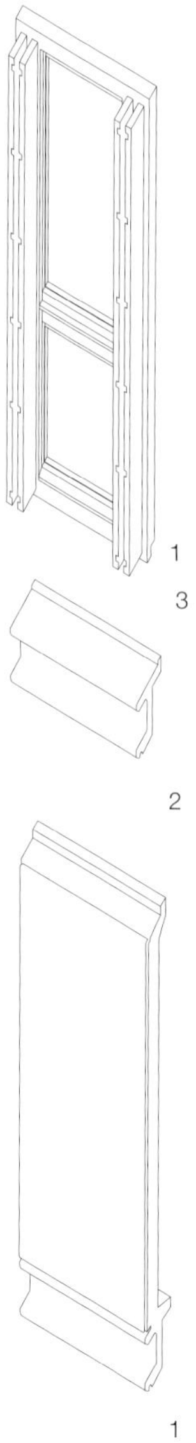

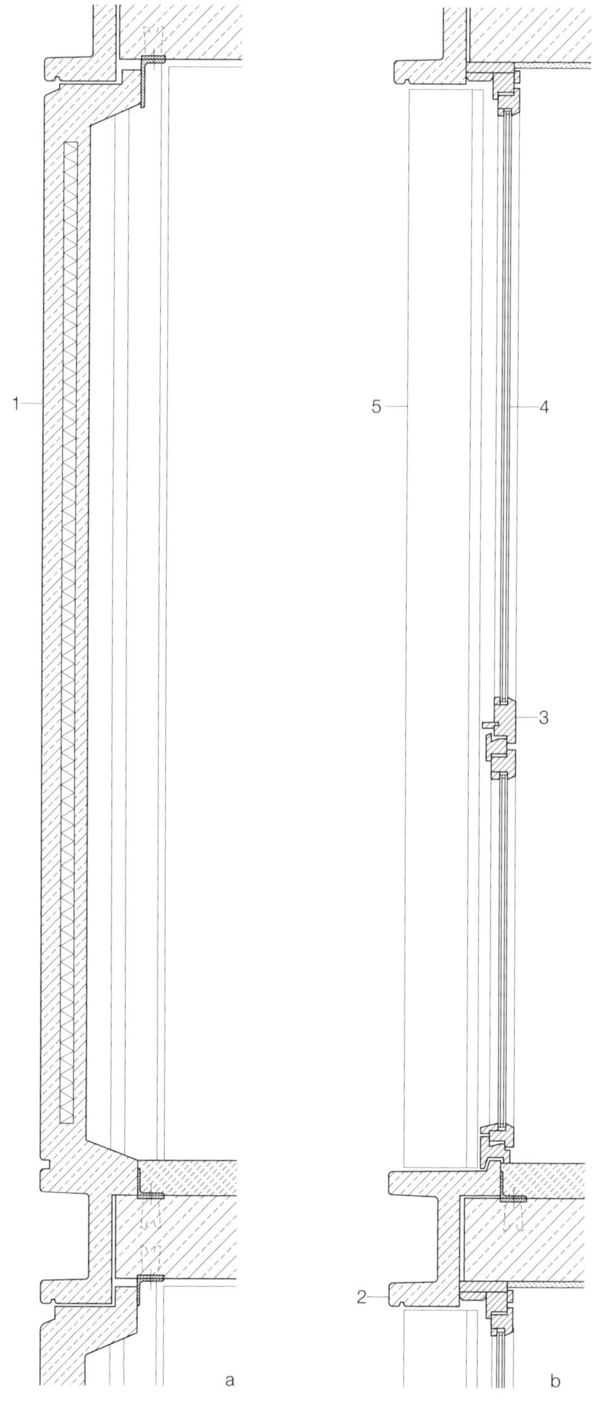

Isometrien ohne Maßstab
Grundriss 1., 2. und 4. Obergeschoss
Maßstab 1:500
Vertikalschnitte Maßstab 1:20

1 Wandpaneel Stahlbetonfertigteil geschosshoch, mit integrierter Wärmedämmung Polystyrol-Hartschaum 120 mm
2 Deckenabschlusselement Stahlbetonfertigteil
3 Fensterelement Tannenholz
4 Holzfenster Tanne mit Isolierverglasung ESG 4 + SZR 9 + ESG 4 mm
5 Holzfaltläden

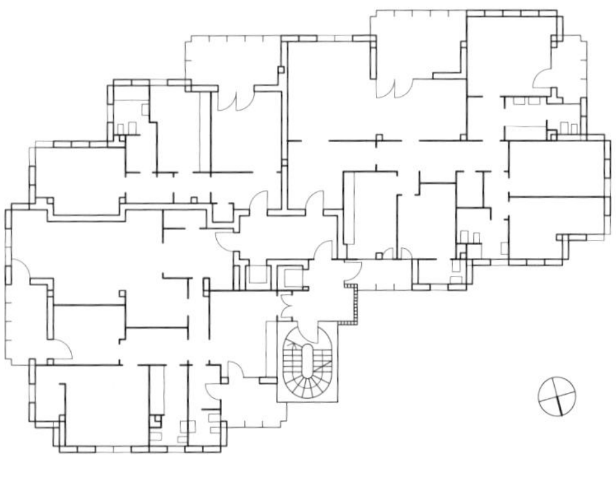

Wohnüberbauung

Zürich, CH 2002

Architekten:
von Ballmoos Krucker Architekten, Zürich

Archithese 01/2003
Werk Bauen + Wohnen 7–8/2003
Nerdinger, Winfried u. a. (Hrsg.): Wendepunkt/e im Bauen. Von der seriellen zur digitalen Architektur. München 2010
Von Ballmoos Krucker Architekten: Register, Kommentare. Zürich 2007

- Wohnanlage mit drei leicht variierenden Baukörpern und insgesamt 51 Wohnungen, deren Grundelement die funktionale Zuordnung der Raumgruppe Wohnraum-Küche-Balkon bildet
- Neuinterpretation der schweren Vorfabrikation bzw. des Plattenbaus (Vorteile u. a. Dauerhaftigkeit, Alterungsfähigkeit)
- Elementsatz von geschosshohen, dreischichtigen, leicht gewaschenen Betonsandwichelementen mit unterschiedlichen Breiten
- Fassadenöffnung nicht mehr im Plattenfeld angeordnet, resultiert jeweils aus dem Abstand der Wandelemente zueinander

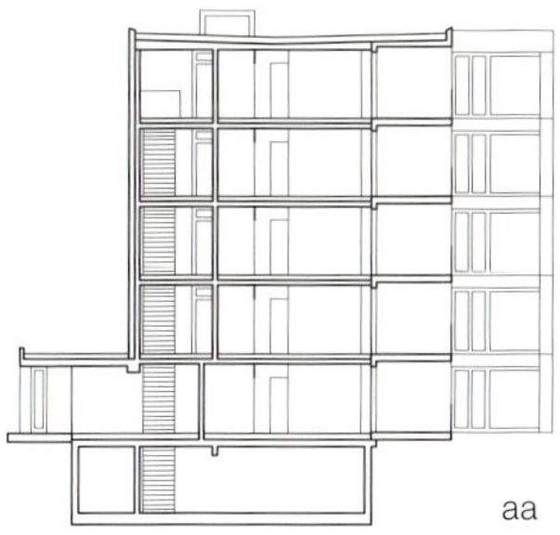

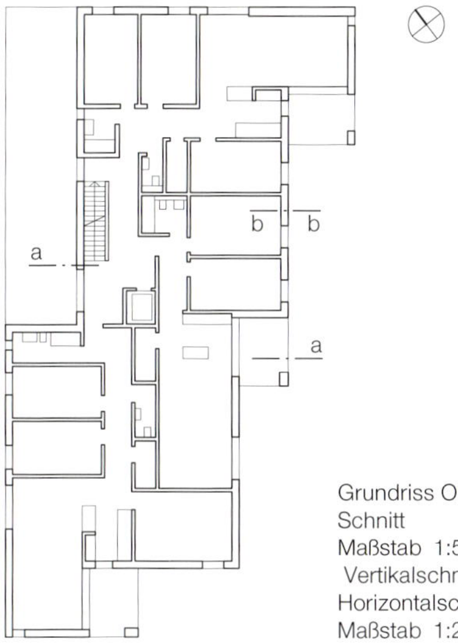

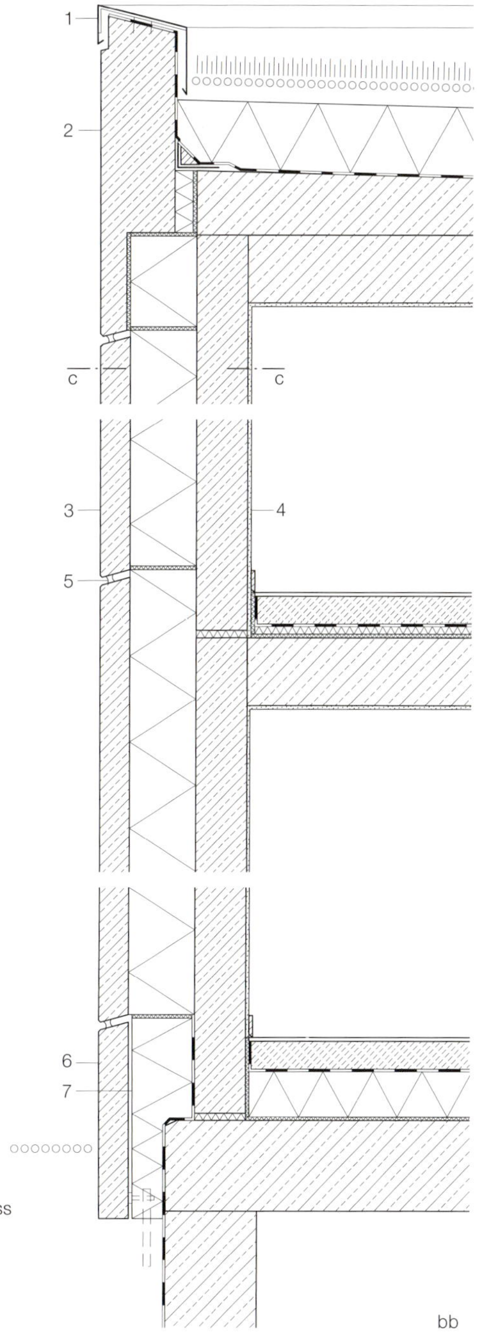

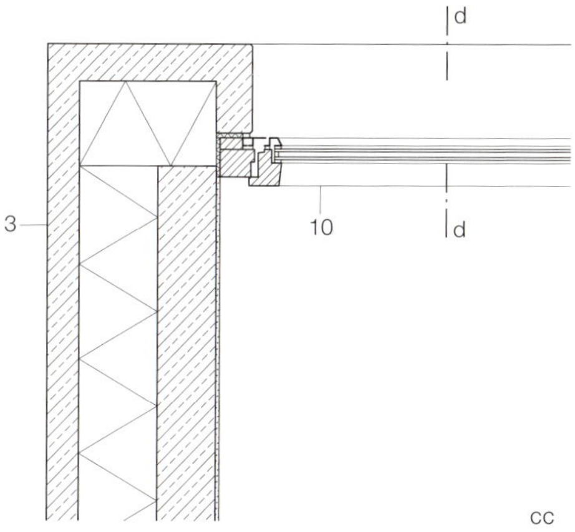

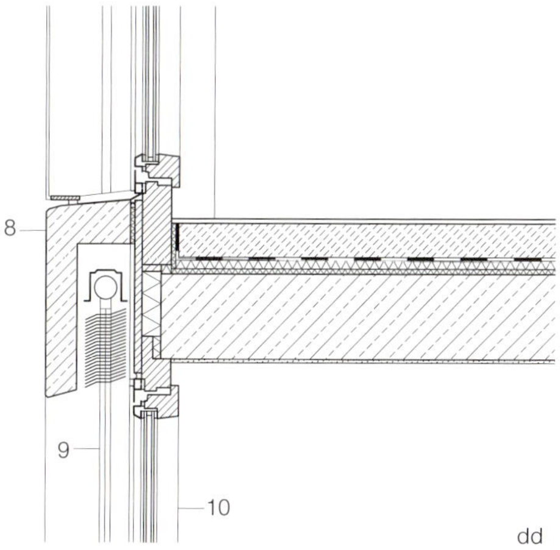

Grundriss Obergeschoss
Schnitt
Maßstab 1:500
Vertikalschnitte
Horizontalschnitt
Maßstab 1:20

1 Attikaabdeckung Aluminiumblech, mehrfach gekantet, pulverbeschichtet
2 Attikaelement Stahlbetonfertigteil Oberfläche gewaschen
3 Wandpaneel Stahlbetonfertigteil geschosshoch Außenschicht Stahlbeton 80mm, Oberfläche gewaschen, Wärmedämmung Polystyrol-Hartschaum 180 mm Innenschicht Stahlbeton 140 mm
4 Innenputz Kalk-Zementputz 15 mm
5 Mörtelfuge auf Elastomer
6 Sockelelement Stahlbetonfertigteil
7 Sockelabdichtung Bitumenbahn zweilagig
8 Abdeckung Sonnenschutz Stahlbetonfertigteil
9 Sonnenschutz Aluminium-Fassadenraffstore
10 Holz-Aluminium-Fenster mit Isolierverglasung VSG + SZR + ESG

Produktions- und Bürogebäude

München, DE 2013

Architekten:
tillicharchitektur, München
Tragwerksplanung:
Hemmerlein Ingenieurbau, Bodenwöhr

🕮 Detail 07–08/2014
Industriebau 01/2015
Opus C 06/2013

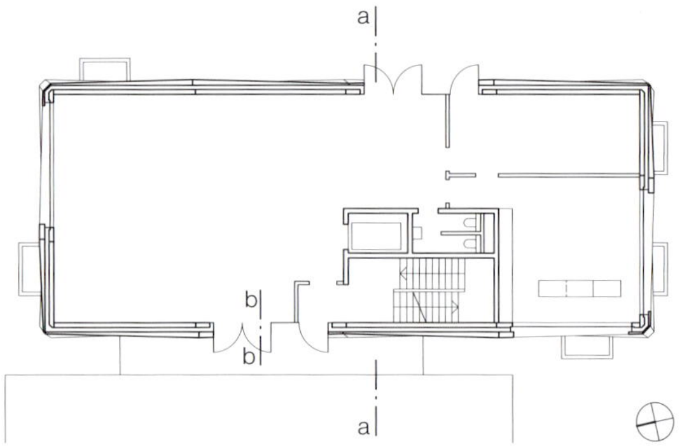

- vier unterschiedlich, geometrisch gefaltete Wandmodule (Abmessungen 6,60 × 3,90m, max. Tiefe 62 cm) in vorgefertigter Sandwichbauweise; Elemente in geschossweise versetzter Anordnung
- (anthrazit) eingefärbter Beton mit matt glänzender Oberfläche
- deutlich akzentuiertes Fugenbild
- Sonnenschutz mit Folienrollo aus windstabilem Polyestergewebe (Breite 5,20 m, Höhe 2,10 m)

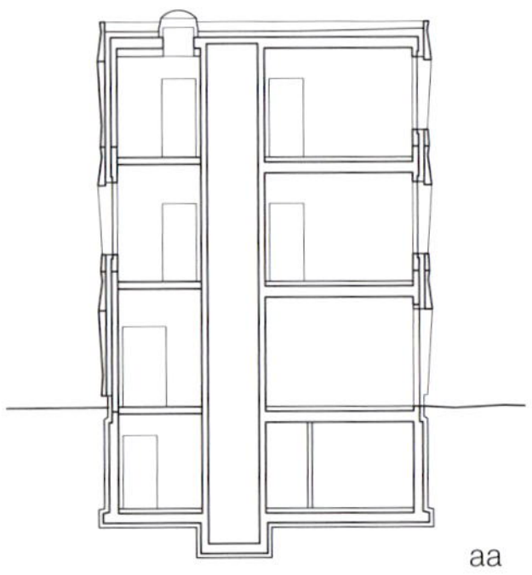

aa

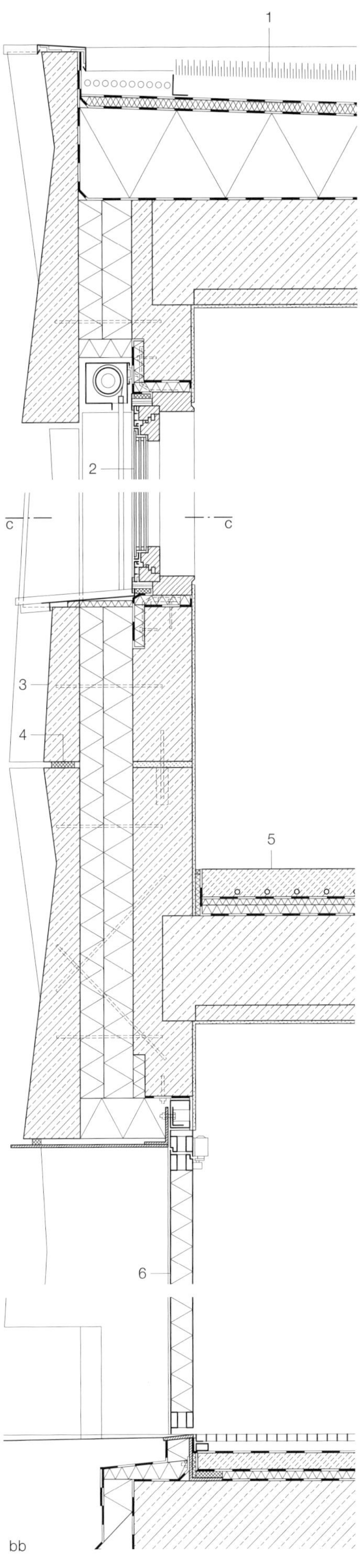

Grundriss Erdgeschoss • Schnitt
Maßstab 1:400
Vertikalschnitt • Horizontalschnitt
Maßstab 1:20

1 Gründach extensiv 90 mm, ca 94 kg/m² wassergesättigt
Schutzschicht, Dränageschicht 30 mm
Dichtungsbahn
Polymerbitumen zweilagig
Gefälledämmung Hartschaum max. 300 mm
Bitumenbahn, Dampfbremse
Stahlbeton 340 mm, davon Filigranfertigteildecke 50 mm
Spachtelung
2 Dreifach-Wärmeschutz-Isolierverglasung
U_f = max. 0,7 W/m²K
ESG 8 + SZR 12 + Float 4 + SZR 12 + ESG 8 mm
in Pfosten-Riegel-Fassade Lärche mit Pressleiste Aluminium
3 Betonfertigteilelement in Sandwichbauweise 6,6 × 3,9 m:
Vorsatzschale 80–240 mm anthrazit gefärbt mit Eisenoxidpigment
Wärmedämmung 180 mm
Stahlbetonschale tragend 200 mm mit Gipshaftputz, Fuge Vergussmörtel, Oberfläche hydrophobiert
4 Verfugung dauerelastisch, Kompriband 20 mm zurückversetzt
5 Versiegelung, Estrich 76 mm mit Fußbodenheizung (mit Prozesswärmenutzung)
Trennlage
EPS-Trittschalldämmung 20 mm
EPS-Wärmedämmung 30 mm
Trennlage
Stahlbetondecke 340 mm, davon Filigranfertigteildecke 50 mm
Spachtelung
6 Tür Stahlrohrrahmen, mit Stahlblechverkleidung lackiert
Dämmung 60 mm

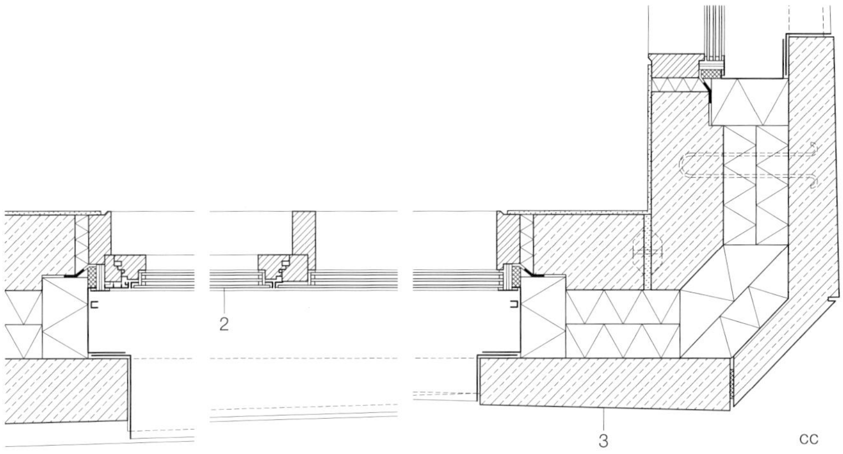

Pinakothek der Moderne

München, DE 2002

Architekt:
Stephan Braunfels, Berlin / München
Tragwerksplanung:
Seeberger Friedl + Partner, München
Walther Mory Maier, Münchenstein, CH
Fassadenplanung: R+R Fuchs, München

📖 domus 853, 2002
Braunfels, Stephan: Pinakothek der Moderne. Basel / Boston / Berlin 2002
Herwig, Oliver: Sechs neue Museen in Bayern. Tübingen / Berlin 2002

- Museumsneubau für vier Sammlungen (Moderne Kunst, Graphik, Architektur und Design)
- z. T. 16 m hohe, fugenlose Sichtbetonfassaden mit Kerndämmung, großformatiges (Schalungs-) Raster von 5 m
- zur Aufnahme von Bewegungen zwischen äußerer und innerer Schale Verbindungsanker flexibel ausgelegt, Außenschale mit horizontalen Stahllitzen vorgespannt
- Anordnung der Arbeitsfugen knapp unterhalb der horizontalen Dreiecksleisten, Schattenwurf überspielt etwaige Ungenauigkeiten

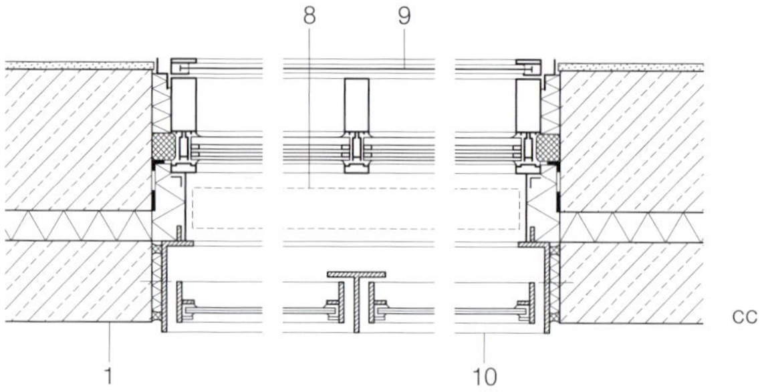

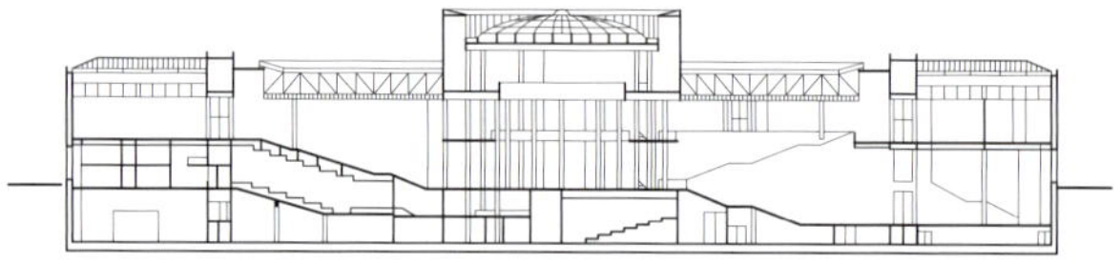

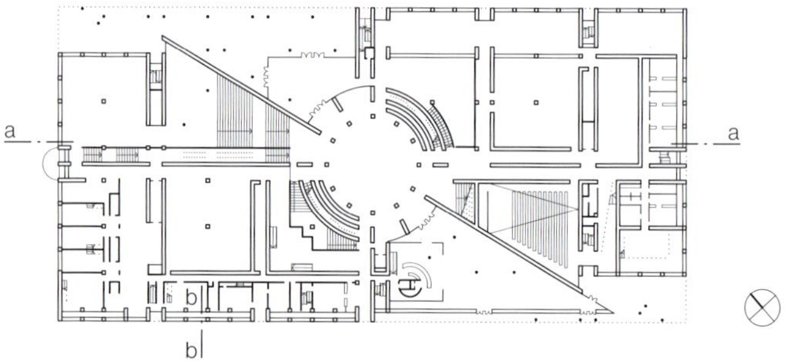

Grundriss Erdgeschoss · Schnitt
Maßstab 1:2000
Horizontalschnitt · Vertikalschnitt
Südfassade Maßstab 1:20

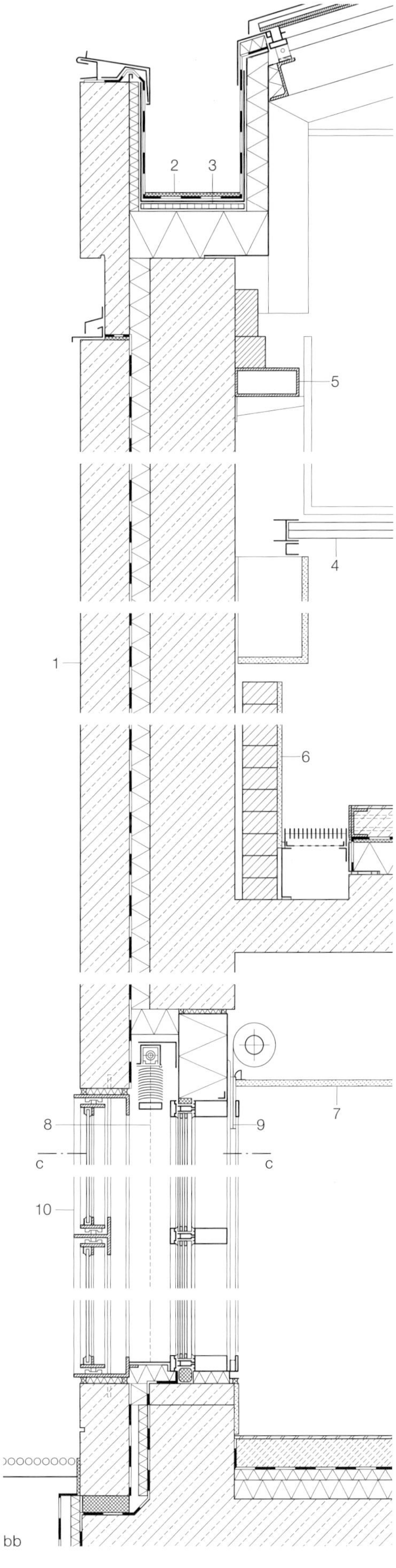

bb

1 Sichtbeton lasiert 160 mm
Gleitfolie
Wärmedämmung Styrodur 60 mm
Stahlbeton 280 mm
Innenputz 15 mm
2 Gummigranulatplatte auf Trennlage und aufgelegter Rinnenheizung
3 verleimtes Sperrholz, wasserfest
4 Lichtdecke, VSG mattiert
5 Hohlkastenträger Stahl
6 Vorsatzschale Mauerwerk: 115 mm mit integriertem Sicherungssystem
Innenputz 15 mm
7 abgehängte Decke Gipskarton
8 Raffstore mit ungebördelten Lamellen
9 Verdunkelungsrollo
10 Kastenfenster:
Stahlrahmenkonstruktion
außen: Weißglas ESG 12 mm
innen: B1-Isolierverglasung
Weißglas VSG

Erweiterung des Leibniz-Rechenzentrums der Bayerischen Akademie der Wissenschaften

Garching, DE 2012

Architekten:
Herzog + Partner, München
Projektleitung: Roland Schneider

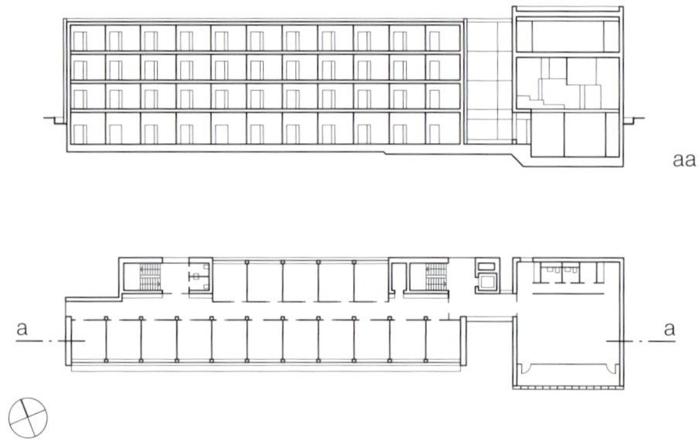

- Einsatz von großformatigen Fertigteilen aus selbstverdichtendem Beton (SVB); Länge 12,00 m, Höhe 2,40 m, Einzelgewicht ca. 45 t
- querformatige Fertigteile, in der Fläche mit Scheinfugen, im Abstand von 80 cm gegliedert
- massiver Betonkubus als kompositorisches Gegengewicht zum metallenen Gewebeschirm der gegenüberliegenden großen »Rechnerwürfel«
- Betonoberfläche mit kleinteiliger Struktur aus versetzt angeordneten Prismen; Verwendung von speziell entwickelten Schalungen

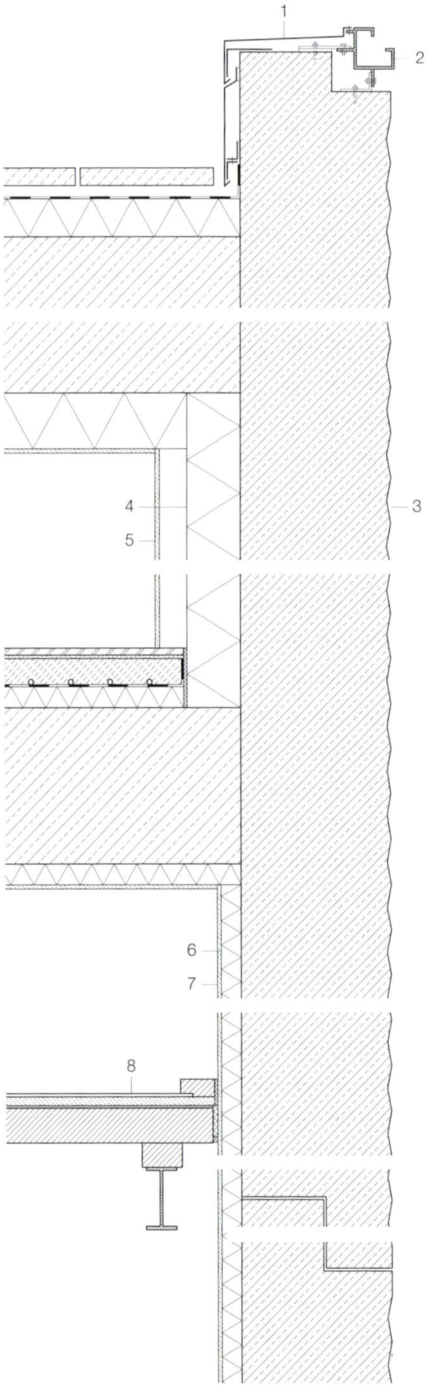

Schnitt • Grundriss Obergeschoss Maßstab 1:1000
Vertikalschnitt Maßstab 1:20
Detailansicht Geflechtstruktur ohne Maßstab
Axonometrie Ecke Dachrand

1. Attikaabdeckung Aluminiumblech mehrfach gekantet, pulverbeschichtet Antidrön-Beschichtung
2. Dachrand Edelstahlblech gekantet
3. Außenwand Stahlbetonfertigteile mit kleinteiliger Oberflächenstruktur aus versetzt angeordneten Prismen (lichtabhängig optisch stark variierende Wirkung)
4. Wärmedämmung Schaumglas 160 mm, vollflächig verklebt, Voranstrich
5. Vorsatzschale Trockenbau mit HPL-Beschichtung
6. Wärmedämmung Schaumglas 60 mm vollflächig verklebt, Voranstrich
7. Innenputz Putzsystem
8. eingestellte Galerieebene

ESO Hotel

Cerro Paranal, CL 2001

Architekten:
Auer + Weber, München

Architectural Review 06/2003
Bauwelt 25/2002
Casabella 704, 2002
Intelligente Architektur 09–10/2003
l'Architecture d'Aujourd'hui 343, 2002

- Hotelanlage für Mitarbeiter der ESO (European Southern Observatory) am Cerro Paranal, auf einer Höhe von 2600 m gelegen
- Betonfassade vor Hotelzimmern als wirksamer Sonnen- und Überhitzungsschutz
- Stahlbeton als thermisch träge Masse zum Abpuffern der täglichen Temperaturschwankungen (ca. 20 K)
- Fensterbelüftung, kleine Zusatzradiatoren für extrem niedrige Temperaturen
- eingefärbte Sichtbetonflächen mit Eisenoxid-Pigmenten, die auf Farbtöne der Atacamawüste verweisen

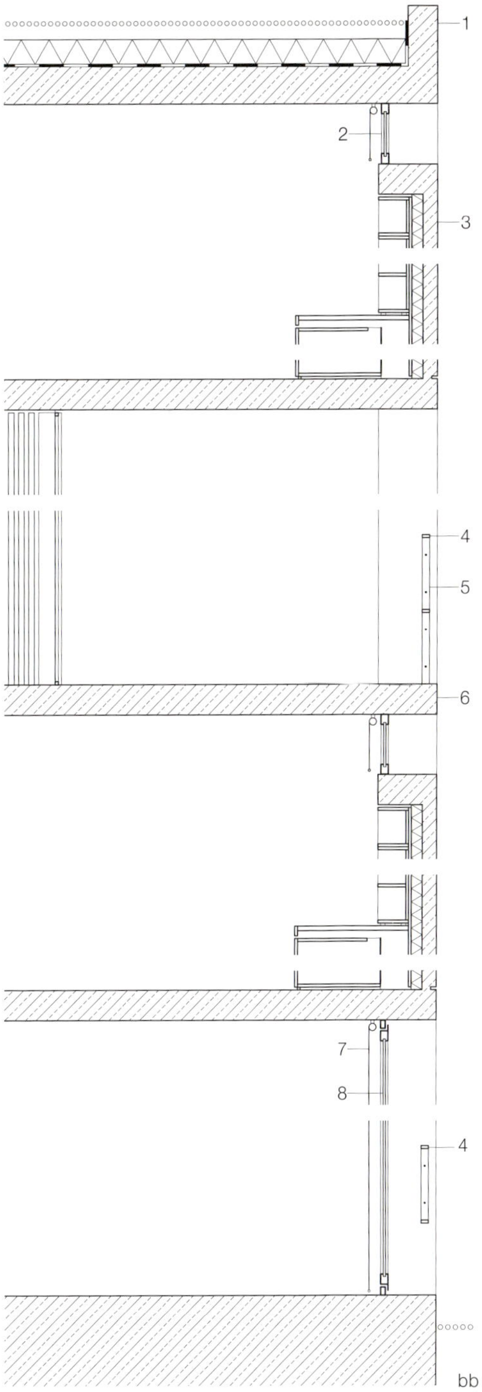

1 Attika Sichtbeton rostrot eingefärbt 200 mm
2 Aluminiumfenster mit Festverglasung
3 Sichtbeton rostrot eingefärbt 100 mm
Dämmung 75 mm
Einbaumöbel Spanplatte furniert
4 Rahmen Stahlrohr lackiert ▭ 50/20 mm seitlich fixiert
5 Geländerpfosten Stahlrohr lackiert ▭ 50/20 mm, auf in Betondecke eingelassenes Stahlprofil gesteckt
6 Stahlbeton versiegelt
7 Blendschutz
8 Aluminiumfenstertür mit Isolierverglasung

Schnitt Maßstab 1:500
Grundriss 1. Obergeschoss
Maßstab 1:1500
Vertikalschnitt Maßstab 1:50

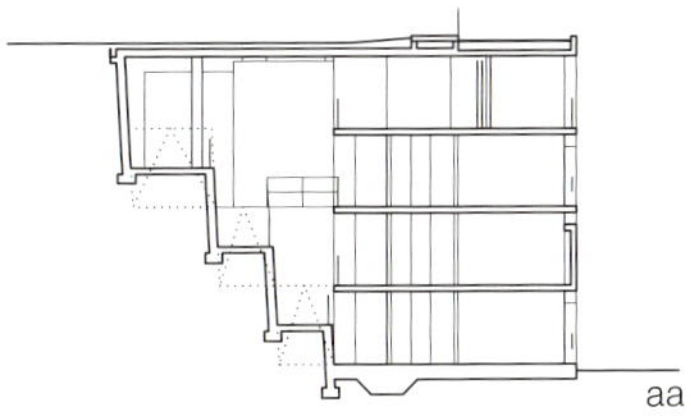

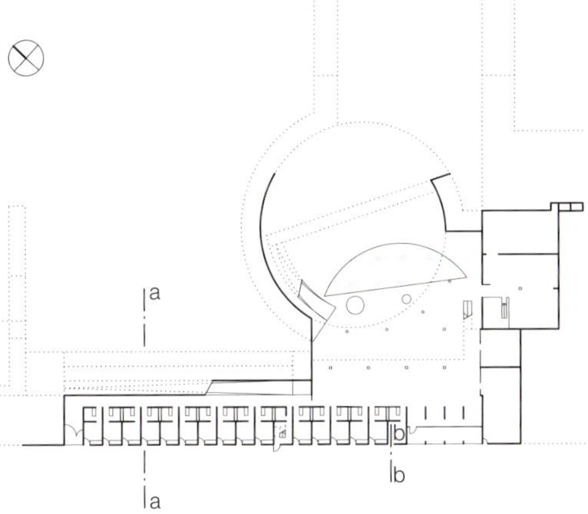

Zentrum für zeitgenössische Kunst

Córdoba, ES 2013

Architekten:
Nieto Sobejano Arquitectos, Madrid
Gestaltung Medienfassade:
Nieto Sobejano Arquitectos, Madrid
in Zusammenarbeit mit realities:united, Berlin

AV Monographs 159/160, 2013
Best of Detail: Fassaden, 2015
Detail 06/2013
Licht + Raum 04/2013
World architecture 269, 2012

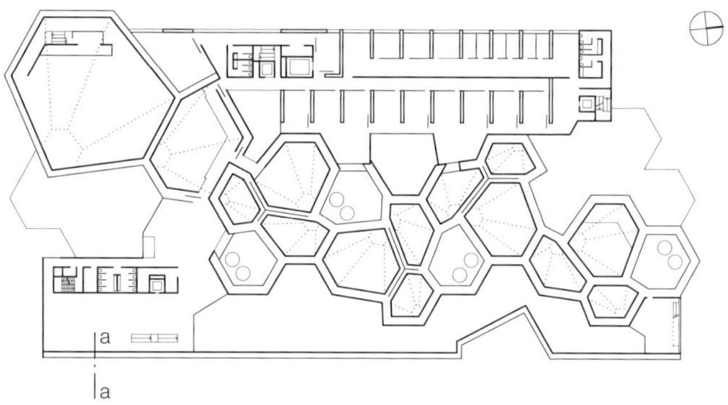

- Kunstzentrum mit Ausstellungsräumen und Workshop-Bereich am Rande der Altstadt von Córdoba
- In Anlehnung an die Architekturgeschichte Córdobas sind sowohl im Grundriss als auch in der Fassade unregelmäßige Sechsecke als zentrales Entwurfsmotiv ablesbar.
- weiße, glasfaserverstärkte Betonpaneele in drei verschiedenen Größen
- im Wechsel mit ebenen Flächen erzeugen von unterschiedlichen plastischen Vertiefungen
- LED-Beleuchtungsmittel in der Fassade

Grundriss Obergeschoss Maßstab 1:1500
Vertikalschnitt Fassade Maßstab 1:20

1 glasfaserverstärktes Betonpaneel weiß 100 mm, Deckschicht 20 mm, Dämmung PS 60 mm
2 Dachträger Stahlrohr ▭ 100/80/4 mm
3 Stahlprofil I 320 mm
4 glasfaserverstärktes Betonpaneel weiß 200 mm Deckschicht 20 mm, Dämmung PS 160 mm Befestigung über integrierte Stahlschiene und Stahlwinkel an Unterkonstruktion
5 Fassadenunterkonstruktion Rahmen aus Stahlprofil vertikal ▭ 120/80/4 mm und Stahlprofil horizontal ⊘ 100/80/4 mm
6 Steg Gitterrost 30 × 300 × 30 mm Stahlprofil L 90/9 mm
7 LED-Leuchte
8 Beton im Gefälle, Trennlage Geotextil Dämmung 40 mm, Abdichtung Stahlbetonverbunddecke 200 mm
9 Ziegelmauerwerk 115 mm
10 Regenwasserrinne mit Anschluss an Fallrohr
11 Stahlbeton 300 mm, Oberfläche Sichtbeton, Bretterschalung Dämmung 40 mm
12 Verglasung Float 4 mm
13 Kunststoffscheibe transluzent 4 mm
14 Betonschicht 200 mm, Stahlbeton 300 mm

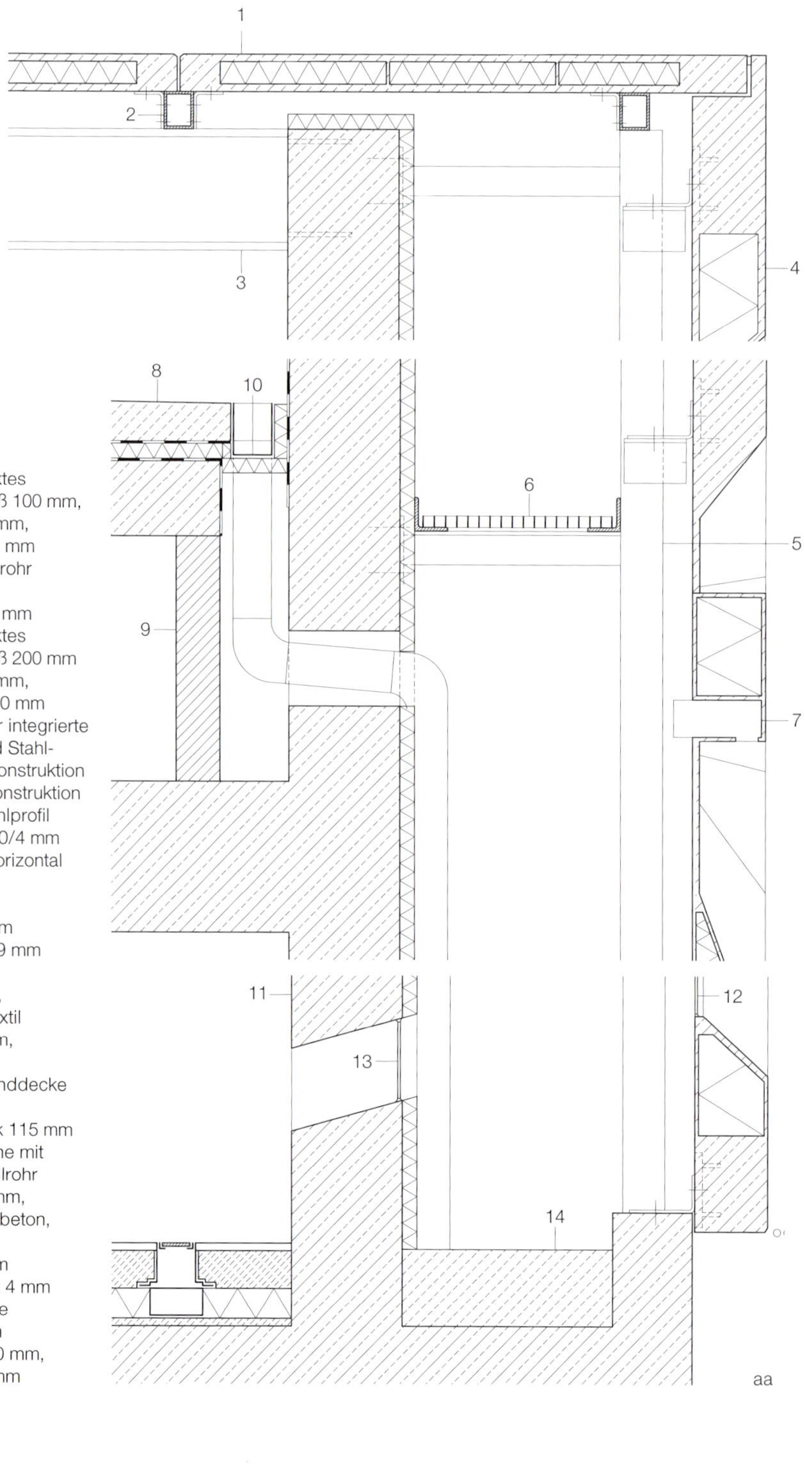

Studentenwohnheim

Coimbra, PT 1999

Architekten:
Aires Mateus e Associados, Lissabon

Architectural Review 12/2000
Casabella 691, 2001
Detail 07–08/2003

- geschlossene Betonfassaden mit vorgefertigten, mattweißen Hohlblocksteinen als Vormauerschale
- eigenständige Referenz zu bestehenden Betonfassaden auf dem Campus
- schmale Fensterschlitze zur Belichtung von Gemeinschaftsräumen
- Die kleinformatigen Steine, das Liniennetz der Fugen und die bruchsteinartige Oberflächenbearbeitung verleihen den Flächen einen lebhaft strukturierten Ausdruck.

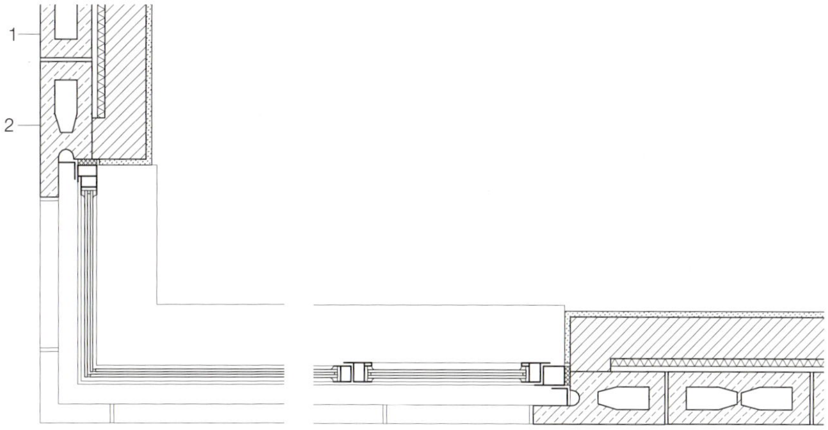

cc

Schnitt • Grundriss Maßstab 1:1000
Horizontalschnitt • Vertikalschnitt Maßstab 1:20

1 Betonhohlblocksteine weiß 390/140/190 mm
Hinterlüftung 15 mm
Dämmung 20 mm
Mauerwerk 110 mm
Glattputz 15 mm
2 Laibungsformstein
3 Sturzformstein 390/140/190 mm

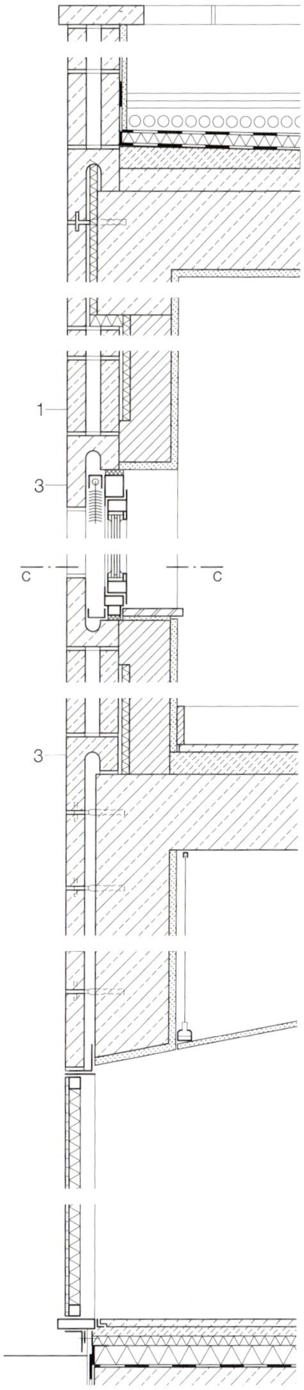

bb

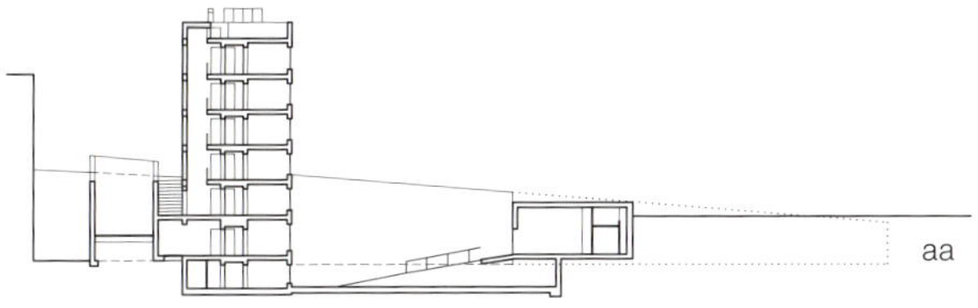

aa

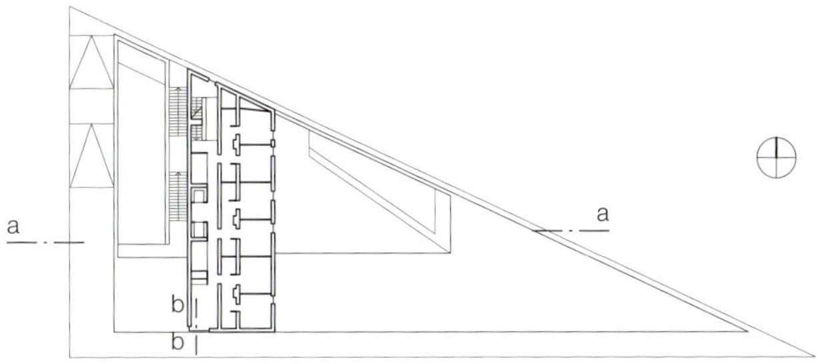

Wohn- und Bürohaus

Kassel, DE 1999

Architekt:
Alexander Reichel, Kassel
Tragwerksplanung:
Hochtief, Kassel

Byggekunst 06/2001
Detail 04/2001
Kind-Barkauskas, Friedbert u. a.: Beton Atlas. München / Düsseldorf 2001

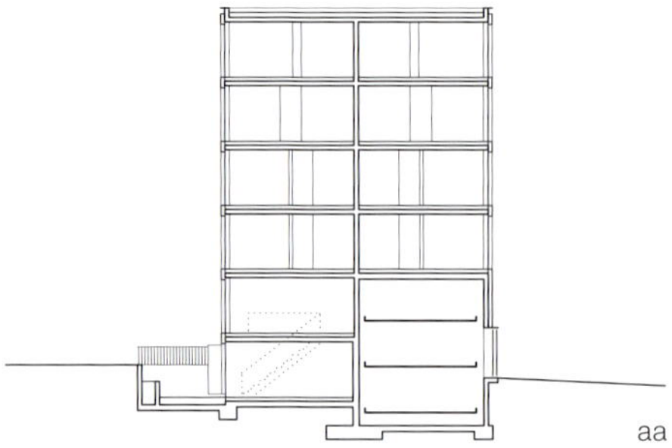
aa

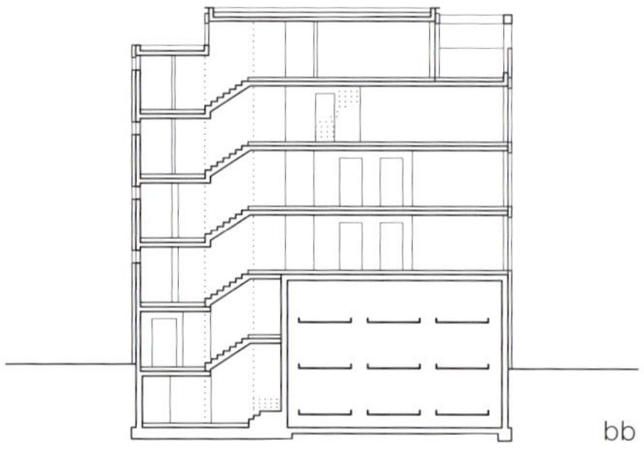
bb

- Stadtvilla mit Stützenraster von 3,00 × 3,50 m
- Stahlbetonskelett und große Teile der Fassadenflächen mit vorgehängten Fertigteilen aus Glasfaserbeton bekleidet
- Feinbeton mit Zuschlägen < 4 mm und alkaliresistenten Glasfasern als Zug- und Rissbewehrung ca. 2–4 mm, Hydrophobierung der Oberfläche als Feuchtigkeitsschutz
- geschosshohe Fenster und Faltschiebeläden aus unbehandeltem Lärchenholz als funktionale und ästhetische Akzentuierung

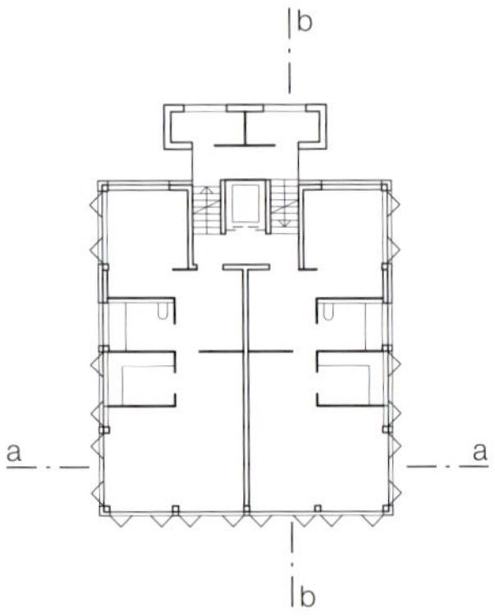

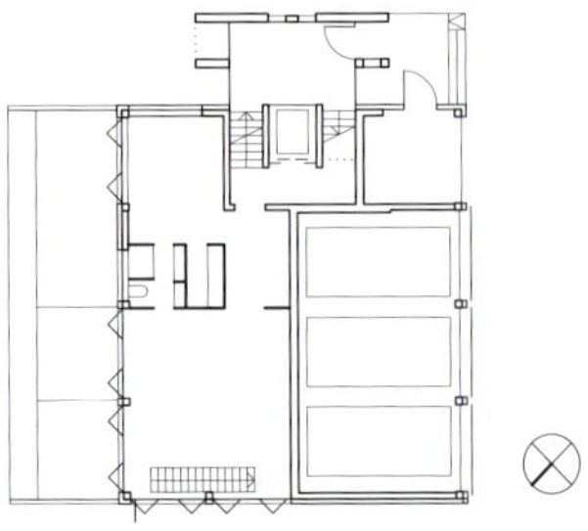

Schnitte • Grundrisse Untergeschoss und 1./2. Obergeschoss
Maßstab 1:500

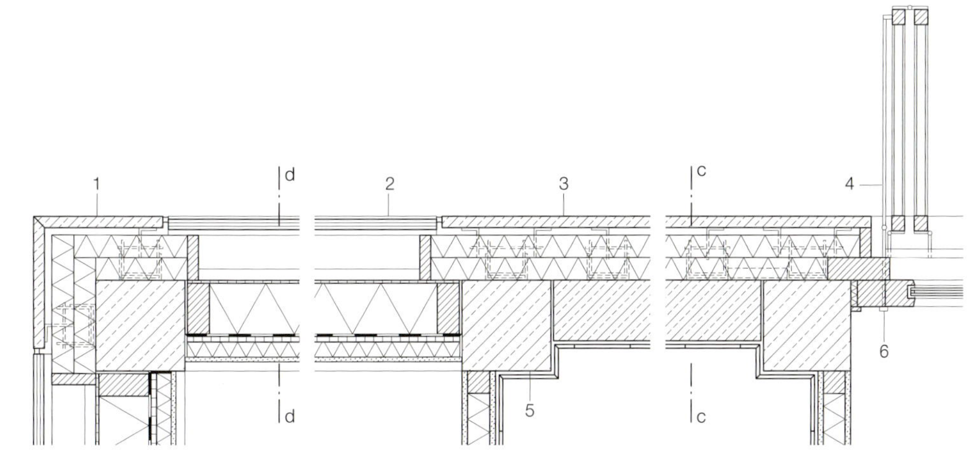

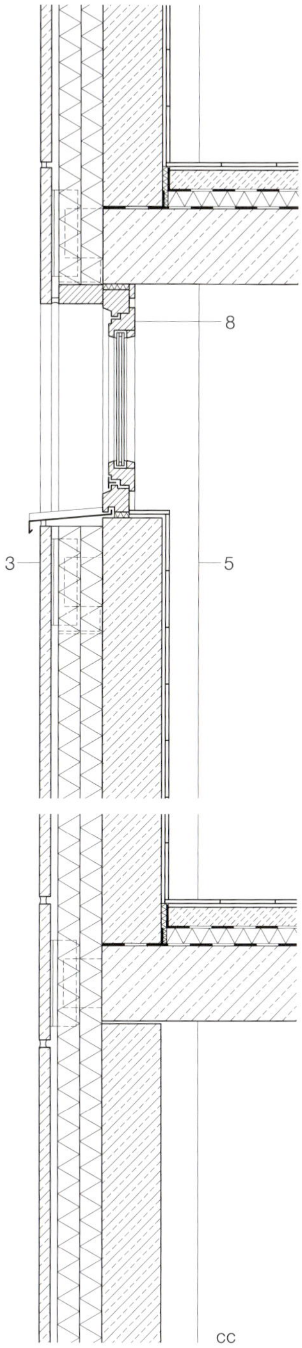

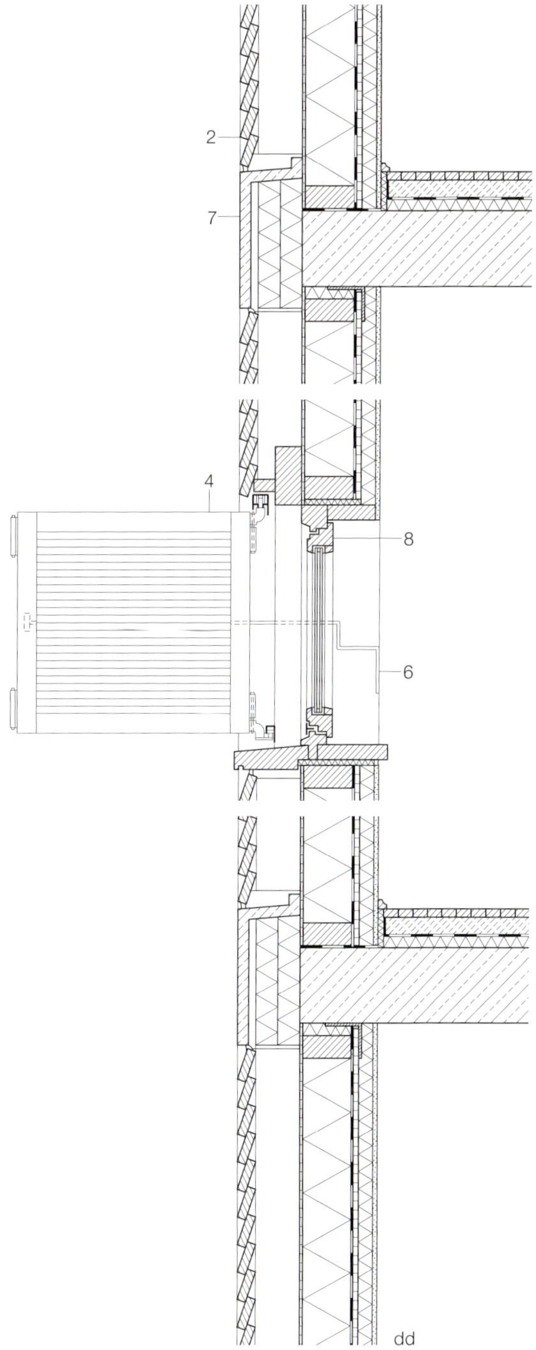

Horizontalschnitt • Vertikalschnitte
Maßstab 1:20

1 Glasfaserbeton 30 mm, über Eck geklebt
Wärmedämmung Mineralwolle 120 mm
2 Aufbau Außenwand Küche:
Stülpschalung, Lärche natur 22/88 mm,
Hinterlüftung
Spanplatte, zementgebunden 8 mm
Wärmedämmung Mineralwolle 140 mm
Dampfsperre
OSB-Platte 15 mm
Installationsschicht mit Mineralwolle 40 mm
Gipskartonplatte 12,5 mm
3 Aufbau Außenwand Bad:
Glasfaserbeton 30 mm
Wärmedämmung Mineralwolle 120 mm
4 Faltschiebeläden Lärche natur 50 mm
5 Ortbetonstütze 240/240 mm
6 Handkurbel Faltschiebeladen
7 Glasfaserbeton 30 mm
Wärmedämmung Mineralwolle 120 mm
Geschossdecke Stahlbeton 200 mm
8 Holzfenster Lärche transparent lasiert

Konzerthaus der Tiroler Festspiele

Erl, AT 2012

Architekten:
Delugan Meissl Associated Architects, Wien

a+a 02/2014
A & D Architecture and Detail 41, 2013
Architektur Aktuell 01–02/2013
Archithese 02/2013
DBZ 01/2013
Detail 05/2013
Icon 117/2013
Zement Beton 01/2014

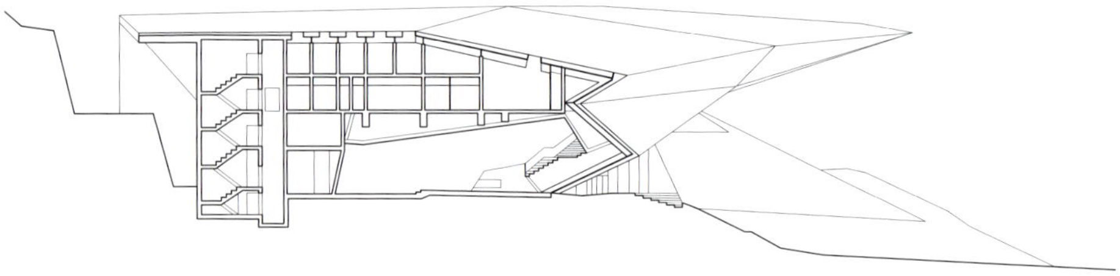

- ganzjährig bespielbares Konzerthaus mit 862 Sitzplätzen
- weithin sichtbarer Baukörper als prismatisch geformter, schwarzer Monolith
- Bekleidung aus Faserzementplatten mit unregelmäßig wirkendem Raster

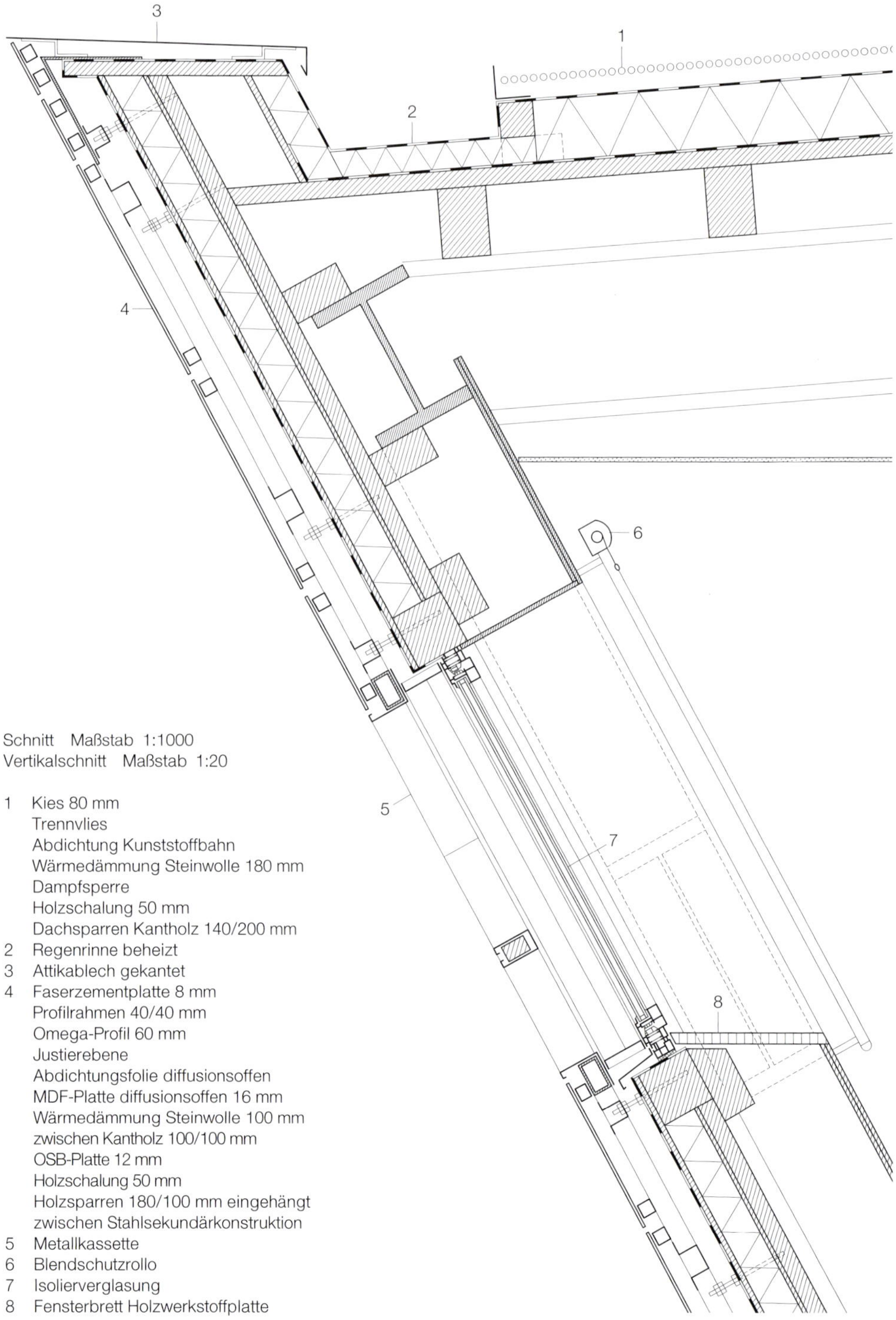

Schnitt Maßstab 1:1000
Vertikalschnitt Maßstab 1:20

1 Kies 80 mm
Trennvlies
Abdichtung Kunststoffbahn
Wärmedämmung Steinwolle 180 mm
Dampfsperre
Holzschalung 50 mm
Dachsparren Kantholz 140/200 mm
2 Regenrinne beheizt
3 Attikablech gekantet
4 Faserzementplatte 8 mm
Profilrahmen 40/40 mm
Omega-Profil 60 mm
Justierebene
Abdichtungsfolie diffusionsoffen
MDF-Platte diffusionsoffen 16 mm
Wärmedämmung Steinwolle 100 mm
zwischen Kantholz 100/100 mm
OSB-Platte 12 mm
Holzschalung 50 mm
Holzsparren 180/100 mm eingehängt
zwischen Stahlsekundärkonstruktion
5 Metallkassette
6 Blendschutzrollo
7 Isolierverglasung
8 Fensterbrett Holzwerkstoffplatte

Erweiterung und Sanierung Schule

Lauterach, AT 2000

Architekt:
Elmar Ludescher, Lauterach

A & D Architecture and Detail 19/2002
Detail 07/2001

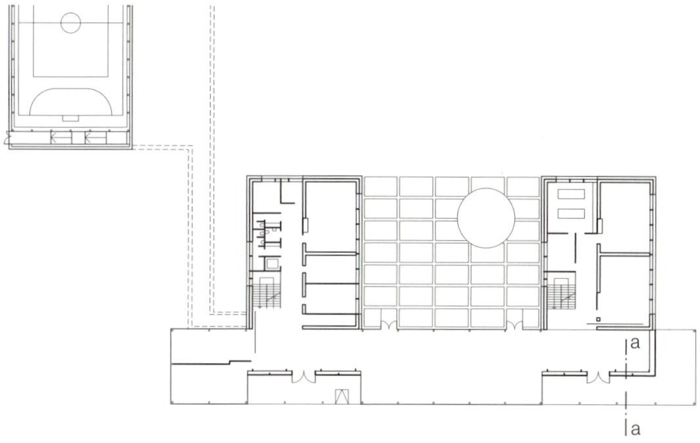

- Erweiterung und Sanierung eines Schulgebäudes aus den 1960er-Jahren
- Fassaden der beiden dreigeschossigen Baukörper mit anthrazitfarbenen, opaken und semitransparenten Faserzementplatten
- gelochte Fassadenelemente wirken als Lichtfilter

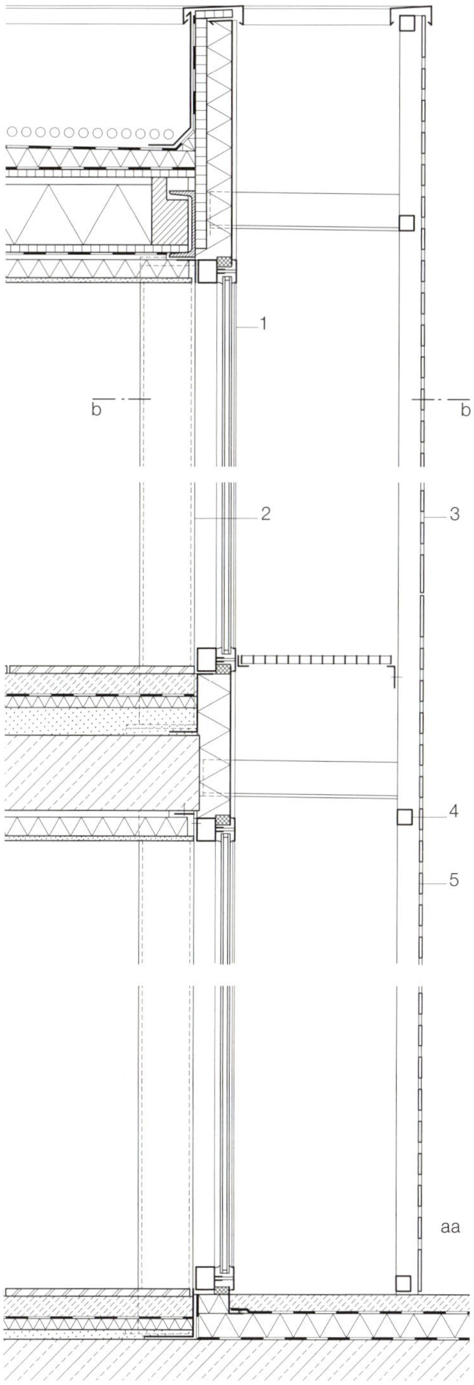

Grundriss Erdgeschoss
Maßstab 1:1000
Vertikalschnitt • Horizontalschnitt
Maßstab 1:20

1 Aluminiumfenster eloxiert mit Festverglasung
2 Stütze Stahlrohr ▭ 150/100/8 mm
3 Faserzementplatten gelocht 8 mm
4 Stahlrohr □ 40/40 mm
5 Stahlrohr ▭ 40/60 mm

bb

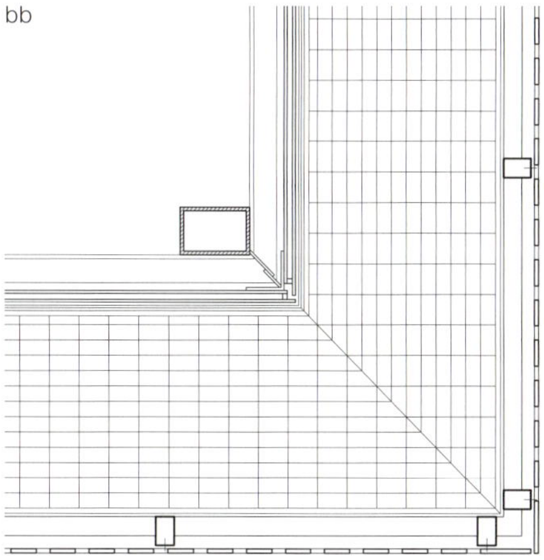

B 4 Holz

Holz hat als Baumaterial nahezu universelle Verwendungsmöglichkeiten. Erste komplexe Holzkonstruktionen von Gebäuden reichen bis in die Jungsteinzeit zurück. Es sind Stämme und Äste, die ganze Vielfalt der natürlichen »Holzprodukte«, mit denen bereits Skelettbauten gebunden und Wände geflochten wurden (Abb. B 4.3). Sehr viel später folgen Skelettkonstruktionen aus geschlagenen Kanthölzern (Fachwerke) für Gebäude sowie größere Spannweiten und Vollholzkonstruktionen aus rund belassenen Vollhölzern (beispielsweise Blockbauten und Stabkirchen).
Die heute bei uns vorherrschenden Bearbeitungstechniken wie Sägen und Spanen gehen auf das vergangene Jahrtausend zurück und finden erst im Zuge der Industrialisierung breite Anwendung. Die Wegbereiter des modernen Holzbaus stammen im Wesentlichen aus dem 19. und dem beginnenden 20. Jahrhundert. Vorläufer für die Entwicklung unseres heutigen Bauens von Wänden und Fassaden aus Holz stellen die Gewächshäuser in England und der Fachwerkbau in Mitteleuropa dar. Ein herausragender Höhepunkt ist der 1851 errichtete Kristallpalast in London, in dessen Skelettkonstruktion speziell im Bereich der Dachträger 17000 m^3 Holz im Verbund mit Gusseisen verwendet wurden. Der heutige Stand der Holzfassadentechnik reicht von handwerklicher Fertigung und Montage bis zu technisch und bauphysikalisch sehr weit entwickelten Vollholzwandelementen, die in vollautomatischer Fertigung produziert und als Großtafeln und Raumzellen in sehr kurzen Montagezeiten zu Gebäuden zusammengesetzt werden können.

Materialeigenschaften

Von der Vielzahl der physikalisch-technischen Holzeigenschaften sind im Hinblick auf den Fassadenbau folgende zu nennen:

- hohe Festigkeit bei geringem Gewicht
- gute Bearbeitungsmöglichkeiten und sehr weit entwickelte Bearbeitungstechnik
- hoher Wärmedurchlasswiderstand
- Hygroskopisches Verhalten fördert bei Verbau auf der Fassadeninnenseite den Feuchteausgleich.
- Hölzer mit hoher Resistenz sind ohne Beschichtung für die Außenanwendung geeignet.

Inhaltsstoffe und Entstehung

Holz ist ein natürliches Produkt und zu 100 % recycelbar. Wasser mit Nährstoffen aus den Böden und CO_2 reagieren unter Mitwirkung von Blattgrün und Sonnenenergie zu Stärke und setzen dabei Sauerstoff frei. Stärke ist der Grundbaustein für Zellulose, die mit ca. 50 % den wesentlichen Bestandteil von Holz ausmacht. Weitere Inhaltsstoffe sind jeweils zu rund 25 % Holzpolyosen (Hemizellulose) und Lignin sowie geringe Anteile an Farb-, Gerb- und Imprägnierstoffen.

Aufbau von Holz

Grundbaustein von Holz sind die Zellen. Entsprechend den Funktionen im lebenden Baum,

B 4.2

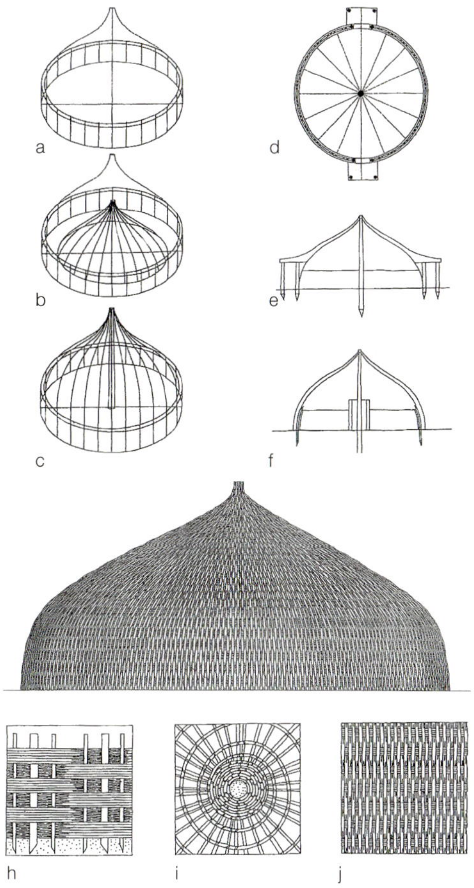

B 4.3

B 4.1 Komyo-Ji Pure Land Temple, Saijo (JP) 2000, Tadao Ando

B 4.2 Gokstad Schiff, Bygdoy (NO) ca. 900 n. Chr.
B 4.3 Wohnhaus Sidamo, Hagara Salam (ETH)
a zylindrische Konstruktion
b Konstruktion des Dachs auf dem Gelände
c Aufsetzten des Dachs auf den Zylinder, Abdichtung mit Blättern der Bambuspflanze
d Grundriss
e, f Schnitte
g Ansicht
h Zylinderdetail
i Dachdetail
j Detail der Abdeckung

B 4.4

B 4.5

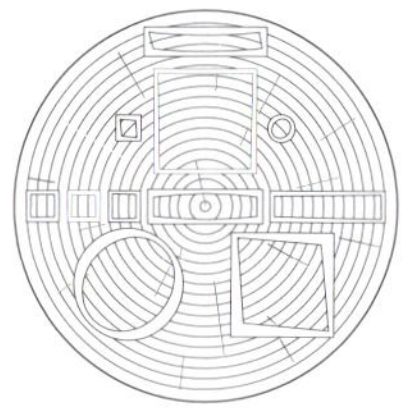
B 4.6

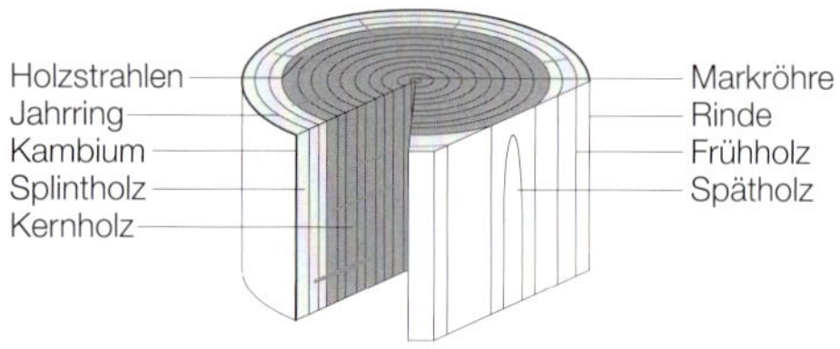

B 4.7

wie z. B. Festigung, Stoffleitung und Stoffspeicherung, werden zahlreiche Zelltypen unterschieden. Die meisten Zellen haben eine langgestreckte Form. Sie werden deshalb auch als Fasern bezeichnet und liegen fast ausschließlich in Längsrichtung im Stammquerschnitt. Ausnahmen bilden die Holzstrahlen, die mit ihren Zellen in radialer Richtung im Holz angeordnet sind. Das entwicklungsgeschichtlich ältere Nadelholz hat den einfacheren Aufbau. Es besteht überwiegend aus einem Zelltyp, der sowohl den Wasser- und Stofftransport als auch die Festigung übernimmt. Beim Laubholz gibt es eine weitergehende Spezialisierung der Zellen: Es bildet Gefäße. Lage und Richtung der Zellen und Gefäße zueinander erzeugen zusammen mit den Jahresringen die Maserung – ein wesentliches augenscheinliches Erkennungsmerkmal der unterschiedlichen Hölzer. Der elementare Aufbau der Zellwände ist der entscheidende Faktor für die Festigkeit und die Elastizität des Holzes. Im Wesentlichen bestehen die vier Schichten der Zellwände aus Lignin für die Aufnahme der Druckkräfte und Fibrillen für die Aufnahme der Zugkräfte, die zusammen mit dem Lignin einen leistungsstarken Verbund bilden.

Anisotropie
Der Holzkörper besteht aus Millionen solcher Zellen, die Zellwände und Zellhohlräume (so genannte Poren) besitzen. Vereinfacht kann er als Bündel von in Längsrichtung versetzt zueinander angeordneten Röhren beschrieben werden. Daraus resultieren die verschiedenen – anisotropen – Eigenschaften des Holzes in Längs- und Querrichtung. Optisches Merkmal der Anisotropie ist das vollkommen unterschiedliche Aussehen der Schnitte in Längs-, Quer- und radialer Richtung sowie das ebenso unterschiedliche Verhalten des Holzes längs und quer zur Faser (Abb. B 4.6 und B 4.7). Dies wirkt sich z. B. bei den zulässigen Spannungen aus. Sie betragen bei Fichtenholz längs zur Faser:
- bis zu 11 N/mm² für Druckkräfte
- bis zu 9 N/mm² für Zugkräfte

quer zur Faser jedoch nur:
- bis zu 2,5 N/mm² für Druckkräfte
- bis zu 0,05 N/mm² für Zugkräfte

Eine weitere Folge der Anisotropie ist das unterschiedliche Quellen und Schwinden in den drei Schnittebenen längs und quer zur Faser, in radialer oder tangentialer Richtung. Bei Fichtenholz betragen die Quell- und Schwindmaße je 1 % Holzfeuchteänderung:
- längs weniger als 0,01 %
- quer radial von 0,15 bis 0,19 %
- quer tangential von 0,27 bis 0,36 %

Rohdichte
Die Dichte der reinen Zellwandsubstanz beträgt für alle Holzarten etwa 1,5 g/cm³. Die Dicke der Zellwand und die Größe des Porenraums hingegen unterscheiden sich von Holzart zu Holzart ebenso wie innerhalb einer Holzart. Darüber hinaus besitzen die Zellen des Frühholzes in der Regel größere Porenräume als diejenigen des Spätholzes. Das Verhältnis von Zellwand und Porenraum bestimmt die Rohdichte und reicht von über 90 % Porenraum bei Balsaholz mit einer Rohdichte von 0,1 g/cm³ bis etwa 10 % bei Pockholz mit einer Rohdichte von über 1,3 g/cm³. Der Porenraum der Fichte liegt bei 70 %, die mittlere Rohdichte bei 0,45 g/cm³, der Porenraum der Eiche bei weniger als 60 %, die Rohdichte entsprechend über 0,60 g/cm³. Die Rohdichte ist ein Merkmal, das einen wesentlichen Einfluss auf die Tragfähigkeit des Holzes hat.

Wärmedämmeigenschaften
Wegen seines porigen Aufbaus weist das mitteleuropäische Bauholz mit seinen mittleren Rohdichten sehr gute Wärmedämmeigenschaften auf. Die Längenänderung von Holz unter Wärmeeinfluss ist äußerst gering und spielt in der Praxis kaum eine Rolle. Die Wärmeausdehnungskoeffizienten sind abhängig von der Holzart. Sie betragen:
- in Faserrichtung 2,55 bis 5×10^{-6} K^{-1}
- in Radialrichtung 15 bis 45×10^{-6} K^{-1}
- in Tangentialrichtung 30 bis 60×10^{-6} K^{-1}

Volumenvergrößerungen stellen sich in der Regel jedoch gar nicht ein, da beim Anstieg der Temperatur im verbauten Holz ein Trocknungsprozess einsetzt, der das Schwinden und damit eine Volumenverkleinerung zur Folge hat. Mit steigenden Temperaturen nimmt die Festigkeit des Holzes ab. Bei den in Gebäuden im Allgemeinen auftretenden Temperaturen ist es jedoch nicht nötig, dies zu berücksichtigen.

Feuchte
Im lebenden Baum befindet sich Wasser in den Zellwänden und in den Hohlräumen. Die Holzfeuchte kann bis etwa 70 % der Masse betragen. Bei der maximalen Feuchteaufnahme in den Zellwänden spricht man von Fasersättigung. Sie liegt im Bereich von 22 bis 35 %. Unabhängig von seiner Verwendung bleibt Holz hygroskopisch, d. h. es nimmt Wasser auf und gibt dieses ab, je nach den umgebenden Feuchtebedingungen. Beim verbauten Holz stellen sich folgende sogenannte Gleichgewichtsfeuchten ein:
- allseits geschlossene Bauten, beheizt 9 ± 3 %
- allseits geschlossene Bauten, unbeheizt 12 ± 3 %
- überdeckte offene Bauten 15 ± 3 %
- allseits bewitterte Konstruktionen 18 ± 6 %

In Innenräumen kann Holz das Raumklima mit seiner Fähigkeit der Feuchteaufnahme und -abgabe günstig beeinflussen. Beim Konstruieren und Bauen ist die Eigenschaft des Holzes, Wasser aufnehmen zu können, jedoch wegen der möglichen Folgen besonders zu berücksichtigen. Die Wasseraufnahme und -abgabe führt zum Quellen und Schwinden, also zu Dimensionsänderungen. Die Tragfähigkeit von Holz nimmt mit dem Anstieg der Holzfeuchte ab, die Gefahr holzschädigender Pilze und Insekten gleichzeitig zu. Nachteilige Folgen können weitgehend vermieden werden, indem das Holz mit dem Feuchtegehalt eingebaut wird, der langfristig am Einbauort zu erwarten ist. Bei allen Bauteilen aus Holz, bei denen mit einem Feuchtewechsel gerechnet werden muss – wie z. B. wenn sie dem Außenklima ausgesetzt sind –, müssen die damit verbundenen Dimensionsänderungen berücksichtigt werden. Dies gilt beispielsweise für hölzerne Außenschalen von Fassaden, die der Wechselwirkung von Sonne und Regen ausgesetzt sind. Schnelle Feuchtewechsel fördern die Rissbildung im Material besonders.

	Vollholz			Holzwerkstoffe				
Bearbeitung	Entrinden	Spalten	Sägen	Sägen	Schälen		Zerspannen	Zerfasern
Zwischenprodukt	Rundholz	Schindeln	Schnittholz	Schnittholz	Furniere	Holzwolle	Späne	Fasern
Produkt		Normalschindeln	gespundete Bretter	Schichtholz Massivholzplatten	Furnierschichtholz	leichte Spanplatte m. Holzwolledecke	Flachpressplatte Kalanderspanpl.	weiche, poröse Faserplatte
		Zierschindeln	Profilbretter	Stäbchensperrholz Stabsperrholz	Furnierstreifenholz	Holzwolleplatte	Spanstreifenholz (LSL)	mittelharte Faserplatte
			Holzleisten	Mehrschichtplatten	Furniersperrholz	Mehrschicht Leichtbauplatte	OSB Flachpressplatte	harte Holzfaserplatte
			Rhombusleisten	Spantischlerplatten	Kunstharz-Pressholz		Strangpressplatte	mitteldichte Faserplatte (MDF)
				Brettschichtholz (BSH)			gipsgebundene Flachpressplatte	Gipsfaserplatte
							zementgebundene Spanplatte	Zementfaserplatte
							Spanplatte mit Faserdeckschicht	Gipskartonfaserplatte
							Furnierspanplatte	bituminierte Holzfaserplatte

B 4.8

B 4.4 Stadel mit Stall, Venetien (IT) 1930er-Jahre
B 4.5 Kapelle, Somvigt (CH) 1988, Peter Zumthor
B 4.6 Verformungen von Vollholzquerschnitten
B 4.7 Stammabschnitt
B 4.8 Einteilung der Holzprodukte und Holzwerkstoffe nach Art der Herstellung

Weitere Merkmale
Holz weist je nach Holzart und Standortbedingungen des einzelnen Baums in sehr unterschiedlicher Häufigkeit und Dichte weitere Merkmale auf wie Astlöcher, Faserneigungen, Markröhre, Jahresringbreiten, Risse, Rindeneinwuchs, Harzgallen, Krümmungen, Verfärbungen, Druckholz und Insektenfraß. Diese Eigenschaften führen zu einer breiten Streuung der Güte von Vollhölzern und spielen eine entscheidende Rolle bei der Frage, wo und wofür das einzelne Holz im Bau verwendet werden kann.

Außenwandbekleidungen

Außenwandbekleidungen übernehmen neben den Schutzfunktionen vor Feuchte (besonders Schlagregen), Temperatureinwirkungen (winterlicher und sommerlicher Wärmeschutz), Sonneneinstrahlung und Wind insbesondere die Funktion gestalterischer Aspekte des Gebäudes. Aus dem Werkstoff Holz stehen neben kleinformatigen (z. B. Schindeln) und linearen Bekleidungen (z. B. Bretter, Leisten) je nach Zuschnitt mittel- bis großformatige Platten zur Verfügung. Die Wahl der Außenwandbekleidung beeinflusst die gestalterische Wirkung.

Holz und Holzwerkstoffe

In der jüngeren Vergangenheit wurden zahlreiche neue Vollholzprodukte und Holzwerkstoffe entwickelt [1], was zur Bereitstellung von Vollhölzern mit geringer Verfremdung des Holzes bei gleichzeitig gesicherter Qualität führte (Abb. B 4.8). Bei den Holzwerkstoffen liegt der Schwerpunkt auf der Optimierung von Festigkeiten und Oberflächenqualitäten. Nachfolgend ist eine Auswahl von Vollholzprodukten und Holzwerkstoffen dargestellt, die im Holzfassadenbau verwendet werden können.

Rundholz, Baurundholz
Rundholz besteht aus Stämmen oder Stammabschnitten.

Stufen der Herstellung:
- Befreien der Stämme von der Rinde
- ggf. Kalibrierung des Querschnitts über die Stammlänge
- ggf. Fräsen von Entlastungsnuten bei größeren Querschnitten, um Risse zu vermeiden
- Freilufttrocknung unter Umständen mit nachgeschalteter technischer Trocknung
- visuelle Festigkeitssortierung

Bauschnittholz, Vollholz aus Laub- und Nadelholz (LH NH)
Bauschnittholz wird durch Einschneiden oder Profilieren aus Rundholz gewonnen.

Stufen der Herstellung:
- Einschnitt mit z. B. Gatter- oder Blockbandsägen
- Freiluft- und/oder technische Trocknung
- visuelle Festigkeitssortierung
- ggf. Keilzinken und Verleimen der Hölzer
- ggf. Hobeln und Fasen
- ggf. Profilieren (Falze, Nut und Feder)

Brettschichtholz (BSH)
Brettschichtholz ist ein vergütetes Vollholz, bei dem der festigkeitsmindernde Einfluss der wachstumsbedingten Fehler und Schwächen bis zu einem gewissen Grad aufgehoben wird. Es besteht aus mindestens drei faserparallel miteinander verklebten, getrockneten Brettern oder Brettlamellen aus Nadelholz. Neben einfachen, geraden Bauteilen sind Formen mit variablem Querschnitt herstellbar und/oder einfacher bzw. doppelter Krümmung bzw. Drehung in Längsachse.

Stufen der Herstellung:
- technische Trocknung von Brettern aus Nadelholz auf eine Holzfeuchte von etwa 12 %
- visuelle oder maschinelle Festigkeitssortierung ggf. mit Auskappen größerer Fehlstellen
- Keilzinken der Bretter zu Lamellen
- Hobeln und Ablängen der Lamellen
- Klebstoffauftrag auf die Breitseite der Lamellen
- Verkleben der Lamellen in einem geraden oder gekrümmten Pressbett
- Möglichkeit, Bretter verschiedener Sortierklassen über die Querschnittshöhe anzuordnen
- Aushärten unter Druck
- in der Regel Hobeln, Fasen und Längenzuschnitt nach dem Aushärten

Gespundete Bretter und Profilbretter
Gehobelte und profilierte Hölzer werden aus Rundholz gesägt, gehobelt und gefräst. Neben den in DIN 4072 und DIN 68 126 Teil 1 enthaltenen Formen und Maßen sind entsprechend den vorhandenen Werkzeugen zahlreiche Profilmodifikationen und Maßvarianten möglich. Die Bretter werden auf Bestellung im Hobelwerk gefertigt und sind über den Handel zu beziehen (Abb. B 4.16, S. 136).

Schindeln
Schindeln werden mit Spaltbeil und Reifmesser einzeln und meist von Hand vom Block abgespalten, keilig geschnitzt und je nach Schindelart mit Fase versehen. Für Wandbekleidungen eignen sich auch gesägte Schindeln, die allerdings aufgrund ihrer verletzten Oberflächen weniger widerstandsfähig sind und schneller verwittern.

Holzwerkstoffe (HWS)
Die Industrie bietet eine große Anzahl meist plattenförmiger Holzwerkstoffe an. Diese sind unter möglichst guter Ausnutzung der Holz-

Nadelhölzer	Douglasie DGA	Fichte FI	Kiefer KI	Lärche LA	Pinie PIP	Tanne Weißtanne TA	Western Hemlock HEM	Western Red Cedar RCW
Holzfarbe Splint/Kern	gelblich weiß/rötlich braun nachdunkelnd, Spätholz dunkel	Frühholz gelblich weiß Spätholz rötlich gelb, Splint/Kern nicht unterschieden	hellgelblich weiß/rötlich weiß, nachbräunend, Spätholz dunkler	gelblich rötlich braun, nachdunkelnd, Spätholz tiefbraun	gelblich rötlich/gelblich bis rötlich braun, Spätholz dunkel	Frühholz fast weiß, Spätholz blass rötlich, Splint/Kern nicht unterschieden	Frühholz hell bräunl. grau, Spätholz nachdunkelnd, Splint/Kern nicht unterschieden	weiß rotbraun nachdunkelnd, Spätholz dunkler
Widerstandsfähigkeit gegen Pilze	mittel, Splint bläueempfindlich	gering, bläueempfindlich	gering bis mittel, Splint sehr bläueempfindlich	mittel bis gering	Splint gering, Kern mittel	gering, bläueempfindlich	gering bis mittel	sehr groß
Widerstandsfähigkeit gegen Insekten	mittel	gering	gering	mittel bis groß	gering bis mittel	gering	gering	groß
Verbreitungsgebiet	Westküste Nordamerikas, in Europa kultiviert	Europa	Europa, Nordwestasien	Mitteleuropa	südliches/südöstliches Nordamerika, Zentralamerika	Mittel- und Südeuropa	nordwestliches Nordamerika, in Europa kultiviert	nordwestliches Nordamerika

Laubhölzer	Ahorn AH	Azobea (Bongossi) AZO	Buche (Rotbuche) BU	Eiche EI	Meranti dunkelrot MER	Merbau MB	Robinie ROB	Teak TEK
Holzfarbe Splint/Kern	gelblich weiß, seidig glänzend, Splint und Kern kaum unterschieden	hellrot braun/tiefrotbraun mit leicht violettem Ton	hellgelblich bis rötlichgrau, Splint und Kern kaum zu unterscheiden	grau/graugelb, hellbis dunkelbraun nachdunkelnd	gelblich grau bis rosagrau/rötlichbraun	gelblich weiß/hellbraun bis rötlichbraun nachdunkelnd	hellgelblich bis grünlich gelb/grünlich gelb bis olivgelb, später rotbraun glänzend	grau/goldgelb, später mittel- bis dunkelbraun, oft schmale schwarze Adern
Widerstandsfähigkeit gegen Pilze	sehr gering, auch gegenüber Bläuepilzen	groß	sehr gering	groß	groß bis mittel	sehr groß	sehr groß	sehr groß
Widerstandsfähigkeit gegen Insekten	zum Teil sehr gering	sehr groß	gering	groß	mittel bis groß	groß bis sehr groß	groß	sehr groß (termitenfest)
Verbreitungsgebiet	Europa bis Kleinasien	Westafrika	Europa	Europa	Südostasien	Südostasien, Madagaskar, Papua Neuguinea	südöstliches Nordamerika, in Europa u.a. kultiviert	Südostasien, kultiviert in den übrigen Tropengebieten

a

Holzwerkstoffe	Drei- und Fünfschichtplatten	Furnierschichtholz	Spanplatte – Flachpressplatte	Fassadensperrholz/Siding Sperrholz	Holzfaserplatten	Zementfaserplatten
Holzarten/Werkstoffe	Nadelhölzer, in erster Linie Fichte und Douglasie, Kunstharze ggf. Holzschutzmittel	Kiefer (Produkt Kerto), Douglasie, Southern Pine (Produkt Microlam), Kunstharze SVL: Oregon Pine, Douglas fir nach DIN 68705-3 Buche (Produkt BauBuche)	klebstoffgebunden FP: Holzspäne: Kiefer, Buche, Birke, Erle usw. holzartige Faserstoffe, Kunstharze; zementgebundene FP: Holzspäne: Fichte, Tanne, als Armierung mineralische Bindemittel: Portlandzement Magnesitbinder	Furniersperrholz mit dünnem, fehlerfreiem Deckfurnier speziell für Fassade	vorwiegend aus Fichte, Tanne, Kiefer, Buche, Birke, Pappel, Eukalyptus; holzartige Faserstoffe aus Einjahrespflanzen mit oder ohne Bindemittelzusatz: Kunstharze, Naturharze, Hydrophobierungsmittel (Wachse/Paraffin) und Schutzmittel gegen Schädlinge und Feuer	zellstoffarmierte Kalziumsilikatplatten, bestehend aus Portlandzement, silikatischen Zuschlagstoffen und Zellstofffasern

b

B 4.9

eigenschaften für ihre Verwendung in Konstruktionen optimiert. Zu den wesentlichen Optimierungsschritten zählen:

- die Größe in Länge, Breite und Dicke für die Herstellung von größeren Bauteilen und Bauteilflächen, wobei die aus Brettern oder Furnieren hergestellten Holzwerkstoffe meist deutlich höhere Festigkeiten als die Vollhölzer gleicher Holzart erreichen
- die Festigkeit mit dem Ziel hoher Tragfähigkeit
- die Oberflächenqualität mit dem Ziel einer breit angelegten Beanspruchbarkeit, z.B. hinsichtlich Erscheinungsbild (Bauteiloberflächen) oder Bewitterung (Fassaden)

Holzfehler (z.B. Äste, Risse und Drehwuchs), welche die Festigkeit deutlich herabsetzen können, sind bei naturgewachsenem Holz unvermeidbar. Bei den Holzwerkstoffen hingegen spielen sie keine oder nur eine untergeordnete Rolle, da benachbarte Holzteile neutralisierend wirken. Aus diesem Grund weisen Holzwerkstoffe eine größere Homogenität auf, das Quellen und Schwinden ist in der Regel deutlich geringer als bei Massivholz. Grundsätzlich nimmt die Anisotropie, d.h. das richtungsabhängige Verhalten der Holzwerkstoffe, mit zunehmender Zerlegung ab.

Kunstharzgebundene Holzwerkstoffe
Bei kunstharzgebundenen Holzwerkstoffen handelt es sich um aus zerkleinerten Holzteilchen mit Bindemitteln (Phenol-, Resorcin- und andere Harze), stab- oder plattenförmig hergestellte Produkte.

Mehrschichtplatten
Die Platten bestehen aus drei oder fünf Brettlagen, die jeweils im rechten Winkel gekreuzt, aufeinandergelegt und miteinander verklebt werden. Die Bretter der Decklagen liegen parallel zueinander. Die Festigkeitseigenschaften weisen eine sehr große Bandbreite auf, sie können mit der Qualität des verwendeten Holzes und den Dickenverhältnissen der einzelnen Schichten gesteuert werden (Abb. B 4.13 und 4.15, S. 136).

Furnierschichtholz FSH und SVL
Funierschichtholz (FSH) entsteht durch Verkleben von rund 3 mm dicken, getrockneten Schälfurnieren aus Nadelholz und neuerdings in knapp 4 mm starkem, deutlich festerem Buchenholz (Abb. B 4.11). Man unterscheidet folgende Furnieranordnungen:

- FSH-S: alle Funierlagen mit Faserrichtung parallel, längs zur Produktionsrichtung, für vorwiegend lineare Bauteile und Beanspruchungen
- FSH-Q: vorwiegend gleiche parallele Faserrichtung und einzelne Furnierlagen in Querrichtung, für flächige Bauteile sowie flächige Beanspruchungen
- FSH-T: entspricht hinsichtlich der Faserrichtung dem FSH-S, jedoch aus leichteren Furnieren (geringere Rohdichte) mit entspre-

chend geringerer Tragfähigkeit hergestellt, Verbindung der Furniere einer Lage erfolgt im Allgemeinen durch Schäftung oder Überlappung

SVL (Structural Veneer Lumber) sind vorwiegend stabförmige Bauteile. Sie bestehen aus an den Decklagen miteinander verklebten Furnierschichtholz-Lamellen. Die Lamellen werden aus mehreren 2,5 mm dicken Furnierlagen mit Faserverlauf in Plattenlängsrichtung verklebt. Die Längsverbindung der Lamellen erfolgt mittels Keilzinken (Abb. B 4.14).

Spanplatte / Flachpressplatte (FP)
Flachpressplatten werden durch Verpressen von kleinen Holzspänen mit Klebstoffen oder mineralischen Bindemittel hergestellt. Die Späne liegen vorzugsweise parallel zur Oberfläche und werden in der Regel mehrschichtig oder mit gleichmäßigem Übergang in der Struktur verpresst.

Holzfaserplatten
Harte Holzfaserplatten (HFH), mittelharte Holzfaserplatten (HFM) und mitteldichte Holzfaserplatten (MDF) werden im Trockenverfahren mit Bindemitteln (HFH und MDF) oder im Nassverfahren ohne Bindemittel (HFH und HFM) durch starkes Verpressen hergestellt. Die Bindung beruht auf der Verfilzung der Fasern sowie deren eigener Verklebungsfähigkeit. Für mittragende und aussteifende Zwecke müssen die harten Holzfaserplatten eine Mindestrohdichte von 950 kg/m^3 und die mittelharten/mitteldichten Holzfaserplatten eine Mindestrohdichte von 650 kg/m^3 aufweisen. Harte Holzfaserplatten haben ein nahezu gleiches Verhalten in beide Richtungen der Plattenebene. Durch unterschiedliche Pressdrucke, Temperatureinwirkungen und Bindemittel können die Eigenschaften verändert werden.

Zementfaserplatten
Die zellstoffarmierten Kalziumsilikatplatten bestehen aus Portlandzement, silikatischen Zuschlagstoffen und Zellstofffasern (Anwendungsmöglichkeiten siehe »Beton«, S. 107ff.).

Materialien auf Holzbasis mit neuen Anwendungsoptionen
- OSB-Platten in Kombination mit Verbundmaterialien als Konstruktionselemente
- Holz-, Hanf-, Leinen- Jutefasern, z.B. in der Automobilindustrie zur Herstellung von Innenelementen
- WPC (Wood Plastic Composites) in Extrusions- und Injektionsverfahren

Befestigung
Man unterscheidet sichtbare und verdeckte Befestigungen. In der Hauptsache sollen diese die Fassadenbauteile zuverlässig fixieren und – besonders bei Vollholzquerschnitten wie Brettern – deren Verdrehen verhindern. Zur Vermeidung von Rissen müssen sie jedoch das zu erwartende Quellen und Schwinden zulassen [2].

Vollholzprodukte	Rundholz (Baurundholz)	Bauschnittholz (Vollholz aus Laub- und Nadelholz)	Profilbretter	Schindeln
Holzarten	Fichte, Tanne, Kiefer, Lärche Douglasie, weitere Holzarten gemäß DIN 1052-1/A1, Tab. 1	Fichte, Tanne, Kiefer Lärche, Douglasie Buche [Holzartgruppe A], Eiche [Holzartgruppe A], Bongossi [Holzartgruppe C], Teak [Holzartgruppe A]	Fichte, Tanne Kiefer Lärche Douglasie	Western Red Cedar Lärche Eiche
Oberflächenqualitäten	von entrindete bis glatte Oberfläche	sägerau, ggf. hobeln und fasen	egalisiert oder gehobelt	spaltrau, sägerau

B 4.10

B 4.9 a Eigenschaften von Nadelhölzern und Laubhölzern [1]
b Holzwerkstoffe und ihre Bestandteile
B 4.10 Vollholzprodukte und ihre Bestandteile

Befestigungsmittel
Von den verschiedenen Holzverbindungs- und Befestigungsmitteln werden im Fassadenbau hauptsächlich Nägel und Schrauben eingesetzt. Bei Nägeln ist auf die ausreichende Einschlagtiefe zu achten; der Richtwert liegt bei 35 mm. Der Nagelkopf darf über die Oberfläche des Holzelements weder herausragen noch darf er dieses verletzen.
Schrauben bieten den Vorteil einer lösbaren Befestigung, z.B. im Falle möglicher Sanierungsarbeiten. Die Mindesteinschraubtiefe liegt bei 25 mm. Auch der Schraubenkopf darf weder über die Oberfläche der Holzelemente herausragen noch zu tief im Holz versenkt liegen. Es dürfen nur Kreuzschlitz- oder Torxschrauben mit Teilgewinde verarbeitet werden. Schrauben mit Bohrspitze verringern die Spaltgefahr und ermöglichen daher einen geringeren Randabstand.
Fassadenelemente können auch mit Klammern oder speziellen Befestigungshaken montiert werden. Die Oberfläche sollte in diesem Fall beschichtet und beharzt sein (erhöhter Ausziehwiderstand). Ein kaum vermeidbarer Nachteil dieser Befestigungsart sind Quetschungen der Holzoberfläche.
Befestigungshaken und Patentklammern dienen der nicht sichtbaren Befestigung (Abb. B 4.36, S. 139). Diese Elemente werden auf die Unterkonstruktion genagelt oder geschraubt und greifen in Nut-Federprofile ein. Nachteilig wirkt sich der erhöhte Montageaufwand aus. Zudem ist ein dauerhafter Korrosionsschutz der Befestigungsmittel erforderlich, um eine Verfärbung der Oberfläche, verursacht durch rostende Metallteile oder infolge chemischer Reaktionen mit Kerninhaltsstoffen, zu verhindern. Für Kernholzarten wie z.B. Eiche und Lärche sollten nur Verbindungsmittel aus Edelstahl verwendet werden.

Befestigungsabstände
Die Anzahl der Befestigungspunkte in Brettbreite ist abhängig von dessen Dimension.
Bis zu einer Breite von 120 mm reicht eine Befestigung aus. Bretter mit Breiten über 120 mm müssen mit zwei Befestigungen angebracht werden, jeweils in den Drittelpunkten der Brettbreite. In Brettlängsrichtung liegt der maximale Befestigungsabstand bei 100 cm. Der Randabstand rechtwinklig zur Faser sollte mindestens 1,5 cm betragen, in Faserlängsrichtung mindestens 5 cm. Bei Gebrauch von Schrauben mit Bohrspitzen kann der Abstand reduziert werden (abhängig von der Holzart). Je höher die Dichte und damit auch die Härte des Holzes, desto eher ist Vorbohren notwendig. Das Gleiche gilt für geringe Randabstände. Alternativ kann mit selbstbohrenden Schrauben gearbeitet werden.

Unterkonstruktion
Die Unterkonstruktion stellt die dauerhafte Verbindung zum Tragwerk dar. Unebenheiten der Wand müssen ausgeglichen werden. Gelegentlich trägt die Unterkonstruktion auch die angebrachte Wärmedämmung. Grundsätzlich ist die Ausführung mit und ohne Hinterlüftung der Holzfassade möglich. Bei nicht hinterlüfteten Fassaden sollte auf eine rückseitige Beschichtung der Holzelemente sowie das Anbringen einer diffusionsoffenen, regendichten Bahn geachtet werden. Durchgehende Hinterlüftung ist wegen des Risikos von Durchfeuchtung ratsam (20–40 mm). Luftein- und Luftaustrittsöffnungen sind mit Gittern sorgfältig zu verschließen, da Kleintiere und Insekten sonst auf vielfache Weise Schäden im organischen Material verursachen können. Bei offenen Fugen der Fassade muss der dahinterliegende Bauteil regendicht ausgebildet werden. Die Unterkonstruktion ist nach statischen Gesichtspunkten zu dimensionieren [4].

Oberflächen
Unbehandelt belassenes Holz vergraut durch Bewitterung und die Einwirkung von ultraviolettem Licht. Das Lignin im Holz wird dabei photo-oxidativ abgebaut und durch den Regen ausgewaschen. Es kommt zu einer Faserablösung in den Deckschichten und je nach Holzart begleitend dazu zum Befall durch holzverfärbende Pilze.

Chemische Mittel
Bei der Anwendung von chemischen Holzschutzmitteln zum vorbeugenden Schutz vor Pilz- und Insektenbefall werden je nach ihrer Konstitution wasserlösliche (überwiegend anor-

B 4.11

B 4.12

B 4.13

B 4.14

B 4.15

B 4.16

B 4.17

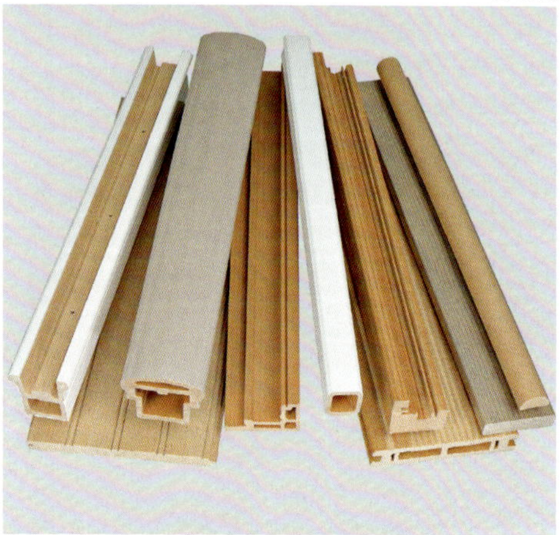
B 4.18

B 4.11 Funierschichtholz
B 4.12 Brett
B 4.13 Dreischichtplatte
B 4.14 SVL (Structural Veneer Lumber)
B 4.15 Fünfschichtplatte
B 4.16 Profilbretter
B 4.17 Furniersperrholz (BFU)
B 4.18 extrudierte Holzfaserprofile
B 4.19–22 Beispiele für Holzplatten
B 4.23–26 Sonderkonstruktionen

ganische Salze), ölige (z. B. Steinkohlenteeröl), lösemittelhaltige und Emulsionspräparate unterschieden. Chemische Holzschutzmittel enthalten in der Regel Gifte in Form von bioziden Wirkstoffen. Vor dem Einsatz von chemischen Holzschutzmitteln sollten die baulichen Maßnahmen ausgeschöpft werden. Grundsätzlich ist chemischer Holzschutz nur erforderlich, wenn die Gefahr eines Befalls durch holzzerstörende Insekten besteht. Wenn sichergestellt ist, dass die Holzfeuchte 20 % nicht übersteigt, liegt in der Regel keine Gefahr für den Befall durch holzzerstörende Pilze vor. Bei einer Holzfeuchte von unter 10 % ist kein Insektenbefall zu erwarten. Bleiben Holzkonstruktionen offen und somit ein Insektenbefall kontrollierbar, kann in der Regel – außer für tragende Bauteile – ebenfalls auf chemischen Holzschutz verzichtet werden.

Biologische Mittel
Holzbehandlungen sind auch möglich mit wasserlöslichen Borsalz-Imprägnierungen (Boraxmischungen, Borsäure), Wachsen (Hartwachs, Balsame, Lösungen), Naturharzprodukten (Lacke, Öle, Lasuren), Ölen, Holzessig, Holzteer, Pech, Präparaten mit Zitrusölen bzw. Extrakten aus natürlich resistenten Holzarten. Problematik: Derzeit bestehen keine baulichen Zulassungen für biologische Holzschutzmaßnahmen. Die konkrete Wirksamkeit ist, abgesehen von Borverbindungen, nicht allgemeingültig nachgewiesen. Zum Teil sind längere Trocknungszeiten des Anstrichs und Nachbehandlungen erforderlich.

Oberfächenbehandlungen
Imprägnierungen
Imprägnierungen bewirken eine wasserabweisende Oberfläche sowie durch enthaltene Biozide einen Schutz vor Insekten und Mikroorganismen. Sie sind offenporig, nicht filmbildend und nicht penetrierend. Der Einsatz von Farbpigmenten ist möglich, um Imprägnierungen zu kennzeichnen.

Lasuren
Lasuren nehmen durch das gebremste Penetrationsvermögen und die Bildung eines relativ dünnen Oberflächenfilms eine Mittelstellung zwischen Imprägnierung und Lackierung ein.

Je nach Pigmentgehalt bleibt bei Lasuren die Zeichnung des Holzes mehr oder weniger erkennbar. Die UV-Schutzwirkung ist über die Dichte der Pigmente einstellbar. Lasuren besitzen eine gute Dampfdiffusionsfähigkeit.

Lackierungen
Lackierungen bilden eine geschlossene Oberfläche, die Wasser abweisend und abriebfest ist. Die Dampfdurchlässigkeit kann sehr stark herabgesetzt werden, sodass der Feuchtigkeitsausgleich zwischen Holz und Luft nahezu unterbunden wird. Man unterscheidet farbloses, lasierendes Lackieren (filmbildend, weniger penetrierend, Oberfläche glänzend bis halbglänzend und glatt, kein ausreichender UV-Schutz, nicht fungizid) und deckendes Lackieren (filmbildend, kaum penetrierend, Oberflächen meist glänzend und glatt, guter UV-Schutz).

Dispersionsanstriche
Mit Wasser als Lösemittel bilden Dispersionsanstriche eine deckende Beschichtung. Die Pigmentierung variiert von der Lasur bis zum deckenden Anstrich. Sie sind filmbildend, nicht penetrierend und haben eine merkliche Wasserquellbarkeit, aufgrund derer die Dampfdiffusion wesentlich behindert wird. Sie erzeugen eine matte, bei geringer Dicke strukturbetonende Oberfläche, ihr UV-Schutz ist gut, selten fungizid.

Beizen
Beizen dienen der Farbgebung des Holzes durch Auftrag von Pigmenten (Pigment- oder Farbstoffbeizen) bzw. durch chemische Prozesse (chemisches Beizen). Die Maserung des Holzes bleibt sichtbar und kann je nach Beizmethode noch verstärkt werden. Beize besitzt keinerlei schützende Funktion, gebeizte Flächen sind deshalb sehr empfindlich gegen Feuchte, im Fall von Pigmentbeizen auch gegen Licht. Im Unterschied zu Lasuren und Lacken lassen sich Beizen nur durch Abhobeln oder Schleifen wieder entfernen.

Wachse
Poren und kleine Risse werden durch Wachse gefüllt, die Dampfdiffusionsfähigkeit bleibt in hohem Maße erhalten. Im Vergleich zu Lacken und Lasuren sind sie weniger kratzfest, weniger beständig gegen Wärme- und Wassereinwirkung. In der Regel ist ein Imprägnieren vor dem Wachsen ratsam. Besonders geeignet für glatte, trockene Oberflächen im wettergeschützten Bereich.

Öle
Ölen stellt die einfachste, billigste und ökologisch beste Methode der Oberflächenbehandlung dar, jedoch mit geringer Widerstandskraft (besonders gegen mechanische Beanspruchung). Es kommen vor allem Leinöl- und Kräuterfirnisse sowie Halböle in Betracht. Im Vergleich zu Wachs bieten sie einen besseren Schutz gegen Nässe und Verschmutzung.

B 4.19

B 4.20

B 4.21

B 4.22

B 4.23

B 4.24

B 4.25

B 4.26

B 4.27

B 4.28

B 4.29

B 4.30

B 4.31

B 4.32

B 4.33

B 4.34

B 4.27–30 Beispiele für horizontale Schalung
B 4.31–34 Beispiele für vertikale Schalung
B 4.35 horizontale Stülpschalung
B 4.36 Halterungsprofile
B 4.37 horizontale Profilbrettschalung / Schindeln
B 4.38 vertikale Deckbrettschalung
B 4.39 vertikale Profilbrettschalung
B 4.40 vertikale Brettschalung
B 4.41 großformatige Holzplatten
B 4.42–46 Beispiele für Urformen und Licht-/Luftdurchlässigkeit
B 4.47–49 Beispiele für Schindeln

Belagstoffe
Holzwerkstoffe können nicht nur furniert, sondern auch mit Belagstoffen beschichtet werden. Bei diesen unterscheidet man dekorative und rollfähige Schichtstoffe sowie Folien und Linoleum.

Generelles zu Beschichtungen
Bei Holzteilen im Außenbereich, die direkter Sonnenstrahlung ausgesetzt sind, sollten eher helle und stärker bis deckend pigmentierte Beschichtungen (z. B. Lasuren) verwendet werden, um Oberflächenspannungen durch Temperatureinwirkung (Quellen und Schwinden) möglichst gering zu halten (schwarz gestrichene Bauteile heizen sich unter starker Sonneneinstrahlung bis ca. 70 °C auf, weiß gestrichene Bauteile nur bis ca. 40 °C, Abb. A 1.9, S. 21). Laubhölzer sind weniger harzreich und eignen sich deshalb für Lasuranstriche besser als Nadelhölzer. Auf die harzreichen Hölzer (besonders Kiefern- und Lärchenholz) sollten an sonnenbestrahlten Stellen keine dunklen Lasuren aufgetragen werden (Ausschwitzen des Harzes, Fleckenbildung). Um die Haltbarkeit von Oberflächenanstrichen zu erhöhen, empfiehlt sich ein Abrunden der Kanten. Innenanstriche sind mit einem dampfdichteren Präparat als Außenanstriche auszuführen (Lacklasuren innen / Dünnschichtlasur außen), um ein Abblättern der Farbe des Außenanstrichs durch Wasserdampfdiffusion zu verhindern [5].

Anmerkungen:

[1] Hegger, Manfred u. a.: Holz und Holzwerkstoffe. In: Baustoff Atlas. München / Basel 2005, S. 66–75
[2] Volz, Michael: Grundlagen. In: Holzbau Atlas. München / Basel 2003, S. 31–46
[3] Scheibenreiter, Johann: Befestigung. In: Holzfassaden. Hrsg. von der Holzforschung Austria. Wien 2002, S. 34–39
[4] Fachregeln des Zimmererhandwerks 01. Außenwandbekleidungen aus Holz- und Holzwerkstoffen. Hrsg. von: Bund Deutscher Zimmermeister. Berlin 2006, S. 20–27
[5] Volz, Michael: Holzschutz. In: Holzbau Atlas. München / Basel 2003, S. 60–63

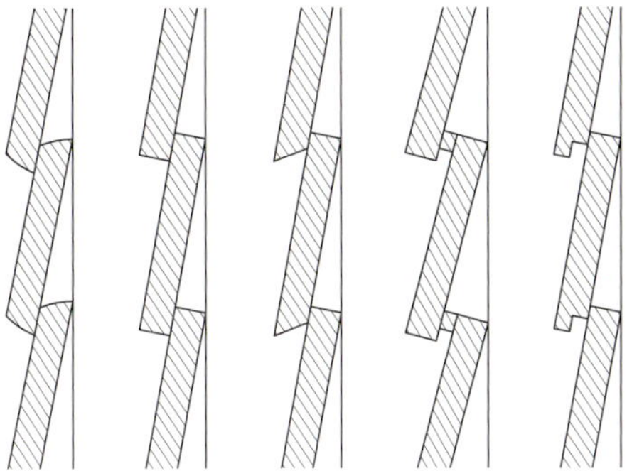

B 4.35

B 4.36

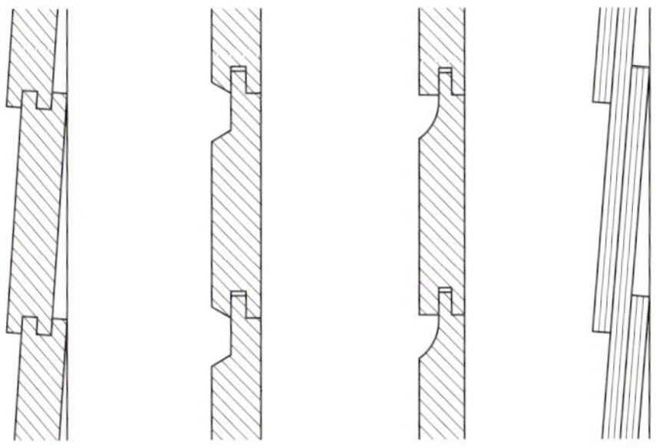

B 4.37

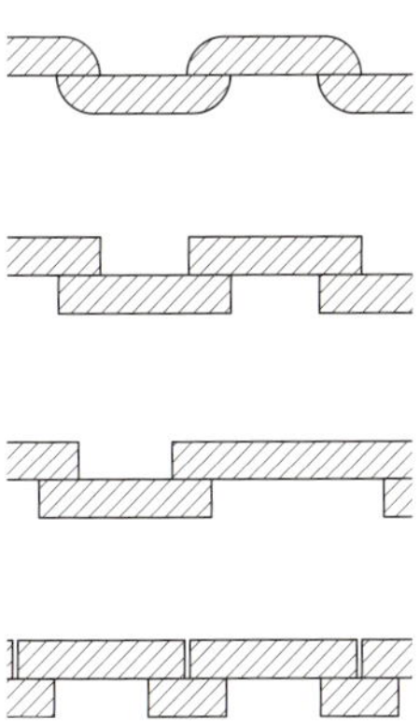

B 4.38

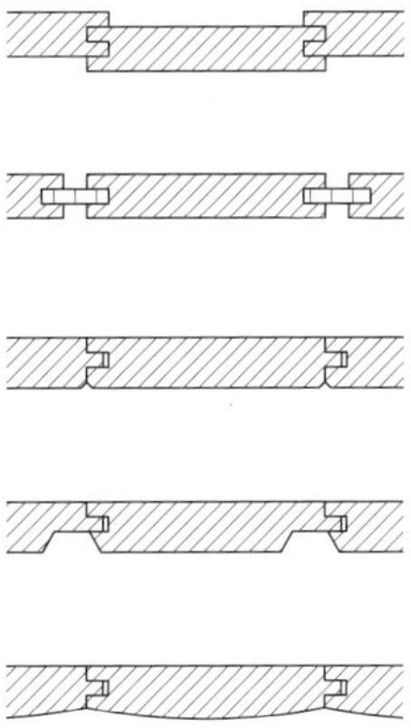

B 4.39

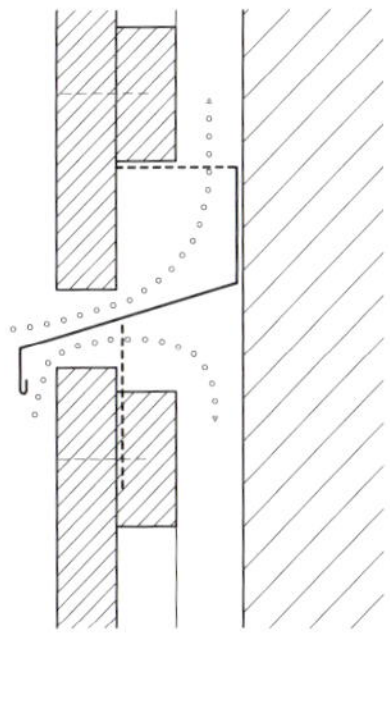

B 4.40

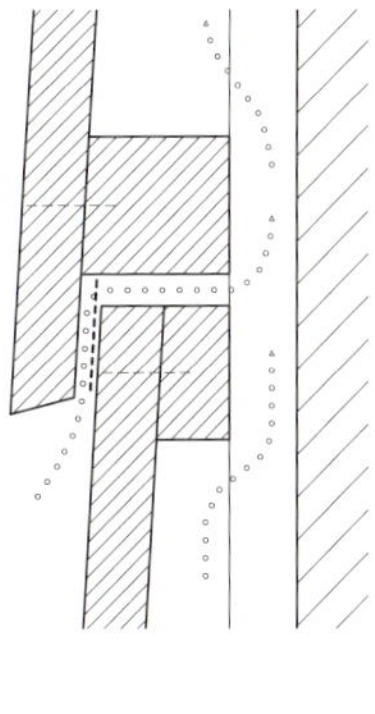

B 4.41

B 4.42

B 4.43

B 4.44

B 4.45

B 4.46

B 4.47

B 4.48

B 4.49

B 4.50 Kinderhaus, Uttenreuth (DE) 2012, KJS + Architekten

Die Außenwand der eingeschossigen Kindertagesstätte besteht aus einer Holzrahmenkonstruktion mit Rhombusleisten als äußere Bekleidung. Auf der vertikalen Unterkonstruktion (Holzlatten 40 × 40 mm) sind die Lärchenholzleisten (30 mm) mit Ansichtsbreiten von 30, 60 und 90 mm, in wechselnder Abfolge über die Höhe der Fassade angeordnet. Dies ermöglicht eine kleinteilige Anpassung an die Öffnungs- und Fassadenränder.

B 4.51 Erweiterungsbau der Freien Universität Berlin, Berlin (DE) 2015, Florian Nagler Architekten

Die Bekleidung der opaken Außenwandelemente bildet eine vertikale Zedernholzschalung, deren Bretter mit vier unterschiedlichen Breiten werkseitig silbergrau lasiert wurden. Die Fassade strukturieren geschossweise horizontale Bänder mit verzinkten Stahlblechen, die gleichzeitig als Brandabschottung dienen. Außen- und Innenecken sind konvex und konkav ausgebildet.

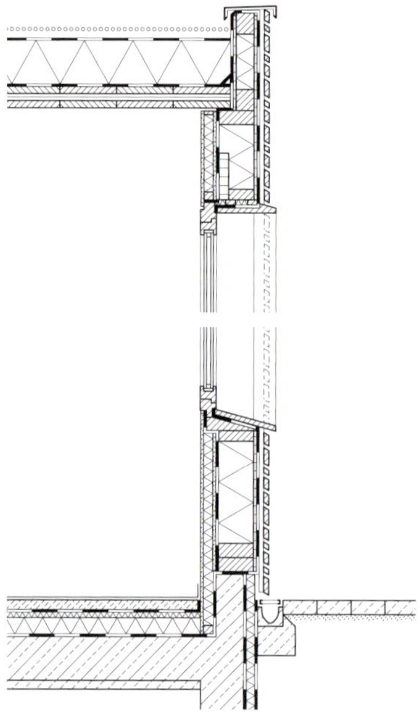

B 4.50

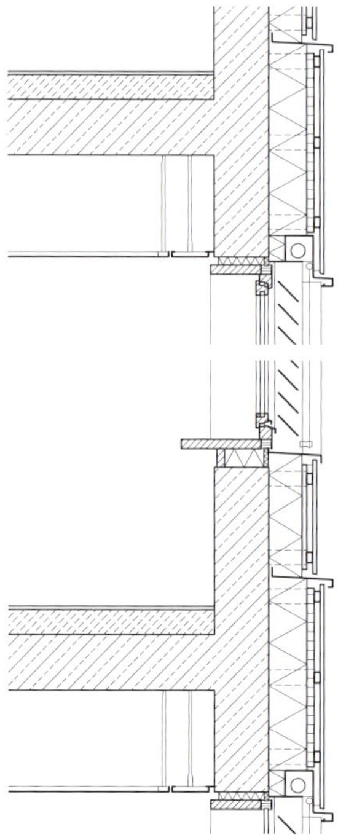

B 4.51

B 4.52 Great (Bamboo) Wall House, Badaling (CN) 2002, Kengo Kuma & Associates

Das Gebäude, in der Nähe der Chinesischen Mauer errichtet, besteht nahezu vollständig aus Bambus. Die feingliedrige Struktur aus vertikal angeordneten Bambusrohren öffnet die Fassade für Licht und Wind und schafft eine ephemere Grenze zwischen Innen- und Außenraum. Durch verschiedene Fugenbreiten variiert die Intensität des Tageslichts ebenso wie der Bezug vom Innenraum zur umgebenden Landschaft.

B 4.53 Hotel Lanserhof, Marienstein (DE) 2014, Ingenhoven Architects

Bei der Vierflügelanlage, um einen quadratischen Innenhof konzipiert, sind umlaufend Verglasungsflächen mit großzügigen Balkonen angeordnet. Geschosshohe Schiebeläden mit schmalen, vertikalen Holzlamellen aus Lärche fungieren als Sicht- und Lichtfilter, ermöglichen die Ausbildung von blickgeschützten oder offenen Bereichen und leisten gleichzeitig Sonnenschutz.

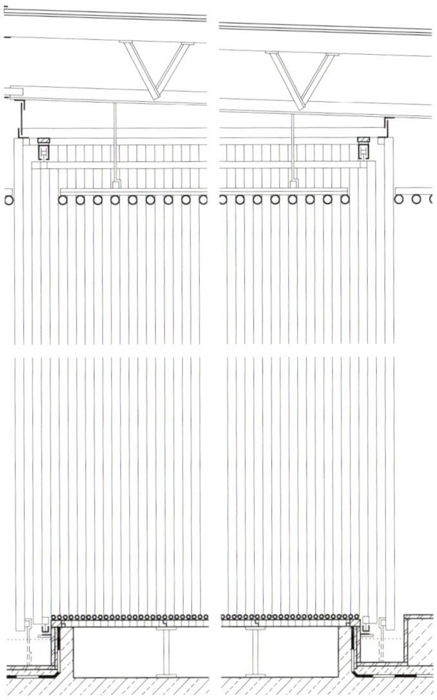

B 4.52

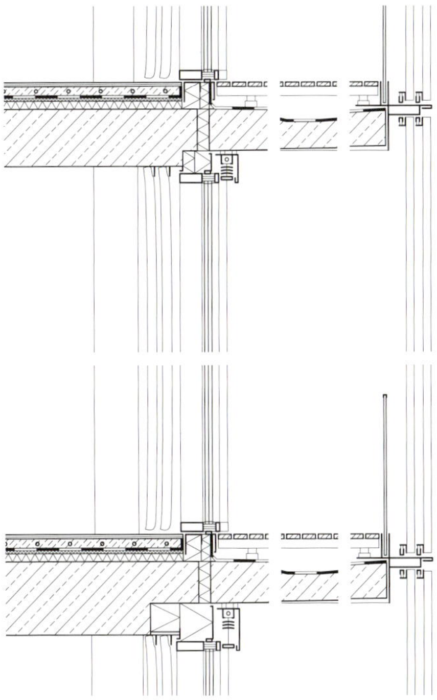

B 4.53

Sea Ranch

Kalifornien, US 1965

Architekten:
Moore Lyndon Turnbull Whitaker, Berkeley
Tragwerksplanung:
Davis & Morreau, Albany

A+U 09/1989
DBZ 02/1994
Marrey, Bernard: Des Histoires de Bois. Paris 1994
MLTW/Moore Lyndon Turnbull and Whitaker: Sea Ranch. Tokio 1981

- einfache, robuste Holzskelettkonstruktion mit Stützen aus sägerauer Tanne
- Profilbretter, Red Wood
- wartungsfrei, da keine Imprägnierung notwendig
- Dachüberstand nicht sinnvoll wegen ständig stark wehendem Wind
- alle Träger seitlich angeschlossen oder aufgelegt
- Aussteifungskreuze gegen Wind und Erdbeben aus Kanthölzern (101,6/101,6 mm) mit sichtbaren Viertelkreisblechen angeschlossen
- starke Farbveränderung durch Verwitterung
- keine Anforderungen an winterlichen Wärmeschutz

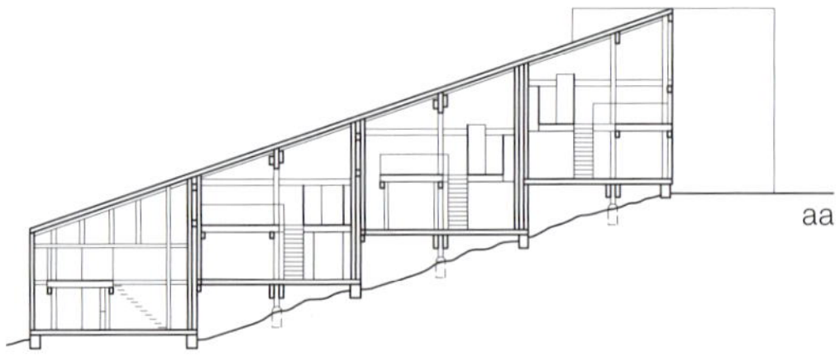

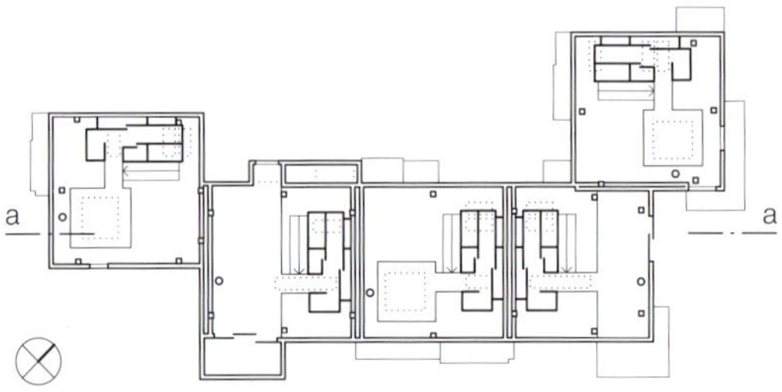

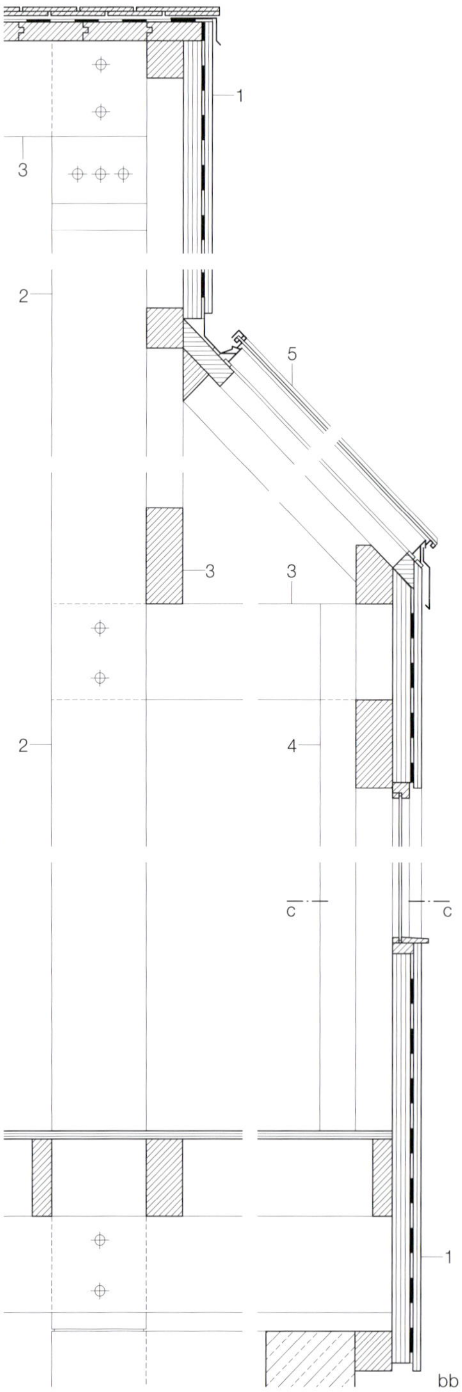

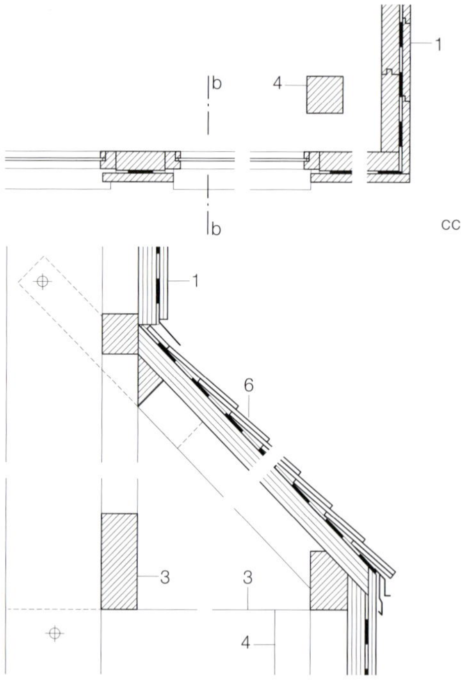

Schnitt • Grundriss
Maßstab 1:500
Vertikalschnitt • Horizontalschnitt
Maßstab 1:20

1. Brettschalung vertikal, Redwood 25,4/203,2 mm mit Stufenfalz
   Abdichtung
   Bretter Tanne sägerau, vertikal Nut u. Feder, innenseitig z.T. mit deckendem Farbanstrich 50,8/203,2 mm
2. Stütze 254/254 mm
3. Träger 101,6/254 mm
4. zusätzliche Stütze im Fensterbereich 101,6/101,6 mm
5. Oberlicht Aluminiumfenster
6. Brettdeckung Redwood 25,4/203,2 mm
   Abdichtung
   Bretter Tanne sägerau, vertikal Nut u. Feder 50,8/203,2 mm

Wohn- und Ateliersiedlung

Paris, FR 1983

Architekt:
Roland Schweitzer, Paris
mit Alexandre Levandowsky

AC 110, 1984
Herzog, Thomas u. a.: Holzbau Atlas
München / Basel 2003

- Brettschalung vertikal
- Außenschalung lasiert
- Raster 60 cm, vorgefertigte Wandelemente
- sehr niedrige Baukosten

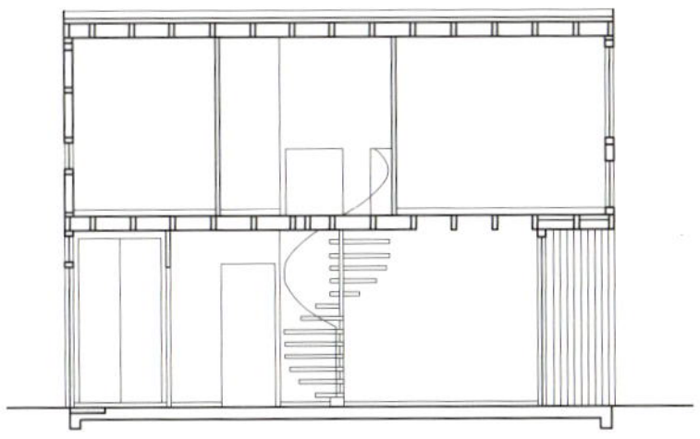

aa

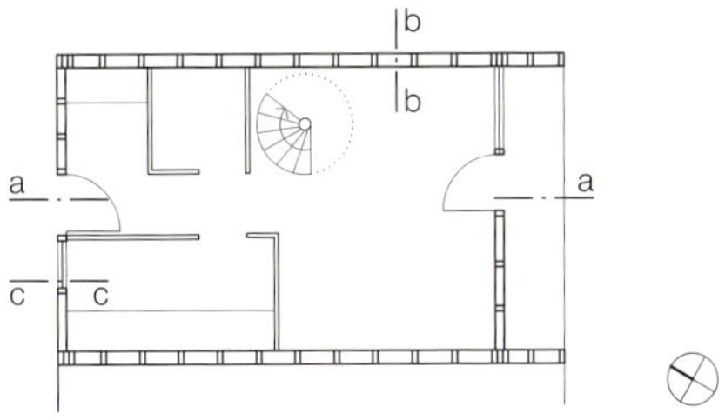

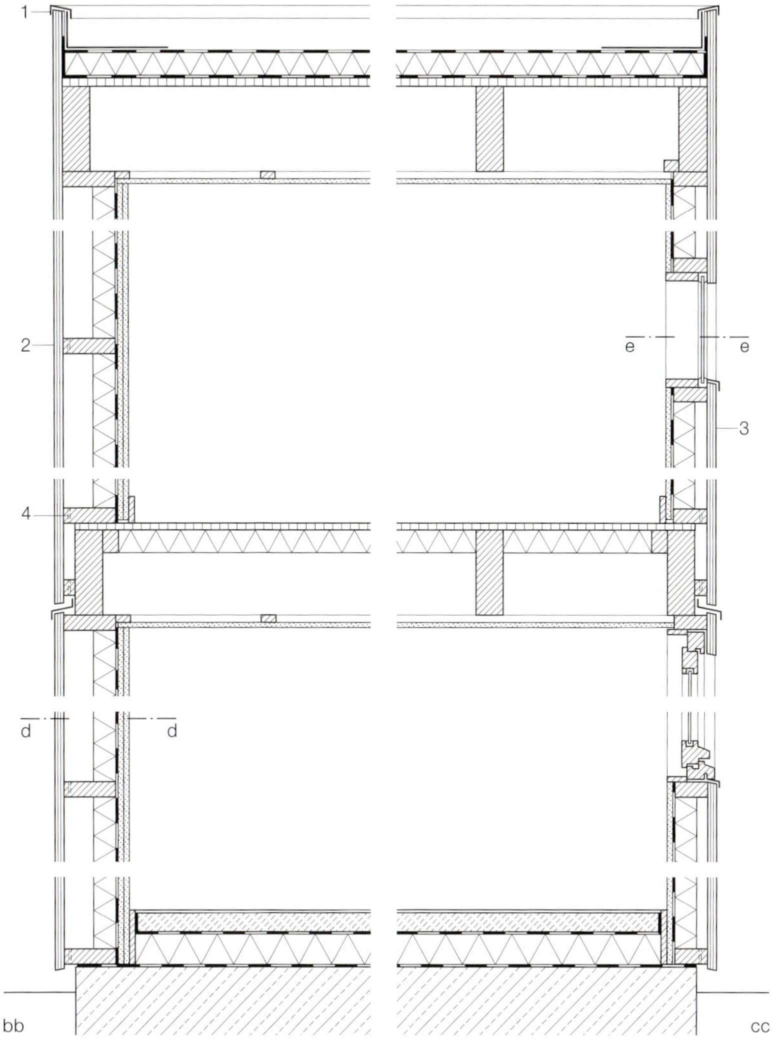

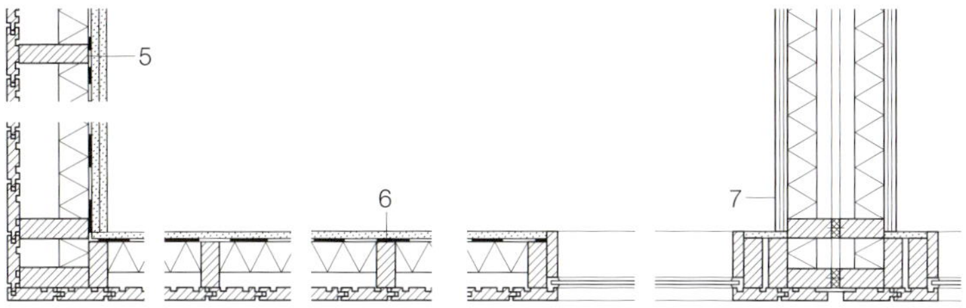

dd ee

Schnitt • Grundriss Erdgeschoss
Maßstab 1:200
Horizontalschnitte • Vertikalschnitte
Maßstab 1:20

1 Abdeckblech gekantet, schwarz lackiert 75/100 mm
2 Schalung vertikal, Nut u. Feder 100/25 mm
Riegel 38/142 mm,
dazwischen Luftraum 82 mm
Wärmedämmung 60 mm
Dampfsperre
Gipskartonplatte 2× 15 mm
3 Schalung vertikal, Nut u. Feder 100/25 mm
Riegel 38/90 mm,
dazwischen Luftraum 30 mm
Wärmedämmung 60 mm
Gipskartonplatte 13 mm
4 Bohrungen für Dampfdruckausgleich und
Entwässerung alle 15 cm, d = 10 mm
5 Ständer 38/142 mm
6 Ständer 38/90 mm
7 Wohnungstrennwand

Justizgebäude

Bordeaux, FR 1998

Architekten:
Richard Rogers Partnership, London
Tragwerksplanung:
OTH Sud-Ouest, Bordeaux

architecture 01/1999
Bauwelt 27/1998
Lemoine, Bertrand: Frankreich 20. Jahrhundert. Basel/Berlin/Boston 2000

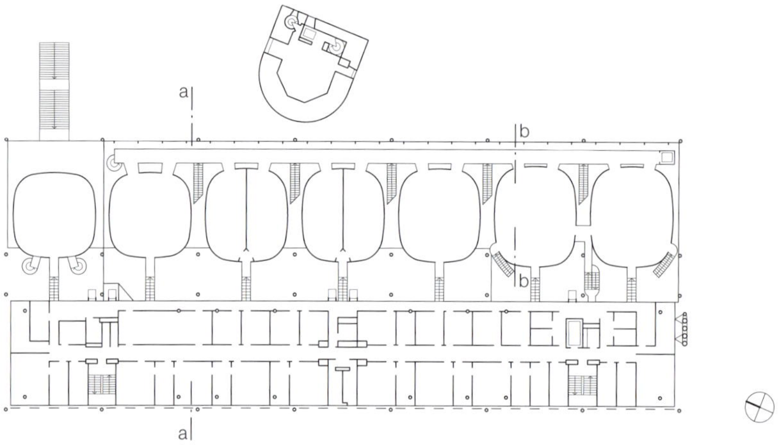

- sieben Gerichtssäle in offene Halle eingestellt
- Über außenliegende Wasserkaskade und Wasserbassin gekühlte Luft wird in das Gebäude gepumpt und strömt nach Erwärmung aufgrund der Baukörperform nach oben.
- Flaschenform erlaubt durch Öffnung im oberen Bereich der Gebäudehülle relativ viel Tageslichteintritt.
- diagonal verlaufende Schalung aus Zedernholz
- Akustikpaneele im Inneren der Gerichtssäle zur Minderung der Lärmbeeinflussung von außen und zur Kontrolle des Nachhalls innen

Grundriss • Schnitt Maßstab 1:1000
Vertikalschnitt • Horizontalschnitt Maßstab 1:20

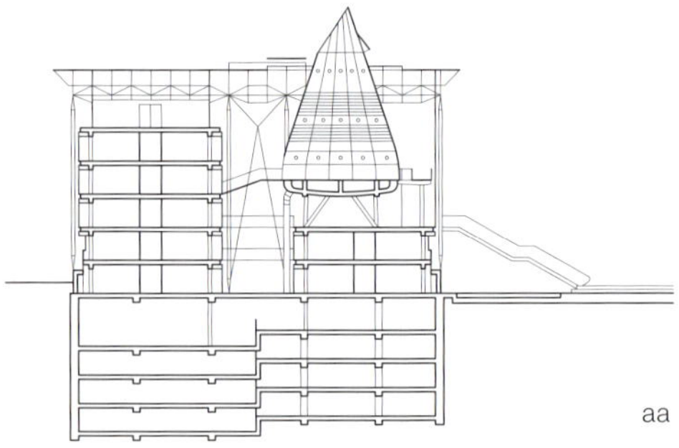

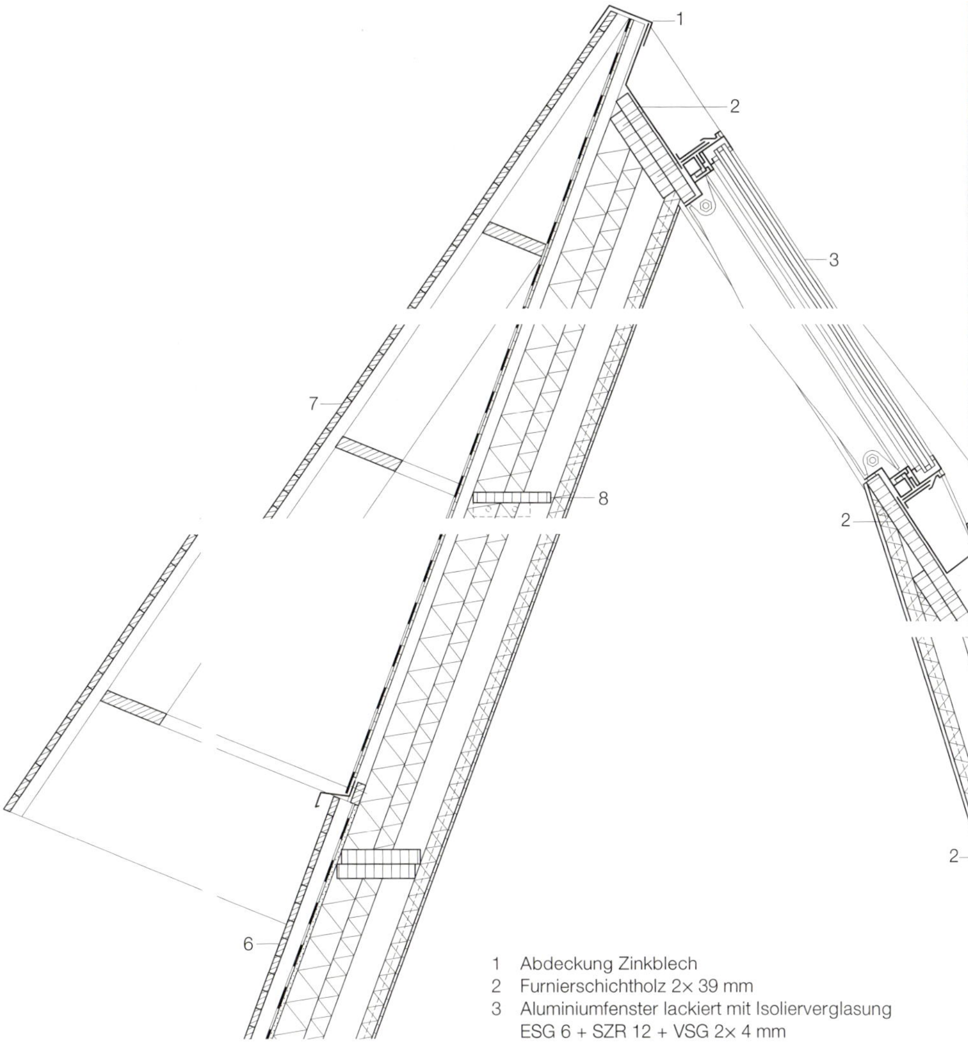

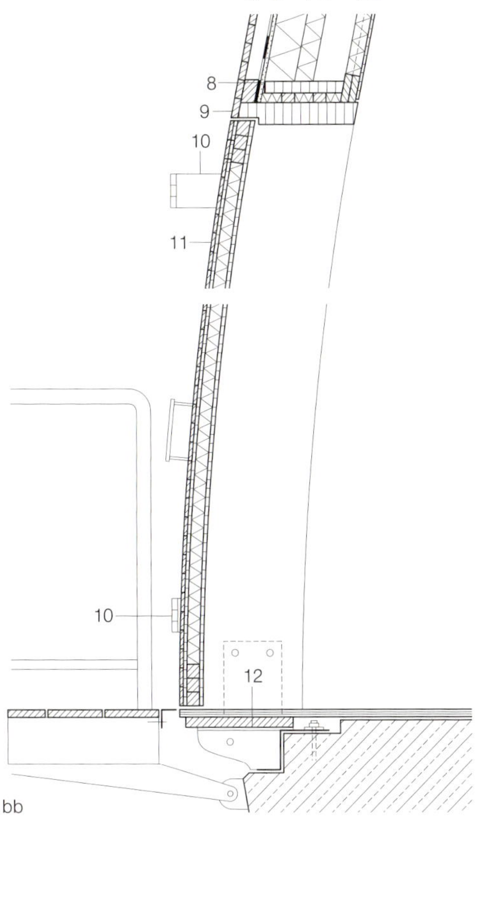

1 Abdeckung Zinkblech
2 Furnierschichtholz 2× 39 mm
3 Aluminiumfenster lackiert mit Isolierverglasung
ESG 6 + SZR 12 + VSG 2× 4 mm
4 Holzschalung Western Red Cedar 18/70 mm,
diagonal verlegt
Unterkonstruktion Holzleiste Kiefer 27/60/40 mm
Abdichtung
Sperrholz 5 mm
Holzleisten fugendicht vertikal Kiefer 32/32 mm
Wärmedämmung 80 mm
Dämmung Mineralfaser 50 mm, Luftschicht
Schalldämmung 40 mm zwischen
Holzunterkonstruktion 20 mm
Holztafelbekleidung Ahorn
5 Sperrholz 20 mm
6 Holzschalung Western Red Cedar 18/70 mm,
diagonal genagelt auf
Konterlattung vertikal 38/38 mm
Abdichtung
Gipskarton 10 mm
Wärmedämmung 80 mm zwischen (8)
Dämmung Mineralfaser 50 mm, Luftschicht
Schalldämmung 40 mm zwischen
Holzunterkonstruktion 20 mm
Holztafelbekleidung Ahorn
7 Luftabzugshaube für Lüftungstechnik
Holzschalung Western Red Cedar 18/70 mm,
diagonal verlegt auf Holzunterkonstrukion
8 Holzskelett aus Furnierschichtholz Douglasie / Fichte
ringförmig verlaufend zwischen vertikalen, leicht
gekrümmten Holzpfosten BSH 110/180 mm
9 Laibung BSH 58 mm
10 Scharnier
11 Türblatt:
Bekleidung Western Red Cedar 10 mm
Sperrholz 10 mm
Hartholzrahmen mit Dämmung 35 mm
Bekleidung Ahorn 10 mm mit integrierter Bleischicht
12 Konsole Flachstahl gestrichen als Auflager für (8)

Forstwerkhof

Turbenthal, CH 1993

Architekten:
Burkhalter Sumi, Zürich

Burkhalter, Marianne; Sumi, Christian: Die Holzbauten. Zürich 1996
DBZ 07/1996
Detail 03/1995
Herzog, Thomas u. a.: Holzbau Atlas. München / Basel 2003

- Prototyp für Forstwerkhöfe im Baukastensystem aus drei Teilen mit Verwaltung, Garage und offener Halle
- Differenzierung durch Art und Farbe der äußeren Schalung
- hoher Vorfertigungsgrad
- Garage aus Brandschutzgründen aus Beton

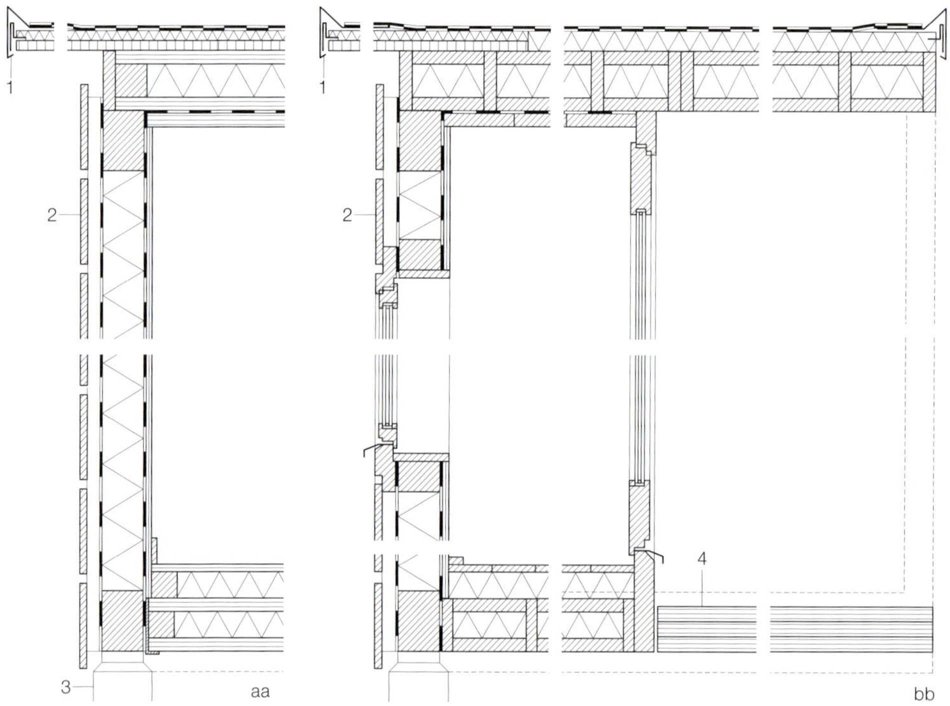

1 Abdeckblech gekantet
2 im Bereich Verwaltung:
Holzschalung waagrecht 21/230 mm
Lattung 40/80 mm
dampfdurchlässiges Windpapier
Wärmedämmung 120 mm
zwischen Holzständern
Dampfsperre
Kiefernholzplatte 19 mm
3 Baumstamm ∅ 300–380 mm
4 Massivholz Lärche 120 mm
im Bereich Garage:
Holzschalung senkrecht 21/230 mm
Lattung 40/80 mm
dampfdurchlässiges Windpapier
Wäremdämmung 80 mm
(wo erforderlich)
Stahlbeton 200 mm

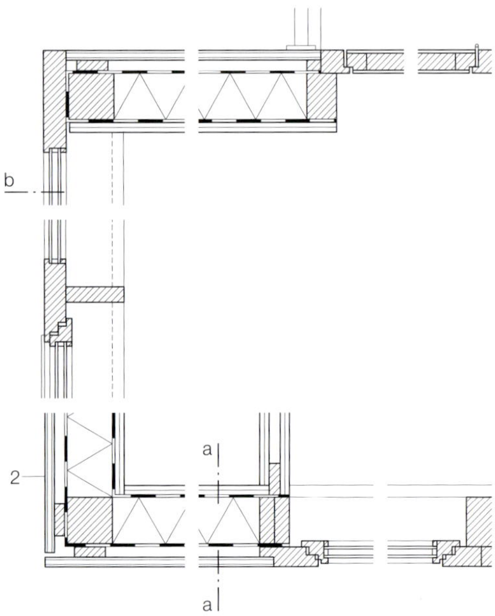

Vertikalschnitte • Horizontalschnitt
Maßstab 1:20

Wohn- und Atelierhaus

Tsukuba, JP 1995

Architekten:
Naito Architect & Associates, Tokio

Bauwelt 38/1997
Detail 04/1996
l'ARCA 12/1995
The Japan Architect 46/2002

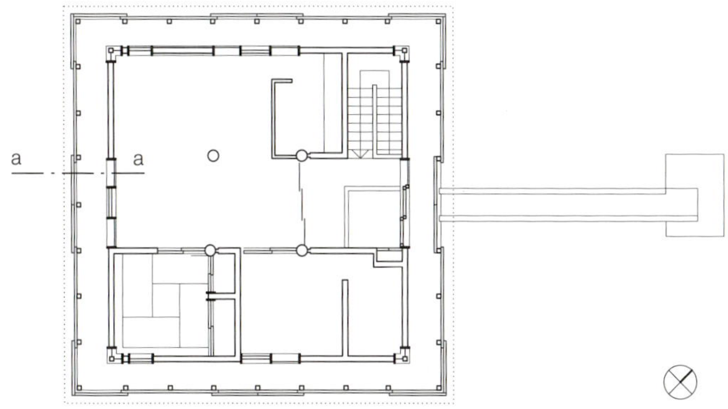

- zweischaliger Wandaufbau
  außen: Holzschalung, Zeder, Spalte mit Acrylglasscheibe geschlossen
  innen: Deckbrettschalung, Zeder
- verschiebbare Holzelemente

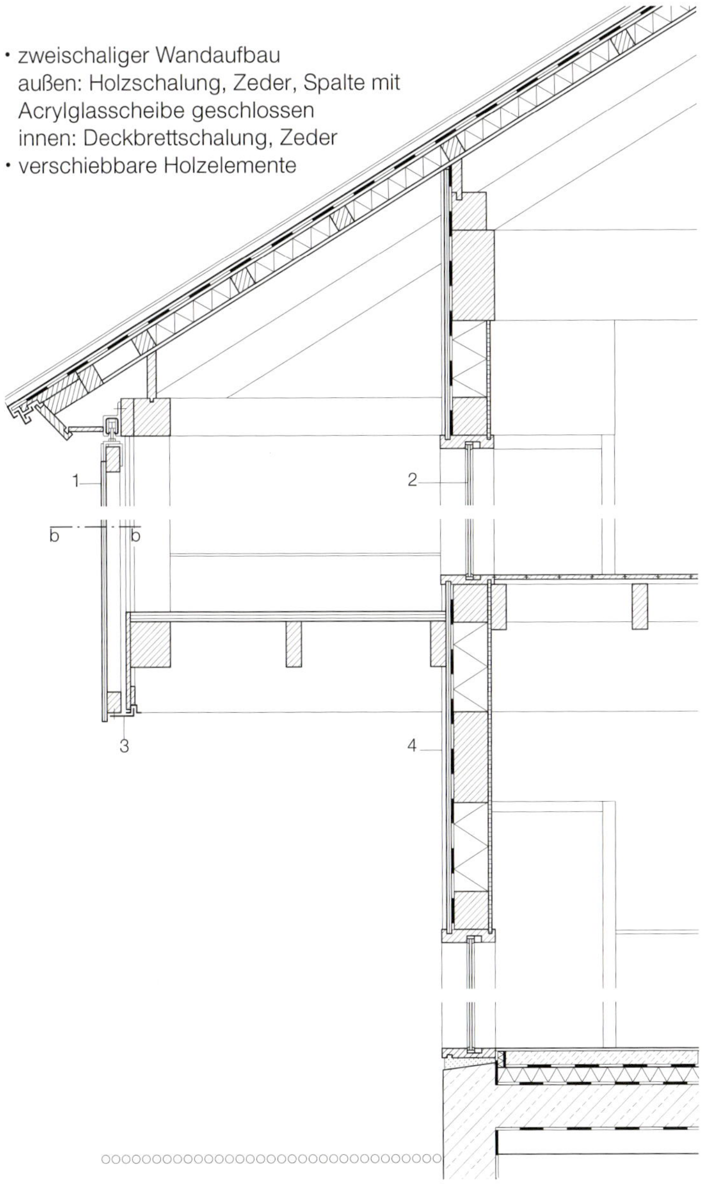

Grundriss Obergeschoss
Maßstab 1:250
Vertikalschnitt
Maßstab 1:20
Detail Schiebetürelement
Maßstab 1:5

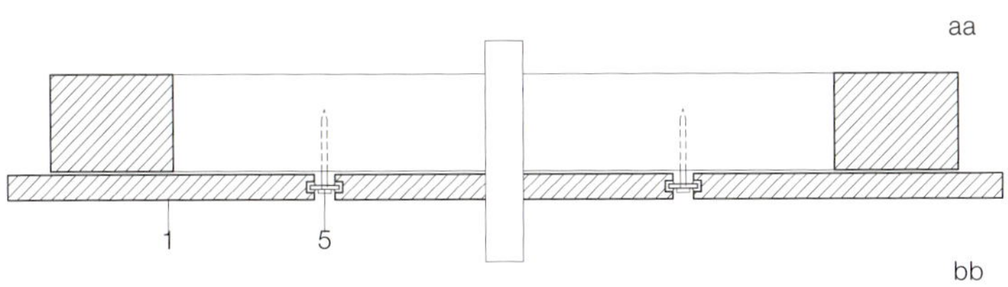

1 Balkon abschließendes Schiebeelement mit Holzschalung japanische Zeder 12/150 mm
2 Holzfenster mit Festverglasung
3 Führungsschiene für Schiebetür aus Flachstahl gekantet 6 mm
4 Holzschalung japanische Zeder 12/150 mm mit Deckleisten 12/10 mm Winddichtung Holzkonstruktion dazwischen Wärmedämmung 105 mm Sperrholz 6 mm
5 Spalte 10 mm, geschlossen mit Acrylglasscheibe 2 mm

Wohnhausgruppe

Regensburg, DE 1996

Architekten:
Fink + Jocher, München

A+U 04/1997
Bauwelt 25/1997
DBZ 03/1999
Detail 01/1997
Pfeifer, Günter u. a.: Der neue Holzbau. Aktuelle Architektur – Alle Holzbausysteme – Neue Technologien. München 1998

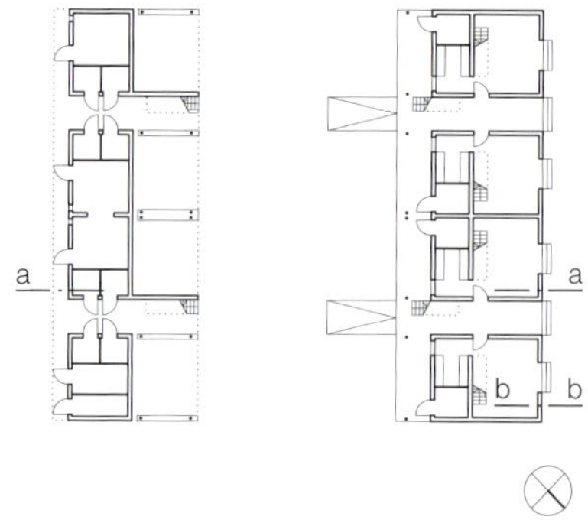

aa

Grundrisse Erdgeschoss • Schnitte
Maßstab 1:750
Vertikalschnitt • Horizontalschnitt
Maßstab 1:20

- Holzleisten horizontal, Lärche
- Projekt in vier Monaten ab Fundament errichtet
- Teil eines Modellvorhabens der Obersten Baubehörde Bayern zur Entwicklung kostengünstiger Haustypen, die in großer Stückzahl mit hohem Vorfertigungsanteil erstellt werden können

1 Dreischichtplatte 40 mm mit Blechabdeckung
2 Holzfenstertür mit Isolierverglasung
3 Absturzsicherung: verschweißte Flachstähle
4 Holz-Innentür
5 wie 7 ohne innenseitige Lattung
6 Zimmertrennwand Gipskarton-Ständerwand
7 tragende Außenwand (Giebelseiten):
Holzschalung horizontal Lärche 48/24 mm
auf Lattung 40/20 mm
Windpappe
Spanplatte OSB
Wandständer 60/120 mm,
dazwischen Wärmedämmung Mineralfaser
Dampfbremse Kunststofffolie
Spanplatte OSB
Lattung 80/60 mm
Gipskartonplatte 12,5 mm

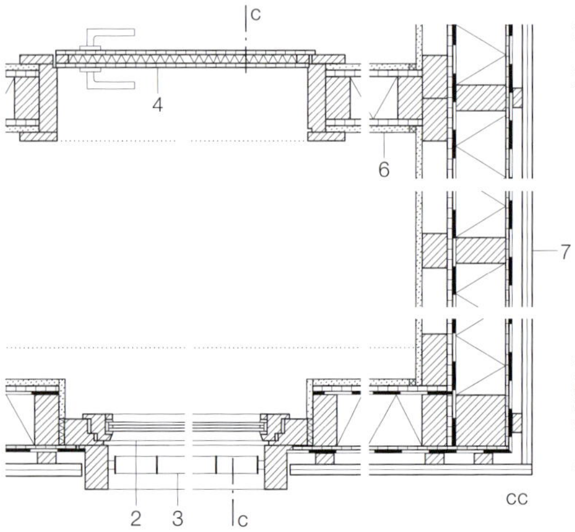

cc

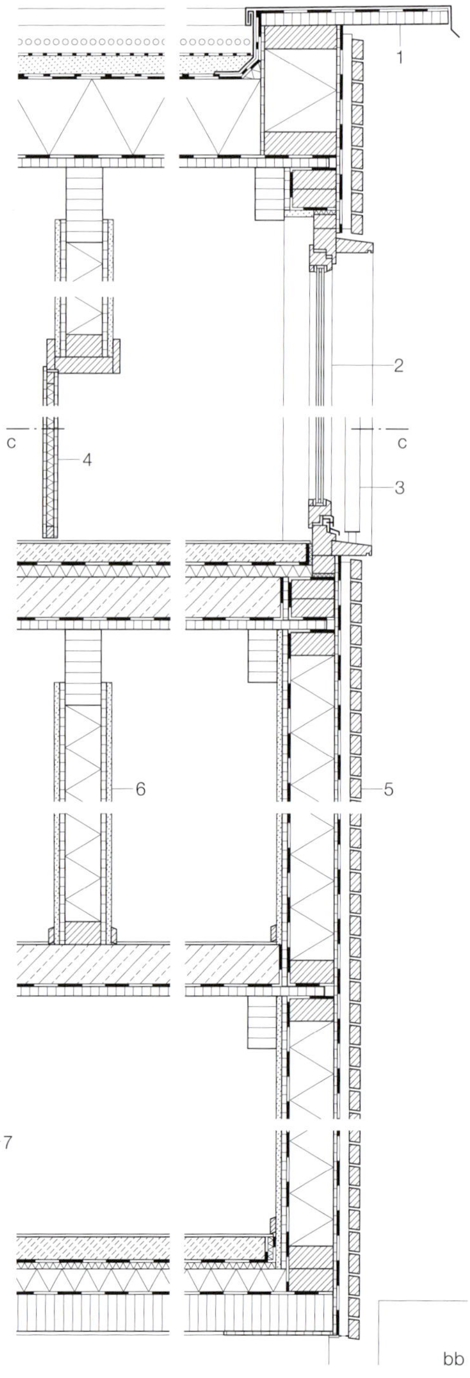

bb

Interims-Audimax

Garching, DE 2011

Architekten:
Deubzer König + Rimmel Architekten, München
Tragwerksplanung:
bauart Konstruktion, München
Klumpp Konstruktion, Weikersheim

Detail 10/2013
Holzbau Die Neue Quadriga 03/2012

- temporäres Hochschulgebäude, in kurzer Bauzeit und mit niedrigem Budget errichtet, zwei unterschiedlich große Hörsäle (479 und 288 Plätze) durch einen schmalen Erschließungsgang getrennt
- tragende Holzskelettkonstruktion im Raster von 2,50 m, Ausfachung mit Holzrahmenelementen
- ondulierende Fassade aus engjährigen, sägerauen Rhombusleisten, Fichtenholz mit schwarzer Lasur beschichtet
- raumseitig sichtoffene Beplankung mit OSB-Platten und – soweit möglich – sichtbarer Brettschichtholz-Dachkonstruktion

Grundriss Erdgeschoss Maßstab 1:750
Horizontalschnitte • Vertikalschnitt Maßstab 1:20

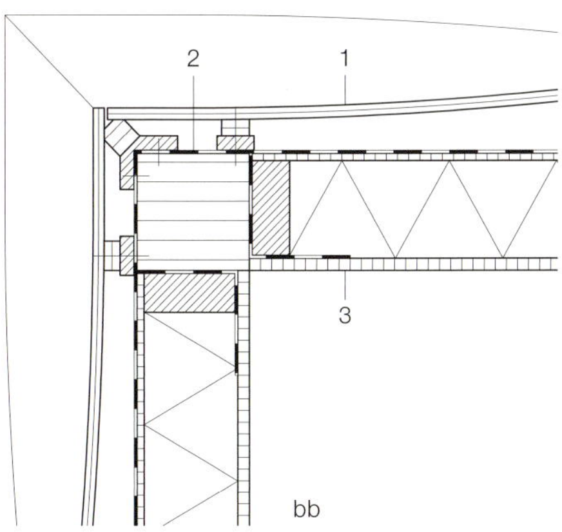

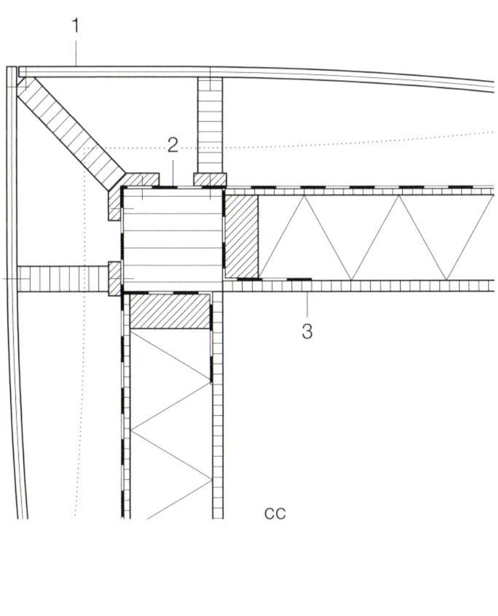

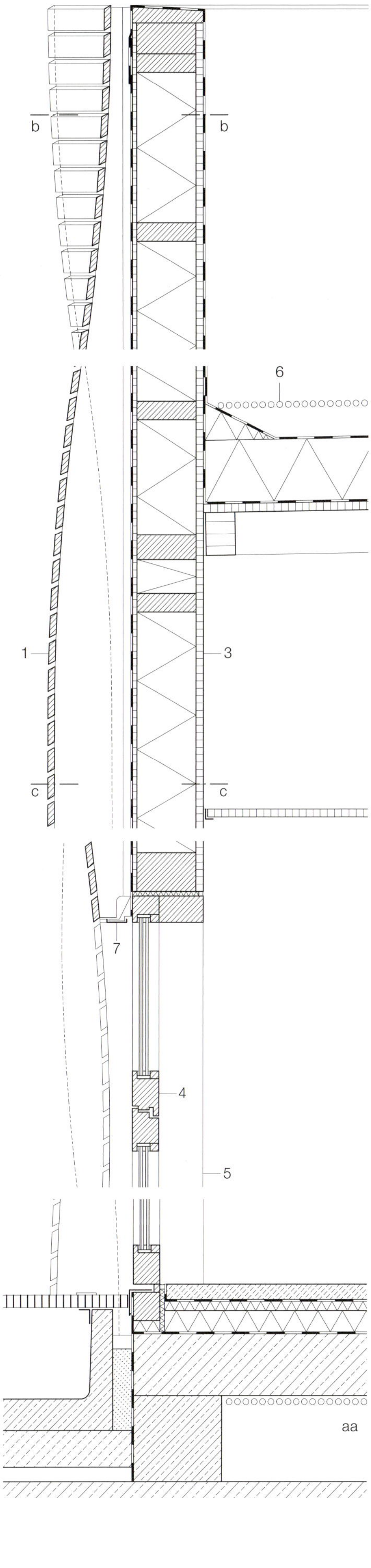

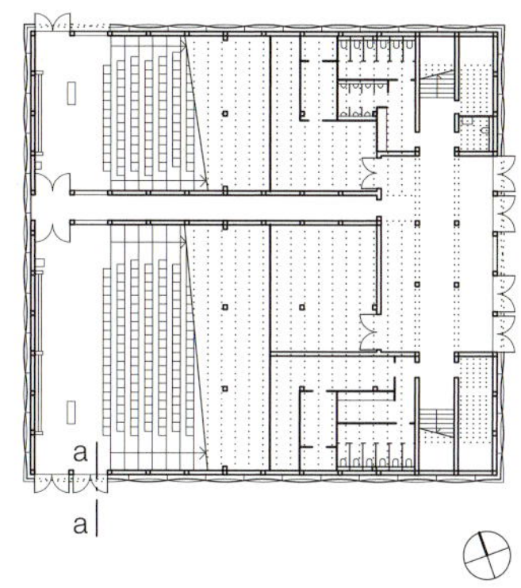

1 Lattung Fichte Rhombus 30° gefast, sägerau, Lasur offenporig, schwarz 22/84 mm
Furniersperrholz-Platte wellenförmig 60/70–260 mm
Kantholz Fichte 30/90 mm
2 Stütze BSH Fichte gehobelt 240/240 mm
3 OSB-Platte 25 mm
Wärmedämmung Mineralwolle 200 mm zwischen Vollholz Fichte 80/200 mm
Holzfaserplatte 15 mm
Winddichtung diffusionsoffen zweilagig
4 Rahmen Fichte schwarz lasiert
VSG 2× 6 + SZR 12 + ESG 10 mm
5 BSH Fichte gehobelt 240/240 mm
6 Kiesschüttung 100 mm
Dichtungsbahn Poly-merbitumen
Dämmung Polystyrol 200 mm
Bitumenvoranstrich
OSB-Platte 28 mm
BSH Fichte gehobelt 100/140 mm
Träger BSH Fichte gehobelt 240/850–1000 mm

Parkhaus

Heilbronn, DE 1999

Architekten:
Mahler Günster Fuchs, Stuttgart

A+U 03/2001
Bauwelt 06–07/2000
Casabella 691, 2001

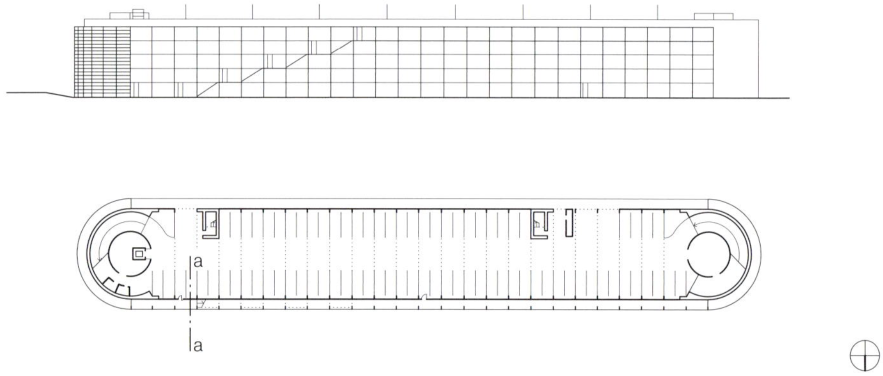

- Kanthölzer 40/60 mm, Länge 15 m
- Gebäudehülle ungedämmt
- Fassadenmodule aus Holz
- Details sowohl an der Außen- als auch an der Innenseite sichtbar
- Kanthölzer beidseitig verdeckt angeschraubt

Ansicht • Grundriss Erdgeschoss
Maßstab 1:1500
Horizontalschnitt • Vertikalschnitt
Maßstab 1:20

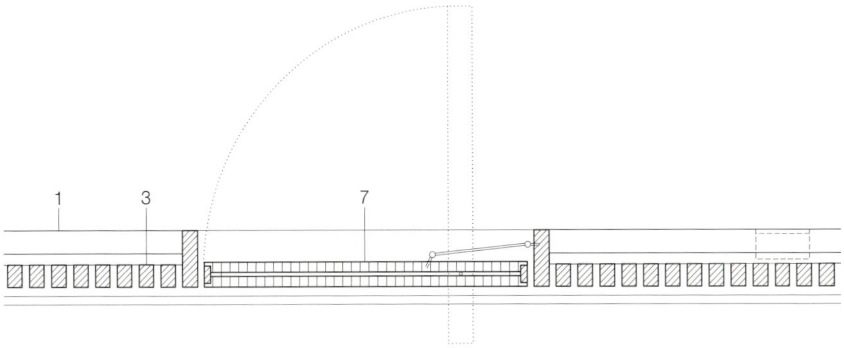

bb

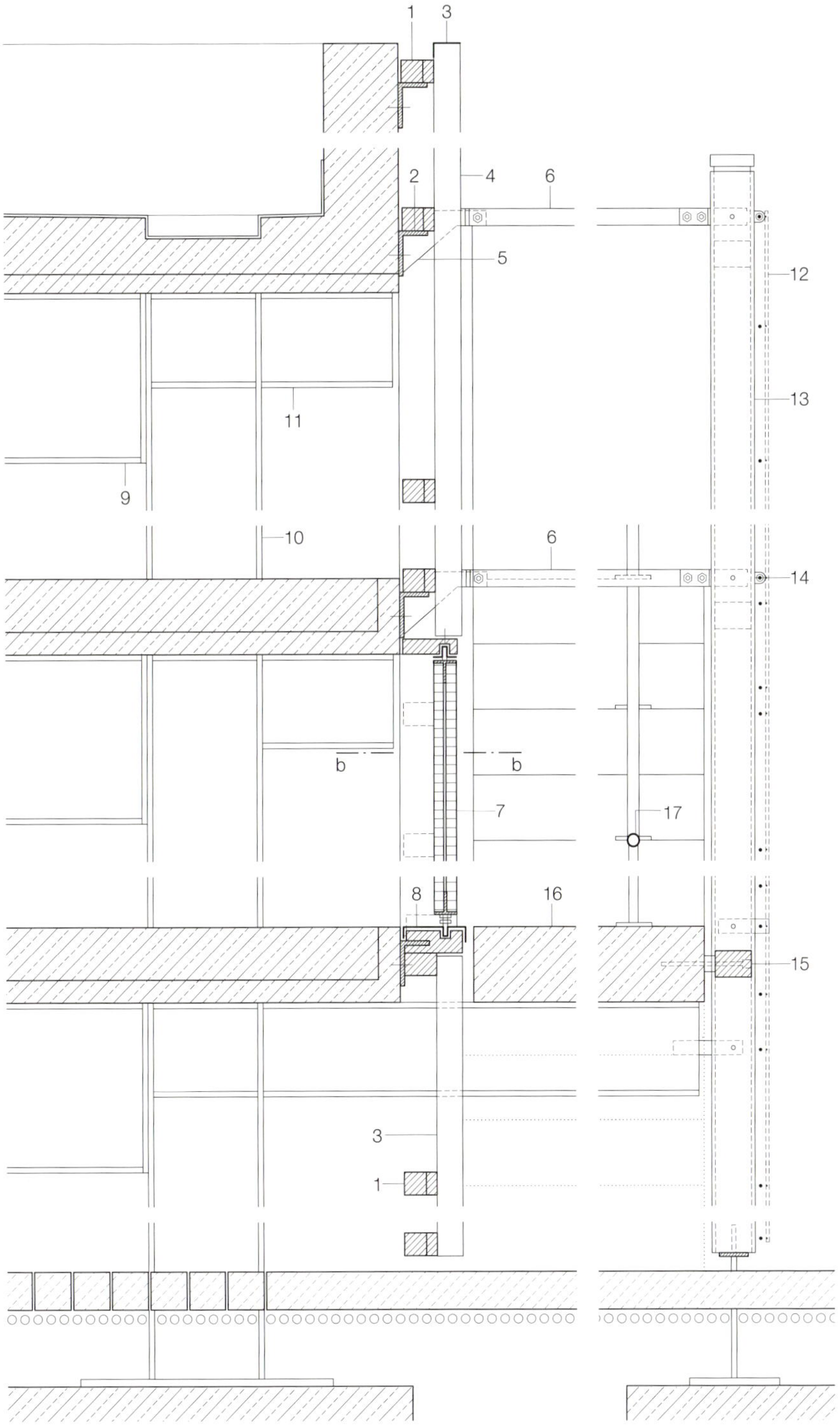

aa

1 Lattung, Kantholz Douglasie 60/60 mm und 30/60 mm
2 Befestigung Holzfassade Stahlprofil ∟ 120/80/12 mm
3 Stahlprofil ∟ 70/70 mm verzinkt
4 Fassadenhölzer Douglasie unbehandelt 40/60 mm
5 Flachstahlkonsole
6 Strebe Stahlrohr Ø 44 mm verzinkt
7 Tür auf Drehbolzen, Blatt 2× 28 mm Dreischichtplatten furniert
8 Tränenblech gekantet
9 Deckenträger Stahlprofil HEB 450
10 Stütze Stahlprofil HEB 320
11 Konsole Stahlprofil HEA 260
12 Drahtgeflecht feuerverzinkt 40/40/3,1 mm
13 Fassadenstütze, Rundholz BSH Douglasie Ø 120 mm
14 Spannseil Edelstahl Ø 10 mm
15 Kantholz Douglasie 70/100 mm, Stahldübel mit Holzdübeln abgedeckt, Distanzstück Stahlrohr Ø 40 mm
16 Betonfertigteiltreppe
17 Handlauf Stahlrohr Ø 22 mm, verzinkt

Café

Helsinki, FI 2000

Architekt:
Niko Sirola, Woodstudio 2000,
Helsinki University of Technology
Tragwerksplanung:
Nuvo, Espoo

🕮 Architectural Review 12/2000
Detail 05/2002
Herzog, Thomas u. a.: Holzbau Atlas. München / Basel 2003

- Brettschichtholzelemente Fichte
- 62 cm breite Tafeln, vor Ort zusammengesetzt
- geflämmte Holzoberfläche, mit Teeröl imprägniert
- ausreichender Regenschutz durch zweimalige Wiederholung der Behandlung im Jahr

Schnitt • Grundriss Maßstab 1:500
Vertikalschnitte • Horizontalschnitt Maßstab 1:20

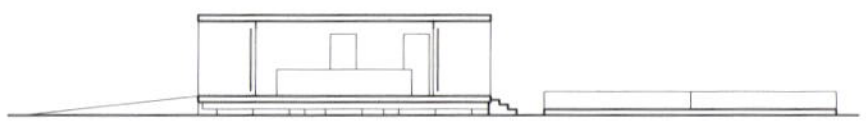

aa

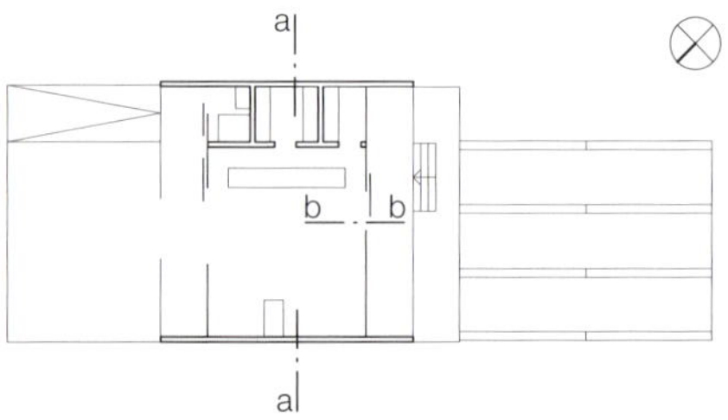

bb

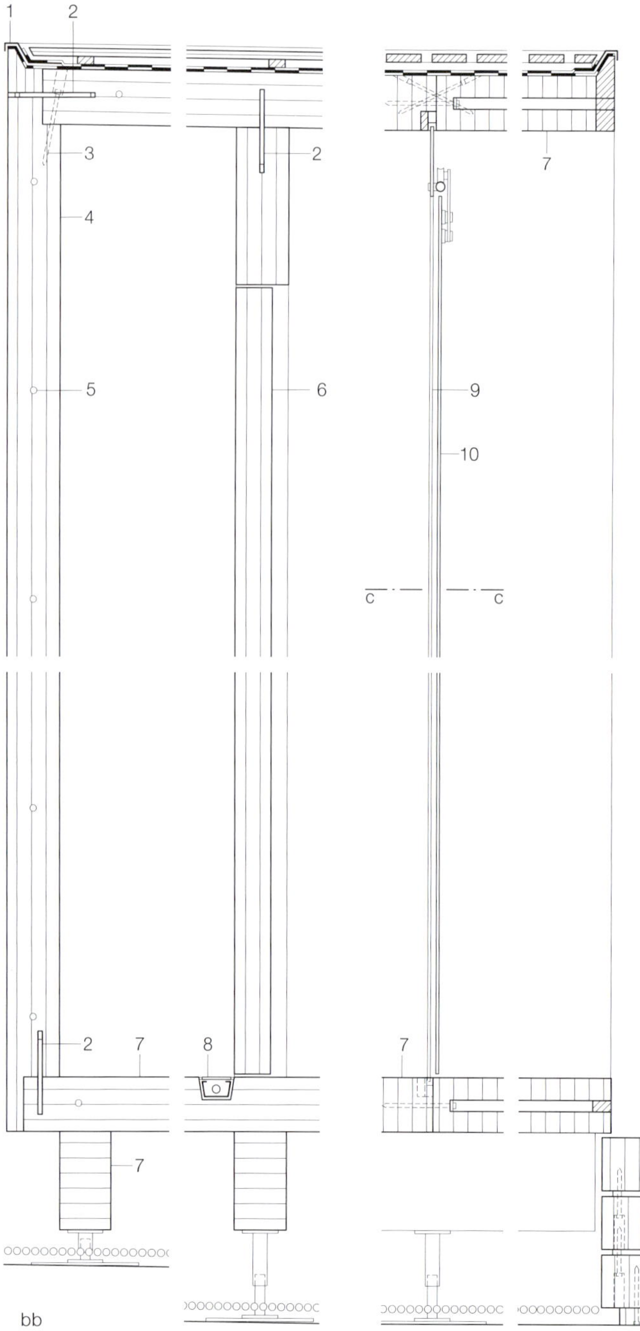

cc

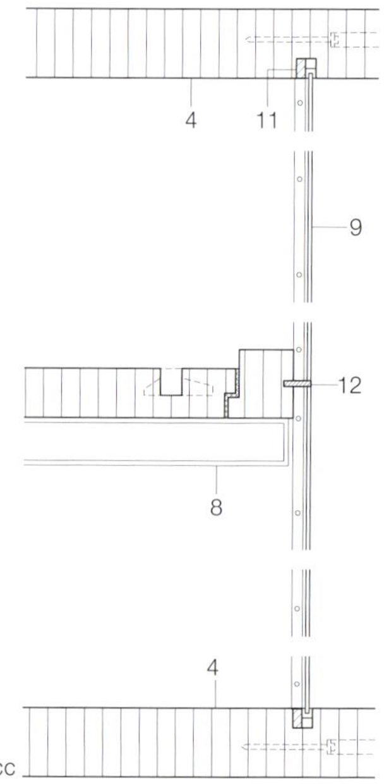

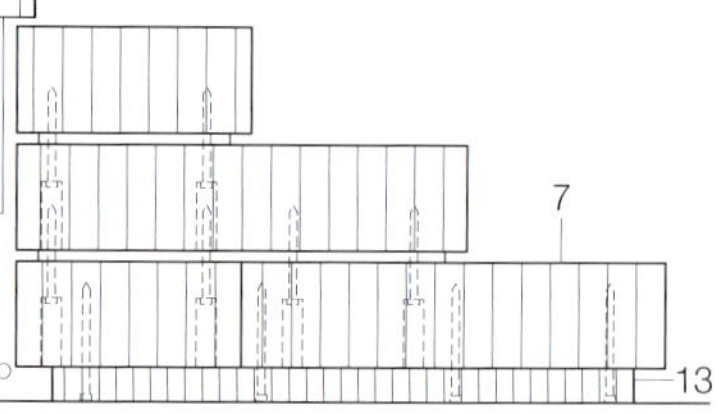

1 Attikaabdeckung Stahlblech verzinkt, schwarz beschichtet
2 Dübel Edelstahl ∅ 12 mm
3 Stahlbolzen verzinkt ∅ 10 mm
4 Brettschichtholzelement 145 mm, außen geflämmt und mit Teeröl imprägniert, innen geschliffen
5 Schraube ∅ 10 mm
6 Türblatt Brettschichtholzelement 100 mm
7 Brettschichtholzelement Fichte verleimt 145 mm
8 Bodenleuchte
9 Festverglasung ESG 10 mm
10 Schiebetür ESG 10 mm
11 Füllholz gehobelt 25/35 mm
12 Flachstahl schwarz lackiert ⌀ 10/50 mm
13 Sperrholzplatte wasserfest 16 mm

Studentenwohnheim

Coimbra, PT 1999

Architekten:
Aires Mateus e Associados, Lissabon

Architectural Review 12/2000
AV Monografías / Monographs 83, 2000
Casabella 691, 2001
Detail 07–08/2003

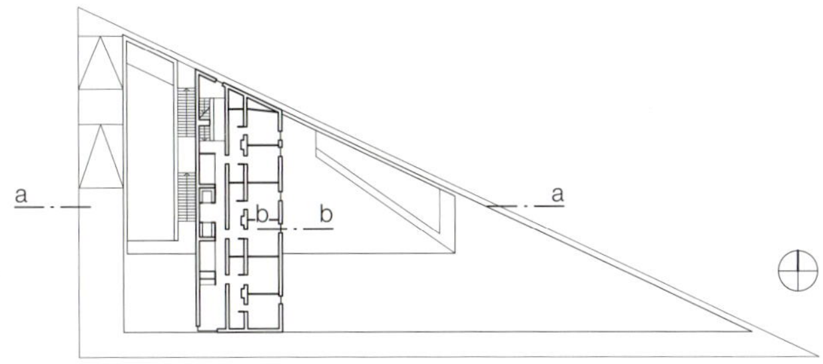

- glatte Holzpaneele, 80 cm breit, in drei verschiedenen Höhen
- jedes Apartment mit Fenstern mittlerer Paneelhöhe und doppelter Paneelbreite mit zwei Holzklappläden
- Holzfassade sich ständig verändernd durch Lebensrhythmus der Bewohner

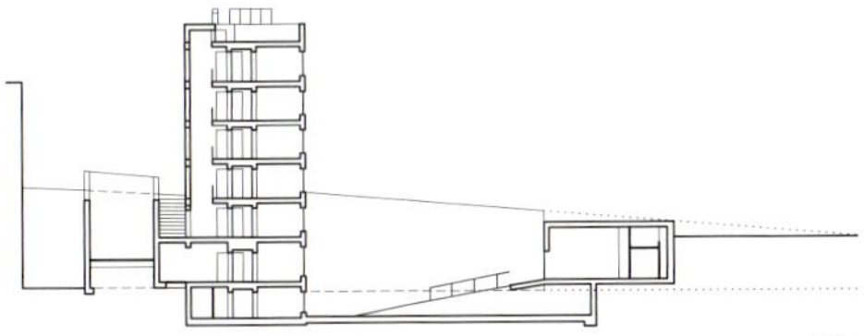

aa

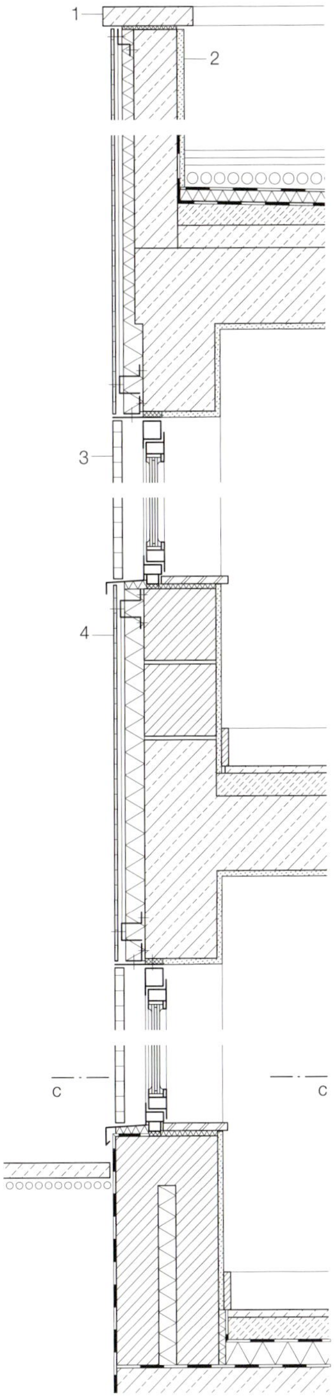

bb

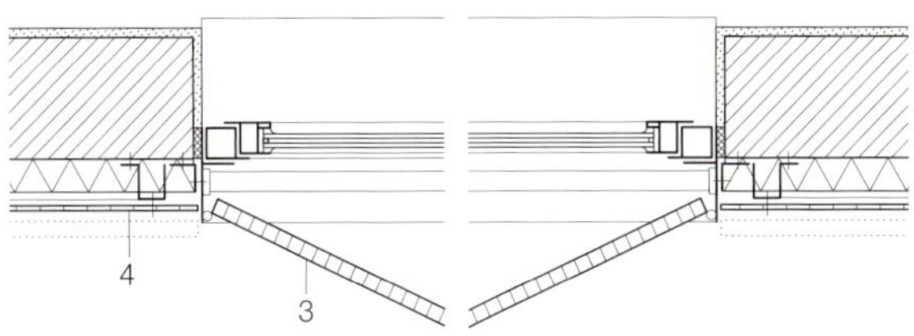

cc

Grundriss Regelgeschoss • Schnitt
Maßstab 1:1000
Vertikalschnitt • Horizontalschnitt
Maßstab 1:20

1 Betonplatte 50 mm
2 Putz glasfaserverstärkt
3 Laden Sperrholz 20 mm
4 Sperrholzplatte 8 mm, phenolharzgebunden
Hinterlüftung 20 mm
Dämmung 50 mm
Mauerwerk 200 mm
Glattputz 15 mm

Gästehaus der Jugendbildungsstätte

Windberg, DE 1990

Architekten:
Thomas Herzog mit Peter Bonfig
und Walter Götz, München

📖 Arch+ 126/1995
Byggekunst 06/1997
Costruire 167/1997
db 08/2009
DBZ 01/1992
Techniques et Architecture 398/1991
Worldarchitecture 02/1999

- Neubau eines Jugendgästehauses mit funktionaler Zonierung in der Grundrissorganisation und völlig unterschiedlicher Materialisierung der beiden Gebäudeteile
- Südfassade des massiven Baukörpers mit passiver Solarenergienutzung durch Einsatz von transluzenter Wärmedämmung vor Kalksandsteinwand
- Nordfassade des Holzskelettbaus mit geschuppter Bretterschalung in klar gegliedertem vertikalen und horizonalen Raster
- opake Lüftungsklappen (Nordfassade) und Giebelseiten aus glatten Furniersperrholz-Schalungsplatten
- Modul: 15 cm
- Stülpschalung Lärche, farblos lasiert
- Regenschutz aus regelmäßig angeordneten Z-Profilen

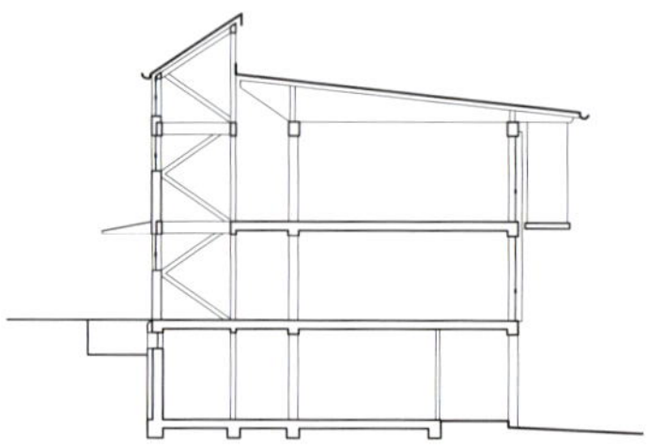

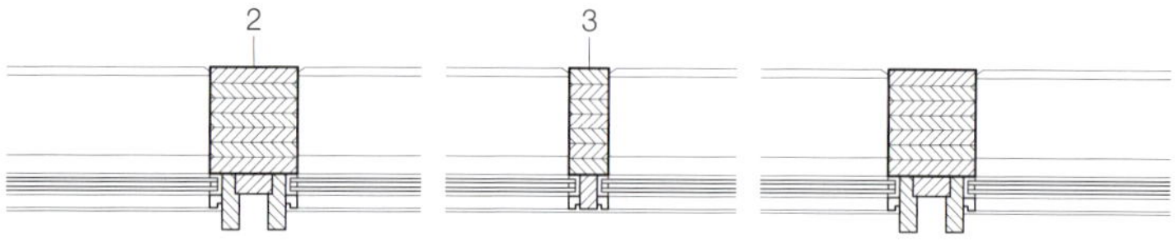

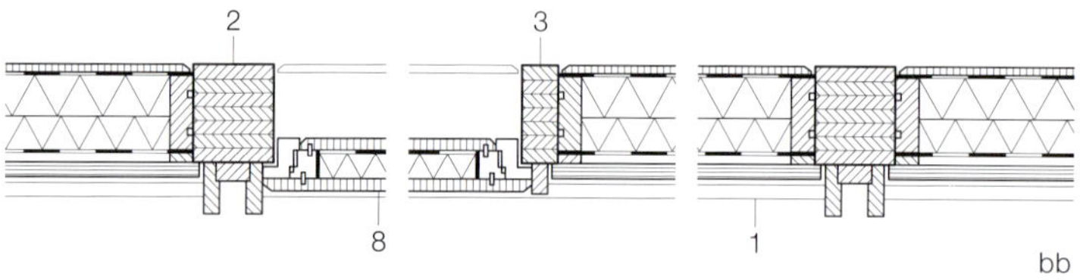

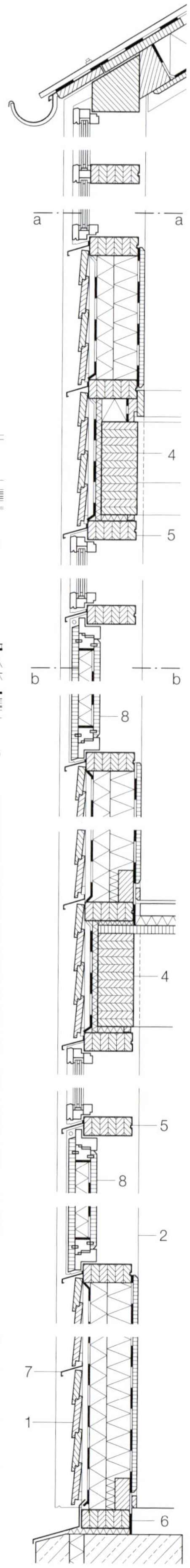

Schnitt Maßstab 1:400
Horizontalschnitte • Vertikalschnitt
Maßstab 1:20

1 Außenwand Nordseite: 197 mm
Stülpschalung Lärche, 22/137 mm
Luftschicht 20 mm
Folie, atmungsaktiv, perforiert
Wärmedämmung 140 mm
Dampfbremse, PE-Folie
Sperrholzplatte 15 mm
2 Stütze BSH 150/175 mm
3 Pfosten BSH 70/175 mm
4 Träger BSH 120/300 mm
5 Riegel BSH 60/160 mm
6 Schwelle BSH 60/160 mm
7 Z-Profil, Aluminium, alle 45 cm
8 Lüftungsklappe

GucklHupf

Innerschwand am Mondsee, AT 1993

Architekt:
Hans Peter Wörndl, Wien

🕮 Architectural Record 04/1999
A+U 05/1998
Techniques + architecture 441, 1999
Bahamon, Alejandro: PreFab. Barcelona 2002

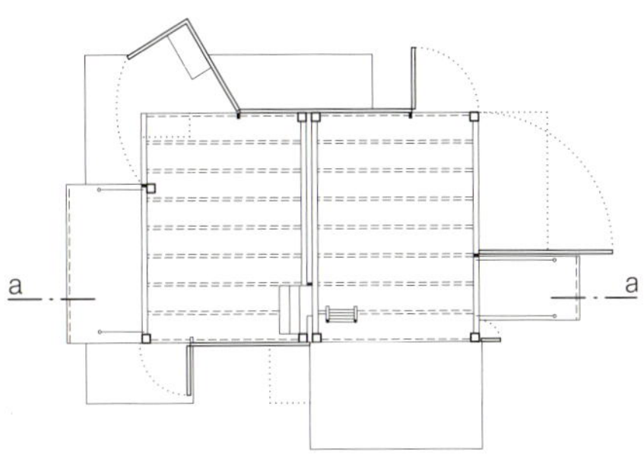

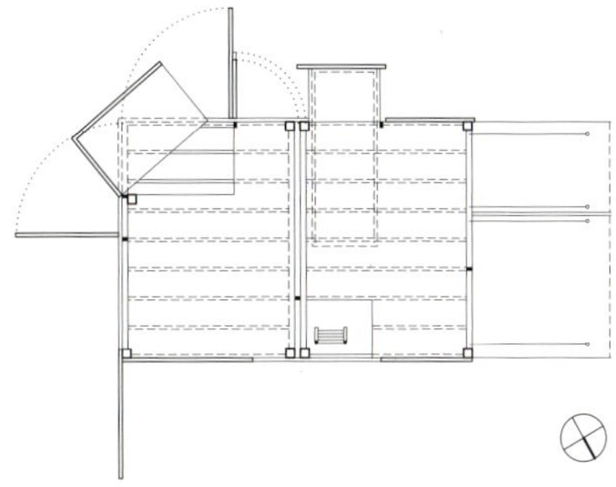

- Leichtbau für temporäre Nutzung
- vielfach wandelbares Bauvolumen von ganz offenen zu geschlossenen Zuständen
- wechselnde Innen- und Außenraumbezüge
- Sperrholzplatten Okume rot, wasserfest verleimt, dreifach mit hochtransparentem Bootslack gestrichen

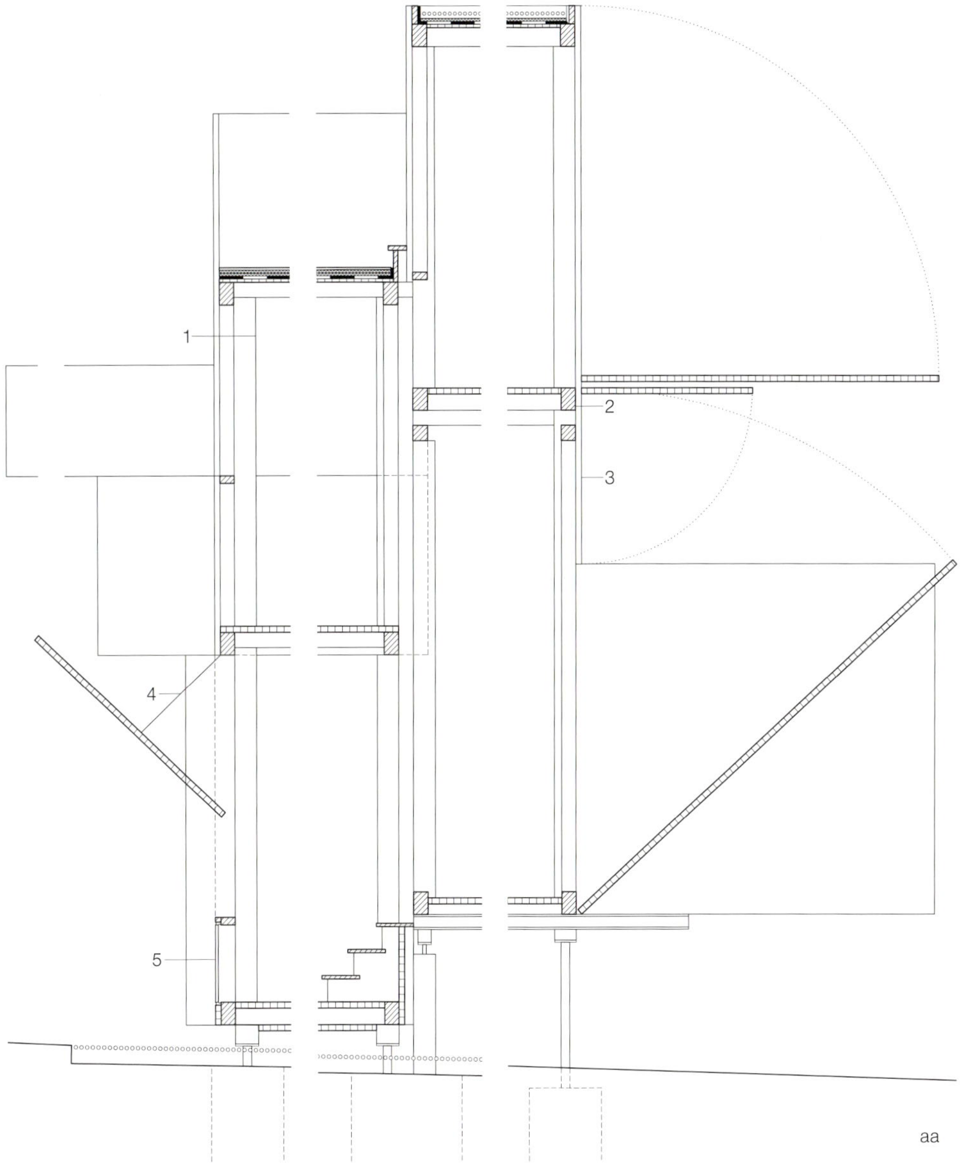

Grundrisse
Maßstab 1:200
Vertikalschnitt
Maßstab 1:50

1 Stütze Fichte 120/120 mm
2 Träger Fichte 60/120 mm
3 Außenwandpaneel 35 mm:
Sperrholzplatte Okume rot 6 mm,
Tafelgröße 1200/2500 mm
wasserfest verleimt, dreifach lackiert mit hochtransparentem Bootslack
Sperrholz 8 mm
Dach-/Windpappe
Lattung Fichte 20/30 mm
dazwischen Dämmung 20 mm
Sperrholzplatte Okume rot 8 mm,
Tafelgröße 1200/2500 mm,
zweifach lackiert mit hochtransparentem Bootslack
4 Kabel mit Seilwinde für Flexibilität: Drehen, Klappen, Kippen, Ziehen
Aluminium silber eloxiert
5 Verglasung, mit Folie hinterlegt

Schuleigenes Wohnhaus

Triesenberg, LI 1994

Architekt:
Hubert Ospelt, Vaduz
mit Marcus Freund

🕮 Herzog, Thomas u. a.: Holzbau Atlas. München / Basel 2003

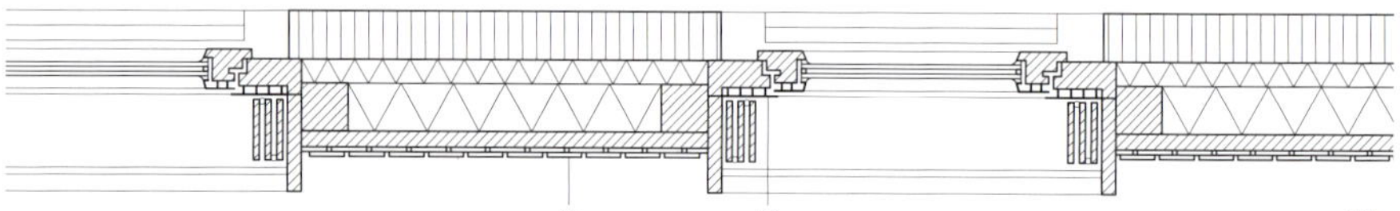

- viergeschossiger Holzbau
- optisch feine Schindelstruktur auf stereometrisch klarem Baukörper
- Decken, Wände und Dach in Brettstapelkonstruktion
- deckengleiche Unterzüge aus BSH-Buche zur Einleitung der Deckenlasten in Stützen ohne weitere Hilfsmittel

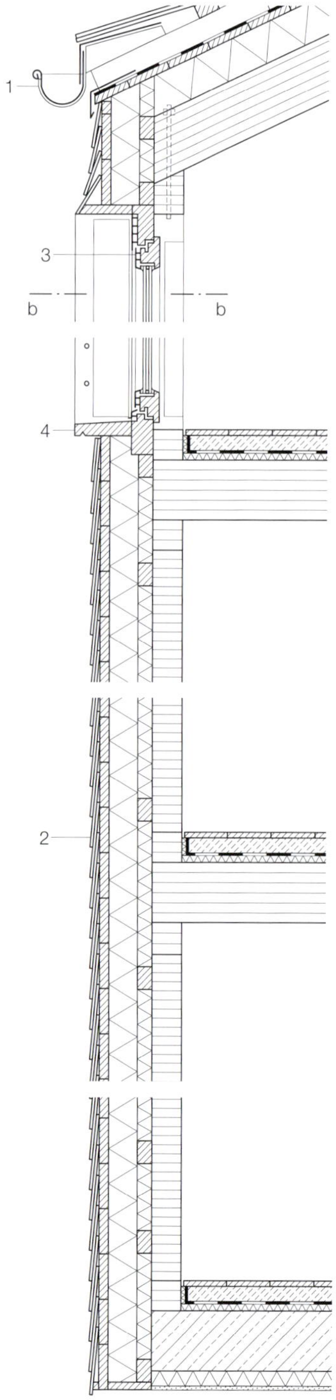

Ansicht • Grundriss Erdgeschoss und Galerie
Maßstab 1:400
Horizontalschnitt • Vertikalschnitt Maßstab 1:20

1 Regenrinne Kupferblech
2 Holzschindeln Lärche, zweilagig
Horizontalschalung
Lattung vertikal 80/80 mm
Schalung horizontal 40/60 mm
genagelte Brettstapelplatte 80 mm
3 Aluminium-Holz-Fenster mit Isolierverglasung
4 Holzfensterbank Lärche

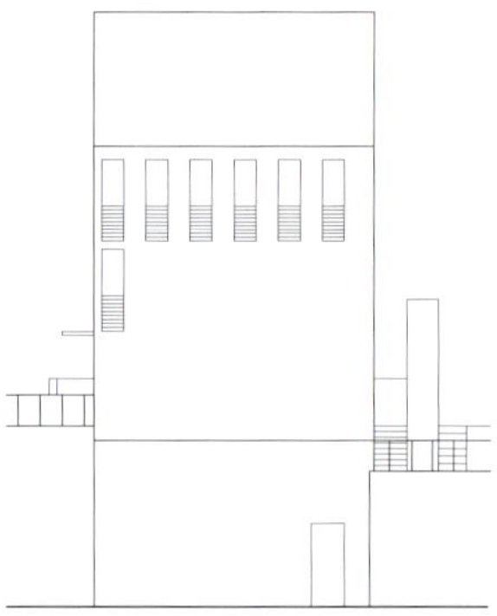

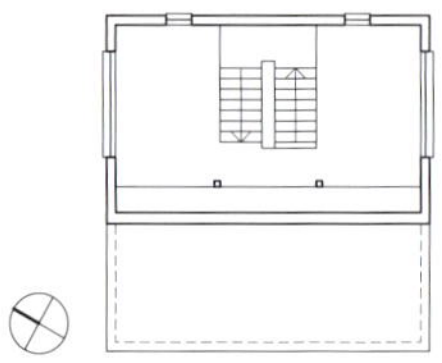

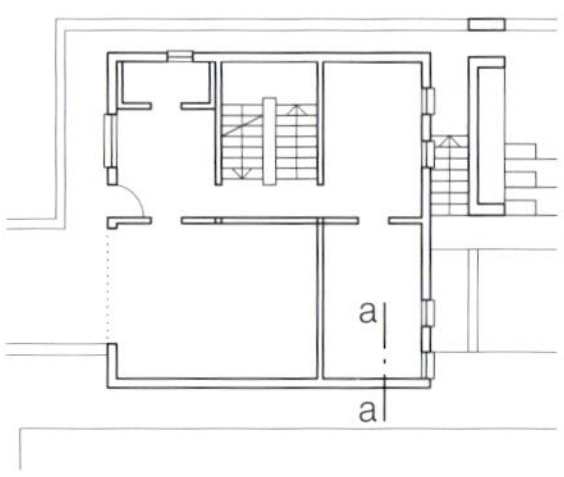

Olpererhütte in den Zillertaler Alpen

Ginzling, AT 2007

Architekten:
Hermann Kaufmann, Schwarzach
Tragwerksplanung:
Merz Kaufmann Partner, Dornbirn

Architektur, Wien 07/2008
Detail 06/2008
Zuschnitt 30/2008

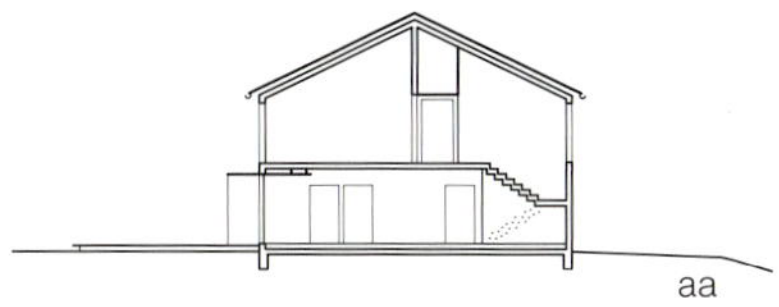

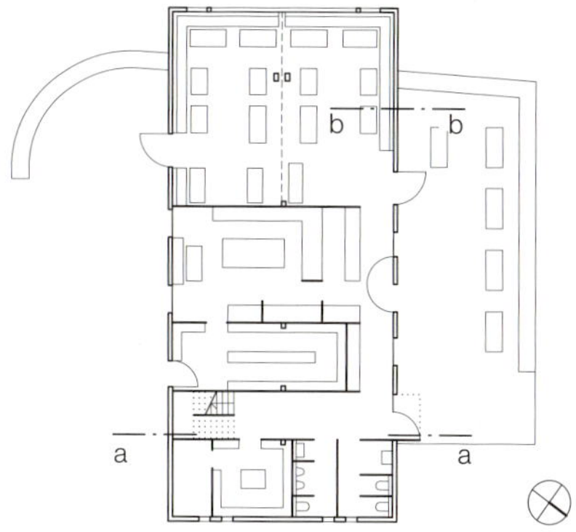

- Neubau einer Schutzhütte mit 60-Bettenquartier auf 2400 m
- hoher Vorfertigungsgrad und kurze Montagezeit; Transport der Bauteile zur alpinen Baustelle via Helikopter
- Holzmassivkonstruktion aus 7,8–17,6 cm starken Fichten-Brettsperrholzelementen; Fassadenbekleidung Schindeln, Fichte
- Da das Hauptgebäude nur in den Sommermonaten bewirtschaftet wird, konnte auf eine zusätzliche Wärmedämmung verzichtet werden.
- Der extrem niedrige Strombedarf von 29 kWh wird zu 14 % über eine Photovoltaikanlage und zu 86 % über ein Rapsöl-Blockheizkraftwerk gedeckt.

Schnitt • Grundriss Erdgeschoss Maßstab 1:1000
Horizontalschnitt • Vertikalschnitte Maßstab 1:20

1 Dreischichtplatte Fichte 42 mm
2 Holzschindelung Lärche Streuschalung 24 mm Hinterlüftung 100 mm Unterdachbahn, Brettsperrholzelement Fichte, unten Sichtqualität 176 mm
3 Kupferblech unter Photovoltaikanlage
4 Raumentlüftung über Dach/Lüftungskamin
5 Binder Brettsperrholzträger 166 mm
6 Klappladen Lärche massiv, glatt 25 mm
7 Holzfenster mit Isolierverglasung
8 Rähm Brettschichtholz 160/94 mm
9 Dreischichtplatte Fichte mit Rähm und Brettsperrholz verleimt 27 mm
10 Schwelle Brettschichtholz 160/94 mm
11 Schwelle Lärche 200/50 mm Bitumenlage 5 mm Mörtelbett 15 mm
12 Stahlbeton 200 mm
13 Winterschutz: Massivladenelement mit Einschubleisten in Laufschiene eingehängt, Fichte massiv 25 mm
14 Fuge dicht verklebt
15 Holzschindeln Fichte Brettschichtholz Fichte, innen Sichtqualität, ohne Stöße, 2× 98 mm verschraubt
16 Holzschindeln Fichte Brettsperrholzelement, innen Sichtqualität 148 mm

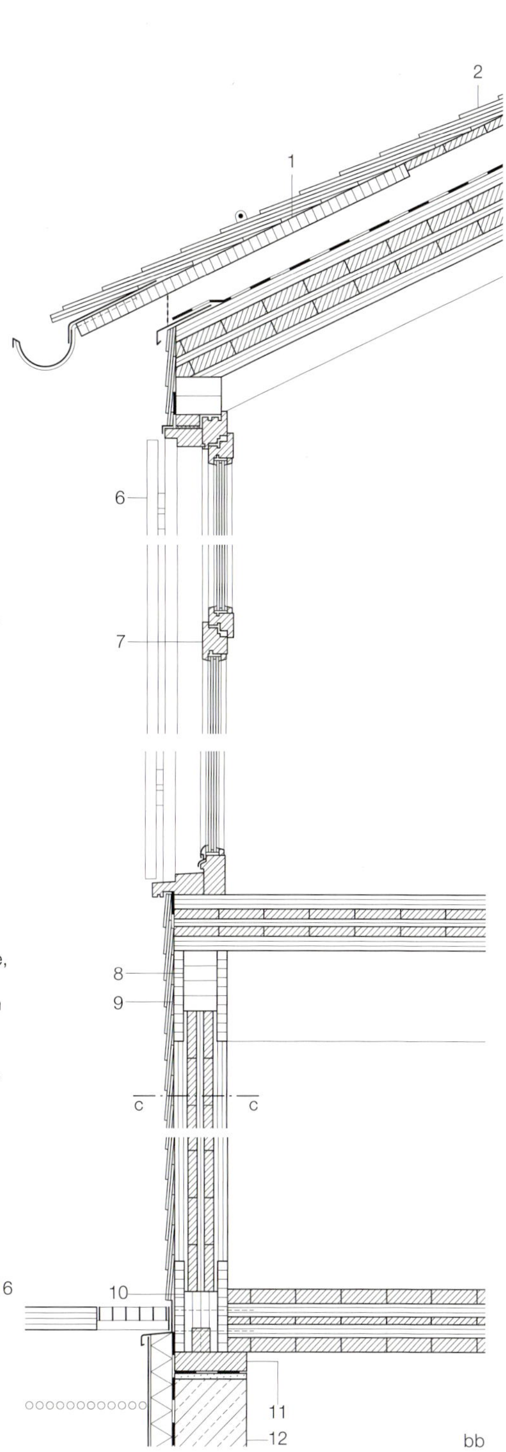

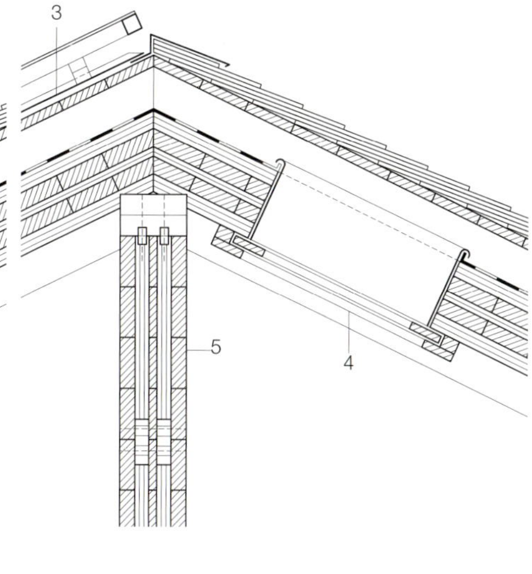

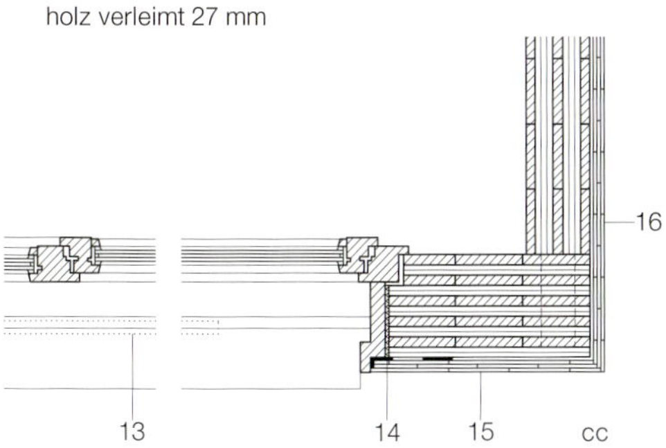

B 5 Metall

B 5.1 Auslieferungslager, Chippenham (GB) 1982, Nicholas Grimshaw & Partners

Der Fortschritt der menschlichen Zivilisation ging vielerorts einher mit der Entwicklung der metallverarbeitenden Technologien. Die Entdeckung der Möglichkeit Bronze (ab ca. 2500 v. Chr.) und Eisen herzustellen (ab ca. 750 v. Chr.), gilt als epocheprägend. Diese neuen Werkstoffe, die anfangs vor allem Verbesserungen für die Tauglichkeit von Werkzeugen und Waffen darstellten, förderten insgesamt die kulturelle Entfaltung auf breiter Ebene. Am Anfang standen neben dem Urformvorgang »Gießen« nur wenige Umformtechniken wie Schmieden, Biegen und Treiben zur Verfügung. Nach und nach erweiterte und verfeinerte sich dieses Repertoire durch neu entdeckte Metalle und Legierungen, die das Anwendungsspektrum vergrößerten.
Deutlich ablesbar ist der technologische Fortschritt der Metallver- und bearbeitung am Beispiel von Rüstungen, da hier neben die Schutzfunktion der Repräsentationwunsch tritt. Diese beiden divergenten Anforderungen führen zu vielfältigen Ausformungsvarianten (Abb. B 5.2 und B 5.3).
Auch im Bauwesen kommt Metall sehr früh zum Einsatz. Vor allem im Bereich von Dächern wird Blei, Bronze und Kupfer seit der Antike eingesetzt. Die Griechen verwendeten beim Bau von Tempeln und großen Mauern erhebliche Mengen an Bronze und Eisen zur Verklammerung der Steine sowie Blei zum nachträglichen Fugenverguss. Zahlreiche dieser Bauten wurden in späteren Zeiten zerstört, um an die – besonders zu Kriegszeiten – begehrten Metalle zu gelangen. Ebenso wären viele gotische Bauwerke ohne den (meist verdeckten) Einsatz von Ankern und Zugbändern aus Eisen nicht standfest.

Über diese Anwendungsgebiete hinaus beschränkte sich der Einsatz von Metallen lange auf punktuelle Abdeckungen und Einfassungen von Vorsprüngen, Vordächern etc. Erst mit dem Aufkommen großer Glasfenster treten Metalle im Fassadenbereich in neuer Form und in größerem Umfang in Erscheinung.
Die weitere Entwicklung und Verbreitung von Metall und Glas stehen in einem engen Abhängigkeitsverhältnis, da die zunehmende Auflösung der massiven Wand nur durch die unterstützenden Werkstoffeigenschaften von Metallen (Zug- und Druckfestigkeit) möglich war.

Schmiedeeisen, Gusseisen und Stahl

Durch den Einsatz von Koks und Steinkohle anstelle von Holzkohle wird ab etwa 1720 die Massenherstellung von Roheisen möglich, Mitte des 18. Jahrhunderts werden in England die ersten Eisenbleche produziert. Die Verwendung von Metallen im konstruktiven Fassadenbereich fällt zeitgeschichtlich zusammen mit der Fortentwicklung der Eisenbahnschiene (um 1830) und der breiten Einführung des Werkstoffs Stahl (ab 1855). Im Jahr 1854 sind in Frankreich die ersten I-Träger aus Schmiedeeisen verfügbar, und James Bogardus baut

B 5.2

B 5.3

B 5.2 Griechischer Bronzehelm
B 5.3 Knechtsbruststück um 1480, Ringpanzer 16. Jh.
B 5.4 vorgelagerte Balkon- und Laubenzone aus Gusseisen, London (GB) 19. Jh.

B 5.4

B 5.5 Prototyp »Dymaxion Deployment Unit«, 1945, Buckminster Fuller
B 5.6 Bürofassade Maison du Peuple, Clichy (FR) 1939, Jean Prouvé
B 5.7 Demonstration der Stabilität und Leichtigkeit der Aluminiumhülle eines Wohnwagens
B 5.8 stromlinienförmige Aluminiumbekleidung eines Reisezugwagons
B 5.9 Aluminiumbleche, Druckereigebäude der Financial Times, London (GB) 1988, Nicholas Grimshaw & Partners
B 5.10 glatte Aluminiumbleche, Reihenhäuser, London (GB) 1988, Nicholas Grimshaw & Partners

B 5.5

B 5.6

für das Verlagshaus von Harper & Brothers in New York (1854) eine fünfgeschossige Straßenfassade aus vorfabrizierten Gusseisenelementen.
Im Allgemeinen sind die zu dieser Zeit an der Fassade sichtbaren Stahl- und Eisenelemente Teile des Tragwerks: bei der Gießhalle der Sayner Hütte von C. L. Althans beispielsweise in Verbindung mit Glas (1830) oder bei Jules Saulniers Schokoladenfabrik Menier in Noisel-sur-Marne im Verbund mit Ziegeln (1872). Weitere typische Anwendungen von Gusseisen im 19. Jahrhundert stellen vorfabrizierte Geländer, Brüstungen und ganze Systeme für vorgelagerte Balkon- bzw. Laubenzonen dar (Abb. B 5.4), wie sie z. T. noch heute das Stadtbild von New Orleans prägen. Aufgrund seiner hohen Festigkeit ermöglicht das Material filigrane und permeable Konstruktionen, die sich durch die Art der Herstellung (Guss) als sehr wirtschaftlich erweisen und zu dieser Zeit teilweise in großen Mengen auf Lager produziert wurden.
Als frühes Beispiel für eine nahezu vollständig opake Metallfassade gilt ein 1905 von Georges Chédanne erbautes Bürohaus in der Rue Réaumur in Paris, bei dem dieser das sichtbare Stahlskelett mit genieteten Blechen ausfachte. Hier ist Stahl das dominierende, gestaltprägende Material.

Vorfertigung und Systemansatz

Der Einsatz von Metall lässt einen hohen Vorfertigungsgrad bei großer Präzision zu. Nicht zuletzt bedingt durch parallele Entwicklungen im Automobil- und Eisenbahnbau führt diese Möglichkeit zu Ideen und Systemansätzen für Gebäudeeinheiten, die in Massenproduktion hergestellt werden können. Das Stahlhaus in Dessau von Georg Muche und Richard Paulick (1927), Buckminster Fullers »Dymaxion Deployment Unit« von 1929 bzw. 1945 (Abb. B 5.5) oder die Serie der Systemhäuser der Stahlhaus AG (ab 1928) zeugen von dieser Entwicklungstendenz. Keines dieser Experimente führte jedoch zu größeren Serien, die meisten kamen nicht über das Stadium des Prototyps hinaus. Anders hingegen verläuft der Ansatz, nicht die gesamte Fassade, sondern nur Teile der Außenwand nach den genannten Kriterien zu entwickeln. In Anlehnung an das Prinzip der Eisenbahnschiene, deren Profilquerschnitt für einen bestimmten Zweck und eine definierte Einbausituation ausgelegt ist, werden ab Beginn des 20. Jahrhunderts »Normstahlprofile« entwickelt, die hinsichtlich bestimmter Lastfälle optimiert sind.
Vergleichbare Gedanken führten bei Architekten wie Ludwig Mies van der Rohe zur Entwicklung von speziellen Fassadenprofilen und -elementen. Es entsteht schließlich ein völlig neuer, nur noch sich selbst tragender Fassadentyp aus vor das Skeletttragwerk gehängten Elementen, der als »Curtain Wall« bezeichnet wird. Dieses neue Prinzip der Lastabtragung in der Fassade ermöglicht durch die stark reduzierten Profilquerschnitte im Zusammenhang mit einer verbesserten Verglasungstechnik einen großen Schritt auf dem Weg zur vollverglasten Fassade, wie sie Mies van der Rohe, Bruno Taut u. a. Anfang des 20. Jahrhunderts in visionären Entwürfen zeigen.
Für die Entwicklung von Metallfassaden ist dieser Konstruktionstyp insofern von Bedeutung, als die geschlossenen Felder im Bereich von Brüstungen und Geschossdecken zwischen den sichtbaren metallischen Tragprofilen oft im Material angepasst werden. Dies führt zu Fassaden, deren Erscheinungsbild außer durch einen hohen Verglasungsanteil vor allem durch die einheitliche Wirkung eines Metalls bestimmt wird. Neben beschichtetem Stahl kommen dabei auch andere Metalle wie Edelstahl, Aluminium, Bronze oder wetterfester Stahl zum Einsatz.
Die Lake Shore Drive Appartments (Mies van der Rohe, 1951) und das Chicago Inland Steel Building von SOM (1955, Abb. B 5.11) gelten als nennenswerte Beispiele für eine Ausführung in Edelstahl, das Seagram Building in New York von Mies van der Rohe (1957, Abb. B 5.12) für eine Anwendung von Bronze, das Alcoa

B 5.7

B 5.8

B 5.9

B 5.10

B 5.11 Edelstahlfassade, Inland Steel Building, Chicago (US) 1955, SOM
B 5.12 Bronzefassade, Seagram Building, New York (US) 1957, Ludwig Mies van der Rohe
B 5.13 Fassade aus wetterfestem Stahl, Civic Center, Chicago (US) 1965, Murphy und SOM

B 5.11

B 5.12

Building in Pittsburgh der Architekten Harrison & Abramovitz (1953) für Aluminium und das Chicago Civic Center (Charles F. Murphy mit SOM,1965, Abb. B 5.13) für den Einsatz von wetterfestem Stahl. In Europa werden Fassaden nach dem Prinzip des »Curtain Wall« in technisch weitgehend ausgereifter Form ab etwa 1955 realisiert.

Der Beitrag von Jean Prouvé

Jean Prouvé (1901–1984), ausgebildeter Kunstschlosser, gilt als bedeutender Konstrukteur von Metallfassaden. Wesentliche Halbzeuge wie Metallblech und -profile sind bereits zu Beginn seiner Laufbahn verfügbar, sich daraus ergebende Anwendungsmöglichkeiten im Fassadenbereich jedoch noch kaum erkundet. In seinem Interesse an maschineller Metallbearbeitung orientiert sich Prouvé an der industriellen Praxis und erzielt insbesondere im Bereich der Metallblechumformung große Fortschritte.
Er widersetzt sich dem allgemeinen Trend einer immer weiter fortschreitenden Arbeitsteilung, indem er das Planen, Experimentieren und Fertigen in der eigenen Werkstatt belässt und so die wesentlichen Schritte unter seiner Kontrolle behält. Gleichzeitig werden Möglichkeiten ausgelotet, die sich aus neuen Fertigungstechniken wie z.B. dem autogenen oder Lichtbogenschweißen ergeben.
Als Konstrukteur und Hersteller arbeitet er mit bedeutenden Architekten seiner Zeit zusammen und untersucht als einer der Ersten thermisch getrennte Konstruktionen. Für das Maison du Peuple in Clichy (1939; Abb. B 5.6) entwickelt er die erste komplett aus Metallblechen hergestellte »Curtain-Wall« Fassade. Weitere bedeutende Werke sind das Wohngebäude am Square Mozart in Paris (1954; Abb. C 2.1, S. 266) mit vertikal verschieb- und ausstellbaren Sonnenschutzelementen sowie die Schaufensterfassade des Citroën Verkaufsraums in Lyon (1932), die sich durch rautenförmige, aus gebogenen Blechen hergestellte Profile auszeichnet [1].

Besonderen Einfluss übt Prouvé auf Architekten aus, die ab den 1960er-Jahren des 20. Jahrhunderts die Anwendung von Metall im Bereich vorgefertigter Paneelen und Sandwichkonstruktionen durch Verfeinerung der eingesetzten Fertigungs- und Verbindungstechniken vorantreiben, wie Fritz Haller (siehe S. 174f.), Norman Foster (siehe S. 176f.) oder Nicholas Grimshaw (Abb. B 5.9 und B 5.10).

Optische Wirkung

Aufgrund seiner Resistenz ist Metall vor allem als Werkstoff für die Außenhaut von Verkehrsmitteln gebräuchlich, sei es im Flugzeug-, Fahrzeug-, Eisenbahn- oder Schiffsbau. Dieser Tatsache sind nicht nur wesentliche technische Errungenschaften zu verdanken, vielmehr spielt die aus diesen Bereichen abgeleitete Ästhetik auch für die Architektur eine besondere Rolle. Metallwerkstoffe als Außenhaut von Gebäuden sind in besonderem Maße in der Lage, ein Bild von Technik zu vermitteln. Bei den aktuellen Entwicklungen im Bereich der Metallfassaden steht häufig die Möglichkeit im Vordergrund, mit diesen Werkstoffen Bekleidungen sehr freier Gebäudeformen realisieren zu können. Dies wird sowohl durch fortschrittliche, computerunterstützte Planungs- und Umformtechniken, als auch den Einsatz von sehr dünnem Metallblech auf hochkomplexen Unterkonstruktionen möglich.
Zu der oft sehr skulpturalen Wirkung dieser Bauten tragen wesentlich die besonderen Oberflächeneigenschaften von Metallwerkstoffen bei. Zu Beispielen dieser Art gehören die glatte, schillernde Titanhaut des Guggenheim Museums in Bilbao (Frank O. Gehry, 1997; Abb. B 5.16), die Zinkblechbekleidung des Jüdischen Museums in Berlin (Daniel Libeskind, 1998) und die Bauten der Thames Barrier (Ingenieure Rendel Palmer & Tritton, 1982; Abb. B 5.14) sowie der raue Bleimantel des Auditorium Parco della Musica in Rom (Renzo Piano Building Workshop, 2003; Abb. B 5.15).

B 5.13

B 5.14

B 5.15

B 5.14 Thames Barrier, London (GB) 1982, Rendel Palmer & Tritton
B 5.15 Bleifassade, Auditorium Parco della Musica, Rom (IT) 2003, Renzo Piano Building Workshop
B 5.16 Titanfassade, Guggenheim Museum, Bilbao (ES) 1997, Frank O. Gehry

Neue Entwicklungen, neue Metallwerkstoffe
Die Weiterentwicklung der Metalllegierungen ermöglicht immer genauer angepasste Werkstoffeigenschaften für die unterschiedlichsten Anwendungsfälle. Daneben gibt es eine Reihe von neuen Techniken, die zu anderen, dreidimensionalen Werkstoffen führen, wie Metallschäumen (Abb. B 5.17). Das Potenzial liegt dabei vor allem im statisch belasteten Leichtbau, weshalb mit diesen Werkstoffen derzeit vorwiegend im Fahrzeugbau experimentiert wird.
Viele Neuerungen sind beim Einsatz von Verbundwerkstoffen (sogenannte Composites) zu erwarten, die die spezifischen Eigenschaften der einzelnen Werkstoffe in einen Wirkungszusammenhang bringen.
Als bedeutend für die optische Wirkung einer Fassade gelten zudem Entwicklungen auf dem Gebiet der Beschichtungstechnik. Zum Zwecke der Reflexion von Strahlung aufgebrachte, dünnste Metallschichten finden sich heutzutage auf einer wachsenden Anzahl von Trägermaterialien (u.a. auf Glas, Kunststoffen inklusive Membran- und Folienmaterialien).

Werkstoffeigenschaften

Bei den meisten im Bereich der Fassade eingesetzten Metallen handelt es sich nicht um deren Reinform, sondern um Legierungen. Abbildung B 5.19 stellt die maßgeblichen Eigenschaften der gebräuchlichsten Werkstoffe für den Einsatz im Fassadenbereich dar, sortiert nach ihrer Ordnungszahl. Metallwerkstoffe mit einer Dichte von höchstens 4,5 g/cm³ werden als Leichtmetalle bezeichnet, wobei Titan mit 4,51 g/cm³ normalerweise noch dazugezählt wird. Alle Metallwerkstoffe gelten als gas- und damit auch als dampfdicht. Aus konstruktiver Sicht kommt der Eigenschaft der Wärmeausdehnung eine besondere Bedeutung zu, da sich hieraus ergebende Bewegungen durch die Art der Fügung und Konstruktion aufgenommen werden müssen.
Neben der Temperatur der Luft ist vor allem Sonneneinstrahlung maßgeblich für die Materialerwärmung, die bestimmt wird von der Farbe und von den Reflexions- und Absorptionseigenschaften des jeweiligen Metallwerkstoffes. Abbildung B 5.18 und B 5.24, S. 165, zeigen Zusammenhänge hinsichtlich der Metalloberflächen. Die meisten dieser Werkstoffe reagieren unter Umwelteinflüssen und verändern dabei ihr Erscheinungsbild. Bei einigen Metallen sind diese korrosiven Vorgänge sehr problematisch hinsichtlich ihrer Einsatzfähigkeit im konstruktiven Bereich. Bei Stahl kann es beispielsweise im Korrosionsfall zu Volumenveränderungen bis zum Faktor 7 kommen.
Bei anderen Metallen wiederum färben die Abschwämmprodukte (Kupfer, wetterfester Stahl) oder sind unter Umständen schon in kleinen Mengen stark toxisch (Blei). Neben dem korrosiven Lochfraß kann das Phänomen der Kontaktkorrosion auftreten, wenn verschiedene Metalle entweder direkt kombiniert werden oder wenn Feuchtigkeit – beispielsweise Regenwasser – von der Oberfläche eines Metalls auf ein anderes Metall gelangt und so eine Brücke für Ionentransport (Elektrolyse) entsteht. Hinweise gibt diesbezüglich die sogenannte Oxidationsreihe, die Metalle in unedel (mit niedrigem Spannungspotenzial, leicht zu oxidieren) und edel (mit hohem Spannungspotenzial, schwer zu oxidieren) einteilt. Die Spannungsdifferenz der tatsächlich wirksamen chemischen Erscheinungsform (oft Oxide) bestimmt die Korrosionsgefahr. Gegebenenfalls muss eine neutrale Zwischenlage bzw. Isolierung eingesetzt werden [2].
Wie in Abbildung B 5.18 dargestellt, sind bestimmte Metallwerkstoffe korrosionsresistent, andere bilden entweder von allein oder künstlich gesteuert eine regenerative Korrosionsschutzschicht (Patina). Eine dritte Gruppe (Eisen und Stahl) bedarf besonderer Behandlung, um Umwelteinflüssen zu widerstehen. Korrosionsschutzmaßnahmen und gegebenenfalls weitere Oberflächenbehandlungen müssen sorgfältig aufeinander abgestimmt werden.

B 5.16

B 5.17 Metallschaum (Maßstab ca. 1:1)
B 5.18 Metallwerkstoffe und ihre Oberflächen
B 5.19 Eigenschaften von Metallwerkstoffen (Auswahl), Sortierung aufsteigend nach Ordnungszahlen der Elementarmetalle

B 5.17

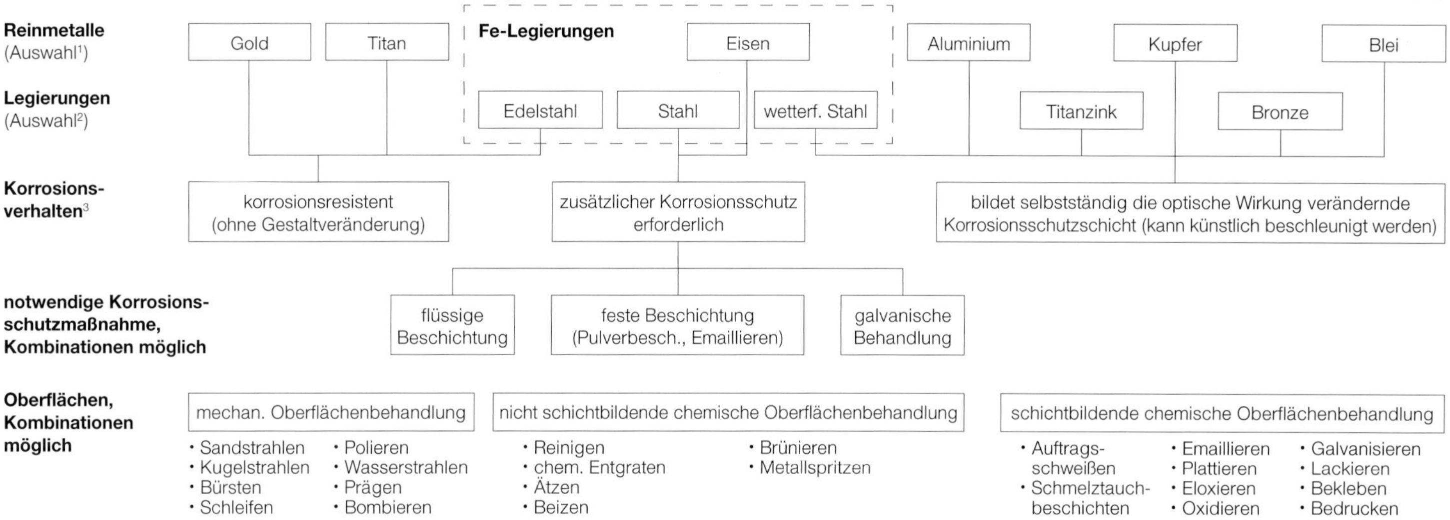

¹ im Fassadenbereich angewendete Metalle, Anteil Elementarmetall größer 90 % ² im Fassadenbereich gebräuchliche Legierungen ³ Grundlage: normales Außenbereichsmilieu

B 5.18

Metallwerkstoff		**Alum.**	**Titan**	**Eisen**				**Kupfer**			**Zink**		**Zinn**	**Gold**	**Blei**
Chem. Symbol (OZ)		**Al (13)**	**Ti (22)**	**Fe (26)**				**Cu (29)**			**Zn (30)**		**Sn (50)**	**Au (79)**	**Pb (82)**
Legierung					**Stahl**	**rostfr. Edelst.**	**wetterf. Stahl**		**Baubronze**	**Tombak**		**Titanzink**			
Dichte	[g/cm³]	2,7	4,51	7,87	7,8	7,98		8,92	8,73	8,5	7,2	7,2	7,29	19,32	11,34
E-Modul¹	[kN/mm²]	65	110	210	210	200	200	132	100	85	90	80	50	75	15
spez. Wärmekapaz.	[J/(kg K)]	900	530	460	400			390	380	380	390	398	230	130	130
Wärmeausdehnkoef.²	[10⁻⁶m/(mK)]	23,8	10	12,1	11,7	17,3	11,7	16,8	18,5	19	36	20	20,5	14,2	28,3
Wärmeleitfähigkeit	[W/(mK)]	160	22	80,4	65	15		305	67	50	116	109	35,3	317	34
Normpotenzial	[V]	–1,69		–0,44				+0,35			–0,76		–0,16	+1,38	–0,13
elektr. Leitfähigkeit	[m/mm²Ohm]	35	1,25	10,3	10,2			60	9	16	16,9	17	8,7	45,7	4,82
¹ 1 kN/mm² = 1 GPa ² bei 20 °C															
Korrosionseigenschaften															
bildet schützende Oxidschicht		•	•	○	○	○	•	•	•	•	•	•	•	○	•
zusätzl. Korrosionsschutz erforderl.		○	○	•	•	○	○	○	○	○	○	○	○	○	○
farbliche Weiterentwicklung		○	○	•	•	○	•	•	•	•	•	•	•	○	•
Abwasser färbend		○	○	•	•	○	•	•	•	•	○	○	○	○	○
Halbzeug Blech im Fassadenbereich															
übliche Dicken	mm		0,3–1			0,35–3	0,5–3	>3	0,6–0,8			0,7–1,5			2,25–3,0
empfohlener Mindestbiegeradius innen	t = Blechstärke		2 t			1–2 t	2 t					1,75 t			

• ja ○ nein

B 5.19

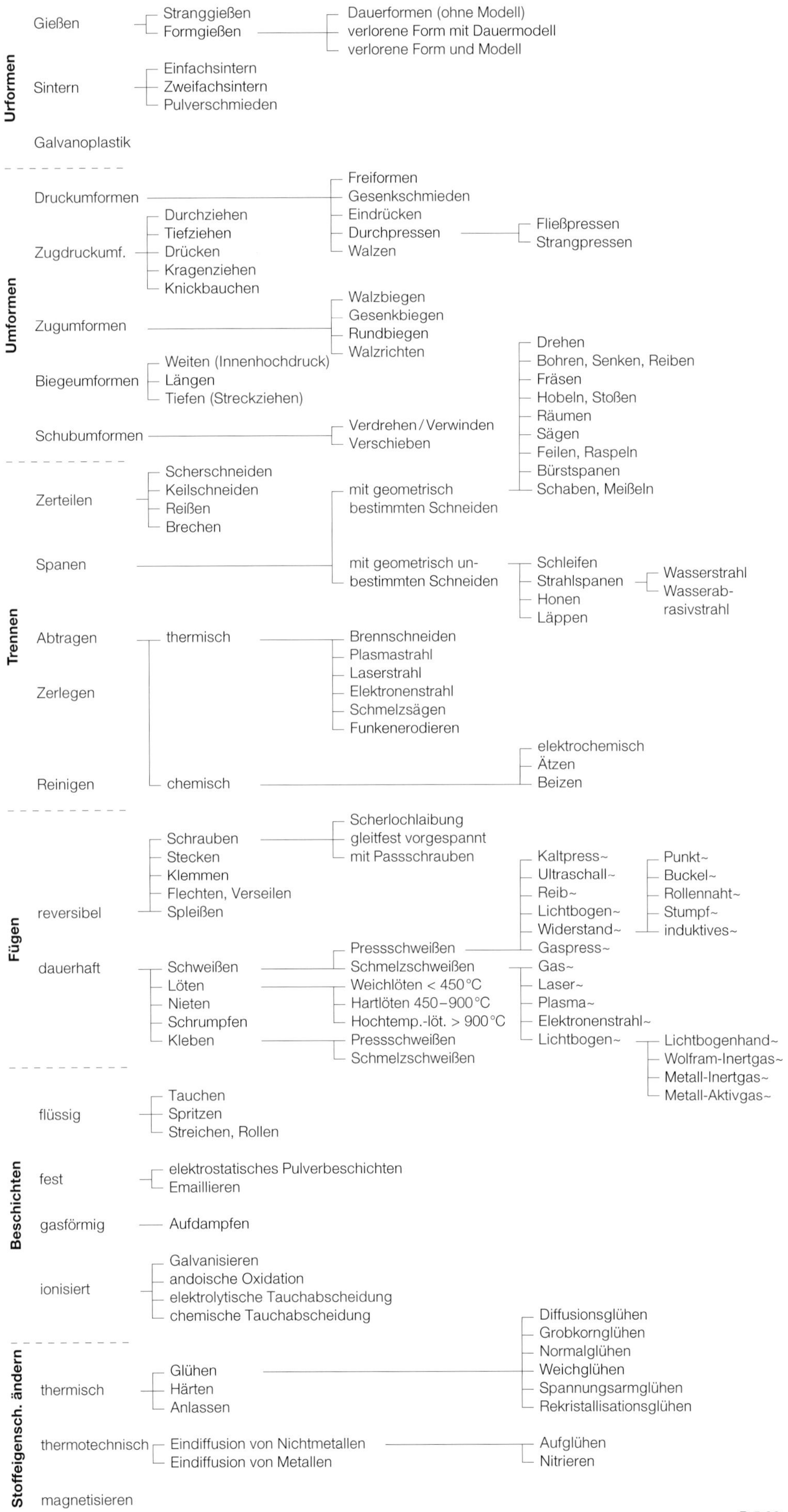

B 5.20

Fertigungstechnologien und Halbzeuge

Grundsätzliche Vorgänge metallischer Materialverarbeitung sind:

- Ur- und Umformen
- Trennen
- Fügen
- Beschichten
- Ändern der Stoffeigenschaften

Diese Primärvorgänge lassen sich in zahllose weitere Verfahren differenzieren, die beständig weiterentwickelt werden. Abb. B 5.20 zeigt den Zusammenhang zwischen Fertigungstechniken und einzelnen Produktgruppen bezogen auf den Einsatz in der Fassade.
Durch Ur- und Umformvorgänge werden in kontinuierlichen oder taktweisen Prozessen Halbzeuge hergestellt, die durch weitere Bearbeitungsschritte wie beispielsweise Kanten, Bohren, Ziehen oder Pressen zu immer komplexeren Produkten verarbeitet werden. Neben dem Erzielen von optischen Effekten dient die Bearbeitung in der Regel dem Optimieren bestimmter Eigenschaften, z. B. der Verbesserung der Stabilität.
Oft werden Metallwerkstoffe auch mit anderen Materialien kombiniert, wodurch Verbundwerkstoffe entstehen. Hierzu gehören beispielsweise die in Abb. B 5.22 dargestellten Mehrschichtplatten. Im Wesentlichen kommen Stahl und Aluminium, teilweise auch Kupfer, zum Einsatz.

Sandwichelemente aus Metallblechen

Metallwerkstoffe eignen sich aufgrund ihrer Eigenschaften (z. B. hohe Festigkeit bei guter Umformbarkeit) besonders für die Herstellung ganzer Verbundbauteile, sogenannter Sandwichelemente (siehe Abb. B 5.21 und »Flächen – Strukturelle Prinzipien«, S. 27ff.). Hierbei werden zwei Metallbleche meist durch einen schubfesten Dämmstoffkern flächig zu einer biegesteifen, konstruktiven Einheit verbunden (ähnlich dem Querschnitt eines Knochens). Eine Steigerung der Eigenschaften ist durch eine vorangehende Umformung der Bleche möglich. Dadurch lässt sich die statische Belastbarkeit in eine Richtung (z. B. durch Kanten) oder in zwei Richtungen (z. B. durch Tiefziehen) erhöhen.
Mit solchen Bauteilen, die im Wesentlichen durch Transportanforderungen und verfügbare Blechbreiten in ihrer Größe beschränkt sind, können bei relativ geringer Dicke und geringem Gewicht hohe Steifigkeiten und Spannweiten sowie eine schnelle Montage erzielt werden. Das Prinzip des Sandwichelements ist aufgrund der Dämmeigenschaften in Verbindung mit Dampfdichtigkeit und der mechanischen Stabilität häufig eine sinnvolle Entscheidung für die Fläche einer Fassade. Sandwichelemente erfordern jedoch eine besonders sorgfältige Behandlung der Fugen und Ränder. Als Werkstoffe für die Deckschichten kommen in der Regel Aluminium, Stahl und Edelstahl zum Einsatz.

B 5.20 Fertigungstechniken in der Metallbearbeitung
B 5.21 verschiedene Sandwichplatten Stahlblech
B 5.22 verschiedene Mehrschichtplatten Aluminium
B 5.23 Zusammenhang zwischen Fertigungstechniken und Produkten
B 5.24 Oberflächen von Metallwerkstoffen natürlicher und künstlicher Korrosions- und Patinierungsformen (Auswahl)

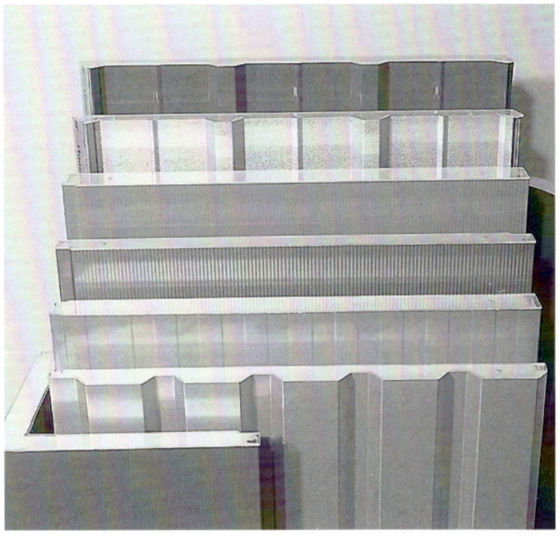

B 5.21

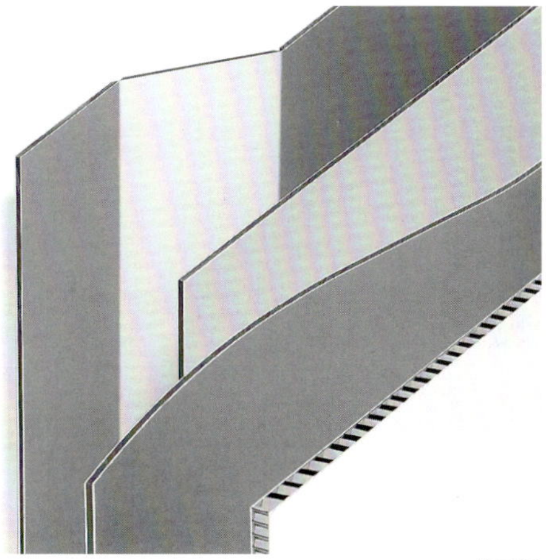

B 5.22

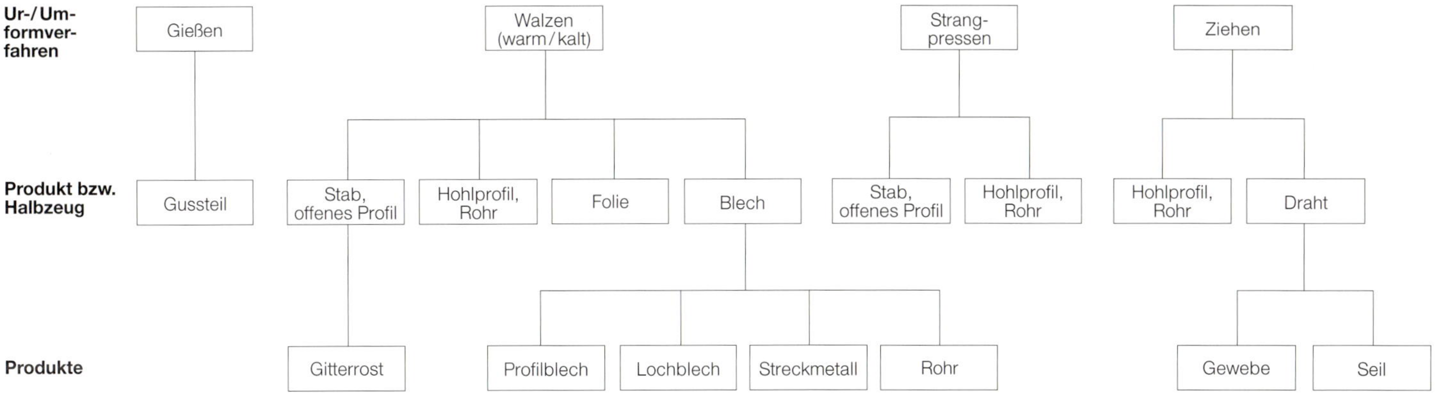

B 5.23

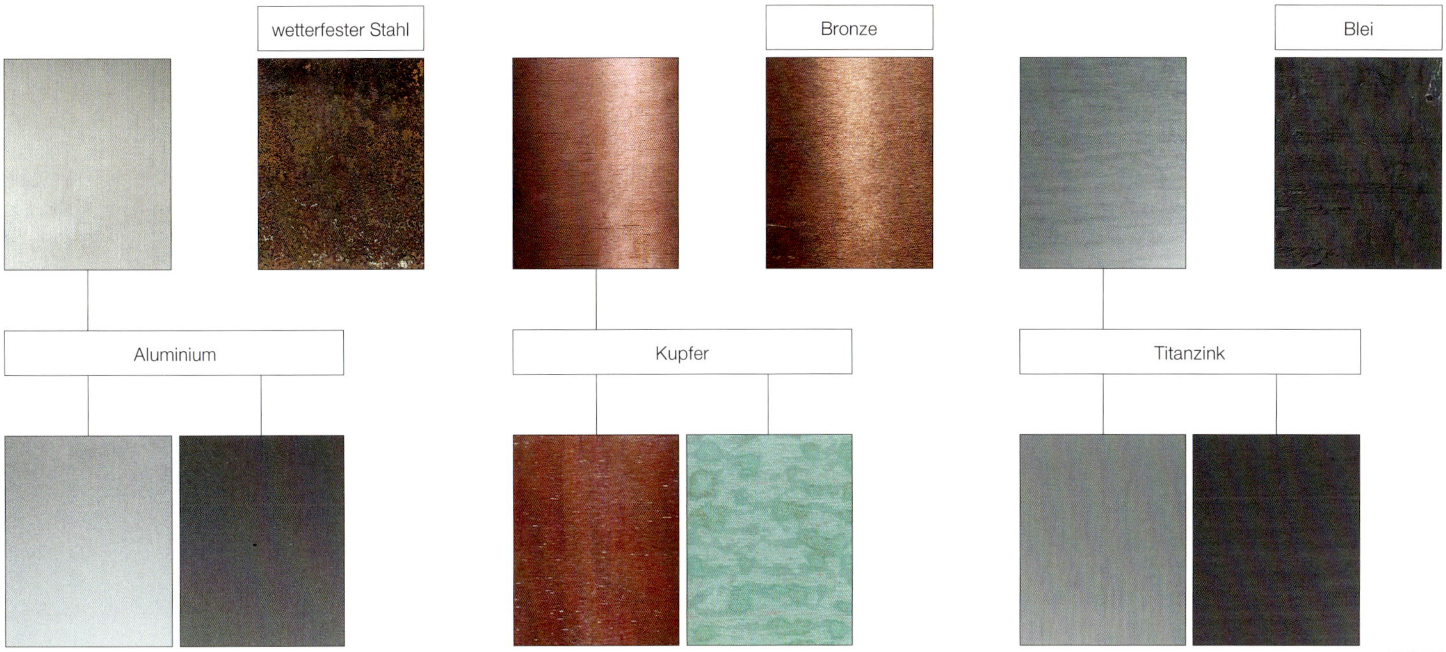

B 5.24

B 5.25
Wohn- und Geschäftshaus, London (GB) 1991, Michael Hopkins und Partner

Metallfassaden – Grundkonstruktionen

Aufbauend auf der systematischen Darstellung von allgemeinen Grundprinzipien der Fassadenkonstruktion (siehe »Flächen – Strukturelle Prinzipien«, S. 27f.) zeigt Abbildung B 5.26 eine Auswahl der gebräuchlichsten Konstruktionen im Bereich der Metallfassaden.

Neben der materialabhängigen Behandlung der Konstruktionsfugen ist bei vorgehängten Fassaden vor allem die Art der Befestigung an der Unterkonstruktion von Bedeutung. Bei Metallfassaden ist diese im Allgemeinen lösbar (z. B. Schraubverbindungen); sie kann prinzipiell im Bereich der Fuge oder unabhängig davon erfolgen. Bestimmte weiche Metalle wie z. B. Blei können auch genagelt werden. Selbstschneidende Schrauben werden zur Verbindung von Blechen untereinander oder auf Unterkonstruktionen eingesetzt. Sichtbare genietete Verbindungen, die über lange Zeit für Metallanwendungen am Bau gestaltprägend waren, gibt es heutzutage kaum noch. Außerdem unterscheidet man belüftete und unbelüftete Konstruktionen mit und ohne zusätzliche, die Fugen abdeckende oder verschließende Elemente.
Ein weiteres Kriterium stellt die Art der Stabilisierung der Fassadenelemente dar. Dies kann zum einen über die Wahl eines geeigneten Formats in Abhängigkeit von Werkstoff und Materialstärke erfolgen, zum anderen aber auch durch zusätzliche formstabilisierende Maßnahmen (z. B. Kanten, Wellen, Tiefziehen) oder durch die Verarbeitung zu Sandwichelementen. Auch durch bestimmte Umformvorgänge wie z. B. Strangpressen können formstabilisierte Elemente hergestellt werden.

Metalle eignen sich wie kaum ein anderes Material zur Entwicklung von Fassaden mit sehr hohem Vorfertigungsgrad. Die verfügbaren Blechabmessungen und Umformtechniken sowie das relativ geringe Gewicht bei großer Robustheit gegen Witterungseinflüsse (vor allem bei Aluminium) ermöglichen großformatige Elemente, die z. B. als Paneele, Kassetten oder Lamellen sehr wirtschaftliche Lösungen bieten. Aber auch traditionelle, handwerkliche Verfahren, die den Baustelleneinsatz von Abkant- oder Falzgeräten erfordern, finden nach wie vor Anwendung.

Die Konstruktion von Metallfassaden erfordert neben der Beachtung der Montage- und Bautoleranzen die Aufnahme z. T. erheblicher temperaturbedingter Ausdehnungen. Es dürfen keine für die Konstruktion schädlichen Zwängungen auftreten, die sich auch akustisch bemerkbar machen können. Deshalb müssen die Fugen ausreichend dimensioniert und die Anschlüsse gleitfähig sein.

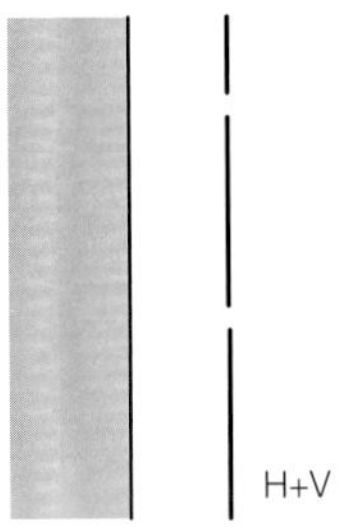

Tafeln mit offenen Fugen

- Befestigung sichtbar oder unsichtbar
- zweite, Wasser führende und luftdichte Ebene erforderlich

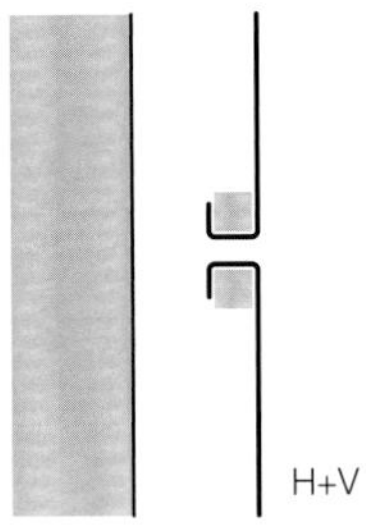

mit gekanteten Blechen bezogene Rahmen

- Aufrechterhaltung der Spannung problematisch
- zweite, Wasser führende und luftdichte Ebene erforderlich

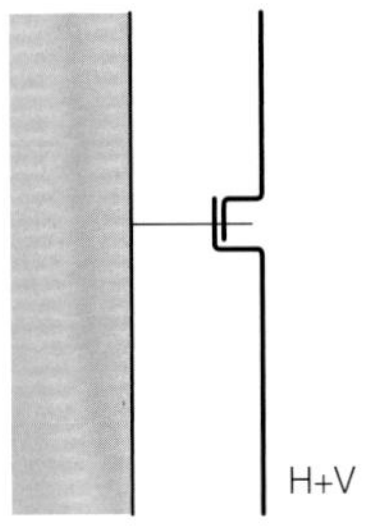

Kassetten

- allseitige Kantungen wirken formstabilisierend
- Fügung lösbar

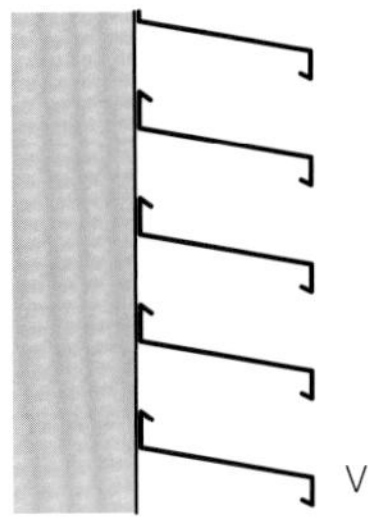

Lamellen

- lineare Kantungen oder stranggepresste Elemente
- Lamellenabstände sind so zu wählen, dass kein Wasser eindringen kann
- Stöße sollten unterlegt werden

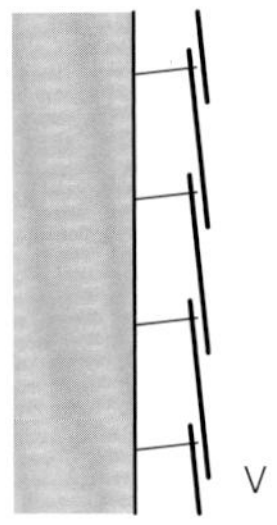

Schuppung flächiger Elemente (Bleche)

- Befestigungspunkte von darüberliegendem Element verdeckt
- Elementgrößen beschränkt
- bei Stahl Korrosionsgefahr wegen Durchdringung (nur Edelstahl)
- typisch: Blei, Zink, Kupfer

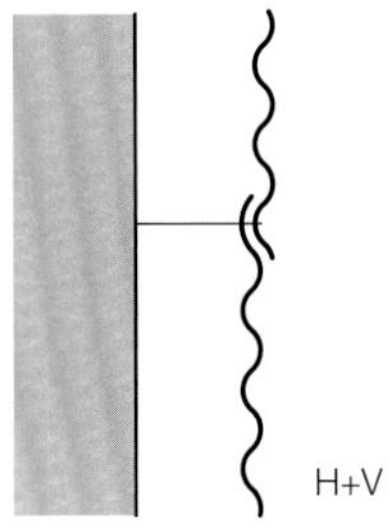

Überlappung formstabilisierter flächiger Elemente

- Formate herstellungsabhängig
- Stabilität in beide Richtungen der Flächen ungleich

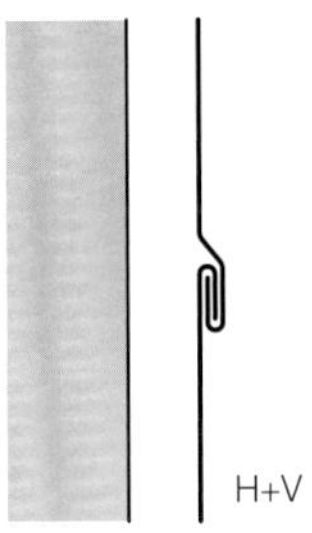

liegender Falz

- auch mit Befestigung kombinierbar
- Falzausbildung vor Ort
- Fügung lösbar

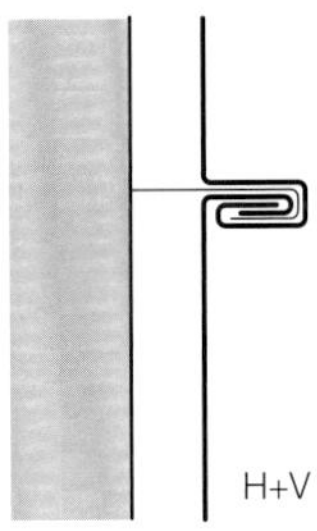

stehender Falz

- auch ohne kombinierte Befestigung
- Falzausbildung vor Ort
- starke Strukturierung der Fläche
- Fügung lösbar

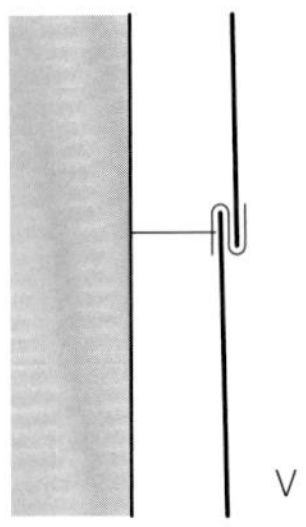

Überlappung von Tafeln mit zusätzlichem örtlichen Element

- Gefahr von Kontaktkorrosion durch ungeeignete Materialkombination
- örtliches Befestigungselement von außen sichtbar

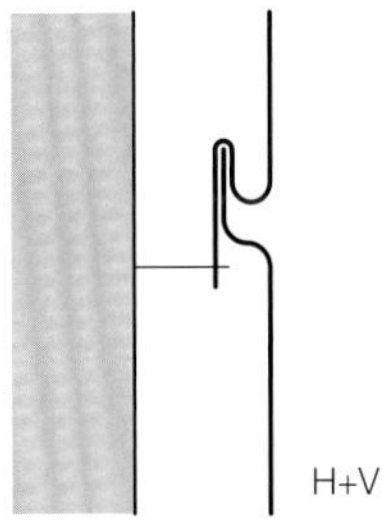

unsichtbare Befestigung über Einschub

- Elemente nicht einzeln austauschbar

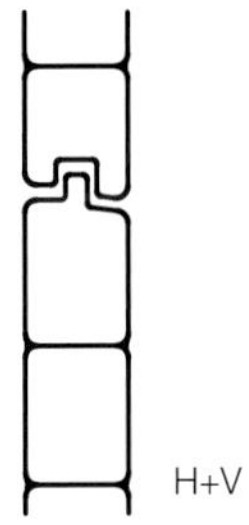

stranggepresste Sonderformen

- auf Belüftung der Kammern ist zu achten
- Behandlung der Elementfuge in anderer Richtung nicht adäquat möglich
- Unterkonstruktion nur senkrecht zu den Stegen erforderlich
- Elemente nicht einzeln austauschbar

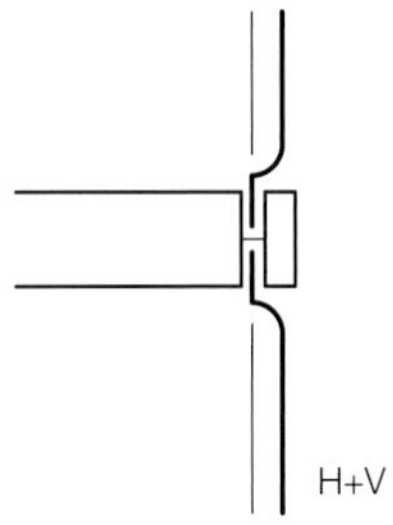

formstabilisierte Einzelelemente mit Befestigung über stoßabdeckendem dritten Element

- Formstabilisierung z. B. durch Zugdruckumformung (Tiefziehen)
- Elemente einzeln austauschbar

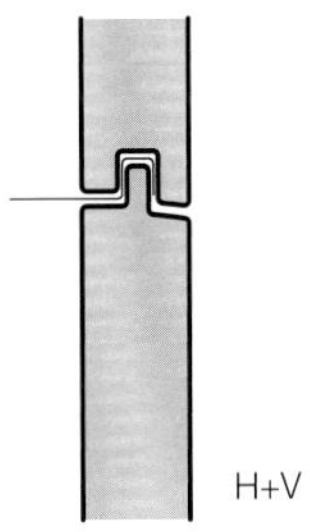

Sandwichelemente mit Befestigung über die Fugen

- Befestigung unsichtbar
- Unterkonstruktion nur in einer Richtung erforderlich
- Elemente nicht einzeln austauschbar (Einbaureihenfolge)
- entweder durchlaufendes Dichtungsband oder guten Luftdurchgang sicherstellen
- zweite, luftdichte Ebene erforderlich

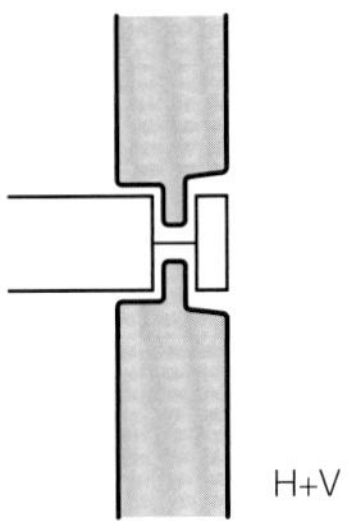

Sandwichelemente mit Befestigung über stoßabdeckendem dritten Element

- Einbau in Pfosten-Riegel-Konstruktion
- Elemente einzeln austauschbar

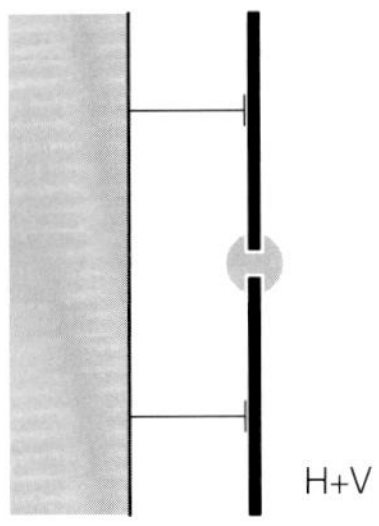

Tafeln mit Fügung über zusätzlichem Dichtungselement

- Elemente einzeln austauschbar, wenn Dichtungselement öffenbar

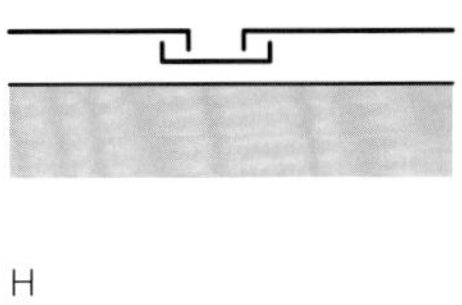

hinterlegte Bleche

- ergänzende seitliche Kantungen wirken formstabilisierend
- Elemente einzeln austauschbar

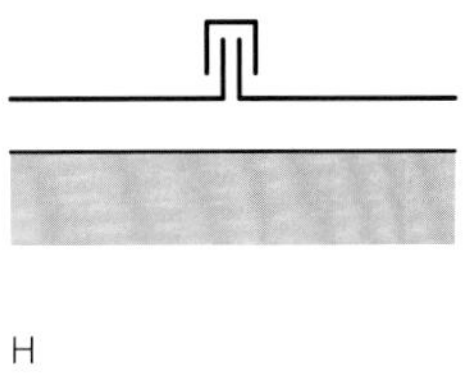

Abdeckung über vertikal aufgekanteten Stoß

- als Horizontalfügung nicht ausführbar wegen Wasserableitung
- Elemente einzeln austauschbar

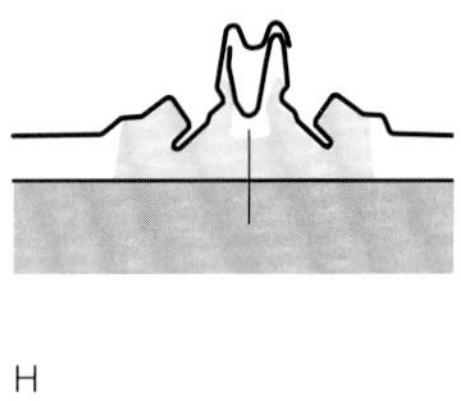

mehrteilige Klemmverbindung über örtlichem Befestigungselement

- Formstabilisierung durch Kantung des Elements
- Elemente einzeln austauschbar

H = Horizontalschnitt V = Vertikalschnitt

B 5.26 Metallfassaden – Grundkonstruktionen (Auswahl)

B 5.27 geprägtes Edelstahlblech, Vierkantkegel
B 5.28 Strukturblech, Noppen
B 5.29 Tränenblech
B 5.30 Raupenblech
B 5.31 Dessinblech, Fischgrätmuster
B 5.32 Dessinblech, Feinripp
B 5.33 Trapezblech
B 5.34 asymmetrisches Wellblech

B 5.27

B 5.28

B 5.29

B 5.30

B 5.31

B 5.32

B 5.33

B 5.34

B 5.35 Quadratlochung, Edelstahl
B 5.36 Dreieckslochung, Edelstahl
B 5.37 Langlochung versetzt, Edelstahl
B 5.38 Streckmetall, Aluminium
B 5.39 Streckmetall, Aluminium
B 5.40 Rundlochung, gekantet, Tombak
B 5.41 Durchziehlochung, beidseitig, Edelstahl
B 5.42 Gitterrost (Stäbe / Drähte), Edelstahl

B 5.35

B 5.36

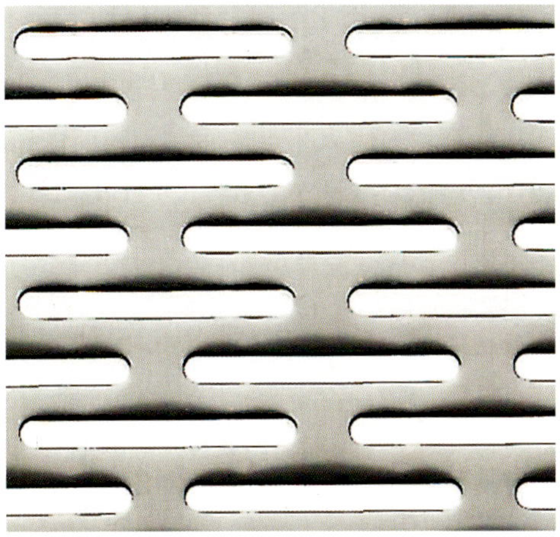

B 5.37

B 5.38

B 5.39

B 5.40

B 5.41

B 5.42

Metallische Textilien (Meshing)

Der Ursprung diaphaner (durchscheinender) metallischer Textilien liegt in der industriellen Nutzung (z. B. Filter- und Nahrungsmitteltechnik). Sie bieten, ebenso wie perforierte Bleche, die Möglichkeit, permeable Gebäudehüllen zu realisieren. Der erzielte Effekt ist stark vom Betrachtungsabstand abhängig und wird im Wesentlichen durch die Reflexionseigenschaften des verwendeten Werkstoffs, die Maschenweite sowie die Materialdicke und -struktur bestimmt. Metallische Textilien können über die optische Wirkung hinaus auch funktionale Anforderungen erfüllen (z. B. Sonnenschutz, Witterungs- und Windschutz, Sichtschutz, Lichtlenkung, Blitz- und Radarschutz, Sicherheit etc.). Je nach Öffnungsgröße und Relieftiefe lässt sich der Durchblick mehr oder weniger stark einschränken [3].

Metallgewebe können – ähnlich wie Membranwerkstoffe – in vorgespanntem Zustand (d. h. flächenstabilisiert) eingebaut werden. Oft werden Federn zur Aufrechterhaltung der Vorspannung bei wechselnden Temperaturen eingesetzt (Abb. B 5.44 und B 5.45). Nachspannbare Verbindungskonstruktionen sind jedoch ebenfalls realisierbar.
Zur Vermeidung von sichtbaren Verbindungsstellen und Nähten lassen sich manche Produkte werkseitig in nahezu unbeschränkter Größe in beide Ausdehnungsrichtungen vorkonfektionieren. Bei den Geweben beschränkt sich die maximale Bahnenbreite in der Regel auf 8 m.
Abbildungen B 5.46 a–h zeigen eine Auswahl möglicher Bindungsarten für Metallgewebe, die denen der klassischen Textilindustrie vergleichbar sind. Daneben existieren Metallgestricke und -gelege (Netze) [4].
Metallische Textilien können auch aus verschiedenen Metallwerkstoffen oder Kombinationen mit Kunststoffen hergestellt werden.
Beispiele verfügbarer Sondergewebe sind:
- Leuchtgewebe mit eingewebten fiberoptischen Fasern
- Textilien mit eingewebten Grafiken und Texten (z. B. Firmenlogos)
- Gewebe mit variierender Blickdurchlässigkeit (gestuft oder verlaufend)

Anmerkungen:
[1] Zu den Arbeiten von Jean Prouvé sind v. a. die Veröffentlichungen von Peter Sulzer maßgeblich, z. B.: Sulzer, Peter: Jean Prouvé, OEuvre complète. 4 Bde. Basel 2008; Sulzer, Peter: Jean Prouvé. Highlights 1917–44. Basel / Boston / Berlin 2002
[2] Karl Täumer & Söhne GmbH (Hrsg.): Dachdecker- und Spenglerarbeiten. München 1993, S. 95
[3] Eine zweilagige Anwendung von Metalltextilien wie z. B. im Bereich der Altarwand der Herz-Jesu-Kirche in München von Allmann Sattler Wappner (2000) ist selten zu finden.
[4] Schäfer, Stefan: Fassadenoberflächen aus metallischen Werkstoffen. In: Detail 01–02/2003, S. 90f.

B 5.43

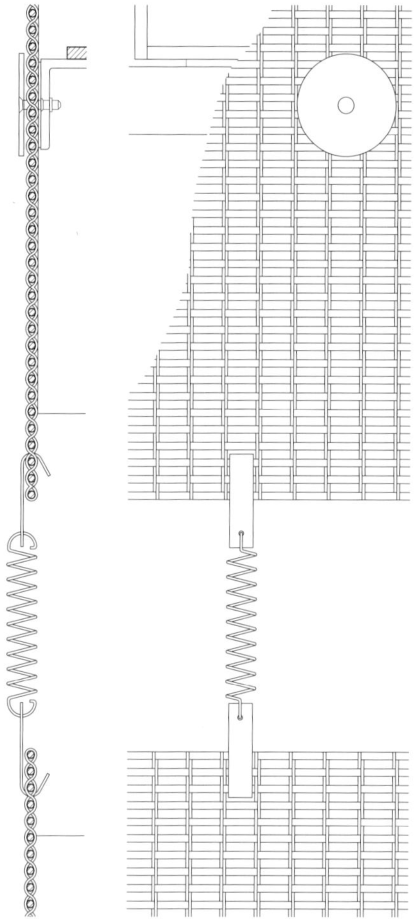

B 5.44

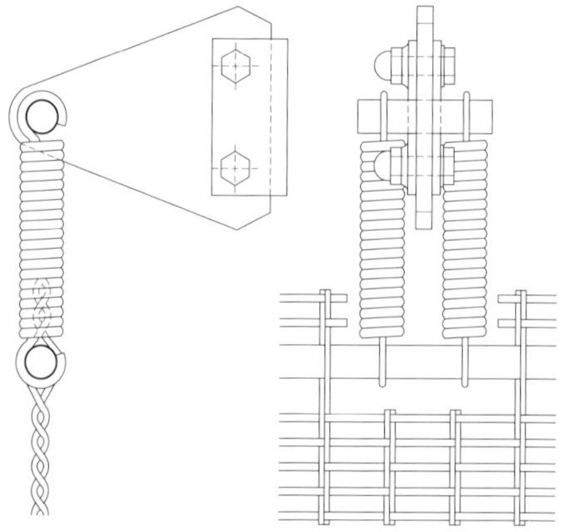

B 5.45

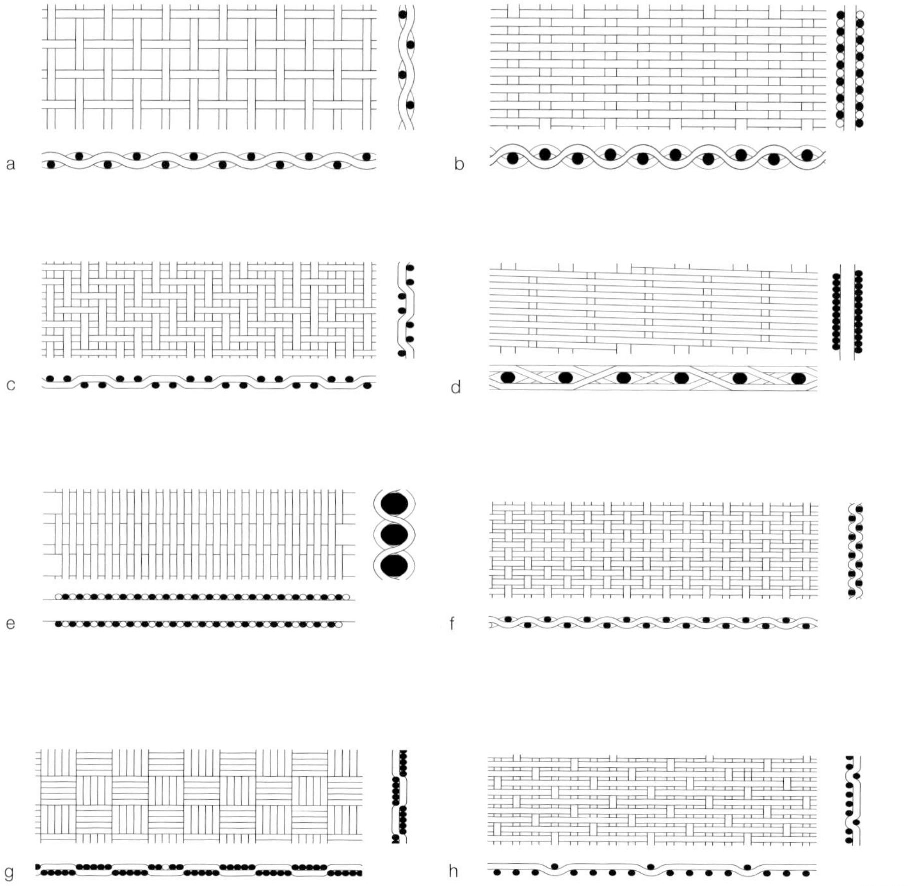

B 5.46

B 5.43 Parkhaus Flughafen Köln-Bonn (DE) 2000, Murphy/Jahn
B 5.44 Verbindung zweier Bahnen unter Spannung
B 5.45 Befestigungsbeispiel über Spannfedern (Vertikalschnitt und Ansicht eines oberen Aufhängepunktes)
B 5.46 Bindungsarten für Metallgewebe
a Leinwandbindung
b Tresse
c Köper
d Köpertresse
e Panzertresse
f Langmaschengewebe
g Fünfschaftköper
h Multiplex-Gewebe
B 5.47 Gelege aus Rundlitzenseil, Edelstahl, Presshülsen aus verzinntem Kupfer
B 5.48 Gestrick aus Runddraht, Edelstahl
B 5.49 Tresse (Kette und Schuss), Edelstahl
B 5.50 Leinwandbindung (Kette und Schuss), Edelstahl
B 5.51 Langmaschengewebe mit Doppeldrähten, Edelstahl
B 5.52 Leinwandbindung, Edelstahl
B 5.53 Leinwandbindung mit Litzen und Stangen, Edelstahl
B 5.54 Spiralgewebe aus Flachband und Rundstangen, Edelstahl

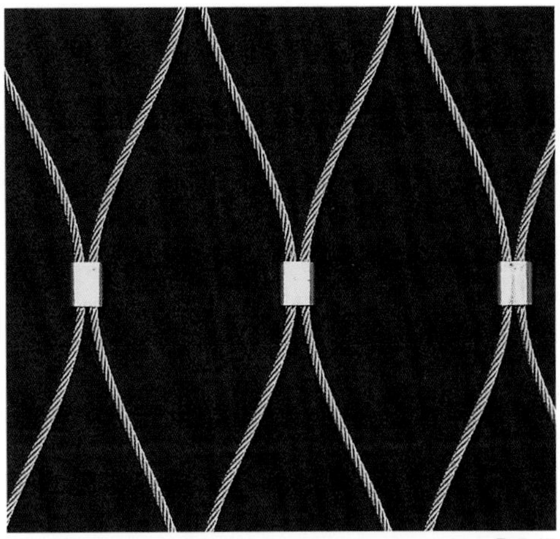
B 5.47

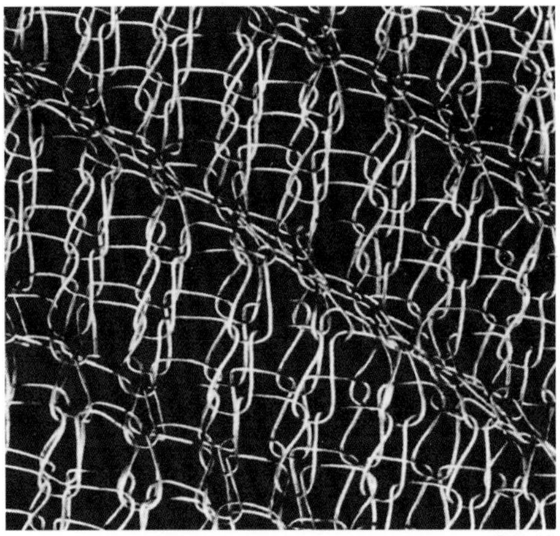
B 5.48

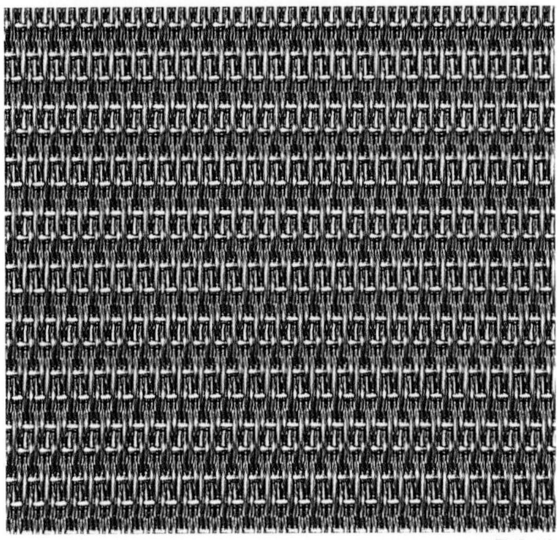
B 5.49

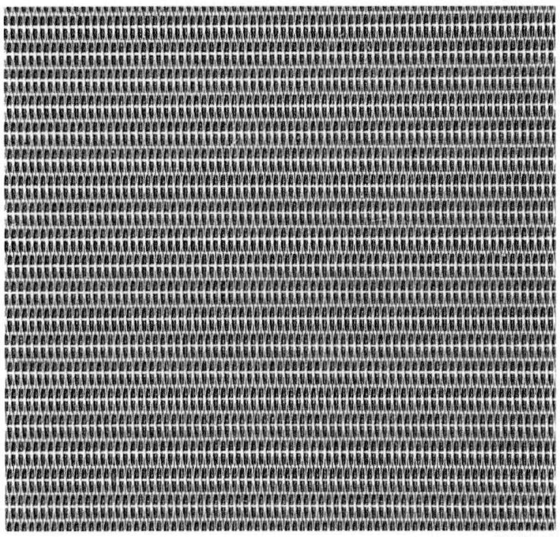
B 5.50

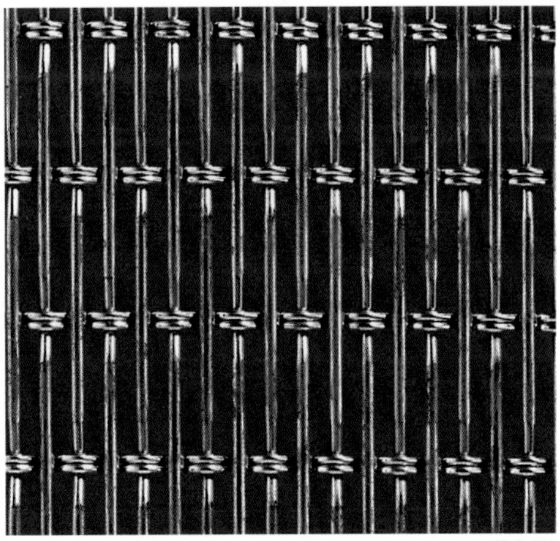
B 5.51

B 5.52

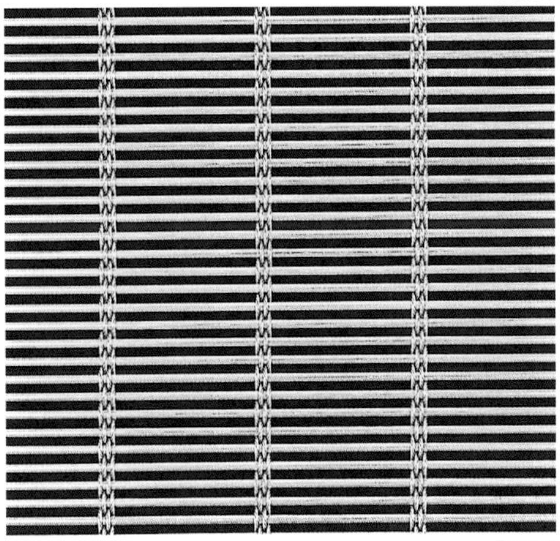
B 5.53

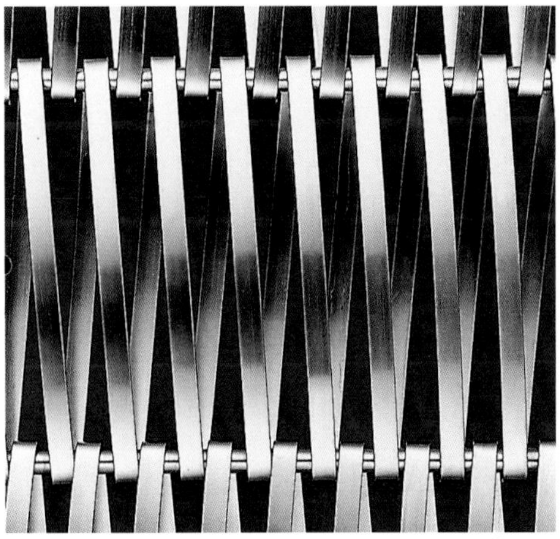
B 5.54

Halbleitermontagewerk

Wasserburg am Inn, DE 1968

Architekt:
Von Seidlein, München
Peter C. von Seidlein mit Horst Fischer
Bearbeitung Fassade:
Thomas Herzog

📖 db 01/2002
Grube, Oswald W.: Industriebauten international. Stuttgart 1971
Von Seidlein, Peter C.: Zehn Bauten 1957–97. Katalog zur Ausstellung, Architekturgalerie München, 1997

- durchgängiges Systemraster von 1,50 m
- Verwendung schwerer Walzprofile statt aufgelöster Systeme
- Einsatz eines gerichteten Systems mit der Konsequenz grundsätzlich verschiedener Stützenanschlüsse
- Stützen und Windverbände zwischen äußerer nicht gedämmter und innerer gedämmter Blechschale
- gekantete vertikale Aluminiumbleche, verdeckt befestigt
- Nebengebäude mit Kühlhaubenschlitzen in der Aluminiumfassade zur Durchlüftung

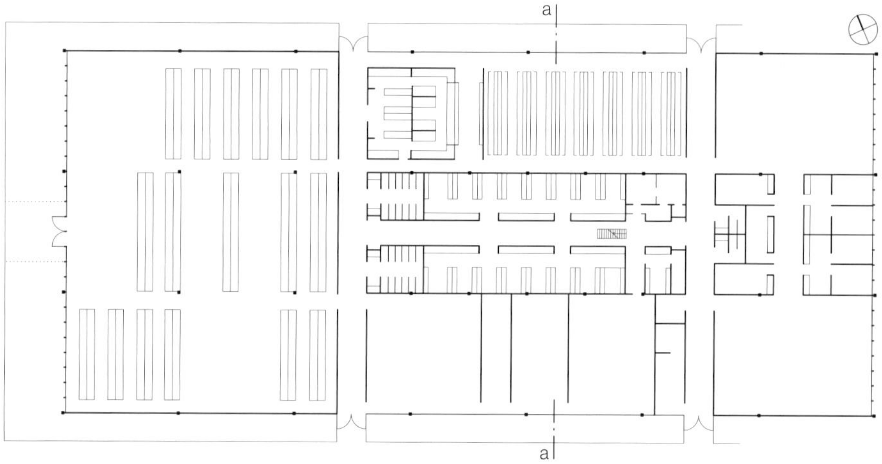

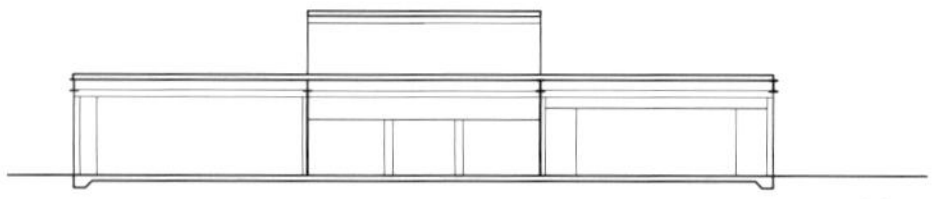

aa

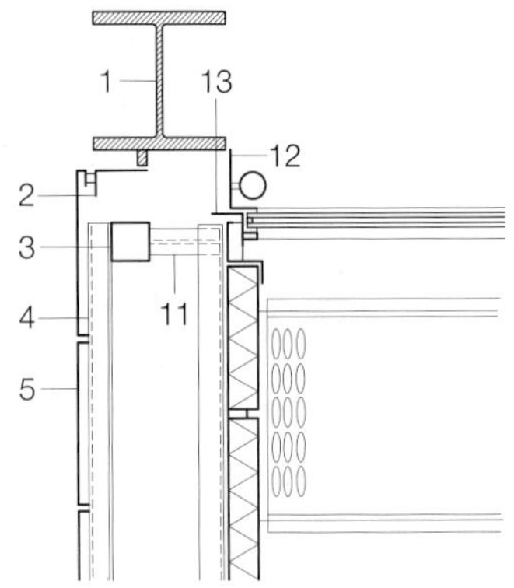

bb

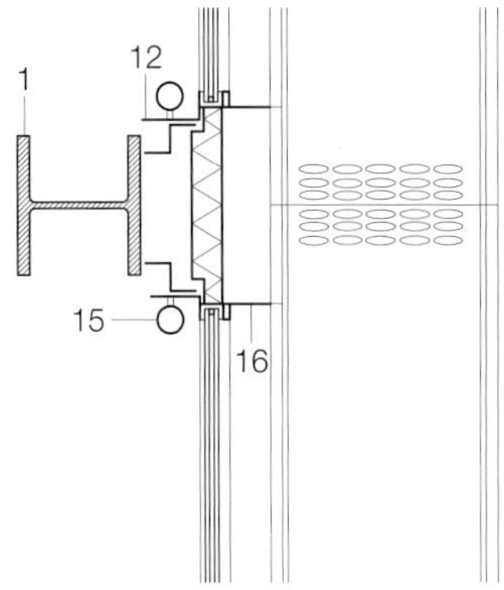

cc

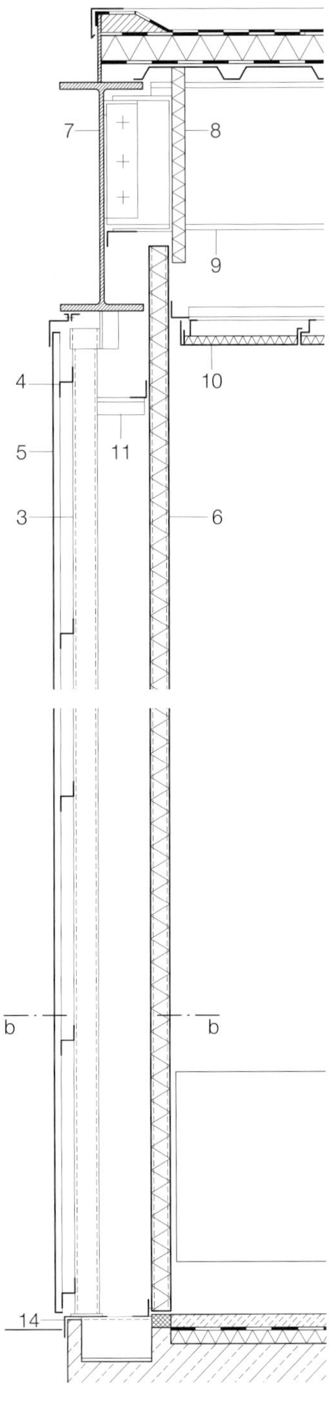

A

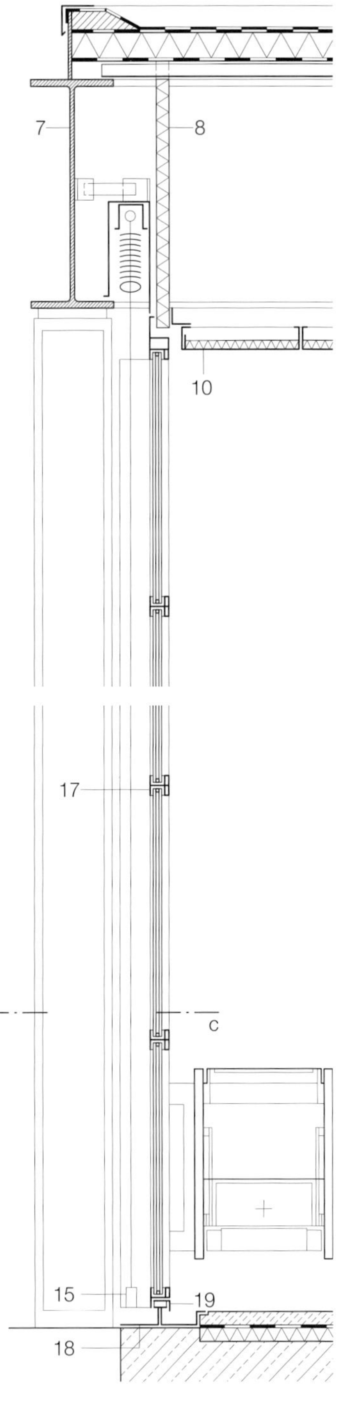

B

Schnitt • Grundriss Maßstab 1:750
Horizontalschnitte • Vertikalschnitte
Maßstab 1:20

A Längsfront geschlossene Fassadenbereiche
B Stirnseite mit Fensterpartien

1 Stütze Stahlprofil IPB 200
2 Stahlprofil ∟ 80/40/5 mm
3 Stahlrohr ⌀ 60/60/5 mm
4 Stahlprofil Z 30
5 Blechbekleidung Aluminium eloxiert 250 mm
6 Paneel wärmegedämmt 25/500 mm
7 Nebenträger Stahlprofil IPE 550
8 Dämmplatte
9 Stahlprofil IPE 360 mm
10 abgehängte Decke gedämmt
11 Stahlprofil T 50
12 Stahlprofil ∟ 100/50/5 mm
13 Stahlprofil ∟ 40/40/4 mm
14 Stahlprofil ∟ 100/50/5 mm
15 Spanntopf Jalousie Stahlrohr ∅ 30/2 mm
16 Flachstahl bzw. T-Profil zur Befestigung der Heizkörper
17 Anschluss Festverglasung T 50/50/5 mm
18 Stahlprofil ∟ 100/50/6 mm
19 Stahlprofil ∟ 40/20/5 mm

Höhere Technische Lehranstalt

Brugg-Windisch, CH 1966

Architekt:
Fritz Haller, Solothurn
Fassadenplanung:
Hans Diehl, Neuenhof Baden

Bauen + Wohnen 08/1968
Detail 01/1969
Wichmann Hans (Hrsg.): System Design Fritz Haller. Bauten – Möbel – Forschung. Basel 1989

- frühes Beispiel und Vorbild für perfekte maschinelle Blechumformung
- Fassadenelemente für diesen Bau neu entwickelt
- keine nennenswerten Alterungserscheinungen bedingt durch konstruktive Lösung und Einsatz von nicht rostendem Stahl
- einheitliches Detail des Vertikalstoßes der Fassadenteile durch Verwendung gerundeter Elemente

Grundriss Maßstab 1:1500
Vertikalschnitt • Horizontalschnitt
Maßstab 1:20
Details Maßstab 1:5

1 Dachrandblech
2 Geschossabschlussblech
3 geschlossenes Fassadenelement:
tiefgezogenes Edelstahlblech
Wärmedämmung
glattes Stahlblech
4 Jalousie
5 Isolierverglasung
6 Edelstahlsprosse horizontal
7 Stütze Stahlrohr ∅ 318 mm mit Brandschutzverkleidung
8 Kondenswasserablauf ∅ 8 mm
9 Klimagerät, Verkleidung gespritzt
10 Primärluftleitung
11 Deckenrandblech gespritzt
12 Stahlprofil L 70/70/6 mm
13 Edelstahlsprosse vertikal
14 Tragkonstruktion zur Aufhängung der Fassade
15 Glasfalzleiste Edelstahl
16 Abdeckprofil Edelstahl

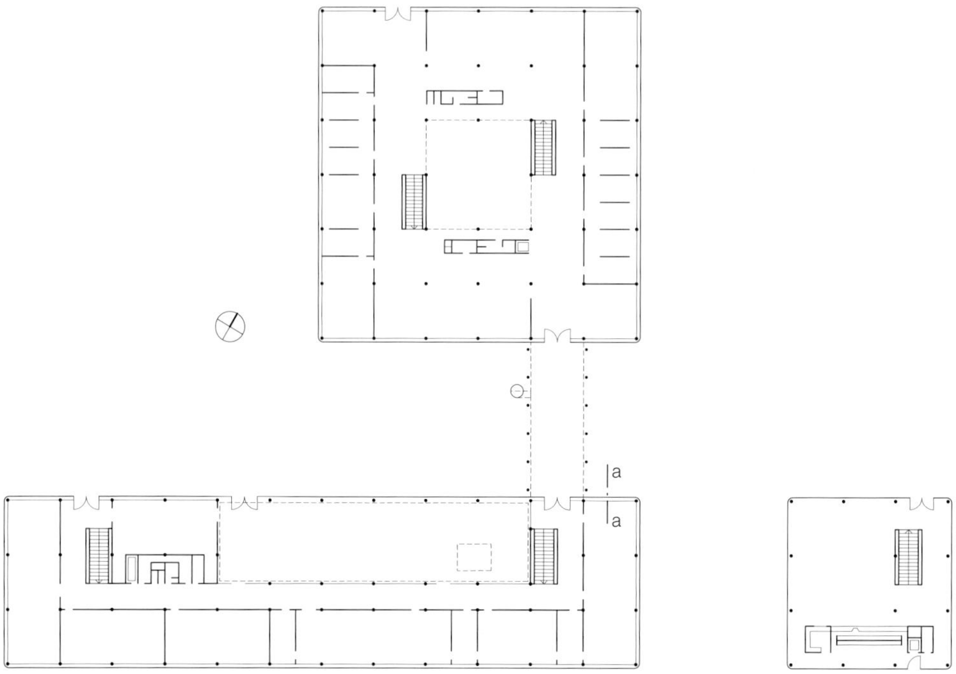

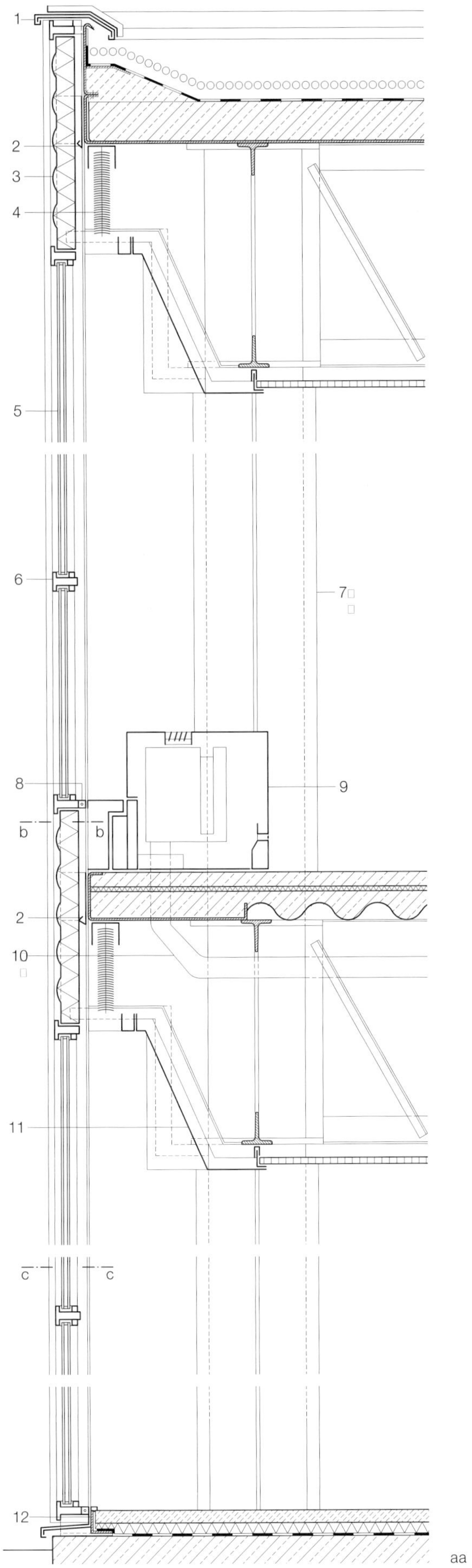

aa

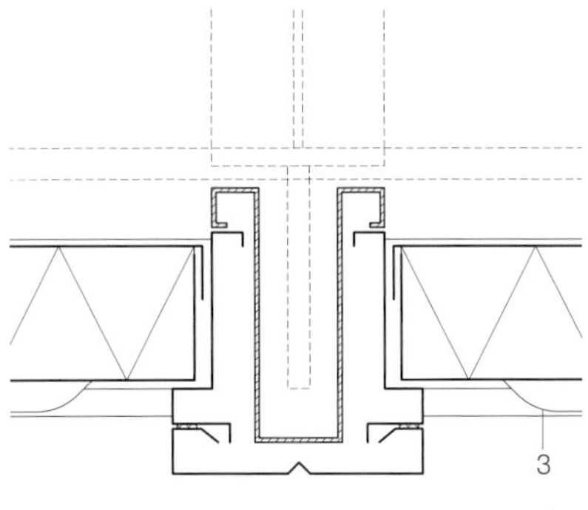

bb

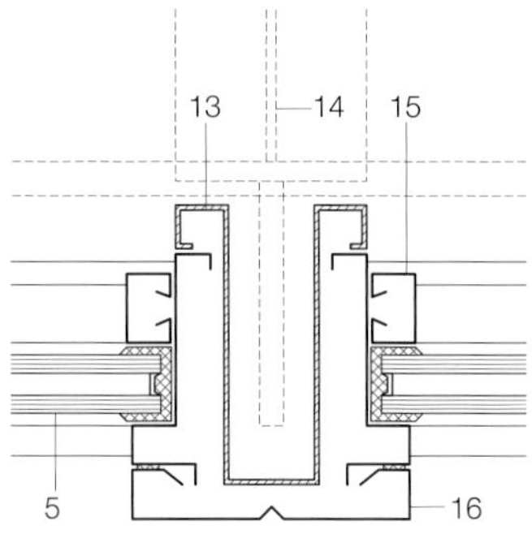

cc

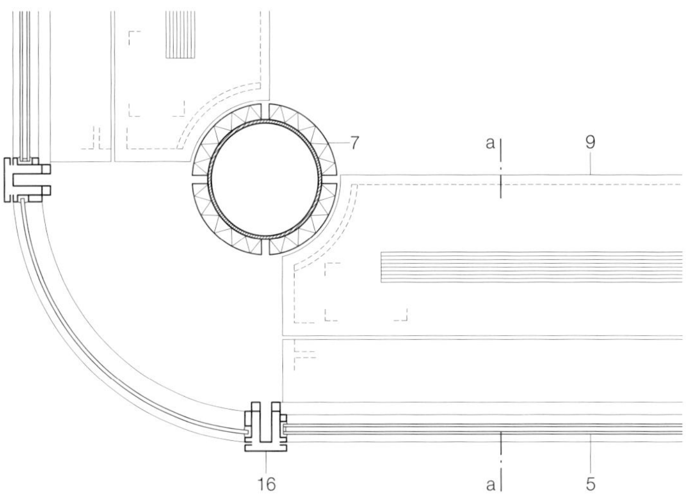

Sainsbury Centre for Visual Arts

Norwich, GB 1978

Architekten:
Norman Foster & Associates, London
Tragwerksplanung:
Anthony Hunt Associates, Cirencester

l'Architecture d'Aujourd'hui 09/1991
Foster, Norman: Foster Associates Buildings and Projects, Bd. 2. Hongkong 1989
Von Busse, Hans-Busso u. a.: Atlas Flache Dächer. Nutzbare Flächen. München/Basel 1992

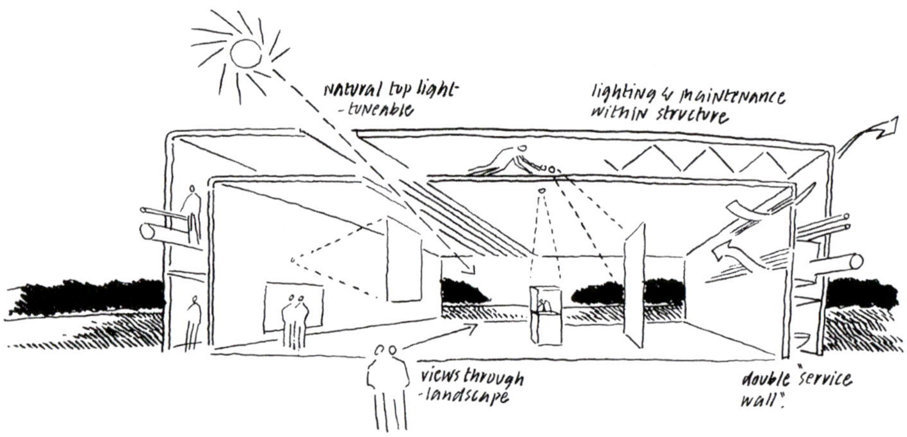

- Ausstellungsflächen, Restaurant, Büros und Gemeinschaftsräume in einem großen neutralen Raum
- Dach und Fassade mit analogen Elementen ausgeführt
- Aufnahme von Versorgungseinrichtungen (Haustechnik, Sanitäranlagen) im 2,40 m tiefen, durchlaufenden Seitenbereich

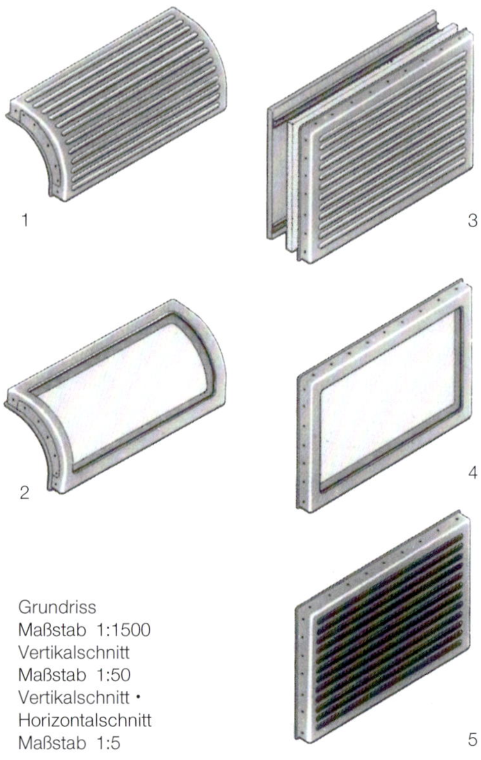

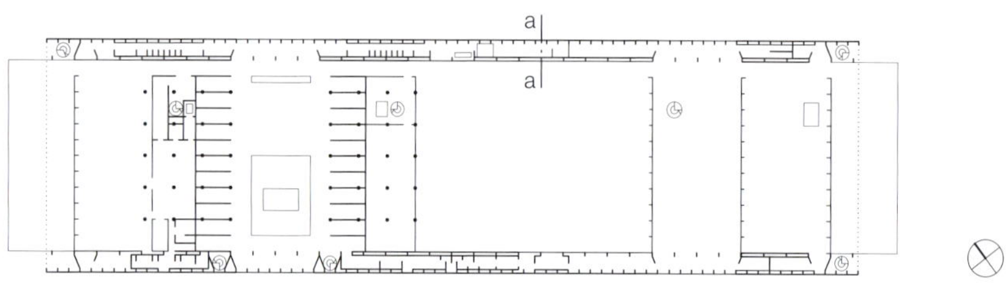

Grundriss
Maßstab 1:1500
Vertikalschnitt
Maßstab 1:50
Vertikalschnitt • Horizontalschnitt
Maßstab 1:5

1 geschlossenes Dachrandpaneel
2 verglastes Dachrandpaneel
3 geschlossenes Paneel: gerripptes Aluminiumblech Wärmedämmung 75 mm glattes Aluminiumblech
4 verglastes Paneel: Verbundglas getönt mit UV-Filter
5 Paneel mit Lüftungslamellen
6 Stahlrohr, Aussteifung über Diagonalverbände ∅ 120 mm
7 Flachstahl ⏥ 180/45/12,5 mm verschweißt mit 6 und 8
8 Flachstahl ⏥ 180/100/3 mm
9 Unterkonstruktion Aluminiumprofil
10 Abdichtung EPDM
11 Schraubverbindung
12 Stahlprofil ⊔ 50

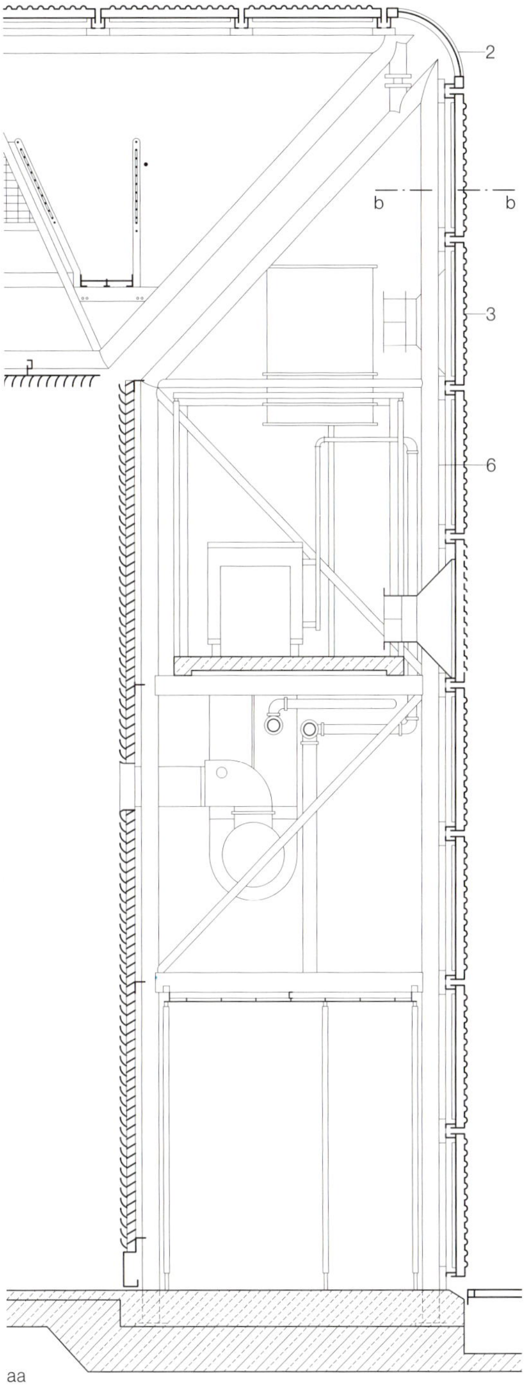
2
b
b
3
6
aa

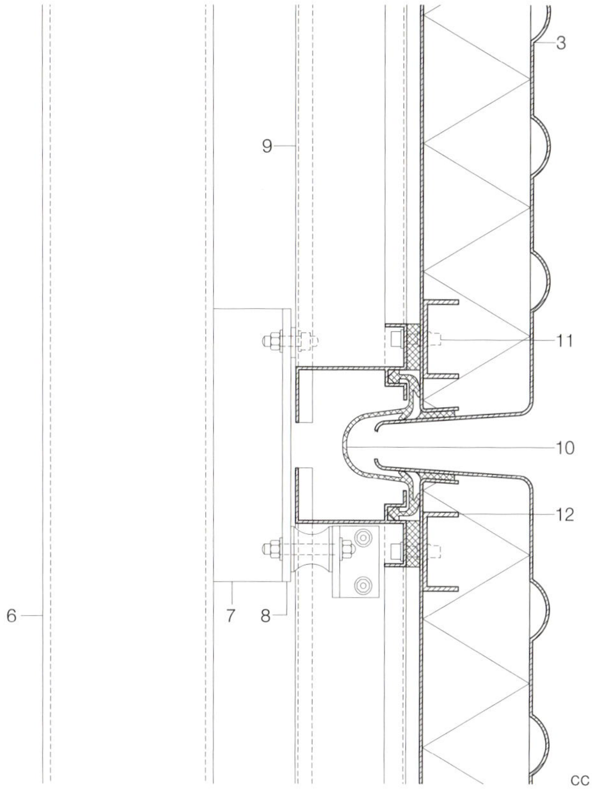
3
9
11
10
12
6
7
8
cc

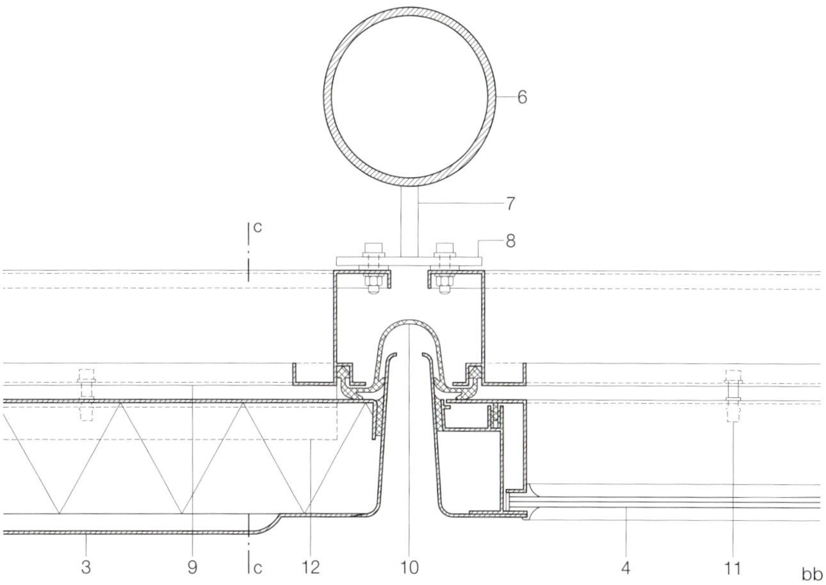
6
7
8
c
3
9
c
12
10
4
11
bb

Kunstmuseum

Ahrenshoop, DE 2013

Architekten:
Staab Architekten, Berlin
Tragwerksplanung:
ifb frohloff staffa kühl ecker, Berlin

Architektur Aktuell 11/2013
Bauwelt 37/2013; 40–41/2015
db 12/2013
Detail 11/2004

- Museum für Gemälde, Grafiken und Skulpturen der lokalen Künstlerkolonie Ahrenshoop
- Gestaltung des Museums in Anlehnung an die lokale Bautradition
- Fassaden- und Dachbekleidung aus unregelmäßig gekanntetem Messingblech
- Belichtung der Innenräume über Oberlichter

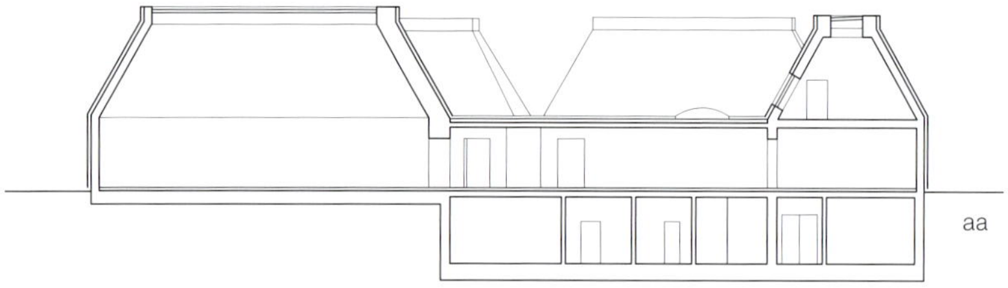

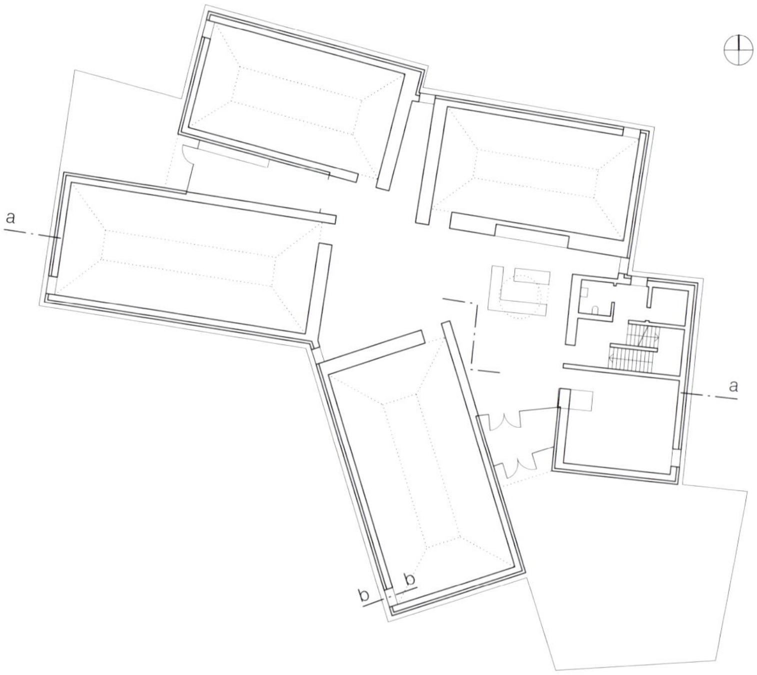

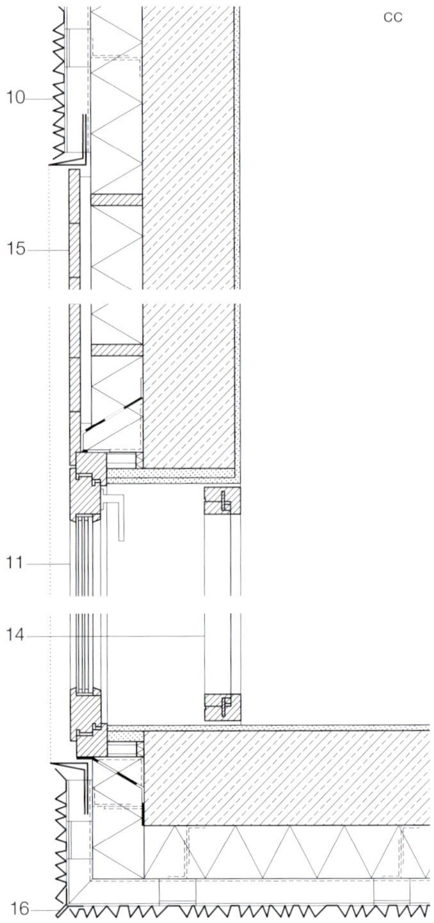

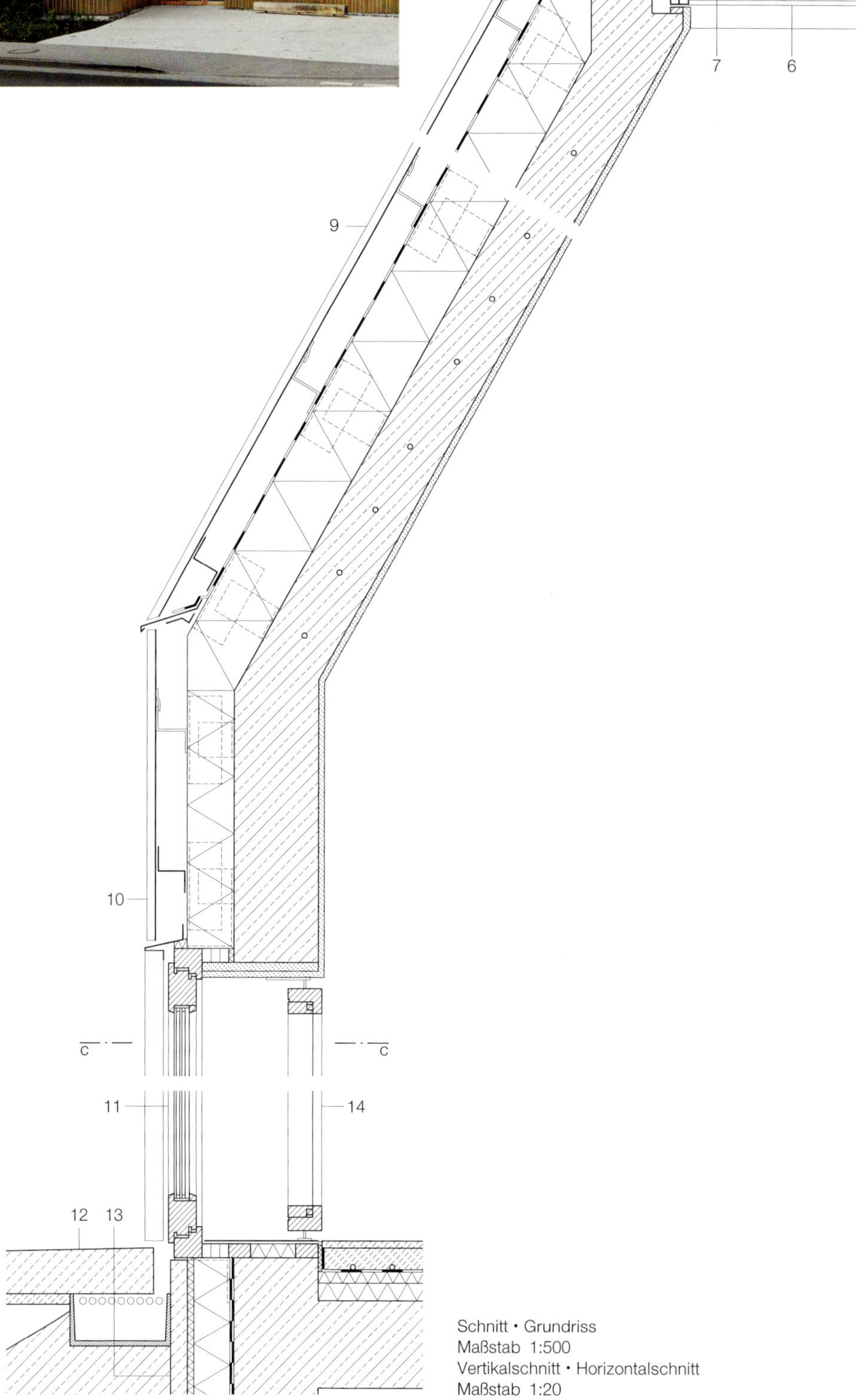

1 Wartungssteg Stahlblech verzinkt
2 Dreifach-Isolierverglasung ESG 8 + SZR 20 (mit Prismen) + ESG 6 mm + SZR 16 + VSG 20 mm, unterste Scheibe satiniert
3 Stahlprofil T, verschweißt aus Flachstahl, lackiert ⊤ 60/15 mm und ⊤ 85/15 mm
4 Blendschutz seilgeführt
5 Stahlblech lackiert 5 mm, gekantet
6 Stromschiene für Objektstrahler
7 Leuchtstofflampe
8 Messingblech unbehandelt 0,7 mm, gekantet
9 Dachaufbau:
Messingblech unbehandelt 0,7 mm, gekantet
Hinterlüftung 85 mm / Unterkonstruktion
Aluminiumblech gekantet
Unterspannbahn
Wärmedämmung Mineralwolle 200 mm
Stahlbeton mit Bauteilaktivierung 200 mm
Unterputz 15 mm
Feinspachtel 3 mm
10 Fassadenaufbau:
Messingblech unbehandelt 0,7 mm, gekantet
Hinterlüftung 85 mm / Unterkonstruktion
Aluminiumblech gekantet
Wärmedämmung Mineralwolle 140 mm
Stahlbetonwand 250 mm
Unterputz 15 mm
Feinspachtel 3 mm
11 Holzrahmentür Eiche geölt mit Dreifach-Isolierverglasung ESG 6 + SZR 12 + ESG 6 + SZR 12 + VSG 18 mm
12 Austritt Ortbeton mit Weißzementzuschlag
13 Betonwerkstein 50 mm
Dränagematte 20 mm
Wärmedämmung EPS 120 mm
Abdichtung Bitumen zweilagig
Stahlbeton 250 mm
14 Holzrahmentür bespannt mit Schleiernessel
15 Bohlen Eiche geölt 28/135 mm, stumpf gestoßen
Hinterlüftung / Lattung 28 mm
Holzständer, dazwischen
Wärmedämmung Mineralwolle 140 mm
Stahlbetonwand 250 mm
Unterputz 15 mm,
Feinspachtel 3 mm
16 Eckblech Messing unbehandelt 0,7 mm, mehrfach gekantet

Schnitt • Grundriss
Maßstab 1:500
Vertikalschnitt • Horizontalschnitt
Maßstab 1:20

Wohnhaus

Sottrum-Fährhof, DE 1995

Architekten:
Schulitz + Partner, Braunschweig

Bauzeitung 04/2001
DBZ 12/1997
Schulitz, Helmut C. u. a.: Stahlbau Atlas. München/Basel 1999

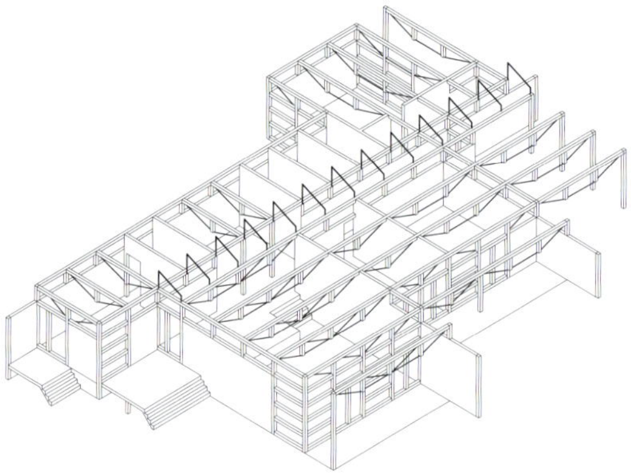

- streng gerasterter Stahlskelett-Systembau
- Außenwand als Pfosten-Riegel-Konstruktion
- Systemraster 1,80 × 1,80 m

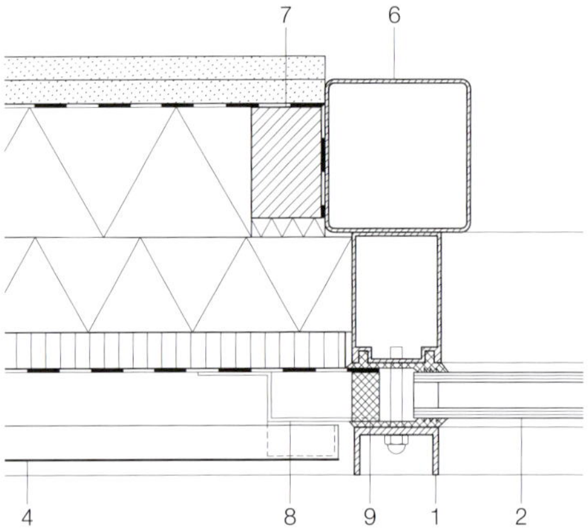

1 Anpressprofil Leichtmetall 45/26 mm
2 Isolierverglasung 24 mm
3 Pfosten-Riegel-Konstruktion BSH
4 Wellblech Leichtmetall 18/76 mm
Lattung/Hinterlüftung 45 mm
Wind- und Regendichtung
Spanplatte 19 mm
Lattung, dazwischen Mineralfaserdämmung 50 mm
Mineralfaserdämmung 70 mm
Dampfsperre
Gipskarton 2× 12,5 mm
5 Stahlrohr ▭ 50/100/2,9 mm
6 Stahlrohr ◻ 80/80/2,9 mm
7 Kantholz
8 Stahlblech gekantet als Abstandshalter für Hinterlüftung
9 Dichtung EPDM

Isometrie ohne Maßstab
Horizontalschnitt Oberlichtbereich
Maßstab 1:5
Vertikalschnitt • Horizontalschnitt
Maßstab 1:20

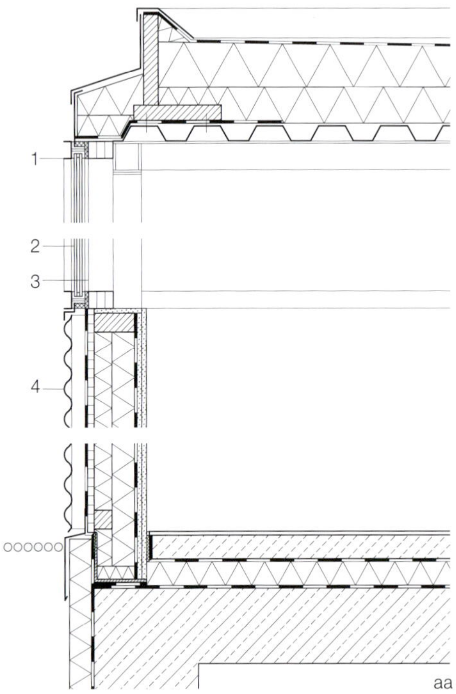

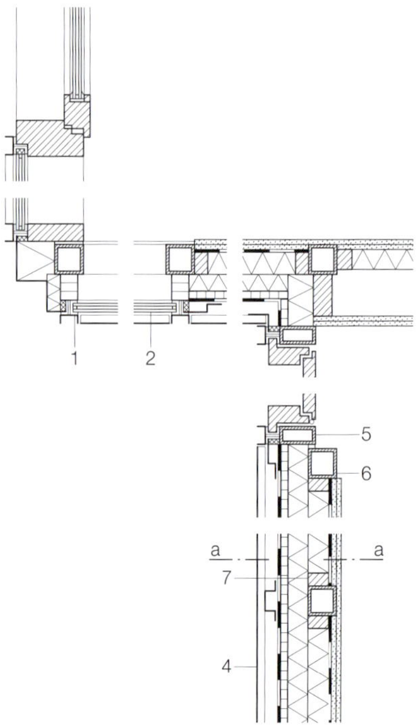

Verwaltungsgebäude

Dornbirn, AT 2012

Architekten:
Hermann Kaufmann Architekten, Schwarzach
Tragwerksplanung:
Merz Kley Partner, Dornbirn

DBZ 12/2012
Detail 12/2012
Wettbewerbe 306/2012

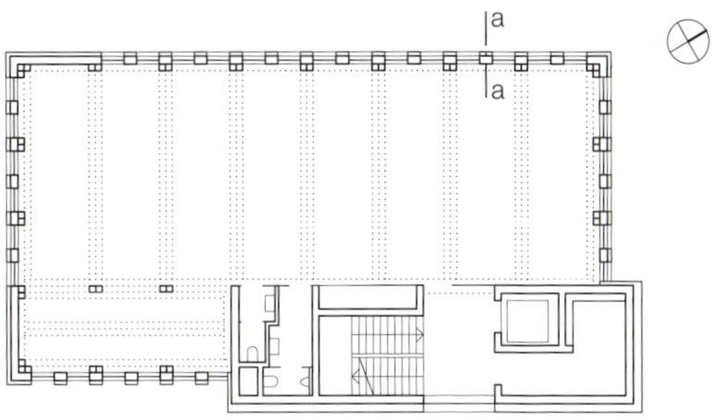

- achtgeschossiger, 26 m hoher Prototyp für den Einsatz von Holz in Systembauweise im Hochhausbau
- vorgefertigte Holz-Fassadenelemente mit außenseitiger Aluminiumbekleidung
- Geschossdecken als Holz-Stahlbeton-Verbundelemente
- Treppenhauskern in Ortbeton

1 Kies 50 mm, Vlies, Abdichtung Kunststoffbahn
Gefälledämmung 500–580 mm
Bitumenbahn
2 Holz-Beton-Hybriddecke
Fertigteil 2,70/8,10 m:
Druckgurt Stahlbetonplatte 80 mm
Unterzug
Brettschichtholz 240/280 mm
Hohlraum für Installation, Deckenpaneel
Stahlblech perforiert 2 mm mit Heiz-/Kühlrohren
3 Wärmeschutzverglasung ESG 4 + SZR 18 + ESG 4 + SZR 18 + ESG 4 mm in Holz-Aluminium-Rahmen
4 Sonnenschutz Raffstore Aluminium
5 Befestigung Deckenelement auf Stütze:
Bolzen Stahl ∅ 40 mm
Fuge vergossen mit Beton
6 Fassadenelement vorgefertigt 10,80/3,30 m:
Aluminiumblech gebürstet 3 mm
Unterkonstruktion/Hinterlüftung 86 mm
Spanplatte zementgebunden 18 mm
Wärmedämmung Mineralwolle 320 mm
OSB-Platte 18 mm, Dampfsperre
Vorsatzschale 33 mm, Gipskartonplatte 15 mm
bzw. Stütze Brettschichtholz
Fichte 2× 240/240 mm

Grundriss Obergeschoss
Maßstab 1:400
Horizontalschnitt • Vertikalschnitt
Maßstab 1:20

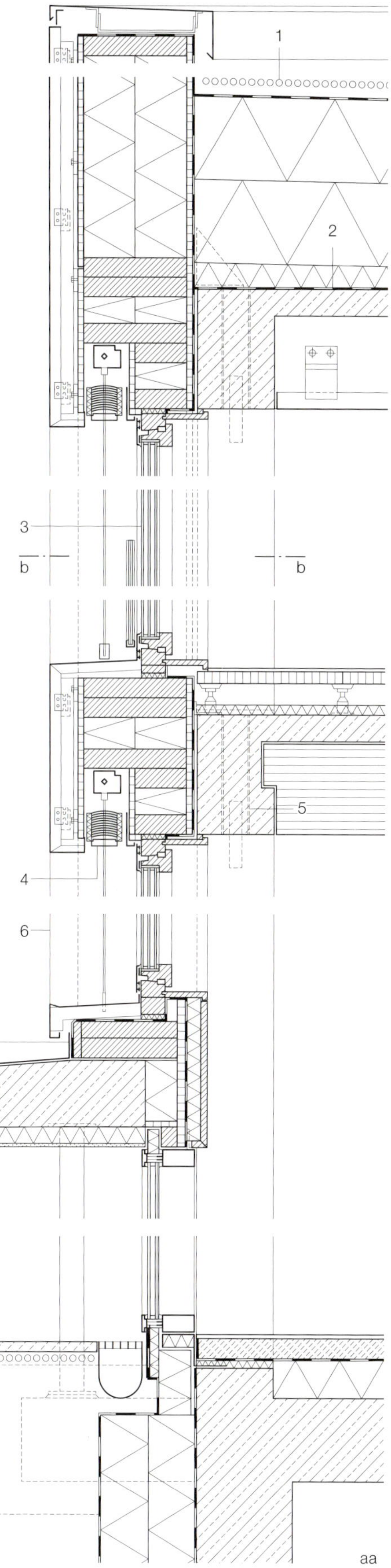

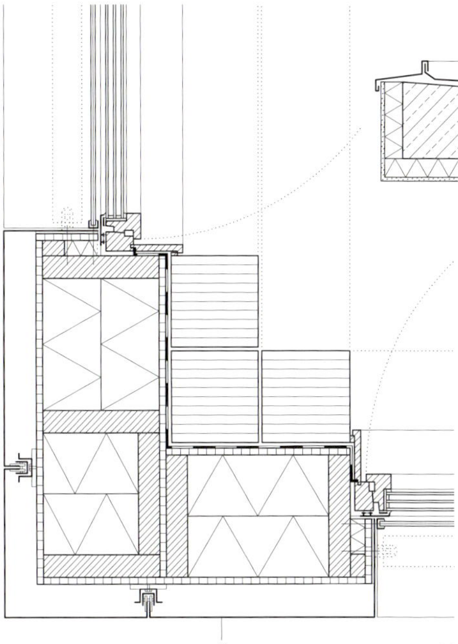

Pavillon

Amsterdam, NL 2000

Architekten:
Steven Holl, New York
Rappange & Partners, Amsterdam

🕮 Architectural Record 10/2000
Baumeister 09/2000
DBZ Sonderheft Büro + Architektur, 2001
domus 830, 2000
Schittich, Christian (Hrsg.): Gebäudehüllen. 2. Aufl., München / Basel 2006

- Verwendung von perforiertem Kupferblech innen und außen
- Permeabilität in differenzierten Abstufungen durch Überlagerung dreier Schichten mit Aussparungen
- Fassade mit großer Tiefe von ca. 120 cm
- großer Tag / Nachtkontrast
- partieller Einsatz von fluoreszierender Farbe auf der Wandinnenseite mit indirekter Lichtführung

1 Stahlprofil T 60/60/5 mm
2 Flachstahl ▭ 100/6 mm
3 patiniertes Kupferblech, perforiert, Elementgröße 1000/2100/4 mm, Befestigung über Edelstahlschrauben auf pulverbeschichteter Unterkonstruktion
Glasfaserplatte mit Kunstharzanstrich
Wärmedämmung, Hartschaumplatte 80 mm
Kalksandstein 150 mm
Holzprofil 60/55 mm
Stahlprofil ⊔ 120
MDF-Platte, perforiert 16 mm, mit Birkenfurnier
4 Isolierverglasung, transparent
5 Isolierverglasung, transluzent
6 Beleuchtung

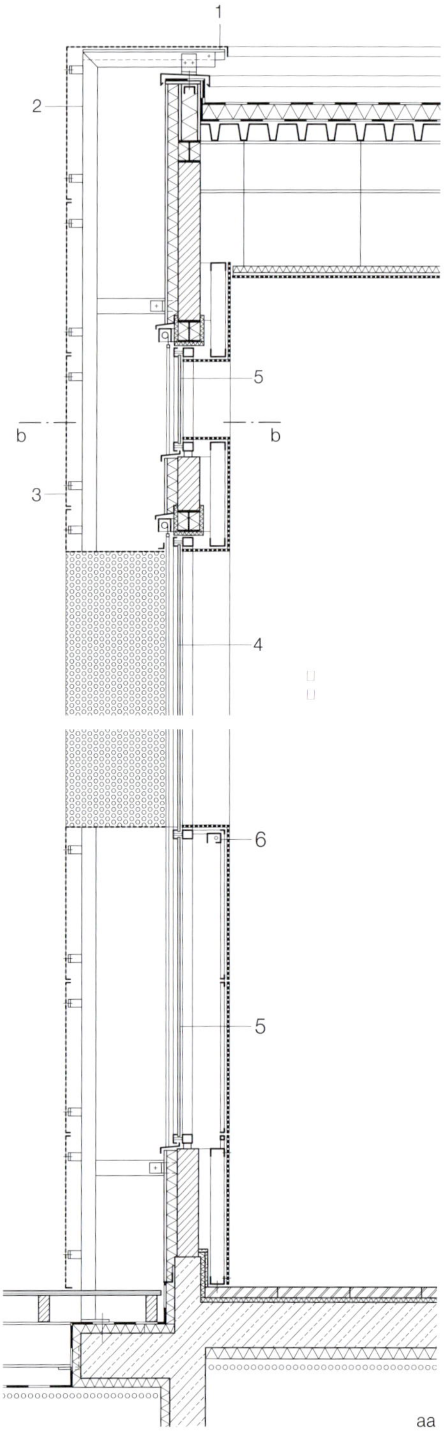

aa

Grundriss Maßstab 1:750
Vertikalschnitt Maßstab 1:50
Horizontalschnitt Maßstab 1:20

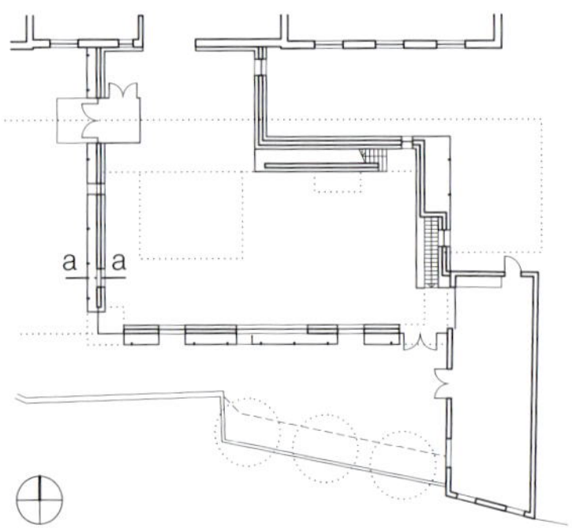

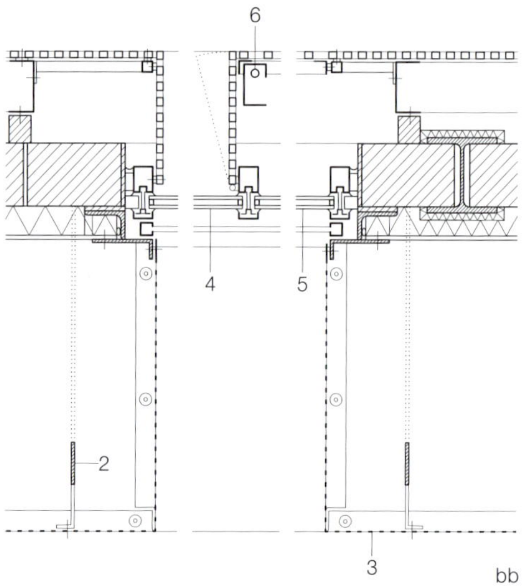

bb

Nordische Botschaften

Berlin, DE 1999

Architekten:
Berger + Parkkinen, Wien
Pysall Ruge, Berlin
Tragwerksplanung:
IGH, Berlin
Fassadentechnik (Kupferband):
DEWI, Wien

AIT 12/1999
A+U 384, 2002
domus 07–08/2000
l'Architecture d'Aujourd'hui 07–08/2000

- permeable autonome Wand aus Kupferlamellen in verschiedenen Stellungen als verbindender »Vorhang« für die sechs Botschaftsgebäude der nordischen Länder
- Bezüge zu den dahinterliegenden Gebäuden durch Differenzierung der Öffnungen
- Regelung von Licht, Luft und Blickbeziehungen durch den Öffnungsgrad der Lamellen
- Gesamtlänge des Kupferbands 226 m
- Gesamtanzahl der Kupferlamellen 3926 Stück

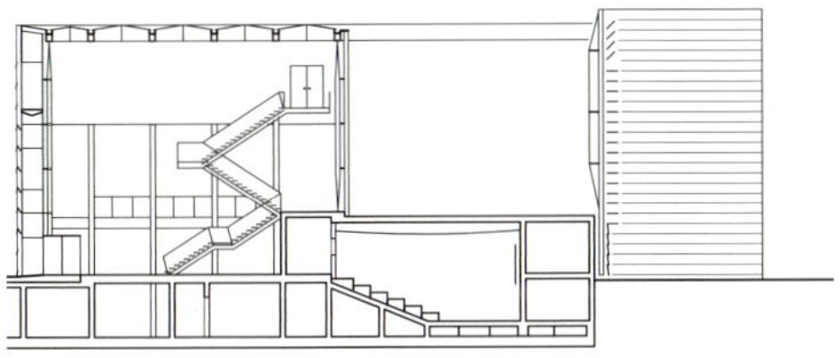

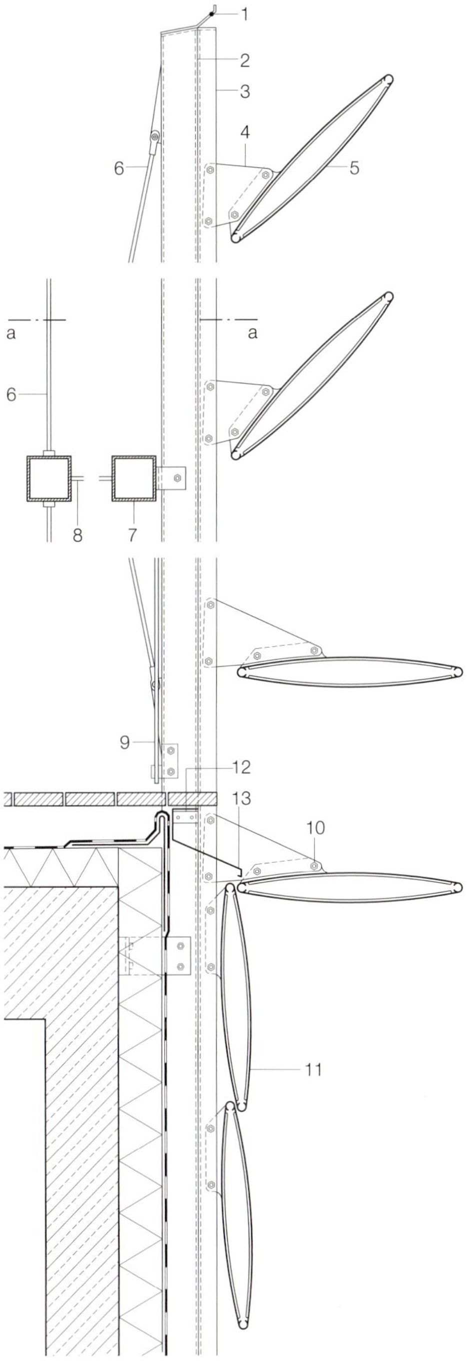

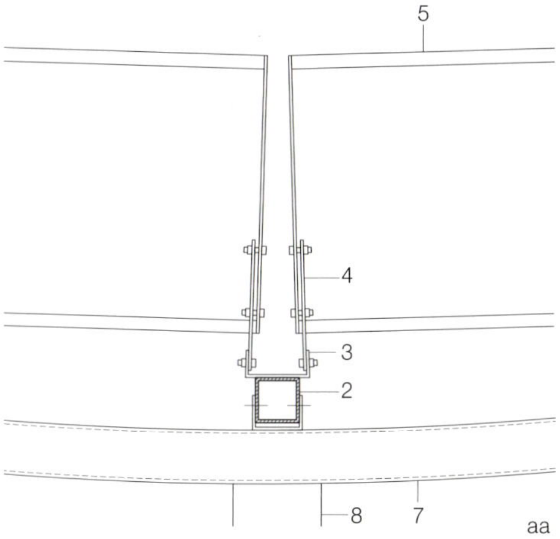

Teilschnitt Maßstab 1:750
Vertikalschnitt Fassade
Horizontalschnitt Lamellen
Maßstab 1:20

1 Taubenschutzdraht
2 Edelstahlrohr ⌀ 100 mm
3 Edelstahlprofil ⊔ 120/50/3 mm
4 Edelstahlblech 4 mm
5 Lamelle Kupferblech, vorpatiniert
6 Abspannseil Edelstahl
7 Edelstahlrohr geschliffen ⌀ 120/120 mm, über Edelstahlprofil ⊔ an 2 geschraubt
8 Stegblech Edelstahl geschliffen 10 mm
9 im unteren Fassadenbereich Windschutz durch punktgehaltene Verglasung
10 Befestigung über Edelstahlschrauben, einseitig mit Gleithülsen
11 Lamelle Kupferblech, vorpatiniert
Luftraum 100 mm
Abdichtung
Wärmedämmung Mineralwolle 120 mm, kaschiert mit schwarzem Vlies
Stahlbeton 200 mm
12 L-Profil Edelstahl
13 Kupferblech

Museum Kalkriese

Bramsche, DE 2002

Architekten:
Gigon & Guyer, Zürich
mit Volker Mencke

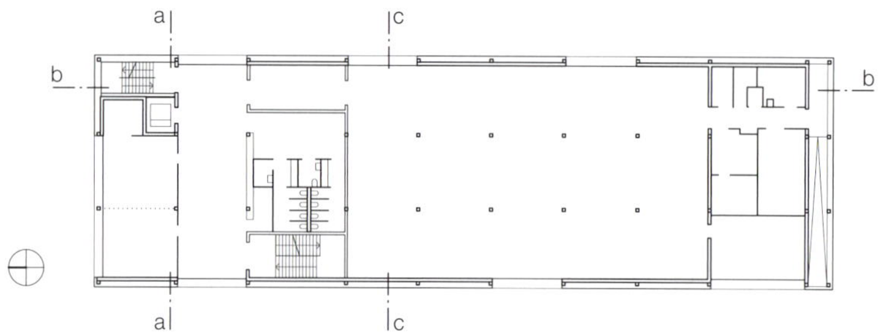

📖 Architecture 09/2002
A+U 10/2000
Casabella 706–707, 2002/2003
DBZ 06/2002
Detail 01–02/2003
El Croquis 102, 2000

- Standort auf dem mutmaßlichen Gelände der »Schlacht im Teutoburger Wald«, 9 n. Chr.
- durchgängige Verwendung von wetterfestem Stahl, auch für die Gestaltung des zugehörigen Landschaftsparks
- Wahl des patinierenden Materials zur Versinnbildlichung von ablaufender Zeit

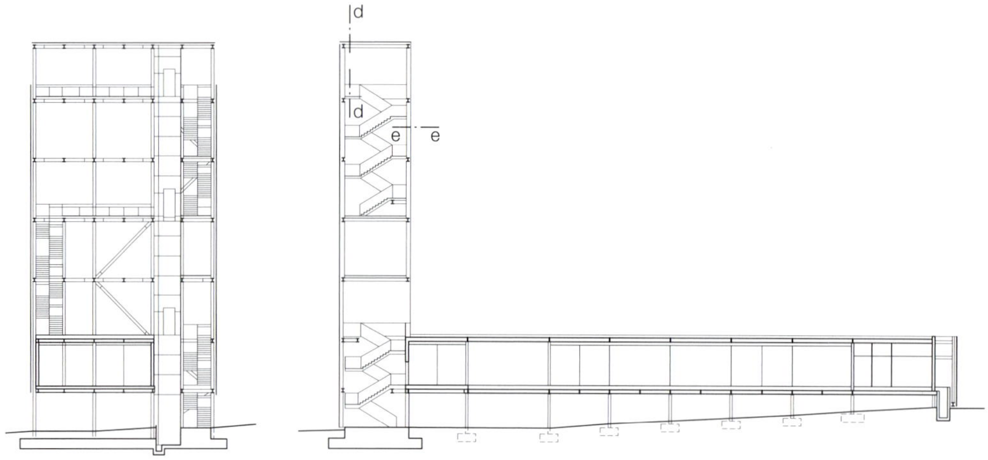

aa bb

Grundriss • Schnitte Maßstab 1:750
Vertikalschnitt Fassade Maßstab 1:20
Vertikalschnitt • Horizontalschnitt
Treppenturm Maßstab 1:20

1 Entlüftung Lochblech
2 Stahlprofil IPE 300
3 Tragstruktur Stahlprofil HEB 300
4 Festverglasung ESG 15 mm
Rahmen Stahlprofil ∟ 90/60/8 mm
und Flachstahl ▭ 90/5 mm
5 Isolierverglasung VSG 2× 5 + SZR
+ Floatglas 8 mm, Rahmen
Stahlprofil 65 mm, mit ausgeschäumten Stahlblechen verschweißt
6 Fassadenplatte wetterfestes
Stahlblech ▭ 5900/3100/15 mm,
Oberfläche gestrahlt,
horizontale Kanten 10° abgefast,
Fugen 20 mm
Mineralfaserdämmung 100 mm
Dampfbremse
Porenbetonfertigteil 175 mm
Stahlblech warmgewalzt oder
gebeizt (je nach Gebäudebereich),
transparent lackiert
▭ 400/120/3 mm, Fugen 4 mm,
Wandabstand 100 mm
7 Handlauf Stahlrohr Ø 37 mm
8 Podestelemente Stahlblech 10 mm
9 Fassadenplatte wetterfestes Stahlblech 15 mm, Oberfläche gestrahlt
10 Horizontalhalterung Stahlwinkel
6 Stück je Platte, Verbindung zu Tragstruktur und Fassadenplatten über
aufgeschweißte Gewindebolzen
11 Vertikalhalterung mit 2 Stellschrauben
je Platte

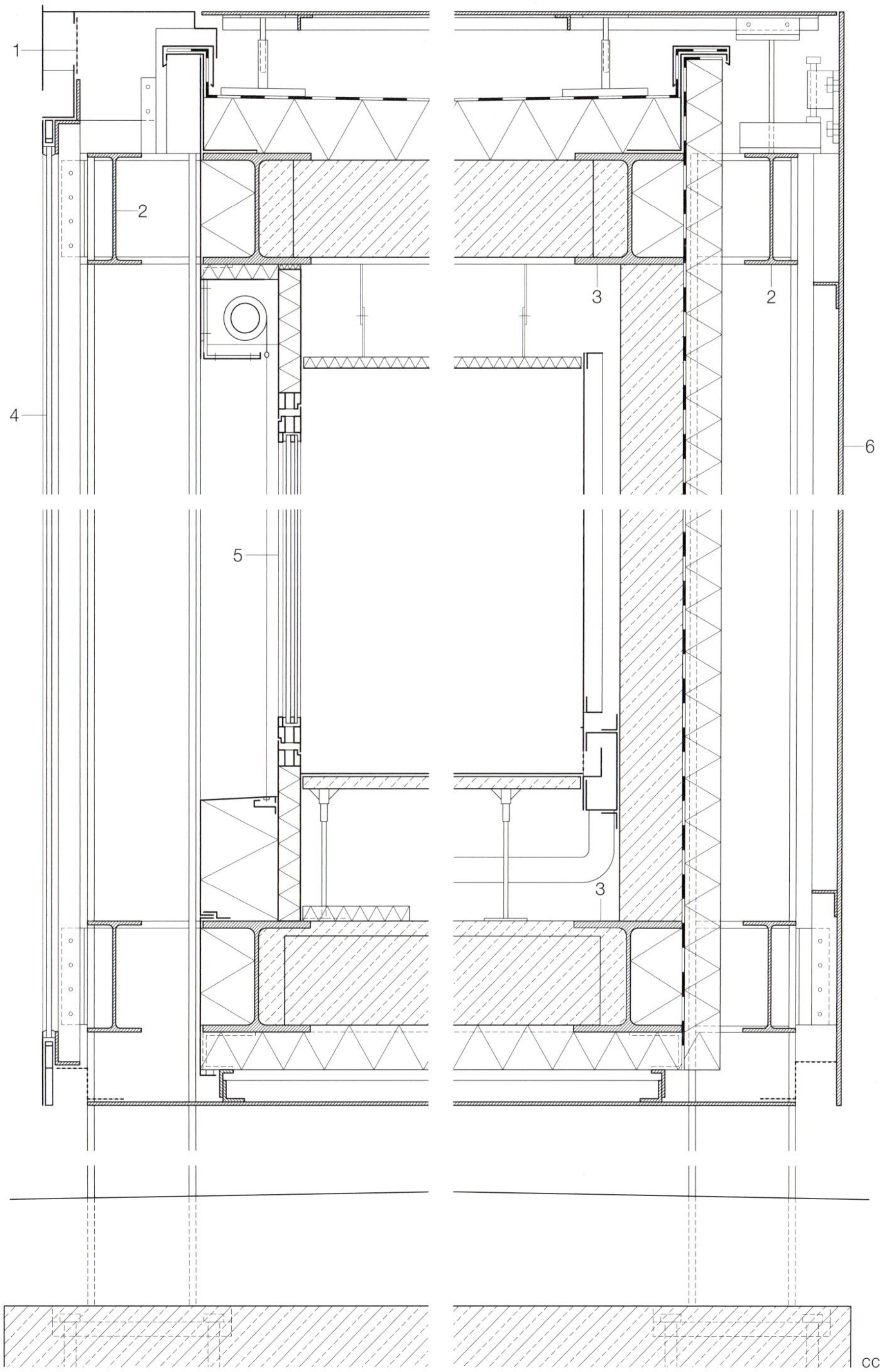

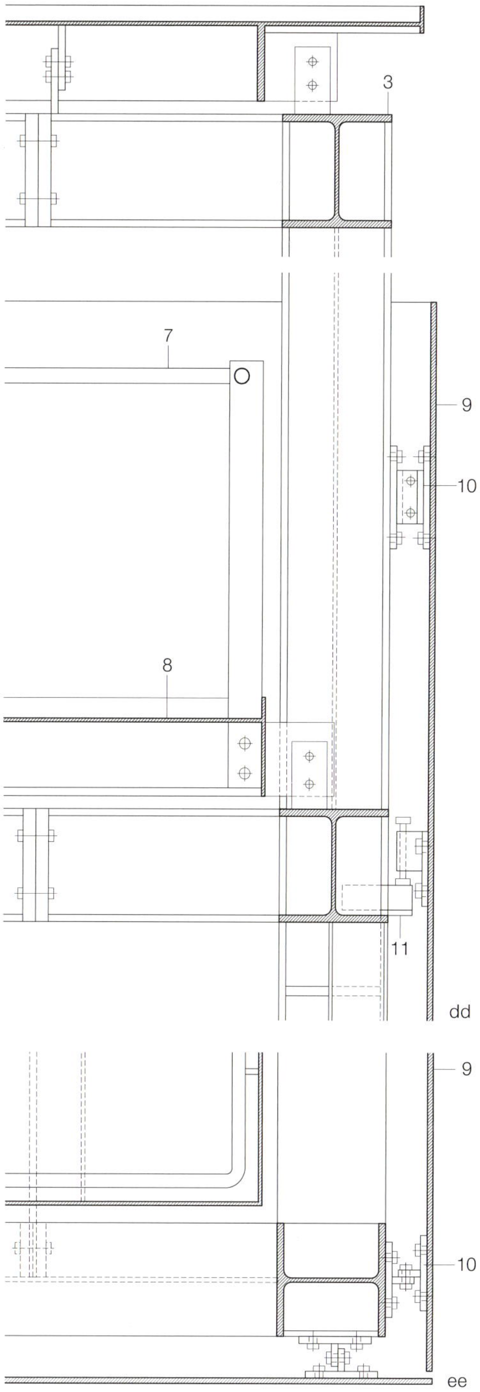

Museum of Contemporary Art

Chicago, US 1996

Architekt:
Josef Paul Kleihues, Berlin / Dülmen
Kontaktarchitekt:
A. Epstein and Sons, Chicago

Architectural Record 08/1996
DBZ 03/1997
Mesecke, Andrea; Scheer, Thorsten (Hrsg.): Museum of Contemporary Art Chicago. Josef Paul Kleihues. Berlin 1996

- Quadrat als entwurfsbestimmende Proportionsgrundlage; in der Fassade in Bandraster integriert
- Fassade aus leicht pyramidenförmigen, eisenspangestrahlten Gussaluminiumplatten, vorgehängt mittels Edelstahlbolzen
- unregelmäßige Schattierung (Patinierung) der Fassade durch Korrosion von kleinen Eisenpartikeln, die nach dem Strahlvorgang in der weichen Aluminiumoberfläche verblieben sind

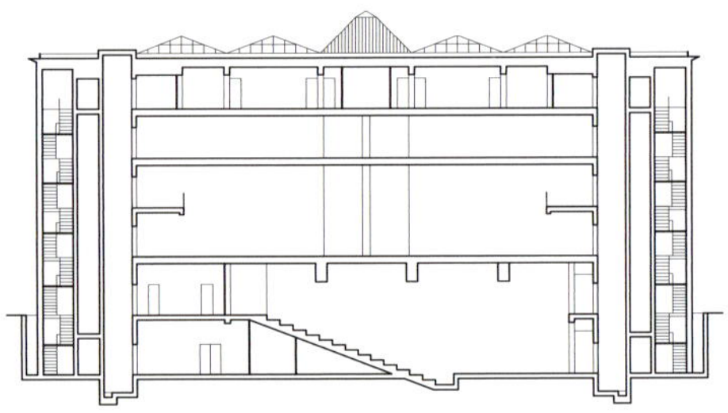

aa

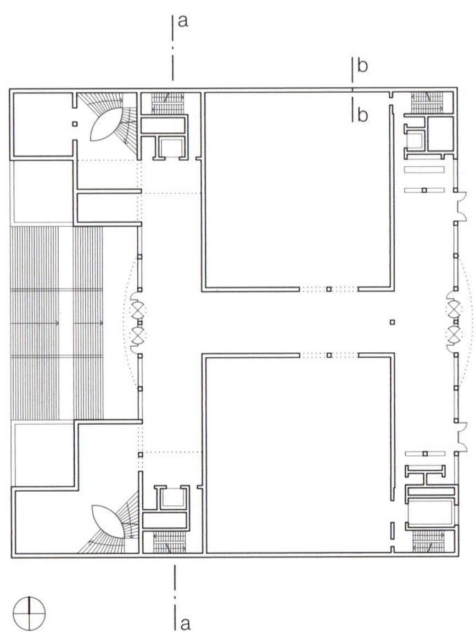

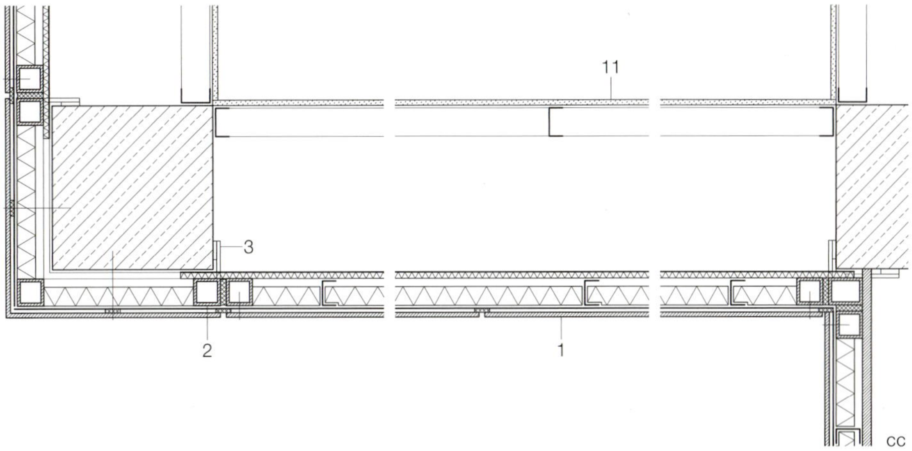

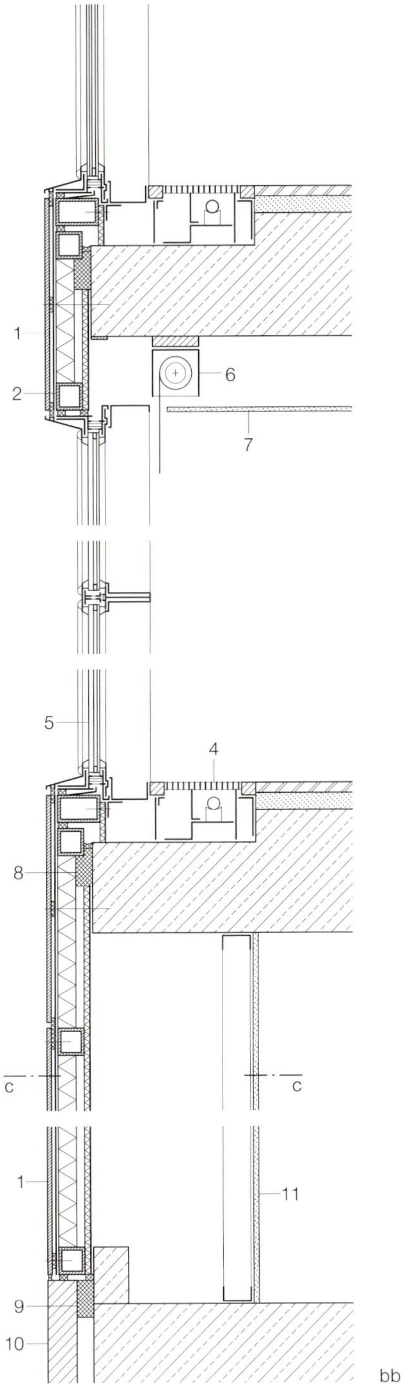

Schnitt • Grundriss 2. Obergeschoss
Maßstab 1:1000
Vertikalschnitt • Horizontalschnitt
Maßstab 1:20

1 Fassadenpaneel: Quadratplatten Aluminiumgussteile mit strukturierter Oberfläche, mit speziell angefertigten außen sichtbaren Edelstahlschrauben befestigt
   Luftschicht
   Stahlblech, verzinkt
   Wärmedämmung Polystyrol Hartschaum extrudiert
   Wärmedämmung Mineralfaser
   Stahlblech
2 Unterkonstruktion Stahlrohr ◻ 65/65 mm
3 Flachstahl zur Befestigung der Stahlunterkonstruktion am Haupttragwerk
4 Abdeckgitter Heizung: Aluminium eloxiert in Holzrahmen
5 Aluminiumfenster mit Isolierverglasung ESG 16 + SZR 12 + ESG 6 mm
6 Rollo als Blendschutz, motorbetrieben
7 abgehängte Decke Gipskarton
8 Brandschutzversiegelung
9 EPDM-Dichtungsprofil in offener Fuge
10 im Sockelbereich: Kalksteinplatte, mit speziell angefertigten außen sichtbaren Edelstahlschrauben befestigt
11 Gipskartonständerwand

B 6 Glas

Glas gehört zu den ältesten Werkstoffen der Menschheit. Der Gebrauch von Naturglas vulkanischen Ursprungs zur Herstellung von Messern und Pfeilspitzen sowie die künstliche Herstellung von opakem Glas kann bereits 5000 v. Chr. nachgewiesen werden. Eine wesentliche Weiterentwicklung zum heute verwendeten Glas stellt die im 2. Jahrhundert v. Chr. in Syrien erfundene Glasmacherpfeife dar, deren Gebrauch erstmalig die Herstellung von Hohlgefäßen ermöglichte. Den Römern gelang durch das Gießverfahren erstmals die Produktion von flachen, allerdings kaum durchsichtigen Gläsern.

Vom Naturglas zum universellen Baustoff

Flachglas

Im 1. Jahrhundert n. Chr. führen verbesserte Glasrezepturen und die Entwicklung des Zylinderstreckverfahrens zur Herstellung der ersten flachen, durchsichtigen Gläser. Durch die Erfindung des Mondglasverfahrens im 4. Jahrhundert n. Chr. werden klare Scheiben mit sehr glatten Oberflächen hergestellt. Diese in Syrien entwickelten Verfahren werden im Laufe der Zeit weiter optimiert und bestimmen die Glasproduktion bis ins ausgehende 19. Jahrhundert [1].

Den nächsten wesentlichen Entwicklungsschritt auf dem Weg zur Herstellung von Flachglas stellen die ab 1905 aufkommenden Ziehverfahren dar, bei denen die heiße, noch zähflüssige Glasmasse über Walzen bzw. eine Düse aus gebranntem Ton gezogen und anschließend abgekühlt wird. Erstmals kann auf diese Weise qualitativ hochwertiges Tafelglas in großen Mengen preiswert produziert werden.

Der bedeutendste Schritt zur kostengünstigen Herstellung von qualitativ hochwertigem Flachglas ist die Erfindung des Floatverfahrens von Alastair Pilkington im Jahr 1959. Die Glasschmelze wird hierbei auf ein flüssiges Zinnbad bei ca. 1000 °C geleitet, auf dessen Oberfläche sie sich aufgrund des geringeren spezifischen Gewichts absolut gleichmäßig ausbreitet. Die an der Austrittsstelle nahezu feste und planparallele Glasmasse wird über Walzenbänder weitertransportiert, kontrolliert abgekühlt und anschließend geschnitten. Dieses weltweit angewendete Verfahren ermöglicht die Herstellung von Glas in den unterschiedlichsten Variationen [2].

Glassteine

Eine interessante Erfindung des späten 19. Jahrhunderts stellen die 1886 von dem Franzosen Gustave Falconnier entwickelten, mundgeblasenen Glasbausteine dar, die später von bekannten Architekten wie Hector Guimard, Auguste Perret und Le Corbusier eingesetzt werden. Beim Glaseisenbeton, einer ab 1907 verwendeten massiven Variante, ermöglichen die seitlich im Glasstein ange-

B 6.2

B 6.2 Sainte-Chapelle, Paris (FR) 1248
B 6.3 Kristallpalast, London (GB) 1851, Joseph Paxton
B 6.4 Fagus-Werke, Alfeld (DE) 1911, Walter Gropius
B 6.5 Nationalbibliothek, Paris (FR) 1997, Dominique Perrault

B 6.3

B 6.4

B 6.5

B 6.1 Bauhaus Dessau (DE), 1926/1976/2011, Walter Gropius

B 6.6

Siliciumdioxid	(SiO_2)	69–74 %
Calciumoxid	(CaO)	5–12 %
Natriumoxid	(Na_2O)	12–16 %
Magnesiumoxid	(MgO)	0–6 %
Aluminiumoxid	(Al_2O_3)	0–3 %

Die Zusammensetzung ist europaweit in der EN 572-1 festgelegt.

B 6.7

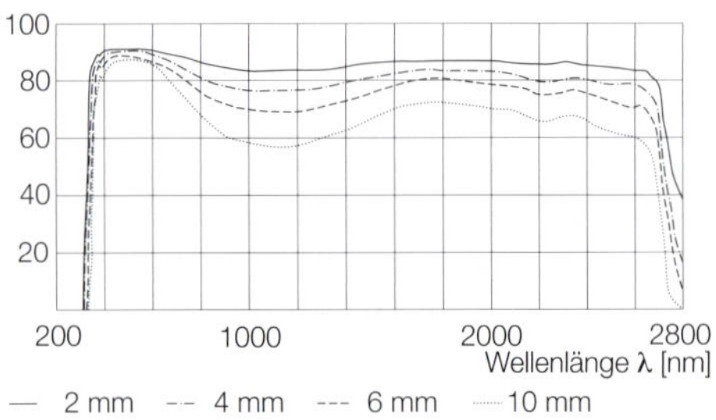

B 6.8

Eigenschaften	Symbol	Zahlenwert m. Einheit
Dichte bei 18 °C	r	2500 kg/m³
Härte		6 Einheiten nach Mohs-Skala
Elastizitätsmodul	E	7 x 1010 Pa
Poissonsche Zahl	m	0,2
spezifische Wärmekapazität	c	0,72 x 103 J/(kg x K)
mittlerer thermischer Ausdehnungskoeffizient	a	9×10^{-6} K-1
Wärmeleitfähigkeit	l	1 W/mK
mittlerer Brechungsindex im sichtbaren Wellenlängenbereich von 380 nm bis 780 nm	n	1,5

B 6.9

B 6.6 Sainsbury Centre, Norwich (GB) 1978, Norman Foster & Associates
B 6.7 Zusammensetzung von Glas
B 6.8 Verlauf der spektralen Transmission bei verschiedenen Scheibendicken von Floatglas mit einem mittleren Gehalt von 0,10 % Fe_2O_3 im Glas
B 6.9 allgemeine physikalische Eigenschaften von Glas
B 6.10 Herstellung von Glasprodukten für Fassaden

brachten Rillen einen kraftschlüssigen Verbund von Glas und Beton. Auf diese Weise können erstmals große, tragfähige und lichtdurchlässige Platten hergestellt werden. Daneben gibt es schalenförmige Hohlglassteine, die mit der Öffnung nach innen bzw. unten vermauert werden. Anwendungsbeispiele finden sich in den Glaspassagen von Prag, Budapest und anderen europäischen Städten. Der heute bekannte Glasstein entstand um 1930, als erstmals zwei schalenförmige Glassteine unter Hitze und Druck dauerhaft zusammengefügt wurden – eine Technik, die bis heute angewendet wird.

Werkstoffeigenschaften

Zusammensetzung

Glas besteht im Wesentlichen aus Quarzsand, Soda, Kalk sowie anderen Zuschlagstoffen, die zur Herstellung bei Temperaturen über 1000 °C eingeschmolzen werden (Abb. B 6.7). Diese Schmelze erstarrt ohne Kristallisation bei Temperaturen unter ca. 680 °C (Floatglas) allmählich, der Übergang vom flüssigen in den festen Zustand bleibt reversibel. Die hohe Transparenz ist auf das Fehlen einer kristallinen Molekularstruktur zurückzuführen, wodurch Licht ohne Streuung durch das Glas dringen kann. Aufgrund seines molekularen Aufbaus ist Glas ein amorpher, isotroper Werkstoff, in seinen physikalischen Eigenschaften also richtungsunabhängig.

Optische Eigenschaften

Die spektrale Durchlässigkeit von Glas reicht für die Solarstrahlung von ca. 300 bis ca. 2500 nm. Undurchlässig ist Glas sowohl für den langwelligen Infrarotbereich oberhalb von 2500 nm als auch für den Strahlungsanteil des biologisch wirksamen UV-Lichts unterhalb von 315 nm (Abb. B 6.8). Der Großteil kurzwelliger Solarstrahlung gelangt jedoch durch das Glas hindurch und erwärmt dahinter befindliche Oberflächen, die wiederum Wärme in Form von langwelliger Strahlung abgeben, die das Glas kaum noch durchdringen kann. Eine damit verbundene Erwärmung des Raumes bezeichnet man als Glashaus- bzw. Treibhauseffekt.

Thermische Eigenschaften

Im Bauwesen werden hauptsächlich Alkali-Kalk-Silikatgläser eingesetzt, deren thermische Ausdehnung in etwa vergleichbar ist mit der von Stahl. Sie liegt jedoch deutlich unter dem thermischen Ausdehnungskoeffizienten von Aluminium, was besonders bei Fassadenkonstruktionen zu beachten ist. Die hohe Wärmeleitfähigkeit von Glas ergibt für eine 4 mm starke Floatglasscheibe einen Wärmedurchgangskoeffizient von 5,75 W/m²K.

Mechanische Eigenschaften und Festigkeit

Die silikatische Grundmasse verleiht allen Gläsern Härte und Festigkeit, gleichzeitig jedoch auch eine besondere Sprödigkeit. Im Gegensatz zu elastisch verformbaren Materialien wie Metall zerbricht Glas bereits bei einer geringfügigen Überschreitung der Grenze seiner elastischen Verformbarkeit. Die Druckfestigkeit des Glases ist mit 1000 N/mm² mit der von Stahl vergleichbar. Die Biegebruchfestigkeit liegt jedoch bei herkömmlichem Floatglas lediglich bei ca. 30 bis maximal 60 N/mm².

Chemische Eigenschaften

Glas besitzt aufgrund seiner silikatischen Zusammensetzung eine hohe chemische Resistenz gegen aggressive Substanzen, ausgenommen sind Flusssäure, heiße alkalische Lösungen und Wasser. Letzteres wird besonders dann zur Gefahr, wenn Gläser längere Zeit stehendem Wasser ausgesetzt sind wie beispielsweise im Freien liegend gelagerte Scheiben.

Brandschutzeigenschaften

Glas ist ein nicht brennbarer Baustoff, beginnt jedoch bei etwa 700 °C weich zu werden und hält aufgrund seiner geringen Temperaturwechselbeständigkeit kaum Differenzen von mehr als 60 K stand. Die im Falle eines Brandes auftretende Hitzestrahlung wird fast vollständig durchgelassen.

Schallschutzeigenschaften

Aufgrund seiner geringen Masse ist Glas im Vergleich zu anderen Baustoffen ein guter Schallleiter, dem jedoch durch die Verwendung von Mehrscheibengläsern entgegengewirkt werden kann. Durch den Scheibenzwischenraum wird eine akustische Entkoppelung von innen und außen erreicht, welche die Schallübertragung hemmt. Mehrscheibengläser gibt es in unterschiedlich starken Ausführungen, zudem können die Zwischenräume zusätzlich mit einem Schwergas gefüllt werden.

Glasarten für den Fassadenbau

Floatglas

Floatglas (Spiegelglas) ist ein hochwertiges, klares Flachglas mit ebenen und planparallelen Oberflächen. Es stellt im Fassadenbereich das Ausgangsmaterial für den Großteil der heute hergestellten Ein- und Mehrfachverglasungen dar. Die maximale Scheibengröße liegt bei 321 x 600 cm, wobei Überlängen gegen Aufpreis erhältlich sind. Die verfügbaren Glasdicken bewegen sich zwischen 2 und 19 mm [3].

Tafelglas

Tafelglas ist ein maschinell gezogenes, durchsichtiges Flachglas mit einer etwas geringeren Qualität als Floatglas, was auf den Herstellungsprozess im Ziehglasverfahren zurückzuführen ist. Charakteristisch sind die senkrecht zur Ziehrichtung liegenden Wellen im Glas, die sowohl in der Durchsicht als auch im Reflexionsbild erkennbar sind.

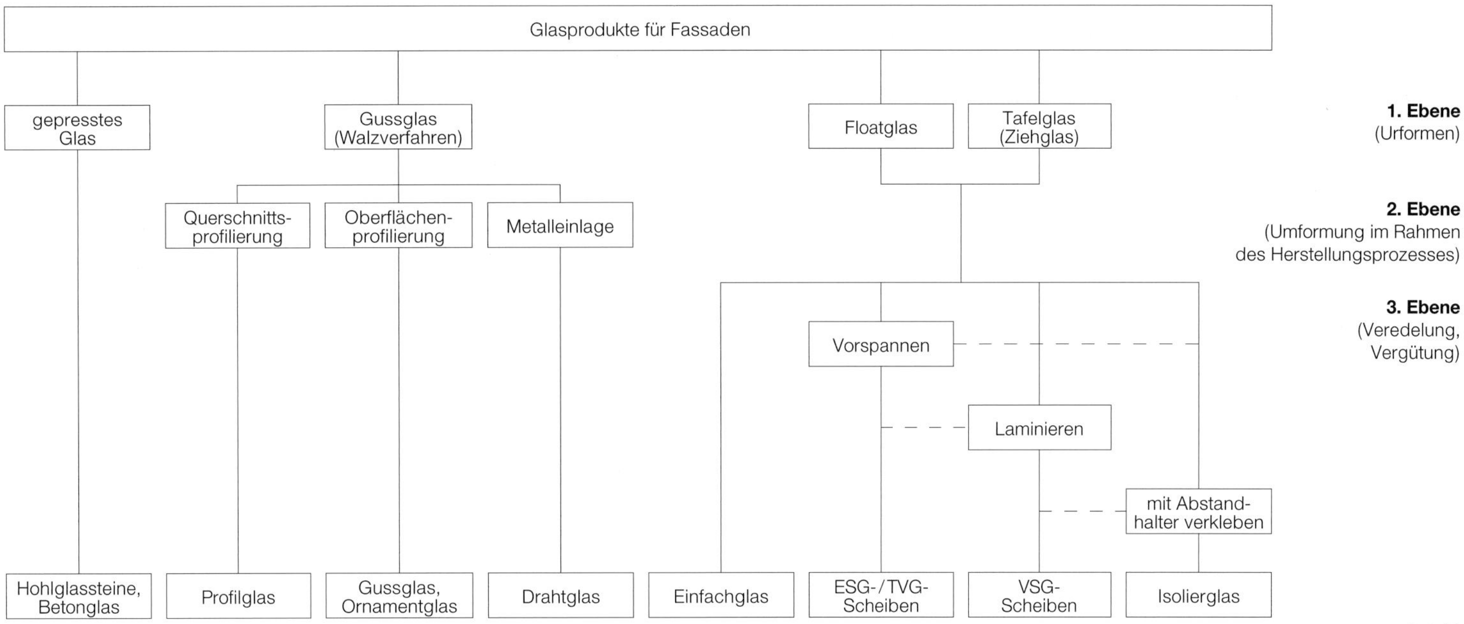

B 6.10

Antikglas
Antikglas wird im Mundblasverfahren hergestellt, wobei ein zylinderförmiger Hohlkörper aufgeschnitten und ausgebreitet wird (Zylinderstreckverfahren). Damit lassen sich zwar nur begrenzte Abmessungen erzielen, es ermöglicht jedoch, durchgefärbtes Glas in geringen Mengen herzustellen.

Gussglas
Gussglas (Ornamentglas) entsteht unter Anwendung eines kontinuierlichen Walzverfahrens. Um Glasscheiben mit strukturierten Oberflächen zu erhalten, werden profilierte Walzen eingesetzt, welche vielfältige Gestaltungen ermöglichen. Derartige Gläser kommen beispielsweise als Sichtschutzverglasung oder zur gleichmäßigen Streuung des Tageslichts zum Einsatz. Die maximal erhältlichen Abmessungen sind herstellerabhängig.

Drahtglas
Drahtglas wird wie Gussglas in einem kontinuierlichen Walzverfahren hergestellt, wobei während des Walzprozesses Drahteinlagen eingebracht werden, die die Eigenschaften bezüglich Einbruchsicherheit und Brandschutz verbessern. Drahtglas kann poliert werden, wodurch planparallele Oberflächen mit verbesserten optischen Eigenschaften entstehen. Die maximalen Abmessungen betragen in der Breite 198 cm und in der Länge 382 cm. Aufgrund der Drahteinlage besteht Rostgefahr entlang der Kanten, die besonders geschützt werden müssen, um Verfärbungen und Glasbruch aufgrund von Volumenvergrößerung der Stahldrähte durch Korrosion zu vermeiden.

Profilglas
Profilglas wird durch einen zweiten Walzvorgang hergestellt, bei dem das noch heiße Glasband zu einem u-förmigen Profil geformt wird. Diese Querschnittsform bewirkt eine hohe Belastbarkeit des Glases, welche die Konstruktion von sprossenlosen Fassadenflächen ermöglicht. Profilglas ist in Breiten von 22, 25, 32 und 50 cm und mit einer maximalen Länge von 600 cm erhältlich.

Hohlglassteine
Durch das Verschmelzen von zwei Halbschalen in noch heißem Zustand werden Hohlglassteine hergestellt. Mit Abkühlung der Luft entsteht ein Unterdruck im versiegelten Hohlraum, wodurch sich die Wärmedämmeigenschaften verbessern und die Tauwasserbildung verhindert wird. Dennoch ist der Wärmedämmwert aufgrund der vielen Wärmebrücken deutlich schlechter als bei modernen Isoliergläsern. Hohlglassteine reagieren empfindlich auf Vertikallasten und dürfen nur als nicht tragende Elemente verwendet werden. Die Standardgrößen sind 15 ×15 cm und 30 × 30 cm, die Tiefe beträgt 8–10 cm.

Betongläser
Betongläser sind Massivglassteine, die im Pressverfahren hergestellt werden und die im Gegensatz zu Hohlglassteinen auch einer statischen Beanspruchung standhalten. Betongläser gibt es in quadratischer, rechteckiger und runder Form. Ihre Einsatzmöglichkeiten sind aufgrund der geringen Wärmedämmwirkung eingeschränkt.

Beeinflussung der materialspezifischen Eigenschaften von Glas

Aufgrund der vielfältigen Einflussmöglichkeiten lassen sich die Eigenschaften von Glas dem jeweiligen Verwendungszweck anpassen. Dies geschieht durch die Veränderung der Glasrezeptur, die thermische oder chemische Behandlung des Glases, die Veränderung der Glasoberfläche oder die Herstellung von Verbund- und Isolierverglasungen.

Änderung der Zusammensetzung von Floatglas
Geringfügige Verunreinigungen (beispielsweise durch Eisenoxid) führen bei Floatglas zu einem leichten Grünstich, der sich besonders bei größeren Glasdicken und mehrschichtigen bzw. mehrschaligen Verglasungen bemerkbar macht. Durch die Änderung der chemischen Zusammensetzung der Glasschmelze können nicht nur absolut farblose Gläser wie z. B. Weißglas, sondern auch Gläser mit bestimmten physikalischen Eigenschaften hergestellt werden.

Spezielle Metalloxidzusätze verleihen dem Glas eine schwache Färbung, die von grün oder blau bis bronzefarben und grau reicht. Durch die Einfärbung wird die Strahlungstransmission und damit die Aufheizung der hinter dem Glas liegenden Räume reduziert, zudem lässt sich eine gewisse Blendschutzwirkung erzielen. Glas kann durch die Zugabe von bestimmten Metallverbindungen nahezu beliebig eingefärbt werden. Neben einfach durchgefärbtem Glas lassen sich unter Anwendung der Überfangtechnik mehrschichtige Gläser mit unterschiedlichen Farbschichten herstellen.

Thermische Behandlung von Glas
Um die Biegebruchfestigkeit und Temperaturwechselbeständigkeit von Glas zu verbessern, kann ebenes oder gebogenes Flachglas durch Wärmebehandlung thermisch vorgespannt werden, sodass höhere Festigkeitswerte entstehen.

Einscheibensicherheitsglas (ESG)
Zur Herstellung von ESG wird das Glas auf über 640 °C erhitzt und anschließend sofort mit kalter Luft angeblasen. Das Glas zieht sich an der Oberfläche zusammen und erstarrt, während die Scheibe im Inneren noch heiß und weich ist. Im Verlauf des Abkühlungs- und Erstarrungsprozesses im Inneren baut sich an den Glasoberflächen eine Vorspannung auf, die zur Erhöhung der Biegebruchfestigkeit

(ca. 90–120 N/mm²) und Temperaturwechselbeständigkeit führt (Floatglas 40 K, ESG 200 K). Thermisch vorgespanntes Glas kann nachträglich nicht mehr mechanisch bearbeitet werden. Im Versagensfall zerbricht ESG in kleine stumpfe Glasstückchen, was die Verletzungsgefahr stark reduziert (Abb. B 6.15c).

Teilvorgespanntes Glas (TVG)
Bei der Herstellung von TVG wird das Glas ebenfalls auf über 640 °C erhitzt, jedoch weniger intensiv mit kalter Luft angeblasen, wodurch die Druckspannungen im Bereich der Glasoberfläche geringer sind. Die Biegebruchfestigkeit (ca. 40–75 N/mm²) und Temperaturwechselbeständigkeit liegen daher nicht ganz so hoch wie bei einer ESG-Verglasung (Floatglas 40 K, TVG 100 K, ESG 200 K), dafür ergibt sich im Versagensfall jedoch ein anderes Bruchbild mit größeren Stücken (Abb. B 6.15b). Beim Einsatz als Verbundsicherheitsglas (VSG) führt dies im Versagensfall zu einem verbesserten Resttragverhalten, was sich gerade im Fassadenbereich und bei Überkopfverglasungen positiv auswirkt. Analog zu ESG-Gläsern können auch TVG-Scheiben nachträglich nicht mehr bearbeitet werden.

Gebogenes Glas
Gebogenes Glas wird durch eine nachträgliche thermische Behandlung von Floatglas in Tunnel- oder Muffelöfen hergestellt. Möglich sind zylindrische oder sphärische Biegungen – auch von zwei übereinanderliegenden Scheiben. Der Radius der Biegung hängt von der Dicke der Glasscheibe ab.

Feuerpoliertes Glas
Hierzu wird das Glas im Polierofen auf 500 bis 700 °C erwärmt. Die plastisch zähe Glasoberfläche verkleinert sich dabei infolge der Oberflächenspannung und wird blank.

Mechanische Bearbeitung

Für die Bearbeitung von Glas stehen die nachfolgend genannten Verfahren zur Verfügung, mit denen Glasscheiben zugeschnitten und Schnittkanten behandelt werden können.

Ritzen
Mit einem Material, das härter ist als Glas (z. B. Diamant), kann das Glas geritzt und anschließend gebrochen werden. Der Einsatz verschiedener Flüssigkeiten (Petroleum, Öl) erschwert die Aufsplitterung der Rissspur.

Trennen
Das Trennen von Dickglas und Panzerglas erfolgt in der Regel durch Trennscheiben (z. B. aus Diamant) oder durch den Einsatz von Lasern.

Wasser-Abrasiv-Verfahren
Mittels eines unter sehr hohem Druck stehenden Wasserstrahls können Gläser geschnitten oder – bei Reduktion der Energie – gekerbt werden. Im Gegensatz zum Ritzen können beliebige Konturschnitte in Glasscheiben von bis zu 7 cm Dicke durchgeführt werden. Ebenso besteht die Möglichkeit, Verbundglas zu schneiden. Das Anstechen des Schnittes ist im Vollmaterial machbar, die Schnittspalte im Vergleich zu anderen Verfahren reduziert.

Kantenbehandlung
Die Behandlung der Glaskante dient der Verringerung der Verletzungsgefahr. Wo aufgrund der Einbausituation keine Verletzungsgefahr besteht, können unbehandelte Schnittkanten belassen werden. Die Glättung der Kante erfolgt durch Schleifen und Polieren, wobei es mehrere Qualitätsstandards gibt: Auf Maß geschliffene Kanten dürfen noch Restinseln aufweisen, während polierte Tischkanten oder Spiegelkanten absolut glatt ausgeführt sein müssen.

Oberflächenbehandlung von Glas

Über die chemische Zusammensetzung hinaus lassen sich die Eigenschaften der Glasscheibe durch die Behandlung der Oberfläche steuern.

Mattieren
Um die Transparenz einer Glasscheibe zu verringern, stehen chemische und mechanische Verfahren zur Verfügung. Beim Ätzen wird die Glasoberfläche mit reiner Flusssäure oder deren Dämpfen behandelt, was feine Abstufungen möglich macht. Es entsteht eine glatte, mattierte Oberfläche mit einem sehr gleichmäßigen Erscheinungsbild. Muster erhält man durch vor dem Ätzvorgang aufgebrachte Wachsschichten. Die Pflegeleichtigkeit der Glasscheibe wird durch das Ätzen nicht beeinflusst.
Alternativ kann durch Sandstrahlen die Glasoberfläche – abhängig von der verwendeten Korngröße – mehr oder weniger stark aufgeraut bzw. abgetragen werden. Im Vergleich zu geätztem Glas entsteht eine relativ grobe Oberflächenstruktur, in der sich Fett oder Reinigungsmittel festsetzen kann. Das Erscheinungsbild der Glasscheibe kann hierdurch dauerhaft beeinträchtigt werden.

Chemisches Vorspannen
Eine weitere Variante der Oberflächenbehandlung besteht in der chemischen Vorspannung von Glas, wobei die Glasscheibe in eine heiße Salzschmelze getaucht wird. Durch Ionenaustausch werden die Druckspannungen im Oberflächenbereich erhöht, wodurch sich die Widerstandsfähigkeit gegenüber thermischen und mechanischen Belastungen verbessert. Im Gegensatz zu thermisch vorgespannten Gläsern können chemisch vorgespannte Gläser geschnitten werden.

Nicht auftragende Beschichtungen
Nicht auftragende Beschichtungen erfolgen entweder direkt bei der Glasherstellung im Online- oder im Offline Verfahren, wie dies beim Kathodenstrahlverfahren der Fall ist. Zu den nicht auftragenden Beschichtungen zählen solche mit Metalloxiden, die zu einer Verringerung der Strahlungstransmission führen. Je nach Anordnung der Schicht können Wärmegewinne oder -verluste reduziert werden. Entspiegelnde Beschichtungen vermindern die Strahlungsreflexion an der Glasoberfläche, wodurch die Spiegelwirkung z. B. bei einer Einfachscheibe von 8 auf 1 % verringert werden kann.

Dichroitische Beschichtungen hingegen bewirken die Zerlegung des einfallenden Lichts in die Spektralfarben. Abhängig vom Einfallswinkel erfolgt eine Transmission oder Reflexion in jeweils unterschiedlichen Farben. Durch das Farbenspiel ergeben sich interessante Gestaltungsmöglichkeiten.

B 6.11

Online-Verfahren
Im Online-Verfahren wird das Beschichtungsmaterial flüssig, dampfförmig oder als Puder aufgetragen und verbindet sich in einer chemischen Reaktion dauerhaft mit der Glasoberfläche. Die mit diesem Hard-Coating-Verfahren behandelten Scheiben sind gegen Abnutzung und chemische Einwirkung beständig und können als Einfachverglasung eingesetzt werden.

Offline-Verfahren
Im Offline-Verfahren erfolgt die Beschichtung der behandelten Gläser im Tauch- oder Vakuumverfahren. Während im Tauchverfahren beide Glasoberflächen einer Scheibe beschichtet werden, lässt sich im Vakuumverfahren nur eine Seite behandeln. Durch das Auftragen unterschiedlicher Einzelschichten in mehreren Arbeitsgängen ist eine gezielte Steuerung der strahlungstechnischen Eigenschaften einer Scheibe möglich. Die im Offline-Verfahren aufgebrachten Schichten sind meist weicher und empfindlicher als die im Online-Verfahren eingebrannten Beschichtungen. Derart behandelte Gläser werden daher ausschließlich bei Isolier- und Verbundgläsern verwendet.

Auftragende Beschichtungen
Mittels auftragender Beschichtungen wie Email, Siebdruck oder Bemalung können die gestalterischen und strahlungstechnischen Eigenschaften von Gläsern verändert werden.

Emaillieren
Durch das Auftragen einer Emailfritte (gemahlenes Glas mit Zusatzmitteln und Farbpigmenten) auf die Glasscheibe und nochmaliges Einbrennen entsteht eine keramische, korrosionsbeständige Beschichtung. Zum Emaillieren eignen sich nur thermisch vorgespannte Gläser, da nur diese in der Lage sind, die von den Farbpigmenten verursachten erhöhten thermischen Spannungen aufzunehmen.

Siebdruck
Im Siebdruckverfahren können mithilfe von Siebschablonen bedruckte Glasscheiben erstellt werden, die nach dem Bedrucken mit Farbpigmenten einen Einbrennofen passieren. Auf diese Weise lassen sich vielfarbige Graphiken und Fotos projizieren. Die Scheibengröße ist durch die Größe der Siebe definiert und beträgt maximal 2,00 × 3,50 m.

Bemalung
Fein gemahlenes Farbglas wird in einer Flüssigkeit (z. B. Terpentin) gelöst, auf das Glas aufgetragen und anschließend bei 550 °C eingebrannt.

Mehrlagige Verbundgläser

Mehrlagige Verbundgläser bestehen aus zwei oder mehreren Glasscheiben, die durch eine zähelastische Kunststofffolie oder mittels Gießharz zusammengeklebt werden. Der mehrschichtige Aufbau erlaubt – in Abhängigkeit von den verwendeten Glasscheiben – zahlreiche Kombinationsmöglichkeiten für die Anpassung der Verglasungseigenschaften an spezifische Erfordernisse. Verbundglas kann plan oder gebogen hergestellt werden.

Verbundsicherheitsglas (VSG)
Bei mehrlagigen Glasscheiben, die mittels Glasfolien verklebt sind, bleiben beim Bruch der Scheibe die Glassplitter an der zähelastischen Zwischenschicht hängen, was die Verletzungsgefahr deutlich verringert. Verbundsicherheitsglas wird aus gewöhnlichem Floatglas, Einscheibensicherheitsglas (ESG) oder teilvorgespanntem Glas (TVG) hergestellt.

Verkleben mit bedruckten oder farbigen Folien
Der Einsatz farbiger Klebefolien ermöglicht eine kostengünstige Herstellung eingefärbter

B 6.12

B 6.13

B 6.11 Peckham Library, London (GB) 1999, Alsop + Störmer
B 6.12 VSG mit keramischer Bedruckung, Neue Messe, Leipzig (DE) 1996, von Gerkan Marg und Partner
B 6.13 Profilglasfassade, Institutsgebäude, Paris (FR) 1998, Brunet & Saulnier
B 6.14 geätztes Glas, Kunsthaus Bregenz (AT), 1997, Peter Zumthor
B 6.15 Bruchbild (ohne Maßstab):
a Normalglas
b teilvorgespanntes Glas TVG
c vorgespanntes Glas ESG

B 6.14

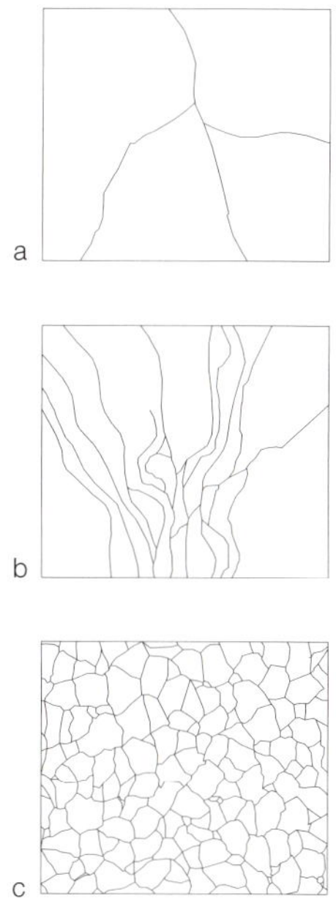

B 6.15

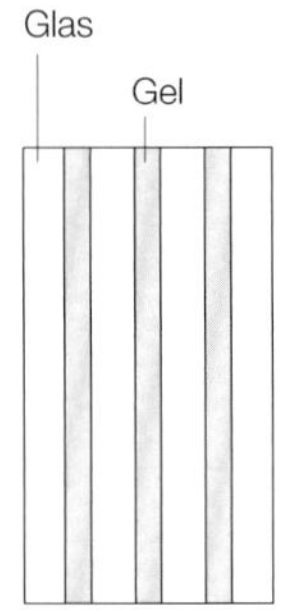

B 6.16

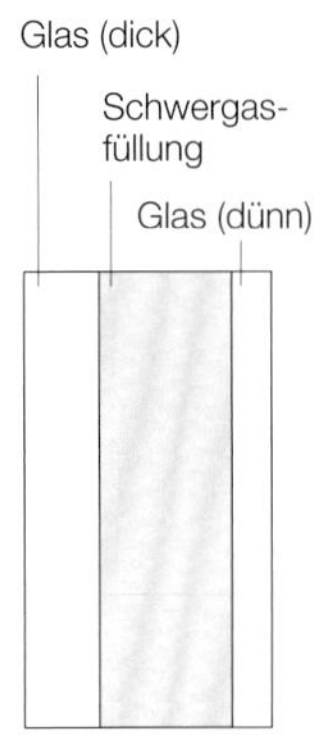

B 6.17

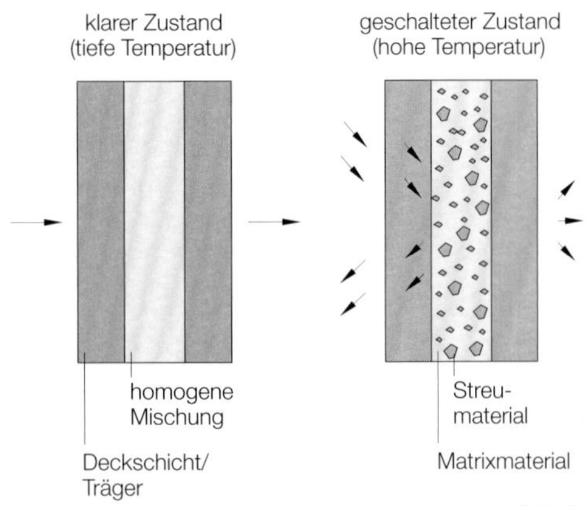

B 6.18

	g-Wert	Lichtdurch-lässigkeit	optischer Eindruck
thermotrope Verglasung	0,18–0,55	0,21–0,73	weiß bis klar
elektrochrome Verglasung	0,14–0,49	0,07–0,69	blau bis neutral
gasochrome Verglasung	0,15–0,53	0,15–0,64	blau bis neutral

Die genannten Werte für die schaltbaren Sonnenschutzgläser können sich im Lauf der Zeit aufgrund von Weiterentwicklung noch stark ändern.

B 6.19

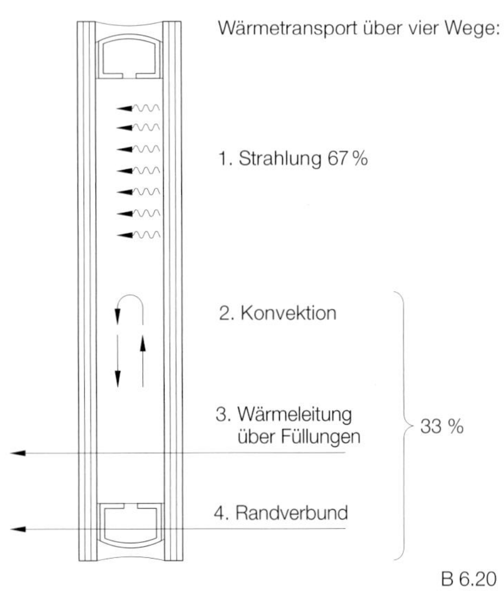

B 6.20

Verbundgläser. Alternativ finden auch bedruckte Folien Anwendung. Verbundgläser mit holografisch-optischen Elementen (HOE) bieten unterschiedliche Formen der Lichtlenkung, die mit der Wirkung von Prismen und Linsen verglichen werden können. Die hohe Leuchtkraft von Holografien entsteht durch die gerichtete Lichtabstrahlung in einem bestimmten Winkelbereich, der bei der Hologrammherstellung durch sogenannte Beugungsgitter festgelegt wird.

Brandschutzverglasungen

Brandschutzverglasungen werden mittels Klebefolien mit wasserhaltigen Gelen hergestellt. Die Schutzwirkung beruht auf der Verdampfungswärme des Wassers, da bei Bruch der feuerzugewandten Scheibe das Gel auf der feuerabgewandten Seite haften bleibt und dosiert zum Feuer hin Wasserdampf abgibt. Eingroßer Teil der Strahlungsenergie wird verbraucht. In Kombination mit Sicherheitsgläsern können durch derartige Scheiben lange Standzeiten erreicht werden (Abb. B 6.16). Sogenannte G-Gläser verhindern über den angegebenen Zeitraum hinweg den Flammen- und Rauchgasdurchtritt, nicht aber die Ausbreitung der Strahlungshitze. Alle drei Eigenschaften erfüllen dagegen die sogenannten F-Gläser.

Schallschutzverglasungen

Durch die Verwendung von Verbundgläsern mit unterschiedlichen Glasstärken und dem Einsatz von Schwergas im Scheibenzwischenraum verbessert sich der Schallschutzwert einer Isolierverglasung deutlich. Während herkömmliches Isolierglas (4 + SZR 16 + 4 mm) ein Schalldämmmaß R_w von 30 dB aufweist, können mit einem asymmetrischen Aufbau der Verglasung (4 + SZR 16 + 8 mm) und entsprechenden Gasfüllungen 35 dB erreicht werden [4]. Beim Einsatz mehrlagiger Verbundgläser und einer Erhöhung des Scheibenzwischenraums sind Steigerungen des Schallschutzwerts auf über 47 dB möglich (Abb. B 6.17). Allerdings erfordert das höhere Glasgewicht die Verwendung spezieller Rahmen- und Beschlagsysteme. Je nach Stärke der Einzelscheiben wird ein bestimmter Frequenzbereich des Außenlärms herausgefiltert, wodurch die Schallschutzeigenschaften einer Verglasung gezielt auf die Erfordernisse abgestimmt werden können.

Thermotrope Gläser

Bei thermotropen Gläsern wird eine aus zwei Komponenten bestehende Flüssigkeit, z. B. aus Wasser und einem Gas (Hydrogel), zwischen zwei Glasscheiben oder Glasfolien fixiert. Bis zu einer bestimmten Temperatur handelt es sich um eine homogene Mischung, die eingeschlossene Schicht ist transparent. Bei Überschreitung der Grenztemperatur findet eine Entmischung der beiden Komponenten statt. Infolgedessen trübt sich die Schicht weiß ein und reflektiert den größten Teil des Lichts diffus, was eine Verringerung des Strahlungsdurchgangs bedeutet (Abb. B 6.18).

Elektrochrome Gläser

Bei elektrochromen Gläsern sind auf der innenliegenden Glasoberfläche einer Verbundglasscheibe mikroskopisch dünne Beschichtungen aus Wolframoxid bzw. Polyanilin aufgebracht, die durch Schwachstrom aktiviert werden und dadurch ihre Farbe ändern. Im nicht aktivierten Zustand besitzt das Glas einen hellen, graublauen Farbton. Bei Anlegung einer Spannung verdunkelt sich das Glas und wirkt blaugrau. Die Tageslichttransmission wechselt hierbei von rund 70 % im ungeschalteten auf rund 7 % im geschalteten Zustand, der g-Wert variiert zwischen 0,49 und 0,14 (Abb. B 6.19) [5].

Verbundgläser mit Photovoltaikzellen (PV-Verglasung)

Aufgrund der geringen Schichtstärken können Solarzellen mittels Klebefolie oder Gießharz zwischen zwei Glasscheiben fixiert werden, was einen optimalen Witterungsschutz der Zellen und der Verdrahtung gewährleistet. Je nach Aufbau und Art sowie Abstand der verwendeten Solarzellen untereinander lassen sich transparente, transluzente und opake Module produzieren (siehe »Solartechnik«, S. 294ff.).

Isolierverglasungen

Isoliergläser bestehen aus zwei oder mehreren Glasscheiben mit einem Zwischenraum von 8 bis 24 mm, der luftdicht abgeschlossen ist (Abb. B 6.20). Es gibt zahlreiche Möglichkeiten, den U- und g-Wert durch spezielle Füllungen bzw. zusätzliche Folien im Scheibenzwischenraum oder durch Beschichtungen der inneren Scheibenoberflächen zu verbessern.

Füllung des Scheibenzwischenraums mit Gas

Der Zwischenraum kann mit getrockneter Luft oder zur besseren Wärmedämmung mit einem Edelgas gefüllt werden. Durch die Verwendung von Argon, Krypton oder Xenon lässt sich der U-Wert der Scheibe senken, da diese Gase eine geringere Wärmeleitung und Konvektionsneigung als Luft aufweisen. Aus wirtschaftlichen Überlegungen wird Argon den kostspieligeren Gasen Krypton und Xenon vorgezogen, obgleich diese den besten Wärmeschutz bieten. Um zu verhindern, dass sich Wasser an den Scheibeninnenseiten niederschlägt, erhält der Randverbund ein Trocknungsmittel.

Evakuierung des Scheibenzwischenraums

Da im Vakuum keine Wärmeleitung stattfindet, kann mit evakuierten Isolierverglasungen bei 6–8 mm Gesamtdicke ein U-Wert von ca. 0,6 W/m²K erreicht werden. Der hohe Unterdruck innerhalb des Scheibenzwischenraums erfordert jedoch Abstandshalter in regelmäßigen Abständen, die den Kontakt von innerer und äußerer Scheibe verhindern. Zudem muss ein hermetisch dichter Randverbund gewährleistet sein (Abb. B 6.23, S. 196).

Füllung mit Transluzenter Wärmedämmung

Das Einbringen einer Transluzenten Wärmedämmung (TWD) im Scheibenzwischenraum

B 6.21

B 6.16 Scheibenaufbau einer Brandschutzverglasung
B 6.17 Scheibenaufbau einer Schallschutzverglasung
B 6.18 Scheibenaufbau einer thermotropen Verglasung
B 6.19 Eigenschaften von schaltbaren Funktionsgläsern
B 6.20 Wärmetransport im Isolierglas
B 6.21 Glashalle Herrenhäuser Gärten, Hannover (DE) 1966, Arne Jacobsen
B 6.22 Glaserzeugnisse und deren Hauptanwendungsbereiche und Funktionen

unterbindet dort die Konvektion und verbessert die Wärmeschutzeigenschaften. Als TWD dienen transparente und transluzente Materialien wie Glas, Acrylglas, Polycarbonat, Aerogel und Quarzschaum in unterschiedlicher Strukturierung (Abb. 6.24; siehe auch »Solartechnik«, S. 294ff). Gemeinsames Merkmal dieser strahlungsdurchlässigen Materialien ist, dass sie im eingebauten Zustand licht-, aber nicht sichtdurchlässig sind.

Füllungen zur Verbesserung des Sonnenschutzes
In den Scheibenzwischenraum lassen sich wettergeschützt die unterschiedlichsten Elemente für den Sonnen- und Blendschutz sowie zur Tageslichtlenkung integrieren. Hierzu gehören elektrisch regelbare Beschattungssysteme wie Jalousien oder Folienrollos und unbewegliche Systeme wie Sonnenschutzraster, Spiegelprofile oder Prismenplatten (Abb. B 6.25).

Verwendung von Glas im Fassadenbau

Der größte Anteil der heute errichteten Glasfassaden besteht aus Flachglas, das als Isolierglas, ESG- oder VSG-Verglasung in den unterschiedlichsten Variationen und Kombinationen zum Einsatz kommt. Das in der Glasebene wirksame Glasgewicht sowie die dazu senkrecht einwirkenden Wind- und Anpralllasten müssen hinsichtlich der Lastabtragung und bei der Befestigung der Glasscheiben berücksichtigt werden [6].

Krafteinleitung
Die Ableitung der auf Glasscheiben einwirkenden Lasten geschieht – abhängig von Art und Größe der Last – auf drei unterschiedliche Weisen.

Kontakt
Da lediglich senkrecht zur Kontaktfläche wirkende Druckkräfte übertragen werden können, müssen die Kontaktflächen so dimensioniert sein, dass eine ausreichende Spannungsverteilung gewährleistet wird. Dies ist insbesondere bei kleinen Kontaktflächen (z.B. punktförmiger Lagerung) zu beachten. Harte Auflagerungen

Hauptanwendungsbereiche / Funktionen

	verbessertes Bruchverhalten (Sicherheit)	erhöhte Bruchsicherheit (Belastbarkeit)	Brandschutz	Schallschutz	Wärmeschutz	ständiger Sonnenschutz	regelbarer Sonnenschutz	selbstregelnder Sonnenschutz	Schutz vor elektromagnetischer Strahlung	Lichtspektralfilter	Lichtstreuung	Lichtlenkung	Lichttransmission	Einblick	Ausblick
Flachglas															
Grundherstellungsarten															
Floatglas													•	•	•
Tafelglas													•	•	•
Antikglas													•	•	•
modifizierte Herstellungsarten															
Überfangglas											•		•		
metallbeschichtetes Glas (online)					•	•				•			•		•
UV-durchlässiges Glas													•	•	•
Strahlenschutzglas									•				•	•	•
fototropes Glas						•		•					•		
Flachglas mit niedriger Ausdehnung			•										•	•	•
farbiges Glas						•				•	•		•	•	•
Trübflachglas						•				•	•		•		
Drahtglas	•		•										•		
Profilglas		•											•		
Ornamentglas											•		•		
Erste Verarbeitungsstufe															
thermisch vorgespanntes Glas (ESG, TVG)	•	•											•	•	•
chemisch verfestigtes Glas (ESG)	•	•											•	•	•
geätztes Glas											•		•		
sandgestrahltes Glas											•		•		
Zweite Verarbeitungsstufe															
emailliertes Glas						•							•		
metallbeschichtetes Glas (offline)					•	•				•			•		•
breitbandentspiegeltes Glas													•	•	•
Scheibenzwischenraum gefüllt mit															
Gas				•	•								•	•	•
Vakuum				•	•								•	•	•
Hydrogel			•	•							•		•	•	•
thermotrope Schicht								•			•		•		
elektrochrome Materialien							•			•	•		•		
Verbundsicherheitsglas hergestellt aus															
Folien	•				•								•	•	•
bedruckte und farbige Folien	•				•	•				•	•		•		
Gießharz		•											•	•	•
Pressharz															
Glassteine	•	•	•	•									•		
Betonglas	•	•											•		
Glasfasern															
Membrane						•					•		•		
Glaswolle				•	•										
aufgeschäumtes Glas															
Aerogel				•	•								•		
Foamglas				•	•										

B 6.22

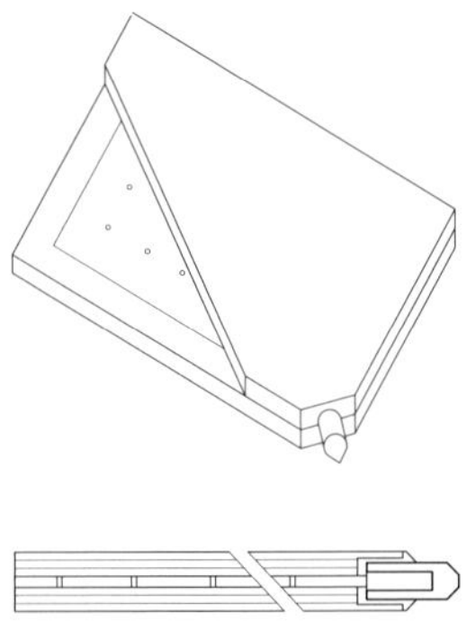

B 6.23

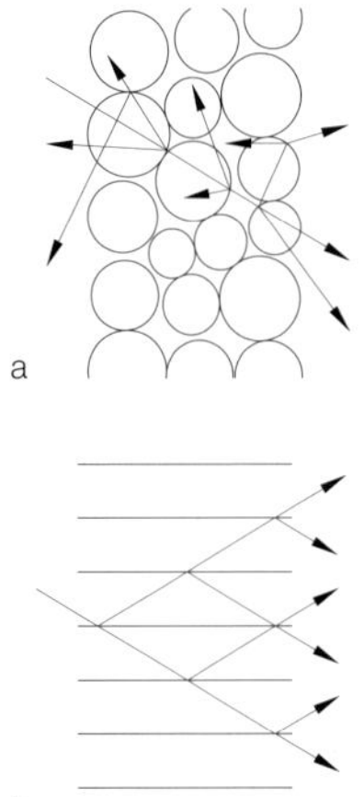

B 6.24

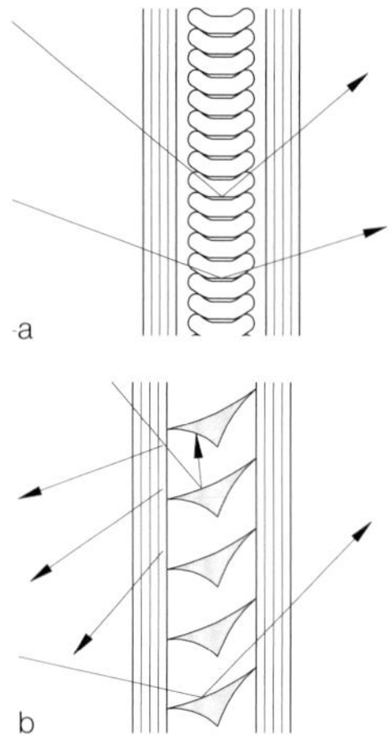

B 6.25

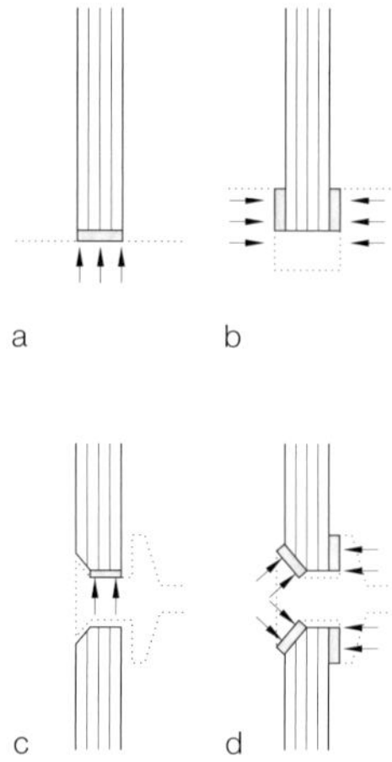

B 6.26

wie von Glas auf Stahl müssen vermieden und durch elastische Zwischenschichten (EPDM oder Kunststoff) ausgeglichen werden. Die Lagerung der Scheibe kann sowohl in der Ebene als auch senkrecht zur Ebene jeweils linear oder punktförmig erfolgen (Abb. B 6.26). Die Einleitung der Kräfte geschieht über Pressleistenhalterungen, Klemmteller, Punkthalter und / oder Halte- und Distanzklötze.

Reibung
Die Krafteinleitung über Reibung erfolgt in diesem Fall durch eine mechanische Verzahnung der beiden Kontaktflächen und Adhäsion. Da Glas zur Vermeidung von lokalen Spannungsspitzen nicht unmittelbar mit anderen harten Materialien wie z. B. Stahl in Kontakt gebracht werden darf, ist für die Dauerhaftigkeit der Reibeverbindung die Elastizität und Dauerstandfestigkeit der Zwischenschicht von ausschlaggebender Bedeutung. Als Zwischenschichten dienen Weichmetalle wie reines, enthärtetes Aluminium, faserverstärkte Kunststoffe oder natürliche Materialien (z. B. Kork, Leder oder Pappe).

Klebeverbindungen (stofflicher Verbund)
Klebeverbindungen sind im Glasbau heute üblich, solange die hierbei zu übertragenden Kräfte relativ klein sind. Zudem wird darauf geachtet, große Klebeflächen zu gewinnen, deren dauerhafter Verbund mit elastischen Klebern gesichert wird. Neben der Größe der zu übertragenden Kräfte stellen Temperatur und Belastungsdauer wichtige Einflussfaktoren dar. Im Brandfall führt eine Erhitzung in der Regel zum Versagen von Klebeverbindungen. Klebeverbindungen sind in Deutschland im Fassadenbereich oberhalb von 8 m nur zulässig, wenn zusätzliche mechanische Halterungen ein Herabfallen des Bauteils ausschließen.

Fügung
Die zwischen einzelnen Glaselementen notwendigen Fugen müssen so ausgebildet sein, dass sie mechanische Bewegungen (z. B. aus Längenausdehnungen) ermöglichen und Witterungseinflüssen wie Regen und Wind dauerhaft standhalten.

Kontaktdichtung
Die Abdichtung der Glasfläche gegenüber dem tragenden Bauteil erfolgt bei der Kontaktdichtung über ein dauerelastisches Dichtungsprofil, das block- oder lippenförmig ausgebildet sein kann. Um einen dichten Anschluss zu gewährleisten, sind ein ausreichender Anpressdruck und saubere Glasoberflächen erforderlich (Abb B 6.27 a).

Verkittung
Die Verkittung als traditionelle Art der Glasabdichtung hat heute eine untergeordnete Bedeutung, da nach dem Aushärten des Kitts eine sehr steife Verbindung entsteht, welche die Aufnahme von Glasbewegungen oder anderen Verformungen ausschließt. Eine daraus resultierende Rissbildung führt in der Regel zur Durchfeuchtung der Fugen (Abb. B 6.28 b).

Klebedichtung
Die Verwendung von dauerelastischem Kitt (Silikon) ermöglicht elastische Verbindungen, die sich aufgrund von Adhäsion auch gegenüber Zugkräften in einem gewissen Umfang als stabil erweisen. Fugenbreite und verwendeter Klebstoff bestimmen die Nachgiebigkeit der Verbindung (Abb. B 6.27 b).

Verglasung
Fenster- und Fassadenkonstruktionen bestehen aus den folgenden Funktionselementen:
- Verglasungselement (z. B. Glasscheibe)
- Unterkonstruktion (z. B. Pfosten, Riegel, Rahmen)
- Befestigung (z. B. Glashalteleiste)
- Fuge (z. B. EPDM, Silikonfuge)

In Abhängigkeit von der Art der Krafteinleitung und Fügung ergeben sich unterschiedliche Umstellungsmöglichkeiten. Während bei einer klassischen Pressleistenkonstruktion eine Verknüpfung der verschiedenen Funktionselemente erfolgt, liegt bei punktgehaltenen Konstruktionen eine Trennung von Fügung und Lasteinleitung vor, die separate Montagevorgänge ermöglicht. Bei anderen Verglasungsarten, wie z. B. dem »Structural-Sealant-Glazing«, kommt es zu einer Verschmelzung der Funktionen »Fuge« und »Befestigung«.

Bleiverglasung
Die Bleiverglasung stellt die älteste Art zur Herstellung größerer Glasflächen dar. Kleine Einzelscheiben werden in H-förmige Bleiruten eingelegt und festgeklopft. Neben der vollständigen Einbindung des Glasrands sorgt teilweise ein nachträgliches Ausfugen mit Kittmasse für zusätzlichen Verbund (Abb. B 6.28 a).

Falz mit Kittfase
Bei traditionellen Verglasungen wird die Glasscheibe in einen offenen Falz mit Kittfase eingelegt. Der Falz ist entweder direkt in das Mauerwerk oder in ein Holzprofil eingearbeitet oder als Teil eines metallischen Guss- oder Walzprofils ausgebildet (Abb. B 6.28 b). Aufgrund der Verbundwirkung von Glasscheibe und tragendem Profil ermöglichte diese einfache Verglasungsart über Jahrhunderte die Konstruktion filigraner Großkonstruktionen, wovon viele heute noch existierende Gewächshäuser aus dem 19. Jahrhundert zeugen.

Falz mit Glashalteleiste
Die Glashalteleiste wurde eingeführt, um die notwendige zuverlässige Befestigung der Glasscheibe sowie eine Absicherung gegenüber Windsog sicherzustellen. Gleichzeitig trennt sie die Dichtungsfunktion von der mechanischen Befestigung und ermöglicht auf diese Weise einen größeren Spielraum zur Optimierung der jeweiligen Funktion (Abb. B 6.28 c). Vor allem aber wird so das Austauschen von Scheiben im Falle des Bruchs erheblich erleichtert. Eine Oberflächenbehandlung der Leisten nach Montage ist nicht mehr notwendig.

Pressleistenkonstruktion
Vorgehängte Fassadensysteme erfordern den Einsatz spezieller Tragkonstruktionen, an denen Glasscheiben mittels Halteleisten befestigt werden können. Derartige Pressleisten erlauben die Befestigung von zwei benachbarten Scheiben mit einem Profil, was eine einfache Montage und schlanke Profilquerschnitte ermöglicht (Abb. B 6.28 d). Vorgeformte, dauerelastische Dichtungsprofile schließen die innere und äußere Dichtungsebene. Bei Isolierverglasungen und erhöhten thermischen Ansprüchen gilt der thermischen

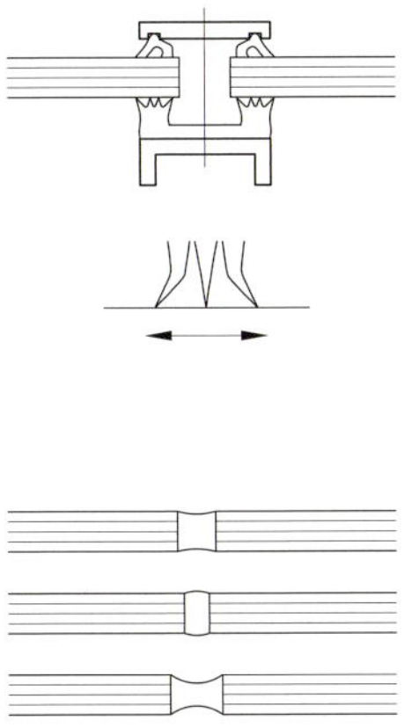

a

b

B 6.27

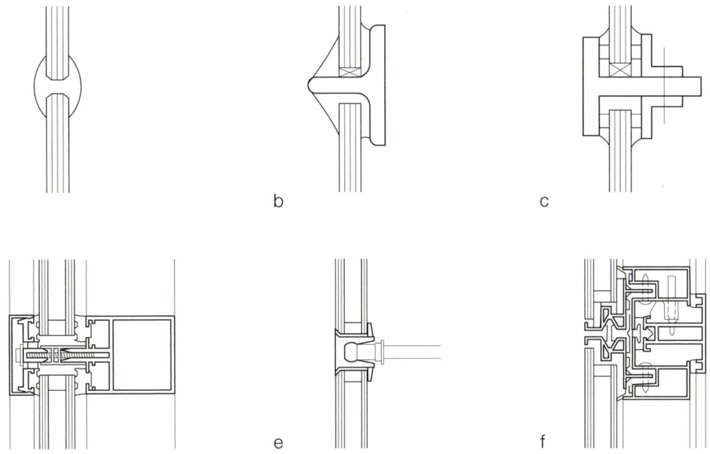

a b c

d e f

B 6.28

B 6.29

Trennung von Pressleiste und Unterkonstruktion besondere Beachtung.

Linienlagerung ohne Pressleiste
Bei der Linienlagerung ohne Pressleisten werden nur zwei gegenüberliegende Seiten der Glasscheibe durch Pressleisten gehalten und die beiden anderen, freien Seiten werden flächenbündig mit einer geklebten Silikonfuge geschlossen. Relevant beim Einsatz von Verbundsicherheitsglas ist insbesondere die Materialverträglichkeit von Klebefolie und Verfugung. Bei der Verwendung einer Isolierverglasung empfiehlt es sich, in zwei Dichtungsebenen zu arbeiten und den inneren Hohlraum zwischen den beiden Fugen gesondert zu entwässern.

Punktlagerung am Rand
Verglasungen mit Punktlagerung im Randbereich kombinieren die Vorteile von Pressleistenkonstruktion und Punkthalterung. Kleine, das Erscheinungsbild nur minimal beeinflussende Halterungen nehmen über schmale Klotzungen die Beanspruchungen in Scheibenebene auf, während Klemmteller diese Aufgabe im Falle der senkrecht zur Scheibenebenen wirkenden Kräfte übernehmen. Aufgrund der hohen mechanischen Belastungen im Bereich der Halterungen wird thermisch vorgespanntes Glas eingesetzt, wodurch sich die Kosten derartiger Konstruktionen erhöhen. Allerdings sind bei dieser Verglasungsart Bohrungen in der Verglasung nicht notwendig. Die freien Ränder müssen lediglich Dichtungsfunktionen übernehmen.

Punkthalterung mit Bohrung
Bei der Punkthalterung mit Bohrung findet eine vollständige Loslösung der tragenden von der Dichtungsfunktion statt. Die Lastabtragung wird über Bohrungen in der Glasebene vorgenommen, während die Dichtungsfunktion an den freien Rändern erfolgt. Neben dem filigranen Erscheinungsbild ergibt sich ein großer gestalterischer Spielraum. Allerdings kommt der Dichtungsqualität sowohl im Bereich der Punkthalterungen (besonders bei Isolierverglasungen) als auch an den freien Ränder eine besondere Bedeutung zu (Abb. B 6.28e).

Geklebte Verglasungen (Structural Sealant Glazing – SSG)
Bei geklebten Verglasungen übernimmt die Verklebung von Glas und Unterkonstruktion sowohl die Funktion der Lastabtragung als auch die der Abdichtung. Durch die Verklebung dürfen jedoch nur kurzzeitig wirksame Lasten wie beispielsweise aus Wind übertragen werden. Das Eigengewicht der Scheiben wird durch mechanische Halterungen aufgenommen (Abb. B 6.28f).

Hinweise zu Isolierverglasungen
Abstandshalter und Glasscheiben werden normalerweise mit Thiokol verklebt, was einen sehr hochwertigen, gasdichten Randverbund gewährleistet. Da Thiokol nicht UV-beständig ist, muss der Randverbund ganzflächig von außen abgedeckt werden. Dies kann durch Pressleisten oder eine entsprechende UV-undurchlässige Bedruckung erfolgen. Alternativ ist die Ausbildung des Randverbunds mit einer Silikonverklebung möglich. Da sich hierbei eine Gasdurchlässigkeit nicht ausschließen lässt, ist der Einsatz von Edelgasen für diese Verglasungsart nicht sinnvoll [7].

Anmerkungen:
[1] Staib, Gerald: Von den Ursprüngen bis zur klassischen Moderne. In: Schittich, Christian u.a.: Glasbau Atlas. München 2006, S. 10–29
[2] Button, David; Pye, Brian (Hrsg.): Glass in Building. A Guide to Modern Architectural Glass Performance. . Oxford 1993
[3] Compagno, Andrea: Baustoff Glas – Entwicklungen und Tendenzen. In: Kaltenbach, Frank (Hrsg.): Transluzente Materialien. München 2003, S. 10–25
[4] Saint Gobain Glass (Hrsg.): Memento Glas Handbuch. Aachen 2000, S. 32
[5] Dieser Wert gilt für eine zweifach Isolierglasscheibe mit einseitiger Verbundsicherheitsglassscheibe. Firmenangabe Gesimat GmbH, Januar 2016
[6] Sobek, Werner u.a.: Konstruieren mit Glas – Festigkeit und Tragverhalten. In: Schittich, Christian u.a.: Glasbau Atlas. München 2006, S. 93–94
[7] Eine ausführliche Übersicht zu den unterschiedlichen Verglasungsarten mit entsprechenden Detailzeichnungen in: Schittich, Christian u.a.: Glasbau Atlas. München 2006, S. 160–183

B 6.23 Schema einer Vakuumverglasung
B 6.24 Ordnungsprinzipien für transluzente Wärmedämmung:
a diffuse Struktur
b gerichtete Struktur
B 6.25 Isolierverglasung mit integrierten Elementen zur Tageslichtsteuerung:
a Acrylglaselemente zur Lichtumlenkung,
b Lamellen mit hochreflektierender Beschichtung
B 6.26 Lagerungsarten von Glasscheiben und Krafteinleitung:
a Lagerung in der Ebene der Glasfläche, Krafteinleitung am freien Rand
b Krafteinleitung senkrecht zur Ebene der Glasfläche, Lagerung am freien Rand Lochlagerung
c Lagerung in der Ebene der Glasfläche, Krafteinleitung am Öffnungsrand
d Krafteinleitung senkrecht zur Ebene der Glasfläche, Lagerung am Öffnungsrand
B 6.27 Möglichkeiten zur Ausbildung von Glasfugen:
a Kontaktdichtung, Bewegungsmöglichkeit durch Gleiten und Verformung der Lippen
b Klebedichtung mit dauerelastischem Kitt (Silikon), Bewegungsmöglichkeit durch Stauchung bzw. Streckung des Materials
B 6.28 links: außen/rechts: innen
a Bleiverglasung.
b Falz mit Kittfase
c Falz mit Glashalteleiste
d Pressleiste
e Punkthalterung mit Bohrung
f geklebte Befestigung (SSG)
B 6.29 dichroitisches Glas (Beschichtung von Glas mit farbigen Kristallen, die in Abhängigkeit von Einfallswinkel und Schwingungsrichtung des Lichtes verschiedenfarbig erscheinen), New York (US) 1999, James Carpenter

Verwaltungsgebäude Willis Faber & Dumas

Ipswich, GB 1975

Architekten:
Foster Associates, London
Tragwerksplanung:
Anthony Hunt Associates, Cirencester
Fassadenberatung:
Martin Francis mit Jean Prouvé

Architectural Review 09/1975
A+U 02/1974
Bauen + Wohnen 02–03/1976
Wigginton, Michael: Glas in der Architektur. Stuttgart 1996

- eines der ersten Beispiele einer abgehängten Vorhangfassade aus Einfachverglasung
- Verbindung der Glasscheiben mittels Klemmplatten
- Aussteifung der Fassade durch Glasschwerter
- minimaler Deckenanschluss durch EPDM-Profil zwischen Deckenkante und Glasscheibe
- Verwendung grau getönter Sonnenschutzverglasung

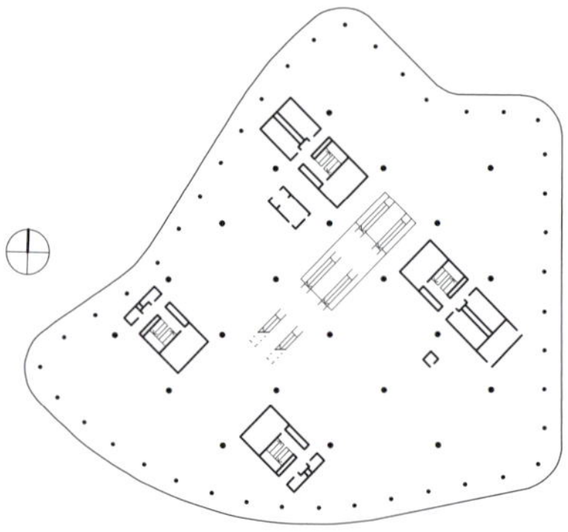

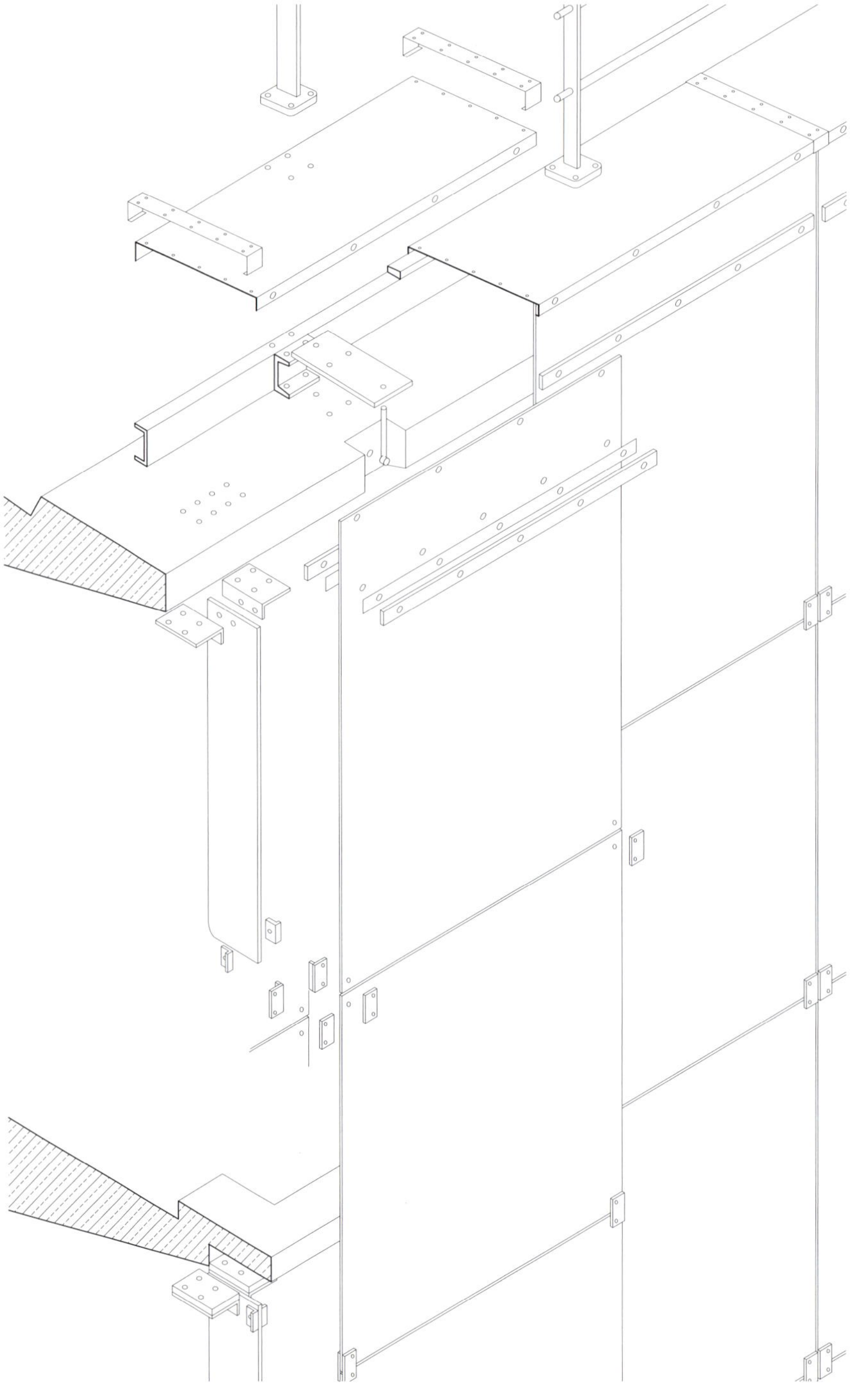

Grundriss Maßstab 1:2000
Isometrie Fassade Maßstab 1:50
Glasabhängung Maßstab 1:20

1 Geländerpfosten der Dachterrasse
2 Abdeckblech gekantet
3 Stahlprofil [230/100 mm
4 Flachstahl ▭ 570/750/22 mm mit Stahlbetondecke verschraubt
5 Gewindestab ⌀ 38 mm
6 Aufhängung Verglasung: Halteleisten horizontal mit EPDM-Dichtung
7 Sonnenschutzglas ESG 12 mm, Punkthalterung

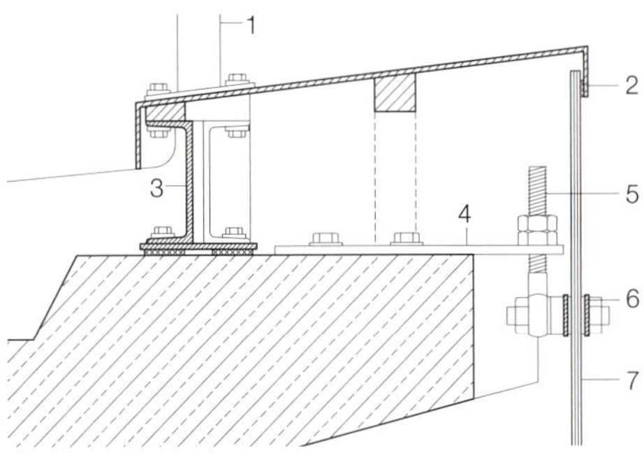

Informations-, Kommunikations- und Medienzentrum

Cottbus, DE 2004

Architekten:
Herzog & de Meuron, Basel
Tragwerksplanung:
Pahn Ingenieure, Groß Gaglow

Architektur Aktuell 06/2005
Archithese 02/2005
Hochparterre 05/2005
Werk Bauen + Wohnen 04/2005
Xia Intelligente Architektur 51/2005

- Medienbibliothek (Bücher, Zeitschriften, CD Rom Files, etc.) mit 700 Arbeitsplätzen
- Die umlaufende, mehrschalige Glasfassade aus bedrucktem und gebogenen Glas erlaubt eine maximale Tageslichtnutzung .
- Die weiße Bedruckung des Glases unterstützt die Signalwirkung des Universitätsgebäudes und reguliert den Lichteinfall.
- Kreisrunde, kompakt gehaltene Erschließungskerne ermöglichen weitläufige, ineinander greifende Nutzungszonen.

Grundriss Erdgeschoss • Schnitt
Maßstab 1:1000
Horizontalschnitt • Vertikalschnitt
Maßstab 1:20

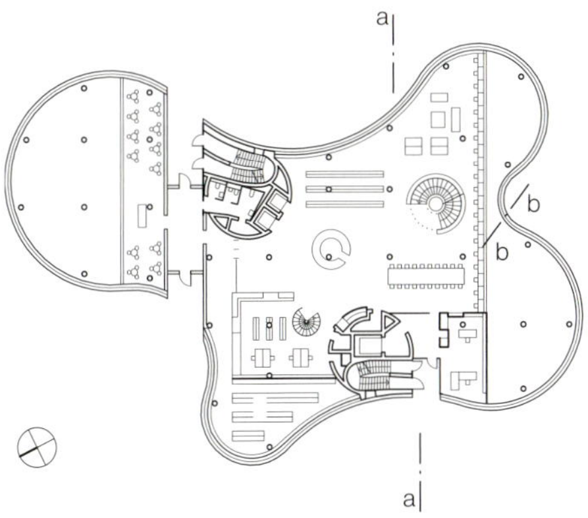

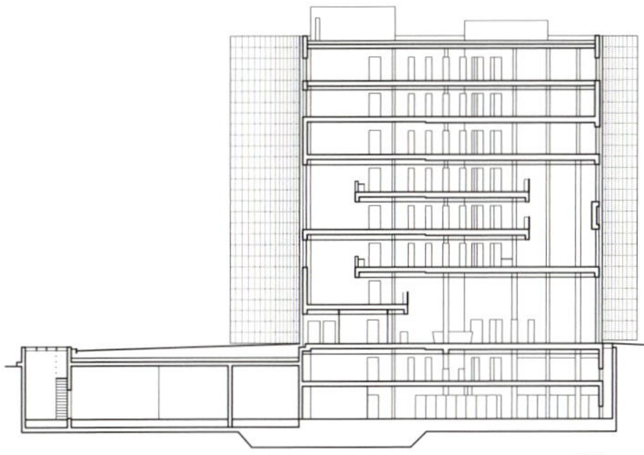

aa

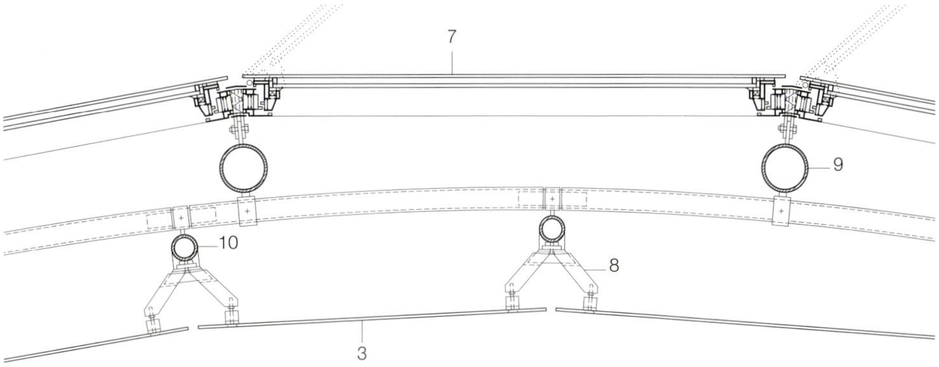

cc

1. Glasabdeckung VSG 10 mm
2. Kies 16/32 50 mm, im Randbereich verklebt
   Dachdichtung Polymerbitumen
   Wärmedämmung Mineralfaser 200 mm
   Dampfsperre, Stahlbeton 250–300 mm
3. vorgehängte Fassade: ESG 8/1000/1000 mm
   Siebdruck weiß 40 %, offene Fugen
4. Putz gestrichen 20 mm
   Wärmedämmung Mineralfaser 120 mm
   Stahlbeton 250 mm
5. Isolierverglasung Öffnungsflügel (nur 7. OG)
6. Abhängdecke Streckmetallgitter 20 mm,
   74 % Lüftungsquerschnitt
7. Isolierfassade: Float 6 + SZR 16 + ESG 8 mm,
   Innenscheibe als Structural Glazing
   Elemente 1500/3500 mm, Siebdruck 30–40 %,
   U = 1,46 W/m²K, Pfosten-Riegel-Fassade Aluminium
8. Glashalter Aluminiumspider mit Senkkopfpunkthaltern Edelstahl
9. Stahlrohr verzinkt ∅ 127 mm
10. Stahlrohr verzinkt ∅ 70 mm

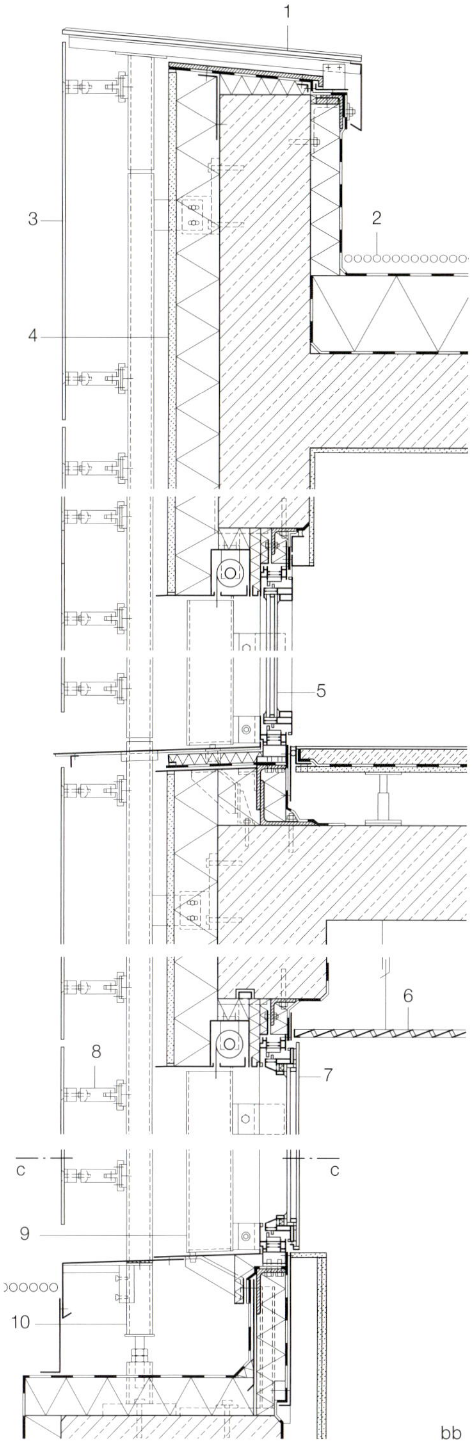

bb

Herz-Jesu-Kirche

München, DE 2000

Architekten:
Allmann Sattler Wappner, München
Fassadenplanung:
R+R Fuchs, München
Gestaltung Glasfläche Eingang:
Alexander Beleschenko

Bauwelt 47/2000
DBZ 03/2001
Detail 02/2001
GLAS 02/2001

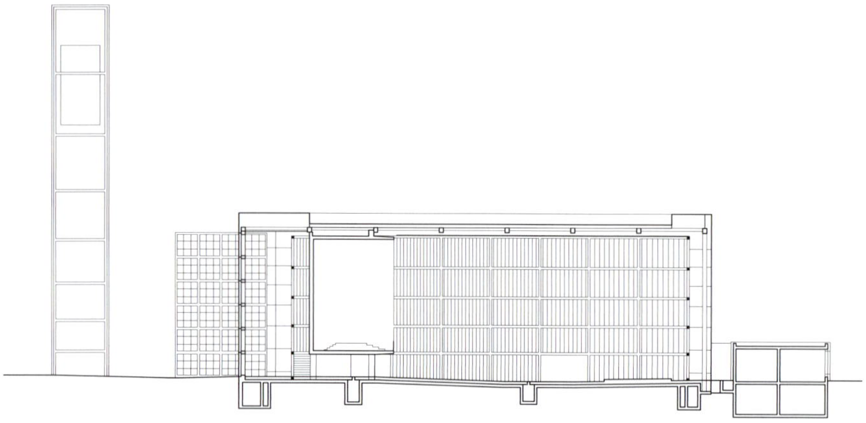

aa

- Außenhaut als Pfosten-Riegel-Konstruktion mit Isolierverglasung, Pressleisten flächenbündig mit Glasscheiben durch umlaufende Abstufung der äußeren Glasscheibe
- Windaussteifung der Glasfassade durch horizontal und vertikal angeordnete Glasschwerter
- Glasscheiben in unterschiedlicher Intensität bedruckt mit Verlauf von durchsichtig transparent im Portalbereich zu undurchsichtig transluzent im Altarbereich
- Eingangsportal aus 14 m hohen Glasflügeln, Glasflächen bedruckt
- innere Hülle aus hellen Ahornholzlamellen
- Stahltragwerk aus Rechteck-Hohlprofilen

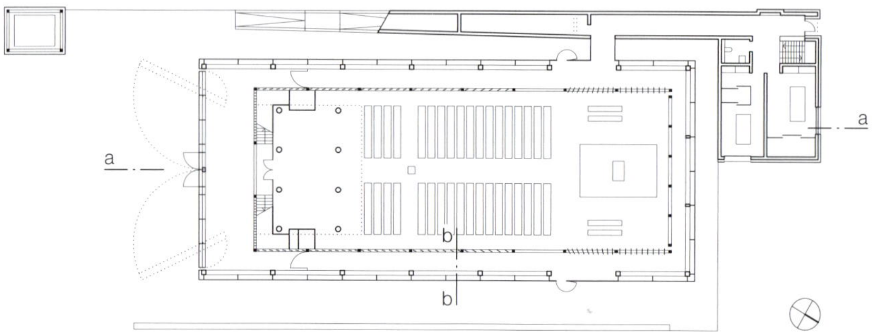

Schnitt • Grundriss
Maßstab 1:750
Vertikalschnitt Maßstab 1:50
Horizontalschnitt Ecke / Tor
Maßstab 1:20

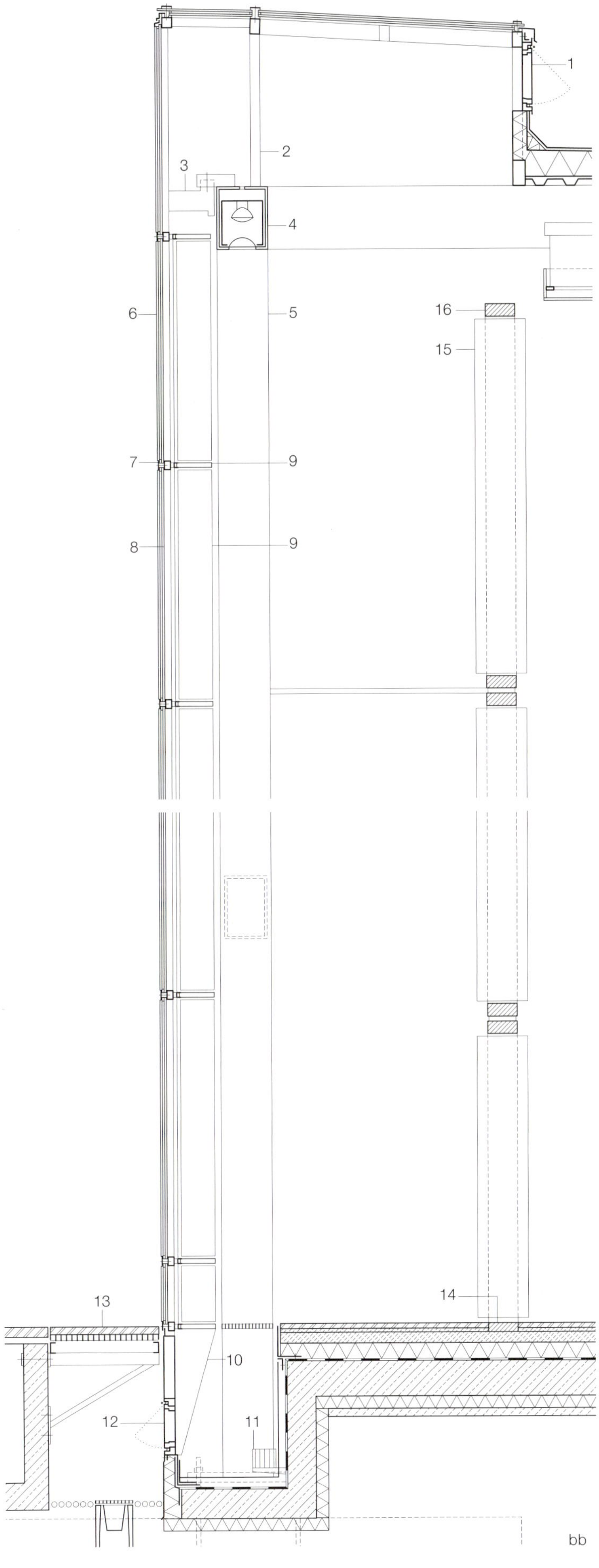

1 Klappflügel Aluminium Abluft/ Entrauchung
2 Stahlrohr □ 80/80/4 mm
3 Fassadenaufhängung höhenjustierbar
4 Randträger Stahlrohr ▭ 420/500/20 mm geschweißt, mit integrierten Leuchten
5 Doppelstütze, zusammengesetzt aus je 2× Flachstahl ▭ 170/60 mm und 2× Flachstahl ▭ 300/30 mm
6 Isolierverglasung VSG 8 + SZR 16 + ESG 10 mm, bedruckt (Siebdruck Azeton im Verlauf), äußere Glasscheibe umlaufend abgestuft, bedruckt (Siebdruck Kristallgranulat im Verlauf)
7 Pressleiste flächenbündig
8 Stahlrohr ▭ 50/70/5 mm
9 aussteifendes Glasschwert 36/300 mm
10 Stahlkonsole als Auflager für Glasschwerter
11 Konvektor
12 Klappflügel Aluminium für Zuluft
13 Sandsteinplatte 60 mm mit Lüftungsschlitzen
Gitterrost 60 mm
Stahlkonsole
14 Schwellholz Ahorn massiv 240/50 mm
15 Holzlamellen Ahorn furniert mit Rahmen verdübelt
16 Holzrahmen Ahorn massiv 240/120 mm
17 Stahlprofil L 170/90/10 mm
18 Verglasung Tor:
ESG 5 + SZR 20 + ESG 5 mm
zweiseitig bedruckt
Scheibenmaß 755/767 mm
19 Pressleiste Aluminium 70/40/8 mm
20 Sekundärkonstruktion:
Stahlrohr ▭ 100/60/4 mm
21 Primärkonstruktion:
Stahlrohr ▭ 280/150 mm

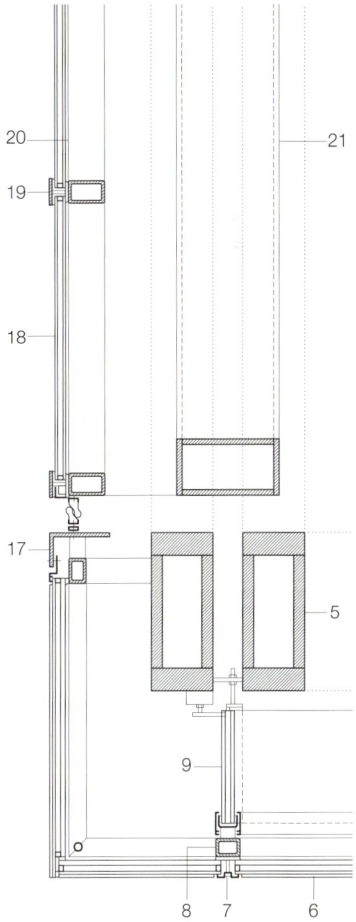

Rodin Museum

Seoul, KR 1997

Architekten:
Kohn Pedersen Fox Associates, London/
New York

📖 Architecture 11/1998
Kennon, Kevin: The Rodin Museum, Seoul. New York 2001

- exponierter Standort in der Innenstadt von Seoul
- punktegehaltene, zweischalige Glashaut für Fassade und Dach aus transluzenten VSG-Scheiben mit variierendem Scheibenabstand
- Unterkonstruktion aus nicht rostendem Stahl
- Scheibenzwischenraum durchlüftet mit vorgewärmter Zuluft im Winter bzw. gekühlter Zuluft im Sommer

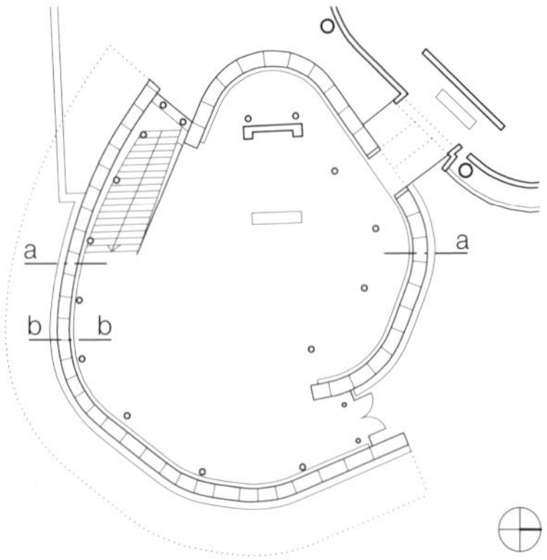

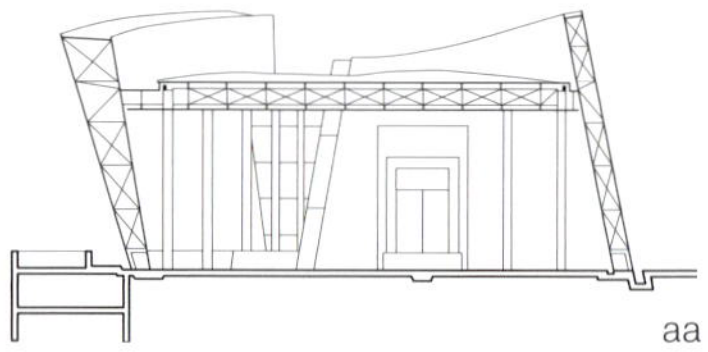

Grundriss • Schnitt Maßstab 1:750
Vertikalschnitt • Horizontalschnitt
Maßstab 1:50
Details Maßstab 1:5

1. VSG 2× 10 mm, beschichtet
2. Glashalter Edelstahl starre Befestigung
3. Glashalter Edelstahl bewegliche Befestigung
4. Silikonabdichtung
5. Edelstahlrohr ▭ 100/40/4 mm
6. Stahlrohr ▭ 60/40/4 mm
7. Aussteifung Stahlstab Ø 20 mm
8. Stahlrohr ▭ 100/60/4 mm
9. Edelstahlblech gekantet 2 mm
Wärmedämmung
Aluminiumblech pulverbeschichtet
10. Abdeckblech Aluminium 3 mm
11. Stahlrohr ▭ 450/250 mm
12. Isolierverglasung
ESG 8 + SZR 12 + VSG 2× 7 mm
13. Stahlrohr ▭ 300/150 mm
14. abgehängte Glasdecke VSG 2× 8 mm
15. Edelstahlpaneel wärmegedämmt 83 mm
16. Gitterrost Edelstahl, aufklappbar
17. Beleuchtung
18. Edelstahlblech, abnehmbar
19. Abdeckung Lüftungskanal
Gitterrost Edelstahl 35/35 mm

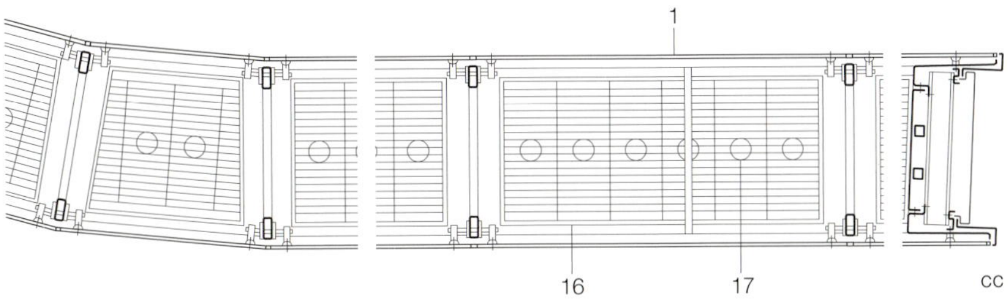
1
16
17
cc

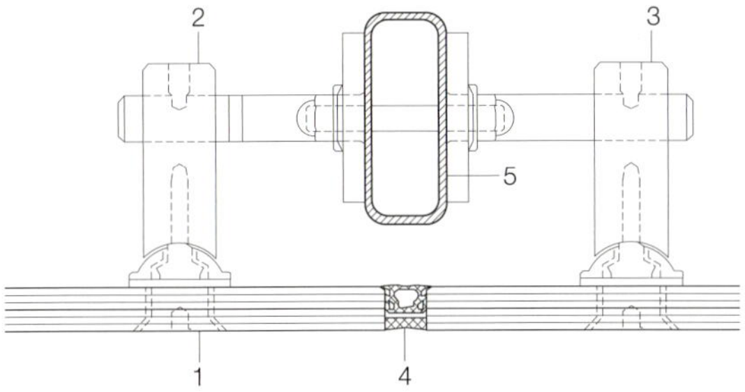
2
3
5
1
4

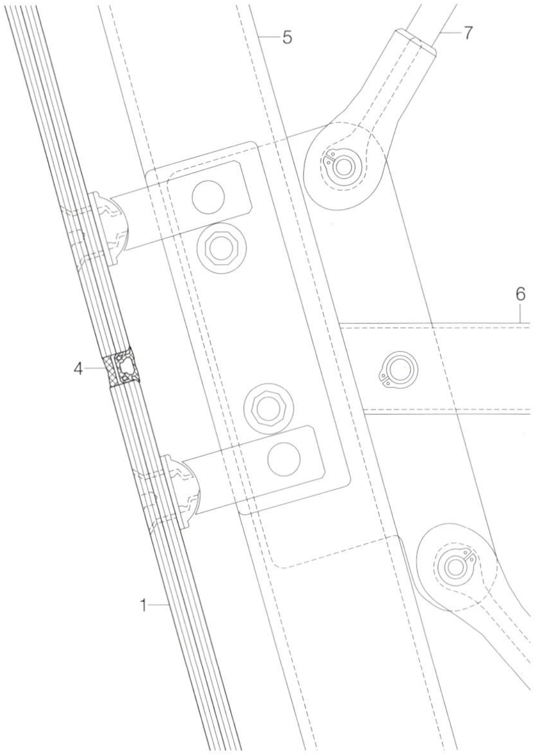
5
7
6
4
1

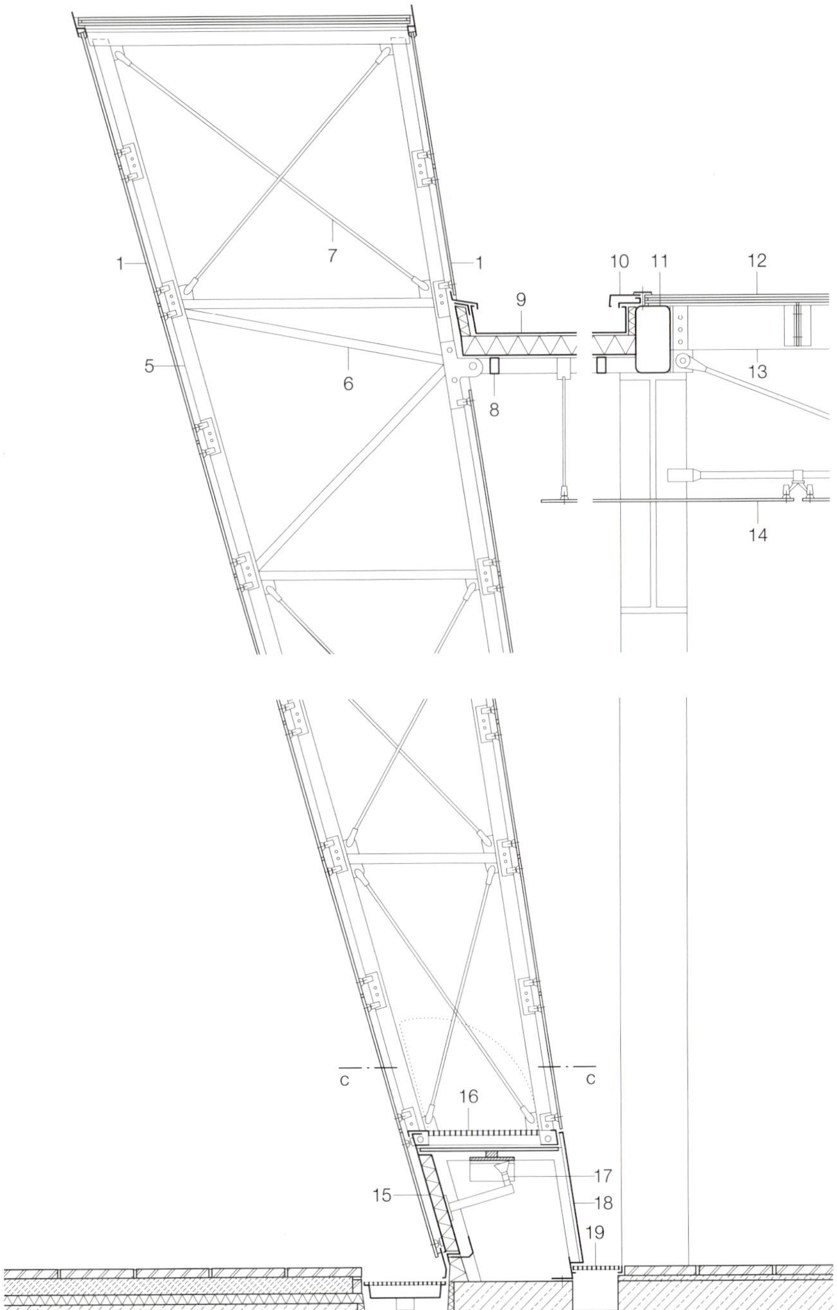
1
7
1
10
11
12
9
5
6
8
13
14
c
c
16
17
15
18
19
bb

Elbphilharmonie

Hamburg, DE 2017

Architekten:
Herzog & de Meuron, Basel
Tragwerksplanung:
Schnetzer Puskas, Basel
Fassadentechnologie:
Gartner, Gundelfingen

Bauwelt 35/2010
db 06/2011
El Croquis 01–02/2006
Glaswelt 11/2008
Hochparterre 06–07/2010

- Neubau eines Konzertsaals mit 2150 Sitzplätzen als Aufsatz auf einen bestehenden Warenspeicher aus den 1960er-Jahren
- Gesamthöhe des Gebäudes 110 m
- bis zu 5 m hohe teilweise konkav und konvex gewölbte Glasscheiben
- stark modulierte Glasfassade aus plastisch geformten, beschichteten Glasscheiben mit Siebbedruckung
- Dichte der Bedruckung in Abhängigkeit von den Sonnenschutzanforderungen

Querschnitt Maßstab 1:2000
Vertikalschnitte Maßstab 1:20
Horizontalschnitte Maßstab 1:50

1 Sonnenschutz-/Wärmeschutzverglasung warm verformt, eben oder Wölbung nach außen bzw. nach innen, h = 3350 mm, b = 2150/2500 mm: VSG 2 × 8 + SZR 16 + VSG 2 × 6 mm U = 1,1/1,3 W/m²K, g < 25 %
2 Sandwichpaneel Aluminium Dämmung 80 mm
3 Öffnungsflügel manuell
4 Abdeckblech Mittelpfosten Edelstahl gebogen
5 Aluminiumprofil schwarz (RAL 9005)
6 Sonnen-/Blendschutz-Vorhang, aluminiumbedampft
7 Monoverglasung warm verformt, Wölbung nach außen, Achsmaß h = 3350 mm b = 2150/2250/2500 mm: VSG 3 × 8 mm
8 Brüstung mit integrierter Glashalteleiste, GFK-Fertigteil, Gelcoat-Beschichtung, weiß (RAL 9016)
9 abgehängte Decke organischer Feinstputz auf Putzträgerplatte
10 Bohlen Eiche gehobelt 30 mm
11 Entwässerung Loggia

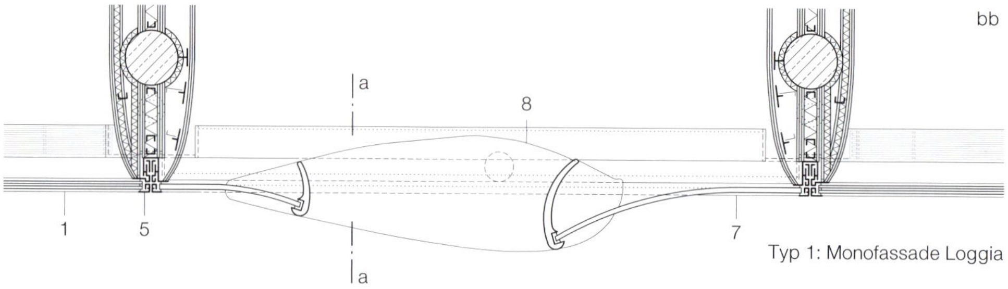

Typ 1: Monofassade Loggia

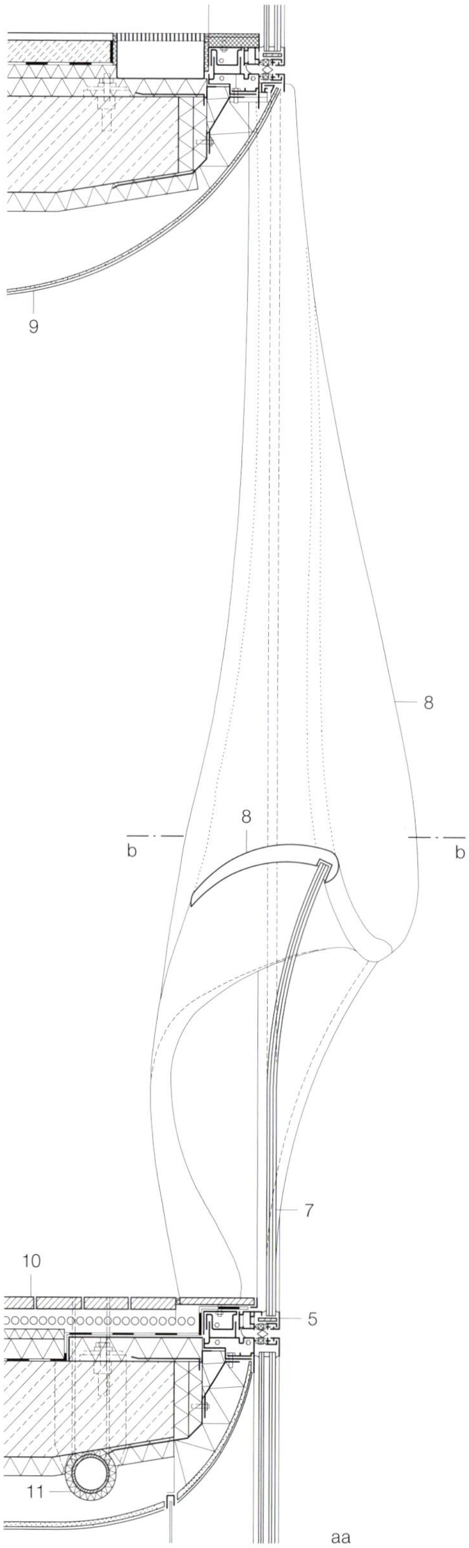

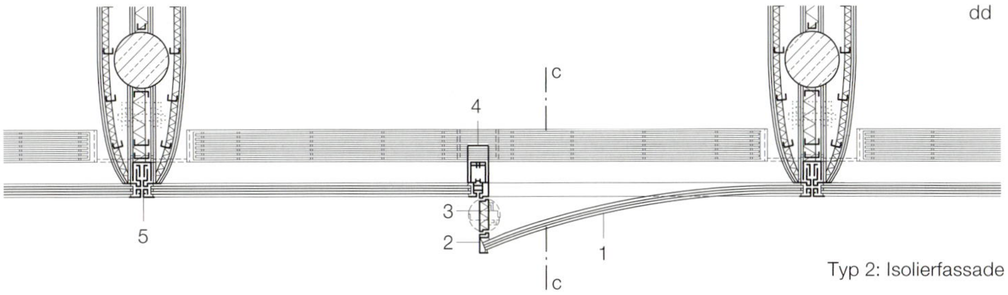

Typ 2: Isolierfassade

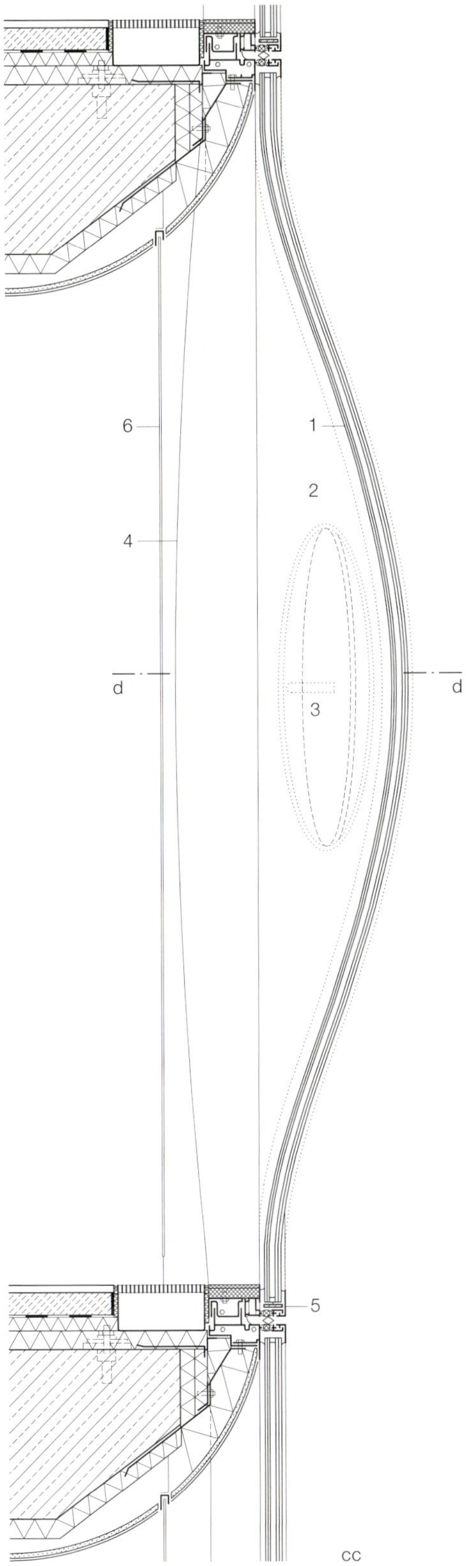

Juristische Fakultät

Cambridge, GB 1995

Architekten:
Sir Norman Foster and Partners, London
Tragwerksplanung:
Anthony Hunt Associates, Cirencester
Fassadenplanung:
Emmer Pfenninger Partner, Münchenstein

Architectural Review 03/1993
Bauwelt 35/1995
Foster Catalogue 2001. Hrsg. von Norman Foster u. a. München/London/New York 2001

- tonnenförmig gewölbte Nordfassade mit Silicone-Structural-Glazing-Konstruktion zur Maximierung der Tageslichtnutzung in allen Geschossen
- Unterkonstruktion aus zweilagiger, gekrümmter Stahlrohrkonstruktion mit dreiecksförmiger Grundgeometrie zur Aussteifung
- Scheiben in den Eckpunkten dreidimensional justierbar gelagert, Seitenlänge 280 bzw. 380 cm
- Aufnahme thermischer Bewegungen durch gleitende Lagerung
- Isolierverglasung mit Sonnenschutzbeschichtung und Low-E- Beschichtung

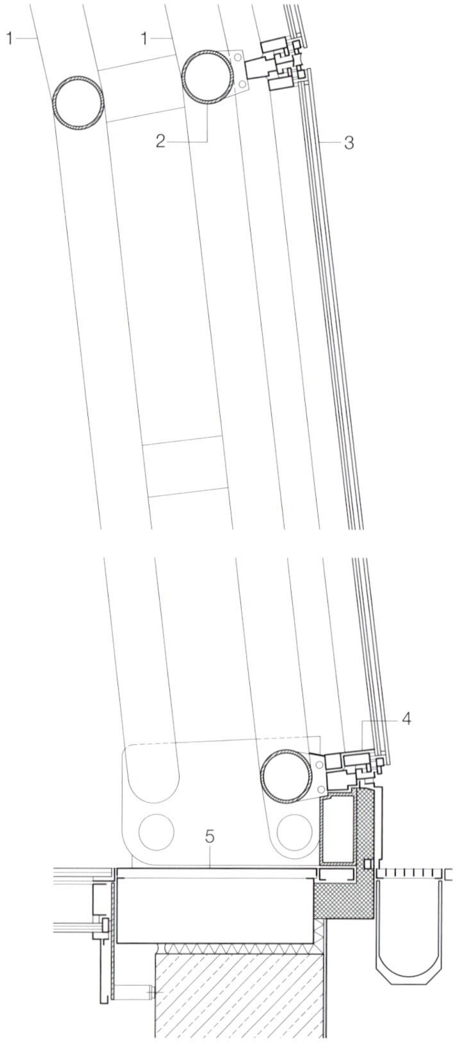

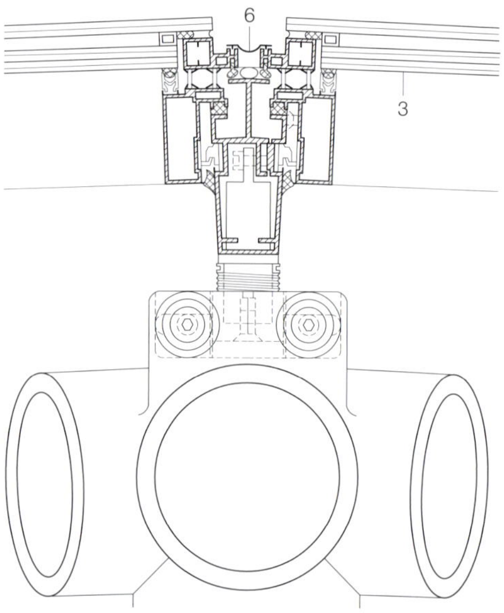

Schnitt Maßstab 1:500
Vertikalschnitt Maßstab 1:20
Detail Maßstab 1:5

1 Haupttragrahmen aus Stahlrohren ∅ 140 mm, Knotenpunkte geschweißt, weiß lackiert
2 Horizontalaussteifung Stahlrohr ∅ 140 mm, weiß lackiert
3 Stufenglas ESG 10 + SZR + VSG 2× 8 mm, Stufenfalz auf Aluminiumrahmen geklebt
4 Abschlussblech, geformtes Sonderprofil
5 Revisionsöffnung Fernwärmeschacht
6 Dichtungsprofil Silikon

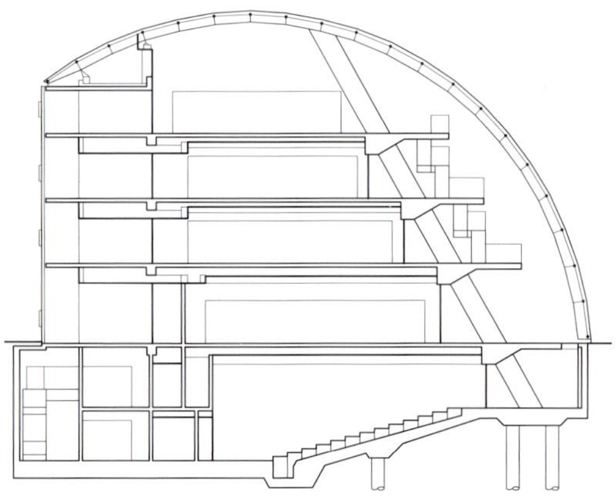

Lagerhalle

Marktheidenfeld, DE 1999

Architekten:
schneider+schumacher, Frankfurt am Main

🕮 Archithese 04/1999
Baumeister 04/2000
GLAS 05/2000

- Hauptfassade an der Längsseite aus zweilagigem transluzentem Profilglas 0,24 × 7,30 m
- Oberlichtband im Flachdach parallel zur Glasfassade lässt Fassade hell und leicht erscheinen.
- Primärkonstruktion mit Stahltragwerk auf Stahlbetonsockel

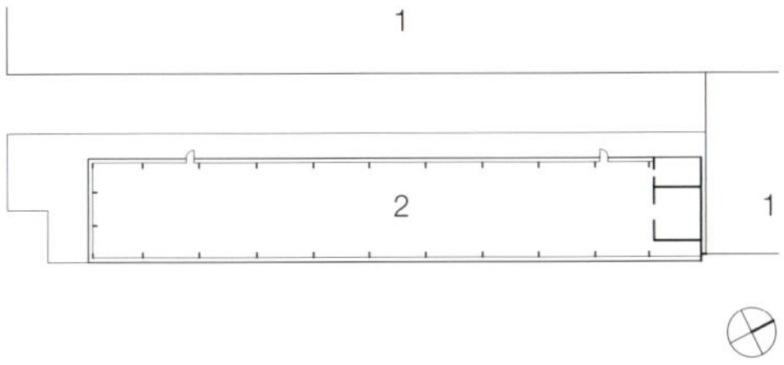

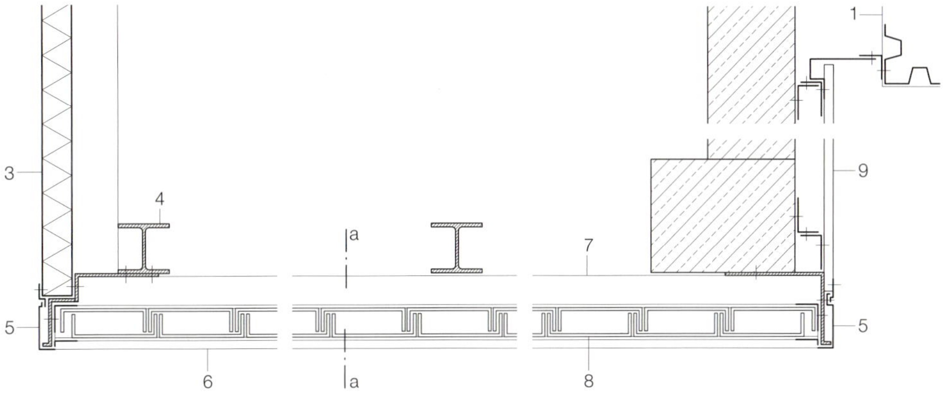

Grundriss Maßstab 1:1500
Horizontalschnitt • Vertikalschnitt
Profilglasfassade Maßstab 1:20

1 bestehende Halle
2 Neubau Lagerhalle
3 Paneel wärmegedämmt 80 mm, verdeckte Verschraubung
4 Hallenstütze HEA 140
5 Eckeinfassung Aluminiumzink
6 Tropfblech Aluminiumzink
7 Stahlbetonsockel
8 Profilglas
9 Flachpaneele 250 mm, horizontal verlegt
10 Abdeckblech gekantet auf Halteprofilen
11 oberer Profilglashalter Kantteil d = 3 mm

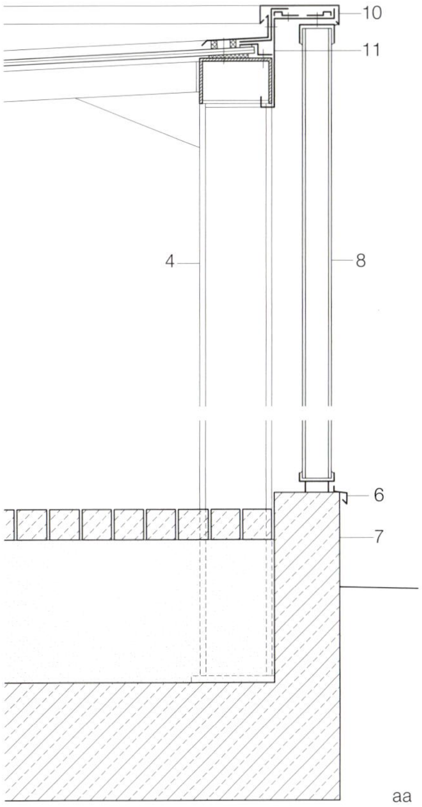

Kaufhaus Hermès

Tokio, JP 2001

Architekten:
Renzo Piano Building Workshop, Paris
Tragwerksplanung:
Ove Arup & Partners, London / Tokio

Detail 07/2001
Fassade / Façade 03/2002
GLAS 02/2002

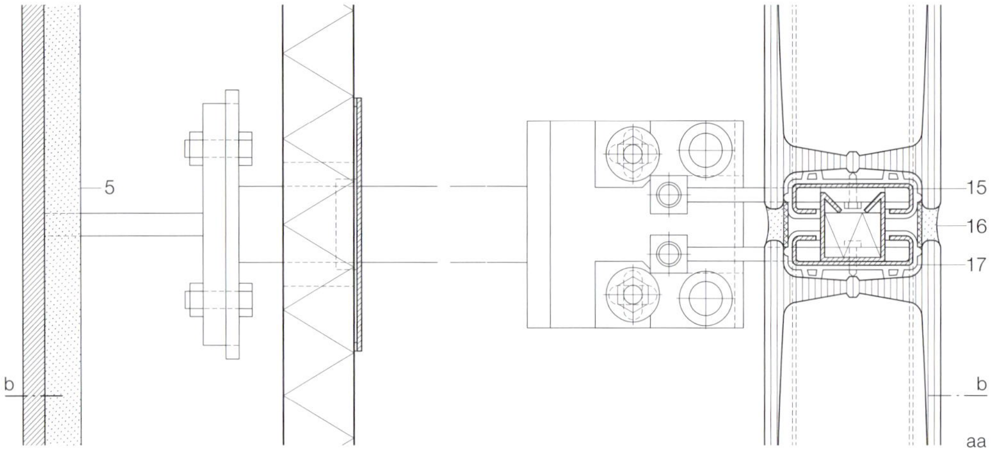

- geschosshohe Verglasung mit vorgehängter Fassade aus speziell entwickelten Glasbausteinen, 45 × 45 cm
- Befestigung der Glasbausteine mittels Stahlrechteckprofil im Fugenstoß zur Aufnahme der Vertikal- und Horizontallasten sowie zur Verbesserung der Erdbebensicherheit
- Ummantelung der Stahlprofile aus EPDM mit Lippendichtungen als Abschluss zum Glasbaustein zur elastischen Lagerung der Steine und zur Aufnahme von Bewegungen bis 4 mm

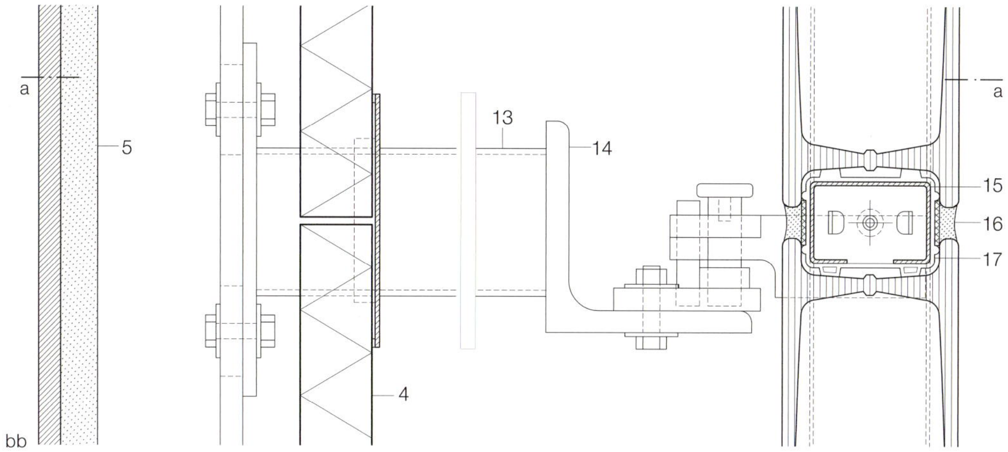

Querschnitt Maßstab 1:600
Horizontalschnitt Maßstab 1:5
Vertikalschnitt Kantenausbildung Maßstab 1:5
Vertikalschnitt Maßstab 1:20

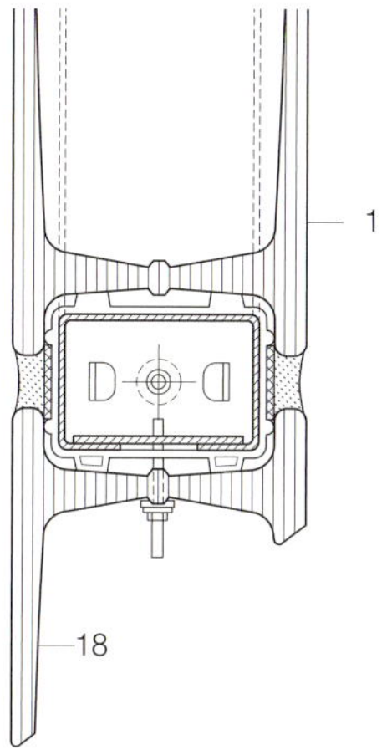

1 Glasbaustein 450/450/120 mm
2 Doppelboden mit Parkettoberfläche
3 Stahlbetondecke auf verlorener Schalung aus Trapezblech 150 mm
4 Stahlblechpaneel gedämmt 50 mm
5 Stahlprofil IPE 375/300 mm mit Brandschutzbeschichtung 25 mm
6 Stahlprofil HEA 200
7 Stahlstab mit Gewindeenden Ø 16 mm mit Brandschutzanstrich
8 Revisionsklappe
9 Stahlprofil IPE 250/125 mm mit Brandschutzbeschichtung 25 mm
10 Gelenklager mit Kugelkopf Stahl Ø 140 mm, in feuerbeständiger Konstruktion
11 abgehängte Decke Gipskarton 12,5 mm
12 Stütze Stahlrohr Ø 180/40 mm mit Brandschutzbeschichtung 10 mm
13 Stahlrohr ⏥ 100/50/5 mm
14 Stahlwinkel L 140/140/15 mm
15 Stahlprofil 80/53/3 mm
16 Silikonversiegelung dauerelastisch
17 EPDM-Profil
18 Kantenelement Glasstein

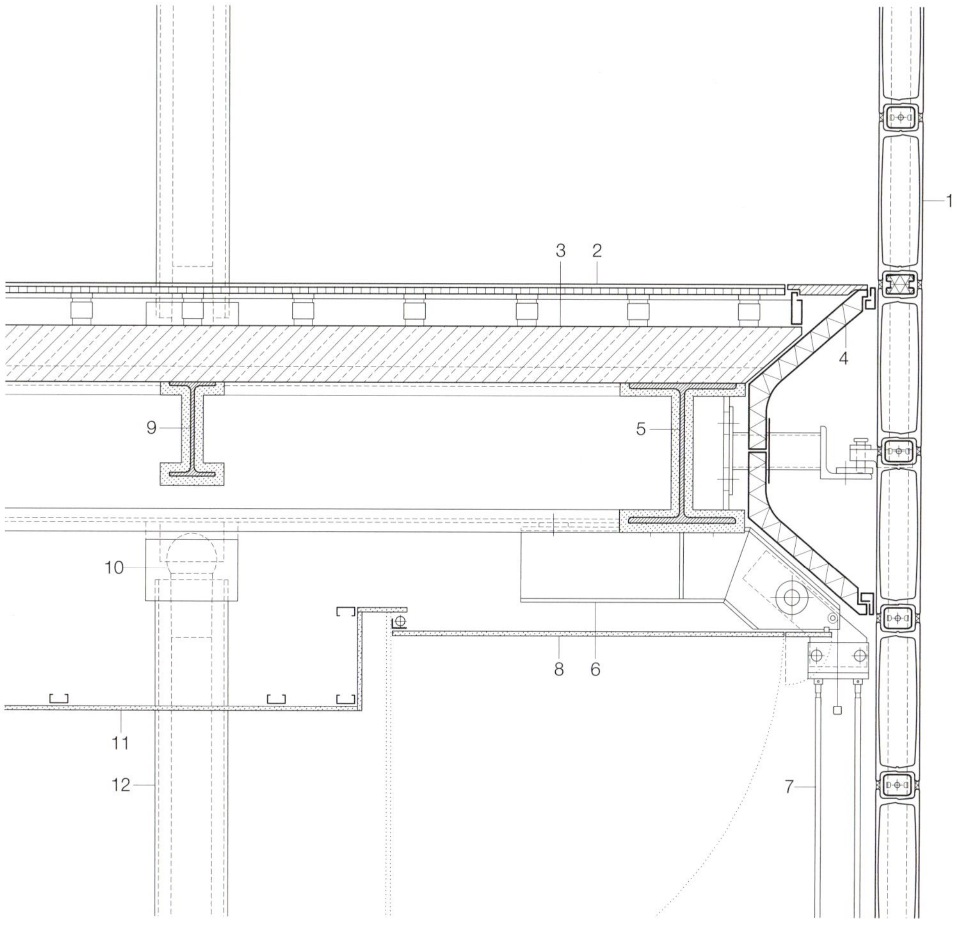

Eingangshalle Kempinski Hotel
(heute: Hilton Munich Airport)

München, DE 1994

Architekten:
Murphy/Jahn, Chicago
Tragwerksplanung der Seilnetzfassade:
Schlaich Bergermann und Partner, Stuttgart

Arch+ 124–125, 1994
A+U Extra Edition 293, 1995: Helmut Jahn – Hotel Kempinski Munich Airport.
Knaack, Ulrich: Konstruktiver Glasbau. Köln 1998

- hängende Seilnetzkonstruktion mit 45 m Breite und 25 m Höhe
- Ableitung der Windlasten über horizontal vorgespannte Edelstahlseile, 22 mm
- Aufnahme der Vertikallasten über vorgespannte Edelstahlseile, 22 mm
- Verglasung aus VSG-Scheiben, Scheibengröße 1,50 × 1,50 m, Scheibendicke 10 mm
- Ecken 45° abgeschnitten zur Aufnahme der Verschraubung der Klemmplatten
- Lagerung der Scheibe innerhalb der Klemmplatten erfolgt schwimmend, um Bewegungen der Fassade von bis zu 90 cm ausgleichen zu können.

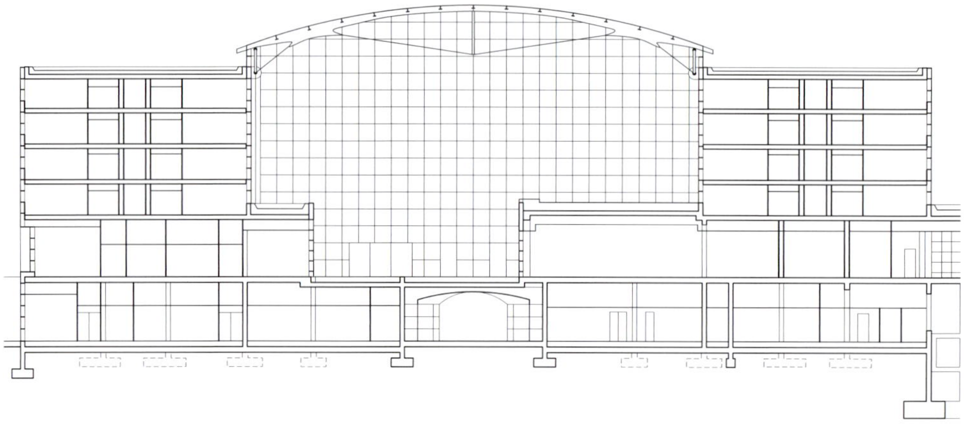

Querschnitt Maßstab 1:750
Vertikalschnitte • Horizontalschnitt
Maßstab 1:20
Detail Klemme Maßstab 1:5

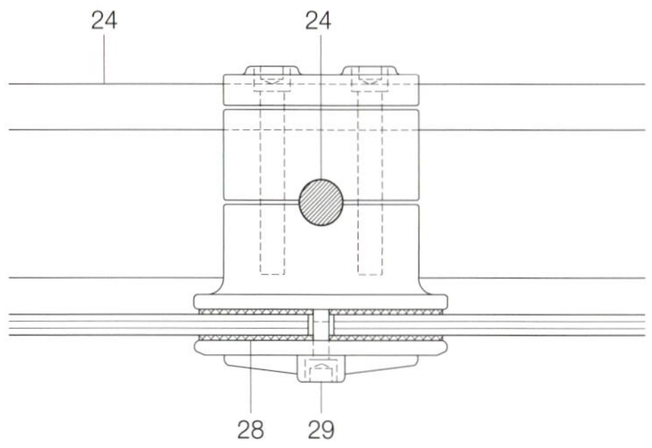

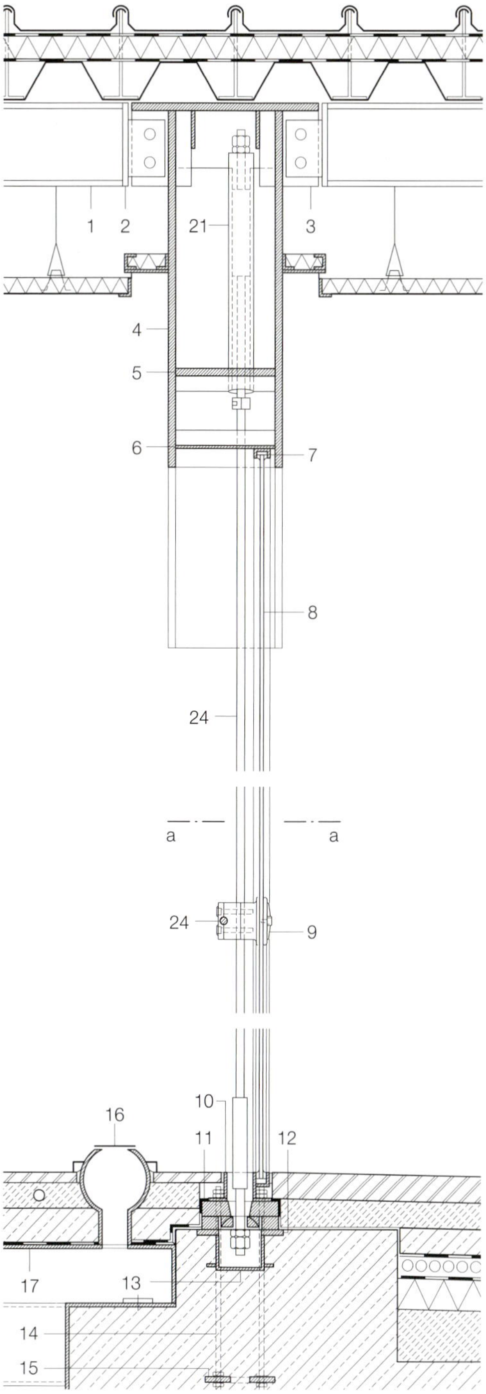

bb

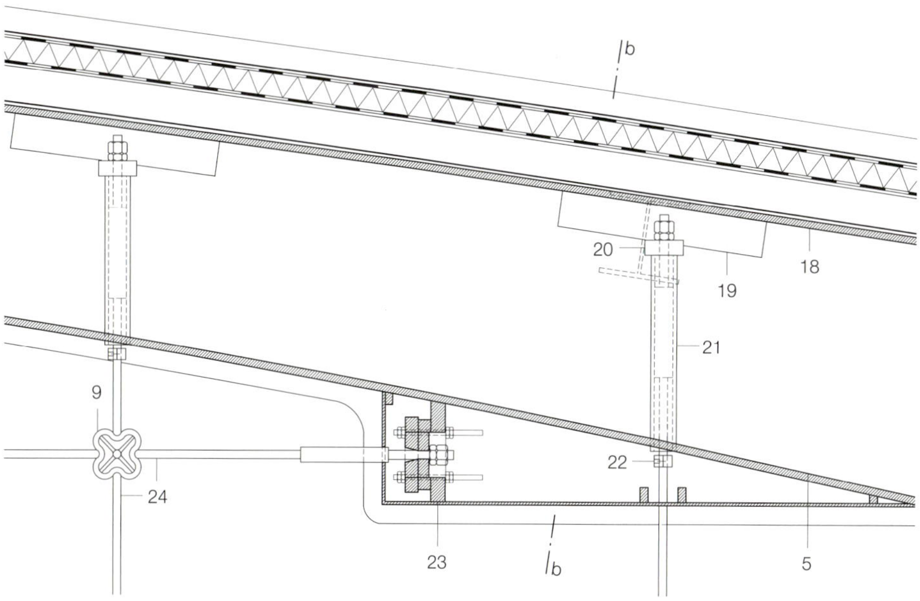

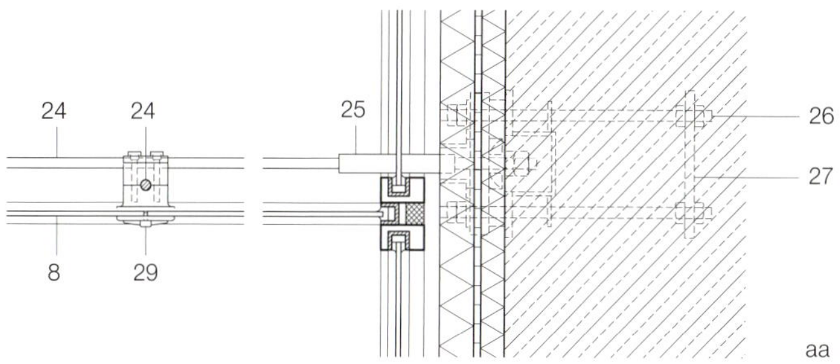

aa

1 HEB 220
2 Kopfplatte 220/220/15 mm, beidseitig angeschweißt ∟ 100/100/10 mm
3 Flachstahl ▭ 175/200/20 mm
4 Flachstahl, angeschweißt an Stahlrohr und Stegbleche
5 Untergurt 265/20 mm
6 Abdeckblech 265/5 mm
7 Stahlprofil ⊔ 40
8 VSG 10 mm
9 Seilklemme
10 Rohr Ø 101,6/71/2,6 mm mit angeschweißten Anschraubplatten ▭ 160/160/4 mm, nach dem Spannvorgang an Spannplatte angeschraubt mit 4× M6/15
11 Spannplatte ▭ 210/190/40 mm mit Senkloch Ø 65/52 mm und Ausnehmung Ø 106/2 mm
12 Rahmen Stahlblech ▭ 240/220/15 mm, Bohrung Ø 120 mm, Stahlrohr Ø 127/3,2 mm, angeschweißt
13 Einbauteil Stahlblech ▭ 240/220/15 mm mit mittiger Bohrung Ø 120 mm, Stahlrohr Ø 127/3 mm, angeschweißt, Ankerstäbe 4× M18
14 Gewindestangen 4× M16
15 Blechrahmen 70/15 mm, Bohrungen 4× Ø 17 mm
16 Luftdüsen, Edelstahl gebürstet
17 Lüftungskanal
18 Obergurt 500/20 mm
19 Flachstahl 560/100/10 mm
20 Lagerplatte ▭ 100/80/40 mm, mittige Bohrung Ø 40 mm
21 Stahlrohr Ø 70/10 mm mit innen liegendem Ring EPDM
22 Klemmring zweischalig
23 Querschott Stahlblech ▭ 260/40 mm, Bohrung Ø 120 mm
24 Edelstahlseil Ø 22 mm
25 Gewindefitting M36, Kontermutter M36
26 Gewindestab M22
27 Ankerplatte Stahlblech 300/70/20 mm, Bohrungen 2× Ø 23 mm, beidseitig angeordnete Muttern M22
28 Lager EPDM
29 Zylinderschraube M10/20

Erschließungstürme Museo Reina Sofia

Madrid, ES 1990

Architekten:
Ian Ritchie, London
mit José Luis Iñiguez & Antonio Vázquez
Tragwerksplanung:
Ove Arup & Partners, London

Architectural Design 11–12/1991
Architectural Review 12/1991
Baumeister 09/1991
DBZ 10/1992
l'ARCA 11/1991
Progressive architecture 02/1994

- verglaste Seilnetzwand mit einer Gesamthöhe von 36 m
- Befestigung der Glasscheiben über punktförmige Halter, die gelenkig an speziell geformten »Delfinhaltern« befestigt sind
- Aufnahme der temperaturbedingten Längenänderung der Glasscheiben über federartige Ausgleichselemente am Fußpunkt der Stahlseilabspannung
- Ableitung der Windkräfte über Aussteifungselemente an den Ecken in das Haupttragwerk

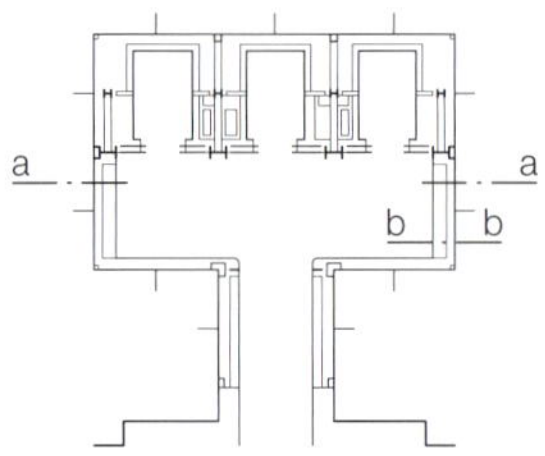

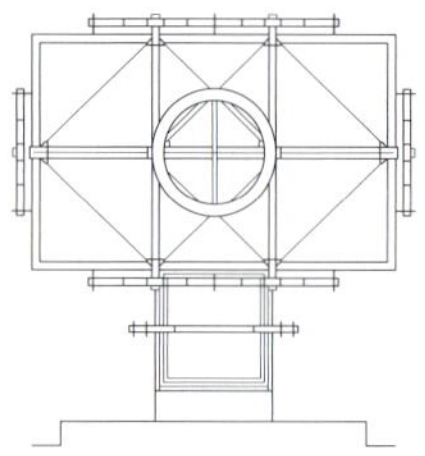

Grundriss Regelgeschoss • Dachaufsicht • Schnitt
Maßstab 1:500
Isometrien ohne Maßstab
Vertikalschnitt Maßstab 1:20

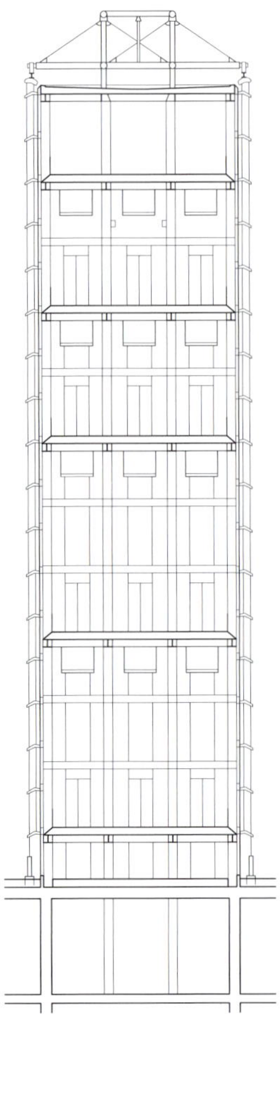

aa

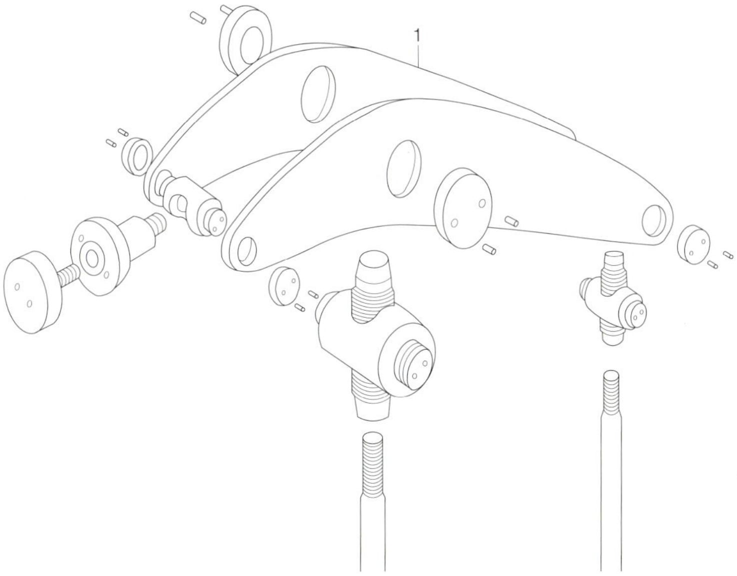

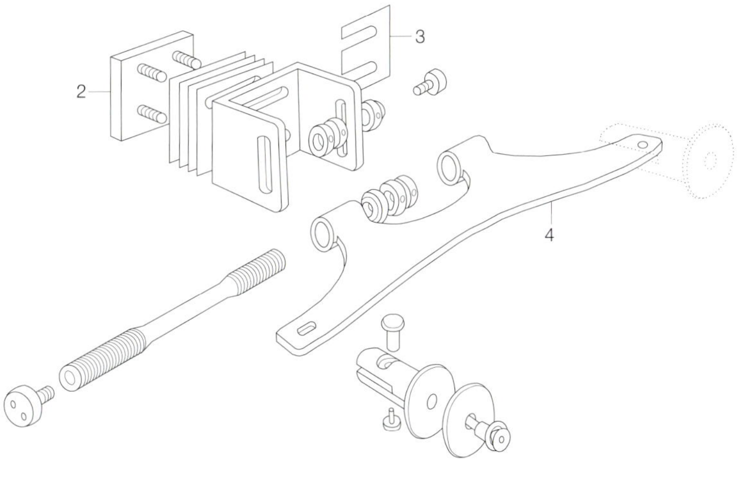

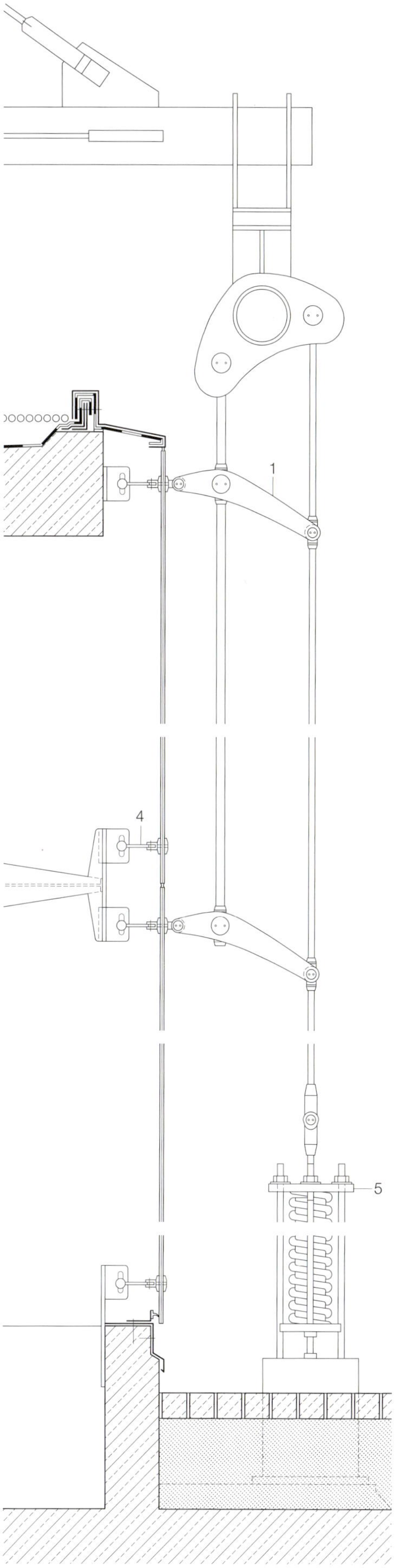

1 »Delfinhalter« Edelstahl
2 Anschlussplatte
3 Unterlegscheibe
4 Edelstahlplatte 6 mm
5 runde Abschlussplatte Edelstahl zur Sicherung des Federelements

bb

Erweiterung Glasmuseum

Kingswinford, GB 1994

Architekten:
Design Antenna, Richmond
Tragwerksplanung:
Dewhust Macfarlane & Partner, London

Detail 01/1995
Knaack, Ulrich u. a.: Konstruktiver Glasbau 2. Köln 2000

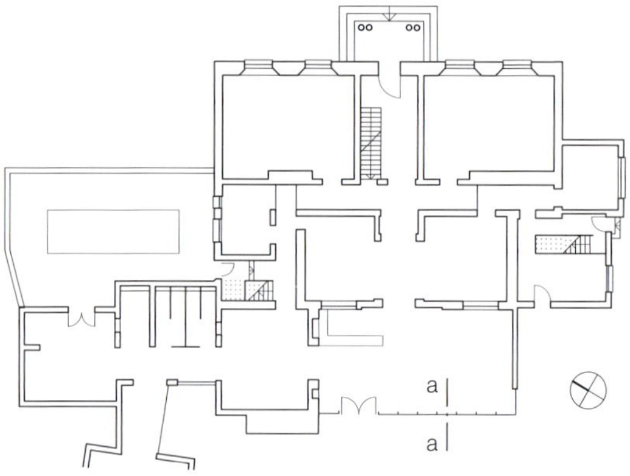

- Konstruktion vollständig aus Glas gefertigt
- Demonstration der glastechnischen Möglichkeiten
- Tragstruktur aus dreifach mit Gießharz verklebtem und vorgespanntem Glas
- Trägerabstand 1,10 m, Spannweite 5,70 m
- Verzapfung von Stütze und Träger im Eckbereich
- Verwendung von Isolierverglasung aus Sonnenschutzglas
- keramische Beschichtung der Unterseite der Dachverglasung mit Sonnenschutzfunktion
- Dachkonstruktion für Reinigungszwecke begehbar

Grundriss Maßstab 1:500
Axonometrie ohne Maßstab
Detail Türsturz Maßstab 1:5
Vertikalschnitt • Horizontalschnitt Maßstab 1:5

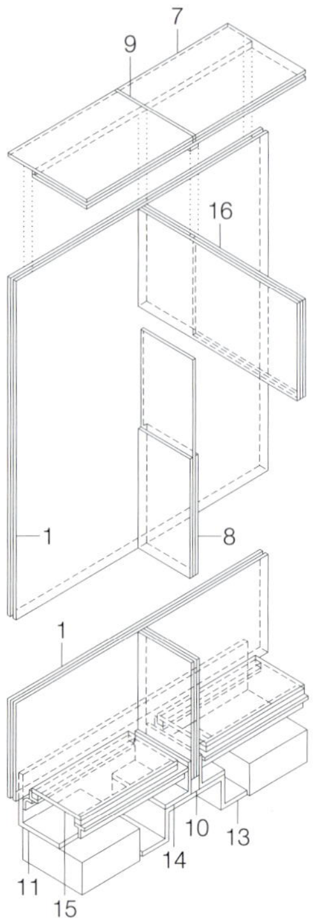

1 Isolierverglasung ESG-Sonnenschutzglas 8 + SZR 10 + ESG 8 mm
2 Silikonprofil
3 Bohrung für Türangel
4 Eckprofil Acrylglas
5 Türbeschlag Edelstahl
6 Glastür 15 mm
7 Isolierverglasung ESG-Sonnenschutzglas 10 + SZR 10 + VSG 2× 6 mm
8 Glasstütze Verbundglas 32 × 200 mm
9 Silikonverfugung
10 Silikonprofil
11 Edelstahlwinkel 150/150/10 mm
12 Korkmatte 5 mm
13 Stahlauflager
14 Acrylglashalterung
15 ESG 10 mm
16 Glasträger Verbundglas 300 × 32 mm

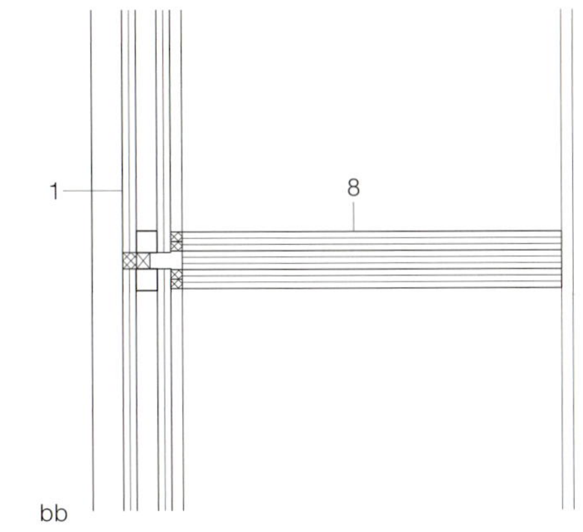
1
8
bb

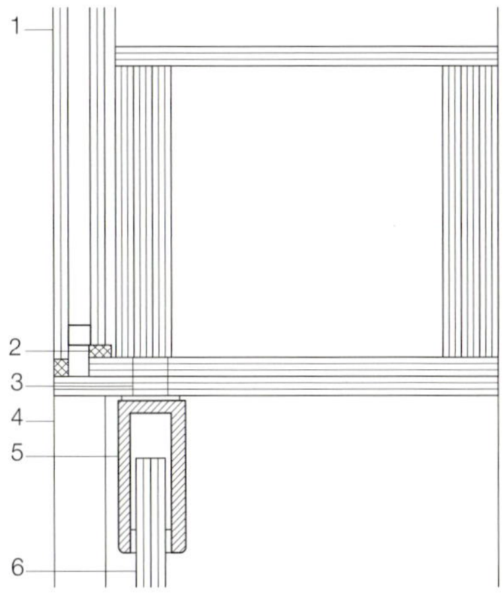
1
2
3
4
5
6

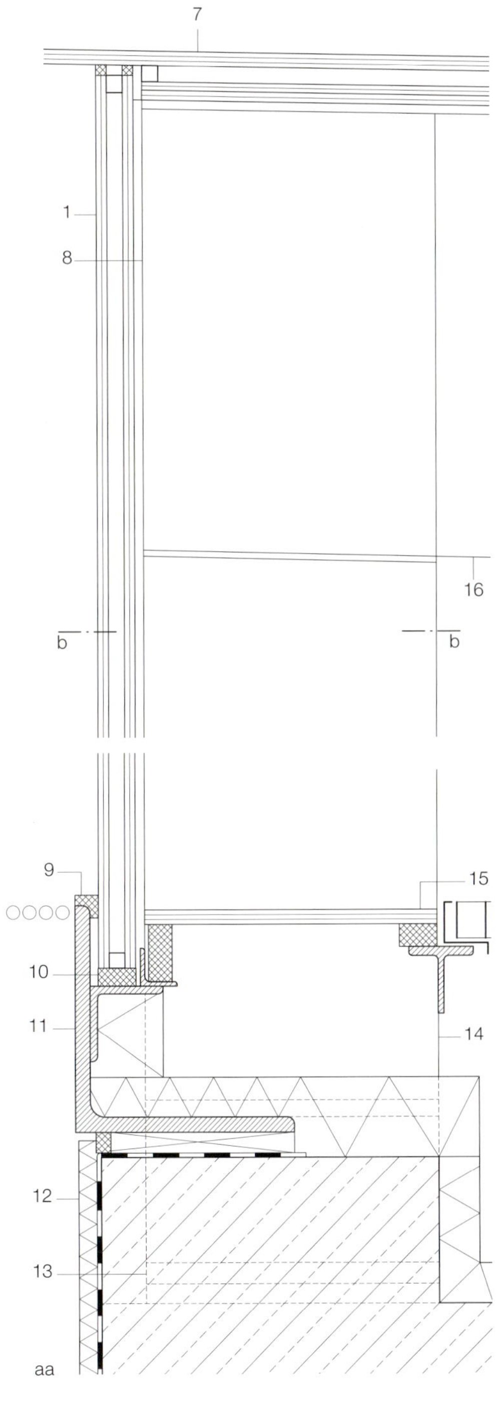
7
1
8
16
b
b
9
15
10
11
14
12
13
aa

BROADFIELD
HOUSE
GLASS
MUSEUM

B 7 Kunststoff

Zwischen 1931 und 1938 wurden die meisten der heute für das Bauwesen bedeutenden Kunststoffe erfunden und zur industriellen Reife weiterentwickelt. PVC ist bereits 1935 als Werkstoff für Rohre und Armaturen marktfähig. Zunächst kommen Kunststoffe nur im Bereich des Innenausbaus und zur Herstellung von Möbeln zum Einsatz (Abb. B 7.2). In den späten 50er-Jahren des vergangenen Jahrhunderts beginnt jedoch eine intensive Entwicklungsarbeit zur Herstellung ganzer Häuser aus diesem Material [1], ermöglicht durch neue Verarbeitungsmethoden wie das Laminieren und die Herstellung von glasfaserverstärkten Formteilen.

B 7.2

Entwicklung von Kunststoffen zur Konstruktion von Außenwänden

Schalen und Platten

Im »House of the Future« realisieren Richard Hamilton und Marvin Goody 1957 in Zusammenarbeit mit der Firma Monsanto eine gestaltprägende Umsetzung der neuen Fertigungsmöglichkeiten von Kunststoff (Abb B 7.3).
1968 entwickelt Matti Suuronen das »Futuro-Haus«, das aus selbsttragenden GFK-Sandwichelementen mit Polycarbonatschalen und Polyurethanschaum als Kerndämmung besteht (Abb. B 7.4 und B 7.5).
Zu den herausragenden Beispielen dieser Epoche gehört zudem das Olivetti Training Center, das James Stirling 1973 in Haslemere, Südengland, realisiert. Konsequent werden hier die verschiedenen Materialeigenschaften von Kunststoffen kombiniert, um schalenförmige, selbsttragende Bauteile zu produzieren. Außenwand und Dachkonstruktion gehen nahtlos ineinander über und besitzen zudem wärmedämmende Eigenschaften (Abb. B 7.8).
Im Bereich transparenter Gebäudehüllen gilt das 1972 fertiggestellte Dach des Olympiastadions in München als beispielhaft. Erstmals kommen dort in großem Umfang große gereckte Acrylglasplatten von 3 × 3 m zum Einsatz (Abb. B 7.10, S. 219). Als Meilensteine dieser Entwicklung gelten darüber hinaus der 1984 von Renzo Piano entwickelte IBM-Wanderpavillon und der 1999 fertiggestellte Ausstellungspavillon für BMW (Abb. B 7.12, S. 220).

Zugbeanspruchte Konstruktionen

Neben der Entwicklung von Platten und Schalen kommen Kunststoffgewebe und -folien schon relativ früh zur Herstellung leichter, oftmals lichtdurchlässiger sowie zugbeanspruchter Hüllkonstruktionen zum Einsatz.

Pneumatische Konstruktionen

1948 wird von Walter Bird die erste pneumatische, luftgestützte Konstruktion zum Schutz empfindlicher Radaranlagen errichtet. Darauf basieren Weiterentwicklungen von Pneus für zivile Nutzungen wie Schwimmbad- und Tennisplatzüberdachungen.

B 7.1 luftgestützte (pneumatisch stabilisierte) Kissenkonstruktion, Eden Project, St. Austell (GB) 2001, Nicholas Grimshaw & Partners

B 7.2 Stapelstuhl, 1960, Verner Panton
B 7.3 »House of the Future«, Teil von »Tomorrowland«, Disneyland, Kalifornien (US) 1957, Richard Hamilton und Marvin Goody
B 7.4 »Futuro Haus«, 1968, Matti Suuronen
B 7.5 Innenraum »Futuro Haus«

B 7.3

B 7.4

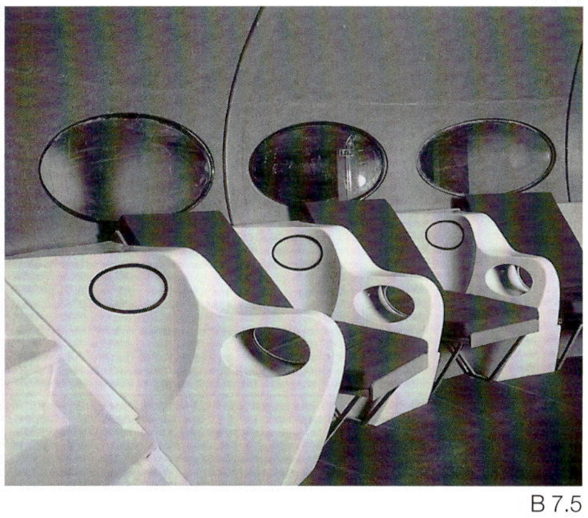
B 7.5

B 7.6

B 7.7

B 7.6 Einhausung von Manhattan (US), 1960, Buckminster Fuller
B 7.7 Tanzbrunnen, Köln (DE) 1957, Frei Otto
B 7.8 Olivetti Training Center, Haslemere (GB) 1973, James Stirling

B 7.8

Buckminster Fuller sorgte im Jahr 1950 mit einem Vorschlag zur Einhausung von Manhattan für Furore (Abb. B 7.6) [2]. Frei Otto erarbeitet zusammen mit Kenzo Tange ab 1959 Konzepte zur Überdachung von Wohnstädten in der Arktis. Einen Höhepunkt dieser Entwicklungen stellt 1970 die Weltausstellung in Osaka dar, die einer Leistungsschau der damals verfügbaren Möglichkeiten pneumatischer Konstruktionen gleichkommt [3].

Zeltkonstruktionen
Ab etwa 1950 beschäftigt sich Frei Otto intensiv mit der Weiterentwicklung der Einsatzmöglichkeiten von zugbeanspruchten Konstruktionen, die bis dahin nahezu ausschließlich aus natürlichen Materialien produziert wurden (Abb. B 7.7) [4]. Er schaffte damit die Grundlagen für die Verwendung von Kunststoffen in diesem Bereich. Kunststoffgewebe und -folien gehören heute aufgrund ihrer herausragenden Materialeigenschaften zu den führenden Werkstoffen im Zeltbau.

Herstellung von Kunststoffen

Kunststoffe bestehen aus Materialien, die in dieser Form nicht in der Natur vorkommen. Sie werden meist aus Erdölderivaten gewonnen und haben als wesentliches Kennzeichen eine makromolekulare Struktur. Die Kunststoffherstellung erfolgt durch eine gesteuerte chemische Reaktion, bei der Kohlenwasserstoffmoleküle aufgespalten und zu langen Makromolekülen verbunden werden. Dabei werden folgende Verfahren unterschieden [5]:
- Polymerisation
- Polykondensation
- Polyaddition

Klassifikation von Kunststoffen

Unabhängig vom Herstellungsverfahren können die Makromoleküle von Kunststoffen entweder in langen Molekülketten vorliegen, verzweigt sein oder ein Netzwerk bilden.
Je nach Vernetzungsgrad unterscheidet man folgende Kunststoffarten (Abb. B 7.9):
- Thermoplaste (Thermomere)
- Elastomere
- Duroplaste (Duromere)

Materialeigenschaften

Allgemeine Eigenschaften

Heute stellt der Bausektor nach der Verpackungsindustrie den zweitgrößten Markt für die Kunststoffhersteller dar. Über 30 verschiedene Kunststoffarten sind im Gebrauch, wobei PVC den Hauptanteil bildet. Daneben werden hauptsächlich Polystyrolschäume, Polyethylen und Polypropylen verwendet.
Die große Bedeutung der Kunststoffe für das Bauwesen beruht auf ihren für die jeweiligen Einsatzmöglichkeiten günstigen Eigenschaften:
- ausreichende Druck- und Zugfestigkeit, Steifigkeit, Härte und Abriebsfestigkeit
- hohe Transparenz in der Masse
- in Abstufungen von glasklar bis schwarz einfärbbar
- ausreichende bis hervorragende Zähigkeit
- hohe Elastizität
- geringe Dichte
- ausreichende Temperaturbeständigkeit
- gutes elektrisches Isoliervermögen und geringe Wärmeleitfähigkeit
- Witterungsbeständigkeit
- geringe Wasseraufnahmefähigkeit
- hohe Chemikalienresistenz
- einfache Be- und Verarbeitung
- sehr gute Oberflächenqualitäten
- Oberflächen lackierbar

Durch das Herstellungsverfahren und die Rezeptur sind weitgehende Modifikationen der Materialeigenschaften möglich. Baustoffe mit gleicher Bezeichnung können auf diese Weise für spezifische Verwendungen unterschiedlich konzipiert werden.
Im Hinblick auf die Alterungsbeständigkeit ist zu beachten, dass viele der Kunststoffprodukte wesentlich jünger sind als die Lebenserwartung von Gebäuden. Gerade im Bereich besonders gefährdeter Bauteile, wie z. B. von Fassadenelementen und Dachabdichtungen, gilt diesem Aspekt besondere Beachtung.

Brandverhalten von Kunststoffen

Beim Einsatz von Kunststoffen im Bereich der Gebäudehülle kommt den brandschutztechnischen Eigenschaften eine besondere Bedeutung zu. Die wichtigsten Kriterien sind dabei:
- Entflammbarkeit
- Zündtemperatur
- Zersetzungstemperatur
- Qualmbildung
- Toxizität der Zersetzungsprodukte
- Korrosion durch Zersetzungsprodukte

Neben der Entstehung von z. T. hochgiftigen Gasen kann die Rauchbildung im Brandfall zu einer erheblichen Sichtbeeinträchtigung führen. Die Auswahl eines geeigneten Kunststoffs hängt daher in hohem Maße von der Toxizität und Qualmbildung ab. Abgesehen davon können die im Rauch enthaltenen Zersetzungsprodukte zudem sehr korrosiv auf andere Materialien wirken.
Durch den Einsatz von Flammschutzmittel lässt sich die Entflammbarkeit herabsetzen.

Halbzeuge für Außenwandkonstruktionen

Für den Einsatz von Kunststoffen im Bereich von Außenwandkonstruktionen ist eine große Bandbreite von Halbzeugen auf dem Markt verfügbar. Daraus können je nach geplanter Beanspruchung biegesteife (widerstandsfähig gegenüber mechanischen Lasten) oder biegeweiche (druckstabilisierte oder zugbeanspruchte) Konstruktionen erstellt werden. Auch hinsichtlich der physikalischen Eigenschaften ist das Spektrum sehr groß, da durch die gezielte Kombination verschiedener Werkstoffe oder die Modifikation der Werkstoffeigenschaften eine große Vielfalt erreicht wird. Eine entsprechende Weiterverarbeitung des Rohstoffs ermöglicht die Produktion unterschiedlichster Halbzeuge (Abb. B 7.11).

Ebene Platten, Well- und Stegplatten
Die häufigsten Herstellungsmethoden für Kunststoffplatten sind das Extrudieren (Strangpressverfahren), das Kalandrieren (Walzen) und das Pressen. Hiermit lassen sich ebene Platten sowie Well- und Stegplatten herstellen. Gebräuchliche Werkstoffe zur Fertigung von ebenen, transparenten Platten sind Polymethylmethacrylat (PMMA) und Polycarbonat (PC). Aufgrund ihrer hohen Transparenz, Wetterbeständigkeit und Schlagfestigkeit sind sie für den Einsatz im Fassadenbereich gut geeignet. Das handelsübliche Plattenformat liegt bei 205 × 305 cm. Bei einer Materialstärke von 4 mm beträgt der Lichttransmissionsgrad ca. 90 %. Die Baustoffklasse dieser Werkstoffe in Bezug zum Brandverhalten ist B2.
Ebene Platten aus thermoplastischem Polyesther (PET, PETG) sind sehr bruchfest und gehören zur Baustoffklasse B 1. Unter Verwendung von Glasfasern zur Verstärkung von Kunststoffen (GFK) lassen sich opake, frei geformte Platten produzieren. Aufgrund des wellenförmigen Querschnitts und der hierdurch erhöhten Steifigkeit werden Wellplatten aus PMMA in Größen bis zu 104,5 × 700 cm, aus Polycarbonat bis zu 126,5 × 400 cm hergestellt. Durch den Einsatz von GFK ist es möglich, Wellplatten bis zu einer Größe von 300 × 2000 cm zu produzieren.

Aus den genannten Werkstoffen PMMA, PC und GFK lassen sich zudem Stegplatten mit den unterschiedlichsten Profilquerschnitten fertigen (Abb. B 7.16, S. 221). Die Stege und ggf. eine zusätzliche Diagonalstruktur führen zu einer hohen Steifigkeit. Platten aus PMMA und PC sind bis zu einer Länge von 700 cm erhältlich. Die Ausbildung von Hohlkammern bewirkt einen relativ niedrigen Wärmedurchgangskoeffizienten von ca. 2,5 W/m²K für einlagige Stegplatten und von bis zu 1,6 W/m²K bei zweilagigen Stegplatten. Durch die Verwendung von drei oder mehrlagigen Stegplatten oder das Füllen der Kammern mit Wärmedämmstoffen kann dieser Wert weiter verbessert werden. Das Aufbringen von Schutzschichten oder die Ausbildung mehrlagiger Hohlkammern ermöglicht die bedarfsgerechte Steuerung der schall- und lichttechnischen Eigenschaften. Hier sind Stegplatten aus GFK besonders hervorzuheben, die in einer großen Vielfalt an Querschnitten mit Längen bis zu 1500 cm erhältlich sind.

Formteile (Guss- und Laminiertechnik)
Die Anwendung von Guss- und Laminiertechnik ermöglicht die Herstellung nahezu beliebig

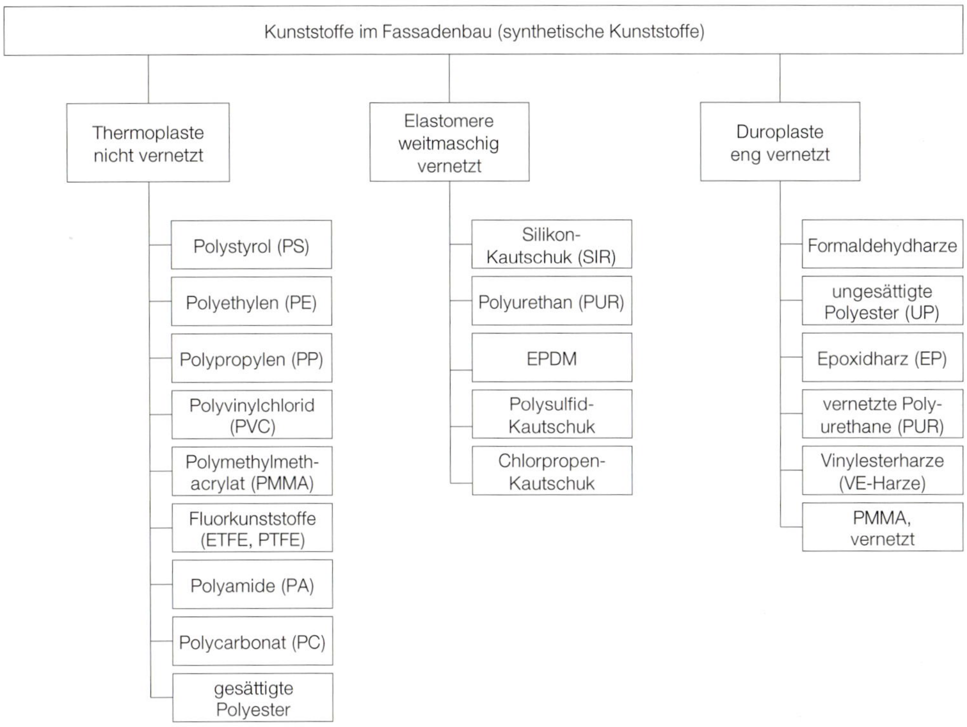

B 7.9

B 7.9 Einteilung der Kunststoffe nach dem Vernetzungsgrad und den daraus resultierenden Werkstoffeigenschaften [6]
B 7.10 Zeltdach aus vorgespannten Platten aus Acrylglas, Olympiastadion München (DE) 1972, Günter Behnisch + Partner, Frei Otto u. a.

B 7.10

B 7.11

B 7.12

B 7.11 Verarbeitungsmethoden zur Herstellung von Kunststoffprodukten für Außenwandkonstruktionen
B 7.12 temporärer Ausstellungspavillon (BMW-Bubble), 1999, ABB Architects, Bernhard Franken mit Bollinger + Grohmann
B 7.13 Wohnhaus, Tokio (JP) 1996, FOBA

B 7.13

geformter Bauteile in fast allen Dimensionen. Neben der industriellen Fertigung wird zu einem erheblichen Anteil auch handwerklich gearbeitet, wodurch jedoch hohe Fertigungskosten entstehen.
Zu den bekanntesten Fertigungsprodukten gehören Formteile aus glasfaserverstärktem Kunststoff. Unter Einsatz von Verstärkungsstoffen (Fasern, Gewirk oder Gewebe) lassen sich die mechanischen Eigenschaften der verwendeten Kunststoffe für das spätere Bauteil deutlich verbessern.
Zur Herstellung der Bauteile verwendet man Kunstharze. Deren Komponenten werden bei der Verarbeitung gemischt und zusammen mit den verstärkenden Stoffen (Laminatwerkstoffen) ausgehärtet.
Die Art der Verstärkung (Fasern, Gewirk, Gewebe) und der Werkstoff (Glas, Carbon, Aramid) bestimmen die Festigkeit, Elastizität und die Kosten des auf diese Weise hergestellten Bauteils. Bei allen Laminierverfahren ist eine Form nötig, in der das Bauteil bis zur vollständigen Aushärtung verbleiben muss.

Außenwände aus Platten und Formteilen

Aufgrund des hohen Ausdehnungskoeffizienten bei Plattenhalbzeugen und bei Kunststoffen, die für die Herstellung von Formteilen verwendet werden, muss bei allen Klemmprofilen und Bohrungen eine zwängungsfreie Befestigung mittels flexibler Dichtungsprofile berücksichtigt werden.
Die große Vielfalt an verfügbaren Werkstoffen und Halbzeugen erlaubt es, Material und Profilquerschnitt den jeweiligen Anforderungen anzupassen. Auswahlkriterien sind hierbei:

- statische Anforderungen
- Wärmeschutz
- Schallschutz
- Witterungsbeständigkeit
- lichttechnische Eigenschaften
- Brandklassifizierung
- mechanische Beanspruchung
- Chemikalienresistenz
- Temperaturbereich
- Verarbeitungs- und Befestigungsmöglichkeiten
- Recycling

Das Fügen von Formteilen und deren Befestigung an der Unterkonstruktion erfordert meist eine individuelle Entwicklung der jeweiligen Anschlüsse. Diese reichen in Abhängigkeit der verwendeten Materialien von mechanischen Befestigungs- und Stoßausbildungen bis hin zu geklebten und geschweißten Verbindungen.
Plattenförmige Halbzeuge hingegen erlauben die Anwendung bekannter Verbindungs- und Fügetechniken wie sie im Holz-, Metall- und Glasfassadenbau üblich sind [7].

Kunststofffolien und -gewebe

Die im Allgemeinen verwendeten Kunststofffolien und -gewebe aus PVC, Polyester, PTFE und ETFE werden vermehrt in Kombinationen eingesetzt, um die Vorzüge der einzelnen Werkstoffe miteinander zu verbinden. Eine Übersicht der Eigenschaften von heute im Membranbau verwendeten Kunststoffen zeigt Abbildung B 7.18 (S. 222).
Aufgrund der Entwicklung neuer Kunststoffe, die sowohl transparent und belastbar sind als auch Langlebigkeit versprechen (z. B. Ethylen-Tetrafluorethylen, kurz ETFE), lassen sich heute ein- bzw. mehrlagige Außenwandkonstruktionen herstellen.
Derartige Folienkonstruktionen besitzen eine Reihe von Vorteilen, die es ermöglichen, leichte, weit gespannte Außenwandkonstruktionen mit einem bisher nicht gekannten Grad an Transparenz zu erstellen. Die Vorteile von ETFE-Folien sind im Einzelnen:

- geringes Eigengewicht
- hohe Licht- und UV-Durchlässigkeit
- hohe Transparenz
- hohe chemische Beständigkeit
- lange Nutzungsdauer
- hoher Grad an Recycelbarkeit

Oberflächenbeschichtungen

Die im Membranbau verwendeten Gewebe bestehen im Gegensatz zu den Folien häufig aus mehreren Schichten, um durch ein »Coating« aus PVC-P, PTFE oder Silikon das Gewebe vor Feuchtigkeit, UV-Strahlung, Mikroben und Pilzbefall zu schützen. Neben der Wasserdichtigkeit wird auf diese Weise auch das Anschmutzverhalten und die Le-

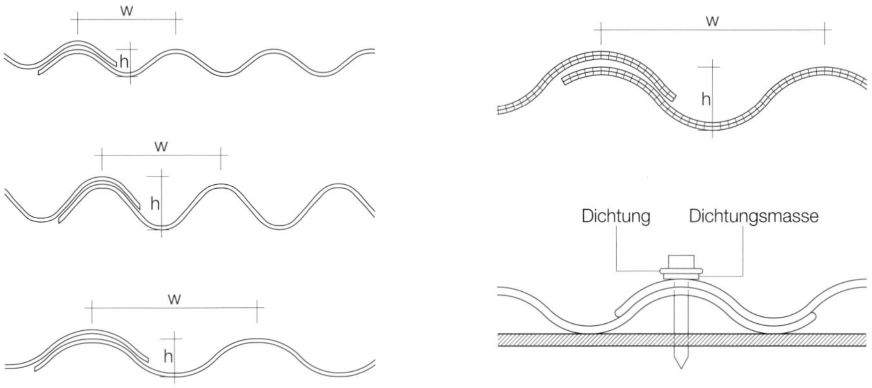

B 7.14

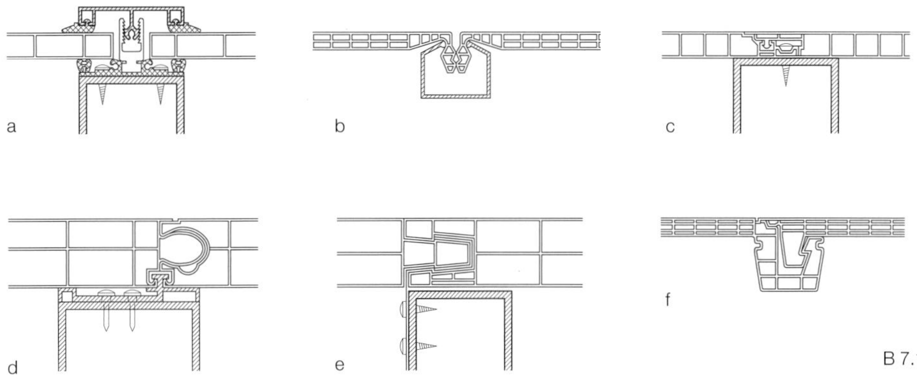

B 7.15

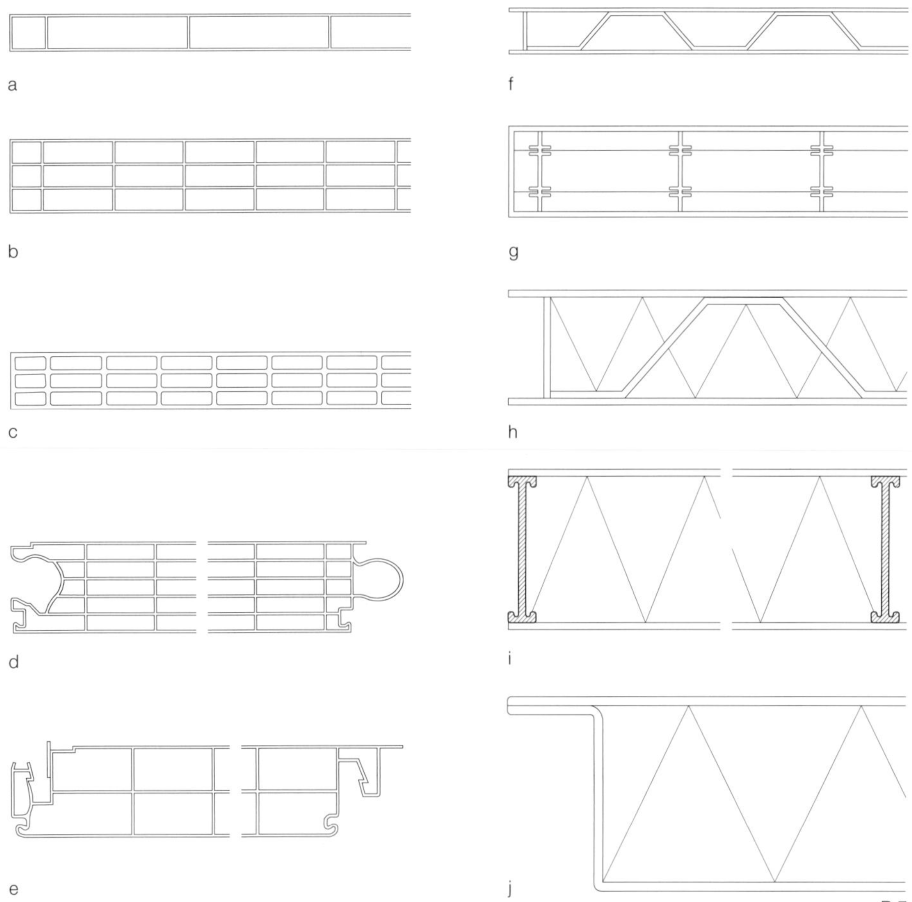

B 7.16

B 7.14 Profilquerschnitte einer Auswahl verfügbarer Wellplatten aus transparentem bzw. transluzentem Kunststoff

B 7.15 Befestigungsarten von Stegplatten mittels Pressleiste (a) sowie Falz- und Schraubverbindungen (b–f)

B 7.16 Profilquerschnitte einer Auswahl verfügbarer plattenförmiger Halbzeuge aus transparentem bzw. transluzentem Kunststoff

bensdauer der Membrangewebe deutlich verbessert. Sowohl PTFE als auch Silikon sind gegenüber PVC-P hinsichtlich des Alterungsverhaltens weit überlegen, da über einen Zeitraum von 25 bis 30 Jahren keinerlei Veränderungen festzustellen sind. Bei PVC-P hingegen muss wegen der UV-Empfindlichkeit mit einer deutlich geringeren Lebensdauer gerechnet werden.

Außenwände aus zugbeanspruchten Konstruktionen

Von außen einwirkende Kräfte aus Wind- und Schneelasten werden im Membranbau üblicherweise durch die Erzeugung einer möglichst gleichmäßig wirkenden Vorspannung innerhalb der Folie bzw. des Gewebes abgeleitet. Dies lässt sich in der Regel entweder durch luftgestützte (pneumatische) oder mechanisch vorgespannte Konstruktionen erreichen [8].

Pneumatische Konstruktionen

Die Entwicklung gasdichter, flexibler und zugleich tragfähiger Kunststoffe ermöglicht die Herstellung luftgestützter Hüllkonstruktionen. Dabei können große Spannweiten mit einem minimalen Materialaufwand überdeckt werden, was vor allem dem Einsatz von transluzenten, PVC-P-beschichteten Polyestergeweben zu verdanken ist.

Eine Variante stellen Folienkissensysteme aus UV-durchlässigen Fluorpolymerfolien dar, die vor allem für den Gewächshausbau entwickelt wurden. Um die bei größeren Stützweiten auftretenden mechanischen Beanspruchungen aufnehmen zu können, werden in der Regel beschichtete ETFE-, Polyester- oder Aramidfasergewebe eingesetzt, die ein Vielfaches an Zugfestigkeit gegenüber den unverstärkten Folien aufweisen.

Mechanisch vorgespannte Konstruktionen

Die zur Stabilisierung gegenüber äußeren Lasten erforderliche Vorspannung des Materials erfolgt durch das Einspannen des Membran- oder Folienmaterials in einen definierten Rand aus Hoch- und Tiefpunkten, oder – bei ebener bzw. nur einseitig gekrümmter Randausbildung – durch punktuelle oder lineare Hoch- und Tief-

B 7.17

punkte in der Fläche [8]. Aus der Krümmung der Oberfläche ergeben sich für jeden Punkt der Membranoberfläche zwei Wirkrichtungen. Je nach Lasteinwirkung übernimmt jeweils eine Richtung die Tragfunktion, die andere die Spannfunktion [9]. Je geringer die Oberfläche gekrümmt ist, desto größer fallen die Membranspannungen aus. Bei Verwendung weniger belastbarer Folien sollte dies berücksichtigt werden, da sich die zu überspannende Fläche dadurch reduziert.
Ein wesentlicher Vorteil von zugbeanspruchten Konstruktionen liegt im geringen Materialaufwand zur Überdeckung großer Flächen. Gleichzeitig liegt hier jedoch auch ein großer Nachteil, da aufgrund des dünnen, einlagigen Membranmaterials die Wärme- und Schallschutzeigenschaften derartiger Außenwandkonstruktionen vergleichsweise schlecht sind. Optimierungsmöglichkeiten bestehen in der Verwendung mehrlagiger Folien, durch deren Einsatz die Schallschutzeigenschaften wesentlich verbessert werden können. Mit mehrschichtigen Folien hingegen oder durch die Verwendung von Geweben mit Mineralfaserfüllungen lassen sich deutlich bessere Wärmeschutzeigenschaften erzielen [10].

Gewebematerial (ohne Gittergewebe)	**Materialtyp**	**Flächengewicht [g/m²] nach DIN 55352**	**Mindestwerte der Zugfestigkeit Gewebe [N/5 cm] Kette/Schuss nach DIN 53354**	**Bruchdehnung Gewebe [%] Kette/Schuss nach DIN 53354**	**Weiterreißfestigkeit Gewebe [N] Kette/Schuss nach DIN 53363**	**Knickbeständigkeit**	**UV-Beständigkeit**	**Baustoffklasse für das Brandverhalten nach DIN 4102**	**Transluzenz [%]**	**Lebenserwartung (a)**
Baumwollgewebe		350 520	1700/1000 2500/2000	35/18 38/20	60 80	sehr gut	ausreichend	B2	unterschiedlich	<5
PTFE-Gewebe		300 520 710	2390/2210 3290/3370 4470/4510	11/10 11/10 18/9	ca. 500/500	sehr gut	sehr gut	A2	bis ca. 37	>25
ETFE-Gewebe, THV- beschichtet		250	1200/1200			sehr gut	sehr gut	B1	bis ca. 90	>25
Polyestergewebe, PVC-P-beschichtet	Typ I Typ II Typ III Typ IV Typ V	800 900 1050 1300 1450	3000/3000 4400/3950 5750/5100 7450/6400 9800/8300	15/20 15/20 15/25 15/30 20/30	350/310 bis 1800/1600 580/520 800/950 1400/1100 1800/1600	sehr gut	gut	B1	bis ca. 4,0	>20
Glasfasergewebe, PTFE-beschichtet		800 1150 1550	3500/3500 5800/5800 7500/6500	7/10 bis 2/17	300/300 bis 500/500	ausreichend	sehr gut	A2	bis ca. 13	>25
Glasfasergewebe, Silikonbeschichtet		800 1270	3500/3000 6600/6000	7/10 bis 2/17	300 570	ausreichend	sehr gut	A2	bis ca. 25	>20
Aramidfasergewebe, PVC-P-beschichtet		900 2020	7000/9000 24500/24500	5/6	700 4450	gut	ausreichend	B1	prinzipiell keine	>20
Aramidfasergewebe, PTFE-beschichtet			projektbezogen, begrenzt einstellbar			gut	ausreichend	A2	prinzipiell keine	>25

Folienmaterial	**Materialtyp**	**Flächengewicht [g/m²] nach DIN 55352**	**Zugfestigkeit Folie [N/mm²] nach DIN 53455**	**Reißdehnung Folie [%] nach DIN 53455**	**Weiterreißwiderstand Folie [N/mm] nach DIN 53363**	**Knickbeständigkeit**	**UV-Beständigkeit**	**Baustoffklasse für das Brandverhalten nach DIN 4102**	**Transluzenz [%]**	**Lebenserwartung (a)**
ETFE-Folien	50 µm 80 µm 100 µm 150 µm 200 µm	87,5 140 175 262,5 350	64/56 58/54 58/57 58/57 52/52	450/500 500/600 550/600 600/650 600/600	450/450 450/450 430/440 450/430 430/430	ausreichend	sehr gut	B1	bis ca. 95	>25
THV-Folie	500 µm	980	22/21	540/560	255/250	gut	gut	B1	bis ca. 95	>20
PVC-P-Folien						gut	ausreichend	B1	bis ca. 95	<5

B 7.18

B 7.17 Schießsporthalle, London (GB) 2012, Magma Architecture
B 7.18 Übersicht der Eigenschaften von heute im Membranbau verwendeten Werkstoffen [11]
B 7.19 Ausführungsvarianten von Flächenstößen bei Außenwänden aus Membranwerkstoffen
a HF-Naht PVC-Polyestergewebe
b HF-Naht PTFE-Glasfasergewebe mit PTFE-Zwischenfilm
c Nähnaht mit Dichtstreifen, PVC-Polyestergewebe
d Klemmlaschen
B 7.20 Ausführungsvarianten von Membranverstärkungen bei Außenwänden aus Membranwerkstoffen
a Aufdoppelung bei niedrigen Beanspruchungen
b Aufdoppelung bei hohen Beanspruchungen
c Seil in Tasche
d Gurt in Tasche
B 7.21 Ausführungsvarianten von Randstößen bei Außenwandkonstruktionen aus Membranwerkstoffen
in Taschen
a aufgenähter Randgurt
b Seil
c Randseil und Gurt
d Rohr
geklemmter Rand
e Plattenrand mit Perforation der Membrane, keine Spannmöglichkeit
f Plattenrand ohne Perforation der Membrane, mit Spannmöglichkeit
g Plattenrand mit Anschlusslaschen
verseilter Rand
h Verschnürung
B 7.22 »Airquarium«, temporäre Struktur, 2000, Axel Thallemer

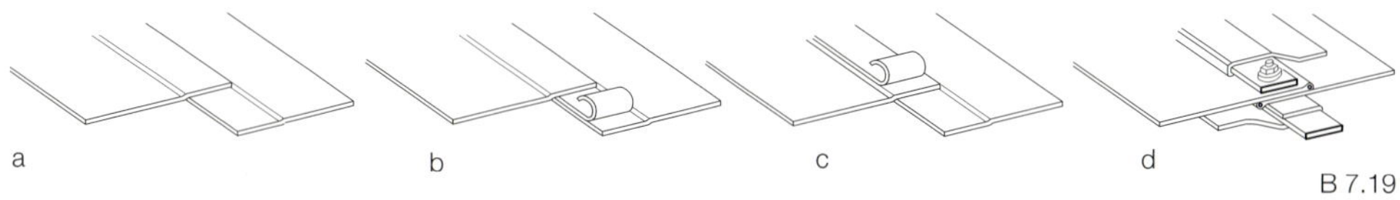

B 7.19

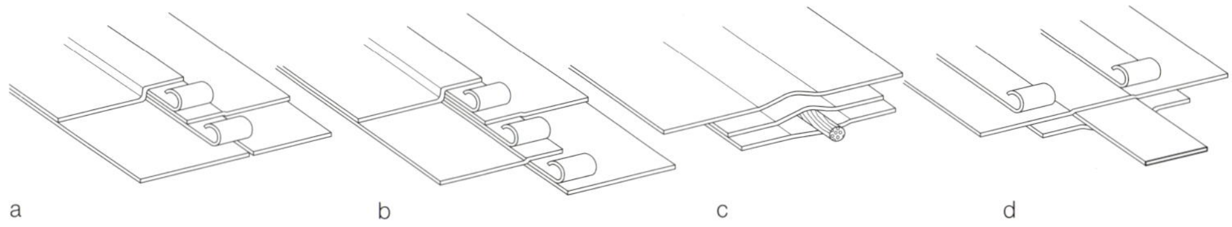

B 7.20

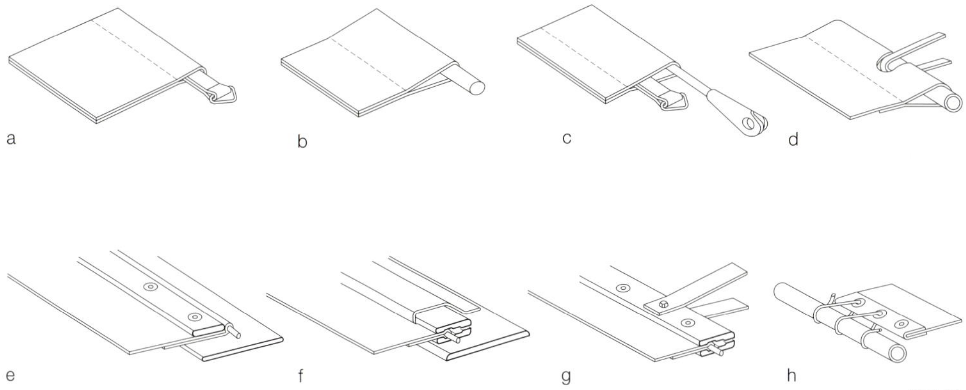

B 7.21

Anmerkungen:

[1] Eisele, Jo; Schoeller, Walter: Kunststoffe in der Architektur. In: Detail 12/2000, S. 1540–1543
Knippers, Jan u. a.: Atlas Kunststoffe + Membranen. München 2010, S. 10–27
[2] Krausse, Joachim; Lichtenstein, Claude (Hrsg.): Your private Sky. R. Buckminster Fuller. Design als Kunst einer Wissenschaft. Baden 1999, S. 436–437
[3] Herzog, Thomas: Pneumatic Structures. Handbook of Inflatable Architecture. New York 1976
[4] Otto, Frei: Das hängende Dach. Gestalt und Struktur. Berlin 1954
[5] Weber, Anton: Kleine Werkstoffkunde der Baukunststoffe. In: Bauen mit Kunststoffen. Hrsg. vom Institut für das Bauen mit Kunststoffen e. V. Berlin 2001, S. 44–45
[6] Die vorliegende Übersicht wurde in Zusammenarbeit mit Rainer Letsch, wissenschaftlicher Mitarbeiter am Lehrschuhl für Baustoffkunde und Werkstoffprüfung, TU München, erarbeitet.
[7] Kaltenbach, Frank: Kunststoff – Transluzente Plattenhalbzeuge. In: Kaltenbach, Frank (Hrsg.): Transluzente Materialien. München 2003, S. 40–56
[8] Koch, Klaus-Michael: Bauen mit Membranen. München 2004
[9] Rein, Alfred; Wilhelm, Viktor: Das Konstruieren mit Membranen. In: Detail 06/2000, S. 1044–1049
[10] Moritz, Karsten; Barthel, Rainer: Bauen mit ETFE-Folien. In: Kaltenbach, Frank (Hrsg.): Transluzente Materialien. München 2003, S. 70–78
[11] Moritz, Karsten: Membranwerkstoffe im Hochbau. In: Detail 06/2000, S. 1050–1058

B 7.22

Werkhalle

Bobingen, DE 1999

Architekt:
Florian Nagler, München

db Sonderheft 06/2000
Detail 03/2001
GLAS 05/2000
Schwarz, Ulrich: Neue Deutsche Architektur. Stuttgart 2002

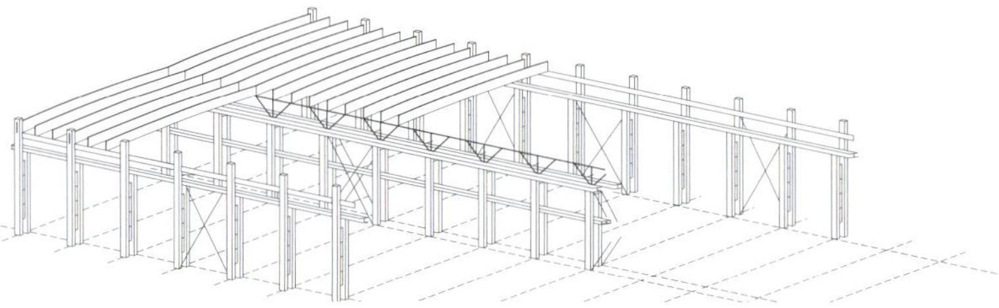

- transluzente Außenhaut aus Polycarbonat-Doppelstegplatten, Höhe 10 m
- gebäudehohe Platten am Fußpunkt fest eingespannt, am Traufpunkt zur Aufnahme der thermisch bedingten Längenänderungen beweglich gelagert
- Befestigung der Platten an abgehängten Fassadenriegeln mittels verdeckt angeordneter Metallklammern
- Belüftung der Halle über Tore, Notausgänge und Rauchabzugsöffnungen in der Decke

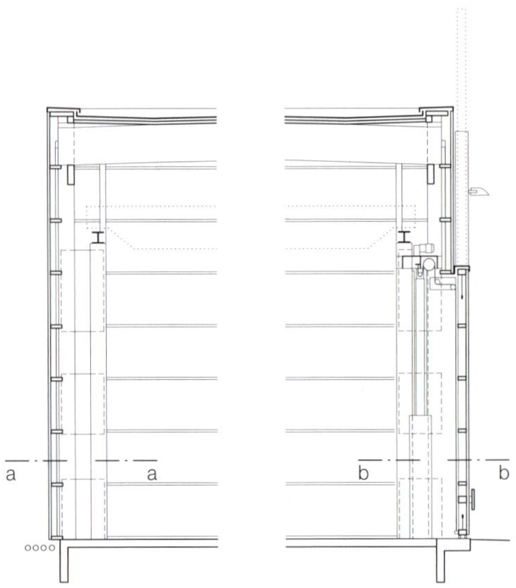

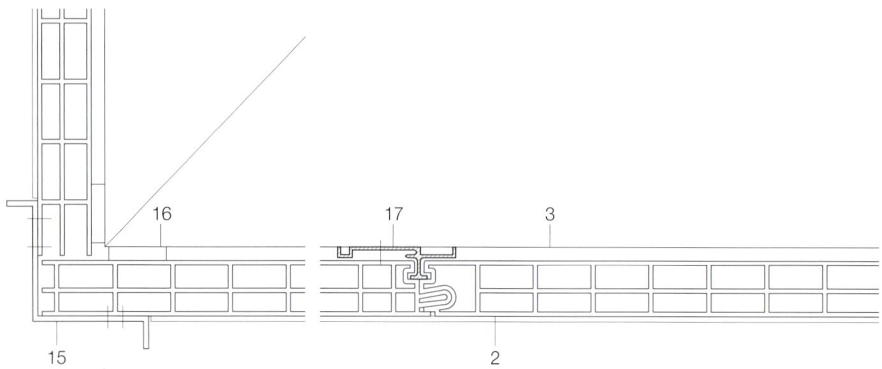

Axonometrie ohne Maßstab
Schnitt Maßstab 1:200
Detail Ecke Maßstab 1:5
Vertikalschnitt • Horizontalschnitt
Maßstab 1:50

1 Aluminiumblech gekantet, pressblank 2 mm
2 Polycarbonat-Doppelstegplatten 40/500 mm, U-Wert 1,65 W/m²K
3 Riegel BSH Fichte 60/280 mm
4 Stahlstab ∅ 12 mm
5 Doppelstütze BSH 2× 120/400 mm verbunden über Dreischichtplatten 40 mm
6 Strahler
7 Stahlprofil IPE 330
8 Motor Hubtor
9 Torwelle
10 Umlenkwelle
11 Gegengewicht
12 Polycarbonat-Massivplatte 8 mm
13 Prallschutz: Schaltafel 27 mm auf Stahlunterkonstruktion verzinkt
14 Fassadenpfosten BSH 160/400 mm
15 Polycarbonat-Winkel 80/80 mm genietet an Polycarbonat-Doppelstegplatten (wie 2)
16 Beilagscheibe
17 Soganker Aluminium, pressblank

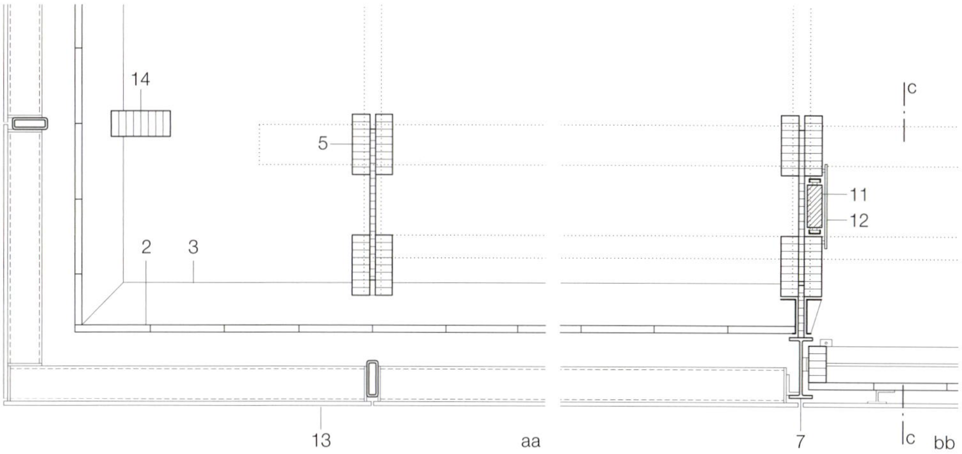
14
5
2
3
11
12
c
13
aa
7
c
bb

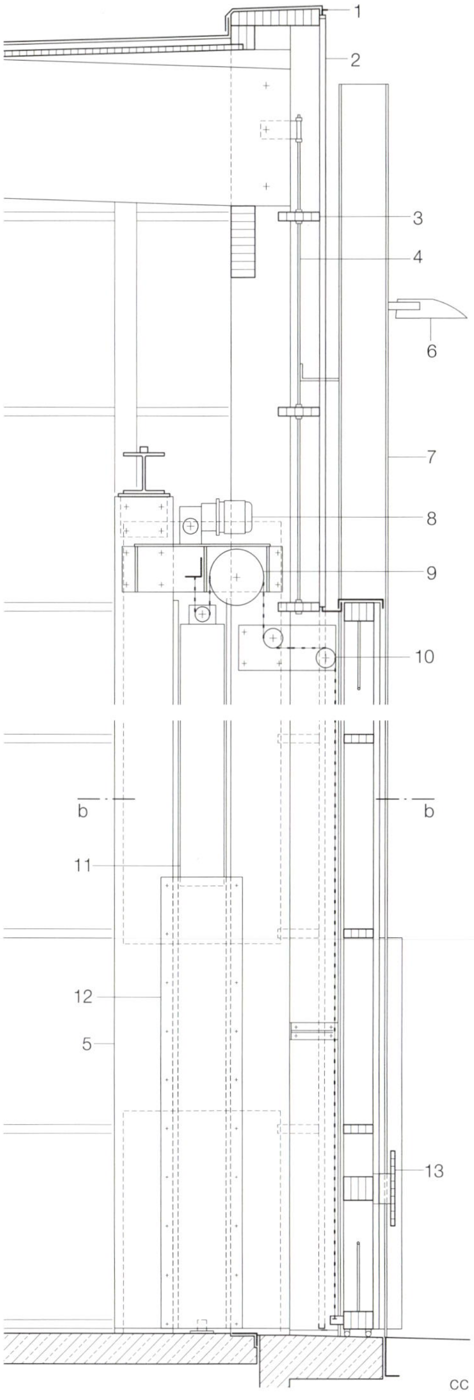
1
2
3
4
6
7
8
9
10
b
b
11
12
5
13
cc

Laban Centre

London, GB 2003

Architekten:
Herzog & de Meuron, Basel
Tragwerksplanung:
Whitby Bird & Partners, London

Architectural Record 06/2003
Arkitekten 15/2007
Detail 07–08/2003
Domus 858, 2003
Werk, Bauen und Wohnen 04/2003

- zweischalige, hinterlüftete Fassade
- außenliegende Fassade aus dreifach Polycarbonat-Stegplatten, rückseitig farbig koextrudiert
- innenliegende, transluzente zweifach Isolierverglasung
- konkav geschwungene Eingangsfassade
- innenliegende Lichthöfe versorgen das tiefe Gebäudevolumen mit Tageslicht

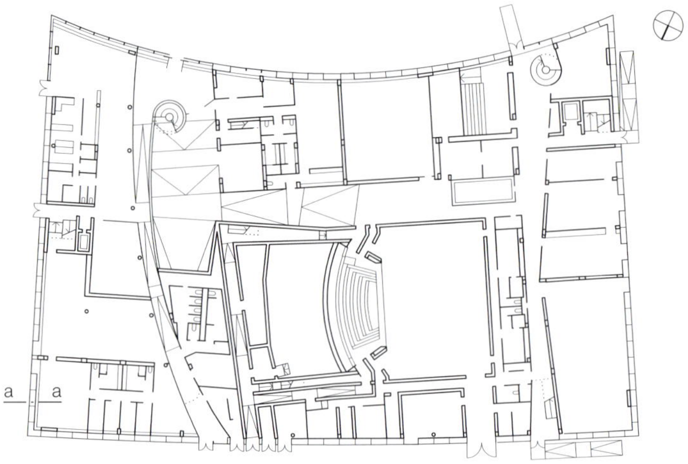

Grundriss Erdgeschoss
Maßstab 1:1000
Vertikalschnitt • Horizontalschnitt
Maßstab 1:20

1 Abdichtung Kunststoffbahn Wärmedämmung Polyurethan 50 mm
2 Lüftungslamellen Aluminium eloxiert
3 Aluminiumblech eloxiert 2 mm
4 dreifach-Stegplatte Polycarbonat, 40/500 mm, transparent, rückseitig farbig koextrudiert
5 Rahmen für Polycarbonat-Stegplatte Aluminium eloxiert 55/80 mm
6 Halterung Soganker Aluminiumrohr ⌀ 50/50/4 mm
7 Stahlprofil L 60/60/4 mm
8 Wärmedämmung Steinwolle, 100 mm, grau beschichtet
9 Riegel Stahlrohr verzinkt ⌀ 80/80/4 mm
10 Pfosten Stahlrohr verzinkt ⌀ 80/80/4 mm
11 Pfosten Aluminiumrohr ▭ 50/120 mm
12 Aluminiumrohr ⌀ 50/60 mm
13 Isolierverglasung ESG 10 + SZR 16 + VSG 2× 6 mm mit Folie matt
14 Klemmteller Aluminium ⌀ 60 mm
15 Gitterrost verzinkt 40 mm
16 Aluminiumpaneel 100 mm
17 Aluminiumblech perforiert 2 mm
18 textile Bespannung
19 Sperrholzplatte 20 mm
20 Akustikdämmung 50 mm

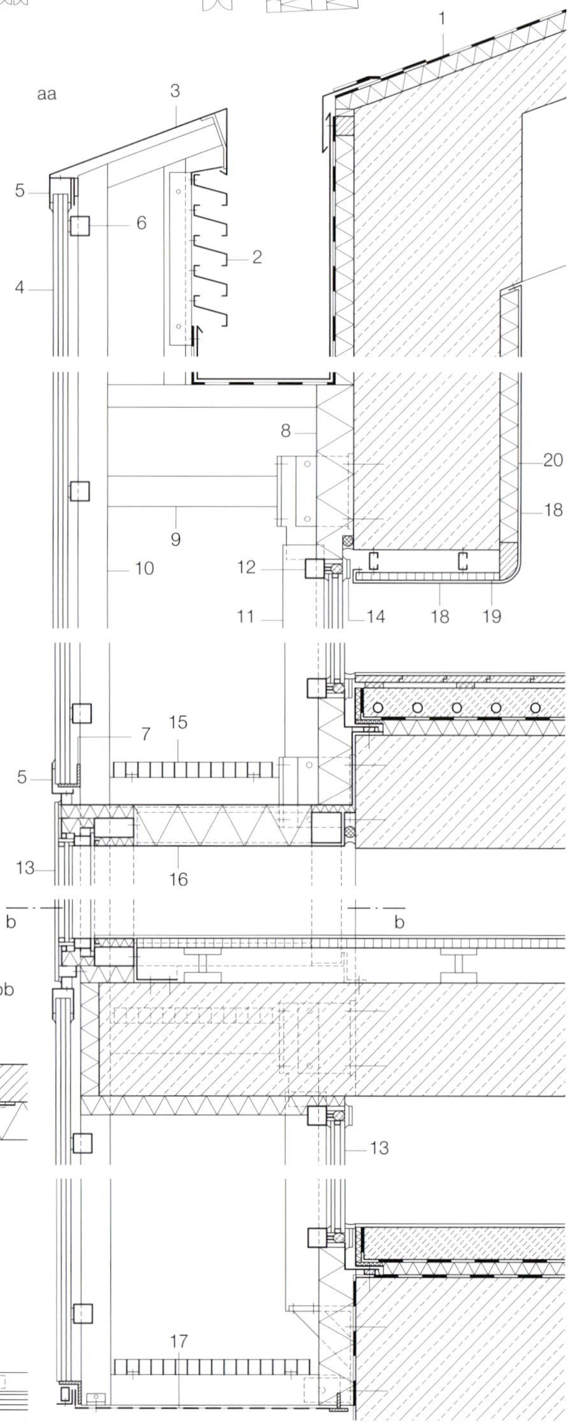

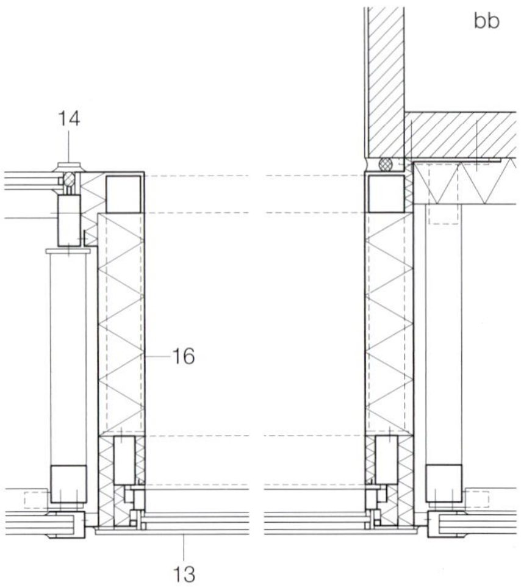

Estudio Gordillos

Madrid, ES 2002

Architekten:
Abalos & Herreros, Madrid
Fassadenplanung:
Jesús Rodríguez

Arquitectura 331, 2003
Detail 12/2002
El Croquis 118, 2003

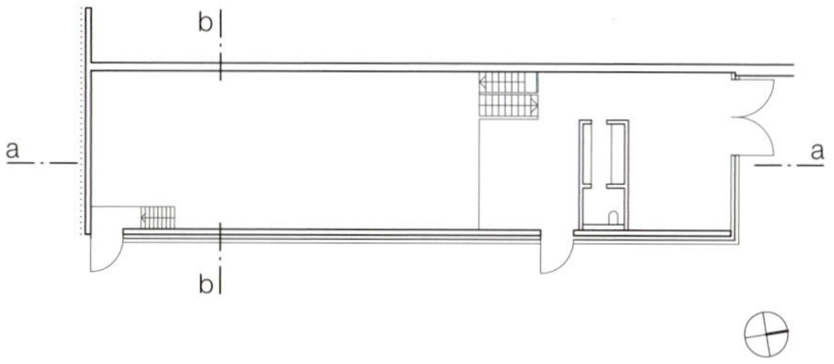

- Fassade, Oberlichter und Außentüren aus transluzenten Polycarbonat-Wellplatten, zweilagig
- gleichmäßige Lichtstreuung wichtig aufgrund der Nutzung als Atelier
- opake Außenwandbereiche aus gedämmten Stahlbetonscheiben mit Wellplattenverkleidung, einlagig
- Rückseite des Gebäudes in Hang eingegraben

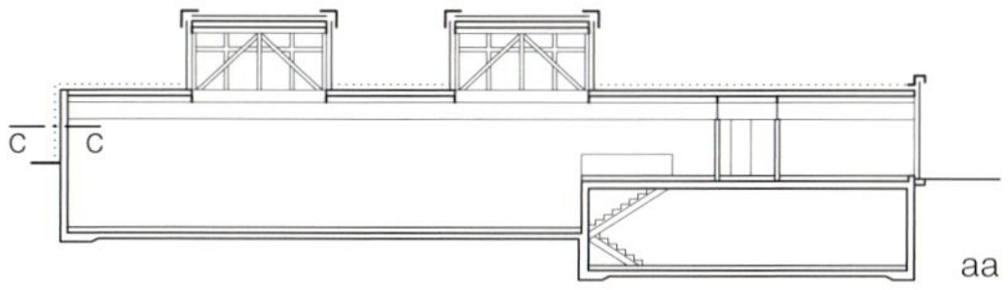

aa

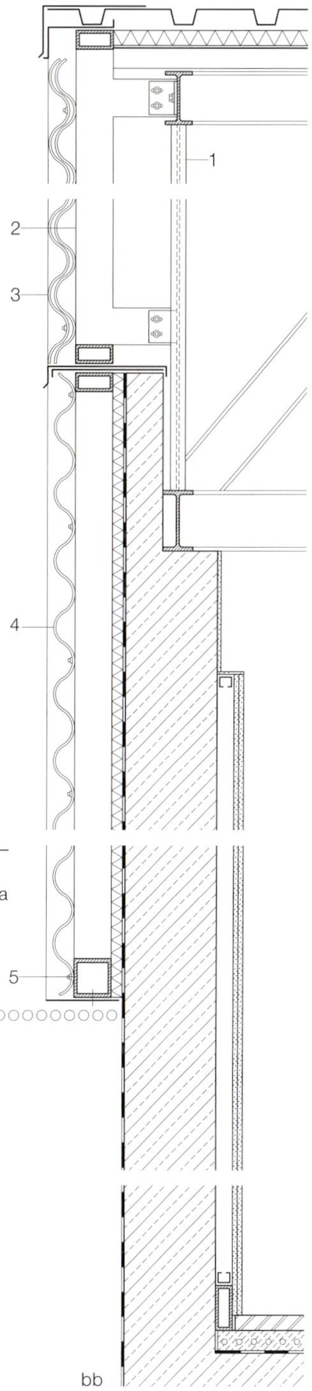

bb

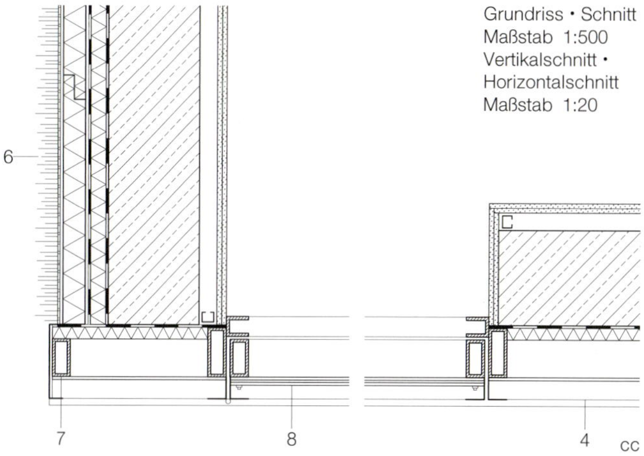

cc

Grundriss • Schnitt
Maßstab 1:500
Vertikalschnitt •
Horizontalschnitt
Maßstab 1:20

1 Stahlprofil IPE 80
2 Stahlrohr ▭ 100/50 mm
3 Wellplatten, Polycarbonat mit UV-Schutzschicht zweilagig, verschraubt
4 Wellplatten, Polycarbonat mit UV-Schutzschicht, verschraubt mit Stahlrohr ▭ 100/50 mm
Wärmedämmung Hartschaumplatte Polystyrol extrudiert 30 mm
Abdichtung
Stahlbeton 250 mm
Hinterlüftung/Lattung 46 mm
Gipskarton 2× 13 mm
5 Stahlrohr □ 100/100 mm
6 Wandbegrünung
Bewehrungsmatte
Hartschaum
Polyethylen 50 mm
Filtervlies
Wärmedämmung
Hartschaumplatte Polystyrol extrudiert 40 mm
Abdichtung 1,2 mm
Stahlbeton 250 mm
Hinterlüftung/Lattung 46 mm
Gipskarton 2× 13 mm
7 Stahlrohr ▭ 100/50 mm
8 Türöffnung
Stahlrahmen/Polycarbonatplatte mit UV-Schutzschicht, zweilagig

Institutsgebäude

Grenoble, FR 1995/2001

Architekten:
Anne Lacaton & Jean Philippe Vassal, Paris

Bauwelt 16/1996
Detail 12/2002
Hintergrund 19. Hrsg. vom Architekturzentrum Wien. Wien 2003

- Nord- und Südfassade mit bepflanzten, wintergartenartigen Pufferfassaden
- äußere Hülle aus Polycarbonat-Wellplatten
- innere Hülle aus Aluminium-Schiebefenstern
- Sichtbetonbauteile mit Innendämmung
- Lüftung des Fassadenzwischenraums durch öffenbare Oberlichtbänder in der äußeren Hülle

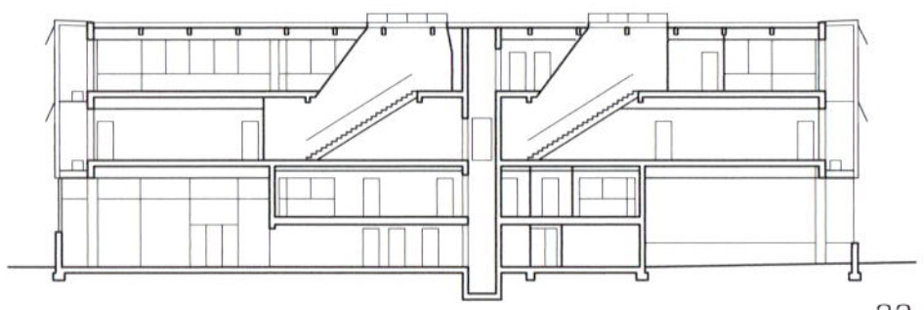
aa

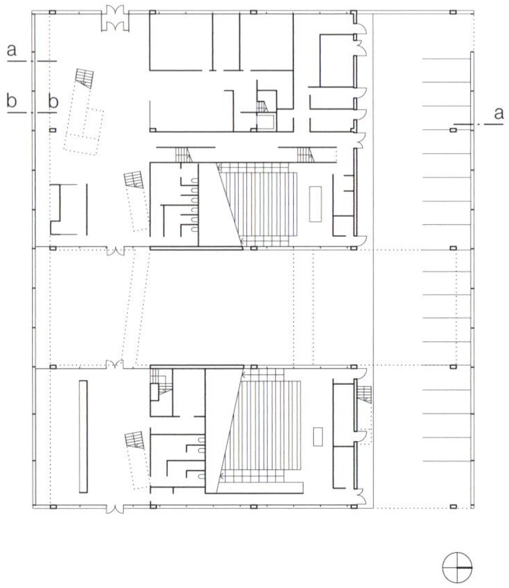

Schnitt • Grundriss Erdgeschoss
Maßstab 1:800
Horizontalschnitt • Vertikalschnitt
Maßstab 1:20

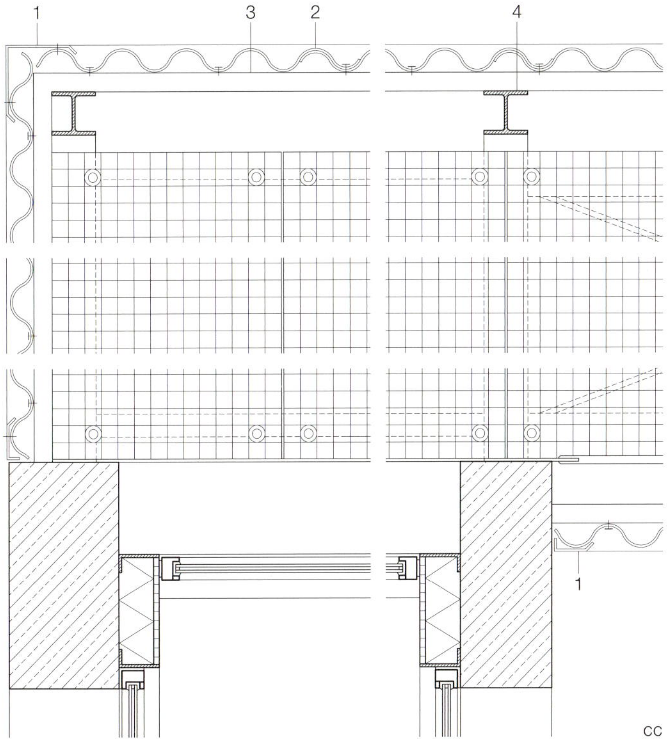

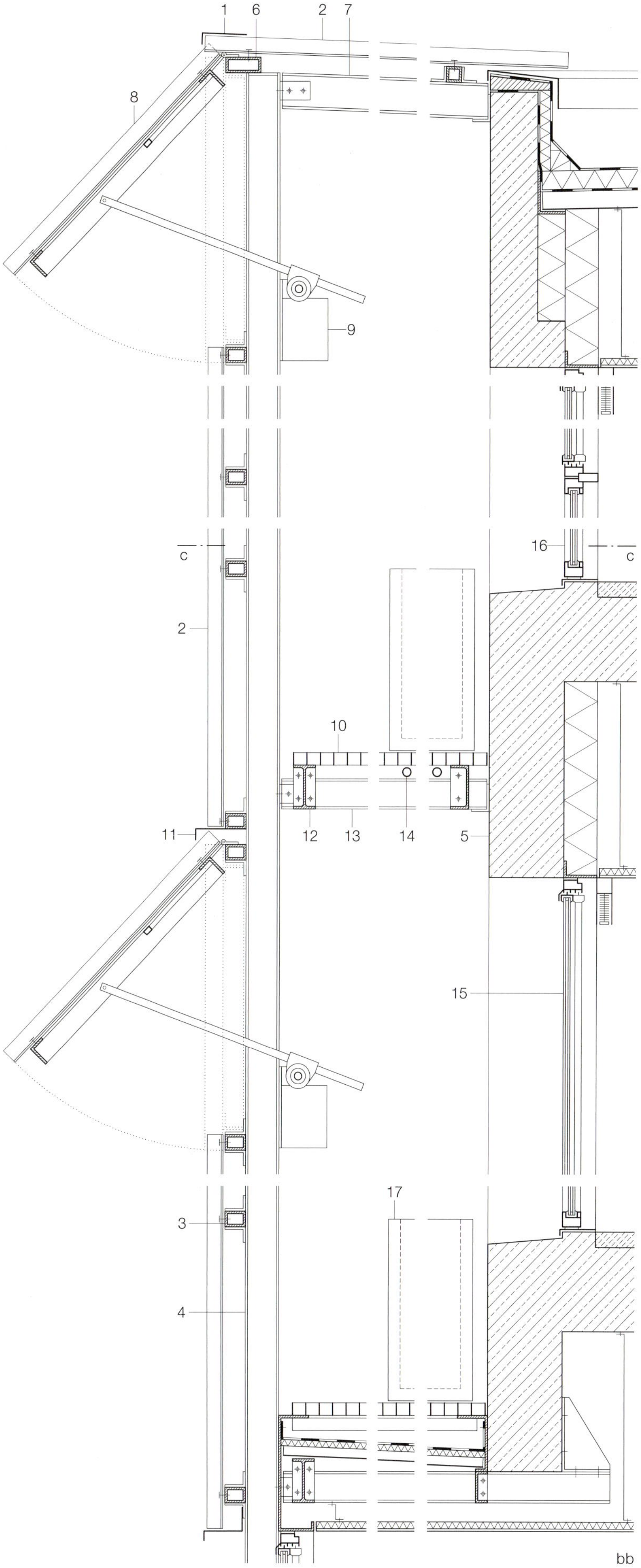

1 Kantenprofil Polycarbonat transparent mit UV-Schutzschicht warmgeformt
2 Wellplatten Polycarbonat transparent mit UV-Schutzschicht 177/51/3 mm
3 Unterkonstruktion Stahlrohr verzinkt ▭ 70/50/4 mm
4 Stütze Stahlprofil verzinkt HEA 120
5 Unterzug Stahlbeton
6 Stahlrohr verzinkt ▭ 100/50 mm
7 Träger Stahlprofil verzinkt HEA 120
8 Öffnungsklappe Wellplatten Polycarbonat (wie 2) auf Rahmen aus Stahlprofil L 50/50/5 mm mit Aussteifung aus Stahlrohr □ 20/2,3 mm
9 Elektromotor als Antrieb für Öffnungsklappe
10 Stahlgitterrost 40 mm
11 verzinktes Stahlblech, gekantet
12 Stahlträger verzinkt IPE 140
13 Stahlträger verzinkt HEA 100
14 Heizungsrohre
15 Aluminium-Schiebefenster mit Isolierverglasung
16 Brüstungselement mit Isolierverglasung
17 Pflanzgefäß

Firmenzentrale Unilever

Hamburg, DE 2009

Architekten:
Behnisch Architekten, Stuttgart

📖 db 12/2009
Detail Green 01/2010
Opus C 05/2012
RTS Magazin 05/2010
wettbewerbe aktuell 11/2009

- stark dem Wind ausgesetztes Verwaltungsgebäude in der Hafencity
- polygonaler Grundriss mit gestaffelten, auskragenden Geschossen
- zweischalige Fassadenkonstruktion mit transparenter, einlagiger ETFE-Folie als äußerer Witterungsschutz; Vorspannung der äußeren Fassadenhülle durch mittig angeordnete, hinterspannte Druckstützen
- innere Glasfassadenkonstruktion mit Öffnungsflügeln zur natürlichen Belüftung
- windgeschützter, beweglicher Sonnenschutz im Fassadenzwischenraum

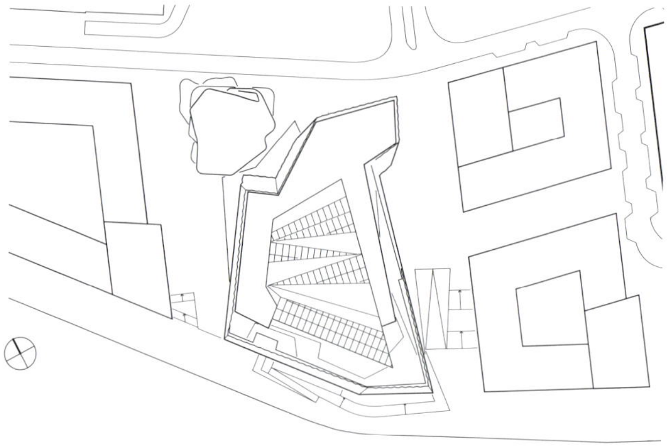

Lageplan Maßstab 1:2500
Vertikalschnitt Maßstab 1:20

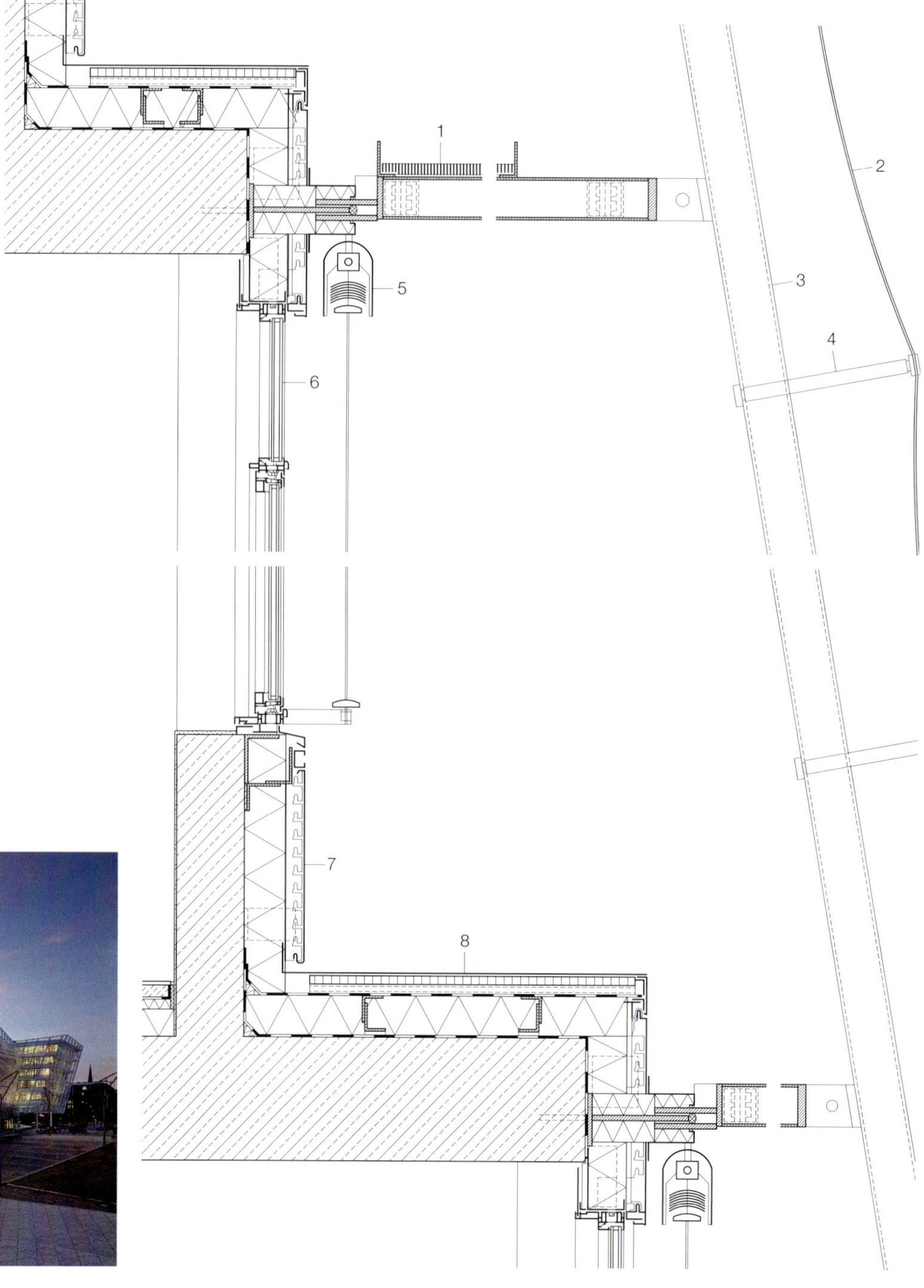

1 Wartungssteg Gitterrost auf Stahlwinkel 100/50/6 mm
Pendelstütze horizontal Stahlrohr ⌀ 120/5 mm, thermisch getrennt an Stahlbetonauskragung befestigt
2 ETFE-Membran
3 Paneelrahmen Stahlrohr ⌀ 140 mm
4 Druckstab Edelstahl, kreuzweise hinterspannt
5 Sonnenschutzlamellen
Kastenkonsole mit Acrylglashaube, Spannseile Edelstahl ummantelt
6 Fensterverglasung
ESG-H 8 + SZR 6 mit Argonfüllung + VSG 10 mm
7 Aluminiumpaneel auf thermisch getrennter Unterkonstruktion
Wärmedämmung Mineralwolle 140 mm
Stahlbeton 200 mm
8 Warzenblech Aluminium 3,5–5 mm
Karosseriesperrholz 24 mm auf Aluminiumprofilen 50/30/3 mm
Abdichtung
Wärmedämmung Mineralwolle 140 mm
Stahlbeton 350 mm

Zentrum für Altersforschung Flinthöhe

Bad Tölz, DE 2004

Architekt:
Diethard Johannes Siegert, Bad Tölz

🕮 db 02/2005
Glaswelt 01/2008

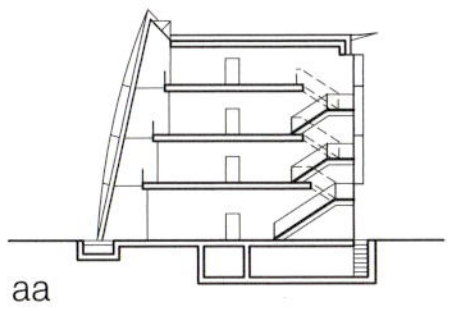

aa

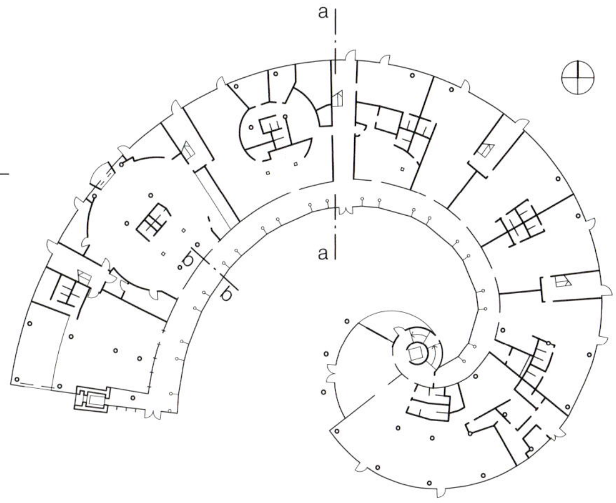

- »Klimahülle« aus einlagiger ETFE-Folie schützt Erschließungszone an Hofseite des Gebäudes vor Witterungseinflüssen und bildet Zwischentemperaturbereich
- Bedruckung mit silberfarbenem Punktraster dient als Sonnenschutz und zur Lichtstreuung
- Befestigung der ETFE-Folie mithilfe von Sonderprofilen aus Aluminium
- natürliche Belüftung der Erschließungszone mittels regulierbarer, verglaster Klappen im Boden- und Dachbereich
- Konstruktion des Hauptgebäudes besteht aus Stahlbetonskelett und elementierter Fassade

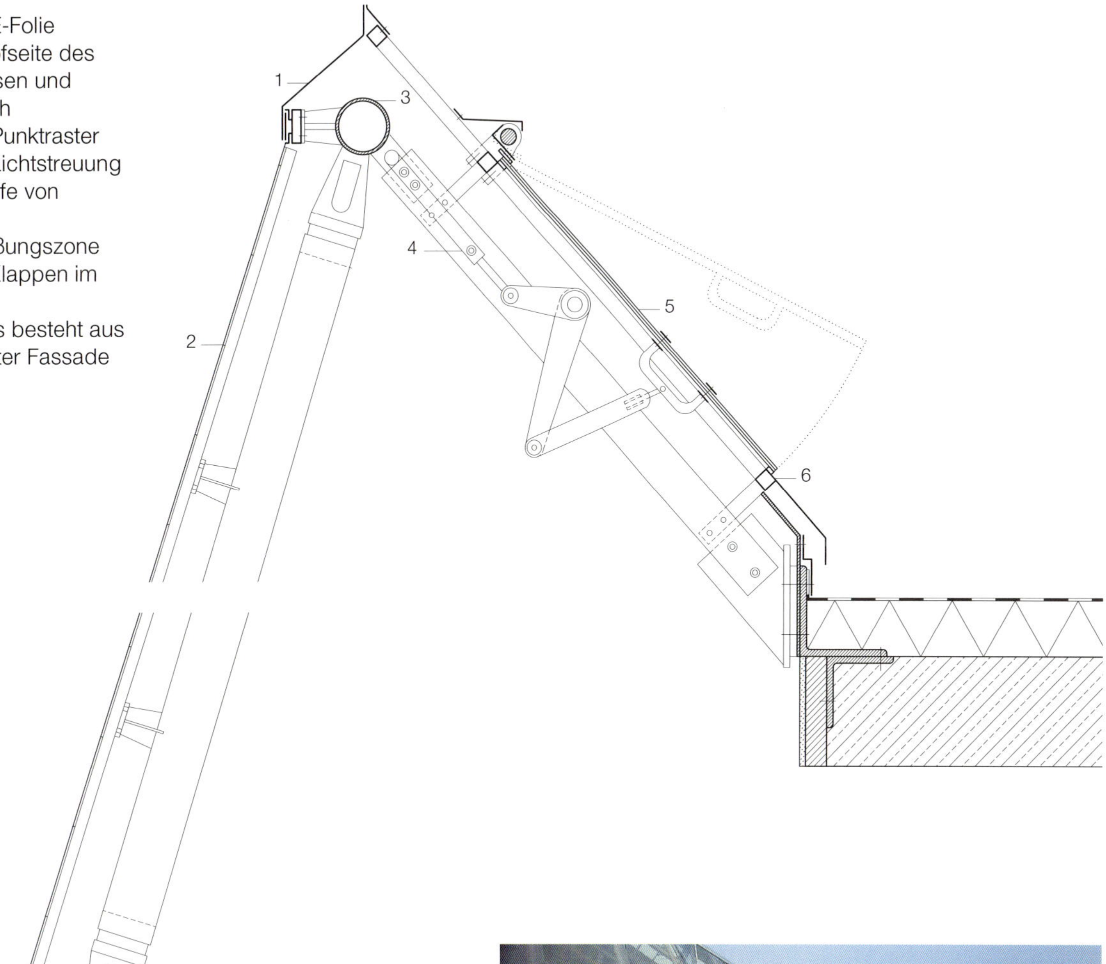

Schnitt • Grundriss
Maßstab 1:1000
Vertikalschnitt
Maßstab 1:20

1 Abdeckblech gekantet
2 Schweißnaht Membran
3 Stahlrohr ∅ 160 mm
4 Druck-Zug-Zylinder
5 Zu- bzw. Abluftluftöffnung VSG 2× 5 mm
6 Stahlrohr ⌀ 40/40/2 mm

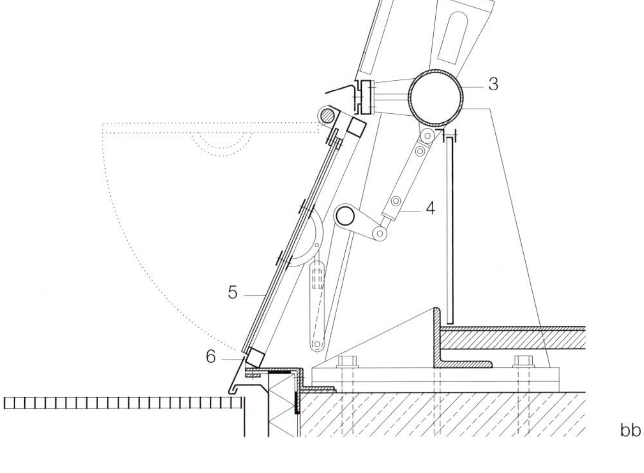

bb

Landeszentrum für Sicherheit und Ausbildung der Bergwacht Bayern

Gaißbach bei Bad Tölz, DE 2008

Architekten:
Herzog + Partner, München
Tragwerksplanung:
Sailer Stepan und Partner, München
Fassadentechnologie:
Hightex, Rimsting

📖 a+w 12/2008
Baumeister 07/2009
Kunststoffatlas S. 260–261
Tec 21 05/2009
Umrisse 02/2009
UED 06/2016

- Umsetzung eines einfachen, transparenten Witterungsschutzes aufgrund geringer bauphysikalischer Anforderungen ausreichend
- Fassadenkonstruktion aus Elementen mit mechanisch vorgespannter ETFE-Folie
- Vorspannung durch vertikale Druckbögen
- Selbstreinigungseffekt der ETFE-Folie ermöglicht geringe Wartungs- bzw. Reinigungskosten

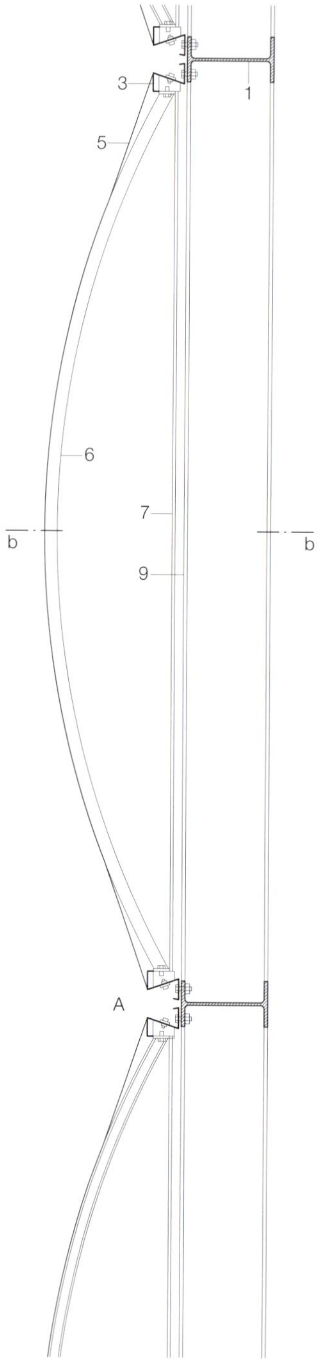

Aufsicht • Vertikalschnitt • Horizontalschnitt
Rahmenelement
Maßstab 1:20
Detailschnitt
Maßstab 1:2,5

1 Stahlprofil ⌶ 240 mm
2 Schraube M12
3 Z-Profil Stahl 3 mm als Rahmen verschraubt
4 Keder EPDM ∅ 8 mm
5 ETFE-Folie je nach Statik 0,20 mm, 0,25 mm, 0,30 mm
6 Druckbogen Stahlrohr ∅ 35 × 8 mm
7 Sehne Stahlrohr ∅ 8 mm
8 Flachstahl ▭ 60/120/5 mm
9 Stahlprofil HEB 240 mm

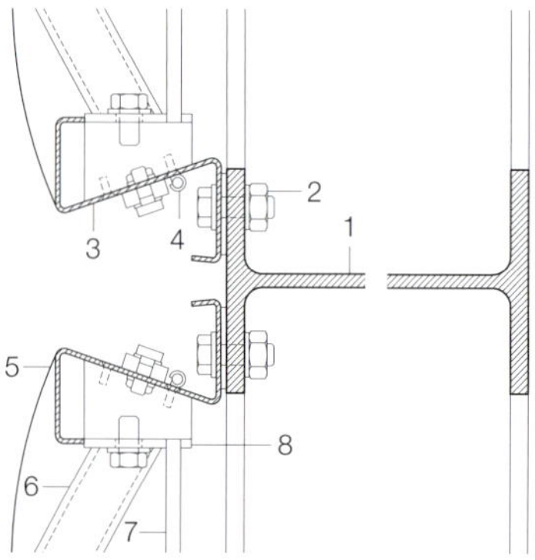

A

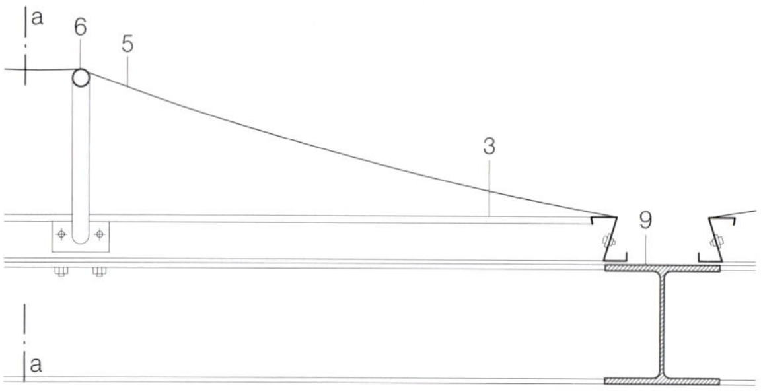

bb

aa

Allianz-Arena

München, DE 2005

Architekten:
Herzog & de Meuron, Basel

🕮 Archithese 04/2005
Arquitectura viva 91, 2003
Baumeister 06/2005
Hochparterre 08/2005

- 66 500 m² große Gebäudehülle als zweilagige, pneumatisch gestützte Folienkissenkonstruktion aus schwer entflammbaren ETFE
- ETFE-Konstruktion besitzt eine hohe Tageslichttransmission und extrem geringes Eigengewicht von unter 1,0 kg/m²
- Ventilatoren erzeugen zur Formstabilisierung der bis zu 4,60 × 17,00 m großen, rautenförmigen Kissen einen Nenninnendruck von 450 Pa (Fassade) und 300 Pa (Dach).
- Innendruck kann entsprechend den variierenden Windverhältnissen und Schneelasten angepasst werden.
- Die hinter den Folienkissen angebrachten LED-Leuchten ermöglichen eine gleichmäßige Ausleuchtung der Membrankissen im kompletten Farbspektrum. Die Standardbeleuchtung beschränkt sich auf die Farben Rot, Blau und Weiß.

1 LED-Leuchten 24 Einheiten pro Kissen
2 Sonnenschutzrollo
3 Isolierverglasung auf Pfosten-Riegel-Fassade
4 Fertigteil Schleuderbetonstütze ∅ variabel
5 Verschraubung Schleuderbetonstütze
6 Faserzementplatte 2× 12,5 mm gespachtelt gestrichen Mineralwolle 100 mm, Randträger Stahlbeton
7 Stahlrohr ▭ 200/300 mm mit Schiene Befahranlage
8 Fassadenkonsole Flachstahl 2× 100/80 mm
9 Druckluft Fassadenpneu ∅ 100 mm
10 Druckluft PE-Schlauch ∅ 50 mm
11 Fassadenpneu ETFE-Folie 0,2 mm
12 Leiter-Befahranlage
13 Sekundärkonstruktion Stahlrohr ▭ 120/220 mm
14 Regenrinne Stahlblech verzinkt 6 mm
15 Rinnendichtung Polyolefin-Profil im Bereich der Fuge mit Profilierung zur Bewegungsaufnahme
16 Zange Flachstahl 2× 250/30 mm
17 Sekundärkonstruktion Stahlrohr ▭ 120/220 mm

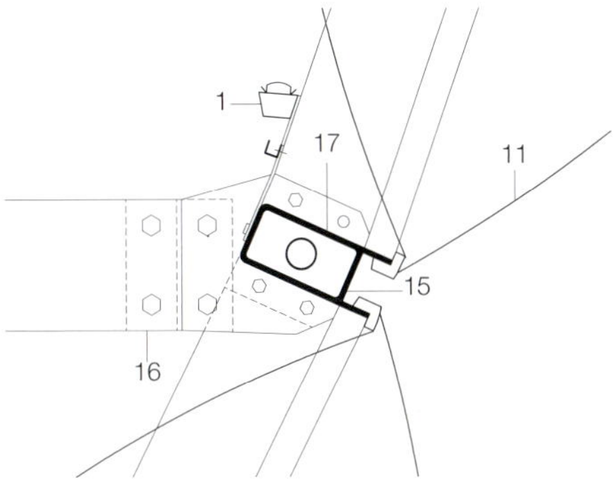

aa

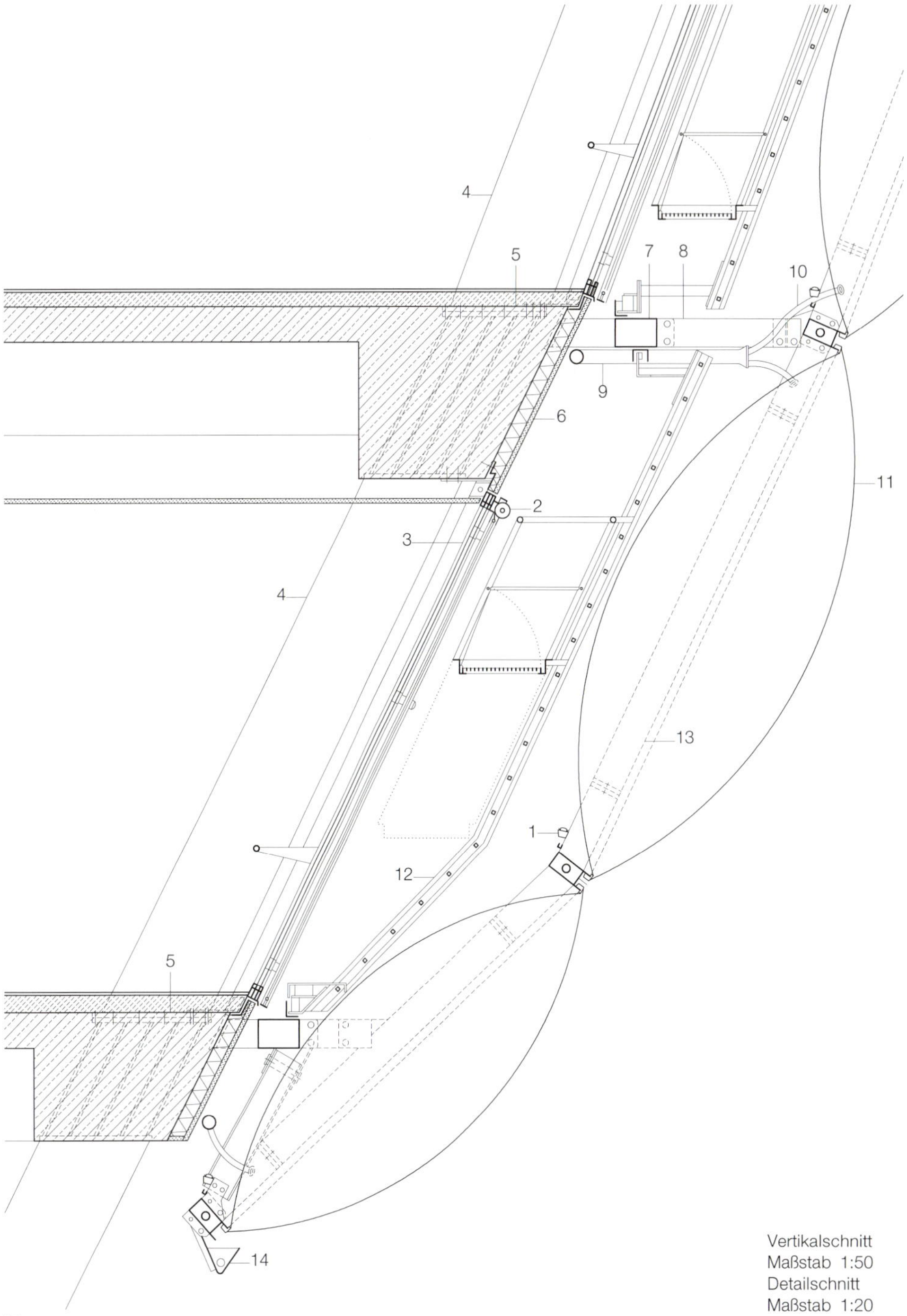

bb

Vertikalschnitt
Maßstab 1:50
Detailschnitt
Maßstab 1:20

Hotel Burj al Arab

Dubai, AE 1999

Architekten:
Atkins, Epsom
Fassadentechnologie:
Hightex, Rimsting

Bauwelt 44/1998
DBZ 07/2000
Fassade/Facade 01/2001

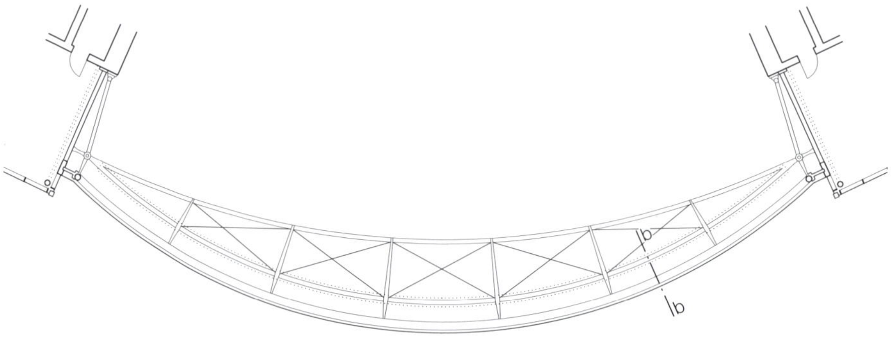

- 7500 m^2 große, 200 m hohe, doppellagige Membrankonstruktion aus PTFE-beschichtetem Glasfasergewebe
- Aufteilung der Konstruktion in zwölf Einzelfelder mit Stahlunterkonstruktion
- gegenüber Glaskonstruktion 50 % weniger Eigenlast
- Lichtdurchlässigkeit der transluzenten Membranfassade 10 %
- Membranfläche nachts als Projektionsfläche genutzt

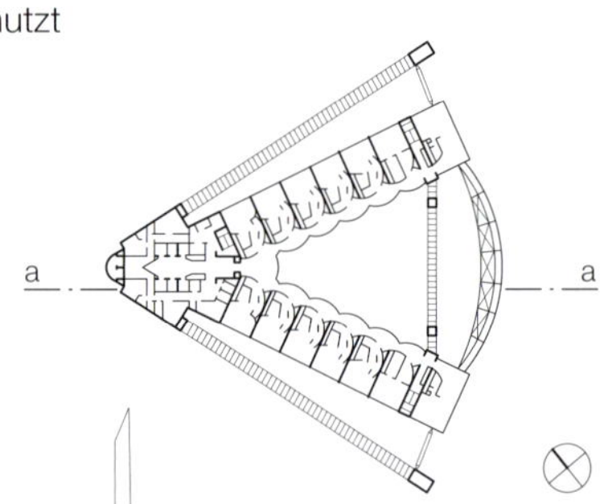

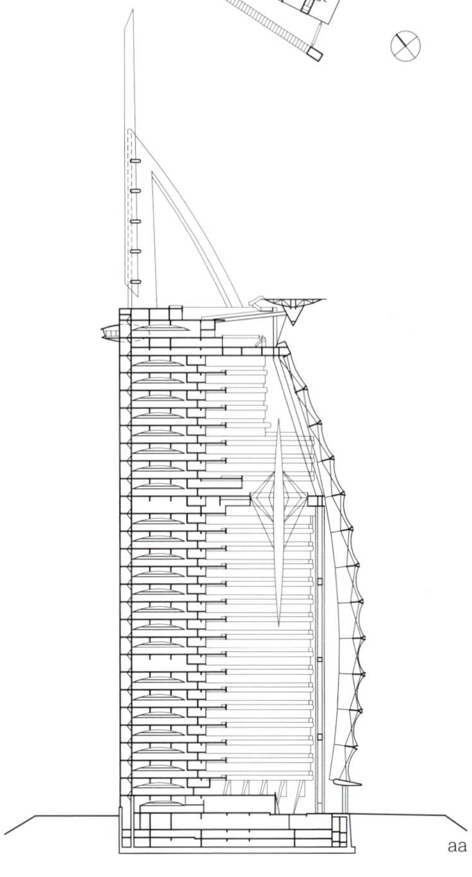

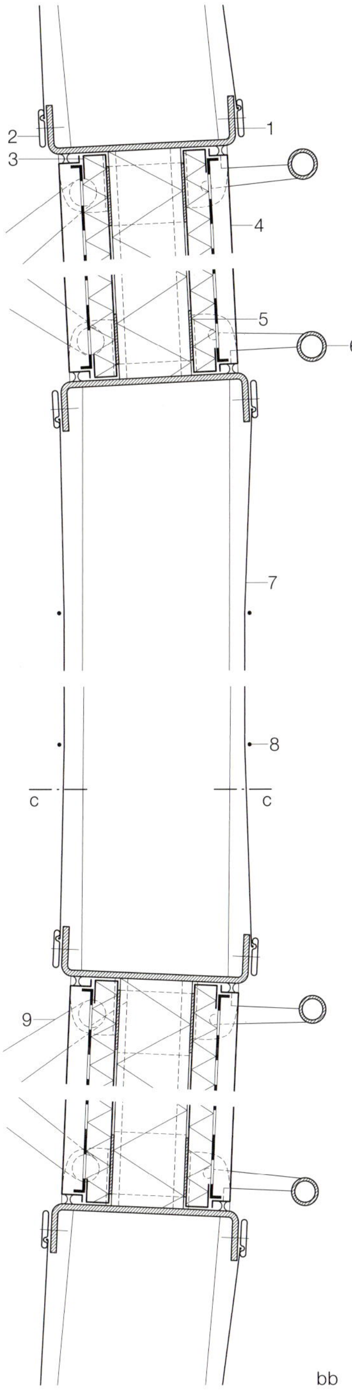

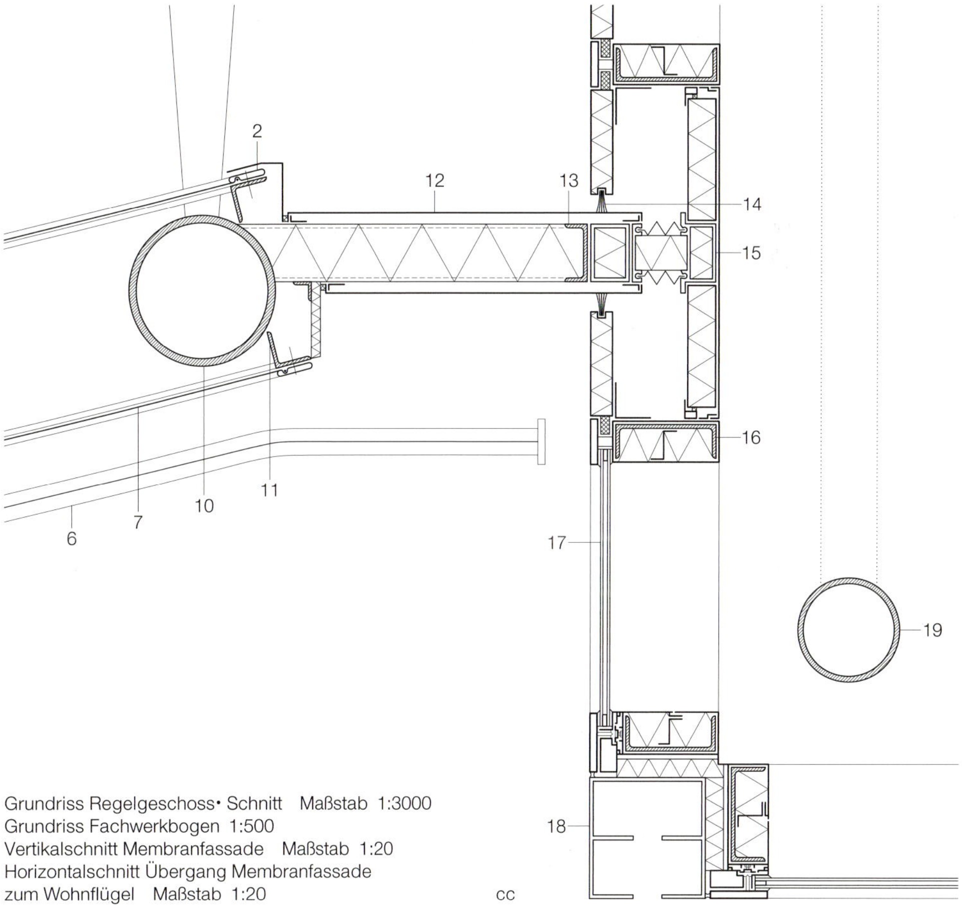

Grundriss Regelgeschoss• Schnitt Maßstab 1:3000
Grundriss Fachwerkbogen 1:500
Vertikalschnitt Membranfassade Maßstab 1:20
Horizontalschnitt Übergang Membranfassade zum Wohnflügel Maßstab 1:20

1. Horizontalträger Sonderprofil ⊔ 500/120 mm
2. Klemmprofil Aluminium geschraubt
3. ∟ 60/60/4 mm
4. innen- und außenseitig Sandwichpaneel 120 mm: Aluminium 4 mm Dampfsperre Wärmedämmung 60 mm Aluminium 4 mm dazwischen Wärmedämmung 200 mm
5. Flachstahl ▱ 150/10 mm
6. Schiene für Reinigungsanlage Stahlrohr ∅ 80 mm an Auflagerwinkel Flachstahl
7. Membranelement aus PTFE-Glasfasergewebe zweilagig 0,6–0,7 mm weiß mit beidseitiger Schutzbeschichtung Fluorpolymer, UV-beständig, dazwischen Luftschicht 500 mm
8. Stahlseile, horizontal verlaufend, zur Unterstützung der Membran
9. Fachwerkträger Stahlrohr ▱ 125/270/12 mm mit Bolzen befestigt an T 150/10 mm
10. Stahlrohr ∅ 400 mm
11. Stahlprofil ∟ 100
12. Aluminiumpaneel 215 mm mit integrierter Dampfsperre und Wärmedämmung
13. Stahlprofil ⊔ 152/76 mm
14. Bürstendichtung Staubschutz
15. beweglicher Anschluss Aluminium Strangpressprofil mit EPDM-Dichtung
16. Stahlprofil ⊔ 280
17. Isolierverglasung
18. Ecke Sonderprofil Aluminium
19. Stütze Stahlrohr ∅ 280 mm

Teil C Sonderthemen

Von wachsendem Interesse sind Fassadenausführungen, die gezielt für die Übernahme bestimmter funktionaler Aufgaben entwickelt worden sind. Dieses Interesse ist experimenteller Art, zum einen, weil den Gebäudehüllen funktional ganz neue Eigenschaften zugewiesen werden, für die derzeit sehr unterschiedliche architektonische Lösungswege gesucht werden, bei denen aber auch noch hinreichende Erfahrungen – z. B. zur Langzeittauglichkeit – fehlen. Zum anderen, weil sich dabei komplett neuartige Gestaltungsoptionen eröffnen, deren Schlüssigkeit sich im Sinne der »Logik der Form« erst noch erweisen muss. Auch hier ist selbstverständlich die technische Richtigkeit, also eine materialgerechte Konstruktion und Technologie der Herstellung, von grundlegender Bedeutung.

Campus Tsinghua Universität, Peking (CN) 2006, Mario Cucinella

C 1 Mehrschalige Gebäudehüllen aus Glas

C 1.1 Posttower, Bonn (DE) 2003, Murphy/Jahn

Vom Vorfenster zur Zweite-Haut-Fassade

Die Entwicklung mehrschaliger, transparenter Gebäudehüllen ist im engen Zusammenhang mit der zunehmenden Glasanwendung im Bauwesen des 17. und 18. Jahrhunderts zu sehen, als Fortschritte in der Glasherstellung wie die Erfindung des Gussglasverfahrens im Jahr 1687 die Herstellung von ebenen Glasscheiben in verbesserter Qualität mit geringerem Arbeitsaufwand ermöglichten [1]. Erste Anhaltspunkte zur Anwendung mehrschaliger Fenstersysteme finden sich um etwa 1690 [2]. Unter dem Hinweis auf die Verbesserung der Wärmeschutzeigenschaften von Fenstern wurde die Verwendung sogenannter Doppelfenster empfohlen, die während der kalten Jahreszeit dem eigentlichen Fenster vorgeblendet wurden. Der Einsatz derartiger »Vorfenster« oder »Winterfenster« ist in Mitteleuropa seit dem Anfang des 18. Jahrhunderts gebräuchlich und noch heute zahlreich im ländlichen Raum zu finden. Im 18. und 19. Jahrhundert entwickeln sich Varianten derartiger mehrschaliger Fensterkonstruktionen wie das Kastenfenster und verglaste Loggien, die teilweise heute noch erhalten sind.

Die Möglichkeit, die funktionalen Eigenschaften von Einfachverglasungen durch die Vorblendung einer zusätzlichen Glasschale zu verbessern, wird auch bei der Verglasung großer Fassadenöffnungen angewendet, so beispielsweise bei dem 1867 nach einem Brand wiederhergestellten »Eisernen Haus« im Nymphenburger Schlosspark in München oder bei den im späten 19. Jahrhundert entstandenen »Galerías Gallegas« in La Coruña, bei denen die gesamte Außenwandkonstruktion mit einer zweiten Glasschale verkleidet ist (Abb. C.1.11). Etwa zeitgleich entstehen weitere Varianten wie Erker, verglaste Loggien oder das integrierte Glashaus und das Anlehnglashaus – alle mit dem gemeinsamen Ziel, neben der Verbesserung der Wärmeschutzeigenschaften den Glashauseffekt zur Erwärmung der Raumluft zu nutzen. Eines der bekanntesten historischen Beispiele stellt die 1903 erbaute Pufferfassade der Steiff-Fabrik in Giengen an der Brenz dar, die unter maximaler Nutzung des Tageslichts als umlaufende, geschlossene Zweite-Haut aus Glas die Wärmeschutzeigenschaften der Gebäudehülle verbesserte (siehe S. 247). Die genannten Fenster- und Fassadensysteme blieben bis in die 50er-Jahre des 20. Jahrhunderts bestimmend, als dann mit der Entwicklung des Verbundfensters und wenig später der Isolierverglasung die Wärmeschutzeigenschaften von Fenstern auf einfache und platzsparende Weise verbessert werden konnten.

Mitte der 1970er-Jahre bewirken die beginnende Rohstoffverknappung und die daraus resultierende Diskussion um die Endlichkeit der Ressourcen eine Rückbesinnung auf die Möglichkeiten der Verbesserung des Wärmeschut-

C 1.2

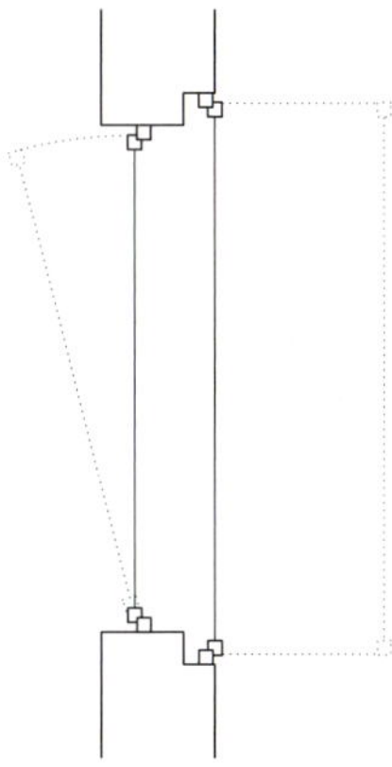

C 1.3

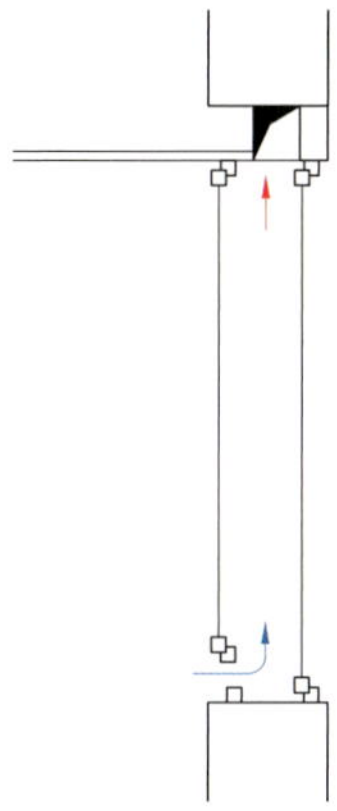

C 1.4

C 1.2 Vorfenster, Bauernhaus, Flims (CH)
C 1.3 Vorfenster
C 1.4 Abluftfenster
C 1.5 Kastenfenster, Krems (AT)

C 1.5

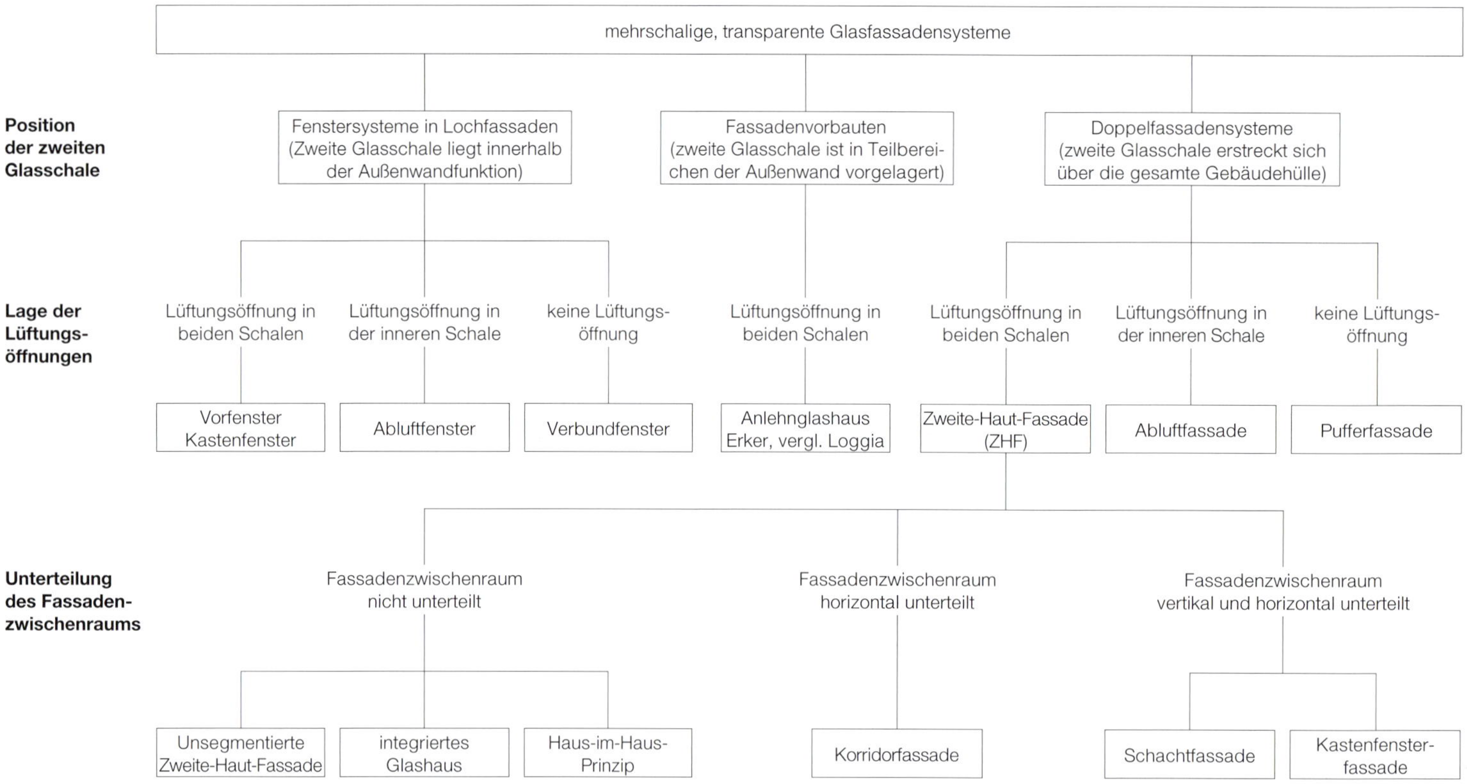

C 1.6

C 1.7

C 1.6 Ausführungsvarianten mehrschaliger, transparenter Glasfassadensysteme
C 1.7 Abluftfenster, Museum für Kunsthandwerk, Frankfurt (DE) 1984, Richard Meier
C 1.8 integriertes Anlehnglashaus, Wohnhaus, Regensburg (DE) 1979, Thomas Herzog
C 1.9 Anlehnglashaus
C 1.10 verglaste Loggia
C 1.11 verglaste Loggien, Wohnhäuser, La Coruña (ES) spätes 19. Jahrhundert

C 1.8

zes und der Solarenergienutzung durch vorgesetzte Glasschalen. Daher wird unter Einsatz von Isolierverglasungen die Weiterentwicklung vorhandener Systeme wie Anlehnglashaus und integriertes Glashaus vorangetrieben.
In den 1980er-Jahren kommen neue Systeme zum Einsatz – wie beispielsweise Abluftfenster und -fassaden – bei denen der Fenster- bzw. Fassadenzwischenraum klimatechnisch mit der im Gebäude vorhandenen Lüftungsanlage kombiniert wird. Die Weiterentwicklung mehrschaliger Glasfassadensysteme setzt sich bis in die 1990er-Jahre fort, als gestiegene Wärmeschutz- und Nutzeranforderungen die Entwicklung der Zweite-Haut-Fassaden begünstigten. Aufgrund des Potenzials zur Reduzierung des Energieverbrauchs und Optimierung der Komfortbedingungen stellen Zweite-Haut-Fassaden eine interessante Alternative im Fassadensektor dar. Gemeinsames Merkmal ist die der eigentlichen Verglasungsebene vorgeblendete, hinterlüftete Glasschale, die auch bei emissionsreichen oder windbelasteten Standorten einen natürlichen Luftaustausch ermöglicht. Wichtige Varianten dieses Fassadentypus sind Zweite-Haut-Fassaden mit nicht unterteiltem oder unterteiltem Fassadenzwischenraum, deren konstruktive und funktionale Eigenschaften im nachfolgenden Abschnitt erläutert werden. Neben dem gestiegenen Energie- und Komfortbewusstsein der Nutzer dürfte ein wesentlicher Grund für die rasche Verbreitung derartiger Zweite-Haut-Fassaden die Diskussion um das »Sick-Building-Syndrom« [3] im Zusammenhang mit vollklimatisierten Gebäuden sein, da natürlich durchlüftete, individuell regelbare mehrschalige Glasfassaden deutliche Vorteile aufweisen und zu verbesserten Komfortbedingungen führen.

Konstruktionsspezifische Merkmale von Fassaden mit vorgesetzter Glasschale

Die funktionalen und gestalterischen Eigenschaften mehrschaliger Glasfassadensysteme sind vorwiegend durch die konstruktiven Merkmale bestimmt. Ausgehend von der in Abbildung C 1.6 dargestellten Einteilung werden im Folgenden die konstruktiven Merkmale und deren Bedeutung für die funktionalen Eigenschaften der verschiedenen doppelschaligen Glasfassadensysteme aufgezeigt [4]:

Lage der zweiten Glasschale bezogen auf die Außenwand

Die Lage der beiden Verglasungsebenen in Relation zur Außenwand hat weitreichenden Einfluss auf funktionale und vor allem gestalterische Eigenschaften der Fassade.

Zweite Glasschale innerhalb der Außenwandkonstruktion
Bei Fenstersystemen in Lochfassaden mit zwei hintereinander angeordneten Glasschalen (Doppelfenster), erfolgt die Lastabtragung meistens über die massive Außenwand. Anordnung und Größe der Wandöffnungen hängen daher von den statischen Verhältnissen ab. Aufgrund des relativ geringen Verglasungsanteils unterscheiden sich Lochfassaden in gestalterischer Hinsicht sehr stark von Fassadenvorbauten oder vorgehängten Glasfassadenkonstruktionen. Zu den Doppelfenstern

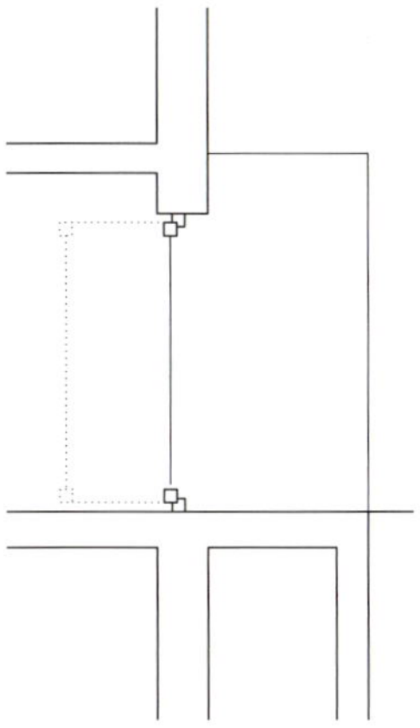

C 1.9

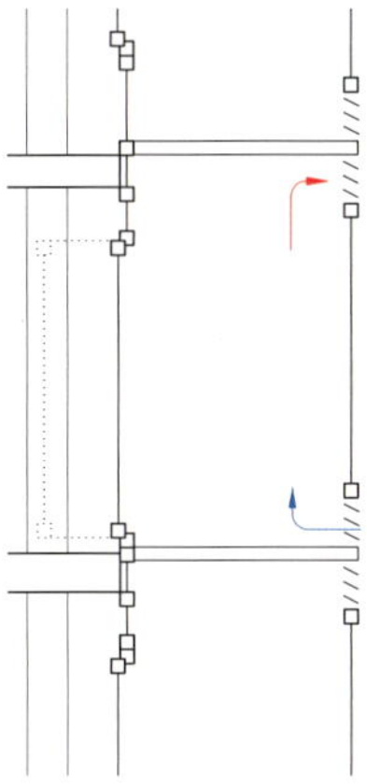

C 1.10

C 1.11

gehören: Vorfenster, Kastenfenster, Abluftfenster (Abb. C 1.2–5, S. 239) und Verbundfenster. Aufgrund der Entwicklung von Isolierverglasungen und der damit verbundenen Verbesserung der Wärmeschutzeigenschaften spielen derartige Fenstersysteme im Bauwesen heute nur noch eine untergeordnete Rolle. Lediglich bei Gebäuden mit Raumklimatisierung, wie beispielsweise bei Museen, werden z. B. noch Abluftfenster eingesetzt.

Zweite Glasschale in Teilbereichen der Außenwand vorgelagert
Wesentliches Merkmal von Fassadenvorbauten ist die Anordnung einer zweiten Glashülle in größerem Abstand vor der eigentlichen Außenwand. Hierdurch entsteht ein Zwischentemperaturbereich, der eine temporäre Nutzung zulässt [5]. Eine in Teilbereichen vorgesetzte Glashülle hat großen Einfluss auf das Erscheinungsbild der Fassade, die eigentliche Außenwand bleibt in der Regel jedoch als Gebäudeabschluss erkennbar. Zu den Fassadenvorbauten zählt man Anlehnglashäuser, Erker und verglaste Loggien. Aufgrund der erwähnten Möglichkeiten als Zwischentemperaturbereich werden diese Fassadensysteme auch heute noch häufig verwendet.

Zweite Glasschale erstreckt sich über gesamte Außenwandkonstruktion
Bei komplett verglasten Fassaden befindet sich vor oder hinter der eigentlichen Glasfassade eine zweite Verglasungsebene. Diese mehrschalige Glasfassadenkonstruktion wird allgemein als Doppelfassade bezeichnet, ohne dass damit bestimmte funktionale Eigenschaften verknüpft werden können. Zu Doppelfassaden gehören Zweite-Haut-Fassaden, Abluftfassaden sowie Pufferfassaden. Obwohl sich diese Fassadentypen in gestalterischer Hinsicht mitunter sehr stark ähneln, unterscheiden sie sich hinsichtlich der natürlichen Lüftungsmöglichkeiten deutlich voneinander.

Anordnung von Lüftungsöffnungen in der inneren und äußeren Fassadenschale
In Abhängigkeit von der Anordnung der Lüftungsöffnungen ergeben sich die nachfolgend genannten Systeme:

Fenstersysteme in Lochfassaden – Lüftungsöffnungen in beiden Schalen

Vorfenster
Zur Verbesserung des Wärmeschutzes wird einem einfach verglasten Fensterrahmen ein zweiter Rahmen mit Einfachverglasung vorgesetzt. Dieser sitzt meist flächenbündig in der Außenwand (Abb. C 1.3, S. 239). Charakteristisch ist die von der Jahreszeit abhängige Veränderbarkeit der Wärmeschutzeigenschaften des Fensters. Tageszeitabhängige Temperaturschwankungen bleiben jedoch unberücksichtigt [6].

Kastenfenster
Kastenfenster bestehen aus zwei hintereinander eingebauten, beweglichen Fensterflügeln, meist mit Einfachverglasung. Der Abstand der beiden Flügel voneinander beträgt ca. 10–20 cm. In vielen Fällen ermöglichen separate Öffnungsflügel in der Rahmenkonstruktion oder eingebaute Kippflügel im oberen Bereich der Fensteröffnung die Nachtlüftung. Funktionen wie Regen- oder Einbruchschutz bleiben auf diese Weise erhalten. Wärme- und Schallschutzeigenschaften sowie die Luftwechselrate lassen sich den im Tagesverlauf variierenden Außenbedingungen auf einfache Weise anpassen.

Fenstersysteme in Lochfassaden – Lüftungsöffnungen in der inneren Schale
Abluftfenster
Beim Abluftfenster werden die konventionellen Funktionen des Fensters mit den Aufgaben der Klimatechnik verknüpft, indem die verbrauchte Abluft des Raumes über den Scheibenzwischenraum des Doppelfensters abgezogen wird. Zur Vermeidung von Transmissionswärmeverlusten besteht die äußere Verglasung in der Regel aus Isolierglas. Die Oberflächentemperatur der inneren Scheibe erhöht sich durch die vorgewärmte Raumluft, die den Scheibenzwischenraum durchströmt. Dies bedeutet besonders für die kalte Jahreszeit eine deutliche Komfortverbesserung in Fensternähe. Zugleich dient der Scheibenzwischenraum zur Aufnahme des Sonnenschutzes, der witterungsunabhängig auch bei hohen Windgeschwindigkeiten heruntergefahren werden kann. Bei rauminnenseitig angebrachten Sonnenschutzsystemen führt die absorbierte Solarstrahlung aufgrund der Umwandlung in langwellige Wärmestrahlung gegebenenfalls zu einer unerwünschten Erwärmung des Rauminneren. Dies ist bei Abluftfenstern durch die Lage des Sonnenschutzes im Scheibenzwischenraum nicht der Fall, da eine potenzielle Erwärmung aufgrund der Durchlüftung vermieden wird. Allerdings ist dafür immer der Einsatz von mechanischer Antriebsenergie zur Durchströmung des Scheibenzwischenraumes erforderlich, was im Vergleich zu Gebäuden ohne raumlufttechnische Anlagen in der Regel zu erhöhten Investitions- und Betriebskosten führt (Abb. C 1.7).

Fenstersysteme in Lochfassaden – keine Lüftungsöffnungen innerhalb der Schalen
Verbundfenster
Verbundfenster bestehen aus zwei hintereinanderliegenden Fensterrahmen, die ohne Abstand direkt miteinander verbunden sind. Da die beiden Flügel außer zu Reinigungszwecken nicht voneinander getrennt werden, besteht im Gegensatz zum Kastenfenster keine Möglichkeit der Anpassung an sich ändernde Außenbedingungen im Jahres- und Tageszeitenverlauf.

Fassadenvorbauten – Lüftungsöffnungen in beiden Schalen
Fassadenvorbauten verfügen in der Regel sowohl in der äußeren als auch in der inneren Schale über Lüftungsöffnungen, die einen natürlichen Luftaustausch gewährleisten. Hierzu gehören folgende Fassadentypen.

Anlehnglashaus
Beim Anlehnglashaus wird der eigentlichen Außenwand in einem größeren Abstand eine einfache Glashaut vorgelagert, wodurch ein Zwischentemperaturbereich entsteht, der vielfältige Nutzungen zulässt (Abb. C 1.9). Diese Zone kann als thermischer Puffer dienen, als Luftschleuse, zur Vorwärmung der Zuluft oder auch zur direkten Nutzung von Solarenergie [7].

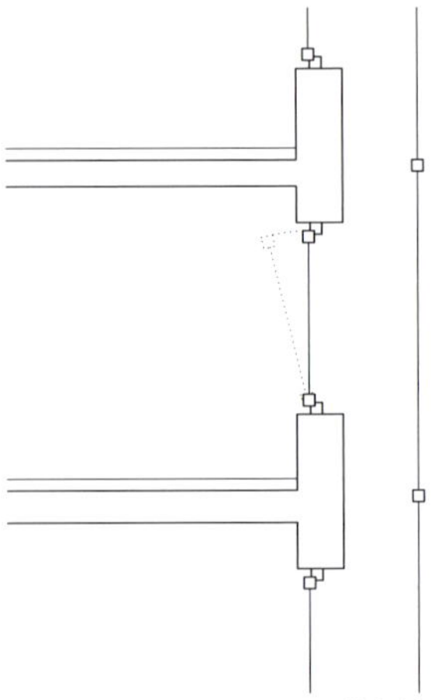

C 1.12

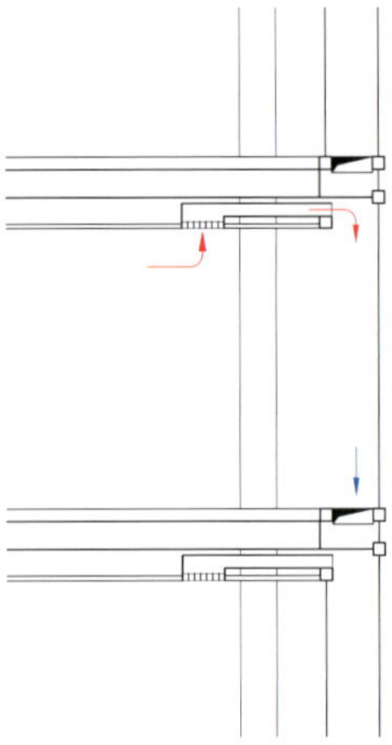

C 1.13

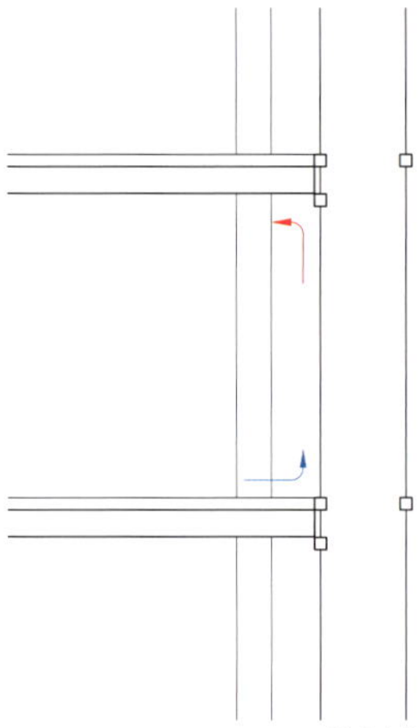

C 1.14

C 1.12 Zweite-Haut-Fassade
C 1.13 Abluftfassade (Luftführung von oben nach unten)
C 1.14 Pufferfassade
C 1.15 Abluftfassade: Lloyds Hauptverwaltung, London (GB) 1986, Richard Rogers Partnership
C 1.16 Integriertes Glashaus
C 1.17 Unsegmentierte Zweite-Haut-Fassade
C 1.18 Zweite-Haut-Fassade: Verwaltungsgebäude, München (DE) 1997, Steidle + Partner
C 1.19 überglastes Atrium: Museum für Hamburgische Geschichte, Hamburg (DE) 1989, von Gerkan Marg und Partner mit Schlaich Bergermann und Partner

Erker, verglaste Loggia
Ähnlich wie Anlehnglashäuser stellen Erker und verglaste Loggien Zwischentemperaturbereiche dar, sofern sie zum Innenraum hin mittels Türen abgeschlossen werden können. Aufgrund ihrer äußeren Fensteröffnungen erlauben sie eine sehr gute Abstimmung der Fassadenfunktionen wie Luftaustausch, winterlicher und sommerlicher Wärmeschutz sowie Schallschutz.
Ein wesentlicher Unterschied zum Anlehnglashaus liegt in der räumlichen Anordnung zur eigentlichen Fassade. Erker und verglaste Loggien stehen im Regelfall in einem direkten funktionalen Zusammenhang mit dem dahinterliegenden Raum, mit dem sie in wärme-, lüftungs- und schalltechnischer Hinsicht eine Einheit bilden. Der Zwischentemperaturbereich steht somit unmittelbar mit der erwärmten Raumluft in Verbindung, wodurch – im Gegensatz zum Anlehnglashaus – eine permanente Nutzung möglich ist (Abb. C 1.10 und C 1.11).

Vorhangfassadensysteme – Lüftungsöffnungen in beiden Schalen
Zweite-Haut-Fassade
Wesentliches Merkmal von Zweite-Haut-Fassaden (ZHF) ist die Anordnung einer zweiten Schale vor der eigentlichen Außenhaut, ohne dass die natürliche Lüftung unterbunden wird. Hierbei ist die äußere Schale in der Regel als nicht tragendes Element vorgehängt (Abb. C 1.12). Verglichen mit einschaligen Fassaden besitzen diese meist verbesserte Schall- sowie Wärmeschutzeigenschaften und ermöglichen auch an Standorten mit hohen Windgeschwindigkeiten eine natürliche Lüftung [8].
Zu den Zweite-Haut-Fassaden zählen Untergruppen wie Schacht-, Korridor- und Kastenfensterfassade ebenso wie Fassaden, bei denen die zweite Schale in größerem Abstand angeordnet ist (integrierte Glashäuser, Haus-im-Haus-Prinzip).

C 1.15

Vorhangfassadensysteme – Lüftungsöffnungen in der inneren Schale
Abluftfassaden
Analog zum Abluftfenster erfolgt bei der Abluftfassade die Durchströmung des Fassadenzwischenraums mit erwärmter Raumluft, die über die Fassade zur Klimazentrale zurückgeführt wird [9]. Damit übernimmt die Außenhaut nicht nur Funktionen wie Wetterschutz, Wärmeschutz und Tageslichtversorgung, sondern ist aufgrund ihrer Wirkung als luftführender Kanal auch Teil der klimatechnischen Anlage (Abb. C 1.13).
Die äußere Fassadenebene ist zur Reduktion von Transmissionswärmeverlusten in der Regel in Isolierglastechnik ausgeführt. Die Vorteile dieser Fassadenart sind den bereits genannten Vorzügen des Abluftfensters sehr ähnlich.

Vorhangfassadensysteme – keine Lüftungsöffnungen in beiden Schalen
Pufferfassaden
Pufferfassaden ermöglichen durch das Vorhängen einer zweiten Glashaut die verstärkte Abschirmung des Gebäudeinneren gegen bestimmte Außenbedingungen, ohne dass dies zu nennenswerten Einbußen im Hinblick auf die Tageslichtversorgung führt (Abb. C 1.14).
Sehr häufig steht bei ihrem Einsatz der Wunsch nach erhöhtem Wärmeschutz im Vordergrund, jedoch bedingen auch andere Umwelteinflüsse wie z. B. Straßenlärm die Anwendung. In lüftungstechnischer Hinsicht stellt der Fassadenzwischenraum eine in sich geschlossene Einheit dar, die keinen Luftwechsel zulässt. Der Luftaustausch erfolgt über separate, kastenartige Fensterelemente, die in die Pufferfassade eingebaut sind.

Unterteilung des Fassadenzwischenraums
Bei der Betrachtung doppelschaliger Glasfassaden in Bezug auf den Scheibenzwischenraum sind es allein die Zweite-Haut-Fassaden die eine große Bandbreite von Ausführungsvarianten mit sehr unterschiedlichen funktionalen Eigenschaften aufweisen. Man unterscheidet dabei zwei Hauptgruppen:
- Zweite-Haut-Fassaden ohne Unterteilung
- Zweite-Haut-Fassaden mit Unterteilung

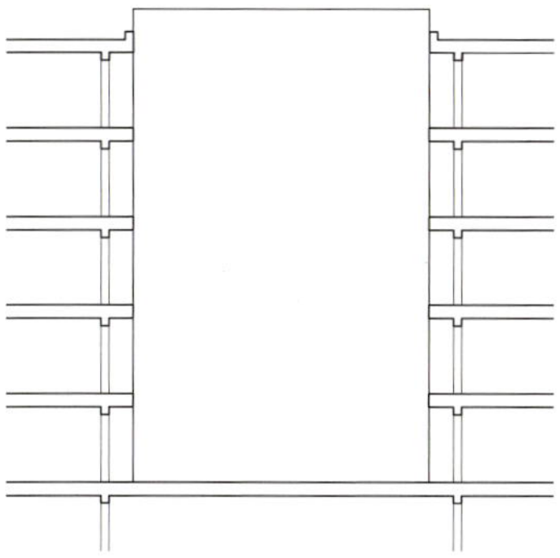

C 1.16

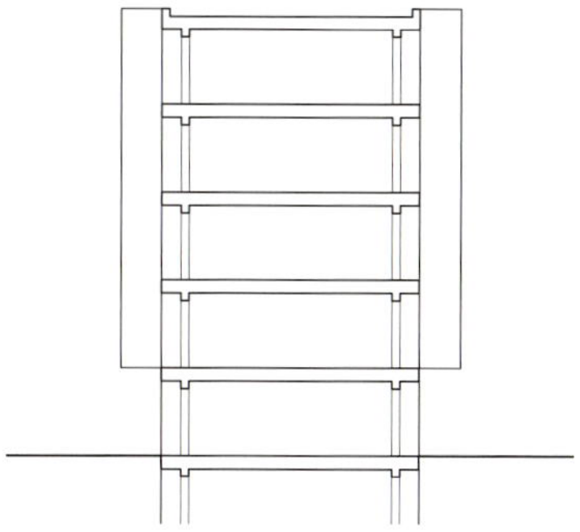

C 1.17

C 1.18

Zweite-Haut-Fassaden ohne Unterteilung des Scheibenzwischenraums
Zu den Zweite-Haut-Fassaden ohne Unterteilung des Scheibenzwischenraums gehören folgende Fassadentypen:
- unsegmentierte Zweite-Haut-Fassade
- integriertes Glashaus
- Haus-im-Haus-Prinzip

Aufgrund des ungeteilten Fassadenzwischenraums ergeben sich bei den genannten Fassadensystemen folgende bauphysikalische Eigenschaften:
- Schallschutz: Schall breitet sich im Fassadenzwischenraum ungehindert aus, was zu Beeinträchtigungen in den angrenzenden Räumen führen kann.
- Brandschutz: Feuer und Rauch können sich ähnlich wie Schall ungehindert im Fassadenzwischenraum ausbreiten.
- thermisches Verhalten: In Abhängigkeit von der vertikalen Ausdehnung ist die Ausbildung eines deutlichen Temperaturgefälles vom höchsten zum niedrigsten Punkt des Scheibenzwischenraums möglich, was unter Ausnutzung des thermischen Auftriebs zur verstärkten Durchlüftung des Fassadenzwischenraums im Sommer genutzt werden kann. Allerdings führt dies bei nicht ausreichender Durchlüftung sehr schnell zu hohen Lufttemperaturen im oberen Bereich und hat entsprechende Auswirkungen auf angrenzende Räume. Vorteilhaft ist jedoch die einfache Steuerbarkeit von Luftwechselrate und Pufferwirkung der Fassade, da die Anordnung von Lüftungsklappen am Fußpunkt und an der Traufe der Fassade ausreicht, um den Querschnitt von Zu- und Abluftöffnungen zu variieren.

Funktional weisen diese Fassadenvarianten ähnliche Eigenschaften auf. Sie unterscheiden sich jedoch in konstruktiver, gestalterischer und nutzungsspezifischer Hinsicht durch die Anordnung der vorgehängten Hülle in Bezug zum eigentlichen Baukörper.

C 1.19

Unsegmentierte Zweite-Haut-Fassade
Bei unsegmentierten Zweite-Haut-Fassaden ist der eigentlichen Außenwandkonstruktion eine zweite Glashaut vorgeblendet, ohne dass der Fassadenzwischenraum in lüftungstechnischer Hinsicht unterteilt wird. Konstruktiv handelt es sich um eine der einfachsten Ausführungsarten. Durch den unsegmentierten Fassadenzwischenraum ergeben sich vor allem bei mehrgeschossigen Fassaden erhöhte Anforderungen bezüglich der internen Geruchs- und Schallübertragung sowie des Brandschutzes.

Integriertes Glashaus (Atrium)
Das integrierte Glashaus als Anwendungsform der vorgehängten Glashaut besitzt ähnliche Eigenschaften wie das Anlehnglashaus, wird jedoch im Normalfall von zwei bis vier Gebäudeflügeln umschlossen.
Dabei ergibt sich eine intensive Wechselwirkung von Glashaus und umgebenden Wandflächen (Abb. C 1.16 und C 1.19). Häufig wird diese Variante als Glasatrium oder als Klimahalle bezeichnet. Gebäudeklimatisch betrachtet, stellt sich durch solare Gewinne und die Transmissionswärmeverluste der angrenzenden Gebäudefassaden ganzjährig eine erhöhte Raumlufttemperatur gegenüber der Außenluft ein. Einerseits erweitert dies die Nutzungsmöglichkeiten des Raumes, andererseits reduzieren sich dadurch deutlich die bautechnischen Anforderungen an die angrenzenden Fassadenteile.

Haus-im-Haus-Prinzip
Beim Haus-im-Haus-Prinzip als Typus einer mehrschaligen transparenten Gebäudehülle umschließt die Glashaut das Gebäude vollständig (Abb. C 1.20). Solarenergie lässt sich dabei direkt zur Erhöhung der Umgebungstemperatur innenliegender Gebäudeteile nutzen, während gleichzeitig Transmissions- und Lüftungswärmeverluste reduziert werden. Analog zum Anlehn- und integriertem Glashaus liegt der größte Vorteil des Haus-im-Haus-Prinzips in

C 1.20

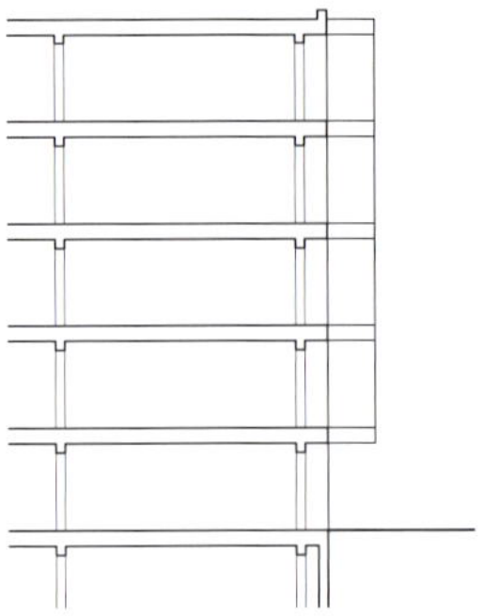

C 1.21

C 1.22

der Entstehung einer vielfältig nutzbaren Zwischentemperaturzone. Die Luft kann innerhalb der Hülle frei zirkulieren, wodurch aufgrund dieser internen Luftströmungen auch weniger besonnte Bereiche deutlich erhöhte Temperaturen gegenüber der Außenluft erreichen [10].

Zweite-Haut-Fassaden mit Unterteilung des Scheibenzwischenraums
Bei Zweite-Haut-Fassaden mit unterteiltem Scheibenzwischenraum lassen sich folgende Varianten unterscheiden:
- Korridorfassade
- Schachtfassade
- Kastenfensterfassade

Gemeinsames Merkmal dieser Fassadensysteme ist die Beeinflussung der funktionalen Eigenschaften der Fassade. Eine besondere Bedeutung kommt hierbei der Art der Unterteilung des Fassadenzwischenraums zu, die in horizontaler, vertikaler oder in beiden Richtungen erfolgen kann. Dies bestimmt vor allem die Brand- und Schallschutzeigenschaften, hat aber auch auf die Art und Steuerbarkeit der Durchlüftung des Scheibenzwischenraums entscheidenden Einfluss.

Korridorfassade
Bei Korridorfassaden ist der Fassadenzwischenraum durch horizontal verlaufende Stege im Boden- und Deckenbereich des angrenzenden Raumes unterteilt. Dadurch entsteht in jedem Stockwerk ein begehbarer Fassadenkorridor (Abb. C 1.21). Die Zuluft strömt in der Regel im unteren Bereich des jeweiligen Geschosses ein, die Abluft verlässt den Fassadenkorridor im oberen Bereich. Die Gefahr der Durchmischung von ausströmender Abluft und einströmender Zuluft kann bei Korridorfassaden durch einen seitlichen Versatz der Lüftungsöffnungen oder durch einen ausreichenden vertikalen Abstand der Ein- und Ausströmöffnungen vermieden werden (Abb. C 1.23). Bei dieser Fassadenvariante ist der baukonstruktive Aufwand gegenüber der unsegmentierten Zweite-Haut-Fassade nur geringfügig größer. Gleichzeitig lassen sich jedoch eine Reihe von bauphysikalischen Problemen deutlich reduzieren oder vollständig vermeiden. Auflagen hinsichtlich des Brandschutzes werden durch die entsprechende Ausbildung der Korridordecke bzw. -bodenplatte erfüllt. Ein Hitzestau im oberen Fassadenbereich wird durch die Segmentierung vermieden. Das Problem der internen Schallübertragung ist nicht vollständig gelöst, lässt sich jedoch in vertikaler Richtung bei entsprechender Ausführung nahezu vollständig unterbinden. Ähnlich wie bei unsegmentierten Zweite-Haut-Fassaden kann durch die Integration von regelbaren Lüftungsklappen die Pufferwirkung der Fassade gesteuert werden. Im Vergleich zu unsegmentierten Fassaden erfordert dies jedoch aufgrund der notwendigen Anzahl von Lüftungsöffnungen einen größeren konstruktiven Aufwand.

Schachtfassade
Ein wesentliches Merkmal dieses Fassadentyps sind vertikale, über mehrere Geschosse verlaufende Lüftungs- bzw. Abluftschächte, die unter Nutzung des thermischen Auftriebs (Kamineffekt) die Durchlüftung der Fassade unterstützen. Um eine kontrollierte Versorgung des dahinter liegenden Innenraums mit Außenluft sicher zu stellen sowie eine vertikale, geschossübergreifende Schallübertragung zu minimieren, werden in der Regel die vertikalen Abluftschächte mit seitlich angeordneten, kastenfensterartigen Fassadenelementen kombiniert. Dieser Fassadentyp wird daher häufig auch als Schacht-Kasten-Fassade bezeichnet [11]. Hierbei strömt die Außenluft über Zuluftöffnungen im unteren Bereich des Kastenfensters in den Fassadenzwischenraum ein, die über Öffnungsflügel in den Innenraum gelangt. Die verbrauchte, erwärmte Raumluft wird im deckennahen Bereich des Kastenfensters über seitliche, zum vertikalen Abluftschacht hin angeordnete Öffnungen durch den dort vorherrschenden Unterdruck abgesaugt und nach oben abgeführt (Abb. C 1.25). Eine vertikale Schall- bzw. Rauchübertragung im Fassadenzwischenraum wird, vergleichbar mit Korridor- bzw. Kastenfensterfassaden, durch die horizontal ausgerichteten, im unteren und oberen Bereich des Kastenfensters angebrachten Abschottungen verhindert. Um eine entsprechende Funktionalität dieses Fassadentyps sicher zu stellen, sind die Abhängigkeiten von Schacht- und Gebäudehöhe sowie die Druckverhältnisse im Abluftschacht besonders zu beachten.

Kastenfensterfassade
Baukonstruktiv stellt der Doppelfassadentyp der Kastenfensterfassade die aufwändigste Variante dar, da sowohl eine geschossweise horizontale als auch eine schachtartige Trennung des Fassadenzwischenraums erfolgt. Ähnlich dem traditionellen Kastenfenster bildet das einzelne Fensterelement eine in sich geschlossene Einheit, die lüftungstechnisch nicht mit den benachbarten Elementen in Verbindung steht. Jede dieser Fassadeneinheiten hat eigene Zu- und Abluftöffnungen. Die Gefahr eines Kurzschlusses der Zu- und Abluftströme übereinanderliegender Segmente kann, ähnlich wie bei der Korridorfassade, durch diagonal versetzte Lüftungsöffnungen verringert werden. Die wichtigsten Vorzüge dieses Fassadentypus liegen in der Vermeidung von Problemen beim Brand- und Schallschutz, da die Positionierung der vertikalen und horizontalen Trennelemente in der Regel auf den dahinterliegenden Raum ausgerichtet ist. Die Durchströmung des Fassadenzwischenraums unter Nutzung des thermischen Auftriebs ist – im Gegensatz zu unsegmentierten Zweite-Haut-Fassaden und Schachtfassaden – sehr eingeschränkt. Zur Vermeidung von Überhitzungsproblemen muss daher auf ausreichend dimensionierte Lüftungsöffnungen geachtet werden (Abb. C 1.26).

Kosten und Nutzen von doppelschaligen Fassadensystemen

Doppelschalige Glasfassadensysteme weisen in Abhängigkeit von ihrer konstruktiven Ausbildung ein sehr großes Spektrum funktionaler Eigenschaften auf, die den Einsatz dieses Fassadentyps im Vergleich zu einschaligen Fassaden vorteilhaft erscheinen lassen. Argumente, die für den Einsatz sprechen, sind:
- natürliche Lüftungsmöglichkeit bei sehr windbelasteten Standorten
- Vermeidung des »Sick-Building-Syndroms« aufgrund von erweiterten Möglichkeiten

C 1.23

C 1.20 Haus-im-Haus-Prinzip
C 1.21 Korridorfassade
C 1.22 Haus-im-Haus-Prinzip: Fortbildungsakademie, Herne (DE) 1999, Jourda et Perraudin mit Hegger Hegger Schleiff
C 1.23 Korridorfassade, Verwaltungsgebäude der Firma Olivetti, Ivrea (IT)1940, Figini & Pollini
C 1.24 Kastenfensterfassade
C 1.25 Schachtfassade
C 1.26 Kastenfensterfassade, Verwaltungsgebäude der RWE AG, Essen (DE) 1997, Ingenhoven Overdiek Kahlen und Partner

zur natürlichen Lüftung unter individueller Einflussnahme des Nutzers
- erhöhter Komfort aufgrund höherer Oberflächentemperaturen der inneren Fassadenoberfläche bei kalter Witterung
- Verbesserung des Energiehaushalts durch Möglichkeit der Nachtauskühlung bei Gebäuden mit exponierten Speichermassen
- verbesserter Einsatz und geschützte Lage von Sonnenschutzelementen
- verbesserter Schallschutz an emissionsreichen Standorten
- Möglichkeit geschosshoher Verglasung zur Optimierung der Tageslichtnutzung

Eine geschosshohe Verglasung lässt sich im Hochhausbau aufgrund des geforderten Schutzes vor Brandüberschlag nur mittels horizontaler Abschottung ausführen, wie beispielsweise über eine auskragende Deckenplatte. Alternativ müssten feuerfeste Brüstungselemente eingebaut werden, die jedoch nicht nur das Tageslichtangebot einschränken können, sondern sehr häufig auch aus gestalterischen Gründen nicht gewünscht sind. Bei Verwendung von Isolierverglasung für die äußere Schale kann die Abschottung sehr kostengünstig über eine auskragende Deckenplatte hergestellt werden, da bei verbesserten Wärmeschutzeigenschaften der äußeren Verglasung eine aufwendige thermische Trennung der Deckenplatte nicht notwendig ist.
Den Argumenten, die für die Verwendung von Doppelfassaden sprechen, werden sehr häufig Wirtschaftlichkeitsberechnungen entgegengehalten, die auf die mangelnde Rentabilität der zweiten Schale hinweisen. Hierbei werden zumeist ausschließlich die Mehrkosten der zusätzlichen Glasschale berücksichtigt, die sehr stark von der Ausführungsart, Detailausführung und Größe des Objekts abhängen. Um jedoch zu einer belastbaren Kosten-Nutzen-Analyse zu gelangen, müssen Investitions- und Betriebskosten unter Beachtung der Gebäudetechnik über den gesamten Lebenszyklus des Gebäudes hinweg betrachtet werden. So muss beispielsweise berücksichtigt werden, dass im Gegensatz zu einer einschaligen bei einer mehrschaligen Glasfassade die innenliegende Glasschale in konstruktiver, thermischer, brand- sowie schallschutztechnischer Hinsicht deutlich einfacher ausgeführt werden kann. Hierbei sind ausführungstechnische Fragen genau auf die funktionalen Anforderungen abzustimmen. Allgemein formulierte Aussagen zu Kosten sind daher stets im Hinblick auf die jeweils vorliegende Einzellösung auf ihre Gültigkeit hin besonders zu überprüfen. Folgende Aspekte können in Bezug auf eine Kostenoptimierung von mehrschaligen Glasfassaden eine bedeutende Rolle spielen und sollten hinsichtlich ihrer Relevanz im Einzelfall geprüft werden [12]:
- Verwendung von Serienbauteilen oder seriennahen Bauteilen
- Einsatz einfacher, von Hand zu bedienender Öffnungselemente
- Berücksichtigung der Notwendigkeit von verschließbaren Öffnungen unter Abwägung der Ansprüche hinsichtlich des Wärme- und Schallschutzes
- Dimensionierung des Fassadenzwischenraums im Hinblick auf die funktionalen Erfordernisse bezüglich der Integration von Sonnenschutzeinrichtungen und der Wartungs-,

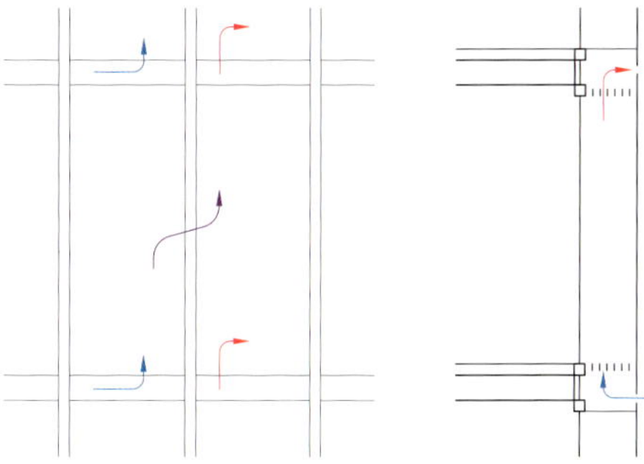
C 1.24

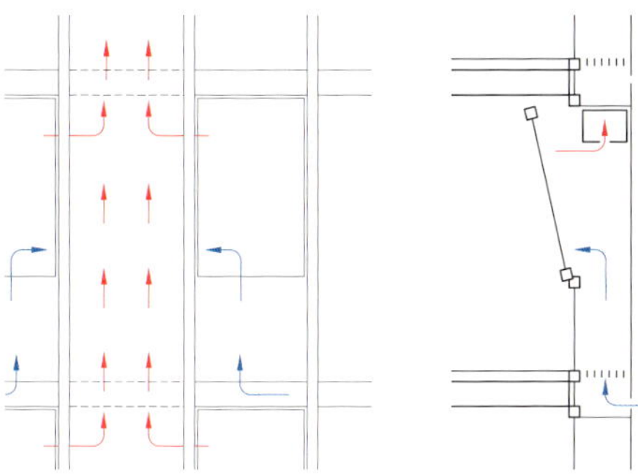
C 1.25

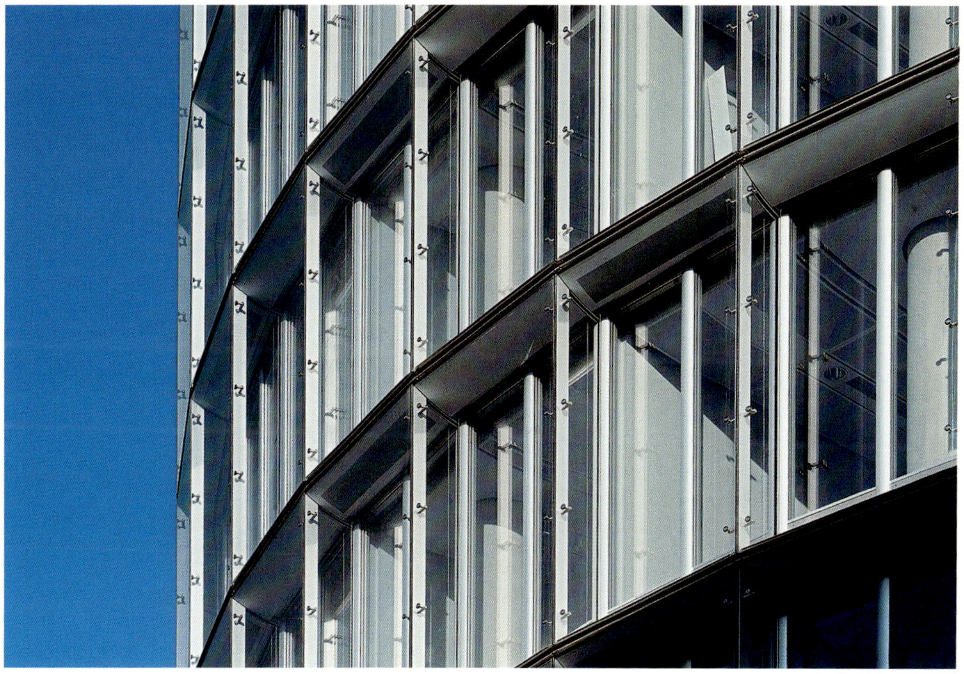
C 1.26

C 1.27

C 1.27 Deutsche Bank, Berlin (DE) 1997, Benedict Tonon und Nowotny Mähner Assoziierte

Reparatur- und Reinigungsmöglichkeiten
- Ausführung des Bodens des Fassadenzwischenraums als nicht oder nur zu Reinigungszwecken begehbares Bauteil
- Einsatz von geschlossenen Außenwandteilen zur Vermeidung von Brandüberschlag
- Die Anzahl der unterschiedlichen Konstruktionstypen sollte möglichst gering sein.
- Bei größeren Bauvorhaben kann die Verwendung elementierter Fassadenbauteile weitere Kostenvorteile bewirken.

Über die genannten Aspekte hinaus sind im Hinblick auf den Vergleich der Kosten von ein- und mehrschaligen Glasfassaden die Betriebs- und Unterhaltskosten besonders zu beachten. Im Vordergrund stehen hierbei die Kosten für Reinigung, Bedienung, Wartung, Inspektion und Bauunterhalt. Bezüglich der Reinigung entspricht die Reinigungshäufigkeit von doppelschaligen Fassaden in etwa der von einschaligen Konstruktionen. Der erhöhte Aufwand für zwei zusätzlich zu reinigende Glasflächen ist auf Intervalle von etwa einmal pro Jahr beschränkt, während sich aufgrund des Witterungsschutzes die Reinigungshäufigkeit für den innenliegenden Sonnenschutz gegenüber einer einschaligen Glasfassade mit außenliegendem Sonnenschutz spürbar verringert. In Bezug auf Wartung, Inspektion und Bauunterhaltung werden die jährlichen Kosten mit ca. 0,5–3 % der Investitionskosten angegeben, wobei die genaue Höhe sehr stark von der Anzahl und Ausführungsqualität der beweglichen Bauteile abhängt [13].
Hinsichtlich der Investitionskosten ist im Bereich des Sonnenschutzes zu berücksichtigen, dass aufgrund der witterungsgeschützten Lage im Fassadenzwischenraum die Ausführung wesentlich einfacher erfolgen kann, als dies bei einem außenliegenden Sonnenschutz der Fall wäre. Gerade im Hochhausbau wirkt sich das aufgrund der dort auftretenden hohen Windlasten besonders stark auf die erforderliche Ausführungsqualität aus, da die Windlasten mit zunehmender Gebäudehöhe exponentiell ansteigen.

Desweiteren sind im Hinblick auf Kostenbetrachtungen die Wechselwirkungen von Fassade und Gebäudetechnik zu beachten. Hier zeigt sich, dass mehrschalige Glasfassaden besonders dann wirtschaftlich sein können, wenn sich durch deren Einsatz die technischen Anlagen zur Raumkonditionierung auf ein Mindestmaß reduzieren lassen. Neben einer richtigen Auslegung der Lüftungsöffnungen, abhängig von Verglasungsart und -anteil, sowie des Sonnenschutzes steht diesbezüglich das Nutzerverhalten sehr häufig im Vordergrund. Rentabilitätsberechnungen dürfen sich jedoch nicht allein an Investitions- und Betriebskosten orientieren. Vielmehr müssen beispielsweise Nutzerzufriedenheit, Produktivität der Mitarbeiter und Einsparmöglichkeiten bei den (viel kurzlebigeren) RLT-Anlagen und Heizungssystemen unbedingt einbezogen werden, um ein vollständiges Bild zu erhalten. Die große Vielfalt der Systeme erfordert im Einzelfall eine genaue Definition des Anforderungsprofils an die Funktionen der Doppelfassade, um bei der Entscheidung zur Ausführungsform eine befriedigende Lösung in allen Teilbereichen zu gewährleisten. Die Zweite-Haut-Fassade ist dabei in der Lage, an wind- oder emissionsbelasteten Standorten einen nennenswerten Beitrag zur Verbesserung des Komforts und des Energiehaushaltes zu erzielen. Dennoch hängt der Erfolg der Anwendung von Zweite-Haut-Fassaden in besonderem Maße von der Qualifikation der beteiligten Planungspartner ab, die dieses Fassadensystem keinesfalls als isoliertes Subsystem, sondern als Teil des gesamten Gebäudes in seiner Wechselwirkung mit dem Benutzer, der Gebäudetechnik, der baulichen Konstruktion und dem Energiehaushalt sehen müssen.

Anmerkungen:

[1] Staib, Gerald: Von den Ursprüngen bis zur Klassischen Moderne. In: Schittich, Christian u. a.: Glasbau Atlas, München / Basel 1998, S. 10

[2] Erste Hinweise auf diese Konstruktionsart gehen auf Schriften zur Baukonstruktion aus dem Jahr 1691 zurück (Davilers: Cours d'Architecture), wobei im deutschen Sprachraum erste Zeugnisse aus den Jahren 1725 und 1730 stammen. Siehe Lietz, Sabine: Das Fenster des Barock. München / Berlin 1982, S. 123

[3] Kröling, Peter: Das Sick-Building-Syndrom in klimatisierten Gebäuden: Symptome, Ursachen und Prophylaxe. In: Innenraum Belastungen: erkennen, bewerten, sanieren. Hrsg. von Friedhelm Diehl. Wiesbaden / Berlin 1993, S. 22–37

[4] Lang, Werner: Zur Typologie mehrschaliger Gebäudehüllen aus Glas. In: Detail 07/1998, S. 1225–1232

[5] Eine intensive Auseinandersetzung mit dem Thema Zwischentemperaturbereich und Gebäudehüllen findet sich in: Herzog, Thomas; Natterer, Julius u. a. (Hrsg.): Gebäudehüllen aus Glas und Holz. Maßnahmen zur energiebewussten Erweiterung von Wohnhäusern. Lausanne 1984

[6] Zimmermann, Markus: Fenster im Fenster. In: Detail 04/1996, S. 484–489

[7] Eine ausführliche Darstellung der wesentlichen Wechselwirkungen von Energieübertragung und Speicherung findet sich in: Herzog/Natterer, wie Anm. 5, S. 4–11

[8] In Abhängigkeit von Standort und Gebäudeausführung kann davon ausgegangen werden, dass bei Verwaltungsbauten die Laufzeiten mechanischer Belüftungsanlagen bei der Ermöglichung natürlicher Lüftung auf 35 % der Betriebszeit des Gebäudes reduziert werden können. Siehe Werkbericht 12. Gebäudetechnik für die Zukunft – »weniger ist mehr«. Hrsg. von HL-Technik AG. München 1994, S. 39–53
Bezüglich der notwendigen Betriebszeiten der RLT-Anlagen ist davon auszugehen, dass an Tagen, an denen die Außenlufttemperaturen zwischen 5 und 22 °C liegen, auf den Einsatz dieser Anlagen verzichtet werden kann. Für den Standort Düsseldorf trifft dies für 63 % der Betriebsstunden zu. 29 % des Jahres ist es während der Betriebsstunden kälter als 5 °C, Temperaturen über 22 °C liegen nur zu 8 % der Betriebszeiten des Jahres vor. Siehe Thiel, Dieter: Doppelfasssaden – ein Bestandteil energetisch optimierter und emissionsarmer Büro-gebäude. In: Tagungsband des Workshops »Lichtlenkende Bauteile« und des Internationalen Forums Innovative Fassadentechnologie. Hrsg. vom Institut für Licht- und Bautechnik FH Köln. Köln 1995, S. 30

[9] Erste Hinweise auf die Wirkungsweisen und Einsatzmöglichkeiten mehrschaliger luftdurchströmter Glaswände finden sich bereits 1929 in Le Corbusiers Aufsatz »Die Technik als Grundlage des Lyrismus eröffnet eine neue Epoche in der Architektur« vom 5. Oktober 1929. In: Le Corbusier, 1929 – Feststellungen zu Architektur und Städtebau. Bauwelt Fundamente 12. Braunschweig/Wiesbaden 1987, S. 70–72

[10] Ein Überblick zu Möglichkeiten der Luftverbesserung durch interne Bepflanzung findet sich in: Daniels, Klaus: Technologie des ökologischen Bauens. Basel/Boston/Berlin 1995, S. 194–197

[11] www.baunetzwissen.de/standardartikel/Fassade-Doppelfassaden-Arten_1462707.html, Stand 14.9.2016

[12] Eine interessante Abhandlung zu Wirtschaftlichkeitsfragen im Hinblick auf Zweite-Haut-Fassaden in: Oesterle, Eberhard u. a.: Doppelschalige Fassaden: Ganzheitliche Planung. München 1999, S. 178–198

[13] ebd. S. 187

Spielwarenfabrik Steiff

Giengen an der Brenz, DE 1903

Planung:
Eisenwerke München
Richard Steiff, Giengen an der Brenz

Bauen + Wohnen 07/1970
Baumeister 11/2003
Bauwelt 44/1992
Finke, Barbara: Der Ostbau der Steiff-Fabrik in Giengen/Brenz. Unveröffentl. Magisterarbeit, TU Berlin 1998

- erste bekannte, geschosshohe, vollverglaste Pufferfassade in Deutschland für verbesserten Wärmeschutz gegenüber einschaliger Glasfassade
- innerhalb des Fassadenzwischenraums liegendes Stahltragwerk
- Anschluss der Fassadenprofile über u-förmige Stahllaschen
- in die Fassade integrierte Kastenfenster ermöglichen Luftaustausch und Sichtbeziehungen

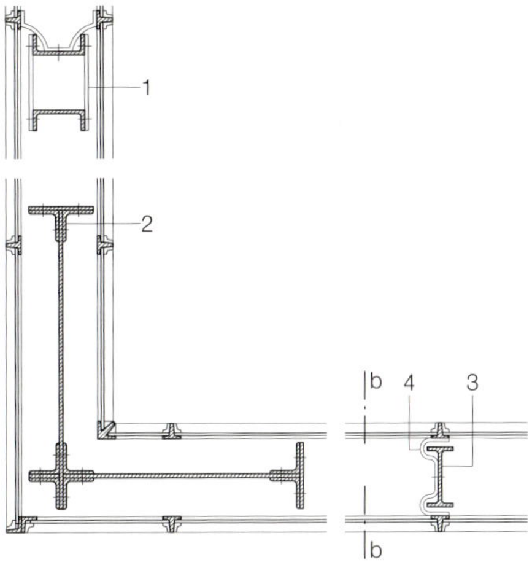

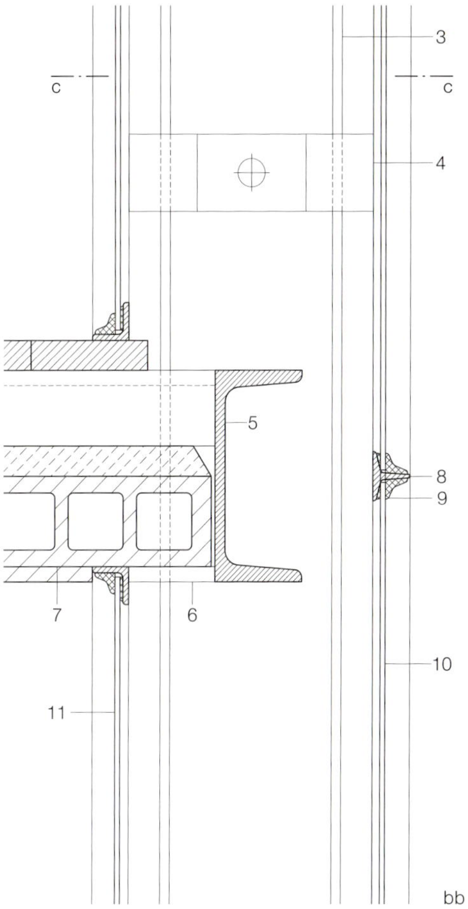

Schnitt • Grundriss 1. Obergeschoss Maßstab 1:500
Horizontalschnitt Maßstab 1:20
Detail Fassadenstütze Maßstab 1:5

1 Gitterstütze Stahlprofile ⊔ mit genieteten Stegverbindungen (Sekundärtragwerk) und Befestigungslasche
2 Eckständerprofil des Rahmens (Primärtragwerk)
3 Fassadenstütze Stahlprofil IPE 130/80 mm mit angenieteter Befestigungslasche
4 Befestigungslasche, an Fassadenstütze genietet
5 Längsträger Stahlprofil ⊔ 60/140 mm
6 Querträger Stahlprofil IPE 140/70 mm
7 Hourdisziegel-Elementdecke mit Aufbeton und Holzdielenboden auf Lattung
8 Glashalter Stahlprofil T 20/30 bzw. 25/30 mm
9 Fensterkitt
10 äußere Verglasung Vorhangfassade über alle Geschosse, Rheinisches Glas
11 innere Verglasung geschosshoch, Kathedralglas (Mattglas) 3 mm

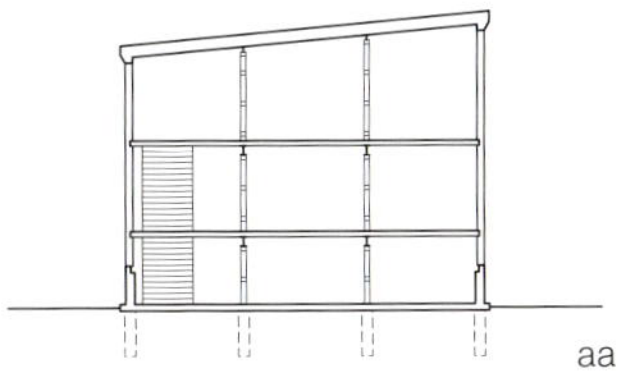

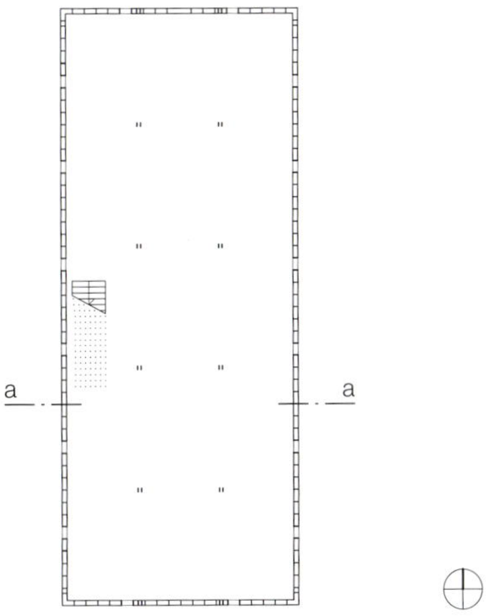

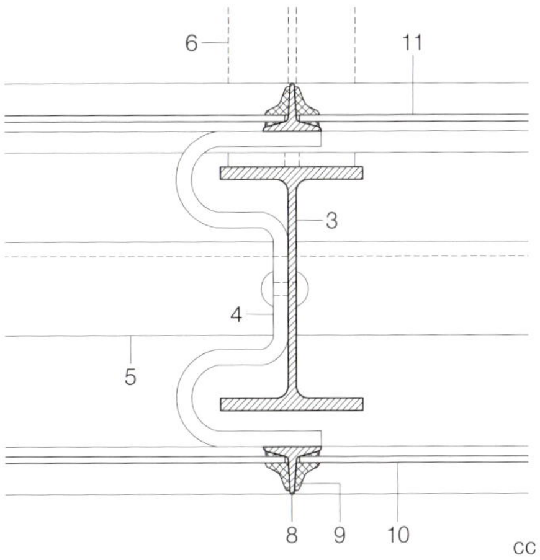

Verwaltungsgebäude

Würzburg, DE 1995

Architekten:
Webler + Geissler, Stuttgart
Tragwerksplanung:
Rudi Wolff, Stuttgart

Arch+ 113, 1993
Architectural Review 11/1996
A+U 05/1997
Bauwelt 27/1996
Byggekunst 08/1996
GLAS 06/1996
Techniques + architecture 434, 1997

- unsegmentierte Zweite-Haut-Fassade mit regelbaren Lüftungsklappen im Boden- und Dachbereich
- Verwendung von Isolierglas für beide Fassadenschalen zur Verbesserung des Wärmeschutzes
- vertikale Glastrennelemente in den Ecken mit integrierten Axialgebläsen ermöglichen Verteilung vorgewärmter Zuluft im gesamten Fassadenzwischenraum
- Aluminiumjalousien mit unterschiedlicher Farbgebung innen / außen
- reflektierende Außenseite verbessert Sonnenschutzfunktion
- absorbierend beschichtete Innenseite erlaubt Nutzung der Solarenergie zur Vorwärmung kalter Zuluft

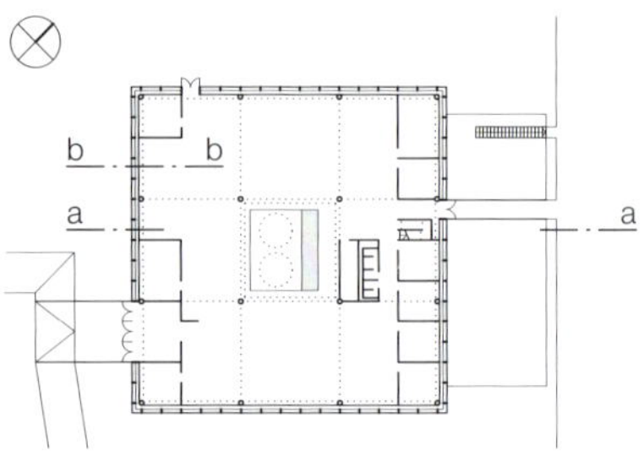

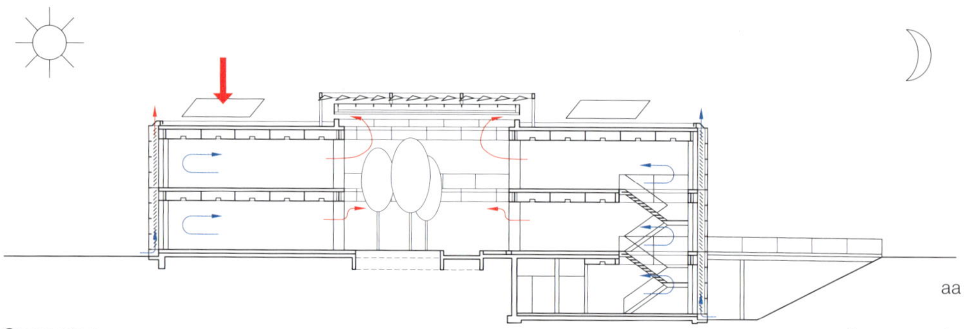

Sommertag

Sommernacht

1 Aluminiumblech antidröhnbeschichtet
2 obere Lüftungsklappe mit seitlichen Dichtungsbürsten
3 Lüftungslamellen Aluminium mit Fliegengitter
4 Außenverglasung ESG 8 + SZR 22 mit Edelgasfüllung, Floatglas 6 mm, Low-E-beschichtet
5 Jalousie aus perforierten Leichtmetalllamellen, oberer Teil beidseitig weiß beschichtet, unterer Teil einseitig dunkel beschichtet, beide Teile unabhängig voneinander steuerbar
6 Gitterrost Aluminium
7 Innenverglasung: ESG 6 + SZR 16 mit Edelgasfüllung Floatglas 6 mm, Low-E-beschichtet Rahmenkonstruktion Aluminium thermisch getrennt
8 Pfosten-Riegel-Konstruktion Aluminium, thermisch getrennt
9 untere Lüftungsklappe

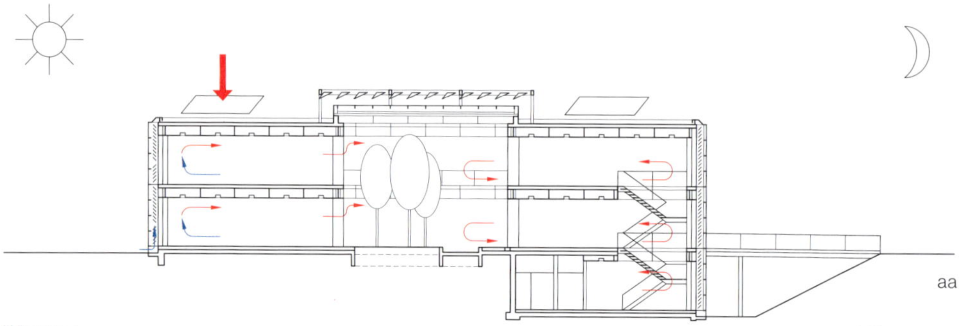

Wintertag

Winternacht

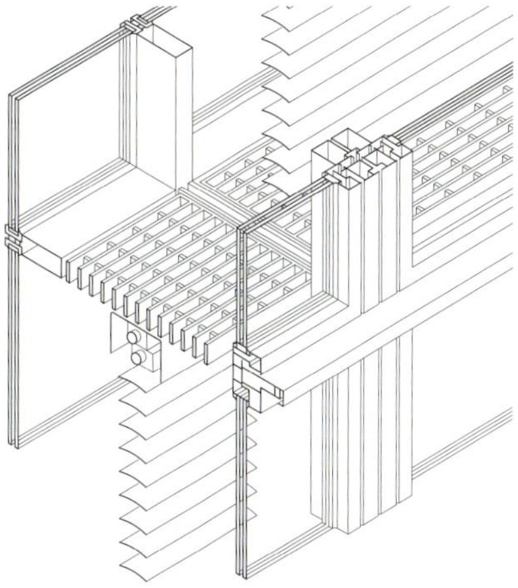

Grundriss Maßstab 1:1500
Schnitte Maßstab 1:500
Isometrie ohne Maßstab
Vertikalschnitt Maßstab 1:20

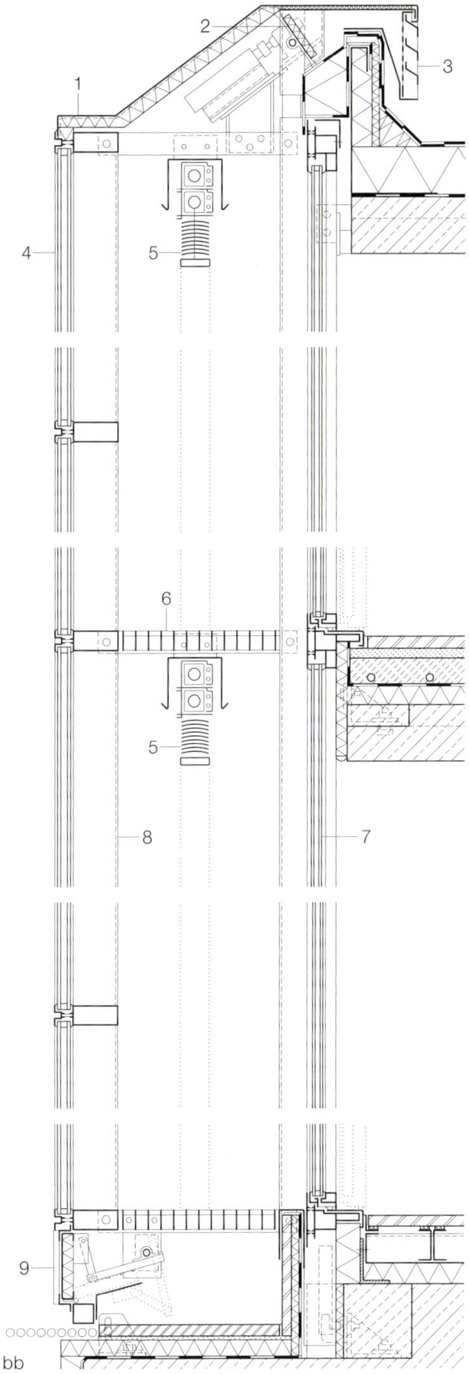

Galerie Architektur und Arbeit

Gelsenkirchen, DE 1995

Architekten:
Pfeiffer Ellermann und Partner, Lüdinghausen
mit Andrzej Bleszynski, Axel Rüdiger
Tragwerksplanung:
Spiess Schäfer Keck, Dortmund
Klimakonzept:
Kahlert, Haltern

Bauwelt 27/1996
Byggekunst 08/1998
GLAS 06/1996

- unsegmentierte Zweite-Haut-Fassade mit dahinterliegender Wand aus Leichtbeton im Abstand von 60 cm
- kastenfensterartige Ausbildung der Fensteröffnungen, abgeschlossen gegenüber dem umgebenden Fassadenzwischenraum
- Fassadenzwischenraum mit nach außen öffenbaren Klappflügeln im unteren und oberen Fassadenbereich
- Abstand der beiden Verglasungsebenen ca. 90 cm
- regelbare Lüftungsöffnungen zwischen unsegmentierter Zweite-Haut-Fassade und Kastenfensterelementen zur Nutzung der vorgewärmten Außenluft im Winter

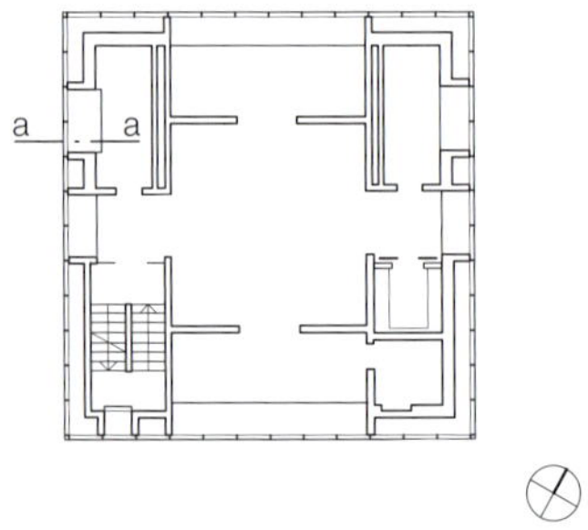

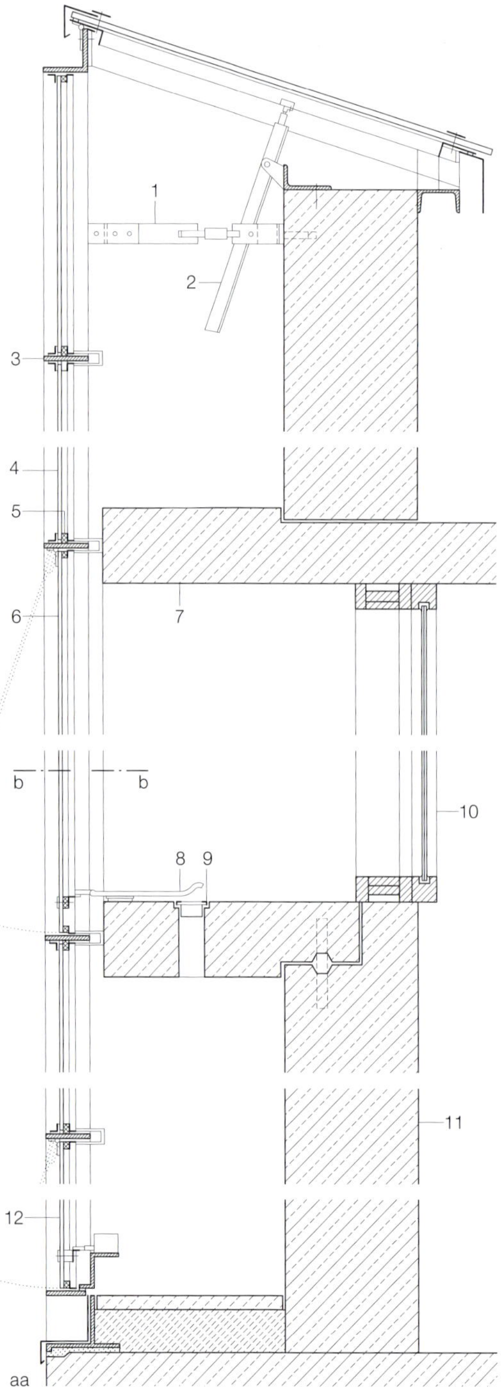

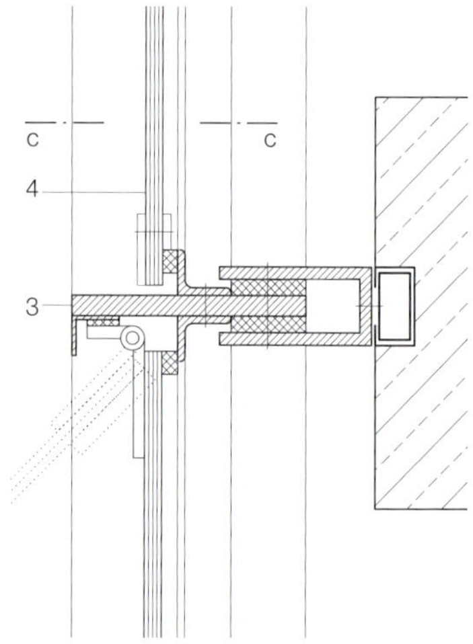

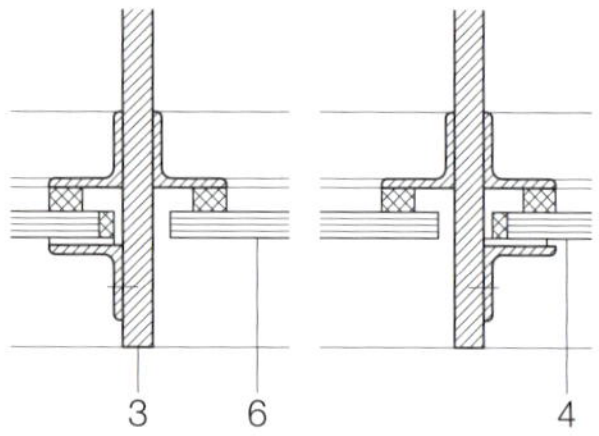

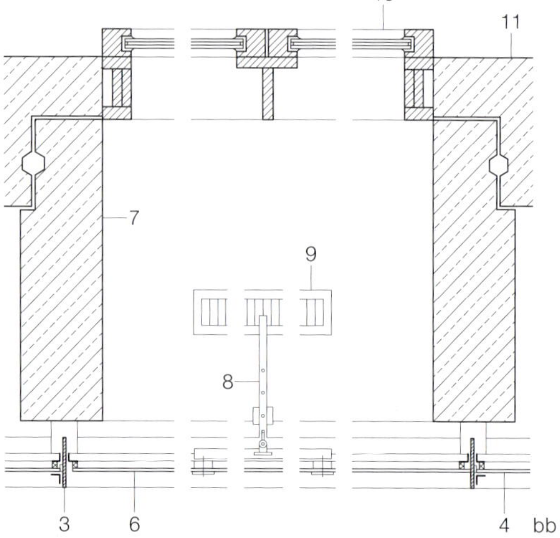

Grundriss Obergeschoss Maßstab 1:400
Horizontalschnitt • Vertikalschnitt
Maßstab 1:20
Details Maßstab 1:5

1 Fassadenbefestigung justierbar
2 Fensterheber elektrisch betrieben
3 Stahlrahmen aus Flachstahl 60 mm, Rastergröße 1020 × 1020 mm
4 Festverglasung ESG 8 mm rahmenlos, punktuelle Glashalterung
5 umlaufende gefasste Dichtung 10/6 mm
6 ESG 8 mm rahmenlos, punktuelle Haltescharniere, manuell nach außen klappbar
7 Stahlbetonzarge 200 mm
8 Feststellbügel
9 individuell verschließbare Lüftungsöffnung
10 Holzfenster Tanne unbehandelt mit Isolierverglasung
11 Leichtbeton 365 mm in Sichtbetonqualität
12 ESG (wie 6) nach außen klappbar durch Motorantrieb

Tank- und Rastanlage

Lechwiesen, DE 1997

Architekten:
Herzog + Partner, München
mit Arthur Schankula, Roland Schneider

📖 db 04/1998
Herzog, Thomas: Architektur + Technologie. München / London / New York 2001

- multifunktionale, zweischalige Glasfassade dient dem Schallschutz sowie der Luftführung im Winter
- verbrauchte Raumluft wird im Winter über den Fassadenzwischenraum nach unten gesaugt und der Wärmerückgewinnungsanlage zugeführt
- hierdurch Temperierung der inneren Scheibenoberfläche bei kalter Witterung zur Erhöhung des Komforts
- hochstellbares Dachband über zweischaliger Glassfassade erlaubt Abfuhr der erwärmten Raumluft im Sommer
- Raumform und Dachneigung sind strömungstechnisch optimiert

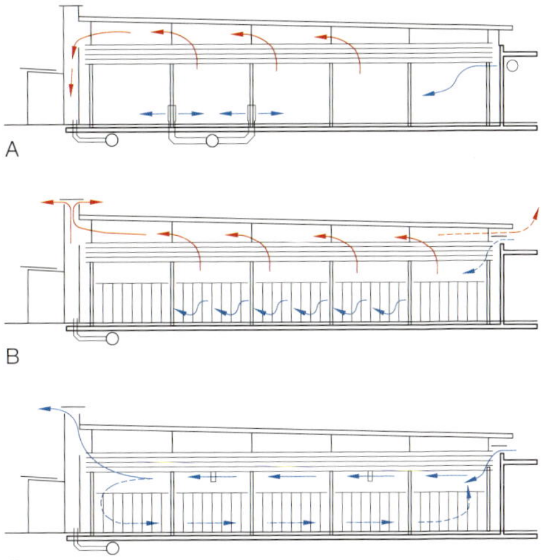

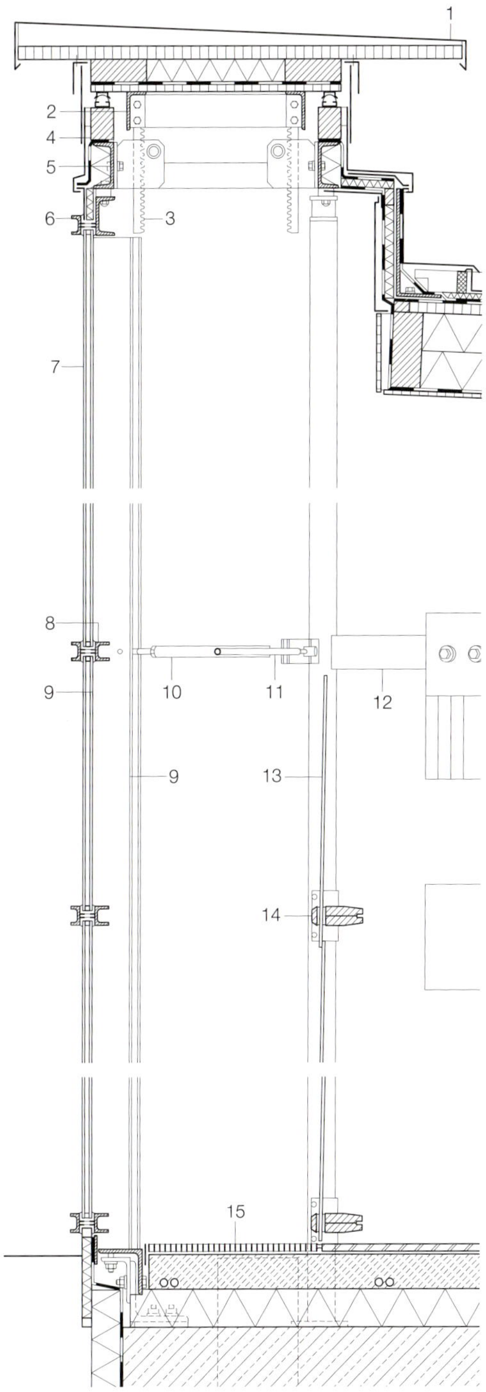

Schnitte ohne Maßstab
Vertikalschnitt Südfassade
Maßstab 1:20

A Winter:
mechanische Lüftung,
Lüftungsklappen geschlossen
B Sommer:
natürliche Lüftung,
Lüftungsanlage eingeschaltet
C Sommer:
natürliche Lüftung mit mechanischer Unterstützung durch mit Photovoltaik betriebene Axialventilatoren

1 Abdeckung Edelstahlblech 2 mm
2 Rahmen Stahlprofil
∟ 100/50/6 mm
3 Hubmechanismus mit elektromotorischem Zahnstangenantrieb
4 Rahmen 65/115 mm
5 Rahmen Stahlprofil ⊔ 120
6 Deckleiste ⊔ 50/25 mm
7 Wärmeschutzverglasung 28 mm
8 Stahlprofil ⊔ 50/38mm
9 Rahmen aus Flachstahl
▭ 120/15 mm und
▭ 147/15 mm, geschweißt
10 Rückverankerung Zug-/Druckstab ∅ 30/2 mm
11 Windverband ∅ 16/1,8 mm
12 Holztragrost mit Rückverankerung
13 Verglasung ESG 8 mm
14 horizontale Sprossen
Ahorn verleimt
15 Gitterrost Stahl 20/3/16 mm
über Ablufteinlass

Verwaltungsgebäude

Kronberg im Taunus, DE 2000

Architekten:
schneider+schumacher, Frankfurt am Main

Architektur Aktuell 246–247, 2000
db 03/2000
DBZ 01/2001
Fassade/Facade 04/2001
GLAS 05/2000
Schittich, Christian (Hrsg.): Gebäudehüllen. München/Basel 2001

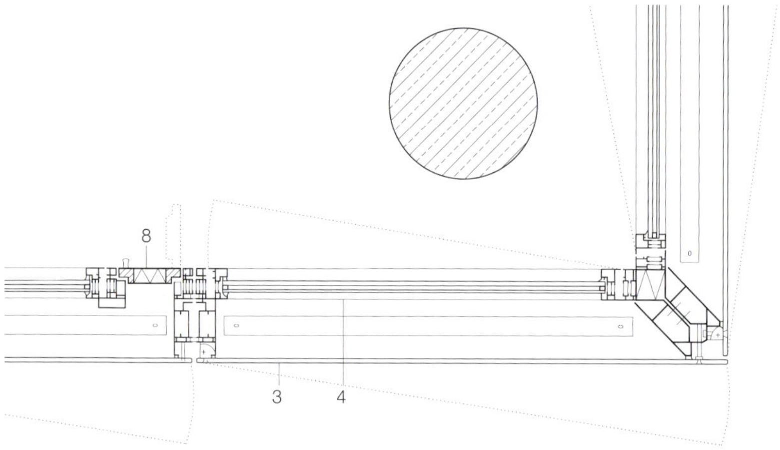

cc

- Kastenfensterfassade mit sich nach außen öffnenden, rahmenlosen Drehflügeln mit Einfachverglasung, motorisch betrieben
- innere Fassadenebene mit fest stehender Isolierverglasung, zu öffnen zu Reinigungs- und Wartungszwecken
- Lüftungsklappen aus wärmegedämmten Aluminiumpaneelen, thermisch getrennt
- außenliegende Büros natürlich belüftet
- Nachtauskühlung der Büros im Sommer

aa

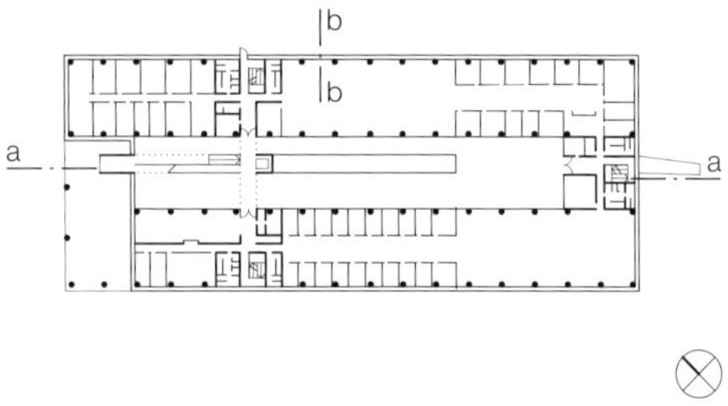

Horizontalschnitt Ecke Maßstab 1:20
Schnitt • Grundriss Maßstab 1:2000
Vertikalschnitt Maßstab 1:20
Fensterdetails Horizontalschnitt • Vertikalschnitt Maßstab 1:5

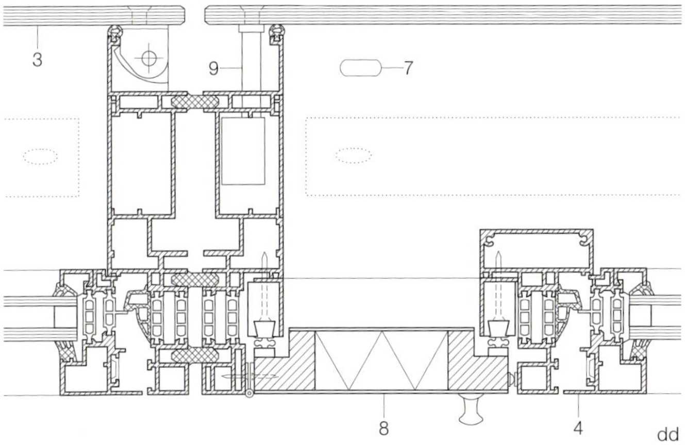

dd

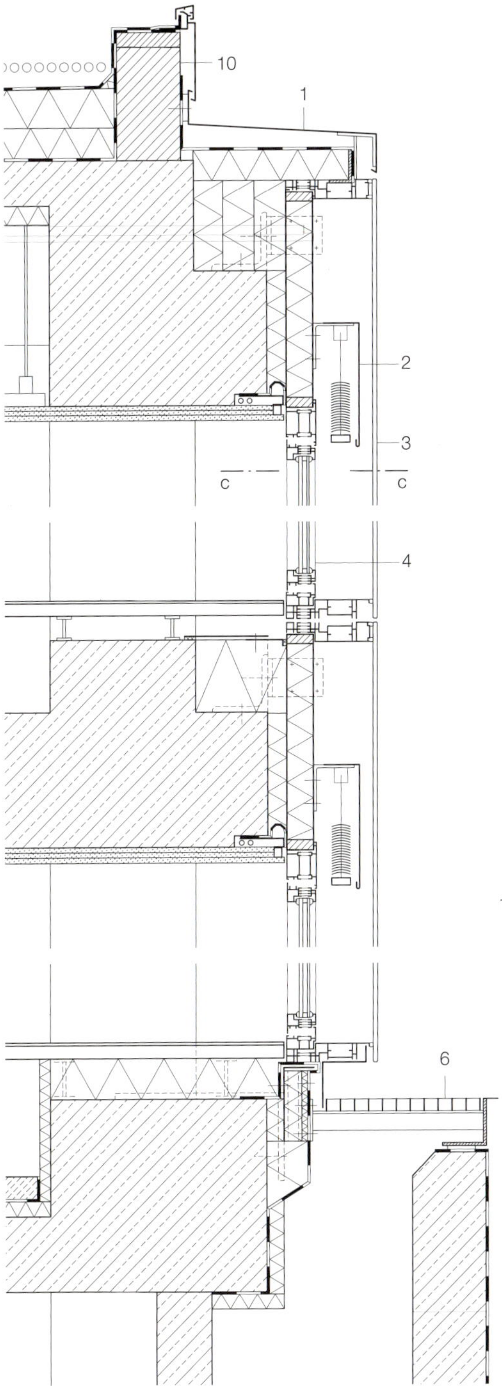

bb

1 Abdeckprofil
Aluminiumblech 3 mm
2 Aluminiumblech 2 mm
3 Außenscheibe ESG 12 mm
4 Fensterrahmen und -flügel:
Strangpressprofile
Aluminium, thermisch
getrennt
Verglasung
ESG 6 + SZR 14 + VSG 8 mm
5 Wasserleitung für
Heiz-/Kühldecke Ø 20 mm
6 Gitter für Luftzuführung Halle
7 Schlitze zum Ausgleich von
Luftdruckunterschieden
8 Lüftungsklappe:
beidseitig Aluminiumblech
mit Dichtung und
magnetischer Halterung
9 Motorantrieb
10 Leichtziegel

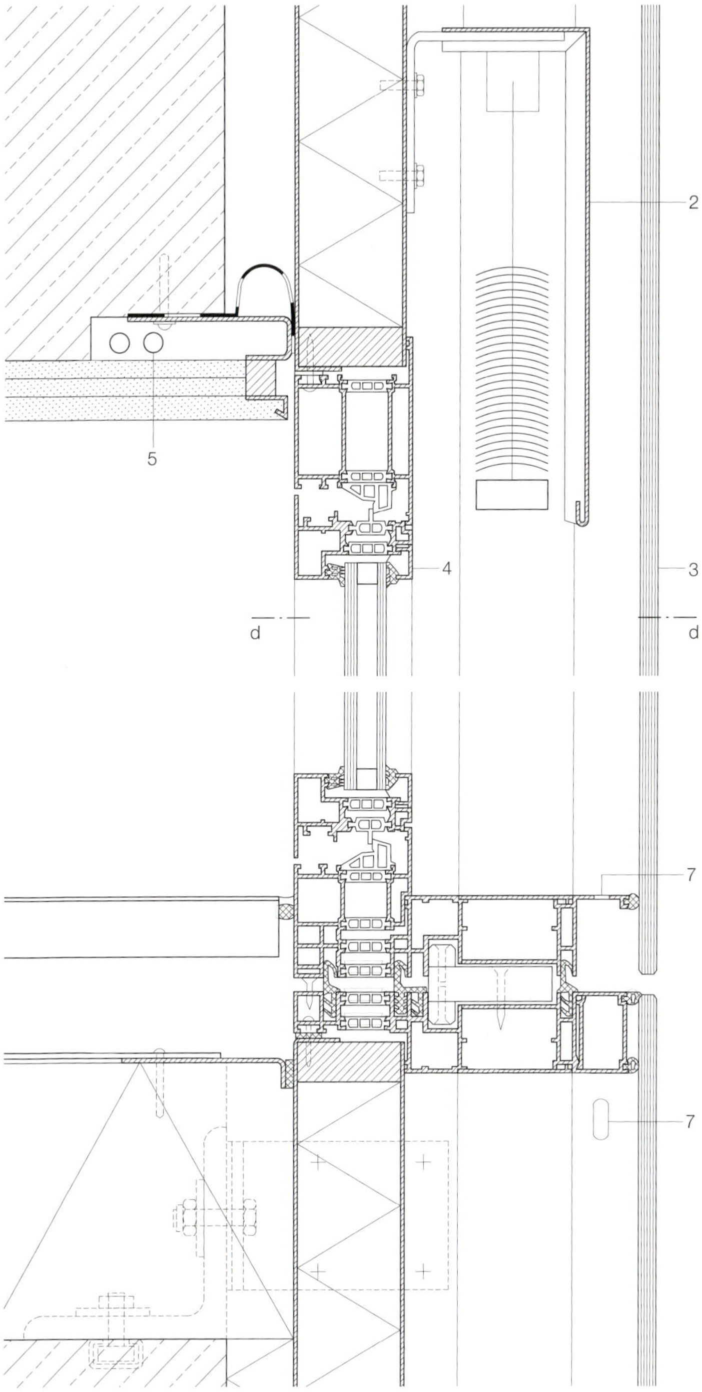

Stadttor

Düsseldorf, DE 1997

Architekten:
Overdiek Petzinka und Partner, Düsseldorf
(Entwurf und Genehmigungsplanung)
Petzinka Pink und Partner, Düsseldorf
(Ausführung und Realisierung)
Tragwerksplanung:
Ove Arup und Partner, Düsseldorf
Fassadenberatung:
Erich Mosbacher, Friedrichshafen

📖 Oesterle, Eberhard u. a.: Doppelschalige Fassaden. München 19990

- Korridorfassade mit 1,4 m breitem, begehbarem Fassadenzwischenraum
- Absturzsicherung dient gleichzeitig zur Aufnahme der Windlasten
- verschließbare Lüftungsöffnungen
- diagonal zueinander versetzt angeordnete Öffnungen verhindern Vermischung von Zu- und Abluft

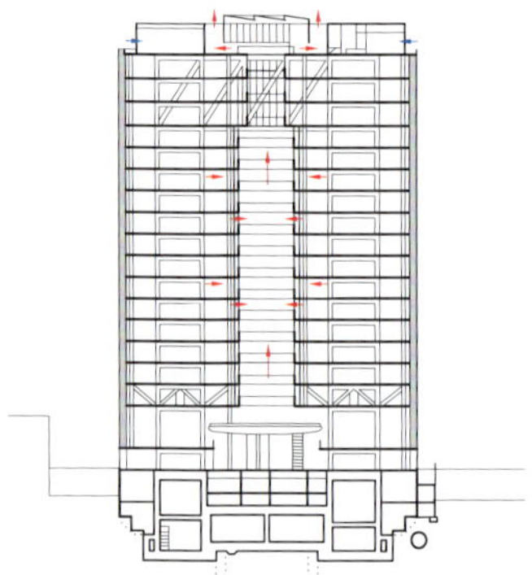

A

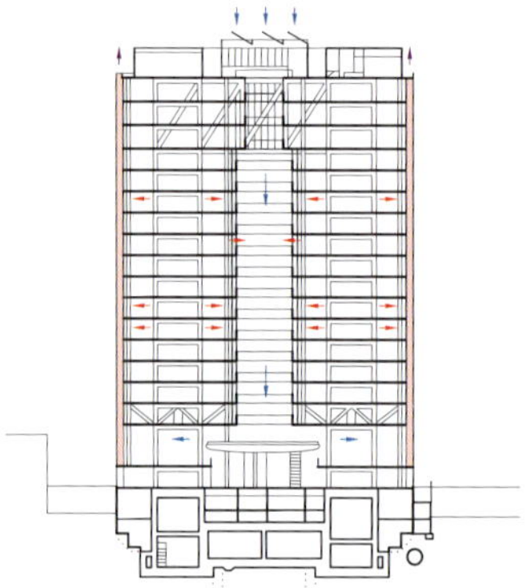

B

aa

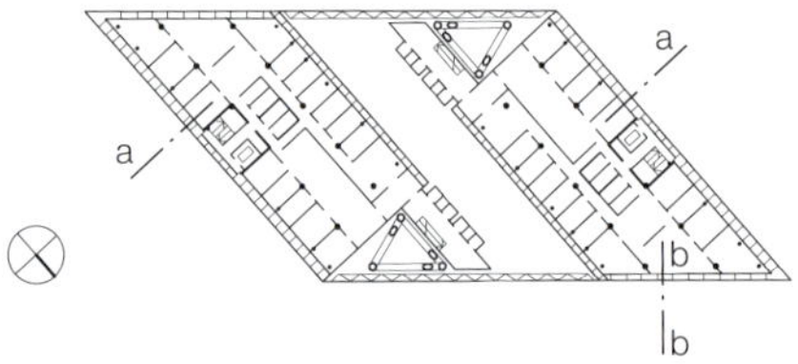

Prinzip der Luftführung über Korridorfassade

A Winter
Lüftungselemente: nachts geschlossen (Wärmeschutzfunktion) bzw. tagsüber geöffnet (Vorwärmung der Außenluft);
erwärmte Luft wird in das Atrium geführt

B Sommer
Lüftungselemente geöffnet: Temperierung der Kühldecke mittels Kälte aus dem Erdreich

Schnitt • Grundriss Regelgeschoss
Maßstab 1:2000
Vertikalschnitt Maßstab 1:20
Horizontalschnitt Handlauf / Fassadenaussteifung
Maßstab 1:5

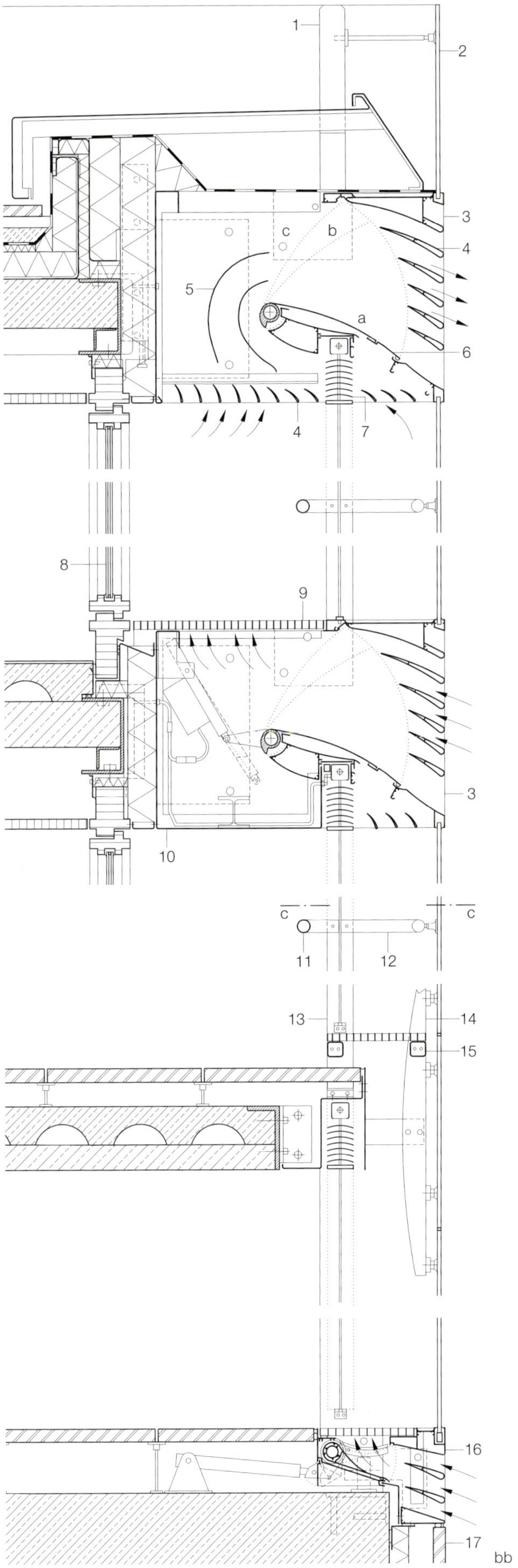

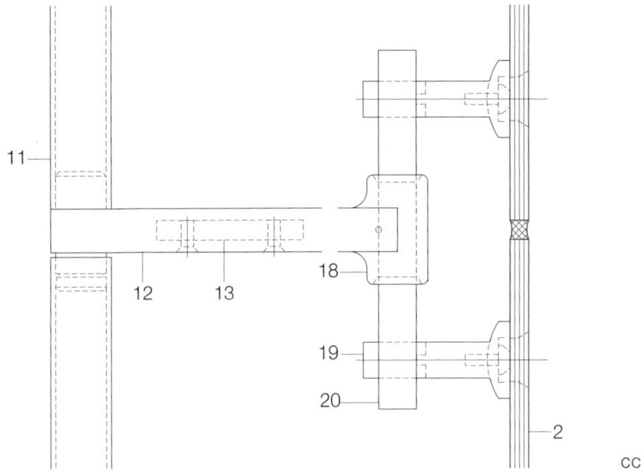

1 Geländerpfosten Flachstahl ▭ 80/8 mm
2 Verglasung: ESG 12 mm
3 Lüftungskasten wechselweise Zu-/Abluft Edelstahlblech 3 mm
4 Lüftungslamellen Aluminium
5 Luftleitblech Aluminium extrudiert
6 Lüftungsflügel Aluminium
   a geöffneter Zustand
   b Regenstellung
   c geschlossener Zustand
7 Sonnenschutz: Jalousie, elektrisch betrieben
8 Holzfenster Buche mit Isolierverglasung
9 Gitterrost, wechselweise Edelstahl-tränenblech
10 Edelstahlblech 3 mm
11 Handlauf Aluminiumrohr Ø 40/4 mm
12 Aluminiumgussteil 28/40 mm
13 Geländerpfosten Flachstahl ▭ 100/12 mm
14 Stahlschwert Flachstahl 15 mm mit Glashalter Edelstahl
15 Stahlrohr ▭ 50/50/3 mm
16 Sonderprofil mit Öffnung für anfallendes Kondensat
17 Naturstein 40 mm Hinterlüftung 80 mm Wärmedämmung 60 mm
18 Spannhülse
19 Edelstahlstab massiv Ø 24 mm
20 Glashalter Edelstahl

Messehochhaus

Hannover, DE 1999

Architekten:
Herzog + Partner, München
mit Roland Schneider

Detail 03/2000
Herzog, Thomas (Hrsg.): Nachhaltige Höhe – Sustainable Height. München/London/New York 2000

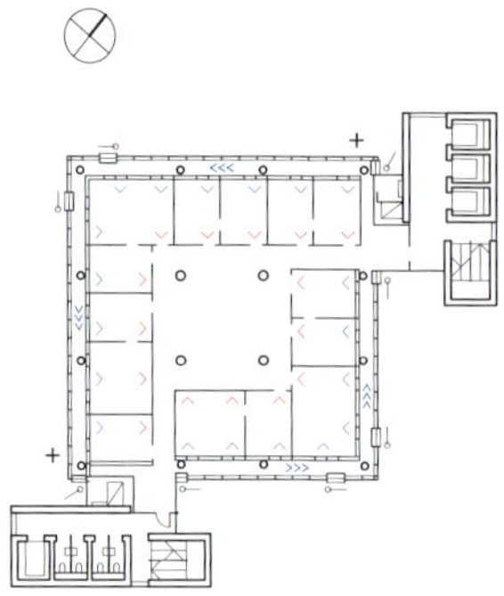
A

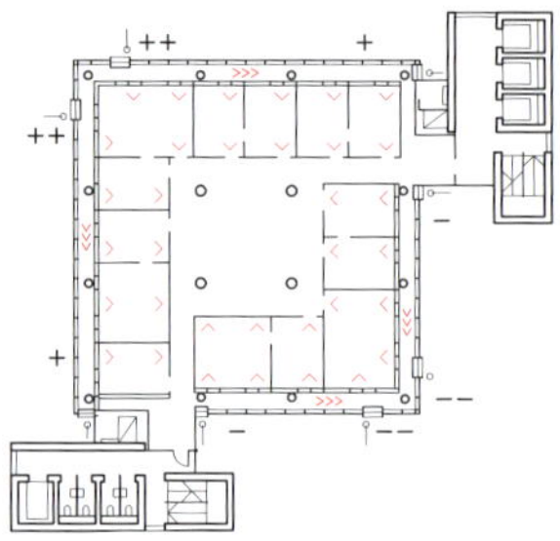
B

Prinzip der natürlichen Luftführung über Korridorfassade (bei Anströmung von Norden)
A Winter
B Sommer

\+ Winddruck
\- Windsog
—o Fassadenöffnung Temperaturfühler gesteuert
Luftstrom in Korridorfassade
\>>> Zuluft
Abluftschacht

- Ineinandergreifen von Tragwerk, Fassade und Gebäudetechnik zu einem energietechnischen Gesamtsystem
- hoher Komfort und Arbeitsplatzqualität, niedriger Energieverbrauch
- Lüftungsturm zur Nutzung des thermischen Auftriebs für natürliche Be- und Entlüftung des gesamten Gebäudes
- Steuerbare Lüftungselemente in der Außenfassade erlauben die Abstimmung auf unterschiedliche Druckverhältnisse.
- Möglichkeit der individuellen natürlichen Lüftung über Schiebetüren zum Fassadenzwischenraum der Doppelfassade hin

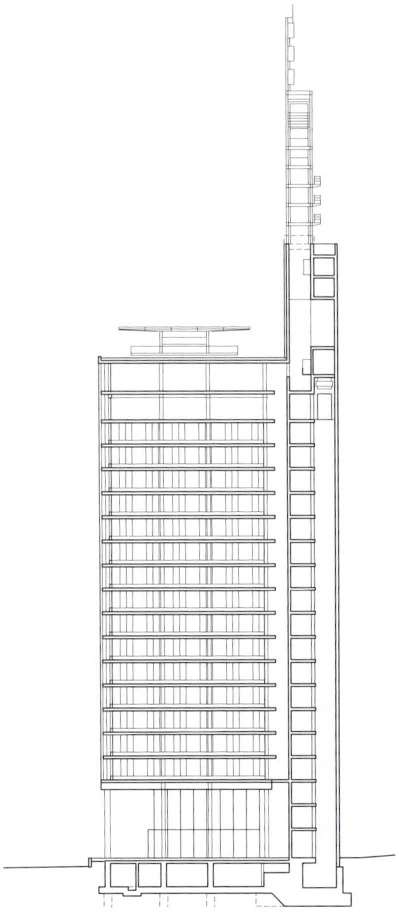

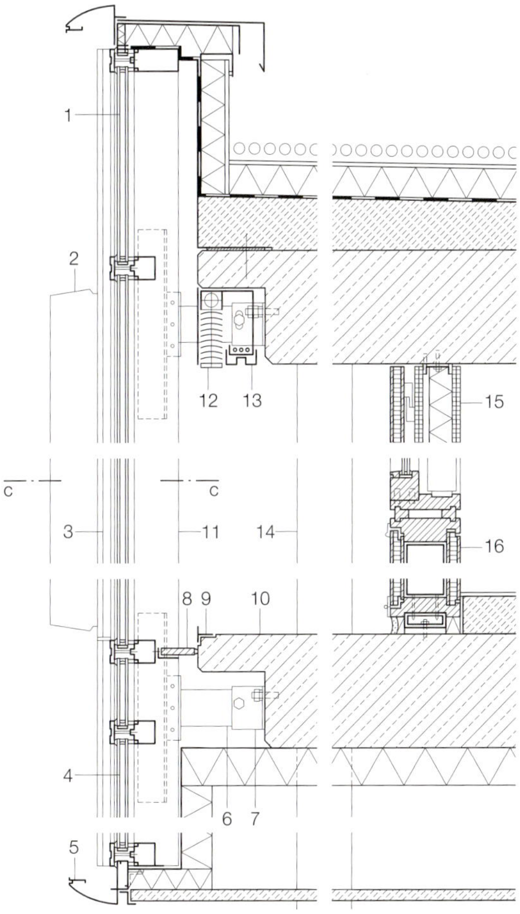

aa

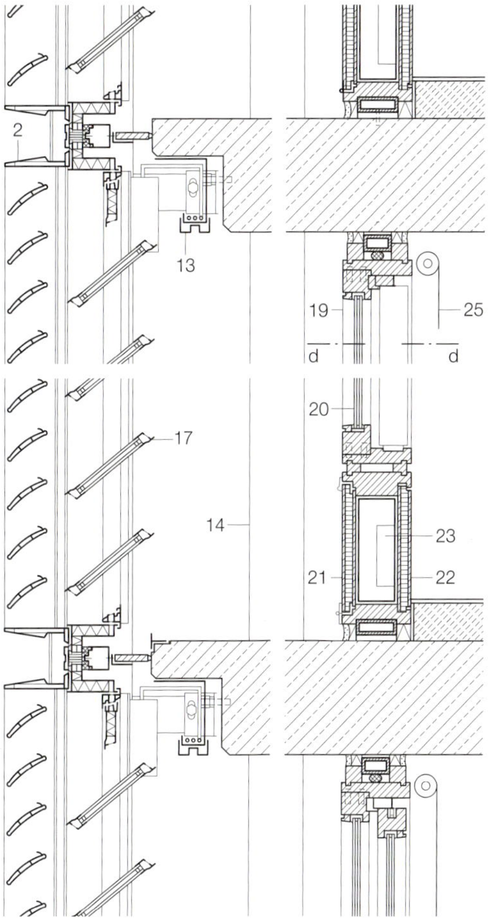

bb

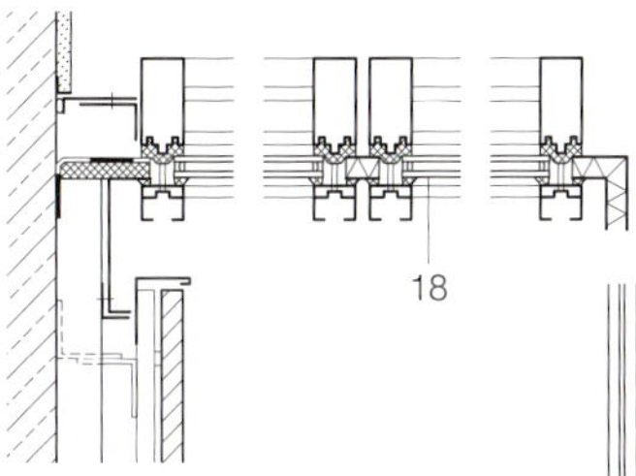

cc

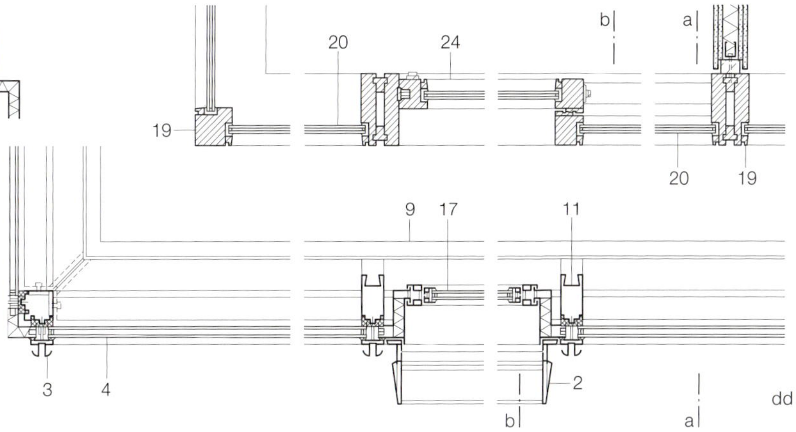

dd

Grundrisse • Schnitt
Maßstab 1:1000
Vertikalschnitte • Horizontalschnitte
Maßstab 1:20

1. Isolierverglasung Weißglas 8 + 16 SZR + 8 mm
2. Lüftungselement Aluminium mit Wetterschutzlamellen
3. Deckleiste als Führungsschiene der Befahranlage
4. Isolierverglasung 8 + SZR 16 + 8 mm, äußere Scheibe weiß bedruckt
5. Aluminiumprofil mit Entwässerungsöffnung
6. Aluminiumgussteil
7. Stahlprofil ∟ 100/100/10 mm feuerverzinkt, gestrichen, verschraubt
8. rauchdichter Fassadenanschluss, Hartholz 20 mm
9. Kantenfassung Stahlprofil T 40/40/4 mm, flächenbündig eingegossen
10. Stahlbetondecke 300 mm, oberflächenbeschichtet
11. Fassadenpfosten mit Befestigungsnut
12. Sonnenschutz: Aluminiumjalousie
13. Kabelpritsche mit Abdeckblech Aluminium
14. Stahlbetonstütze ∅ 500 mm
15. nur im Technikgeschoss: furnierte Sperrholzplatte vor GK-Ständerwand
16. Zuluftkanal Hemlock mit Revisionsöffnung und raumseitigem Luftauslass
17. Glaslamellen Lüftung Korridor
18. Isolierverglasung 8 + SZR 16 + 8 mm
19. Holzelementfassade Hemlock mit Dickschichtlasur
20. Festverglasung 4 + SZR 16 + 6 mm
21. Revisionsöffnung Hemlockfurnier auf Sperrholz 35 mm
22. Verkleidung Hemlockfurnier auf Sperrholz 35 mm
23. mechanische Lüftung Sockelkanal mit Luftauslass
24. natürliche Lüftung Schiebefenster
25. textiler Blendschutz

Hauptverwaltung RWE

Essen, DE 1997

Architekten:
Ingenhoven Overdiek Kahlen und Partner, Düsseldorf

db 04/1997
Fassadentechnik 05/1997, 06/1997, 01/1998
Briegleb, Till (Hrsg.): Hochhaus RWE AG Essen. Basel/Berlin/Boston 2000
Schittich, Christian u. a.: Glasbau Atlas. München/Basel 1998

- Gebäudehöhe 127 m, Gebäudedurchmesser 32 m
- Stahlbetontragwerk
- geschosshohe Verglasung zur Optimierung der Tageslichtnutzung
- im Erdgeschoss 8,40 m hohe Fassade aus Weißglas, punktgehalten: Isolierverglasung mit ESG außen und VSG innen
- Zuluftführung über Fassadenpfosten aus Aluminiumrohr
- zentral gesteuerter Sonnen- und Blendschutz Blendschutz: raumseitig Sonnenschutz: im Fassadenzwischenraum
- Regelgeschoss mit Kastenfensterfassade in Elementbauweise zur natürlichen Lüftung, 197,0 × 359,1 cm
- fest stehende Verglasungen und Schiebetürelemente alternierend, manuell bedienbar
- multifunktionales Lüftungselement auf Deckenhöhe mit jeweils seitlich versetzter Zu- und Abluftöffnung

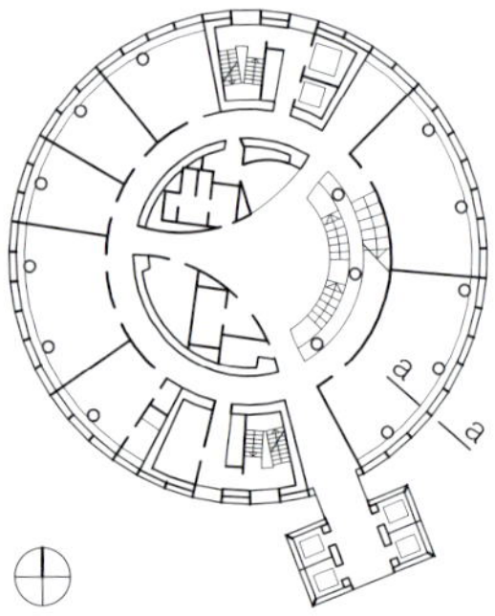

1 Brüstung, eingespannte ESG Weißglasscheibe 12 mm mit Handlauf Aluminiumrohr ∅ 100 mm
2 Gitterrostabdeckung der Entwässerungsrinne
3 Abdeckprofil
4 Pfosten für zweigeschossige Terrassenverglasung, Aluminiumrohr ◻ 50/280 mm, einbrennlackiert
5 Gitterrost
6 beheiztes Rinnenblech 4 mm, Entwässerungsführung in der Fassadenachse innerhalb der Abhangdecke
7 Zwischenraumentlüftung durch perforiertes Aluminiumblech in jedem 2. Feld (Nachbarfeld geschlossen), 4 mm, Naturton eloxiert
8 Sonnenschutz: Jalousien Aluminiumlamellen
9 textiles Blendschutzrollo

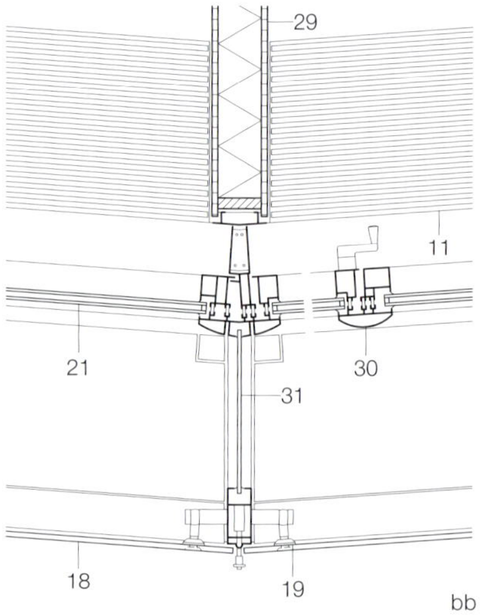

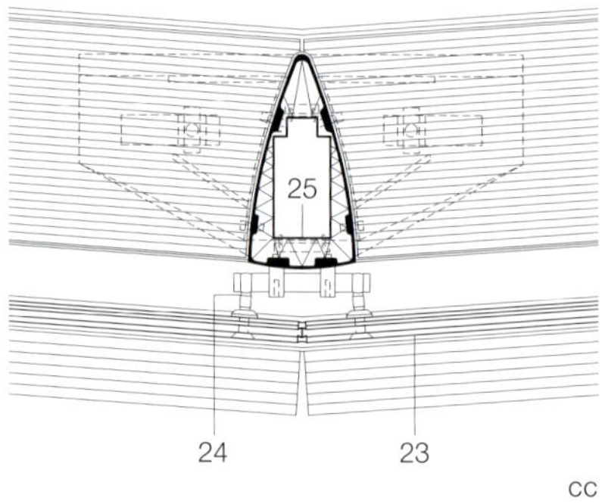

Grundriss Regelgeschoss Maßstab 1:1000
Vertikalschnitt • Horizontalschnitte
Maßstab 1:20

Horizontalschnitt mit Trennwandanschluss
Horizontalschnitt Erdgeschoss
Vertikalschnitt Eingangshalle Erdgeschoss und oberer Fassadenanschluss

10 multifunktionales Deckenelement, Blech einbrennlackiert, teilweise gelocht
11 Bodenkonvektor
12 Aluminiumblech geschlossen (im Nachbarfeld perforiert), 4 mm Naturton eloxiert, aufklappbar über Scharnier
13 Lauffläche für Reinigung und Revision
14 Paneelstoß, Montagefuge
15 Fixierknopf für Befahranlage
16 horizontale Lüftungsfuge mit Aluminiumströmungslamellen, Naturton eloxiert
17 EPDM Dichtungsprofil
18 äußere Fassade, ESG Weißglas 10 mm
19 Punkthalterung Edelstahl
20 Fassadenpfosten, Aluminiumprofil 50/120 mm
21 innere Fassade geschosshoch, Wärmeschutzverglasung, Weißglas in Aluminiumprofilen
22 Silikonverfugung auf Fugenschlauch
23 Isolierverglasung ESG 10 + SZR 14 + VSG 12 mm
24 Punkthalterung Edelstahl für Isolierverglasung
25 Aluminiumfassadenstütze
26 Metallrost
27 Stützenfuß justierbar
28 Pressleiste Aluminium
29 elementierte Bürotrennwand 175 mm, Buchenholzpaneele gelocht, matt lackiert
30 Schiebetürelement mit Drehkurbel (in jedem 2. Feld)
31 Zwischenschotte, ESG Weißglas

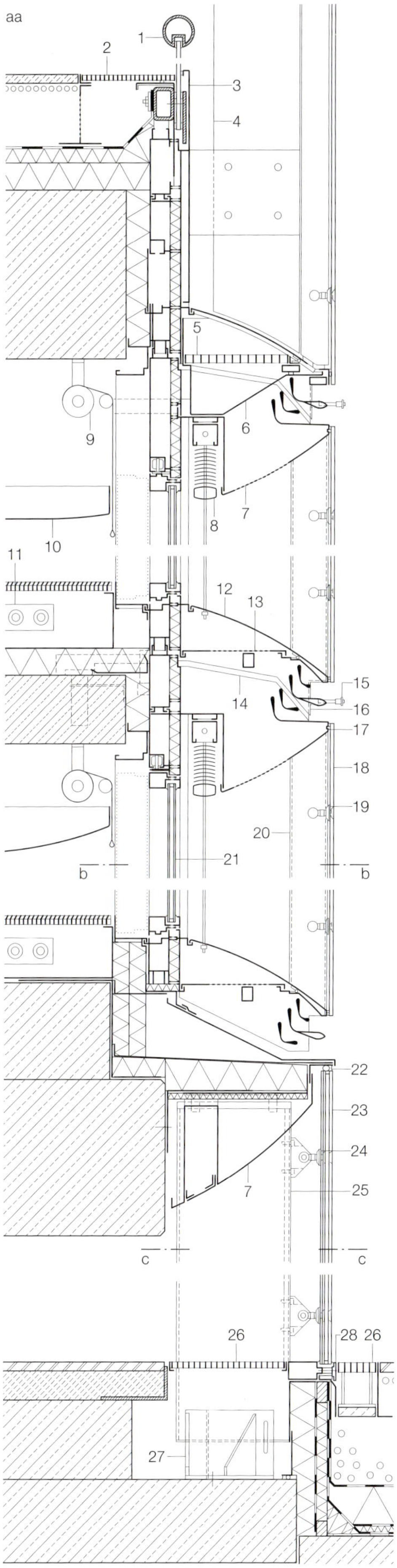

Fassadensanierung Verwaltungsgebäude

Stuttgart, DE 1996

Architekten:
Behnisch Sabatke Behnisch, Stuttgart
Projektarchitektin:
Carmen Lenz

Bauwelt 43–44/1996
GLAS Sonderheft 02/1997
Knaack, Ulrich: Konstruktiver Glasbau. Köln 1998
Schittich, Christian u. a.: Glasbau Atlas. München / Basel 1998

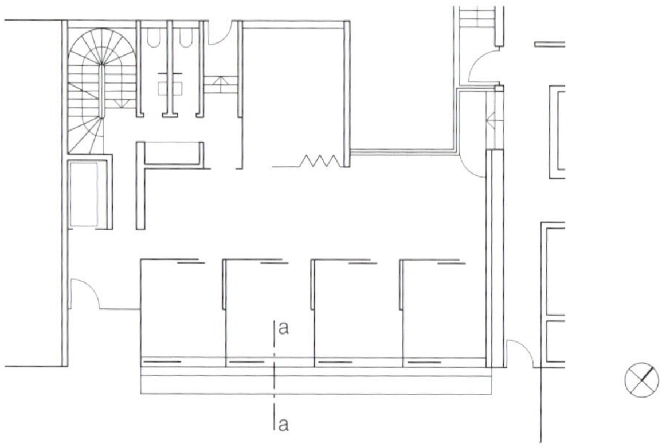

- Komplettsanierung eines Stahlbetonfertigteilbaus aus dem Jahr 1969
- unsegmentierte Zweite-Haut-Fassade mit äußerer Glashülle aus geschossweise regelbaren Glaslamellen
- guter Überhitzungsschutz bei geöffneten Glaslamellen durch maximale Durchlüftung des Fassadenzwischenraums
- Querlüftung aufgrund von Durchströmöffnungen in den Flurwänden sowie Nachtauskühlung im Sommer möglich

Grundriss Erdgeschoss Maßstab 1:250
Vertikalschnitt Maßstab 1:20

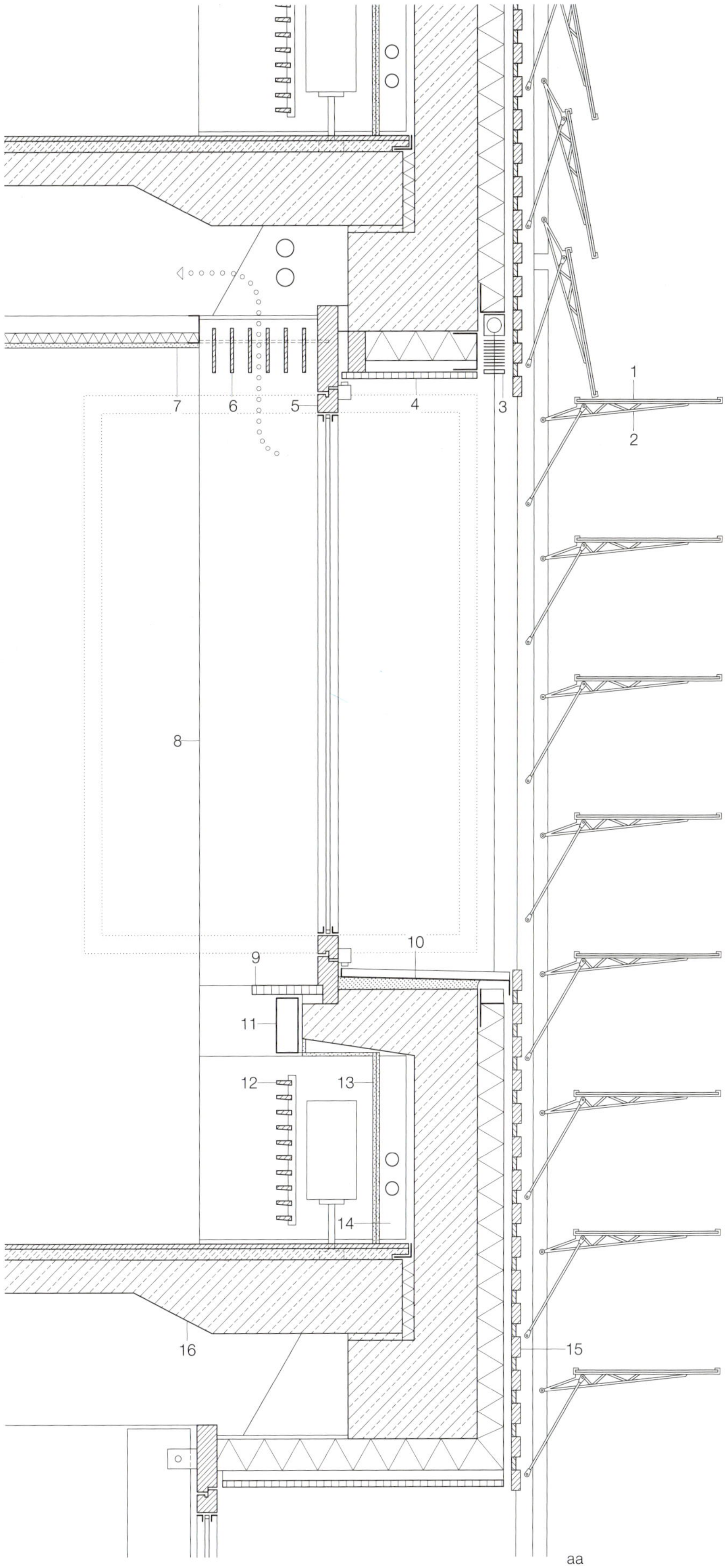

aa

1 ESG 6 mm
2 Klemmglashalter auf Unterkonstruktion
3 Aluminiumjalousie
4 Holzverblendung
5 Holzwendeflügel
6 Aluminiumlamellen 10/140 mm
7 abgehängte Gipskartondecke
8 Glasschotte ESG 14 mm
9 Furniersperrholzplatte 200 mm
10 Fensterbank Aluminiumblech
11 Brüstungskanal verblendet
12 Holzrost
13 Gipskartonverkleidung
14 Installationsführung
15 Holzschalung 20/60 mm auf Unterkonstruktion Hinterlüftung 30 mm Dämmung geschlossenporig 80 mm Betonfertigteilbrüstung
16 Stahlbetonfertigteildecke

Veranstaltungs- und Kongresszentrum

San Sebastián, ES 1999

Architekt:
Rafael Moneo, Madrid

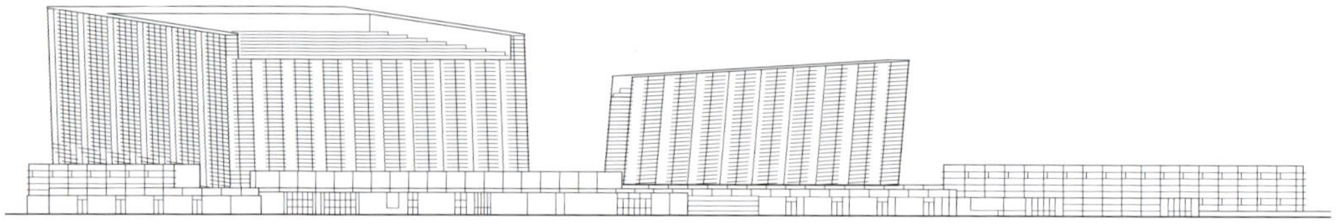

Detail 03/2000
domus 722, 1990
El Croquis 98, 2000: Sonderausgabe Rafael Moneo 1995–2000

- Pufferfassade mit innenliegendem Tragwerk aus Stahl
- Abstand beider Fassadenebenen: 250 cm
- Glas schützt dahinterliegende Bereiche vor salzhaltiger Luft
- in Pufferfassade integrierte Fensteröffnungen aus Isolierglas gewähren gezielt Ausblicke in die Landschaft

Ansicht Maßstab 1:1500
Vertikalschnitt Fassade
Maßstab 1:20
Details Maßstab 1:5

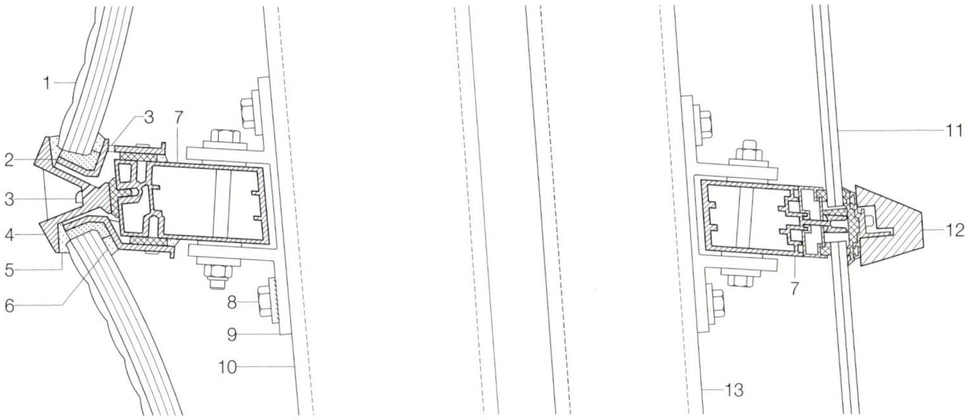

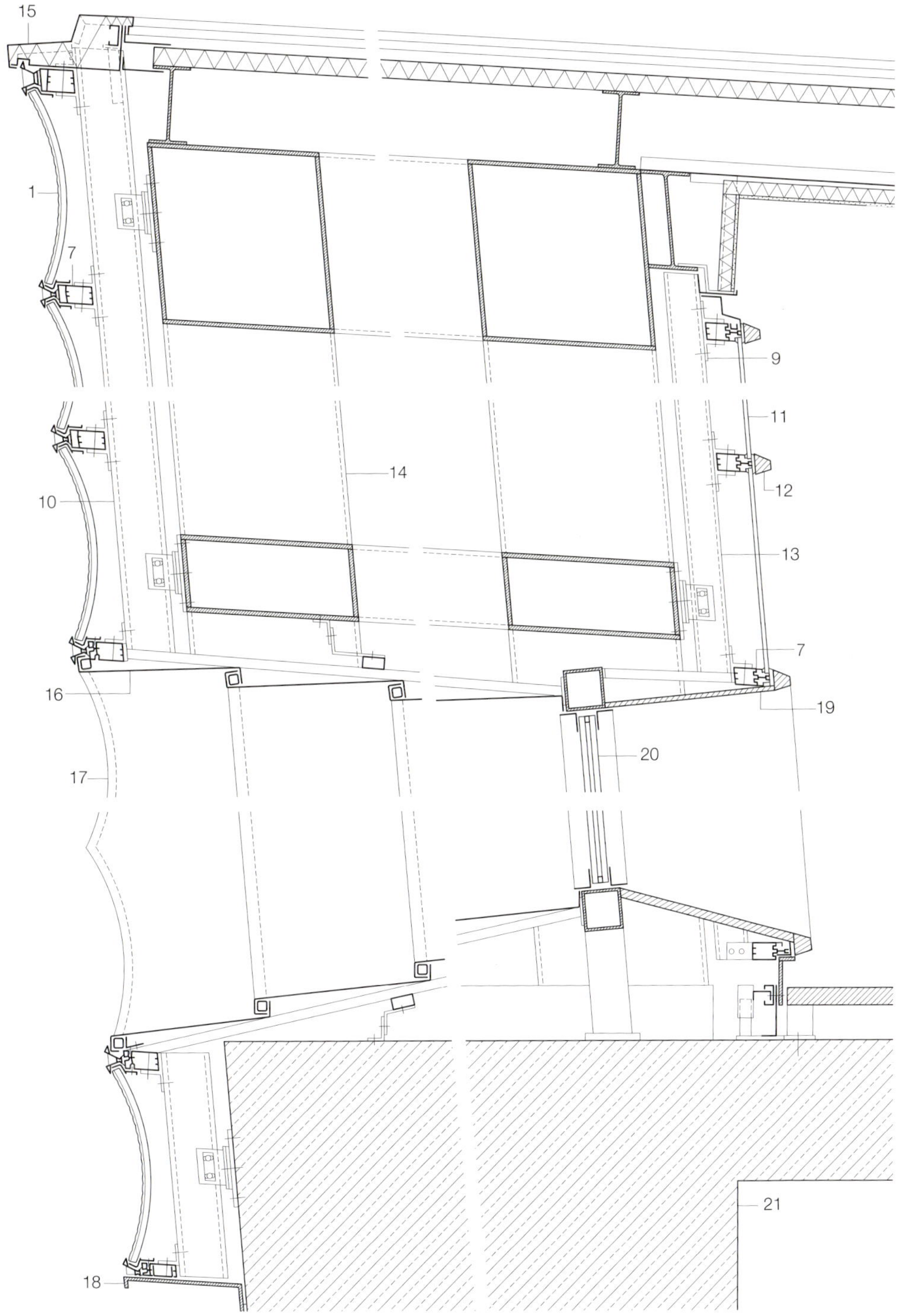

1 gebogene Glaselemente VSG 2500 × 600 mm aus Profilglas transluzent 4–5 mm und Floatglas sandgestrahlt 19 mm, vertikale Fugen mit Silikonversiegelung
2 Glashalteprofil Aluminium extrudiert mit Glas silikonverklebt
3 Bohrung für Dränage und Luftausgleich mit Windschutz an außenseitiger Öffnung
4 Aluminiumgussprofil
5 Silikonversiegelung transluzent
6 Silikonversiegelung weiß
7 Aluminiumprofil extrudiert
8 Edelstahlschraubbolzen
9 Verbindungselement Aluminium, dreidimensional verstellbar
10 Fassadenpfosten Aluminiumprofil extrudiert 50/140 mm
11 VSG sandgestrahlt, aus 2× Floatglas 6 mm Scheibengröße 2500 × 600 mm
12 Glasleiste Aluminium mit Zedernholzabdeckung
13 Fassadenpfosten Aluminiumprofil extrudiert 50/100 mm
14 Tragwerk aus Stahlblechen, verschweißt mit Brandschutzbeschichtung
15 Dachrand Aluminiumblech gekantet, gedämmt
16 Bekleidung Aluminiumprofil 20/40/500/5 mm
17 Zuschnitt seitliche Bekleidung an Glasbiegung angepasst
18 Sockelprofil Aluminium 30/250/330/10 mm
19 Holzzarge Zeder
20 Isolierverglasung aus 2× VSG 16 mm
21 Sichtbetonsockel

Sanierung Tour Bois le Prêtre

Paris, FR 2011

Architekten:
Frédéric Druot und Lacaton & Vassal, Paris

Archplus 203/2011
Arquitectura viva 139/2011
Metamorphose Bauen im Bestand 01/2012
Moniteur architecture AMC 209/2011
Ruby, Ilka und Andreas (Hrsg.): Druot, Lacaton & Vassal. Tour Bois le Prêtre. Berlin 2012

- Umbau und Erweiterung eines 17-geschossigen, 1961 erbauten Wohnhochhauses unter Beteiligung der Nutzer
- Austausch der bestehenden Fassade durch vorgefertigte Erweiterungsmodule mit einer vorgesetzten mehrschaligen, transparenten bzw. transluzenten Glasscheibe bzw. Polycarbonatplatte
- hierdurch Erweiterung der Wohnfläche um witterungsgeschützten Zwischentemperaturbereich sowie vorgelagerten Balkon
- innenliegende Glasfassade aus isolierverglasten Schiebeelementen
- außenliegende Glasfassade aus Schiebeelemente mit Einfachverglasung bzw. Wellplatten aus Polycarbonat

Schnitt Maßstab 1:750
Grundriss Maßstab 1:500
Isometrien ohne Maßstab
Vertikalschnitt Maßstab 1:50

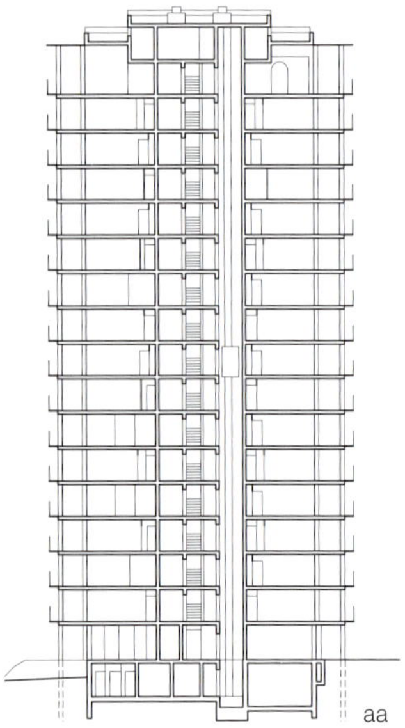

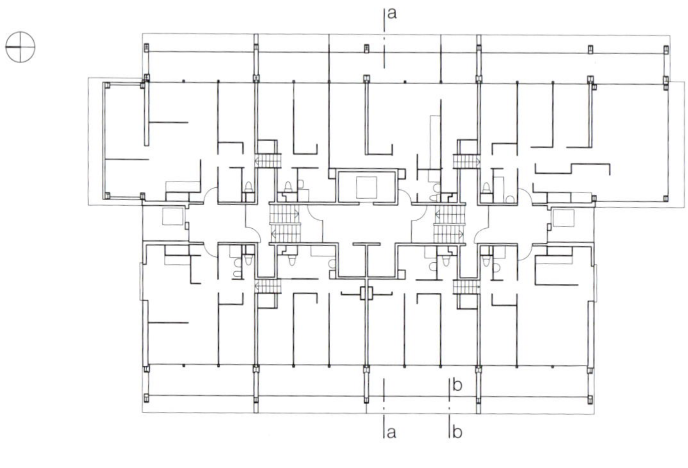

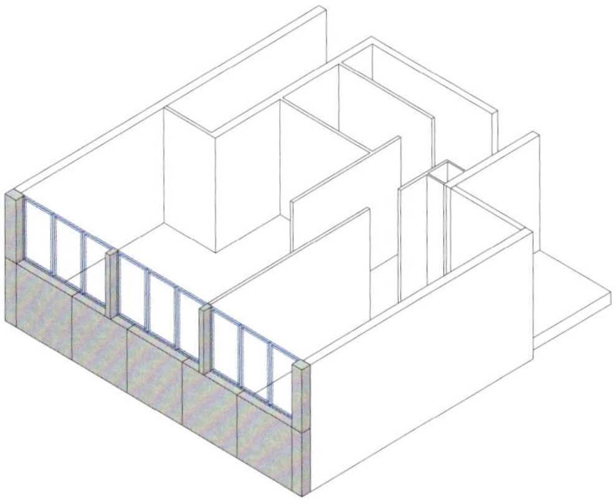

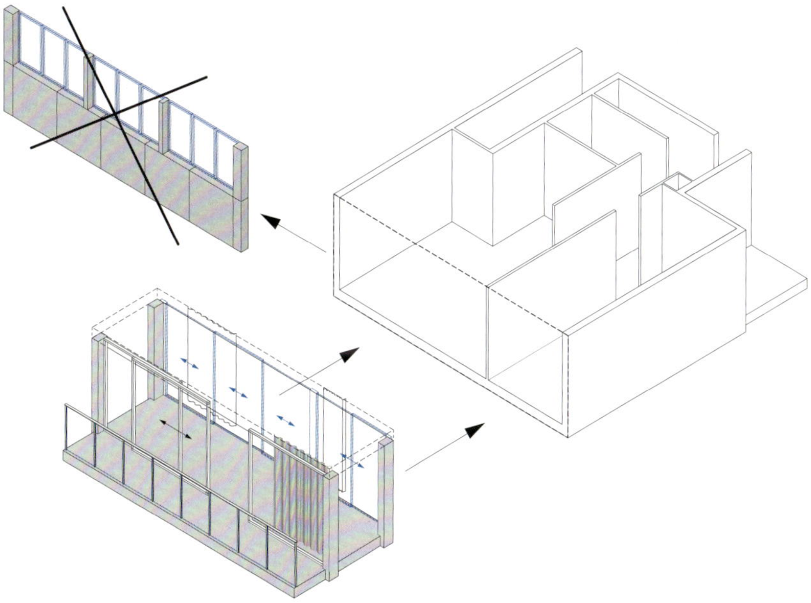

1 Absturzsicherung VSG-Verglasung
2 Stahlkonsole
3 Hauptträger IPE 220 mm
4 Nebenträger IPE 100 mm
5 Trapezblech 60 mm
6 Schiebetür mit Einfachverglasung
7 Sonnenschutz
8 Schiebetür mit Isolierverglasung
9 thermischer Vorhang:
reflektierender Stoff zur Glasseite
Wärmedämmung
dekorativer Stoff innenliegend

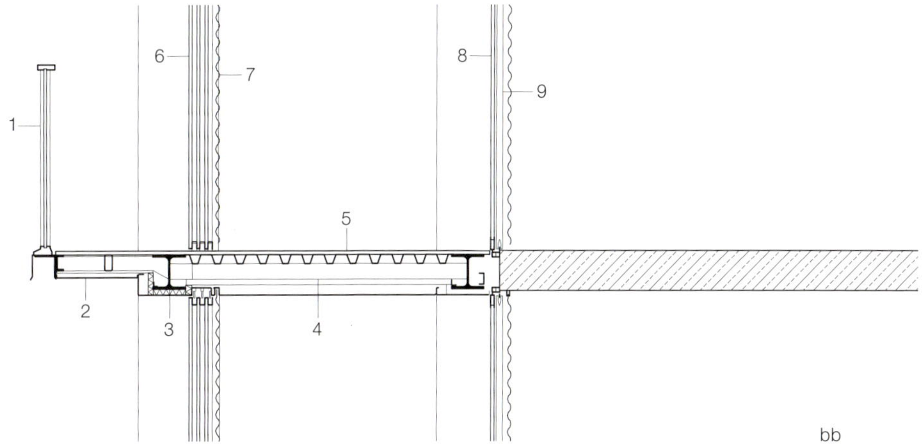

bb

C 2 Manipulatoren

Jedes Gebäude verfügt über Komponenten, durch die Art und Maß von äußeren und inneren Einwirkungsfaktoren sowie deren Wechselbeziehungen beeinflusst werden können. So wirkt die Außenwand einerseits im Bereich ihrer geschlossenen Flächen als Trennung zwischen Innen- und Außenklima. Durch ihre Farbgebung, ihre Materialien, deren Dimensionierung und Proportionierung kann sie andererseits aber auch zu einem Zwischenspeicher von Energieströmen im Bereich zwischen innen und außen werden. Gleichzeitig enthält sie Öffnungen, die durchlässig sind für Licht, Wärme, Luft und Sicht, also für die qualitätsbestimmenden Kriterien des Innenraumklimas. Dadurch entsteht im Zusammenwirken des Außenklimas (Wetter, Tag-/Nachtrhythmus, Jahreszeiten etc.) und der raumseitigen inneren Einflussgrößen (Wärmequellen, konstante oder wechselnde Feuchte etc.) im Gebäudeinnern ein Zustand, der sich in der Regel von den Extremwerten des Außenklimas bereits deutlich unterscheidet und den wünschenswerten Behaglichkeitskriterien für Innenräume näher kommt.

Je nach Anspruch und Erfordernissen kann der Bereich der Öffnungen, über die der Austausch von Luft, Licht, Wärme und Feuchte bevorzugt erfolgt, in seinen Qualitäten gezielt veränderbar gestaltet werden. Sowohl die Steigerung als auch die Minderung der Durchlässigkeit werden damit zu einer Regulierungsmaßnahme. Als Folge dessen entsteht die Möglichkeit zur Manipulation des Raumklimas über die Handhabung der betreffenden veränderbaren Bauteile.

Einfachste und bekannteste Form solcher Manipulatoren [1] sind Fenster und Türen. Deren Änderung im Öffnungszustand und deren Ausstattung mit entsprechenden Materialien im Einzelnen haben seit jeher grundlegenden Einfluss auf das Raumklima und auf das Erscheinungsbild von Fassaden.

So ist auch nachvollziehbar, dass Wirkungen wie der Treibhauseffekt (die Raumaufheizung durch Sonnenenergie über transparente Flächen der Gebäudehülle mittels Nutzung der natürlichen Solarstrahlung in Temperaturbereichen, die weit über der Luft-Außentemperatur liegen) ebenso erreichbar wie vermeidbar sind. Im Fall des unerwünschten Wärmeeintrags geschieht dies durch entsprechende Nutzung von Sonnenschutzeinrichtungen. Gleichzeitig ermöglicht der nur temporäre Wärmeschutz – ebenso wie Verdunkelungseinrichtungen – in thermischer und lichttechnischer Hinsicht unmittelbare Einflussnahme der Nutzer auf die Innenraumbedingungen, mit der Option der regelnden Veränderungen nach Belieben und zu jeder Zeit.

Entsprechend bedeutsam sind Manipulatoren in zunehmendem Maß im Zusammenhang mit der gezielten Nutzung von Umwelt-, insbesondere Solarenergie, geworden: Je nach innerem Bedarf und äußeren Klimaverhältnissen ist durch manuelle Regelungsvorgänge im Bereich der Gebäudehülle eine Korrektur am Raumklima ohne nennenswerte äußere Energiezufuhr möglich – ähnlich wie wir dies im Umgang mit Kleidung gewohnt sind.
Bei richtiger Handhabung ist zudem eine drastische Abnahme der Notwendigkeit anderweitiger Raumklimabeeinflussung durch haustechnische Einrichtungen wie Heizung, Kühlung, Lüftung, Beleuchtung etc. die logische und wünschenswerte Konsequenz.

Diese im Bereich der Gebäudehülle verfügbaren Systeme weiterzuentwickeln, ist aufgrund ihres Zusammenwirkens mit dem gesamten Gebäude-Energiehaushalt eine dringende Aufgabe. Und gerade hier sind vorzugsweise Architekten gefordert, die seit jeher für die Gesamtkomposition und damit auch für die Gesamtoptimierung von Bauwerken sowie für die richtige Integration der maßgeblichen Subsysteme in der Verantwortung stehen.

Lichtdurchlässige Komponenten (Fenster)

Für lichtdurchlässige Fensterflächen wurden ursprünglich neben Glas auch andere Materialien wie Alabaster, Marmor, Horn, Tierhäute, Leinwand oder Papier verwendet. Zu einem technologisch entwickelten Teil des Gebäudes wird die Fensteröffnung durch die Verwendung von Glas erstmals bei den Römern. Bis in das 12. Jahrhundert hinein stellt die verglaste Fensteröffnung jedoch eine Ausnahme dar. Die ersten transluzenten oder transparenten Fensterflächen waren in der Regel fest eingebaut. Obwohl Drehflügel bereits aus der Antike bekannt sind, gelten sie als Erfindung des Mittelalters. Schiebefenster, bei denen die Flügel parallel zur Fensterfläche horizontal bewegt werden, sind seit dem 13. Jahrhundert nachweisbar.

Lichtundurchlässige Komponenten

Die einfachste Form, Fensteröffnungen mit lichtundurchlässigen Elementen zu verschließen, stellt der Fensterladen dar. Für Läden als Fensterverschluss oder als zusätzlichem Schutz wurden, historisch betrachtet, Holz, Stein und Eisen verwendet (Abb. C 2.3). Bau- und kunstgeschichtlich werden die verschiedenen Typen jeweils nach der Art ihrer Befestigung unterschieden [2]:

- loser Fensterladen: nach Bedarf eingeklemmte, schildartige Bretterkonstruktion
- Klappladen (beweglich durch Klappen und Kippen): über oder unter den Fenstern mit Scharnieren befestigt, seit dem 12. Jahrhundert nachweisbar
- Schlagladen (beweglich durch Drehen): seitlich in Angeln befestigt, bereits in der Antike nachweisbar
- Schiebeladen (horizontal verschiebbar): seitlich, meist für kleinere Fensteröffnungen innen oder außen in einen Rahmen eingelassen, bereits in der griechischen Antike verwendet

C 2.1 Wohngebäude am Square Mozart, Paris (FR) 1954, Jean Prouvé

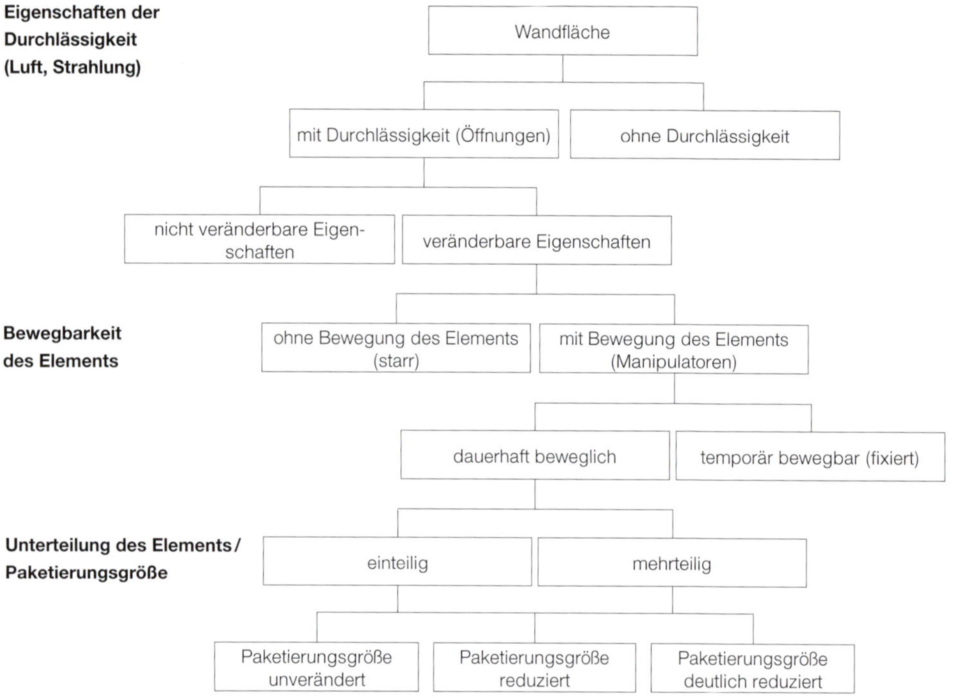

C 2.2

C 2.3

C 2.4

C 2.5

- Fall-/Zugladen (vertikal verschiebbar): über oder unter dem Fenster, meist in die Fassadenverkleidung eingelassen, treten im 15. bis zum 18. Jahrhundert vor allem in der Ostschweiz auf [3].

Erst seit dem 15. Jahrhundert werden Fensterläden als zusätzliches Element zu Verglasungen eingesetzt, ab dem 18. Jahrhundert in der Regel ausschließlich ergänzend zu transparenten Fensterverschlüssen [4]. Neben Schiebeladen und Schlagladen (umgangssprachlich als Klappladen bezeichnet) gibt es:

- Rollladen oder Stores: aus schmalen Querhölzern, die auf Schnüren oder Ketten aufgereiht sind; seit dem 18. Jahrhundert bekannt
- Jalousieladen: Schlagladen mit Füllungen aus schräg gestellten (teils beweglichen), horizontalen Lamellenhölzern zur Regulierung des Lichteinfalls und der Luftzufuhr; ab dem frühen 18. Jahrhundert vor allem in Frankreich verwendet

Analog zur allgemeinen, technologischen Entwicklung, die zu einer Veränderung des Leistungsprofils von Gebäuden führt, werden auch die Funktionen des Fensters und der vor Öffnungen der Gebäudehülle angeordneten Elemente immer differenzierter und komplexer. Bei Manipulatoren lässt sich in den letzten Jahren eine Zunahme der Vielfalt von Bewegungsmechanismen feststellen.

Im Zusammenhang damit ist auch bei Fenstern die Tendenz der Hersteller erkennbar, wieder vielfältigere Bewegungsmechanismen als Alternative zu den in Deutschland üblichen Dreh-/Kippfenstern anzubieten, die nach Kriterien des Heizenergieverbrauchs ohnehin nicht unproblematisch sind.

C 2.6

Typologische Zuordnung von Manipulatoren

Die große Vielfalt der bekannten Varianten soll nachfolgend geordnet werden. Dies mag auch als Anregung für neue funktionale, geometrische und technische Kombinationen dienen. Für eine typologische Ordnung von Manipulatoren bieten sich dabei drei Betrachtungsebenen an:

- Eigenschaften der Durchlässigkeit
- Bewegbarkeit des Elements
- Unterteilung des Elements und Paketierung (Volumen-/Größenänderung)

Durchlässigkeit

Es lassen sich Flächen mit Durchlässigkeit für Luft, Licht, Wärme und Feuchte und solche ohne (oder nahezu ohne) unterscheiden, wobei die Durchlässigkeit wiederum veränderbar oder nicht veränderbar sein kann. Die Art und das Maß der Durchlässigkeit bestimmen entscheidend die Funktion einer Fläche. Soll das funktionale Leistungsprofil einer Fläche verschiedene Zustände aufweisen können, so muss die Fläche in ihrer Durchlässigkeit veränderbar sein.

Bewegbarkeit des Elements

Die Elemente mit veränderlichen Eigenschaften unterteilt man in solche:

- ohne Bewegung des Elements
- mit Bewegung des Elements

Zu den Elementen ohne Bewegung gehören z. B. thermotrope Schichten und gasochrome oder elektrochrome Gläser. Elemente, die eine Bewegung zulassen, können zudem durch zwei Adjektive charakterisiert werden [5]:

- temporär/saisonal bewegbar, im Sinne von: kann bewegt werden – z.B. Winterfenster
- dauerhaft beweglich, im Sinne von: ist zum Bewegen konstruiert

C 2.2 typologische Zuordnung des Begriffs »Manipulator«
C 2.3 Laden aus Stein, Torcello (IT)
C 2.4 Fassadenöffnung mit faltbaren Läden und permeablen Bogenfeldern für Lichtbrechung und dosierte Lüftung, Montagnana (IT)
C 2.5 lichtdurchlässige Elemente, traditionelles Wohnhaus, Takayama (JP)
C 2.6 Kombination verschiedener Manipuatoren am Palazzo Pitti, Florenz (IT)
C 2.7 Zuordnung üblicher Manipulatoren
Die jeweils über den Zeichnungen stehenden Angaben beziehen sich auf die Paketierung (Größenänderung) des beweglichen Elements.

Der Begriff Manipulator wird für Fassadenkomponenten mit veränderbaren Eigenschaften benutzt, bei denen durch Bewegung die Durchlässigkeit für Luft, Licht, Wärme und Feuchte variiert werden kann.

Unterteilung des Elements/Paketierungsgröße

Bei beweglichen Elementen in der Fassade ist die Größenänderung der Manipulatoren (Paketierungsgröße) für konstruktive, funktionale und gestalterische Aspekte entscheidend. Man differenziert die mögliche Veränderung in den Abmessungen als:

- unverändert
- reduziert
- deutlich reduziert

Der Manipulator besteht im Regelfall aus einem der mehreren Teilen, die wiederum in sich ein- oder mehrteilig untergliedert sein können. Zusammen mit der Bewegungsart ergeben sich daraus die verschiedenen Zustände – und damit das Leistungsspektrum der Flächen mit veränderbaren Eigenschaften. Die Paketierungsgröße hat direkten Einfluss auf die Betätigung. Neben den funktionalen Eigenschaften ist die Paketierungsgröße für die konstruktiven und gestalterischen Eigenschaften verantwortlich.

Weitere Unterscheidungsmerkmale

Auf einer vierten Betrachtungsebene können weitere Aspekte der beweglichen Elemente unterschieden werden, z. B.:

- Lage zur Klimagrenze: außen (distanziert zur Öffnung), außen, in die Fensterebene integriert, innen
- Lage zur Öffnung: oben, mittig, unten, seitlich, ein- oder mehrseitig

Die Art der Anordnung der Komponenten hat direkten Einfluss auf funktionale Zusammenhänge. So führt ein im oberen Bereich der Öffnung montierter Blendschutz zur Beeinträchtigung des Lichteintrags in die Raumtiefe. Ein innenseitig angeordnetes Sonnenschutzelement kann einen unerwünschten Eintrag von Wärmeenergie zur Folge haben.

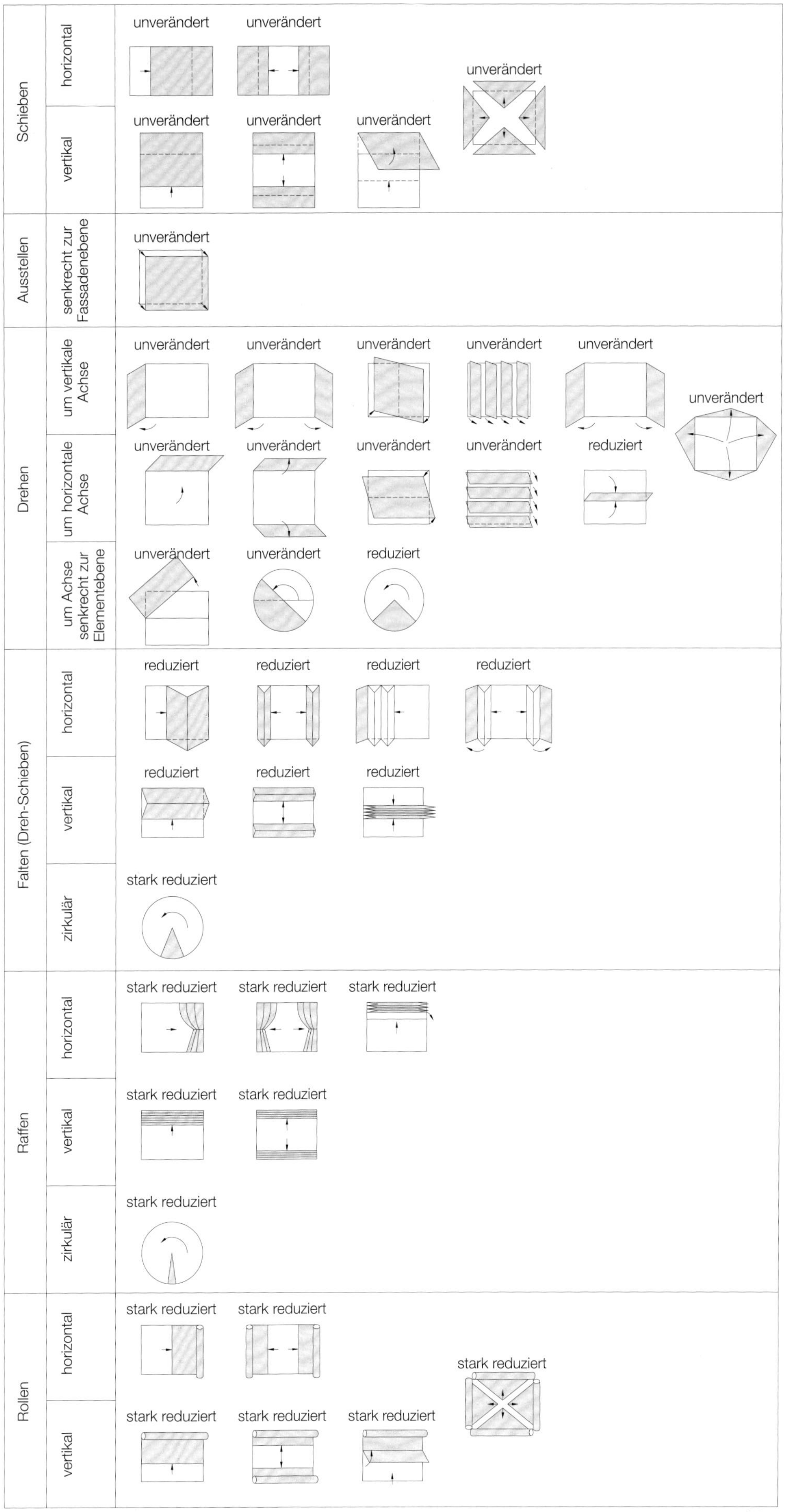

C 2.7

C 2.8

Bewegungsart und Bewegungsrichtung
Die grundlegenden Bewegungsarten für Elemente im Bereich der Fassade werden im Kapitel »Ränder, Öffnungen« anhand der für Fenster verwendeten Bewegungsmechanismen in einer typologischen Zuordnung aufgeführt.

Die bei Manipulatoren verwendeten Bewegungsarten stellen oftmals eine Kombination verschiedener Bewegungsprinzipien dar. Abbildung C 2.7 zeigt in einer Übersicht die Vielfalt der Bewegungsmöglichkeiten bei Manipulatoren zusammen mit den Bewegungsrichtungen [6]. Diese Übersicht orientiert sich an den in der Praxis verwendeten Bewegungsarten, erhebt aber keinen Anspruch auf Vollständigkeit.

Besteht ein System aus einer Kombination verschiedener beweglicher Elemente, so kommt dem verwendeten Bewegungsmechanismus eine grundlegende Bedeutung zu: Die Elemente können nur dann unabhängig voneinander bewegt werden, wenn sie sich dabei nicht gegenseitig beeinträchtigen [7]. Die verschiedenen Teilaspekte stellen hohe Anforderungen an ein Fassadensystem bezüglich der Integration aufzunehmender Elemente. Eine effiziente Regelung der Innenraumverhältnisse ist nur dann möglich, wenn die Komponenten zur Steuerung der licht-, schall- und wärmetechnischen Größen unabhängig voneinander betätigt werden können – wie dies in historischen Vorläufern bereits der Fall ist.

Steuerung von Manipulatoren
Die Betätigung der Manipulatoren kann manuell und mechanisch geschehen. Manuell erfolgt sie je nach Bedarf durch den Nutzer des Gebäudes. Abhängig von Bewegungsmechanismus und aufzubringenden Kräften ist es möglich, mehrere Manipulatoren gemeinsam zu betätigen.
Bei mechanischem Antrieb kann eine automatische Steuerung der Manipulatoren erfolgen, wodurch diese in das energetische Konzept des Gebäudes integriert werden können. Der Nutzer hat dabei innerhalb bestimmter Grenzen die Möglichkeit, eine individuelle Anpassung vorzunehmen.
Durch die Kombination verschiedener Elemente trägt die Regelung der Durchlässigkeit der Gebäudehülle ggf. zur Optimierung des Nutzerkomforts und des Energieverbrauchs bei.

Zustände bei Manipulatoren
Manipulatoren sind in der Lage, neben dem offenen und dem geschlossenen Zustand auch Zwischenzustände einzunehmen. Je nach Bewegungsart ist dadurch eine Dosierung der Eigenschaften der Durchlässigkeit möglich. Zur Verdeutlichung sei an dieser Stelle auf Klappläden (Schlagläden) und Rafflamellen hingewiesen: beide dienen der Regulierung des Lichteinfalls. Bei Klappläden ist der Bezug zum Außenraum nur bedingt einstellbar, bei einer Lamellenstruktur hingegen kann eine Dosierung des Lichteintrags und der damit verbundene Ausblick über den Winkel der Lamellen erfolgen. Ähnlich verhält es sich auch beim Fenster als Lüftungselement: Bei einer Schiebebewegung lässt sich der Öffnungsspalt linear verändern und für Spaltlüftung gut einstellen. Bei einer Drehbewegung gelingt dies, wenn entsprechende Beschläge zur Einstellung und Lagefixierung vorhanden sind (siehe auch »Ränder, Öffnungen«, S. 38ff.).

Anwendungen
Es kommen in der Vielzahl der Ausführungen nahezu alle beim Bauen üblichen Materialien zum Einsatz. Die Flächen können in sich geschlossen sein wie dies bei Tafeln, Platten oder Geweben bzw. Folien der Fall ist. Manipulatoren können jedoch auch perforiert ausgeführt sein oder aufgrund integrierter, starrer oder verstellbarer Lamellen Lüftungsöffnungen aufweisen. Wie in Abbildung C 2.7 dargestellt, sind eine Fülle von Kombinationen einzelner Manipulatoren und unterschiedlicher Anordnungsmöglichkeiten der in wärmetechnischer Hinsicht relevanten Fassadenebene möglich:
- horizontale Schiebeläden
- vertikale Schiebeläden
- Drehläden um Vertikalachse, außen
- Drehläden um Vertikalachse, innen
- Drehläden um Horizontalachse
- Faltläden um Horizontalachse (Drehen-Schieben) zur Seite
- Faltläden um Vertikalachse zur Seite (mit/ohne Lüftungsöffnungen)
- Faltläden um Horizontalachse zur Mitte
- Vorhänge, horizontal raffen
- Ausstellfenster
- Fenster-Drehflügel
- Schiebefenster, horizontal
- Schiebefenster, vertikal
- Faltfenster (Drehen-Schieben)
- Raffstoren (Jalousien mit Horizontallamellen)
- Raffmarkisen
- gerollte Markisen

Der Einsatz von Manipulatoren bietet vielfältige gestalterische Möglichkeiten und beeinflusst durch die Änderung der Flächengrößen sowie durch unterschiedliche Positionen maßgeblich das Erscheinungsbild der Fassade.

Anmerkungen:
[1] Die Bezeichnung des Begriffs Manipulator für bewegliche Elemente im Bereich der Gebäudehülle basiert auf einer von Thomas Herzog betreuten Dissertation von Waldemar Jaensch: Verfahren zur Beurteilung kinetischer Manipulatoren an der Gebäudeoberfläche als Maßnahme zur Regulierung des Gebäudeklimas. Untersuchung mit Hilfe von Simulationsmodellen. Kassel 1981, S. 28.
Im Begriff Manipulator ist »manus«, lateinisch für »Hand«, und »Manipulation« für »Eingriff, um etwas zum eigenen Vorteil zu verwenden« enthalten; im 18. Jahrhundert entlehnt aus dem Französischen »manipulation«, einer Ableitung von französisch »manipuler«, zum eigenen Vorteil beeinflussen (nach Kluge, Friedrich: Etymologisches Wörterbuch der deutschen Sprache. Berlin/New York 1989, S. 459). Im Bereich der Technik bezeichnet der Begriff ein »Gerät zum Handhaben von Gegenständen« (dtv-Lexikon. Bd. 11. München 1997, S. 240).
[2] Reallexikon zur Deutschen Kunstgeschichte. Bd. 7 und 8. München 1981
[3] Herzog, Thomas; Natterer, Julius u. a. (Hrsg.): Gebäudehüllen aus Glas und Holz. Lausanne 1984, S. 20f.
[4] Gerner, Manfred; Gärtner, Dieter: Historische Fenster. Stuttgart 1996, S. 68
[5] Krippner, Roland: Entwicklung beweglicher Manipulatoren im Bereich der Außenwände mit wärmedämmenden und weiteren Funktionen. In: Abschlussbericht ISOTEG. TU München, Lehrstuhl für Gebäudetechnologie 2001 (unveröffentl.), S. 88–89
[6] Erweiterung der grafischen Darstellungen. In: ebd.
[7] Im vorliegenden Kapitel sind Teile der Dissertation »Untersuchungen von Vertikalschiebefenstern als Komponenten im Bereich von Fassadenöffnungen« (2005) von Daniel Westenberger enthalten, die am Lehrstuhl für Gebäudetechnologie der TU München bearbeitet wurde.

C 2.8 Die Alten Prokuratien, Markusplatz, Venedig (IT)
C 2.9–16 Beispiele für Manipulatoren funktional und ästhetisch veränderbare Gebäudehüllen

C 2.9

C 2.10

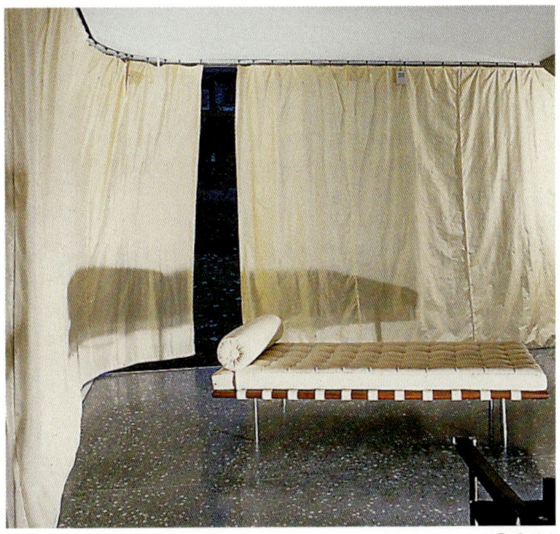
C 2.11

C 2.12

C 2.13

C 2.14

C 2.15

C 2.16

C 2.17

C 2.18

C 2.19

C 2.20

C 2.21

C 2.22

C 2.23

C 2.24

C 2.17–32 Beispiele für durch Manipulatoren funktional und ästhetisch veränderbare Gebäudefassaden

C 2.25

C 2.26

C 2.27

C 2.28

C 2.29

C 2.30

C 2.31

C 2.32

Fabrikgebäude Dial-Norm AG

Kirchberg, CH 1972

Architekt:
Fritz Haller, Solothurn
Fassadenplanung:
Hans Diehl, Neuenhof Baden

Werk 10/1974

- drehbarer, kreisförmiger Ganzglasflügel als Fensteröffnung
- Anwendung des USM HALLER Stahlbausystems MAXI
- minimaler Fugenanteil pro Flächeneinheit durch großflächige Fassadenpaneele
- kurze Montagezeiten durch Vorfertigung der Paneele
- Fassadenkonstruktion ohne direkte metallische Verbindung von außen nach innen (keine Wärmebrücken)

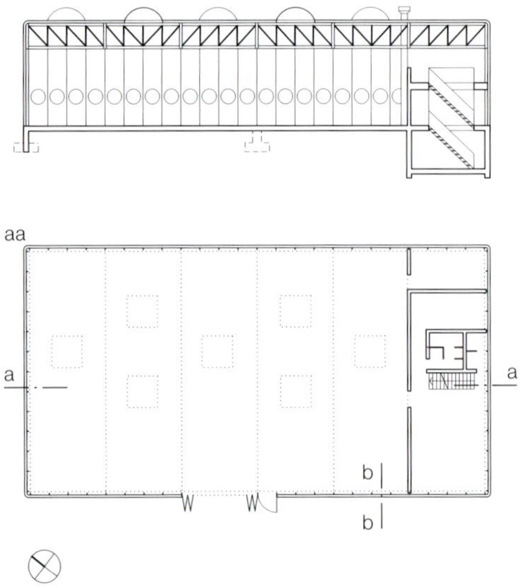

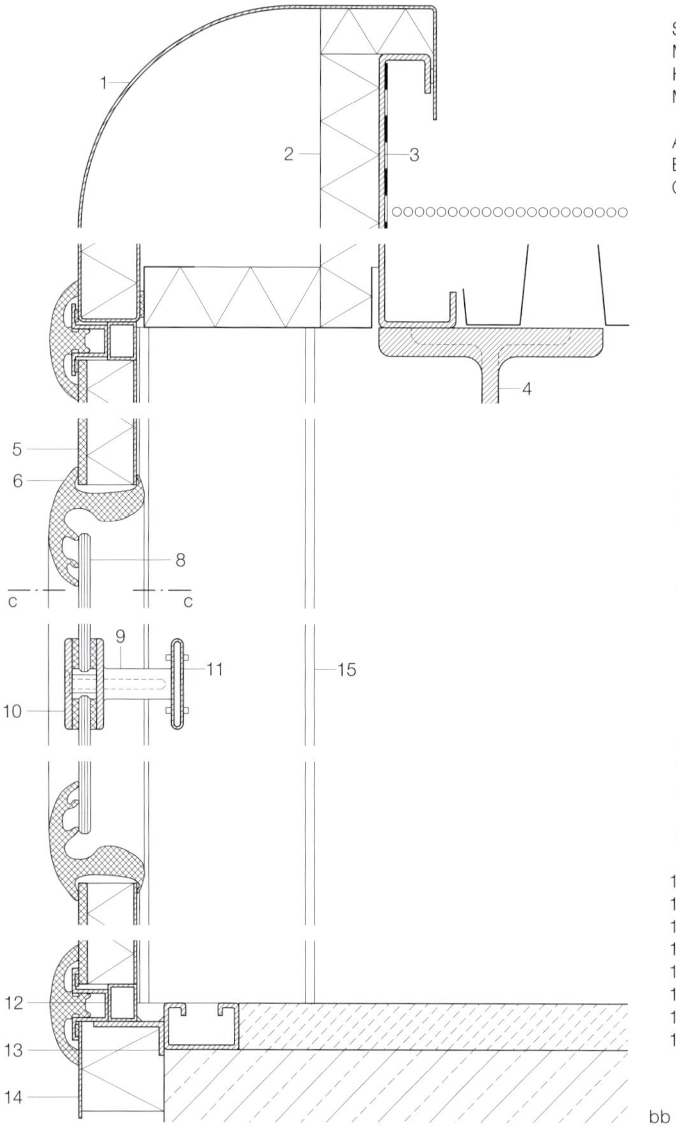

Schnitt • Grundriss
Maßstab 1:500
Horizontalschnitt • Vertikalschnitt
Maßstab 1:5

A Festverglasung
B Elementstoß
C bewegliches Element

1. Aluminiumblech 2 mm r = 150 mm
2. Wärmedämmung 40 mm
3. Stahlblech gekantet 3 mm
4. »USM Haller MAXI«-Tragwerk IPE 400 bzw. IPE 220 (auf der Schmalseite)
5. statisch wirksame Verbundplatte beidseitig Aluminiumblech einbrennlackiert 1 mm mit Kunststoffkern Wärmedämmung PU-Schaum Aluminiumblech einbrennlackiert 3 mm
6. Anschlagprofil EPDM
7. Füllprofil EPDM
8. reflektierendes Sonnenschutzglas gehärtet 8 mm
9. zentraler Glashalter Sonderprofil Stahl verchromt
10. Stahlplatte ∅ 60 mm verchromt
11. Griff Stahl verchromt
12. Stahlrohr ▱ 25/20/2 mm
13. Stahlprofil L 50/20/3 mm
14. Aluminiumblech
15. Stütze IPE 120
16. Rückhalteprofil Aluminium
17. Abdeckprofil EPDM

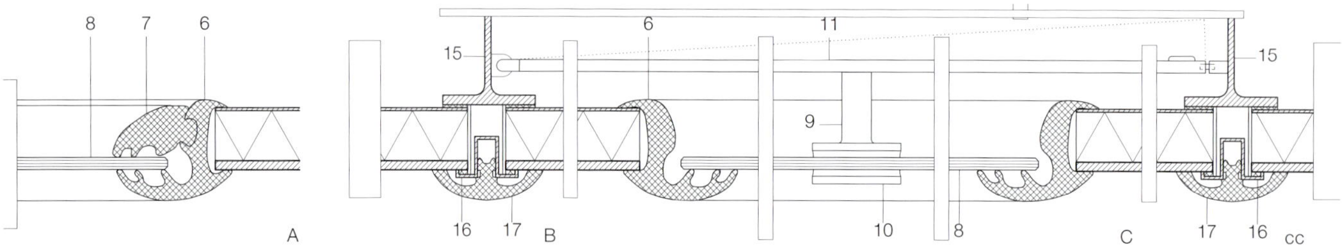

Nakagin Capsule Tower

Tokio, JP 1972

Architekten:
Kisho Kurokawa & Associates, Tokio

Detail/jpn 33, 1972
l'Architecture d'Aujourd'hui 06/2000
Kurokawa, Kisho: From Metabolism to Symbiosis. London/New York 1992
Detail/jpn 33, 1972

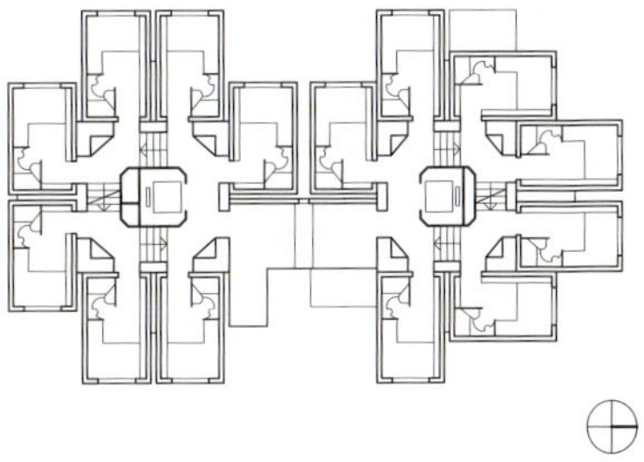

- fächerförmiger Fensterverschluss zur Steuerung der Durchsicht
- industriell vorgefertigte Raumzellen (2,30 × 3,80 × 2,10 m) an zwei Betonkernen hängend
- Fensterdurchmesser 1,30 m

Grundriss Maßstab 1:500
Detail • Vertikalschnitt Maßstab 1:5

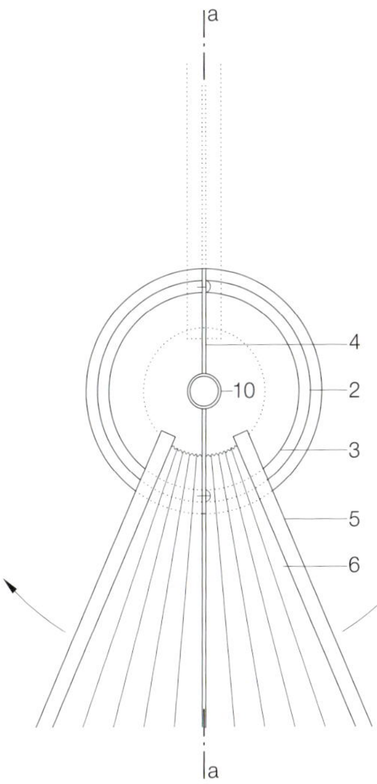

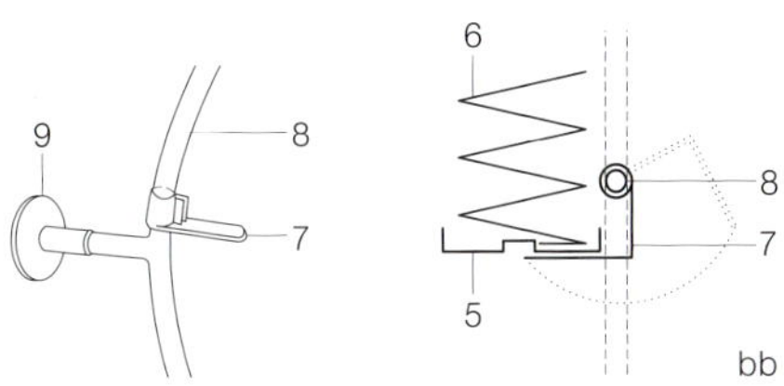

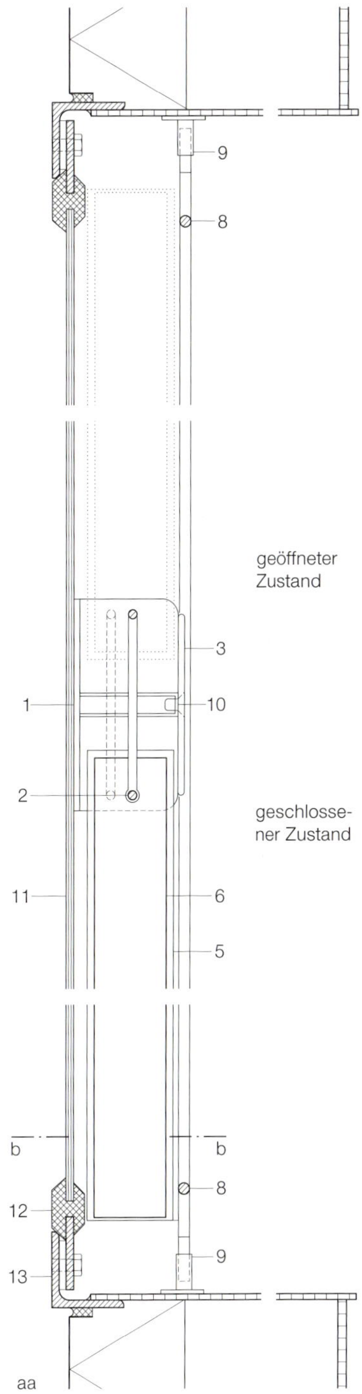

1. Grundplatte kreisförmig ∅ 140 mm, auf Glas geklebt
2. innerer Führungsring zweigeteilt Messing poliert, an Trennblech geschraubt
3. innere Abdeckplatte kreisförmig ∅ 120/5 mm, an Festverglasung geschraubt
4. Trennblech 1,2 mm
5. Rahmen für kunststoffbeschichtetes Papier: Aluminiumblech gekantet 2 mm
6. Papier kunststoffbeschichtet
7. Aluminiumhalter mit Steckvorrichtung für Rahmen
8. äußere Führungsschiene
9. Halter für Führungsschiene, befestigt an der Fensterlaibung
10. Gewindehülse ∅ 20 mm
11. Festverglasung ESG 6 mm, ∅ 1300 mm
12. Gummidichtung
13. Aluminiumblech mit Aluminiumprofil L 40/40/4 mm verschraubt

Institut du Monde Arabe

Paris, FR 1987

Architekt:
Jean Nouvel, Paris
mit Gilbert Lezenes, Piere Soria,
Architecture Studio

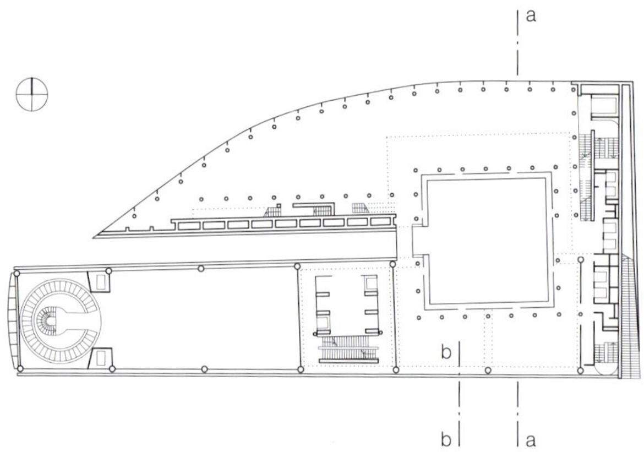

📖 Architectural Review 1088, 1987 und 1113, 1989
El Croquis 65–66, 1994: Jean Nouvel
l'ARCA 15, 1988
l'Architecture d'Aujourd'hui 12/1998
Progressive architecture 09/1995

- Lichteinfall steuerbar über eine Vielzahl innenseitig angeordneter Verschlüsse nach Prinzip der Kamerablende
- Mechanismen und Steuerelemente sichtbar
- geometrisches Anordnungsprinzip der sich wiederholenden Ornamentik als Verweis auf traditionelle Motive der arabischen Architektur (»Muschrabijes«: ornamentierte Fenstergitter)
- Mechanismus anfällig und wartungsintensiv

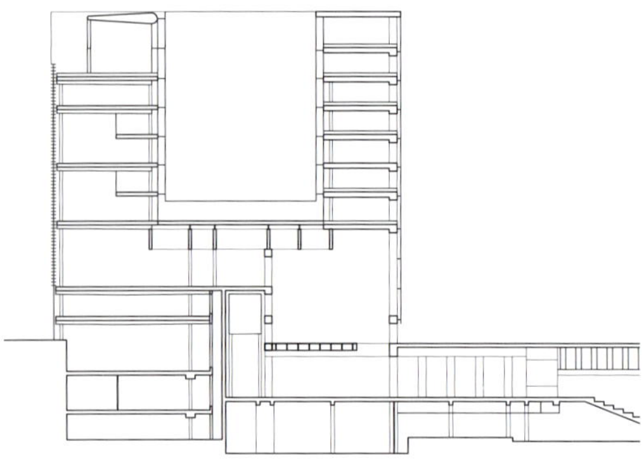

aa

Grundriss 4. Obergeschoss • Schnitt
Maßstab 1:1000
Vertikalschnitt durch die Blende
Horizontalschitt durch die Blende
Maßstab 1:5

1 EPDM-Verbindung
2 Unterbrechung der Dichtungen zur Entlüftung des Hohlraums
3 durchbrochene Füllung
4 ESG 6 mm
5 Öffnung zur Lüftung
6 thermische Trennung aus Polyurethan
7 Fotoblende
8 Isolierverglasung 4 + SZR 12 + 4 mm
9 ESG 8 mm
10 Fassadenaufhängung

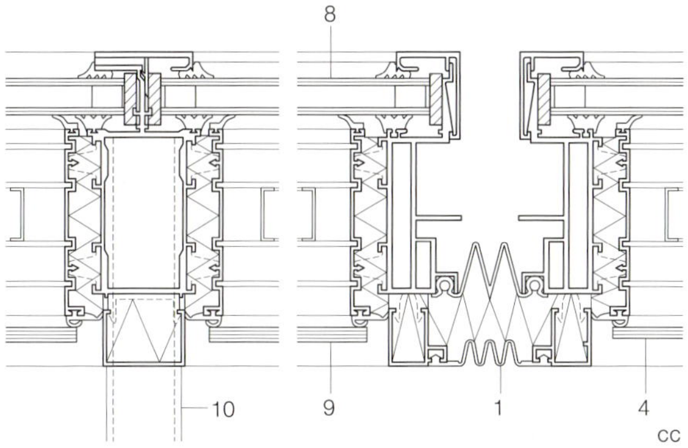

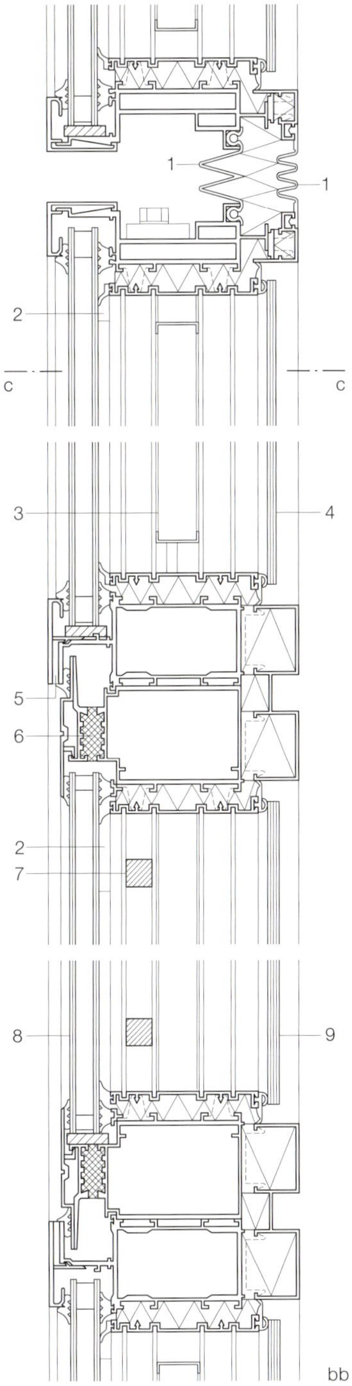

Wohn- und Geschäftshaus

München, DE 1996

Architekt:
Von Seidlein, München
Peter C. von Seidlein, Horst Fischer, Egon Konrad, Stephan Röhrl
Fassadenbearbeitung:
Stephan Röhrl

Detail 03/1998
Seidlein, Peter C. von: Zehn Bauten 1957–97. Katalog zur Ausstellung Architekturgalerie München, 1997

- außenliegende Raffstoren (Jalousien mit Horizontallamellen)
- großflächig zu öffnende Schiebeelemente für Außenbezug der Wohnungen auf der Südseite
- großflächige Vertikalschiebefenster in Dachschräge
- Befestigung der Metallfassade an Holzkonstruktion vor Stahlbetontragwerk zur Vermeidung von Wärmebrücken

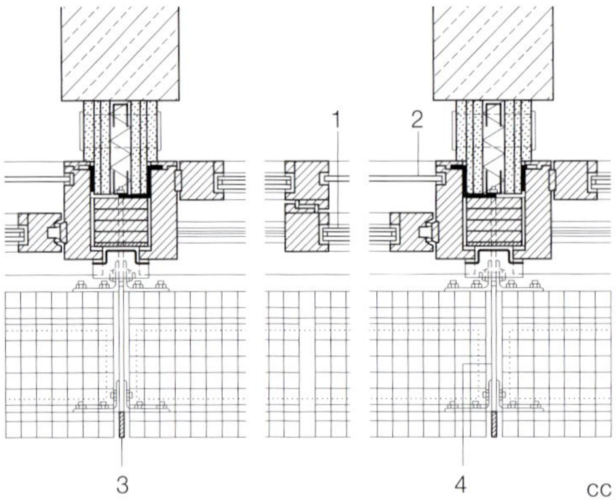

1 Horizontalschiebefenster:
Rahmen und Flügel
Niangon, lamelliert
Isolierverglasung:
VSG 10 + SZR 15 + Floatglas 4 mm
2 Brüstungsverglasung innen ESG 10 mm
3 Flachstahl ▭ 10/55 mm
4 Konsole Flachstahl ▭ 10/120 mm, über Pfosten BSH 100/100 mm, im Deckenbereich mit Stahlbetonskelett verbunden
5 Jalousie Aluminium, seilgeführt, ungebördelt, Motorantrieb
Gehäuse Aluminiumblech 2 mm
6 Handlauf Stahlrohr ∅ 31/2,25 mm
7 Aluminiumblech 3 mm

alle Stahlteile spritzverzinkt und pulverbeschichtet

Schnitt • Grundriss 1. Obergeschoss
Maßstab 1:750
Horizontalschnitt • Vertikalschnitt
Maßstab 1:20

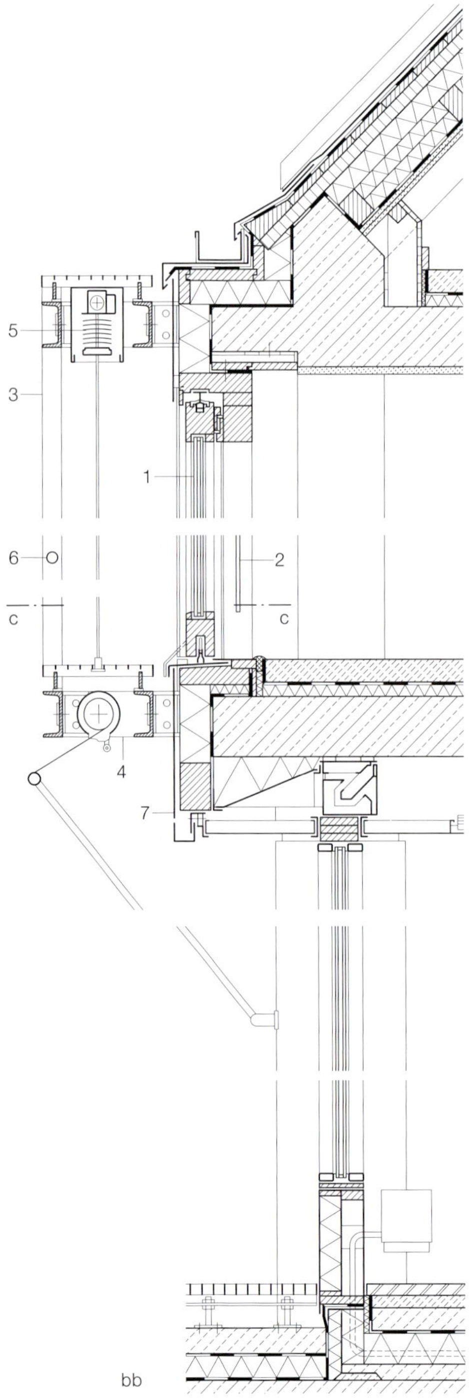

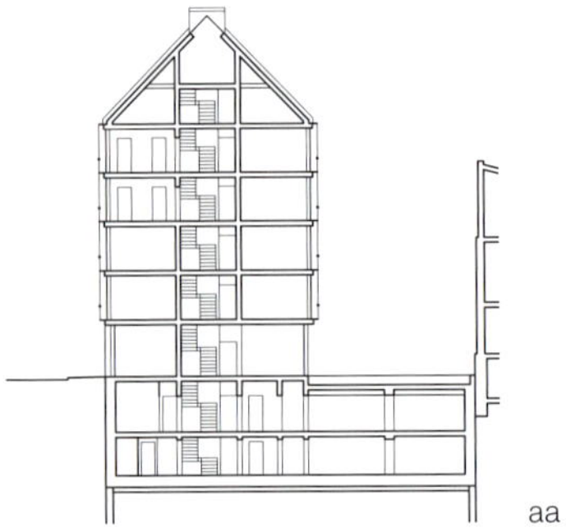

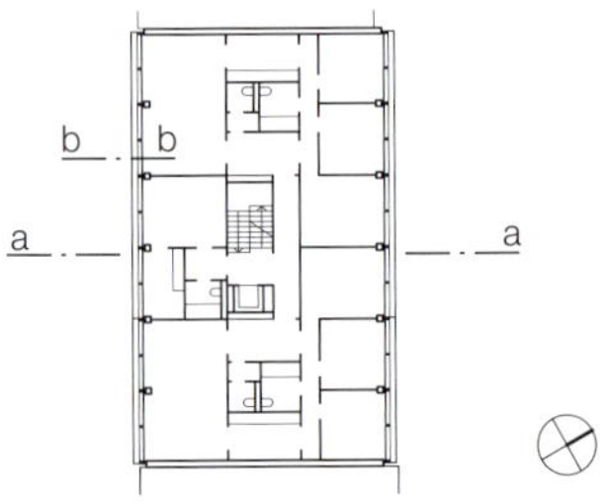

Entwicklungszentrum

Ingolstadt, DE 1999

Architekten:
Fink + Jocher, München
Tragwerksplanung:
Schittig, Ingolstadt

Bauwelt 08/1999
Detail 03/1999
Intelligente Architektur 11–12/2000
l'Architecture d'Aujourd'hui 07/2000
World architecture 07–08/2000

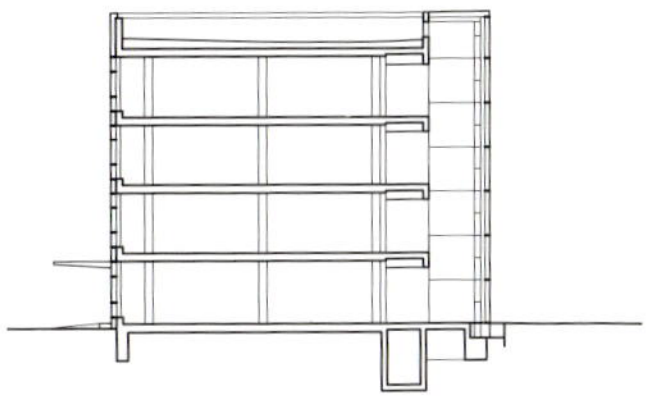

- Jalousie im Scheibenzwischenraum (Südfassade)
- Südorientierung der Halle als Bestandteil des energetischen Gebäudekonzepts
- über vier Geschosse durchlaufende Fassade

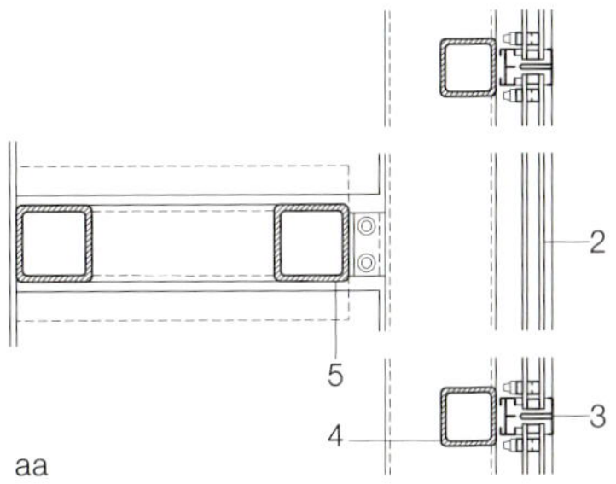

1 Aluminiumblech gekantet 2 mm, Wärmedämmung Hartschaum
2 Isolierverglasung 6 + SZR 22 + 5 mm, im SZR Lichtlenklamellen Aluminium b = 16 mm, einbrennlackiert, außen weiß, innen silbergrau
3 Pressleiste Aluminium
4 Pfosten-Riegel-Konstruktion, Stahlrohre ◻ 90/90 mm und ▭ 180/100 mm mit Eisenglimmeranstrich
5 Vierendeelstütze, Stahlrohre ◻ 120/120 mm
6 Gitterrost Aluminium
7 Gitterrost Stahl in L-Winkelrahmen
8 Zuluftflügel: Aluminiumblech 2 mm Wärmedämmung Hartschaum 40 mm Aluminiumblech 2 mm

Schnitt Maßstab 1:750
Horizontalschnitt • Vertikalschnitt Maßstab 1:20
Details Maßstab 1:5

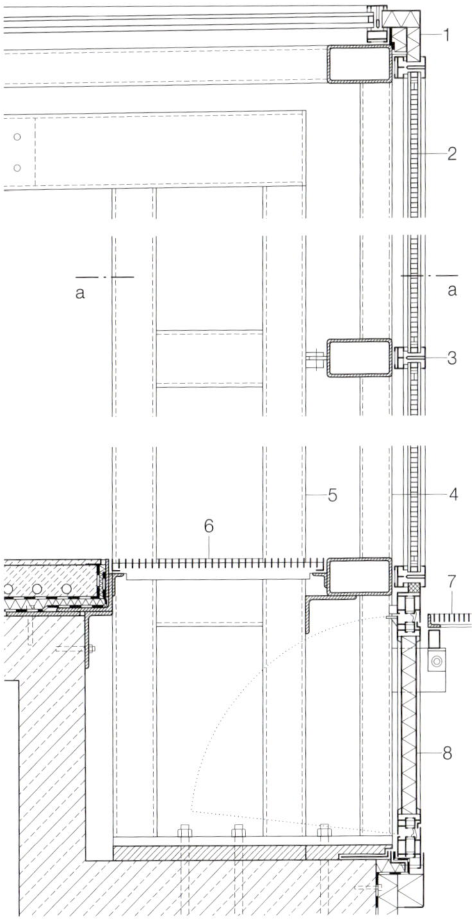

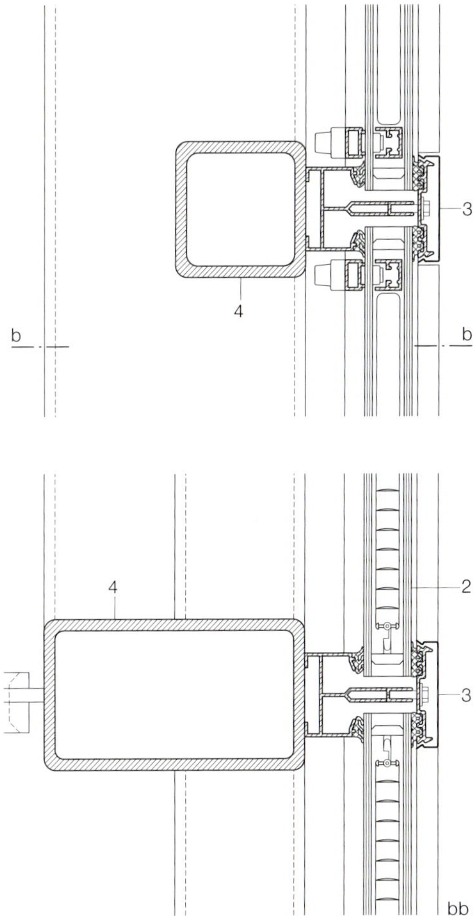

Universitätsgebäude

Brixen, IT 2004

Architekten:
Kohlmayer Oberst, Stuttgart
Entwicklung des Verschattungsprofils mit Fraunhofer-Institut für Solare Energiesysteme (ISE), Freiburg

Intelligente Architektur 07–09/2005
Beton- und Stahlbetonbau 02/2005
db 02/2005

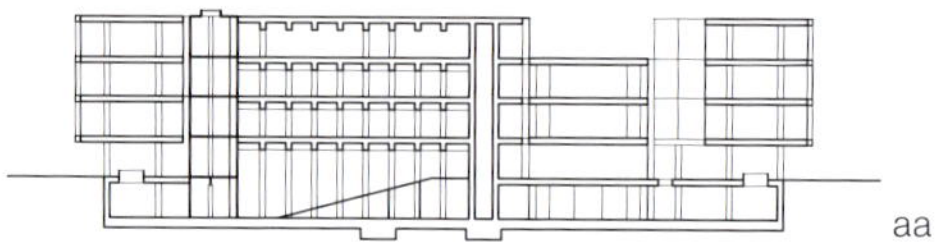

- rollbarer, außenliegender, hochreflektierender Sonnenschutz aus Edelstahlprofilen
- Komplettverschattung ab Sonnenstand 20 °
- Durchblick (Ausblick in die Landschaft) nach außen möglich aufgrund spezieller Profilgeometrie
- verspringende Elementfassade mit Ausstellelementen in Rücksprüngen für Lüftung

Schnitt • Grundriss EG und 2. OG Maßstab 1:1500
Sonnenschutzlamelle Maßstab 2,5:1
Horizontalschnitt • Vertikalschnitt Maßstab 1:20
Detail Maßstab 1:5

1 Abdeckung Aluminiumblech gekantet 3 mm
2 Aluminiumblech 3 mm
Abdichtung
Dämmung Hartschaum extrudiert 80 mm
3 Isolierverglasung VSG 8+6 + SZR 16 + ESG 10 mm
4 Ausstellflügel zur Lüftung 3200 x 250 mm
5 Aluminumblech 3 mm, zweiteilig, obere Abdeckung geschlitzt
6 Sonnenschutz: Edelstahlbänder 6 mm breit, Abstand 150 mm, mit aufgenieteten Edelstahllamellen, Antrieb mit integriertem Rohrmotor
7 Stahlschwert für Trennwandanschluss
8 Aluminiumblech 4 mm, begehbar
9 Leuchtkasten Stahlblech 350 x 180 x 1280 mm, mit Kaltlichtreflektoren
10 Isolierverglasung ESG 10 + SZR 16 + VSG 6+8 mm
11 Dämmung Mineralwolle 100 mm
12 Flachstahl 20 mm
13 Abdichtung
14 Dämmung Mineralwolle 80 mm
15 Aluminiumblech gekantet 3 mm
16 Einlaufrohr Edelstahl ∅ 50/2 mm mit seitlichen Einlaufhilfen
17 Schiene, abnehmbar für Ein- und Ausbau des Sonnenschutzes

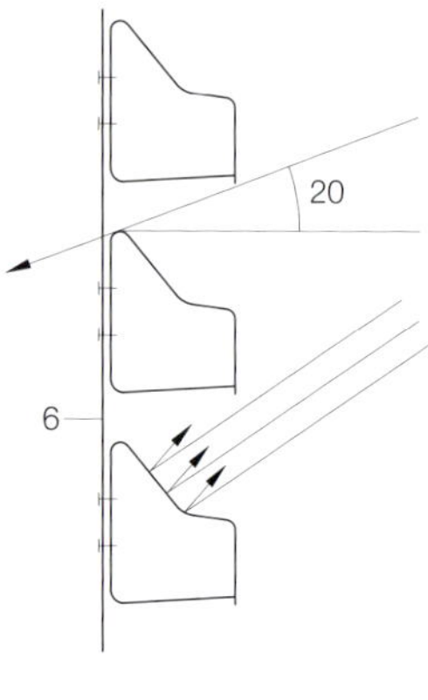

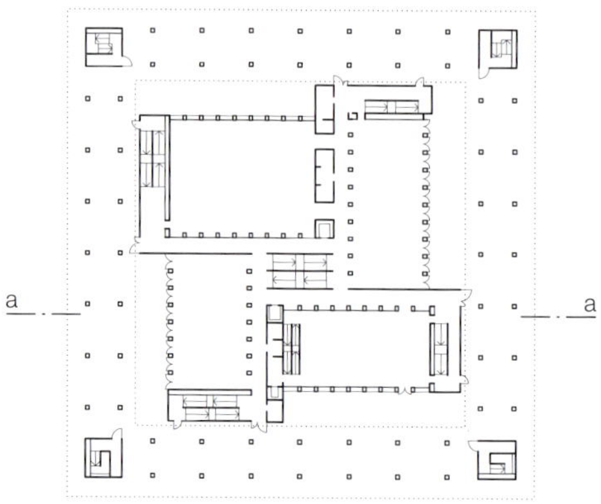

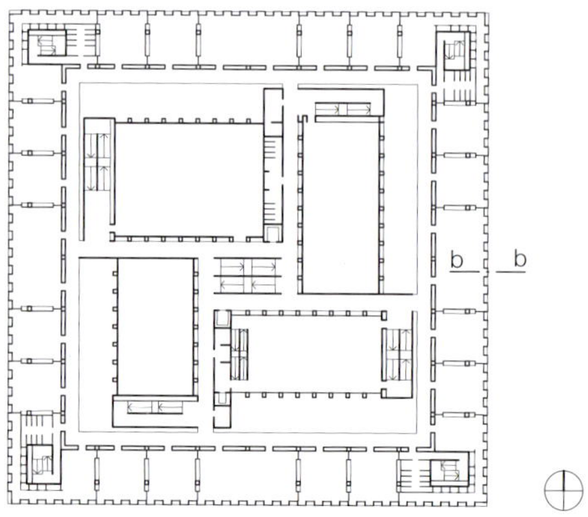

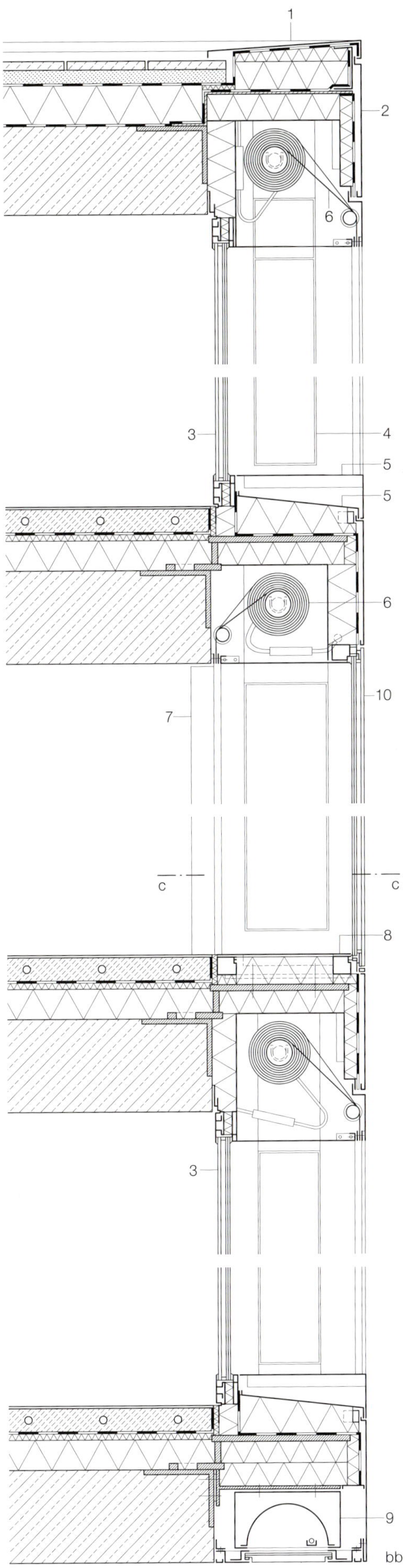
bb

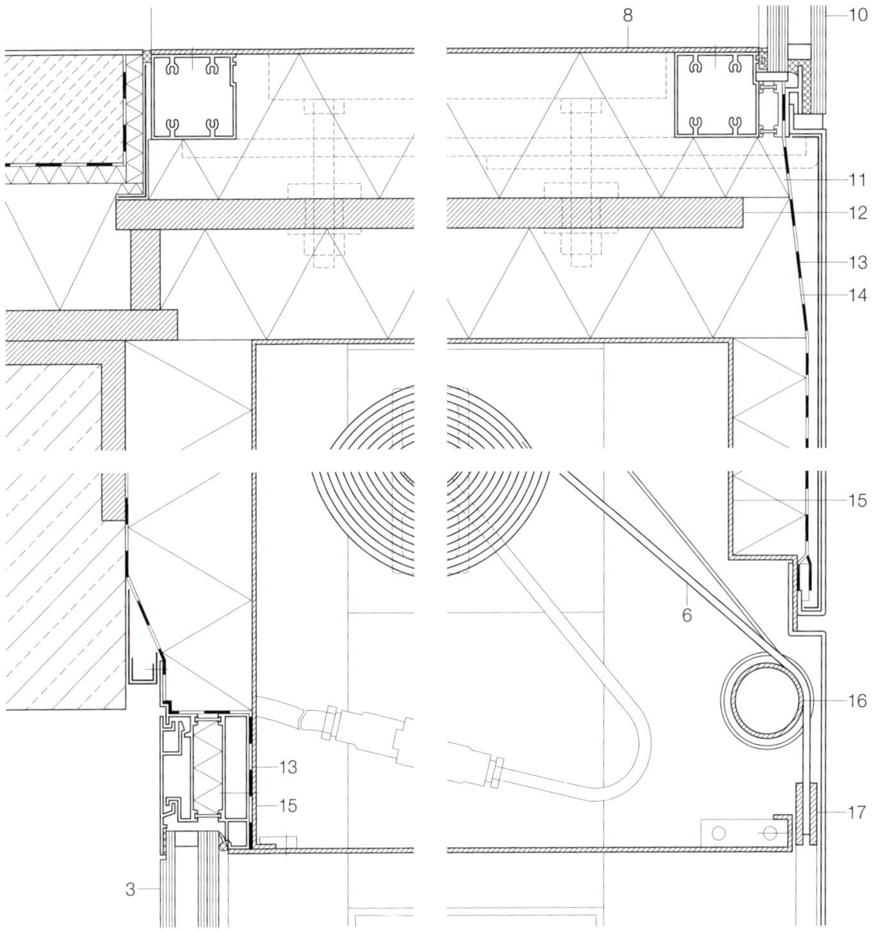

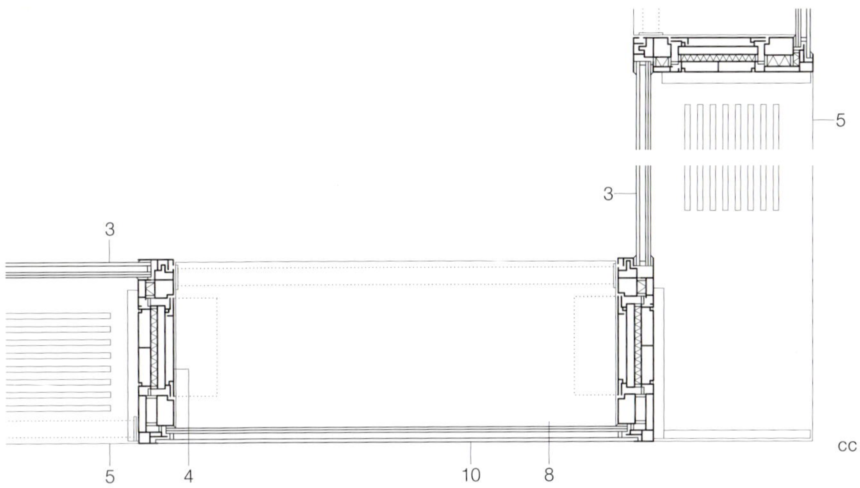
cc

Seniorenwohnanlage

Neuenbürg, DE 1995

Architekten:
Mahler Günster Fuchs, Stuttgart
Tragwerksplanung:
Wolfgang Beck, Neuenbürg

Architectural Review 06/1997
Bauwelt 05/1997
Herzog, Thomas u. a.: Holzbau Atlas. München / Basel 2003
Schunk, Eberhard u. a.: Dach Atlas. München / Basel 2002

- Schiebeladen Holz
- vier identische Einzelgebäude
- Stahlbetonschotten mit wärmegedämmter, hinterlüfteter Holzverschalung
- Holzkonstruktion unbehandelt
- Solarkollektoren in Dachflächen unter Acrylglas-Wellprofilplatten
- sichtbare Holzkonstruktion im Dachbereich durch Transparenz der Außenhaut

Vertikalschnitte • Horizontalschnitte Maßstab 1:5
A großer Schiebeladen
B kleiner Schiebeladen

1 Fassadenaufbau im Deckenbereich:
Stülpschalung 100/21 mm, von vertikalen Leisten unterteilt
Hinterlüftung 22 mm
Windpapier wasserabweisend
Wärmedämmung 80 mm
Stahlbeton
2 Stahlprofil T 95/80//5 mm
punktuell befestigt an vertikalen Leisten
3 Führungsschiene Aluminium
4 eingelassene Führungsschiene
5 Schiebeelement Dreischichtplatte 25 mm
6 Kunststoffrollen
7 Absturzsicherung
8 Stahlprofil L 95/40/5 mm
punktuell befestigt an vertikalen Leisten

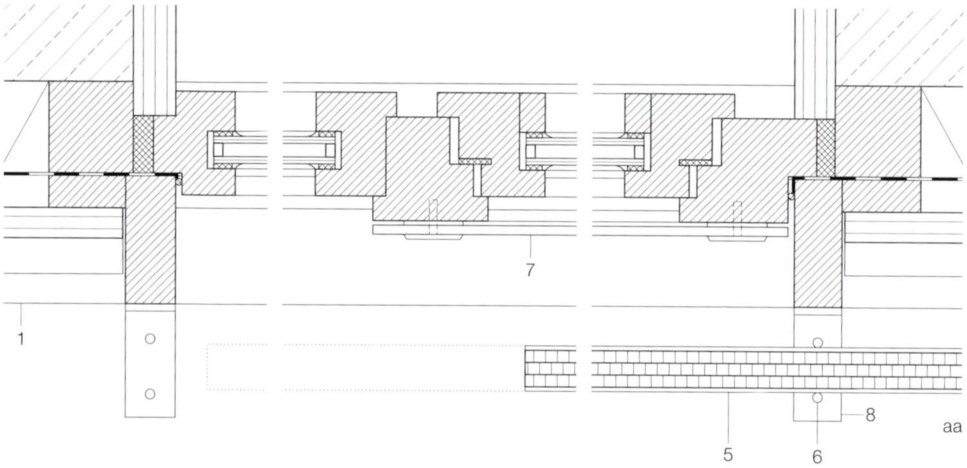

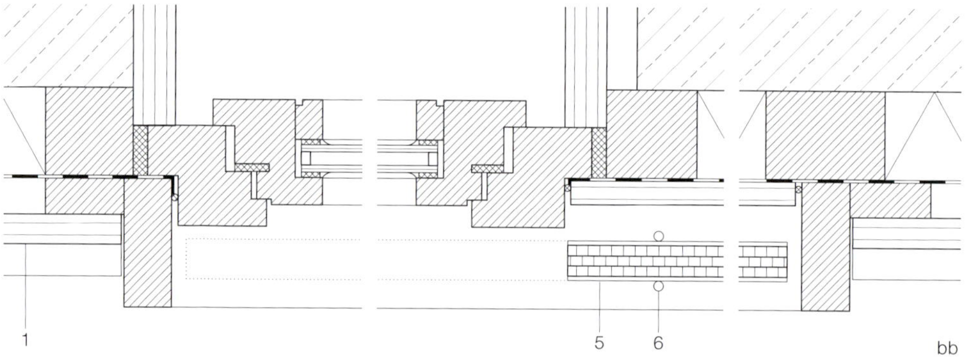

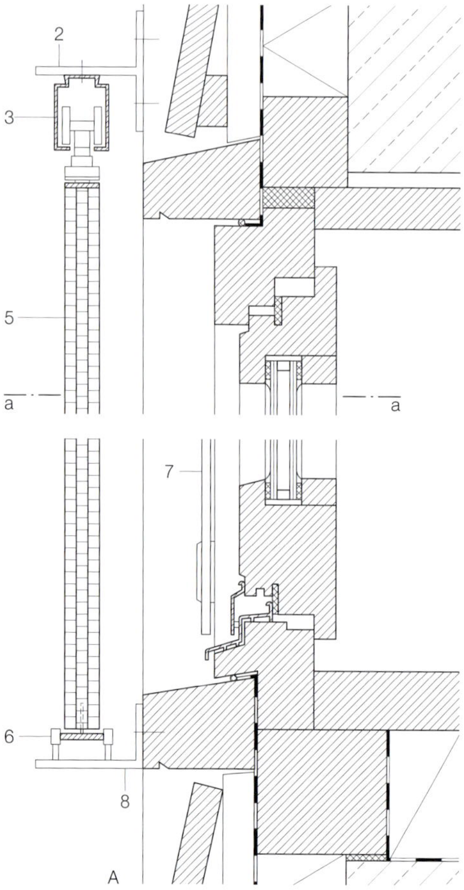

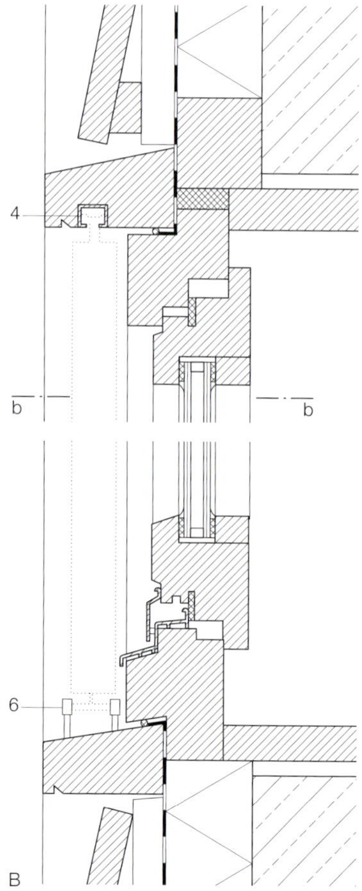

Wohnanlage

Hannover, DE 1999

Architekten:
Fink + Jocher, München
Tragwerksplanung:
Bergmann + Partner, Hannover

A+U 10/2001
db 07/2000
Pfeifer, Günter u. a.: Mauerwerk Atlas. München / Basel 2001

- Faltläden aus Holz
- Paketierung erfolgt in Mauernische
- raumhohe französische Fenster
- Niedrigenergiehausstandard
- im Treppenhausbereich sich nach außen öffnende Senkklappfenster

Grundriss Maßstab 1:2000
Horizontalschnitt • Vertikalschnitt
Maßstab 1:20

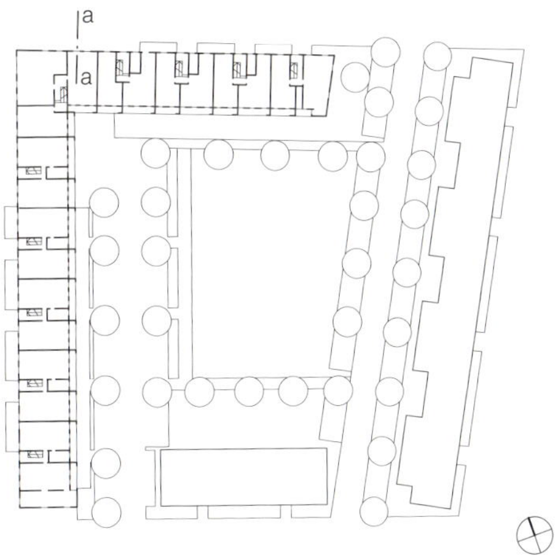

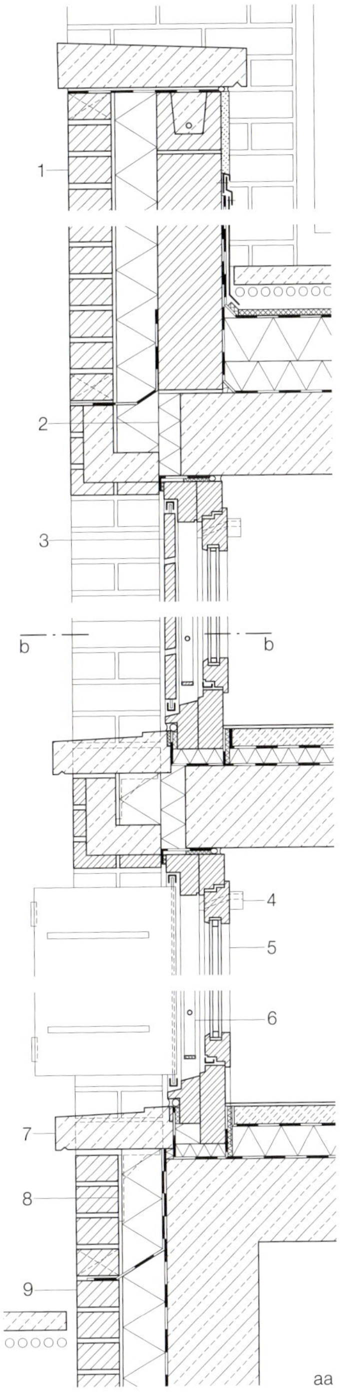

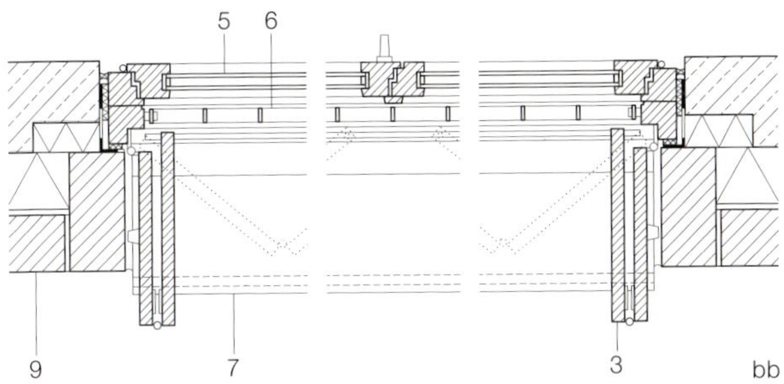

1 Torfbrandklinker im Läuferverband NF 115 mm
Hinterlüftung 10 mm
Wärmedämmung Mineralfaser 120 mm
Porenbeton 175 mm
2 Wärmedämmung Hartschaum 60 mm
3 vierteiliger Faltladen aus Dreischichtholzplatten mit Umleimer wetterfest verleimt 15 mm, oben und unten geführt, hellgrau gestrichen, seitlich über verzinkte Bänder an Stockaufdoppelung befestigt
4 Lüftungselement
5 Holzfenster, zweiflügelig mit Isolierverglasung
6 Geländer Flachstahl verzinkt, eisenglimmerbeschichtet 35/8 mm
7 Fensterbank, Stahlbetonfertigteil Überstand 50 mm mit Tropfnase
8 Stahlprofil L als Auflager für Fensterbank
9 Torfbrandklinker NF 115 mm
Hinterlüftung 10 mm
Wärmedämmung Mineralfaser 120 mm
Stahlbeton 180 mm

Wohnhäuser

Innsbruck, AT 2000

Architekten:
Baumschlager & Eberle, Lochau

Architectural Record 02/2002
Architectural Review 06/2001
Bauwelt 16/2001
Casabella 698, 2002
Detail 03/2002
Techniques + architecture 454, 2001

- Drehschiebeläden auf Unterkonstruktion vormontiert
- Patinierung des Kupfers zur Erreichung von Blendungsfreiheit (benachbarter Flughafen)
- sechs kompakte Punkthäuser (günstiges A/V-Verhältnis) mit gleichen Grundrissen
- in der Höhe zum Hang hin gestaffelt (Lichteintrag)
- trotz hoher Dichte enge Beziehung zur Landschaft
- ungewöhnlich hoher Ausbaustandard für sozialen Wohnungsbau durch Vereinfachung und Typisierung
- Passivhausanlage mit kontrollierter Wohnungslüftung

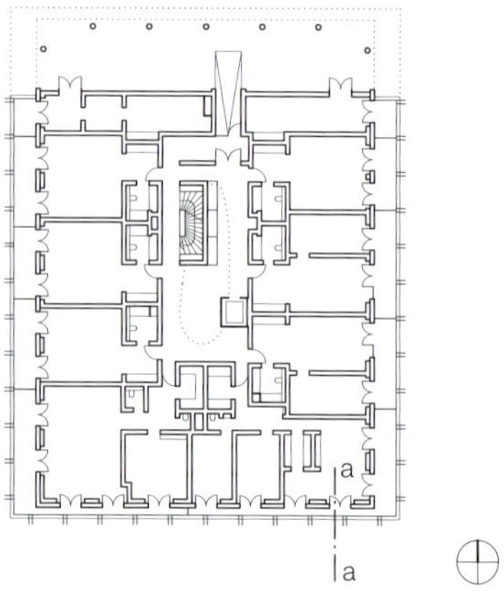

Grundriss
Maßstab 1:750
Vertikalschnitt • Horizontalschnitt
Maßstab 1:20

1 Holzschalung Kiefer 18 mm, rotbraun lasiert
Wärmedämmung Steinwolle 80 mm
Wärmedämmung Steinwolle 200 mm
Dampfsperre
Stahlbeton 180 mm
Innenputz 15 mm
2 Drehschiebeladenelement 4-teilig: Kupferblech voroxidiert 0,6 mm auf Rahmen geklebt und genietet Edelstahlrohr ⌀ 30/20/2 mm
3 Klemmbügel zum Verriegeln der Läden
4 Handlauf Edelstahl
5 Brüstung VSG 12 mm, PVB-Folie matt
6 Balkontrennwand ESG 8 mm mattiert
7 Fenstertür mit Drei-Scheiben-Verglasung
8 Spanplatte V100 furniert
9 Stahlbetonfertigteil Länge 6000 mm, Bewehrungsanschluss wärmegedämmt

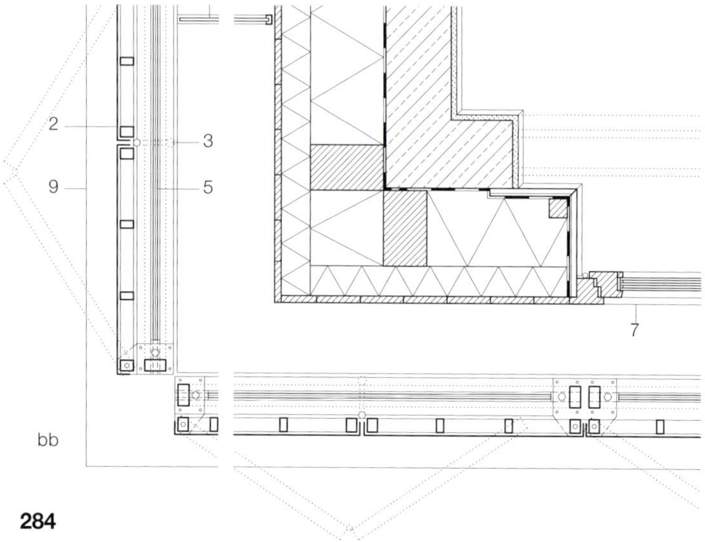

bb

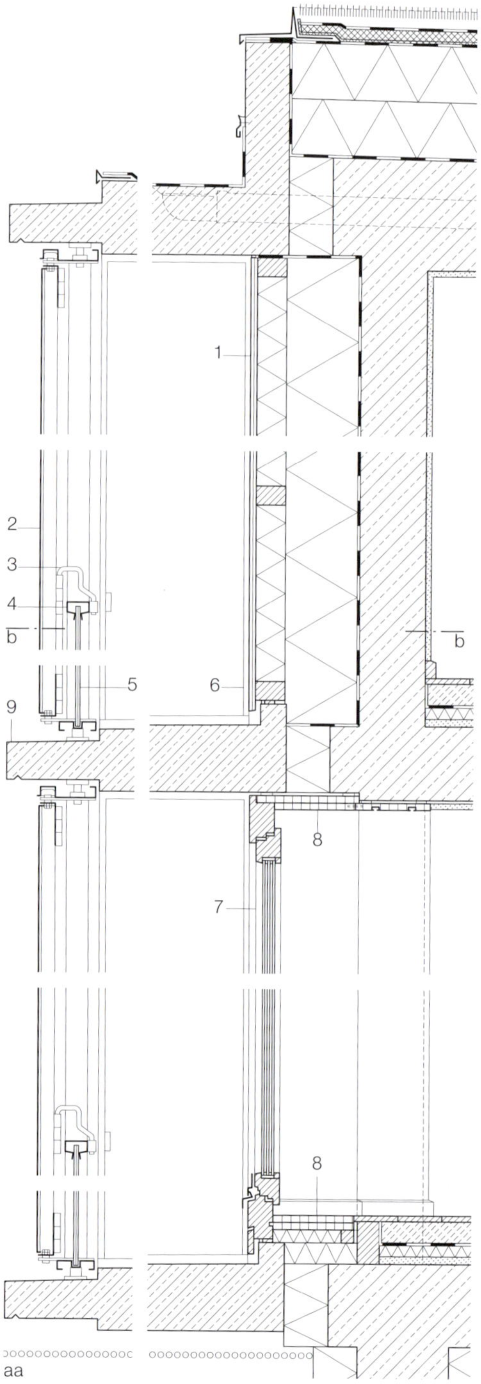

aa

Verwaltungsgebäude

Berlin, DE 1999

Architekten:
Sauerbruch Hutton, Berlin
Fassadenberatung:
Emmer Pfenniger + Partner, Münchenstein

A+U 09/2002
Architectural Review 12/2000
Intelligente Architektur 21, 2000
Schittich, Christian (Hrsg.): Gebäudehüllen. München / Basel 2001

- verschiebbare, um senkrechte Achse drehbare Läden aus Lochblech, außenseitig farbig lackiert
- Westfassade als unsegmentierte Elementfassade (Abluftfassade)
- schmaler Grundriss
- Winddach (aerodynamischer Flügel, Venturi-Effekt) zur Unterstützung der Autriebswirkung in der Abluftfassade

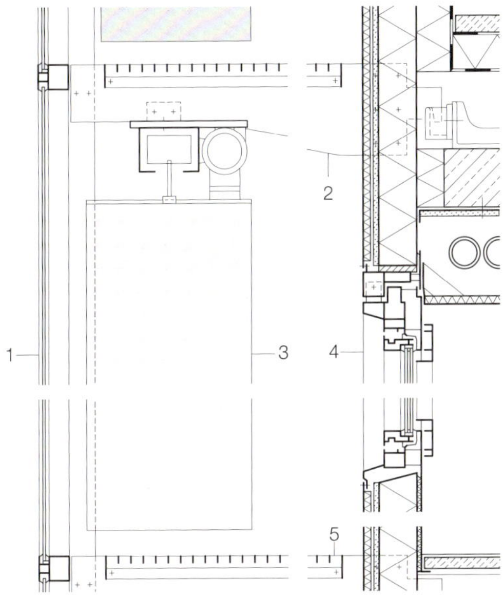

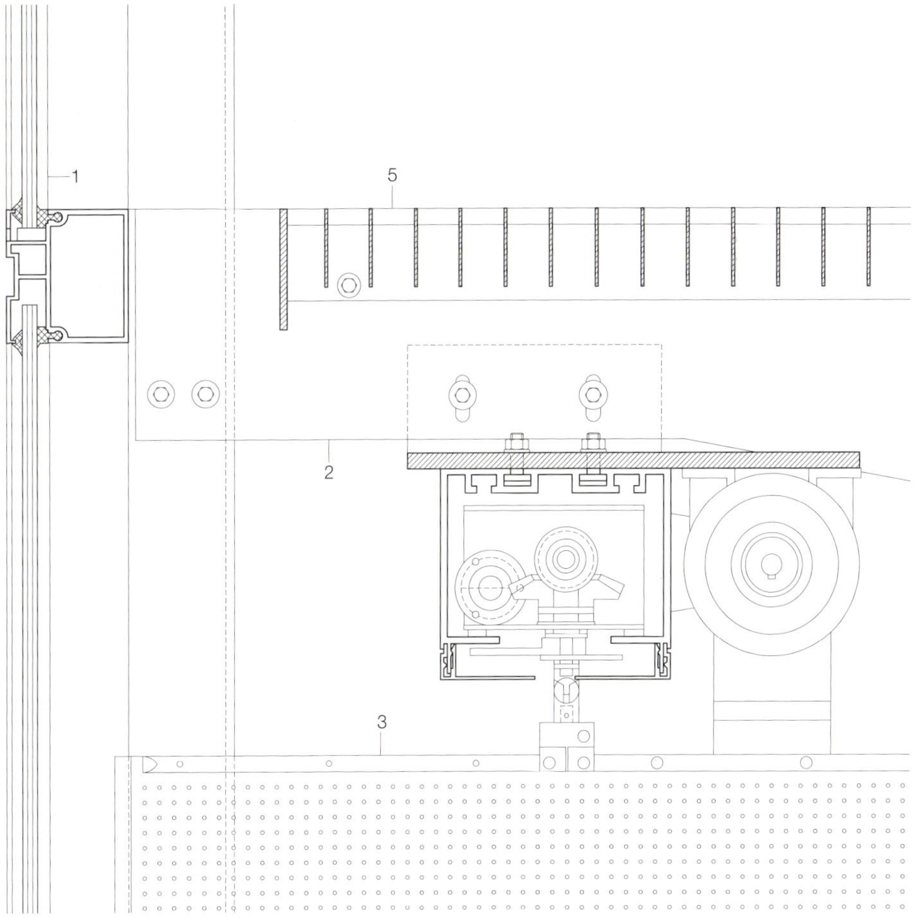

Teilschnitt vertikal
Maßstab 1:20
Detail
Maßstab 1:5

1 äußere Fassade Westseite: Aluminium-Strangpressprofile, Ausfachung ESG 10 mm, 1800/3300 mm
2 Stahlkragarm
3 Sonnenschutzläden 600/2900 mm Aluminiumlochblech 1,5 mm, drehbar und seitlich verschiebbar
4 innere Fassade Westseite: vorgehängte Elemente aus Aluminium-Strangpressprofilen 1800/3250 mm, Isolierverglasung 6 + SZR 14 + 8 mm
Brüstung:
Aluminiumlochblech 2 mm
mineralische Dämmung vlieskaschiert 20 mm
Brandschutzplatte 18 mm auf Stahlunterkonstruktion mit integrierter Wärmedämmung 100 mm
5 Gitterrost

Wohnhaus

Amsterdam, NL 2000

Architekten:
Heren 5, Amsterdam
mit Ed Bijman, Jan Klomp,
Bas Liesker, Dirk van Gestel
Stahlfassade:
Limelight, Breda

Architectural Review 06/2001
Werk Bauen + Wohnen 01–02/1999
Schittich, Christian (Hrsg.): Gebäudehüllen. München/Basel 2001

- vertikaler Drehschiebeladen (Falten um horizontale Achse)
- wetterfester Stahl auf der Nord- und Südfassade als Verweis auf historische Industriebauten

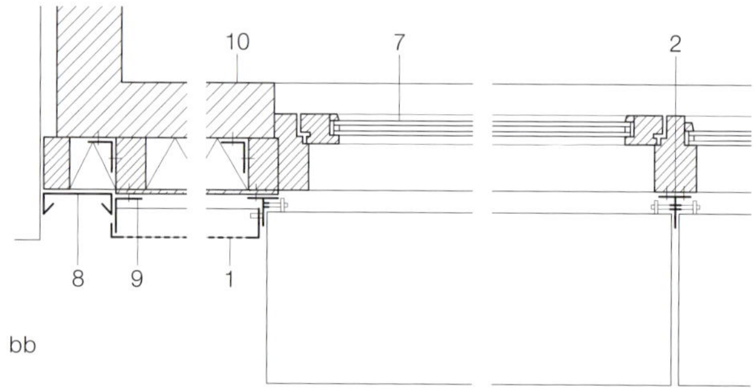

1 voroxidiertes Stahlblech gekantet, perforiert 485/30 mm
2 Stahlprofil T 70/70/8 mm
3 vorgefertigtes Fassadenelement: Faserzementplatte 5 mm Dämmung 90 mm Dampfbremse Gipskarton 12,5 mm
4 Furniersperrholz 18 mm Dämmung 50 mm
5 Aluminiumrost 100/5 mm
6 Antrieb Dreh-/Schiebeläden
7 Isolierverglasung
8 Stahlprofil ⊔ verzinkt
9 Stahlprofil L 50/70/5 mm verzinkt
10 Kalksandstein 115 mm

Grundrisse Erdgeschoss und Obergeschoss Maßstab 1:400
Vertikalschnitt • Horizontalschnitt Südfassade Maßstab 1:20

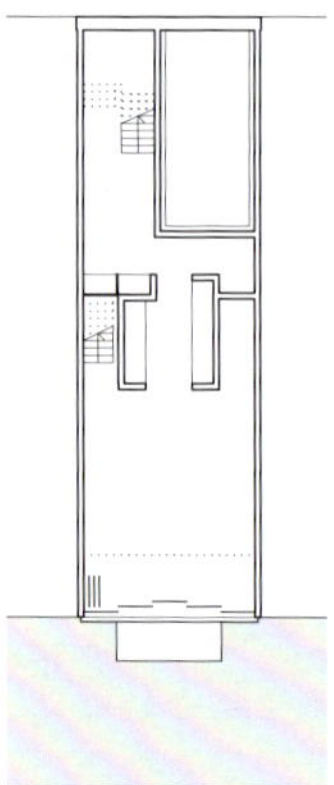

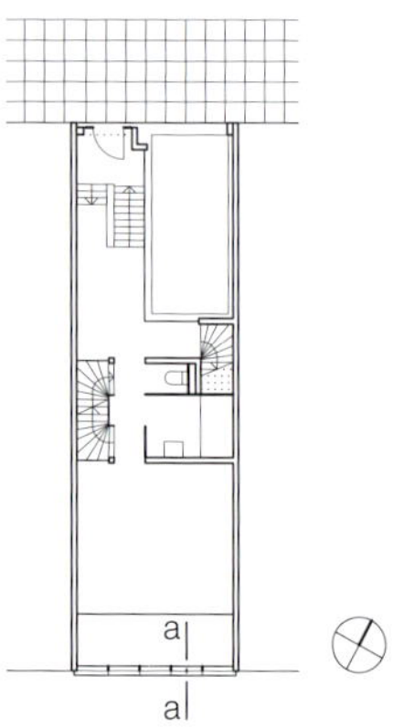

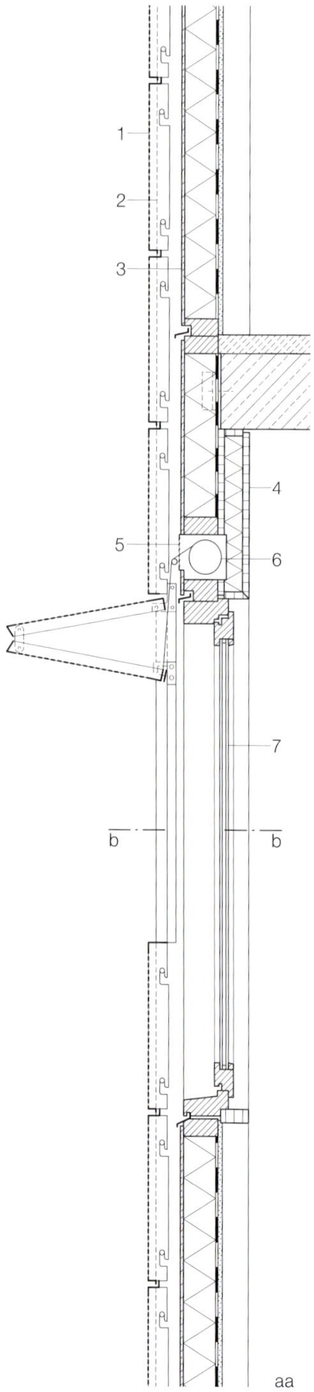

Verwaltungsgebäude

Unterschleißheim, DE 2002

Architekten:
Baader + Schmid, München
mit Maurice Mayne

🕮 Baudokumentation. Hameln 2003

- mit Membran bespannte Elemente als zweite Hülle für Sonnen- und Blendschutz
- horizontal drehbare Lamellen, zweiseitig bespannt
- Lamellen im Brüstungsbereich einseitig bespannt für Sichtverbindung von innen nach außen, offenporig

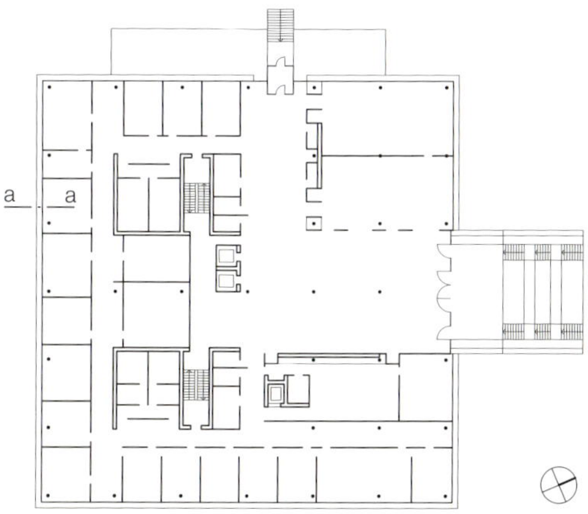

Grundriss Maßstab 1:1000
Horizontalschnitt • Vertikalschnitt
Maßstab 1:20

1 Abschlusspaneel mit zweiseitig geschlossenporiger Membranbespannung
2 fest stehende Lamelle aus Aluminiumrahmen mit einseitiger Membranbespannung: offenporig im Bereich der Brüstung zur Durchsicht, geschlossenporig als Sonnen- und Blendschutz
3 bewegliche Lamelle aus Aluminiumrahmen mit zweiseitiger Membranbespannung, PTFE-beschichtetes Glasfasergewebe, 13 % Lichtdurchlässigkeit, elektrischer Antrieb in Lisenen integriert, zentral und individuell steuerbar
4 Aluminiumblech gekantet
5 Gitterrost feuerverzinkt 30/11 mm
6 Flachstahl ⌀ 200 mm
7 Aluminiumpaneel gedämmt Wärmedämmung 120 mm
8 Isolierverglasung fest
9 Lisene Aluminiumprofil 120/55 mm
10 Isolierverglasung öffenbar
11 Konvektor mit Quellluftauslass
12 Wärmedämmung 100 mm
13 Stahlrohr ⌀ 130/50
14 Stahlrohr ⌀ 120/120 mm

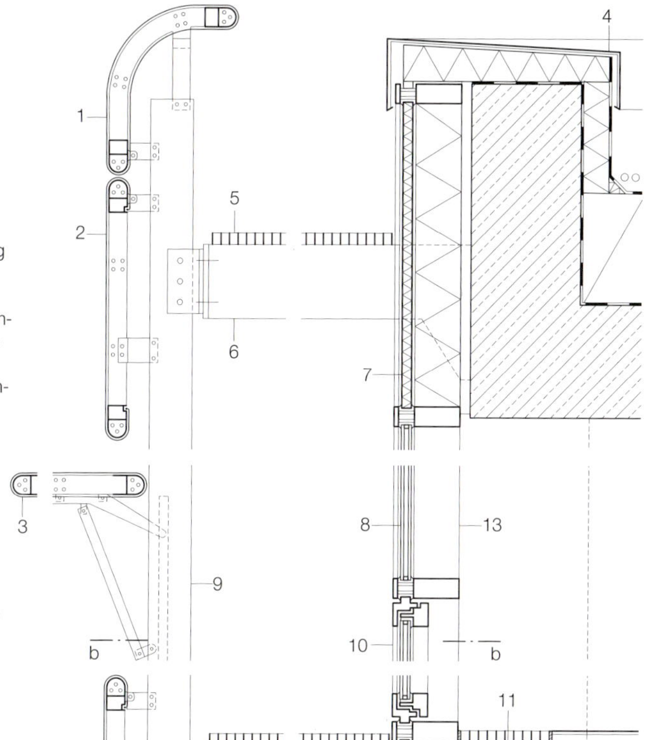

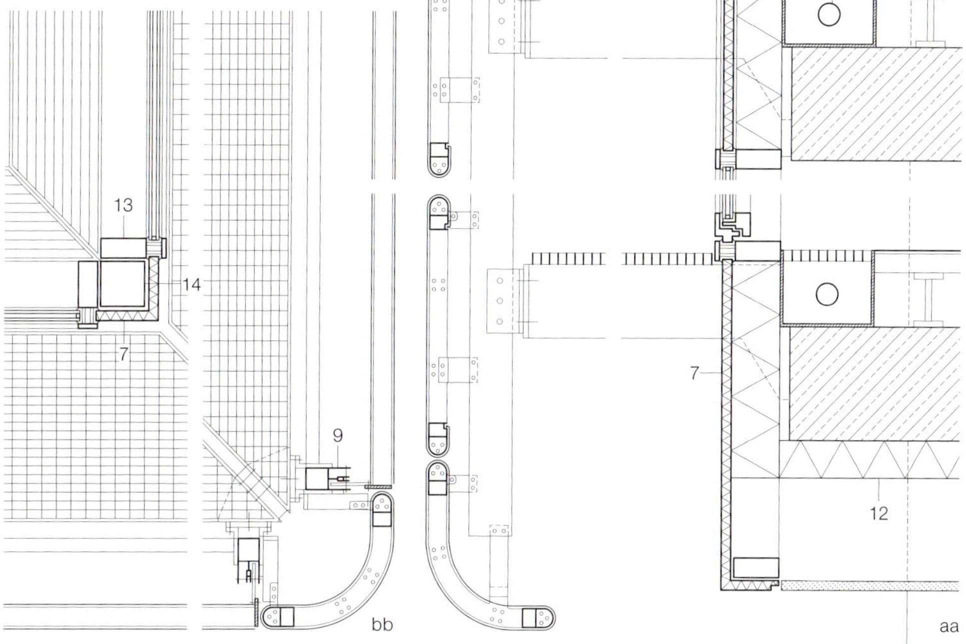

Papiermuseum

Shizuoka, JP 2002

Architekten:
Shigeru Ban Architects, Tokio
Klappelemente Fassade:
Bunka Shutter, Shinjuku-ku, Tokio

Detail 07–08/2003
domus 03/2003

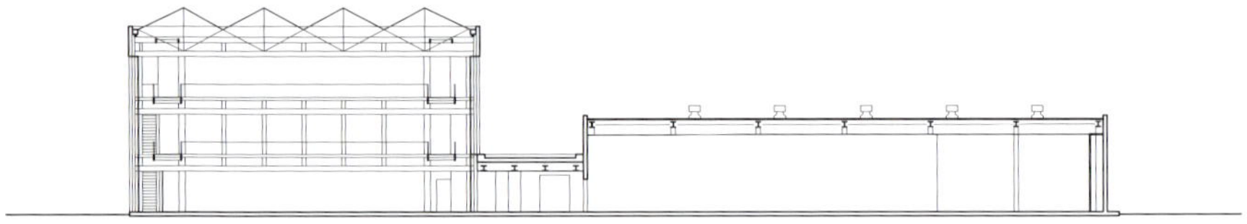

aa

- Rolltore von 10 m Höhe an den Stirnseiten im Westen und Osten
- bis 90° ausklappbare Komponenten als Sonnenschutz auf der Südseite des Museums als Element der traditionellen japanischen Architektur (shitomido)
- an auskragenden Führungsschienen ausschiebbare, geschosshohe Fassadensegmente auf Südseite des Galeriegebäudes zur Überdachung der vorgelagerten Terrassenflächen
- unterschiedlicher Einsatz transluzenter GFK-Stegplatten

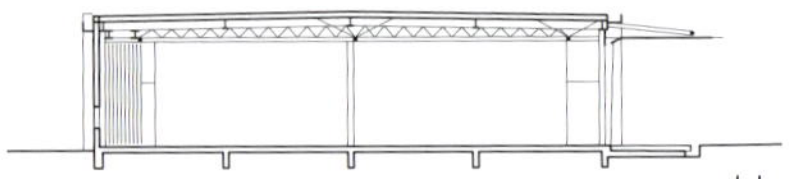

bb

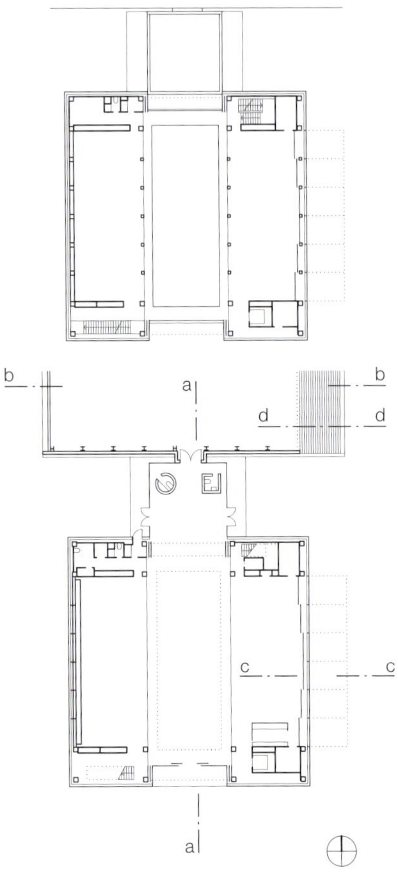

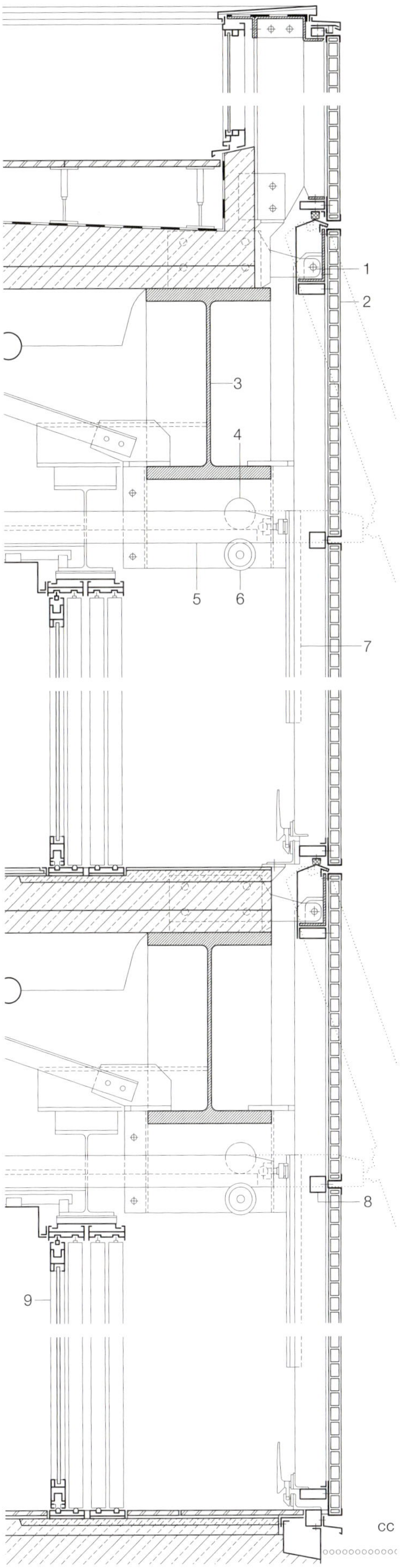

Schnitte • Grundrisse Maßstab 1:750
Vertikalschnitt Museum Maßstab 1:20
Vertikalschnitt • Horizontalschnitt
Galeriegebäude Maßstab 1:20

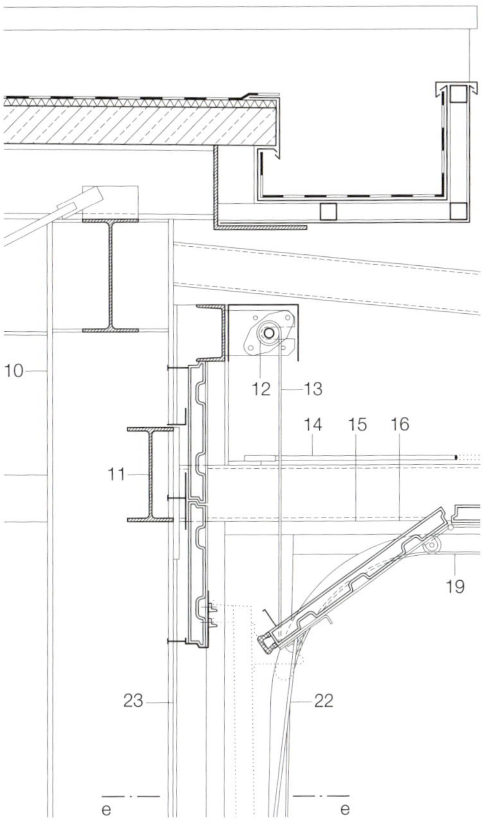

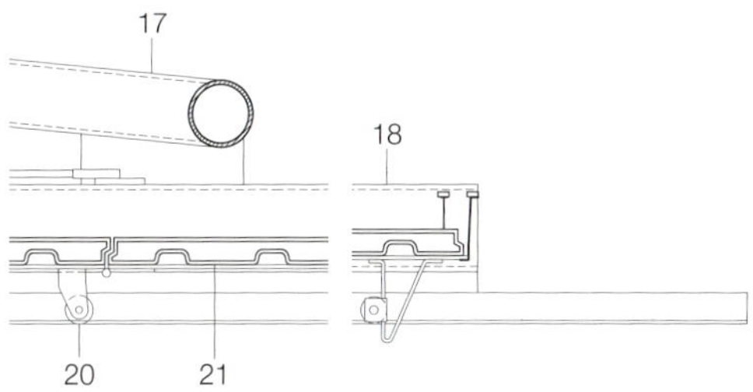

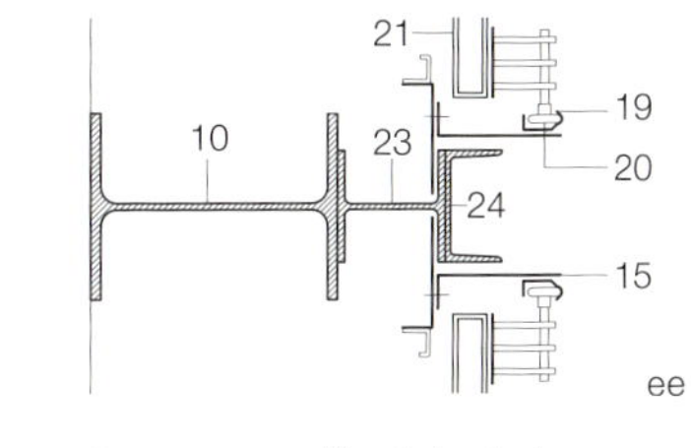

1 Drehpunkt Ausstellflügel
2 Fassadenelement 4 GFK-Stegplatten 100/300/40 mm in Aluminiumrahmen ▭ 100/50/2 mm und ▭ 84/32/2 mm
3 Stahlprofil I 600/400 mm
4 Antriebszahnkranz
5 Ausstellrohr ▭ 100/50/3,2 mm
6 Führungsrolle
7 Führungsschiene für Ausstellrohr
8 Aluminiumrohr Stahl ◻ 50/50/1,6 mm
9 Schiebetür ESG in Aluminiumrahmen
10 Stahlprofil I 340/250 mm
11 Stahlprofil I 250/125 mm
12 Feststellspule
13 Stahlseil Ø 8 mm
14 Stahlstab Ø 20 mm
15 Rahmen aus Stahlprofil L 45/70–180 mm
16 Stahlprofil L 50/50/4 mm
17 Stahlrohr Ø 114/3,6 mm
18 Stahlrohr ◻ 150/150/9 mm
19 Führungsschiene
20 Gleitrolle
21 GFK-Paneel 50 mm
22 Zugkordel
23 Stahlprofil I 150/150/7/10 mm
24 Stahlprofil ⊔ 150/75/6,5 mm

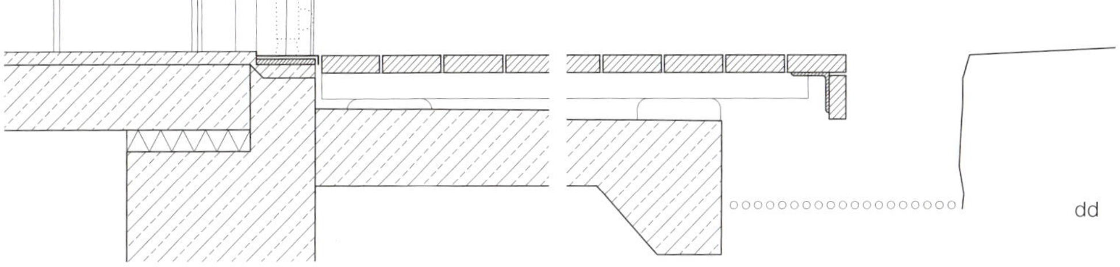

Verwaltungsgebäude

Wiesbaden, DE 2001

Architekten:
Herzog + Partner, München
Planung Lichttechnik:
Bartenbach Lichtlabor, Aldrans
Statik der Vorfassade:
Ludwig & Weiler, Augsburg

Detail 07/2001
Dialogue Taiwan 68, 2003
THE PLAN 003/2003
Nikkei Architecture 04/2003

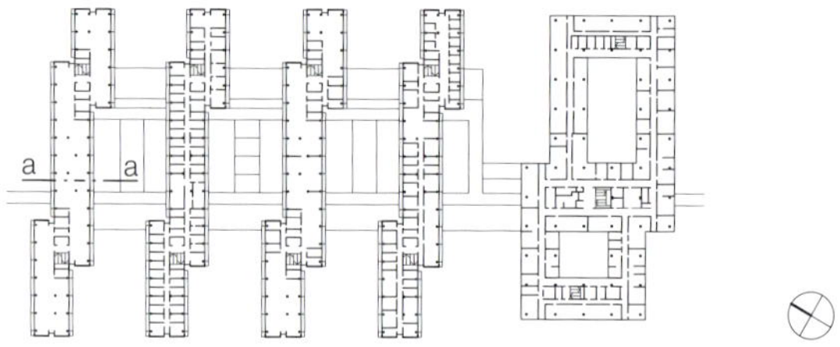

Grundriss 1. OG
Maßstab 1:4000
Systemschnitte
ohne Maßstab
Horizontalschnitt durch
Lüftungsöffnungen
Maßstab 1:5
Vertikalschnitt
Maßstab 1:20

- um horizontale Achse drehbare Kombination von zwei Verschattungselementen an Südfassade: oberes Element mit Lichtlenklamellen für Tageslichteintrag, unteres Element ausgestellt für Blickverbindung nach draußen
- Südseite: zusätzlicher Eintrag von Tageslicht (Diffuslicht) über Verschattungselemente mit Lichtlenkprofilen auch bei bewölktem Himmel
- Nordseite mit fest stehenden Lichtlenkelementen für Eintrag von Zenitlicht analog zur Südfassade
- opake Lüftungsflügel mit integrierten Lufteinlässen: kontrollierte natürliche Lüftung in Kombination mit freier Lüftung
- Integration der Gebäudetechnik der Büroräume in die Fassade

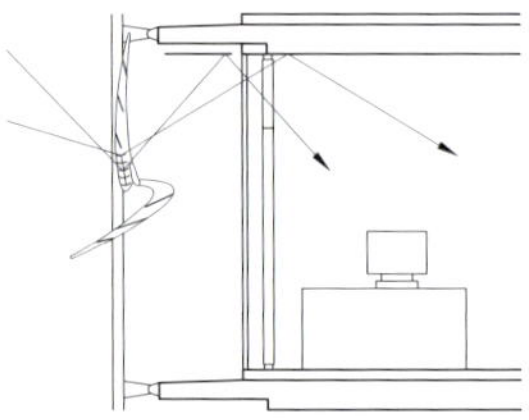

Tageslichtlenkung auf der Südseite bei Sonneneinstrahlung

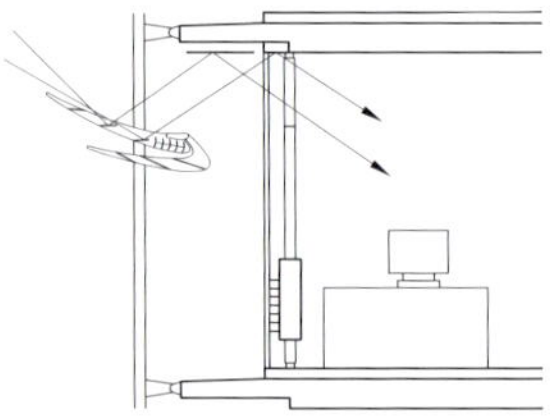

Tageslichtlenkung auf der Südseite bei bewölktem Himmel

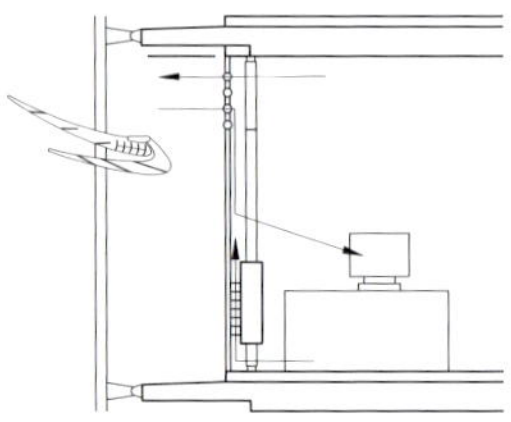

kontrollierte, zentralgesteuerte, natürliche Lüftung

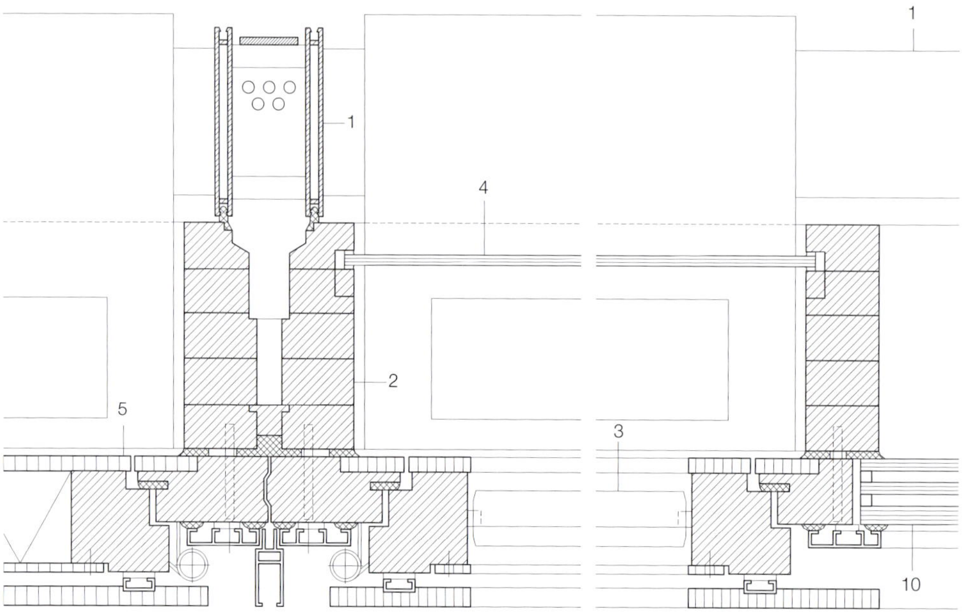

1 Aluminiumkanal zur Kabelführung
2 Rahmen Hemlock fünffach verleimt 50/15 mm
3 Lüftungselemente Kunststoff
4 Prallplatte hinter Lüftungselementen ESG
5 Lüftungsflügel:
Sperrholz mit Furnier Makoré, abnehmbar 15 mm
Luftschicht 9 mm
Sperrholz mit Furnier Makoré 6 mm
Rahmen Fichte mehrfach verleimt 60 mm bzw. PU-Hartschaumdämmung
Sperrholz mit Furnier Makoré 10 mm

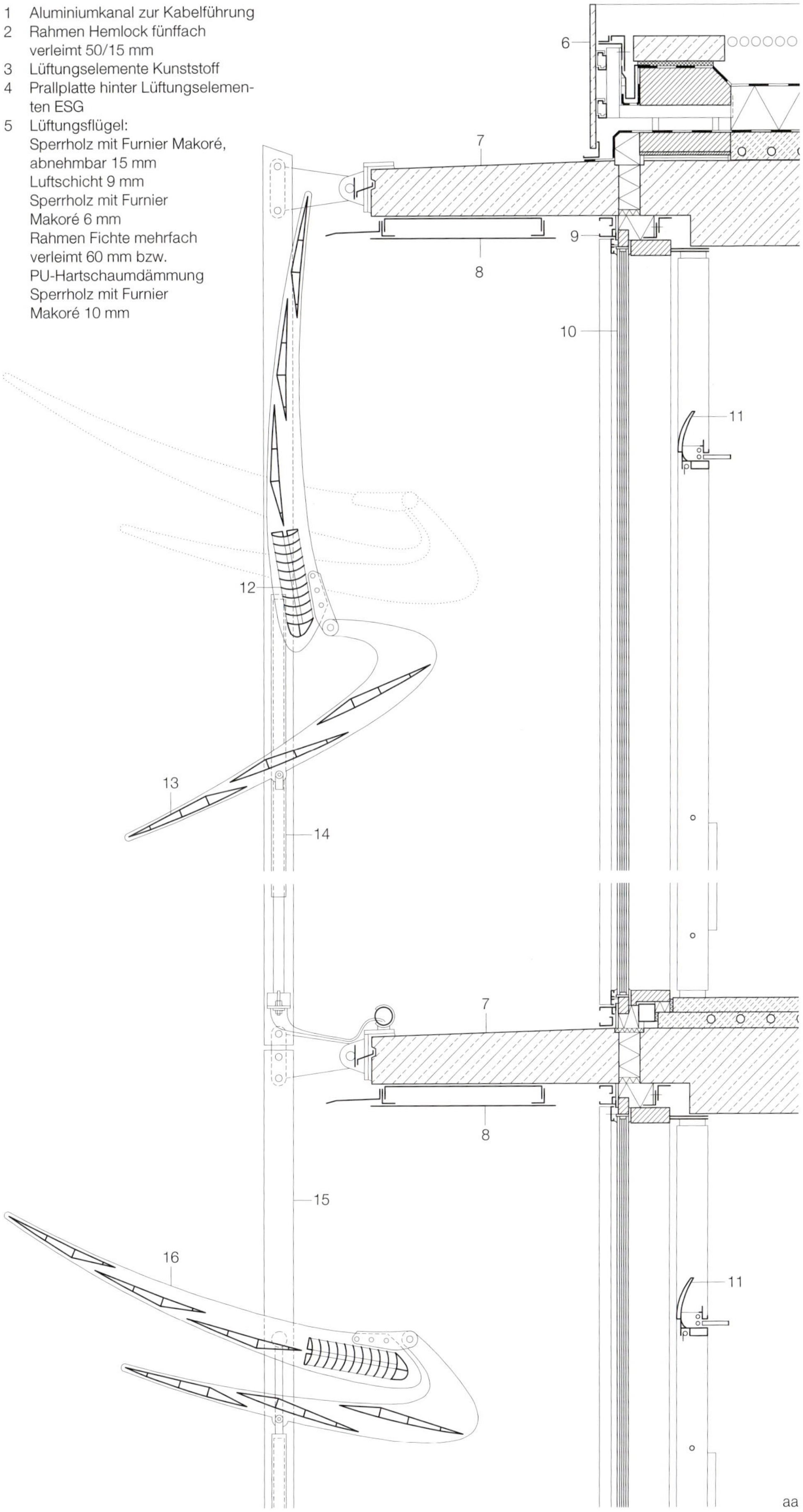

6 Verblendung Faserzement 12 mm
7 Stahlbetonfertigteil 160 mm mit Beschichtung Polyurethan
8 Lichtreflektor Aluminium
9 Fassadenandichtung Strangpressprofil Aluminium mit Dichtung EPDM
10 Dreischeiben-Isolierverglasung mit Pressleisten Aluminium pulverbeschichtet
11 Leuchte mit Reflektor Aluminium, lichtstreuender Glasscheibe und integriertem Blendschutz
12 Strangpressprofil zur Lenkung des direkten Lichts, hochreflektierend
13 Strangpressprofil zur Verschattung und indirekten Lichtlenkung, hochreflektierend
14 Spindelhubmotor
15 Flachstahl 100/12 mm, perlengestrahlt
16 Aluminiumbügel pulverbeschichtet

Schulungsgebäude

Unterschleißheim, DE 2004

Architekten:
Ackermann und Partner, München
Tragwerksplaner:
Christoph Ackermann, München

Detail 04/2005

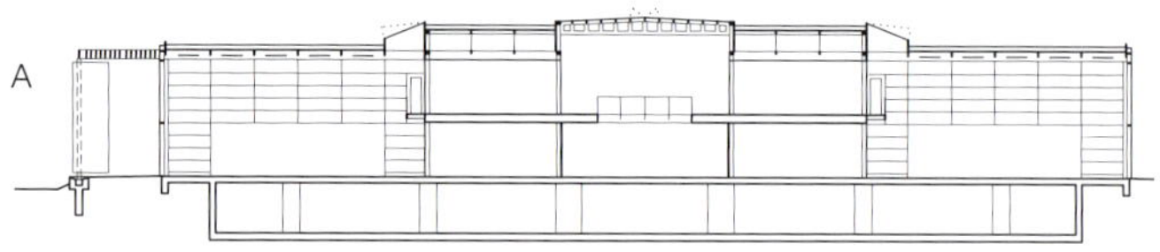

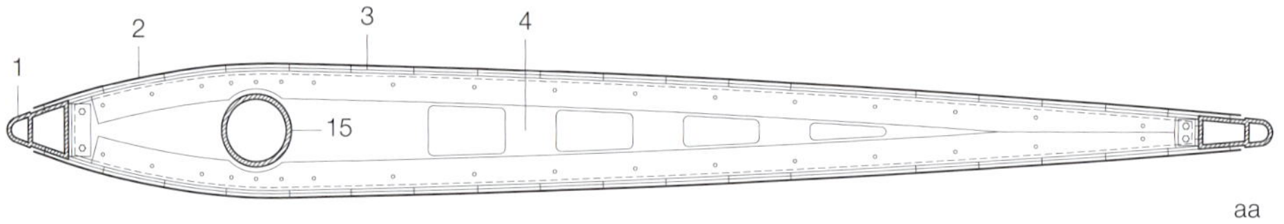

- Trainingsakademie, die sich innerhalb eines heterogen bebauten Gewerbegebiets im Norden von München befindet
- Glasfassade als Pfosten-Riegel-Konstruktion mit Sonnenschutzverglasung
- an der Südost orientierten Eingangsfassade vorgelagerte, gebäudehohe und drehbare Sonnenschutzelemente aus Aluminium
- Werkstätten über die volle Gebäudehöhe entlang der Längsfassade

Schnitt Maßstab 1:750
Horizontalschnitt • Vertikalschnitt
Maßstab 1:20

1 Aluminium-Strangpressprofil
2 Aluminiumblech eloxiert aufgenietet 3 mm
3 Aluminiumprofil T 100/60/5 mm
4 Spant Aluminiumblech 5 mm
5 Stahlprofil IPE 500
6 Sonnenschutzlamellen Aluminiumblech 3 mm eloxiert
7 Paneel Aluminiumblech 2 mm
8 Abdeckblech Aluminium 3 mm
9 Randpfette Stahlprofil HEB 180
10 Sonnensegel mit Aluminiumblech beplankt
11 Schubstange zur Koppelung
12 Pfosten-Riegel-Fassade Aluminiumprofile mit Isolierverglasung
13 Träger Stahlprofil IPE 500
14 Stütze HEB 180
15 Aluminiumrohr ∅ 140/10 mm
16 Gitterrost befahrbar in Stahlprofilrahmen

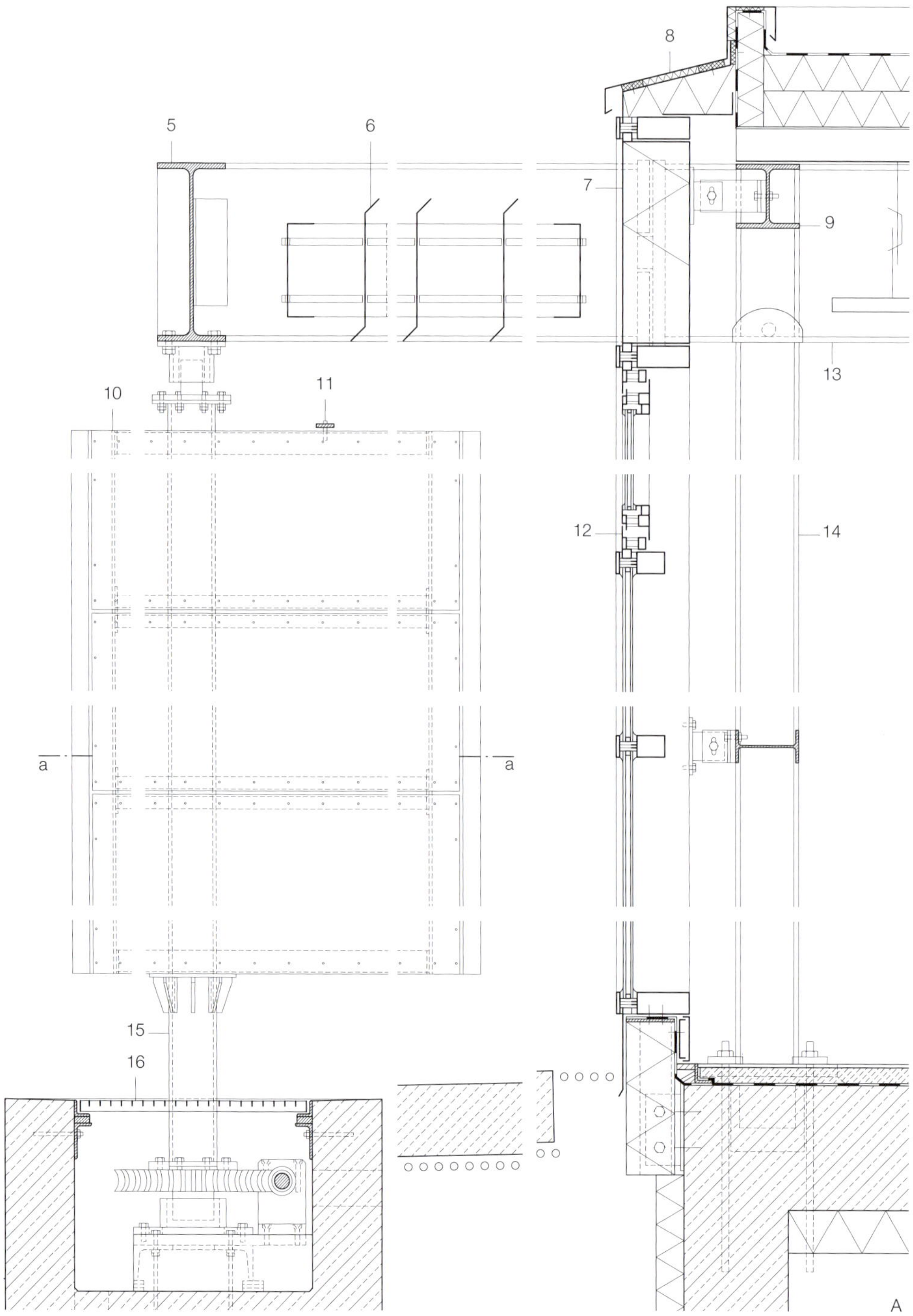

Wohnhaus

Madrid, ES 2007

Architekten:
Foreign Office Architects, London

Arca 248/2009
Arquitectura 356/2009
Arquitectura Viva 114/2007

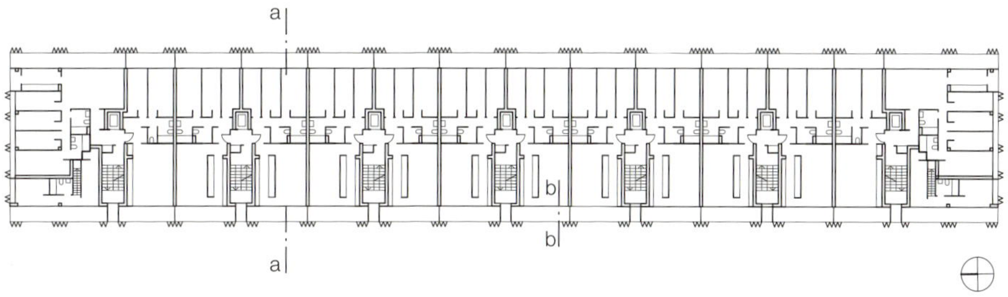

- sechsgeschossiger, sozialer Wohnungsbau mit 100 Wohneinheiten
- allseitig umlaufender, 1,50 m tiefer Balkon
- Fassade aus verglasten Schiebetüren
- außenliegender Sonnen- und Sichtschutz aus mit vertikal ausgerichteten Bambusmatten verkleideten Faltschiebeläden

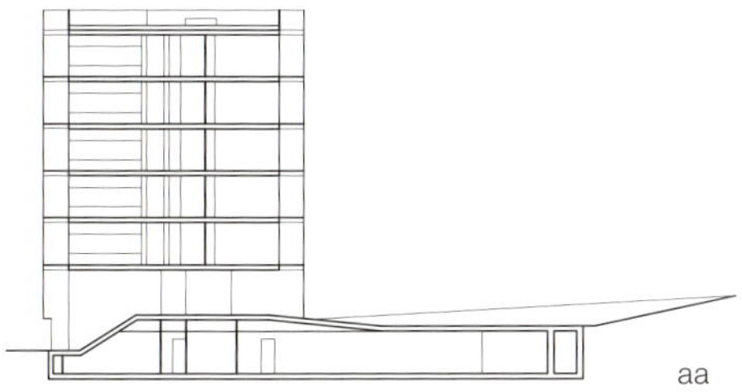

aa

Grundriss
Maßstab 1:1000
Schnitt
Maßstab 1:750
Vertikalschnitt
Horizontalschnitte Faltladen
Maßstab 1:20
a geöffnet
b geschlossen

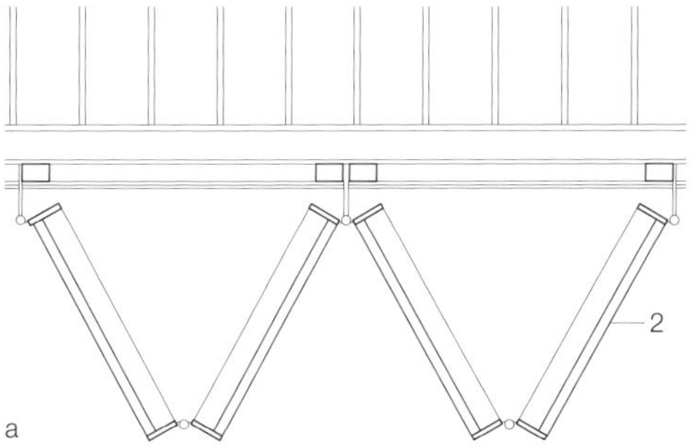

a

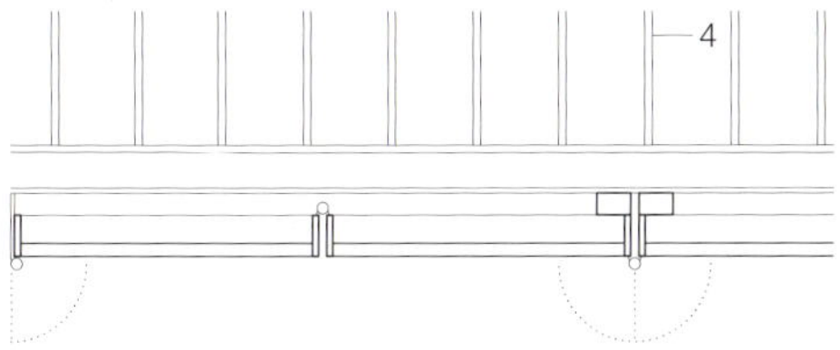

b

cc

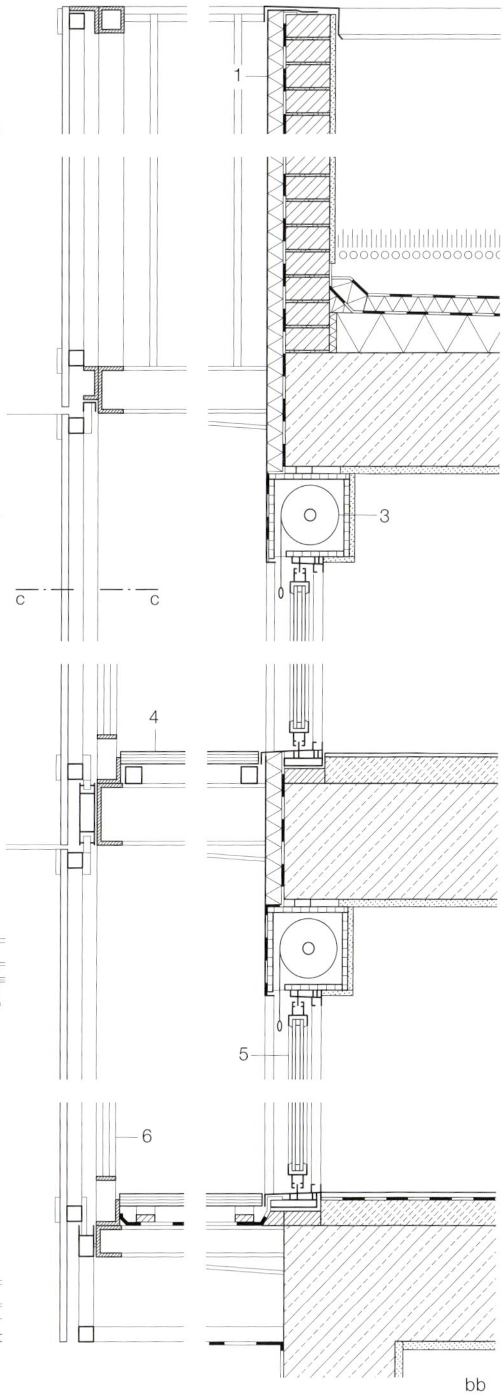

bb

1 Attika wärmegedämmt Blechabdeckung
2 Sonnenschutzelement Gitterladen mit Bambusrohrgeflecht
3 Jalousie Aluminium
4 Balkonboden Holzbrettschalung 30 mm mit Oberflächenschutz Unterkonstruktion Stahlrohr ⌀ 50 × 50 mm Stahlprofil HEB 160
5 Aluminium-Schiebefenster mit Isolierverglasung 4 + SZR 6 + 4 mm
6 Absturzsicherung Eisengeländer

C 3 Solartechnik

C 3.1 Wohnanlage, München (DE) 1982, Thomas Herzog und Bernhard Schilling [1]

Für die Energiebilanz von Gebäuden stellt die Gebäudehülle das wichtigste bauliche Subsystem dar. Die Nutzung der Solarenergie mittels technischer Systeme erfolgt dabei in der Regel durch deren sichtbaren Einbau in Dach und Außenwand. Deshalb ist die Gebäudehülle bei der Integration solartechnischer Systeme als Schnittstelle zwischen Architektur und Solartechnik das wesentliche, auch optisch wirksame Bezugsfeld. Die Systeme übernehmen damit Schutzfunktionen, müssen auf die baukonstruktive Ausführung abgestimmt werden und beeinflussen das Erscheinungsbild der Gebäude.
Als Solarfassaden gelten seit Anfang der 1990er-Jahre unter Bezug auf solarthermische Anlagen verstärkt jene, bei denen die Wand als Klimaschutz und -puffer um die Funktion eines aktiven Wärmelieferanten erweitert wird. Bei dieser Betrachtungsweise werden unter dem Terminus alle Formen einer gebäudebezogenen Nutzung von Solarenergie in der Fassade subsumiert, von verglasten Vorbauten bis zum Photovoltaikmodul.

Direkte – indirekte Nutzung

Solarenergie fällt in verschiedenen Erscheinungsformen an, von denen insbesondere die Strahlung für den Gebäudebereich eine wesentliche Nutzungsquelle darstellt. Hierbei lassen sich direkte »passive« Nutzung sowie indirekte »aktive« Nutzung unterscheiden.
Direkte Nutzung bezeichnet den Einsatz gezielter baulicher Maßnahmen zum Sammeln, Speichern und zur Verteilung eingestrahlter Solarenergie unter weitgehendem Verzicht auf technische Geräte. Diese für Bauwerke und besonders für die Gebäudehülle spezifischen Maßnahmen zur Regulierung des Innenraumklimas und des Energiehaushalts umfassen Grundprinzipien des solaren Heizens und Kühlens sowie der Tageslichtnutzung.
Indirekte Nutzung erfolgt durch darüber hinausgehende technische Maßnahmen zur Aufnahme, Verteilung und gegebenfalls Speicherung von Solarenergie, insbesondere durch Kollektortechnik zur Ergänzung der Wärmenutzung und Kühlung sowie Photovoltaik zur Stromgewinnung. Beiden Anwendungsarten lässt sich eine Vielzahl von Systemen zuordnen. Somit steht ein breites Instrumentarium für die gebäudespezifischen Nutzung von Solarenergie zur Verfügung [2].

Klimatische Parameter und Anordnungsprinzipien

Solarstrahlungsangebot

Der Anteil an verfügbarer Solarstrahlung unterliegt über den Tages- und Jahresverlauf sehr großen Schwankungen und wird durch die jeweils vorherrschenden lokalen Witterungsbedingungen stark beeinflusst. Während sich die eingestrahlte Energie an zwei aufeinanderfolgenden Tagen bis zum Faktor 10 unterscheiden kann, erreicht diese an einem klaren Sommertag mitunter 50-mal höhere Werte als an einem trüben Wintertag. Außerdem fällt in Mitteleuropa das Angebot an Solarstrahlung sowohl tages- als auch jahreszeitlich deutlich versetzt zum Bedarf an Wärme an. Kurzfristige Wechsel können durch Wärmespeicher ausgeglichen werden. Dagegen stellen die saisonalen Schwankungen ein Problem dar. In Deutschland fallen etwa drei Viertel des jährlichen Einstrahlungsangebots auf das Sommerhalbjahr – Energie, die derzeit nur mittels sehr aufwendiger Speicheranlagen eingelagert werden kann. Diese Einschränkungen in der Verfügbarkeit können der Solarenergienutzung Grenzen setzen. Gleichwohl zeigen jüngere Studien (»Extremszenario« ohne Verkehr und Industrieprozesse), dass z.B. in Deutschland bis 2050 eine Energieversorgung mit Wärme und Strom zu 100% durch erneuerbare Energien technisch und wirtschaftlich möglich ist [3].

Energieeintrag (Orientierung und Neigung)

Zwei wichtige Parameter bestimmen die sinnvolle Nutzung von Solarenergie in Gebäuden: Zum einen die Exposition der relevanten Flächen, d.h. die Orientierung zur Himmelsrichtung, und zum anderen der Neigungswinkel bzw. die Verschattungsfreiheit. Die Solarstrahlung als Ganzes (Globalstrahlung) setzt sich aus der direkten Strahlung der Sonne und diffuser, d.h. indirekter wie durch Wolken oder Nebel gestreuter Strahlung und durch die Umgebung reflektierter Strahlung (Himmelsstrahlung) zusammen (siehe Abb. A 1.8, S. 21). In Mitteleuropa besteht die Gesamtstrahlung über das Jahr zu mehr als 50% aus diffuser Strahlung. Von Land zu Land – und selbst innerhalb Deutschlands – lassen sich bezüglich der geografischen Lage Unterschiede bei der auf horizontalen Flächen eingestrahlten Energie feststellen (innerhalb Deutschlands im Jahresmittel bis etwa 300 kWh/m^{2}a).

Von der verschatteten Vorhalle zur Energiefassade

Wesentliche, direkt wirksame Prinzipien zur Nutzung der Solarenergie wie kompakter Baukörper, Südorientierung, gestufte Raumorganisation und baulicher Sonnenschutz (in den Sommermonaten) lassen sich bis in die griechische Antike zurückverfolgen. Seit Jahrhunderten ist die Fassade – bewusst oder unbewusst – wichtiges Subsystem zur Nutzung von Solarenergie in der Heizperiode. Dabei stellt die (Fenster-) Öffnung mit dem dahinterliegendem Raum einen ersten »Kollektor« dar. Schritte zur Optimierung der Außenwand als Klimamodulator führen zur Auflösung und Differenzierung in unterschiedliche Zonen: Offene Zwischen- oder Übergangszonen wie die verschattete Vorhalle, Arkaden etc. leisten bereits einen ersten Witterungs- und Sonnenschutz (Abb. C 3.4, S. 297) und ermöglichen in mitteleuropäischen Klima-

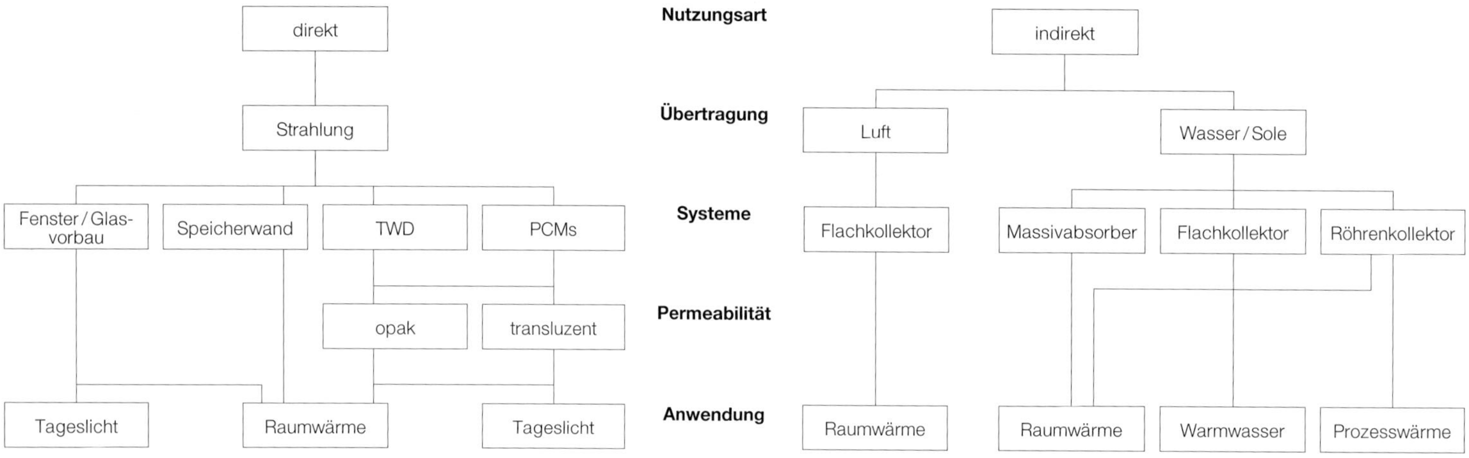

C 3.2

ten eine erweiterte Nutzung dieser Bereiche. Um die Solarstrahlung in einer wirksameren Weise direkt zu nutzen, aber auch um den Wärmeabfluss von beheizten Räumen nach außen abzumindern, bietet sich die Ausbildung einer räumlichen, thermisch trennenden Zone an. Diese in der Regel transparenten, mehrschaligen Konstruktionen (vom Kastenfenster über Erker und verglaste Loggien bis hin zu Anlehnglashäusern) sind gezielte Entwicklungen zur Nutzung der Solarenergie. Im Zusammenhang mit den Möglichkeiten der Herstellung immer größerer Gläser gewinnen diese Zwischentemperaturbereiche an Bedeutung beim Heizen von Gebäuden. Mitte der zweiten Hälfte des 20. Jahrhunderts beginnt zusätzlich eine verstärkte Forschung zu effizienteren Systemen oder gänzlich neuen Nutzungskonzepten.
Diese direkte Form der Solarenergienutzung wird darüber hinaus durch die Entwicklung technischer Systeme zur indirekten Nutzung von Solarenergie ergänzt. Kollektoranlagen zur Brauchwasserbereitung und Unterstützung der Raumerwärmung sowie PV-Generatoren zur Stromerzeugung sind mittlerweile nahezu selbstverständlicher Bestandteil der Gebäudehülle. Mit den erweiterten baulichen Grundstrategien und den technischen Systemen zur Nutzung der Solarenergie erfährt das Repertoire zur Gestaltung von Fassaden eine enorme Erweiterung.

Direkte »passive« Funktionsweisen

Die bekannteste Form der direkten Nutzung von Solarenergie erfolgt über verglaste Fensteröffnungen, die in Verbindung mit unmittelbar dahinter angrenzenden Räumen bereits als einfache Kollektor- und Speichersysteme fungieren. Wirkungsweise und Ertrag hängen dabei neben den klimatischen und örtlichen Gegebenheiten wesentlich von Himmelsrichtung, Neigung und Größe der Öffnungsflächen ab. Ferner haben die bauphysikalische Ausstattung und die baukonstruktive Ausbildung von Wand, Decke und Boden maßgeblichen Einfluss auf das Raumklima und damit auf das Maß und die Art der Nutzbarkeit. Große Verglasungen ohne zusätzliche Sonnenschutzmaßnahmen führen in den Sommermonaten zu Überhitzungen, was im Regelfall insbesondere bei ost- und westorientierten Fassaden im starken Maße zu berücksichtigen ist, d.h., es muss stets eine auf den Einzelfall bezogene Optimierung zwischen Einstrahlung, Öffnungsgröße, Wärmebedarf, Verschattung, technischer Ausstattung und thermischer Speichermasse angestrebt werden [4].

Die Zwischentemperaturbereiche

Die Überlagerung unterschiedlicher funktionaler Anforderungen an die Gebäudehülle mit allgemeinen konstruktiven Eigenschaften führt zur Ausbildung verschiedener (räumlicher) Zonen vor beheizten Räumen. Durch eine solche Staffelung von Funktionsbereichen können neben der Reduktion von Wärmeverlusten Gewinne aus solarer Strahlung verbessert genutzt werden. Darüber hinaus bieten diese Zwischentemperaturbereiche eine zusätzliche Möglichkeit saisonaler Nutzung bzw. Rückführung der Gebäudeabwärme und gegebenenfalls Vortemperierung der Außenluft sowie die Aufnahme von Systemen zum Sonnen- oder temporären Wärmeschutz.
Dabei werden drei thermisch wirksame Grundtypen unterschieden, die in der Praxis in vielfach variierbarer Form auftreten: Luftschleuse, Luftkollektor und Thermopuffer. Das bauliche Prinzip reicht hierbei von der Ausbildung schmaler Luftschichten oder Lufträume vor der Außenwand bis hin zu temporären Erweiterungen des Wohnbereichs (Abb. C 3.5 und C 3.6), dazu gehören:

- Hauseingänge, Windfänge
- verglaste Loggien, Balkone
- Wintergärten, Anlehnglashäuser
- Funktionsbereiche, die über ihre primäre Nutzung auch als Wärmepuffer und Lüftungsschleuse wirken [5]

Glasvorbauten

Glasvorbauten sind meist unbeheizte Räume. Sie heizen sich unter Einstrahlung auf. Entstehende Wärme kann zum Aufenthalt selbst bei Wind und kalten Außentemperaturen genutzt werden oder auch – wie bei einem großen Luftkollektor – zur Erwärmung von im Gebäudeinneren liegenden Räumen, wenn die erreichten Temperaturen dies ermöglichen. Diese Zwischentemperaturbereiche gibt es in einer Vielzahl von baulichen Ausformungen. Sie können im Bereich der Fenster geschossweise wie auch geschossübergreifend angeordnet sein oder das gesamte Gebäude einhausen. Aufgrund der klimatischen Bedingungen in Mitteleuropa sind solche Flächen, wenn sie unbeheizt sind, selbst bei Einfachverglasungen bis zu zwei Drittel des Jahres als Aufenthaltsbereiche nutzbar.
Der Anteil der Einstrahlungsgewinne wird beeinflusst durch die Exposition, den Anteil der Verglasungsflächen sowie durch etwaige Verschattungen vom Gebäude selbst bzw. durch benachbarte Bebauung und/oder Bepflanzung. Wie beim Fenster ist zur Vermeidung von sommerlicher Überhitzung meist die Anbringung eines Sonnenschutzes erforderlich, vor allem aber auch wirkungsvolle Entlüftungsmöglichkeiten. Um den überschüssigen Teil der solaren Wärme partiell nutzen zu können, bedarf es weiterer spezieller baulicher und technischer Maßnahmen. Die Wandfläche zwischen dem verglasten Bereich und beispielsweise einem angrenzenden Wohnraum kann dabei als Speicher dienen, der die Wärme zeitversetzt an den Raum weitergibt. Dieses Prinzip verfolgen verschiedene Konzepte von sogenannten Speicherwänden.

Speicherwand

Eines der ersten Speicher- oder Sonnenwand-Konzepte zur passiven Nutzung von Solarenergie haben Félix Trombe und Jacques Michel in den 1950er-Jahren entwickelt (Abb. C 3.3) [6]. Bei diesem Prinzip wird durch die Kombination einer südorientierten Verglasungsfläche mit einer dahinter stehenden massiven, durch einen mattschwarzen Anstrich als Absorberfläche wirkenden Wand sowie der dazwischen befindlichen Luftschicht ein thermischer Speicher ausgebildet. Über den Tag erwärmt sich die Speicherwand durch die Sonneneinstrahlung und gibt die Wärme abends und nachts an den dahinterliegenden Raum ab. Zur besseren Steuerung der Wärmeabgabe wird der Luft-

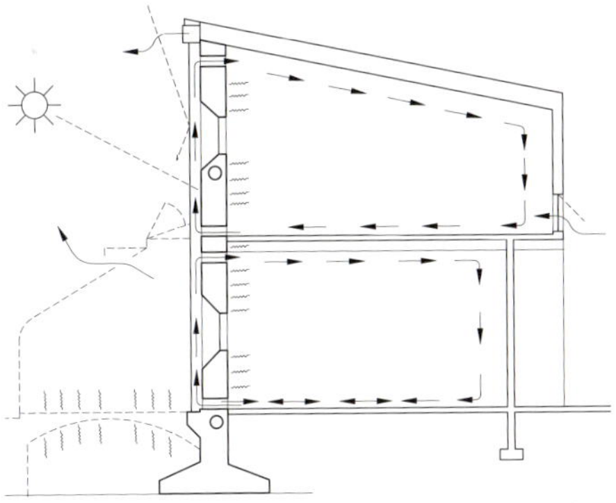

C 3.3

C 3.2 typologische Zuordnung »Thermie«
C 3.3 Prinzipzeichnung Trombe-Wand
C 3.4 Kreuzgang, San Giorgio Maggiore, Venedig (IT) 1566 (Entwurf), Andrea Palladio
C 3.5 verglaste Balkone, Barcelona (ES) ca. 1900
C 3.6 »Das wachsende Haus«, Mustersiedlung, Berlin (DE) 1932, Martin Wagner
C 3.7 Wohnhaus mit gestapelten, wassergefüllten zylindrischen Metalltonnen, davor leicht reflektierende, dämmende sowie ausklappbare Fläche als temporärer Wämeschutz New Mexico (US) 1972, Steve Baer

C 3.4

C 3.5

C 3.6

C 3.7

raum, der als Kollektorzone wirkt, durch regelbare Luftklappen im oberen und unteren Bereich der Speicherwand mit dem Innenraum verbunden, sodass die Wärmeabgabe zusätzlich zur Wärmestrahlung der Innenseite der Speicherwand konvektiv erfolgt. Liegt die Absorbertemperatur (die bei direkter Einstrahlung bis auf 70°C ansteigen kann) über der Raumtemperatur, entsteht eine Luftzirkulation. Die aufsteigende Wärme kann infolge des thermischen Auftriebs relativ einfach zur unmittelbaren Wärmezufuhr im Innenraum genutzt werden. Zur Vermeidung von sommerlicher Überhitzung sind Schutzmaßnahmen zwingend erforderlich. Zur Reduzierung nächtlicher Wärmeverluste kann zwischen Verglasung und Speicherwand eine temporäre Wärmedämmung eingesetzt werden [7].
Der Ertrag einer Speicherwand wird zudem stark durch die Wärmekapazität der verwendeten Materialien bestimmt. Wasser weist eine um den Faktor 2–4 höhere volumenbezogene Wärmekapazität auf als massive Wandbaustoffe. Um diesen Effekt zu nutzen, erfolgen erstmals in den 1970er- und 1980er-Jahren Versuche mit in die Fassade gestellten bzw. gestapelten Wassertanks (Abb. C 3.7).

Transluzente Wärmedämmung
Eine weitere Form der direkten Solarenergienutzung stellt das Prinzip der transluzenten Wärmedämmung (TWD) dar. Verwendet man Röhrchen aus z. B. Polycarbonat oder feinem Glas, die senkrecht zur Fassadenfläche orientiert sind, so werden auftreffende solare Strahlen durch die innere Reflektion zur dunklen Massivwand oder zum Gebäudeinneren transportiert. Das Prinzip wurde von Physikern des Fraunhofer-Instituts für Solare Energiesysteme (ISE) entwickelt und getestet. Die Erstanwendung in Europa bei einem Neubau erfolgte dann 1986–1989 (Abb. C 3.12). Ganz unabhängig davon haben Biologen ebenfalls in den 1980er-Jahren entdeckt, dass beim Fell von Eisbären die Sonnenstrahlen durch die einzelnen Haare zur dunklen Hautoberfläche geleitet und dort als Wärmestrahlung absorbiert werden – ein Beispiel für die Analogie von Wirkungen in Biologie und Technik [8].
Durch die Kombination entsprechender Wärmedämmung und direkter Solarenergiegewinnung kann mit diesem System der Verbrauch an Heizenergie weiter gesenkt werden. Der Begriff »TWD« bezeichnet dabei eine strahlungsdurchlässige Wärmedämmung [9] – ein Prinzip, bei dem nicht nur die Transmissionswärmeverluste weiter reduziert, sondern zusätzlich der Anteil an solaren Gewinnen erhöht werden kann. Hierbei unterscheidet man die Massivwandsysteme von den Direktgewinnsystemen.

Massivwandsysteme (opak)
Bei Massivwandsystemen wird ein strahlungsdurchlässiges Material mit Abdeckung durch äußere Glasscheiben einer massiven, mattschwarz gefärbten Wand mit hoher thermischer Speichermasse vorgesetzt. Beim Durchgang der solaren Strahlung durch das lichtleitende Dämmmaterial werden die Wandflächen nach dem Prinzip des Gewächshauseffekts erwärmt. Die Wand wirkt als Absorber und heizt sich sukzessive auf. Das Dämmmaterial behindert den Wärmerückfluss nach außen während der Nachtstunden. Daher fließt ein Großteil der Wärme (bis zu 95%) nach innen, wo sie in Form von langwelliger Strahlung und Konvektion von der Wandoberfläche an den Raum abgegeben wird. Das Material und die Stärke der Wand bestimmen die Speicherwirkung, die Wärmeaufnahmekapazität und die zeitliche Verzögerung der Abgabe nach innen (etwa 6–8 Stunden). Damit lässt sich auf wirksame Weise die im Tagesverlauf vorhandene Differenz zwischen Strahlungsangebot und Wärmebedarf (kurzzeitig) überbrücken [10].
Die TWD-Flächen sind mittels Sonnenschutzmaßnahmen vor einer Überhitzung zu schützen. Bei einem Flächenanteil der TWD von 5 bis 15% der Nutzfläche reichen meist passive Maßnahmen wie Dachüberstände, Balkone, Bepflanzung oder Ähnliches aus. Bei großflächigen Systemen müssen dafür in der Regel Manipulatoren eingesetzt werden (Abb. C 3.9). Bezüglich der verwendeten Grundstoffe und der unterschiedlichen Aufbauten lassen sich die TWD-Systeme nur bedingt vergleichen. Wesentliche Parameter sind UV-Beständigkeit, mechanische Stabilität und Temperaturstabilität. Zu den typischen TWD-Materialien zählen

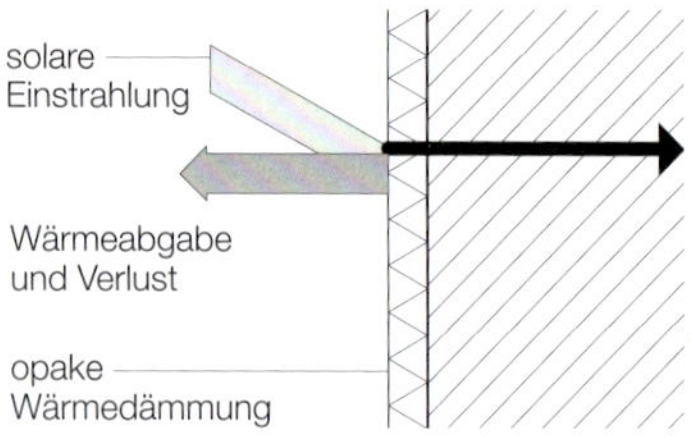

C 3.8

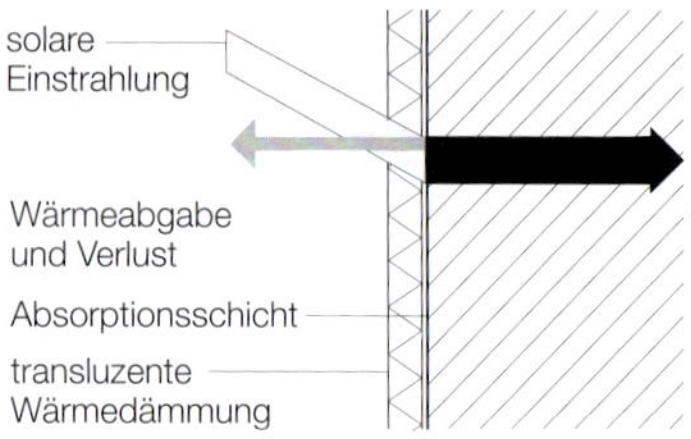

C 3.9

Werte bei Globalstrahlung relativ zur Exposition (Werte April bis September)

Flächenneigung	0°	20°	40°	60°	90°
Ausrichtung					
Ost	>95 %	93 %	86 %	72 %	46 %
Südost	>95 %	>95 %	93 %	81 %	50 %
Süd	>95 %	**100 %**	95 %	82 %	49 %
Südwest	>95 %	>95 %	93 %	81 %	50 %
West	>95 %	93 %	86 %	72 %	46 %

C 3.10

Werte bei Globalstrahlung relativ zur Exposition (Werte Oktober bis März)

Flächenneigung	0°	20°	40°	60°	90°
Ausrichtung					
Ost	58 %	57 %	53 %	45 %	32 %
Südost	58 %	75 %	83 %	83 %	69 %
Süd	58 %	82 %	96 %	**100 %**	88 %
Südwest	58 %	75 %	83 %	83 %	69 %
West	58 %	57 %	53 %	45 %	32 %

C 3.11

C 3.8 Prinzip opake Dämmung
C 3.9 Prinzip transluzente Dämmung
C 3.10 Energieeintrag bei unterschiedlicher Orientierung und Neigung eines Kollektors (Standort Berlin)
C 3.11 Energieeintrag bei unterschiedlicher Orientierung und Neigung eines Kollektors (Standort Berlin)
C 3.12 Doppelhaus, Pullach (DE) 1989, Thomas Herzog, Michael Volz mit Michael Streib
C 3.13 Flachkollektor
C 3.14 2003 in Produktion gegangene, nur noch 40 mm-starke Vakuum-Röhrenkollektoren mit Absorberrohr aus Glas
C 3.15 Erstanwendung der in Abb. C 3.14 dargestellten Vakuum-Röhrenkollektoren, Zentrum für Umweltkommunikation, Osnabrück (DE) 2002, Herzog + Partner
C 3.16 Mehrfamilienhaus »Kraftwerk B«, Bennau (CH) 2009, Grab Architekten
C 3.17 Autobahnwerkhof CeRN, Bursin (CH) 2007, Atelier NiVo
C 3.18 Wohnüberbauung Eulachhof, Winterthur (CH) 2007, Dietrich Schwarz Architekten

C 3.12

Polymethylmethacrylat (PMMA) oder Polycarbonat (PC) sowie Glas. Seit einiger Zeit werden auch Kartonwaben und speziell gefräste Holzprofile eingesetzt.

Direktgewinnsysteme (transluzent)
Bei Direktgewinnsystemen handelt es sich um spezielle Verglasungen. Das TWD-Material ist zwischen innerer und äußerer Glasscheibe eingelegt. Dieser Aufbau erlaubt bei guten Wärmedämmwerten noch eine natürliche Belichtung bei jedoch stark eingeschränkter Durchsicht. Die Nutzung der solaren Einstrahlung erfolgt über die im Innenraum vorhandenen thermischen Speicherflächen. Daher sind unter Umständen auch hier in den Sommermonaten Maßnahmen für einen Überhitzungsschutz vorzusehen. Als Materialien werden neben den genannten Kunststoffen und Glas auch Silica-Aerogele eingesetzt. Gegenwärtig kommt TWD vor allem als eingelegtes Glasgewebe bei ein- und mehrschaligen Profilglassystemen zum Einsatz.

Latentwärmespeichermaterialien
Im Zusammenhang mit der Entwicklung und dem Bau von Speicherwänden werden bereits in den 1940er-Jahren erste Versuche mit Latentwärmespeichermaterialien (PCM – Phase Change Materials) durchgeführt.
Gerade beim Leichtbau, wo thermisch schwere Bauteilmassen fehlen, ermöglicht der Einsatz von PCMs (u.a. Paraffine und Salzhydrate) neue Möglichkeiten der Wärmespeicherung. Durch den Phasenwechsel – z.B. von fest zu flüssig – können Latentspeichermaterialien große Wärmemengen in einem relativ kleinen Temperaturbereich einlagern. Im Bereich des Schmelzpunkts steigt im Vergleich zu konventionell sensiblen (d.h. fühlbaren) Wärmespeichern wie Beton oder Kalksandstein die Wärmespeicherfähigkeit um ein Vielfaches an.
Da die Energieaufnahme zunächst zu keiner Temperaturerhöhung führt und daher auch nicht fühlbar ist, wird sie als latent bezeichnet. Erst wenn das Speichermaterial vollständig geschmolzen ist, erfolgt eine Erhöhung der Bauteiltemperatur. Beim Abkühlen wird die gespeicherte Wärme an den Raum abgegeben. Der Schmelzpunkt sollte (deutlich) unter 26 °C gewählt werden, damit sich für eine thermische Behaglichkeit die Anzahl von Temperaturspitzen minimiert. Für ein gutes wärmespeicherndes Verhalten muss die Entladung des Speichers über eine wirksame Nachtlüftung sichergestellt werden. In der Regel ist trotz PCM-Einsatz ein außenliegender Sonnenschutz erforderlich.
In den 1970er-Jahren wird ein Konzept entwickelt, das eine Befüllung von Glasbausteinen mit Glaubersalz (Schmelztemperatur 32 °C) vorsieht [11]. Seit einigen Jahren werden Latentwärmespeichermaterialien im Zusammenhang mit der Erhöhung der thermischen Speicherfähigkeit von Bauteilen im Leichtbau verwendet. Dabei kommen sogenannte gekapselte PCMs zum Einsatz (z.B. pulverförmiges Paraffin in einer Polymerhülle, damit das bei der Erwärmung flüssig werdende Material nicht entweichen kann), die Gipsbauplatten, Holzwerkstoffe, Estriche oder Putze zugegeben werden.

Vergleichbar mit der transluzenten TWD kommen PCMs vor allem als Direktgewinnsysteme zum Einsatz. Eingefüllt in eine Schutzhülle aus transparenten Kunststoffmaterialien (z.B. Salzhydrate in Polycarbonat-Stegplatten) werden neben einer hohen Wärmespeicherfähigkeit auch die natürliche Belichtung und eine partielle Durchsicht gewährleistet. In der Isolierverglasung sorgt ein integriertes Prismenglas für einen wirksamen Sonnenschutz im Sommer, während im Winter die solare Strahlung ungehindert das Speichermaterial erwärmen kann (C 3.18).

Indirekte »aktive« Funktionsweisen

Bei der Konzeption von energieeffizienten Gebäuden zeugt die häufige Integration von Solarkollektoren und Photovoltaikmodulen vom immer stärkeren Wandel hin zur solaren Aktivierung der Hüllflächen. Verantwortlich hierfür sind einerseits die Zielsetzung einer dezentralen Energieversorgung, andererseits die anstehende Umsetzung der EU-Richtlinie EPBD 2010 zur Gesamtenergieeffizienz von Gebäuden (gültig ab 2019 für öffentliche Gebäude, ab 2021 für sämtliche neu zu planenden Bau-

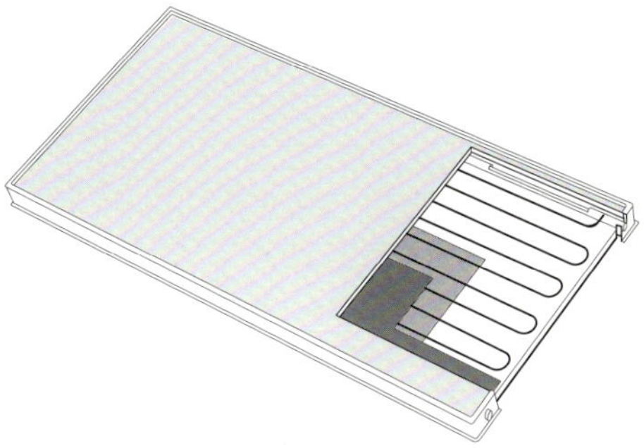

C 3.13

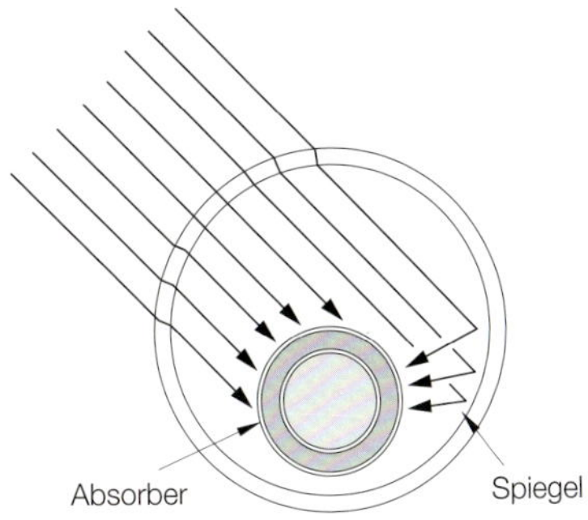

C 3.14

C 3.15

C 3.16

C 3.17

C 3.18

werke). Bereits im Vorfeld hat diese Norm den Bau von Niedrigstenergie- und Plusenergiehäusern zu einem neuen Standard für Neubauten werden lassen. Das hat zur Folge, dass neben den Dächern auch die Fassaden – teilweise aber auch vollständig – zu Flächen der Wärme- und/oder Stromerzeugung herangezogen werden.
Das Thema ist aber keineswegs neu. Schon 1982 wurden bei einer Wohnanlage in München erstmals Röhrenkollektoren und PV-Module als schlüssiger Teil des architektonischen Konzepts in die Gebäudehülle integriert (Abb. C 3.1, S. 294). Zusätzlich kamen bereits 1991 erstmals kristalline PV-Zellen bei der Sanierung der Treppenhausfassade des Verwaltungsgebäudes der Stadtwerke Aachen in einer Isolierverglasung zum Einsatz.

Thermische Solarkollektoren
Bei thermischen Solarkollektoren handelt es sich um technische Systeme, die Solarstrahlung absorbieren und in Wärme umwandeln. Im Gegensatz dazu bezeichnet man Bauteile, die Solarstrahlung in elektrischen Strom umwandeln, als Photovoltaikanlagen.
Thermische Solarkollektoren werden nach Bauart (nicht abgedeckt, abgedeckt) und Wärmeträgermedium (Luft, Wasser mit Frostschutzmittel) unterschieden und meistens für die Brauchwasserbereitung und zur Unterstützung der Raumheizung eingesetzt. Darüber hinaus gibt es spezielle Bauarten zur Erzeugung von Prozesswärme (z. B. für gewerbliche Anwendungen) und zur Kühlung. Der Kollektor ist das Kernstück einer solarthermischen Anlage und bildet zusammen mit den klassischen Haustechnikkomponenten (Verrohrung, Wärmetauscher, Pumpen, Speicher) das Gesamtsystem. Je nach Nutzungsart kann zwischen unterschiedlichen Anlagenkonfigurationen gewählt werden. Bei konventionellen, abgedeckten Kollektoren unterscheidet man Flachkollektoren (Luft und Wasser) und Vakuum-Röhrenkollektoren.

Kollektorsysteme
Die auf dem Markt erhältlichen Kollektorsysteme gliedern sich in die nachstehenden Untergruppen:

Solarabsorber
Die einfachste Form eines Kollektors ist der freiliegende, nicht abgedeckte Absorber, vorwiegend aus schwarz eingefärbten Schläuchen oder Kunststoffmatten. Solarabsorber stellen sehr kostengünstige Systeme dar, weisen aber auch einen relativ geringen Wirkungsgrad auf. Häufigster Einsatzbereich ist die Wassererwärmung für Freibäder, da sich dort Strahlungsangebot und Wärmebedarf im Wesentlichen decken.
Bereits seit den 1990er-Jahren werden unverglaste, metallische Oberflächen als Solarabsorber zur Energiegewinnung genutzt. Ihre Vorteile sind die kostengünstige, schnelle und großflächige Montage, die hohe Witterungsbeständigkeit der Metalle sowie die Möglichkeit zur Anpassung auch an komplexere Gebäudehüllgeometrien (Abb. C 3.17).

Flachkollektor (Luft)
Luft kann als Trägermedium direkt zum Heizen aber auch zum Trocknen von Räumen genutzt werden. Bei Luftkollektoren wird meist eine metallene Absorberfläche mit einigem Abstand durch ein transparentes Element abgedeckt, das zur Sonnenseite orientiert ist. Unten zutretende Außenluft wird durch den Absorber unmittelbar erwärmt und durchströmt den Querschnitt zur Austrittsöffnung in Richtung des Innenraums. Bei Luftkollektoren besteht neben einer hohen Stagnationssicherheit keine Frost- und Korrosionsgefahr; auch die Anforderungen an die Dichtigkeit des Bauteils sind nicht so hoch wie bei Wasser als Wärmeträgermedium. Allerdings weist Luft im Vergleich zu Wasser eine um den Faktor 4 geringere spezifische Wärmekapazität auf. Daher sind relativ große Luftmengen bei entsprechend größeren Kanalquerschnitten sowie leistungsfähige Ventilatoren erforderlich.

Flachkollektor (Wasser)
Wasserkollektoren stellen die gebräuchlichste Kollektorbauweise dar. Im Unterschied zu Solarabsorbern ist beim Flachkollektor der Absorber aus Metall – in der Regel Kupfer – und mit transparentem und hagelschlagbeständigem Sicherheitsglas abgedeckt (C 3.13 und C 3.16).

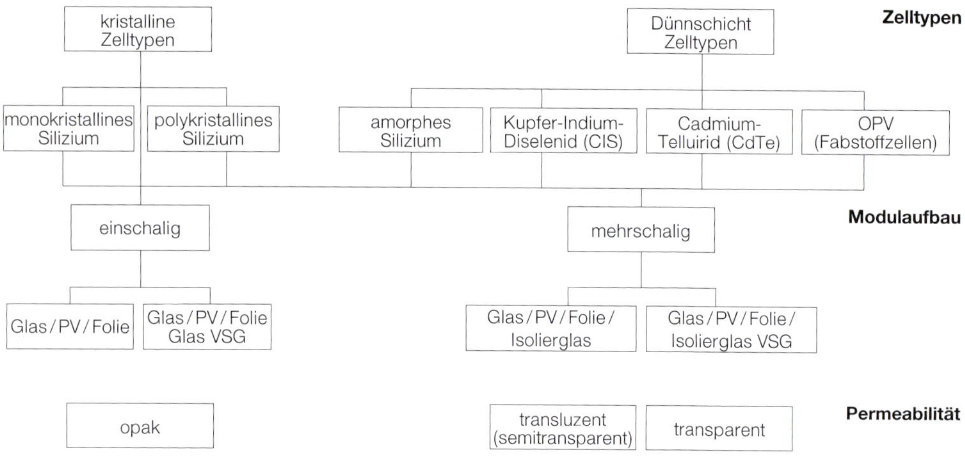

C 3.19

Als Absorberbeschichtung werden heute statt mattschwarzer Lacke bei abgedeckten Absorbern selektive Beschichtungen verwendet, welche die Solarstrahlung nahezu vollständig absorbieren (bis 98 %) und in Wärme umwandeln sowie gleichzeitig deutlich geringere Wärmestrahlungsverluste ermöglichen (Emissionsgrad ≤ 4 %).

Vakuum-Röhrenkollektor

Beim Vakuum-Röhrenkollektor werden durch Evakuierung der Luft zwischen Absorber und Hüllfläche die Konvektions- und Wärmeleitungsverluste deutlich reduziert. In einem Kollektormodul sind bis zu 30 Vakuumröhren nebeneinander angeordnet, die in einem wärmegedämmten Anschlusskasten (Sammler) zusammengeführt und an den Solarkreislauf angeschlossen werden. Man unterscheidet zwei Prinzipien: Einerseits die Direktanbindung mit einem im Absorber liegenden koaxialen Doppelrohr für getrennten Vor- und Rücklauf des Wärmeträgers. Andererseits die indirekte, trockene Anbindung mit Wärmerohr (der sogenannten Heatpipe), bei der Trägermedium und Solarkreislauf entkoppelt sind. Bei anderen Produkten besteht der Absorber aus einer Glasröhre, was mit immer schlankeren Querschnitten zu einem nahezu transparenten Erscheinungsbild führt (Abb. C 3.14 und C 3.15). Die hohe Modularität hat u. a. den Vorteil, dass ein Austausch von Röhren auch bei laufendem Betrieb möglich ist. Vakuum-Röhrenkollektoren weisen deutlich geringere Wärmeverluste als Flachkollektoren auf, was besonders bei hohen Arbeitstemperaturen (Prozesswärme) von Vorteil ist.

Einsatzbereiche

Die genannten Systeme werden in verschiedenen Bereichen eingesetzt.

Bereitung von Brauchwasser

Unter den geografischen und klimatischen Bedingungen in Mitteleuropa eignen sich Solarkollektoren vor allem für die Brauchwassererwärmung. Die Arbeitstemperatur liegt etwa zwischen 30 und 60 °C. Übliche Flachkollektoren erzielen in diesem Bereich günstige Wirkungsgrade. Da bei Brauchwasser der Energiebedarf über das Jahr annähernd konstant bleibt, ist insbesondere im Sommer das hohe Strahlungsangebot optimal nutzbar.
Die Dimensionierung einer Kollektoranlage bedarf einer umfangreichen Abstimmung auf den tatsächlichen Wärmebedarf (Personenanzahl, Verbrauchswerte, Geräteaustattung u. a.) und den angestrebten Deckungsanteil. Für die Brauchwasserversorgung eines 4-Personen-Haushalts reicht bei optimaler Südausrichtung bereits eine Kollektorfläche von 5 bis 8 m² (und ein Speicher von 300 l) in der Fassade aus. Damit kann bei normalem Verbrauch im Sommerhalbjahr der Warmwasserbedarf weitgehend gedeckt werden, und es lässt sich im Jahresmittel ein Deckungsgrad von etwa 40 bis 60 % erzielen.

Raumheizung

Über das Jahr gesehen besteht in Mitteleuropa naturgemäß eine stark gegenläufige Tendenz zwischen Strahlungsangebot und Raumwärmebedarf (was sich wiederum wechselseitig bedingt). Während in der Kernzeit der Heizperiode von November bis Februar etwa 60 % des jährlichen Raumwärmebedarfs anfallen, beträgt das eingestrahlte Energieangebot im gleichen Zeitraum auf einer nach Süden geneigten Fläche nur 12 bis 15 %. Dieser Sachverhalt stellt höhere Anforderungen an die Nutzungsmöglichkeiten einer Anlage zur solaren Raumheizung.
Um nutzbare Wärme an den Speicher abgeben zu können, muss die Arbeitstemperatur im Absorber Werte zwischen mindestens 40 und 60 °C erreichen. Zu diesem Zweck eignen sich Flachkollektoren mit selektiver Beschichtung und Vakuum-Röhrenkollektoren. Die Deckung von etwa 15 bis 30 % des jährlichen Heizwärmebedarfs eines sehr gut gedämmten Einfamilienhauses erfordert eine Kollektorfläche von etwa einem Viertel der beheizten Wohnfläche. Das entspricht bei einem sehr gut gedämmten Haus einer Kollektorgröße von 10 m² (Vakuum-Röhrenkollektor) bis 20 m² (Flachkollektor).

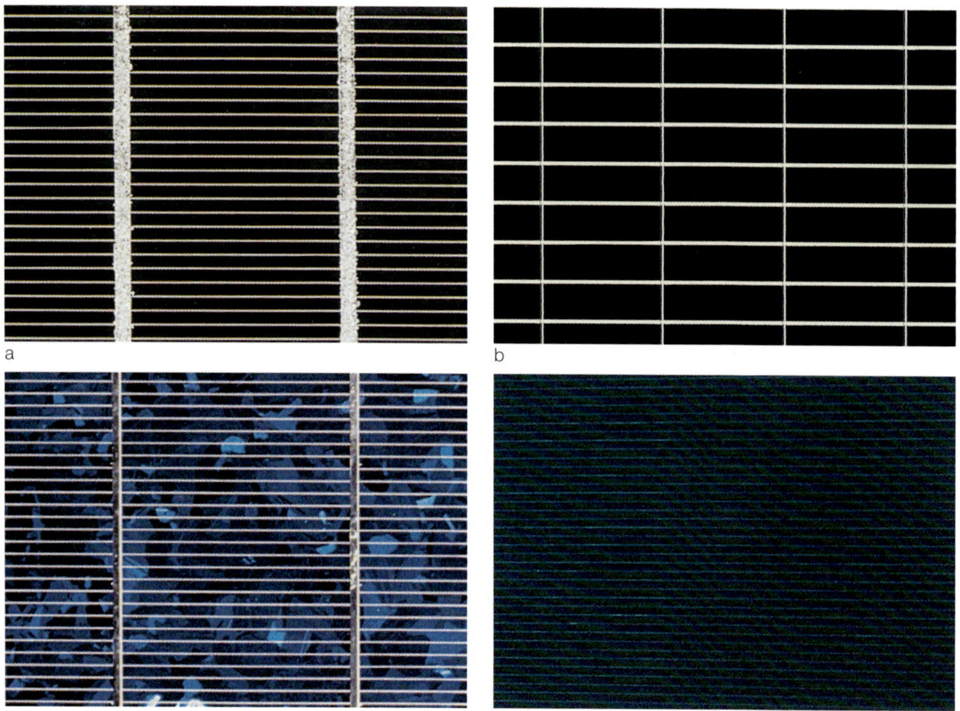

a b c d

C 3.20

C 3.19 typologische Zuordnung Photovoltaik
C 3.20 PV-Zellen:
a monokristalline Siliziumzellen
b amorphe Siliziumzellen, semitransparente Ausführung
c polykristalline Siliziumzellen
d CIS-Dünnschichtzellen
C 3.21 Energieeintrag bei unterschiedlicher Orientierung und Neigung von Photovoltaik-Flächen (100 % = 1055 kWh/m²a)
C 3.22 »Solar Decathlon Europe«, Versailles 2014, Team rooftop, UdK Berlin & TU Berlin
C 3.23 Cité du Design, Saint-Étienne (FR) 2009, LIN Finn Geipel + Giulia Andi
C 3.24 Technologie- und Zukunftszentrum, Herten (DE) 1995, Kramm + Strigl

Werte bei Globalstrahlung relativ zur Exposition

Flächenneigung	0°	30°	60°	90°
Ausrichtung				
Ost	93 %	90 %	78 %	< 60 %
Südost	93 %	96 %	88 %	66 %
Süd	93 %	**100 %**	91 %	68 %
Südwest	93 %	96 %	88 %	66 %
West	93 %	90 %	78 %	< 60 %

C 3.21

C 3.22

Photovoltaik

Als Photovoltaik (PV)-Anlagen bezeichnet man technische Systeme, die Solarstrahlung direkt in Elektrizität umwandeln. Kernstück einer solchen Anlage sind die zu Modulen zusammengefassten Solarzellen. Der erzeugte Strom fällt als Gleichspannung an und muss für die üblichen Haushaltsgeräte mittels eines Wechselrichters in 230 V Wechselspannung mit einer Frequenz von 50 Hz umgewandelt werden. Der Betrieb von Solarstromanlagen erfolgt in der Regel als Netzverbundanlage (netzgekoppelt) mit Anschluss an das Versorgungsnetz, welches als Speicher dient. Seltener sind sogenannte Inselanlagen (autark), bei denen der überschüssige Strom in Akkus (z. B. in wiederaufladbaren Batterien) gespeichert wird. Durch die Novellierung der Einspeisevergütung in Deutschland gewinnt allerdings der Eigenverbrauch des erzeugten Solarstroms zunehmend an Bedeutung. Durch ein intelligentes Stromverbrauchsmanagement und Speicherlösungen im Haus (z. B. Lithium-Ionen-Akkus zur Überbrückung der zeitlichen Differenz von Strahlungsangebot und Strombedarf) kann dieser erhöht werden. Weitere Potenziale bestehen in der Kombination mit Elektromobilität.

Bezogen auf das Strahlungsangebot bestimmen die Exposition und die Neigung der Modulfläche den jährlichen Ertrag einer PV-Anlage. Im Unterschied zu thermischen Kollektoren können auch Einstrahlungen von unter 200 W/m² noch einen Beitrag zum Solarstromertrag leisten. Die größte jährliche Strahlungsmenge wird in Mitteleuropa bei Südausrichtung von starren Systemen bei einer Neigung von 30 ° zur Horizontalen erreicht, während sich der Ertrag bei Einstrahlung auf vertikale Fassadenflächen erheblich reduziert. Die Leistung einer Photovoltaikanlage wird meist mit einem Wert in Wp oder kWp angegeben, wobei »p« für das englische »peak« steht. Diese Angabe bezeichnet die Spitzenleistung, die an den angeschlossenen Stromkreislauf abgegeben werden kann. Dieser Wert bezieht sich in der Regel auf 1000 W/m² Einstrahlung bei einer Zelltemperatur von 25 °C. Über das Jahr gemittelt (Sommer / Winter, Tag / Nacht), liegt dieser Wert etwa bei einem Zehntel der Peakleistung.

Eine Verschattung von Photovoltaikflächen durch Vegetation, Masten, umgebende Bebauung oder das Gebäude selbst ist zu vermeiden, da schon kleine Schatten (z. B. Antennen, Randprofile etc.) zu deutlichen Ertragsminderungen führen. Da alle in Reihe geschalteten Einheiten einer Anlage auf die kleinste Leistung im System reduziert werden, können abgeschattete Teilflächen größere Modulflächen außer Kraft setzen. Durch Parallelverschaltung ist eine Begrenzung solcher Ertragseinbußen möglich (mit dem Nachteil geringerer Spannung und höherer Ströme).

Solarzellen

Das Basismaterial für die marktgängigen Solarzellen ist der Halbleiterwerkstoff Silizium. Aus mono- und polykristallinem Silizium werden Wafer in Schichtdicken von 200 bis 300 µm hergestellt und durch verschiedene Dotierungsprozesse zur Zelle weiterverarbeitet. Zusätzlich gibt es Dünnschichtzellen. Typische Materialien sind amorphes Silizium und andere Halbleitermaterialien, wie Kupfer-Indium-Gallium-Diselenid (CIGS) oder organische Farbstoffe. Solarzellen besitzen je nach Zellmaterial einen relativ niedrigen Wirkungsgrad. Für herkömmliche (Silizium-)Zellen liegt der maximale, derzeit erreichbare Wirkungsgrad bei etwa 25 % (Kennwerte Stand Frühjahr 2016). Vereinfacht lassen sich handelsübliche Solarzellen wie folgt unterscheiden:

- monokristalline Siliziumzellen mit sehr reiner, vollständig gleichmäßiger Kristallgitterstruktur, aufwendig in der Herstellung, erreichen in der industriellen Produktion Wirkungsgrade zwischen 18 und 21 % (hoch effizient, Abb. C 3.23)
- polykristalline Siliziumzellen, charakterisiert durch geringere Reinheit des Materials und partiell gleichmäßige Kristallgitterstruktur, einfacher herzustellen und damit kostengünstiger, erzielen Wirkungsgrade bis zu 16 % (Abb. C 3.24)

Ein großes technisches wie gestalterisches Potenzial liegt in der Dünnschichttechnologie. Diese Zelltypen sind materialsparend, da für die Lichtabsorption nur wenige Mikrometer dünne Schichten (1–6 µm) ausreichen.

C 3.23

C 3.24

C 3.25

C 3.25 Aktiv-Stadthaus in Frankfurt/Main (DE) 2015, HHS Planer und Architekten
C 3.26 Kindertagesstätte in Marburg/Lahn (DE) 2014, opus Architekten
C 3.27 Paul-Horn-Arena in Tübingen (DE) 2004, Allman Sattler Wappner

Zusätzlich besteht die Möglichkeit einer stärkeren Automatisierung in der Fertigung, was enorm kostenwirksame Einspareffekte verspricht. Dünnschichtzellen weisen eine Reihe von Vorteilen im Bereich der Einstrahlungs- und Temperaturabhängigkeit auf. Sie haben zudem eine größere Verschattungstoleranz. Diffuses und schwaches Licht wird (etwas) besser genutzt, und der Leistungsabfall bei Temperaturerhöhung fällt geringer aus. Darüber hinaus verhindern die langen und schmalen Zellstreifen eine vollflächige Verschattung von Einzelzellen. Man unterscheidet:

- amorphe Siliziumzellen: Dünnschichtzellen, bei denen das Silizium hauchdünn auf ein Trägermaterial gedampft wird, kosten-und materialsparende Herstellung, erreichen Wirkungsgrade zwischen 5 und 7%, besonders für großflächige Beschichtungen geeignet
- CIS- und CIGS-Dünnschichtzellen: überwiegend aus Kupfer, Indium, Selen bzw. Kupfer, Indium, Gallium, Diselenid bestehnde Solarzellen, geringer Materialbedarf, können ebenfalls großflächig auf nahezu jede Fläche in jeder Form aufgedampft werden. Wirkungsgrad bis 12% (Abb. C 3.22)
- organische Photovoltaik (OPV): Solarzellen auf Basis elektrisch leitfähiger Polymere, sehr dünn, leicht und flexibel, semitransparent, geringe Herstellungsenergie
- Farbstoffzellen (DSC): OPV-Variante durch die Verwendung organischer Farbstoffe, entwicklet von Michael Graetzel (EPFL, 1992), Wirkungsgrade im Labor bis 14%, in der Produktion bis 5%

Ein weiterer Vorteil der Dünnschichttechnologie besteht in der relativ freien Formbarkeit. Da diese nicht wie die kristallinen Zellen an standardisierte Wafergrößen gebunden sind, können die Module unterschiedliche geometrische Zuschnitte aufweisen und auch auf gekrümmtem und flexiblem Trägermaterial aufgebracht werden. Besonders geeignet ist dieser Zelltyp für die Integration in Gebäudebereichen, wo eine ausreichende Hinterlüftung nicht immer gewährleistet ist oder (Teil-)Verschattungen auftreten können. Das Erscheinungsbild des Moduls prägen homogene Flächen, die durch äußerst schmale und transparente Trennschnitte strukturiert sind. Diese resultieren aus der Herstellung, d.h. der elektrischen Trennung und Verschaltung der Schichten. Durch Variation der Breite oder durch zusätzliche horizontale Trennschnitte können Solarzellen auch gezielt als gestalterisches Element eingesetzt werden. Während das Farbspektrum bei den kristallinen Zellen durch Reflexionsschichten erweitert werden kann, dominieren im Bereich der halbleiterbasierten Dünnschichttechnik die dunklen Töne, wobei Farbstoffzellen auch in unterschiedlichen Gelb-, Grün- und Rottönen verfügbar sind.

Photovoltaikmodule

Etwa 30 bis 60 kristalline Zellen bilden in der Regel größere, vorgefertigte Einheiten von 0,5 bis 1 m² Größe. Diese PV-Module haben einen mehrschichtigen Aufbau, d.h., die Zellen werden entweder zwischen Glasscheiben in einer Kunstharzeinbettung oder zwischen Ethylenvinylacetat (EVA)-/Polyvinylbutyral (PVB)-Folien bzw. Gießharz verkapselt oder zwischen Glas und Kunststofflaminat eingelegt. Die Rückseite kann je nach Anforderung opak, transluzent (Mattglas/streuende Folien) oder aber transparent (Klarglas/transparente Folien) ausgeführt werden. Dünnschichtzellen lassen sich auch auf biegeweiche Träger wie Membranen aufbringen. Zudem sind gesägte, semitransparente monokristalline Zellen auf dem Markt erhältlich. Dünnschichtzellen ermöglichen vielfältige aufgelöste Bedruckungen. Die Hersteller bieten Module in unterschiedlichen Standardabmessungen an. In der Regel werden in der Fassade jedoch Sonderanfertigungen eingesetzt.

C 3.26

Integration solartechnischer Systeme

Bei der Integration von Solarkollektoren und Photovolatikmodulen muss unterschieden werden, ob der Einbau in eine Kalt- oder Warmfassade vorgesehen ist. In den existierenden Ansätzen werden die solartechnischen Systeme einerseits vor der wasserführenden Schicht angeordnet, andererseits kommen sie anstelle von konventionellen, opaken Bekleidungsmaterialien oder auch als Isolierverglasungen zum Einsatz. Durch die Entscheidung für die Bauteilsubstitution lassen sich damit einhergehend zusätzliche Einsparungseffekte erzielen. Ob nun additiv oder bündig in die Fassadenebene integriert, maßgeblich für eine gestalterisch stimmige Lösung sind die Modulabmessungen, die Proportionen des Gesamtelements und dessen Binnengliederung – vor allem aber die gewählte Anordnung in der Fläche. Zusätzlich finden insbesondere PV-Module auch im Bereich von (Balkon-)Brüstungen und als fest stehende oder bewegliche Sonnenschutzsysteme Verwendung.

Als Alternative zu fest montierten Einheiten können auch ein- und zweiachsig nachführbare Systeme eingesetzt werden. In Abhängigkeit von der Ausrichtung und der Einbausituation ist eine horizontale oder vertikale Anordnung der

Drehachse denkbar. Zweiachsig nachführbare PV-Module können theoretisch etwa doppelt so viel Solarstrahlung im Jahr nutzen wie optimal ausgerichtete starre Systeme. Da der Ertrag von zweiachsig nachgeführten Systemen wegen des dafür benötigten Energieaufwands nur unwesentlich höher als der von einachsigen Systemen ausfällt, sind bei der Konzeption dieser Anlagen neben der aufwendigeren Mechanik auch die zusätzlichen Anforderungen durch die Integration zu berücksichtigen. Bei nachgeführten Systemen ist es aus diesen Gründen wichtig, die Kosten-Nutzen-Relation genau zu prüfen, auch weil im Jahresmittel weniger als 50 % der Strahlungsmenge als Direktstrahlung anfällt.

Für das Gelingen der Energiewende ist in Deutschland der Bausektor von großer Relevanz. Aufgrund des geringen Neubauanteils steht vor allem der Gebäudebestand im Fokus. Auch wenn hier die Nutzungsmöglichkeiten von Fassaden aus verschiedenen Gründen häufig eingeschränkt und die Energieerträge gegenüber optimal ausgerichteten Süddächer reduziert sind, lassen sich Kollektoren und PV-Module in nahezu jede Fassadenkonstruktion integrieren. Besonders vorteilhaft ist der Einsatz als hinterlüftetes Bekleidungsmaterial und als fester Bestandteil eines Glasfassadensystems.

Betrachtet man den baukonstruktiven Bereich der Integration solartechnischer Systeme, fällt zunächst auf, dass die Einbaubedingungen – insbesondere was die Befestigungsarten und der seitlichen Andichtung betrifft – seitens der Hersteller stetig verfeinert und verbessert werden. Neuartige Rahmenprofile ermöglichen neben der Vereinfachung des Zusammenbaus und Verkürzung der Montagezeit auch eine Verknappung von Profilhöhen und Ansichtsbreiten.
Mittlerweile lassen sich Solaranlagen durch vielfältige Möglichkeiten relativ flexibel in die Gebäudehülle integrieren. Auch gibt es vermehrt Komplettlösungen, bei denen solarthermische und photovoltaische Systeme innerhalb einer Konstruktionstechnik besser untereinander und mit weiteren Elementen der Hülle kombiniert werden können. Somit bietet der Markt für die gängigen Fassadenkonstruktionen eine Vielzahl an praxiserprobten Systemen [12]. Wesentlich ist, dass Kollektoren und PV-Module in die Haustechnik eingebunden werden müssen. Je nach Nutzungsart bedarf es dazu Leitungsführungen und zusätzlicher Apparatetechnik. Aufgrund der relativ schlanken Aufbauten und flexiblen Stromkabel mit kleinen Querschnitten eignet sich die Photovoltaik besonders gut zur Integration in Fassaden. Wasserkollektoren weisen demgegenüber bereits deutlich größere Leitungsdurchmesser auf, zudem muss auf Dichtigkeit geachtet werden, und eine Anlage ist typischerweise mit Frostschutzmitteln gefüllt.

Hinsichtlich formalästhetischer Kriterien gibt es bei den solartechnischen Systemen ein großes Spektrum an Gestaltungsoptionen für die Integration in die Gebäudehülle. Das Farbspektrum der Absorberflächen und die formale Vielfalt von Profilen beeinflussen das Erscheinungsbild der Anlagen ebenso wie die seitlichen Anschlusselemente an die Fassadenebene. Architekten gegenüber wird die große Bandbreite an Farben häufig als besonderer Pluspunkt der Photovoltaik hervorgehoben (Abb. C 3.27). Allerdings stellt der Einsatz zusätzlicher Farben wie auch Formen in der Gebäudehülle eine gestalterisch besonders sensible Aufgabe im Hinblick auf das Erscheinungsbild dar, was einer sorgfältigen und behutsamen Abwägung bedarf. In Verbindung mit der Farbigkeit besteht aktuell häufig auch die Anforderung nach einer möglichst störungsfreien Oberflächengestaltung gerade bei kristallinen PV-Modulen. Durch das Einfärben der Leiterbahnen (Busbars) oder durch Rückseitenkontakte wirken die Zellen als homogene Flächen, die im Modul in Verbindung mit gleichfarbigen Folien oder Glasbeschichtungen nahezu nicht mehr als solche ablesbar sind (Abb. C 3.25 und C 3.26).
Eine architektonische Integration solartechnischer Systeme in die Gebäudehülle bedeutet jedoch weit mehr. Sie bezeichnet das Einfügen in Dach und Wand in baukonstruktiv und funktional überzeugender Weise – und das in einer auch ästhetisch schlüssigen Form, welche die spezifische Charakteristik des Gebäudes

C 3.27

berücksichtigt und sich mit ihr zu einer architektonischen Einheit verbindet, die sich aus den Merkmalen des Gebäudes und den (kompositorischen) Linien des solaren Energiesystems ergibt. Die Qualität des Einfügens wird beeinflusst durch Konstruktion, Material, Farbe und Oberfläche sowie durch Größe, Proportion und Gliederung der Komponenten, wobei stets das bauliche System als Ganzes im Blick behalten werden muss [13].

Anmerkungen:

[1] PV-Module und Röhrenkollektoren wurden erstmals 1982 in der Wohnanlage in München, von Thomas Herzog und Bernhard Schilling mit dem Fraunhofer-Institut für Solare Energiesysteme in Freiburg eingesetzt.
[2] Krippner, Roland: Die Gebäudehülle als Wärmeerzeuger und Stromgenerator. In: Schittich, Christian (Hrsg.): Gebäudehüllen. Konzepte, Schichten, Material. 2. Aufl., München 2006, S. 48
[3] Henning, Hans-Martin; Palzer, Andreas: 100 % Erneuerbare Energien für Strom und Wärme in Deutschland. Im Rahmen von Eigenforschung erstellte Studie. Freiburg 2012, S. 4f.
[4] Koblin, Wolfram u. a.: Handbuch Passive Nutzung der Sonnenenergie. Schriftenreihe des BMI für Raumordnung, Bauwesen und Städtebau 04, Bau- und Wohnforschung. Bonn 1984, S. 93–99
[5] Herzog, Thomas u. a.: Gebäudehüllen aus Glas und Holz. Maßnahmen zur energiebewussten Erweiterung von Wohnhäusern. Lausanne 1986, S. 8, 15
[6] wie Anm. 4, S. 118, 135ff.
[7] Goetzberger, Adolf; Wittwer, Volker: Sonnenenergie. Thermische Nutzung. Stuttgart 1993, S. 146f.
[8] Nachtigall, Werner; Pohl, Göran: Bau-Bionik. Natur – Analogien – Technik. 2. Aufl., Berlin/Heidelberg 2013, S. 41–46
[9] Gelegentlich als transparente Wärmedämmung bezeichnet. Das Adjektiv »transparent« ist insofern irreführend, als diese Materialien zwar durchlässig für Strahlung sind, jedoch nur sehr eingeschränkt hinsichtlich der Durchsicht. Da im Bauen deutlich unterschieden werden muss zwischen »durchscheinend / transluzent« und »durchsichtig / transparent«, wird von transluzenter Wärmedämmung gesprochen.
[10] Herzog, Thomas: Transluzente Bauteile. Anmerkungen zu ihrer Wirkung. In: Almanach 90/92. FB Architektur der TH Darmstadt. Darmstadt 1992, S. 94ff.
[11] Krippner, Roland: Architektonische Aspekte solarer Energietechnik. In: 9. Symposium Thermische Solarenergie. Tagungsband. Regensburg 1999, S. 237
[12] Krippner, Roland (Hrsg.): Gebäudeintegrierte Solartechnik. Detail green books. München 2016
[13] Krippner, Roland: Solartechnik in Gebäudehüllen. In: Detail Green, 01/2012, S. 53–57

Wohn- und Atelierhaus

Gleißenberg, DE 2001

Architekt:
Florian Nagler, München

Archicrée 309, 2003
Architekturjahrbuch Bayern. Hrsg. von der Bayerischen Architektenkammer München 2002
db 01/2003

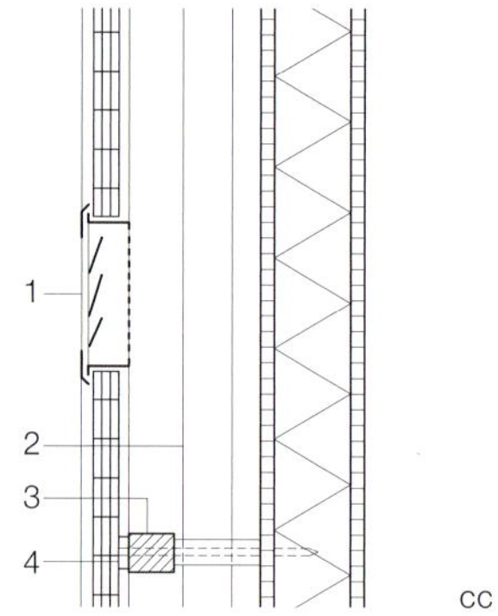

- »Solarwall« (Stegplatte / einfache Holztafelbauweise)
- eingerücktes Kellergeschoss quer zum Hang trägt den zweigeschossigen Baukörper
- transparente Wetterhaut aus Kunststoff als kostengünstiges und witterungsbeständiges Material
- Giebelseiten transluzent, Traufseiten als Temperaturpuffer und Witterungsschutz der dahinterliegenden Holzwand
- Dachdeckung aus Rotzederschindeln

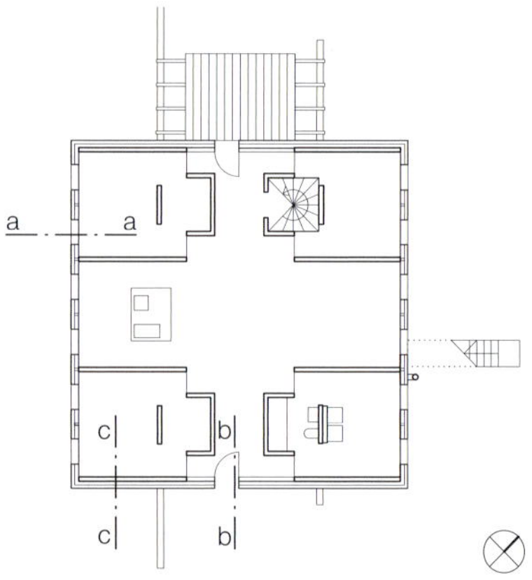

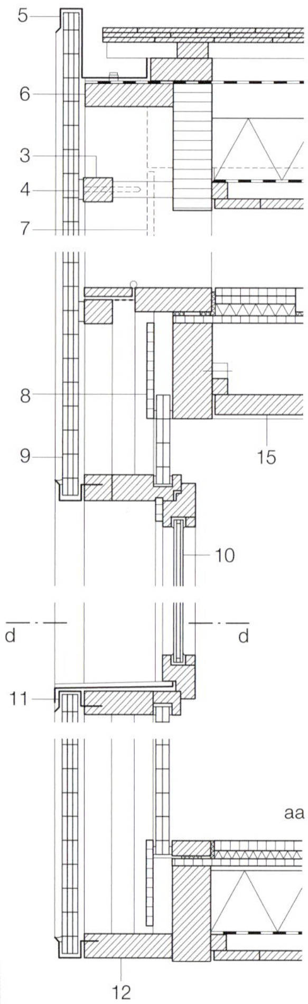

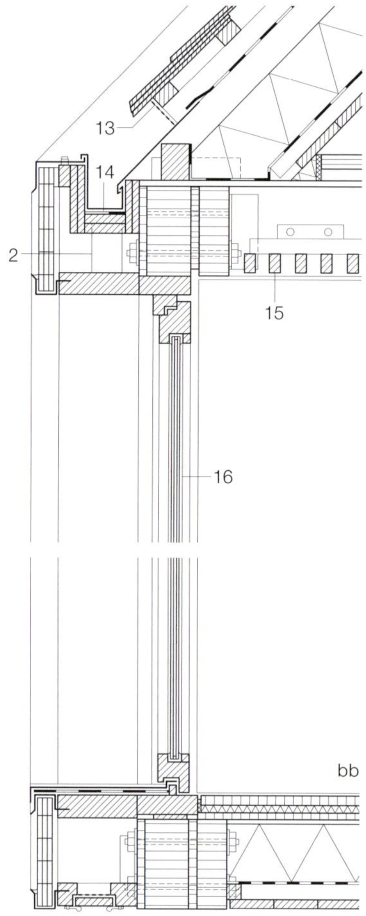

1 Wetterschutz- und Fliegengitter verschraubt, zur Ableitung des Schwitzwassers an der Unterkante gelocht
2 Fallrohr Stahl verzinkt Ø 40/2 mm
3 Holzleiste 60/80 mm einfach überplattet, verschraubt
4 Flachsoganker verschraubt
5 Aluminiumprofil gekantet, Stoß mit Aluminiumfolie überbrückt
6 Ortgangbohle 60/240 mm
7 OSB-Platte zum Klemmen der Polycarbonatplatten an der Gebäudeecke
8 OSB-Platte 18 mm
9 Polycarbonat-Dreifachstegplatte Hinterlüftung 220 mm Polycarbonatplatte
10 Holzfenster mit Isolierverglasung
11 Aluminiumblech gekantet als gleitende Klemmung für Längenausdehnung der Polycarbonatplatten
12 Holzbohle 60/240 mm mit Lüftungseinlässen
13 Insektenschutzgitter
14 Kastenrinne Titanzinkblech auf Trennlage
15 Holzleisten 30/50 mm
16 Holztür mit Isolierverglasung
17 Polycarbonat-Dreifachstegplatte Hinterlüftung 220 mm OSB-Platte 22 mm Wärmedämmung 120 mm OSB-Platte 22 mm
18 Stahlkonsole verzinkt
19 Fassadenpfosten Kantholz 60/100 mm
20 Trennwandanschluss

Grundriss Maßstab 1:400
Lüftungsöffnung vertikal
Maßstab 1:20
Vertikalschnitte • Horizontalschnitt
Maßstab 1:20

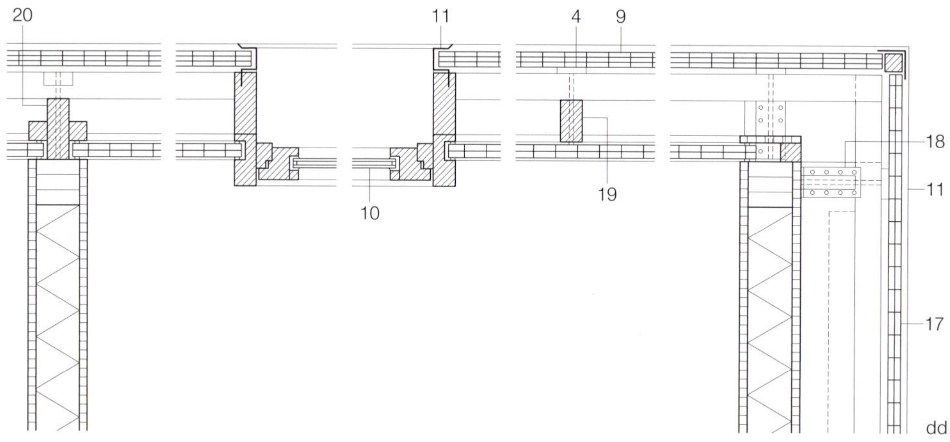

Pharma Service Center

Binzen, DE 2003

Architekten:
Pfeifer Roser Kuhn, Freiburg
Projektleitung:
Wolfgang Stocker
Fassadenstatik:
Silke Gauthier, Radebeul

DBZ 01/2003
Der Architekt 11/2002

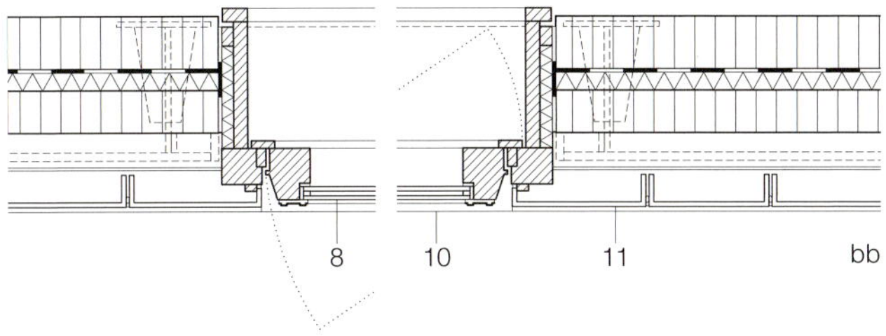

- Produktions-, Logistik- und Verwaltungsgebäude
- Regulierung der großen Abwärme aus dem Produktionsprozess durch hohe Speichermassen in Außenwänden und Bodenplatte sowie durch Gebäudezonierung
- Wand als Luftkollektor
- kontrollierte Hinterlüftung unterstützt im Sommer durch natürliche Thermik die Auskühlung der Betonwand; im Winter reduziert die solar erwärmte Luft Wärmeverluste

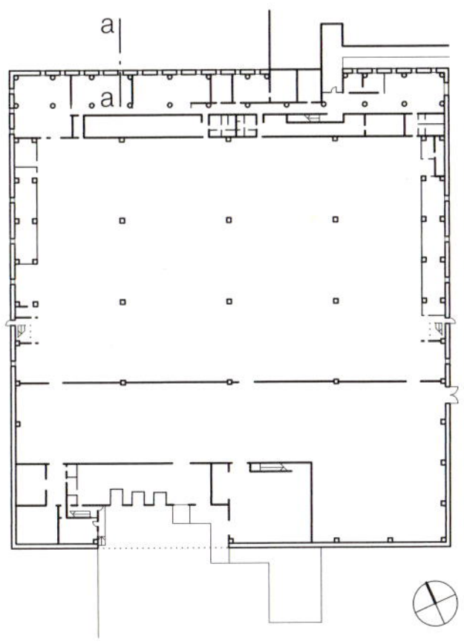

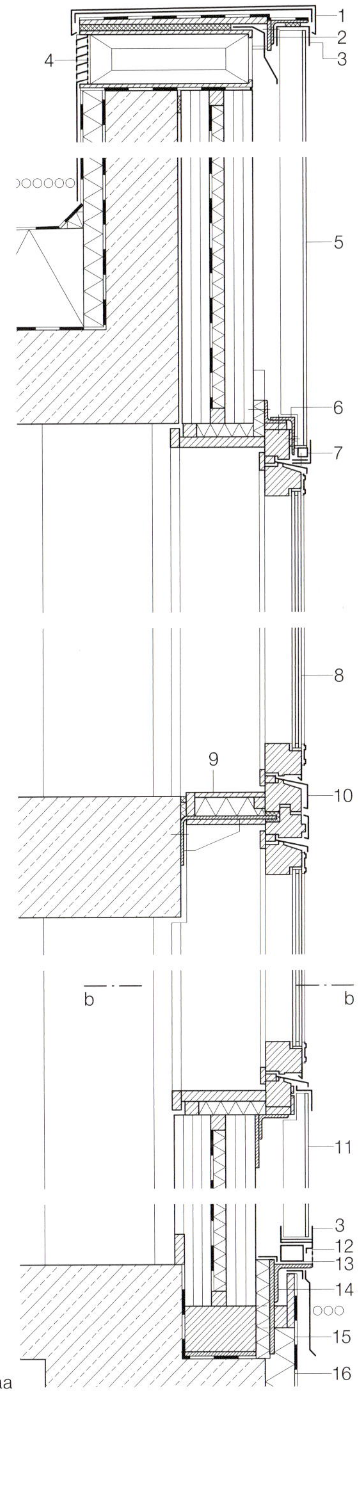

Grundriss Maßstab 1:2000
Vertikalschnitt • Horizontalschnitt
Maßstab 1:20

1 Abdeckblech Aluminium 15 mm
2 Stahlprofil (tragend) L 100/65/7 mm
3 Aluminiumprofil ⊔ 50/80/3 mm
4 Lüftungsgerät mit Wetterschutzgitter
5 Profilbauglas
Hinterlüftung 135 mm
Brettstapelwand zweischalig, dazwischen Mineralwolle mit diffusionsoffener Unterdeckbahn 80 + 40 + 80 mm
Trennlage
Stahlbeton 200 mm
Dampfsperre
PUR Hartschaum 60 mm
Abdichtung Kunststoffbahn
6 Stahlprofil verzinkt L 60/60/8 mm
7 Aluminiumrohr ▭ 32/25 mm
8 Holzfenster Lärche mit Isolierverglasung
9 Lärche 13 mm
Schalldämmung 50 mm
Stahlkonsole durchlaufend
Sperrholz 13 mm
10 Abdeckblech Aluminium
11 Profilbauglas
Hinterlüftung 150 mm
Brettstapelwand zweischalig, dazwischen Mineralwolle mit diffusionsoffener Unterdeckbahn 80 + 40 + 100 mm
innenseitig vertikale Akustikprofilierung
12 Fliegengitter
13 Aluminiumrohr ▭ 60/34/3 mm
14 Stahlprofil (tragend) L 100/100/10 mm
15 Perimeterdämmung 80 mm
16 Abdichtung

Wohnhaus

Herisau, CH 1998

Architekt:
Peter Dransfeld, Ermatingen

Detail 03/1999

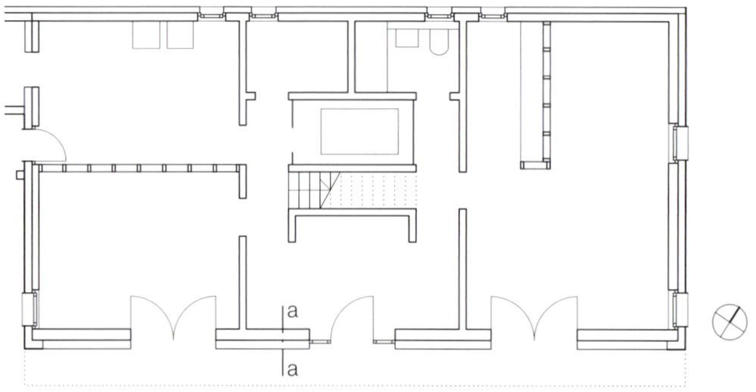

- Grundlage des Energiekonzepts ist ein kompakter, hochgedämmter Baukörper mit TWD vor der südseitigen Mauerwand.
- zentraler Holzspeicherofen zur Deckung des Wärmebedarfs
- Vakuumröhrenkollektoren gebäudeunabhängig
- Überhitzungsschutz der TWD im oberen Feld durch Verschattungslamellen, im unteren durch integrierte Kunststoffprismen

Grundriss Erdgeschoss
Maßstab 1:200
Fassadenschnitt Süd •
Horizontalschnitt Ecke Südost
Maßstab 1:20

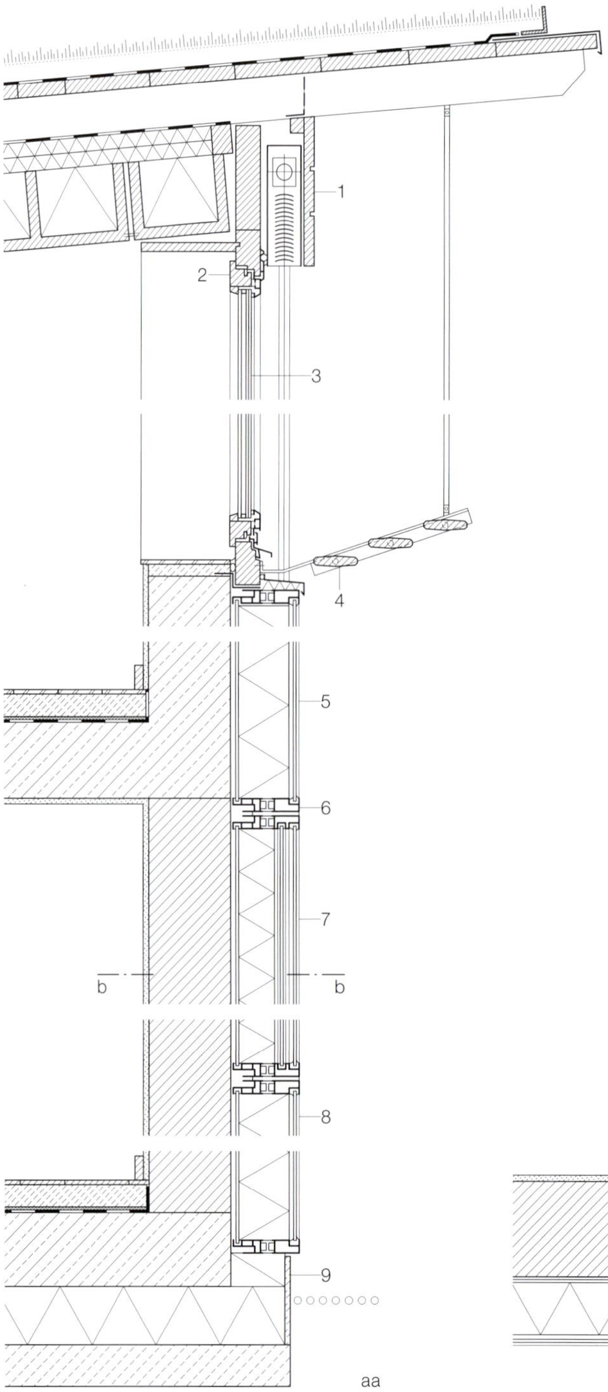

aa

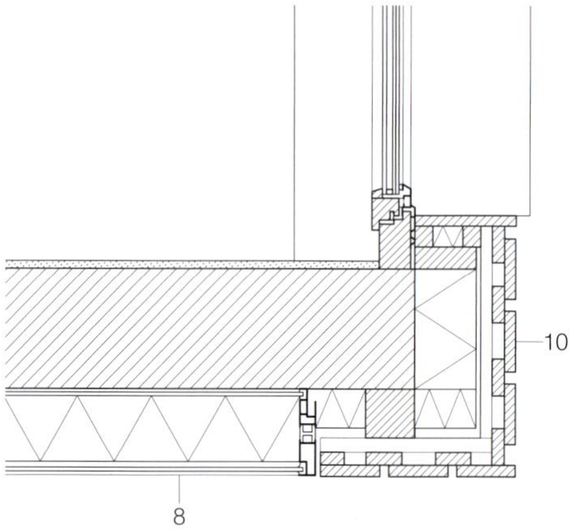

1 Dreischichtplatte Fichte horizontal genutet zur Aufnahme von Spannungen
2 Fensterrahmen Holz mit Aluminiumabdeckung
3 Dreifach-Isolierverglasung
4 Sonnenschutzlamellen, Vollholz zur Beschattung der oberen TWD-Reihe
5 TWD-Element in Aluminiumrahmen:
Solarglas eisenarm 5 mm
Zwischenraum 12 mm
Kunststoffröhrendämmung 140 mm
Glasplatte 5 mm
Zwischenraum
Stahlbeton 250 mm
außen schwarz gestrichen
Innenputz 15 mm
6 Strangpressprofil Aluminium pulverbeschichtet, thermisch getrennt
7 TWD-Element in Aluminiumrahmen:
Solarglas eisenarm 5 mm
Kunststoffprismenplatte im Zwischenraum zur Reflexion sommerlicher Strahlung
Kunststoffröhrendämmung 100 mm
Glasplatte 5 mm
Zwischenraum
Kalksandsteinmauerwerk 250 mm
außen schwarz gestrichen
Innenputz 15 mm
8 TWD-Element (wie 5) nicht verschattet
9 Faserzementplatte
10 Holzschalung vertikal, Fichte sägerau mit Dickschichtlasur dreischichtig rot gestrichen
Hinterlüftung
Wärmedämmung 140 mm

Produktionshallen

Eimbeckhausen, DE 1992

Architekten:
Herzog + Partner, München
mit Bernd Steigerwald, Holger Gestering

🕮 Arch+ 126, 1995
Architectural Review 01/1994
Flagge, Ingeborg u.a. (Hrsg.):
Thomas Herzog. Architektur + Technologie. München/London/New York 2001

- Fabrikationshalle auf Basis ökologischer Aspekte; funktional differenziertes Gebäudekonzept, Holztragwerk und Holzfassaden
- natürliche Belichtung und Belüftung der Produktionsräume; TWD-Paneele auch zur Einlenkung von Tageslicht
- PV-Vordach mit rahmenlosen semitransparenten ASI-Modulen (4 kWp) zur Versorgung der Elektrogabelstapler
- Hallendächer extensiv begrünt als Überhitzungsschutz im Sommer, zur Reduktion von Schallemissionen und zur Verzögerung des Regenabflusses

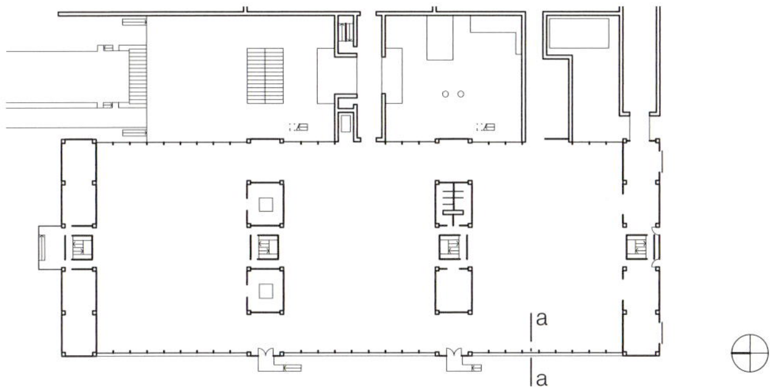

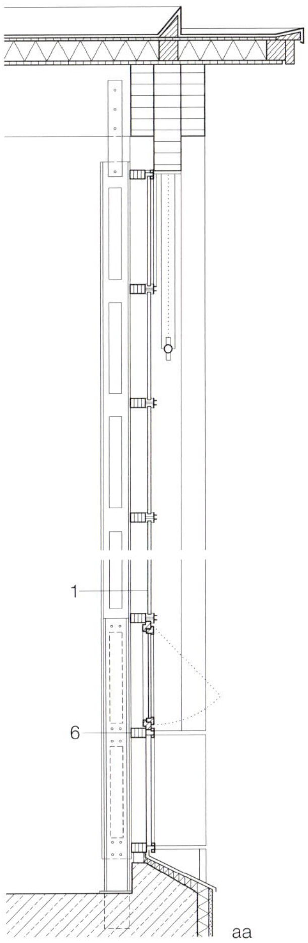

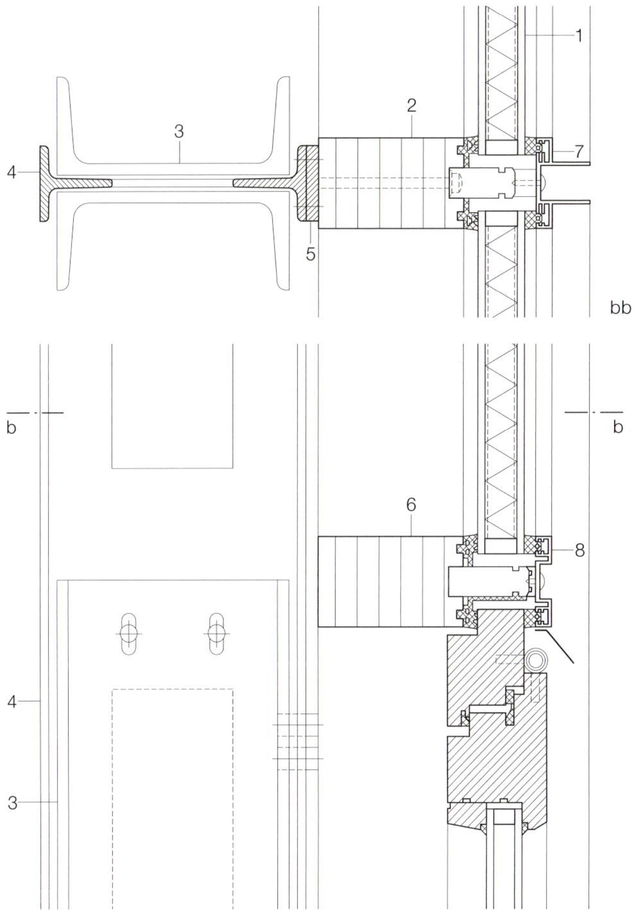

Grundriss Maßstab 1:1500
Vertikalschnitt Maßstab 1:50
Details Maßstab 1:5

1 Element mit transluzenter Wärmedämmung (TWD):
Floatglas 5 mm
Glasfaservlies
Kapillarplatte 24 mm
Glasfaservlies
Floatglas 5 mm
2 Pfosten BSH 60/100 mm
3 2× Stahlprofil ⊔ 160 mm
4 2× Stahlprofil T 50 mm
Fassadensprossen zur Aufnahme der Windkräfte, verschweißt mit Flachstahlprofilen
5 Flachstahl ⏥ 50/40/10 mm
6 Riegel BSH 60/100 mm
7 Aluminium-Strangpressprofil vertikal
8 Aluminium-Strangpressprofil horizontal

Bürogebäude

Zürich, CH 2007

Architekten:
Beat Kämpfen, Büro für Architektur, Zürich
Energieberatung:
Naef Energietechnik, Zürich

Detail Green 01/2009
Holzbulletin 90, 2009

- erstes Bürogebäude der Schweiz mit Null-Energie-Bilanz
- dreigeschossiger Baukörper in Holzskelettbauweise mit maßkonfektionierten Holzwerkstoffplatten
- in der Südfassade sind zu etwa 50 % PCMs (Salzhydrate) in den Scheibenzwischenraum zur Speicherung der Solarwärme eingesetzt; Dachüberstand und durchlaufende Balkone in Verbindung mit Stoffstores schützen vor Überhitzung
- das 12° geneigte Pultdach ist vollflächig mit kleinteiligen Photovoltaikpaneelen belegt, die antrazithfarben geschuppte Dachhaut bilden

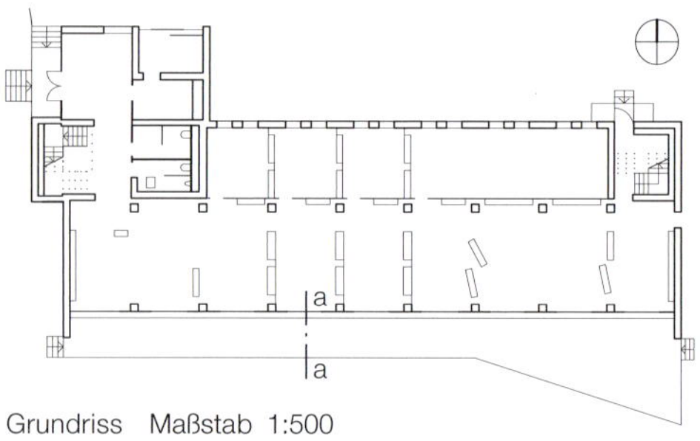

Grundriss Maßstab 1:500
Vertikalschnitt Maßstab 1:20
Diagramm Energieertrag/-verbrauch ohne Maßstab

1 Dünnschichtzellen Photovoltaikpaneele
2 Schalung horizontal 100/25 mm
3 Senkrechtmarkise
4 PCM-Paneel als Ersatz an Speichermasse
5 Lärchenbank
6 Holzwerkstoffplatte 20 mm auf Lattung 30/30 mm
damfdurchlässiges Windpapier
MDF-Platte 15 mm diffusionsoffen
Wärmedämmung 80 mm,
zwischen Lattung

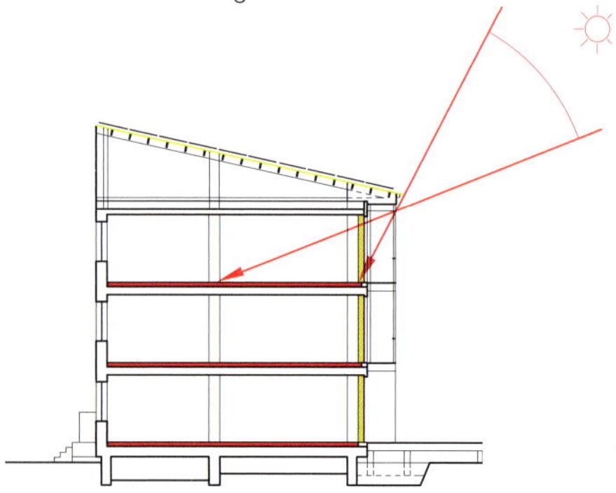

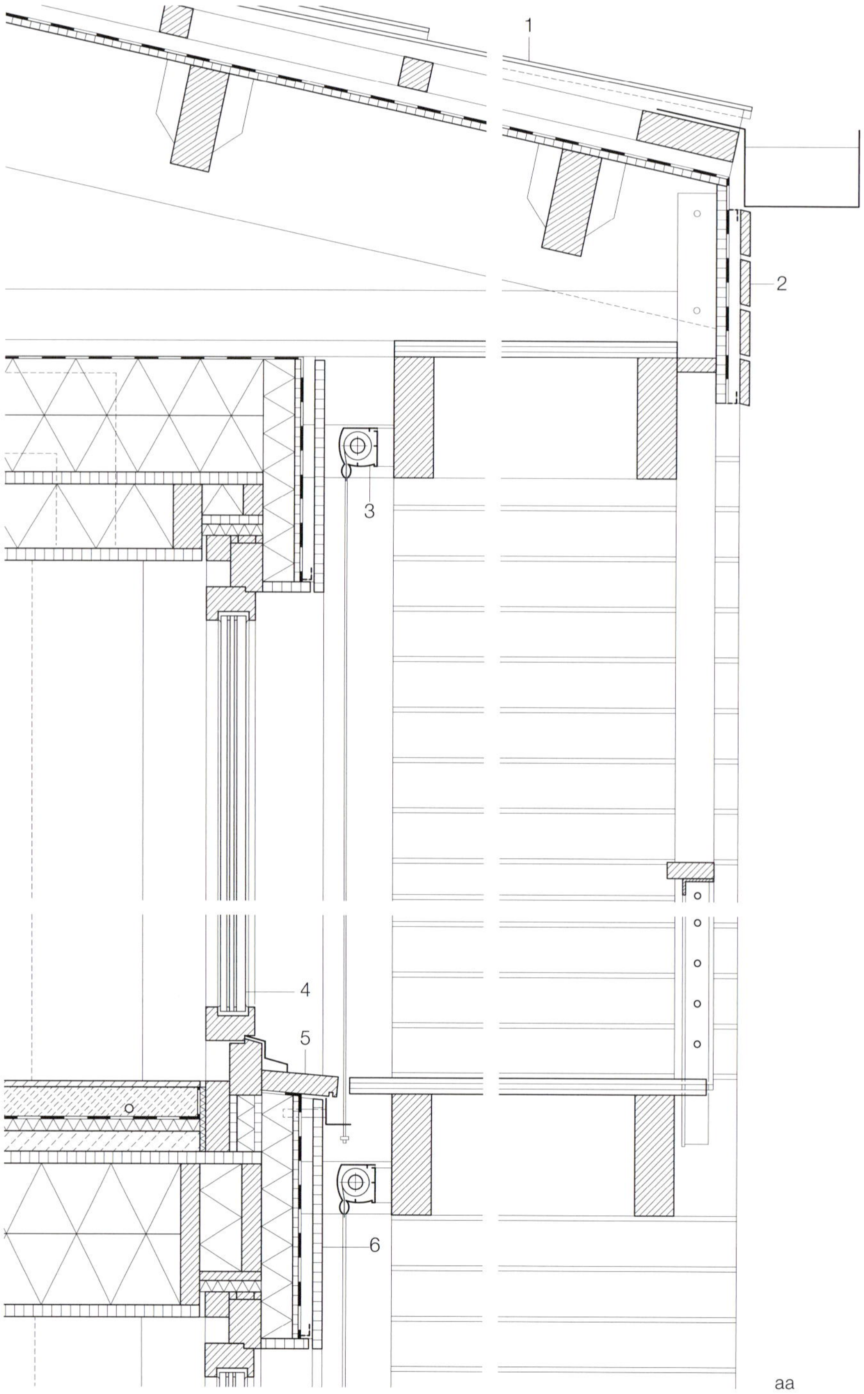

Wohnanlage

Batschuns, AT 1997

Architekt:
Walter Unterrainer, Feldkirch

📖 db 10/2000; 05/2007
Detail 03/1999

- aktive Solartechnik in Gebäudehülle integriert
- Ensemble aus vier zweigeschossigen und zwei dreigeschossigen Wohneinheiten in Niedrigenergiebauweise
- kompakter Baukörper; hoher Dämmstandard und Luftdichtheit ersparen Heizungsanlage
- Wärmebedarf wird durch kontrollierte Lüftung und Wärmepumpe gedeckt
- Wasserkollektoren in der Fassade und auf dem Flachdach mit 750 l-Solarboiler pro Wohneinheit für Brauchwassererwärmung

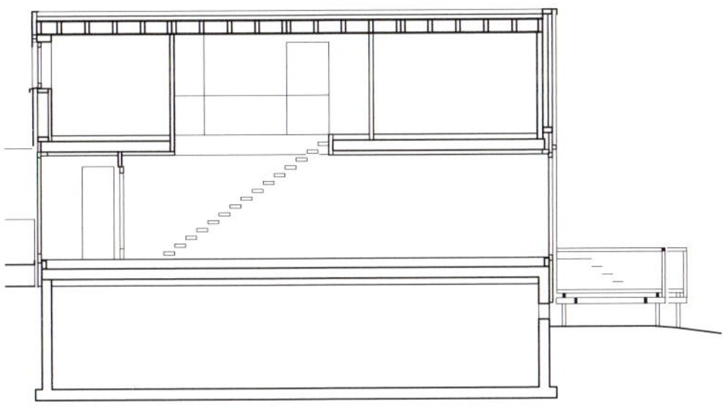

aa

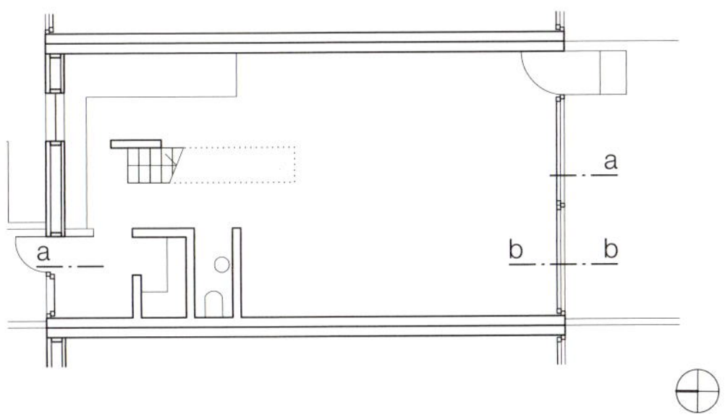

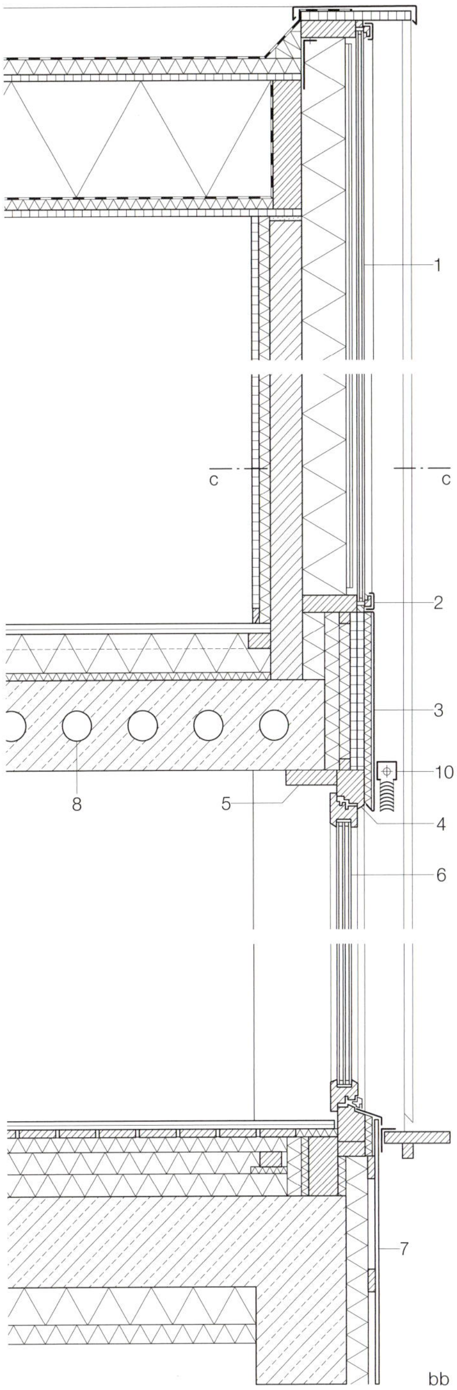

Schnitt Maßstab 1:250
Vertikalschnitt • Horizontalschnitt
Maßstab 1:20

1 Südfassade:
Isolierverglasung
Warmwasserkollektor / Absorber
Dämmung Mineralwolle 120 mm
Ziegelmauerwerk 90 mm
Flachsdämmung 30 mm
Dreischichtplatte 19 mm
2 Klemmleiste Aluminium
3 Aluminiumblech gekantet
Dämmplatte Schaumstoff 20 mm
Dreischichtplatte 2× 19 mm
Wärmedämmung 40 + 30 mm
4 Holzfenster Lärche Aluminium-abdeckung
5 Holzleiste 4/14 mm
6 Dreifach-Wärmeschutzverglasung mit thermischem Verbund
7 Sockel:
Faserzementplatten auf Unterkonstruktion
Perimeterdämmung 60 mm
Stahlbeton 250 mm
8 Stahlbetondecke 240 mm mit Lüftungsrohren ∅ 80 mm
9 Holzschalung Lärche vertikal 24 mm
Lattung 30/50 mm
Dämmung Schaumstoff 60 mm
Dreischichtplatte 18 mm
Dämmung Schaumstoff 2× 60 mm
Ziegelmauerwerk porosiert 180 mm
Innenputz 8 mm
10 Jalousie Aluminium

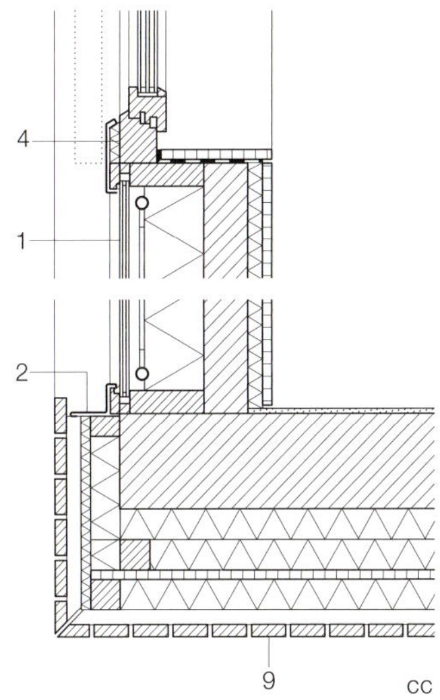

Berufsschulzentrum

Bitterfeld, DE 2000

Architekten:
scholl, Stuttgart
Haustechnik:
ARGE HLSE, Leipzig/Bitterfeld
Fassadenberatung:
PBI, Wiesbaden

AIT 05/2001
Bauwelt 26/2001
Beton Prisma 81, 2002
Intelligente Architektur 30, 2001
L'ARCA 178, 2003

- Neubau (Dreiflügelanlage) ergänzt bestehenden Kulturpalast (1953) und Schwimmhalle
- als Niedrigenergiegebäude ausgeführt
- opake Flächen in Sichtbeton
- im Süden mehrgeschossige Kollektorwand von 70 m Länge in Sichtbeton integriert
- Einsatz ökologisch unbedenklicher Materialien, Versickerung des Regenwassers auf dem Grundstück

Schnitt Maßstab 1:500
Grundriss Erdgeschoss
Maßstab ca. 1:3000
Vertikalschnitt Maßstab 1:20
Detailschnitte vertikal • horizontal
Maßstab 1:5

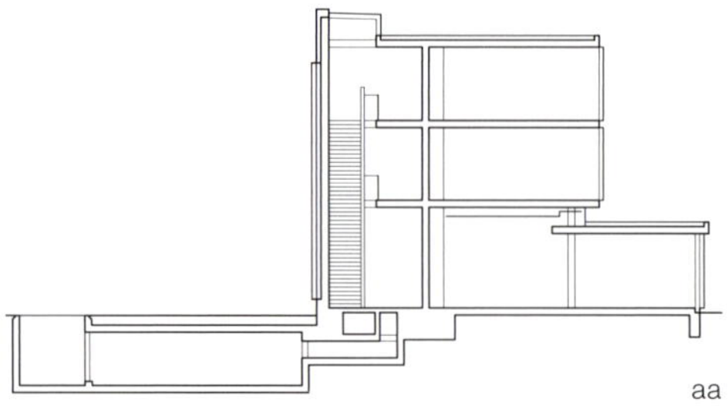

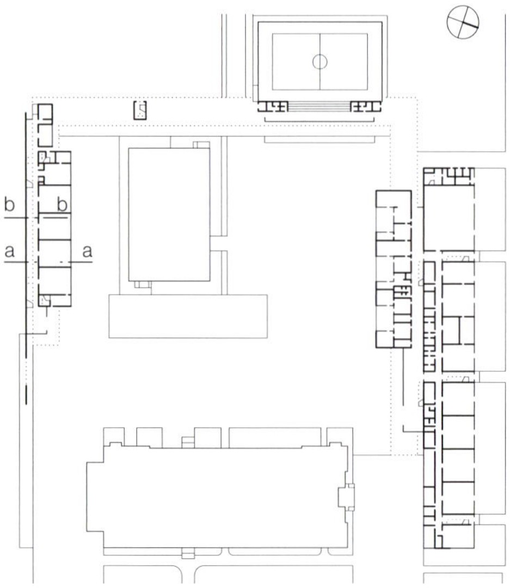

1 Vorsatzschale Sichtbetonfertigteil 170 mm
2 Wärmedämmung Mineralfaser 80 mm
Stahlbeton 350 mm, raumseitig Sichtbetonoberflächen
3 Verglasung Kollektor Solarglas ESG 4 mm
Wasserkollektoren Kupferabsorber mit selektiver Beschichtung
Träger Mehrschichtplatte Kiefer
Unterkonstruktion Kantholz vertikal in Hinterlüftungsebene 80 mm
Unterkonstruktion Kantholz horizontal in Dämmebene
Wärmedämmung 120 mm
Stahlbeton 350 mm, raumseitig Sichtbetonoberflächen
4 Abdeckleiste horizontal, Aluminium eloxiert (aus heutiger Sicht würde man konische Abdeckprofile zur Regenwasserableitung empfehlen)
5 Zuluftauslass: Lamellenrost Aluminium auf Stahlwinkeln
6 Dränagespalt
7 Aluminiumblech gekantet
8 Rillenstoßblech
9 Blechrandbekleidung
10 Insektenschutzgitter
11 Wasserleitfolie
12 Stoßfuge Kollektorelement
13 Verfugung dauerelastisch

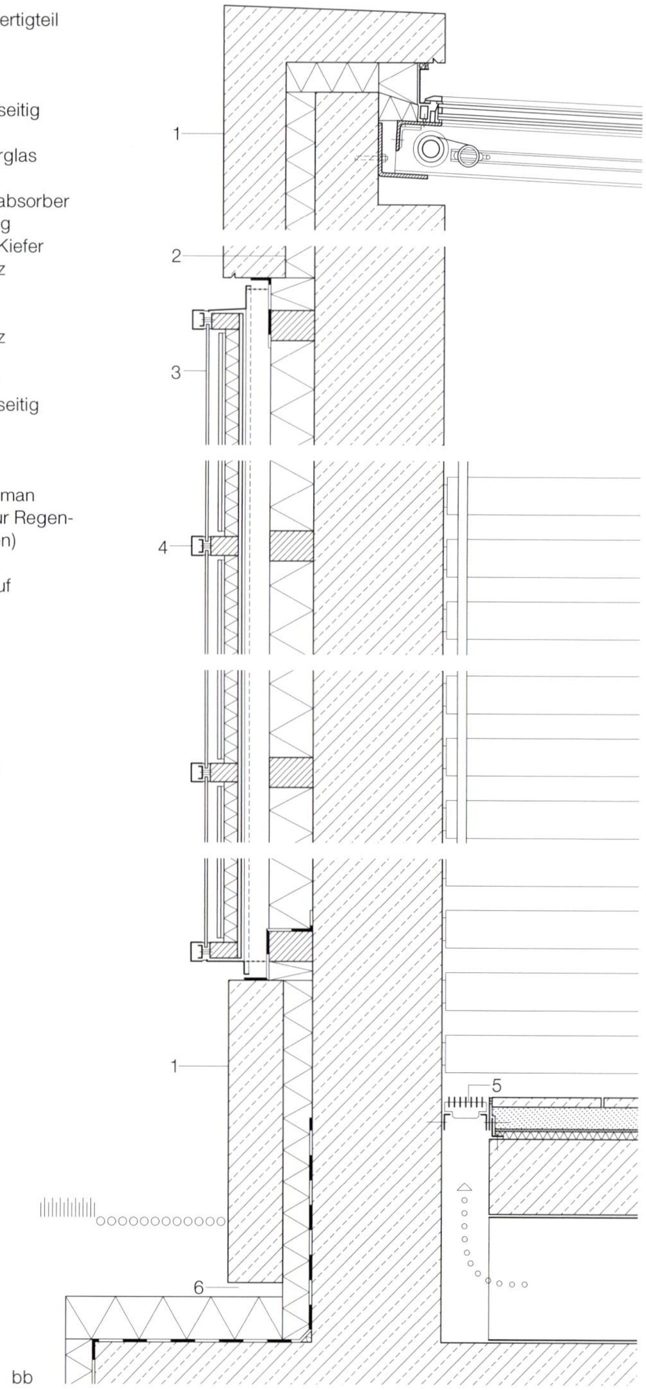

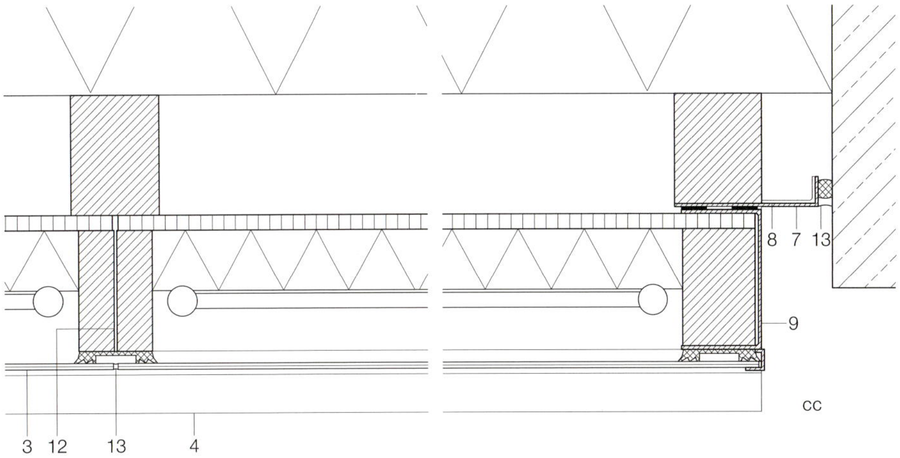
8
7
13
9
cc
3
12
13
4

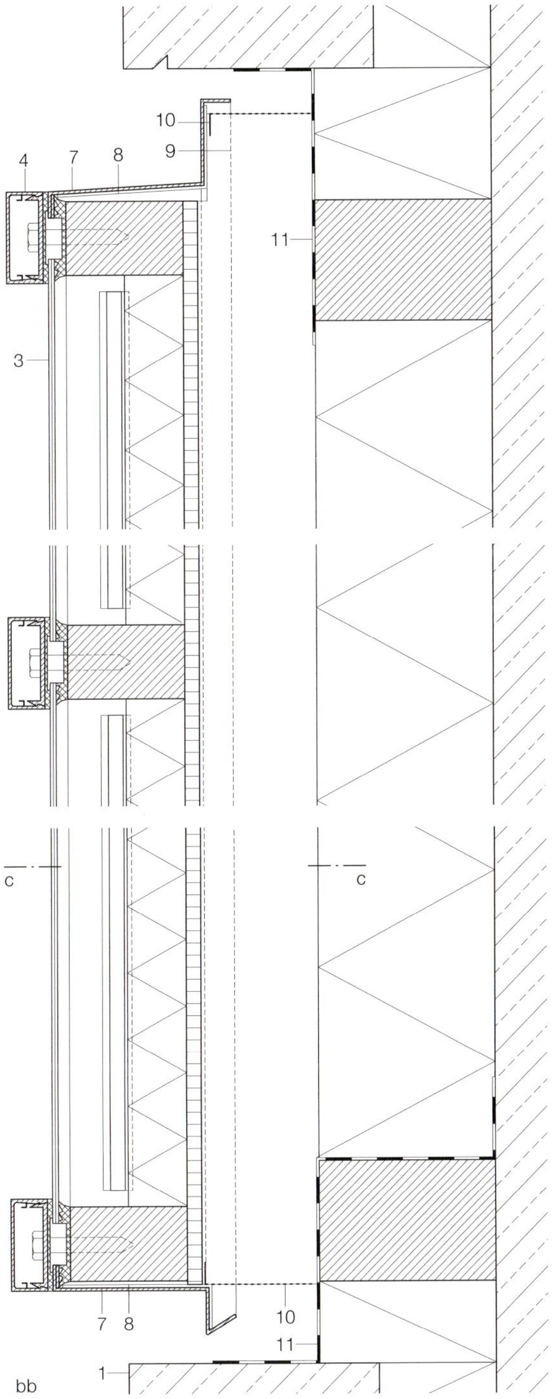
10
9
4
7
8
11
3
c
c
7
8
10
11
1
bb

Gründerzentrum

Hamm, DE 1998

Architekten:
Hegger Hegger Schleiff, Kassel
Generalunternehmer:
Hering Bau, Burbach
Technische Gebäudeausrüstung:
Gerhard Hausladen, München
Rempe + Polzer, Gießen

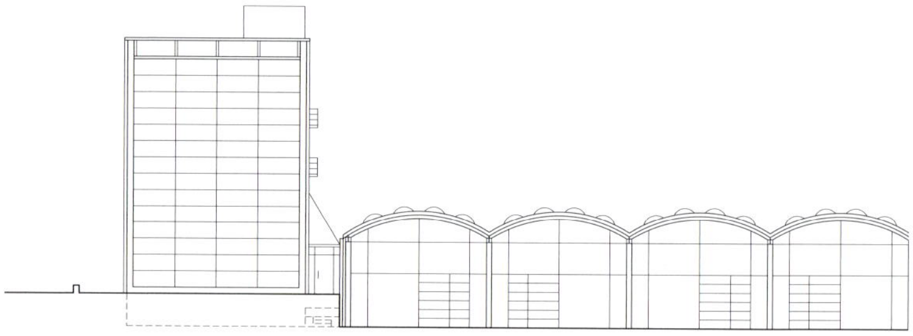

DBZ 10/1998
Hausladen, Gerhard (Hrsg.): Innovative Gebäude-, Technik- und Energiekonzepte. München 2001

- Gründerzentrum auf ehemaliger Zechenbrache
- Anlage besteht aus viergeschossigem Bürogebäude und eingeschossigem, mehrschiffigem Hallentrakt.
- Bürogebäude als Massivbau mit Geschossdecken in Brettstapelverbundkonstruktion
- Beheizung der Hallen über Erdkanal (Nutzung der Erdwärme bzw. -kühle) oder über viergeschossige Kollektorfassade (120 m²)

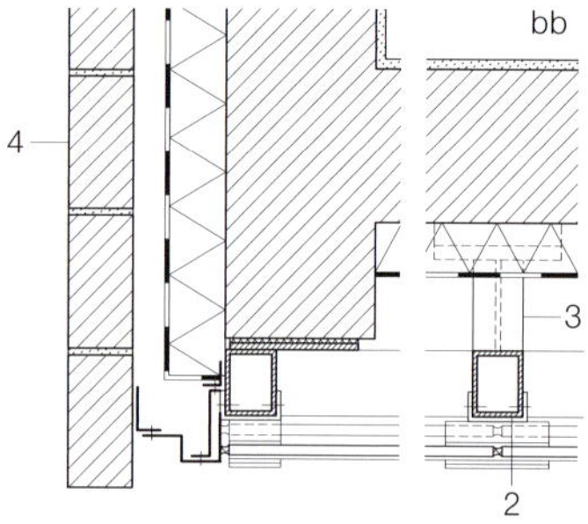

1 Brettbohle mit Zinkblechabdeckung
2 Stahlrahmenkonstruktion Stahlrohr ▭ 100/80/4 mm zur Aufnahme der Kollektoren/Lüftungsgitter Hinterlüftung 110 mm Windsperre Wärmedämmung 80 mm Kalksandstein 240 mm Innenputz 15 mm nur im Attikabereich: Abdichtung Wärmedämmung 80 mm Außenputz 20 mm
3 Stahlprofil IPE 120 mit Fußplatte, Unterlage EPDM als thermische Trennung und Toleranzausgleich
4 Recyclingziegel 217/100/66 mm Hinterlüftung 50 mm Windsperre Wärmedämmung 90 mm Kalksandstein 240 mm Innenputz 15 mm

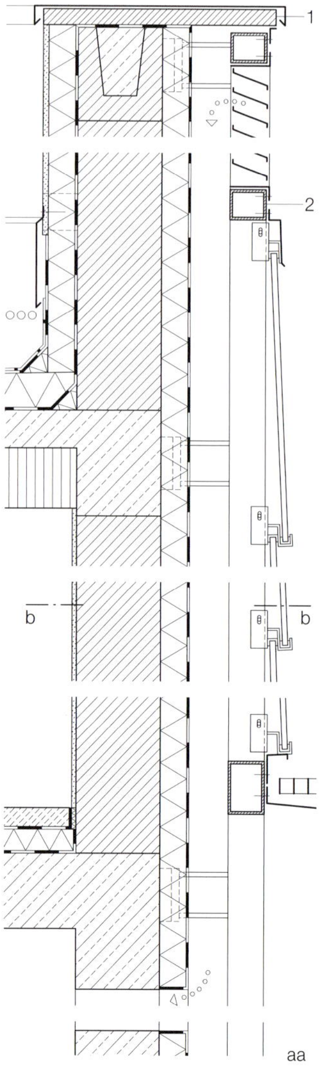

Isometrie ohne Maßstab
Ansicht Maßstab 1:500
Horizontalschnitt • Vertikalschnitt
Maßstab 1:20

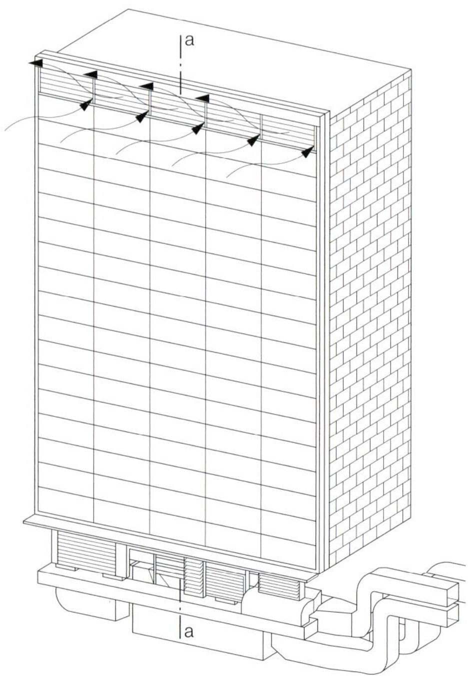

Bibliothek

Mataró, ES 1995

Architekt:
Miquel Brullet i Tenas, Barcelona

Detail 03/1999
Werk, Bauen + Wohnen 09/1998
Herzog, Thomas (Hrsg.): Solar Energy in Architecture and Urban Planning. München/London/New York 1996

- Südfassade als mehrschalige Glasfassade
- außenliegende polykristalline Solarzellen als Glas-Glas-Module (Gläser thermisch vorgespannt, Größe 2 m², Rahmen verklebt), raumseitig Isolierverglasung
- Zwischenraum (15 cm) im Sommer zur wirksamen Hinterlüftung der PV-Module, im Winter zur Vorwärmung der Zuluft
- auf Abstand gesetzte Solarzellen ermöglichen neben Stromerzeugung und Sonnenschutz durch die Semitransparenz Tageslichtnutzung
- nach Fertigstellung eine der größten gebäudeintegrierten PV-Anlagen Europas

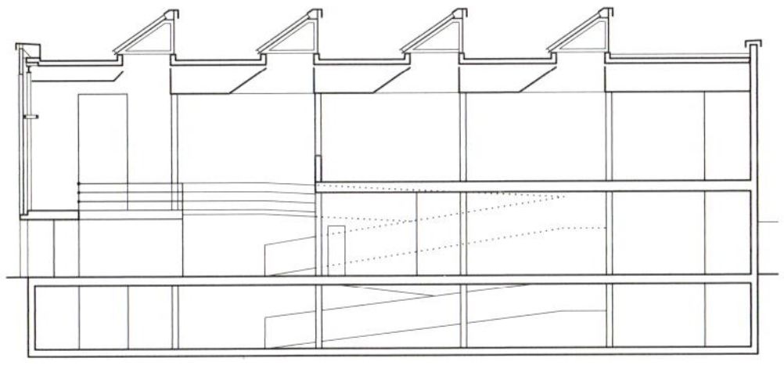

aa

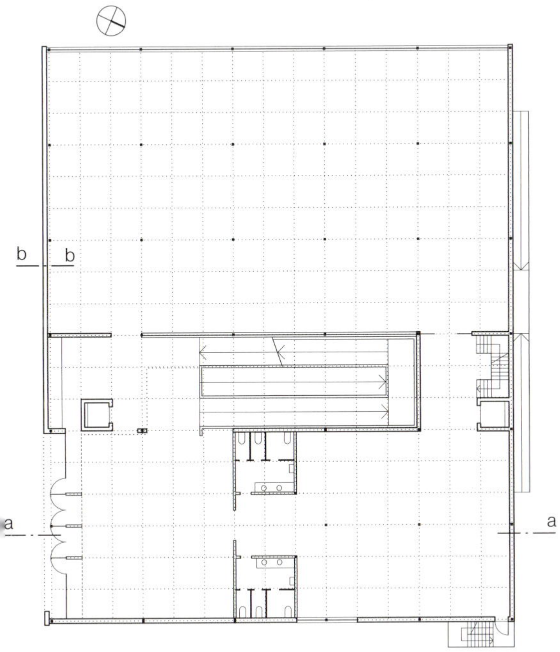

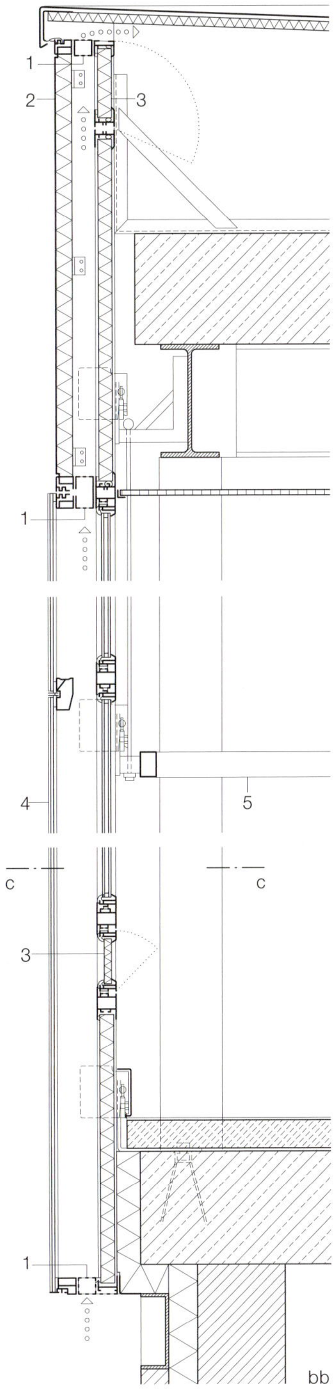

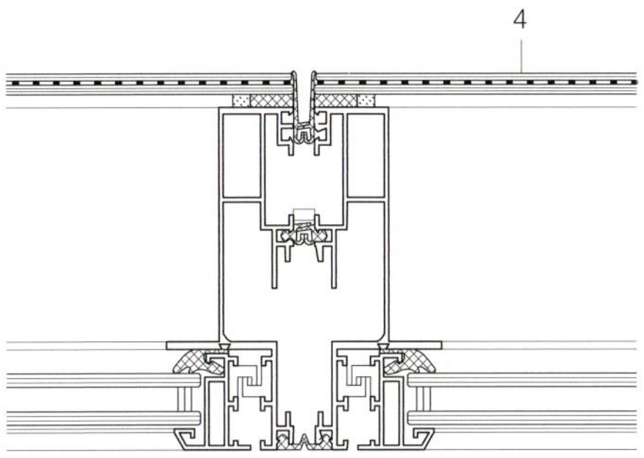

cc

Schnitt Maßstab 1:500
Vertikalschnitt Maßstab 1:20
Detailschnitt horizontal Maßstab 1:5

1 Luftöffnung mit Filter
2 geschlossenes Element:
Metallpaneel gedämmt 40 mm
Hinterlüftung 60 mm
Metallpaneel gedämmt 40 mm
3 Abluftklappe
4 Photovoltaikmodul Südfassade
6495 × 1050 mm:
VSG mit integrierten Solarzellen
auf Rahmenkontruktion geklebt
Zwischenraum 150 mm
Isolierverglasung
5 Horizontalträger Fassade

Fortbildungsakademie

Herne, DE 1999

Architekten:
Jourda et Perraudin, Paris
Hegger Hegger Schleiff, Kassel
Tragwerksplanung:
Ove Arup und Partner, Düsseldorf
Schlaich Bergermann und Partner, Stuttgart

📖 Architectural Record 12/1999
Architectural Review 10/1999
Detail 03/1999
Hagemann, Ingo B.: Gebäudeintegrierte Photovoltaik. Köln 2002

- Glashalle als mikroklimatische Hülle zur passiven Solarenergienutzung
- etwa die Hälfte der Dach- und Fassadenfläche mit PV-Glas-Modulen bestückt, Gesamtleistung bis zu 1 MWp
- im Fassadenbereich ersetzen monokristalline PV-Zellen 30 % der Verglasung
- Verschatter für innenliegende Gebäudeteile
- durch unterschiedliche PV-Module modulares Wechselrichterkonzept für effiziente Energieumwandlung

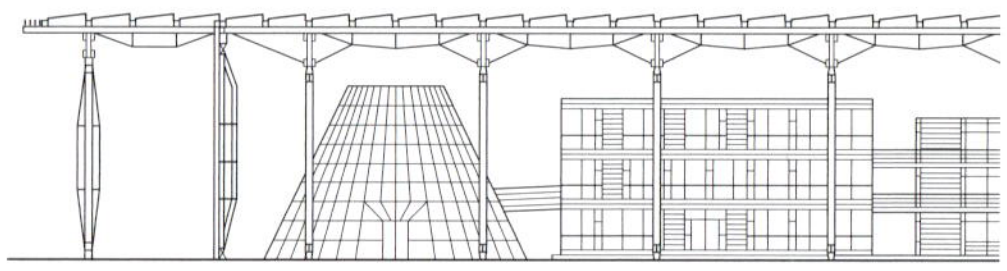

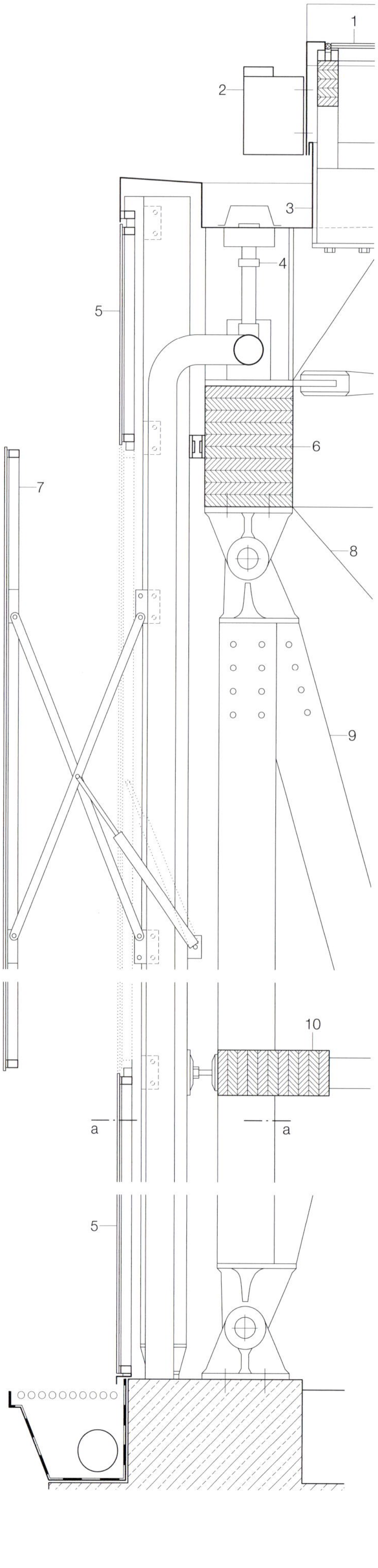

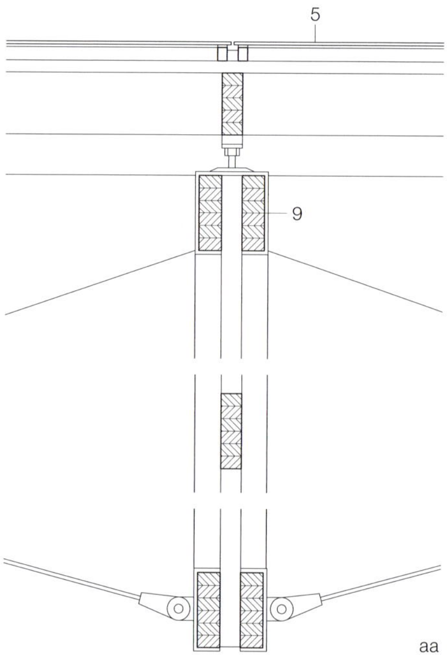

aa

Ansicht Maßstab 1:1000
Vertikalschnitt • Horizontalschnitt
Maßstab 1:20

1 Dachverglasung VSG aus:
Weißglas TVG 6 mm
Photovoltaikzellen in Gießharz 2 mm
TVG 8 mm
2 Wechselrichter
3 Stahlrinne verzinkt
4 Regenwasser Schnellablaufsystem
5 Fassade Einfachverglasung
Structural Sealant Glazing auf
Fassadenpfosten BSH 160/60 mm;
einzelne Scheiben in Teilbereichen
aus PV-Modulen
6 Randträger BSH 300/400 mm
7 Öffnungsflügel
8 Dachträger Holzfachwerk
9 Holzfachwerk zur Aufnahme der Windkräfte
10 Fassadenriegel BSH

Energiewürfel – Stadtwerke

Konstanz, DE 2011

Architekt:
Arnold Wild
Stadtwerke Konstanz
Fassadenplanung:
Gerhard Weber und Partner
IFP–Integrale Fassadenplanung

Glaswelt 04/2013

- Kundenzentrum der Stadtwerke Konstanz
- Plusenergiehaus als Würfel mit Kantenlänge von 15 m
- zweischalige Fassade, außen Dreifachverglasung, Raster 3 × 4 m, 60 % der Fläche transparent, 40 % opak
- Südfassade mit semitransparenten kristallinen PV-Modulen mit einer Transparenz von 22 %, Elementgewicht 1 t erstmals PV-Module in dieser Größe verbaut

1 Fassadenaufbau Südseite:
Photovoltaikmodule in Dreifachverglasung in Pfosten-Riegel-Element eingespannt
Fassadenhohlraum als thermischer Puffer 200 mm
Sonnen- und Blendschutz Aluminium-Flachlamellen reflektierend 60 mm
2× Einfachverglasung auf Rollen verschiebbar, Low-E-Beschichtung
2 Lüftungsblech zur mechanischen Entlüftung Fassadenhohlraum
3 LED zur Fassadenbeleuchtung
4 Fassadenaufbau gedämmte Fassade:
PV-Module mit kristallinen, semitransparenten Zellen
Zwischenraum 48 mm
Wärmedämmung Steinwolle 2× 100 mm
Aluminiumblech 3 mm
Wärmedämmung Mineralwolle 40 mm, Vlies
Akustikplatten Holz 16 mm

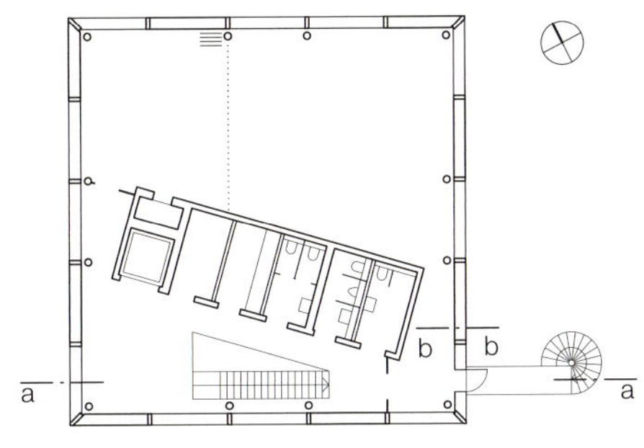

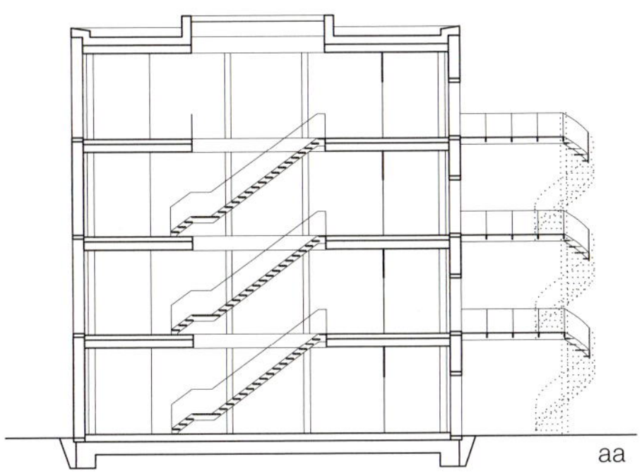

aa

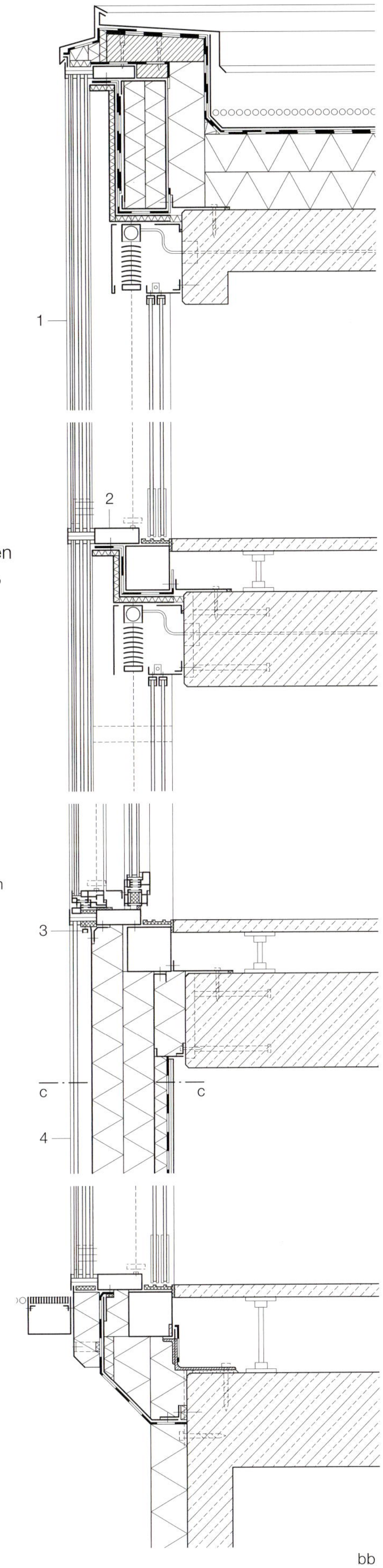

bb

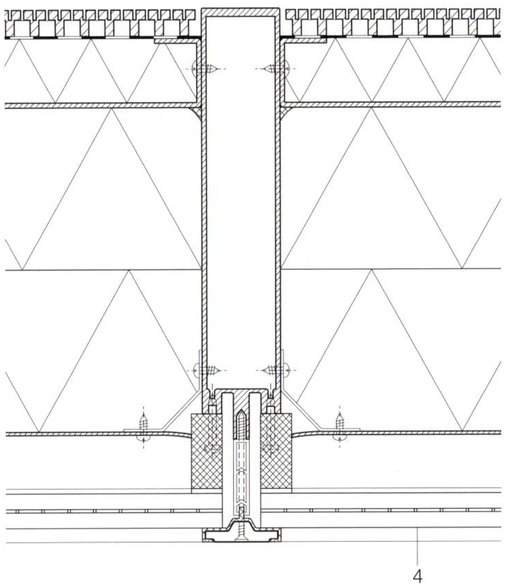

cc

Grundriss • Schnitt
Maßstab 1:400
Vertikalschnitt Maßstab 1:20
Horizontalschnitt Pfosten
Maßstab 1:5

Bürogebäude am Hauptbahnhof

Freiburg, DE 2001

Architekten:
Harter + Kanzler, Freiburg

- Südwest-Fassade auf einer Höhe von 60 m nahezu verschattungsfrei
- rahmenlose ESG-/Folien-Standardmodule (190 × 70 cm) mit monokristallinen Solarzellen
- farblich auf die Zellen abgestimmte Folie ermöglicht homogenes Erscheinungsbild
- Module punktuell an sechs Stellen auf die Unterkonstruktion geklammert
- Luftzwischenraum von ca. 20 cm sorgt für gute Hinterlüftung, die durch Kamineffekt verstärkt wird

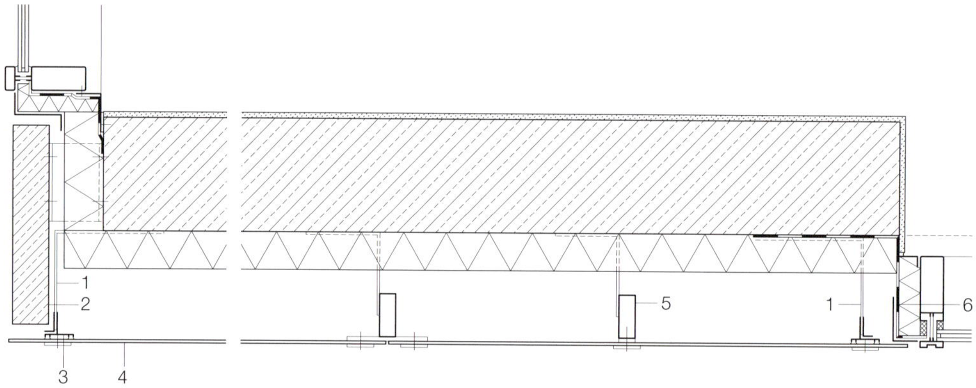

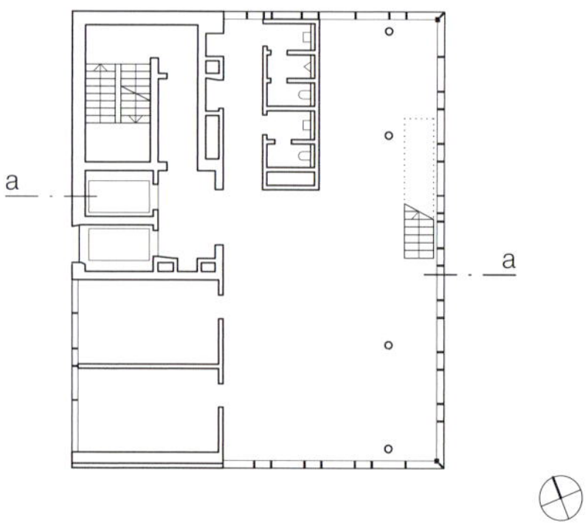

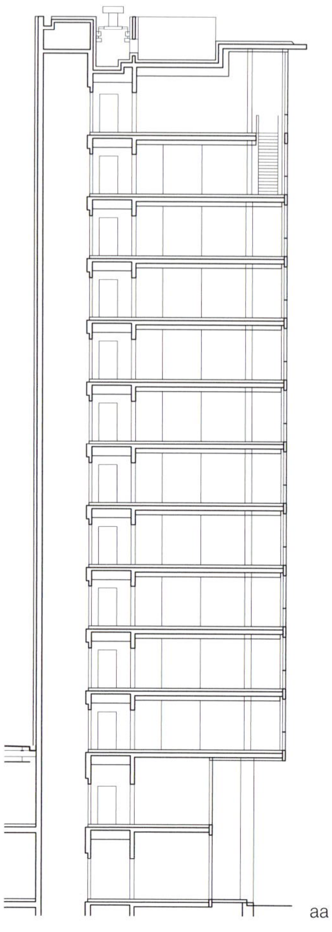

Grundriss 17. Obergeschoss • Schnitt
Maßstab 1:400
Horizontalschnitt Maßstab 1:20

1 Konsole Sonderprofil L 260/300 mm
2 Betonfertigteil 100/600 mm
3 Aluminiumprofil
schwarz 25/50 mm
4 Solarpaneel 9 mm, rahmenlos
Hinterlüftung 186 mm
Wärmedämmung vlieskaschiert
schwarz 100 mm
Stahlbeton 300 mm
Innenputz 15 mm
5 Unterkonstruktion:
Konsole L 220/200 mm
Aluminiumrohr ▭ 110/40 mm
mit Klemmprofilen
6 Abdichtung

Kindertagesstätte

Marburg/Lahn, DE 2014

Architekten:
opus Architekten, Darmstadt
Energieberatung:
ee concept, Darmstadt

AIT 05/2015
Bauwelt 09/2016
db 09/2015
DBZ 09/2015
Detail Green 02/2015

- Kindertagesstätte in Parklandschaft mit umliegenden historischen Gebäudebestand
- Plusenergiehaus-Standard
- Sheddachkonstruktion und gefaltete Westfassade zur optimierten Solarenergienutzung und Tageslichtversorgung
- in Dach und Fassade insgesamt 354 maßgefertigte monokristalline Glas-Glas-PV-Module
- homogenes, monochromes Erscheinungsbilddurch schwarz beschichtete Leiterbahnen sowie opake Folie auf der PV-Modulrückseite

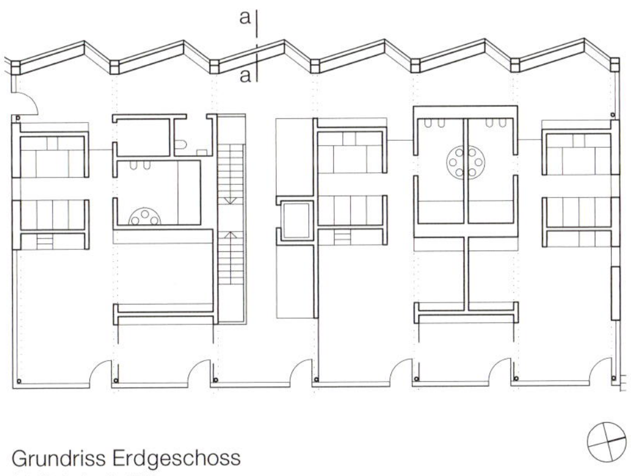

Grundriss Erdgeschoss
Maßstab 1:400
Klima- und Lüftungskonzept
Sommer/Winter
ohne Maßstab
Vertikalschnitt Maßstab 1:20

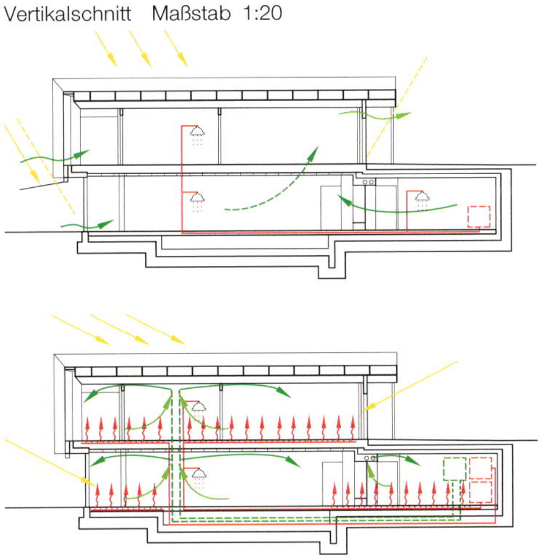

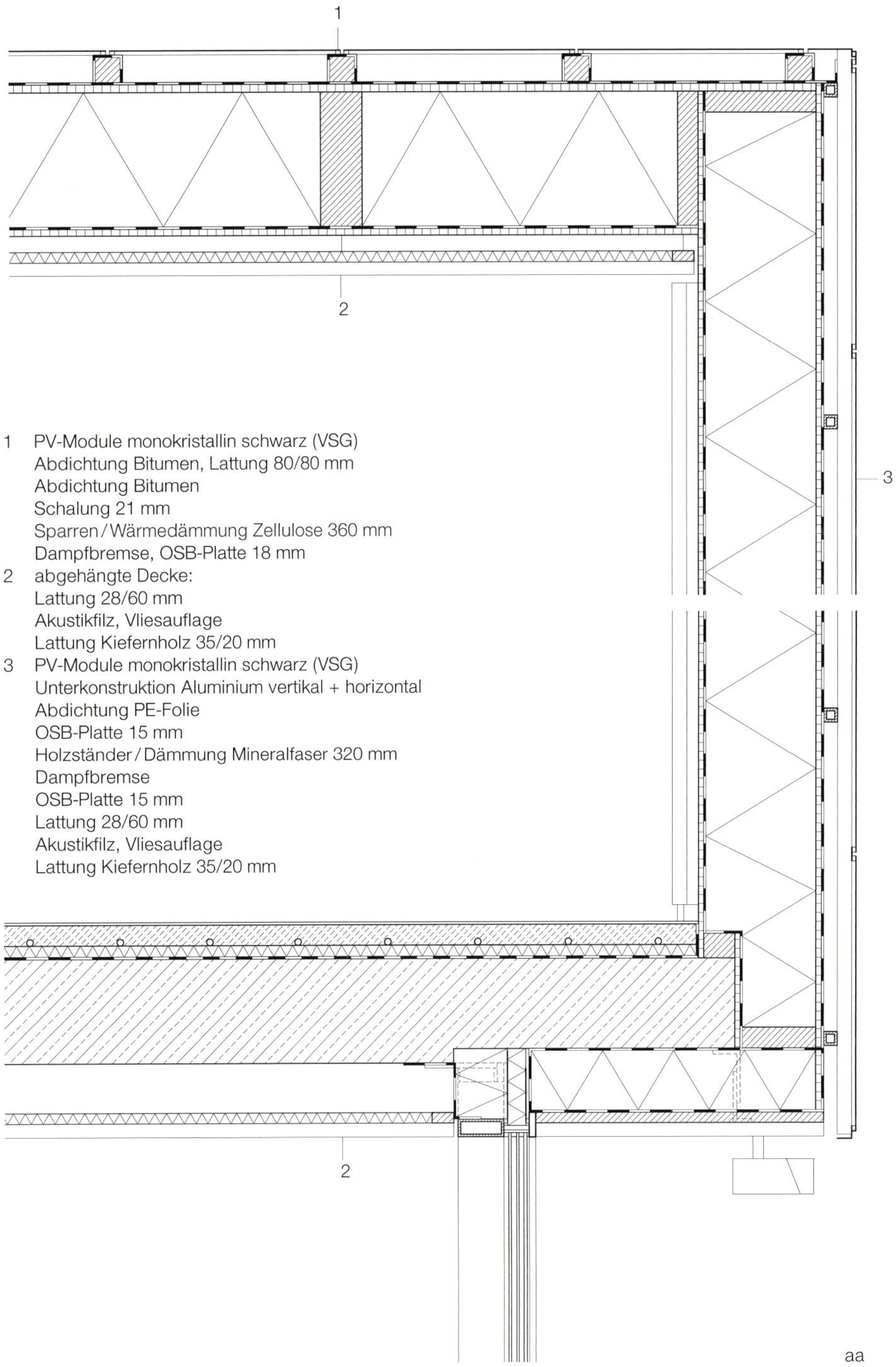

1 PV-Module monokristallin schwarz (VSG)
Abdichtung Bitumen, Lattung 80/80 mm
Abdichtung Bitumen
Schalung 21 mm
Sparren/Wärmedämmung Zellulose 360 mm
Dampfbremse, OSB-Platte 18 mm

2 abgehängte Decke:
Lattung 28/60 mm
Akustikfilz, Vliesauflage
Lattung Kiefernholz 35/20 mm

3 PV-Module monokristallin schwarz (VSG)
Unterkonstruktion Aluminium vertikal + horizontal
Abdichtung PE-Folie
OSB-Platte 15 mm
Holzständer/Dämmung Mineralfaser 320 mm
Dampfbremse
OSB-Platte 15 mm
Lattung 28/60 mm
Akustikfilz, Vliesauflage
Lattung Kiefernholz 35/20 mm

Oskar-von-Miller-Forum

München, DE 2009

Architekten:
Herzog + Partner, München
Fassadenentwicklung in kooperativem Verfahren mit FKN Fassaden, Neuenstein

Baumeister 06/2010
UED 06/2016
World architecture 245, 2010
Herzog, Thomas (Hrsg.): Oskar von Miller Forum. München 2010

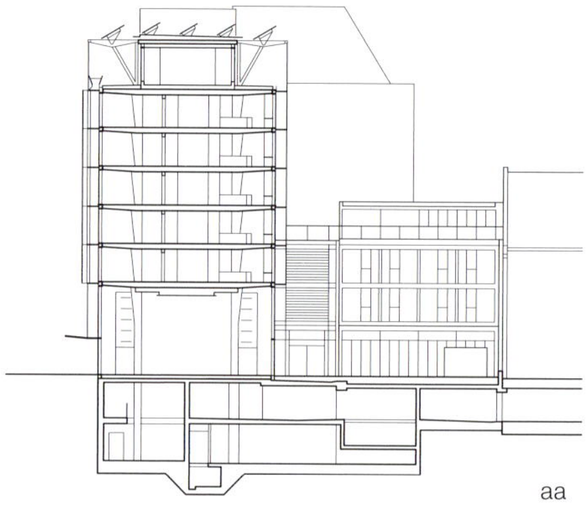
aa

- Internationales Begegnungszentrum zur Förderung angehender Ingenieure im Bauwesen mit multifunktionaler Halle, Bibliothek und Bistro im Erdgeschoss, Obergeschosse mit Verwaltung und Apartments
- 400 m² Vakuumröhrenkollektoren als stationäre Verschatter des Dachgeschosses liefern 20 % der im Gebäude benötigten Wärmeenergie und decken 16 % des Kälteenergiebedarfs.
- Anordnung von schmalen PV-Lamellen als additiver Sonnenschutz vor verglastem Erschließungsbereich der Südost-Fassade
- lineare Befestigung an den Längsseiten der Module mit silbergrau glänzenden polykristallinen Zellen

Schnitt Maßstab 1:750
Vertikalschnitt Maßstab 1:5

1 Photovoltaikmodul, Glas-Glas, 12 mm
2 Rahmen, Aluminium U-Profil 40 × 3 mm
3 Befestigung der Rahmen, Aluminium Flachprofil 60 × 5 mm, Kabelführung in OL 90-Abdeckung
4 Abstandshalter, Aluminium Quadratrohr 20 × 2 mm
5 Systembefestigung am Pfosten, dreifach verschraubt
6 Zweischeiben-Isolierverglasung 39 mm
7 Aussparung für Kabelführung 80 × 18 mm
8 Befestigung der Pfosten Festlager
9 Befestigung der Pfosten Loslager
10 Bodenaufbau:
Naturstein im Klebemörtelbett 30 mm
Estrich 90mm
Stahlbetondecke 150 mm

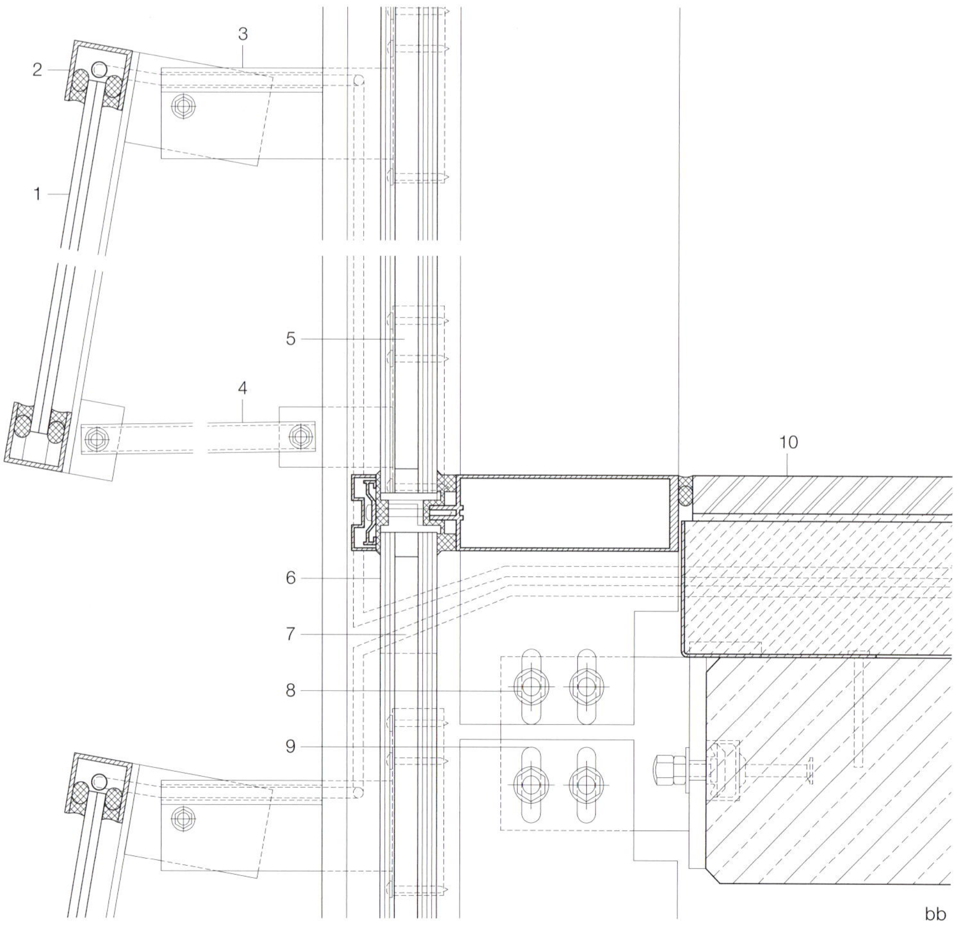

bb

SwissTech Convention Center

Lausanne, CH 2012

Architekten:
Richter Dahl Rocha & Associés, Lausanne

DBZ 04/2015
Fassade, Facade 03/2014
Haustech 06/2014
Tec 21 49–50, 2013

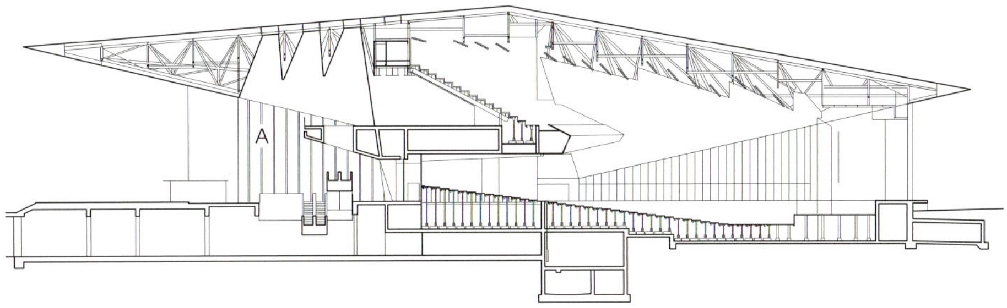

- Hauptgebäude einer Campuserweiterung der École polytechnique fédérale de Lausanne (EPFL)
- Kongressgebäude für insgesamt 3000 Personen, zentraler Foyerraum mit gebäudehohen Glasfassaden
- vor Westfassade auf 300 m² schräggestellte, geschosshohe Glas-Glas-Module in schmalen Streifen angeordnet; Winkel variiert im Bereich von 7,5° bis 45° in 7,5° Schritten
- Module mit Farbstoffzellen in unterschiedlichen Gelb-, Grün- und Rottönen
- erstmals Einsatz von Grätzel-Zellen in dieser Größenordnung

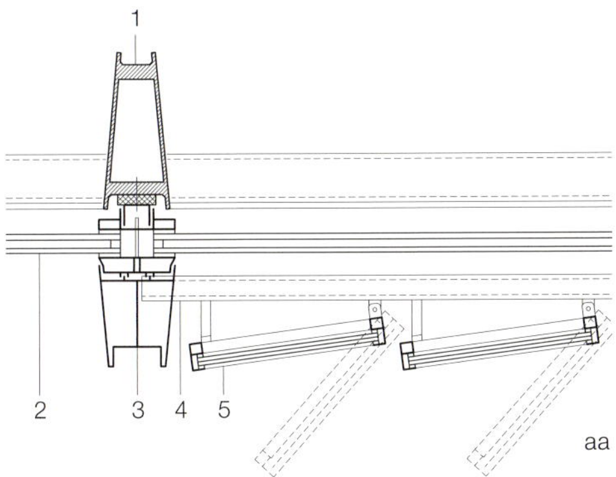

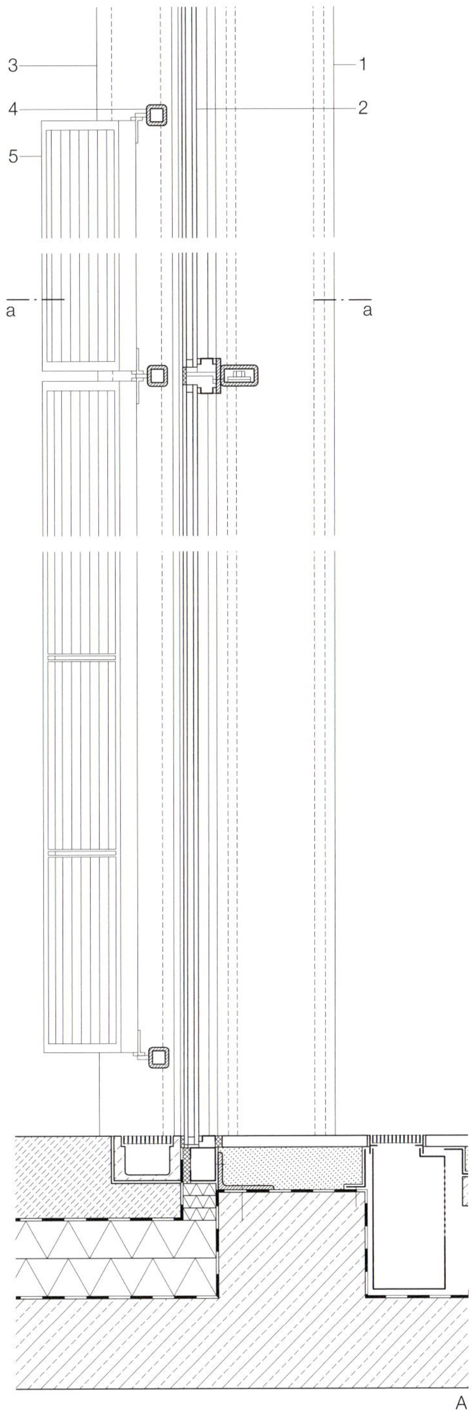

Schnitt Maßstab 1:1000
Vertikalschnitt Westfassade Maßstab 1:20
Detailschnitt horizontal Maßstab 1:5

1 Fassadenstütze Stahl
2 Zweifachverglasung 14 mm + SZR 17 mm + 8 mm seitlich mit Pressleisten gehalten
3 Abdeckung Aluminium eloxiert
4 Stahlrohr 50/50/5 mm
5 Solarpaneele Glas/Glas in Rahmen Aluminium eloxiert
Je Paneel (2100 × 410 mm) vier Module à 350 × 500 mm mit je 13 × 2 cm breiten streifenförmigen Grätzel-Zellen

Zentrum für Photovoltaik und Erneuerbare Energien

Berlin, DE 2013

Architekten:
HENN, Berlin

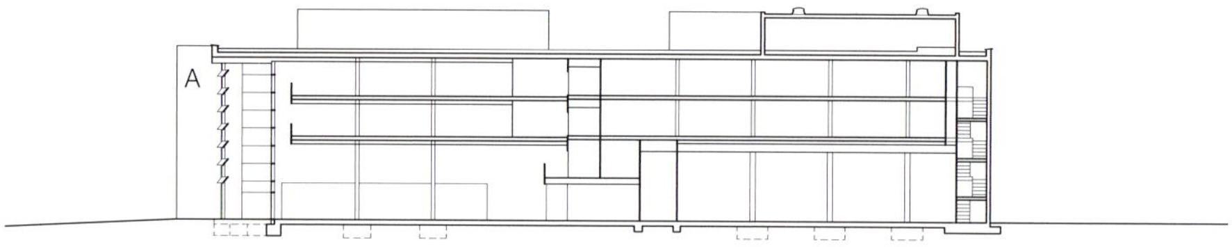

- Neubau mit 8000 m^2 Produktions-, Labor- und Büroflächen; in verschiedenen Varianten kombinier- und anmietbar
- Erdgeschoss mit zentralem Foyer, angrenzenden Werkstätten, unterteilbaren Produktionshallen sowie Kantine; in den Obergeschossen physikalische und chemische Labors, Büros und Besprechungsräume
- horizontale PV-Glas-Glas-Lamellen mit monokristallinen Solarzellen, als Verschattungselemente vor gebäudehoher Foyerfassade

Schnitt Maßstab 1:1000
Vertikalschnitt Maßstab 1:20

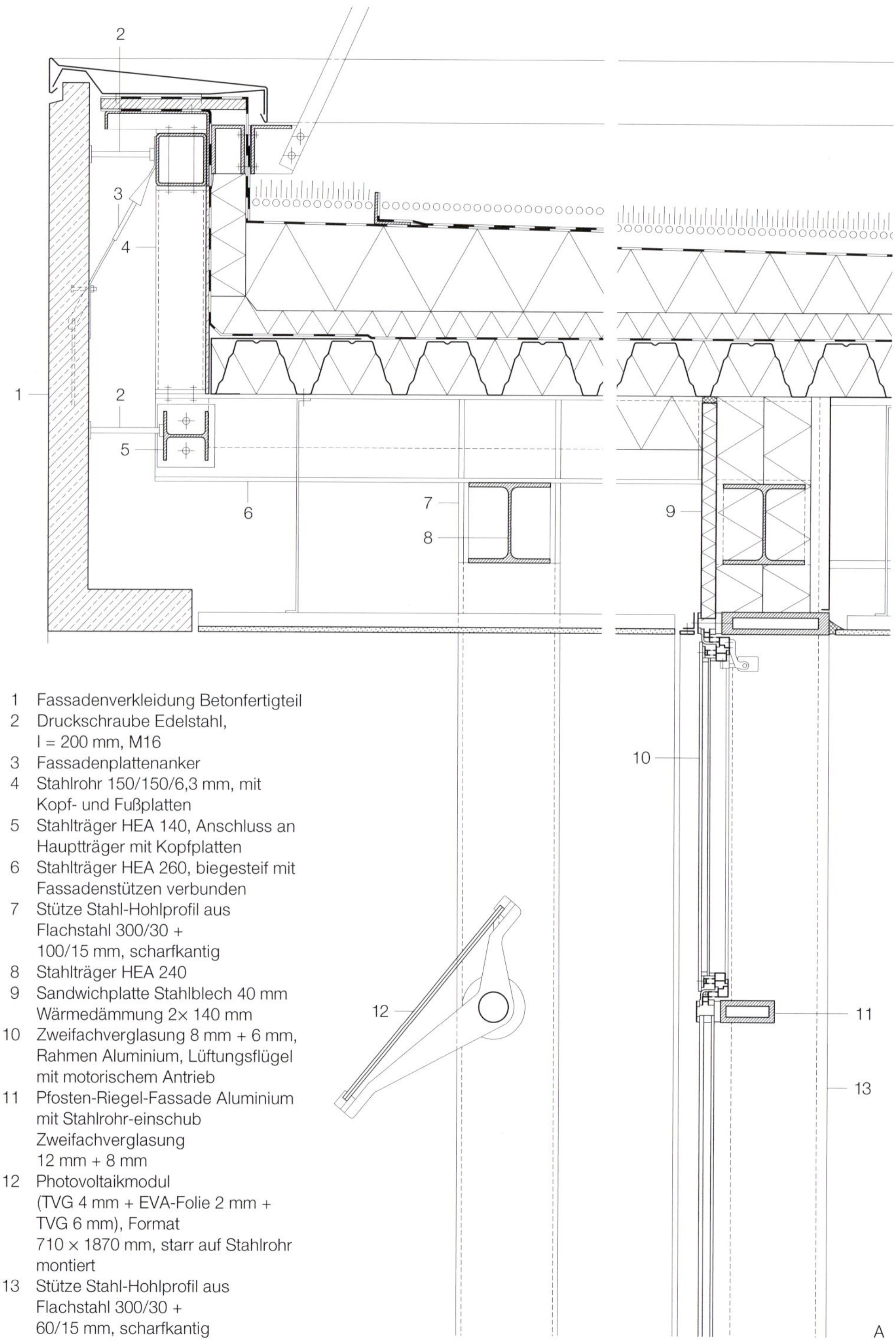

1 Fassadenverkleidung Betonfertigteil
2 Druckschraube Edelstahl, l = 200 mm, M16
3 Fassadenplattenanker
4 Stahlrohr 150/150/6,3 mm, mit Kopf- und Fußplatten
5 Stahlträger HEA 140, Anschluss an Hauptträger mit Kopfplatten
6 Stahlträger HEA 260, biegesteif mit Fassadenstützen verbunden
7 Stütze Stahl-Hohlprofil aus Flachstahl 300/30 + 100/15 mm, scharfkantig
8 Stahlträger HEA 240
9 Sandwichplatte Stahlblech 40 mm Wärmedämmung 2× 140 mm
10 Zweifachverglasung 8 mm + 6 mm, Rahmen Aluminium, Lüftungsflügel mit motorischem Antrieb
11 Pfosten-Riegel-Fassade Aluminium mit Stahlrohr-einschub Zweifachverglasung 12 mm + 8 mm
12 Photovoltaikmodul (TVG 4 mm + EVA-Folie 2 mm + TVG 6 mm), Format 710 × 1870 mm, starr auf Stahlrohr montiert
13 Stütze Stahl-Hohlprofil aus Flachstahl 300/30 + 60/15 mm, scharfkantig

Technikgebäude Solarsiedlung

Emmerthal, DE 2000

Architekten:
Niederwöhrmeier + Wiese, Darmstadt
Tragwerksplanung:
Bollinger + Grohmann, Frankfurt/Main

📖 db 10/2000
Fassade/Facade 04/2001
Hagemann, Ingo B.: Gebäudeintegrierte Photovoltaik. Köln 2002

- Kombination von Wärmepumpe und Photovoltaik zur Energieversorgung
- PV-Module, Einscheiben-Folien-Aufbau mit unterschiedlichen PV-Zellen, vor Turmfassade einachsig, Solarflügel mit Schwenkbereich von 180° zweiachsig nachführbar
- Auswertungen ergaben bis zu 38 % höhere solare Erträge gegenüber Fassadenintegration
- Energieturm war registriertes Projekt der Expo 2000

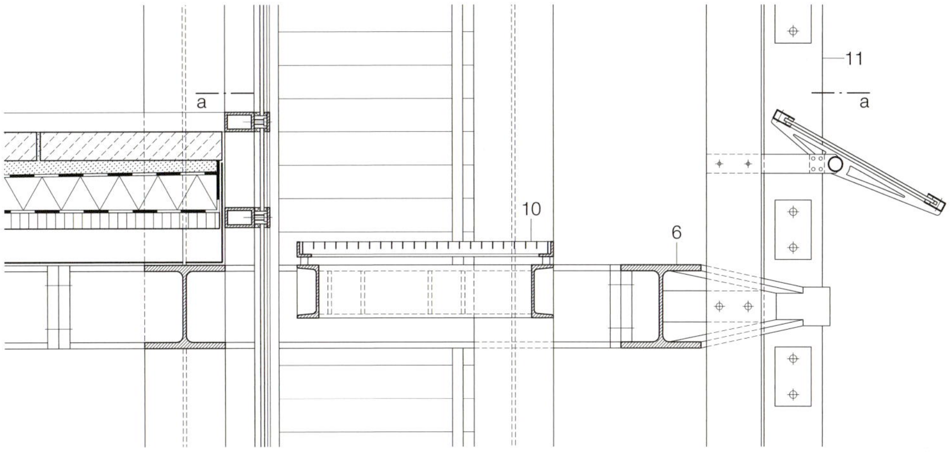

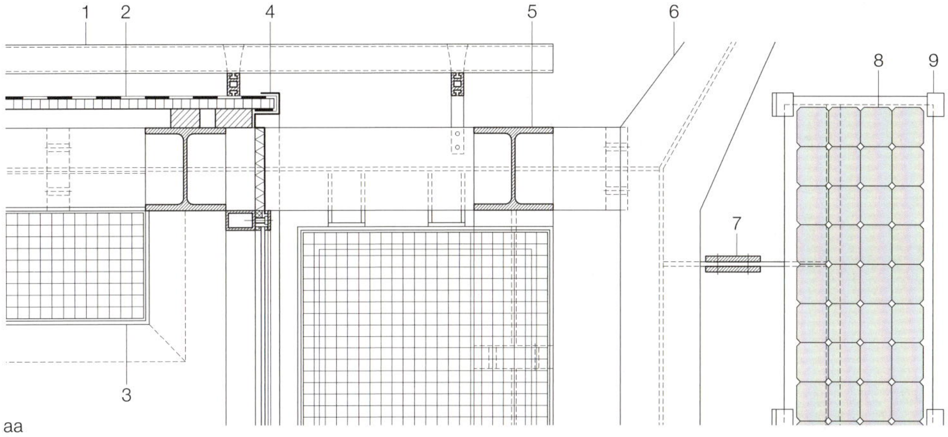

aa

Horizontalschnitt • Vertikalschnitt
Maßstab 1:20

1 Aluminiumlamellen 100 mm fest stehend als UV- und Wetterschutz
2 Unterspannbahn
Furnierschichtholzplatte 27 mm farblos imprägniert
Kantholz 50/80 mm schwarz gebeizt
Wärmedämmung 50 mm
Stahlprofil HEB 220 feuerverzinkt
3 Installationsrost 30/30 mm feuerverzinkt mit Randwinkel Stahlprofil L 150/100/10 mm
4 Aluminiumblech 2 mm beschichtet
5 Stahlprofil HEB 220 feuerverzinkt
6 Stahlprofil HEB 220 als Haupttragkonsole für PV-Anlage, zum Flügellager abgewinkelt und verjüngt
7 Flachstahl 2× ▭ 150/15 mm feuerverzinkt als vertikaler Konsolträger, Anschluss an Hauptkonsole über Flachstahl ▭ 100/10 mm, feuerverzinkt
8 PV-Modul 1730/480 mm sechsfach gelagert, teilvorgespanntes Glas, PVB-Folienverbund
9 PV-Unterkonstruktion: Zweipunkt-Stahl/EPDM-Klemmhalterung, Stahlspanten 6 mm, Torsionsrohr ⌀ 42,4/2,6 mm, hydraulische Höhenwinkelnachführung über Druckstab und Schwert
Flachstahlkonsole 50/10 mm mit Kunststofflager zur Höhenwinkelnachführung
10 Gitterrost 30/30/3 mm feuerverzinkt
Rahmen Stahlprofil L 40/40/5 mm
Distanzstücke Stahlrohr ⌀ 20/4 mm
Unterkonstruktion Stahlprofil ⊔ 140 mm
11 Solarflügelkonstruktion:
diagonale Konsole Flachstahl ▭ 50/10 mm mit Kunststofflager zur Höhenwinkelnachführung
Stahlprofil 100/60 mm
Diagonalstrebe Stahlrohr ⌀ 60,3 mm
Anschluss an Torsionsrohr ⌀ 168,3 mm
mit Stahlprofil 2× ⊔ 100/50/6 mm durchgeschraubt

C 4 »Installierte« Fassaden

Fassaden werden über den Einsatz von Solarkollektoren und Photovoltaikmodulen hinaus zunehmend zum Ort für (ergänzende) Gebäudetechnik. Weil gute Raumluftqualität in Verbindung mit natürlicher Lüftung sich positiv auf das Befinden der Nutzer auswirkt, die Arbeitsproduktivität stimuliert und nicht zuletzt auch krankheitsbedingte Fehlzeiten verringern kann, wird insbesondere die Lüftungstechnik (mit Außenluftvorwärmung durch Wärmerückgewinnung) seit Ende der 1990er-Jahre verstärkt dezentral im Bereich der Schnittstelle zwischen Außenklima und Innenraum eingesetzt [1]. Diese sogenannten installierten Fassaden können sowohl einschalig als auch mehrschalig ausgeführt werden.

In der europäischen Bautradition sind gebäudetechnische Anlagen tief als funktional wichtige Elemente verankert und auf vielfache Weise in Außenwände integriert, z. B. als Heizungskamine, wie im Fall des südenglischen Wells, wo sich in Europas erster Reihenhaussiedlung neuerer Zeit (um 1363) die gemauerten Außenwände als Rauchabzüge signifikant nach oben fortsetzen und damit charakteristischer Bestandteil des Straßenbildes sind (Abb. C 4.2).

Alltäglich ist heute die Anordnung von Radiatoren oder Konvektoren unterhalb von Fenstern auf der Innenraumseite oder – in heißen Klimazonen – von dezentralen Raumklimageräten auf der Gebäudeaußenseite. Wie die Auflagerkonsolen solcher technischen Geräte auch in elementierte Fassaden moderner Nachkriegsarchitektur bereits konstruktiv elegant eingebunden sind, zeigt das Beispiel des Halbleitermontagewerks in Wasserburg am Inn (siehe S. 172).

Vor allem um Innenräume großflächig freizuhalten, wie dies beispielweise bei Produktions- und Ausstellungshallen gefordert ist, werden dort große Lüftungskanäle im Fassadenbereich angeordnet. Renzo Piano und Richard Rogers machten Lüftungsrohre als technisches Motiv in expressiver Weise und in großer Dimension beim Centre Pompidou in Paris (1977) zum maßgeblichen architektonischen Ausdrucksmittel (Abb. C 4.3). In ähnlicher Weise liegen die raumlufttechnischen Anlagen beim Sainsbury Centre for Visual Arts von Norman Foster & Associates (1978) an der Gebäudeperipherie – dort allerdings zwar in Teilen durch Verglasungen von außen sichtbar, aber auf Dauer wirkungsvoll gegen Witterungseinflüsse geschützt (siehe S. 176).
Dass solche weitgehend aus dem Bereich des Maschinenbaus stammenden Elemente als wesentliches bauliches Subsystem und geradezu programmatisch an den Schauseiten von Gebäuden eingesetzt werden, stellt Ende des 20. Jahrhunderts einen Paradigmenwechsel dar [2]. Der Einsatz hochtechnisierter Gebäudeausstattung bei entsprechend hohem Energiebedarf (und -abhängigkeit) ist indessen gerade aus heutiger Sicht zu überprüfen. Nach wie vor sinnvoll sind solche (groß-)technischen Installationen jedoch, wenn sie – wie beispielsweise durch den verstärkten Einsatz erneuerbarer Energien – auch nach Kriterien der Ressourcenschonung verantwortbar sind. Ihre baukonstruktive Trennung von Tragwerk und schützender Gebäudehülle ist allemal schon aus Gründen der leichten Zugänglichkeit, Wartung und Erneuerbarkeit zweckmäßig.
Verzichtet man auf installierbare Hohlräume in Decken und Böden, um die Masse der tragenden Bauteile thermisch aktivieren zu können, und sollen gleichwohl – wie speziell im Verwaltungsbau – Innenwände auf Dauer versetzbar bleiben, so müssen diese weitgehend frei von Leitungen sein. Dies bedeutet, dass die Außenwandkonstruktion geeignete Einrichtungen für die Verteilung und die Zugänglichkeit von Stark- und Schwachstromleitungen sowie für die Versorgung mit Kälte, Wärme und Luftaustausch enthalten muss. In jüngerer Zeit werden zunehmend kleine, dezentrale Fassadenlüftungsgeräte entwickelt, welche zur Minderung von Lüftungswärmeverlusten als Gegenstromanlagen ausgebildet sind und so die Wärmerückgewinnung in der Heizperiode effizient sicherstellen.

Fassadenintegrierte dezentrale Lüftungstechnik

In Abgrenzung zu »passiven« Lüftungskonzepten (wie Fensterlüftung), die Innen- und Außendruckunterschiede sowie Windgeschwindigkeit- und Temperaturdifferenzen nutzen, werden bei der fassadenintegrierten dezentralen Gebäudetechnik zusätzlich haustechnische Komponenten zum Lüften sowie Heizen und Kühlen eingesetzt. Die Außenluftzufuhr erfolgt dabei direkt über spezielle Öffnungen in der Fassade bzw. Außenwand mit einem nachgeschalteten Technikmodul. Wesentlicher Bestandteil in diesen Geräten ist die Lüftereinheit mit Luftfilterfunktion. Ausstattungsabhängig sind Kombinationen mit Heiz- und Kühlregister, Wärmetauscher oder Speichereinheit möglich. Die Geräte sind einbaufertig lieferbar, sodass bauseits neben dem Einbauort nur mehr die Außen- und Fortluftöffnungen sowie bei Bedarf die Versorgungsleitungen für Heizen und Kühlen vorzusehen sind. Alle Bauteile mit Außenluftverbindung sind thermisch gedämmt und eine akustische Dämmung sowie geräuscharme Ventilatoren reduzieren den Schalldurchtritt. Durch den modularen Aufbau und die kompakte Ausführung eignen sich Systeme der dezentralen Lüftungstechnik auch besonders für die energetische Sanierung. Im Gegensatz zu Lüftungsanlagen, die Außenluftentnahme, Aufbereitung, Vorkonditionierung, Luftzuführung und Fortluftabfuhr zentral regeln, sind bei dezentralen Systemen hybride und autarke Konzepte prinzipiell zu unterscheiden:
• hybrid: Die Raumkonditionierung kann durch zentrale Anlagentechnik wie Heizkörper und

C 4.1 i-modulFassade, Capricornhaus, Düsseldorf (DE) 2008, Gatermann + Schossig

C 4.2 Vicar's Close, Wells (GB) um 1363
C 4.3 Centre Pompidou, Paris (FR) 1997, Renzo Piano/Richard Rogers
C 4.4 Außenwandfläche/Top-Air – Air DuoPlus-Kompaktlüfter
C 4.5 Unterflurgerät (horizontaler Aufbau)
C 4.6 Fraunhofer-inHaus-Zentrum, Duisburg (DE) 2008, Fraunhofer-Institut für Mikroelektronische Schaltungen und Systeme

C 4.2

C 4.3

bauteilaktivierte Decken unterstützt werden, die Außenluftzufuhr geschieht über die Fassade, während die Fortluftabfuhr zentral innerhalb des Gebäudes erfolgt.
- autark: Die Außenluftzufuhr wie auch die Fortluftabfuhr und deren Konditionierung (z.B. Heizen und Kühlen) findet über die Fassade statt.

Funktionsweise
Die Außenluft wird über Fassadenöffnungen mit großflächiger Filterung der Zuluft von Schadstoffen, Pollen und Feinstaubpartikeln dem Technikmodul zugeführt. Bei der Wärmerückgewinnung durch Wärmetauscher erfolgt eine thermische Energieübertragung aus der Abluft an die Zuluft, ehe diese in den Raum geleitet wird. Volumenkonstante Ventilatoren oder Volumenstrombegrenzer vermeiden Zugerscheinungen. Bei der Steuerung der Abluftansaugung reagieren Luftqualitätssensoren auf CO_2-Konzentration und Schadstoffbelastungen. Nach Durchlaufen des Wärmetauschers erfolgt die Abfuhr der Fortluft dezentral über Fassadenöffnungen. Diese Öffnungen sind mit Klappen ausgestattet, um einen durch Wettereinwirkung oder speziell wechselnde Winddruckverhältnisse bedingten, unkontrollierten Gerätestillstand zu vermeiden [3].

Vorteile und Nachteile dezentraler Lüftungstechnik [4]
Vorteile:
- reduzierte Geschosshöhen, da keine Lüftungskanäle notwendig sind, Verzicht auf abgehängte Decken
- kleine Technikzentralen
- geringe Energiekosten
- flexible Raumnutzung
- Betrieb nur bei individueller Nutzerpräsenz im jeweiligen Raum
- individueller Nutzereinfluss auf das Raumklima

Nachteile:
- Vielzahl von Geräten führt zu höherem Wartungsaufwand
- Wartung erfolgt im (eventuell vermieteten) Raum
- Be- und Entfeuchtung der Raumluft kann je nach Witterungsverhältnissen aufwendig sein
- negative Einflüsse von Winddruck und Temperaturwechsel an der Fassadenaußenseite

Die auszuwählenden Systeme unterscheiden sich hinsichtlich Aufbau, Dimensionen und Einsatzort je nach Gebäudetyp in massive Außenwandkonstruktionen (wie häufig im Wohnungsbau) oder Pfosten-Riegel- und Elementfassaden (wie zumeist bei Verwaltungs-/Schulgebäuden).

Wohnungsbau
Bei sehr gut wärmegedämmten Außenwänden im Wohnungsbau ermöglichen kompakte Lüftungseinheiten in Verbindung mit hoher Gebäudedichtheit einen raumweise kontrollierten Luftaustausch. Neben Energieeinsparungseffekten soll auf diese Weise bei verbessertem Raumklima der Feuchtehaushalt gezielt reguliert werden, inklusive der Vermeidung von Schimmelpilzbildung. Bei einer Ausstattung mit Wärmerückgewinnungseinheiten kann bis zu 90% der Raumwärme wieder genutzt werden, auch bestehen Kombinationsmöglichkeiten mit einem zentralen Abluftsystem. Die dezentralen Geräte ermöglichen bei lärmbelasteter Exposition und deshalb geschlossenen Fenstern eine beständige Außenluftzufuhr und erhöhen damit gleichzeitig die Einbruchsicherheit. Die Filterung der Außenluft reduziert allergische Reaktion auf Feinstaub und Pollen (Abb. C 4.4).

Maßgebliches Unterscheidungsmerkmal hinsichtlich der Auswahl der Geräte für den Wohnungsbau ist die Einbausituation. Mögliche Einbaubereiche sind:
- Außenwandfläche
- Öffnungsrand: Laibung/Sturz/Brüstung
- Fensterrahmen

Außenwandfläche
Bei dezentralen Lüftungssystemen für die opake Außenwandfläche wird entweder ein Wandeinbaugehäuse zwischen die auf Abstand gesetzten Mauerwerkssteine (Neubau) oder mittels Kernbohrung ein Außenluftdurchlass (>160 mm, bei Wändstärken > 30 cm) in die zylindrische Öffnung einer bestehenden Wand gesetzt (Abb. C 4.8). Insbesondere bei Sanie-

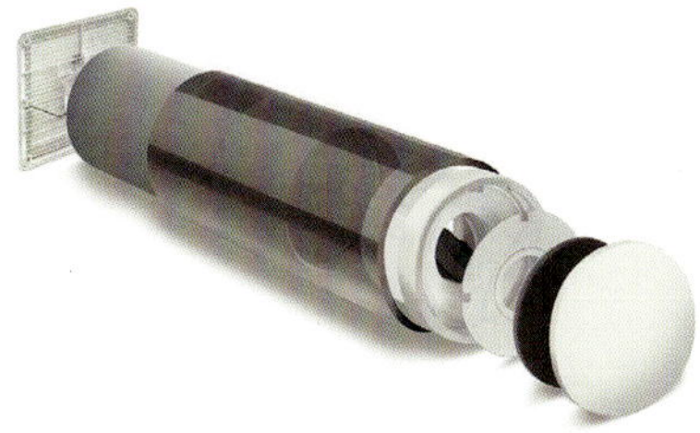

C 4.4

C 4.5

C 4.6

rungsmaßnahmen werden auch Lüftungskonzepte mit zentraler Zuluftzuführung realisiert: Steigleitungen und horizontale Zuluftkanäle sind hier in der Wärmedämmebene geführt (Abb. C 4.9). Das Leitungssystem verteilt die Luft über die Fassadenfläche und gibt sie dann über Öffnungen in der Wand oder im Bereich des Öffnungsrands indirekt an die Räume ab [5].

Öffnungsrand: Laibung/Sturz/Brüstung
Verschiedene Hersteller bieten dezentrale Lüftungssysteme für den Einsatz im Bereich der Öffnungsränder an. Der Einsatzort Laibung, Sturz oder Brüstung hat vor allem Auswirkungen auf die unmittelbare Bedienbarkeit und Zugänglichkeit der Geräte für Wartungszwecke, z.B. Filteraustausch. Darüber hinaus ist insbesondere im Gebäudebestand bei Sanierungsmaßnahmen die Verringerung der Aperturfläche (strahlungsdurchlässige Fläche) durch den Einbau der Systembauteile zu berücksichtigen (je nach System um 15–20 cm einer Seite).

Fensterrahmen
Noch kompakter sind Geräte, bei denen das Lüftungssystem mit Wärmetauscher und Filtern sowie Bedienelement direkt in den Fensterrahmen (z.B. Faserverbundwerkstoff) integriert wird. Die Lüftungsgitter für zwei Kanäle werden jeweils getrennt für vorgewärmte Außenluft und verbrauchte Abluft im seitlichen Rahmen bzw. Abluft im oberen Rahmen angeordnet. Dadurch entfallen im Bereich der Öffnung zusätzliche Einbauten und Anpassungsarbeiten. Sonderformen sind Anlagen, die ein vorgefertigtes Fensterelement mit einem schmalen Technikmodul (mit Wärmetauscher, Ventilatoren und Filter) am unteren Rahmen zu einem fertigen System für die Bestandssanierung im mehrgeschossigen Wohnungsbau kombinieren [6].

Verwaltungs-/Schulgebäude
Bei der Planung von Verwaltungs- und Schulgebäuden wird zunehmend flexible, raumsparende Technik eingesetzt. Zielsetzung ist vor allem die Vermeidung von Leitungsführungen im Deckenbereich, was in der Regel eine Abhängung mit Unterdecke erfordert – weshalb die thermische Speichermasse der Massivdecke für das Innenraumklima nicht genutzt werden kann. Fassadenintegrierte dezentrale Lüftungssysteme gewinnen daher gerade bei diesen Bauten weiter an Bedeutung.

Insbesondere bei mehrgeschossigen Verwaltungsbauten hat sich die Fassadentechnologie im Hinblick auf die Möglichkeiten einer weitreichenden Nutzung natürlicher Lüftung seit Mitte der 1990er-Jahre positiv entwickelt. Neben einschaligen Fassaden (Abb. C 4.14) werden vor allem bei hohen Gebäuden vermehrt auch mehrschalige Fassadentypen eingesetzt (siehe »Mehrschalige Gebäudehüllen aus Glas«, S. 238ff., Messehochhaus Hannover, S. 96, sowie Abb. C 4.12). Realisierte Beispiele und eine vergleichende Studie aus dem Jahr 2008 [7] zeigen, dass sich dezentrale Lüftungstechnik in alle gängigen Fassadenbauweisen integrieren lässt.

Im Vergleich zu Verwaltungsbauten mit zentralem Lüftungssystem werden ein deutlich niedrigerer Heizwärmeverbrauch sowie tendenziell ein geringerer Stromverbrauch festgestellt. Vor allem wird seitens der Nutzer der thermische Komfort und die raumweise, individuelle Bedienbarkeit positiv bewertet. Eine höhere »Flächeneffizienz um 5 bis 15%« [8], aufgrund verringerter Technikflächen, konnte bei Gebäuden mit dezentraler Lüftungstechnik nachgewiesen werden.
Der Verzicht auf abgehängte Decken eröffnet durch niedrigere lichte Raumhöhen bei mehrgeschossigen Gebäuden auch einen Platzgewinn, der aufsummiert unter Umständen zusätzliche Geschosse ermöglicht. Die Potenziale einer Verringerung der Geschosshöhen durch dezentrale Lüftungstechnik werden jedoch (noch) nicht allgemein genutzt [9]. Die Lebensdauer von Haustechnikkomponenten liegt deutlich unter der von Fassadenbauteilen. Es ist deshalb wichtig, dass der Einsatz dezentraler Lüftungssysteme auch einen leichteren Austausch von Geräten bzw. Anlagenteilen ermöglicht. Die Fassadenöffnungen mit Technikmodul können in verschiedenen Bereichen angeordnet sein:

C 4.7

- Decken(stirnseiten)/Fußbodenaufbau (horizontaler Aufbau)
- Brüstungen (horizontaler Aufbau)
- Fassadenfläche (vertikaler Aufbau)

Im Falle von Sonderlösungen lassen sich Technikmodule als opakes Fassadenpaneel auch mit einem Oberlicht zur Tageslichtnutzung kombinieren (Abb. C 4.1, S. 322) [10].

Decken(stirnseiten)-/Unterflurlüftungsgeräte (horizontaler Aufbau)
Die Zu- und Abluftöffnungen befinden sich im Bereich der Deckenstirnseiten und das nachgeschaltete Technikmodul zur Belüftung, gegebenenfalls mit Dampfbefeuchtung, wird auf der Rohdecke raumseitig unsichtbar vor der (inneren) Fassade angeordnet. Die Luftzufuhr bzw. -absaugung erfolgt über Fußbodengitter (Abb. C 4.5).
Bei Projekten mit einem hybriden Lüftungskonzept wie beispielsweise dem Post Tower in Bonn (Abb. C 4.13) wird die Abluft über Nebenräume oder Zwischentemperaturbereiche (Skygärten) geleitet und zentral abgeführt. Eine variable raumweise Regelung von Heizung und Kühlung erfolgt neben der Betonkernaktivierung (Grundlast) über die Unterflurlüftungsgeräte.
Diese Systeme dezentraler, natürlicher Lüftung lassen sich auch mit aktuellen Fassadenentwicklungen wie der Closed-Cavity-Fassade (CCF) sinnvoll kombinieren [11], denn die kompakten flachen Technikmodule ermöglichen die Ausbildung geschosshoher Fassaden mit tageslichtoptimierten Gläsern (Abb. C 4.12).

Brüstungen (horizontaler Aufbau)
Im opaken Brüstungsbereich angeordnete Lüftungsgeräte mit Wärmerückgewinnung werden raumseitig auf dem Fußboden aufgestellt oder an der massiven Brüstung befestigt. Systemvarianten gibt es in der Regel als 2-Leiter- oder optional als 4-Leiter-Ausführung mit Luft-Wasser-Wärme-Übertragung zum Heizen und Kühlen. Neben der freien Kühlung mit Zuluft kann eine erweiterte Kühlfunktion zur Raumklimatisierung durch Anbindung an das Kaltwassernetz genutzt werden (Abb. C 4.10, C 4.15).

Fassadenfläche (vertikaler Aufbau)
Wenn eine Anordnung der Lüftungsgeräte im Brüstungsbereich nicht möglich ist, können spezielle schmale vertikale Technikmodule integriert werden, geschosshoch oder auf der Brüstung neben Fenster bzw. Verglasung angeordnet (Abb. C 4.6, C 4.11).

Bei den Verwaltungsbauten in Wiesbaden ist die Gebäudetechnik durch einen Brüstungskanal, integrierte Evolventenleuchten und Installationsschränke sowie auf deren Außenseite Kleinkonvektoren in allen Büroachsen verwirklicht. Eine individuelle Regelung des Zutritts von Außenluft erfolgt nur durch manuell zu bedienende, gedämmte Lüftungsflügel aus Holz mit eingebauten Walzen zur Dosierung der Außenluft bei niedrigen Temperaturen. In sämtlichen Bürobereichen konnte auf mechanische Zu- und Abluftinstallation verzichtet werden (Abb. C 4.7).

Allen Systemen ist gemein, dass vorhandene Geräte weitgehend von außen nicht sichtbar in die Fassadenkonstruktion integriert und dabei relativ gut an die jeweiligen Anforderungen des Gestaltungskonzepts angepasst werden können. Die Zu- und Abluftöffnungen lassen sich mit projektspezifisch gestalteten Abdeckungen reduziert bis nahezu unscheinbar oder als kontrastierendes Gestaltungselement ausführen. Auch raumseitig sind vielfältige individuelle Lösungen bei Luftauslässen wie Abdeckblenden möglich.

Anmerkungen:

[1] vgl. Concept-Fassade. Müller, Helmut F. O.; Nolte, Christoph; Pasquay, Till: Die Mittel, aktiv zu sein. Von der Aufgabenstellung zur Lösung. In: Danner, Dietmar; Dassler, Friedrich H. (Hrsg.): Die klimaaktive Fassade. Leinfelden-Echterdingen 1999, S. 43f.
[2] Selbst wenn »Paradigmenwechsel« in den letzten Jahren fast zu einem Modewort wurde, so ist doch im vorliegenden Fall festzuhalten, dass das altgriechische Wort παράδειγμα (Paradigma) ursprünglich ein speziell für Wettbewerbszwecke angefertigtes Architekturmodell bezeichnet.
[3] Röben, Jürgen: Fassadenintegrierte Lüftungstechnik. Ästhetisch und energieeffizient. In: DBZ 09/2013, S. 77
[4] Mahler, Boris u. a.: DeAL – Evaluierung dezentraler außenwandintegrierter Lüftungssysteme. Abschlussbericht. Stuttgart 2008, S. 6
[5] vgl. Giebeler, Georg u. a.: Atlas Sanierung. München 2008, S. 258–261
[6] vgl. Stiegel, Horst; Krause, Michael: Minimalinvasives Sanierungssystem mit vorgefertigtem, multifunktionalem WDVS-Fassadenmodul. In: Gi – Gesundheitsingenieur 06/2012, S. 290–302
[7] wie Anm. 4
[8] Mahler, Boris; Caspary-Weber, Monique: Flexibel und flächeneffizient lüften. Evaluierung dezentraler außenwandintegrierter Lüftungssysteme. In: Transfer. Das Steinbeis Magazin 01/2009, S. 7
[9] wie Anm. 4
[10] vgl. Gatermann, Dörte; Schossig, Elmar: Capricornhaus Düsseldorf. i-modul-Fassade. In: Weiß, Klaus D. (Hrsg.): Gatermann + Schossig. Raum Kunst Technik / Space Art Technology. Basel 2010, S. 221–223.
[11] Rudolf, Bernhard: Atmende Fassaden: Fassadentechnologien zur dezentralen und natürlichen Lüftung. In: Detail 07–08/2012, S. 811f.

C 4.7 Verwaltungsgebäude, Wiesbaden (DE) 2003, Herzog + Partner
C 4.8 Aktiv-Stadthaus, Kassel (DE) 2015, HHS Planer + Architekten
C 4.9 Wohnsiedlung Heumatt/Gesamterneuerung, Zürich 2005, Urs Primas mit Proplaning AG
C 4.10 Neues Gymnasium, Bochum (DE) 2012, Hascher Jehle
C 4.11 Fraunhofer-inHaus-Zentrum, Duisburg (DE) 2008, Fraunhofer-Institut für Mikroelektronische Schaltungen und Systeme
C 4.12 Roche Diagnostic, Rotkreuz (CH) 2011, Burckhardt + Partner
C 4.13 Post Tower, Bonn (DE) 2002, Murphy/Jahn
C 4.14 ADAC-Hauptzentrale, München (DE) 2012, Sauerbruch + Hutton
C 4.15 Laimer Würfel, München (DE) 2008, Plan2 Architekten

C 4.8

C 4.9

C 4.10

C 4.11

C 4.12

C 4.13

C 4.14

C 4.15

C 5 Sanierung / Fassaden im Bestand

C 5.1 Wohnhaus, Soglio (CH) 2009, Ruinelli Associati

Zu den wesentlichen Phasen im Lebenszyklus eines Gebäudes gehören die Herstellung, der Betrieb, die Instandhaltung sowie der Rückbau bzw. das Recycling. Tragwerk, Innenausbau, Gebäudehülle und Gebäudetechnik weisen eine unterschiedliche Lebensdauer auf. Dies gilt auch für die Fassade sowie die dort verbauten Komponenten. So liegt beispielweise die Lebensdauer von Isolierverglasungen durchschnittlich zwischen 20 und 35 Jahren, von Fensterrahmen zwischen 25 und 40 Jahren und von Außenputzsystemen zwischen 30 und 60 Jahren. In einzelnen Fällen kann sie in Abhängigkeit von der Bauqualität, den äußeren Einwirkungen und dem geleisteten Aufwand für den Bauwerkserhalt erheblich von diesen Durchschnittswerten abweichen. Unabhängig von der Beanspruchung durch den Nutzer gehört die Fassade aufgrund der sich im Jahres- und Tagesverlauf stark ändernden Außentemperaturen, Strahlungsverhältnisse, Windgeschwindigkeiten und Niederschlägen mit zu den am stärksten durch Witterung beanspruchten Bereichen von Gebäuden.

Die im Planungsprozess getroffenen Entscheidungen hinsichtlich Material und Konstruktion sowie die Umsetzung auf der Baustelle spielen eine zentrale Rolle im Hinblick auf die Dauerhaftigkeit von Fassadenkonstruktionen. Defizite in den genannten Bereichen können zu einem vorzeitigen Versagen von einzelnen Komponenten führen, die im Schadensfall unter Umständen großflächig repariert bzw. ausgetauscht werden müssen.

Darüber hinaus kann auch ein Wandel kultureller, wirtschaftlicher oder funktionaler Ansprüche eine Sanierung von Fassaden auslösen bzw. erforderlich machen. Hierbei ist vorrangig die energetisch bedingte Sanierung zu nennen, deren Dringlichkeit aufgrund der aktuellen Anforderungen der Energiewende an einen energieeffizienten Gebäudebestand in den letzten Jahren – insbesondere in Deutschland – stark zugenommen hat. (Abb. C 5.2) [1].

In den letzten Jahrzehnten des 20. Jahrhunderts haben vor allem wirtschaftspolitische Faktoren wie die Betriebskostenreduzierung und das Streben nach weitgehender Unabhängigkeit von Ölimporten, zur Steigerung der Anforderungen an Fassaden hinsichtlich der Energieeffizienz beigetragen. Seit etwa der Jahrtausendwende rückt zunehmend das umweltpolitische Ziel einer drastischen Reduktion des CO_2-Ausstoßes in den Vordergrund.

Renovieren – Reparieren – Sanieren

Im Zusammenhang mit der Erneuerung von Fassaden bzw. Außenwandkonstruktionen werden Begriffe wie »renovieren«, »reparieren« und »sanieren« häufig fälschlicherweise als Synonyme verwendet. Bezieht man sich auf die ursprünglichen, lateinischen Wortbedeutungen der drei Begriffe, so wird klar, dass hier durchaus Unterschiede in den Definitionen vorliegen.

Unter »renovare« (erneuern) wird das »Renovieren« im Sinne einer Beseitigung von Schäden verstanden, die durch Abnutzung entstanden sind. Dies ist im Fassadenbereich beispielsweise durch die Erneuerung des Anstrichs üblich.

Mit dem Begriff »reparare« (wiederherstellen) ist die »Reparatur« im Sinne des Zurückversetzens in den ursprünglichen, funktionsfähigen Zustand gemeint. Ein Beispiel hierfür ist der punktuelle Austausch von Außenwandbekleidungen, die beispielsweise durch Sturmeinwirkung beschädigt wurden.

Mit »sanare« (bessern, heilen, zur Vernunft bringen) wird die »Sanierung«, also die Herstellung der funktionalen Leistungsfähigkeit bezeichnet. Die in den beiden Kapiteln »Außen- und Innenbedingungen« (S. 18ff.) sowie »Bauphysikalische Aspekte und Planungshinweise« (S. 52ff.) im Detail dargestellten Aufgaben des Wärme-, Sonnen-, Blend- und Witterungsschutzes beinhalten eine Vielzahl an Funktionen. Im Laufe der Lebensdauer einer Fassade können diese Funktionen aufgrund äußerer Einflüsse (z. B. Hitze, Kälte, Niederschlag und Wind), aber auch innerer Einwirkungen (z. B. Feuchtigkeit) beeinträchtigt oder sogar außer Kraft gesetzt werden, sodass eine Teil- oder Vollsanierung der Fassade notwendig wird. Weitere Anlässe für diesen Schritt können Vorkehrungen zum Werterhalt des Gebäudes wie die Beseitigung von Abnutzungen und Bauschäden sein, aber auch das Bestreben, ein vorzeitiges Versagen einzelner Bauteile zu verhindern. Neben diesen Ursachen ist jedoch die Reduktion des anfallenden Energiebedarfs durch die Verbesserung der thermischen Eigenschaften der Gebäudehülle aktuell primärer Auslöser für die Sanierung von Fassaden.

Gebäude, die vor der Einführung der 2. Wärmeschutzverordnung in Deutschland im Jahr 1984 errichtet wurden, stehen dabei vor allem im Vordergrund der Sanierungsaktivitäten. Durch die damals üblichen U-Werte, die im ungünstigsten Fall bei 2,2 W/m^2K für ein Bruchsteinmauerwerk und im günstigsten Fall bei 0,5 W/m^2K für eine Holzständerwand mit 8 cm Wärmedämmung liegen, sind bei diesen Bauwerken dringend Sanierungsmaßnahmen nötig, um den Wärmeverlust über die Fassade drastisch zu reduzieren.

Energetische Sanierung von Fassadenkonstruktionen

Um heutigen Ansprüchen gerecht zu werden, besteht die energetische Sanierung von Fassaden in der Regel aus einer Vielzahl von Maßnahmen, die darauf abzielen, die technisch-funktionale Qualität einer Fassade sowie den

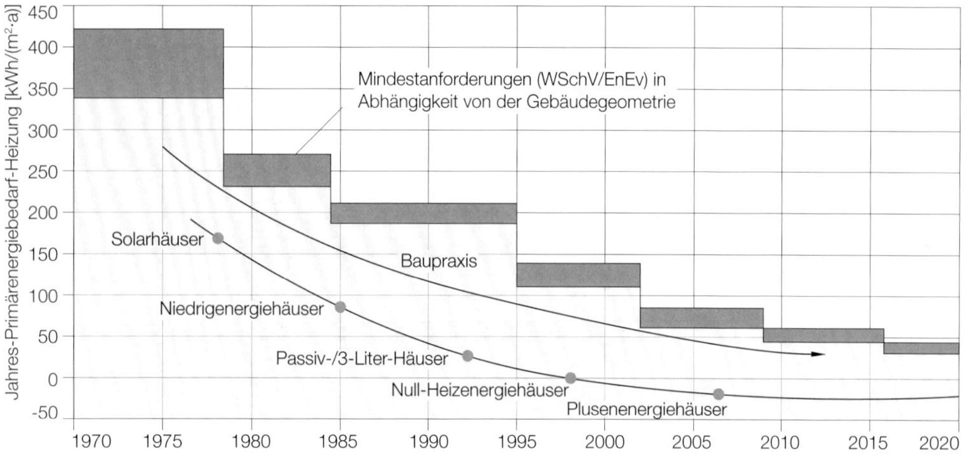

C 5.2

C 5.2 Entwicklung des energiesparenden Bauens in Deutschland seit der 1. Wärmeschutzverordnung von 1977

C 5.3 Innendämmung durch zweilagige Folienmembrane bildet belüftbaren Zwischentemperaturbereich, Siemens Deckelhalle, München (DE) 1997, Thomas Herzog mit José-Luis Moro

C 5.4 Innendämmung, »Birg mich, Cilli!«, Viechtach (DE) 2008, Peter Haimerl. Architektur

Energiehaushalt eines Gebäudes deutlich zu verbessern. Die Reduktion der thermischen Verluste über wärmeübertragende Bauteile (z. B. opake Außenwandflächen oder transparente bzw. transluzente Bauteile wie Fenster und Glasfassaden) steht dabei im Vordergrund. Darüber hinaus müssen strahlungs- bzw. lüftungsbedingte Wärmeverluste reduziert werden. Um dies sicherzustellen, kommen unter anderem wärmedämmende Materialien, strahlungsreflektierende Beschichtungen oder Folien sowie Mehrscheibenisolier- bzw. Vakuumverglasungen zum Einsatz, die den Wärmedurchgang von innen nach außen erheblich reduzieren können. In diesem Zusammenhang ist es zudem häufig erforderlich, die Dichtigkeit von Fenstern, Türen und von Bauteilfugen deutlich zu erhöhen, um unerwünschte Lüftungswärmeverluste weitgehend zu minimieren.

Durch eine auf den vorhandenen Baubestand abgestimmte Sanierungsstrategie sowie eine optimierte Planung und Ausführung lassen sich in der Regel in thermischer Hinsicht Verbesserungen erzielen, die den heutigen Anforderungen an Neubauten gerecht werden. In diesem Zusammenhang haben Studien gezeigt, dass sich die Vorgaben der EU-Richtlinie 2012/27/EU zur Umsetzung eines nahezu CO_2-neutralen Gebäudebestands bei einer angenommenen Sanierungsrate von jährlich 2 % umsetzen lassen [2].

Die Fassade steht im Vordergrund der Betrachtung, da sie (mit Ausnahme von größeren Hallen) verglichen mit anderen Bereichen der Gebäudehülle wie Dachfläche und Kellerboden- bzw. Fundamentplatte den mit Abstand größten Anteil unter den an Außenluft oder Erdreich angrenzenden Flächen einnimmt. Dies gilt insbesondere für mehrgeschossige Gebäude, bei denen der Fassadenanteil im Vergleich zur Dachfläche deutlich höher ausfällt als bei ein- oder zweigeschossigen Gebäuden.

Bei einem durchschnittlichen mehrgeschossigen Mehrfamilienhaus aus den 1950er-Jahren haben Messungen ergeben, dass der Anteil der Transmissionswärmeverluste über die opake Außenwand bei 16 % und über die Fenster bei 12 % liegt. Hinzu kommen Lüftungswärmeverluste von rund 20 %, womit in der Gesamtsumme von 48 % nahezu die Hälfte aller Wärmeverluste auf die Außenwand bzw. Fassade zurückzuführen ist. Der verbleibende Anteil betrifft die Transmissionswärmeverluste über das Dach (17 %) und die Kellerdecke (7 %) sowie die Leistungsverluste der Heizungsanlage (28 %). Im Vergleich dazu ist der Anteil der thermischen Verluste über die Fassade bei einem typischen Mehrfamilienhaus aus den 1960er-Jahren mit rund 63 % nochmals deutlich höher. Dort teilen sich die Verluste folgendermaßen auf: Fenster 19 %, Wand 22 %, Lüftung 22 %, Dach 4 %, Kellerdecke 4 %, ungenutzte Heizenergie 29 % [3].

Unter Beachtung dieser prozentualen Anteile wird deutlich, dass energetische Sanierungsmaßnahmen vor allem auch die Fassade einschließen müssen. Im Sinne einer gesamtheitlichen Lösung zur Ausschöpfung aller Energieeinsparpotenziale sind die Dämmung von Dach und Keller sowie die Optimierung der Heizungsanlage gleichermaßen zu berücksichtigen und aufeinander abzustimmen. In Abhängigkeit vom Baualter können die Schwerpunkte der verschiedenen Maßnahmen in unterschiedlichen Bereichen liegen. Allerdings spielt die Fassade im Hinblick auf einen ausreichenden Wärmeschutz stets eine zentrale Rolle [4].

Einflussfaktoren und Maßnahmen

Maßnahmen zur energetischen Verbesserung der Fassade lassen sich auf vielfältige Weise realisieren. Zu den Einflussfaktoren für die Wahl des jeweiligen Sanierungskonzepts gehören:

- Ist-Zustand des Gebäudes im Hinblick auf den gemessenen Energieverbrauch
- Ist-Zustand der vorhandenen Bausubstanz hinsichtlich der energetischen, konstruktiven und funktionalen Qualität der vorhandenen Fassade bzw. Außenwand
- Ist-Zustand der vorhandenen Gebäudetechnik
- architektonische Qualität der bestehnden Bausubstanz
- rechtlich bindende Vorgaben im Hinblick auf Ensemble- bzw. Denkmalschutz sowie gegebenenfalls Urheberrecht
- eventuell geplante Nutzungsänderungen im Hinblick auf künftige Komfortbedingungen
- Optionen für die künftige Energieversorgung des zu sanierenden Gebäudes
- Relation von Investitionskosten zur künftigen Senkung der Betriebskosten

Die Analyse und Gewichtung dieser Faktoren beeinflusst maßgeblich die Entwicklung des Gesamtkonzepts zur energetischen Sanierung einer Fassade. So wird sich im Falle eines denkmalgeschützten Gebäudes die Sanierungsstrategie in der Regel stark von der energetischen Sanierung eines durchschnittlichen, nicht denkmalgeschützten Gebäudes unterscheiden. Ebenfalls werden im Zuge einer Umnutzung (z. B. der Umwandlung eines gewerblich genutzten Gebäudes in ein Wohnhaus) aufgrund dann geänderter Komfortansprüche andere Schritte zur Sanierung der Fassade erforderlich, als dies bei gleichbleibender Nutzung der Fall wäre.

Allen Maßnahmen gemein ist der Ansatz, die thermischen Eigenschaften der Fassade zu verbessern. Dies kann einerseits dadurch geschehen, dass einzelne Bauteile der Fenster oder Glasfassaden wie Verglasungen und / oder Rahmen teilweise oder komplett ausgetauscht bzw. ergänzt werden. Andererseits lassen sich vorhandene Fassaden bzw. Außenwandkonstruktionen durch die Anordnung von zusätzlichen Schichten (z. B. Wärmedämmschichten) oder von Schalen (z. B. Glasschalen oder opake Vorsatzschalen hinterlüfteter Fassadenkonstruktionen) in thermischer Hinsicht optimieren [5].

Unter Berücksichtigung dieser Aspekte kann zwischen den folgenden prinzipiellen Möglichkeiten unterschieden werden:

- raumseitig, mit Abstand zur vorhandenen Fassade bzw. Außenwand angebrachte Innendämmung (Haus-im-Haus-Konzept, Abb. C 5.3)
- raumseitig, ohne Abstand zur vorhandenen Fassade bzw. Außenwand angebrachte Innendämmung (Abb. C 5.4, C 5.11)

C 5.3

- Teilersatz, Ergänzung oder Komplettaustausch der vorhandenen Fassade bzw. Fenster (Abb. C 5.12, C 5.13 und C 5.14)
- außenseitig, ohne Abstand zur vorhandenen Fassade bzw. Außenwand angebrachte Außendämmung (Abb. C 5.15, C 5.16)
- außenseitig, mit Abstand zur vorhandenen Fassade bzw. Außenwand angebrachte Vorsatzschale (Abb. C 5.17)

Nachfolgend werden die unterschiedlichen Optionen zur energetischen Sanierung vorgestellt und erörtert. Hierbei ist zu beachten, dass in der Praxis die verschiedenen genannten Möglichkeiten häufig in Kombination genutzt werden, um in Abhängigkeit von den jeweiligen Gegebenheiten und Anforderungen ein optimales Ergebnis zu erzielen.

Innendämmung

In der Regel werden energetische Sanierungsmaßnahmen an der Innenseite der vorhandenen Fassade bzw. Außenwandkonstruktion dann durchgeführt, wenn z. B. aufgrund von besonders aufwendigen Stuck-, Fachwerk- oder Klinkerfassaden aus gestalterischen und / oder denkmalpflegerischen Gründen das Aufbringen einer zusätzlichen Wärmedämmung an der Außenseite der bestehenden Außenwand ausgeschlossen ist [6]. Neben dem Erhalt des äußeren Erscheinungsbilds besteht in der Genehmigungsfreiheit ein weiterer Vorteil dieser Sanierungsmethode. In der Regel ist das Anbringen wärmedämmender Schichten (z. B. Mineralschaum- oder Kalziumsilikatplatten) an der Rauminnenseite kostengünstiger als Wärmedämmverbundsysteme oder hinterlüftete Systeme an der Außenseite.

Wesentliche Nachteile liegen neben dem Flächenverlust vor allem im Bereich bauphysikalischer Eigenschaften. So kann sich aufgrund des innenliegenden Wärmeschutzes die thermische Masse der Außenwand nicht mehr ausgleichend auf das Innenraumklima auswirken. Zudem wird die Außenwand aufgrund der innenliegenden Wärmedämmung während der kalten Jahreszeit nicht mehr temperiert, wodurch sie deutlich auskühlt und somit weitaus häufiger Temperaturen unterhalb der Frostgrenze auftreten. Zusätzlich wirken sich Wärmebrückeneffekte vor allem im Bereich einbindender Wände und Decken stark aus. Stählerne I-Profile oder Holzbalken durchdringen im Auflagerpunkt die Wärmedämmschicht und ragen in den kalten Außenwandbereich hinein. Bei Balkonen besteht sogar eine Verbindung ins Freie, wodurch Kondensat anfallen kann. Darüber hinaus droht den in der Außenwand verlegten Rohrleitungen für Wasser, Abwasser und Heizung erhöhte Frostgefahr infolge der stärkeren Auskühlung.

Zur Vermeidung von Feuchteschäden in der von innen gedämmten Außenwand sollte eine innenseitige Dampfsperre angeordnet werden, die das Durchfeuchten der Wand durch auftretendes Kondensat verhindert. Bei Einsatz eines dampfdichten Dämmmaterials kann jedoch auf die Dampfsperre verzichtet werden. Eine weitere Alternative stellt die Verwendung von Kalziumsilikatplatten dar, da diese durch ihre Porosität zeitweise auftretende Feuchtigkeit aufnehmen und bei trockener Raumluft wieder abgeben können. Zudem verhindert ihr hoher pH-Wert zusätzlich das Wachstum von Schimmelpilzen. In jedem Fall sind im Vorfeld solcher Maßnahmen bauphysikalische Untersuchungen zur Klärung derartiger Fragestellungen notwendig, um spätere Schäden auszuschließen [7].

Neben Dämmsystemen, die unmittelbar an der Innenseite der Außenwand befestigt werden, gibt es weitere Sanierungskonzepte, bei denen die zusätzliche Dämmebene mit einigem Abstand zur Außenwand eingebracht wird. Dieser zusätzliche Zwischentemperaturbereich kann als Wärmepuffer oder witterungsgeschützte Nutzfläche dienen [8].

C 5.4

a

b C 5.5

C 5.5 Olympiadorf, München (DE) 2012, Knerer und Lang, Fassadenausschnitt:
a vor der Sanierung
b nach der Sanierung

C 5.6 Olympiadorf, München (DE) 2012, Horizontalschnitt Maßstab 1:20

C 5.7 typische U-Werte [W/m²K] für Bauteile im Gebäudebestand

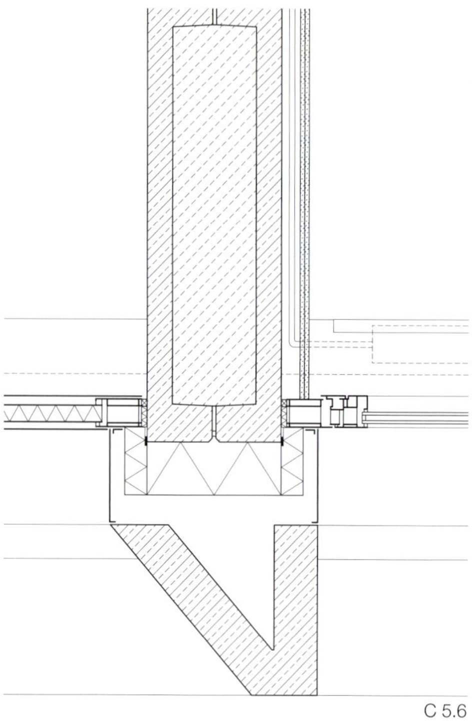

C 5.6

Fenster- bzw. Fassadenaustausch

Wegen des relativ hohen Wärmedurchgangskoeffizienten von Verglasungen im Gebäudebestand, die vor Jahrzehnten eingebaut wurden, sind Fenster und Glasfassaden in thermischer Hinsicht besonders zu beachten. So kann im Sommer die Solarstrahlung sehr gut durch Fenster oder Glasfassaden in das Gebäudeinnere eindringen und gegebenfalls auch zu einer übermäßigen Erwärmung führen. Besonders in heißen Klimaregionen erwärmt die auftreffende Solarstrahlung die Glas- und Rahmenoberfläche sehr stark. Über Wärmeleitung, -strahlung und -konvektion kann die Wärme nach innen weitergegeben werden, was ein unbehagliches Innenraumklima verursacht und in der Regel zu einem erhöhten Kühlenergiebedarf führt.

Während der kalten Jahreszeit können Wärmeverluste über Fenster und Glasfassaden zu einer starken Auskühlung des Innenraums führen. Die raumseitigen Oberflächen der Fenster und Glasfassaden bewirken Kälteabfall und Zugerscheinungen in Glasnähe. Etwaig auftretende Kältestrahlung trägt zusätzlich zu einem unbehaglichen Innenraumklima bei. Kommen noch Undichtigkeiten im Bereich des Fensterrahmens oder der Glasfassade hinzu, führen Zugluft und Lüftungswärmeverluste zu einem übermäßigen Energieverbrauch und einer weiteren Beeinträchtigung des Wohlbefindens.

Häufig werden aufgrund sich überlagernder Faktoren (mangelhafter U-Wert der Verglasung und/oder der Rahmenkonstruktion, undichte und schadhafte Fensterrahmen) Fenster und Fassadenkonstruktionen komplett ausgetauscht, um unter Einsatz von thermisch getrennten Fenster- oder Fassadenprofilen sowie Mehrfach-Isolierverglasungen (gegebenenfalls mit Edelgasfüllungen) den U-Wert der Fenster oder Fassaden maßgeblich zu verbessern.

Während ein Holzfenster mit einer Einfachverglasung, wie sie zum Teil noch bis in die 1950er-Jahre üblich waren, einen U_W-Wert von 5,0 W/m²K aufweist, lässt sich mit einem thermisch getrennten Fensterrahmen in Kombination mit einer Dreifach-Isolierverglasung aktuell ein U_W-Wert von 0,9 W/m²K erzielen [9].
In Kombination mit einer Verglasung mit verringertem Gesamtenergiedurchlassgrad kann ein guter Kompromiss im Hinblick auf den sommerlichen und winterlichen Wärmeschutz gefunden werden, der hinsichtlich der energetischen Qualität einem Neubaustandard entspricht.

Im Bereich von denkmalgeschützten Gebäuden bieten sich Lösungen an, die unter Beachtung der vorhandenen gestalterischen und materiabezogenen Qualitäten die Wärmeverluste deutlich verringern und die Behaglichkeit im Innenraum verbessern.
Zumeist beinhaltet die energetische Sanierung von Fenstern den Einbau von Dichtprofilen, wodurch Wärmeverluste deutlich reduziert werden können. Mit dem Austausch einer Einfachverglasung oder einer technisch veralteten Isolierverglasung aus den 1970er-Jahren durch moderne gasgefüllte und/oder entsprechend beschichtete Zweifach-, Dreifach- oder Vakuumverglasungen lässt sich der Energieverbrauch deutlich senken.

Alternativ ist es möglich, historische Fenster, deren Rahmen oft filigrane Materialquerschnitte und damit eine geringe Tragfähigkeit aufweisen, durch den raumseitigen Einbau eines zusätzlichen Fensterflügels mit Isolierverglasung in thermischer und komfortbezogener Hinsicht deutlich zu optimieren. Hierbei ist in jedem Fall zu untersuchen, wie sich die Verlagerung des Wärmedämmschwerpunkts im Bereich des Fensters auf den Taupunkt auswirkt. Zudem muss überprüft werden, welche Folgen die erhöhte Luftdichtigkeit der Fassade auf die hygienische Raumluftqualität sowie die relative Luftfeuchtigkeit und die Gefahr von Schimmelbildung hat.

Außendämmung

Neben den transparenten bzw. transluzenten Fassaden stellen ältere, opake Außenwandkonstruktionen in der Regel ebenfalls thermisch unzulängliche Bereiche dar. Typische U-Werte von opaken Außenwandkonstruktionen im Altbaubereich liegen beispielsweise bei 1,4 W/m²K für einschaliges Mauerwerk mit einer Wandstärke von 38 bis 51 cm (Baualtersklasse 1880–1948) bzw. bei leichtem Mauerwerk aus Hohlblocksteinen, Gitterziegeln oder Gasbeton (Baualtersklasse 1949–1968) (Abb. 5.7). Obwohl diese U-Werte deutlich besser sind als bei Fenstern der gleichen Baualtersklassen, führen derartige Außenwandkonstruktionen aufgrund ihres großen Flächenanteils an der gesamten Fassadenfläche dennoch zu erheblichen Energieverlusten.

Im Hinblick auf die energetische Sanierung von massiven Außenwandkonstruktionen nicht denkmalgeschützter Gebäude stehen zwei grundsätzlich verschiedene Alternativen zur Auswahl. Zum einen kommen mehrschichtig aufgebaute Wärmedämmverbundsysteme (WDVS) zum Einsatz, bei denen plattenförmiges Wärmedämmmaterial unmittelbar auf der vorhandenen Außenwand flächendeckend mittels Dübel- und/oder Klebeverbindung befestigt wird. Zum Schutz vor der Witterung wird die außenliegende Oberfläche mit einem mehrlagigen System aus armiertem Unterputz plus Oberputz mit Anstrich versehen. Diese Systeme gelten als relativ kostengünstig. Allerdings sind Themen wie Schlag- und Stoßfestigkeit, Brandschutz, Algenbewuchs sowie die Beschädigung durch Vögel (Spechtlöcher) vor der Entscheidung für ein derartiges System eingehend zu prüfen (Abb. C 5.8, C 5.15).

typische U-Werte [W/m²K] für Bauteile im Gebäudebestand

	Außenwand			oberste Geschossdecke/Flachdach			geneigtes Dach			Kellerdecke/ Erdgeschossfußboden		
bis 1918	Ziegel oder Bruchsteinmauer	E M	2,2*	Holzbalkendecke mit Strohlehmwickel	E M	1	ohne Dämmung, Putz auf Schilfmatte oder Spalierlatten	E M	2,6*	Holzbalkendecke mit Strohlehmwickel	E M	1
	Holzfachwerk mit Lehmausfachung	E M	2,0*				Strohlehmwickel zwischen Sparren, unterseitig verputzt	E M	1,3*	Steinboden auf Erdreich oder Gewölbekeller	E M	2,9*
1880–1948	Ziegelmauerwerk 25–38 cm	E M H	1,7*	Holzbalkendecke mit Blindboden und Lehmschlag	E M	0,8	ohne Dämmung, Putz auf Schilfmatte oder Spalierlatten	E M	2,6*	Holzbalkendecke mit Blindboden und Lehmschlag	E M	0,8
	einschaliges Mauerwerk 38–51 cm oder zweischalig	E M	1,4*				Strohlehmwickel zwischen Sparren, unterseitig verputzt	E M	1,3*	Massivdecke als Kappengewölbe	E M H	1,2
1949–1968	leichtes Mauerwerk aus Hohlblocksteinen, Gitterziegeln, Gasbeton	E M	1,4*	Betondecke, Rippendecke, Stahlsteindecke	E M H	2,1*	Holzwolleleichtbauplatten 3,5 cm, verputzt	E M	1,4*	Betondecke, Rippendecke, Stahlsteindecke mit minimaler Trittschalldämmung	E M H	1,5*
	Mauerwerk aus Bimsvollsteinen	E M	0,9	Holzbalkendecke mit Blindboden	E M	0,8	Bimsvollsteine zwischen Sparren	E M	1,4*	Holzbalkendecke mit Blindboden	E M	0,8
							Zwischensparrendämmung 5 cm	E M H	0,8			
1969–1978	leichtes Mauerwerk aus Porenziegel mit Normalmörtel	E M	1	Betondecke mit 5 cm oberseitiger Dämmung	E M H	0,6	Holzwolleleichtbauplatten 3,5 cm, verputzt	E M	1,4*	Betondecke mit 2 cm Trittschalldämmung (TSD)	E M H	1
	Betonfertigteile mit Kerndämmung oder aus Leichtbeton	M H	1,1	Flachdach: Betondecke mit 6 cm oberseitiger Dämmung (Kaltdach)	E M H	0,5	Bimsvollsteine zwischen Sparren	E M	1,4*			
	Holzständerwand mit 6 cm Dämmung	E	0,6	Holzbalkendecke mit 4 cm Dämmung (Holzbau/Fertighaus)	E	0,8	Zwischensparrendämmung 5 cm	E M H	0,8			
1979–1983	Mauerwerk aus Leicht-/Hochlochziegeln mit Leichtmörtel	E M	0,8	Betondecke mit 8 cm oberseitiger Dämmung	E M	0,5	Zwischensparrendämmung 8 cm	E M	0,5	Betondecke mit 4 cm Trittschalldämmung (TSD)	E M H	0,8
	Mauerwerk aus Porenbeton	E M	0,6	Flachdach: Betondecke mit 8 cm Dämmung (Warmdach)	M H	0,5						
	Betonfertigteile mit Kerndämmung oder aus Leichtbeton	M H	0,9	Holzbalkendecke mit 8 cm Dämmung (Holzbau/Fertighaus)	E	0,5						
	Holzständerwand mit 8 cm Dämmung	E	0,5									
1984–1994	Mauerwerk aus Leicht-/Hochlochziegeln mit Leichtmörtel	E M	0,6	Betondecke mit 12 cm oberseitiger Dämmung	E M H	0,3	Zwischensparrendämmung 12 cm	E M H	0,4	Betondecke mit 5 cm Trittschalldämmung (TSD)	E M H	0,6
	Mauerwerk aus Porenbeton	E	0,5	Holzbalkendecke mit 12 cm Dämmung (Holzbau/Fertighaus)	E	0,3						

E = Einfamilienhäuser, M = Mehrfamilienhäuser, H = große Mehrfamilienhäuser / Hochhäuser

Quelle: dena (Deutsche Energie-Agentur)

* Bei nachträglich angebrachten Dämmplatten mit mindestens 2 cm Stärke kann ein Pauschal-U-Wert von 1,0 W/m²K angesetzt werden.

C 5.7

Zum anderen können alternativ durch eine vorgehängte, hinterlüftete Fassade (VHF) die Wärmeschutzeigenschaften einer Außenwand deutlich verbessert werden. Das unmittelbar auf die Außenwand aufgebrachte plattenförmige Wärmedämmmaterial wird durch eine Unterkonstruktion (Leichtmetalle, Holz) aus Grund- und Konterlattung gehalten. Aufgrund der Konterlattung entsteht ein Luftspalt von mindestens 30 mm, der eine Hinterlüftung und damit das Abführen von anfallender Feuchtigkeit sicherstellt. Die äußerste Fassadenschale besteht in der Regel aus einem mechanisch belastbaren Material wie Holz, Naturstein, Tonstein, Metall, Glas/PV oder aus Kompositmaterialien. Die Trennung der funktionalen Aufgaben in Wärmedämmung und Schutz vor Witterung – häufig in Verbindung mit gegen Schlagregen geschützten, offenen Fugen – ermöglicht eine gezielte Anpassung der gewählten Materialien an die jeweiligen Anforderungen und bietet zudem ein hohes Maß an gestalterischer Freiheit (siehe »Bauphysikalische Aspekte und Planungshinweise«, S. 52ff.).

Vorgesetzte Schalen

Analog zu der mit Abstand zur raumseitigen Wandoberfläche eingebrachten Innendämmung (siehe S. 331f.) kann alternativ auch durch die außenseitige Anbringung einer zusätzlichen, mit Abstand zur bestehenden Fassade oder Außenwand montierten transparenten Glas- oder Kunststofffassade der Wärmedurchgang durch die Fassade verbessert werden. Zudem eignet sich der hierbei entstehende, hinterlüftete Fassadenzwischenraum als thermischer Puffer oder zur Vorwärmung der Frischluft (Abb. C 5.17). Eine detaillierte Darstellung der funktionalen, konstruktiven und gestalterischen Eigenschaften derartiger Systeme findet sich in den Kapiteln »Mehrschalige Gebäudehüllen aus Glas« (S. 238ff.) und »Solartechnik« (S. 294ff.).

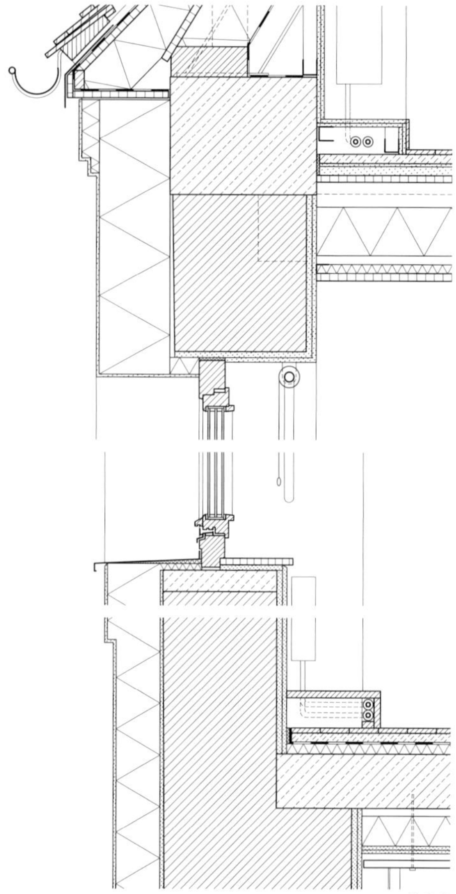

C 5.8

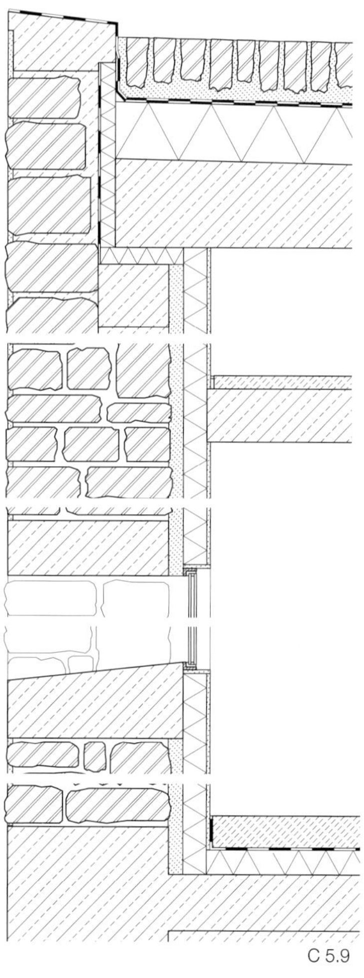

C 5.9

Schlussbemerkung

Wie eingangs dargestellt, ist die energetische Sanierung des Gebäudebestands eine der zentralen Aufgaben zur Umsetzung der Energiewende und der Erfüllung der Energieeffizienzziele der Europäischen Union, die sowohl im Neubausektor als auch im Sanierungsbereich Niedrigstenergiestandards vorsehen [10]. Zum Erreichen dieses Ziels spielt im Gebäudebestand sowohl die Sanierung der Gebäudetechnik als auch der Gebäudehülle eine zentrale Rolle. Aufgrund ihres großen Flächenanteils müssen Fassaden hierbei besonders beachtet werden.

Zur energetischen Sanierung von Fassaden sind hinreichend Strategien und baulich-konstruktive Möglichkeiten vorhanden, die sowohl in funktionaler als auch gestalterischer Hinsicht die überzeugende Umsetzung von energetischen Sanierungsmaßnahmen ermöglichen. In diesem Zusammenhang sind Lösungen anzustreben, die nicht nur die energetischen Eigenschaften der Fassade in Betracht ziehen, sondern auch weitergehende Qualitäten wie Behaglichkeit, Licht- und Raumqualität sowie baukulturelle Aspekte berücksichtigen. Besonders bei historischen, gestalterisch wertvollen Bauten heißt es, sensible Lösungen zu entwickeln, die das kulturelle Erbe und die Identität des Gebäudes für die Zukunft bewahren.

Gleichzeitig bietet die energetische Sanierung die enorme Chance, gestalterisch weniger überzeugenden Bestandsgebäuden ein neues, sowohl in funktionaler als auch ästhetischer Hinsicht ansprechenderes Gesicht zu geben und dabei, über die energetischen Anforderungen hinaus, Gebäude und gegebenenfalls Quartiere in baukultureller Hinsicht aufzuwerten. Hierin liegt neben der Umsetzung der Energiewende ein weit darüber hinausreichendes Potenzial, das im Sinne einer gesamtheitlichen Aufwertung der gebauten Umwelt genutzt werden muss.

C 5.8 Abgeordnetenhaus Ismaninger Straße, München (DE) 2013, Hild und K Vertikalschnitt M 1:20
C 5.9 Ferienhaus, Scaiano (CH) 2004, Markus Wespi, Jérôme de Meuron Vertikalschnitt M 1:20
C 5.10 Sanierung einer ehemaligen Scheune, Bilka (CZ) 2012, A2F Architekten
C 5.11 Ferienhaus, Scaiano (CH) 2004, Markus Wespi, Jérôme de Meuron
C 5.12 Umbau Astley Castle, Nuneaton (GB) 2012, Witherford Watson Mann Architects
C 5.13 Bürohaus, Mailand (IT) 2012, Park Associati
C 5.14 Bürogebäude, Düsseldorf (DE) 1998 Petzinka Pink Architekten
C 5.15 Abgeordnetenhaus Ismaninger Straße, München (DE) 2013, Hild und K
C 5.16 Sanierung Realschule, Buchloe (DE) 2011, müllerschurr.architekten
C 5.17 Umbau eines barocken Häuserblocks Ljubljana (SI) 2012, Ofis Arhiteki

Anmerkungen:

[1] vgl. Richarz, Clemens u. a.: Energetische Sanierung – Grundlagen, Details, Beispiele. München 2006, S. 8
[2] Nemeth, Isabell u. a.: Energetische Gebäudesanierung in Bayern. Studie des Zentrums für Nachhaltiges Bauen der TU München im Auftrag der Vereinigung der bayerischen Wirtschaft und des Verbandes der Bayerischen Metall- und Elektroindustrie e. V., München 2012
[3] Energiegerechtes Bauen und Modernisieren. Hrsg. Wuppertal Institut für Klima, Umwelt, Energie. Basel 1996, S. 143–150
[4] ebd., S. 129–162
[5] Eine Darstellung der unterschiedlichen Kombinationsmöglichkeiten von Schichten und Schalen im Zusammenhang von Fassadenkonstruktionen findet sich im Kapitel »Flächen – Strukturelle Prinzipien«, S. 26ff.
[6] Fachverband Wärmedämmverbundsysteme e. V.: Leitfaden Innendämmung 2013. Baden-Baden 2013
[7] Detaillierte Ausführungen zum Einsatz von Innendämmungen: wie Anm. 1, S. 38–40
[8] vgl. Balkowski, Michael: Nachträgliche Innendämmung von Außenwänden. In: Detail 05/2011, S. 616ff
[9] wie Anm. 1, S. 40
[10] Laut Artikel 2, Absatz 2 der Neuauflage der EU-Gebäuderichtlinie 2010/31/EU vom 19. Mai 2010 ist ein »Niedrigstenergiegebäude« eines, das eine sehr hohe, nach Anhang I bestimmte Gesamtenergieeffizienz aufweist.

C 5.10

C 5.11

C 5.12

C 5.13

C 5.14

C 5.15

C 5.16

C 5.17

C 6 Begrünte Fassaden

Ein Sonderthema im Kontext innovativer Fassadenlösungen für (energieeffiziente) Gebäude stellen sogenannte grüne Fassaden (auch vertikale Gärten oder Living Walls) dar. Durch aktuelle Diskussionen über Ökologie und Nachhaltigkeit im Bauwesen befördert, findet man mittlerweile in zahlreichen Projekten Fassadenlandschaften als (Nutz-)Gärten (»Skyfarming«) oder sogar als »vertikale Wälder« (Abb. C 6.8, S. 341).

Während das Gründach über Jahrzehnte erprobt und etabliert ist, erscheint die Fassadenbegrünung noch eher als ein neues Arbeitsfeld. Begrünte Gebäudeoberflächen eröffnen insbesondere in verdichteten Innenstadtbereichen vielfältige ökologische Vorteile. Neben der Verbesserung des (Mikro-)Klimas gelten Pflanzen als wichtige Faktoren für ein naturfreundliches und humanes Wohn- und Arbeitsumfeld.

Auch in Mitteleuropa werden erste Auswirkungen im Zusammenhang mit dem zu erwartenden Klimawandel spürbar: In städtischen Quartieren erwärmt sich die Luft deutlich schneller als im Landesdurchschnitt. Aufgrund adiabatischer Kühlprozesse wirken Fassadenbegrünungen als natürliche Klimamodulatoren in der Gebäude- und Stadtplanung und reduzieren mit erheblicher Wirkung den Effekt urbaner Hitzeinseln, besonders in heißen Jahreszeiten bzw. in südlichen Regionen. Für stark belastete und großflächig versiegelte Bereiche stellt beispielsweise das Referat für Umwelt und Gesundheit der Stadt Nürnberg zur stadtklimatischen Verbesserung Maßnahmen zur Begrünung von Dach- und Fassadenflächen als »klimatisch bedeutsame Gestaltungselemente« heraus [1]. Hier kann sich also Funktionalität überzeugend mit ästhetischer Absicht verbinden [2].

Neben Grünflächen und Baumpflanzungen haben begrünte Gebäudeoberflächen eine weitreichende Bedeutung für das Stadtgrün, da sie die lokalen Umweltbedingungen unmittelbar beeinflussen:
- Verbesserung der Luftqualität
- Verringerung des Lärmpegels
- Luftkühlung und -befeuchtung
- Sauerstoffsanreicherung der Luft
- Schattenspender
- psychologisch positive Wirkung
- Lebensraum für Kleintiere und Insekten

Doch trotz eines allgemeinen Zuspruchs und einer gewissen »Trendhaftigkeit«, lassen sich Pflanzenarten nicht beliebig unter verschiedenen klimatischen Standortbedingungen und baulichen Expositionen einsetzen. Gleichwohl ist die Bandbreite an botanischen und technischen Lösungen groß. Sie reicht von Bepflanzungen mit Selbstklimmern oder -rankern bis zu vollflächigen Begrünungen mit Textilsubstrat auf speziellem Trägermaterial oder modularen, kleinteiligen bis geschosshohen Systemen. Großflächige Fassadenbegrünungen mit Wildem Wein, Efeu, Waldreben oder Blauregen benötigen zum florierenden Wachstum regelmäßige Pflegemaßnahmen. Dies wird bei der Planung und der Realisierung häufig unterschätzt. Neben Pflanzen eignen sich auch Stauden und kleinere Gehölze sowie Moose zur Begrünung von Fassaden.

C 6.1 Fassadenbegrünung am historischen Beispiel

Pflanzen in der Fassade

Die gezielte Nutzung von Kletterpflanzen durch den Menschen lässt sich nahezu durchgehend bis in die Antike zurückverfolgen. Vor allem in Regionen mit einer Weinbautradition wie beispielsweise Ägypten wurden bereits um 2600 v. Chr. mit Wildem Wein bewachsene Pergolakonstruktionen (Weinlauben) als Schattenspender beschrieben. In diesen Regionen hat sich daraus über die Jahrhunderte hinweg eine starke Identifikation mit durch Weinreben begrünten Fassaden herausgebildet.
In Griechenland finden sich Mitte des 2. Jahrtausend v. Chr. erste Hinweise auf verwendete Kletterpflanzen wie den Efeu, die in Trögen (erdgefüllte Fässer) kultiviert wurden. Bei den Römern wird detailliert über »rosenberankte Pergolen, weinbeschattete Laubenwege und efeuumrankte Grotten« [3] sowohl im öffentlichen als auch im privaten Raum berichtet. Plinius der Jüngere erwähnt in einer seiner Baubeschreibungen erstmals Begrünungen der Fassade: »Ein üppiger Rebstock strebt über das ganze Gebäude hin zum First und erklettert ihn. Man liegt dort nicht anders als im Walde, nur den Regen spürt man nicht wie im Walde« [4].

In Mitteleuropa wird im Mittelalter wieder an die römische Gartenkultur angeknüpft. Mit dem Entstehen von Gartenanlagen vor den Stadtmauern werden in der Renaissance Lauben, Pergolen und Spaliere mit Kletterpflanzen (vor allem Geißblatt und Rosen) immer zahlreicher. Im 17. und 18. Jahrhundert erweitert sich die Bandbreite an verwendeten Pflanzenarten. Neuentdeckungen insbesondere in Nordamerika und Ostasien führen zu einem breiten Artenspektrum an Kletterpflanzen. Zusätzlich beginnt eine systematische Züchtungsarbeit.

In der zweiten Hälfte des 19. Jahrhunderts werden erste Artikel über »Bekleidungspflanzen« zur Begrünung von Häusern veröffentlicht. In den Jahren vor dem Ersten Weltkrieg greifen die Lebensreformbewegungen mit ihrer Kritik an der Naturentfremdung durch die Folgen der Industrialisierung sowie der Verstädterung diese Entwicklung auf. Namhafte (Landschafts-) Architekten beginnen Kletterpflanzen als Gestaltungselement (»Pflanzenschmuckkunst [...] für die gärtnerische Ausschmückung der Wohnstraßen«[5]) zu nutzen, um Natur und Architektur miteinander zu verbinden. In Fachbüchern und einschlägigen Zeitschriften werden Arten von Kletterpflanzen und deren Einsatzmöglichkeiten umfangreich beschrieben

C 6.2

C 6.3

C 6.4

C 6.5

und der Einfluss der Begrünung auf Gebäude und Stadtbild sowie das »Sommerklima« thematisiert.
Während in den 1920er-Jahren insbesondere Wohnungsbaugenossenschaften an diese »Blütezeit« der Verwendung von Kletterpflanzen anknüpfen, tritt vor allem nach 1945 das Thema sukzessive wieder in den Hintergrund. Neue Formensprachen und Bauweisen in der Architektur, steigende Gebäudehöhen und bauaufsichtliche Hürden führen zu einer erneuten Ablösung des Bauens vom lokalen (Stadt-) Klima und damit zu einem weitgehenden Verschwinden der Bauwerksbegrünung. Zunehmende Kritik an der »Unwirtlichkeit« der Städte (Alexander Mitscherlich) ab Mitte der 1960er-Jahre in Verbindung mit dem Beginn der Umweltbewegungen in den 1970er-Jahren rückt die Bedeutung von Pflanzen für das Bauen und das Leben wieder in den Blickpunkt. Zunächst sind insbesondere die begrünten Dächer der Öko(vorort)siedlungen Gestaltungsfläche für Pflanzen. Seit etwa 1980 kommen dann verstärkt auch die Fassaden hinzu.

Bauphysikalische Bedeutung

Mit einem gezielt funktionalen Einsatz von Vegetation lassen sich natürliche, auf organische Wirkungen setzende Effekte erreichen, die das Mikroklima an Fassaden positiv beeinflussen. So können beispielsweise Pflanzen als natürlicher Sonnenschutz vor transparenten Öffnungen eingesetzt werden. Je nach Art und Anordnung, Habitus und Bedeckungsgrad der Blätter verändern sich infolge der Verschattung die Temperaturen der fassadennahen Luftschichten. Die botanischen Merkmale der betreffenden Pflanzenart spielen für den zu erreichenden Effekt eine wesentliche Rolle [6]. Vor opaken Wandflächen werden durch eine Begrünung die Oberflächentemperaturen reduziert, mit entsprechend positiver Wirkung auf das Mikroklima. Bestimmte Arten wie immergrüne Kletterpflanzen (z. B. Efeu oder Geißblatt) können im Winter mit dichtem Blattwerk auf großen Flächen durch die Ausbildung von Luftpolstern auch die Auskühlung der Wandoberflächen abmindern und damit als zusätzliche Wärmedämmung fungieren. Dabei variieren die Effekte bei Pflanzen mit dem natürlichen jahreszeitlichen Wandel – im Gegensatz zu konventionellen Dämmmaterialien – und sind außerdem abhängig von der Pflanzenentwicklung und bei wandgebundenen Systemen auch von der Bodenfeuchte. In Studien konnte jedoch nachgewiesen werden, dass selbst bei gut gedämmten Wandaufbauten noch weitere Dämmeffekte zu erzielen sind [7].
Eine Absenkung heißer Außentemperaturen an den Fassadenoberflächen kann auch den Einsatz kompakter, dezentraler Lüftungseinheiten (siehe »Installierte Fassaden«, S. 322ff.) deutlich verbessern, um so die steigenden Anforderungen an Frischluftqualität, energetisch effizienter zu gewährleisten.

Typologie

Bei Fassadenbegrünungen wird zwischen bodengebundenen mit Kletterpflanzen und wandgebundenen mit speziellen Begrünungssystemen unterschieden (Abb. C 6.6).

Bodengebundene Fassadenbegrünungen

Bei bodengebundenen Fassadenbegrünungen spricht man je nach Kletterverhalten der Pflanzen von selbstklimmenden Pflanzen und Gerüstkletterpflanzen:

- Selbstklimmer haften direkt auf der Außenwandoberfläche und breiten sich fächerförmig aus. Eine Direktbegrünung mit Efeu oder Echtem Wein ist kostengünstig und erfordert nur einen relativ geringen Pflegeaufwand. Allerdings eignet sich nicht jede Außenwand dafür. Zur Vermeidung von Bauwerksschäden sollten Bepflanzungen nur auf massiven Wandkonstruktionen (Mauerwerk, Beton) ausgeführt werden (Abb. C 6.2 und C 6.4).
- Gerüstkletterpflanzen benötigen eine Rankhilfe und werden nach ihrem Kletterverhalten botanisch unterschieden in Schlinger (u. a. Blauregen, Geißblatt) und Ranker (u. a. Echter Wein, Waldreben). Entlang der Kletterhilfen/Spaliere (Abb. C 6.3) – vorzugsweise netz- oder gitterartige Strukturen, aber auch lineare Strukturen mit Stäben, Rohren oder Seilen sind möglich – wachsen die Pflanzen selbstständig aufwärts. Ihre Ausbreitung ist durch die Kletterhilfen weitgehend begrenzt. Gerüstkletterpflanzen benötigen regelmäßige Schnittmaßnahmen. Hierbei sind die Erreichbarkeit der Pflanzen und der hieraus entstehende Pflegeaufwand bereits in der Planung entsprechender Systeme zu beachten.

Bei bodengebundenen Fassadenbegrünungen ist die Wuchsgeschwindigkeit und Kletterstrategie der Pflanzen in Verbindung mit der Gebäudehöhe zu berücksichtigen. Die sogenannte Flächenwirkung kann zwischen 5 und 20 Jahren (Selbstklimmer) bzw. zwischen 3 und 12 Jahren (Gerüstkletterpflanzen) liegen. Für eine Fassadenbegrünung mit Kletterpflanzen sind in Deutschland etwa 150 Pfanzenarten und -sorten geeignet. Es handelt sich um eine über Jahrhunderte entwickelte und verfeinerte Technik, die sich mit relativ geringem Zusatzaufwand auf einer Vielzahl von Außenwandoberflächen realisieren lässt [8].

C 6.2 Castello Sforzesco, Mailand (IT) 1450ff.
C 6.3 Goethes Gartenhaus, Weimar (DE) 16./18. Jahrhundert
C 6.4 Villa Bonnier, Stockholm (SE) 1927
C 6.5 Gebäude der »Magistratsabteilung 48«, Wien (AT) 2010
C 6.6 Konstruktive und vegetationstechnische Entscheidungsparameter zur Fassadenbegrünung [9]

Bodengebundene Begrünung		Fassadengebundene Begrünung		
flächenförmiger Direktbewuchs der Fassade	**leitbarer Bewuchs mit Gerüstkletterpflanzen (entspr. Kletterstrategie)**	**Pflanzen in horizontalen Vegetationsflächen, Pflanzgefäße an Tragkonstruktionen**	**Pflanzen in senkrechten Vegetationsflächen »vertikale Gärten«** **modulare Systeme**	 **flächige Konstruktionen**
		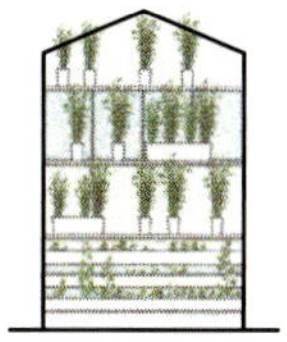		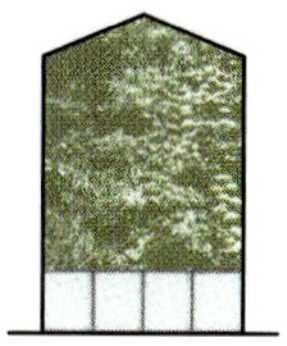
Selbstklimmer: Wurzelkletterer, Haftscheibenranker	Schlinger, Ranker, Spreizklimmer, spalierbare Gehölze	Stauden (u.a. Gräser, Farne, bedingt Zwiebel- und Knollengewächse), Kleingehölze, Schlinger, Ranker, bed. Spreizklimmer	Stauden (u.a. auch Gräser, Farne), Kleingehölze, Moose; bedingt Wurzelkletterer, Spreizklimmer	Stauden (u.a. auch Gräser, Farne), Kleingehölze, Moose; bedingt Wurzelkletterer, Spreizklimmer
• ohne Kletterhilfe	• Kletterhilfe/Spalier erforderlich (Stäbe, Rohre, Seile, Gitter, Netze)	• Substrat in Gefäßen (Einzel- und Linearbehälter)	• Substrat in Elementeinheiten aus Körben/Gabionen, Matten, Kassetten • substrattragende Rinnensyst. • direkt begrünte Kunst- und Natursteinpl. mit begrünungsfördernder Oberflächenrauheit	• Textilsysteme • Textil-Substrat-Systeme • Metallblechsysteme mit Öffnungen zu Vegetationsflächen (Textil- bzw. Substratträger) • Direktbegrünung auf nährstofftragender Wandschale
gestalterische Kriterien				
Flächenwirkung in 5–20 Jahren*	Flächenwirkung in 3–12 Jahren*	Flächenwirkung bei Vorkultur: sofort		Flächenwirkung bei Vorkultur: kurzfristig
Gestaltungsspielraum: gering bis mittel	Gestaltungsspielraum: mittel	Gestaltungsspielraum: groß		
bautechnische Anforderungen				
Wurzelung in Bodenfläche/ mit Oberboden- und Bodenwasseranschluss		Wurzelung in Substratsystem/keine Anforderung an Bodenausbildung und Bodenwasseranschluss ohne Kontakt zum Baugrund		
Wasserversorgungsanlage standortbezogen, bei Bedarf			Wasser- und Nährstoffversorgungsanlage erforderlich	
		Bauaufsichtlich relevant, statischer Nachweis erforderlich, tragende Bauteile: Korrosionsschutz oder nicht rostendes Material		
			Schutz der Fassade gegen Feuchte und Durchwurzelung erforderlich	
Eignung für folgende Wandausbildungen				
• massive Wandaufbauten (auf geschlossene Fugen und intakte Außenhülle achten Haftgrund auf pflanzenphysiologische Eignung prüfen*)	• massive Wandaufbauten • Holzkonstruktionen vollflächig bekleidet oder ausgefacht (bedingt*) • Metallkonstruktionen vollflächig bekleidet oder ausgefacht (bedingt*) • Vorsatzschalen (bedingt*) • vorgehängt hinterlüftete Fassade (VHF) (bedingt*) • Wärmedämmverbundsysteme (WDVS) • Luftkollektor-Fassaden	• massive Wandaufbauten • Holzkonstruktionen vollflächig bekleidet oder ausgefacht (bedingt*) • Metallkonstruktionen vollflächig bekleidet oder ausgefacht (bedingt*) • Vorsatzschalen (bedingt*) • vorgehängt hinterlüftete Fassade (VHF) (bedingt*) • Wärmedämmverbundsysteme (WDVS) • Luftkollektor-Fassaden	• massive Wandaufbauten • Holzkonstruktionen vollflächig bekleidet oder ausgefacht (bedingt*) • Metallkonstruktionen vollflächig bekleidet oder ausgefacht (bedingt*) • Vorsatzschalen (bedingt*) • vorgehängt hinterlüftete Fassade (VHF) (stattdessen*) • Wärmedämmverbundsysteme (WDVS) (bedingt*)	• massive Wandaufbauten • Holzkonstruktionen vollflächig bekleidet oder ausgefacht (bedingt*) • Metallkonstruktionen vollflächig bekleidet oder ausgefacht (bedingt*) • Vorsatzschalen (bedingt*) • vorgehängt hinterlüftete Fassade (VHF) (stattdessen*) • Wärmedämmverbundsysteme (WDVS)
wirtschaftliche Kriterien				
Investitionsaufwand: gering	Investitionsaufwand: gering bis hoch	Investitionsaufwand: mittel bis hoch	Investitionsaufwand: hoch	
Einsparungspotenzial Fassadengestaltung in Abhängigkeit v. Pflanzenwachstum			sofortiges Einsparungspotenzial Fassadengestaltung	
Pflegeaufwand: mittel, zunehmend*		Pflegeaufwand: mittel bis hoch/gärtnerisch*		
	Wartungs- und Instandhaltungsaufwand: gering*	Wartungs- und Instandhaltungsaufwand: mittel bis hoch*	Wartungs- und Instandhaltungsaufwand: hoch	
ökologisches Potenzial				
	Verschattung – ganzjährige Relevanz bei laubabwerfenden Pflanzen			
mögliche Artenvielfalt (Flora/Fauna) am Standort: gering bis hoch*		mögliche Artenvielfalt (Flora/Fauna) am Standort: mittel*	mögliche Artenvielfalt (Flora/Fauna) am Standort: groß*	
mikroklimatische Relevanz: mittel bis langfristig*	mikroklimatische Relevanz: mittelfristig*	sofortige mikroklimatische Relevanz bei Vorkultur*		

* Angabe der Werte: FBB-Projektgruppe Fassadenbegrünung, FLL-Regelwerk-Ausschuss Fassadenbegrünung
Grundlage: Diagramme und Inhalte[1], Ergänzungen durch die Verfasserin, ©Nicole Pfoser, 07/2011
[1] FLL, 2000; Kaltenbach, 2008; Pfoser, 2009, 2010a, 2010b, 2011a, 2011b, 2011c

C 6.6

Bautechnik
Bodengebundene Fassadenbegrünungen benötigen im Sockelbereich vor der Außenwand einen gewissen Raum zur Aufnahme und Entwicklung der Pflanzenwurzeln. Dabei ist zu beachten, dass das Wasser abfließen kann und durch gezieltes Einbringen von Pflanzsubstrat das Wurzelwachstum vom Gebäude weg ermöglicht wird.
Von besonderer Bedeutung ist die Ausbildung und Verankerung der Kletterhilfen. Die flächigen oder linearen Strukturen werden über Unterkonstruktionen (Stockschrauben, Bolzen-/ Wandanker, Abstandshalter) in der tragenden Schicht der Außenwand verankert. Neben der Berücksichtigung auftretender Wärmebrücken können bei großen Dämmstärken die Befestigungsteile unter Umständen aufwendig und kostspielig sein.
Bei bestimmten Pflanzen wie dem Blauregen sind gerade bei mehrgeschossigen Begrünungsflächen zusätzliche statische Belastungen zu berücksichtigen. Im Gegensatz zur Baukonstruktion entstehen mächtige und schwere Vegetationsmassen bei Fassadenbegrünung meist erst nach vielen Jahren. Die statischen Voraussetzungen zur problemlosen Lastableitung müssen aber bereits von Anfang an gegeben sein. Im Bereich von Öffnungen ist ein ausreichender Abstand zu Sonnenschutzsystemen wichtig, da die Pflanzen schnell in Hohlräume vordringen und/ oder bewegliche Teile bewachsen und damit blockieren können (Abb. C 6.1, S. 336). Vor der Fassade angeordnete bauliche Strukturen (Abb. C 6.10) wie Balkone oder Erschließungs- und Wartungsgänge eignen sich daher in besonderem Maße zur (nachträglichen) Begrünung.

Neben den Pflanzen selbst beeinflussen Kletterhilfen wie Spaliere, Gitter, Netze (Abb. C 6.14) und Seile in ihrer Materialität, formalen Ausbildung und gegebenenfalls Farbigkeit neben den Pflanzen das Erscheinungsbild der Fassaden. Sie können direkt auf oder mit Abstand vor der massiven Wand angebracht werden. Bei der Materialwahl (Holzlatten, Metallgitter oder -gewebe, Edelstahlseile) ist langfristig eine sehr unterschiedliche Haltbarkeit und gegebenenfalls die Austauschmöglichkeit auch bei vollem Bewuchs zu berücksichtigen. Bei Gewebe- und Seilkonstruktionen sind Nachspannmöglichkeiten einzuplanen, da Pflanzen mit erheblichen Kräften aus Eigengewicht, Wind sowie Niederschlagsmengen und Schneelasten auf die Kletterhilfe einwirken können. Frühzeitig in der Planung muss eine Zugänglichkeit und Erreichbarkeit der Fassadenbegrünung für die regelmäßigen Pflegemaßnahmen berücksichtigt werden.

Wandgebundene Fassadenbegrünungen
Einen neuen Ansatz im Bereich der Begrünung von Fassaden stellen wandgebundene Systeme dar. Als »Urformen« gelten Blumentöpfe und Pflanzkästen vor Fenstern. Etwa seit Mitte der 1990er-Jahre hat sich eine Vielzahl an Trägersystemen herausgebildet. Gerade der französische Botaniker Patrick Blanc konnte mit namhaften Architekten und einem eher künstlerisch konzeptionellen Ansatz dem Thema große Aufmerksamkeit verschaffen (Abb. C 6.12).

Wandgebundene Systeme eröffnen gegenüber den traditionellen bodengebundenen Techniken deutlich größere gestalterische Spielräume, sowohl in der individuellen Belegung von Teilflächen als auch hinsichtlich der Kombination unterschiedlichster Vegetationsformen. Allerdings sind wandgebundene Fassadenbegrünungen deutlich teurer, da neben signifikant höheren Anfangskosten auch regelmäßige Folgeinvestitionen für Unterhalt und Pflege anfallen.

Für den Einsatz möglicher Pflanzen in wandgebundenen Fassadenbegrünungen gibt es nur wenige Einschränkungen, da durch Wassereinsatz und Düngerzugabe die (künstlichen) Standortbedingungen gezielt beeinflusst werden können [10]. Allerdings ist in einem viel stärkeren Maße eine frühzeitige interdisziplinäre Planungsarbeit erforderlich, um die Anforderungen aus Botanik, Baukonstruktion und Gebäudetechnik abzustimmen. Man unterscheidet folgende Systeme und Techniken:

- horizontale Vegetationsflächen
  Wandgebundene Begrünungen mit Pflanzen in Kübeln oder Trögen (Abb. C 6.7 und C 6.13) bzw. gabionenartigen Behältnissen. Die Systeme sind in unterschiedlichen Größen und in verschiedenen Materialien erhältlich und können variabel auf Unterkonstruktionen direkt an der Außenwand bzw. in vorgestellten Konstruktionen an der Fassade befestigt werden. Erforderlich ist eine automatisierte Bewässerung und regelmäßige Pflege.

- vertikale Vegetationsflächen
  Bei wandgebundenen Begrünungen mit vertikalen Vegetationsflächen unterscheidet man weiterhin:
  - modulare Systeme
    Vorgefertigte Kleinmodule, die auch zu größeren, geschosshohen Einheiten zusammengesetzt werden können. Die Anordnung an der Fassade kann von kleineren Teilflächen bis hin zu vollständig bedeckten Fassadenflächen reichen. Es ist eine automatisierte Bewässerung erforderlich. Modulare Systeme bedeuten zumeist einen hohen technischen und konstruktiven Aufwand.
  - wasserspeichernde Geovliese bzw. poröse Oberflächen (Abb. C 6.11)
    Mit den flächigen Systemen lassen sich freiere Gestaltungen realisieren, die ebenfalls von kleineren Teilflächen bis hin zu vollständig bedeckten Fassadenflächen reichen können. Das Bewässerungssystem muss täglich kontrolliert werden, die Systeme sind empfindlich gegen Frost.

Es sind auch Kombinationen denkbar, z.B. Kletterpflanzen mit Rankhilfen und geschossweise angeordneten Kübeln, um z.B. bei einem mehrgeschossigen Gebäude eine schnellere Flächenwirkung zu erzielen (Abb. C 6.9).

Bautechnik
Vertikale Vegetationsflächen bedeuten zunächst für die Pflanzen einen ungewöhnlichen Wuchsstandort, und für dauerhaftes Gedeihen ist ein kontinuierlich funktionierendes Bewässerungssystem zwingend notwendig. Bei großflächigen wandgebundenen Begrünungen sind neben der Lastabtragung und der Windbeanspruchung wärmeschutztechnische und brandschutzrechtliche Aspekte zu klären. Für die Wasserversorgung muss die Leitungsführung und Elektrik abgestimmt und gegebenenfalls ein eigener Technikraum eingeplant werden, wobei für regelmäßige Wartung und Pflege eine gute Zugänglichkeit zu gewährleisten ist.

Bei wandgebundenen Fassadenbegrünungen stellen – vergleichbar mit Solarfassaden – die Gewerkeschnittstellen eine große planerische Herausforderung dar. So müssen botanische Anforderungen, bauliche Erfordernisse (z.B. Konstruktionsart und Bemessungsregeln) sowie Vorschriften der Be- und Entwässerung mit Elektroinstallationen und der Arbeitssicherheit koordiniert werden. Mit Ausnahme kleinerer und größerer Kübel (Pflanztöpfe bzw. -kästen) unterscheiden sich die Systeme häufig hinsichtlich Aufbau (Funktionsschichten), Abmessung, Flächengewicht, Bewässerungsführung sowie dem Material für Pflanzgefäße und der Befestigung erheblich. Nicht zuletzt stellen viele der derzeit am Markt angebotenen Produkte firmenspezifischen Lösungen dar [11].

In aller Regel sind die Konstruktionen der wandgebundenen Fassadenbegrünung unveränderlich angeordnet, d.h. vor allem die Pflanzen verändern stetig – je nach Art und Wuchs (Blühzeit und saisonaler Begrünung) – das Erscheinungsbild der Fassade. Mittlerweile sind aber auch Systeme mit Pflanztrögen am Markt verfügbar, die über die horizontale Achse der Sonne nachgeführt werden können.

Eine Begrünung von Fassadenflächen kann auch nachträglich im Gebäudebestand realisiert werden, wie beispielsweise beim Gebäude der Wiener Magistratsabteilung 48 am Margaretengürtel (Abb. C 6.5). Hier wurde ein modularer Ansatz gewählt mit gleichmäßig verteilten horizontalen Pflanztrögen in einer speziellen Unterkonstruktion. Derartige Lösungen zeigen, dass sich eine sommerlich hohe Kühlleistung durch Verdunstung des zugeführten Wassers erzielen lässt. Dies führt zu einer reduzierten Anzahl von Klimageräten und deutlich niedrigeren Oberflächentemperaturen an der Fassade.

Pflanzen in der Fassade eröffnen funktional und gestalterisch neue Möglichkeiten für das Bauen und die Stadtplanung. Sie verbessern nachhaltig das Mikroklima, erhöhen die Wohnqualität und erfreuen sich im privaten wie gewerblichen Bereich weitreichender Beliebtheit. Die vielfältigen Potenziale der Fassadenbegrünung von Einzelgebäuden, Grundstücken und dem Stadtraum sind wissenschaftlich belegt; mittlerweile liegen auch erste praxisorientierte Handlungsleitfäden vor [12]. Neuere Teilbereiche wie die Kombination mit Regenwassernutzung, Verdunstungskühlung oder dezentraler Lüftung sowie Solartechnik (Photovolatik) werden in laufenden Forschungsprojekten vertieft.

C 6.7

C 6.8

C 6.9

C 6.10

C 6.11

C 6.12

C 6.13

C 6.14

Anmerkungen:

[1] vgl. u. a. Klimafahrplan Nürnberg 2010–2050. Hrsg. von der Stadt Nürnberg / Referat für Umwelt und Gesundheit. Nürnberg 2014, S. 116, 126, 130

[2] Die Möglichkeiten der Fassadenbegrünung erstmals grundlegend wissenschaftlich untersucht zu haben, ist das Verdienst von Rudi Baumann, der im Rahmen seiner Dissertation gezeigt hat, wie groß bei richtigem Einsatz von Vegetation das Potenzial der Klimaregulierung durch Rankgewächse in gemäßigten Zonen ist. Baumann, Rudi: Pflanzliche Verschattungselemente an der Gebäudeoberfläche als Massnahme zur Reduzierung der Strahlungsbelastung unter sommerlichen Bedingungen. Kassel 1980

[3] Baumann, Rudi: Begrünte Architektur. Bauen und Gestalten mit Kletterpflanzen. München 1983, S. 20

[4] Zit. nach Fischer, Sören: Paolo Veronese, Andrea Palladio und die Stanza di Bacco in der Villa Barbaro als Pavillon Plinius des Jüngeren. In: Kunstgeschichte. Open Peer Reviewed Journal, 2013, S. 19

[5] Gerlach, Hans: Pflanzenschmuckkunst. Beispiele für die gärtnerische Ausschmückung der Wohnstraßen. In: Die Gartenwelt 15/1918, S. 113

[6] wie Anm. 3, S. 25–38

[7] Köhler, Manfred; Ottelè, Marc: Fassadenbegrünung. In: Köhler, Manfred (Hrsg.): Handbuch Bauwerksbegrünung. Köln 2012, S. 116

[8] wie Anm. 7, S. 104

[9] wie Anm. 7, S. 105

[10] ebd., S. 105

[11] ebd., S. 126–148; Kaltenbach, Frank: Lebende Wände, vertikale Gärten – vom Blumentopf zur Systemfassade. In: Detail, 12/2008, S. 1454–1466

[12] Pfoser, Nicole u. a.: Gebäude Begrünung Energie. Potenziale und Wechselwirkungen. Forschungsbericht. Darmstadt 08/2013

C 6.7 Tower Flower, Paris (FR) 2004, Maison Edouard François
C 6.8 Bosco Verticale, Mailand (IT) 2006–12, Steffano Boeri
C 6.9 Institut für Physik der Humboldt-Universität, Berlin (DE) 2003, Augustin und Frank
C 6.10 Studentenwohnheim, Sant Cugat del Vallès (ES) 2011, dataAE
C 6.11 Sportplaza Mercator, Amsterdam (NL) 2006 CS-Architects
C 6.12 Caixa Forum, Madrid (ES) 2008, Herzog & de Meuron
C 6.13 z58, Shanghai (CN) 2006, Kengo Kuma and associates
C 6.14 Studentenwohnheim, Garching (DE) 2005, Fink + Jocher

Autoren

Thomas Herzog

1941 geboren in München
1960–1965 Architekturstudium, Diplom an der Technischen Hochschule München, parallel hierzu handwerkliche Ausbildung (Metall und Keramik)
1965–1969 Mitarbeit im Architekturbüro Prof. Peter C. von Seidlein, München
1969–1973 wissenschaftlicher Assistent am Lehrstuhl für Baukonstruktion an der Universität Stuttgart
1971–1972 Deutsche Akademie Villa Massimo in Rom
1972 Promotion an der Universität Rom »La Sapienza«
seit 1971 eigenes Büro in Partnerschaft, Stuttgart/München
1973–2006 Universitätsprofessor
- an der Universität Gesamthochschule Kassel für »Entwerfen und Produktentwicklung«
- an der Technischen Hochschule Darmstadt für »Entwerfen und Gebäudetechnik«
- an der Technischen Universität München, Institut »Entwerfen und Bautechnik«, Ordinarius für »Gebäudetechnologie« und Dekan der Fakultät für Architektur

seit 2007 »Emeritus of Excellence« der Technischen Universität München
Gastprofessuren in Lausanne, Kopenhagen, Philadelphia und Peking

Mitglied der Akademie der Künste (Berlin), der Académie d'Architecture (Paris), der Bayerischen Akademie der Schönen Künste (München), der Akademie der Wissenschaften und Künste (St. Petersburg), der Fraunhofer Gesellschaft (München) sowie der International Academy of Architecture (Sofia).

Auszeichnungen (Auswahl):
1981 Mies-van-der-Rohe Preis
1993 Goldmedaille/Großer Preis des Bundes Deutscher Architekten
1994 Balthasar-Neumann-Preis
1996 Auguste-Perret-Preis der »International Union of Architects« UIA für angewandte Technologie in der Architektur
1998 Den grønne Nål of the Federation of Danish Architects
1998 Leo-von-Klenze Medaille
1998 »Grande médaille d'or d'architecture« der französischen Akademie für Architektur
1999 Fritz-Schumacher-Preis für Architektur
2005 Heinz-Maier-Leibnitz-Medaille
2006 European Award for Architecture and Technology
2007 Ehrendoktorwürde der Universität Ferrara, Italien
2009 Global Award for Sustainable Architecture

Zahlreiche internationale Gruppen- und Einzelausstellungen, Fachbücher und Monographien in mehreren Sprachen.

www.thomasherzogarchitekten.de

Roland Krippner

1960 geboren in Frankfurt/Main
1976–1980 Ausbildung als Maschinenschlosser
1982–1987/1989–1993 Architekturstudium an der Gesamthochschule Kassel
1993 Diplom (II), Förderpreis des Deutschen Stahlbau-Verbandes, 3. Preis 1996
1988–1989 Zivildienst, Landesamt für Denkmalpflege Hessen, Außenstelle Marburg
seit 1989 publizistische Tätigkeit
1993–1995 Mitarbeit im Büro für Architektur und Stadtplanung (BAS), Kassel
seit 1995 freiberufliche Tätigkeit als Architekt (FuE-Projekte), Fachautor, Dozent
1995–2006 wissenschaftlicher Mitarbeiter/Assistent am Lehrstuhl für Gebäudetechnologie, Prof. Dr. (Univ. Rom) Thomas Herzog, Fakultät für Architektur, TUM
2004 Promotion zum Dr.-Ing. an der TUM zum Thema »Untersuchungen zu Einsatzmöglichkeiten von Holzleichtbeton im Bereich von Gebäudefassaden« (Deutscher Holzbaupreis 2005; engere Wahl »Innovative Bauprodukte«)
2005–2006 Lehrauftrag an der Fachhochschule Salzburg
2006–2007 wissenschaftlicher Mitarbeiter am Lehrstuhl für Industrial Design, Prof. Dipl.-Des. Fritz Frenkler, TUM
2006–2007 Vertretungsprofessur für das Fachgebiet Umweltbewusstes Planen und Experimentelles Bauen der Universität Kassel
2008 Lehrauftrag an der Fachhochschule München
seit 2008 Professor für das Lehrgebiet Konstruktion und Technik, Technische Hochschule Nürnberg Georg Simon Ohm

Werner Lang

1961 geboren in Marktoberdorf
1982–1988 Architekturstudium an der Technischen Universität München (TUM)
1985/86 Auslandsstudium an der Architectural Association, London
1988 Diplom (Hans Döllgast Preis) an der TUM
1988–1990 Fulbright Stipendiat an der University of California, Los Angeles (UCLA)
1990 Master of Architecture II (UCLA), Award for Best Thesis der UCLA School of Architecture and Urban Planning
1990–1994 Mitarbeit im Architekturbüro Kurt Ackermann + Partner, München
seit 1994 publizistische Tätigkeit
1994–2001 wissenschaftlicher Assistent am Lehrstuhl für Gebäudetechnologie, Prof. Dr. (Univ. Rom) Thomas Herzog, Fakultät für Architektur, TUM
2000 Promotion zum Dr.-Ing. an der TUM Promotionspreis des »Bundes der Freunde der TUM«
2001–2006 Architekturbüro Werner Lang, München
2001–2007 Lehrbeauftragter für »Sonderthemen bei Fassadenkonstruktionen« und »Baustoffkunde« an der Fakultät für Architektur, TUM
2006 Gründung des Architekturbüros Lang Hugger Rampp GmbH Architekten, München
2008–2010 Associate Professor für Nachhaltiges Planen und Bauen an der »University of Texas at Austin School of Architecture« (UTSoA)
2009–2010 Direktor des »Center for Sustainable Development« an der UTSoA
seit 2010 Universitätsprofessor für energieeffizientes und nachhaltiges Planen und Bauen an der TUM – eine Stiftung der Bayerischen Bauindustrie;
Leiter des Zentrums für nachhaltiges Bauen der TUM;
Sprecher des Zentrums Stadtnatur und Klimaanpassung (ZSK) der TUM
Direktor des Oskar von Miller Forums, München

Anerkennungen:
2008 International Building Skin Tech Award, gemeinsam mit T. Herzog, K. Stepan, ZAE Bayern
2000 Bayerischer Energiepreis des Bayerischen Staatsministeriums für Wirtschaft und Medien, Energie und Technologie, Auszeichnung
2000 Holzkreativ Preis des Bundes für Umwelt und Naturschutz, Anerkennung in der Kategorie Holzbau

www.langhuggerrampp.de
www.oskarvonmillerforum.de

Abbildungsnachweis

Allen, die durch Überlassung ihrer Bildvorlagen, durch Erteilung von Reproduktionserlaubnis und durch Auskünfte am Zustandekommen des Buches mitgewirkt haben, sagen die Autoren und der Verlag aufrichtigen Dank. Sämtliche Zeichnungen in diesem Werk sind eigens angefertigt. Urheber der Grafiken und tabellarischen Darstellungen, zu denen keine andere Quelle angegeben ist, sind die Autoren und deren Mitarbeiter. Fotos, zu denen kein Fotograf genannt ist, sind Architektenaufnahmen, Werkfotos oder stammen aus dem Archiv der Zeitschrift DETAIL. Trotz intensiven Bemühens konnten wir einige Urheber der Abbildungen nicht ermitteln, die Urheberrechte sind jedoch gewahrt. Wir bitten in diesen Fällen um entsprechende Nachricht.
Die Zahlen beziehen sich auf die Abbildungsnummern.

Hülle, Wand, Fassade
1 Stefan Cremers, Karlsruhe
2 Verena Herzog-Loibl, München
3 Jan Cremers, München
4 Christian Schittich, München
5 Pepi Merisio, Bergamo, aus: Merisio, Pepi; Barzanti, Roberto: Italien. Zürich 1975, S. 216
6 Achim Bednorz, Köln
7 Pepi Merisio, Bergamo, aus: Merisio, Pepi; Barzanti, Roberto: Italien. Zürich 1975, S. 218
9–11 Verena Herzog-Loibl, München
13 Pictor International
14 Thomas, Herzog, München
15 Thomas Robbin, Herten
16 Jan-Oliver Kunze/LIN, Paris/Berlin
17 doublespace photography, Toronto
19 Verena Herzog-Loibl, München
20 Ogawa, Shigeo/Shinkenchiku-sha, Tokio

Teil A
S. 16 aus: Lampugnani, Vittorio Magnago : Architektur unseres Jahrhunderts in Zeichnungen. Utopie und Realität. Stuttgart 1982

Außen- und Innenbedingungen
A 1.3–5 Bundesministerium für Raumordnung, Bauwesen und Städtebau (Hrsg.): Handbuch Passive Nutzung der Sonnenenergie. Heft 04.097. 1984, S. 78/52
A 1.6 DIN 4710
A 1.9 Kunzel und Gertis, 1969
A 1.10 Deutscher Wetterdienst, Klima- und Umweltberatung. Hamburg
A 1.11 Bundesministerium für Raumordnung, Bauwesen und Städtebau (Hrsg.): Handbuch Passive Nutzung der Sonnenenergie. Heft 04.097. 1984, S. 14
A 1.13–15 Kind-Barkauskas, Friedbert u. a.: Beton Atlas. München/Düsseldorf 2001, S. 79
A 1.20 Aus: Pültz, Gunter: Bauklimatischer Entwurf für moderne Glasarchitektur. Passive Maßnahmen der Energieeinsparung. Berlin, 2002, S. 89
A 1.23 Europäischer Windatlas

Flächen – Strukturelle Prinzipien
A 2.1.1 Peter Bonfig, München
A 2.1.7 Herzog, Thomas; Nikolic Vladimir: Petrocarbona Außenwandsystem. Bexbach 1972

Ränder, Öffnungen
A 2.2.1 Dieter Leistner/ARTUR IMAGES
A 2.2.3 Schittich, Christian (Hrsg.): Solares Bauen. München/Basel 2003, S. 63
A 2.2.6 Zürcher, Christoph; Frank, Thomas: Bauphysik. Bd. 2 Bau und Energie – Leitfaden für Planung und Praxis. Zürich/Stuttgart 1998, S. 80
A 2.2.9–10 Fassade/Façade 03/2002, S. 24f. db 09/2003, S. 87f.

Modulare Ordnung
A 2.3.1 Andrew Neuhart, El Segundo
A 2.3.2 Yoshida, Tetsuro: Das japanische Wohnhaus. Berlin 1954, S. 69
A 2.3.3 Durand, Jean-Nicolas-Louis: Précis des leçons II. Paris 1819
A 2.3.4 Kunstverein Solothurn (Hrsg.): Fritz Haller. Bauen und Forschen. Solothurn 1988, S. 3.1.4
A 2.3.7 Bussat, Pierre: Die Modulordung im Hochbau. Stuttgart 1963, S. 31
A 2.3.9 DIN 18000. 1984
A 2.3.13 Girsberger, Hans (Hrsg,): ac panel. Asbestzement-Verbundplatten und -Elemente für Außenwände. Zürich 1967, S. 46–49

Bauphysikalische Aspekte und Planungshinweise
A 3.1 Frank Kaltenbach, München
A 3.2 Cremers, Jan (Ed.): Atlas Gebäudeöffnungen. München 2015, S. 50
A 3.3 Detail 9/2002, S. 1070
A 3.4–5 Pfeifer, Günter u. a.: Mauerwerk Atlas. München/Basel 2001, S. 186, S. 190
A 3.6 Bollinger, Klaus u. a.: Atlas Moderner Stahlbau. München 2011, S. 119
A 3.7 Herzog, Thomas u. a.: Holzbau Atlas. München 2003, S. 71
A 3.8–9 Schüco International
A 3.10–11 Hart, Franz u. a.: Stahlbau Atlas. Brüssel 1982, S. 338f.
A 3.12 Schüco International

Teil B
S. 62 Wimmershoff, Heiner; Aachen

Naturstein
B 1.1 Eloi Bonjoch, Barcelona
B 1.2–3 Verena Herzog-Loibl, München
B 1.4 Christian Schittich, München
B 1.5 Verena Herzog-Loibl, München
B 1.6 Luciano Chiappini: Ferrara und seine Kunstdenkmäler. Bologna 1979, S. 39
B 1.7 nach: Hugues, Theodor u. a.: Naturwerkstein. München 2002, S. 72
B 1.8 Pepi Merisio, Bergamo, aus: Merisio, Pepi; Barzanti, Roberto: Italien. Zürich 1975, S. 247
B 1.9 Eloi Bonjoch, Barcelona
B 1.10 Müller, Friedrich: Gesteinskunde. Ulm 1994, S. 196–197
B 1.11 Hugues, Theodor u. a.: Naturwerkstein. München 2002, S. 72
B 1.12 Thomas A. Heinz, Illinois
B 1.13 Zooey Braun/ ARTUR IMAGES
B 1.14–16 Sandsteinmuseum Havixbeck
B 1.17 Stein, Alfred: Fassaden aus Natur- und Betonwerkstein. München 2000, S. 58
B 1.18–22 Detail 06/1999, S. 1026
B 1.23 Verena Herzog-Loibl, München
B 1.24 Müller, Friedrich: Gesteinskunde. Ulm 1994, S. 171
B 1.25–26 Detail 06/1999, S. 1032
B 1.27–30 Christian Gahl, Berlin
B 1.31–37 aus: Hugues, Theodor u. a.: Naturwerkstein. München 2002, S. 51ff.
B 1.38 Gundelsheimeer Marmorwerk, Treuchtlingen
B 1.39 Müller, Friedrich: Gesteinskunde. Ulm 1994, S. 196–197
B 1.40–49 Hugues, Theodor u. a.: Naturwerkstein. München 2002, S. 74ff.
S. 74 Doris Fanconi, Zürich
S. 75 www.kunstverlag-peda.de
S. 76 Philippe Ruault, Nantes
S. 78 Thomas Lenzen, München
S. 79 Stefan Müller, Berlin
S. 80 © Rupert Steiner, Wien
S. 81 Frank Kaltenbach, München
S. 82, 83 Roland Halbe, Stuttgart
S. 84 André Mühling, München
S. 85 oben: Victor S. Brigola, Stuttgart
S. 85 unten: André Mühling, München

Tonstein
B 2.2 Ulrike Enders, Hannover
B 2.3 Pfeifer, Günter u. a.: Mauerwerk Atlas. München/Basel 2001, S. 57
B 2.5 Hirmer Fotoarchiv; München
B 2.6 Budeit, Hans Joachim; Kuenheim, Haug von: Backstein, die schönsten Ziegelbauten zwischen Elbe und Oder. München 2001, S. 33
B 2.7 Manfred Klinkott, Karlsruhe
B 2.8 Chabat, Pierre (Hrsg.): Victorian Brick and Terra-Cotta Architecture. New York 1989, S. 18
B 2.9 Halfen GmbH & Co. KG
B 2.10 Ulrike Enders, Hannover
B 2.11 Halfen GmbH & Co. KG
Pfeifer, Günter u. a.: Mauerwerk Atlas. München/Basel 2001, S. 125
B 2.12 Kunstbibliothek Berlin
B 2.13 Fischer-Daber, aus: l'Architecture d'Aujourd'hui 205, 1979, S. 8
B 2.14 Alessandra Chemollo, aus: Acocella, Alfonso: An architecture of place. Rom 1992, S. 96
B 2.15–17 Halfen GmbH & Co. KG
B 2.18–20 Jaume Avellaneda, Barcelona
B 2.21–22 Alfonso Acocella, Florenz
B 2.23 Roland Krippner, München
B 2.24–29 Moeding Keramikfassaden GmbH, Marklkofen
B 2.30 Verena Herzog-Loibl, München
B 2.31 Peter Bonfig, München
B 2.32 Moeding Keramikfassaden GmbH, Marklkofen
B 2.33 Roland Krippner, München
B 2.34 Alfonso Acocella, Florenz
B 2.35 Werner Lang, München
B 2.36 Decorated walls of modern architecture. Tokio 1983, S. 30
B 2.37–38 Alfonso Acocella, Florenz
B 2.39 Tectónica 15/2003, S. 21
B 2.40–41 Verena Herzog-Loibl, München
B 2.42–43 Tectónica 15/2003, S. 18
B 2.44 Alessandro Ciampi, Florenz, aus: Acocella, Alfonso. Involucri in cotto. Florenz 2002, S. 96
B 2.45 Alessandro Ciampi, Florenz, aus: Acocella, Alfonso. Involucri in cotto. Florenz 2002, S. 98
B 2.46 Alessandro Ciampi, Florenz, aus: Acocella, Alfonso. Involucri in cotto. Florenz 2002, S. 98f.
S. 94 Bruno Klomfar, Wien
S. 95 Beat Bühler, Zürich
S. 96, 97 Dieter Leistner/ARTUR IMAGES
S. 98 Annette Kisling, Berlin/Leipzig
S. 99 Andreas Lechtape, Münster
S. 100 Klaus Kinold, München
S. 102, 103 Roland Halbe, Stuttgart
S. 104, 105 Timothy Hursley/Moeding Keramikfassaden GmbH, Marklkofen

Beton
B 3.1 Thomas Herzog, München
B 3.2 Klaus Kinold, München
B 3.3 Verlag Bau + Technik, Düsseldorf
B 3.4 BTU Cottbus Lehrstuhl Entwerfen – Bauen im Bestand (Hrsg.): Architekt Bernhard Hermkes. Cottbus 2003
B 3.6 Sweeney, Robert L., foreword by David G. DeLong, Wright in Hollywood, photograph of the John Storer House, p. 109, ©1994 MIT/Architectural History Foundation, by permission of The MIT Press, Cambridge
B 3.7 Klaus Kinold, München
B 3.8 Frank Kaltenbach, München
B 3.9 Grimm, Friedrich; Richarz, Clemens: Hinterlüftete Fassaden. Stuttgart/Zürich 1994, S. 161
B 3.11 DIN 18500 Teil 1–3. 1991
B 3.12 InformationsZentrum Beton, Erkrath
B 3.13–16 Heeß, Stefan: Mehr als nur Fassade. Konstruktion von Betonfertigteil- und Betonwerkstein-Fassaden. Wiesbaden

B 3.17 Großformatige Fassaden. Fassaden mit Holzzement. Hrsg. von der Eternit AG. Berlin 2001, S. 12
B 3.18 Archiv Olgiati
B 3.19–20 Dyckerhoff Weiss Marketing und Vertriebsgesellschaft
S. 117 Georg Aerni, Zürich
S. 118, 119 Michael Compensis, München
S. 120 ©Jens Weber, München
S. 121 Ulrich Schwarz, Berlin
S. 122 Christoph Rehbach
S. 123 Roland Halbe/ARTUR IMAGES
S. 124 Roland Halbe, Stuttgart
S. 125 Daniel Malhão, Lissabon
S. 126, 127 Christian Richters, Münster
S. 128 Brigida González, Stuttgart
S. 129 Bruno Klomfar, Wien

Holz
B 4.1 Shinkenchiku-sha, Tokio
B 4.2 Sawyer, Peter: The Oxford illustrated history of the Vikings. Oxford 1997, S. 191
B 4.3 Herzog, Thomas u. a.: Holzbau Atlas. München 2003, S. 26
B 4.4 Edoardo Gellner, Cortina d'Ampezzo
B 4.5 Verena Herzog-Loibl, München
B 4.6–7 Herzog, Thomas u. a.: Holzbau Atlas. München 2003, S. 31–33
B 4.8 nach Baus, Ursula; Siegele, Klaus: Holzfassaden. Stuttgart/München 2001, S. 19
B 4.9–10 Herzog, Thomas u. a.: Holzbau Atlas. München 2003, S. 34–46
B 4.11 Hans-Joachim Heyer, Boris Miklautsch/Werkstatt für Photographie, Universität Stuttgart
B 4.12 Friedemann Zeitler, Penzberg
B 4.13 Hans-Joachim Heyer, Boris Miklautsch/Werkstatt für Photographie, Universität Stuttgart
B 4.14 Herzog, Thomas u. a.: Holzbau Atlas. München 2003, S. 43
B 4.15 Hans-Joachim Heyer, Boris Miklautsch/Werkstatt für Photographie, Universität Stuttgart
B 4.16 Herzog, Thomas u. a.: Holzbau Atlas. München 2003, S. 40
B 4.17 Hans-Joachim Heyer, Boris Miklautsch/Werkstatt für Photographie, Universität Stuttgart
B 4.18 Strandex Europe, Walmley
B 4.19 Christian Cerliani, Zürich
B 4.20 Ruedi Walti, Basel
B 4.21 Jonathan Levi, Boston
B 4.22–23 Christian Richters, Münster
B 4.24 Eduard Hueber, New York
B 4.25 Dieter Leistner/ARTUR IMAGES
B 4.26 Frank Kaltenbach, München
B 4.27 Annegret Rieger, München
B 4.28 Heike Werner, München
B 4.29 Friedrich Busam/architekturphoto, Düsseldorf
B 4.30 Reto Führer, Felsberg
B 4.31 Christian Richters, Münster
B 4.32–34 Sampo Widmann, München
B 4.35–41 Informationsdienst Holz, Düsseldorf 1992
B 4.42 Verena Herzog-Loibl, München
B 4.43 Werner Huthmacher/ARTUR IMAGES
B 4.44 Frank Kaltenbach, München
B 4.45 Roland Schweitzer, Paris
B 4.46 Roland Halbe, Stuttgart
B 4.47 Roland Schweitzer, Paris
B 4.48–49 Theo Ott Holzschindeln GmbH, Ainring
B 4.50 Gerhard Hagen, Bamberg
B 4.51 Stefan Müller-Naumann, München
B 4.52 Satoshi Asakawa, Tokio
B 4.53 Hans-Georg Esch, Hennef
S. 142 oben: Michael Freeman, London
S. 142 unten: Sampo Widmann, München
S. 144, 145 Christian Richters, Münster
S. 146 Heinrich Helfenstein, Adliswil
S. 147 Shinkenchiku-sha, Tokio
S. 148 Peter Bonfig, München
S. 149 Henning Koepke, München
S. 150 Christian Richters, Münster
S. 151 Dietmar Strauß, Besigheim
S. 152 Marko Huttunen, Helsinki
S. 153 Daniel Malhão, Lissabon
S. 154 Dieter Leistner/ARTUR IMAGES
S. 157 Büro Kaufmann, Dornbirn

Metall
B 5.1 Jo Reid & John Peck, Newport
B 5.2 N. P. Goulandris Foundation, Museum of Cycladic Art, Athen
B 5.3 Stadtmuseum München
B 5.4 John Gay, London, aus: Murray, John (Hrsg.): Cast Iron. London 1985, S. 28
B 5.5 the Estate of R. Buckminster Fuller; Santa Barbara
B 5.6 Erika Sulzer-Kleinemeier, Gleisweiler
B 5.7 Ardean Miller, New York, aus: Airstream – The history of the land yacht. San Francisco, S. 69
B 5.9–10 Jo Reid & John Peck, Newport
B 5.11 Jan Cremers, München
B 5.12 Verena Herzog-Loibl, München
B 5.13 Jan Cremers, München
B 5.14 Verena Herzog-Loibl, München
B 5.15 Jan Cremers, München
B 5.16 Dennis Gilbert/VIEW/ARTUR IMAGES
B 5.17 Jan Cremers, München
B 5.21 Hoesch Siegerlandwerke GmbH; Siegen
B 5.22 Alcan Singen GmbH; Singen
B 5.24 Fotos: Frank Kaltenbach, München
B 5.25 Peter Cook/VIEW/ARTUR IMAGES
B 5.27 Heinrich Fiedler GmbH & Co. KG; Regensburg
B 5.28–32 Mevaco GmbH; Schlierbach
B 5.33–34 Alcan Singen GmbH; Singen
B 5.35 Heike Werner, München
B 5.36–37 Heinrich Fiedler GmbH & Co. KG; Regensburg
B 1.5.38–39 Heike Werner, München
B 1.5.40 Frank Kaltenbach, München
B 1.5.41 Heinrich Fiedler GmbH & Co. KG; Regensburg
B 1.5.42 AIM; Nürtingen
B 1.5.44, 46 aus: Kaltenbach, Frank (Hrsg.): Transluzente Materialien. Glas, Kunststoff, Metall. Detail Praxis. München 2003, 98
B 1.5.47 Heike Werner, München
B 1.5.48 F. Carl Schröter, Hamburg
B 1.5.49–50 Heike Werner, München
B 1.5.51 Hauer und Boecker; Oelde
B 1.5.52 Heike Werner, München
B 1.5.53–54 Gebr. Kufferath GmbH & Co. KG; Düren
S. 172, 173 Dieter Lechner, München
S. 174, 175 Bernhard Moosbrugger, Zürich
S. 176 John Donat, London
S. 177 links: Werner Lang, München
S. 177 rechts: Ken Kirkwood, Desborough
S. 178, 179 Stefan Müller, Berlin
S. 180 Werner Huthmacher, Berlin
S. 181 Cree GmbH
S. 182 Paul Warchol, New York
S. 183 Christian Richters, Münster
S. 184 Heinrich Helfenstein, Zürich
S. 185 Klemens Ortmeyer/architekturphoto, Düsseldorf
S. 186, 187 Hélène Binet, London

Glas
B 6.1 Dennis Gilbert/VIEW/ARTUR IMAGES
B 6.2 Achim Bednorz, Köln
B 6.3 Daidalos 66/1997, S.85
B 6.5 Georges Fessy, Paris
B 6.6 Werner Lang, München
B 6.7–9 Schittich, Christian u. a.: Glasbau Atlas. München/Basel 1998
B 6.11 Roderick Coyne, London
B 6.12 Hans-Georg Esch, Hennef
B 6.13 Georges Fessy, Paris
B 6.14 Christian Schittich, München
B 6.15 Schittich, Christian u. a.: Glasbau Atlas. München/Basel 1998, S. 90
B 6.16–17 Herzog, Thomas: Sonderthemen Baukonstruktion. Materialspezifische Technologie und Konstruktion – Gläser, Häute und Membranen. München 1998, S. 11 (unveröffentlicht)
B 6.18–20 Schittich, Christian u. a.: Glasbau Atlas. München/Basel 1998
B 6.21 Klaus Littmann, https://de.wikipedia.org/wiki/Gro%C3%9Fer_Garten_(Hannover)#/media/File:Glasfoyer_im_Gro%C3%9Fen_Garten.jpg, CC BY-SA 3.0
B 6.22 Herzog, Thomas: Sonderthemen Baukonstruktion. Materialspezifische Technologie und Konstruktion – Gläser, Häute und Membranen. München 1998, S. 36 (unveröffentlicht)
B 6.23 Schittich, Christian u. a.: Glasbau Atlas. München/Basel 1998, S. 120
B 6.24–25 Kaltenbach, Frank (Hrsg.): Transluzente Materialien. München 2003
B 6.26–28 Schittich, Christian u. a.: Glasbau Atlas. München/Basel 1998
B 6.29 David Sundberg, New York
S. 198 Nigel Young, Surrey
S. 199 Duccio Malagamba, Barcelona
S. 200, 201 oben: Florian Holzherr, München
S. 201 unten: Christian Richters, Münster
S. 202 oben links: Kim Yong Kwan, Seoul
S. 202 oben rechts, unten: Timothy Hursley, Little Rock
S. 203 Kim Yong Kwan, Seoul
S. 204 oben: Christian Schittich, München
S. 204 Mitte: Herzog & de Meuron, Basel
S. 204 unten: Maxim Schulz, Hamburg
S. 205 Herzog & de Meuron, Basel
S. 206 oben: Dennis Gilbert/VIEW/ARTUR IMAGES
S. 206 unten: John Linden, Woodland Hills
S. 207 Jörg Hempel, Aachen
S. 208 Michel Denancé, Paris
S. 209 Christian Schittich, München
S. 210 Hans Ege, Waggis
S. 211 John Linden, Woodland Hills
S. 212, 213 Jocelyne van den Bossche, London
S. 214, 215 Dennis Gilbert/VIEW/ARTUR IMAGES

Kunststoff
B 7.1 Simon Burt/APEX, Exminster
B 7.2 Hans Hansen/Vitra, Hamburg
B 7.3 The MIT Museum, aus: Hess, Alan: Googie. fifties coffee shop architecture. San Francisco 1986, S. 50
B 7.4–5 Centraal Museum, Utrecht
B 7.6 Buckminster Fuller Institute, Los Angeles
B 7.7 Frei Otto, Warmbronn
B 7.8 Richard Einzig/Arcaid, Kingston upon Thames
B 7.10 Christian Kandzia, Stuttgart
B 7.12 Werner Lang, München
B 7.13 Tohru Waki/Shokokusha, Tokio
B 7.14–16 Kaltenbach, Frank (Hrsg.): Transluzente Materialien. München 2003
B 7.17 Hufton + Grow, Hertford
B 7.18–21 Detail 06/2000, S. 1048–1054
B 7.22 Ingmar Kurth, Frankfurt
S. 224 Stefan Müller-Naumann, München
S. 225 Wolfram Janzer/ARTUR IMAGES
S. 226 Christian Richter, Münster
S. 227 Bleda + Rosa, Valencia
S. 228, 229 Philippe Ruault, Nantes
S. 230 Adam Mork, Kopenhagen
S. 231 Werner Lang, München
S. 232 Verena Herzog-Loibl, München
S. 233 Allianz Arena, München
S. 234, 235 Skyspan (Europe) GmbH, Rimsting

Teil C
S. 236 Thomas Herzog, München

Mehrschalige Gebäudehüllen aus Glas
C 1.1 Zooey Braun/ARTUR IMAGES
C 1.2 Werner Lang, München
C 1.5 Werner Lang, München
C 1.7 Waltraud Krase, Frankfurt
C 1.8 Richard Schenkirz, Leonberg
C 1.11 Rudi Graf, München
C 1.15 Richard Bryant, Kingston upon Thames
C 1.18–19 Werner Lang, München
C 1.22–23 Werner Lang, München
C 1.26 Hans-Georg Esch, Hennef
C 1.27 Jürgen Schmidt, Köln
S. 247 oben: Achim Bednorz, Köln
S. 247 unten: Werner Lang, München
S. 248, 249 unten: Roland Halbe/ARTUR IMAGES
S. 250 Christian Richters, Münster
S. 251 Stefan Müller-Naumann, München

S. 252, 253 Jörg Hempel, Aachen
S. 254 oben: Dieter Leistner/ARTUR IMAGES
S. 254 unten: Thomas Riehle/ARTUR IMAGES
S. 255 Thomas Riehle/ARTUR IMAGES
S. 256, 257 Dieter Leistner/ARTUR IMAGES
S. 258, 259 Holger Knauf, Düsseldorf
S. 260 Ralf Richter, Düsseldorf
S. 261 oben: Christian Kandzia, Esslingen
S. 261 Mitte: Ralf Richter, Düsseldorf
S. 261 unten: Martin Schodder, Stuttgart
S. 262 Duccio Malagamba, Barcelona
S. 263 Roland Halbe/ARTUR IMAGES
S. 264 Frédéric Druot, Paris
S. 265 Torben Eskerod, Kopenhagen

Manipulatoren
C 2.1 Jean-Marie Hellwig/Prouvé-Archiv Peter Sulzer, Gleisweiler
C 2.3–4 Verena Herzog-Loibl, München
C 2.5 Klaus Zwerger, Wien
C 2.6 Verena Herzog-Loibl, München
C 2.7 Abschlussbericht ISOTEG. TU München, Lehrstuhl für Gebäudetechnologie. München 2001 (unveröffentlicht)
C 2.8 Werner Lang, München
C 2.9 Margherita Spiluttini, Wien
C 2.10 Verena Herzog-Loibl, München
C 2.11 Hans Werlemann, Rotterdam
C 2.12 Michael Heinrich, München
C 2.13 Christian Gahl, Berlin
C 2.14 Roland Halbe/ARTUR IMAGES
C 2.15 Eduard Hueber, New York
C 2.16 Margherita Spiluttini, Wien
C 2.17 Christian Richters, Münster
C 2.18 Moritz Korn
C 2.19 Dominic Büttner, Zürich
C 2.20 Klaus Kinold, München
C 2.21 Shinkenchiku-sha, Tokio
C 2.23 Satoshi Asakawa, Tokio
C 2.24 Constantin Beyer, Weimar
C 2.25 Ralph Feiner, Malans
C 2.26 Hans-Peter Wörndl, Wien
C 2.27 Ritchie Müller, München
C 2.28 Daniel Westenberger, München
C 2.29 Andreas Gabriel, München
C 2.30 René Furer, Benglen
C 2.31 Thomas Lenzen, München
C 2.32 Earl Carter, St. Kilda
S. 274 Therese Beyeler, Bern
S. 275 Tomio Ohashi, Tokio
S. 276, 277 unten: Hisao Suzuki, Barcelona
S. 277 oben: Georges Fessy, Paris
S. 278 Ingrid Voth-Amslinger, München
S. 279 Michael Heinrich, München
S. 280, 281 Günter Wett, Innsbruck
S. 282 Christian Richters, Münster
S. 283 Lukas Roth, Köln
S. 284 Eduard Hueber, New York
S. 285 oben: Jan Bitter, Berlin
S. 285 unten: Annette Kisling, Berlin
S. 286 Kees Hummel, Amsterdam
S. 287 oben: Dietmar Strauß, Besigheim
S. 288 Shinkenchiku-sha, Tokio
S. 289 Hiroyuki Hirai, Tokio
S. 290 Robertino Nikolic, Wiesbaden
S. 291 oben: Robertino Nikolic, Wiesbaden
S. 291 unten: Thomas Ott, Mühltal
S. 292 Richie Müller, München
S. 293 oben: Sergio Padura, Hecho
S. 293 unten: Paul Riddle/VIEW/ARTUR IMAGES

Solartechnik
C 3.1 Verena Herzog-Loibl, München
C 3.4–5 Verena Herzog-Loibl, München
C 3.6 Akademie der Künste, Berlin, Martin-Wagner-Sammlung, Nr.11 F.30a/Fotograf: Arthur Köster. VG Bild-Kunst 2020
C 3.7 Robert Krier
C 3.8–9 TWD. Eigenschaften und Funktionen. Info-Mappe 2 des Fachverbands TWD. Gundelfingen 2000, S. 5
C 3.10–11 Roland Krippner, München
C 3.12 Dieter Leistner/ARTUR IMAGES
C 3.13 Viessmannwerke, Allendorf
C 3.14 Viessmannwerke, Allendorf
C 3.15 Schott Glas, Mainz
C 3.17 Bernd Thissen/Energie Solaire S.A., Sierre
C 3.18 Heiko Hellwig, Stuttgart
C 3.20 Schittich, Christian (Hrsg.): Gebäudehüllen. München 2001, S. 53
C 3.21 Roland Krippner, München
C 3.22 Team Rooftop, Berlin
C 3.23 Jan-Oliver Kunze, Berlin
C 3.24 Jochen Helle, Dortmund
C 3.25–26 Jakob Schoof, München
C 3.27 Jens Passoth, Berlin
S. 304 Stefan Müller-Naumann, München
S. 305 Ruedi Walti, Basel
S. 306 Nick Brändli, Zürich
S. 307 Dieter Leistner/ARTUR IMAGES
S. 308 Willi Kracher, Zürich
S. 309 Margherita Spiluttini, Wien
S. 310, 311 Roland Halbe/ARTUR IMAGES
S. 312 Jens Willebrand, Köln
S. 313 Jordi Miralles, Barcelona
S. 314 oben: Christian Richters, Münster
S. 314 unten: Entwicklungsgesellschaft Akademie Mont-Cenis mbH, Herne
S. 316 Arnold Brunner, Freiburg
S. 317 Eibe Sönnecken, Darmstadt
S. 318 Verena Herzog-Loibl, München
S. 319 oben: Frank Kaltenbach, München
unten: FG+SG fotografia de arquitectura, Lissabon
S. 320 oben: Holger Groß, Berlin
unten: Hans-Georg Esch, Hennef
S. 321 Christian Richters, Münster

»Installierte« Fassaden
C 4.1 Reiner Rehfeld, Düsseldorf
C 4.2 Jan Cremers, München
C 4.3 Verena Herzog-Loibl, München
C 4.4 www.top-air.it
C 4.5 www.trox.de
C 4.6 Fraunhofer-inHaus-Zentrum, Duisburg
C 4.7 Thomas Ott, Mühltal
C 4.8 Constantin Meyer, Köln
C 4.9 Andrea Helbing, Zürich
C 4.10 Maximilian Meisse, Berlin
C 4.11 Fraunhofer-inHaus-Zentrum, Duisburg
C 4.12 Thomas Jantscher, Colombier
C 4.13 Rainer Viertlböck, Gauting
C 4.14 Daniel Reisch, Augsburg
C 4.15 Daniel Reisch, Augsburg

Sanierung/Fassaden im Bestand
C 5.1 Archiv Ruinelli Associati, Soglio
C 5.2 Fraunhofer IBP
C 5.3 Stefan Müller-Naumann, München
C 5.4 Elias Hassos, München
C 5.5 ©Jens Weber, München
C 5.10 Ester Havlová, Prag
C 5.11 Hannes Henz, Zürich
C 5.12 Phillip Vile, London
C 5.13 Andrea Martiradonna, Mailand
C 5.14 Thomas Riehle/ARTUR IMAGES
C 5.15 Jakob Schoof, München
C 5.16 Michael Kiechle-Pausch/IMAGE FOR YOU, Mauerstetten
C 5.17 Tomaz Greoric, Ljubljana

Begrünte Fassaden
C 6.3 Roland Krippner, München
C 6.4 Roland Krippner, München
C 6.5 Roland Krippner, München
C 6.6 Nicole Pfoser, Darmstadt aus: Köhler, Manfred (Hrsg.): Handbuch Bauwerksbegrünung. Köln 2012, S.109
C 6.7 Paul Raftery
C 6.8 Werner Lang, München
C 6.9 Roland Krippner, München
C 6.10 Adria Goula, Barcelona
C 6.11 Luuk Kramer, Amsterdam
C 6.12 Christian Richters, Münster
C 6.14 Fink + Jocher, München

Autoren und Verlag danken den nachfolgend genannten Personen, Herstellern und Firmen für die Bereitstellung von Informationen und/oder Zeichnungsunterlagen:

Barbara Finke, Berlin (DE)
Böhmer Natursteinbau GmbH, Leutenbach (DE)
Cordelia Denks, München (DE)
Dach + Wand Wolf GmbH & Co.KG, Dornbirn (AT)
Delzer Kybernetik GmbH, Lörrach (DE)
F. Brüderlin Söhne GmbH, Schopfheim (DE)
Götz GmbH, Würzburg (DE)
Halfen GmbH & Co.KG, Langenfeld (DE)
Hightex Group, Rimsting (DE)
Jörg Eschwey, ESO Chile (CL)
Josef Gartner GmbH, Gundelfingen (DE)
Lavis Stahlbau GmbH, Offenbach (DE)
Magnus Müller GmbH, Butzbach (DE)
Metallbau A. Sauritschnig GmbH, St. Veit/Glan (AT)
MEW Manfroni Engineering Workshop, Bologna (IT)
Moeding Keramikfassaden GmbH, Marklkofen (DE)
nbk Keramik GmbH & Co., Emmerich (DE)
NMP Naturstein Montage GmbH & Co.KG, Wien (AT)
Serge Lochu, Cosylva Paris-Ouest (FR)
Stahlbau Wörsching GmbH & Co.KG, Starnberg (DE)
Wortmann Projektbau GmbH, Wenden (DE)

Literatur

Anderson, Michael; Lyndon, Donlyn; Kaltenbach, Frank: Sea Ranch – Wohnen an der Küste des Pazifik. In: Detail 08/2000, S. 1479–1481.

Architekturjahrbuch Bayern. Hrsg. v.: Bayerische Architektenkammer. München 2002.

Bahamon, Alejandro: Bauen mit System. Architektur mit Fertigteilen. Stuttgart 2002.

Baker, Nick; Steemers, Koen: Energy and Environment in Architecture. A Technical Design Guide. London 2000.

Balkowski, Michael: Nachträgliche Innendämmung von Außenwänden. In: Detail 05/2011, S. 616–622.

Baumann, Rudi: Begrünte Architektur. Bauen und Gestalten mit Kletterpflanzen. München 1983.

Baumann, Rudi: Pflanzliche Verschattungselemente an der Gebäudeoberfläche als Maßnahme zur Reduzierung der Strahlungsbelastung unter sommerlichen Bedingungen – »Pullover«. Dissertation. Kassel 1980.

Bauverlag BV GmbH (Hrsg.): Leitfaden Innendämmung. Planungsgrundlagen, Nachweise und Lösungen, Anwendungsbeispiele. Gütersloh 2013.

Bona, Enrico D.: Angelo Mangiarotti. Il Processo del Costruire. Mailand 1980.

Brandes, Christian: Anstriche und Beschichtungen für Bauwerke aus Naturstein. Eigenschaften, Anforderungen und praxisbezogene Anwendung. Renningen-Malmsheim 1999.

Braunfels, Stephan: Stephan Braunfels - Pinakothek der Moderne. Kunst, Architektur, Design. Mit Texten von Michael Mönninger u. a. Basel 2002.

Briegleb, Till; Baumgarten, Lothar: Hochhaus RWE AG Essen. Basel 2000.

Budeit, Joachim; Kuenheim, Haug v.: Backstein. Die schönsten Ziegelbauten zwischen Elbe und Oder. München 2001.

Burg, Annegret; Redecke, Sebastian (Hrsg.): Kanzleramt und Präsidialamt der Bundesrepublik Deutschland. Internationale Architekturwettbewerbe für die Hauptstadt Berlin. Basel 1995.

Bussat, Pierre: Die Modulordnung im Hochbau. La coordination modulaire dans le bâtiment. Stuttgart 1963.

Busse, Hans-Busso v.; Waubke, Nils Valerian; Grimme, Rudolf; Mertins, Jürgen: Atlas Flache Dächer. Nutzbare Flächen. Basel 1992.

Button, David; Pye, Brian: Glass in building. A guide to modern architectural glass performance: Pikington. Oxford 1993.

Compagno, Andrea: Baustoff Glas – Entwicklungen und Tendenzen. In: Kaltenbach, Frank (Hrsg.): Transluzente Materialien. München 2003, S. 10–25.

Daniels, Klaus: Gebäudetechnik für die Zukunft – »weniger ist mehr«. HL-Technik, Werkbericht 12. Hrsg. von HL-Technik AG. München 1994.

Daniels, Klaus: Gebäudetechnik. Ein Leitfaden für Architekten und Ingenieure. München/Zürich 02/1996.

Daniels, Klaus: Technologie des ökologischen Bauens. Basel 1995.

Danner, Dietmar; Dassler, Friedrich H.; Krause, Jan R. (Hrsg.): Die klima-aktive Fassade. AIT Edition Intelligente Architektur. Leinfelden-Echterdingen 1999.

Dernie, David: Neue Steinarchitektur. Stuttgart 2003.

Dietze, Lothar: Freie Lüftung von Industriegebäuden. Mit 54 Tabellen. Berlin 01/1987.

Dompke, M.; Keller, Michael B.: Sick Building Syndrome II. Forschungsstand und Umsetzung. Eine Dokumentation zum Workshop in Holzkirchen am 21./22.02.1996. Bonn 1/1996.

Döring, Wolfgang; Meschke, Hans-Jürgen; Kind-Barkauskas, Friedbert; Schwerm, Dieter: Fassaden. Architektur und Konstruktion mit Betonfertigteilen. Düsseldorf 2000.

Dümmler, Karl; Loeser, Karl: Handbuch der Ziegelfabrikation. Halle/Saale 1926.

Eisele, Jo; Schoeller, Walter: Kunststoffe in der Architektur. In: Detail 12/2002, S. 1540–1543.

Fanger, Ole: Behagliche Innenwelt. In: Günther Uhlig; Niklaus Kohler; Schneid (Hrsg.): Fenster. Architektur und Technologie im Dialog. Braunschweig, Wiesbaden 1998, S. 210–219.

Fassaden aus Stein. Hrsg. von: Dyckerhoff Weiss Marketing und Vertriebs-Gesellschaft 2004.

Feldmeyer, Gerhard G.: Die neue deutsche Architektur. Stuttgart 1993.

Finessi, Beppe: Su Mangiarotti. Architettura, Design, Scultura. 72 Progetti, 227 Inediti, 3 Contributi Critici. Milano 2002.

Fischer, Sören: Paolo Veronese, Andrea Palladio und die Stanza di Bacco in der Villa Barbaro als Pavillon Plinius' des Jüngeren. Kunstgeschichte. Open Peer Reviewed Journal, von 2013 (urn:nbn:de:bvb:355-kuge-329-1). http://www.kunstgeschichte-ejournal.net/378/ <03.04.2016>.

Flagge, Ingeborg; Herzog-Loibl, Verena; Meseure, Anna (Hrsg.): Thomas Herzog. Architektur und Technologie. Architecture and Technology. München 2001.

Ford, Edward R.: Die Pionierzeit des Betonsteins. »Textile-Block« – Häuser von Frank Lloyd Wright. In: Detail – Zeitschrift für Architektur + Baudetail, 44. Jg., 04/2003, S. 310–315.

Frank, W.: Raumklima und thermische Behaglichkeit. In: Berichte aus der Bauforschung, Heft 104. Berlin 1975

Gerlach, Hans: Pflanzenschmuckkunst. Beispiele für die gärtnerische Ausschmückung der Wohnstraßen. In: Die Gartenwelt, 22. Jg., Nr. 15 (12.04.1918)/1918, S. 113.

Gerner, Manfred; Gärtner, Dieter: Historische Fenster. Entwicklung, Technik, Denkmalpflege. München 1996.

Giebeler, Georg; Fisch, Rainer; Krause, Harald u. a.: Atlas Sanierung. München/Basel 2008.

Givoni, Baruch: Passive and Low Energy Cooling of Buildings. New York 1994.

Goetzberger, Adolf; Wittwer, Volker: Sonnenenergie. Thermische Nutzung. Stuttgart 1993.

Grimm, Friedrich; Richarz, Clemens: Hinterlüftete Fassaden. Konstruktionen vorgehängter hinterlüfteter Fassaden aus Faserzement. Stuttgart 1994.

Grube, Oswald W.: Industriebauten - international. Stuttgart 1971.

Habermann, Karl J.: ...in die Jahre gekommen. Halbleitermontagwerk/Pharmawerk in Wasserburg am Inn, 1969, 1982–83. Architekt: Peter C. von Seidlein. In: db – Deutsche Bauzeitung, 01/2002, S. 80–84.

Hagemann, Ingo B.: Gebäudeintegrierte Photovoltaik. Architektonische Integration der Photovoltaik in die Gebäudehülle. Köln 2002.

Hanel, Bernd: Raumluftströmung. Heidelberg 01/1994.

Hausladen, Gerhard (Hrsg.): Innovative Gebäude-, Technik- und Energiekonzepte. München 2001.

Hebgen, Heinrich: Bauen mit der Sonne. Vorschläge und Anregungen. Hrsg. von: RWE-Anwendungstechnik. Essen 1982.

Hegger, Josef; Will, Norbert: Bauteile aus textilbewehrtem Beton. In: DBZ 04/2003, S. 68–71.

Henning, Hans-Martin; Palzer, Andreas: 100 % Erneuerbare Energien für Strom und Wärme in Deutschland. Hrsg. von: Fraunhofer-Institut für Solare Energiesysteme ISE. Freiburg, 11/2012.

Henze, Wolfgang: Architektur- und Bau-Keramik. Halle/Saale 1955.

Herzog, Thomas (Hrsg.): Bausysteme von/Building Systems by/Sistemi Edilizi di Angelo Mangiarotti. Bearbeitung und Redaktion: Roland Krippner, George Frazzica. Darmstadt 1998.

Herzog, Thomas (Hrsg.): Solar Energy in Architecture and Urban Planning. Solarenergie in Architektur und Stadtplanung. München 1996.

Herzog, Thomas (Hrsg.): Sustainable Height. Deutsche Messe AG Hannover Administration Building. Nachhaltige Höhe. Deutsche Messe AG Hannover Verwaltungsgebäude. München 1999.

Herzog, Thomas: Transluzente Bauteile. Anmerkungen zu ihrer Wirkung. In: Almanach 90/92. Fachbereich Architektur der Technischen Hochschule Darmstadt. Darmstadt 1992, S. 92–95.

Herzog, Thomas; Krippner, Roland: Gebäudehülle. Synoptische Darstellung maßgeblicher baulicher Subsysteme der Gebäudehülle mit Schutz- und Steuerungsfunktionen als Voraussetzung für die experimentelle Arbeit an ihrer energetischen und baukonstruktiven Optimierung. Abschlussbericht (unveröffentlicht). München 2000.

Herzog, Thomas; Krippner, Roland: Synoptical Description of Decisive Subsystems of the Building Skin. In: Irm Pontenagel; Eurosolar (Hrsg.): Building a new Century. 5th Conference Solar Energy in Architecture and Urban Planning. Bonn Germany, 27–30 May 1999. Proceedings. Bonn 1999, S. 306–310.

Herzog, Thomas; Natterer, Julius; Schweitzer, Roland u.a.: Holzbau Atlas. München/Basel 2003.

Herzog, Thomas; Natterer, Julius; Tobey, Reinhold; Winter, Wolfgang; Kessel, Martin: Gebäudehüllen aus Glas und Holz. Habiller de verre et de bois. Lausanne 1984.

Herzog, Thomas; Volz, Michael: Holzschutz. In: Natterer, Julius; Herzog, Thomas; Volz, Michael: Holzbau Atlas Zwei. München 1996, S. 59–60.

Herzog, Thomas: Pneumatische Konstruktionen. Bauten aus Membranen und Luft. Stuttgart 1976.

Herzog, Thomas: Zur Kunst des Fügens oder: Nachdenken über das Standbein. In: Der Architekt, 02/1987, S. 86–89.

Hornbogen, Erhard: Werkstoffe. Aufbau und Eigenschaften von Keramik, Metallen, Kunststoffen und Verbundwerkstoffen. Berlin, Heidelberg, New York 02/1979.

Hufnagl, Florian (Hrsg.): Sechs neue Museen in Bayern. Bearbeitung/Redaktion: Oliver Herwig [Text]; Braun Zooey [Fotografie]. Tübingen 2002.

Hugues, Theodor; Steiger, Ludwig; Weber, Johann: Naturwerkstein. Detail Praxis. München 2002.

Jaensch, Waldemar: Veränderbare Oberflächen. Verfahren zur Beurteilung kinetischer Manipulatoren an der Gebäudeoberfläche als Maßnahme zur Regulierung des Gebäudeklimas. Schriftenreihe des Fachbereichs Architektur/Dissertation. Kassel 1981.

Junghanns, Kurt: Das Haus für alle Fälle. Zur Geschichte der Vorfertigung in Deutschland. Berlin 1994.

Kaltenbach, Frank: Kunststoff – Transluzente Plattenhalbzeuge. In: Kaltenbach, Frank (Hrsg.): Transluzente Materialien. Detail Praxis. München 2003, S. 40–56.

Kaltenbach, Frank: Lebende Wände, vertikale Gärten – vom Blumentopf zur grünen Systemfassade. In: Detail 12/2008, S. 1454–1466.

Kind-Barkauskas, Friedbert; Kauhsen, Bruno; Polónyi, Stefan; Brandt, Jörg: Beton Atlas. Entwerfen mit Stahlbeton im Hochbau. Düsseldorf/München 2001.

Kling, Bernhard; Peck, Martin: Sichtbeton im Kontext der neuen Betonnormen. In: Beton 04/2003, S. 170–176.

Kluge, Friedrich: Etymologisches Wörterbuch der deutschen Sprache. Berlin 22/1989.

Knaack, Ulrich: Konstruktiver Glasbau. Köln 1998.

Koblin, Wolfram; Krüger, Eckhard; Schuh, Ulrich: Handbuch. Passive Nutzung der Sonnenenergie. (1984). Hrsg. vom Bundesbauministerium für Raumordnung Bauwesen und Städtebau. Schriftenreihe 04.097. Bonn-Bad Godesberg 05/1990.

Koch, Klaus Michael (Hrsg.): Bauen mit Membranen. Der innovative Werkstoff in der Architektur. München 2004.

Köhler, Manfred (Hrsg.): Handbuch Bauwerksbegrünung. Planung Konstruktion Ausführung. Köln 2012.

Krausse, Joachim; Lichtenstein, Claude (Hrsg.): Your private sky. Richard Buckminster Fuller. Design als Kunst einer Wissenschaft. Baden/Zürich 1999.

Krippner, Roland: Architektonische Aspekte solarer Energietechnik. Studien zur baulichen Integration und architektonischen Einbindung solartechnischer Systeme in die Gebäudehülle. In: Neuntes Symposium Thermische Solarenergie. OTTI Technologie-Kolleg. Tagungsband. Regensburg 1999, S. 236–240.

Krippner, Roland: Die Gebäudehülle als Wärmeerzeuger und Stromgenerator. In: Christian Schittich (Hrsg.): Gebäudehüllen. München/Basel 2006, S. 46–59.

Krippner, Roland: Entwicklung beweglicher Manipulatoren im Bereich der Außenwände mit wärmedämmenden und weiteren Funktionen. In: Andreas Beck (Hrsg.): ISOTEG – Innovative Systeme und Optimierte Tech-

niken zur Energetischen Gebäudesanierung. Abschlußbericht. Würzburg 2001
Krippner, Roland: Holzleichtbeton. In: DBZ 12/2002, S. 74–77.
Krippner, Roland: Solartechnik in Gebäudehüllen. In: Detail Green 01/2012, S. 53–57.
Lambot, Ian (Hrsg.): Norman Foster. Volume 2. 1971–1978. Foster Associates. Buildings and Projects. Hongkong 1989.
Lang, Werner: Zur Typologie mehrschaliger Gebäudehüllen aus Glas. In: Detail 07/1998, S. 1225–1232.
Le Corbusier: 1929 – Feststellungen zu Architektur und Städtebau. Mit einem amerikanischen Prolog und einem brasilianischen Zusatz gefolgt von »Pariser Klima« und »Moskauer Atmosphäre«. Berlin 1964
Le Corbusier: Die Technik als Grundlage des Lyrismus eröffnet eine neue Epoche der Architektur. 2. Vortrag: Samstag, 5. Oktober 1929, »Amigos del Arte«. In: Le Corbusier: 1929 – Feststellungen zu Architektur und Städtebau. Berlin 1964, S. 47–72.
Lemoine, Bertrand; Taroni, Brigitta: Birkhäuser Architekturführer Frankreich. 20. Jahrhundert. Basel 2000.
Lietz, Sabine: Das Fenster des Barock. Fenster und Fensterzubehör in der fürstlichen Profanarchitektur zwischen 1680 und 1780. München 1982.
Mahler, B.; Himmler, R.; Silberberger, C., Matt, C.: DeAL – Evaluierung dezentraler außenwandintegrierter Lüftungssysteme. Hrsg. von: Steinbeis-Transferzentrum und Steinbeis-Forschungszentrum u.a. Abschlussbericht, STZ-Projekt-Nr. 24306. Stuttgart 2008.
Marrey, Bernard; Schweitzer, Roland: Des Histoires de Bois. Ouvrage réalisé à l'occasion de l'exposition »LE BOIS: Essences et sens«. Paris 1994.
Mehling, Günther (Hrsg.): Naturstein-Lexikon. Werkstoff, Werkzeuge und Maschinen, Wirtschaft und Handel, Gestaltung und Techniken von der Antike bis heute. München 1973.
Mesecke, Andrea; Kleihues, Josef Paul; Scheer, Thorsten; Kultermann, Udo; Binet, Hélène: Museum of Contemporary Art Chicago. Josef Paul Kleihues. Berlin 1996.
Meyringer, Volker; Trepte, Lutz: Lüftung im Wohnungsbau. Ergebnisse eines Forschungsprogrammes. Hrsg. von: Bundesministerium für Forschung und Technologie (BMFT). Karlsruhe 1987.
Modul. Schriftenreihe zur Verwendung von Modul-Betonsteinen in der neuen Architektur. Heft 5. Rheinau-Freistett 03/1992.
Monk, Tony: The art and architecture of Paul Rudolph. Chichester 1999.
Moritz, Karsten; Barthel, Rainer: Bauen mit ETFE Folien. In: Kaltenbach, Frank (Hrsg.): Transluzente Materialien. Detail Praxis. München 2003, S. 70–78.
Moritz, Karsten: Membranwerkstoffe im Hochbau. In: Detail 06/2000, S. 1050–1058.
Müller, Friedrich: Gesteinskunde. Lehrbuch und Nachschlagewerk über Gesteine für Hochbau, Innenarchitektur, Kunst und Restauration. Ulm/Donau 1994.
Müller, Helmut F. O; Schuster, Heide G.: Tageslichtnutzung. In: Christian Schittich (Hrsg.): Solares Bauen. München/Basel 2003, S. 56–69.
Nachtigall, Werner; Pohl, Göran: Bau-Bionik. Natur – Analogien – Technik. Berlin, Heidelberg 2013.
Naredi-Rainer, Paul von: Architektur und Harmonie. Zahl, Maß und Proportion in der abendländischen Baukunst. (1982). Köln 1984.
Nemeth, Isabell; Elbel, Konstanze; Hoppe, Michaela u.a.: Energetische Gebäudesanierung in Bayern. Studie des Zentrums für Nachhaltiges Bauen der TUM. München 2012.
Nerdinger, Winfried: »Das Hellenische mit dem Neuen verknüpft«. Der Architekt Leo von Klenze als neuer Palladio. In: Winfried Nerdinger (Hrsg.): Leo von Klenze. Architekt zwischen Kunst und Hof 1784–1864. München 2000, S. 9–49.
Newhouse, Victoria: Wege zu einem neuen Museum. Museumsarchitektur im 20. Jahrhundert. Ostfildern-Ruit 1998.
Nitschke, Günter: Architektur und Ästhetik eines Inselvolkes. In: Schittich, Christian (Hrsg.): Japan. München/Basel 2002, S. 14–31.
Nitz, Peter; Wagner, Andreas: Schaltbare und regelbare Verglasungen. BINE Themeninfo, I/02. Karlsruhe 2002.
Oesterle, Eberhard; Lieb, Rolf-Dieter; Lutz, Martin; Heusler, Winfried: Doppelschalige Fassaden. München 1999.
Otto, Frei: Das hängende Dach. Gestalt und Struktur. (1954). Stuttgart 1990.
Pfeifer, Günter; Achtziger, Joachim; Ramcke, Rolf; Zilch, Konrad: Mauerwerk Atlas. München 2001.
Pfeifer, Günter; Liebers, Antje; Reiners, Holger: Der neue Holzbau. Aktuelle Architektur, alle Bausysteme, neue Technologien. München 1998.
Pfoser, Nicole; Jenner, Nathalie; Henrich, Johanna u.a.: Gebäude Begrünung Energie. Potenziale und Wechselwirkungen. Forschungsbericht. Technische Universität Darmstadt 2013.
Pracht, Klaus: Fenster. Planung, Gestaltung und Konstruktion. Stuttgart 1982.
Reallexikon zur deutschen Kunstgeschichte. VII. Band; Farbe, Farbmittel – Fensterläden. Hrsg. vom Zentralinstitut für Kunstgeschichte München 1981.
Reallexikon zur deutschen Kunstgeschichte. VIII. Band. Hrsg. vom Zentralinstitut für Kunstgeschichte München 1981.
Rein, Alfred; Wilhelm, Viktor: Das Konstruieren mit Membranen. In: Detail 06/2000, S. 1044–1049.
Richarz, Clemens; Schulz, Christina; Zeitler, Friedemann: Energetische Sanierung. Detail Praxis. München 2006.
Rinninsland, Jutta: Projekt MOSS – OE 06/11. Teil 1: Grundlagen der Modulordnung. Gesamthochschule Kassel, Prof. Thomas Herzog, Kassel 1974.
Röben, Jürgen: Fassadenintegrierte Lüftungstechnik. Ästhetisch und energieeffizient. In: DBZ 09/2013, S. 76–78.
Rudolf, Bernhard: Atmende Fassaden: Fassadentechnologien zur dezentralen und natürlichen Lüftung. In: Detail 07–08/2012, S. 806–814.
Sack, Manfred: Verlockungen der Architektur. Kritische Beobachtungen und Bemerkungen über Häuser und Städte, Plätze und Gärten. Luzern 2003.
Schäfer, Stefan: Fassadenoberflächen aus metallischen Werkstoffen. In: Detail 01–02/2003, S. 90–102.
Scharr, Roland; Sulzer, Peter: Beiträge zum methodischen Vorgehen in der Baukonstruktion. Aussenwanddichtungen. Forschungsberichte der VDI Zeitschriften, Reihe 4, Nr. 61. Düsseldorf 1981.
Schild, Kai; Weyers, Michael: Transparente Wärmedämmsysteme (TWDS). In: Schild, Kai; Weyers, Michael: Handbuch Fassadendämmsysteme. Grundlagen – Produkte – Details. Stuttgart 2003, S. 151–168.
Schittich, Christian (Hrsg.): Gebäudehüllen. Konzepte, Schichten, Material. München/Basel 2006.
Schittich, Christian; Staib, Gerald; Balkow, Dieter; Schuler, Matthias; Sobek, Werner: Glasbau Atlas. München 2006.
Schramek, Ernst-Rudolf (Hrsg.): Recknagel, Sprenger, Schramek. Taschenbuch für Heizung und Klimatechnik einschließlich Warmwasser- und Kältetechnik. München 69/1999 und 70/2001.
Schulitz, Helmut C.; Sobek, Werner; Habermann, Karl J.: Stahlbau Atlas. München 1999.
Schunck, Eberhard; Oster, Hans Jochen; Barthel, Rainer; Kießl, Kurt: Dach Atlas. Geneigte Dächer. München 2002.
Schwarz, Ullrich (Hrsg.): Neue Deutsche Architektur. Eine Reflexive Moderne. Ostfildern-Ruit 2002.
Seidlein, Peter C. v.: Zehn Bauten 1957–97. München 1997.
Sobek, Werner: Konstruieren mit Glas – Festigkeit und Tragverhalten. In: Schittich, Christian u.a.: Glasbau Atlas. München 1998, S. 91–92.
Sonderthemen Baukonstruktion: Materialspezifische Technologie und Konstruktion. Gläser, Häute und Membranen. Vertiefungsfach WS 1997/1998. Hrsg. von TUM, Lehrstuhl Prof. Thomas Herzog. Seminarbroschüre Teil 1: Grundlagen. München 1998.
Stadt Nürnberg/Referat für Umwelt und Gesundheit (Hrsg.): Klimafahrplan Nürnberg 2010–2050. Nürnberg 2014.
Staib, Gerald: Glas in der Architektur. Von den Ursprüngen bis zur Klassischen Moderne. In: Schittich, Christian u.a.: Glasbau Atlas. München 1998, S. 9–33.
Stiegel, Horst; Krause, Michael: Minimalinvasives Sanierungssystem mit vorgefertigtem, multifunktionalem WDVS-Fassadenmodul. In: gi – Gesundheits-Ingenieur, 133. Jg., 06/2012, S., S. 290–302.
Stock, Wolfgang Jean: Europäischer Kirchenbau 1950–2000. European Church Architecture 1950–2000. München 2002.
Sulzer, Peter: Jean Prouvé. Highlights 1917–1944. Basel 2002.
Sulzer, Peter: Jean Prouvé. Œuvre complète/Complete Works. Volume 1: 1917–1933. Basel 1999.
Sulzer, Peter: Jean Prouvé. Œuvre complète/Complete Works. Volume 2: 1934–1944. Basel 2000.
Trbuhovic, L.: Untersuchungen des Strukturschemas und der Fassadenabwicklung beim Stahlbeton-Skelettbau. In: Hans Girsberger (Hrsg.): ac panel. Asbestzement-Verbundplatten und -Elemente für Außenwände. Zürich 1967, S. 46–49.
Universität Ulm-West. Dokumentation Holzbauten in Baden-Württemberg. Hrsg. von Arbeitsgemeinschaft Holz e.V. u.a., Düsseldorf; Landesbeirat Holz Baden-Württemberg e.V., Stuttgart. Informationsdienst Holz 1993.
Volz, Michael: Der Baustoff Holz. In: Natterer, Julius; Winter, Wolfgang; Herzog, Thomas; Schweitzer, Roland; Volz, Michael: Holzbau Atlas. München 2003, S. 31–46.
Von Aperturfläche bis Zenitlicht. Kleines Tageslicht-ABC. In: Fassade Façade 01/2001, S. 9–14.
Wachsmann, Konrad: Wendepunkt im Bauen. Reprint der 1959 im Krausskopf-Verlag, Wiesbaden, erschienen Ausgabe. Dresden 1989.
Waechter-Böhm, Liesbeth: Austria West, Tirol, Vorarlberg. Neue Architekur. Basel 2003.
Wanetschek, Margret; Wanetschek, Horst (Hrsg.): Naturstein und Architektur. Fassaden, Innenräume, Außenanlagen, Steintechnik. München 2000.
Weber, Anton: Kleine Werkstoffkunde der Baukunststoffe: Bauen mit Kunststoffen. Jahrbuch 2002. Hrsg. vom Institut für das Bauen mit Kunststoffen e.V. (IBK). Berlin 2001, S. 44–45.
Weiss, Klaus D. (Hrsg.): Gatermann + Schossig. Raum Kunst Technik/Space Art Technology. Basel u.a. 2010.
Westenberger, Daniel: Vertikal verschoben. Eigenschaften und Leistungsspektrum von vertikalen Schiebemechanismen bei Fensteröffnungen. In: db – Deutsche Bauzeitung, 09/2003, S. 86–91.
Westenberger, Daniel: Vertikale Schiebefenster. Zur Typologie der Bewegungsarten von Fenstern als Öffnungselemente in der Fassade. In: Fassade Façade. 03/2002, S. 23–28.
Wichmann, Hans (Hrsg.): System-Design: Fritz Haller. Bauten Möbel Forschung. Industrial design – graphic design, 6. Basel 1989.
Wuppertal Institut für Klima, Umwelt, Energie; Planungs-Büro Schmitz Aachen: Energiegerechtes Bauen und Modernisieren. Hrsg. von: Bundesarchitektenkammer. Basel u.a. 1996.
Zeidler, Olaf: Freie Lüftung in Bürogebäuden. In: HLH; 51. Jg., 07/2000, S. 71–73.
Ziegel-Lexikon. Ausgabe 2001. Hrsg. vom Ziegelforum e.V. Bearbeitung/Redaktion: Walter Noack. München 2001.
Zimmermann, Markus: Fenster im Fenster. In: Detail 04/1996, S. 484–489.
Zürcher, Christoph; Frank, Thomas: Bauphysik. Bau und Energie. Leitfaden für Planung und Praxis, Bd. 2. Zürich/Stuttgart 1998.Wichmann, Hans (Hrsg.): System-Design: Fritz Haller. Bauten Möbel Forschung. Industrial design – graphic design, 6. Basel 1989.

Verordnungen, Richtlinien, Normen

Die EU hat für eine Anzahl von Produkten Richtlinien erlassen, um insbesondere Sicherheit und Gesundheit der Anwender zu gewährleisten. Diese Richtlinien müssen in den Mitgliedsstaaten in verbindliche Gesetze und Verordnungen umgesetzt werden.
Die Richtlinien selbst enthalten keine technischen Details, sondern nur verbindliche grundlegende Anforderungen. Die technischen Werte dafür sind in zugeordneten technischen Regeln und in Form von europaweit harmonisierten Normen (EN-Normen) festgelegt.
Allgemein stellen technische Regeln Arbeitshinweise und Hilfsmittel für den Arbeitsalltag dar. Sie sind keine Rechtsvorschriften, sondern geben Entscheidungshilfen, bilden eine Richtschnur für einwandfreies technisches Vorgehen und/oder konkretisieren Inhalte von Verordnungen. Grundsätzlich steht die Anwendung der technischen Regeln jedermann frei. Erst wenn diese in Gesetzen, Verordnungen oder Vorschriften vorgesehen sind, werden sie rechtsverbindlich (z.B. im Baurecht) – oder wenn vertraglich die Verbindlichkeit einzelner Normen zwischen den Vertragspartnern festgelegt wird. Zu den technischen Regeln gehören u.a. DIN-Normen, VDI-Richtlinien und die als Regeln der Technik bezeichneten Werke (z.B. Technische Regeln für Gefahrstoffe TRGS). Die Normen unterscheiden sich in Produkt-, Anwendungs- und Prüfnormen. Oftmals beziehen sie sich nur auf eine spezifische Material- oder Produktgruppe. Diesen Normen liegen entsprechende Prüf- und Rechenmethoden für die jeweiligen Materialien zugrunde.Grundsätzlich gilt immer die neueste Version einer Norm, die dem Stand der Technik entsprechen soll. Eine neue oder überarbeitete Norm wird in Form eines Normentwurfs öffentlich zur Diskussion gestellt, um später als Norm verabschiedet zu werden. Welchen Ursprung und Einflussbereich eine Norm hat, lässt sich aus ihrer Bezeichnung ersehen: DIN plus Zählnummer (z.B. DIN 4108) besitzt überwiegend nationale Bedeutung (Entwürfe werden mit E und Vornormen mit V gekennzeichnet). Bei DIN EN plus Zählnummer (z.B. DIN EN 335) handelt es sich um die deutsche Ausgabe einer europäischen Norm, die unverändert von der europäischen Normungsorganisation CEN übernommen wurde. Bei DIN EN ISO (z.B. DIN EN ISO 13786) spiegelt sich der nationale, europäische und weltweite Einflussbereich wider. Auf Grundlage einer Norm der internationalen Normungsorganisation ISO wurde eine europäische Norm erarbeitet, die als DIN-Norm übernommen wurde. Bei DIN ISO (z.B. DIN ISO 2424) handelt es sich um eine unveränderte Übernahme einer Norm der ISO als nationale Norm.
Die nachfolgende Zusammenstellung ist eine Auswahl von Verordnungen, Richtlinien und Normen, die den Stand der Technik wiedergibt (August 2016). Verbindlich sind immer nur die Normblätter mit dem neuesten Ausgabedatum des DIN (Deutsches Institut für Normung e.V.).
Freiwillige Vereinbarungen über das strikte Einhalten von Normen, die nicht baurechtlich gefordert werden sowie zusätzliche Eigenschaften und Anforderungen müssen vertragsrechtlich vereinbart werden. Der Hinweis in Verträgen, dass alle Normen einzuhalten sind, ist sinnlos und kann in Zukunft nicht mehr gelten. Um Widersprüche zu vermeiden, muss unbedingt festgelegt werden, welche Normen einzuhalten sind und welche Einzelheiten aus den Normen bei eventuellen Anforderungsstufen gelten sollen.

Teil A Grundlagen

1 Außen- und Innenbedingungen

DIN 1341 Wärmeübertragung: Begriffe, Kenngrößen. Oktober 1986
DIN 18073 Rollabschlüsse, Sonnenschutz- und Verdunkelungsanlagen im Bauwesen: Begriffe, Anforderungen. Mai 2008
DIN 18351 VOB Vergabe- und Vertragsordnung für Bauleistungen. Teil C: Allgemeine Technische Vertragsbedingungen für Bauleistungen (ATV): Fassadenarbeiten. August 2015
DIN EN 13363-1 Sonnenschutzeinrichtungen in Kombination mit Verglasungen: Berechnung der Solarstrahlung und des Lichttransmissionsgrades. September 2007
DIN EN ISO 12569 Wärmetechnisches Verhalten von Gebäuden: Bestimmung des Luftwechsels von Gebäuden. Februar 2016

2.1 Flächen – Strukturelle Prinzipien

DIN 18351 VOB Vergabe- und Vertragsordnung für Bauleistungen. Teil C: Allgemeine Technische Vertragsbedingungen für Bauleistungen (ATV); Fassadenarbeiten. August 2015
DIN 18516-1 Außenwandbekleidungen, hinterlüftet. Teil 1: Anforderungen, Prüfungsgrundsätze. Juni 2010
DIN 18540 Abdichten von Außenwandfugen im Hochbau mit Fugendichtstoffen. September 2014
DIN 18545-1 Abdichten von Verglasungen mit Dichtstoffen: Anforderungen an Glasfalze. Juli 2015
DIN EN 12365-1 Dichtungen und Dichtungsprofile für Fenster, Türen und andere Abschlüsse sowie vorgehängte Fassaden, Anforderungen und Klassifizierung. Dezember 2003
VDI 2221 Methodik zum Entwickeln und Konstruieren technischer Systeme und Produkte. Mai 1993
VDI 2222 Blatt 1 Methodisches Entwickeln von Lösungsprinzipien. Juni 1997

2.2 Ränder, Öffnungen

ASR 7/1 Sichtverbindung nach außen. April 1976
DIN 107 Bezeichnung mit links oder rechts im Bauwesen. April 1974
DIN 1946-6 Raumlufttechnik: Teil 6: Lüftung von Wohnungen: Anforderungen, Ausführung, Abnahme (VDI-Lüftungsregeln). Mai 2009
DIN 33417 Beschreibung von Ort, Lage und Bewegungsrichtung von Gegenständen. August 1987
DIN EN 12464-1 Licht und Beleuchtung: Beleuchtung von Arbeitsstätten. Teil 1: Arbeitsstätten in Innenräumen. August 2011
DIN EN 12519 Türen und Fenster: Terminologie. Januar 2015
DIN EN 13829 Wärmetechnisches Verhalten von Gebäuden: Bestimmung der Luftdurchlässigkeit von Gebäuden. Januar 2002
DIN EN ISO 7730 Analytische Bestimmung und Interpretation der thermischen Behaglichkeit durch Berechnung des PMV- und des PPD-Indexes und der lokalen thermischen Behaglichkeit. Mai 2006
EnEV Verordnung über einen energiesparenden Wärmeschutz und energiesparende Anlagentechnik bei Gebäuden (Energieeinsparverordnung – EnEV). Januar 2016
VDI Richtlinie 6011. Düsseldorf 2016

2.3 Modulare Ordnung

DIN 18000 Modulordnung im Bauwesen. August 1986
DIN 18202 Toleranzen im Hochbau: Bauwerke. April 2013

3 Bauphysikalische Aspekte und Planungshinweise

DIN 4102 Brandverhalten von Baustoffen und Bauteilen. Mai 1998
DIN 4108 Wärmeschutz und Energieeinsparung in Gebäuden. Juli 2001
DIN V 4108-4 Wärmeschutz und Energie-Einsparung in Gebäuden. Teil 4: Wärme- und feuchteschutztechnische Bemessungswerte. Februar 2013
DIN 4109 Schallschutz im Hochbau. Teil 1: Mindestanforderungen. Juli 2016
DIN 5034 Tageslicht in Innenräumen
DIN 18073 Rollläden, Markisen, Rolltore und sonstige Abschlüsse im Bauwesen – Begriffe, Anforderungen. Mai 2008
DIN 5036-3 Strahlungsphysikalische und lichttechnische Eigenschaften von Materialien. November 1979
DIN 52619-3 Wärmeschutztechnische Prüfungen: Bestimmung des Wärmedurchlasswiderstandes und Wärmedurchgangskoeffizienten von Fenstern: Messung am Rahmen. Februar 1985
DIN EN 673 Glas im Bauwesen: Bestimmung des Wärmedurchgangskoeffizienten (U-Wert): Berechnungsverfahren. April 2011
DIN EN 1279-1 Glas im Bauwesen – Mehrscheiben-Isolierglas. Teil 1: Allgemeines, Maßtoleranzen und Vorschriften für die Systembeschreibung. August 2015
DIN EN 12865 Wärme- und feuchteschutztechnisches Verhalten von Bauteilen: Bestimmung des Widerstandes des Außenwandsystems gegen Schlagregen bei pulsierendem Luftdruck. Juli 2001
DIN EN 13125 Abschlüsse: Zusätzlicher Wärmedurchlasswiderstand: Zuordnung einer Luftdurchlässigkeitsklasse zu einem Produkt. Oktober 2001
DIN EN 13363 Sonnenschutzeinrichtungen in Kombination mit Verglasungen: Berechnung der Solarstrahlung und des Lichttransmissionsgrades. September 2007
DIN EN ISO 10211 Wärmebrücken im Hochbau: Berechnung der Wärmeströme und Oberflächentemperaturen. Juni 2015
DIN EN ISO 12631 Wärmetechnisches Verhalten von Vorhangfassaden – Berechnung des Wärmedurchgangskoeffizienten. Januar 2013
VDI 2719 Schalldämmung von Fenstern und deren Zusatzeinrichtungen. August 1987

Teil B Materialspezifische Konstruktionen

1 Naturstein

DIN 18516-3 Außenwandbekleidungen, hinterlüftet. Teil 3: Naturwerkstein; Anforderungen, Bemessung. September 2013
DIN 18332 VOB Vergabe- und Vertragsordnung für Bauleistungen. Teil C: Allgemeine Technische Vertragsbedingungen für Baueistungen (ATV): Naturwerksteinarbeiten. September 2012
DIN EN 771-6 Festlegungen für Mauersteine: Teil 6: Natursteine. November 2015
DIN EN 1341-3 Platten aus Naturstein für Außenbereiche. Teil 3: Anforderungen und Prüfverfahren. März 2013
DIN EN 1469 Natursteinprodukte – Bekleidungsplatten – Anforderungen. Mai 2015
DIN EN 12059 Naturstein: Fertigerzeugnisse, Steine für Massivarbeiten. Spezifikationen. März 2012
DIN EN 12326-1 Schiefer und andere Natursteinprodukte für Dachdeckungen und Außenwandbekleidungen. Teil 1: Produktspezifikationen. November 2014

2 Tonstein

DIN 105 Mauerziegel
DIN 1053 Mauerwerk
DIN 18516-1 Aussenwandbekleidungen, hinterlüftet. Teil 1: Anforderungen, Prüfgrundsätze. Juni 2010
DIN EN 1996-1-1 Eurocode 6: Bemessung und Konstruieren von Mauerwerksbauten. Teil 1-1: Allgemeine Regeln: Regeln für bewehrtes und unbewehrtes Mauerwerk. Februar 2013

3 Beton

DIN V 18151-100 Hohlblöcke aus Leichtbeton. Teil 100: Hohlblöcke mit besonderen Eigenschaften. Oktober 2005
DIN V 18152-100 Vollsteine und Vollblöcke aus Leichtbeton. Teil 100: Vollsteine und Vollblöcke mit besonderen Eigenschaften. Oktober 2005
DIN V 18153-100 Mauersteine aus Beton (Normalbeton). Teil 100: Mauersteine mit besonderen Eigenschaften. Oktober 2005
DIN 18333 VOB Verdingungsordnung für Bauleistungen. Teil C: Allgemeine Technische Vertragsbedingungen für Bauleistungen (ATV): Betonwerksteinarbeiten. September 2012
DIN V 18500 Betonwerkstein: Begriffe, Anforderungen Prüfung, Überwachung. Dezember 2012
DIN 18515-1 Außenwandbekleidungen. Teil 1: Angemörtelte Fliesen oder Platten: Grundsätze für Planung und Ausführung. Mai 2015
DIN 18516-5 Außenwandbekleidungen, hinterlüftet. Teil 5: Betonwerkstein Anforderungen, Bemessung. September 2013
DIN EN 197-1 Zement: Teil 1: Zusammensetzung, Anforderungen und Konformitätskriterien von Normalzement. Juli 2014
DIN EN 206 Beton. Festlegung, Eigenschaften, Herstellung und Konformität. Juli 2014
DIN EN 12878 Pigmente zum Einfärben von zement- und/oder kalkgebundenen Baustoffen: Anforderungen und Prüfverfahren. Juli 2014

FDB-Merkblätter Nr. 1–10. Hrsg. von: Fachvereinigung Deutscher Betonfertigteilbau e. V. (FDB). Bonn, 2009–2016
Merkblatt Sichtbeton. Hrsg. von: Deutscher Beton- und Bautechnik-Verein e. V. (DBV) / Bundesverband der Deutschen Zementindustrie e. V. (BDZ). Berlin / Düsseldorf 2015.

4 Holz
DIN 18334 VOB Vergabe- und Vertragsordnung für Bauleistungen. Teil C: Allgemeine Technische Vertragsbedingungen für Bauleistungen (ATV); Zimmer- und Holzbauarbeiten. September 2012
DIN 68364 Kennwerte von Holzarten: Rohdichte, Elastizitätsmodul und Festigkeiten. Mai 2003
DIN 68800 Holzschutz. Teil 1: Allgemeines. Oktober 2011. Teil 2: Vorbeugende bauliche Maßnahmen im Hochbau. Februar 2012. Teil 3: Vorbeugender chemischer Holzschutz. Februar 2012. Teil 4: Bekämpfungsmaßnahmen gegen holzzerstörende Pilze und Insekten. Februar 2012

5 Metall
DIN 18335 VOB Vergabe- und Vertragsordnung für Bauleistungen. Teil C: Allgemeine Technische Vertragsbedingungen für Bauleistungen (ATV): Stahlbauarbeiten. August 2015
DIN 18339 VOB Vergabe- und Vertragsordnung für Bauleistungen. Teil C: Allgemeine Technische Vertragsbedingungen für Bauleistungen (ATV): Klempnerarbeiten. September 2012
DIN 18360 VOB Vergabe- und Vertragsordnung für Bauleistungen. Teil C: Allgemeine Technische Vertragsbedingungen für Bauleistungen (ATV): Metallbauarbeiten. September 2012
DIN 18364 VOB Verdingungsordnung für Bauleistungen. Teil C: Allgemeine Technische Vertragsbedingungen für Bauleistungen (ATV): Korrosionsschutzarbeiten an Stahl- und Aluminiumbauten. September 2012
DIN 18516-1 Außenwandbekleidungen, hinterlüftet. Teil 1: Anforderungen, Prüfgrundsätze. Juni 2010
DIN EN ISO 12944 Beschichtungsstoffe: Korrosionsschutz von Stahlbauten durch Beschichtungssysteme. Teil 1–7. März 2000

6 Glas
DIN EN 1051-1 Glas im Bauwesen: Glassteine und Betongläser. Teil 1: Begriffe und Beschreibungen. April 2003
Teil 2: Konformitätsbewertung. Dezember 2012
DIN 1249-11 Flachglas im Bauwesen; Glaskanten; Begriff, Kantenformen und Ausführung. September 1986
DIN 1259 Glas. Teil 1: Begriffe für Glasarten und Glasgruppen. September 2001
Teil 2: Begriffe für Glaserzeugnisse. September 2001
DIN 4242 Glasbausteinwände: Ausführung und Bemessung. Januar 1979
DIN 12116 Prüfung von Glas: Beständigkeit gegen eine siedende wässrige Salzsäurelösung: Prüfverfahren und Klasseneinteilung. März 2001
DIN 18545-1 Abdichten von Verglasungen mit Dichtstoffen. Teil 1: Anforderungen an Glasfalze und Verglasungssysteme. Juli 2015
DIN EN 356 Glas im Bauwesen: Sicherheitssonderverglasung: Prüfverfahren und Klasseneinteilung des Widerstandes gegen manuellen Angriff. Entwurf, Februar 2000
DIN EN 572 Glas im Bauwesen: Basiserzeugnisse aus Kalk-Natronsilicatglas. Juni 2016
DIN EN 1063 Glas im Bauwesen: Sicherheitssonderverglasung: Prüfverfahren und Klasseneinteilung für den Widerstand gegen Beschuss. Januar 2000
DIN EN 1279 Glas im Bauwesen: Mehrscheibenisolierglas. Teil 1: Allgemeines, Maßtoleranzen und Vorschriften für die Systembeschreibung. August 2004
Teil 2: Langzeitprüfverfahren und Anforderungen bezüglich Feuchtigkeitsaufnahme. August 2008
Teil 3: Langzeitprüfverfahren und Anforderungen bezüglich Gasverlustrate und Grenzabweichungen für die Gaskonzentration. August 2015
Teil 4: Verfahren zur Prüfung der physikalischen Eigenschaften des Randverbundes. August 2015
Teil 5: Bewertung und Konformität. November 2010
Teil 6: Werkseigene Produktionskontrolle und Auditprüfung. August 2015
DIN EN 1863 Glas im Bauwesen –Teilvorgespanntes Kalknatronglas. Teil 1: Definition und Beschreibung. Februar 2012

7 Kunststoff / Membranen
DIN 53350 Prüfung von Kunststoff-Folien und mit Deckschicht versehenen textilen Flächengebilden: Bestimmung der Biegesteifigkeit: Verfahren nach Ohlsen. Januar 1980
DIN 53362 Prüfung von Kunststoff-Folien und von textilen Flächengebilden (außer Vliesstoffe), mit oder ohne Deckschicht aus Kunststoff: Verfahren nach Cantilever. Entwurf, Oktober 2003
DIN 53363 Prüfung von Kunststoff-Folien: Weiterreißversuch an trapezförmigen Proben mit Einschnitt. Entwurf, Oktober 2003
DIN 53370 Prüfung von Kunststoff-Folien: Bestimmung der Dicke durch mechanische Abtastung. Nov. 2006
DIN EN ISO 305 Kunststoffe: Bestimmung der Thermostabilität von Polyvinylchlorid (PVC), verwandten chlorhaltigen Homopolymeren und Copolymeren und ihren Formmassen. Oktober 1999
DIN EN ISO 527 Kunststoffe: Bestimmung der Zugeigenschaften
DIN EN ISO 2578 Kunststoffe: Bestimmung der Temperatur-Zeit-Grenzen bei langanhaltender Wärmeeinwirkung. Oktober 1998

Teil C Sonderthemen

1 Mehrschalige Gebäudehüllen aus Glas
Schallschutz
DIN EN ISO 717-1 Akustikbewertung der Schalldämmung in Gebäuden und von Bauteilen. Teil 1: Luftschalldämmung: Beanspruchung: Anforderungen und Prüfung. Juni 2013
VDI 2058 Blatt 3: Beurteilung von Lärm am Arbeitsplatz unter Berücksichtigung unterschiedlicher Tätigkeiten. August 2014
VDI 2719 Schalldämmung von Fenstern und deren Zusatzeinrichtungen. August 1987
Aerophysik
DIN 1946-6 Raumlufttechnik. Teil 6: Lüftung von Wohnungen: Allgemeine Anforderungen, Anforderungen zur Bemessung, Ausführung und Kennzeichnung, Übergabe / Übernahme (Abnahme) und Instandhaltung.
DIN 33403-3 Klima am Arbeitsplatz und in der Arbeitsumgebung. Teil 3: Beurteilung des Klimas im Warm- und Hitzebereich auf der Grundlage ausgewählter Klimasummenmaße. Juli 2011
VDI 2083 Reinraumtechnik

2 Manipulatoren
AGI F 20 Sonnen- und Blendschutzsysteme: Leitfaden zur Auswahl. September 2004
DIN 18055 Kriterien für die Anwendung von Fenstern und Außentüren nach DIN EN 14351-1. November 2014
DIN 18357 VOB Vergabe- und Vertragsordnung für Bauleistungen. Teil C: Allgemeine Technische Vertragsbedingungen für Bauleistungen (ATV): Beschlagarbeiten. September 2012
DIN EN 12207 Fenster und Türen. Luftdurchlässigkeit: Klassifizierung. Januar 2015
DIN EN 12208 Fenster und Türen. Schlagregendichtheit: Klassifizierung. Juni 2000
DIN EN 12210 Fenster und Türen. Widerstandsfähigkeit bei Windlast: Klassifizierung. Mai 2013
DIN EN 12216 Abschlüsse. Terminologie, Benennungen und Definitionen. November 2002
DIN EN 12400 Fenster und Türen. Mechanische Beanspruchung: Anforderungen und Einteilung. Januar 2003
DIN EN 13115 Fenster. Klassifizierung mechanischer Eigenschaften: Vertikallasten, Verwindung und Bedienkräfte. November 2012
DIN EN 13120 Innenliegende zusätzliche Abschlüsse an Fenstern und Türen: Leistungsanforderungen. September 2014
DIN EN 13125 Abschlüsse. Zusätzlicher Wärmedurchlasswiderstand: Zuordnung einer Luftduchlässigkeitsklasse zu einem Produkt. Oktober 2001
DIN EN 13126 Baubeschläge. Beschläge für Fenster und Fenstertüren: Anforderungen und Prüfverfahren: Teil 1–17. Februar 2012
DIN EN 13561 Markisen. Anforderungen und Klassifizierungen. August 2015
DIN EN 13659 Abschlüsse. Anforderungen und Klassifizierung. Entwurf, Oktober 1999
DIN EN 14501 Abschlüsse. Thermischer und visueller Komfort: Leistungsanforderungen und Klassifizierung. Februar 2006
GUV-R 1/494 Richtlinien für kraftbetätigte Fenster, Türen und Tore. Juli 1990
VDI 2719 Schalldämmung von Fenstern und deren Zusatzeinrichtungen. August 1987

3 Solartechnik
DIN 18015-1 Elektrische Anlagen in Wohngebäuden. Teil 1: Planungsgrundlagen. September 2013
Teil 2: Art und Umfang der Mindestausstattung. November 2010
Teil 3: Leitungsführung und Anordnung der Betriebsmittel. September 2016
DIN 18516-4 Außenwandbekleidungen, hinterlüftet. Einscheiben-Sicherheitsglas: Anforderungen, Bemessung, Prüfung. Februar 1990.
DIN EN 410 Glas im Bauwesen. Bestimmung der lichttechnischen und strahlungsphysikalischen Kenngrößen von Verglasungen. April 2011
DIN EN 674 Glas im Bauwesen. Bestimmung des Wärmedurchgangskoeffizienten (U-Wert): Verfahren mit dem Plattengerät. September 2011
DIN EN 12975-1 Thermische Solaranlagen und ihre Bauteile Kollektoren. Teil 1: Allgemeine Anforderungen. Januar 2011
DIN EN ISO 10077-1 Wärmetechnisches Verhalten von Fenstern, Türen und Abschlüssen. Berechnung des Wärmedurchgangskoeffizienten.
Teil 1: Allgemeines. Mai 2010
Teil 2: Numerisches Verfahren für Rahmen. August 2015
BS EN 50583 Photovoltaik im Bauwesen. Teil 1: BIPV-Module. Januar 2016. Teil 2: BIPV-Anlagen. Januar 2016

4 »Installierte« Fassaden
DIN 1946-6 Raumlufttechnik. Teil 6: Lüftung von Wohnungen – Allgemeine Anforderungen. Mai 2009
DIN-Fachbericht 4108-8 Wärmeschutz und Energie-Einsparung in Gebäuden. Teil 8: Vermeidung von Schimmelwachstum in Wohngebäuden. September 2010
DIN 4719 Lüftung von Wohnungen – Anforderungen, Leistungsprüfungen und Kennzeichnung von Lüftungsgeräten. Juli 2009
VDI 6035 Raumlufttechnik – Dezentrale Lüftungsgeräte – Fassadenlüftungsgeräte (VDI-Lüftungsregeln). September 2009
EU Verordnung 1253/2014 Lüftungsanlagen vom 7. Juli 2014. Amtsblatt der Europäischen Union (ABl.), L 337/8. Brüssel 25.11.2014.

5 Sanierung / Fassaden im Bestand
DIN V 18599 Energetische Bewertung von Gebäuden - Berechnung des Nutz-, End- und Primärenergiebedarfs für Heizung, Kühlung, Lüftung, Trinkwarmwasser und Beleuchtung. Juni 2013
EnEV 2014 Verordnung über einen energiesparenden Wärmeschutz und energiesparende Anlagentechnik bei Gebäuden (Energieeinsparverordnung). Mai 2014

6 Begrünte Fassaden
DIN EN 1991-1-1 Eurocode 1: Einwirkungen auf Tragwerke. Teil 1-1 Allgemeine Einwirkungen auf Tragwerke – Wichten, Eigengewicht und Nutzlasten im Hochbau. Dezember 2010
DIN 1986-100/A1 Entwässerungsanlagen für Gebäude und Grundstücke. Teil 100: Bestimmungen in Verbindung mit DIN EN 752 und DIN EN 12056. November 2013
DIN 18195 Abdichtung von Bauwerken: Begriffe. Juni 2015
DIN 18916 Vegetationstechnik im Landschaftsbau: Pflanzen und Pflanzarbeiten. Juni 2016
FLL Fassadenbegrünungsrichtlinie. Richtlinie für die Planung, Ausführung und Pflege von Fassadenbegrünungen mit Kletterpflanzen. Bonn: Forschungsgesellschaft Landschaftsentwicklung Landschaftsbau e. V., 2000.

Sachregister

A
Abluft → 35, 41, 240ff.
Abluftöffnung → 33, 41, 59, 243, 324ff.
Abluftfassade → 242, 285
Absorber → 296f., 299ff., 309, 310f.
Massivabsorber → 35, 296
Achsmaß, Achsraster → 49
Acrylglas → 197, 217
Alterungsbeständigkeit → 13f., 218
Aluminium → 70f., 91, 160ff.,196
Anker → 69ff., 80
Anpralllast → 29, 195
Aramidfasergewebe → 221f.
Ausbauraster → 50
Ausdehnungskoeffizient → 190
Außenbedingungen → 18ff., 28
Außenschale → 88
B
Backstein → 88
Bandraster → 49
Basaltplatte → 80
Bauphysik → 22f., 52ff., 338
Baurundholz → 133
Bauschnittholz → 133
Bautoleranzen → 29, 166
Bedruckung → 197, 200f., 302
Befestigung → 166f., 195ff., 220, 267
Befestigungsmittel → 37, 54, 69, 112
Behaglichkeit → 19, 21ff., 40f., 267, 298, 332, 334
visuelle Behaglichkeit → 22
Beschattungssystem → 195
Beschichtung → 24f, 35f., 114, 131, 135, 137f., 162f., 192ff., 197, 302
Absorberbeschichtung → 300
Antidröhnbeschichtung → 97, 248
entspiegelnde Beschichtung → 192
Farbbeschichtung → 114
keramische Beschichtung → 193, 214
Low-E-Beschichtung → 28, 35
nicht auftragende Beschichtung → 186
PTFE-Beschichtung → 234, 287
Beton → 106ff.
Glasfaserbeton → 126f.
Hochleistungsbeton → 110
Leichtbeton → 110, 330
Opus Caementitium → 107
Ortbeton → 107, 111f.
Schwerbeton → 110
selbstverdichtender Beton → 111f.
Sichtbeton → 107f., 111ff.
textilbewehrter Beton → 110f.
Betonarten → 110
Betonfertigteil → 112f., 333
Betonstein → 90, 109
Betontechnologie → 110f.
Betonwerksteinplatte → 109, 111, 113
Bewehrung → 31, 110ff.
Biegespannung → 30
Biegeträger → 30
Biegezugfestigkeit → 65f.
Bleiverglasung → 196
Blendschutz → 18, 22, 28, 35, 53, 55f., 191, 195, 270
Bindemittel → 32, 110, 113
Bohrung → 197
Brandschutz → 57ff., 190f., 195
Brandschutzverglasung → 57, 194
Brandüberschlag → 53, 58, 245f.
Brettschalung → 138f.
Bruchstein → 77, 109, 112
C
Curtain Wall → 160f.
D
Dampfdiffusion → 31, 36, 137
Dichtung → 32ff., 45, 56f., 167, 196f.
dauerelastisch → 112, 196f.
Fugendichtung → 32f., 43, 112
Gummidichtung → 60
Klebedichtung → 196f.
Kontaktdichtung → 196f.
Lippendichtung → 33
Diorit/Weichgestein → 65, 72
Dispersionsanstrich → 137
Doppelfassade → 35f., 58, 240f., 244ff.
Drehflügel → 43, 267, 270
Drehschiebebeschlag → 43
Druckfestigkeit → 65, 110f., 190, 218
Druckkraft → 36, 119
Druckstab → 30
Dübel → 112f., 115
Durchfeuchtung → 110, 135, 196
Durchlüftung → 54, 243f.
E
Edelstahl → 71, 160f., 163f., 167ff., 171
Einbaufolge → 43
Einbruchschutz → 19, 241
Einfachverglasung → 193, 239, 241, 243, 296, 332
Einfallswinkel → 25, 193
einschalig → 27, 30, 35, 242, 300, 325
Elementfassade → 30, 45, 59ff.
Elementierung → 43, 50f.
Energieeintrag → 24, 36, 295, 298, 301
Energieverbrauch → 332
Entkopplung → 50
akustische Entkoppelung → 190
EPDM → 196, 219
Erker → 15, 29, 239, 241f., 296
ETFE → 220ff.
ETFE-Folie → 230ff.
F
Fachwerk → 30, 131, 331, 333
Raumfachwerk → 30
Faltwerk → 28ff.
Falz → 167, 196f., 220
Fase → 133
Faserzement → 109ff., 113ff.
Fassade
vorgehängt → 35, 58ff., 67, 91, 109, 111ff., 167, 196, 242ff., 333, 339
vorgehängt und hinterlüftet → 35, 78, 80, 96
Fassadenaustausch → 332
Fassadenbegrünung → 338ff.
Fassadenkorridor → 244
Fassadentyp → 59
Fenster → 39ff., 54, 56, 59f., 240, 267f., 270, 330
Abluftfenster → 239ff.
Ausstellfenster → 42, 44, 271
Doppelfenster → 239ff.
Drehkippfenster → 42
Drehschiebefenster → 42
Faltfenster → 42, 271
Faltschiebefenster → 42
französische Fenster → 283
Kastenfenster → 80, 121, 239ff., 244f., 250
Kippfenster → 44
Klappfenster → 44
Schiebefenster → 42f., 267, 270
Schwingfenster → 44
Schwingschiebefenster → 43
Senkklappflügelfenster → 43
Verbundfenster → 239ff.
Vorfenster → 239f.
Wendeflügelfenster → 43
Winterfenster → 239, 269
Fensteraustausch → 332
Fensterladen → 267f., 270
Drehladen → 270
Drehschiebeladen → 285f.
Fall-/Zugladen → 267
Faltladen → 116, 270, 283
Faltschiebeladen → 127
Klappladen → 153, 267f., 270
Schiebeladen → 141, 267f., 270, 286
Schlagladen → 267f., 270
Fensterlaibung → 29, 39
Fensterrahmen → 325
Fertigungstechnologie → 164f.
Festverglasung → 39, 42
Feuchteresistenz → 113
Feuchteschutz → 54
Feuerwiderstandsklasse → 57f.
Flächenarten → 28f.
Flankenübertragung → 24
Folienrollos → 195
Formstein → 109
Formteil → 219f.
Frostbeständigkeit → 65, 113
Frostwiderstand → 110
Fuge → 24, 30ff., 51, 54, 58ff., 69, 108, 111ff., 135, 166f., 196f., 333
Arbeitsfuge → 31, 108
Bewegungsfuge → 90
offene Fuge → 32, 34
Fugenbreite → 91, 112, 196
Fugendichtung → 32f., 37, 43, 112
Lagerfuge → 66, 80
Schattenfuge → 32, 108, 112
Fügung → 10, 32, 34, 162, 167, 196
G
Gesteinskörnung → 109ff., 113f.
GFK → 217
GFK-Stegplatte → 219
Gießharz → 57, 195f., 302
Gitterschale → 30
Glas → 189ff., 239ff.
Antikglas → 191, 195
bedrucktes Glas → 193, 200f.
Betonglas → 191, 194
Brandschutzverglasung → 57f., 194
dichroitisches Glas → 197
Drahtglas → 191, 195
durchgefärbtes Glas → 191
Einscheibensicherheitsglas, ESG → 191ff., 195
elektrochromes Glas → 194, 269
feuerpoliertes Glas → 192
F-Glas → 57f., 194
Flachglas → 190ff.
Floatglas → 190ff.
geätztes Glas → 193, 195
gebogenes Glas → 185ff., 191f.
geklebte Verglasung → 197, 214f.
G-Glas → 57f., 194
Gussglas → 185, 191, 239
Mattglas → 302
Ornamentglas → 191, 195
Panzerglas → 192
Profilglas → 191, 193, 195, 298
Schallschutzverglasung → 195
Sonnenschutzglas → 214
Tafelglas → 189ff., 195
Teilvorgespanntes Glas, TVG → 192f.
thermotropes Glas → 28, 194ff., 269
Verbundglas → 193f.
Verbundsicherheitsglas, VSG → 186ff., 192f., 195, 197
Weißglas → 191
Glasstein → 189f, 208f., 289
Hohlglassteine → 191f.
Massivglassteine → 191
Glasfalz → 34, 60
Glasfaser → 31, 195, 222
Glasfüllung → 109
Glashalteleiste → 196f.
Glasur → 90, 92
Glasvorbau → 296
Grenzbezug → 49f.
Grundmodul → 47f.
Grundraster → 70
Gusseisen → 131, 159f.
H
Halbzeuge → 164, 218ff.
Halteanker → 67, 69, 78f., 80
Haus-im-Haus-Prinzip → 242f., 245
Herstellungstoleranzen → 37, 51
Hinterlüftung → 27f., 32f., 36f., 60, 90, 135
Hinterspannung → 30
Holz → 130ff.
Holzfaserplatte → 133, 135
Flachpressplatte → 133, 135
OSB-Platte → 133, 135
Structural Veneer Lumber → 135f.
Vollholz → 131, 133, 135
Wood/Plastic Composites → 135
Zementfaserplatte → 135
Holzschutzmittel → 135f.
Holzskelettkonstruktion → 59, 145
Holzverbindungsmittel → 135
Holzwerkstoffe (HWS) → 123ff., 138
kunstharzgebundene HWS → 134
Horizontalkräfte → 30, 37, 67, 113
Hüllkonstruktion → 34, 217, 221
Hydrophobierung → 114
I
Imprägnierung → 136
Inkrustationsfassade → 67
Innenbedingungen → 18ff.
Innendämmung → 331
Innenschale → 89, 244
Insektenschutz → 37, 135
Integriertes Glashaus → 242
Isolierverglasung → 45, 54, 191, 194ff., 239f., 298f., 245, 302, 329, 332
Thiokol → 197
J
Jalousie → 56, 195, 268, 270
K
Kalkmörtel → 107
Kalkstein → 55ff., 67, 73, 110, 114
Kamineffekt → 23f.
Kastenfensterfassade → 240, 242, 244f.
Keramikplatte → 91ff., 96, 112
Klebedichtung → 196f.
Klebeverbindung → 196, 332
Klemmprofil → 220, 231, 235, 316
Klimapuffer → 25, 240ff., 295f., 333
Klimatechnik → 18, 241
Klinker → 88, 92, 100, 110, 114, 279, 331
Kollektor → 20, 295f., 298ff., 339
Flachkollektor → 299f.
Luftkollektor → 296, 299, 339
Röhrenkollektor → 299
Solarkollektor → 298f., 302f., 323
Vakuum-Röhrenkollektor → 298, 300
Wasserkollektor → 299, 303
Kondensat → 28, 32, 34ff., 54, 331
Konvektion → 22, 25, 35, 41, 54, 194f., 297, 332
Koordinierungsmaß → 51
Korridorfassade → 244f.
Korrosion → 135, 162f., 165, 167, 186, 191, 218, 299
Korrosionsschutz → 51, 135, 162f., 339
Kunststoff → 216ff.
faserverstärkter Kunststoff → 196, 220
Kunststofffolie → 193, 217f., 220
Kunststoffgewebe → 217f., 214
Kunststoffprisma → 56, 194f., 306
L
Lackierung → 136ff., 163, 218, 300
Lamellen → 18, 28, 35, 42, 55f., 135, 141, 166f., 183, 197, 260f., 268, 287
Glaslamellen → 286
Lichtlenklamellen → 279, 290
Rafflamellen → 270
Sandsteinlamellen → 84f.
Längenausdehnung → 29, 196
Lastabtragung → 28ff., 36
Lasur → 136ff.
Legierungen → 159, 162f.
Lehm → 87, 94, 95, 107, 333
Leichtbau → 35, 111, 155, 162, 298
Leichtmetall → 162, 333

Licht
- Belichtung → 18, 40
- Lichtdurchlässigkeit → 27f., 31, 35, 42f., 69, 91, 138, 184, 190, 219ff., 267ff.
- Lichteinfall → 56, 268, 270
- Lichtlenkung → 14, 18, 27, 34, 42, 55f., 170, 194f.
- Lichtstreuung → 34, 190f.

Lochblech → 37, 165, 285
Lochfassade → 40, 45, 54, 71, 107, 240f.
Lochfraß → 162
Loggia → 29, 239ff., 296
Luftaustausch → 18f., 40f., 43, 53, 240ff., 323f.
Luftgeschwindigkeit → 18, 40f.
Luftschleuse → 241, 296
Lüftung → 23f.,40ff., 236, 239, 259
- kontrollierte L. → 24, 42f., 290, 324
- Lüftungsöffnung → 40, 241ff., 244, 246, 270
- natürliche Lüftung → 23, 240ff., 323
- Querlüftung → 40ff.
- Spaltlüftung 39, 44, 270
- Stoßlüftung → 40, 44
- Tangentiallüftung → 41

Lüftungstechnik → 323ff.
Lüftungswärmeverlust → 35, 43, 241, 243, 323, 330, 332
Luftwechselrate → 241, 243

M

Manipulator → 42, 44, 266ff., 297
Marmor → 65f., 67, 69f., 72f., 111, 114, 267
Massivbau → 59, 65, 67
Maßordnung → 20, 48
Maßtoleranzen → 51
Materialkennwerte → 65, 87
Mauerstein → 65, 107, 109, 111, 113
Mauerverband → 90, 113
Mauerwerk → 39, 54, 60, 65, 67, 87ff., 107, 109, 113, 196, 332f., 338
- Sichtmauerwerk → 88
- Verblendmauerwerk → 89
- Ziegelmauerwerk → 107, 333

Mauerziegel → 87
Medienfassade → 13
mehrschalig → 27f., 34, 53ff., 59, 206, 238ff., 323, 325,
mehrschichtig → 27, 34f., 53f., 191, 193, 332
Mehrschichtplatte → 111, 133, 135, 164f.
Membran → 29ff., 35f., 195, 220f., 231, 235, 287, 302, 330
Membrankissen → 233, 234f.
Membranwerkstoffe → 164, 170, 223
Metall → 158ff., 163f.
Metallfassade → 160f., 166f.
Metallgewebe / Meshing → 170f.
Metallschaum → 163
Metallwerkstoffe → 161ff., 170
Metamorphite → 65
Modul → 47ff.
- Modulformat → 113

Montage → 29f., 32, 34, 36f., 43ff., 48, 60, 68ff., 92, 108, 112f., 131, 135, 164, 196
- Montagetoleranzen → 32, 51, 166
- Montagezeiten → 45, 131, 303

Mörtel → 31, 66, 88, 113f.

N

Naturstein → 65ff., 107, 111f., 339
Naturwerkstein → 64ff., 72
Nut → 34, 133
Nut-Feder → 135

O

Oberflächenbearbeitung → 70, 72, 109, 111ff., 192
Oberflächengüte → 108
Oberflächenspannung → 138, 192
Öffnungsflügel → 41, 241, 244
Öffnungsmechanismus → 43
Öffnungszustand → 267

P

Paketierung → 268ff.
Paneel → 32, 54f., 70, 161, 166, 326
Patina → 14, 162, 165
Pflanzen → 29, 125, 336ff.
Pfosten-Riegel-Fassade → 30, 45, 54ff., 60f.
Photovoltaik → 14, 18, 20, 28, 53, 59, 194, 300ff.
- Photovoltaikmodul / PV-Modul → 295, 298ff., 302f., 323
- PV-Verglasung → 194

Pigmente → 69, 110, 113f., 136f., 193
Pneu → 28, 30f., 35f., 217f., 221
Polycarbonat-Stegplatte → 224, 304
Polycarbonat-Wellplatte → 227
Polyestergewebe → 221ff.
Pressleiste → 196f.
Prismensystem → 56
Profilsteg → 69
PTFE → 219ff.
Pufferfassade → 233, 235f.
Punkthalter → 196f., 198, 202, 259
PVC → 217f., 220ff.

Q

Quell- und Schwindmaß → 132

R

Raffmarkise → 270
Raffstore → 54f.
Randabstand → 135
Raster → 47ff.
Rauchabzug → 58
Raumausleuchtung → 14, 55f.
Raumluft → 20, 22ff., 40f., 53, 239, 241ff., 323f., 331f.
Raumtemperatur → 19, 22f., 297
Reflexion → 24, 34, 40, 42, 55f., 162, 170, 192
Regenwasserableitung → 115
Relative Luftfeuchtigkeit → 23
Revisionsöffnung → 206, 209, 257
Richtmaß → 51
Rohdichte → 23, 65, 110, 113, 132, 134f.
Roheisen → 159
Rollladen → 268
Rolltor → 42
Rückverankerung → 34, 36f.

S

Säulenordnung → 47
Sandstein → 65ff., 70, 72f.
Sandwichelemente → 112f., 164ff., 217
Sandwichkonstruktion → 31, 35, 161f.
Schachtfassade → 240, 244f.
Schalen → 24, 27ff., 32ff., 217, 240ff.
- vorgesetzt → 333

Schichten → 27ff., 34ff., 193f, 330.
Schall → 24, 32, 34, 42, 51, 54, 57, 242f., 323
- Schallschutz → 24, 56f., 110, 113, 190, 220, 222, 241ff.
- Schallschutzverglasung → 194f.
- Schallübertragung → 24, 51, 190, 243f.
- Schalldämmmaß → 56, 194

Schalungsanker → 108, 111
Schalungsstoß → 111
Schienensystem → 68
Schindeln → 92, 110, 133, 135, 138
Schlagfestigkeit → 219
Schneelast → 29, 60, 221, 340
Schwergas → 56, 190, 194
Sedimentite → 65
Seilnetzkonstruktion → 30, 210, 212
Semitransparenz → 27f., 129, 301ff.
Sichtbeziehung → 40, 53, 91
Sichtschutz → 11, 18, 170, 191
Sick-Building-Syndrom → 23, 25, 240, 245f.
Skelettbau → 107, 131
Sockel → 54, 65f., 87, 309, 340
Soganker → 224, 304
Sogkräfte → 113
Solarenergie → 240f., 243, 267, 295ff.
Solarstrahlung → 20f., 24f., 42, 55f., 138, 190, 241, 267, 295ff., 299ff., 332
Solartechnik → 294ff.
Solarzelle → 194, 301f.
- Dünnschichtzelle → 301f.
- monokristalline Solarzelle → 316
- polykristalline Solarzelle → 313

Sonnenschutz → 18, 55ff., 88, 91, 246, 295f., 298, 338
Sonnenstand → 20, 25, 42
Spannung
- Druckspannung → 192
- zulässige Spannung → 30, 132

Speichermasse → 24f., 245, 296f., 325
Speicherwand → 296f.
Stahl → 91, 104, 111, 159ff., 167ff., 184, 190, 196, 286
- nicht rostender Stahl → 91, 113
- wetterfester Stahl → 160ff., 165, 184, 286

Stegplatte → 31, 219ff., 298
Steinformat → 113
Strahlung → 21, 23ff, 27, 34, 42, 55f., 162, 190, 194, 295f., 298ff.
Strahlungstransport → 22f
Streckmetall → 165, 169
Structural Sealant Glazing SSG → 197f., 206
Stufenfalz → 92, 206
Stülpschalung → 127, 138, 282
Systembauweise → 108

T

Tageslichtnutzung → 42, 53, 56, 245, 239, 295, 326
Tageslichtquotient → 40
Tauwasser → 22, 35f., 53ff., 191
Temperaturwechselbeständigkeit → 191f.
thermische Massenänderung → 91
thermische Speichermasse → 296f.
Thermopuffer → 25, 241, 296, 333
Toleranz → 20, 32, 45, 48, 51, 59f.
Tonstein → 86ff., 333
Trägermaterial → 162, 302, 337
Tränenblech → 168
Traganker → 67, 69, 78f., 80
Tragstruktur → 30
Transluzenz → 27, 53, 55, 59, 66, 69, 182, 194, 221f., 267, 296, 300, 302, 330, 332
Transluzente Wärmedämmung, TWD → 28, 35, 194f., 297f., 306
Transmissionsverluste → 242f., 297, 330
Transparenz → 27ff., 66f., 190ff., 217ff., 267f.
Treibhauseffekt → 24f., 190, 267

U

Überhitzungsschutz → 298
Umformung → 161, 164, 167, 191
UV-Beständigkeit → 32, 197, 297
UV-Durchlässigkeit → 195, 220f.
UV-Schutz → 137, 197
UV-Strahlung → 220
U-Werte → 333

V

Verankerung → 34, 68f., 90ff., 113, 115
Verbundwerkstoff → 31, 110, 162, 164, 325
Verfärbung → 111, 133, 135, 191
Verkittung → 196
Verklebung → 33, 133f., 135, 191, 193f., 197
Verschattung → 14, 40, 42, 295f., 301f., 338f.
Versiegelung → 90, 111
Vertikalkräfte → 30, 37, 113
Verwitterung → 88, 142
Verzierung → 88
Volumenveränderung → 162
Vorfertigung → 27ff., 31, 45, 48ff., 60, 65f., 70, 108, 160f., 166, 302, 325, 340
Vormauerstein → 113
Vormauerung → 67
Vorsatzschale → 32, 35ff., 113, 331, 339
Vorspannung → 29f., 33, 170, 191f., 221
- chemische Vorspannung → 192
- mechanische Vorspannung → 221f.

W

Wachs → 136
Wärmeausdehnung → 72, 162
Wärmebrücke → 36f., 51, 54, 58, 91, 113, 191, 331, 340
Wärmedämmeigenschaft → 132, 191
Wärmedurchgangskoeffizient → 23, 190, 219, 332
Wärmedurchlasswiderstand → 53, 131
Wärmegewinn → 192, 296
Wärmeleitfähigkeit → 23f., 31, 65, 87, 163, 190, 218
Wärmeleitung → 22ff., 51, 54, 194, 300, 332
Wärmerückgewinnung → 18, 251, 323f., 326
Wärmeschutz → 28, 34ff., 53ff., 60f., 194f., 214, 222, 239ff., 330ff.
- sommerlicher Wärmeschutz → 36, 133, 242
- temporärer Wärmeschutz → 267, 296
- Wärmeschutzverglasung → 28

Wärmespeicherkapazität → 23ff., 31, 34ff.,190, 297f.
Wärmestrahlung → 22, 35, 57, 297, 300
- langwellige → 24, 190, 241, 297

Wärmeverlust → 35, 43, 53f., 296f., 300, 330, 332, 342f.
Wartung → 32, 43, 55, 245f., 323ff., 339f.
Wasserabführung → 92, 115
Wasseraufnahmefähigkeit → 32, 132, 218
Wasserdampf → 22f., 27, 32, 34ff., 138, 194
Wellplatte → 110, 219, 221
Werkstein → 65ff., 72f., 87, 107
Wetterbeständigkeit → 219
Wetterschale → 32, 34, 36f.
Windlast → 29f., 39, 60, 68, 89, 113, 246
Winddichtigkeit → 32, 34
Winddruck → 23f., 30, 32ff., 40, 59, 324
Windgeschwindigkeit → 23, 32, 241f., 323, 329
Windkräfte → 9, 40f.
Windschutz → 35, 170, 246
Witterungsschutz → 9f., 44, 51, 60, 66, 195, 246, 295, 323, 331ff.
Witterungsbeständigkeit → 115, 218, 220, 299
Witterungseinfluss → 14, 53ff., 115, 166, 196, 323

Z

Zeltkonstruktion → 208
Zement
- Weißzement → 113f.
- zementgebundene Werkstoffe → 107ff.
- Zementfaserplatten → 133ff.
- Zementputz → 76
- Zementstein → 111f., 114

Ziegel → 21, 39, 65, 87ff., 92, 107, 160, 333
Zugbeanspruchung → 30, 217f.
Zugfestigkeit → 65, 68, 110, 218, 221
Zugkraft → 29f., 36f., 132
Zugluft → 41, 332
Zuluft → 35, 41, 58, 241, 244, 324ff., 248, 246, 250
- Zuluftöffnung → 41, 58, 74, 241, 243f., 326

Zweite-Haut-Fassade → 57f., 239ff., 248